Formules géométriques

A = aire, S = aire de la surface latérale, V = volume, h = hauteur, B = aire de la base, r = rayon, l = apc

Parallélogramme	Triangle	Trapèze	C	
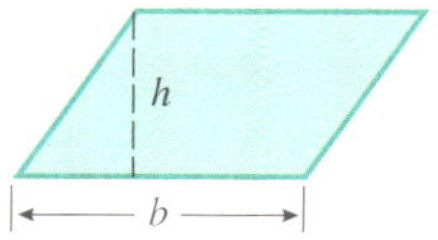	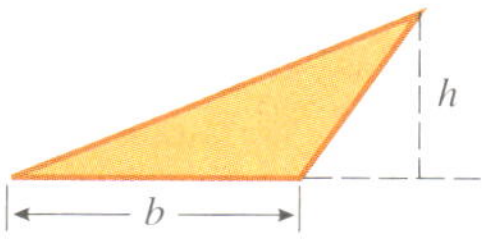	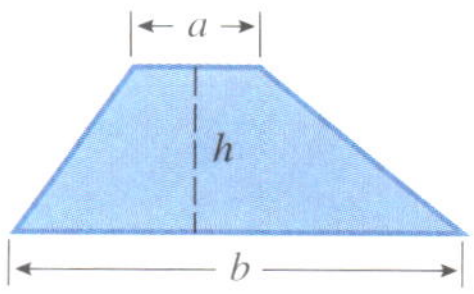	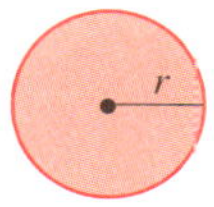	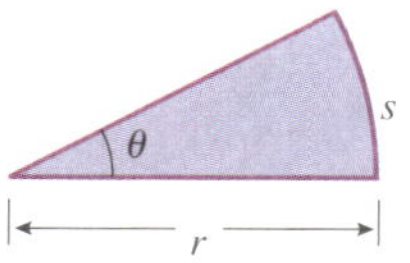
$A = bh$	$A = \frac{1}{2}bh$	$A = \frac{1}{2}(a+b)h$	$A = \pi r^2,\ C = 2\pi r$	$A = \frac{1}{2}r^2\theta,\ s = r\theta$ (θ en radians)

Cylindre circulaire droit	Cône circulaire droit	Cylindre ou prisme avec bases parallèles	Sphère
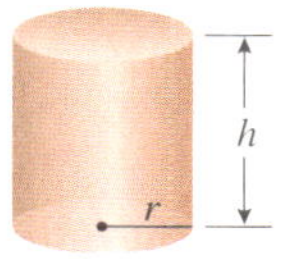	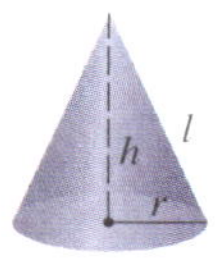		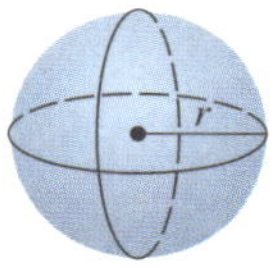
$V = \pi r^2 h,\ S = 2\pi r h$	$V = \frac{1}{3}\pi r^2 h,\ S = \pi r l$	$V = Bh$	$V = \frac{4}{3}\pi r^3,\ S = 4\pi r^2$

Formules algébriques

Formule quadratique	Formule du binôme
Les solutions de l'équation quadratique $ax^2 + bx + c = 0$ sont données par : $x = \dfrac{-b \pm \sqrt{b^2 - 4ac}}{2a}$	$(x+y)^n = x^n + nx^{n-1}y + \dfrac{n(n-1)}{1\cdot 2}x^{n-2}y^2 + \dfrac{n(n-1)(n-2)}{1\cdot 2\cdot 3}x^{n-3}y^3 + \cdots + nxy^{n-1} + y^n$ $(x-y)^n = x^n - nx^{n-1}y + \dfrac{n(n-1)}{1\cdot 2}x^{n-2}y^2 - \dfrac{n(n-1)(n-2)}{1\cdot 2\cdot 3}x^{n-3}y^3 + \cdots \pm nxy^{n-1} \mp y^n$

Table de formules d'intégration

Fonctions usuelles

1. $\displaystyle\int u^n\,du = \frac{u^{n+1}}{n+1} + C$

2. $\displaystyle\int \frac{du}{u} = \ln|u| + C$

3. $\displaystyle\int e^u\,du = e^u + C$

4. $\displaystyle\int \sin u\,du = -\cos u + C$

5. $\displaystyle\int \cos u\,du = \sin u + C$

6. $\displaystyle\int \tan u\,du = \ln|\sec u| + C$

7. $\displaystyle\int \sin^{-1} u\,du = u\sin^{-1} u + \sqrt{1-u^2} + C$

8. $\displaystyle\int \cos^{-1} u\,du = u\cos^{-1} u - \sqrt{1-u^2} + C$

9. $\displaystyle\int \tan^{-1} u\,du = u\tan^{-1} u - \ln\sqrt{1+u^2} + C$

10. $\displaystyle\int a^u\,du = \frac{a^u}{\ln a} + C$

11. $\displaystyle\int \ln u\,du = u\ln u - u + C$

12. $\displaystyle\int \cot u\,du = \ln|\sin u| + C$

13. $\displaystyle\int \sec u\,du = \ln|\sec u + \tan u| + C = \ln\left|\tan\left(\tfrac{1}{4}\pi + \tfrac{1}{2}u\right)\right| + C$

14. $\displaystyle\int \csc u\,du = \ln|\csc u - \cot u| + C = \ln\left|\tan \tfrac{1}{2}u\right| + C$

15. $\displaystyle\int \cot^{-1} u\,du = u\cot^{-1} u + \ln\sqrt{1+u^2} + C$

16. $\displaystyle\int \sec^{-1} u\,du = u\sec^{-1} u - \ln|u + \sqrt{u^2-1}| + C$

17. $\displaystyle\int \csc^{-1} u\,du = u\csc^{-1} u + \ln|u + \sqrt{u^2-1}| + C$

Réciproques de fonctions usuelles

18. $\displaystyle\int \frac{1}{1 \pm \sin u}\, du = \tan u \mp \sec u + C$

19. $\displaystyle\int \frac{1}{1 \pm \cos u}\, du = -\cot u \pm \csc u + C$

20. $\displaystyle\int \frac{1}{1 \pm \tan u}\, du = \tfrac{1}{2}(u \pm \ln|\cos u \pm \sin u|) + C$

21. $\displaystyle\int \frac{1}{\sin u \cos u}\, du = \ln|\tan u| + C$

22. $\displaystyle\int \frac{1}{1 \pm \cot u}\, du = \tfrac{1}{2}(u \mp \ln|\sin u \pm \cos u|) + C$

23. $\displaystyle\int \frac{1}{1 \pm \sec u}\, du = u + \cot u \mp \csc u + C$

24. $\displaystyle\int \frac{1}{1 \pm \csc u}\, du = u - \tan u \pm \sec u + C$

25. $\displaystyle\int \frac{1}{1 \pm e^u}\, du = u - \ln(1 \pm e^u) + C$

Puissances de fonctions trigonométriques

26. $\displaystyle\int \sin^2 u\, du = \tfrac{1}{2}u - \tfrac{1}{4}\sin 2u + C$

27. $\displaystyle\int \cos^2 u\, du = \tfrac{1}{2}u + \tfrac{1}{4}\sin 2u + C$

28. $\displaystyle\int \tan^2 u\, du = \tan u - u + C$

29. $\displaystyle\int \sin^n u\, du = -\frac{1}{n}\sin^{n-1} u \cos u + \frac{n-1}{n}\int \sin^{n-2} u\, du$

30. $\displaystyle\int \cos^n u\, du = \frac{1}{n}\cos^{n-1} u \sin u + \frac{n-1}{n}\int \cos^{n-2} u\, du$

31. $\displaystyle\int \tan^n u\, du = \frac{1}{n-1}\tan^{n-1} u - \int \tan^{n-2} u\, du$

32. $\displaystyle\int \cot^2 u\, du = -\cot u - u + C$

33. $\displaystyle\int \sec^2 u\, du = \tan u + C$

34. $\displaystyle\int \csc^2 u\, du = -\cot u + C$

35. $\displaystyle\int \cot^n u\, du = -\frac{1}{n-1}\cot^{n-1} u - \int \cot^{n-2} u\, du$

36. $\displaystyle\int \sec^n u\, du = \frac{1}{n-1}\sec^{n-2} u \tan u + \frac{n-2}{n-1}\int \sec^{n-2} u\, du$

37. $\displaystyle\int \csc^n u\, du = -\frac{1}{n-1}\csc^{n-2} u \cot u + \frac{n-2}{n-1}\int \csc^{n-2} u\, du$

Produit de fonctions trigonométriques

38. $\displaystyle\int \sin mu \sin nu\, du = -\frac{\sin(m+n)u}{2(m+n)} + \frac{\sin(m-n)u}{2(m-n)} + C$

39. $\displaystyle\int \cos mu \cos nu\, du = \frac{\sin(m+n)u}{2(m+n)} + \frac{\sin(m-n)u}{2(m-n)} + C$

40. $\displaystyle\int \sin mu \cos nu\, du = -\frac{\cos(m+n)u}{2(m+n)} - \frac{\cos(m-n)u}{2(m-n)} + C$

41. $\displaystyle\int \sin^m u \cos^n u\, du = -\frac{\sin^{m-1} u \cos^{n+1} u}{m+n} + \frac{m-1}{m+n}\int \sin^{m-2} u \cos^n u\, du$

$$= \frac{\sin^{m+1} u \cos^{n-1} u}{m+n} + \frac{n-1}{m+n}\int \sin^m u \cos^{n-2} u\, du$$

Produit de fonctions trigonométriques et exponentielles

42. $\displaystyle\int e^{au}\sin bu\, du = \frac{e^{au}}{a^2+b^2}(a\sin bu - b\cos bu) + C$

43. $\displaystyle\int e^{au}\cos bu\, du = \frac{e^{au}}{a^2+b^2}(a\cos bu + b\sin bu) + C$

Produit ou quotient de l'expression *u* par une fonction usuelle

44. $\displaystyle\int u\sin u\, du = \sin u - u\cos u + C$

45. $\displaystyle\int u\cos u\, du = \cos u + u\sin u + C$

46. $\displaystyle\int u^2\sin u\, du = 2u\sin u + (2-u^2)\cos u + C$

47. $\displaystyle\int u^2\cos u\, du = 2u\cos u + (u^2-2)\sin u + C$

48. $\displaystyle\int u^n\sin u\, du = -u^n\cos u + n\int u^{n-1}\cos u\, du$

49. $\displaystyle\int u^n\cos u\, du = u^n\sin u - n\int u^{n-1}\sin u\, du$

50. $\displaystyle\int u^n\ln u\, du = \frac{u^{n+1}}{(n+1)^2}[(n+1)\ln u - 1] + C$

51. $\displaystyle\int ue^u\, du = e^u(u-1) + C$

52. $\displaystyle\int u^n e^u\, du = u^n e^u - n\int u^{n-1}e^u\, du$

53. $\displaystyle\int u^n a^u\, du = \frac{u^n a^u}{\ln a} - \frac{n}{\ln a}\int u^{n-1}a^u\, du + C$

54. $\displaystyle\int \frac{e^u\, du}{u^n} = -\frac{e^u}{(n-1)u^{n-1}} + \frac{1}{n-1}\int \frac{e^u\, du}{u^{n-1}}$

55. $\displaystyle\int \frac{a^u\, du}{u^n} = -\frac{a^u}{(n-1)u^{n-1}} + \frac{\ln a}{n-1}\int \frac{a^u\, du}{u^{n-1}}$

56. $\displaystyle\int \frac{du}{u\ln u} = \ln|\ln u| + C$

Produit d'un polynôme par une fonction usuelle

57. $\displaystyle\int p(u)e^{au}\, du = \frac{1}{a}p(u)e^{au} - \frac{1}{a^2}p'(u)e^{au} + \frac{1}{a^3}p''(u)e^{au} - \cdots$ [signes alternés : $+ - + - \cdots$]

58. $\displaystyle\int p(u)\sin au\, du = -\frac{1}{a}p(u)\cos au + \frac{1}{a^2}p'(u)\sin au + \frac{1}{a^3}p''(u)\cos au - \cdots$ [signes alternés par paires après le premier terme : $+ + - - + + - - \cdots$]

59. $\displaystyle\int p(u)\cos au\, du = \frac{1}{a}p(u)\sin au + \frac{1}{a^2}p'(u)\cos au - \frac{1}{a^3}p''(u)\sin au - \cdots$ [signes alternés par paires : $+ + - - + + - - \cdots$]

Fonctions rationnelles comprenant une puissance de $a + bu$ au dénominateur

60. $\int \frac{u\,du}{a+bu} = \frac{1}{b^2}[bu - a\ln|a+bu|] + C$

61. $\int \frac{u^2\,du}{a+bu} = \frac{1}{b^3}\left[\frac{1}{2}(a+bu)^2 - 2a(a+bu) + a^2\ln|a+bu|\right] + C$

62. $\int \frac{u\,du}{(a+bu)^2} = \frac{1}{b^2}\left[\frac{a}{a+bu} + \ln|a+bu|\right] + C$

63. $\int \frac{u^2\,du}{(a+bu)^2} = \frac{1}{b^3}\left[bu - \frac{a^2}{a+bu} - 2a\ln|a+bu|\right] + C$

64. $\int \frac{u\,du}{(a+bu)^3} = \frac{1}{b^2}\left[\frac{a}{2(a+bu)^2} - \frac{1}{a+bu}\right] + C$

65. $\int \frac{du}{u(a+bu)} = \frac{1}{a}\ln\left|\frac{u}{a+bu}\right| + C$

66. $\int \frac{du}{u^2(a+bu)} = -\frac{1}{au} + \frac{b}{a^2}\ln\left|\frac{a+bu}{u}\right| + C$

67. $\int \frac{du}{u(a+bu)^2} = \frac{1}{a(a+bu)} + \frac{1}{a^2}\ln\left|\frac{u}{a+bu}\right| + C$

Fonctions rationnelles comprenant une puissance de $a^2 \pm b^2$ au dénominateur ($a > 0$)

68. $\int \frac{du}{a^2+u^2} = \frac{1}{a}\tan^{-1}\frac{u}{a} + C$

69. $\int \frac{du}{a^2-u^2} = \frac{1}{2a}\ln\left|\frac{u+a}{u-a}\right| + C$

70. $\int \frac{du}{u^2-a^2} = \frac{1}{2a}\ln\left|\frac{u-a}{u+a}\right| + C$

71. $\int \frac{bu+c}{a^2+u^2}\,du = \frac{b}{2}\ln(a^2+u^2) + \frac{c}{a}\tan^{-1}\frac{u}{a} + C$

Intégrales comprenant $\sqrt{a^2+u^2}$, $\sqrt{a^2-u^2}$, $\sqrt{u^2-a^2}$ et leurs réciproques ($a > 0$)

72. $\int \sqrt{u^2+a^2}\,du = \frac{u}{2}\sqrt{u^2+a^2} + \frac{a^2}{2}\ln(u+\sqrt{u^2+a^2}) + C$

73. $\int \sqrt{u^2-a^2}\,du = \frac{u}{2}\sqrt{u^2-a^2} - \frac{a^2}{2}\ln|u+\sqrt{u^2-a^2}| + C$

74. $\int \sqrt{a^2-u^2}\,du = \frac{u}{2}\sqrt{a^2-u^2} + \frac{a^2}{2}\sin^{-1}\frac{u}{a} + C$

75. $\int \frac{du}{\sqrt{u^2+a^2}} = \ln(u+\sqrt{u^2+a^2}) + C$

76. $\int \frac{du}{\sqrt{u^2-a^2}} = \ln|u+\sqrt{u^2-a^2}| + C$

77. $\int \frac{du}{\sqrt{a^2-u^2}} = \sin^{-1}\frac{u}{a} + C$

Intégrales comprenant $\sqrt{a^2-u^2}$ et u^n

78. $\int u^2\sqrt{a^2-u^2}\,du = \frac{u}{8}(2u^2-a^2)\sqrt{a^2-u^2} + \frac{a^4}{8}\sin^{-1}\frac{u}{a} + C$

79. $\int \frac{\sqrt{a^2-u^2}\,du}{u} = \sqrt{a^2-u^2} - a\ln\left|\frac{a+\sqrt{a^2-u^2}}{u}\right| + C$

80. $\int \frac{\sqrt{a^2-u^2}\,du}{u^2} = -\frac{\sqrt{a^2-u^2}}{u} - \sin^{-1}\frac{u}{a} + C$

81. $\int \frac{u^2\,du}{\sqrt{a^2-u^2}} = -\frac{u}{2}\sqrt{a^2-u^2} + \frac{a^2}{2}\sin^{-1}\frac{u}{a} + C$

82. $\int \frac{du}{u\sqrt{a^2-u^2}} = -\frac{1}{a}\ln\left|\frac{a+\sqrt{a^2-u^2}}{u}\right| + C$

83. $\int \frac{du}{u^2\sqrt{a^2-u^2}} = -\frac{\sqrt{a^2-u^2}}{a^2u} + C$

84. $\int u\sqrt{u^2+a^2}\,du = \frac{1}{3}(u^2+a^2)^{\frac{3}{2}} + C$

85. $\int u\sqrt{u^2-a^2}\,du = \frac{1}{3}(u^2-a^2)^{\frac{3}{2}} + C$

86. $\int \frac{du}{u\sqrt{u^2+a^2}} = -\frac{1}{a}\ln\left|\frac{a+\sqrt{u^2+a^2}}{u}\right| + C$

87. $\int \frac{du}{u\sqrt{u^2-a^2}} = \frac{1}{a}\sec^{-1}\left|\frac{u}{a}\right| + C$

88. $\int \frac{\sqrt{u^2-a^2}\,du}{u} = \sqrt{u^2-a^2} - a\sec^{-1}\left|\frac{u}{a}\right| + C$

89. $\int \frac{\sqrt{u^2+a^2}\,du}{u} = \sqrt{u^2+a^2} - a\ln\left|\frac{a+\sqrt{u^2+a^2}}{u}\right| + C$

90. $\int \frac{du}{u^2\sqrt{u^2\pm a^2}} = \mp\frac{\sqrt{u^2\pm a^2}}{a^2u} + C$

91. $\int u^2\sqrt{u^2+a^2}\,du = \frac{u}{8}(2u^2+a^2)\sqrt{u^2+a^2} - \frac{a^4}{8}\ln(u+\sqrt{u^2+a^2}) + C$

92. $\int u^2\sqrt{u^2-a^2}\,du = \frac{u}{8}(2u^2-a^2)\sqrt{u^2-a^2} - \frac{a^4}{8}\ln|u+\sqrt{u^2-a^2}| + C$

93. $\int \frac{\sqrt{u^2+a^2}}{u^2}\,du = -\frac{\sqrt{u^2+a^2}}{u} + \ln(u+\sqrt{u^2+a^2}) + C$

94. $\int \frac{\sqrt{u^2-a^2}}{u^2}\,du = -\frac{\sqrt{u^2-a^2}}{u} + \ln|u+\sqrt{u^2-a^2}| + C$

95. $\int \frac{u^2}{\sqrt{u^2+a^2}}\,du = \frac{u}{2}\sqrt{u^2+a^2} - \frac{a^2}{2}\ln(u+\sqrt{u^2+a^2}) + C$

96. $\int \frac{u^2}{\sqrt{u^2-a^2}}\,du = \frac{u}{2}\sqrt{u^2-a^2} + \frac{a^2}{2}\ln|u+\sqrt{u^2-a^2}| + C$

Intégrales comprenant $(a^2+u^2)^{3/2}$, $(a^2-u^2)^{3/2}$, $(u^2-a^2)^{3/2}$ ($a > 0$)

97. $\int \frac{du}{(a^2-u^2)^{\frac{3}{2}}} = \frac{u}{a^2\sqrt{a^2-u^2}} + C$

98. $\int \frac{du}{(u^2\pm a^2)^{\frac{3}{2}}} = \pm\frac{u}{a^2\sqrt{u^2\pm a^2}} + C$

99. $\int (a^2-u^2)^{\frac{3}{2}}\,du = -\frac{u}{8}(2u^2-5a^2)\sqrt{a^2-u^2} + \frac{3a^4}{8}\sin^{-1}\frac{u}{a} + C$

100. $\int (u^2+a^2)^{3/2}\,du = \frac{u}{8}(2u^2+5a^2)\sqrt{u^2+a^2} + \frac{3a^4}{8}\ln(u+\sqrt{u^2+a^2}) + C$

101. $\int (u^2-a^2)^{3/2}\,du = \frac{u}{8}(2u^2-5a^2)\sqrt{u^2-a^2} + \frac{3a^4}{8}\ln|u+\sqrt{u^2-a^2}| + C$

Intégrales comprenant $\sqrt{a+bu}$ et u^n

102. $\int u\sqrt{a+bu}\,du = \frac{2}{15b^2}(3bu-2a)(a+bu)^{\frac{3}{2}} + C$

103. $\int u^2\sqrt{a+bu}\,du = \frac{2}{105b^3}(15b^2u^2 - 12abu + 8a^2)(a+bu)^{\frac{3}{2}} + C$

104. $\int u^n\sqrt{a+bu}\,du = \frac{2u^n(a+bu)^{3/2}}{b(2n+3)} - \frac{2an}{b(2n+3)}\int u^{n-1}\sqrt{a+bu}\,du$

105. $\int \frac{u\,du}{\sqrt{a+bu}} = \frac{2}{3b^2}(bu-2a)\sqrt{a+bu} + C$

106. $\int \frac{u^2\,du}{\sqrt{a+bu}} = \frac{2}{15b^3}(3b^2u^2 - 4abu + 8a^2)\sqrt{a+bu} + C$

107. $\int \frac{u^n\,du}{\sqrt{a+bu}} = \frac{2u^n\sqrt{a+bu}}{b(2n+1)} - \frac{2an}{b(2n+1)}\int \frac{u^{n-1}\,du}{\sqrt{a+bu}}$

108. $\int \frac{du}{u\sqrt{a+bu}} = \begin{cases} \frac{1}{\sqrt{a}}\ln\left|\frac{\sqrt{a+bu}-\sqrt{a}}{\sqrt{a+bu}+\sqrt{a}}\right| + C & (a>0) \\ \frac{2}{\sqrt{-a}}\tan^{-1}\sqrt{\frac{a+bu}{-a}} + C & (a<0) \end{cases}$

109. $\int \frac{du}{u^n\sqrt{a+bu}} = -\frac{\sqrt{a+bu}}{a(n-1)u^{n-1}} - \frac{b(2n-3)}{2a(n-1)}\int \frac{du}{u^{n-1}\sqrt{a+bu}}$

110. $\int \frac{\sqrt{a+bu}\,du}{u} = 2\sqrt{a+bu} + a\int \frac{du}{u\sqrt{a+bu}}$

111. $\int \frac{\sqrt{a+bu}\,du}{u^n} = -\frac{(a+bu)^{\frac{3}{2}}}{a(n-1)u^{n-1}} - \frac{b(2n-5)}{2a(n-1)}\int \frac{\sqrt{a+bu}\,du}{u^{n-1}}$

Intégrales comprenant $\sqrt{2au-u^2}$ et u^n

112. $\int \sqrt{2au-u^2}\,du = \frac{u-a}{2}\sqrt{2au-u^2} + \frac{a^2}{2}\sin^{-1}\left(\frac{u-a}{a}\right) + C$

113. $\int u\sqrt{2au-u^2}\,du = \frac{2u^2-au-3a^2}{6}\sqrt{2au-u^2} + \frac{a^3}{2}\sin^{-1}\left(\frac{u-a}{a}\right) + C$

114. $\int \frac{\sqrt{2au-u^2}\,du}{u} = \sqrt{2au-u^2} + a\sin^{-1}\left(\frac{u-a}{a}\right) + C$

115. $\int \frac{\sqrt{2au-u^2}\,du}{u^2} = -\frac{2\sqrt{2au-u^2}}{u} - \sin^{-1}\left(\frac{u-a}{a}\right) + C$

116. $\int \frac{du}{\sqrt{2au-u^2}} = \sin^{-1}\left(\frac{u-a}{a}\right) + C$

117. $\int \frac{du}{u\sqrt{2au-u^2}} = -\frac{\sqrt{2au-u^2}}{au} + C$

118. $\int \frac{u\,du}{\sqrt{2au-u^2}} = -\sqrt{2au-u^2} + a\sin^{-1}\left(\frac{u-a}{a}\right) + C$

119. $\int \frac{u^2\,du}{\sqrt{2au-u^2}} = -\frac{(u+3a)}{2}\sqrt{2au-u^2} + \frac{3a^2}{2}\sin^{-1}\left(\frac{u-a}{a}\right) + C$

Intégrales comprenant $(2au-u^2)^{3/2}$

120. $\int \frac{du}{(2au-u^2)^{\frac{3}{2}}} = \frac{u-a}{a^2\sqrt{2au-u^2}} + C$

121. $\int \frac{u\,du}{(2au-u^2)^{\frac{3}{2}}} = \frac{u}{a\sqrt{2au-u^2}} + C$

La formule de Wallis

122. $\int_0^{\pi/2} \sin^n u\,du = \int_0^{\pi/2} \cos^n u\,du = \frac{1\cdot 3\cdot 5\cdot \cdots \cdot(n-1)}{2\cdot 4\cdot 6\cdot \cdots \cdot n}\cdot\frac{\pi}{2}$ (si n est un entier pair et $n \geq 2$) or $\frac{2\cdot 4\cdot 6\cdot \cdots \cdot(n-1)}{3\cdot 5\cdot 7\cdot \cdots \cdot n}$ (si n est un entier impair et $n \geq 3$)

Retour sur la trigonométrie

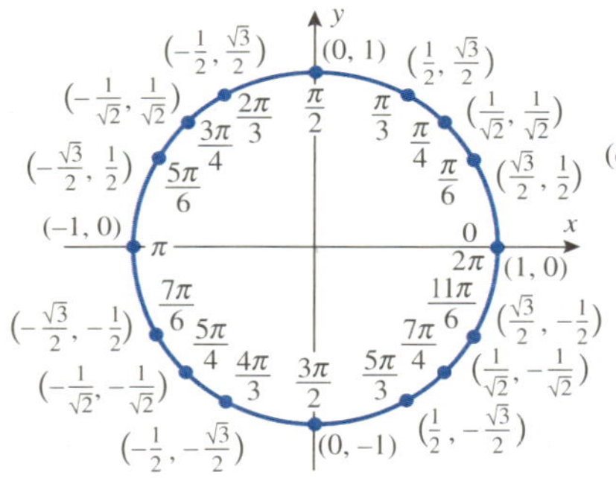

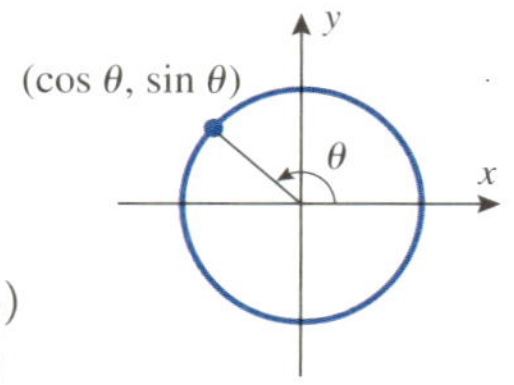

Identités de Pythagore

$\sin^2\theta + \cos^2\theta = 1 \qquad \tan^2\theta + 1 = \sec^2\theta \qquad 1 + \cot^2\theta = \csc^2\theta$

Identités de signes

$\sin(-\theta) = -\sin\theta \qquad \cos(-\theta) = \cos\theta \qquad \tan(-\theta) = -\tan\theta$

$\csc(-\theta) = -\csc\theta \qquad \sec(-\theta) = \sec\theta \qquad \cot(-\theta) = -\cot\theta$

Identités des angles complémentaires

$\sin\left(\frac{\pi}{2}-\theta\right) = \cos\theta \qquad \cos\left(\frac{\pi}{2}-\theta\right) = \sin\theta \qquad \tan\left(\frac{\pi}{2}-\theta\right) = \cot\theta$

$\csc\left(\frac{\pi}{2}-\theta\right) = \sec\theta \qquad \sec\left(\frac{\pi}{2}-\theta\right) = \csc\theta \qquad \cot\left(\frac{\pi}{2}-\theta\right) = \tan\theta$

Identités des angles supplémentaires

$\sin(\pi-\theta) = \sin\theta \qquad \cos(\pi-\theta) = -\cos\theta \qquad \tan(\pi-\theta) = -\tan\theta$

$\csc(\pi-\theta) = \csc\theta \qquad \sec(\pi-\theta) = -\sec\theta \qquad \cot(\pi-\theta) = -\cot\theta$

$\sin(\pi+\theta) = -\sin\theta \qquad \cos(\pi+\theta) = -\cos\theta \qquad \tan(\pi+\theta) = \tan\theta$

$\csc(\pi+\theta) = -\csc\theta \qquad \sec(\pi+\theta) = -\sec\theta \qquad \cot(\pi+\theta) = \cot\theta$

Formules de la somme et différence de deux angles

$\sin(\alpha+\beta) = \sin\alpha\cos\beta + \cos\alpha\sin\beta$

$\sin(\alpha-\beta) = \sin\alpha\cos\beta - \cos\alpha\sin\beta$

$\tan(\alpha+\beta) = \frac{\tan\alpha+\tan\beta}{1-\tan\alpha\tan\beta}$

$\cos(\alpha+\beta) = \cos\alpha\cos\beta - \sin\alpha\sin\beta$

$\cos(\alpha-\beta) = \cos\alpha\cos\beta + \sin\alpha\sin\beta$

$\tan(\alpha-\beta) = \frac{\tan\alpha-\tan\beta}{1+\tan\alpha\tan\beta}$

Formules de l'angle double

$\sin 2\alpha = 2\sin\alpha\cos\alpha \qquad \cos 2\alpha = 2\cos^2\alpha - 1$

$\cos 2\alpha = \cos^2\alpha - \sin^2\alpha \qquad \cos 2\alpha = 1 - 2\sin^2\alpha$

Formule du demi-angle

$\sin^2\frac{\alpha}{2} = \frac{1-\cos\alpha}{2} \qquad \cos^2\frac{\alpha}{2} = \frac{1+\cos\alpha}{2}$

Calcul différentiel

HOWARD ANTON

Drexel University

IRL BIVENS

Davidson College

STEPHEN DAVIS

Davidson College

BICENTENNIAL 1807 WILEY 2007 BICENTENNIAL

John Wiley & Sons Canada, Ltd.

Catalogage avant publication de Bibliothèque et Archives Canada

Anton, Howard
Calcul différentiel / Howard Anton, Irl Bivens, Stephen
Davis ; traduction de Céline Tremblay.

Traduction de: Calculus.
Comprend un index.
ISBN 978-0-470-83954-6 (v. 1)

1. Calcul infinitésimal. I. Bivens, Irl II. Davis, Stephen, 1952- III. Titre.

QA303.A6814 2007 515 C2006-906480-6

Supervision éditorial : Karen Staudinger
Gestion de projet : Elsa Passera Berardi
Traduction : Céline Tremblay
Correction d'épreuves : Marie Robert
Édition électronique : Techsetters, Inc.
Logo Wiley Bicentenaire : Richard J. Pacifico
Impression : Quebecor World—Dubuque
Image frontispice (Tremblant, Québec) : Taylor S Kennedy/National Geographic/Getty Images

Imprimé aux États-Unis.

1 2 3 4 5 QW 11 10 09 08 07

John Wiley & Sons Canada, Ltd
6045 Freemont Blvd.
Mississauga, Ontario L5R 4J3

www.wiley.ca

PRÉFACE

Ce manuel vise à améliorer la compréhension de l'étudiant en le guidant dans ses apprentissages à travers un éventail varié de problèmes, dont les exercices groupés sous les rubriques Vérification express et Jonglons avec les concepts, et par des exemples décortiqués en plusieurs étapes.

La technologie occupe une place importante dans ce manuel et les enseignants qui souhaitent utiliser les calculatrices graphiques, les logiciels de calcul formel ou d'autres outils technologiques trouveront à cet effet de nombreux exemples et des exercices ciblés. Toutefois, vu la façon dont le volet technologique est intégré, ce manuel peut servir aussi bien les enseignants qui désirent exploiter à fond la technologie et ceux qui l'utiliseront de temps à autre, ou pas du tout. La section intitulée *Courbes produites par une calculatrice ou par un logiciel de calcul formel* (section 1.2) assure une base solide au contenu technologique. Par ailleurs, la rubrique *Technologie* propose aux étudiants des applications ponctuelles de la technologie au moment le plus approprié dans le texte. Finalement, des icônes identifient clairement les exercices qui exigent l'utilisation d'outils technologiques.

CARACTÉRISTIQUES DE L'OUVRAGE

Souplesse Ce manuel de conception souple conviendra à une large gamme d'approches du calcul différentiel—des plus traditionnelles aux plus modernes. La technologie occupera la place que l'enseignant voudra bien lui donner et l'ordre de présentation de plusieurs sujets pourra être permuté librement pour satisfaire aux besoins particuliers de chacun.

Règle des quatre La «règle des quatre» réfère à la présentation des notions de quatre points de vue différents : verbal, algébrique, visuel et numérique. Tout en restant fidèle à pédagogie usuelle, nous avons utilisé cette approche lorsqu'elle nous semblait appropriée.

Rigueur Un bon manuel de calcul différentiel relève le défi du juste équilibre entre la rigueur et la clarté. Nous avons donc choisi de présenter des mathématiques aussi précises que possible dans un cours d'introduction. Lorsque la clarté et la rigueur entraient en conflit, nous avons opté pour la clarté; cependant, puisqu'il nous paraît indispensable que l'étudiant sache distinguer une preuve rigoureuse d'un raisonnement informel, nous avons clairement indiqué au lecteur chaque fois que le raisonnement présenté avait un caractère informel ou autrement motivé.

Niveau mathématique Le niveau mathématique de ce manuel préparera les étudiants à des carrières qui exigent un solide bagage mathématique, dans des domaines aussi variés que l'ingénierie, les sciences et les affaires.

Applications du calcul différentiel Il nous apparaît aussi très important de rattacher le calcul différentiel au monde réel et à l'expérience personnelle de l'étudiant. Ce manuel poursuit cet objectif au fil des exemples, des exercices et des autres composantes du texte. Les cas concrets traités dans les exercices donneront à l'étudiant un avant-goût des possibilités d'applications du calcul différentiel.

Exercices Les séries d'exercices ont un caractère «**progressif**», c'est-à-dire qu'elles débutent par des problèmes de routine et que le niveau de difficulté augmente graduellement au fil de la série.

- La ***Vérification express*** présentée au début de chaque série d'exercices contient des exercices de base qui couvrent l'ensemble des habiletés et des concepts clés de la section. Les étudiants peuvent s'en servir pour valider rapidement leur compréhension d'une section donnée. Les réponses des exercices de la Vérification express sont fournies à la fin de chaque section.
- La rubrique ***Jonglons avec les concepts***, qui figure dans toutes les séries d'exercices, contient des exercices qui mettent l'accent sur la compréhension des concepts.
- Les ***Exercices récapitulatifs*** peuvent servir à réviser les notions importantes vues dans le chapitre ou encore à élaborer un test récapitulatif sur le chapitre.

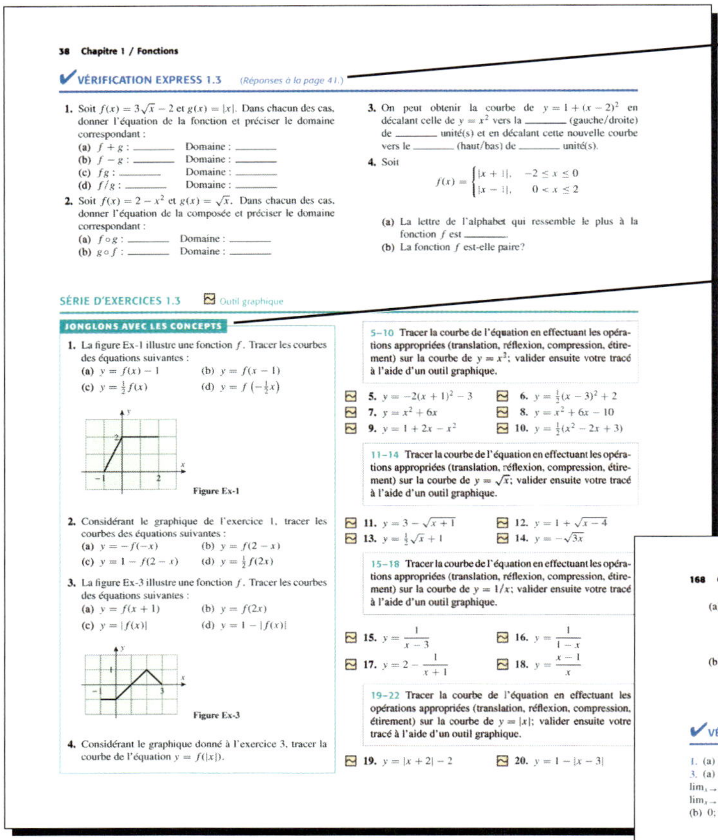

38 **Chapitre 1 / Fonctions**

VÉRIFICATION EXPRESS 1.3 *(Réponses à la page 41.)*

1. Soit $f(x) = 3\sqrt{x} - 2$ et $g(x) = |x|$. Dans chacun des cas, donner l'équation de la fonction et préciser le domaine correspondant :
   (a) $f + g$: ______ Domaine : ______
   (b) $f - g$: ______ Domaine : ______
   (c) fg : ______ Domaine : ______
   (d) f/g : ______ Domaine : ______
2. Soit $f(x) = 2 - x^2$ et $g(x) = \sqrt{x}$. Dans chacun des cas, donner l'équation de la composée et préciser le domaine correspondant :
   (a) $f \circ g$: ______ Domaine : ______
   (b) $g \circ f$: ______ Domaine : ______
3. On peut obtenir la courbe de $y = 1 + (x-2)^2$ en décalant celle de $y = x^2$ vers la ______ (gauche/droite) de ______ unité(s) et en décalant cette nouvelle courbe vers le ______ (haut/bas) de ______ unité(s).
4. Soit
$$f(x) = \begin{cases} |x+1|, & -2 \le x \le 0 \\ |x-1|, & 0 < x \le 2 \end{cases}$$
   (a) La lettre de l'alphabet qui ressemble le plus à la fonction f est ______.
   (b) La fonction f est-elle paire?

SÉRIE D'EXERCICES 1.3 Outil graphique

JONGLONS AVEC LES CONCEPTS

1. La figure Ex-1 illustre une fonction f. Tracer les courbes des équations suivantes :
   (a) $y = f(x) - 1$ (b) $y = f(x-1)$
   (c) $y = \frac{1}{2}f(x)$ (d) $y = f\left(-\frac{1}{2}x\right)$

Figure Ex-1

2. Considérant le graphique de l'exercice 1, tracer les courbes des équations suivantes :
   (a) $y = -f(-x)$ (b) $y = f(2-x)$
   (c) $y = 1 - f(2-x)$ (d) $y = \frac{1}{2}f(2x)$
3. La figure Ex-3 illustre une fonction f. Tracer les courbes des équations suivantes :
   (a) $y = f(x+1)$ (b) $y = f(2x)$
   (c) $y = |f(x)|$ (d) $y = 1 - |f(x)|$

Figure Ex-3

4. Considérant le graphique donné à l'exercice 3, tracer la courbe de l'équation $y = f(|x|)$.

5–10 Tracer la courbe de l'équation en effectuant les opérations appropriées (translation, réflexion, compression, étirement) sur la courbe de $y = x^2$; valider ensuite votre tracé à l'aide d'un outil graphique.

5. $y = -2(x+1)^2 - 3$
6. $y = \frac{1}{2}(x-3)^2 + 2$
7. $y = x^2 + 6x$
8. $y = x^2 + 6x - 10$
9. $y = 1 + 2x - x^2$
10. $y = \frac{1}{2}(x^2 - 2x + 3)$

11–14 Tracer la courbe de l'équation en effectuant les opérations appropriées (translation, réflexion, compression, étirement) sur la courbe de $y = \sqrt{x}$; valider ensuite votre tracé à l'aide d'un outil graphique.

11. $y = 3 - \sqrt{x+1}$
12. $y = 1 + \sqrt{x-4}$
13. $y = \frac{1}{2}\sqrt{x} + 1$
14. $y = -\sqrt{3x}$

15–18 Tracer la courbe de l'équation en effectuant les opérations appropriées (translation, réflexion, compression, étirement) sur la courbe de $y = 1/x$; valider ensuite votre tracé à l'aide d'un outil graphique.

15. $y = \dfrac{1}{x-3}$
16. $y = \dfrac{1}{1-x}$
17. $y = 2 - \dfrac{1}{x+1}$
18. $y = \dfrac{x-1}{x}$

19–22 Tracer la courbe de l'équation en effectuant les opérations appropriées (translation, réflexion, compression, étirement) sur la courbe de $y = |x|$; valider ensuite votre tracé à l'aide d'un outil graphique.

19. $y = |x+2| - 2$
20. $y = 1 - |x-3|$

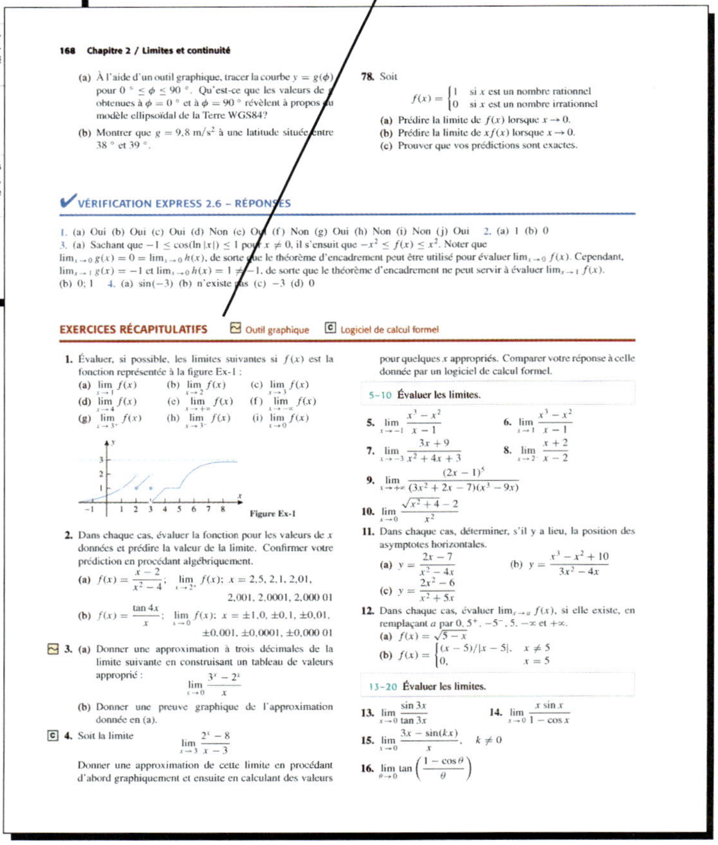

168 **Chapitre 2 / Limites et continuité**

(a) À l'aide d'un outil graphique, tracer la courbe $y = g(\phi)$ pour $0° \le \phi \le 90°$. Qu'est-ce que les valeurs de g obtenues à $\phi = 0°$ et à $\phi = 90°$ révèlent à propos du modèle ellipsoïdal de la Terre WGS84?
(b) Montrer que $g = 9{,}8$ m/s^2 à une latitude située entre 38° et 39°.

78. Soit
$$f(x) = \begin{cases} 1 & \text{si } x \text{ est un nombre rationnel} \\ 0 & \text{si } x \text{ est un nombre irrationnel} \end{cases}$$
   (a) Prédire la limite de $f(x)$ lorsque $x \to 0$.
   (b) Prédire la limite de $xf(x)$ lorsque $x \to 0$.
   (c) Prouver que vos prédictions sont exactes.

VÉRIFICATION EXPRESS 2.6 – RÉPONSES

1. (a) Oui (b) Oui (c) Oui (d) Non (e) Oui (f) Non (g) Oui (h) Non (i) Non (j) Oui 2. (a) 1 (b) 0 3. (a) Sachant que $-1 \le \cos(\ln|x|) \le 1$ pour $x \ne 0$, il s'ensuit que $-x^2 \le f(x) \le x^2$. Noter que $\lim_{x\to 0} g(x) = 0 = \lim_{x\to 0} h(x)$, de sorte que le théorème d'encadrement peut être utilisé pour évaluer $\lim_{x\to 0} f(x)$. Cependant, $\lim_{x\to 1} g(x) = -1$ et $\lim_{x\to 0} h(x) = 1 \ne -1$, de sorte que le théorème d'encadrement ne peut servir à évaluer $\lim_{x\to 1} f(x)$. (b) 0; 1 4. (a) $\sin(-3)$ (b) n'existe pas (c) -3 (d) 0

EXERCICES RÉCAPITULATIFS Outil graphique Logiciel de calcul formel

1. Évaluer, si possible, les limites suivantes si $f(x)$ est la fonction représentée à la figure Ex-1 :
   (a) $\lim_{x\to 1} f(x)$ (b) $\lim_{x\to 2} f(x)$ (c) $\lim_{x\to 3} f(x)$
   (d) $\lim_{x\to 4} f(x)$ (e) $\lim_{x\to +\infty} f(x)$ (f) $\lim_{x\to -\infty} f(x)$
   (g) $\lim_{x\to 3^+} f(x)$ (h) $\lim_{x\to 3^-} f(x)$ (i) $\lim_{x\to 0} f(x)$

Figure Ex-1

2. Dans chaque cas, évaluer la fonction pour les valeurs de x données et prédire la valeur de la limite. Confirmer votre prédiction en procédant algébriquement.
   (a) $f(x) = \dfrac{x-2}{x^2-4}$; $\lim_{x\to 2^+} f(x)$; $x = 2{,}5,\ 2{,}1,\ 2{,}01,\ 2{,}001,\ 2{,}0001,\ 2{,}000\,01$
   (b) $f(x) = \dfrac{\tan 4x}{x}$; $\lim_{x\to 0} f(x)$; $x = \pm 1{,}0,\ \pm 0{,}1,\ \pm 0{,}01,\ \pm 0{,}001,\ \pm 0{,}0001,\ \pm 0{,}000\,01$
3. (a) Donner une approximation à trois décimales de la limite suivante en construisant un tableau de valeurs approprié :
$$\lim_{x\to 0} \frac{3^x - 2^x}{x}$$
   (b) Donner une preuve graphique de l'approximation donnée en (a).
4. Soit la limite
$$\lim_{x\to 3} \frac{2^x - 8}{x-3}$$
   Donner une approximation de cette limite en procédant d'abord graphiquement et ensuite en calculant des valeurs pour quelques x appropriés. Comparer votre réponse à celle donnée par un logiciel de calcul formel.

5–10 Évaluer les limites.

5. $\lim_{x\to -1} \dfrac{x^3 - x^2}{x-1}$
6. $\lim_{x\to 1} \dfrac{x^3 - x^2}{x-1}$
7. $\lim_{x\to -3} \dfrac{3x+9}{x^2+4x+3}$
8. $\lim_{x\to 2^-} \dfrac{x+2}{x-2}$
9. $\lim_{x\to +\infty} \dfrac{(2x-1)^5}{(3x^2+2x-7)(x^3-9x)}$
10. $\lim_{x\to 0} \dfrac{\sqrt{x^2+4}-2}{x^2}$
11. Dans chaque cas, déterminer, s'il y a lieu, la position des asymptotes horizontales.
    (a) $y = \dfrac{2x-7}{x^2-4x}$ (b) $y = \dfrac{x^3-x^2+10}{3x^2-4x}$
    (c) $y = \dfrac{2x^2-6}{x^2+5x}$
12. Dans chaque cas, évaluer $\lim_{x\to a} f(x)$, si elle existe, en remplaçant a par $0,\ 5^+,\ -5^-,\ 5,\ -\infty$ et $+\infty$.
    (a) $f(x) = \sqrt{5-x}$
    (b) $f(x) = \begin{cases} (x-5)/|x-5|, & x \ne 5 \\ 0, & x = 5 \end{cases}$

13–20 Évaluer les limites.

13. $\lim_{x\to 0} \dfrac{\sin 3x}{\tan 3x}$
14. $\lim_{x\to 0} \dfrac{x \sin x}{1 - \cos x}$
15. $\lim_{x\to 0} \dfrac{3x - \sin(kx)}{x}$, $k \ne 0$
16. $\lim_{\theta\to 0} \tan\left(\dfrac{1-\cos\theta}{\theta}\right)$

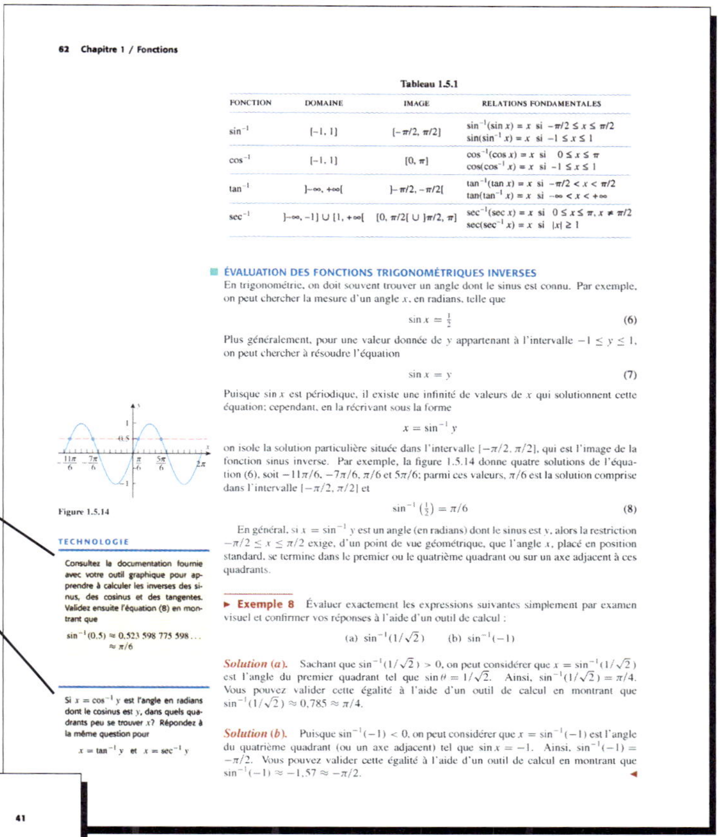

62 Chapitre 1 / Fonctions

Tableau 1.5.1

FONCTION	DOMAINE	IMAGE	RELATIONS FONDAMENTALES
$\sin^{-1}$	$[-1, 1]$	$[-\pi/2, \pi/2]$	$\sin^{-1}(\sin x) = x$ si $-\pi/2 \leq x \leq \pi/2$ $\sin(\sin^{-1} x) = x$ si $-1 \leq x \leq 1$
$\cos^{-1}$	$[-1, 1]$	$[0, \pi]$	$\cos^{-1}(\cos x) = x$ si $0 \leq x \leq \pi$ $\cos(\cos^{-1} x) = x$ si $-1 \leq x \leq 1$
$\tan^{-1}$	$]-\infty, +\infty[$	$]-\pi/2, -\pi/2[$	$\tan^{-1}(\tan x) = x$ si $-\pi/2 < x < \pi/2$ $\tan(\tan^{-1} x) = x$ si $-\infty < x < +\infty$
$\sec^{-1}$	$]-\infty, -1] \cup [1, +\infty[$	$[0, \pi/2[\cup]\pi/2, \pi]$	$\sec^{-1}(\sec x) = x$ si $0 \leq x \leq \pi, x \neq \pi/2$ $\sec(\sec^{-1} x) = x$ si $\lvert x \rvert \geq 1$

ÉVALUATION DES FONCTIONS TRIGONOMÉTRIQUES INVERSES

En trigonométrie, on doit souvent trouver un angle dont le sinus est connu. Par exemple, on peut chercher la mesure d'un angle x, en radians, telle que

$$\sin x = \tfrac{1}{2} \tag{6}$$

Plus généralement, pour une valeur donnée de y appartenant à l'intervalle $-1 \leq y \leq 1$, on peut chercher à résoudre l'équation

$$\sin x = y \tag{7}$$

Puisque $\sin x$ est périodique, il existe une infinité de valeurs de x qui solutionnent cette équation; cependant, en la récrivant sous la forme

$$x = \sin^{-1} y$$

on isole la solution particulière située dans l'intervalle $[-\pi/2, \pi/2]$, qui est l'image de la fonction sinus inverse. Par exemple, la figure 1.5.14 donne quatre solutions de l'équation (6), soit $-11\pi/6$, $-7\pi/6$, $\pi/6$ et $5\pi/6$; parmi ces valeurs, $\pi/6$ est la solution comprise dans l'intervalle $[-\pi/2, \pi/2]$ et

$$\sin^{-1}\left(\tfrac{1}{2}\right) = \pi/6 \tag{8}$$

En général, si $x = \sin^{-1} y$ est un angle (en radians) dont le sinus est y, alors la restriction $-\pi/2 \leq x \leq \pi/2$ exige, d'un point de vue géométrique, que l'angle x, placé en position standard, se termine dans le premier ou le quatrième quadrant ou sur un axe adjacent à ces quadrants.

Figure 1.5.14

TECHNOLOGIE

Consultez la documentation fournie avec votre outil graphique pour apprendre à calculer les inverses des sinus, des cosinus et des tangentes. Validez ensuite l'équation (8) en montrant que

$$\sin^{-1}(0{,}5) \approx 0{,}523\,598\,775\,598\ldots \approx \pi/6$$

Si $x = \cos^{-1} y$ est l'angle en radians dont le cosinus est y, dans quels quadrants peu se trouver x? Répondez à la même question pour

$$x = \tan^{-1} y \quad \text{et} \quad x = \sec^{-1} y$$

► **Exemple 8** Évaluer exactement les expressions suivantes simplement par examen visuel et confirmer vos réponses à l'aide d'un outil de calcul :

(a) $\sin^{-1}(1/\sqrt{2})$ (b) $\sin^{-1}(-1)$

Solution (a). Sachant que $\sin^{-1}(1/\sqrt{2}) > 0$, on peut considérer que $x = \sin^{-1}(1/\sqrt{2})$ est l'angle du premier quadrant tel que $\sin\theta = 1/\sqrt{2}$. Ainsi, $\sin^{-1}(1/\sqrt{2}) = \pi/4$. Vous pouvez valider cette égalité à l'aide d'un outil de calcul en montrant que $\sin^{-1}(1/\sqrt{2}) \approx 0{,}785 \approx \pi/4$.

Solution (b). Puisque $\sin^{-1}(-1) < 0$, on peut considérer que $x = \sin^{-1}(-1)$ est l'angle du quatrième quadrant (ou un axe adjacent) tel que $\sin x = -1$. Ainsi, $\sin^{-1}(-1) = -\pi/2$. Vous pouvez valider cette égalité à l'aide d'un outil de calcul en montrant que $\sin^{-1}(-1) \approx -1{,}57 \approx -\pi/2$. ◄

Notes en marge Vous trouverez en marge du texte des notes générales, de même que la rubrique ***Technologie***, qui soulignent certains points particuliers du texte ou en renchérissent le contenu.

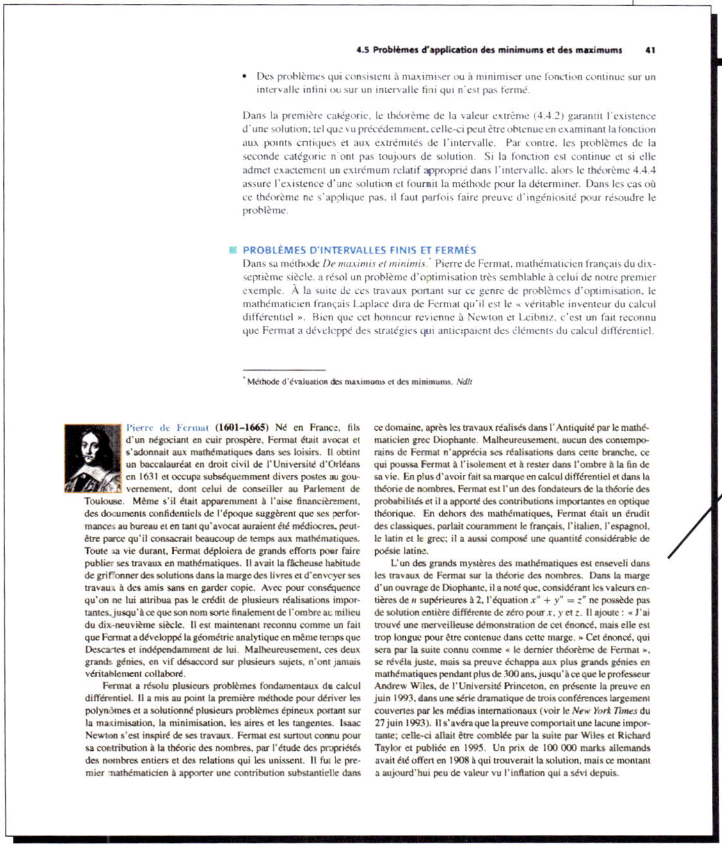

4.5 Problèmes d'application des minimums et des maximums 41

- Des problèmes qui consistent à maximiser ou à minimiser une fonction continue sur un intervalle infini ou sur un intervalle fini qui n'est pas fermé.

Dans la première catégorie, le théorème de la valeur extrême (4.4.2) garantit l'existence d'une solution; tel que vu précédemment, celle-ci peut être obtenue en examinant la fonction aux points critiques et aux extrémités de l'intervalle. Par contre, les problèmes de la seconde catégorie n'ont pas toujours de solution. Si la fonction est continue et si elle admet exactement un extrémum relatif approprié dans l'intervalle, alors le théorème 4.4.4 assure l'existence d'une solution et fournit la méthode pour la déterminer. Dans les cas où ce théorème ne s'applique pas, il faut parfois faire preuve d'ingéniosité pour résoudre le problème.

PROBLÈMES D'INTERVALLES FINIS ET FERMÉS

Dans sa méthode *De maximis et minimis*,* Pierre de Fermat, mathématicien français du dix-septième siècle, a résol un problème d'optimisation très semblable à celui de notre premier exemple. À la suite de ces travaux portant sur ce genre de problèmes d'optimisation, le mathématicien français Laplace dira de Fermat qu'il est le « véritable inventeur du calcul différentiel ». Bien que cet honneur revienne à Newton et Leibniz, c'est un fait reconnu que Fermat a développé des stratégies qui anticipaient des éléments du calcul différentiel.

* Méthode d'évaluation des maximums et des minimums. *Ndlt*

Pierre de Fermat **(1601–1665)** Né en France, fils d'un négociant en cuir prospère, Fermat était avocat et s'adonnait aux mathématiques dans ses loisirs. Il obtint un baccalauréat en droit civil de l'Université d'Orléans en 1631 et occupa subséquemment divers postes au gouvernement, dont celui de conseiller au Parlement de Toulouse. Même s'il était apparemment à l'aise financièrement, des documents confidentiels de l'époque suggèrent que ses performances au bureau et en tant qu'avocat auraient été médiocres, peut-être parce qu'il consacrait beaucoup de temps aux mathématiques. Toute sa vie durant, Fermat déploiera de grands efforts pour faire publier ses travaux en mathématiques. Il avait la fâcheuse habitude de griffonner des solutions dans la marge des livres et d'envoyer ses travaux à des amis sans en garder copie. Avec pour conséquence qu'on ne lui attribua pas le crédit de plusieurs réalisations importantes, jusqu'à ce que son nom sorte finalement de l'ombre au milieu du dix-neuvième siècle. Il est maintenant reconnu comme un fait que Fermat a développé la géométrie analytique en même temps que Descartes et indépendamment de lui. Malheureusement, ces deux grands génies, en vif désaccord sur plusieurs sujets, n'ont jamais véritablement collaboré.

Fermat a résolu plusieurs problèmes fondamentaux du calcul différentiel. Il a mis au point la première méthode pour dériver les polynômes et a solutionné plusieurs problèmes épineux portant sur la maximisation, la minimisation, les aires et les tangentes. Isaac Newton s'est inspiré de ses travaux. Fermat est surtout connu pour sa contribution à la théorie des nombres, par l'étude des propriétés des nombres entiers et des relations qui les unissent. Il fut le premier mathématicien à apporter une contribution substantielle dans ce domaine, après les travaux réalisés dans l'Antiquité par le mathématicien grec Diophante. Malheureusement, aucun des contemporains de Fermat n'apprécia ses réalisations dans cette branche, ce qui poussa Fermat à l'isolement et à rester dans l'ombre à la fin de sa vie. En plus d'avoir fait sa marque en calcul différentiel et dans la théorie de nombres, Fermat est l'un des fondateurs de la théorie des probabilités et il a apporté des contributions importantes en optique théorique. En dehors des mathématiques, Fermat était un érudit des classiques, parlait couramment le français, l'italien, l'espagnol, le latin et le grec; il a aussi composé une quantité considérable de poésie latine.

L'un des grands mystères des mathématiques est enseveli dans les travaux de Fermat sur la théorie des nombres. Dans la marge d'un ouvrage de Diophante, il a noté que, considérant les valeurs entières de n supérieures à 2, l'équation $x^n + y^n = z^n$ ne possède pas de solution entière différente de zéro pour x, y et z. Il ajoute : « J'ai trouvé une merveilleuse démonstration de cet énoncé, mais elle est trop longue pour être contenue dans cette marge. » Cet énoncé, qui sera par la suite connu comme « le dernier théorème de Fermat », se révéla juste, mais sa preuve échappa aux plus grands génies en mathématiques pendant plus de 300 ans, jusqu'à ce que le professeur Andrew Wiles, de l'Université Princeton, en présente la preuve en juin 1993, dans une série dramatique de trois conférences largement couvertes par les médias internationaux (voir le *New York Times* du 27 juin 1993). Il s'avéra que la preuve comportait une lacune importante; celle-ci allait être comblée par la suite par Wiles et Richard Taylor et publiée en 1995. Un prix de 100 000 marks allemands avait été offert en 1908 à qui trouverait la solution, mais ce montant a aujourd'hui peu de valeur vu l'inflation qui a sévi depuis.

Notes biographiques Les biographies et les notes historiques, extraites de sources fiables, donneront aux étudiants un aperçu des personnalités des grands mathématiciens et prêteront vie à leurs noms.

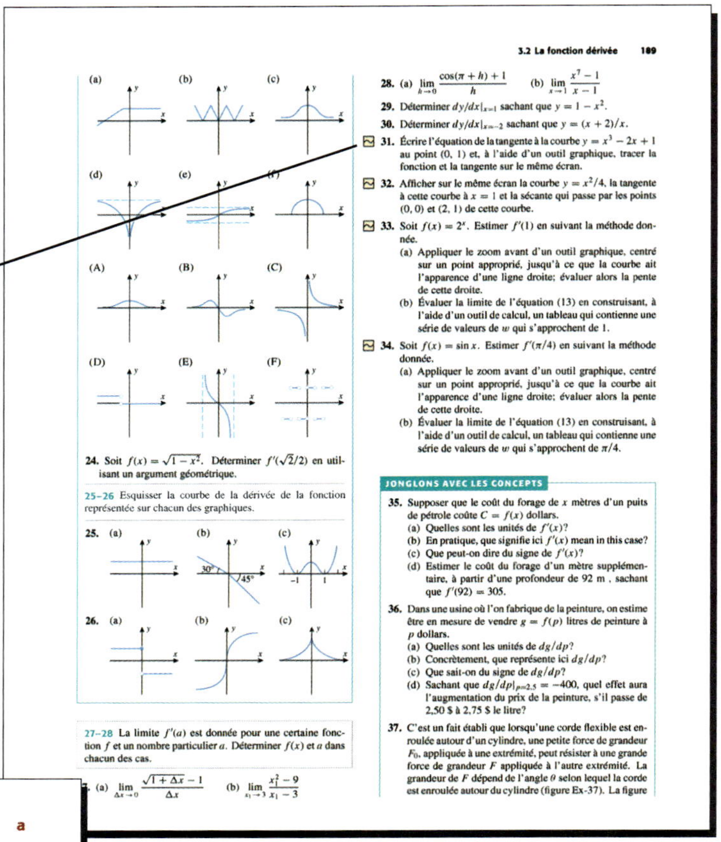

3.2 La fonction dérivée 189

(a) (b) (c) (d) (e) (f) (A) (B) (C) (D) (E) (F)

24. Soit $f(x) = \sqrt{1-x^2}$. Déterminer $f'(\sqrt{2}/2)$ en utilisant un argument géométrique.

25–26 Esquisser la courbe de la dérivée de la fonction représentée sur chacun des graphiques.

25. (a) (b) (c)

26. (a) (b) (c)

27–28 La limite $f'(a)$ est donnée pour une certaine fonction f et un nombre particulier a. Déterminer $f(x)$ et a dans chacun des cas.

27. (a) $\lim_{\Delta x \to 0} \frac{\sqrt{1+\Delta x}-1}{\Delta x}$ (b) $\lim_{x_1 \to 3} \frac{x_1^2-9}{x_1-3}$

28. (a) $\lim_{h \to 0} \frac{\cos(\pi+h)+1}{h}$ (b) $\lim_{x \to 1} \frac{x^7-1}{x-1}$

29. Déterminer $dy/dx|_{x=1}$ sachant que $y = 1 - x^2$.

30. Déterminer $dy/dx|_{x=-2}$ sachant que $y = (x+2)/x$.

31. Écrire l'équation de la tangente à la courbe $y = x^3 - 2x + 1$ au point (0, 1) et, à l'aide d'un outil graphique, tracer la fonction et la tangente sur le même écran.

32. Afficher sur le même écran la courbe $y = x^2/4$, la tangente à cette courbe à $x = 1$ et la sécante qui passe par les points (0, 0) et (2, 1) de cette courbe.

33. Soit $f(x) = 2^x$. Estimer $f'(1)$ en suivant la méthode donnée.
(a) Appliquer le zoom avant d'un outil graphique, centré sur un point approprié, jusqu'à ce que la courbe ait l'apparence d'une ligne droite; évaluer alors la pente de cette droite.
(b) Évaluer la limite de l'équation (13) en construisant, à l'aide d'un outil de calcul, un tableau qui contienne une série de valeurs de w qui s'approchent de 1.

34. Soit $f(x) = \sin x$. Estimer $f'(\pi/4)$ en suivant la méthode donnée.
(a) Appliquer le zoom avant d'un outil graphique, centré sur un point approprié, jusqu'à ce que la courbe ait l'apparence d'une ligne droite; évaluer alors la pente de cette droite.
(b) Évaluer la limite de l'équation (13) en construisant, à l'aide d'un outil de calcul, un tableau qui contienne une série de valeurs de w qui s'approchent de $\pi/4$.

JONGLONS AVEC LES CONCEPTS

35. Supposer que le coût du forage de x mètres d'un puits de pétrole coûte $C = f(x)$ dollars.
(a) Quelles sont les unités de $f'(x)$?
(b) En pratique, que signifie ici $f'(x)$ mean in this case?
(c) Que peut-on dire du signe de $f'(x)$?
(d) Estimer le coût du forage d'un mètre supplémentaire, à partir d'une profondeur de 92 m , sachant que $f'(92) = 305$.

36. Dans une usine où l'on fabrique de la peinture, on estime être en mesure de vendre $g = f(p)$ litres de peinture à p dollars.
(a) Quelles sont les unités de dg/dp?
(b) Concrètement, que représente ici dg/dp?
(c) Que sait-on du signe de dg/dp?
(d) Sachant que $dg/dp|_{p=2,5} = -400$, quel effet aura l'augmentation du prix de la peinture, s'il passe de 2,50 $ à 2,75 $ le litre?

37. C'est un fait établi que lorsqu'une corde flexible est enroulée autour d'un cylindre, une petite force de grandeur F_0, appliquée à une extrémité, peut résister à une grande force de grandeur F appliquée à l'autre extrémité. La grandeur de F dépend de l'angle θ selon lequel la corde est enroulée autour du cylindre (figure Ex-37). La figure

Outils graphiques Les outils graphiques (calculatrice ou ordinateur) clarifieront au besoin les notions et développeront la capacité de l'étudiant à visualiser des objets mathématiques. Plusieurs exercices aideront les étudiants qui utilisent les outils graphiques à développer leur habileté à produire des courbes et des surfaces mathématiques, et à les analyser.

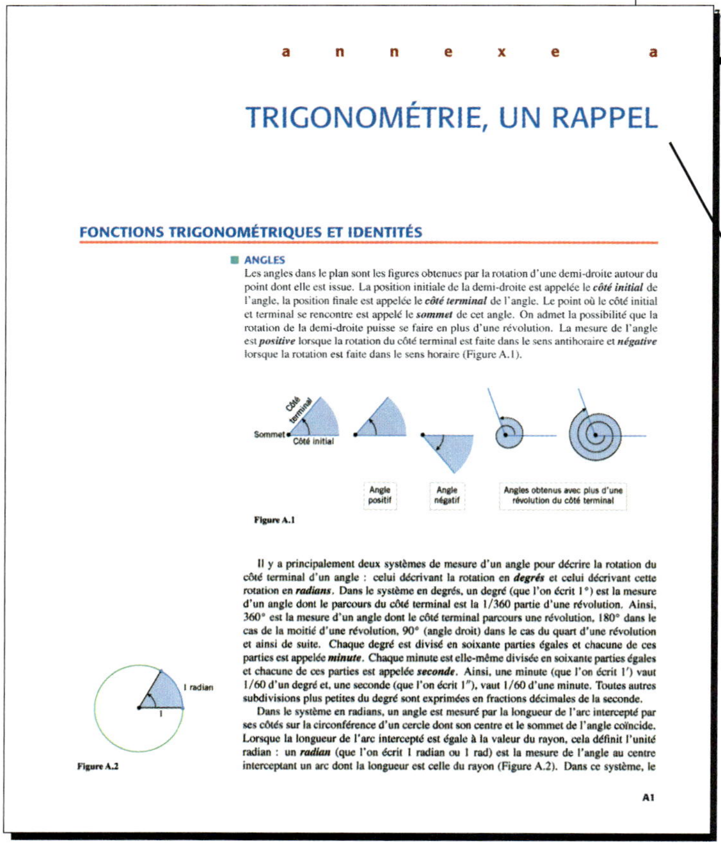

a n n e x e a

TRIGONOMÉTRIE, UN RAPPEL

FONCTIONS TRIGONOMÉTRIQUES ET IDENTITÉS

ANGLES

Les angles dans le plan sont les figures obtenues par la rotation d'une demi-droite autour du point dont elle est issue. La position initiale de la demi-droite est appelée le ***côté initial*** de l'angle, la position finale est appelée le ***côté terminal*** de l'angle. Le point où le côté initial et terminal se rencontre est appelé le ***sommet*** de cet angle. On admet la possibilité que la rotation de la demi-droite puisse se faire en plus d'une révolution. La mesure de l'angle est ***positive*** lorsque la rotation du côté terminal est faite dans le sens antihoraire et ***négative*** lorsque la rotation est faite dans le sens horaire (Figure A.1).

Figure A.1

Il y a principalement deux systèmes de mesure d'un angle pour décrire la rotation du côté terminal d'un angle : celui décrivant la rotation en ***degrés*** et celui décrivant cette rotation en ***radians***. Dans le système en degrés, un degré (que l'on écrit 1°) est la mesure d'un angle dont le parcours du côté terminal est la 1/360 partie d'une révolution. Ainsi, 360° est la mesure d'un angle dont le côté terminal parcours une révolution, 180° dans le cas de la moitié d'une révolution, 90° (angle droit) dans le cas du quart d'une révolution et ainsi de suite. Chaque degré est divisé en soixante parties égales et chacune de ces parties est appelée ***minute***. Chaque minute est elle-même divisée en soixante parties égales et chacune de ces parties est appelée ***seconde***. Ainsi, une minute (que l'on écrit 1′) vaut 1/60 d'un degré et, une seconde (que l'on écrit 1″), vaut 1/60 d'une minute. Toutes autres subdivisions plus petites du degré sont exprimées en fractions décimales de la seconde.

Dans le système en radians, un angle est mesuré par la longueur de l'arc intercepté par ses côtés sur la circonférence d'un cercle dont son centre et le sommet de l'angle coïncide. Lorsque la longueur de l'arc intercepté est égale à la valeur du rayon, cela définit l'unité radian : un ***radian*** (que l'on écrit 1 radian ou 1 rad) est la mesure de l'angle au centre interceptant un arc dont la longueur est celle du rayon (Figure A.2). Dans ce système, le

Figure A.2

A1

Rappel de trigonométrie Pour combler les lacunes fréquentes en trigonométrie, nous avons ajouté un rappel détaillé de la trigonométrie à l'annexe A.

Internet En complément à ce manuel, le site internet **www.wiley.com/canada/anton** s'avère une référence fort utile. La section destinée à l'enseignant comprend une banque de questions d'examen et un corrigé des exercices.

La section destinée aux étudiants contient des annexes sur divers sujets pertinents, telle que l'annexe sur les équations polynomiales.

REMERCIEMENTS

Nous remercions sincèrement les réviseurs de la proposition de projet ainsi que ceux et celles qui ont contribué à l'élaboration de ce manuel et des documents complémentaires.

Richard D'Amours, *Collège de Maisonneuve*
—Collaboration à la rédaction

Pierre Lantagne, *Collège de Maisonneuve*
—Révision scientifique et collaboration à la rédaction

Jean-François Morissette, *Cégep de Ste-Foy*
—Préparation de la banque de questions d'examen

Claudette Tabib, *Collège Édouard Montpetit*
—Révision scientifique

Chantal Trudel, *Collège de Bois-de-Boulogne*
—Préparation du corrigé

Réviseurs:

Lorraine Baribeau, *Collège Édouard-Montpetit*
Robert Bradley, *Collège Ahuntsic*
Pierre Lantagne, *Collège de Maisonneuve*
Camil Pagé, *Cégep de Ste-Foy*
Line Raymond, *Cégep de l'Outaouais*
Benoît Régis, *Cégep de Thetford*
Sylvie Savage, *Cégep de Sherbrooke*
Chantal Trudel, *Collège de Bois-de-Boulogne*

TABLE DES MATIÈRES

FONCTIONS

La notion de fonction – ce joyau de la pensée mathématique moderne.
—Thomas J. McCormack
Essayiste scientifique et traducteur

L'analyse des relations qui unissent des quantités, qu'elles soient physiques ou mathématiques, occupe une place importante dans l'étude du calcul différentiel. Pour décrire ces relations, on utilise des graphiques, des équations, des données numériques ou des mots. Dans ce chapitre, nous verrons que la notion de fonction est à la base de presque toutes les relations mathématiques et physiques, quelle que soit la forme d'expression privilégiée pour les définir. Nous étudierons les propriétés de quelques fonctions élémentaires en calcul différentiel, dont les polynômes, les fonctions trigonométriques, les fonctions trigonométriques inverses, les fonctions exponentielles et les fonctions logarithmiques. Pour les lecteurs qui s'intéressent davantage aux applications, une section facultative introduit les courbes de régression et l'usage qu'on en fait pour modéliser des données réelles. Nous terminerons ce chapitre en examinant des courbes planes qu'il est plus pratique de décrire à l'aide de deux fonctions ou plus plutôt que d'une seule. Il est à noter que cette dernière partie porte sur les courbes paramétriques dont l'étude pourrait être reportée à plus tard, au besoin.

Photo : ***Le développement du calcul différentiel au cours des 17ᵉ et 18ᵉ siècles a été motivé par le besoin de comprendre des phénomènes physiques tels que les marées, les phases lunaires, la nature de la lumière et la gravité.***

1.1 FONCTIONS

Dans cette section, nous allons définir la notion de fonction et analyser d'une manière détaillée cet objet mathématique fondamental, largement utilisé par les scientifiques et les mathématiciens pour décrire les relations de dépendance entre des quantités variables. Les fonctions sont au cœur du calcul différentiel et de ses applications.

DÉFINITION D'UNE FONCTION

Bon nombre de lois scientifiques et de principes d'ingénierie expriment la relation de dépendance qui existe entre deux quantités. C'est en 1673 que Leibniz a formalisé cette idée et il fut le premier à utiliser le terme *fonction* pour décrire la dépendance entre deux quantités, telle que définie ci-dessous.

1.1.1 DÉFINITION. Si une variable y dépend d'une variable x, de sorte que toute valeur de x détermine exactement une valeur de y, alors nous disons que ***y* est une fonction de *x*.**

Il existe quatre moyens courants de représenter les fonctions :

- le tableau (représentation numérique)
- le graphique (représentation géométrique)
- l'équation (représentation algébrique)
- la description littérale

Le mode de représentation privilégié dépend souvent du contexte où la fonction est établie. Voyons quelques exemples.

Tableau 1.1.1
INDIANAPOLIS 500
VITESSES DES QUALIFICATIONS

ANNÉE t	VITESSE V (km/h)
1987	346,637
1988	352,765
1989	360,308
1990	362,587
1991	360,675
1992	374,144
1993	360,440
1994	366,948
1995	372,731
1996	375,138
1997	351,260
1998	359,693
1999	362,390
2000	359,642
2001	363,771
2002	372,309
2003	372,925
2004	357,313

- Le tableau 1.1.1 donne la vitesse V de la voiture la plus rapide lors des qualifications de l'Indianapolis 500, en fonction de l'année t. Il existe exactement une valeur de V pour chaque valeur de t.
- La figure 1.1.1 reproduit l'enregistrement sismique d'un tremblement de terre. La courbe représente la déflexion D de l'aiguille d'un sismographe, en fonction du temps T écoulé depuis le moment où l'onde a quitté l'épicentre du tremblement de terre. Il existe exactement une valeur de D pour chaque valeur de T.
- Plusieurs fonctions correspondent à des formules bien connues. Par exemple, l'expression $C = 2\pi r$ définit la circonférence C d'un cercle en fonction de son rayon r. Il existe exactement une valeur de C pour chaque valeur de r.
- Les fonctions sont parfois exprimées en mots. Par exemple, la loi de la gravitation universelle d'Isaac Newton est souvent décrite comme suit : « La force d'attraction gravitationnelle entre deux corps dans l'univers est directement proportionnelle au produit de leurs masses et inversement proportionnelle au carré de la distance qui les sépare. » Cet énoncé se traduit par l'équation

$$F = G\frac{m_1 m_2}{r^2}$$

où F représente la force d'attraction, m_1 et m_2 sont les masses, r, la distance qui les sépare et G, une constante. Si les masses sont constantes, alors la description littérale définit F par une fonction de r, car il existe exactement une valeur de F pour chaque valeur de r.

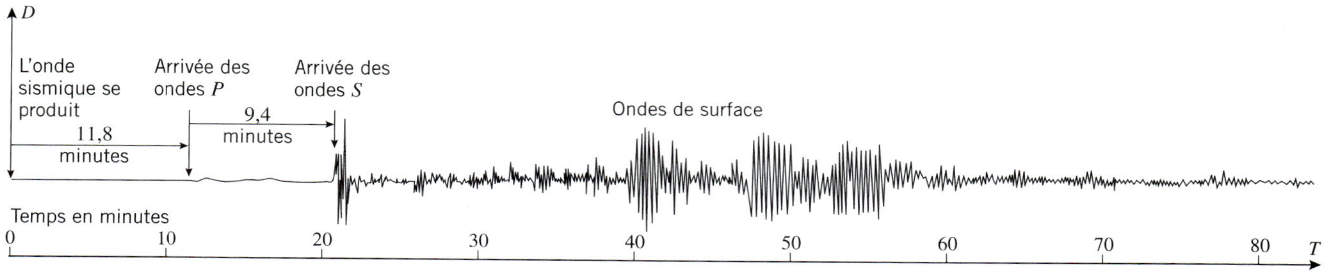

Figure 1.1.1

Au milieu du 18e siècle, le mathématicien suisse Leonhard Euler eut l'idée de représenter les fonctions par des lettres de l'alphabet et permit ainsi d'y référer plus simplement, sans avoir à présenter une équation, un graphique ou un tableau particulier. Pour bien saisir l'idée d'Euler, comparez une fonction à un programme informatique et considérez une *entrée* x, transformée d'une certaine manière pour produire exactement une

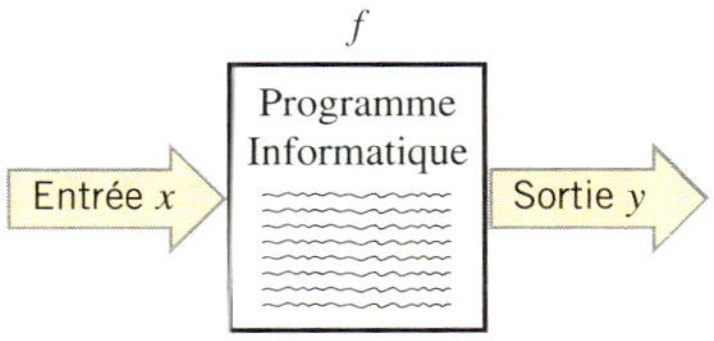

Figure 1.1.2

valeur de *sortie* y. Le programme informatique étant un objet en lui-même, on lui donne un nom, disons f. Ainsi, la fonction f (le programme informatique) associe une valeur de sortie y unique à chaque entrée x (figure 1.1.2). On en déduit la définition suivante :

> **1.1.2 DÉFINITION.** Une ***fonction*** f est une règle qui associe une sortie unique à chaque entrée. Si l'entrée est notée x, alors la sortie est notée $f(x)$ (lire « f de x »).

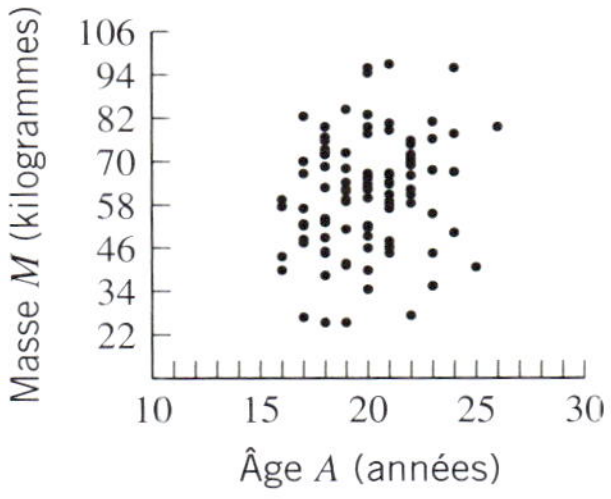

Figure 1.1.3

Dans cette définition, le terme *unique* signifie « exactement une ». Ainsi, une fonction ne peut associer deux sorties différentes à la même entrée. Par exemple, la figure 1.1.3 montre un graphique de la masse en fonction de l'âge d'un échantillon aléatoire de 100 étudiants d'un certain collège. Sur ce graphique, M ne décrit *pas* une fonction de A, parce que certaines valeurs de A correspondent à plus d'une valeur de M. Il fallait s'y attendre, puisque les personnes du même âge peuvent avoir des masses différentes.

VARIABLES DÉPENDANTES ET INDÉPENDANTES

Pour une entrée donnée x, la sortie d'une fonction f est appelée ***valeur*** de f en x ou ***image*** de x par f. Il est parfois utile de représenter la valeur de sortie par une seule lettre, disons y; on écrit alors

$$y = f(x)$$

Cette équation exprime y en fonction de x; la variable x est appelée ***variable indépendante*** (ou ***argument***) de f et la variable y est appelée ***variable dépendante*** de f. Cette terminologie suggère que l'on peut donner à x des valeurs arbitraires, mais qu'une fois x fixée, la valeur de y correspondante est déterminée. Pour le moment, nous allons considérer seulement les fonctions dont les variables dépendantes et indépendantes sont des nombres réels et nous dirons que f est ***une fonction réelle d'une variable réelle.***

Leonhard Euler (1707–1783) Euler fut sans doute le mathématicien le plus prolifique de tous les temps. Il a été dit qu'« Euler écrivait les mathématiques aussi facilement que la plupart des hommes respirent ». Né à Bâle, en Suisse, il était le fils d'un ministre protestant qui avait lui-même étudié les mathématiques. Le génie d'Euler ne tarde pas à se manifester. Il étudie à l'Université de Bâle et a déjà cumulé, à l'âge de 16 ans, un baccalauréat ès Arts et une maîtrise en philosophie. Lorsqu'il vivait à Bâle, Euler eut la chance de suivre des cours particuliers un jour par semaine auprès de l'illustre mathématicien Johann Bernoulli. Sous la pression paternelle, Euler commença des études en théologie. Mais il était beaucoup plus attiré par les mathématiques. Dès l'âge de 18 ans, Euler entreprit ses propres travaux de recherche. L'influence de son père et ses études religieuses laissèrent cependant des traces indélébiles et tout au long de sa vie, Euler demeura profondément religieux et d'une grande simplicité. Il enseigna tour à tour à l'Académie des sciences de Saint-Pétersbourg (en Russie), à l'Université de Bâle et à l'Académie des sciences de Berlin. Euler était animé d'une énergie débordante et d'une capacité de travail virtuellement sans limites. L'ensemble de ses travaux consignés forme plus de 100 volumes in-quarto* et il semble que la majeure partie de son travail ait été perdue. Fait particulièrement étonnant, Euler était aveugle pendant les 17 dernières années de sa vie et cette période fut pourtant l'une des plus productives de sa carrière! Euler avait une mémoire phénoménale et sans faille. Dans sa jeunesse, il avait mémorisé entièrement l'*Énéide* de Virgile et à l'âge de 70 ans, il pouvait non seulement réciter le poème entier, mais il savait identifier la première et la dernière phrase de chaque page du livre dont il avait mémorisé l'œuvre. Il pouvait solutionner mentalement des problèmes très complexes. Il a ainsi résolu dans sa tête d'importantes difficultés posées par le mouvement lunaire et sur lesquelles butait Newton et un jour, il fit mentalement un calcul complexe pour mettre fin à une discussion entre deux étudiants dont les calculs différaient à la cinquième décimale.

Après l'introduction du calcul différentiel par Leibniz et Newton, les mathématiques évoluèrent rapidement mais de façon désordonnée. Le génie d'Euler rendit sa cohérence aux mathématiques. Il fut le premier mathématicien à explorer tout le potentiel du calcul différentiel pour résoudre des problèmes de physique. Ses nombreuses contributions touchent pratiquement à toutes les branches des mathématiques et elles s'étendent également à l'optique théorique, au mouvement des planètes, à l'électricité, au magnétisme et à la mécanique générale.

* Livre composé de cahiers de quatre feuillets chacun (huit pages) et dont la hauteur varie de 25 à 35 cm. *Ndlt*

Tableau 1.1.2

x	0	1	2	3
y	3	4	-1	6

► Exemple 1 Le tableau 1.1.2 décrit une fonction $y = f(x)$ où

$f(0) = 3$ — f associe $y = 3$ à $x = 0$.

$f(1) = 4$ — f associe $y = 4$ à $x = 1$.

$f(2) = -1$ — f associe $y = -1$ à $x = 2$.

$f(3) = 6$ — f associe $y = 6$ à $x = 3$. ◄

► Exemple 2 L'équation

$$y = 3x^2 - 4x + 2$$

est de la forme $y = f(x)$, où la fonction f a pour expression

$$f(x) = 3x^2 - 4x + 2$$

À chaque entrée x correspond une valeur de sortie y déterminée en substituant x dans cette expression. Par exemple,

$f(0) = 3(0)^2 - 4(0) + 2 = 2$ — f associe $y = 2$ à $x = 0$.

$f(-1{,}7) = 3(-1{,}7)^2 - 4(-1{,}7) + 2 = 17{,}47$ — f associe $y = 17{,}47$ à $x = -1{,}7$.

$f(\sqrt{2}) = 3(\sqrt{2})^2 - 4\sqrt{2} + 2 = 8 - 4\sqrt{2}$ — f associe $y = 8 - 4\sqrt{2}$ à $x = \sqrt{2}$. ◄

COURBES DES FONCTIONS

Si f est une fonction réelle d'une variable réelle, alors la ***courbe*** de f dans le plan xy est celle de l'équation $y = f(x)$. Par exemple, la courbe de la fonction f définie par $f(x) = x$ est celle de l'équation $y = x$, tel qu'illustré à la figure 1.1.4. Cette figure montre aussi quelques fonctions élémentaires que vous connaissez peut-être déjà. À la prochaine section, nous verrons comment utiliser la technologie pour dessiner les courbes de fonctions.

Sachant que $\sqrt{x}$ donne un nombre imaginaire pour les valeurs négatives de x, la courbe de $y = \sqrt{x}$ ne contient aucun point dans la région où $x < 0$.

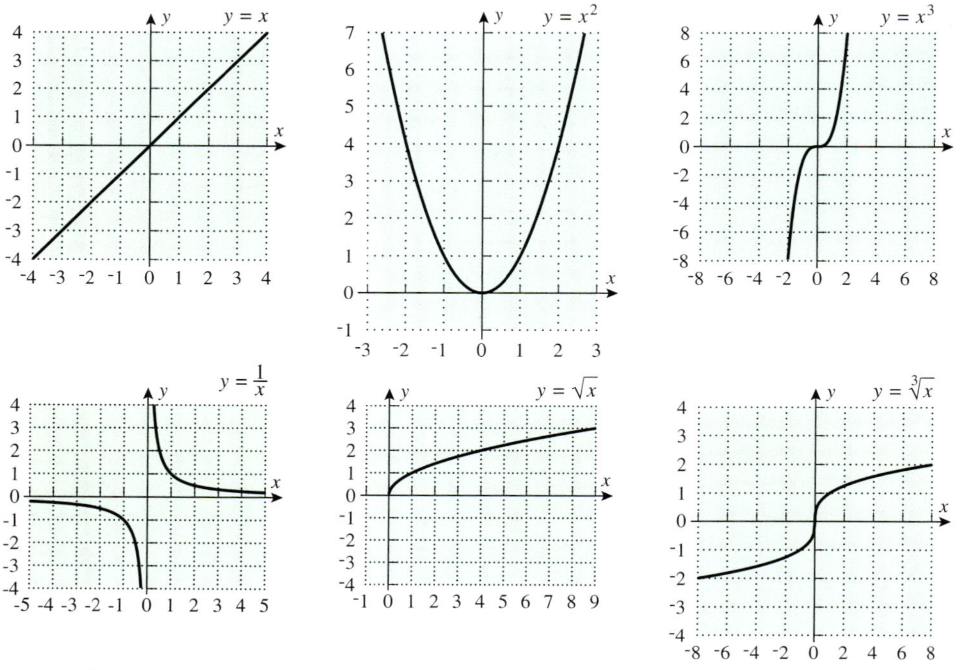

Figure 1.1.4

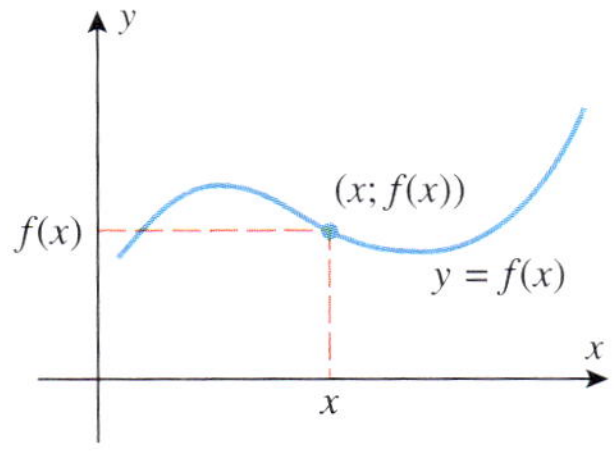

Figure 1.1.5 La coordonnée y d'un point de la courbe de $y = f(x)$ est la valeur de $f(x)$ associée à la coordonnée x.

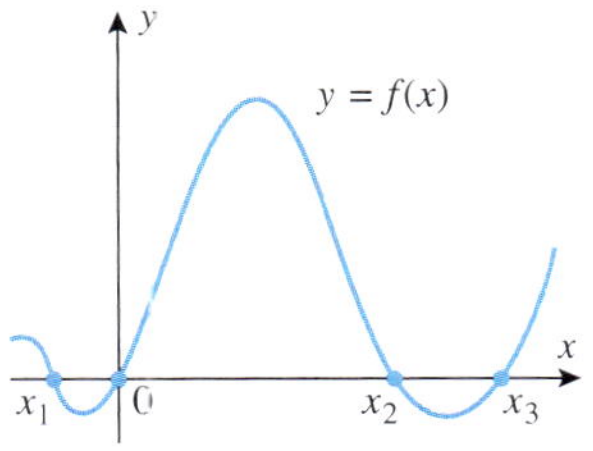

Figure 1.1.6 f a des zéros à x_1, 0, x_2 et x_3.

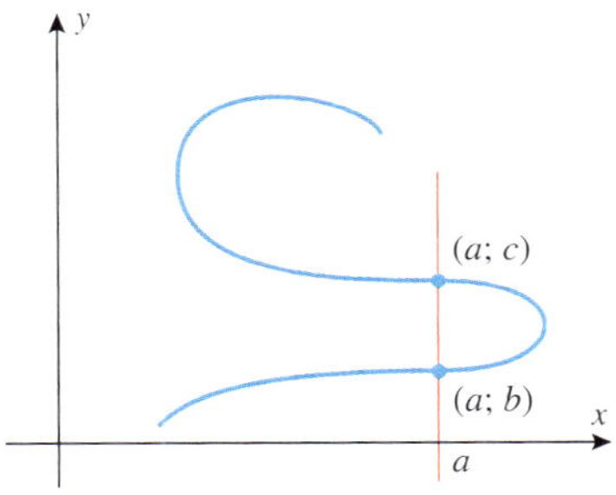

Figure 1.1.7 Cette courbe ne peut être celle d'une fonction.

L'annexe G sur le Web présente un rappel sur les cercles.

Le graphique d'une fonction fournit une information intéressante que l'on peut visualiser. Par exemple, sachant que la courbe d'une fonction f dans le plan xy est celle de l'équation $y = f(x)$, les points de la courbe de f ont pour coordonnées $(x; f(x))$; autrement dit, *la coordonnée y d'un point de la courbe de f est la valeur de f(x) associée à la coordonnée x* (figure 1.1.5). Les valeurs de x où $f(x) = 0$ sont les coordonnées x des points où la courbe de f coupe l'axe des x (figure 1.1.6). Ces valeurs sont appelées les ***zéros*** de f, les ***racines*** de $f(x) = 0$ ou les points d'***intersection*** de la courbe de f ***avec l'axe des x.***

TEST DE LA DROITE VERTICALE

Toutes les courbes du plan xy ne représentent pas des fonctions. Par exemple, la courbe de la figure 1.1.7 est coupée en deux points distincts $(a; b)$ et $(a; c)$ par une droite verticale. Ce graphique ne peut représenter $y = f(x)$ pour aucune fonction f, car s'il en était autrement, on aurait

$$f(a) = b \quad \text{et} \quad f(a) = c$$

Il est donc impossible de satisfaire la définition d'une fonction f, puisque f ne peut associer deux valeurs différentes à a. Ainsi, il n'existe pas de fonction f qui correspond à la courbe donnée. Ce cas illustre l'énoncé général appelé ***test de la droite verticale.***

> **1.1.3 TEST DE LA DROITE VERTICALE.** *Une courbe du plan xy représente une fonction f si et seulement si aucune droite verticale ne la coupe en plus d'un point.*

▶ **Exemple 3** La courbe de l'équation ci-dessous

$$x^2 + y^2 = 25 \tag{1}$$

est un cercle de rayon 5 centré à l'origine; il y a des droites verticales qui coupent la courbe en plus d'un point. L'analyse algébrique mène à la même conclusion. Isolons y de l'équation (1) pour l'exprimer en termes de x; on obtient

$$y = \pm\sqrt{25 - x^2}$$

Cette équation ne définit pas y comme une fonction de x, parce que le membre de droite donne des valeurs multiples; en effet, chaque valeur de x de l'intervalle]-5; 5[correspond à deux valeurs de y. Par exemple, si $x = 4$, alors $y = \pm 3$ et les deux points du cercle (4; 3) et (4; -3) sont sur la même droite verticale (figure 1.1.8). On peut toutefois considérer le cercle comme l'union des deux demi-cercles suivants :

$$y = \sqrt{25 - x^2} \quad \text{et} \quad y = -\sqrt{25 - x^2}$$

Chacun de ces deux demi-cercles définit y par une fonction de x (figure 1.1.9). ◀

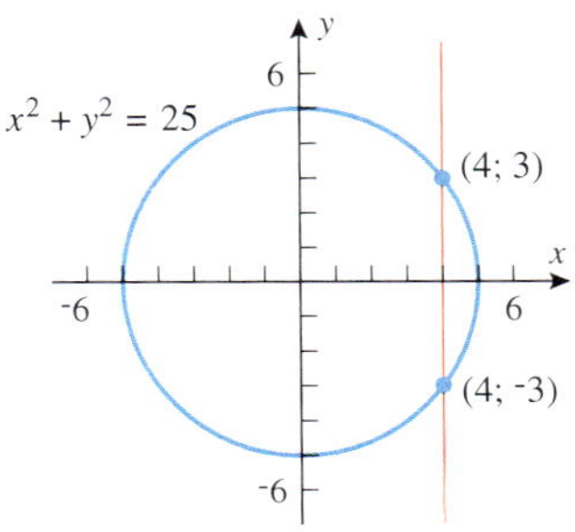

Figure 1.1.8

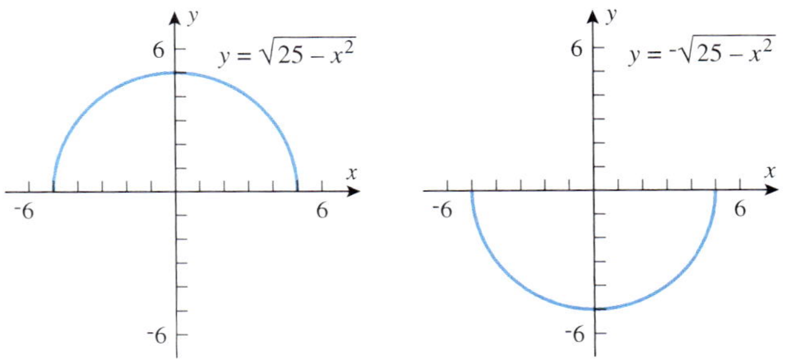

Figure 1.1.9 L'union de ces deux demi-cercles donne le cercle complet.

FONCTION VALEUR ABSOLUE

Rappelons que la ***valeur absolue*** ou ***grandeur*** d'un nombre réel x est définie par

$$|x| = \begin{cases} x, & x \geq 0 \\ -x, & x < 0 \end{cases}$$

Les symboles $+x$ et $-x$ sont trompeurs car on peut être porté à croire que $+x$ est positif tandis que $-x$ est négatif. Il faut être prudent parce que x peut être positif ou négatif. Par exemple, si x est négatif, disons $x = -3$, alors $-x$ est positif ($-x = 3$) et $+x$ est négatif ($+x = -3$).

La valeur absolue élimine le signe négatif des valeurs négatives, mais elle laisse inchangés les nombres non négatifs. Ainsi,

$$|5| = 5, \quad \left|-\tfrac{4}{7}\right| = \tfrac{4}{7}, \quad |0| = 0$$

Nous donnons ici un résumé utile des propriétés algébriques de la valeur absolue. Vous trouverez une description plus détaillée des propriétés de la valeur absolue à l'annexe E sur le Web.

1.1.4 PROPRIÉTÉS DE LA VALEUR ABSOLUE. *Si a et b sont des nombres réels, alors*

(*a*) $|-a| = |a|$ — Un nombre et son opposé ont la même valeur absolue.

(*b*) $|ab| = |a|\,|b|$ — La valeur absolue d'un produit égale le produit des valeurs absolues.

(*c*) $\left|\frac{a}{b}\right| = \frac{|a|}{|b|},\ b \neq 0$ — La valeur absolue d'un quotient égale le quotient des valeurs absolues.

(*d*) $|a + b| \leq |a| + |b|$ — L'***inégalité du triangle.***

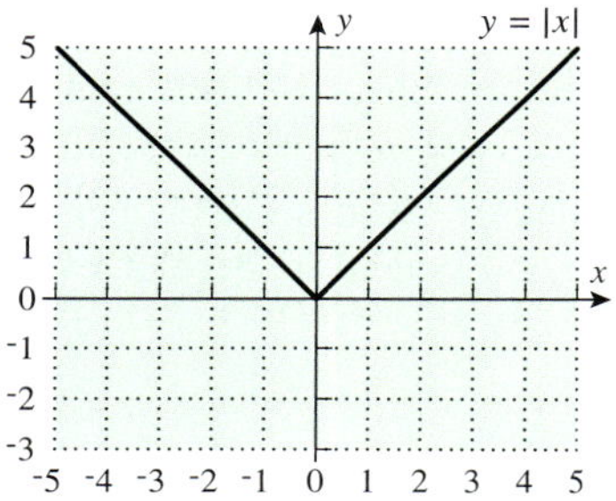

Figure 1.1.10

On obtient la courbe de la fonction f définie par $f(x) = |x|$ en traçant séparément les deux parties de l'équation :

$$y = \begin{cases} x, & x \geq 0 \\ -x, & x < 0 \end{cases}$$

Pour $x \geq 0$, la courbe de $y = x$ est une demi-droite de pente 1 dont l'extrémité correspond à l'origine et pour $x < 0$, la courbe de $y = -x$ est une demi-droite de pente -1 se rapprochant indéfiniment de l'origine. La combinaison des deux parties donne la courbe en V de la figure 1.1.10.

La valeur absolue est intimement liée à la racine carrée. Pour bien saisir, rappelons qu'en algèbre, tout nombre réel positif x possède deux racines carrées, dont l'une est positive et l'autre, négative. Par définition, le symbole $\sqrt{x}$ représente la racine carrée *positive* de x. On réfère à la racine négative en écrivant $-\sqrt{x}$. Par exemple, la racine positive de 9 est $\sqrt{9} = 3$ et la racine négative est $-\sqrt{9} = -3$. (Évitez l'écriture incorrecte $\sqrt{9} = \pm 3$.)

Soyez vigilants lorsque vous simplifiez des expressions de la forme $\sqrt{x^2}$, car il n'est *pas* toujours vrai que $\sqrt{x^2} = x$. Cette égalité est vraie si x n'est pas négatif, mais elle est fausse pour les x négatifs. Par exemple, si $x = -4$, alors

$$\sqrt{x^2} = \sqrt{(-4)^2} = \sqrt{16} = 4 \neq x$$

Cependant, l'égalité suivante est vraie, quel que soit le nombre réel x :

$$\sqrt{x^2} = |x| \qquad (2)$$

TECHNOLOGIE

Vérifiez (2) à l'aide d'un outil graphique : montrez que les équations $y = \sqrt{x^2}$ et $y = |x|$ donnent le même graphique.

FONCTIONS DÉFINIES PAR PARTIES

La fonction f dont la règle de calcul est la valeur absolue $f(x) = |x|$ est un exemple de fonction définie ***par parties*** parce que la formule $f(x)$ n'est pas la même pour toutes les valeurs de x.

▶ **Exemple 4** Tracer la courbe de la fonction définie par parties donnée ci-dessous :

$$f(x) = \begin{cases} 0, & x \leq -1 \\ \sqrt{1 - x^2}, & -1 < x < 1 \\ x, & x \geq 1 \end{cases}$$

Solution. La formule $f(x)$ change aux points $x = -1$ et $x = 1$. (Ces points sont appelés ***points de rupture*** de l'équation.) Pour faire un graphique d'une fonction définie par parties, il est souvent préférable de tracer la courbe de la fonction séparément dans les intervalles ouverts définis par les points de rupture et de tracer ensuite f en ces points. La courbe de la fonction f de cet exemple correspond à la demi-droite horizontale $y = 0$ dans l'intervalle $]-\infty; -1[$, au demi-cercle $y = \sqrt{1 - x^2}$ dans l'intervalle $]-1; 1[$ et à la demi-droite $y = x$ dans l'intervalle $]1; +\infty[$. L'expression de f précise que $y = 0$ au point de rupture -1 (ainsi, $y = f(-1) = 0$) et que $y = x$ à $x = 1$ (ainsi, $y = f(1) = 1$). La courbe complète de f est donnée à la figure 1.1.11. ◀

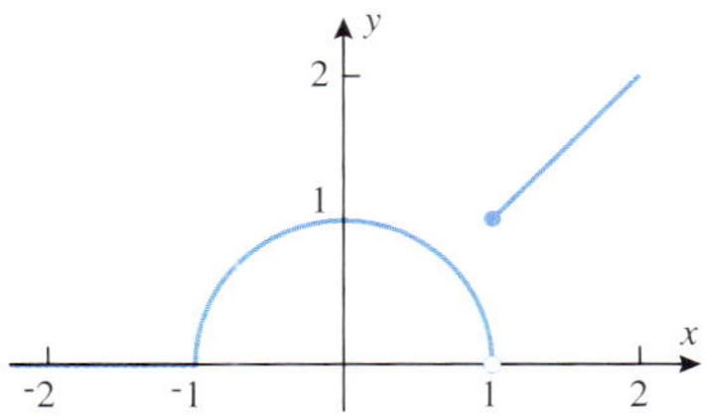

Figure 1.1.11

> À la figure 1.1.11, on utilise le point plein et le point vide à $x = 1$ pour indiquer que le point de la courbe est sur la demi-droite et non pas sur le demi-cercle. Il n'y a pas d'ambiguïté en $x = -1$ parce que les deux parties du graphique se rejoignent d'une manière continue.

▶ **Exemple 5** Le refroidissement éolien est l'effet de refroidissement du vent combiné à de basses températures. Quand il vente, nous ressentons davantage le froid parce que la température de notre peau baisse (effet d'évaporation de l'humidité cutanée). Cette sensation de froid est ce que l'*indice de refroidissement éolien* quantifie. C'est pourquoi l'indice n'est pas une vraie température et s'exprime sans unités, bien qu'il soit calibré selon l'échelle de température Celsius. Une formule empirique a été validée en août 2001 à Toronto. Environnement Canada ne tient compte de l'indice de refroidissement éolien dans ses prévisions que si la température T_{air} est de 0 °C ou moins, avec un vent de vitesse V d'au moins 5 km/h. La formule du calcul de l'indice de refroidissement R pour une température de 0 °C est la suivante :

$$R = \begin{cases} 0, & 0 \leq V < 5 \\ 13,2 - 11,37 \times V^{0,16}, & V \geq 5 \end{cases}$$

Un graphique tracé par ordinateur illustre à la Figure 1.1.12 l'indice R en fonction de V.

◀

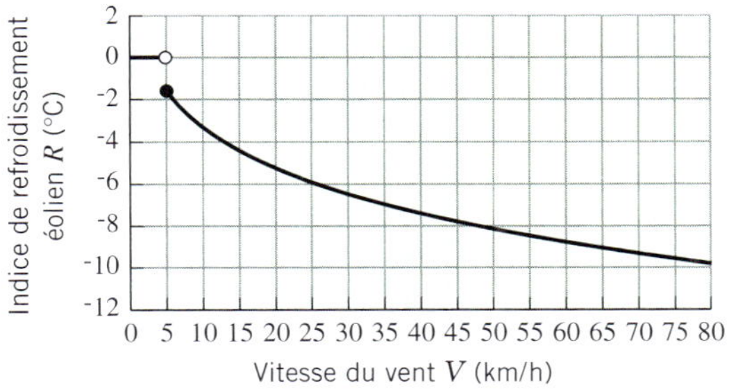

Figure 1.1.12 Indice de refroidissement éolien R en fonction de la vitesse V du vent à $T_{air} = 0$ °C

DOMAINE ET IMAGE

Si x et y sont liés par l'équation $y = f(x)$, alors l'ensemble de toutes les entrées possibles (valeurs de x) est appelé ***domaine*** de f et l'ensemble de toutes les sorties (valeurs de y)

obtenues lorsque x varie sur tout le domaine est appelé ***image*** de f. Par exemple, la fonction f définie par le tableau de l'exemple 1 a pour domaine l'ensemble {0; 1; 2; 3} et pour image {3; 4; -1; 6}.

On peut argumenter que le côté d'un carré physique ne peut avoir une longueur nulle. Cependant, il est souvent mathématiquement utile de permettre la longueur nulle et c'est ce que nous faisons dans cet ouvrage.

Les considérations géométriques et le contexte physique imposent parfois des restrictions aux valeurs d'entrées (valeurs de x) d'une fonction. Par exemple, si y représente la surface d'un carré de côté x, alors les variables sont liées par l'équation $y = x^2$. Bien que cette équation produise une valeur unique de y pour chaque valeur réelle de x, le fait que les longueurs ne peuvent être négatives impose la restriction $x \geq 0$.

Lorsqu'une fonction est définie par une équation mathématique, l'équation elle-même peut imposer des contraintes aux valeurs d'entrées. Par exemple, si $y = \frac{1}{x}$, alors l'entrée $x = 0$ n'est pas admise parce que la division par zéro n'est pas définie et si $y = \sqrt{x}$, alors les valeurs négatives de x ne sont pas permises parce qu'elles produisent des valeurs imaginaires de y et que nous avons précisé dès le départ que nous traiterions uniquement les fonctions réelles d'une variable réelle. En général, on donne la définition qui suit :

1.1.5 DÉFINITION. Si une fonction réelle d'une variable réelle est définie par une équation sans que le domaine soit explicitement spécifié, alors il est entendu que le domaine comprend tous les nombres réels pour lesquels l'équation donne un nombre réel. On parle alors du ***domaine naturel*** de la fonction.

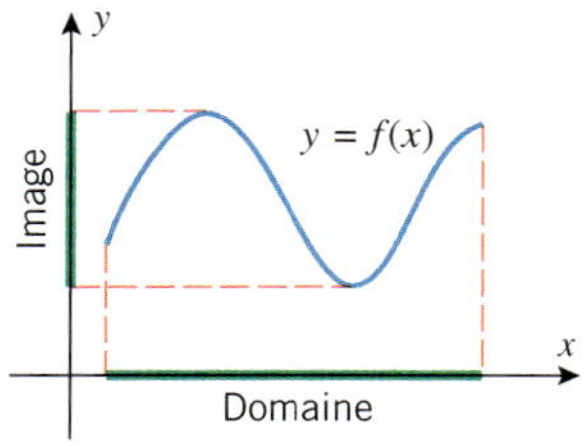

Figure 1.1.13 La projection de $y = f(x)$ sur l'axe des x donne l'ensemble des valeurs de x admises pour f et la projection sur l'axe des y est l'ensemble des valeurs de y correspondantes.

Le domaine et l'image d'une fonction f peuvent être représentés en projetant la courbe de $y = f(x)$ sur les axes de coordonnées, tel qu'illustré à la figure 1.1.13.

▶ **Exemple 6** Déterminer le domaine naturel de

(a) $f(x) = x^3$ (b) $f(x) = \dfrac{1}{(x-1)(x-3)}$

(c) $f(x) = \tan x$ (d) $f(x) = \sqrt{x^2 - 5x + 6}$

Solution (a). La fonction f détermine des valeurs réelles pour tout x réel; elle a donc pour domaine naturel l'intervalle $]-\infty; +\infty[$.

Solution (b). La fonction f détermine des valeurs réelles pour tout x réel, à l'exception de $x = 1$ et $x = 3$, où il y a division par zéro. Le domaine naturel est donc

$$\{x | x \neq 1 \text{ et } x \neq 3\} =]-\infty; 1[\cup]1; 3[\cup]3; +\infty[$$

Un rappel de trigonométrie est présenté à l'annexe A.

Solution (c). Sachant que $f(x) = \tan x = \frac{\sin x}{\cos x}$, la fonction f détermine des valeurs réelles sauf là où $\cos x = 0$, c'est-à-dire lorsque x est un multiple entier impair de $\frac{\pi}{2}$. Le domaine naturel est donc constitué de tous les nombres réels, à l'exception de

$$x = \pm\frac{\pi}{2}, \pm\frac{3\pi}{2}, \pm\frac{5\pi}{2}, \ldots$$

Solution (d). La fonction f détermine des valeurs réelles, sauf lorsque l'expression sous le radical est négative. Le domaine naturel comprend donc tous les nombres réels x tels que

$$x^2 - 5x + 6 = (x-3)(x-2) \geq 0$$

Cette inégalité est satisfaite lorsque $x \leq 2$ ou $x \geq 3$ (vérifiez-le), de sorte que le domaine naturel de f est

$$]-\infty; 2] \cup [3; +\infty[$$ ◀

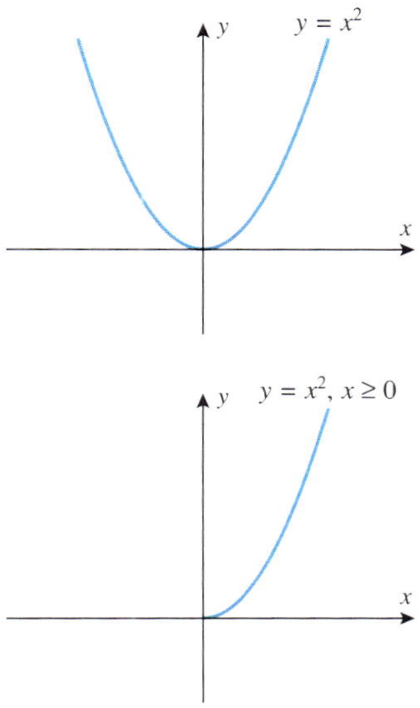

Figure 1.1.14

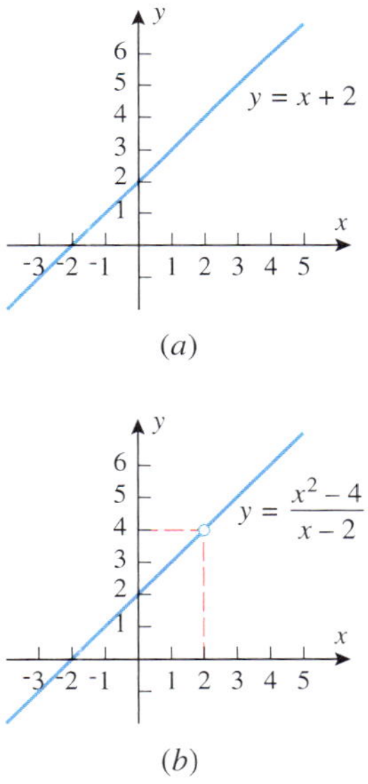

Figure 1.1.15

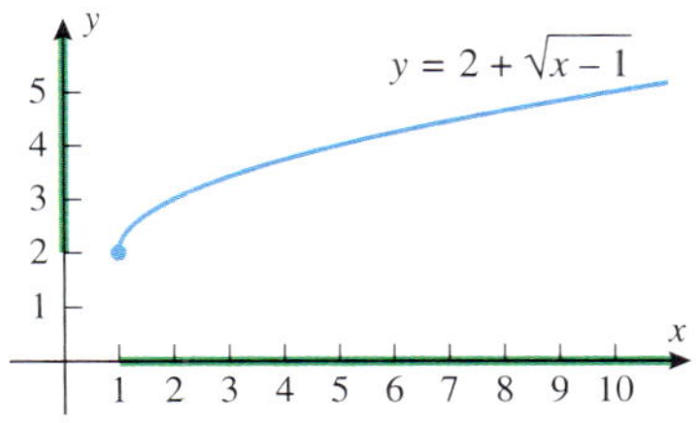

Figure 1.1.16

Dans certains cas, nous préciserons explicitement le domaine dans la définition d'une fonction. Par exemple, si $f(x) = x^2$ représente l'aire d'un carré de côté x, on écrira

$$f(x) = x^2, \quad x \geq 0$$

Il est alors clair que le domaine de f est limité aux nombres réels non négatifs (figure 1.1.14).

MODIFICATION DU DOMAINE À LA SUITE D'OPÉRATIONS ALGÉBRIQUES

On simplifie souvent les expressions algébriques en annulant des facteurs communs au numérateur et au dénominateur. Cependant, il faudrait être vigilants parce que de telles simplifications effectuées sur des fonctions pourraient changer leurs domaines.

▸ **Exemple 7** Soit la fonction

$$f(x) = \frac{x^2 - 4}{x - 2} \tag{3}$$

Le domaine naturel de cette fonction comprend tous les nombres réels x, à l'exception de $x = 2$. Cependant, si l'on met en facteur le numérateur et que l'on simplifie ensuite en annulant le facteur commun au numérateur et au dénominateur, on obtient

$$f(x) = \frac{(x-2)(x+2)}{x-2} = x + 2 \tag{4}$$

Le membre de droite de l'équation (4) donne alors $f(2) = 4$, alors que $f(2)$ n'était pas définie à l'équation (3); la simplification algébrique a donc modifié la fonction. D'un point de vue géométrique, l'équation (4) correspond à la droite de la figure 1.1.15*a*, alors que l'équation (3) donne une droite trouée à $x = 2$ parce que la fonction n'est pas définie en ce point (figure 1.1.15*b*). Bref, la simplification algébrique a pour conséquence géométrique d'éliminer le trou de la courbe originale. ◂

La modification du domaine d'une fonction à la suite d'une simplification algébrique peut être sans conséquence dans un contexte donné, en quel cas on peut l'ignorer. Toutefois, lorsque le domaine doit demeurer inchangé, la fonction simplifiée est soumise à des restrictions explicites. À l'exemple 7, pour ne pas modifier le domaine de la fonction, on écrit comme suit la fonction simplifiée :

$$f(x) = x + 2, \quad x \neq 2$$

▸ **Exemple 8** Trouver le domaine et l'image des fonctions suivantes :

$$\text{(a)}\ f(x) = 2 + \sqrt{x - 1} \qquad \text{(b)}\ f(x) = \frac{x + 1}{x - 1}$$

Solution (a). Le domaine de f n'étant pas précisé, on considère le domaine naturel $[1; +\infty[$. Lorsque x varie sur l'intervalle $[1; +\infty[$, la valeur de $\sqrt{x-1}$ évolue sur l'intervalle $[0; +\infty[$ et la valeur de $f(x) = 2 + \sqrt{x - 1}$ couvre l'intervalle $[2; +\infty[$, qui est l'image de f. Le domaine et l'image sont surlignés en vert sur les axes x et y de la figure 1.1.16.

Solution (b). La fonction donnée f est définie pour tout nombre réel x, à l'exception de $x = 1$; le domaine naturel de f est donc

$$\{x : x \neq 1\} =]-\infty; 1[\cup]1; +\infty[$$

Pour déterminer l'image, introduisons une variable dépendante :

$$y = \frac{x+1}{x-1} \tag{5}$$

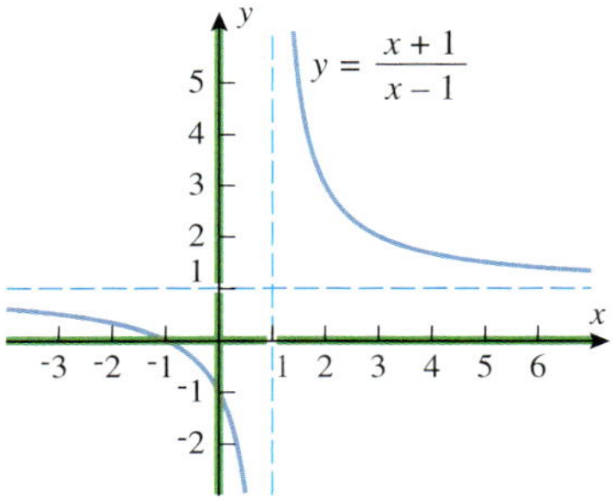

Figure 1.1.17

Un examen rapide de l'équation ne permet pas de déterminer facilement l'ensemble des valeurs de y possibles; mais la courbe de l'équation (5) présentée à la figure 1.1.17 suggère que l'image de f comprenne tous les y, à l'exception de $y = 1$. Pour vérifier si c'est bien le cas, récrivons (5) en isolant x pour l'exprimer en termes de y : on a

$$\begin{aligned} (x-1)y &= x+1 \\ xy - y &= x+1 \\ xy - x &= y+1 \\ x(y-1) &= y+1 \\ x &= \frac{y+1}{y-1} \end{aligned}$$

Le membre de droite de l'équation signifie clairement que $y = 1$ n'appartient pas à l'image, car cette valeur amènerait une division par zéro. Aucune autre valeur de y n'est exclue, de sorte que l'image de f est $\{y : y \neq 1\} =]-\infty;\ 1[\cup]1;\ +\infty[$, conformément à la représentation graphique. ◄

DOMAINE ET INTERVALLE DANS LES APPLICATIONS

Dans les situations concrètes, les données physiques imposent souvent des contraintes au domaine et à l'image d'une fonction.

► **Exemple 9** On veut fabriquer une boîte ouverte sur le dessus à partir d'une feuille de carton de 40 cm par 75 cm; on prévoit découper des carrés d'égales grandeurs dans les quatre coins de la feuille et replier ensuite les côtés perpendiculairement à la base (figure 1.1.18*a*).

(a) Soit V, le volume de la boîte obtenu lorsque l'on découpe des carrés dont les côtés sont de longueur x. Exprimer V en fonction de x.

(b) Déterminer le domaine de V.

(c) Déterminer graphiquement l'image de V à partir de la figure 1.1.18*c*.

(d) Examiner le graphique et décrire en mots ce qu'il indique à propos du volume.

Solution (a). Tel qu'illustré à la figure 1.1.18*b*, la boîte résultante mesure $40 - 2x$ par $75 - 2x$ par x et son volume $V(x)$ est donné par

$$V(x) = (40 - 2x)(75 - 2x)x = 480x - 92x^2 + 4x^3$$

Solution (b). Le domaine est l'ensemble des valeurs de x et l'image, l'ensemble des valeurs de V. On sait que x est une longueur dont les valeurs ne peuvent être négatives. De plus, les côtés des carrés ne peuvent mesurer plus de 20 cm (pourquoi?); les valeurs de x du domaine doivent donc obéir à

$$0 \leq x \leq 20$$

Solution (c). D'après la courbe de V en fonction de x de la figure 1.1.18*c*, l'image de V est l'intervalle

$$0 \leq V \leq 11\ 300$$

Remarquez qu'il s'agit d'une approximation. Nous montrerons plus loin comment obtenir l'image exacte de la fonction.

Solution (d). Le graphique montre que la boîte a un volume maximal pour une valeur de x comprise entre 8 cm et 9 cm. De plus, le volume diminue jusqu'à zéro de part et d'autre du maximum lorsque x se rapproche de 0 ou de 20 cm. ◄

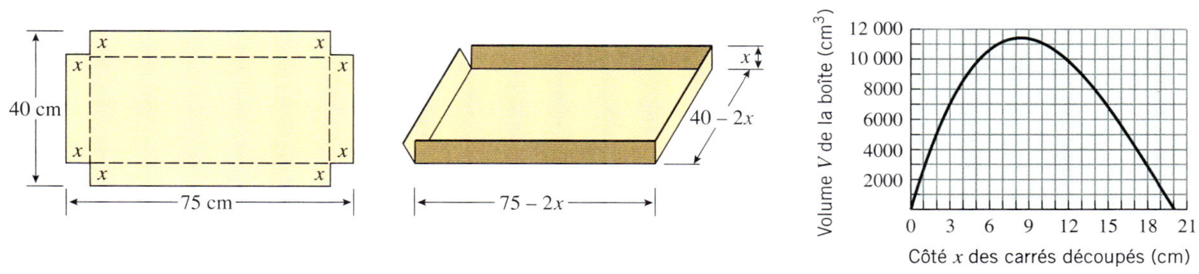

(a) (b) (c)

Figure 1.1.18

Lorsque le temps est en jeu, les équations sont souvent exprimées en fonction d'une variable t dont la valeur initiale est $t = 0$.

► Exemple 10 À 8 h 05, une voiture roule à 30 m/s, tel que mesuré par un détecteur radar placé en bordure d'une portion droite d'une autoroute. En supposant que la voiture maintient une vitesse constante entre 8 h 05 et 8 h 06, établir une fonction $D(t)$ qui exprime la distance parcourue par la voiture en fonction du temps t dans cet intervalle.

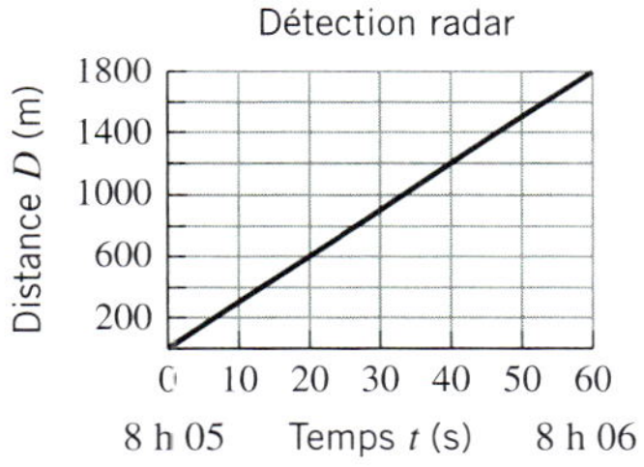

Figure 1.1.19

Solution. Il ne serait pas très pratique d'utiliser l'heure pour la variable t; mesurons plutôt le temps écoulé en secondes entre $t = 0$ à 8 h 05 et $t = 60$ à 8 h 06. À chaque instant, la distance parcourue (en m) est égale à la vitesse de la voiture (en m/s) multipliée par le temps écoulé (en s). On a

$$D(t) = 30t, \quad 0 \leq t \leq 60$$

La figure 1.1.19 montre le graphique de D en fonction du temps t. ◄

ÉCHELLES ET UNITÉS

Dans les problèmes géométriques, pour préserver la forme « véritable » d'une courbe, il importe d'utiliser des unités d'égales longueurs sur les deux axes. Par exemple, si l'on trace la courbe d'un cercle sur un graphique où 1 unité de y est plus courte que 1 unité de x, alors le cercle sera aplati dans l'axe vertical, comme une ellipse (figure 1.1.20). On utilise aussi des unités d'égales longueurs pour calculer la distance d entre deux points $(x_1; y_1)$ et $(x_2; y_2)$ du plan xy, à partir de la formule du calcul de la distance

$$d = \sqrt{(x_2 - x_1)^2 + (y_2 - y_1)^2}$$

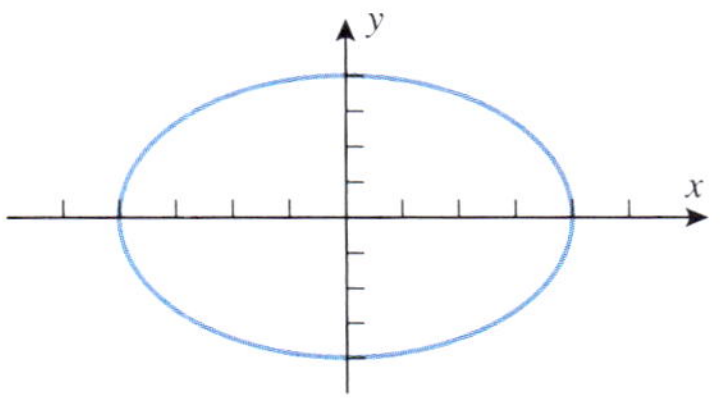

Le cercle est aplati parce que 1 unité sur l'axe des y est définie par un segment plus court que 1 unité sur l'axe des x.

Figure 1.1.20

Mais il est parfois inapproprié, voire impossible d'utiliser des unités d'égales longueurs. Considérons le cas suivant :

$$y = x^2$$

Pour représenter la portion de la courbe qui couvre l'intervalle $-3 \leq x \leq 3$, on peut facilement utiliser des unités d'égales longueurs étant donné que y varie de 0 à 9 dans cet intervalle. Cependant, pour représenter la portion de la courbe qui couvre l'intervalle $-10 \leq x \leq 10$,

> Lorsque les variables correspondant aux deux axes ont des unités complètement différentes (par exemple, des centimètres sur l'axe des y et des secondes sur l'axe des x), il n'y a aucun avantage à utiliser des unités d'égales longueurs. Choisissez alors des longueurs adéquates pour obtenir un graphique clair.

les unités d'égales longueurs posent problème parce que la valeur de y va de 0 à 100. Pour représenter la courbe sur cet intervalle dans des conditions raisonnables, il faut comprimer l'unité de longueur sur l'axe des y, tel qu'illustré à la figure 1.1.21.

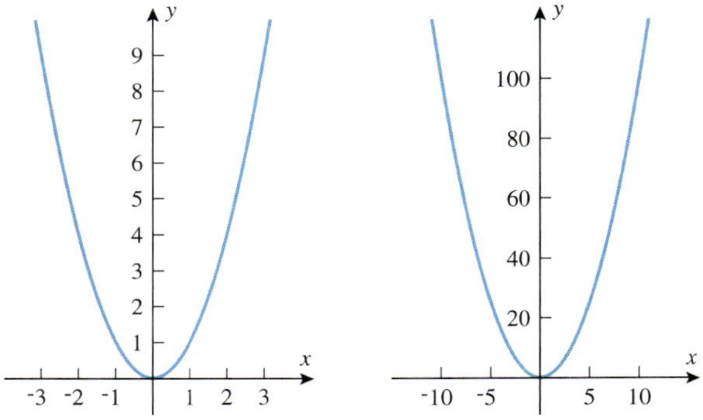

Figure 1.1.21

✔ VÉRIFICATION EXPRESS 1.1 *(Réponses à la page 16.)*

1. Soit $f(x) = \sqrt{x+1} + 4$.

(a) Le domaine naturel de f est ________.

(b) $f(3) =$ ________.

(c) $f(t^2 - 1) =$ ________.

(d) $f(x) = 7$ si $x =$ ________.

(e) L'image de f est ________.

2. Dans le plan xy, des segments de droite forment les « lettres » suivantes :

(a) Si l'axe des y est parallèle à la lettre I, laquelle de ces lettres représente la courbe $y = f(x)$ d'une fonction f?

(b) Si l'axe des y est perpendiculaire à la lettre I, laquelle de ces lettres représente la courbe $y = f(x)$ d'une fonction f?

3. Considérant le graphique de $y = f(x)$ donné ci-dessus à droite compléter les expressions suivantes :

(a) Le domaine de f est ________.

(b) L'image de f est ________.

(c) $f(\text{-}3) =$ ________.

(d) $f\left(\frac{1}{2}\right) =$ ________.

(e) Les solutions à $f(x) = \text{-}\frac{3}{2}$ sont $x =$ ________ et $x =$ ________.

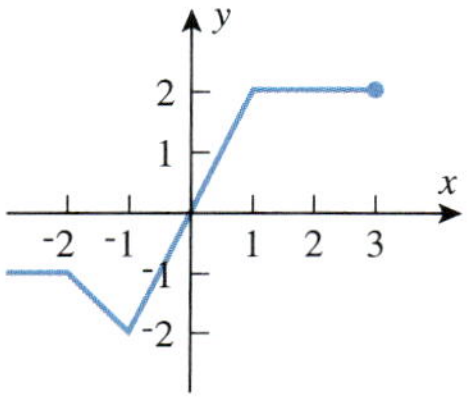

4. Le tableau ci-dessous donne les prévisions des températures maximales et minimales, en degrés Celsius (°C), pour une période de cinq jours.

	LUN	MAR	MER	JEU	VEN
MAXIMUM	24	22	18	21	23
MINIMUM	11	13	9	10	11

(a) Si x et y représentent respectivement les températures maximale et minimale prévues pour chacune des cinq journées, peut-on dire que y est une fonction de x? Si oui, donner le domaine et l'image de la fonction.

(b) Si x et y représentent respectivement les températures minimale et maximale prévues pour chacune des cinq journées, peut-on dire que y est une fonction de x? Si oui, donner le domaine et l'image de la fonction.

5. Supposons que l, w et A représentent respectivement la longueur, la largeur et l'aire d'un rectangle et que la largeur du rectangle mesure la moitié de sa longueur.

(a) Si l est exprimé en fonction de w, alors $l =$ ________.

(b) Si A est exprimé en fonction de l, alors $A =$ ________.

(c) Si w est exprimé en fonction de A, alors $w =$ ________.

SÉRIE D'EXERCICES 1.1 Outil graphique

1. Utiliser le graphique de la figure Ex-1 pour répondre aux questions suivantes, en faisant des approximations raisonnables au besoin.

(a) Pour quelles valeurs de x a-t-on $y = 1$?
(b) Pour quelles valeurs de x a-t-on $y = 3$?
(c) Pour quelles valeurs de y a-t-on $x = 3$?
(d) Pour quelles valeurs de x a-t-on $y \leq 0$?
(e) Quelles sont les valeurs maximale et minimale de y et à quelles valeurs de x correspondent-elles?

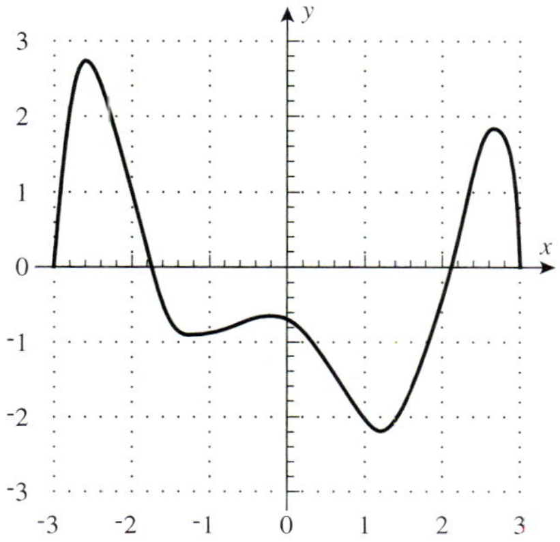

Figure Ex-1

2. Répondre aux questions posées à l'exercice 1 en référant cette fois au tableau Ex-2.

x	-2	-1	0	2	3	4	5	6
y	5	1	-2	7	-1	1	0	9

Tableau Ex-2

3. Dans chaque cas illustré à la figure Ex-3, déterminer si la courbe définit y par une fonction de x.

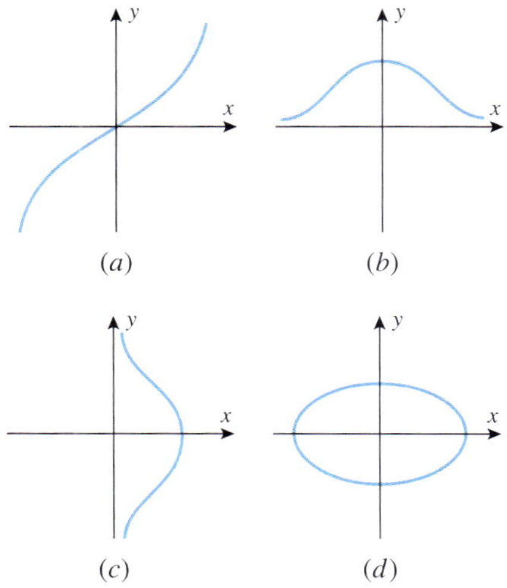

Figure Ex-3

4. Dans chaque cas, comparer les domaines naturels de f et g.

(a) $f(x) = \dfrac{x^2 + x}{x + 1}$; $g(x) = x$

(b) $f(x) = \dfrac{x\sqrt{x} + \sqrt{x}}{x + 1}$; $g(x) = \sqrt{x}$

JONGLONS AVEC LES CONCEPTS

5. Répondre aux questions suivantes en se référant au graphique de l'approvisionnement annuel moyen de pétrole brut et équivalent aux raffineries (figure Ex-5). Faites des approximations raisonnables au besoin.

(a) À quel moment l'approvisionnement annuel moyen de pétrole a-t-il atteint pour la première fois les deux millions de m^3?
(b) À quel moment l'approvisionnement annuel moyen de pétrole a-t-il atteint son minimum? À combien s'élevait ce minimum?
(c) Le graphique permet-il de savoir la quantité de mètres cubes qu'il y a eu dans une année donnée? Si oui, dire comment on s'y prend pour obtenir cette quantité.
(d) Quels facteurs sont susceptibles d'entraîner une diminution soudaine de l'approvisionnement moyen annuel de pétrole?
(e) Quels facteurs sont susceptibles d'entraîner une augmentation soudaine de l'approvisionnement moyen annuel de pétrole?

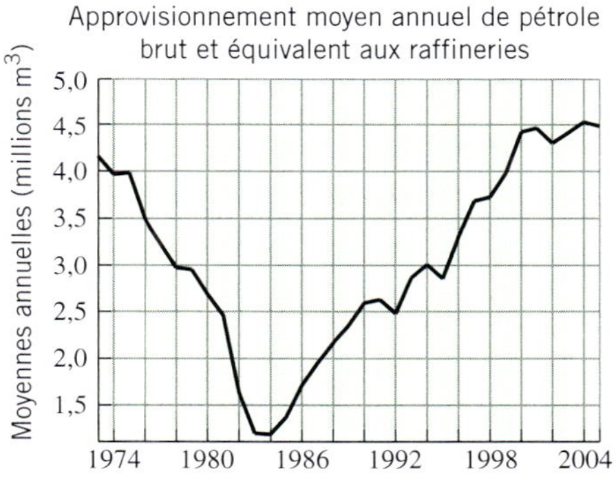

Source : STATISTIQUE CANADA. s.d. Tableau 134-0001. Approvisionnement de pétrole brut et équivalent aux raffineries, moyennes annuelles (mètres cubes), E-STAT (distributeur), http://estat.statcan.ca/Estat/Francais/F-Main.htm (site consulté le 3 novembre 2006).

Figure Ex-5

6. Utiliser la courbe de l'approvisionnement de pétrole brut donnée à l'exercice 5 pour répondre aux questions suivantes, en faisant des approximations raisonnables au besoin.

(a) À quel moment l'approvisionnement a-t-il chuté à une moyenne annuelle de 2,8 millions de m^3?

(b) Entre 1990 et 2000, à quel moment l'approvisionnement moyen annuel de pétrole brut a-t-il été au plus bas?

(c) Considérons le taux de l'approvisionnement moyen annuel de pétrole brut pendant les années 1985–1990 et le taux pendant les années 1995–2000; lequel de ces deux taux est le plus élevé?

7. La figure Ex-7 montre la courbe du revenu médian après impôt des particuliers au Canada entre 1980 et 2003, en dollars constants 2004. Utiliser ce graphique pour répondre aux questions qui suivent, en faisant des approximations raisonnables au besoin.

(a) En quelle année le revenu médian a-t-il atteint un maximum? Quelle était alors sa valeur?

(b) En quelle année le revenu médian était-il au plus bas? Quelle était alors sa valeur?

(c) Le revenu médian a augmenté entre 1999 et 2001. A-t-il augmenté plus rapidement durant la première ou la seconde année de cette période de deux ans? Justifier votre réponse.

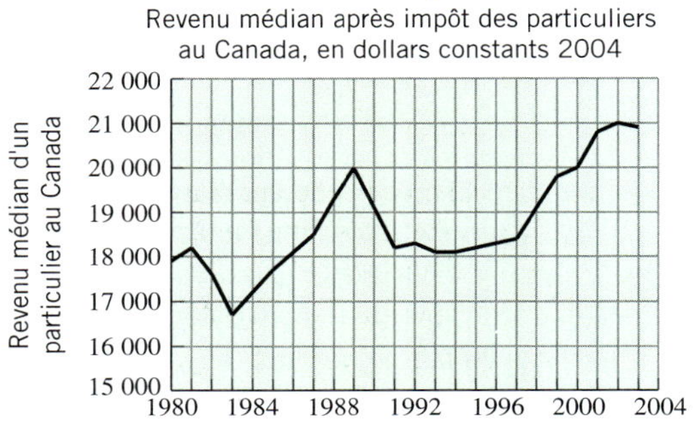

Source : STATISTIQUE CANADA. s.d. Tableau 202-0602. Répartition du revenu après impôt des particuliers, dollars constants 2004, données annuelles
Géographie Canada, E-STAT (distributeur),
http://estat.statcan.ca/Estat/Francais/F-Main.htm
(site consulté le 2 novembre 2006).

Figure Ex-7

8. Utiliser la courbe des revenus de l'exercice 7 pour répondre aux questions suivantes en faisant des approximations raisonnables au besoin.

(a) Quelle a été la croissance annuelle moyenne du revenu médian entre 1993 et 1999?

(b) Le revenu médian a augmenté pendant huit ans, de 1994 à 2002. A-t-il augmenté plus rapidement durant les quatre premières années ou durant les quatre dernières de cette période? Justifier votre réponse.

(c) Considérer l'énoncé suivant : « Après des années d'augmentation, le revenu médian de cette année est malheureusement inférieur à celui de l'année dernière. » En quelle année cette affirmation aurait-elle été juste?

9. Déterminer $f(0)$, $f(2)$, $f(\text{-}2)$, $f(3)$, $f(\sqrt{2})$ et $f(3t)$.

(a) $f(x) = 3x^2 - 2$ (b) $f(x) = \begin{cases} \dfrac{1}{x}, & x > 3 \\ 2x, & x \leq 3 \end{cases}$

10. Déterminer $g(3)$, $g(\text{-}1)$, $g(\pi)$, $g(\text{-}1{,}1)$ et $g(t^2 - 1)$.

(a) $g(x) = \dfrac{x+1}{x-1}$ (b) $g(x) = \begin{cases} \sqrt{x+1}, & x \geq 1 \\ 3, & x < 1 \end{cases}$

11–14 Déterminer algébriquement le domaine naturel de la fonction et vérifier que vos résultats sont cohérents avec la courbe produite par votre outil graphique. [*Note :* Sélectionner le mode radian pour tracer les courbes des fonctions trigonométriques.]

11. (a) $f(x) = \dfrac{1}{x-3}$ (b) $g(x) = \sqrt{x^2 - 3}$
(c) $G(x) = \sqrt{x^2 - 2x + 5}$ (d) $f(x) = \dfrac{x}{|x|}$
(e) $h(x) = \dfrac{1}{1 - \sin x}$

12. (a) $f(x) = \dfrac{1}{5x+7}$ (b) $h(x) = \sqrt{x - 3x^2}$
(c) $G(x) = \sqrt{\dfrac{x^2 - 4}{x - 4}}$ (d) $f(x) = \dfrac{x^2 - 1}{x + 1}$
(e) $h(x) = \dfrac{3}{2 - \cos x}$

13. (a) $f(x) = \sqrt{3 - x}$ (b) $g(x) = \sqrt{4 - x^2}$
(c) $h(x) = 3 + \sqrt{x}$ (d) $G(x) = x^3 + 2$
(e) $H(x) = 3 \sin x$

14. (a) $f(x) = \sqrt{3x - 2}$ (b) $g(x) = \sqrt{9 - 4x^2}$
(c) $h(x) = \dfrac{1}{3 + \sqrt{x}}$ (d) $G(x) = \dfrac{3}{x}$
(e) $H(x) = \sin^2 \sqrt{x}$

JONGLONS AVEC LES CONCEPTS

15. (a) Si vous disposiez d'un appareil capable d'enregistrer continûment la population sur la Terre, croyez-vous que la courbe de la population en fonction du temps serait continue (non brisée)? Quels facteurs pourraient produire des brisures dans la courbe?

(b) On injecte à toutes les huit heures un antibiotique à un patient hospitalisé; la concentration C dans son sang décroît à mesure que l'antibiotique est absorbé par les tissus. À quoi pourrait ressembler la courbe de la concentration C en fonction du temps écoulé t?

16. (a) Si vous disposiez d'un appareil qui enregistre continûment la température d'une pièce pendant 24 heures, croyez-vous que la courbe de la température en fonction du temps serait continue (non brisée)? Expliquer votre raisonnement.

(b) Si vous aviez un ordinateur capable d'afficher continûment le nombre de boîtes de céréales sur le rayon d'un magasin d'alimentation pendant une semaine, croyez-vous que la courbe du nombre de boîtes en fonction du temps serait continue (non brisée)? Expliquer votre raisonnement.

17. Un navire oscille de haut en bas au gré de petites vagues, lorsqu'il est soudain frappé par une grosse vague qui le coule. Esquisser la courbe approximative de la hauteur du bateau au-dessus du plancher de l'océan en fonction du temps.

18. Une tasse de café chaud repose sur une table. Vous ajoutez un peu de lait froid et laissez reposer la tasse pendant une heure. Esquisser la courbe approximative de la température du café en fonction du temps.

19. Utiliser l'équation $y = x^2 - 6x + 8$ pour répondre aux questions suivantes :

(a) Quelles valeurs de x correspondent à $y = 0$?
(b) Quelles valeurs de x correspondent à $y = -10$?
(c) Quelles valeurs de x correspondent à $y \geq 0$?
(d) Y a-t-il un minimum? un maximum? Si oui, quels sont-ils?

20. Utiliser l'équation $y = 1 + \sqrt{x}$ pour répondre aux questions suivantes :

(a) Quelles valeurs de x correspondent à $y = 4$?
(b) Quelles valeurs de x correspondent à $y = 0$?
(c) Quelles valeurs de x correspondent à $y \geq 6$?
(d) Y a-t-il un minimum? un maximum? Si oui, quels sont-ils?

21. Un pendule de longueur constante L forme un angle θ avec la verticale (figure Ex-21). Exprimer la hauteur h en fonction de l'angle θ.

22. Exprimer la longueur L d'une corde d'un cercle de 10 cm de rayon en fonction de l'angle au centre θ (figure Ex-22).

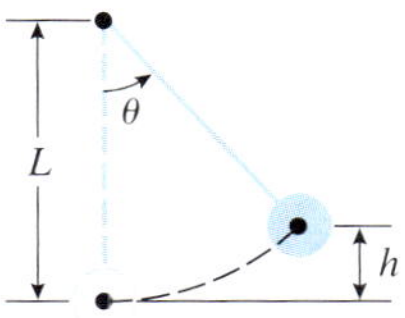

Figure Ex-21

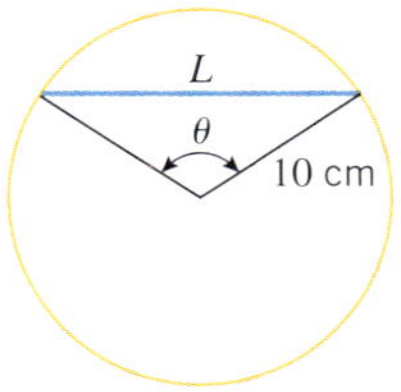

Figure Ex-22

23–24 Exprimer la fonction définie par parties sans recourir aux valeurs absolues. [*Suggestion :* Il peut être utile de produire un graphique de la fonction.]

23. (a) $f(x) = |x| + 3x + 1$ (b) $g(x) = |x| + |x - 1|$

24. (a) $f(x) = 3 + |2x - 5|$ (b) $g(x) = 3|x - 2| - |x + 1|$

25. On veut fabriquer une boîte ouverte sur le dessus à partir d'une feuille de métal rectangulaire de 20 cm par 32 cm (figure Ex-25). On prévoit découper des carrés de côté x dans les quatre coins de la feuille et plier ensuite les côtés vers le haut pour former la boîte.

(a) Exprimer le volume V en fonction de x.
(b) Déterminer le domaine de V.
(c) Tracer le graphique de la fonction V obtenue en (a) et déterminer l'image de cette fonction.
(d) Décrire en mots la variation du volume V selon x et discuter de la façon de construire des boîtes de volume maximal.

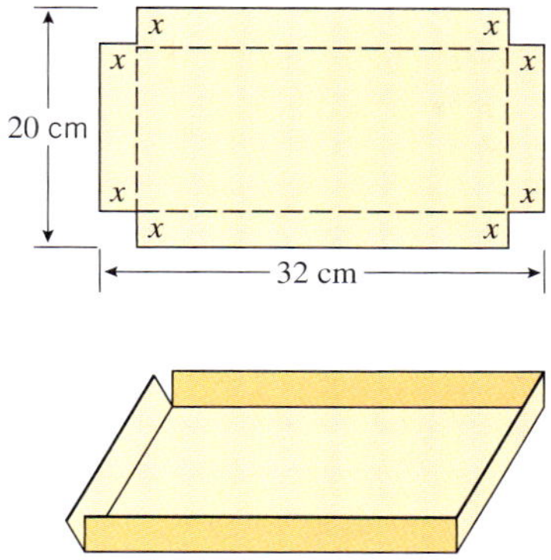

Figure Ex-25

26. Répéter l'exercice 25 en considérant la même technique de construction d'une boîte, mais cette fois à partir d'une feuille de métal carrée de 15 cm de côté.

27. Une entreprise de construction a annexé un terrain rectangulaire de 90 m^2 à l'édifice qui abrite ses bureaux. Trois côtés de ce terrain sont clôturés. Le côté de l'édifice adjacent au terrain mesure 30 m de longueur et une partie de ce mur délimite le quatrième côté. Posons x et y, les dimensions du terrain, où x est parallèle à l'édifice et L, la longueur de grillage requise pour clôturer ce terrain.

(a) Exprimer L en termes de x et y.
(b) Exprimer L en fonction de x seulement.
(c) Quel est le domaine de la fonction trouvée en (b)?
(d) Tracer le graphique de la fonction trouvée en (b) et évaluer les dimensions du terrain qui minimisent la longueur de grillage requise.

28. Une caméra est installée en un point situé à 900 m de la base de la plateforme de lancement d'une fusée (figure Ex-28). La fusée monte à la verticale lorsqu'elle est lancée et l'angle d'élévation de la caméra est continuellement ajusté pour suivre le dessous de la fusée.

(a) Exprimer la hauteur x en fonction de l'angle d'élévation θ.
(b) Déterminer le domaine de la fonction obtenue en (a).
(c) Tracer le graphique de la fonction obtenue en (a) et utiliser ce graphique pour estimer la hauteur de la fusée lorsque l'angle d'élévation atteint $\frac{\pi}{4} \approx 0,7854$ radian. Comparer cette estimation à la hauteur exacte.

[*Suggestion :* Si vous disposez d'une calculatrice graphique, les fonctionnalités trace et zoom s'avéreront utiles.]

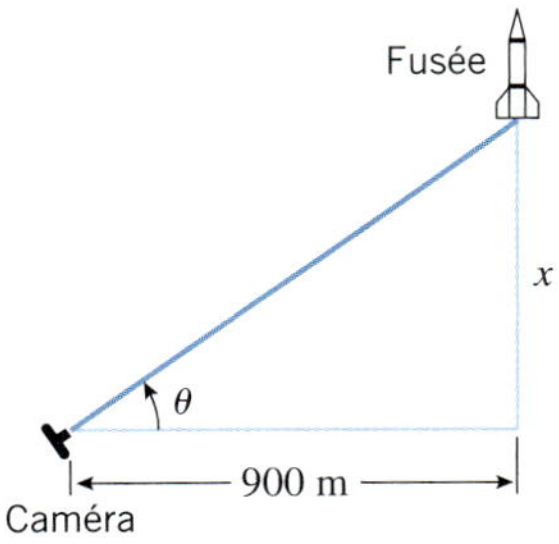

Figure Ex-28

29. Une entreprise de soupes veut fabriquer une boîte cylindrique droite qui contienne 500 cm^3 de liquide. La matière utilisée pour les bouts (dessus et dessous) coûte 0,02 cent/cm^2 et celle employée pour la paroi cylindrique coûte 0,01 cent/cm^2.

(a) Évaluer le rayon r et la hauteur h de la boîte qui coûtera le moins cher à fabriquer. [*Suggestion :* Exprimer le coût C en fonction du rayon r.]

(b) On découpe les deux cercles de rayon r pour le dessus et le dessous dans des feuilles carrées dont les côtés mesurent $2r$ et les restes sont perdus. Si l'on tient compte des pertes, prédire si la boîte de moindre coût sera plus haute ou moins haute que celle en (a). Expliquer.

(c) Évaluer le rayon, la hauteur et le coût de la boîte décrite en (b) et vérifier si vos prédictions sont justes.

30. Un concepteur d'installations sportives veut construire une piste de jogging de 500 m autour d'un terrain de football, tel qu'illustré à la figure Ex-30. Le terrain de football canadien mesure 150 verges ($\approx$ 135 m) de long (aire de jeu et zones de buts incluses) et 65 verges ($\approx$ 60 m) de large. La piste serait formée de deux portions droites, au moins aussi longues que le terrain, et de deux demi-cercles.

(a) Montrer qu'il est possible de construire une piste de 500 m autour du terrain de football. [*Suggestion :* Trouver la plus courte piste que l'on puisse construire autour du terrain.]

(b) Si L représente la longueur des portions droites du parcours (en m) et x, la distance (en m) qui sépare la limite latérale du terrain de football et une portion droite de la piste, tracer un graphique de L en fonction de x.

(c) Utiliser le graphique pour estimer la valeur de x qui donne les plus courtes portions droites et déterminer ensuite exactement cette valeur.

(d) Utiliser le graphique pour estimer la longueur maximale des portions droites du parcours et déterminer ensuite exactement cette longueur.

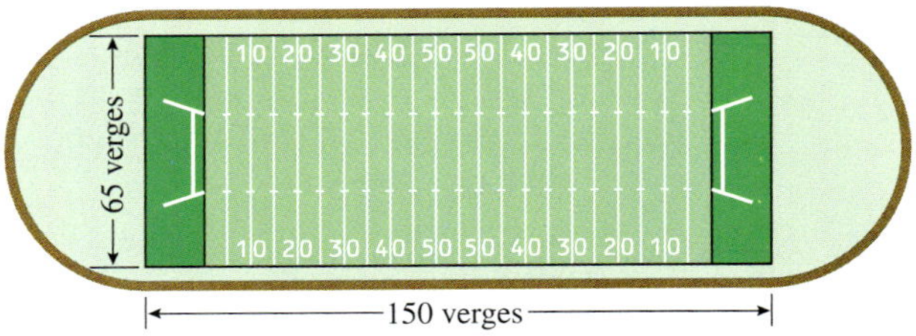

Figure Ex-30

31–32 (i) Expliquer pourquoi la courbe de la fonction f comprend un ou plusieurs trous et donner les valeurs de x où se trouvent ces trous. (ii) Trouver une fonction g dont la courbe est la même que celle de f, mais sans les trous.

31. $f(x) = \dfrac{(x+2)(x^2-1)}{(x+2)(x-1)}$ **32.** $f(x) = \dfrac{x^2+|x|}{|x|}$

33. Pour une température extérieure donnée T_{air} et une vitesse de vent V, l'indice de refroidissement éolien R est la température équivalente ressentie par la peau exposée à un vent de V km/h. En considérant le modèle suivant du calcul de l'indice de refroidissement R

$$R = \begin{cases} T_{air}, & 0 \le V < 5 \\ 13{,}2 + 0{,}6215 \times T_{air} - 11{,}37 \times V^{0{,}16} \\ \quad + 0{,}3965 \times T_{air} \times V^{0{,}16}, & V \ge 5 \end{cases}$$

où T_{air} est la température en °C, V est la vitesse du vent en km/h et R est la température équivalente en °C. Trouver l'indice de refroidissement R au degré le plus près si T_{air} = -5 °C et

(a) $V = 5$ km/h (b) $V = 20$ km/h (c) $V = 45$ km/h

34–36 Utiliser la formule de l'indice de refroidissement éolien donnée à l'exercice 33.

34. Déterminer la température de l'air au degré près si le bulletin météo donne un indice R de -50 °C et un vent de 62 km/h.

35. Déterminer la température de l'air au degré près si le bulletin météo donne un indice R de -20 °C et un vent de 62 km/h.

36. Déterminer la vitesse du vent au km/h près si le bulletin météo donne un indice R de -15 °C et une T_{air} de -5 °C.

✔ VÉRIFICATION EXPRESS 1.1 – RÉPONSES

1. (a) [-1; +∞[(b) 6 (c) $|t| + 4$ (d) 8 (e) [4; +∞[**2.** (a) M (b) I **3.** (a)]-∞; 3] (b) [-2; 2] (c) -1 (d) 1 (e) $-\frac{3}{4}$; $-\frac{3}{2}$ **4.** (a) Oui; domaine : {24; 22; 18; 21; 23}; image : {11; 13; 9; 10} (b) Non **5.** (a) $l = 2w$ (b) $A = \frac{l^2}{2}$ (c) $w = \sqrt{\frac{A}{2}}$

1.2 COURBES PRODUITES PAR UNE CALCULATRICE OU PAR UN LOGICIEL DE CALCUL FORMEL

Dans cette section, nous allons aborder divers sujets qui concernent l'utilisation des calculatrices graphiques et des ordinateurs, c'est-à-dire des outils graphiques pour tracer des courbes d'équations et de fonctions. Puisque les programmes et les logiciels varient beaucoup, il est parfois difficile de donner des explications générales. Pour cette raison, en plusieurs occasions, nous vous inviterons à consulter la documentation fournie avec votre outil graphique pour en connaître les consignes d'utilisation spécifiques.

CALCULATRICES GRAPHIQUES ET LOGICIELS DE CALCUL FORMEL

L'évolution de la technologie a modifié de façon significative la méthode de travail des mathématiciens, des ingénieurs et des scientifiques, de même que leur approche de résolution de problèmes. Parmi les éléments de changement importants, citons les programmes appelés ***logiciels de calcul formel***,* les plus courants étant *Mathematica*, *Maple* et *Derive*.** Ces logiciels peuvent à la fois produire des graphiques et, comme leur nom l'indique, exécuter bien des opérations sur des symboles, à la fois en algèbre, en calcul différentiel et intégral et dans les branches des mathématiques de haut niveau. Par exemple, c'est une tâche simple pour un logiciel de calcul formel de faire la mise en facteur suivante :

$$x^6 + 23x^5 + 147x^4 - 139x^3 - 3464x^2 - 2112x + 23040 = (x+5)(x-3)^2(x+8)^3$$

ou le calcul numérique suivant :

$$\left(\frac{63456}{3177295} - \frac{43907}{22854377}\right)^3 = \frac{2251912457164208291259320230122866923}{382895955819369204449565945369203764688375}$$

La technologie permet également de produire en quelques secondes les graphiques d'équations ou de fonctions qui demandaient autrefois des heures de travail. La figure 1.2.1 montre les graphiques de la fonction f définie par $f(x) = x^4 - x^3 - 2x^2$, obtenus avec différents outils graphiques : les deux premiers ont été produits par les logiciels de calcul formel *Mathematica* et *Maple* et le troisième, par une calculatrice graphique. La résolution des calculatrices graphiques n'est pas aussi bonne que celle des logiciels d'ordinateur, mais les calculatrices ont l'avantage d'être plus accessibles lorsque la classe ne dispose pas d'ordinateur.

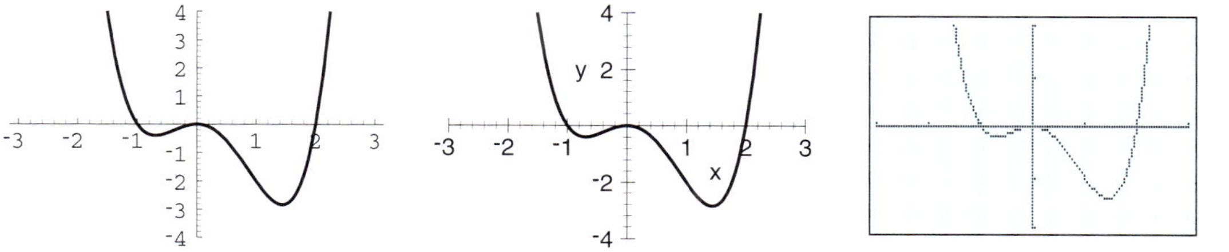

Produit par Mathematica *Produit par Maple* *Produit par une calculatrice graphique*

Figure 1.2.1

FENÊTRES DE VISUALISATION

L'écran d'une calculatrice ou d'un ordinateur affiche seulement une portion du plan xy. Ainsi, si l'on veut tracer une courbe, il faut d'abord déterminer les limites de la portion

*En anglais, *Computer Algebra Systems* (CAS). *Ndlt*

***Mathematica* est produit par Wolfram Research, Inc., *Maple*, par Waterloo Maple Software, Inc. et *Derive*, par Soft Warehouse, Inc.

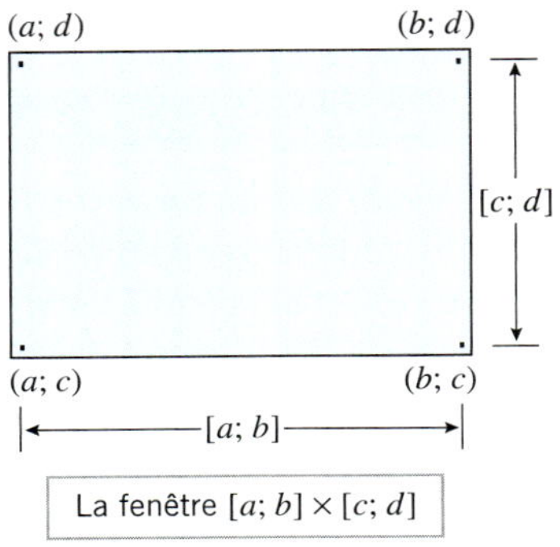

Figure 1.2.2

TECHNOLOGIE

À l'aide de votre outil graphique, produisez le graphique de la fonction f suivante définie par

$$f(x) = x^4 - x^3 - 2x^2$$

dans la fenêtre [-3; 3] × [-4; 4].

rectangulaire du plan xy que l'on veut afficher. On appelle cette région ***fenêtre de visualisation*** (ou ***rectangle de visualisation***). Par exemple, à la figure 1.2.1, la fenêtre de visualisation s'étend sur l'intervalle [-3; 3] selon x et sur l'intervalle [-4; 4] selon y; on notera que la fenêtre de visualisation est [-3; 3] × [-4; 4] (lire « [-3; 3] par [-4; 4] »). En général, une fenêtre de visualisation $[a; b] \times [c; d]$ s'étend de $x = a$ à $x = b$ sur l'axe des x et de $y = c$ à $y = d$ sur l'axe des y. Nous nommerons $[a; b]$ l'***intervalle des x*** de la fenêtre et $[c; d]$, l'***intervalle des y*** de la fenêtre (figure 1.2.2).

Chaque outil graphique définit à sa manière les fenêtres de visualisation. Par exemple, les commandes qui ont servi à produire les deux premiers graphiques de la figure 1.2.1 sont respectivement

```
Plot[x^4 - x^3 -2*x^2, {x, -3, 3}, PlotRange->{-4, 4}]
```
(*Mathematica*)

```
plot(x^4 - x^3 -2*x^2, x = -3..3, y = -4..4);
```
(*Maple*)

Pour le dernier graphique, tracé par une calculatrice, on a appuyé sur la touche GRAPH après avoir déterminé les intervalles des x et des y en entrant les valeurs des variables qui les délimitent, soit

$$Xmin = -3, \quad Xmax = 3, \quad Ymin = -4, \quad Ymax = 4$$

REPÈRES D'ÉCHELLES ET QUADRILLAGE

Pour faciliter le repérage des points dans une fenêtre de visualisation, les outils graphiques vont tracer des ***marques de graduation*** (ou ***repères d'échelle***). Les logiciels *Mathematica* et *Maple* affichent des commandes spécifiques pour définir la distance qui va séparer les marques de graduation, mais si l'utilisateur ne donne pas d'instruction en ce sens, les programmes feront des choix *par défaut*. Par exemple, les marques de graduation des deux premiers graphiques de la figure 1.2.1 ont été choisies par défaut.

Sur certaines calculatrices graphiques, l'espacement entre les marques de graduation est déterminé par deux ***variables d'échelle*** (ou ***facteurs d'échelle***), notées

$$Xgrad \text{ et } Ygrad$$

(La notation varie selon la calculatrice.) Ces variables précisent l'espacement entre les graduations des axes x et y respectivement. Par exemple, sur le troisième graphique de la figure 1.2.1, la fenêtre et les graduations ont été définies par les paramètres suivants :

$$Xmin = -3 \qquad Xmax = 3$$
$$Ymin = -4 \qquad Ymax = 4$$
$$Xgrad = 1 \qquad Ygrad = 1$$

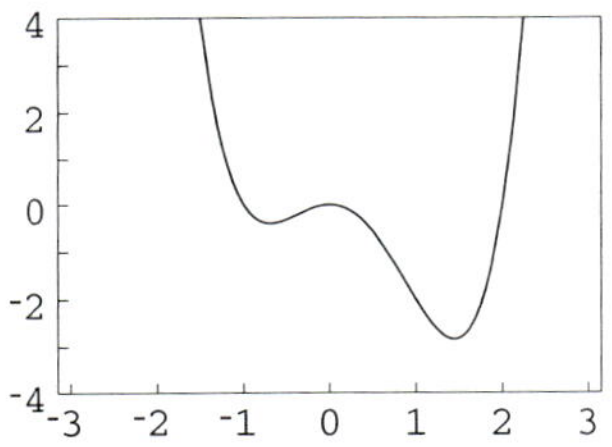

Produit par Mathematica

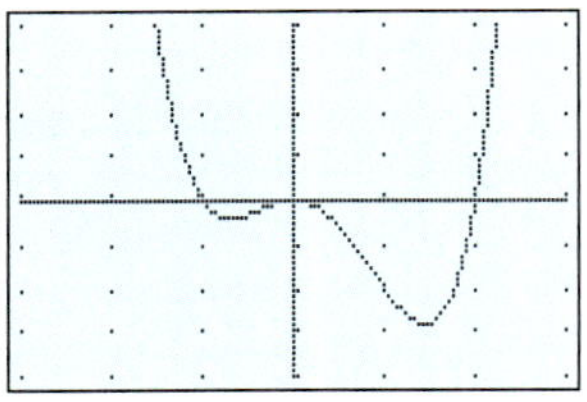

Produit par une calculatrice graphique

Figure 1.2.3

La plupart des outils graphiques permettent de varier la présentation et la position des marques de graduation. Par exemple, la figure 1.2.3 montre deux variantes des graphiques de la figure 1.2.1; sur le premier, produit par ordinateur, une option permettait de placer les graduations et les nombres en bordure d'un cadre et sur le second, produit par une calculatrice, on a opté pour un grillage qui simule le papier graphique.

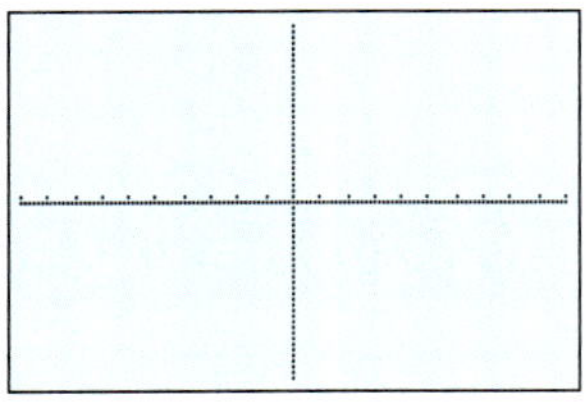

[-5; 5] × [-5; 5]
Xgrad = 0,5, *Ygrad* = 10

Figure 1.2.4

► **Exemple 1** La figure 1.2.4 montre la fenêtre [-5; 5] × [-5; 5]; les marques de graduation sont espacées de 0,5 unité sur l'axe des x et de 10 unités sur l'axe des y. Aucune marque de graduation n'est visible sur l'axe des y parce que la marque de l'origine est cachée par l'axe des x et que toutes les autres marques sont à l'extérieur de la fenêtre de visualisation. ◄

▶ **Exemple 2** La figure 1.2.5 affiche la fenêtre [-10; 10] × [-10; 10]; les marques de graduation sont espacées de 0,1 unité sur les deux axes. Elles sont si rapprochées qu'elles créent un élargissement des droites qui représentent les axes de coordonnées. En pareil cas, il est généralement préférable d'augmenter les facteurs d'échelle pour diminuer le nombre de marques et les rendre visibles. ◀

TECHNOLOGIE Les calculatrices graphiques offrent la possibilité d'effacer tous les réglages et de revenir aux *valeurs par défaut*. Par exemple, une calculatrice peut afficher par défaut une fenêtre de [-10; 10] × [-10; 10], avec des facteurs d'échelle de 1 unité sur chacun des axes. Consultez la documentation fournie avec votre calculatrice pour connaître les valeurs par défaut et pour savoir comment rétablir ces valeurs. Si vous utilisez un logiciel de calcul formel, lisez la documentation pour connaître les commandes permettant de spécifier l'espacement entre les graduations.

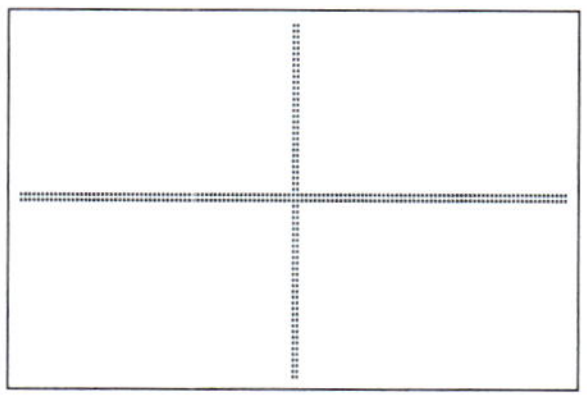

[-10; 10] × [-10; 10]
Xgrad = 0,1, *Ygrad* = 0,1

Figure 1.2.5

CHOISIR UNE FENÊTRE DE VISUALISATION

Lorsque la courbe d'une fonction s'étend à l'infini dans l'une ou l'autre direction, il n'est pas possible de la montrer en entier sur une seule fenêtre de visualisation. En pareil cas, le choix de la fenêtre peut changer l'allure du graphique et la perception qu'on en aura. Par exemple, la figure 1.2.6 montre un graphique produit par ordinateur de $y = 9 - x^2$ et la figure 1.2.7 montre quatre vues différentes de cette fonction obtenues sur une calculatrice.

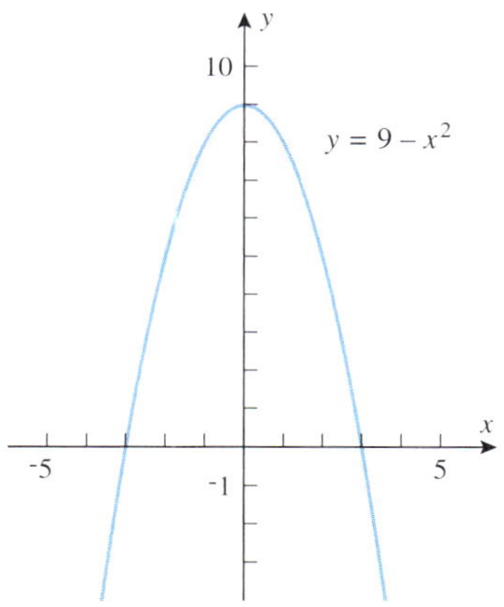

Figure 1.2.6

- Sur le graphique (*a*), la courbe entière est à l'extérieur de la fenêtre de sorte que la fenêtre est vide, c'est-à-dire qu'elle n'affiche rien d'autre que les axes et les graduations.
- Sur le graphique (*b*), la courbe est brisée en deux parties parce qu'elle est tantôt à l'intérieur, tantôt à l'extérieur de la fenêtre.
- Sur le graphique (*c*), la courbe ressemble à une droite parce que nous avons fait un gros plan sur un très petit segment de la courbe.
- Sur le graphique (*d*), l'image reflète mieux l'allure de la fonction parce que la fenêtre comprend le plus haut point de la courbe et les intersections avec l'axe des x.

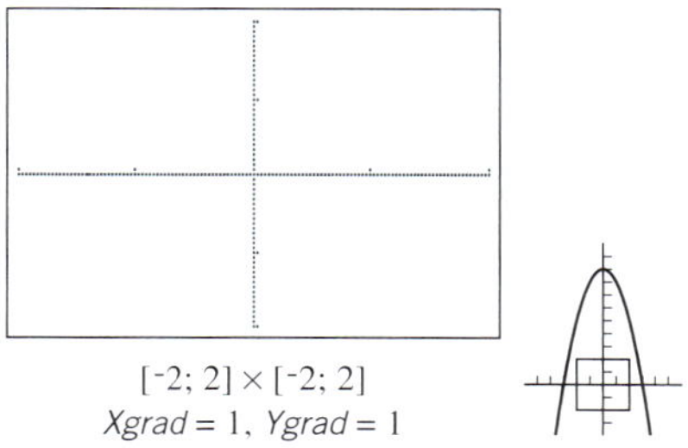

[-2; 2] × [-2; 2]
Xgrad = 1, *Ygrad* = 1
(*a*)

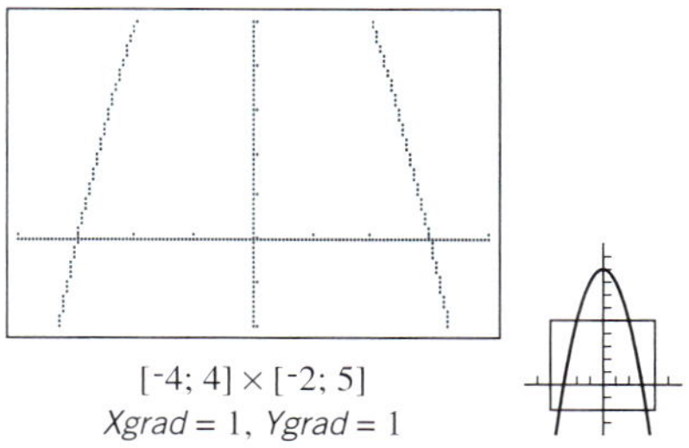

[-4; 4] × [-2; 5]
Xgrad = 1, *Ygrad* = 1
(*b*)

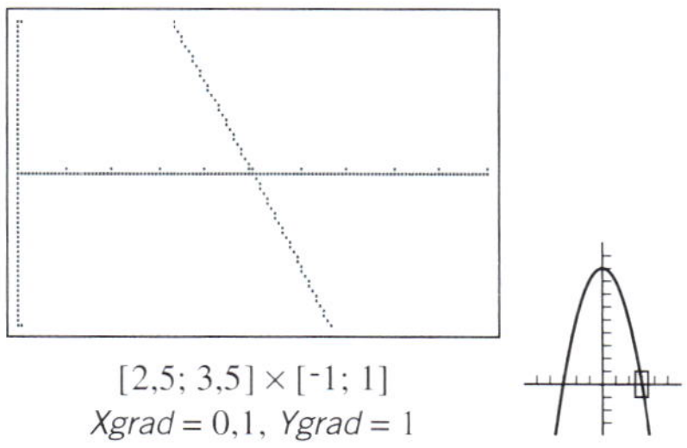

[2,5; 3,5] × [-1; 1]
Xgrad = 0,1, *Ygrad* = 1
(*c*)

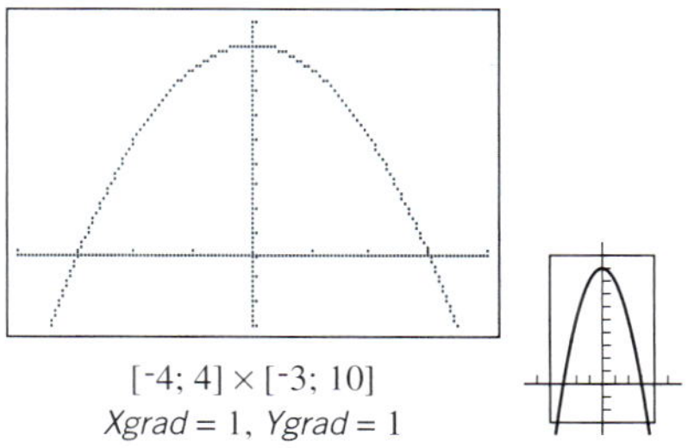

[-4; 4] × [-3; 10]
Xgrad = 1, *Ygrad* = 1
(*d*)

Figure 1.2.7 Quatre vues différentes de $y = 9 - x^2$

L'exemple qui suit illustre la façon d'utiliser le domaine et l'image d'une fonction pour déterminer une fenêtre de visualisation appropriée, lorsque la courbe ne s'étend pas à l'infini dans aucune des deux directions.

► **Exemple 3** Utiliser le domaine et l'image de la fonction f définie par $f(x) = \sqrt{12 - 3x^2}$ pour déterminer une fenêtre de visualisation qui contienne l'ensemble de la courbe.

Solution. Le domaine naturel de f est [-2; 2] et l'image, [0; $\sqrt{12}$] (vérifiez-le), de sorte que l'ensemble de la courbe figurera dans la fenêtre [-2; 2] × [0; $\sqrt{12}$]. Pour obtenir un graphique facile à lire et pour éviter que la courbe soit trop proche des limites de l'écran, on choisira une fenêtre un peu plus grande, par exemple [-3; 3] × [-1; 4], tel qu'illustré à la figure 1.2.8. ◄

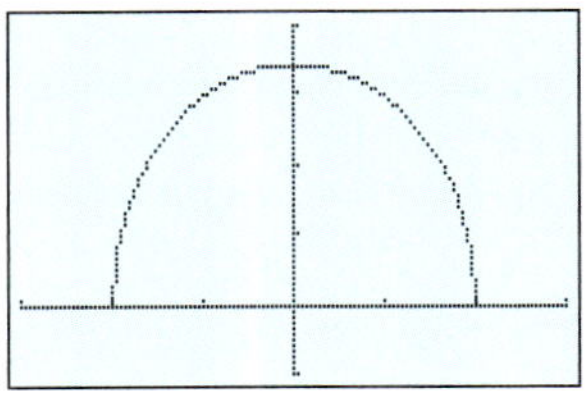

[-3; 3] × [-1; 4]
Xgrad = 1, *Ygrad* = 1

Figure 1.2.8

Il est parfois impossible de montrer toutes les caractéristiques importantes d'une courbe dans une seule fenêtre. En pareille situation, vous devrez évaluer ce qui importe le plus dans le contexte du problème et choisir la fenêtre en conséquence.

► **Exemple 4** Représenter graphiquement l'équation $y = x^3 - 12x^2 + 18$ dans les fenêtres ci-dessous et discuter des avantages et des inconvénients de chacune.

(a) [-10; 10] × [-10; 10]; $Xgrad = 1$, $Ygrad = 1$
(b) [-20; 20] × [-20; 20]; $Xgrad = 1$, $Ygrad = 1$
(c) [-20; 20] × [-300; 20]; $Xgrad = 1$, $Ygrad = 20$
(d) [-5; 15] × [-300; 20]; $Xgrad = 1$, $Ygrad = 20$
(e) [1; 2] × [-1; 1]; $Xgrad = 0{,}1$, $Ygrad = 0{,}1$

Solution (a). La fenêtre de la figure 1.2.9*a* escamote la portion de la courbe qui coupe l'axe des y et elle affiche seulement deux des trois racines réelles possibles du polynôme cubique donné. Pour remédier à ces problèmes, il faut agrandir la fenêtre dans les deux directions (x et y).

Solution (b). La fenêtre de la figure 1.2.9*b* montre l'intersection de la courbe avec l'axe des y et les trois racines réelles, mais elle escamote la portion qui s'étend entre les deux racines positives. De plus, les marques de graduation sur l'axe des y sont pratiquement illisibles parce qu'elles sont trop rapprochées. Nous devons étendre la fenêtre dans le sens négatif de l'axe des y et espacer les graduations sur l'axe des y (augmenter *Ygrad*). Ne sachant pas jusqu'où étendre la fenêtre, il faudra expérimenter afin d'obtenir ce que nous cherchons.

Solution (c). La fenêtre de la figure 1.2.9*c* montre toutes les caractéristiques importantes de la courbe. Cependant, il y a de l'espace perdu dans la direction x. Nous pouvons améliorer l'image en rétrécissant judicieusement la fenêtre dans la direction x.

Solution (d). La fenêtre de la figure 1.2.9*d* montre toutes les caractéristiques importantes de la courbe et ce, sans espace perdu. Toutefois, les racines ne sont pas très visibles. Pour en obtenir une vue plus détaillée, nous devons mettre de côté l'idée de montrer toutes les caractéristiques de la courbe et choisir des fenêtres pour faire un gros plan sur les racines.

Solution (e). La fenêtre de la figure 1.2.9*e* montre une très petite portion de la courbe, mais on y voit clairement la racine située dans l'intervalle [1; 2], aux environs de 1,3. ◄

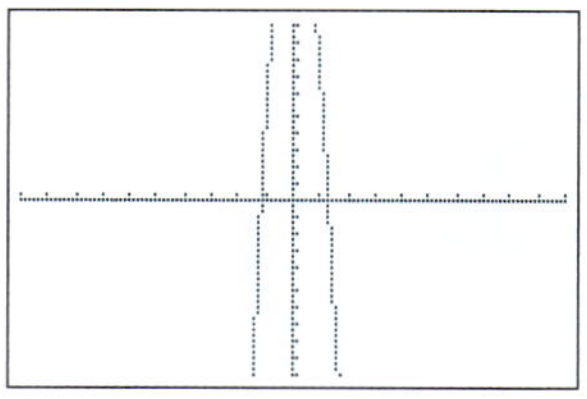

[-10; 10] × [-10; 10]
Xgrad = 1, *Ygrad* = 1

(*a*)

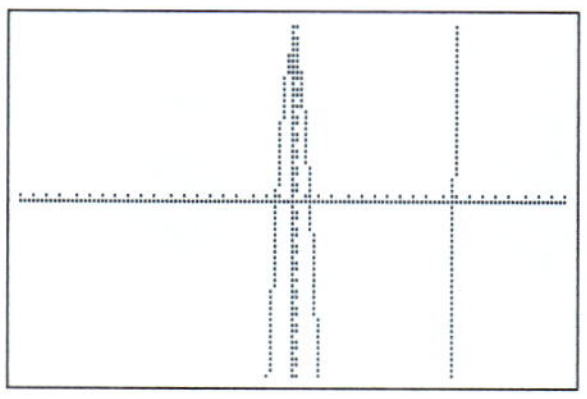

[-20; 20] × [-20; 20]
Xgrad = 1, *Ygrad* = 1

(*b*)

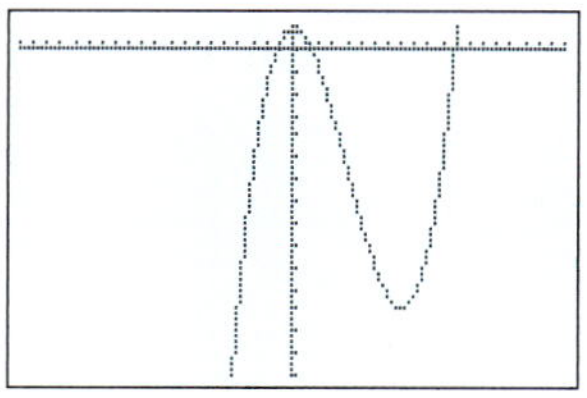

[-20; 20] × [-300; 20]
Xgrad = 1, *Ygrad* = 20

(*c*)

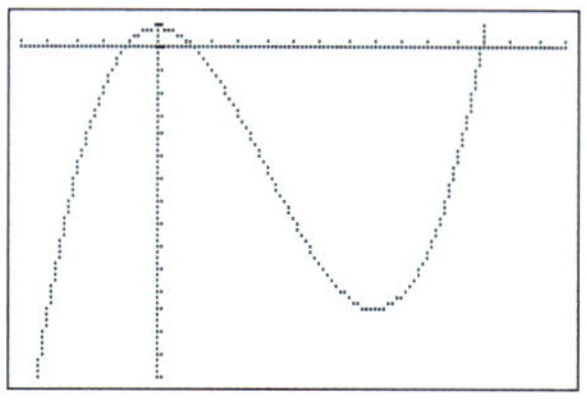

[-5; 15] × [-300; 20]
Xgrad = 1, *Ygrad* = 20

(*d*)

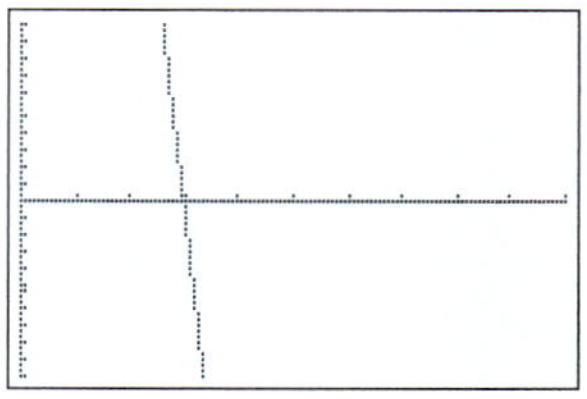

[1; 2] × [-1; 1]
Xgrad = 0,1, *Ygrad* = 0,1

(*e*)

Figure 1.2.9

TECHNOLOGIE

Il est parfois intéressant de choisir l'intervalle des x de la fenêtre de visualisation et de laisser le programme déterminer un intervalle des y qui contienne les valeurs minimale et maximale de la fonction dans l'intervalle des x. La plupart des outils graphiques offrent cette option; pour savoir comment l'utiliser, consultez la documentation fournie. En laissant au logiciel le soin de choisir l'intervalle des y de la fenêtre, on élimine du problème les étapes de tâtonnement, comme celle de la partie (b) de l'exemple précédent.

ZOOM

Lorsqu'on agrandit ou rétrécit les dimensions de la fenêtre de visualisation, on fait un ***zoom***. En réduisant la taille de la fenêtre, on voit une *moins grande* partie du graphique, mais elle est plus détaillée; on fait alors un ***zoom avant*** ou un ***gros plan***. À l'inverse, en agrandissant les dimensions de la fenêtre, on voit une *plus grande* partie du graphique, mais elle est moins détaillée; on fait alors un ***zoom arrière*** ou un zoom vers un ***plan général***. Le menu de la plupart des calculatrices contient les fonctions de zoom arrière et avant, par des ***facteurs de zoom*** prédéterminés, notés *FactX* et *FactY*. Si

$$FactX = 10 \quad \text{et} \quad FactY = 5$$

alors chaque fois que la commande zoom est exécutée, la fenêtre est agrandie ou rétrécie par un facteur 10 dans l'axe des x et par un facteur 5 dans l'axe des y. Avec les logiciels tels que *Mathematica* ou *Maple*, le zoom est directement contrôlé en ajustant les intervalles des x et des y; il existe toutefois des façons de programmer un zoom automatique.

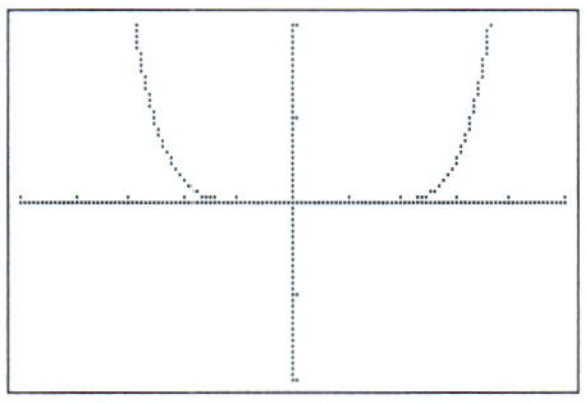

[-5; 5] × [-1000; 1000]
Xgrad = 1, *Ygrad* = 500

(*a*)

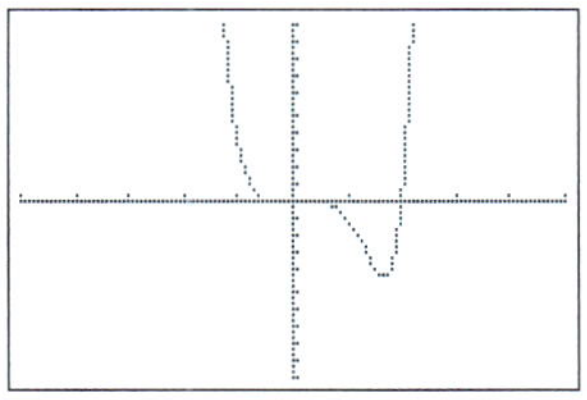

[-5; 5] × [-10; 10]
Xgrad = 1, *Ygrad* = 1

(*b*)

Figure 1.2.10

COMPRESSION

D'un point de vue géométrique, agrandir la fenêtre de visualisation signifie comprimer le graphique, puisqu'une plus grande portion de la courbe s'affiche sur l'écran de la calculatrice. Si la compression devient suffisamment importante, certains détails de la courbe peuvent disparaître. Ainsi, le choix de la fenêtre de visualisation dépend le plus souvent de ce qui est important dans le contexte, à savoir examiner une plus grande portion de courbe ou davantage de détails. La figure 1.2.10 montre deux vues de l'équation suivante :

$$y = x^5(x - 2)$$

Dans la partie (a), l'intervalle y est très large et la compression verticale qui en résulte atténue les détails au voisinage de l'axe des x. Dans la partie (b), l'intervalle y a été réduit, de sorte que les détails de la courbe au voisinage de l'axe des x sont plus visibles, mais dans l'ensemble, on voit une plus petite portion de la courbe dans la direction verticale y.

▶ **Exemple 5** La fonction f définie par $f(x) = x + 0{,}01 \sin(50\pi x)$ est la somme de $f_1(x) = x$, représentée par la droite $y = x$, et de $f_2(x) = 0{,}01 \sin(50\pi x)$, dont la courbe est une sinusoïde d'amplitude 0,01 et de période $\frac{2\pi}{50\pi} = 0{,}04$. On peut penser que la courbe de $f(x)$ suivra le tracé général de $y = x$, mais avec des bosses engendrées par les oscillations sinusoïdales, tel qu'illustré sur le graphique (c) de la figure 1.2.11. Produire les quatre graphiques de la figure 1.2.11 et expliquer pourquoi les oscillations sont visibles seulement sur le graphique (c).

Solution. Pour obtenir les graphiques, il faut d'abord placer votre outil en mode radian*. Les dimensions des fenêtres successives utilisées dans cet exemple diminuent par un facteur 10 de l'une à l'autre; si vous utilisez une calculatrice, prérégler les facteurs de zoom à 10 dans les deux directions, x et y, pour passer facilement d'un graphique à l'autre.

(a) À la figure 1.2.11a, on perçoit une ligne droite parce que la compression verticale ne permet pas de voir les faibles oscillations sinusoïdales (elles ont une faible amplitude de 0,01).

(b) À la figure 1.2.11b, on commence à percevoir de petites aspérités sur la courbe parce que la compression verticale est moins grande.

(c) À la figure 1.2.11c, les oscillations sont bien visibles parce que l'échelle verticale est mieux adaptée à l'amplitude des oscillations.

(d) À la figure 1.2.11d, la courbe semble droite parce que nous voyons un gros plan d'une très petite portion de la courbe. ◀

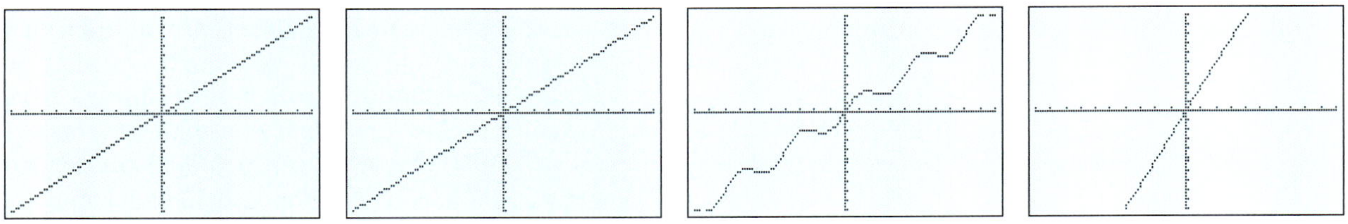

[-10; 10] × [-10; 10]
Xgrad = 1, *Ygrad* = 1
(a)

[-1; 1] × [-1; 1]
Xgrad = 0,1, *Ygrad* = 0,1
(b)

[-0,1; 0,1] × [-0,1; 0,1]
Xgrad = 0,01, *Ygrad* = 0,01
(c)

[-0,01; 0,01] × [-0,01; 0,01]
Xgrad = 0,001, *Ygrad* = 0,001
(d)

Figure 1.2.11

DISTORSION DU FORMAT D'IMAGE

La figure 1.2.12a montre un cercle de rayon 5 et deux droites perpendiculaires dans la fenêtre [-10; 10] × [-10; 10], avec les facteurs $Xgrad = 1$ et $Ygrad = 1$. Cependant, le cercle est déformé et les droites ne paraissent pas perpendiculaires parce que la calculatrice n'utilise pas la même longueur pour 1 unité sur l'axe des x et 1 unité sur l'axe des y. (Comparez l'espacement entre les graduations des axes.) C'est ce qu'on appelle la ***distorsion du rapport hauteur/largeur*** ou ***distorsion du format d'image***. Le menu de plusieurs calculatrices offre une correction automatique de la distorsion, exécutée en ajustant les dimensions de la

*Par convention dans cet ouvrage, les angles sont en radians, sauf s'il est précisé que la mesure est en degrés.

fenêtre. Par exemple, une calculatrice corrigera la distorsion (figure 1.2.12*b*) en remplaçant la fenêtre [-10; 10] × [-10; 10] par la fenêtre

$$[-16{,}997\,067\,4487;\ 16{,}997\,067\,4487] \times [-10;\ 10]$$

Les logiciels *Mathematica* et *Maple* contrôlent la distorsion du rapport hauteur/largeur en faisant des ajustements qui tiennent compte des dimensions physiques de la fenêtre de visualisation sur l'écran de l'ordinateur et non pas, comme les calculatrices, en modifiant les intervalles des x et des y de la fenêtre de visualisation.

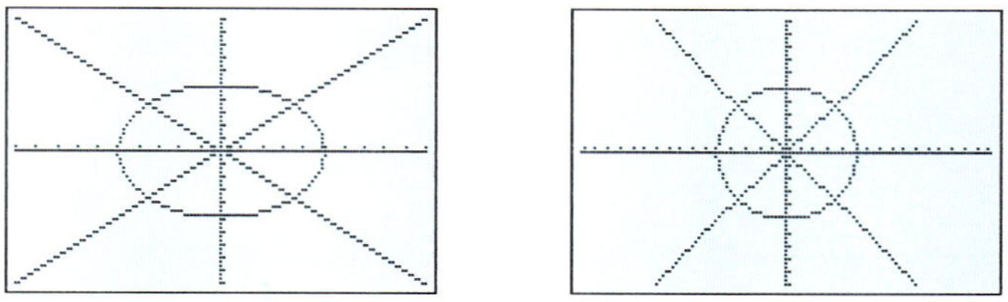

[-10; 10] × [-10; 10]
Xgrad = 1, *Ygrad* = 1
(*a*)

[-16,997 067 448 7; 16,997 067 448 7] × [-10; 10]
Xgrad = 1, *Ygrad* = 1
(*b*)

Figure 1.2.12

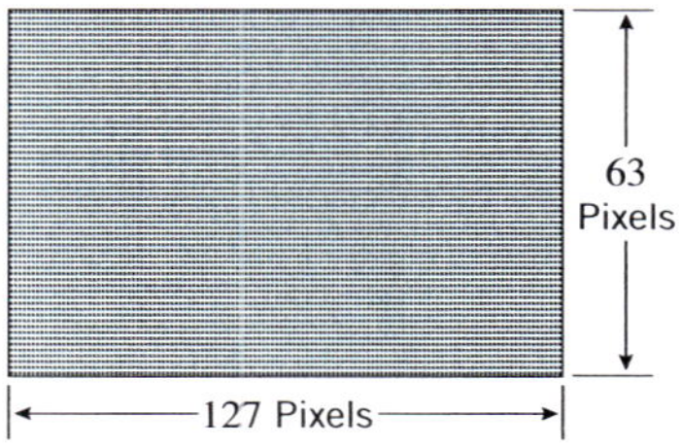

Fenêtre de visualisation qui comporte 63 lignes de 127 pixels

Figure 1.2.13

TECHNOLOGIE

Si vous utilisez une calculatrice graphique, consultez la documentation fournie pour connaître la résolution de l'écran.

ERREUR D'ÉCHANTILLONNAGE

La fenêtre de visualisation d'un outil graphique est composée d'une grille rectangulaire formée de nombreux petits blocs rectangulaires appelés ***pixels***. Sur les écrans noir et blanc, chaque pixel a deux états possibles – un état activé (ou noir) et un état désactivé (ou lumineux). L'image du graphique est formée en activant les pixels appropriés pour donner la forme de la courbe. La grille de pixels d'un modèle de calculatrice populaire comprend 63 lignes de 127 pixels (figure 1.2.13); dans ce cas, on dira que l'écran a une résolution de 127 × 63 (pixels par ligne × nombre de lignes). Typiquement, un écran d'ordinateur a une résolution de 1024 × 768. Un écran à haute résolution donnera des courbes plus lisses.

Pour tracer une courbe, les outils graphiques procèdent un peu comme nous le faisons manuellement : une fois l'équation entrée et la fenêtre choisie, le logiciel *sélectionne* la coordonnée x de certains pixels (la sélection dépend de la fenêtre utilisée) et *calcule* la coordonnée y correspondante. Il active ensuite les pixels dont les coordonnées sont les plus proches de celles des points calculés et, par un algorithme prédéfini, active d'autres pixels intermédiaires pour créer la forme de la courbe. Ce procédé n'est pas parfait et une fenêtre particulière peut donner une impression erronée d'une courbe si certaines de ses caractéristiques importantes tombent entre les points utilisés pour la tracer. On parle alors d'une ***erreur d'échantillonnage***. Par exemple, la figure 1.2.14 montre le graphique de $y = \cos(10\pi x)$ produit par un modèle populaire de calculatrice dans quatre fenêtres différentes. (Votre calculatrice peut donner d'autres résultats. Le graphique (*a*) affiche la

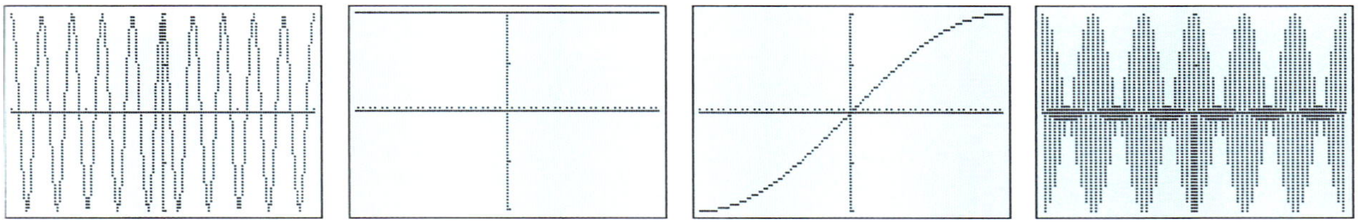

[–1; 1] × [–1; 1]
Xgrad = 0,5, *Ygrad* = 0,5
(*a*)

[-12,6; 12,6] × [-1; 1]
Xgrad = 1, *Ygrad* = 0,5
(*b*)

[-12,5; 12,6] × [-1; 1]
Xgrad = 1, *Ygrad* = 0,5
(*c*)

[-6; 6] × [-1; 1]
Xgrad = 1, *Ygrad* = 0,5
(*d*)

Figure 1.2.14

forme véritable de la courbe, mais les trois autres sont incorrects en raison d'une erreur d'échantillonnage.

- Sur le graphique (b), les pixels des points tracés tombaient sur les sommets de la courbe du cosinus, laissant croire que la courbe est une droite horizontale.
- Sur le graphique (c) les pixels des points tracés tombaient successivement sur des valeurs de plus en plus élevées de la courbe.
- Sur le graphique (d), les pixels des points tracés suivaient un schéma régulier qui créait encore une fois une fausse impression de la forme de la courbe.

> **L'examen de la figure 1.2.14 suggère de limiter l'intervalle des x à quelques périodes pour tracer les courbes des fonctions trigonométriques à oscillations rapides si l'on veut obtenir une représentation plus exacte de la forme de la courbe.**

FAUSSES DISCONTINUITÉS

Des courbes produites par une calculatrice paraissent parfois contenir des discontinuités, alors qu'elles devraient être continues. Ces ***fausses discontinuités*** se produisent typiquement dans les zones où la courbe augmente si rapidement que l'espace vertical reste vide entre les pixels successifs.

▶ **Exemple 6** La figure 1.2.15 montre le graphique du demi-cercle $y = \sqrt{9 - x^2}$ dans deux fenêtres de visualisation. Bien que ce demi-cercle coupe l'axe des x à $x = \pm 3$, le graphique (a) affiche de fausses discontinuités en ces points parce qu'il n'y a pas de pixels de coordonnées ± 3 dans la fenêtre utilisée. Il n'y a pas de discontinuité sur le graphique (b) parce qu'il y a des pixels de coordonnées $x = \pm 3$ dans la fenêtre utilisée. ◀

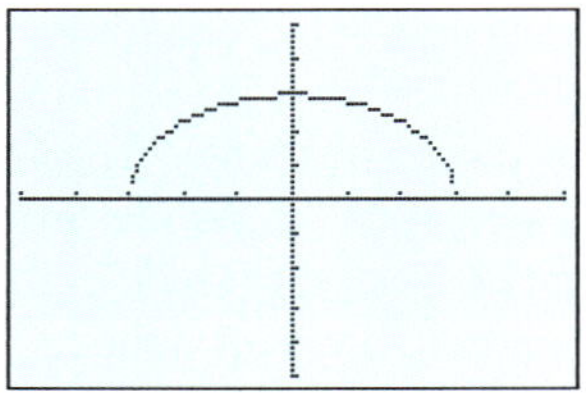

[-5; 5] × [-5; 5]
Xgrad = 1, *Ygrad* = 1

(a)

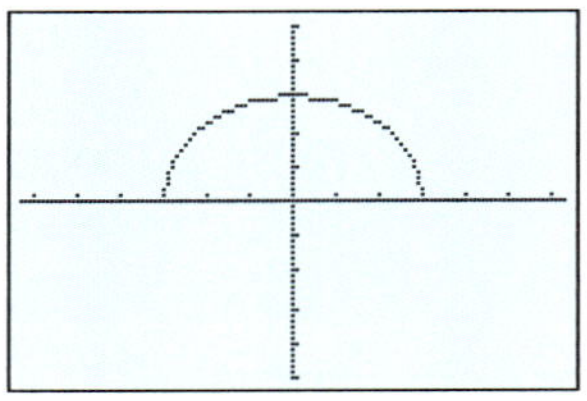

[-6,3; 6,3] × [-5; 5]
Xgrad = 1, *Ygrad* = 1

(b)

Figure 1.2.15

FAUX SEGMENTS DE DROITE

En plus de créer de fausses discontinuités dans des courbes continues, les calculatrices peuvent aussi, à l'inverse, ajouter de ***faux segments de droite*** dans les vides des courbes discontinues.

▶ **Exemple 7** La figure 1.2.16a montre le graphique de $y = \frac{1}{x-1}$ dans la fenêtre par défaut d'une calculatrice. Les segments de droite verticaux tracés près de $x = 1$ ne devraient pas être là. Il y a en réalité une discontinuité dans la courbe à $x = 1$ parce qu'il y a une division par zéro en ce point (figure 1.2.16b). ◀

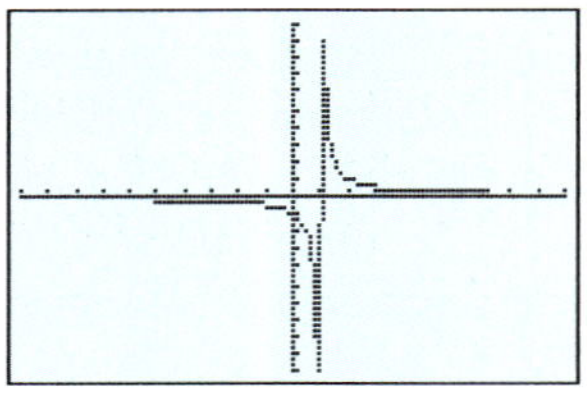

[-10; 10] × [-10; 10]
Xgrad = 1, *Ygrad* = 1

$y = \dfrac{1}{(x-1)}$ avec de faux segments de droite

(a)

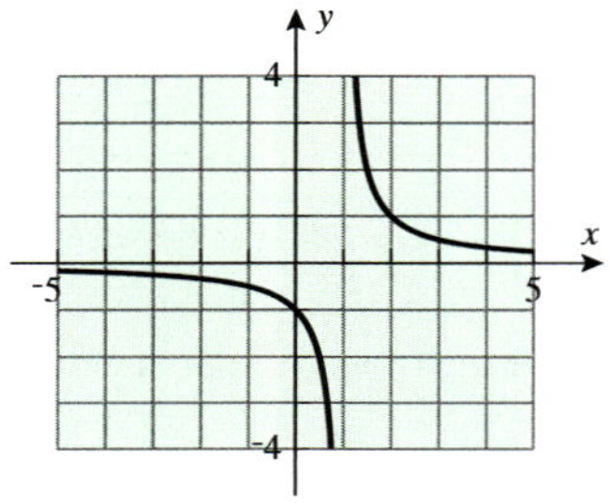

Courbe réelle de $y = \dfrac{1}{(x-1)}$

(b)

Figure 1.2.16

ERREURS D'OMISSION

La plupart des outils graphiques passent par les logarithmes pour évaluer les fonctions qui contiennent des exposants fractionnaires, telles que $f(x) = x^{\frac{2}{3}} = \sqrt[3]{x^2}$. Or, les logarithmes sont définis seulement pour les nombres positifs, de sorte que plusieurs logiciels (mais pas tous) vont laisser tomber des parties de la courbe lorsque la fonction tracée comporte des exposants fractionnaires. Par exemple, une calculatrice donne le graphique de la figure 1.2.17*a* pour la fonction $y = x^{\frac{2}{3}}$, alors que la courbe réelle est montrée à la figure 1.2.17*b*. (Nous décrivons un moyen de contourner le problème dans le texte qui précède l'exercice 29.)

TECHNOLOGIE

Déterminez si votre outil graphique produit la courbe de l'équation $y = x^{\frac{2}{3}}$ à la fois pour les valeurs positives et les valeurs négatives de x.

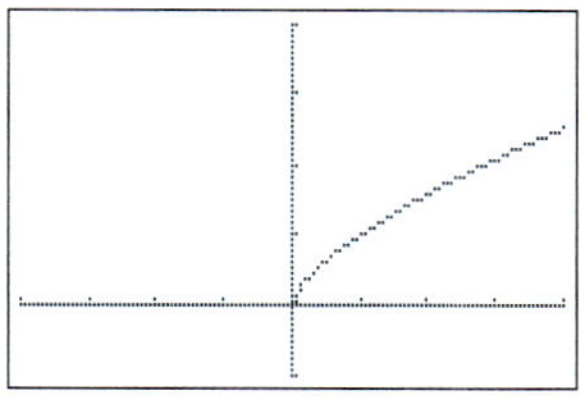

[-4; 4] × [-1; 4]
Xgrad = 1, *Ygrad* = 1

(*a*)

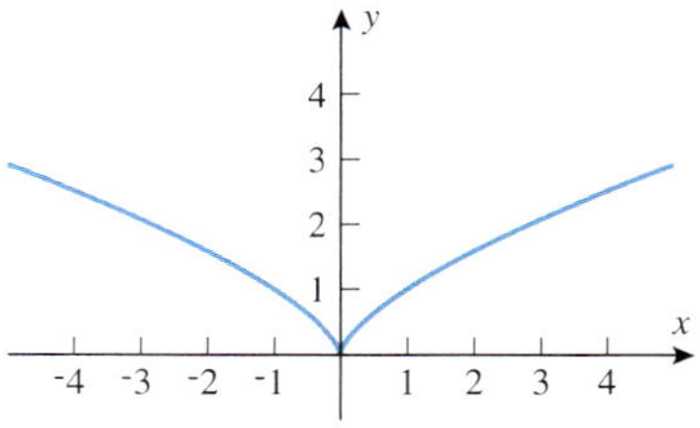

(*b*)

Figure 1.2.17

FORME VÉRITABLE D'UNE COURBE

Bien que les outils graphiques soient capables de produire rapidement des courbes, ils peuvent vous induire en erreur à cause de la compression des axes, des erreurs d'échantillonnage, des fausses discontinuités et des faux segments de droite. Bref, *les outils graphiques peuvent suggérer la forme des courbes, mais ils ne les établissent pas avec certitude.* Ainsi, plus vous en saurez à propos des fonctions que vous voulez tracer, plus il sera facile de choisir des fenêtres de visualisation appropriées et mieux vous serez en mesure de juger de la pertinence des courbes données par votre outil graphique.

MIEUX CONNAÎTRE LES OUTILS GRAPHIQUES

La meilleure source d'information reste la documentation fournie avec votre calculatrice ou votre logiciel et, de temps à autre, nous vous suggérerons de consulter cette documentation pour apprendre à utiliser une technique particulière.

✔ VÉRIFICATION EXPRESS 1.2 *(Réponses à la page 28.)*

1. À l'aide d'un outil graphique, tracer la courbe de l'équation suivante dans les fenêtres données et décrire les avantages de chacune d'elles :

$$y = 0{,}4x^3 + \sin(3^x)$$

(a) [-6; 6] × [-30; 50] (b) [-4; 4] × [-25; 25]
(c) [1,2; 1,4] × [0; 0,2] (d) [5,99; 6,01] × [84; 88]

2. Utiliser le domaine et l'image de f pour déterminer une fenêtre de visualisation qui contienne la courbe complète de $f(x) = 2 - \sqrt{1 - 25x^2}$.

3. À quoi ressemblerait la courbe de $y = |x|$ si elle était tracée dans la fenêtre [-0,01; 0,01] × [-10; 10] sur un écran carré?

4. À quoi ressemblerait la courbe de $y = |x|$ si elle était tracée dans la fenêtre [-10; 10] × [-0,01; 0,01] sur un écran carré?

SÉRIE D'EXERCICES 1.2

Outil graphique

1–4 Utiliser un outil graphique pour produire la courbe de f dans les fenêtres de visualisation données et indiquer la fenêtre qui, d'après vous, en donne la meilleure représentation.

1. $f(x) = x^4 - x^2$
(a) $[-50; 50] \times [-50; 50]$ (b) $[-5; 5] \times [-5; 5]$
(c) $[-2; 2] \times [-2; 2]$ (d) $[-2; 2] \times [-1; 1]$
(e) $[-1{,}5; 1{,}5] \times [-0{,}5; 0{,}5]$

2. $f(x) = x^5 - x^3$
(a) $[-50; 50] \times [-50; 50]$ (b) $[-5; 5] \times [-5; 5]$
(c) $[-2; 2] \times [-2; 2]$ (d) $[-2; 2] \times [-1; 1]$
(e) $[-1{,}5; 1{,}5] \times [-0{,}5; 0{,}5]$

3. $f(x) = x^2 + 12$
(a) $[-1; 1] \times [13; 15]$ (b) $[-2; 2] \times [11; 15]$
(c) $[-4; 4] \times [10; 28]$
(d) Avec une fenêtre de visualisation de votre choix.

4. $f(x) = -12 - x^2$
(a) $[-1; 1] \times [-15; -13]$ (b) $[-2; 2] \times [-15; -11]$
(c) $[-4; 4] \times [-28; -10]$
(d) Avec une fenîre de visualisation de votre choix.

5–6 Utiliser le domaine et l'image de f pour déterminer une fenêtre de visualisation qui contienne toute la courbe; produire ensuite la courbe dans cette fenêtre.

5. $f(x) = \sqrt{16 - 2x^2}$ **6.** $f(x) = \sqrt{3 - 2x - x^2}$

JONGLONS AVEC LES CONCEPTS

7. Mettre en graphique la fonction

$$f(x) = x^3 - 15x^2 - 3x + 45$$

en utilisant les fenêtres et les graduations indiquées; discuter des avantages et des inconvénients de chacune des fenêtres.
(a) $[-10; 10] \times [-10; 10]$; $Xgrad = 1$ et $Ygrad = 1$
(b) $[-20; 20] \times [-20; 20]$; $Xgrad = 1$ et $Ygrad = 1$
(c) $[-5; 20] \times [-500; 50]$; $Xgrad = 5$ et $Ygrad = 50$
(d) $[-2; -1] \times [-1; 1]$; $Xgrad = 0{,}1$ et $Ygrad = 0{,}1$
(e) $[9; 11] \times [-486; -484]$; $Xgrad = 0{,}1$ et $Ygrad = 0{,}1$

8. Mettre en graphique la fonction

$$f(x) = -x^3 - 12x^2 + 4x + 48$$

en utilisant les fenêtres et les graduations indiquées; discuter des avantages et des inconvénients de chacune des fenêtres.
(a) $[-10; 10] \times [-10; 10]$; $Xgrad = 1$ et $Ygrad = 1$
(b) $[-20; 20] \times [-20; 20]$; $Xgrad = 1$ et $Ygrad = 1$
(c) $[-16; 4] \times [-250; 50]$; $Xgrad = 2$ et $Ygrad = 25$
(d) $[-3; -1] \times [-1; 1]$; $Xgrad = 0{,}1$ et $Ygrad = 0{,}1$
(e) $[-9; -7] \times [-241; -239]$; $Xgrad = 0{,}1$ et $Ygrad = 0{,}1$

9–16 Produire la courbe de f en choisissant une fenêtre de visualisation appropriée.

9. $f(x) = x^2 - 9x - 36$ **10.** $f(x) = \dfrac{x+7}{x-9}$

11. $f(x) = 2\cos(80x)$ **12.** $f(x) = 12\sin\left(\dfrac{x}{80}\right)$

13. $f(x) = 300 - 10x^2 + 0{,}01x^3$

14. $f(x) = x(30 - 2x)(25 - 2x)$

15. $f(x) = x^2 + \dfrac{1}{x}$ **16.** $f(x) = \sqrt{11x - 18}$

17–18 Tracer la courbe de f et déterminer si elle affiche de faux segments de droite. Esquisser le graphique réel et voir s'il est possible de faire disparaître les faux segments en changeant la fenêtre de visualisation.

17. $f(x) = \dfrac{x}{x^2 - 1}$ **18.** $f(x) = \dfrac{x^2}{4 - x^2}$

19. La courbe de l'équation $x^2 + y^2 = 16$ est un cercle de rayon 4 centré à l'origine.
(a) Trouver une fonction dont la courbe correspond au demi-cercle supérieur et représenter graphiquement cette fonction.
(b) Trouver une fonction dont la courbe correspond au demi-cercle inférieur et représenter graphiquement cette fonction.
(c) Tracer les deux demi-cercles sur le même graphique. Si la combinaison des courbes ne semble pas circulaire, voir s'il est possible d'ajuster la fenêtre pour éliminer la distorsion du rapport hauteur/largeur.
(d) Tracer la portion du cercle qui figure dans le premier quadrant.
(e) Existe-t-il une fonction qui représente la moitié droite du cercle? Expliquer.

20. Dans chaque cas, isoler y pour l'exprimer en termes de x et tracer les courbes des fonctions résultantes sur le même système d'axes.
(a) $\dfrac{x^2}{4} + \dfrac{y^2}{9} = 1$ (b) $y^2 - x^2 = 1$

21. Lire la documentation fournie avec votre outil graphique pour apprendre à tracer les courbes des fonctions qui contiennent des valeurs absolues; produire ensuite le graphique de chacune des fonctions données.
(a) $y = |x|$ (b) $y = |x - 1|$
(c) $y = |x| - 1$ (d) $y = |\sin x|$
(e) $y = \sin|x|$ (f) $y = |x| - |x + 1|$

22. En vous appuyant sur ce que vous connaissez de la fonction valeur absolue, esquisser la fonction $f(x) = \frac{|x|}{x}$. Comparer votre courbe à celle produite par un outil graphique.

JONGLONS AVEC LES CONCEPTS

23. Prédire la relation qui existe entre les courbes $y = f(x)$ et $y = |f(x)|$; vérifier vos prédictions à l'aide de fonctions spécifiques.

24. Prédire la relation qui existe entre les courbes $y = f(x)$ et $y = f(|x|)$; vérifier vos prédictions à l'aide de fonctions spécifiques.

25. (a) En vous appuyant sur votre connaissance de la fonction valeur absolue, tracer le graphique de $y = |x - a|$, où a est une constante. Comparer votre courbe à celles produites par un outil graphique pour différentes valeurs de a.
(b) Esquisser la courbe de $y = |x - 1| + |x - 2|$; valider votre esquisse à l'aide d'un outil graphique.

26. Quel lien existe-t-il entre les graphiques de $y = |x|$ et de $y = \sqrt{x^2}$? Valider votre réponse à l'aide d'un outil graphique.

27–28 La plupart des outils graphiques peuvent tracer des fonctions définies par parties. Consulter la documentation fournie avec votre outil graphique pour connaître la marche à suivre. Toutefois, si seule l'allure générale de la courbe vous intéresse, vous pouvez tracer séparément chaque portion de la fonction et combiner les portions obtenues sur un graphique esquissé à la main. Procéder de cette manière dans les exercices qui suivent.

27. Représenter graphiquement

$$f(x) = \begin{cases} \sqrt[3]{x-2}, & x \leq 2 \\ x^3 - 2x - 4, & x > 2 \end{cases}$$

28. Représenter graphiquement

$$f(x) = \begin{cases} x^3 - x^2, & x \leq 1 \\ \dfrac{1}{1-x}, & 1 < x < 4 \\ x^2 \cos\sqrt{x}, & 4 \leq x \end{cases}$$

29–30 Nous avons vu que les outils graphiques ignorent parfois des portions des fonctions qui contiennent des exposants fractionnaires. Si $f(x) = x^{\frac{p}{q}}$, où $\frac{p}{q}$ est une fraction positive réduite à sa *plus simple expression*, alors il est possible de contourner le problème comme suit :

- Si p est pair et q, impair, alors on trace la courbe de $g(x) = |x|^{\frac{p}{q}}$ au lieu de tracer $f(x)$.
- Si p et q sont impairs, alors on trace la courbe de $g(x) = \left(\frac{|x|}{x}\right)|x|^{\frac{p}{q}}$ au lieu de tracer $f(x)$.

Nous expliquerons dans les exercices de la prochaine section pourquoi cette méthode fonctionne.

29. (a) Tracer les courbes de $f(x) = x^{\frac{2}{5}}$ et $g(x) = |x|^{\frac{2}{5}}$ et vérifier si votre outil graphique escamote des portions de la courbe de f.
(b) Tracer les courbes de $f(x) = x^{\frac{1}{5}}$ et $g(x) = \left(\frac{|x|}{x}\right)|x|^{\frac{1}{5}}$ et vérifier si votre outil graphique escamote des parties de la courbe de f.
(c) Produire un graphique de $f(x) = (x-1)^{\frac{4}{5}}$ affichant toutes les caractéristiques importantes.
(d) Produire un graphique de $f(x) = (x+1)^{\frac{3}{4}}$ affichant toutes les caractéristiques importantes.

30. Les courbes définies par $y = (x^2-4)^{\frac{2}{3}}$ et $y = [(x^2-4)^2]^{\frac{1}{3}}$ devraient être identiques. Votre outil graphique produit-il la même courbe pour les deux équations? Sinon, d'après vous, quelle en est la cause?

31. Dans chaque cas, tracer la courbe de la fonction pour différentes valeurs de c et écrire un paragraphe ou deux pour décrire l'influence de la valeur de c sur l'allure de la courbe.
(a) $y = cx^2$ (b) $y = x^2 + cx$ (c) $y = x^2 + x + c$

32. La courbe d'une équation de la forme $y^2 = x(x-a)(x-b)$ (où $0 < a < b$) est appelée ***cubique elliptique à ovale***. La figure Ex-32 illustre un cas typique de cubique elliptique à ovale.
(a) Produire la courbe de la cubique elliptique à ovale $y^2 = x(x-1)(x-2)$ en isolant d'abord y et en traçant ensuite les deux fonctions résultantes.
(b) Déterminer les abscisses des points d'intersection de la cubique elliptique à ovale d'équation :

$$y^2 = x(x-a)(x-b)$$

avec l'axe des x. D'après vous, quelles conséquences le changement des valeurs de a et b aura-t-il sur l'allure de la courbe? Vérifier vos prédictions en traçant la cubique elliptique à ovale pour différentes valeurs de a et b.

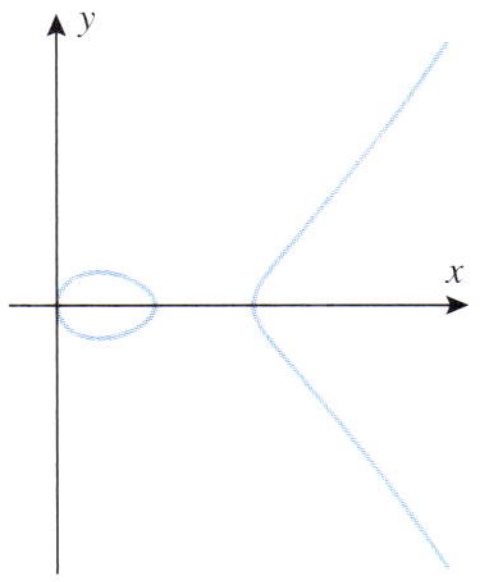

Cubique elliptique à ovale

Figure Ex-32

33. En vous appuyant sur votre connaissance des graphiques de $y = x$ et de $y = \sin x$, esquisser la courbe de $y = x \sin x$. Valider votre réponse à l'aide d'un outil graphique.

34. D'après vous, à quoi devrait ressembler la courbe de $y = \sin\left(\frac{1}{x}\right)$? Valider votre réponse à l'aide d'un outil graphique. [*Suggestion :* Examiner le graphique en utilisant des intervalles de plus en plus petits et centrés en $x = 0$.]

✔ VÉRIFICATION EXPRESS 1.2 – RÉPONSES

1. (a)

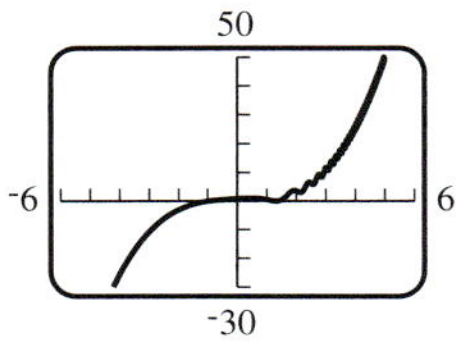

La courbe s'apparente à une cubique avec des variantes près de l'origine.

(b)

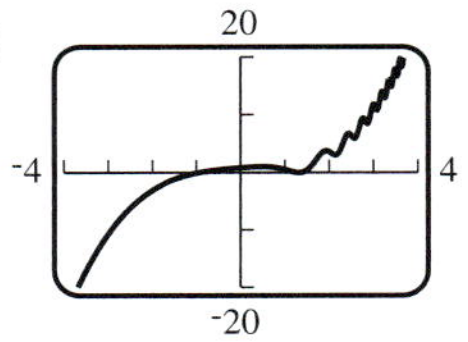

Le zéro proche de $x = -1$ est plus visible et il y a peut-être un zéro juste à droite de $x = 1$.

(c)

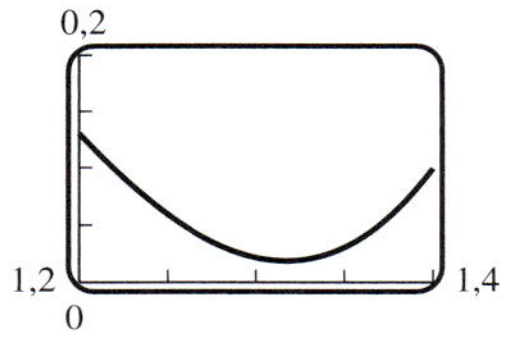

La fonction n'a pas de zéro à droite de $x = 1$.

(d)

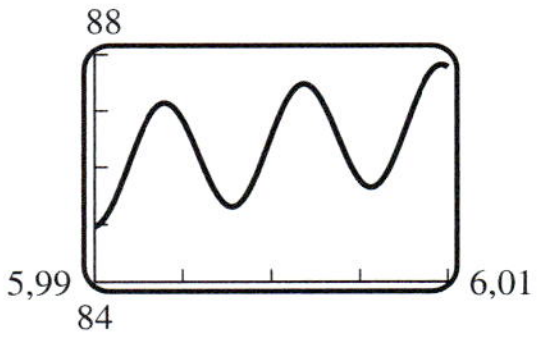

Le terme $\sin(3^x)$ engendre des oscillations rapides de la courbe lorsque x augmente. Le terme $0{,}4x^3$ fait monter la courbe abruptement lorsque x est grand et pour cette raison, cette oscillation n'est pas visible en (a).

2. $[-0{,}2; 0{,}2] \times [1; 2]$ **3.** La courbe est confondue avec l'axe des x.
4. La courbe est confondue avec la portion non négative de l'axe des y.

1.3 FONCTIONS ISSUES D'AUTRES FONCTIONS

Tout comme nous additionnons, soustrayons, multiplions et divisons des nombres pour engendrer d'autres nombres, nous pouvons additionner, soustraire, multiplier et diviser des fonctions pour produire de nouvelles fonctions. Dans cette section, nous allons discuter de ces opérations et de quelques opérations supplémentaires qui n'ont pas leur équivalent en arithmétique ordinaire.

OPÉRATIONS ARITHMÉTIQUES SUR LES FONCTIONS

On peut additionner, soustraire, multiplier et diviser deux fonctions, f et g, de façon naturelle et obtenir ainsi les nouvelles fonctions $f+g$, $f-g$, fg et $\frac{f}{g}$. Par exemple, $f+g$ est définie par

$$(f+g)(x) = f(x) + g(x) \tag{1}$$

Ainsi, pour toute entrée x, on obtient la valeur de $f+g$ en additionnant les valeurs de f et de g. Par exemple, si

$$f(x) = x \quad \text{et} \quad g(x) = x^2$$

alors

$$(f+g)(x) = f(x) + g(x) = x + x^2$$

L'équation (1) donne les valeurs de $f+g$, mais elle ne dit rien du domaine de $f+g$. Or, le membre de droite de cette équation est défini seulement si x figure à la fois dans le domaine de f et dans celui de g; le domaine de $f+g$ est donc limité à l'intersection des deux domaines. La définition générale est la suivante :

Si f est une fonction constante, c'est-à-dire $f(x) = c$ pour toute valeur de x, alors le produit de f et g est cg. Ainsi, le produit d'une fonction par une constante est un cas particulier du produit de deux fonctions.

1.3.1 DÉFINITION. Étant donné les fonctions f et g, nous définissons

$$(f+g)(x) = f(x) + g(x)$$
$$(f-g)(x) = f(x) - g(x)$$
$$(fg)(x) = f(x)g(x)$$
$$\left(\frac{f}{g}\right)(x) = \frac{f(x)}{g(x)}$$

Le domaine des fonctions $f+g$, $f-g$ et fg est défini par l'intersection des domaines de f et de g, alors que le domaine de $\frac{f}{g}$ correspond à l'intersection des domaines de f et de g moins les points où $g(x) = 0$ (pour éviter la division par zéro).

▶ **Exemple 1** Soit

$$f(x) = 1 + \sqrt{x-2} \quad \text{et} \quad g(x) = x - 3$$

Donner les fonctions $f + g$, $f - g$, fg et $\frac{f}{g}$ et $7f$ et définir leurs domaines.

Solution. Écrivons d'abord les formules de chaque fonction : on a

$$(f+g)(x) = f(x) + g(x) = (1 + \sqrt{x-2}) + (x-3) = x - 2 + \sqrt{x-2} \tag{2}$$

$$(f-g)(x) = f(x) - g(x) = (1 + \sqrt{x-2}) - (x-3) = 4 - x + \sqrt{x-2} \tag{3}$$

$$(fg)(x) = f(x)g(x) = (1 + \sqrt{x-2})(x-3) \tag{4}$$

$$\left(\frac{f}{g}\right)(x) = \frac{f(x)}{g(x)} = \frac{1 + \sqrt{x-2}}{x-3} \tag{5}$$

$$(7f)(x) = 7f(x) = 7 + 7\sqrt{x-2} \tag{6}$$

Les domaines (naturels) de f et g sont respectivement [2; +∞[et]-∞; +∞[. D'après la définition 1.3.1, les domaines de $f + g$, $f - g$ et fg sont définis par les intersections de ces deux domaines, c'est-à-dire

$$[2; +\infty[\cap]-\infty; +\infty[= [2; +\infty[\tag{7}$$

De plus, puisque $g(x) = 0$ à $x = 3$, il suffit de retrancher $x = 3$ à (7) pour obtenir le domaine de $\frac{f}{g}$, soit

$$[2; 3[\cup]3; +\infty[$$

Finalement, le domaine de $7f$ est le même que celui de f. ◀

Dans l'exemple qui précède, les domaines des fonctions $f + g$, $f - g$, fg et $\frac{f}{g}$ étaient les domaines naturels des équations obtenues pour ces fonctions. Ça n'est pas toujours le cas, tel qu'illustré dans l'exemple qui suit.

▶ **Exemple 2** Montrer que si $f(x) = \sqrt{x}$, $g(x) = \sqrt{x}$ et $h(x) = x$, alors le domaine de fg ne correspond pas au domaine naturel de h.

Solution. Le domaine naturel de $h(x) = x$ est]-∞, +∞[. Notons que

$$(fg)(x) = \sqrt{x}\sqrt{x} = x = h(x)$$

sur le domaine de fg. Or, les domaines de f et g sont [0, +∞[, de sorte que, d'après la définition 1.3.1, le domaine de fg est

$$[0; +\infty[\cap [0; +\infty[= [0; +\infty[$$

Puisque le domaine de fg diffère de celui de h, il serait trompeur d'écrire $(fg)(x) = x$ sans préciser la restriction que cette formule est valable seulement lorsque $x \geq 0$. ◀

COMPOSITION DE FONCTIONS

Considérons maintenant une opération appelée *composée,* applicable aux fonctions, mais qui n'a pas d'équivalent en arithmétique ordinaire. De façon informelle, disons que l'opération composée consiste à substituer une fonction donnée à la variable indépendante d'une autre fonction. Par exemple, supposons que

$$f(x) = x^2 \quad \text{et} \quad g(x) = x + 1$$

En remplaçant x par $g(x)$ dans l'expression de f, on obtient la nouvelle fonction

$$f(g(x)) = (g(x))^2 = (x + 1)^2$$

On note cette nouvelle fonction par $f \circ g$. Ainsi

$$(f \circ g)(x) = f(g(x)) = (g(x))^2 = (x + 1)^2$$

La définition générale est la suivante :

La définition du domaine de $f \circ g$ peut sembler complexe à prime abord, mais intuitivement, elle a un sens. Pour calculer $f(g(x))$, dans un premier temps, x doit appartenir au domaine de g si l'on veut calculer $g(x)$. Puis $g(x)$ doit appartenir au domaine de f pour permettre le calcul de $f(g(x))$.

1.3.2 DÉFINITION. Étant donné les fonctions f et g, la ***composée****[*] de f et g, notée $f \circ g$, est la fonction définie par

$$(f \circ g)(x) = f(g(x))$$

Le domaine de $f \circ g$ est constitué de tout x appartenant au domaine de g pour lequel $g(x)$ appartient au domaine de f.

► **Exemple 3** Soit $f(x) = x^2 + 3$ et $g(x) = \sqrt{x}$; trouver

(a) $(f \circ g)(x)$ (b) $(g \circ f)(x)$

Solution (a). Écrivons l'équation de $f(g(x))$: on a

$$f(g(x)) = [g(x)]^2 + 3 = (\sqrt{x}\,)^2 + 3 = x + 3$$

Le domaine de g est $[0; +\infty[$ et le domaine de f est $]-\infty; +\infty[$; le domaine de $f \circ g$ est donc constitué de tout x de $[0; +\infty[$ tel que $g(x) = \sqrt{x}$ appartienne à $]-\infty; +\infty[$; ainsi, le domaine de $f \circ g$ est $[0; +\infty[$. On écrit

$$(f \circ g)(x) = x + 3, \quad x \geq 0$$

Solution (b). Écrivons l'équation de $g(f(x))$; on a

$$g(f(x)) = \sqrt{f(x)} = \sqrt{x^2 + 3}$$

Le domaine de f est $]-\infty, +\infty[$ et le domaine de g est $[0, +\infty[$; le domaine de $g \circ f$ est donc constitué de tout x de $]-\infty, +\infty[$ tel que $f(x) = x^2 + 3$ appartienne à $[0, +\infty[$; ainsi, le domaine de $g \circ f$ est $]-\infty, +\infty[$. On écrit

$$(g \circ f)(x) = \sqrt{x^2 + 3}$$

Il n'est pas nécessaire ici de préciser que le domaine est $]-\infty, +\infty[$, puisqu'il s'agit du domaine naturel de $\sqrt{x^2 + 3}$. ◄

Notez qu'à l'exemple 3, les fonctions $f \circ g$ et $g \circ f$ sont différentes. Ainsi, l'ordre des fonctions est déterminant sur la fonction résultante.

On peut aussi définir des composées de trois fonctions ou plus; par exemple, on définit $(f \circ g \circ h)(x)$ par :

$$(f \circ g \circ h)(x) = f(g(h(x)))$$

Autrement dit, on trouve d'abord $h(x)$, puis $g(h(x))$ et finalement $f(g(h(x)))$.

[*] Certains auteurs écrivent « composition de g par f » pour désigner $f \circ g$. *Ndlt*

▶ **Exemple 4** Trouver $(f \circ g \circ h)(x)$ si

$$f(x) = \sqrt{x}, \quad g(x) = \frac{1}{x}, \quad h(x) = x^3$$

Solution.

$$(f \circ g \circ h)(x) = f(g(h(x))) = f(g(x^3)) = f\left(\frac{1}{x^3}\right) = \sqrt{\frac{1}{x^3}} = \frac{1}{x^{\frac{3}{2}}} \blacktriangleleft$$

EXPRESSION D'UNE FONCTION SOUS FORME DE COMPOSÉE

On aborde souvent les problèmes de mathématiques en « décomposant » des fonctions pour en faire des composées de fonctions plus simples. Par exemple, considérons la fonction h ci-dessous :

$$h(x) = (x+1)^2$$

Si l'on veut évaluer $h(x)$ avec une valeur de x donnée, on calcule d'abord $x + 1$ et on élève le résultat au carré. Ces deux opérations correspondent aux fonctions

$$g(x) = x + 1 \quad \text{et} \quad f(x) = x^2$$

On peut exprimer h en termes de f et g en écrivant

$$h(x) = (x+1)^2 = [g(x)]^2 = f(g(x))$$

Nous avons donc réussi à exprimer h comme composée $h = f \circ g$.

Le raisonnement suivi dans cet exemple suggère une méthode générale pour décomposer une fonction h en une composée $h = f \circ g$:

- Penser à la manière d'évaluer $h(x)$ pour une valeur particulière de x, en essayant de décortiquer l'évaluation en deux étapes successives.
- La première opération détermine une fonction g et la seconde opération, une fonction f.
- Écrire l'équation de h sous la forme $h(x) = f(g(x))$.

Pour faciliter la description des fonctions composées de la forme $f(g(x))$, nous désignerons g par l'expression *fonction interne* et f, par *fonction externe.* La fonction interne exécute la première opération et la fonction externe exécute la seconde.

▶ **Exemple 5** Exprimer $h(x) = (x-4)^5$ comme composée de deux fonctions.

Solution. Si l'on évalue $h(x)$ pour une valeur de x donnée, on calcule d'abord $x - 4$ et on élève ensuite le résultat à la cinquième puissance. Ainsi, la fonction interne (première opération) est

$$g(x) = x - 4$$

et la fonction externe (seconde opération) est

$$f(x) = x^5$$

On a donc $h(x) = f(g(x))$. Vérifions :

$$f(g(x)) = [g(x)]^5 = (x-4)^5 = h(x) \blacktriangleleft$$

▶ **Exemple 6** Exprimer $\sin(x^3)$ comme composée de deux fonctions.

Solution. Pour évaluer $\sin(x^3)$, on calcule d'abord x^3 et on applique ensuite le sinus; ainsi, $g(x) = x^3$ est la fonction interne et $f(x) = \sin x$, la fonction externe. On a donc

$$\sin(x^3) = f(g(x)) \qquad \boxed{g(x) = x^3 \text{ et } f(x) = \sin x}$$ ◀

Le tableau 1.3.1 donne d'autres exemples qui expriment des fonctions comme composées d'autres fonctions.

Tableau 1.3.1

FONCTION	$g(x)$ INTERNE	$f(x)$ EXTERNE	COMPOSÉE
$(x^2+1)^{10}$	x^2+1	x^{10}	$(x^2+1)^{10} = f(g(x))$
$\sin^3 x$	$\sin x$	x^3	$\sin^3 x = f(g(x))$
$\tan(x^5)$	x^5	$\tan x$	$\tan(x^5) = f(g(x))$
$\sqrt{4-3x}$	$4-3x$	$\sqrt{x}$	$\sqrt{4-3x} = f(g(x))$
$8+\sqrt{x}$	$\sqrt{x}$	$8+x$	$8+\sqrt{x} = f(g(x))$
$\dfrac{1}{x+1}$	$x+1$	$\dfrac{1}{x}$	$\dfrac{1}{x+1} = f(g(x))$

On peut toujours décomposer une fonction sous forme de plusieurs différentes composées. Par exemple, $(x^2+1)^{10}$ peut être décomposée comme au tableau 1.3.1 ou par l'une des deux composées suivantes :

$$(x^2+1)^{10} = [(x^2+1)^2]^5 = f(g(x)) \qquad \boxed{g(x) = (x^2+1)^2 \text{ et } f(x) = x^5}$$

$$(x^2+1)^{10} = [(x^2+1)^3]^{\frac{10}{3}} = f(g(x)) \qquad \boxed{g(x) = (x^2+1)^3 \text{ et } f(x) = x^{\frac{10}{3}}}$$

FONCTION ISSUE D'AUTRES FONCTIONS

Dans le reste de cette section, nous allons considérer, d'un point de vue géométrique, les conséquences de l'application des opérations de base sur les fonctions. Nous pourrons ainsi utiliser les courbes de fonctions connues pour visualiser ou pour tracer les courbes de fonctions apparentées. Par exemple, la figure 1.3.1 montre les courbes des ventes annuelles de voitures neuves $N(t)$ et de voitures usagées $U(t)$, étalées sur une certaine période de temps. On peut utiliser directement ces courbes pour tracer celle des ventes totales de voitures $T(t) = N(t) + U(t)$; il suffit d'additionner les valeurs de $N(t)$ et $U(t)$ pour chacune des valeurs de t. En général, la courbe de $y = f(x) + g(x)$ peut être obtenue en additionnant, pour chaque valeur de x, les valeurs de y correspondantes des courbes de $y = f(x)$ et $y = g(x)$.

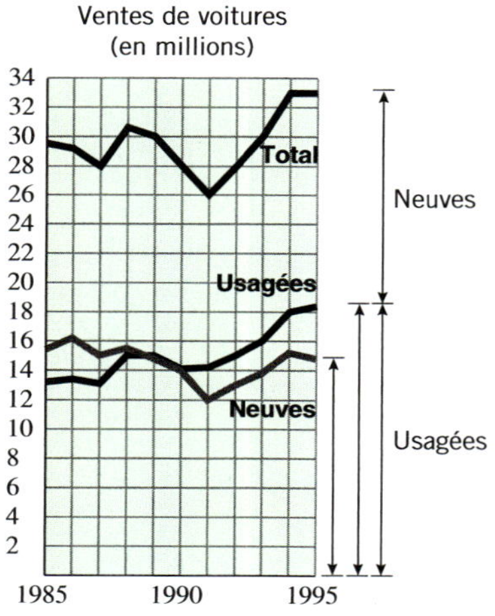

Source : NADA*.

Figure 1.3.1

▶ **Exemple 7** Utiliser les courbes de $y = \sqrt{x}$ et $y = \frac{1}{x}$ données à la figure 1.1.4 pour obtenir l'allure générale de la courbe de $y = \sqrt{x} + \frac{1}{x}$ pour $x \geq 0$.

---

* *National Automobile Dealers Association* (Association des détaillants automobiles des États-Unis). *Ndlt*

Solution. On veut additionner les valeurs correspondantes de y des fonctions $y = \sqrt{x}$ et $y = \frac{1}{x}$ à partir des graphiques; imaginons simplement que nous « empilons » les courbes l'une sur l'autre, tel qu'illustré à la figure 1.3.2. ◄

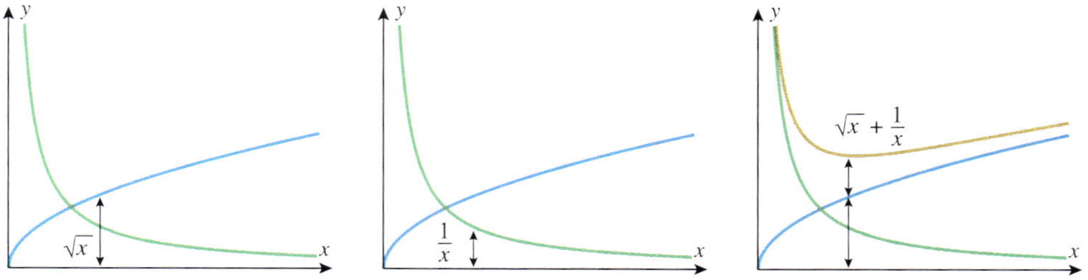

Figure 1.3.2 On additionne les coordonnées y de $\sqrt{x}$ et de $\frac{1}{x}$ pour obtenir la coordonnée y de $\sqrt{x} + \frac{1}{x}$.

Utilisez la méthode employée à l'exemple 7 pour esquisser la courbe de la fonction

$$\sqrt{x} - \frac{1}{x}$$

TRANSLATIONS

Le tableau 1.3.2 illustre la transformation géométrique de la courbe de $y = f(x)$ par l'addition ou la soustraction d'une constante *positive* c à f ou à sa variable indépendante x. Dans le premier cas présenté, l'addition d'une constante positive c à une fonction f ajoute c à chaque valeur de y de la courbe, avec pour conséquence de décaler la courbe de f vers le haut de c unités. De façon similaire, soustraire c de f décale la courbe vers le bas de c unités. Par ailleurs, si une constante positive c est ajoutée à x, alors la valeur de $y = f(x + c)$ en $x - c$ est $f(x)$; et puisque le point $x - c$ se trouve à c unités à gauche de x sur l'axe des x, la courbe de $y = f(x + c)$ est celle de $y = f(x)$, mais décalée vers la gauche de c unités. De même, la soustraction de c unités de x décalera la courbe vers la droite de c unités.

Tableau 1.3.2

OPÉRATION SUR $y = f(x)$	Additionner une constante positive c à $f(x)$	Soustraire une constante positive c à $f(x)$	Ajouter une constante positive c à x	Soustraire une constante positive c à x
NOUVELLE ÉQUATION	$y = f(x) + c$	$y = f(x) - c$	$y = f(x + c)$	$y = f(x - c)$
CONSÉQUENCE GÉOMÉTRIQUE	Translation de la courbe $y = f(x)$ de c unités vers le haut	Translation de la courbe $y = f(x)$ de c unités vers le bas	Translation de la courbe $y = f(x)$ de c unités vers la gauche	Translation de la courbe $y = f(x)$ de c unités vers la droite
EXEMPLE	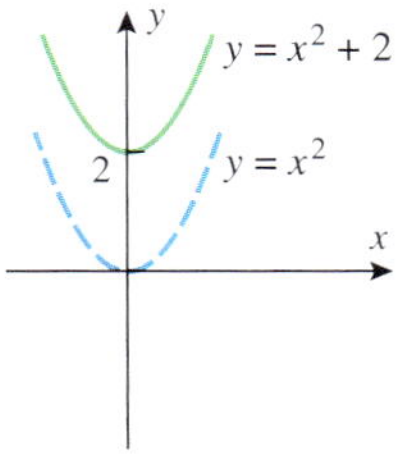	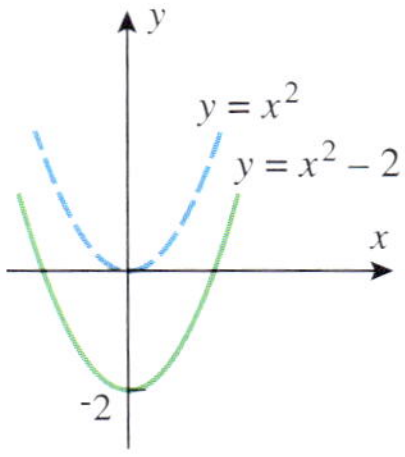	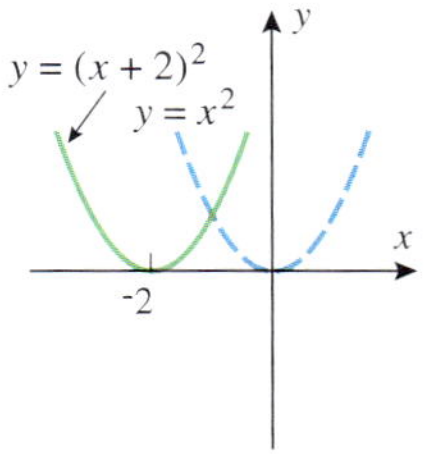	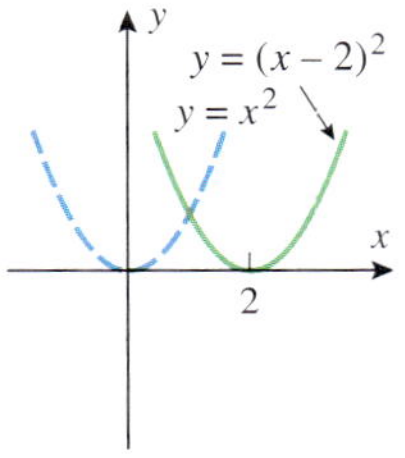

Avant de passer aux exemples, il sera utile de revoir les courbes des figures 1.1.4 et 1.1.10.

► **Exemple 8** Tracer la courbe d'équation

(a) $y = \sqrt{x - 3}$ (b) $y = \sqrt{x + 3}$

Solution. On peut obtenir la courbe de l'équation $y = \sqrt{x-3}$ en décalant celle de $y = \sqrt{x}$ de 3 unités vers la droite et on obtient la courbe de $y = \sqrt{x+3}$ en décalant celle de $y = \sqrt{x}$ de 3 unités vers la gauche (figure 1.3.3). ◄

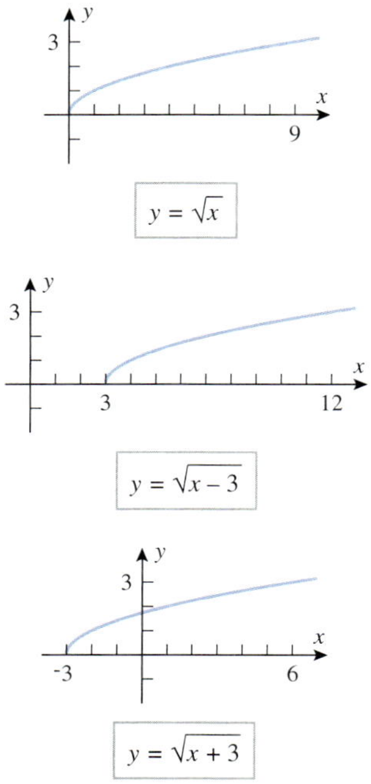

Figure 1.3.3

► **Exemple 9** Représenter graphiquement la courbe d'équation $y = |x-3| + 2$.

Solution. On obtiendra la courbe cherchée en opérant deux translations : on décale d'abord la courbe de $y = |x|$ de 3 unités vers la droite, ce qui donne $y = |x-3|$ et ensuite de 2 unités vers le haut, ce qui donne $y = |x-3| + 2$ (figure 1.3.4). On aurait obtenu le même résultat en inversant l'ordre des translations, c'est-à-dire en décalant d'abord la courbe de $|x|$ de 2 unités vers le haut, ce qui donne $y = |x| + 2$, et en déplaçant ensuite cette courbe de 3 unités vers la droite, ce qui donne $y = |x-3| + 2$. ◄

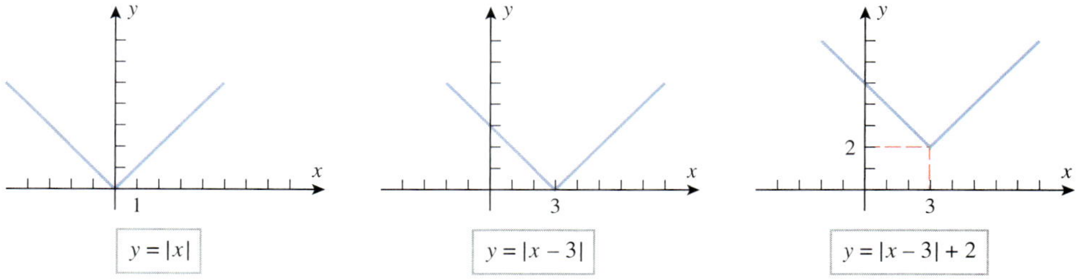

Figure 1.3.4

► **Exemple 10** Représenter graphiquement $y = x^2 - 4x + 5$.

Solution. Complétons d'abord le carré des deux premiers termes; on a

$$y = (x^2 - 4x + 4) - 4 + 5 = (x-2)^2 + 1$$

(L'annexe G sur le Web présente un rappel de cette technique.) Sous cette forme, il devient clair que l'on peut obtenir la courbe cherchée en décalant celle de $y = x^2$ de 2 unités vers la droite, à cause du $x - 2$, et ensuite vers le haut de 1 unité pour rendre compte du +1 (figure 1.3.5). ◄

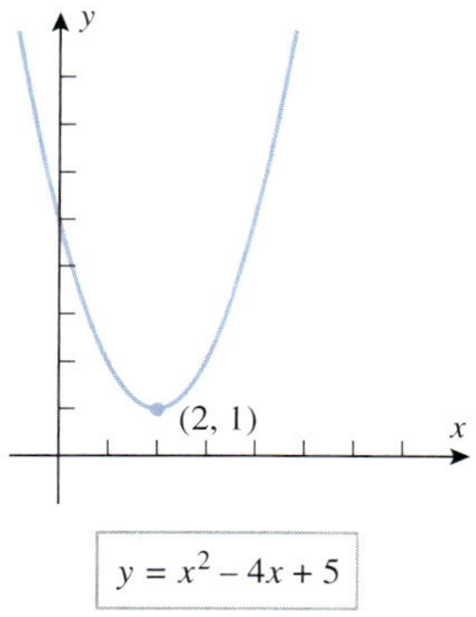

Figure 1.3.5

RÉFLEXIONS

La courbe de $y = f(-x)$ est la réflexion de $y = f(x)$ par rapport à l'axe des y parce que le point $(x; y)$ de la courbe de $f(x)$ devient $(-x; y)$ sur la courbe de $y = f(-x)$. De même, $y = -f(x)$ est la réflexion de $y = f(x)$ par rapport à l'axe des x parce que le point $(x; y)$ de la courbe de $f(x)$ devient $(x; -y)$ sur $y = -f(x)$. [L'équation $y = -f(x)$ équivaut à $-y = f(x)$.] Le tableau 1.3.3 résume ces considérations.

► **Exemple 11** Représenter graphiquement $y = \sqrt[3]{2-x}$.

Solution. On peut obtenir la courbe cherchée en opérant une réflexion et une translation : on réfléchit d'abord la courbe de $y = \sqrt[3]{x}$ par rapport à l'axe des y, ce qui donne $y = \sqrt[3]{-x}$, et on décale ensuite cette courbe de 2 unités vers la droite, ce qui donne

$$y = \sqrt[3]{-(x-2)} = \sqrt[3]{2-x}$$

(figure 1.3.6). ◄

Tableau 1.3.3

OPÉRATION SUR $y = f(x)$	Remplacer x par ^-x	Multiplier $f(x)$ par $^-1$
NOUVELLE ÉQUATION	$y = f(^-x)$	$y = {}^-f(x)$
CONSÉQUENCE GÉOMÉTRIQUE	Réflexion de $y = f(x)$ par rapport à l'axe des y	Réflexion de $y = f(x)$ par rapport à l'axe des x
EXEMPLE	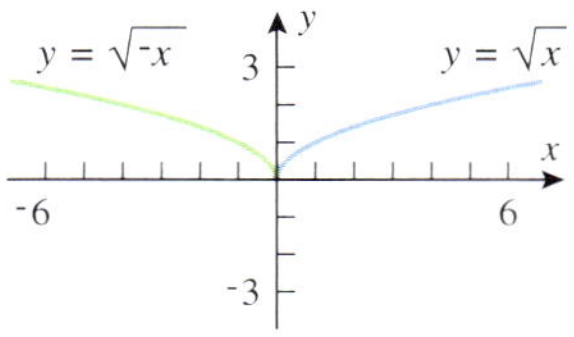	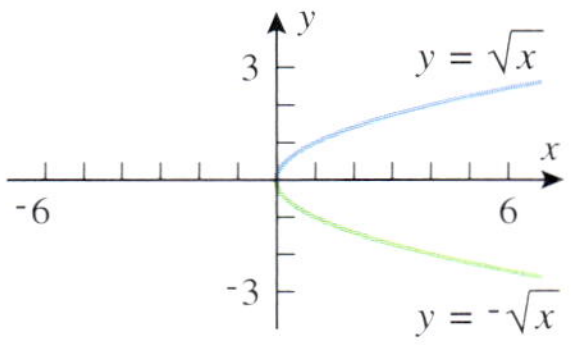

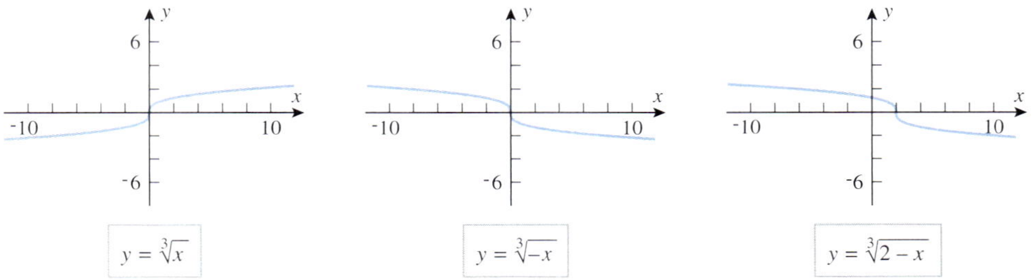

Figure 1.3.6

▶ **Exemple 12** Tracer la courbe de $y = 4 - |x - 2|$.

Solution. On peut obtenir la courbe cherchée en opérant une réflexion et deux translations : décalons d'abord la courbe de $y = |x|$ de 2 unités vers la droite, ce qui donne $y = |x - 2|$; la réflexion par rapport à l'axe des x donne ensuite $y = {}^-|x - 2|$ et finalement, la translation de 4 unités vers le haut donne la courbe de $y = {}^-|x - 2| + 4 = 4 - |x - 2|$ (figure 1.3.7). ◀

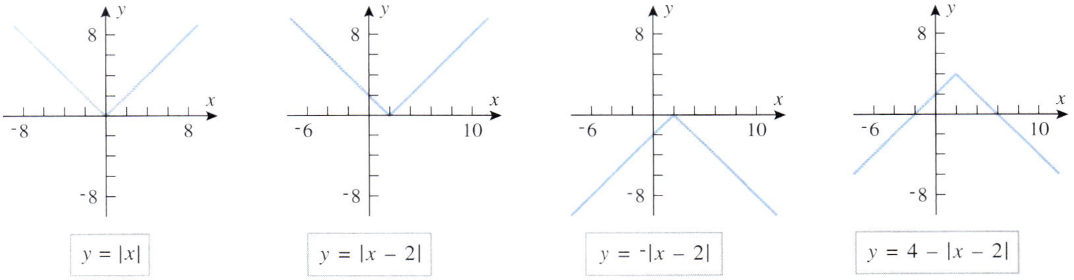

Figure 1.3.7

ÉTIREMENTS ET COMPRESSIONS

Multiplier $f(x)$ par une constante *positive* c transforme géométriquement la courbe de $y = f(x)$ en l'étirant selon y (verticalement) par un facteur c si $c > 1$ et en la comprimant selon y par un facteur $\frac{1}{c}$ si $0 < c < 1$. Par exemple, si l'on multiplie $f(x)$ par 2, chacune des coordonnées y double sa valeur, de sorte que la courbe s'étire verticalement par un facteur 2; par ailleurs si l'on multiplie $f(x)$ par $\frac{1}{2}$, les coordonnées y sont divisées par 2 et

> Décrivez l'effet géométrique de la multiplication d'une fonction f par une constante *négative* en termes de réflexion et d'étirement ou de compression. Quel effet géométrique est obtenu en multipliant la variable indépendante d'une fonction f par une constante *négative*?

la courbe est comprimée par un facteur 2 dans la direction verticale. Le même raisonnement s'applique lorsqu'on multiplie x par une constante *positive* c; si $c > 1$, la courbe $y = f(x)$ est comprimée dans la direction x (horizontale) par un facteur c et si $0 < c < 1$, la courbe est étirée horizontalement par un facteur $\frac{1}{c}$. [Si ce raisonnement vous paraît inversé, considérez ceci : $2x$ augmente deux fois plus vite que x, de sorte que pour atteindre la même valeur, un point qui se déplace sur l'axe des x en partant de l'origine devra parcourir la moitié moins de distance horizontale en considérant $y = f(2x)$ que si l'on prend $y = f(x)$. La courbe $y = f(2x)$ est donc une compression de $y = f(x)$.] Le tableau 1.3.4 résume ces considérations.

Tableau 1.3.4

OPÉRATION SUR $y = f(x)$	Multiplier $f(x)$ par c $(c > 1)$	Multiplier $f(x)$ par c $(0 < c < 1)$	Multiplier x par c $(c > 1)$	Multiplier x par c $(0 < c < 1)$
NOUVELLE ÉQUATION	$y = cf(x)$	$y = cf(x)$	$y = f(cx)$	$y = f(cx)$
CONSÉQUENCE GÉOMÉTRIQUE	Étirement vertical par un facteur c de la courbe $y = f(x)$	Compression verticale par un facteur $\frac{1}{c}$ de la courbe $y = f(x)$	Compression horizontale par un facteur c de la courbe $y = f(x)$	Étirement horizontal par un facteur $\frac{1}{c}$ de la courbe $y = f(x)$
EXEMPLE	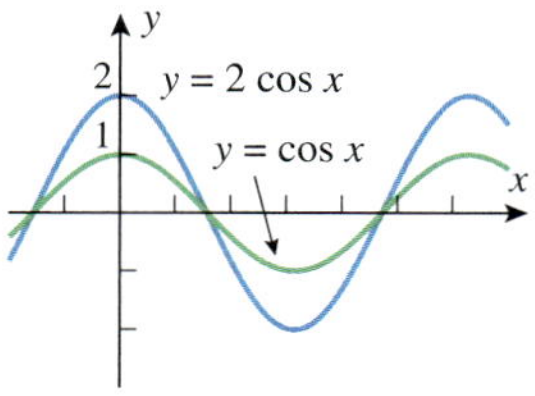	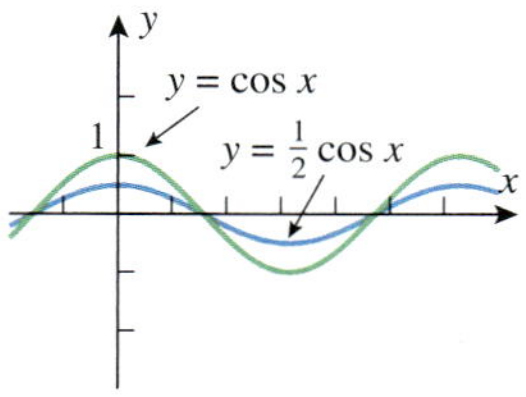	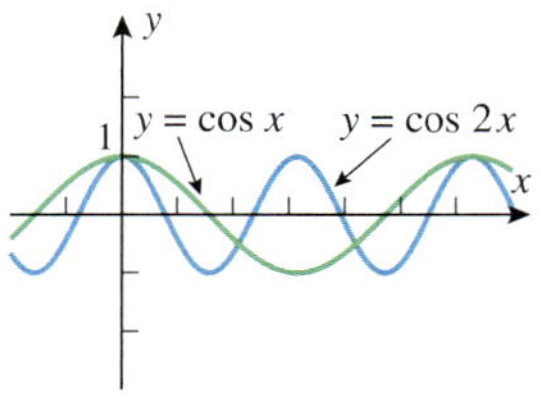	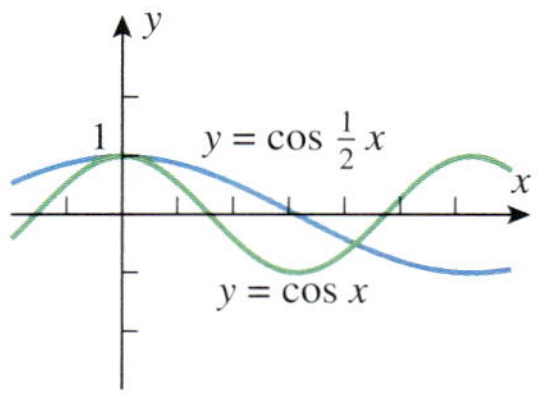

SYMÉTRIE

La figure 1.3.8 illustre trois types de symétries : la ***symétrie par rapport à l'axe des x***, la ***symétrie par rapport à l'axe des y*** et la ***symétrie par rapport à l'origine***. On y voit qu'une courbe est symétrique par rapport à l'axe des x si, pour tout point $(x; y)$ de la courbe, le point $(x; -y)$ appartient aussi à la courbe; de même, une courbe est symétrique par rapport à l'axe des y si, pour tout point $(x; y)$ de la courbe, le point $(-x; y)$ appartient aussi à la courbe. Finalement, une courbe est symétrique par rapport à l'origine si, pour tout point $(x; y)$ de la courbe, le point $(-x; -y)$ appartient aussi à la courbe. (Ou encore, une courbe est symétrique par rapport à l'origine si une rotation de 180° autour de l'origine laisse la courbe inchangée.) Des tests de symétrie découlent de ces définitions.

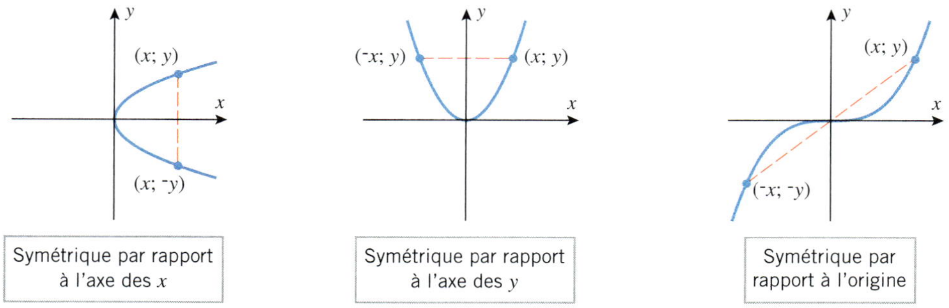

Figure 1.3.8

1.3.3 THÉORÈME (*Tests de symétrie*).

(*a*) *Une courbe plane est symétrique par rapport à l'axe des y si et seulement si on obtient une équation équivalente en remplaçant x par -x dans l'équation de départ.*

(*b*) *Une courbe plane est symétrique par rapport à l'axe des x si et seulement si on obtient une équation équivalente en remplaçant y par -y dans l'équation de départ.*

(*c*) *Une courbe plane est symétrique par rapport à l'origine si et seulement si on obtient une équation équivalente en remplaçant x par -x et y par -y dans l'équation de départ.*

▶ **Exemple 13** En référant au théorème 1.3.3, déterminer les symétries de la courbe de $x = y^2$.

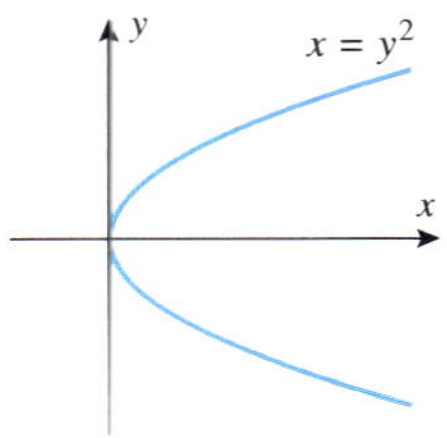

Figure 1.3.9

Solution. En remplaçant y par $-y$, on obtient $x = (-y)^2$ et après simplification, on retrouve l'équation originale $x = y^2$. La courbe est donc symétrique par rapport à l'axe des x. Cependant, elle n'est pas symétrique par rapport à l'axe des y parce que si l'on remplace x par $-x$, on obtient $-x = y^2$ et cette équation n'est pas équivalente à $x = y^2$. De même, la courbe n'est pas symétrique par rapport à l'origine, car si l'on remplace x et y par $-x$ et $-y$, on obtient $-x = (-y)^2$; après simplification, on trouve $-x = y^2$ et cette équation n'est pas équivalente à l'équation de départ. Ces résultats sont conformes à la courbe de $x = y^2$ illustrée à la figure 1.3.9. ◀

FONCTIONS PAIRES ET FONCTIONS IMPAIRES

Une fonction f est dite ***paire*** si

$$f(-x) = f(x) \tag{8}$$

Elle est ***impaire*** si

$$f(-x) = -f(x) \tag{9}$$

D'un point de vue géométrique, les courbes des fonctions paires sont symétriques par rapport à l'axe des y parce que la substitution de x par $-x$ dans $y = f(x)$ donne $y = f(-x)$, expression équivalente à l'équation originale $y = f(x)$ si l'on se fie à l'égalité (8) (voir figure 1.3.10). De même, considérant l'égalité (9), les courbes des fonctions impaires sont symétriques par rapport à l'origine (figure 1.3.11). Les fonctions x^2, x^4, x^6 et $\cos x$ sont des exemples de fonctions paires et les fonctions x^3, x^5, x^7 et $\sin x$ sont des exemples de fonctions impaires.

Expliquez pourquoi la courbe d'une fonction qui n'a pas de zéros ne peut être symétrique par rapport à l'axe des x.

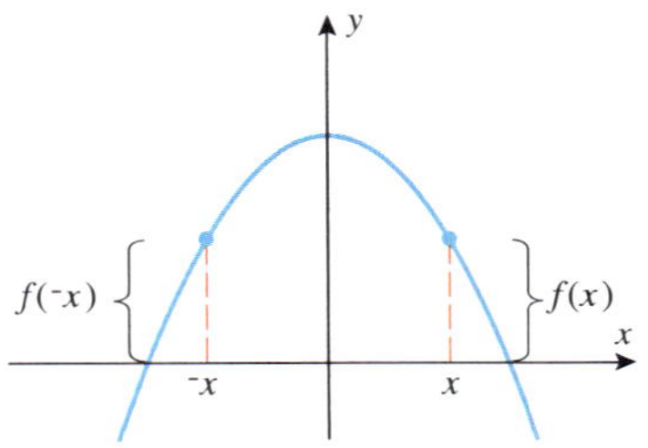

Figure 1.3.10 Courbe d'une fonction paire : $f(-x) = f(x)$.

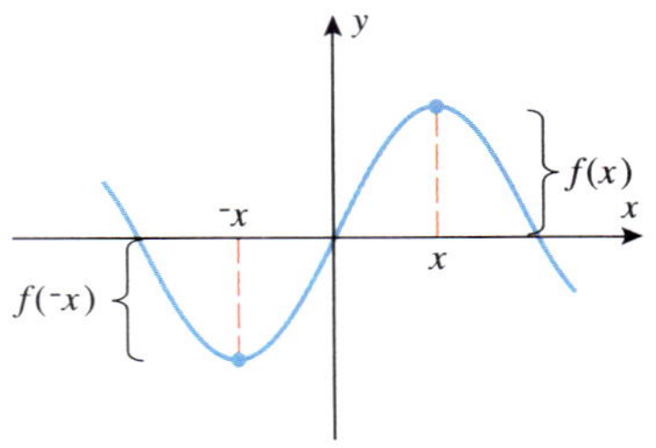

Figure 1.3.11 Courbe d'une fonction impaire : $f(-x) = -f(x)$.

✔VÉRIFICATION EXPRESS 1.3 *(Réponses à la page 41.)*

1. Soit $f(x) = 3\sqrt{x} - 2$ et $g(x) = |x|$. Dans chacun des cas, donner l'équation de la fonction et préciser le domaine correspondant :

(a) $f + g$: ________ Domaine : ________

(b) $f - g$: ________ Domaine : ________

(c) fg : ________ Domaine : ________

(d) $\dfrac{f}{g}$: ________ Domaine : ________

2. Soit $f(x) = 2 - x^2$ et $g(x) = \sqrt{x}$. Dans chacun des cas, donner l'équation de la composée et préciser le domaine correspondant :

(a) $f \circ g$: ________ Domaine : ________

(b) $g \circ f$: ________ Domaine : ________

3. On peut obtenir la courbe de $y = 1 + (x - 2)^2$ en décalant celle de $y = x^2$ vers la ________ (gauche/droite) de ________ unité(s) et en décalant cette nouvelle courbe vers le ________ (haut/bas) de ________ unité(s).

4. Soit

$$f(x) = \begin{cases} |x + 1|, & -2 \le x \le 0 \\ |x - 1|, & 0 < x \le 2 \end{cases}$$

(a) La lettre de l'alphabet qui ressemble le plus à la fonction f est ________.

(b) La fonction f est-elle paire?

SÉRIE D'EXERCICES 1.3 Outil graphique

JONGLONS AVEC LES CONCEPTS

1. La figure Ex-1 illustre une fonction f. Tracer les courbes des équations suivantes :

(a) $y = f(x) - 1$ (b) $y = f(x - 1)$

(c) $y = \frac{1}{2}f(x)$ (d) $y = f\left(-\frac{1}{2}x\right)$

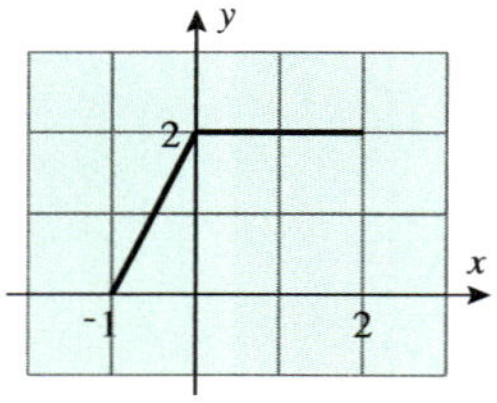

Figure Ex-1

2. Considérant le graphique de l'exercice 1, tracer les courbes des équations suivantes :

(a) $y = -f(-x)$ (b) $y = f(2 - x)$

(c) $y = 1 - f(2 - x)$ (d) $y = \frac{1}{2}f(2x)$

3. La figure Ex-3 illustre une fonction f. Tracer les courbes des équations suivantes :

(a) $y = f(x + 1)$ (b) $y = f(2x)$

(c) $y = |f(x)|$ (d) $y = 1 - |f(x)|$

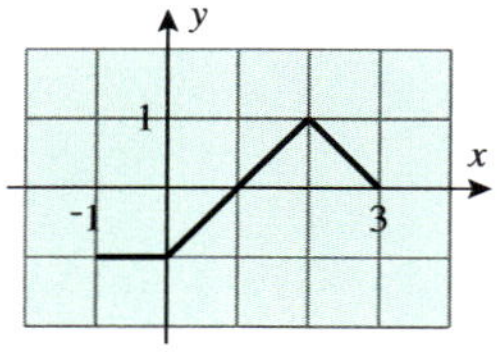

Figure Ex-3

4. Considérant le graphique donné à l'exercice 3, tracer la courbe de l'équation $y = f(|x|)$.

5–10 Tracer la courbe de l'équation en effectuant les opérations appropriées (translation, réflexion, compression, étirement) sur la courbe de $y = x^2$; valider ensuite votre tracé à l'aide d'un outil graphique.

5. $y = -2(x + 1)^2 - 3$

6. $y = \frac{1}{2}(x - 3)^2 + 2$

7. $y = x^2 + 6x$

8. $y = x^2 + 6x - 10$

9. $y = 1 + 2x - x^2$

10. $y = \frac{1}{2}(x^2 - 2x + 3)$

11–14 Tracer la courbe de l'équation en effectuant les opérations appropriées (translation, réflexion, compression, étirement) sur la courbe de $y = \sqrt{x}$; valider ensuite votre tracé à l'aide d'un outil graphique.

11. $y = 3 - \sqrt{x + 1}$

12. $y = 1 + \sqrt{x - 4}$

13. $y = \frac{1}{2}\sqrt{x} + 1$

14. $y = -\sqrt{3x}$

15–18 Tracer la courbe de l'équation en effectuant les opérations appropriées (translation, réflexion, compression, étirement) sur la courbe de $y = \frac{1}{x}$; valider ensuite votre tracé à l'aide d'un outil graphique.

15. $y = \dfrac{1}{x - 3}$

16. $y = \dfrac{1}{1 - x}$

17. $y = 2 - \dfrac{1}{x + 1}$

18. $y = \dfrac{x - 1}{x}$

19–22 Tracer la courbe de l'équation en effectuant les opérations appropriées (translation, réflexion, compression, étirement) sur la courbe de $y = |x|$; valider ensuite votre tracé à l'aide d'un outil graphique.

19. $y = |x + 2| - 2$

20. $y = 1 - |x - 3|$

21. $y = |2x - 1| + 1$

22. $y = \sqrt{x^2 - 4x + 4}$

23–26 Tracer la courbe de l'équation en effectuant les opérations appropriées (translation, réflexion, compression, étirement) sur la courbe de $y = \sqrt[3]{x}$; valider ensuite votre tracé à l'aide d'un outil graphique.

23. $y = 1 - 2\sqrt[3]{x}$

24. $y = \sqrt[3]{x - 2} - 3$

25. $y = 2 + \sqrt[3]{x + 1}$

26. $y + \sqrt[3]{x - 2} = 0$

27. (a) Tracer la courbe de $y = x + |x|$ en additionnant les coordonnées y correspondantes sur les courbes de $y = x$ et $y = |x|$.
(b) Exprimer l'équation $y = x + |x|$ par parties, sans utiliser les valeurs absolues, et vérifier que la courbe obtenue en (a) est en accord avec cette équation.

28. Tracer la courbe de $y = x + \left(\frac{1}{x}\right)$ en additionnant les coordonnées y correspondantes sur les courbes de $y = x$ et $y = \frac{1}{x}$. Valider la courbe obtenue à l'aide d'un outil graphique.

29–30 Écrire les équations de $f + g$, $f - g$, fg et $\frac{f}{g}$ et déterminer le domaine de ces fonctions.

29. $f(x) = 2\sqrt{x - 1}$, $g(x) = \sqrt{x - 1}$

30. $f(x) = \dfrac{x}{1 + x^2}$, $g(x) = \dfrac{1}{x}$

31. Soit $f(x) = \sqrt{x}$ et $g(x) = x^3 + 1$. Trouver
(a) $f(g(2))$ (b) $g(f(4))$
(c) $f(f(16))$ (d) $g(g(0))$

32. Soit $g(x) = \pi - x^2$ et $h(x) = \cos x$. Trouver
(a) $g(h(0))$ (b) $h\left(g\left(\sqrt{\dfrac{\pi}{2}}\right)\right)$
(c) $g(g(1))$ (d) $h\left(h\left(\dfrac{\pi}{2}\right)\right)$

33. Soit $f(x) = x^2 + 1$. Trouver
(a) $f(t^2)$ (b) $f(t + 2)$ (c) $f(x + 2)$
(d) $f\left(\dfrac{1}{x}\right)$ (e) $f(x + h)$ (f) $f(-x)$
(g) $f(\sqrt{x})$ (h) $f(3x)$

34. Soit $g(x) = \sqrt{x}$. Trouver
(a) $g(5s + 2)$ (b) $g(\sqrt{x} + 2)$ (c) $3g(5x)$
(d) $\dfrac{1}{g(x)}$ (e) $g(g(x))$ (f) $(g(x))^2 - g(x^2)$
(g) $g\left(\dfrac{1}{\sqrt{x}}\right)$ (h) $g((x - 1)^2)$

35–38 Écrire les formules de $f \circ g$ et $g \circ f$ et déterminer le domaine de ces composées.

35. $f(x) = x^2$, $g(x) = \sqrt{1 - x}$

36. $f(x) = \sqrt{x - 3}$, $g(x) = \sqrt{x^2 + 3}$

37. $f(x) = \dfrac{1 + x}{1 - x}$, $g(x) = \dfrac{x}{1 - x}$

38. $f(x) = \dfrac{x}{1 + x^2}$, $g(x) = \dfrac{1}{x}$

39–40 Exprimer $(f \circ g \circ h)(x)$ par une équation.

39. $f(x) = x^2 + 1$, $g(x) = \dfrac{1}{x}$, $h(x) = x^3$

40. $f(x) = \dfrac{1}{1 + x}$, $g(x) = \sqrt[3]{x}$, $h(x) = \dfrac{1}{x^3}$

41–44 Exprimer f par une composée de deux fonctions, c'est-à-dire trouver g et h tels que $f = g \circ h$. [*Note :* Chacun de ces exercices admet plus d'une solution.]

41. (a) $f(x) = \sqrt{x + 2}$ (b) $f(x) = |x^2 - 3x + 5|$

42. (a) $f(x) = x^2 + 1$ (b) $f(x) = \dfrac{1}{x - 3}$

43. (a) $f(x) = \sin^2 x$ (b) $f(x) = \dfrac{3}{5 + \cos x}$

44. (a) $f(x) = 3\sin(x^2)$ (b) $f(x) = 3\sin^2 x + 4\sin x$

45–46 Exprimer F par une composée de trois fonctions, c'est-à-dire trouver f, g et h tels que $F = f \circ g \circ h$. [*Note :* Chacun de ces exercices admet plus d'une solution.]

45. (a) $F(x) = \left(1 + \sin(x^2)\right)^3$ (b) $F(x) = \sqrt{1 - \sqrt[3]{x}}$

46. (a) $F(x) = \dfrac{1}{1 - x^2}$ (b) $F(x) = |5 + 2x|$

JONGLONS AVEC LES CONCEPTS

47. Utiliser les données du tableau Ex-47 pour tracer la courbe de $y = f(g(x))$.

x	-3	-2	-1	0	1	2	3
$f(x)$	-4	-3	-2	-1	0	1	2
$g(x)$	-1	0	1	2	3	-2	-3

Tableau Ex-47

48. Déterminer le domaine de $g \circ f$ pour les fonctions f et g de l'exercice 47.

49. Tracer la courbe de $y = f(g(x))$ pour les fonctions représentées à la figure Ex-49.

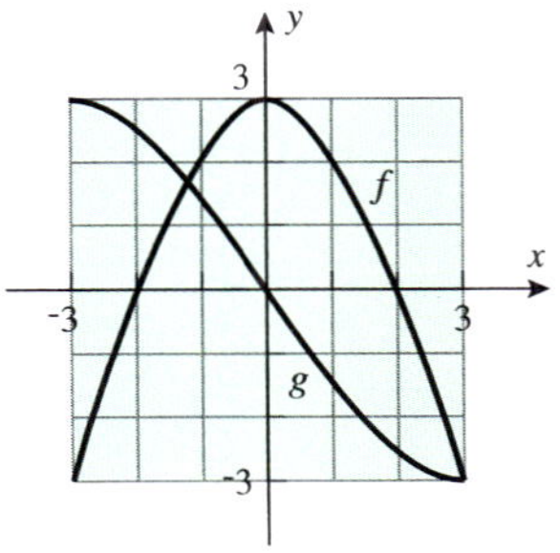

Figure Ex-49

50. Tracer la courbe de $y = g(f(x))$ pour les fonctions du graphique de l'exercice 49.

51. Utiliser les courbes f et g de l'exercice 49 pour trouver les racines approximatives des équations $f(g(x)) = 0$ et $g(f(x)) = 0$.

52. Utiliser le tableau de l'exercice 47 pour résoudre les équations $f(g(x)) = 0$ et $g(f(x)) = 0$.

53–56 Déterminer

$$\frac{f(w) - f(x)}{w - x} \quad \text{et} \quad \frac{f(x+h) - f(x)}{h}$$

Simplifier autant que possible.

53. $f(x) = 3x^2 - 5$ **54.** $f(x) = x^2 + 6x$

55. $f(x) = \dfrac{1}{x}$ **56.** $f(x) = \dfrac{1}{x^2}$

57. Indiquer, pour chacune des fonctions du tableau Ex-57, si la fonction est paire, impaire ou ni l'une ni l'autre.

x	-3	-2	-1	0	1	2	3
$f(x)$	5	3	2	3	1	-3	5
$g(x)$	4	1	-2	0	2	-1	-4
$h(x)$	2	-5	8	-2	8	-5	2

Tableau Ex-57

58. Compléter le tableau Ex-58 pour que la fonction $y = f(x)$ soit symétrique
(a) par rapport à l'axe des y; (b) par rapport à l'origine.

x	-3	-2	-1	0	1	2	3
$f(x)$	1		-1	0		-5	

Tableau Ex-58

59. La figure Ex-59 montre une portion d'une courbe. Compléter le tracé pour que la courbe entière soit symétrique
(a) par rapport à l'axe des x;
(b) par rapport à l'axe des y;
(c) par rapport à l'origine.

60. La figure Ex-60 montre une portion d'une courbe. Compléter le tracé en supposant
(a) que f est une fonction paire;
(b) que f est une fonction impaire.

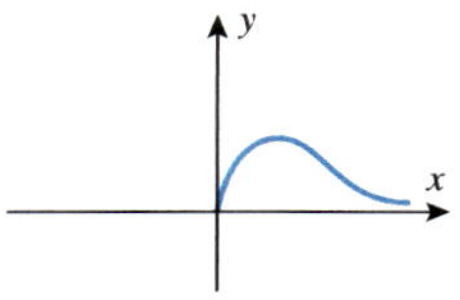

Figure Ex-59

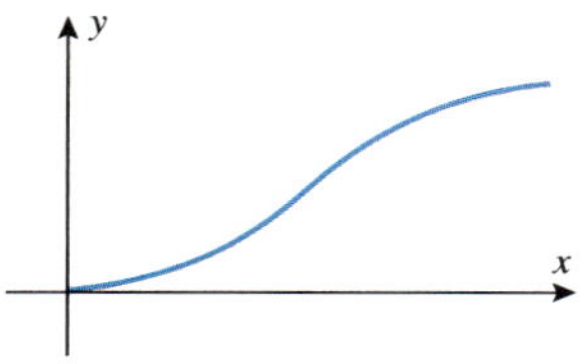

Figure Ex-60

61. Classer chacune des fonctions représentées à la figure Ex-61 selon qu'elle soit paire, impaire ou ni l'une ni l'autre.

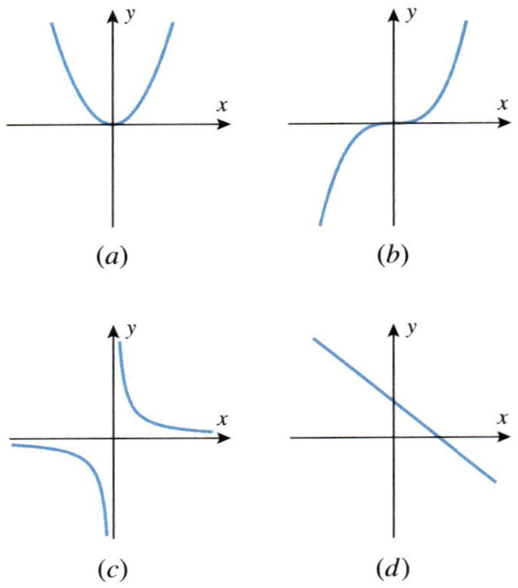

Figure Ex-61

62. Indiquer, pour chacune des courbes de la figure Ex-62, si elle est symétrique par rapport à l'axe des x, à l'axe des y ou à l'origine ou si elle ne possède aucune de ces symétries.

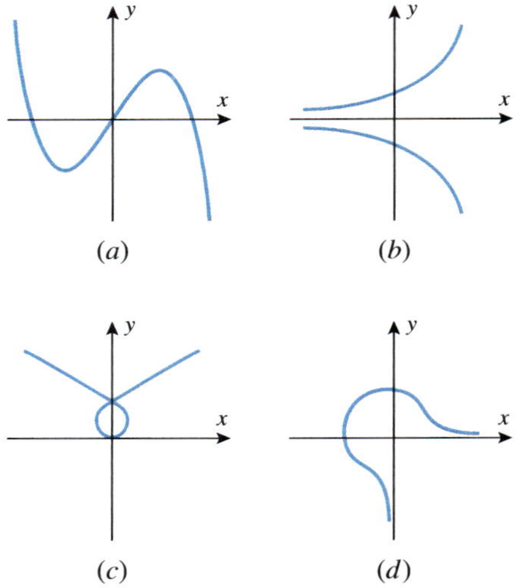

Figure Ex-62

63. Dans chaque cas, indiquer si la fonction est paire, impaire ou ni l'une ni l'autre.
(a) $f(x) = x^2$ (b) $f(x) = x^3$
(c) $f(x) = |x|$ (d) $f(x) = x + 1$
(e) $f(x) = \dfrac{x^5 - x}{1 + x^2}$ (f) $f(x) = 2$

64. Supposer que la fonction f ait pour domaine l'ensemble de tous les nombres réels. Indiquer, dans chaque cas, si la fonction est paire ou impaire. Expliquer.
(a) $g(x) = \dfrac{f(x) + f(-x)}{2}$ (b) $h(x) = \dfrac{f(x) - f(-x)}{2}$

65. Supposer que la fonction f ait pour domaine l'ensemble de tous les nombres réels. Montrer que l'on peut exprimer f par la somme d'une fonction paire et d'une fonction impaire. [*Indice :* Voir l'exercice 64.]

66–67 Référer au théorème 1.3.3 pour déterminer si la courbe affiche des symétries par rapport à l'axe des x, à l'axe des y ou à l'origine.

66. (a) $x = 5y^2 + 9$ (b) $x^2 - 2y^2 = 3$
(c) $xy = 5$

67. (a) $x^4 = 2y^3 + y$ (b) $y = \dfrac{x}{3 + x^2}$
(c) $y^2 = |x| - 5$

68–69 (i) À l'aide d'un outil graphique, produire la courbe de l'équation dans le premier quadrant. [*Note :* Il faudra d'abord isoler y pour l'exprimer en termes de x.] (ii) Utiliser les symétries pour esquisser à la main la courbe complète. (iii) Valider votre esquisse en produisant la courbe de l'équation dans les trois autres quadrants.

68. $9x^2 + 4y^2 = 36$ **69.** $4x^2 + 16y^2 = 16$

70. La courbe de l'équation $x^{\frac{2}{3}} + y^{\frac{2}{3}} = 1$ est une ***hypocycloïde à quatre rebroussements*** (figure Ex-70).
(a) Utiliser le théorème 1.3.3 pour vérifier que cette courbe est bien symétrique par rapport aux axes x et y et par rapport à l'origine.
(b) Trouver une fonction f dont la courbe coïncide, dans le premier quadrant, à celle de l'hypocycloïde à quatre rebroussements; valider votre réponse à l'aide d'un outil graphique.
(c) Reprendre (b) pour chacun des trois autres quadrants.

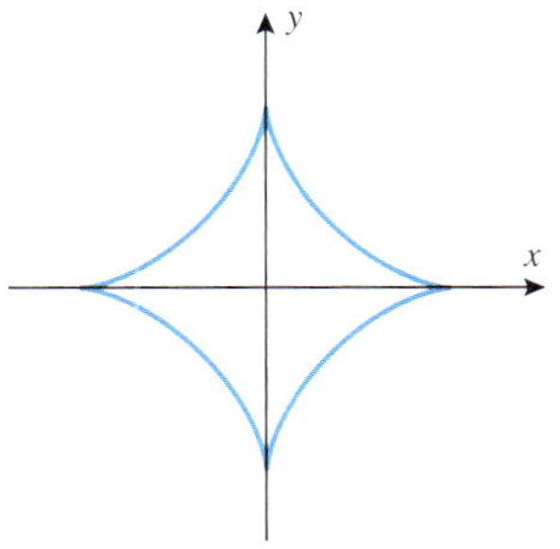

Hypocycloïde à quatre rebroussements

Figure Ex-70

71. On peut écrire l'équation $y = |f(x)|$ comme suit :

$$y = \begin{cases} f(x), & f(x) \geq 0 \\ -f(x), & f(x) < 0 \end{cases}$$

On peut obtenir la courbe de $y = |f(x)|$ à partir de celle de $y = f(x)$ en conservant la portion située sur l'axe des x et au-dessus de cet axe et en réfléchissant, par rapport à l'axe des x, la portion qui se trouve sous cet axe. Appliquer cette méthode pour tracer $y = |2x - 3|$ à partir de la courbe de $y = 2x - 3$.

72–73 Utiliser la méthode décrite à l'exercice 71.

72. Tracer la courbe de $y = |1 - x^2|$.

73. Tracer la courbe de
(a) $f(x) = |\cos x|$ (b) $f(x) = \cos x + |\cos x|$

74. La partie entière de x, notée $\lfloor x \rfloor$, par le plus grand entier inférieur ou égal à x. Par exemple, $\lfloor 2{,}7 \rfloor = 2$, $\lfloor -2{,}3 \rfloor = -3$ et $\lfloor 4 \rfloor = 4$. Tracer la courbe d'équation.
(a) $f(x) = \lfloor x \rfloor$ (b) $f(x) = \lfloor x^2 \rfloor$
(c) $f(x) = \lfloor x \rfloor^2$ (d) $f(x) = \lfloor \sin x \rfloor$

75. Est-il jamais vrai que $f \circ g = g \circ f$ si f et g ne sont pas des fonctions constantes? Sinon, en faire la preuve; si oui, donner des exemples qui le confirment.

76. Dans le texte qui précède l'exercice 29 de la section 1.2, nous avons décrit la marche à suivre pour produire un graphique complet de $f(x) = x^{\frac{p}{q}}$; nous avons alors suggéré de tracer la fonction $g(x) = |x|^{\frac{p}{q}}$ au lieu de $f(x)$ lorsque p est pair et q, impair, et de tracer $g(x) = \left(\frac{|x|}{x}\right)|x|^{\frac{p}{q}}$ si p et q sont impairs. Montrer que, dans les deux cas, $f(x) = g(x)$ si $x > 0$ ou $x < 0$. [*Indice :* Montrer que f est une fonction paire si p est pair et q, impair, et une fonction impaire si p est et q sont impairs.]

✔ VÉRIFICATION EXPRESS 1.3 – RÉPONSES

1. (a) $(f+g)(x) = 3\sqrt{x} - 2 + x;\ x \geq 0$ (b) $(f-g)(x) = 3\sqrt{x} - 2 - x;\ x \geq 0$ (c) $(fg)(x) = 3x^{\frac{3}{2}} - 2x;\ x \geq 0$
(d) $\left(\frac{f}{g}\right)(x) = \dfrac{3\sqrt{x} - 2}{x};\ x > 0$ **2.** (a) $(f \circ g)(x) = 2 - x;\ x \geq 0$ (b) $(g \circ f)(x) = \sqrt{2 - x^2};\ -\sqrt{2} \leq x \leq \sqrt{2}$
3. droite; 2; haut; 1 **4.** (a) W (b) Oui

1.4 FAMILLES DE FONCTIONS

Les fonctions sont souvent regroupées par familles selon la forme des équations qui les définissent ou selon d'autres caractéristiques communes. Dans cette section, nous présentons quelques familles de fonctions élémentaires.

FAMILLES DE COURBES

La courbe d'une fonction constante f définie par $f(x) = c$ est la courbe de l'équation $y = c$, qui correspond à la droite horizontale de la figure 1.4.1*a*. Si c varie, on obtient un ensemble ou une ***famille*** de droites horizontales (figure 1.4.1*b*).

On appelle ***paramètres*** les constantes qui varient dans une famille de courbes. Par exemple, une équation de la forme $y = mx + b$ représente une droite de pente m et d'ordonnée à l'origine b. Si on maintient b fixe en prenant m comme paramètre, on obtient une famille de droites dont tous les membres ont la même ordonnée à l'origine b (figure 1.4.2*a*) et si, à l'inverse, on maintient m fixe et que b devient un paramètre, on obtient une famille de droites parallèles dont tous les membres ont la même pente m (figure 1.4.2*b*).

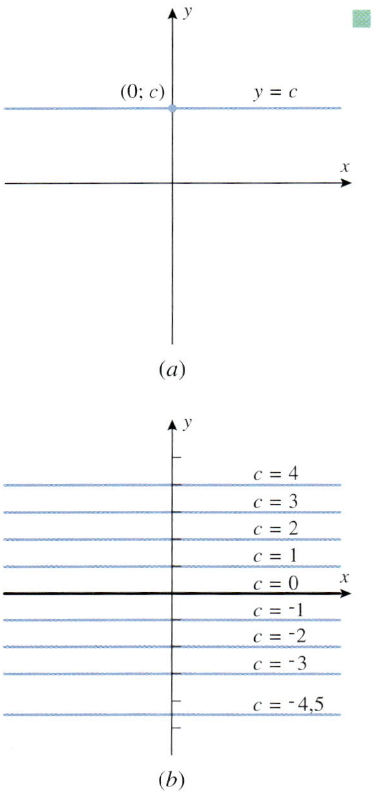

Figure 1.4.1

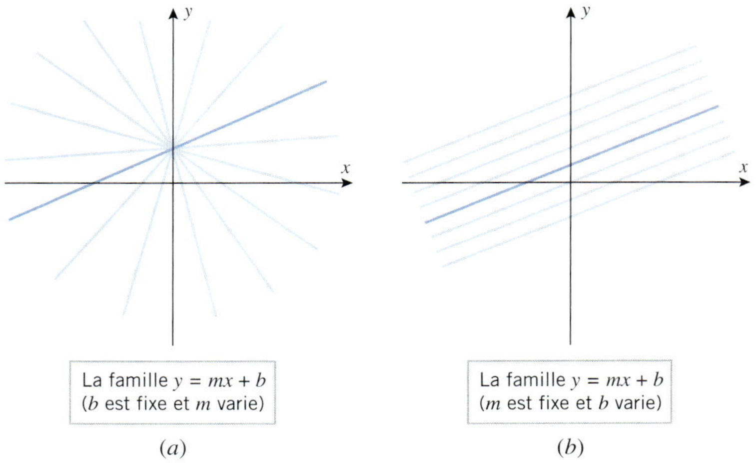

Figure 1.4.2

LA FAMILLE $y = x^n$

Une fonction de la forme $f(x) = x^p$, où p est constante, est appelée ***fonction de puissance.*** Pour le moment, considérons le cas où p est un entier positif, disons $p = n$. La figure 1.4.3 montre les courbes $y = x^n$ pour $n = 1$, 2, 3, 4 et 5. La première courbe est une droite de pente 1 passant par l'origine et la deuxième, une parabole ouverte vers le haut dont le sommet coïncide avec l'origine (voir l'annexe G sur le Web).

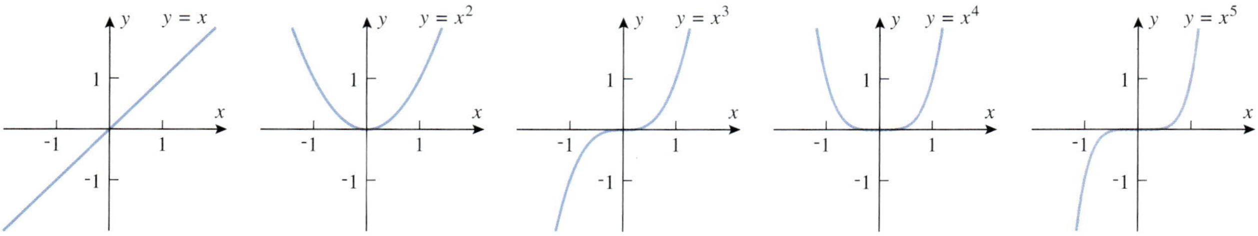

Figure 1.4.3

Pour $n \geq 2$, la forme de la courbe $y = x^n$ sera différente selon que n est pair ou impair (figure 1.4.4) :

- Pour les valeurs paires de n, les fonctions $f(x) = x^n$ sont paires et leurs courbes sont symétriques par rapport à l'axe des y. Toutes les courbes ont l'allure générale de la parabole $y = x^2$ (bien qu'il ne s'agisse pas de paraboles si $n > 2$) et chacune passe par les points (-1; 1) et (1; 1). À mesure que n augmente, la courbe est plus aplatie sur l'intervalle $-1 < x < 1$ et plus abrupte sur les intervalles $x > 1$ et $x < -1$.
- Pour les n impairs, les fonctions f définies par $f(x) = x^n$ sont impaires et leurs courbes sont symétriques par rapport à l'origine. Les courbes ont toutes une allure semblable à celle de $y = x^3$ et chacune passe par les points (1; 1) et (-1; -1). Plus n augmente, plus les courbes s'aplatissent sur l'intervalle $-1 < x < 1$ et deviennent abruptes sur les intervalles $x > 1$ et $x < -1$.

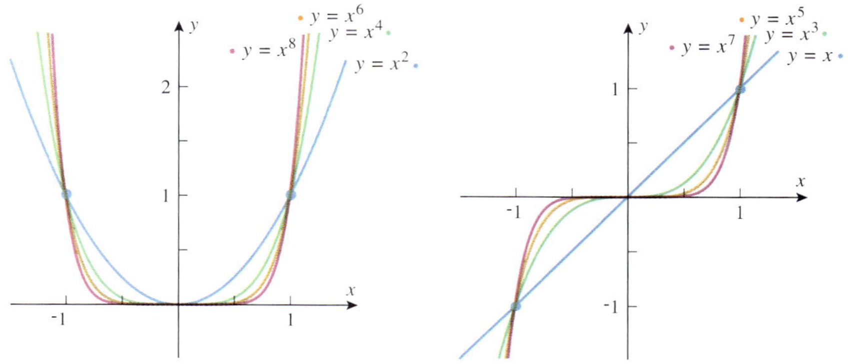

La famille $y = x^n$ (n pair)

La famille $y = x^n$ (n impair)

Figure 1.4.4

L'aplanissement et l'augmentation de la pente s'expliquent si l'on considère ce qui se passe lorsqu'un nombre x est élevé à des puissances de plus en plus élevées : si $-1 < x < 1$, alors la valeur absolue de x^n *diminue* lorsque n augmente, de sorte que les courbes s'aplatissent dans cet intervalle à mesure que n augmente (pour mieux saisir, élevez $\frac{1}{2}$ ou $-\frac{1}{2}$ à des puissances de plus en plus grandes). Par ailleurs, si $x > 1$ ou $x < -1$, alors la valeur absolue de x^n *augmente* lorsque n augmente et la pente de la courbe devient plus raide dans ces intervalles à mesure que n augmente (élevez 2 ou -2 à des puissances de plus en plus grandes).

LA FAMILLE $y = x^{-n}$

Si p est un entier négatif, disons $p = -n$, alors les fonctions de puissance $f(x) = x^p$ sont de la forme $f(x) = x^{-n} = \frac{1}{x^n}$. La figure 1.4.5 montre les courbes de $y = \frac{1}{x}$ et de $y = \frac{1}{x^2}$. La courbe de $y = \frac{1}{x}$ est une ***hyperbole équilatérale***.

La figure 1.4.5 montre que la courbe $y = \frac{1}{x^n}$ n'a pas la même allure selon que n est pair ou impair.

- Les n pairs donnent des fonctions $f(x) = \frac{1}{x^n}$ paires et donc, les courbes sont symétriques par rapport à l'axe des y. Toutes les courbes ont une allure semblable à celle de $y = \frac{1}{x^2}$ et elles passent toutes par les points (-1; 1) et (1; 1). Lorsque n augmente, les pentes deviennent plus raides sur les intervalles $-1 < x < 0$ et $0 < x < 1$ et elles s'aplanissent sur les intervalles $x > 1$ et $x < -1$.
- Les n impairs donnent des fonctions $f(x) = \frac{1}{x^n}$ impaires et donc, les courbes sont symétriques par rapport à l'origine. Toutes les courbes ont une allure semblable à celle de $y = \frac{1}{x}$ et elles passent toutes par les points (1; 1) et (-1; -1). Lorsque n augmente,

Soit la valeur de $\frac{1}{x^n}$ pour un x donné; si n augmente, expliquez pourquoi les pentes des courbes s'aplanissent ou deviennent plus raides, tel que décrit ici pour des valeurs croissantes de n.

les pentes deviennent plus raides sur les intervalles $-1 < x < 0$ et $0 < x < 1$ et elles s'aplanissent sur les intervalles $x > 1$ et $x < -1$.

- Les n pairs et impairs créent une brisure à l'origine (appelée ***discontinuité***) sur les graphiques des fonctions $y = \frac{1}{x^n}$, car la division par zéro n'est pas définie.

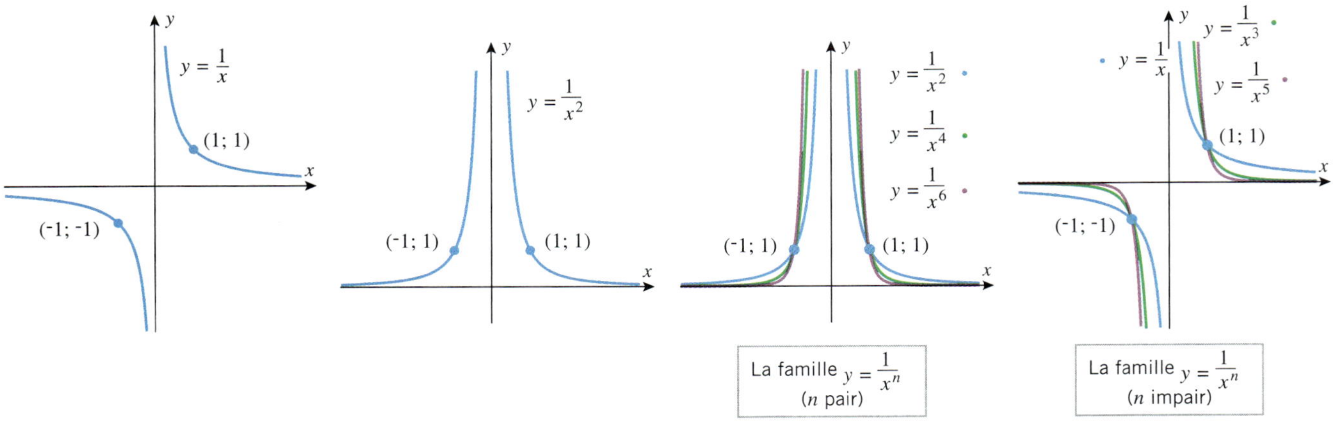

Figure 1.4.5

PROPORTIONS INVERSES

Rappelons qu'une variable y est ***inversement proportionnelle à une variable x*** s'il existe une constante positive k, appelée ***constante de proportionnalité,*** telle que

$$y = \frac{k}{x} \qquad (1)$$

Sachant que k est positive, la courbe de (1) a une allure semblable à celle de $y = \frac{1}{x}$, mais elle est comprimée ou étirée selon y (verticalement). Il devrait également ressortir de l'équation (1) qu'en doublant x, on multiplie y par $\frac{1}{2}$, en triplant x, on multiplie y par $\frac{1}{3}$, et ainsi de suite.

Si l'on récrit l'équation (1) sous la forme $xy = k$, il devient clair que le produit de variables inversement proportionnelles est une constante positive. Cette forme est particulièrement utile pour reconnaître des variables inversement proportionnelles à partir de données expérimentales.

Tableau 1.4.1

DONNÉES EXPÉRIMENTALES

x	0,8	1	2,5	4	6,25	10
y	6,25	5	2	1,25	0,8	0,5

► **Exemple 1** Le tableau 1.4.1 regroupe des données expérimentales.

(a) Expliquer pourquoi ces données suggèrent que y soit inversement proportionnel à x.

(b) Exprimer y en fonction de x.

(c) Tracer la fonction donnée en (b) et les données du tableau sur le même graphique pour $x > 0$.

Solution. Pour toutes les données, on a $xy = 5$, de sorte que l'on peut affirmer que y est inversement proportionnel à x et que $y = \frac{5}{x}$. La figure 1.4.6 montre la courbe de cette équation et les points du tableau sur le même système d'axes. ◄

On rencontre des proportions inverses dans plusieurs lois en physique. Par exemple, la ***loi de Boyle****** stipule que *si une quantité fixe d'un gaz parfait est maintenue à température*

*Également appelée ***loi de Mariotte*** ou ***loi de Boyle-Mariotte***. *Ndlt* *constante, alors le produit de la pression P exercée par le gaz et du volume V qu'il occupe est une constante;* c'est-à-dire

$$PV = k$$

Les variables P et V sont donc inversement proportionnelles l'une de l'autre. La figure 1.4.7 montre une courbe typique du volume d'un gaz en fonction de la pression dans les conditions décrites par la loi de Boyle. Remarquez qu'en doublant la pression, le volume est réduit de moitié, tel qu'on devait s'y attendre.

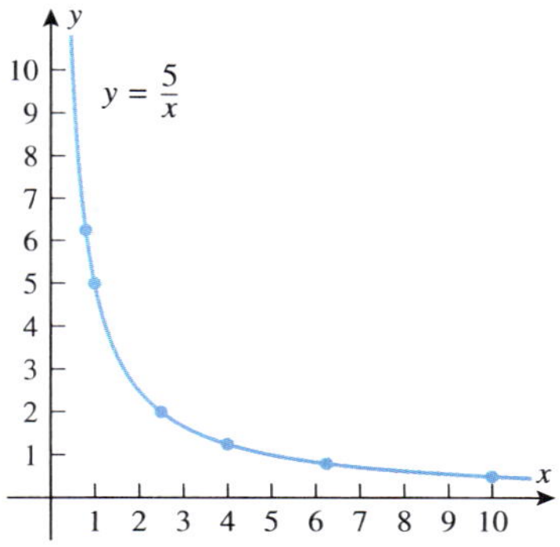

Figure 1.4.6

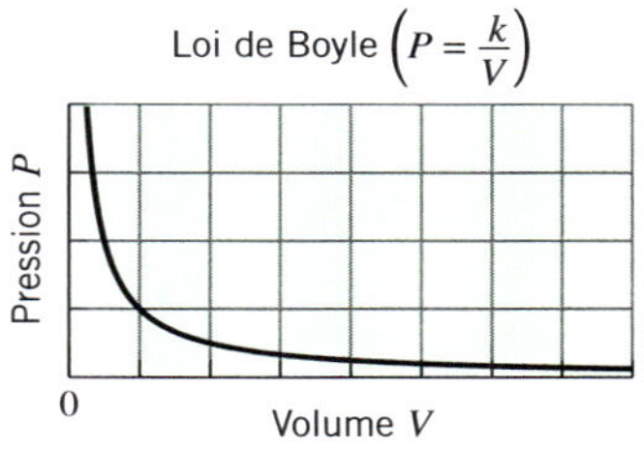

Figure 1.4.7

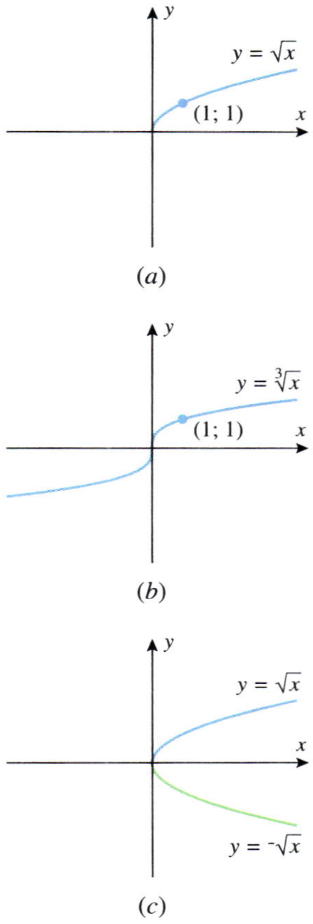

Figure 1.4.8

FONCTIONS DE PUISSANCE ET EXPOSANTS FRACTIONNAIRES

Si $p = \frac{1}{n}$ et si n est un entier positif, alors les fonctions de puissance $f(x) = x^p$ sont de la forme $f(x) = x^{\frac{1}{n}} = \sqrt[n]{x}$. En particulier, si $n = 2$, alors $f(x) = \sqrt{x}$ et si $n = 3$, alors $f(x) = \sqrt[3]{x}$. Les courbes de ces fonctions sont présentées à la figure 1.4.8, parties (*a*) et (*b*).

Puisque tout nombre réel a une racine cubique réelle, le domaine de la fonction $f(x) = \sqrt[3]{x}$ s'étend sur $]-\infty; +\infty[$ et la courbe de $f(x) = \sqrt[3]{x}$ s'étend sur tout l'axe des x. Cependant, la courbe de $f(x) = \sqrt{x}$ s'étend seulement sur $[0; +\infty[$ parce que $\sqrt{x}$ est imaginaire pour les x négatifs. Sur la figure 1.4.8*c*, les courbes de $y = \sqrt{x}$ et de $y = -\sqrt{x}$ forment les moitiés supérieure et inférieure de la parabole $x = y^2$. Plus généralement, la courbe de $y = \sqrt[n]{x}$ s'étend sur tout l'axe des x si n est impair, mais seulement sur $[0; +\infty[$ si n est pair.

Les fonctions de puissance peuvent avoir d'autres exposants fractionnaires, par exemple

$$f(x) = x^{\frac{2}{3}}, \quad f(x) = \sqrt[5]{x^3}, \quad f(x) = x^{-\frac{7}{8}} \qquad (2)$$

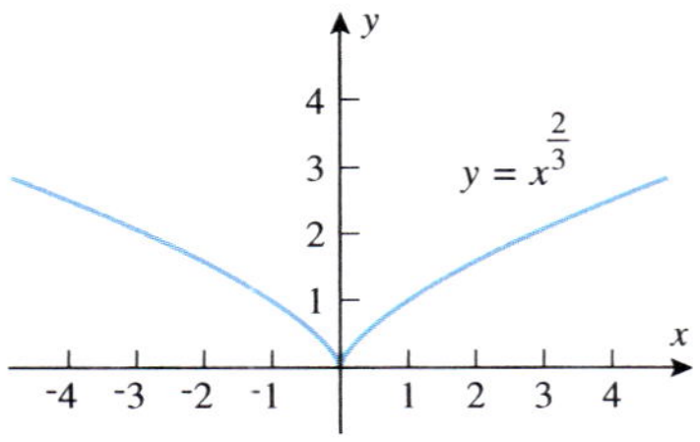

Figure 1.4.9

La courbe de $f(x) = x^{\frac{2}{3}}$ (figure 1.4.9) a fait l'objet d'une discussion à la section 1.2. Nous aborderons les expressions qui contiennent des exposants irrationnels plus loin.

TECHNOLOGIE Lisez la note qui précède l'exercice 29 de la section 1.2 et utilisez un outil graphique pour produire les courbes de $f(x) = \sqrt[5]{x^3}$ et de $f(x) = x^{-\frac{7}{8}}$ de manière à faire afficher toutes les caractéristiques importantes.

POLYNÔMES

Un ***polynôme en x*** est une expression définie par une somme d'un nombre fini de termes de la forme cx^n, où c est une constante et n, un entier non négatif. Voici quelques exemples de polynômes :

$$2x + 1, \quad 3x^2 + 5x - \sqrt{2}, \quad x^3, \quad 4\ (4 = 4x^0), \quad 5x^7 - x^4 + 3$$

L'expression $(x^2-4)^3$ est également un polynôme, car on peut la développer par la formule du binôme (voir l'intérieur de la page de couverture) et l'exprimer par une somme de termes de la forme cx^n :

$$(x^2-4)^3 = (x^2)^3 - 3(x^2)^2(4) + 3(x^2)(4^2) - (4^3) = x^6 - 12x^4 + 48x^2 - 64 \qquad (3)$$

L'annexe B présente un rappel détaillé sur les polynômes.

Un polynôme général prend l'une ou l'autre des formes suivantes, selon que l'on veuille exprimer les puissances en ordre croissant ou en ordre décroissant :

$$c_0 + c_1x + c_2x^2 + \cdots + c_nx^n$$
$$c_nx^n + c_{n-1}x^{n-1} + \cdots + c_1x + c_0$$

Les constantes $c_0, c_1, \ldots, c_n$ sont les ***coefficients*** du polynôme. Lorsqu'un polynôme est exprimé sous l'une de ces formes, la plus haute puissance de x qui a un coefficient non nul détermine le ***degré*** du polynôme. Les constantes non nulles des polynômes sont de degré 0, puisque $c = cx^0$. Les polynômes de degré 1, 2, 3, 4 et 5 sont respectivement qualifiés de ***linéaire, quadratique, cubique, quartique*** et ***quintique.*** Par exemple,

$3+5x$	x^2-3x+1	$2x^3-7$
Degré 1 (linéaire)	Degré 2 (quadratique)	Degré 3 (cubique)
$8x^4-9x^3+5x-3$	$\sqrt{3}+x^3+x^5$	$(x^2-4)^3$
Degré 4 (quartique)	Degré 5 (quintique)	Degré 6 [voir (3)]

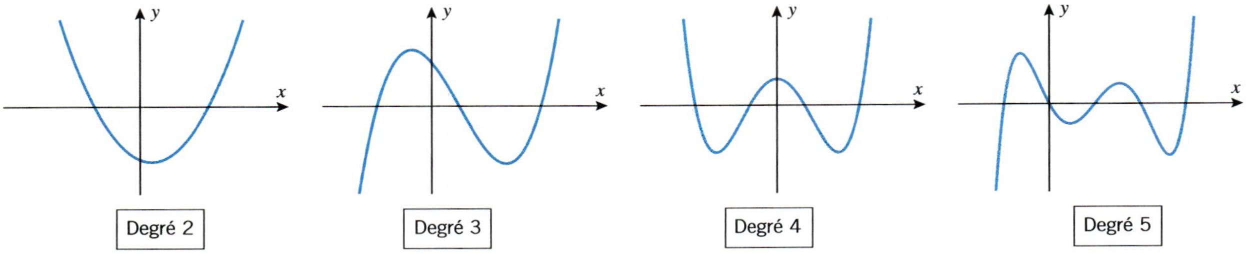

Figure 1.4.10

On appelle ***fonction polynomiale*** une fonction définie par un polynôme. Le domaine naturel d'une fonction polynomiale en x est $]-\infty; +\infty[$, puisque les seules opérations en cause sont des multiplications et des additions; l'image dépend du polynôme considéré. Nous savons déjà que les courbes des polynômes de degré 0 et 1 sont des droites et que celles des polynômes de degré 2 sont des paraboles. La figure 1.4.10 montre les courbes de quelques fonctions polynomiales typiques de degré supérieur. Nous aborderons plus loin dans le détail les courbes polynomiales, mais pour l'instant, observons simplement que ces courbes se comportent très bien, c'est-à-dire qu'elles ne présentent ni discontinuités ni sommets pointus. Tel qu'illustré à la figure 1.4.10, les courbes des polynômes oscillent en montagnes russes sur un certain intervalle, mais elles finissent par monter ou descendre indéfiniment, que l'on suive le sens positif ou le sens négatif de l'axe des x. Nous verrons plus loin que le nombre de sommets et de vallées est inférieur au degré du polynôme.

FONCTIONS RATIONNELLES

On appelle ***fonction rationnelle*** une fonction définie par un quotient de deux polynômes. Si $P(x)$ et $Q(x)$ sont des polynômes, alors le domaine de la fonction rationnelle

$$f(x) = \frac{P(x)}{Q(x)}$$

est constitué de toutes les valeurs de x telles que $Q(x) \neq 0$. Considérons, par exemple, le domaine de la fonction rationnelle suivante :

$$f(x) = \frac{x^2 + 2x}{x^2 - 1}$$

Il comprend toutes les valeurs de x, sauf $x = 1$ et $x = -1$. La figure 1.4.11 montre la courbe correspondante ainsi que les courbes de deux autres fonctions rationnelles typiques.

Les courbes des fonctions rationnelles dont les dénominateurs ne sont pas constants se distinguent des courbes polynomiales par certains traits essentiels :

- Contrairement aux polynômes dont les courbes sont continues (non brisées), les courbes des fonctions rationnelles affichent des discontinuités aux points où le dénominateur est nul.
- Contrairement aux polynômes, les fonctions rationnelles peuvent être non définies pour certaines valeurs. Près de ces points, les courbes de plusieurs fonctions rationnelles s'approchent d'une droite verticale appelée ***asymptote verticale,*** telle que représentée par le trait en pointillé à la figure 1.4.11.
- Contrairement aux courbes des polynômes non constants, qui finissent par monter ou descendre indéfiniment, les courbes de plusieurs fonctions rationnelles finissent par s'approcher de plus en plus d'une droite horizontale, appelée ***asymptote horizontale,*** que l'on suive le sens positif ou le sens négatif de l'axe des x. Les droites horizontales en pointillé des deux premières parties de la figure 1.4.11 sont des asymptotes horizontales. Dans la troisième partie de la figure, l'asymptote horizontale coïncide avec l'axe des x.

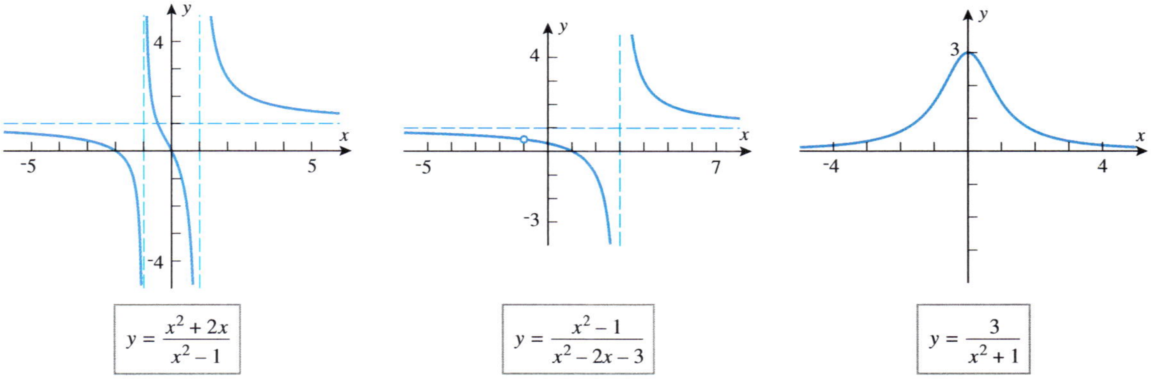

Figure 1.4.11

FONCTIONS ALGÉBRIQUES

Les fonctions obtenues en appliquant à des polynômes un nombre fini d'opérations algébriques (addition, soustraction, multiplication, division et extraction de racine) sont appelées ***fonctions algébriques.*** En voici quelques exemples :

$$f(x) = \sqrt{x^2 - 4}, \quad f(x) = 3\sqrt[3]{x}(2 + x), \quad f(x) = x^{\frac{2}{3}}(x + 2)^2$$

La diversité des courbes des fonctions algébriques (figure 1.4.12) rend difficile d'en donner des caractéristiques générales. Plus loin dans ce texte, nous utiliserons le calcul différentiel pour élaborer des méthodes d'analyse générales pour les fonctions de ce type.

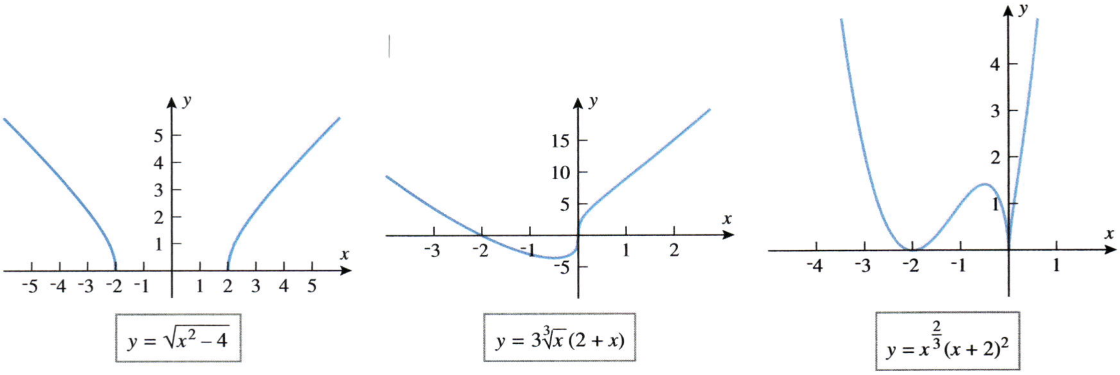

Figure 1.4.12

Dans cet ouvrage, la variable indépendante d'une fonction trigonométrique est donnée en radians, à moins d'indication contraire. L'annexe A présente un rappel sur les fonctions trigonométriques.

LES FAMILLES $y = A \sin Bx$ ET $y = A \cos Bx$

Plusieurs applications importantes mettent en cause des fonctions trigonométriques de la forme

$$f(x) = A\sin(Bx - C) \quad \text{et} \quad g(x) = A\cos(Bx - C) \qquad (4)$$

où A, B et C sont des constantes non nulles. On peut tracer les courbes de ces fonctions en procédant judicieusement par étirement, compression, translation et réflexion des fonctions $y = \sin x$ et $y = \cos x$. Pour mieux saisir, examinons d'abord le cas où $C = 0$ et voyons comment les courbes des équations ci-dessous

$$y = A\sin Bx \quad \text{et} \quad y = A\cos Bx$$

s'apparentent à celles de $y = \sin x$ et $y = \cos x$. Si A et B sont positifs, alors la constante A exercera un étirement ou une compression verticale sur les courbes de $y = \sin x$ et $y = \cos x$; de même, la constante B exercera une compression ou un étirement horizontal sur les courbes de $\sin x$ et de $\cos x$. Par exemple, on obtiendra la courbe de $y = 2\sin 4x$ en étirant verticalement la courbe de $y = \sin x$ par un facteur 2 et en la comprimant horizontalement par un facteur 4. (Rappelons, tel que vu à la section 1.3, que le multiplicateur de x *étire* lorsqu'il est inférieur à 1 et qu'il *comprime* lorsqu'il est plus grand que 1.) Ainsi, la courbe de $y = 2\sin 4x$ varie entre -2 et 2 et elle se répète à toutes les $\frac{2\pi}{4} = \frac{\pi}{2}$ unités (figure 1.4.13).

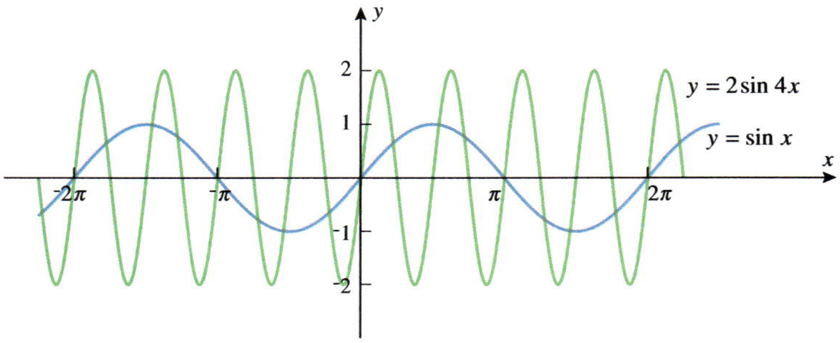

Figure 1.4.13

En général, si A et B sont des nombres positifs, alors les graphiques de

$$y = A\sin Bx \quad \text{et de} \quad y = A\cos Bx$$

oscillent entre $-A$ et A et se répètent à toutes les $\frac{2\pi}{B}$ unités; nous disons que ces fonctions ont une ***amplitude*** A et une ***période*** de $\frac{2\pi}{B}$. La ***fréquence*** de ces fonctions est l'inverse multiplicatif de la période, c'est-à-dire qu'elle est donnée par $\frac{B}{2\pi}$. Si A ou B est négatif, alors

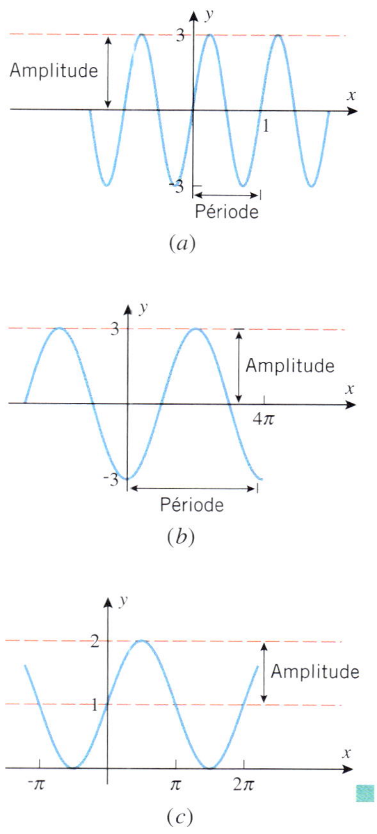

Figure 1.4.14

ces constantes amènent une réflexion des courbes relativement aux axes de coordonnées en plus de les comprimer ou de les étirer; dans ce cas, l'amplitude, la période et la fréquence sont données par

$$\text{amplitude} = |A|, \quad \text{période} = \frac{2\pi}{|B|}, \quad \text{fréquence} = \frac{|B|}{2\pi}$$

▶ **Exemple 2** Esquisser les courbes des fonctions suivantes en indiquant la période et l'amplitude sur le graphique :

$$\text{(a)}\ y = 3\sin 2\pi x \qquad \text{(b)}\ y = \text{-}3\cos 0{,}5x \qquad \text{(c)}\ y = 1 + \sin x$$

Solution (a). L'équation est de la forme $y = A \sin Bx$, où $A = 3$ et $B = 2\pi$, de sorte que la courbe a l'allure d'une fonction sinusoïdale d'amplitude $A = 3$ et de période $\frac{2\pi}{B} = \frac{2\pi}{2\pi} = 1$ (figure 1.4.14*a*).

Solution (b). L'équation est de la forme $y = A\cos Bx$, où $A = \text{-}3$ et $B = 0{,}5$, de sorte que la courbe a l'allure d'un cosinus qui a été réfléchi par rapport à l'axe des x ($A = \text{-}3$, une valeur négative), dont l'amplitude est $|A| = 3$ et la période, $\frac{2\pi}{B} = \frac{2\pi}{0{,}5} = 4\pi$ (figure 1.4.14*b*).

Solution (c). La courbe a l'allure d'un sinus décalé de 1 unité vers le haut (figure 1.4.14*c*). ◀

LES FAMILLES $y = A \sin (Bx - C)$ ET $y = A\cos(Bx - C)$

Considérons les courbes des familles plus générales

$$y = A\sin(Bx - C) \quad \text{et} \quad y = A\cos(Bx - C)$$

Pour les examiner, il sera utile de récrire ces équations comme suit :

$$y = A\sin\left[B\left(x - \frac{C}{B}\right)\right] \quad \text{et} \quad y = A\cos\left[B\left(x - \frac{C}{B}\right)\right]$$

Sous cette forme, il apparaît clair que les courbes de ces équations peuvent être obtenues par translation des courbes $y = A\sin Bx$ et $y = A\cos Bx$, vers la gauche ou vers la droite, selon le signe de $\frac{C}{B}$. Par exemple, si $\frac{C}{B} > 0$, considérons

$$y = A\sin\left[B\left(x - \frac{C}{B}\right)\right] = A\sin(Bx - C)$$

Pour obtenir la courbe, il suffit de décaler $y = A\sin Bx$ de $\frac{C}{B}$ unités vers la droite (figure 1.4.15). Si $\frac{C}{B} < 0$, la courbe de $y = A\sin(Bx - C)$ est obtenue en décalant $y = A\sin Bx$ de $\left|\frac{C}{B}\right|$ unités vers la gauche.

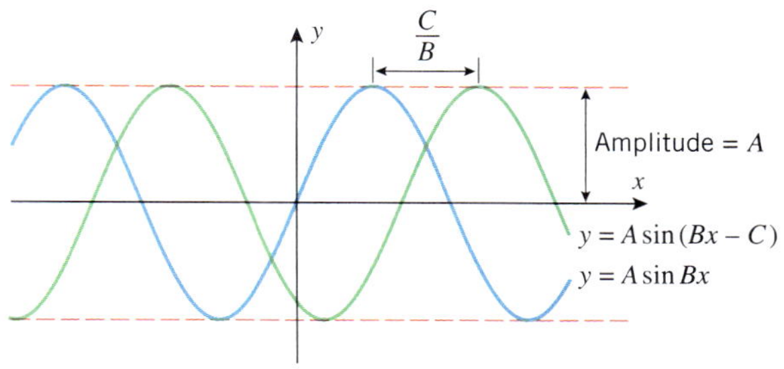

Figure 1.4.15

▶ **Exemple 3** Déterminer l'amplitude et la période de la fonction suivante :

$$y = 3\cos\left(2x + \frac{\pi}{2}\right)$$

Préciser ensuite la façon d'en tracer la courbe par translation de la fonction $y = 3\cos 2x$. Valider vos réponses en produisant la courbe à l'aide d'une calculatrice ou d'un ordinateur.

Solution. Récrivons l'équation comme suit :

$$y = 3\cos\left[2x - \left(-\frac{\pi}{2}\right)\right] = 3\cos\left[2\left(x - \left(-\frac{\pi}{4}\right)\right)\right]$$

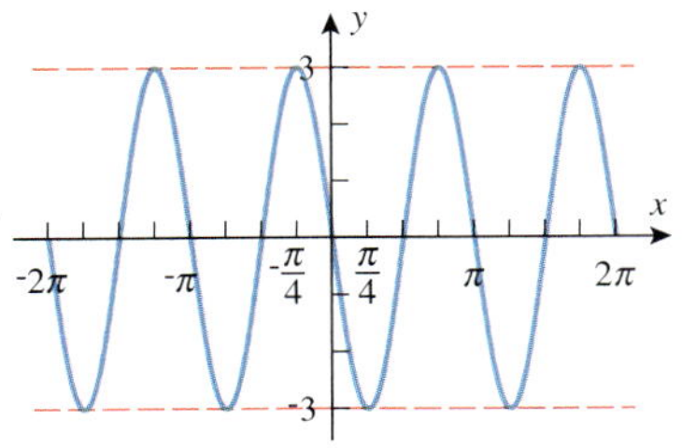

Figure 1.4.16

Elle correspond alors à la forme

$$y = A\cos\left[B\left(x - \frac{C}{B}\right)\right]$$

où $A = 3$, $B = 2$ et $\frac{C}{B} = -\frac{\pi}{4}$. Il s'ensuit que l'amplitude est $A = 3$ et la période, $\frac{2\pi}{B} = \pi$ et la courbe résulte de la translation de la courbe $y = 3\cos 2x$ de $\left|\frac{C}{B}\right| = \frac{\pi}{4}$ unités vers la gauche (figure 1.4.16). ◀

✔ VÉRIFICATION EXPRESS 1.4 *(Réponses à la page 54.)*

1. Soit la famille de fonctions $y = x^n$, où n est entier. Les courbes de $y = x^n$ sont symétriques par rapport à l'axe des y si n est ________. Ces courbes sont symétriques par rapport à l'origine si n est ________. L'axe des y devient une asymptote verticale de ces courbes lorsque n est ________.
2. Quel est le domaine naturel d'une fonction polynomiale?
3. Soit la famille de fonctions $y = x^{\frac{1}{n}}$, où n est un entier non nul. Déterminer le domaine naturel de ces fonctions
   (a) si n est positif et pair; (b) si n est positif et impair;
   (c) si n est négatif et pair; (d) si n est négatif et impair.
4. Dans chaque cas, indiquer si l'équation représente une fonction polynomiale, rationnelle, algébrique ou si elle n'est pas une fonction algébrique.
   (a) $y = \sqrt{x} + 2$ (b) $y = \sqrt{3}x^4 - x + 1$
   (c) $y = 5x^3 + \cos 4x$ (d) $y = \dfrac{x^2 + 5}{2x - 7}$
   (e) $y = 3x^2 + 4x^{-2}$
5. La courbe de la fonction périodique $y = A\sin Bx$ a une amplitude ________ et une période égale à ________.

SÉRIE D'EXERCICES 1.4 Outil graphique

1. (a) Donner une équation qui représente la famille de droites de pente $m = 3$.
   (b) Donner une équation qui représente le membre de cette famille qui passe par (-1; 3).
   (c) Représenter graphiquement quelques membres de cette famille et inscrire les équations correspondantes. Inclure la droite donnée en (b).
2. Donner une équation pour la famille de droites perpendiculaires à celles de l'exercice 1.
3. (a) Donner une équation qui représente la famille de droites dont l'ordonnée à l'origine est $b = 2$.
   (b) Donner l'équation du membre de cette famille incliné à 135 °.
   (c) Représenter graphiquement quelques membres de cette famille et inscrire les équations correspondantes. Inclure la droite de la partie (b).
4. Écrire une équation pour représenter
   (a) la famille de droites passant par l'origine;
   (b) la famille de droites qui coupent l'axe des x à $a = 1$;
   (c) la famille de droites qui passent par le point (1; -2);
   (d) la famille de droites parallèles à $2x + 4y = 1$.
5. Donner une équation qui représente la famille de droites tangentes au cercle de rayon 3 centré à l'origine.
6. Trouver une équation qui représente la famille de droites passant par l'intersection de
   $$5x - 3y + 11 = 0 \text{ et } 2x - 9y + 7 = 0.$$
7. Un bien dont vous pouvez déduire l'amortissement se nomme **bien amortissable**. Les biens amortissables sont normalement regroupés en catégories et, généralement, un taux d'amortissement distinct s'applique à chacune d'elles. Par exemple, Revenu Québec a établi un taux d'amortissement de 10 % pour les biens amortissables de

catégorie 6. Cependant, dans le cas de nos voisins du Sud, la manière d'amortir un bien est fort différente. L'agence Internal Revenue Service* des États-Unis utilise un calendrier de dépréciation linéaire étalé sur 10 ans pour déterminer la valeur des divers équipements des entreprises. Ainsi, la valeur des équipements est considérée nulle après 10 ans et avant cette échéance, elle est déterminée par une fonction linéaire du temps écoulé. Tracer quelques courbes de dépréciation typiques et expliquer la signification concrète de l'ordonnée à l'origine.

8. Trouver toutes les droites passant par (6; -1) pour lesquelles le produit de l'abscisse à l'origine et de l'ordonnée à l'origine est égal à 3.

JONGLONS AVEC LES CONCEPTS

9–10 Énoncer une propriété géométrique commune à toutes les droites de la famille et représenter graphiquement cinq de ces droites.

9. (a) La famille $y = -x + b$
(b) La famille $y = mx - 1$
(c) La famille $y = m(x + 4) + 2$
(d) La famille $x - ky = 1$

10. (a) La famille $y = b$
(b) La famille $Ax + 2y + 1 = 0$
(c) La famille $2x + By + 1 = 0$
(d) La famille $y - 1 = m(x + 1)$

11. Associer chaque équation à l'une des courbes de la figure Ex-11.
(a) $y = \sqrt[5]{x}$ (b) $y = 2x^5$
(c) $y = -\dfrac{1}{x^8}$ (d) $y = \sqrt{x^2 - 1}$
(e) $y = \sqrt[4]{x} - 2$ (f) $y = -\sqrt[5]{x^2}$

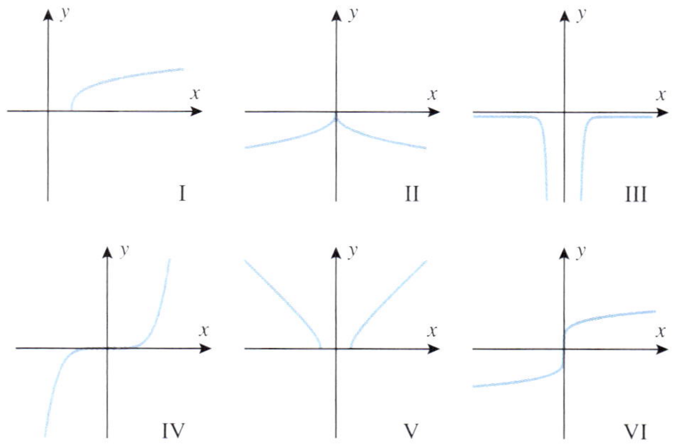

Figure Ex-11

12. Le tableau Ex-12 donne les valeurs approximatives de trois fonctions, dont l'une a la forme kx^2, une autre a la forme kx^{-3} et la dernière a la forme $kx^{\frac{3}{2}}$. Associer chacune de ces formes à la fonction correspondante et évaluer k dans chacun des cas.

x	0,25	0,37	2,1	4,0	5,8	6,2	7,9	9,3
$f(x)$	640	197	1,08	0,156	0,0513	0,0420	0,0203	0,0124
$g(x)$	0,0312	0,0684	2,20	8,00	16,8	19,2	31,2	43,2
$h(x)$	0,250	0,450	6,09	16,0	27,9	30,9	44,4	56,7

Tableau Ex-12

13–14 Tracer sur un même graphique les courbes de chaque équation pour $n = 1$, 3 et 5. Sur un second système d'axes, représenter les courbes où $n = 2$, 4 et 6. Valider vos réponses à l'aide d'un outil graphique.

13. (a) $y = -x^n$ (b) $y = 2x^{-n}$ (c) $y = (x - 1)^{\frac{1}{n}}$

14. (a) $y = 2x^n$ (b) $y = -x^{-n}$
(c) $y = -3(x + 2)^{\frac{1}{n}}$

15. (a) Tracer sur un seul graphique les courbes de $y = ax^2$ pour $a = \pm1$, ±2 et ±3.
(b) Tracer sur un seul graphique les courbes de $y = x^2 + b$ en prenant $b = \pm1$, ±2 et ±3.
(c) Tracer les courbes de quelques membres représentatifs de la famille $y = ax^2 + b$.

16. (a) Tracer sur un seul graphique les courbes de $y = a\sqrt{x}$ en prenant $a = \pm1$, ±2 et ±3.
(b) Tracer sur un seul graphique les courbes de $y = \sqrt{x} + b$ en prenant $b = \pm1$, ±2 et ±3.
(c) Tracer les courbes de quelques membres représentatifs de la famille $y = a\sqrt{x} + b$.

17–20 Tracer la courbe de chaque équation en opérant les transformations appropriées à la courbe d'une fonction de puissance élémentaire. Valider votre travail à l'aide d'un outil graphique.

17. (a) $y = 2(x + 1)^2$ (b) $y = -3(x - 2)^3$
(c) $y = \dfrac{-3}{(x + 1)^2}$ (d) $y = \dfrac{1}{(x - 3)^5}$

18. (a) $y = 1 - \sqrt{x + 2}$ (b) $y = 1 - \sqrt[3]{x + 2}$
(c) $y = \dfrac{5}{(1 - x)^3}$ (d) $y = \dfrac{2}{(4 + x)^4}$

19. (a) $y = \sqrt[3]{x + 1}$ (b) $y = 1 - \sqrt{x - 2}$
(c) $y = (x - 1)^5 + 2$ (d) $y = \dfrac{x + 1}{x}$

*Agence du gouvernement des États-Unis qui collecte les impôts et fait respecter les lois fiscales. *Ndlr*

20. (a) $y = 1 + \dfrac{1}{x-2}$ (b) $y = \dfrac{1}{1 + 2x + x^2}$

(c) $y = -\dfrac{2}{x^7}$ (d) $y = x^2 + 2x$

21. Tracer la courbe de $y = x^2 + 2x$ en complétant le carré et en opérant ensuite les transformations appropriées à $y = x^2$.

22. (a) Utiliser la courbe de $y = \sqrt{x}$ pour tracer $y = \sqrt{|x|}$.

(b) Utiliser la courbe de $y = \sqrt[3]{x}$ pour tracer $y = \sqrt[3]{|x|}$.

23. Nous avons vu dans cette section que d'après la loi de Boyle, si la température demeure constante, la pression P exercée par un gaz dépend du volume V par la relation $PV = k$.

(a) Déterminer les unités appropriées pour la constante k si la pression (une force par unité d'aire) est donnée en newtons par mètre carré (N/m^2) et le volume, en m^3.

(b) Trouver la valeur de k si le gaz exerce une pression de 20 000 N/m^2 lorsqu'il occupe un volume de 1 litre (0,001 m^3).

(c) Construire un tableau indiquant la pression correspondant aux volumes de 0,25; 0,5; 1,0; 1,5 et 2,0l.

(d) Tracer la courbe de P en fonction de V.

24. Une entreprise de contenants de carton pour les breuvages veut fabriquer un contenant rectangulaire fermé, de base carrée, qui contiendra $\frac{1}{10}$ l (100 cm^3). Estimer les dimensions du contenant qui minimiseront la quantité de carton nécessaire à sa fabrication.

25–26 Une variable y est dite ***inversement proportionnelle au carré d'une variable*** x si y dépend de x par une équation de la forme $y = \frac{k}{x^2}$, où k est une constante non nulle appelée ***constante de proportionnalité.*** Cette terminologie est utilisée dans les exercices qui suivent.

25. D'après la ***loi de Coulomb,*** la force d'attraction F existant entre des charges ponctuelles positives et négatives est inversement proportionnelle au carré de la distance d qui les sépare.

(a) À supposer que la force d'attraction entre deux charges ponctuelles soit 0,000 5 N lorsqu'elles sont distantes de 0,3 m, déterminer la constante de proportionnalité (avec les unités appropriées).

(b) Déterminer la force d'attraction exercée entre les charges ponctuelles lorsqu'elles sont à 3 m l'une de l'autre.

(c) Représenter graphiquement la force en fonction de la distance qui sépare les deux charges.

(d) Qu'advient-il de la force lorsque les particules se rapprochent de plus en plus? Que se passe-t-il lorsque les particules s'éloignent de plus en plus?

26. Selon la loi de la gravitation universelle de Newton, le poids F d'un objet (relatif à la Terre) est inversement proportionnel au carré de la distance d qui sépare l'objet du centre de la Terre, c'est-à-dire $F = \frac{C}{d^2}$.

(a) Si un satellite météo pèse 9000 N à la surface de la Terre et si la Terre est une sphère d'un rayon de 6500 km, déterminer la constante C.

(b) Calculer le poids du satellite lorsqu'il se trouve à 1500 km au-dessus de la surface de la Terre.

(c) Représenter graphiquement le poids du satellite en fonction de sa distance au centre de la Terre.

(d) Existe-t-il une distance au centre de la Terre où le poids du satellite serait nul? Expliquer.

JONGLONS AVEC LES CONCEPTS

27. Dans chaque cas, associer l'équation à l'une des courbes de la figure Ex-27 et donner les équations des asymptotes horizontales et verticales.

(a) $y = \dfrac{x^2}{x^2 - x - 2}$ (b) $y = \dfrac{x - 1}{x^2 - x - 6}$

(c) $y = \dfrac{2x^4}{x^4 + 1}$ (d) $y = \dfrac{4}{(x+2)^2}$

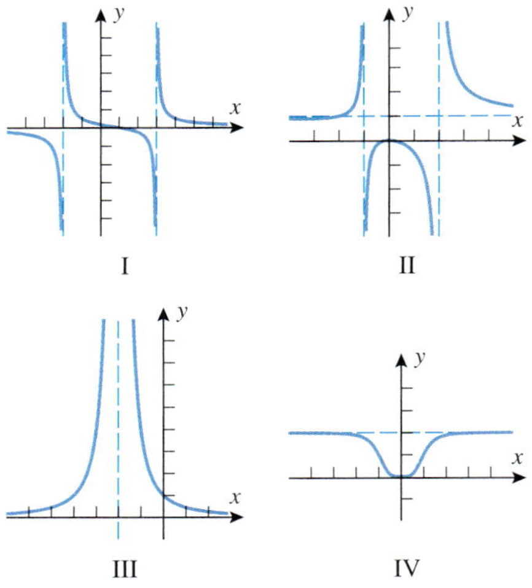

Figure Ex-27

28. Trouver une équation de la forme $y = \frac{k}{(x^2+bx+c)}$ dont la courbe s'apparente à celle de la figure Ex-28. Valider votre réponse à l'aide d'un outil graphique.

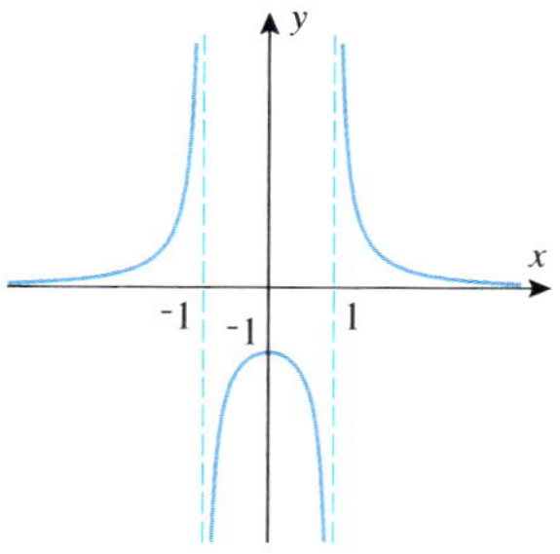

Figure Ex-28

29–30 Trouver une équation de la forme $y = D + A \sin Bx$ ou $y = D + A \cos Bx$ pour chacune des courbes données.

29.

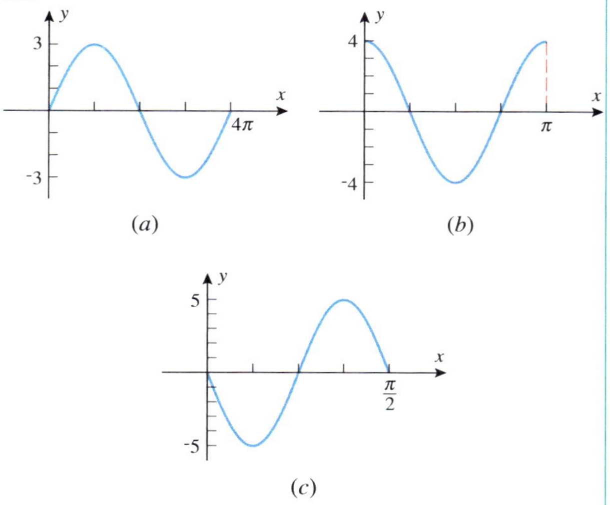

Figure Ex-29

30.

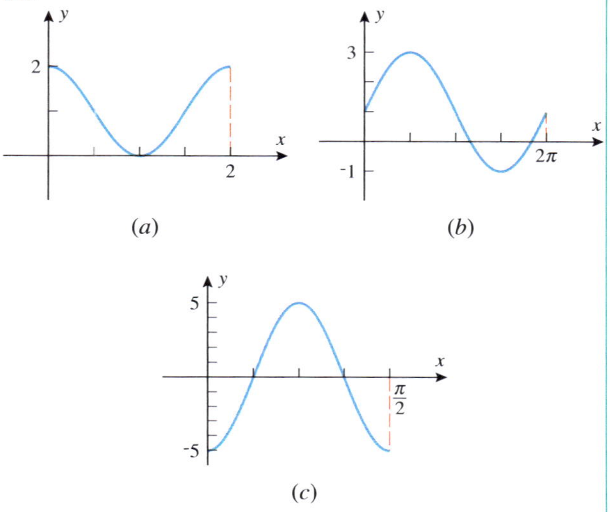

Figure Ex-30

31. Dans chaque cas, décrire la courbe illustrée par une équation de la forme $y = y_0 + A \sin(Bx - C)$.

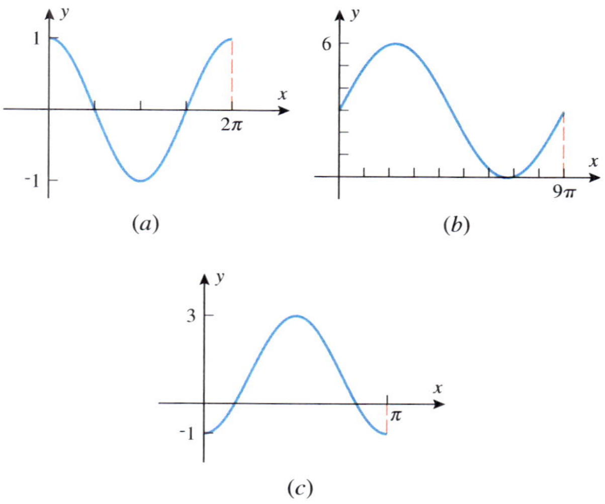

Figure Ex-31

32. Au Canada, une prise électrique standard fournit un courant électrique sinusoïdal avec une tension maximale $V = 120\sqrt{2}$ volts (V), qui oscille à la fréquence de 60 hertz (Hz). Exprimer V en fonction du temps t, en supposant que $V = 0$ à $t = 0$. [*Note :* 1 Hz = 1 cycle par seconde.]

33–34 Déterminer l'amplitude et la période et tracer manuellement au moins deux périodes de la courbe. Valider votre travail à l'aide d'un outil graphique.

33. (a) $y = 3 \sin 4x$ (b) $y = -2 \cos \pi x$
(c) $y = 2 + \cos\left(\dfrac{x}{2}\right)$

34. (a) $y = -1 - 4 \sin 2x$ (b) $y = \frac{1}{2} \cos(3x - \pi)$
(c) $y = -4 \sin\left(\dfrac{x}{3} + 2\pi\right)$

35. On rencontre souvent des équations de la forme ci-dessous dans l'étude des vibrations et autres mouvements périodiques :

$$x = A_1 \sin \omega t + A_2 \cos \omega t$$

(a) Utiliser l'identité trigonométrique de $\sin(\alpha + \beta)$ pour montrer que cette équation peut prendre la forme

$$x = A \sin(\omega t + \theta)$$

(b) Exprimer A et θ en termes des constantes A_1, A_2 et ω.

(c) Soit l'équation

$$x = 5\sqrt{3} \sin 2\pi t + \tfrac{5}{2} \cos 2\pi t$$

Exprimer cette équation sous la forme $x = A \sin(\omega t + \theta)$ et utiliser un outil graphique pour confirmer que les deux équations correspondent à la même courbe.

36. Déterminer le nombre de solutions de $x = 2 \sin x$ et utiliser un outil graphique ou un logiciel de calcul pour trouver ces solutions.

✔VÉRIFICATION EXPRESS 1.4 – RÉPONSES

1. pair; impair; négatif **2.**]-∞; +∞[**3.** (a) [0; +∞[(b)]-∞; +∞[(c)]0; +∞[(d)]-∞; 0[∪]0; +∞[
4. (a) algébrique (b) polynomiale (c) non algébrique (d) rationnelle (e) rationnelle **5.** $|A|$; $\frac{2\pi}{|B|}$

1.5 FONCTIONS INVERSES; FONCTIONS TRIGONOMÉTRIQUES INVERSES

Dans le langage courant, le mot inversion *évoque un changement de sens. Par exemple, en météorologie, une inversion de température est un changement de sens du schéma habituel des températures des couches d'air successives et en musique, une inversion mélodique transforme un intervalle ascendant en un intervalle descendant équivalent. En mathématiques, le terme* inverse *est utilisé pour décrire des fonctions dont la composition nous amène au point de départ. Cette section est consacrée à cette notion fondamentale en mathématiques. En particulier, nous introduisons les fonctions trigonométriques inverses afin d'être en mesure de déterminer un angle qui correspond à une valeur donnée d'une fonction trigonométrique.*

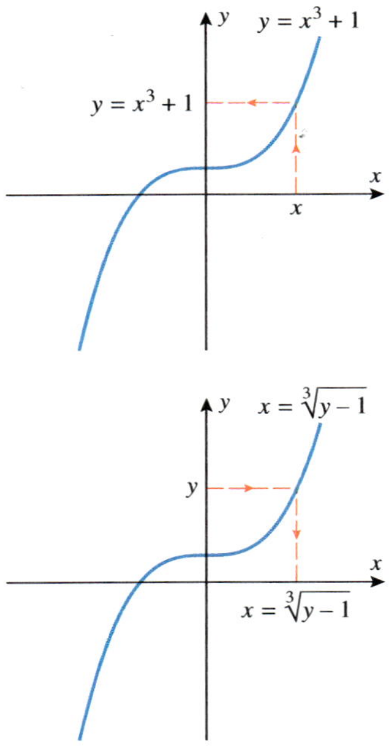

Figure 1.5.1

FONCTIONS INVERSES

La possibilité de transformer une équation $y = f(x)$ pour exprimer x en fonction de y, disons $x = g(y)$, revêt une importance particulière en mathématiques. Cette transformation est parfois très simple; par exemple, considérons l'équation

$$y = x^3 + 1 \qquad \boxed{y = f(x)}$$

Un peu d'algèbre élémentaire, et on obtient x en fonction de y :

$$x = \sqrt[3]{y-1} \qquad \boxed{x = g(y)}$$

La première équation est plus utile pour calculer y si x est connu et la seconde est plus appropriée pour déterminer x lorsque y est connu (figure 1.5.1).

Dans cette section, nous voulons d'abord et avant tout connaître la relation qui peut exister entre les fonctions f et g lorsqu'une équation $y = f(x)$ est exprimée sous la forme $x = g(y)$, ou réciproquement. Par exemple, reprenons les fonctions $f(x) = x^3 + 1$ et $g(y) = \sqrt[3]{y-1}$. Si l'on compose ces fonctions dans un ordre ou dans l'autre, elles annulent mutuellement l'effet de l'une et l'autre, c'est-à-dire

$$\begin{aligned} g(f(x)) &= \sqrt[3]{f(x) - 1} = \sqrt[3]{(x^3+1) - 1} = x \\ f(g(y)) &= [g(y)]^3 + 1 = (\sqrt[3]{y-1})^3 + 1 = y \end{aligned} \tag{1}$$

Vu l'importance des couples de fonctions qui possèdent ces deux propriétés, on leur a donné une terminologie spécifique.

1.5.1 DÉFINITION. Si les fonctions f et g remplissent les deux conditions

$$g(f(x)) = x \text{ pour tout } x \text{ du domaine de } f$$
$$f(g(y)) = y \text{ pour tout } y \text{ du domaine de } g$$

alors on dit que ***f est un inverse de g*** et ***g est un inverse de f*** ou que ***f et g sont des fonctions inverses***. On dit aussi que ***f et g sont des fonctions réciproques.***

ATTENTION!

Si f représente une fonction, alors le -1 de f^{-1} réfère toujours à l'inverse fonctionnel et non à l'inverse multiplicatif; il ne représente *jamais* un exposant. Autrement dit,

$$f^{-1}(x) \text{ ne signifie jamais } \frac{1}{f(x)}$$

Il peut être démontré (exercice 34) que si une fonction f a un inverse, alors cet inverse est unique. Ainsi, s'il existe un inverse d'une fonction f, alors il est justifié de parler de « l' » inverse de f et de le noter f^{-1}.

▶ **Exemple 1** Les opérations effectuées en (1) montrent que $g(y) = \sqrt[3]{y-1}$ est l'inverse de $f(x) = x^3 + 1$. Nous pouvons donc utiliser la notation de l'inverse pour exprimer g, soit

$$f^{-1}(y) = \sqrt[3]{y-1}$$

Les équations de la définition 1.5.1 peuvent aussi prendre la forme :

$$\begin{aligned} f^{-1}(f(x)) &= x \quad \text{pour tout } x \text{ du domaine de } f \\ f(f^{-1}(y)) &= y \quad \text{pour tout } y \text{ du domaine de } f^{-1} \end{aligned} \qquad (2)$$ ◀

CHANGEMENT DE LA VARIABLE INDÉPENDANTE

Dans les expressions (2), x est la variable indépendante de f et y est la variable indépendante de f^{-1}. Bien qu'il soit souvent utile de prendre des variables indépendantes différentes pour f et f^{-1}, il est parfois préférable d'avoir la même variable indépendante pour f et f^{-1}. Par exemple, si l'on veut mettre sur le même graphique les fonctions f et f^{-1}, alors x sera la variable indépendante et y, la variable dépendante des deux fonctions. Ainsi, pour représenter les fonctions $f(x) = x^3 + 1$ et $f^{-1}(y) = \sqrt[3]{y-1}$ de l'exemple 1 sur le même système d'axes xy, il faudra remplacer la variable indépendante y par x, utiliser y comme variable dépendante des deux fonctions et tracer les courbes des équations

$$y = x^3 + 1 \quad \text{et} \quad y = \sqrt[3]{x-1}$$

Nous reviendrons sur les courbes des fonctions inverses plus loin dans cette section, mais comme point de repère, reformulons les égalités (2) en prenant x comme variable indépendante et y comme variable dépendante, à la fois pour f et f^{-1}; on a

$$\begin{aligned} f^{-1}(f(x)) &= x \quad \text{pour tout } x \text{ du domaine de } f \\ f(f^{-1}(x)) &= x \quad \text{pour tout } x \text{ du domaine de } f^{-1} \end{aligned} \qquad (3)$$

Intuitivement, les énoncés de l'exemple 2 devraient avoir du sens pour vous, puisque les opérations de multiplication par 2 et de multiplication par $\frac{1}{2}$, appliquées dans un ordre ou dans l'autre, nous ramènent au point de départ; il en va de même pour l'élévation au cube et l'extraction de la racine cubique.

▶ **Exemple 2** Confirmer les énoncés suivants :

(a) L'inverse de $f(x) = 2x$ est $f^{-1}(x) = \frac{1}{2}x$.

(b) L'inverse de $f(x) = x^3$ est $f^{-1}(x) = x^{\frac{1}{3}}$.

Solution (a).

$$f^{-1}(f(x)) = f^{-1}(2x) = \tfrac{1}{2}(2x) = x$$
$$f(f^{-1}(x)) = f\left(\tfrac{1}{2}x\right) = 2\left(\tfrac{1}{2}x\right) = x$$

Solution (b).

$$f^{-1}(f(x)) = f^{-1}(x^3) = \left(x^3\right)^{\frac{1}{3}} = x$$
$$f(f^{-1}(x)) = f(x^{\frac{1}{3}}) = \left(x^{\frac{1}{3}}\right)^3 = x$$ ◀

En général, s'il existe un inverse de f et si $f(a) = b$, alors la méthode utilisée à l'exemple 3 montre que $a = f^{-1}(b)$; ainsi, pour chaque valeur de sortie de f, f^{-1} redonne l'entrée correspondante (figure 1.5.2).

▶ **Exemple 3** S'il existe un inverse de f et que $f(3) = 5$, déterminer $f^{-1}(5)$.

Solution. Appliquons f^{-1} des deux côtés de l'équation $f(3) = 5$; on obtient

$$f^{-1}(f(3)) = f^{-1}(5)$$

En utilisant ensuite la première équation de (3), on conclut que $f^{-1}(5) = 3$. ◀

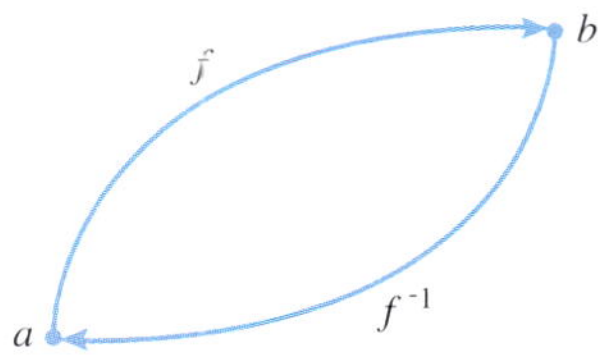

Figure 1.5.2 Si f transforme a en b, alors f^{-1} transforme b en a.

DOMAINE ET IMAGE DES FONCTIONS INVERSES

D'après les équations (3), les domaines et les images de f et f^{-1} sont liés comme suit :

$$\begin{aligned} \text{domaine de } f^{-1} &= \text{image de } f \\ \text{image de } f^{-1} &= \text{domaine de } f \end{aligned} \tag{4}$$

Pour montrer que deux ensembles sont égaux, il suffit de montrer que chacun est un sous-ensemble de l'autre. Nous pouvons ainsi établir la première égalité de (4) en montrant que le domaine de f^{-1} est un sous-ensemble de l'image de f et que l'image de f est un sous-ensemble du domaine de f^{-1}. On procède comme suit : d'après la première équation de (3), f^{-1} est définie à $f(x)$ pour toute valeur de x du domaine de f et ainsi, l'image de f est un sous-ensemble du domaine de f^{-1}. Réciproquement, si x appartient au domaine de f^{-1}, alors d'après la seconde équation de (3), x appartient à l'image de f parce que x est la valeur image de $f^{-1}(x)$. Ainsi, le domaine de f^{-1} est un sous-ensemble de l'image de f. Nous laissons la démonstration de la seconde équation de (4) en exercice.

MÉTHODE POUR TROUVER LES FONCTIONS INVERSES

Au début de cette section, nous avons noté que, sous la forme de x en fonction de y, $f(x) = x^3 + 1$ devient $x = f^{-1}(y) = \sqrt[3]{y-1}$. Le théorème qui suit montre qu'il ne s'agit pas d'un hasard.

> **1.5.2 THÉORÈME.** *Si une équation $y = f(x)$ peut être exprimée sous forme de x en fonction de y, disons $x = g(y)$, alors il existe un inverse de f et cet inverse est $g(y) = f^{-1}(y)$.*

PREUVE. En substituant $y = f(x)$ dans $x = g(y)$, on obtient $x = g(f(x))$, ce qui confirme la première équation de la définition 1.5.1; de même, en substituant $x = g(y)$ dans $y = f(x)$, on trouve $y = f(g(y))$, ce qui confirme la seconde équation de la définition 1.5.1. ■

En nous appuyant sur le théorème 1.5.2, nous pouvons déterminer l'inverse d'une fonction en suivant la méthode que voici :

Marche à suivre pour déterminer l'inverse d'une fonction f

Étape 1. Transcrire l'équation $y = f(x)$.

Étape 2. Si possible, remanier cette équation pour l'écrire sous forme de x en fonction de y.

Étape 3. L'équation résultante sera $x = f^{-1}(y)$, ce qui donne une expression de f^{-1} où y est la variable indépendante.

Étape 4. Si y est acceptable comme variable indépendante de la fonction inverse, alors le problème est résolu; mais si x doit être la variable indépendante, alors il faut échanger x et y dans l'équation $x = f^{-1}(y)$ pour obtenir $y = f^{-1}(x)$.

Pour obtenir l'équation de $f^{-1}(x)$ où x est la variable indépendante, on peut aussi inverser les rôles de x et y dès le départ et écrire l'équation $x = f(y)$ sous forme de y en fonction de x.

► **Exemple 4** Trouver une expression de l'inverse de $f(x) = \sqrt{3x-2}$ où x est la variable indépendante et préciser le domaine de f.

Solution. En appliquant la marche à suivre donnée plus haut, écrivons d'abord :

$$y = \sqrt{3x - 2}$$

Exprimons ensuite cette équation sous forme de x en fonction de y; on obtient

$$y^2 = 3x - 2$$
$$x = \tfrac{1}{3}(y^2 + 2)$$

Étant donné que x doit être la variable indépendante, nous échangeons x et y dans la dernière équation; on a

$$f^{-1}(x) = \tfrac{1}{3}(x^2 + 2) \tag{5}$$

D'après (4), nous savons que le domaine de f^{-1} est l'image de f. En général, il n'est pas nécessaire que ce domaine corresponde au domaine naturel de l'équation de f^{-1}. En effet, dans notre exemple, le domaine naturel de l'équation (5) est $]-\infty; +\infty[$, alors que l'image de $f(x) = \sqrt{3x - 2}$ est $[0; +\infty[$. Ainsi, pour éviter toute confusion, nous devons préciser le domaine de f^{-1} lorsqu'on écrit l'équation (5) :

$$f^{-1}(x) = \tfrac{1}{3}(x^2 + 2), \quad x \geq 0 \blacktriangleleft$$

EXISTENCE DES FONCTIONS INVERSES

La marche à suivre servant à trouver l'inverse d'une fonction f s'appuyait à la base sur la transformation de $y = f(x)$ pour exprimer x en fonction de y. Cette méthode peut échouer pour deux raisons – la fonction f peut ne pas avoir d'inverse ou l'inverse peut exister sans qu'il soit possible d'isoler x de $y = f(x)$ pour l'exprimer en fonction de y. D'où l'importance d'établir les conditions qui garantissent l'existence d'un inverse, même si cet inverse ne peut être exprimé explicitement.

Si la fonction f a un inverse, alors elle doit associer des valeurs de sortie distinctes à des entrées distinctes. Par exemple, la fonction $f(x) = x^2$ ne peut avoir d'inverse parce qu'elle associe la même valeur de sortie à $x = 2$ et à $x = -2$, à savoir $f(2) = f(-2) = 4$. Ainsi, s'il existait un inverse de $f(x) = x^2$, l'équation $f(2) = 4$ donnerait $f^{-1}(4) = 2$ et l'équation $f(-2) = 4$ donnerait $f^{-1}(4) = -2$, ce qui est impossible parce que $f^{-1}(4)$ ne peut prendre deux valeurs différentes. Pour démontrer qu'il n'existe pas d'inverse de $f(x) = x^2$, on peut également essayer de trouver l'inverse en isolant x de $y = x^2$. On se bute immédiatement à un problème parce que l'équation obtenue, $x = \pm\sqrt{y}$, n'associe pas x à une fonction *unique* de y.

Une fonction qui associe des valeurs de sortie distinctes à des entrées distinctes est dite ***bijective***[*] ou ***inversible*** et nous savons à partir de ce qui précède que si une fonction f a un inverse, alors elle doit être bijective. La réciproque est également vraie et elle donne lieu au théorème qui suit :

> **1.5.3 THÉORÈME.** *Une fonction est inversible si et seulement si elle est bijective.*

D'un point de vue algébrique, une fonction f est bijective si et seulement si $f(x_1) \neq f(x_2)$ pour tout $x_1 \neq x_2$; géométriquement, une fonction est bijective si et seulement si aucune droite horizontale ne coupe la courbe de $y = f(x)$ plus d'une fois (figure 1.5.3). En considérant à la fois cette contrainte et le théorème 1.5.3, on obtient un test géométrique pour déterminer si une fonction possède ou non un inverse.

> **1.5.4 THÉORÈME (*Test de la droite horizontale*).** *Une fonction donne lieu à une fonction inverse si et seulement si aucune droite horizontale ne coupe sa courbe en plus d'un point.*

[*] On considère ici que l'ensemble image d'une fonction est l'ensemble d'arrivée.

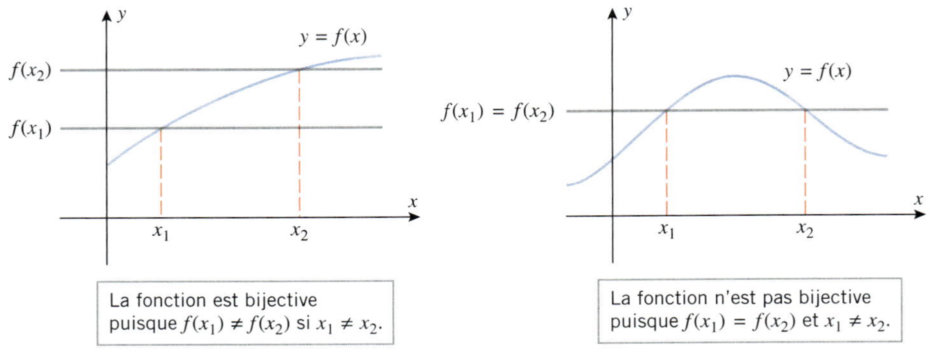

Figure 1.5.3

▶ **Exemple 5** Utiliser le test de la droite horizontale pour montrer que $f(x) = x^2$ n'a pas d'inverse, mais que $f(x) = x^3$ en a un.

Solution. Sur la figure 1.5.4, une droite horizontale coupe plus d'une fois la courbe $y = x^2$; la fonction $f(x) = x^2$ n'est donc pas inversible. Sur la figure 1.5.5, la courbe $y = x^3$ n'est jamais coupée plus d'une fois par une droite horizontale; la fonction $f(x) = x^3$ est donc inversible. [Nous avons vu à l'exemple 2 que l'inverse de $f(x) = x^3$ est $f^{-1}(x) = x^{\frac{1}{3}}$.] ◀

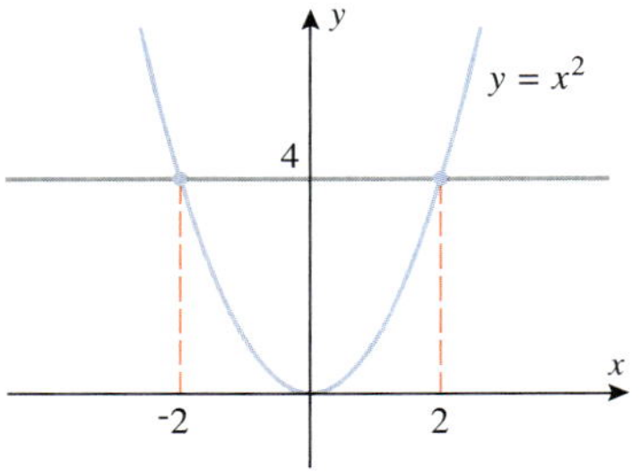

Figure 1.5.4

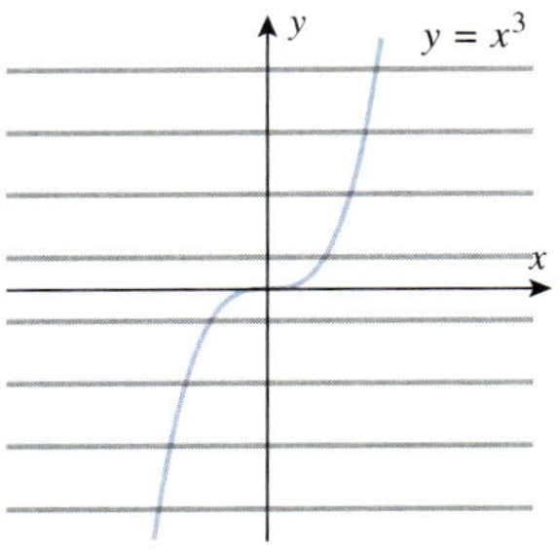

Figure 1.5.5

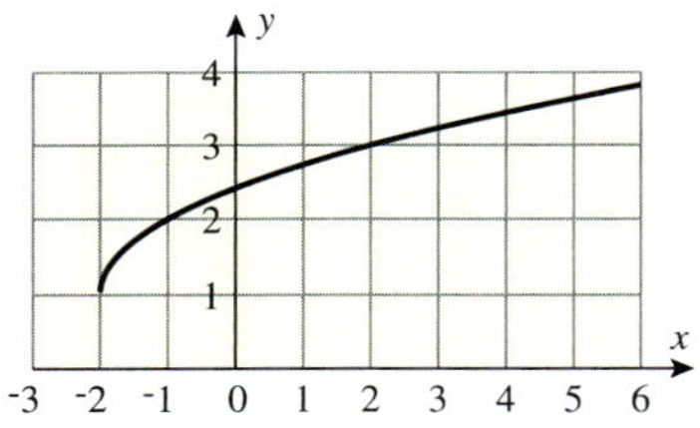

Figure 1.5.6

▶ **Exemple 6** Donner la raison qui permet d'affirmer que la fonction f de la figure 1.5.6 possède un inverse et déterminer $f^{-1}(3)$.

Solution. La fonction f a un inverse parce que la courbe de f réussit le test de la droite horizontale. Pour évaluer $f^{-1}(3)$, nous considérons le nombre x pour lequel $f(x) = 3$. Le graphique montre que $f(2) = 3$, alors $f^{-1}(3) = 2$. ◀

La fonction $f(x) = x^3$ est un exemple de fonction croissante (figure 1.5.5). Donnez un exemple de fonction décroissante et déterminez son inverse.

LES FONCTIONS CROISSANTES ET LES FONCTIONS DÉCROISSANTES SONT INVERSIBLES

Une fonction dont la courbe monte sans cesse lorsqu'on parcourt le graphique de gauche à droite est une ***fonction croissante*** et une fonction dont la courbe descend continuellement de gauche à droite est une ***fonction décroissante.*** Si x_1 et x_2 sont des points du domaine d'une fonction f, alors, tel que montré à la figure 1.5.7, f est croissante si

$$f(x_1) < f(x_2) \quad \text{pour tout } x_1 < x_2$$

et f est décroissante si

$$f(x_1) > f(x_2) \quad \text{pour tout } x_1 < x_2$$

D'un point de vue géométrique, il apparaît clairement que les fonctions croissantes et décroissantes réussissent le test de la droite horizontale et en conséquence, qu'elles sont inversibles.

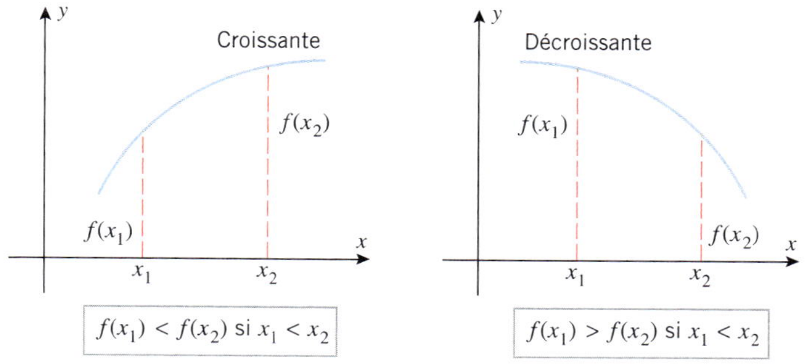

Figure 1.5.7

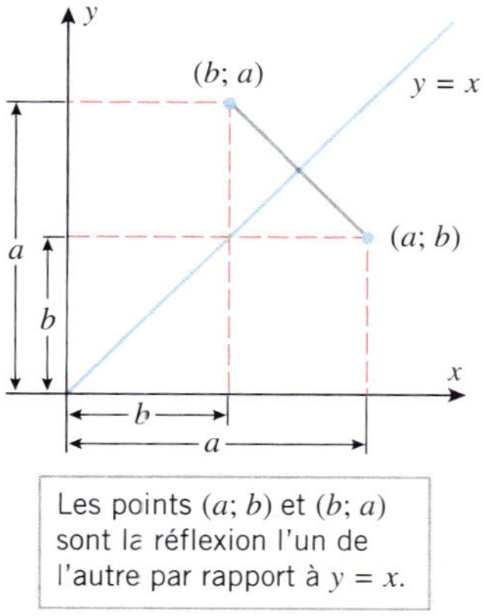

Figure 1.5.8

COURBES DES FONCTIONS INVERSES

Nous allons maintenant explorer la relation qui existe entre les courbes de f et f^{-1}. Dans ce but, il sera souhaitable d'utiliser x comme variable indépendante pour chaque fonction, de façon à pouvoir comparer les courbes $y = f(x)$ et $y = f^{-1}(x)$.

Si $(a; b)$ est un point de la courbe $y = f(x)$, alors $b = f(a)$, ou l'équivalent $a = f^{-1}(b)$; le point $(b; a)$ se trouve donc sur la courbe de $y = f^{-1}(x)$. En bref, en inversant les coordonnées d'un point de la courbe de f, on obtient un point de la courbe de f^{-1}. De même, en inversant les coordonnées d'un point de f^{-1}, on obtient un point de f (vérifiez-le). Or, d'un point de vue géométrique, l'inversion des coordonnées d'un point correspond à la réflexion de ce point par rapport à la droite $y = x$ (figure 1.5.8), de sorte que les courbes de $y = f(x)$ et $y = f^{-1}(x)$ sont les réflexions l'une de l'autre relativement à cette droite (figure 1.5.9). Le théorème qui suit résume notre propos :

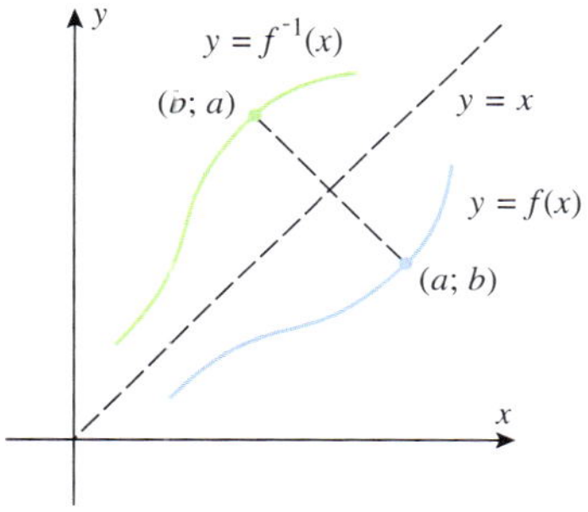

Figure 1.5.9

1.5.5 THÉORÈME. *Si f possède un inverse, alors les courbes de $y = f(x)$ et $y = f^{-1}(x)$ sont les réflexions l'une de l'autre par rapport à la droite $y = x$; ainsi, les courbes sont les images miroirs l'une de l'autre par rapport à cette droite.*

▶ **Exemple 7** La figure 1.5.10 montre les courbes des fonctions inverses que nous avons vues aux exemples 2 et 4. ◀

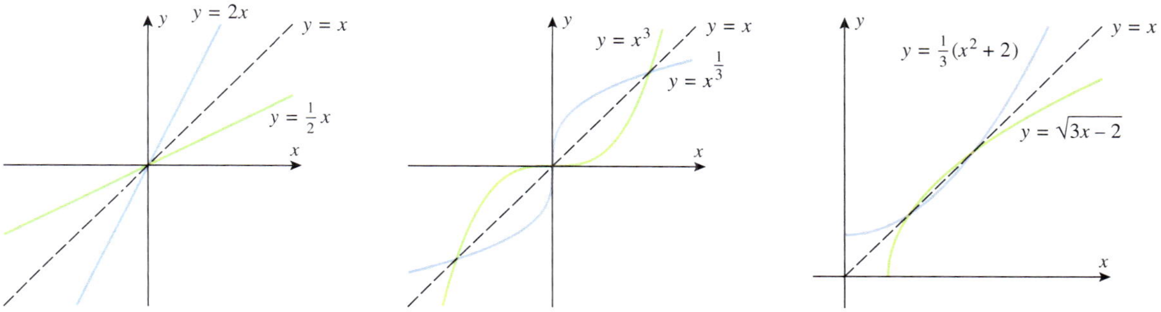

Figure 1.5.10

RESTRICTION DES DOMAINES POUR PERMETTRE L'INVERSIBILITÉ

Si l'on obtient une fonction g en plaçant des restrictions sur le domaine d'une fonction f, alors g est appelée ***restriction de f.*** Ainsi, par exemple, la fonction

$$g(x) = x^3, \quad x \geq 0$$

est une restriction de $f(x) = x^3$. On parle alors de la restriction de x^3 à l'intervalle [0, +∞[.

Il est parfois possible de créer une fonction inversible à partir d'une fonction qui ne l'est pas en restreignant judicieusement son domaine. Par exemple, nous avons montré plus tôt que $f(x) = x^2$ n'est pas inversible. Cependant, considérons les fonctions restreintes suivantes :

$$f_1(x) = x^2, \quad x \geq 0 \quad \text{et} \quad f_2(x) = x^2, \quad x \leq 0$$

Leur union donne la courbe complète de $f(x) = x^2$ (figure 1.5.11). Ces fonctions restreintes sont individuellement bijectives (et alors inversibles), puisque leurs courbes passent avec succès le test de la droite horizontale. Tel qu'illustré à la figure 1.5.12, leurs inverses sont

$$f_1^{-1}(x) = \sqrt{x} \quad \text{et} \quad f_2^{-1}(x) = -\sqrt{x}$$

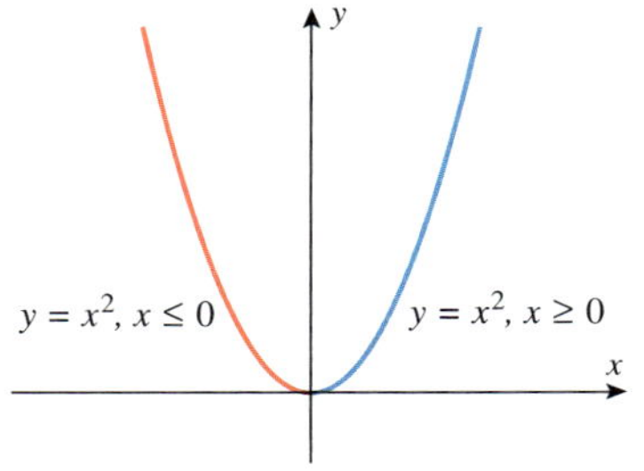

Figure 1.5.11

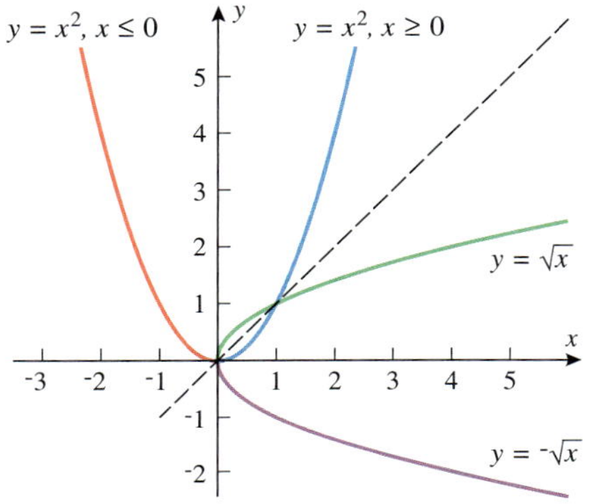

Figure 1.5.12

FONCTIONS TRIGONOMÉTRIQUES INVERSES

> Si vous avez du mal à relier les courbes du haut à celles du bas de la figure 1.5.13, rappelez-vous qu'une réflexion par rapport à $y = x$ transforme les droites verticales en droites horizontales, et vice versa, et qu'elle transporte sur l'axe des y les intersections avec l'axe des x, et vice versa.

En trigonométrie, on a souvent à déterminer un angle x à partir d'une valeur connue de $\sin x$, $\cos x$ ou d'une autre fonction trigonométrique. Lorsque c'est le cas, on utilise les « fonctions arc » telles que $\arcsin x$, $\arccos x$, et ainsi de suite. Nous terminerons cette section en examinant ces fonctions arc du point de vue des fonctions inverses générales.

Les six fonctions trigonométriques de base n'ont pas d'inverses parce que leurs courbes se répètent périodiquement et qu'elles échouent le test de la droite horizontale. Pour contourner ce problème, nous allons restreindre le domaine de ces fonctions trigonométriques, de manière à obtenir des fonctions bijectives et définir ensuite les « fonctions trigonométriques inverses » par les inverses de ces fonctions restreintes. La partie supérieure de la figure 1.5.13 montre la façon d'appliquer ces restrictions pour $\sin x$, $\cos x$, $\tan x$ et $\sec x$ et la partie du bas montre les courbes des fonctions inverses correspondantes

$$\sin^{-1} x, \quad \cos^{-1} x, \quad \tan^{-1} x, \quad \sec^{-1} x$$

(également notées respectivement par arcsin x, arccos x, arctan x et arcsec x). Les inverses de cot x et de csc x sont de moindre importance et serons traités dans les exercices.

Les définitions qui suivent résument notre propos :

> **1.5.6 DÉFINITION.** La ***fonction sinus inverse,*** notée $\sin^{-1}$, est définie par l'inverse de la fonction sinus restreinte suivante :
>
> $$\sin x, \quad -\frac{\pi}{2} \leq x \leq \frac{\pi}{2}$$

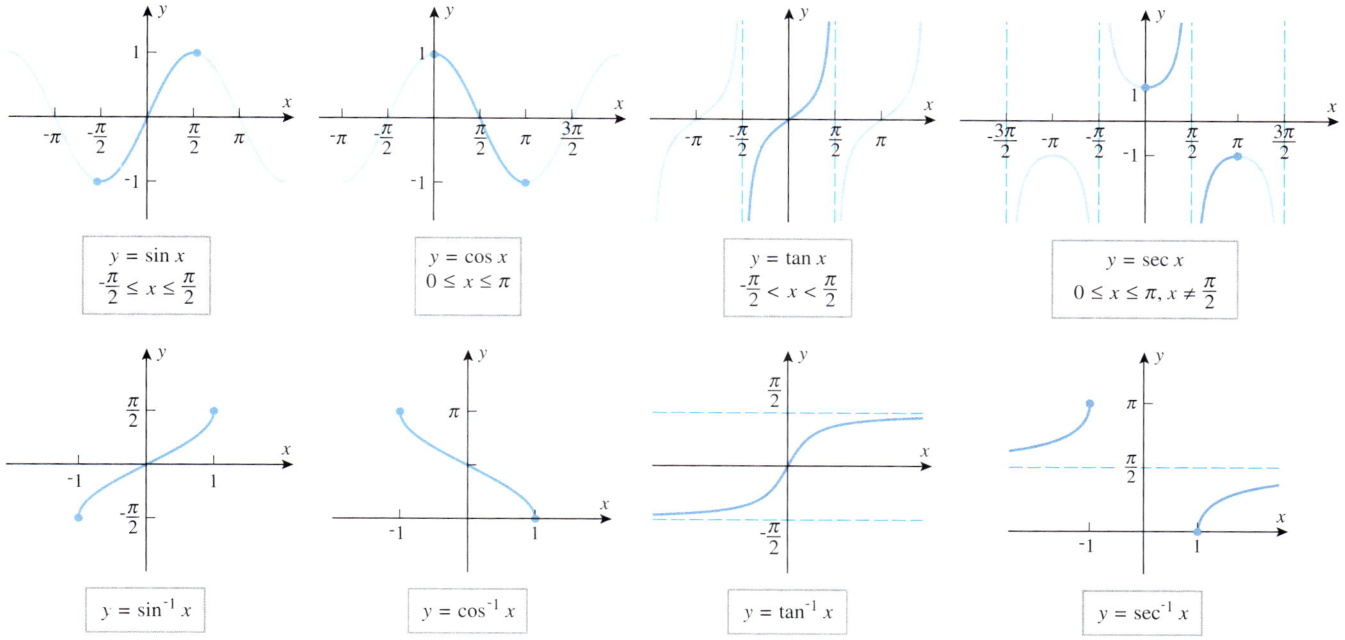

Figure 1.5.13

1.5.7 DÉFINITION. La ***fonction cosinus inverse,*** notée $\cos^{-1}$, est définie par l'inverse de la fonction cosinus restreinte suivante :

$$\cos x, \quad 0 \le x \le \pi$$

1.5.8 DÉFINITION. La ***fonction tangente inverse,*** notée $\tan^{-1}$, est définie par l'inverse de la fonction tangente restreinte suivante :

$$\tan x, \quad -\frac{\pi}{2} < x < \frac{\pi}{2}$$

1.5.9 DÉFINITION*. La ***fonction sécante inverse,*** notée $\sec^{-1}$, est définie par l'inverse de la fonction sécante restreinte suivante :

$$\sec x, \quad 0 \le x \le \pi \text{ mais où } x \ne \frac{\pi}{2}$$

Les notations $\sin^{-1} x$, $\cos^{-1} x$, ... sont exclusivement réservées aux fonctions trigonométriques inverses (inverses fonctionnelles) et ne sont pas utilisées pour les inverses multiplicatifs des fonctions trigonométriques. Pour exprimer l'inverse multiplicatif $\frac{1}{\sin x}$ à l'aide d'un exposant, on doit écrire $(\sin x)^{-1}$, *jamais* $\sin^{-1} x$.

Le tableau 1.5.1 regroupe les propriétés fondamentales des fonctions trigonométriques inverses que nous avons examinées. Vérifiez que les domaines et les images données dans ce tableau concordent avec les courbes de la figure 1.5.13.

*La définition de $\sec^{-1} x$ ne fait pas l'unanimité et certains mathématiciens préfèrent restreindre le domaine de $\sec x$ à $0 \le x < \frac{\pi}{2}$ ou $\pi \le x < \frac{3\pi}{2}$. Chaque définition présente des avantages et des inconvénients, mais nous avons choisi la définition courante pour être conforme aux conventions utilisées dans les logiciels de calcul formel *Mathematica*, *Maple* et *Derive*.

Tableau 1.5.1

FONCTION	DOMAINE	IMAGE	RELATIONS FONDAMENTALES
$\sin^{-1}$	$[-1; 1]$	$\left[-\frac{\pi}{2}; \frac{\pi}{2}\right]$	$\sin^{-1}(\sin x) = x$ si $-\frac{\pi}{2} \leq x \leq \frac{\pi}{2}$ $\sin(\sin^{-1} x) = x$ si $-1 \leq x \leq 1$
$\cos^{-1}$	$[-1; 1]$	$[0; \pi]$	$\cos^{-1}(\cos x) = x$ si $0 \leq x \leq \pi$ $\cos(\cos^{-1} x) = x$ si $-1 \leq x \leq 1$
$\tan^{-1}$	$]-\infty; +\infty[$	$\left]-\frac{\pi}{2}; \frac{\pi}{2}\right[$	$\tan^{-1}(\tan x) = x$ si $-\frac{\pi}{2} < x < \frac{\pi}{2}$ $\tan(\tan^{-1} x) = x$ si $-\infty < x < +\infty$
$\sec^{-1}$	$]-\infty; -1] \cup [1; +\infty[$	$\left[0; \frac{\pi}{2}\right[\cup \left]\frac{\pi}{2}; \pi\right]$	$\sec^{-1}(\sec x) = x$ si $0 \leq x \leq \pi, x \neq \frac{\pi}{2}$ $\sec(\sec^{-1} x) = x$ si $\lvert x \rvert \geq 1$

ÉVALUATION DES FONCTIONS TRIGONOMÉTRIQUES INVERSES

En trigonométrie, on doit souvent trouver un angle dont le sinus est connu. Par exemple, on peut chercher la mesure d'un angle x, en radians, telle que

$$\sin x = \tfrac{1}{2} \tag{6}$$

Plus généralement, pour une valeur donnée de y appartenant à l'intervalle $-1 \leq y \leq 1$, on peut chercher à résoudre l'équation

$$\sin x = y \tag{7}$$

Puisque $\sin x$ est périodique, il existe une infinité de valeurs de x qui solutionnent cette équation; cependant, en la récrivant sous la forme

$$x = \sin^{-1} y$$

on isole la solution particulière située dans l'intervalle $\left[-\frac{\pi}{2}; \frac{\pi}{2}\right]$, qui est l'image de la fonction sinus inverse. Par exemple, la figure 1.5.14 donne quatre solutions de l'équation (6), soit $-\frac{11\pi}{6}$, $-\frac{7\pi}{6}$, $\frac{\pi}{6}$ et $\frac{5\pi}{6}$; parmi ces valeurs, $\frac{\pi}{6}$ est la solution comprise dans l'intervalle $\left[-\frac{\pi}{2}; \frac{\pi}{2}\right]$ et

$$\sin^{-1}\left(\tfrac{1}{2}\right) = \tfrac{\pi}{6} \tag{8}$$

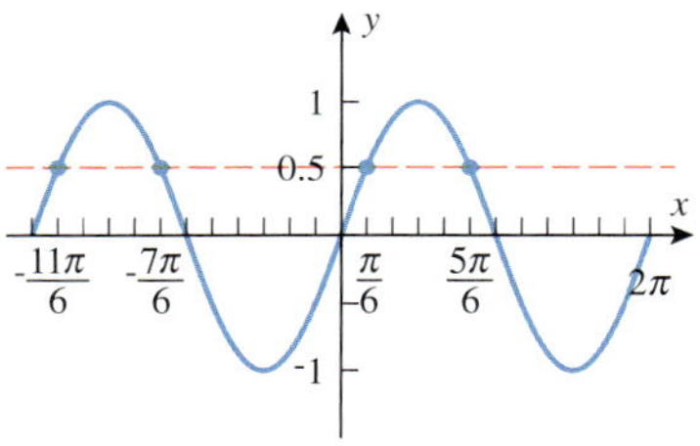

Figure 1.5.14

TECHNOLOGIE

Consultez la documentation fournie avec votre outil de calcul pour apprendre à calculer les inverses des sinus, des cosinus et des tangentes. Validez ensuite l'équation (8) en montrant que

$$\sin^{-1}(0{,}5) \approx 0{,}523598775598\ldots \approx \tfrac{\pi}{6}$$

En général, si $x = \sin^{-1} y$ est un angle (en radians) dont le sinus est y, alors la restriction $-\frac{\pi}{2} \leq x \leq \frac{\pi}{2}$ exige, d'un point de vue géométrique, que l'angle x, placé en position standard, se termine dans le premier ou le quatrième quadrant ou sur un axe adjacent à ces quadrants.

Si $x = \cos^{-1} y$ est l'angle en radians dont le cosinus est y, dans quels quadrants peu se trouver x? Répondez à la même question pour

$$x = \tan^{-1} y \quad \text{et} \quad x = \sec^{-1} y$$

▶ **Exemple 8** Évaluer exactement les expressions suivantes simplement par examen visuel et confirmer vos réponses à l'aide d'un outil de calcul :

(a) $\sin^{-1}\left(\frac{1}{\sqrt{2}}\right)$ (b) $\sin^{-1}(-1)$

Solution (a). Sachant que $\sin^{-1}\left(\frac{1}{\sqrt{2}}\right) > 0$, on peut considérer que $x = \sin^{-1}\left(\frac{1}{\sqrt{2}}\right)$ est l'angle du premier quadrant tel que $\sin\theta = \frac{1}{\sqrt{2}}$. Ainsi, $\sin^{-1}\left(\frac{1}{\sqrt{2}}\right) = \frac{\pi}{4}$. Vous pouvez valider cette égalité à l'aide d'un outil de calcul en montrant que $\sin^{-1}\left(\frac{1}{\sqrt{2}}\right) \approx 0{,}785 \approx \frac{\pi}{4}$.

Solution (b). Puisque $\sin^{-1}(-1) < 0$, on peut considérer que $x = \sin^{-1}(-1)$ est l'angle du quatrième quadrant (ou un axe adjacent) tel que $\sin x = -1$. Ainsi, $\sin^{-1}(-1) = -\frac{\pi}{2}$. Vous pouvez valider cette égalité à l'aide d'un outil de calcul en montrant que $\sin^{-1}(-1) \approx -1{,}57 \approx -\frac{\pi}{2}$. ◀

TECHNOLOGIE

La plupart des calculatrices ne permettent pas de calculer directement les sécantes inverses. Si c'est le cas, on réfère à l'identité suivante (exercice 50) :

$$\sec^{-1} x = \cos^{-1}\left(\frac{1}{x}\right) \tag{9}$$

Utilisez cette formule pour montrer que

$$\sec^{-1}(2{,}25) \approx 1{,}11 \quad \text{et} \quad \sec^{-1}(-2{,}25) \approx 2{,}03$$

Si vous disposez d'un outil de calcul (p. ex., un logiciel de calcul formel) capable de déterminer directement $\sec^{-1} x$, utilisez-le pour vérifier ces valeurs.

IDENTITÉS DES FONCTIONS TRIGONOMÉTRIQUES INVERSES

Si $\sin^{-1} x$ est la mesure d'un angle en radians dont le sinus est x et si cet angle n'est *pas* négatif, alors d'un point de vue géométrique, $\sin^{-1} x$ devient un angle d'un triangle rectangle dont l'hypoténuse mesure 1 unité et dont le côté opposé à l'angle $\sin^{-1} x$ est de longueur x (figure 1.5.15*a*). Selon le théorème de Pythagore, le côté adjacent à l'angle $\sin^{-1} x$ mesure $\sqrt{1-x^2}$. De plus, le troisième angle de la figure1.5.15*a* est $\cos^{-1} x$, puisque le cosinus de cet angle est x (figure 1.5.15*b*). Ce triangle donne lieu à plusieurs identités utiles des fonctions trigonométriques inverses, valables sur $-1 \leq x \leq 1$; par exemple,

$$\sin^{-1} x + \cos^{-1} x = \frac{\pi}{2} \tag{10}$$

$$\cos(\sin^{-1} x) = \sqrt{1-x^2} \tag{11}$$

$$\sin(\cos^{-1} x) = \sqrt{1-x^2} \tag{12}$$

$$\tan(\sin^{-1} x) = \frac{x}{\sqrt{1-x^2}} \tag{13}$$

Il n'est pas nécessaire de mémoriser ces identités. Il importe surtout de maîtriser la *méthode* employée pour les obtenir.

De la même manière, $\tan^{-1} x$ et $\sec^{-1} x$ correspondent aux angles des triangles rectangles des figures 1.5.15*c* et 1.5.15*d* (vérifiez-le). Ces triangles donnent d'autres identités utiles; par exemple,

$$\sec(\tan^{-1} x) = \sqrt{1+x^2} \tag{14}$$

$$\sin(\sec^{-1} x) = \frac{\sqrt{x^2-1}}{x} \quad (x \geq 1) \tag{15}$$

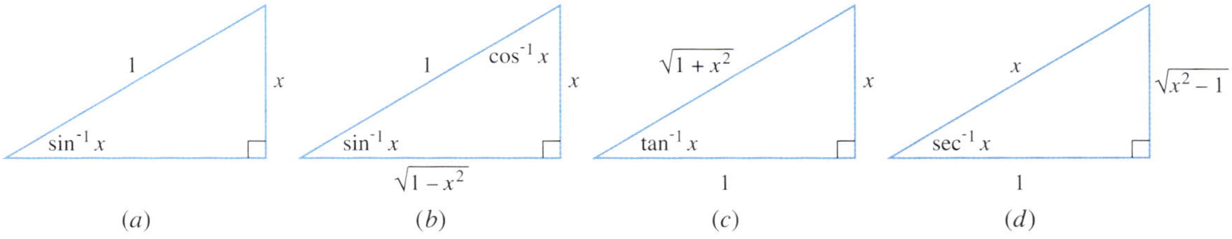

Figure 1.5.15

La technique du triangle ne donne pas toujours les identités sous leur forme la plus générale. Par exemple, à l'exercice (62) nous vous demanderons de déduire la généralisation suivante de l'identité (15), valable à la fois pour $x \leq -1$ et pour $x \geq 1$:

$$\sin(\sec^{-1} x) = \frac{\sqrt{x^2-1}}{|x|} \quad (|x| \geq 1) \tag{16}$$

En référant à la figure 1.5.13, observez que les inverses du sinus et de la tangente sont des fonctions impaires, c'est-à-dire

$$\sin^{-1}(-x) = -\sin^{-1}(x) \quad \text{et} \quad \tan^{-1}(-x) = -\tan^{-1}(x) \qquad (17\text{–}18)$$

► **Exemple 9** La figure 1.5.16 montre la courbe de $y = \sin^{-1}(\sin x)$ produite par un ordinateur. On aurait pu penser, à priori, obtenir la droite $y = x$, étant donné que $\sin^{-1}(\sin x) = x$. Pourquoi n'est-ce pas le cas?

Solution. La relation $\sin^{-1}(\sin x) = x$ est valide dans l'intervalle $-\frac{\pi}{2} \leq x \leq \frac{\pi}{2}$; on peut donc affirmer avec certitude que les courbes de $y = \sin^{-1}(\sin x)$ et $y = x$ coïncident sur cet intervalle (ce que confirme la figure 1.5.16). Cependant, à l'extérieur de cet intervalle, la relation $\sin^{-1}(\sin x) = x$ ne tient plus. Par exemple, si la quantité x tombe dans l'intervalle $\frac{\pi}{2} \leq x \leq \frac{3\pi}{2}$, alors la quantité $x - \pi$ se trouve dans l'intervalle $-\frac{\pi}{2} \leq x \leq \frac{\pi}{2}$ et

$$\sin^{-1}[\sin(x - \pi)] = x - \pi$$

Or, en utilisant l'identité $\sin(x - \pi) = -\sin x$ et sachant que $\sin^{-1}$ est une fonction impaire, on peut exprimer $\sin^{-1}(\sin x)$ par

$$\sin^{-1}(\sin x) = \sin^{-1}[-\sin(x - \pi)] = -\sin^{-1}[\sin(x - \pi)] = -(x - \pi)$$

On en déduit que dans l'intervalle $\frac{\pi}{2} \leq x \leq \frac{3\pi}{2}$, la courbe de $y = \sin^{-1}(\sin x)$ coïncide avec la droite $y = -(x - \pi)$, de pente -1, qui coupe l'axe des x à $x = \pi$, conformément à la figure 1.5.16. ◄

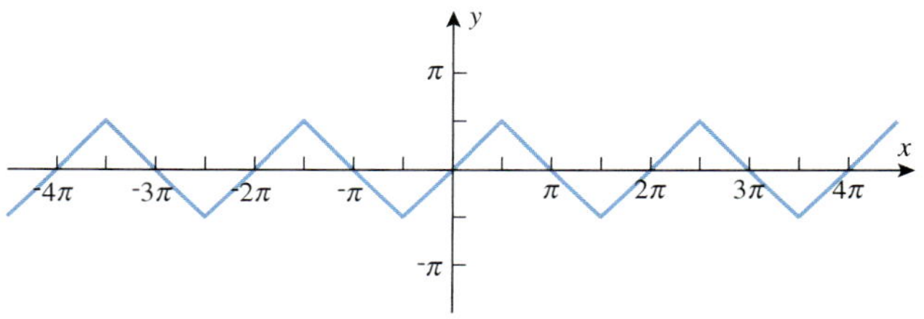

Figure 1.5.16

✔ VÉRIFICATION EXPRESS 1.5 *(Réponses à la page 68.)*

1. Déterminer si la fonction f est bijective sachant que
   (a) $f(t)$ est le nombre de personnes en file d'attente au cinéma au temps t.
   (b) $f(x)$ est la température maximale (arrondie au °C près) mesurée dans une ville le $x^{ième}$ jour de l'année.
   (c) $f(v)$ est la masse d'un volume v de plomb en cm^3.
2. Un étudiant entre un nombre dans une calculatrice, double ce nombre, ajoute 8 au résultat, divise la somme par 2, soustrait 3 du quotient et met au cube la différence. Si le nombre résultant est x, alors le nombre initial utilisé par l'étudiant était ________.
3. Si (3, -2) est un point de la courbe d'une fonction impaire inversible f, alors ________ et ________ sont des points de la courbe f^{-1}.
4. Dans chaque cas, déterminer la valeur exacte sans outil de calcul.
   (a) $\sin^{-1}(-1) =$ ________
   (b) $\tan^{-1}(1) =$ ________
   (c) $\sin^{-1}\left(\frac{1}{2}\sqrt{3}\right) =$ ________
   (d) $\cos^{-1}\left(\frac{1}{2}\right) =$ ________
   (e) $\sec^{-1}(-2) =$ ________
5. Dans chaque cas, déterminer la valeur exacte sans outil de calcul.
   (a) $\sin^{-1}\left(\sin\frac{\pi}{7}\right) =$ ________
   (b) $\sin^{-1}\left(\sin\frac{5\pi}{7}\right) =$ ________
   (c) $\tan^{-1}\left(\tan\frac{13\pi}{6}\right) =$ ________
   (d) $\cos^{-1}\left(\cos\frac{12\pi}{7}\right) =$ ________

SÉRIE D'EXERCICES 1.5   Outil graphique

1. Déterminer si f et g sont des fonctions inverses sachant que
(a) $f(x) = 4x,\ g(x) = \frac{1}{4}x$
(b) $f(x) = 3x + 1,\ g(x) = 3x - 1$
(c) $f(x) = \sqrt[3]{x-2},\ g(x) = x^3 + 2$
(d) $f(x) = x^4,\ g(x) = \sqrt[4]{x}$

2. Valider les réponses données à l'exercice 1 à l'aide d'un outil graphique, en vérifiant si les courbes de f et g sont des réflexions l'une de l'autre par rapport à la droite $y = x$.

3. Dans chaque cas, utiliser le test de la droite horizontale pour déterminer si la fonction f est bijective.
(a) $f(x) = 3x + 2$ (b) $f(x) = \sqrt{x-1}$
(c) $f(x) = |x|$ (d) $f(x) = x^3$
(e) $f(x) = x^2 - 2x + 2$ (f) $f(x) = \sin x$

4. Dans chaque cas, produire la courbe de la fonction f à l'aide d'un outil graphique et déterminer si f est bijective.
(a) $f(x) = x^3 - 3x + 2$ (b) $f(x) = x^3 - 3x^2 + 3x - 1$

JONGLONS AVEC LES CONCEPTS

5. Dans chaque cas, déterminer si la fonction f définie par le tableau est bijective.

(a)

x	1	2	3	4	5	6
$f(x)$	-2	-1	0	1	2	3

(b)

x	1	2	3	4	5	6
$f(x)$	4	-7	6	-3	1	4

6. Le cadran d'une horloge cassée repose dans le plan xy; son centre coïncide avec l'origine et le chiffre 3 donne la direction de l'axe des x positifs. Lorsque l'horloge s'est arrêtée, l'extrémité de l'aiguille des heures était sur la courbe de $y = f(x)$, où f est une fonction qui satisfait à $f(0) = 0$.
(a) Y a-t-il des temps de la journée qui ne peuvent apparaître dans une telle configuration? Expliquer.
(b) Si f est une fonction inversible, de quelle façon votre réponse à la question (a) change-t-elle?
(c) Si l'extrémité de l'aiguille des minutes s'est arrêtée sur la courbe de f, en quoi les réponses données en (a) et (b) changent-elles?

7. (a) La figure Ex-7 montre la courbe d'une fonction f dans son domaine $-8 \leq x \leq 8$. Justifier le fait que f possède un inverse et utiliser la courbe pour trouver $f^{-1}(2)$, $f^{-1}(-1)$ et $f^{-1}(0)$.
(b) Trouver le domaine et l'image de f^{-1}.
(c) Tracer la courbe de f^{-1}.

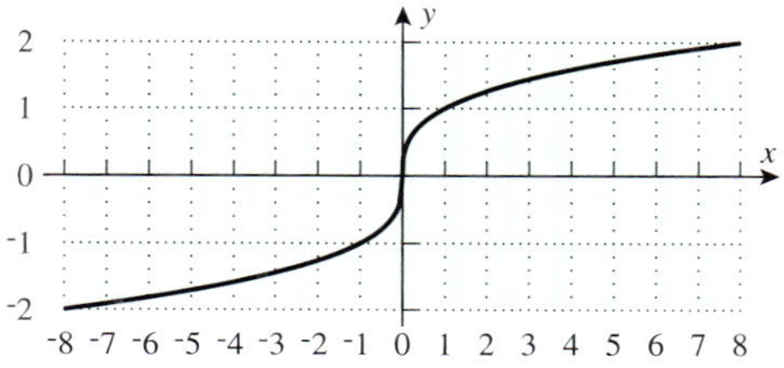

Figure Ex-7

8. (a) Expliquer pourquoi la fonction f représentée à la figure Ex-8 n'a pas d'inverse sur son domaine $-3 \leq x \leq 4$.
(b) Subdiviser le domaine en trois sous-intervalles adjacents tels que la fonction f admette un inverse sur chacun de ces sous-intervalles.

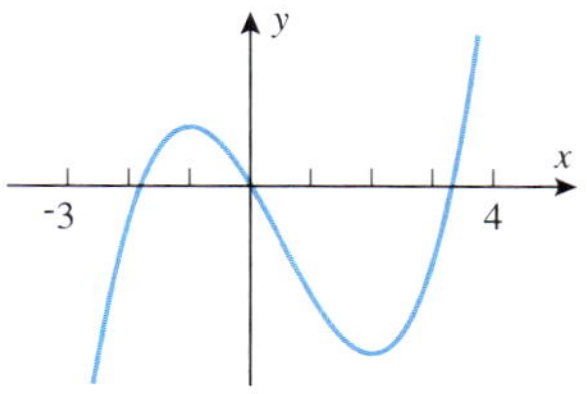

Figure Ex-8

9–17 Trouver une expression pour $f^{-1}(x)$.

9. $f(x) = 7x - 6$

10. $f(x) = \dfrac{x+1}{x-1}$

11. $f(x) = 3x^3 - 5$

12. $f(x) = \sqrt[5]{4x+2}$

13. $f(x) = \sqrt[3]{2x-1}$

14. $f(x) = \dfrac{5}{x^2+1},\quad x \geq 0$

15. $f(x) = \dfrac{3}{x^2},\quad x < 0$

16. $f(x) = \begin{cases} 2x, & x \leq 0 \\ x^2, & x > 0 \end{cases}$

17. $f(x) = \begin{cases} \frac{5}{2} - x, & x < 2 \\ \frac{1}{x}, & x \geq 2 \end{cases}$

18. Exprimer $p^{-1}(x)$, sachant que
$$p(x) = x^3 - 3x^2 + 3x - 1$$

19–23 Exprimer $f^{-1}(x)$ et déterminer le domaine de f^{-1}.

19. $f(x) = (x+2)^4,\quad x \geq 0$

20. $f(x) = \sqrt{x+3}$

21. $f(x) = -\sqrt{3-2x}$

22. $f(x) = 3x^2 + 5x - 2,\quad x \geq 0$

23. $f(x) = x - 5x^2,\quad x \geq 1$

JONGLONS AVEC LES CONCEPTS

24. La formule $F = \frac{9}{5}C + 32$, où $C \geq -273{,}15$, exprime la température en Fahrenheit F en fonction de la température en Celsius C.

(a) Écrire une formule pour la fonction inverse.
(b) Décrire en mots ce que la fonction inverse vous dit.
(c) Déterminer le domaine et l'image de la fonction inverse.

25. (a) Un mètre équivaut approximativement à $6{,}214 \times 10^{-4}$ mile. Écrire une équation $y = f(x)$ qui exprime une longueur y en mètres en fonction de la même longueur x en miles.
(b) Écrire une équation pour l'inverse de f.
(c) Décrire ce que représente $x = f^{-1}(y)$ d'un point de vue pratique.

26. Soit $f(x) = x^2, x > 1$ et $g(x) = \sqrt{x}$.
(a) Montrer que $f(g(x)) = x, x > 1$ et $g(f(x)) = x, x > 1$.
(b) Montrer que f et g ne sont *pas* des inverses en montrant que les courbes de $y = f(x)$ et $y = g(x)$ ne sont pas des réflexions l'une de l'autre par rapport à $y = x$.
(c) Les parties (a) et (b) se contredisent-elles? Expliquer.

27. (a) Montrer que $f(x) = \frac{3-x}{1-x}$ est sa propre fonction inverse.
(b) Que vous dit l'énoncé de la partie (a) concernant la courbe de f?

28. Soit $f(x) = ax^2 + bx + c,\ a > 0$. Trouver f^{-1} si le domaine de f est restreint à
(a) $x \geq -\dfrac{b}{2a}$ (b) $x \leq -\dfrac{b}{2a}$

29. Soit $f(x) = 2x^3 + 5x + 3$. Trouver x si $f^{-1}(x) = 1$.

30. Soit $f(x) = \dfrac{x^3}{x^2+1}$. Trouver x si $f^{-1}(x) = 2$.

31. Prouver que si $a^2 + bc \neq 0$, alors la courbe de la fonction suivante est symétrique par rapport à la droite $y = x$:
$$f(x) = \frac{ax+b}{cx-a}$$

32. (a) Prouver que si f et g sont bijectives, alors la fonction composée $f \circ g$ l'est également.
(b) Prouver que si f et g sont bijectives, alors
$$(f \circ g)^{-1} = g^{-1} \circ f^{-1}$$

33. Tracer la courbe d'une fonction bijective sur $]-\infty; +\infty[$, mais qui n'est ni croissante sur $]-\infty; +\infty[$, ni décroissante sur $]-\infty; +\infty[$.

34. Prouver qu'une fonction bijective f ne peut avoir deux inverses différents.

35. Sachant que $\theta = \tan^{-1}\left(\frac{4}{3}\right)$, donner les valeurs exactes de $\sin\theta$, $\cos\theta$, $\cot\theta$, $\sec\theta$ et $\csc\theta$.

36. Sachant que $\theta = \sec^{-1} 2{,}6$, donner les valeurs exactes de $\sin\theta$, $\cos\theta$, $\tan\theta$, $\cot\theta$ et $\csc\theta$.

37. Pour quelles valeurs de x est-il vrai que
(a) $\cos^{-1}(\cos x) = x$ (b) $\cos(\cos^{-1} x) = x$
(c) $\tan^{-1}(\tan x) = x$ (d) $\tan(\tan^{-1} x) = x$?

38–39 Trouver la valeur exacte de la quantité donnée.

38. $\sec\left[\sin^{-1}\left(-\frac{3}{4}\right)\right]$ **39.** $\sin\left[2\cos^{-1}\left(\frac{3}{5}\right)\right]$

40–41 Compléter les identités par la méthode du triangle (Figure 1.5.15).

40. (a) $\sin(\cos^{-1} x) = ?$ (b) $\tan(\cos^{-1} x) = ?$
(c) $\csc(\tan^{-1} x) = ?$ (d) $\sin(\tan^{-1} x) = ?$

41. (a) $\cos(\tan^{-1} x) = ?$ (b) $\tan(\cos^{-1} x) = ?$
(c) $\sin(\sec^{-1} x) = ?$ (d) $\cot(\sec^{-1} x) = ?$

42. (a) Utiliser un outil de calcul, réglé en mode radian, pour construire des tableaux de valeurs pour $y = \sin^{-1} x$ et $y = \cos^{-1} x$ à $x = -1;\ -0{,}8;\ -0{,}6; \ldots; 0;\ 0{,}2; \ldots; 1$. Arrondir à deux décimales.
(b) Mettre en graphique les points trouvés en (a) et utiliser ces points pour tracer les courbes de $y = \sin^{-1} x$ et $y = \cos^{-1} x$. Comparer vos graphiques à ceux de la figure 1.5.13.
(c) À l'aide d'un outil graphique tracer les courbes de $y = \sin^{-1} x$ et $y = \cos^{-1} x$; valider les courbes obtenues en les comparant à celles de la figure 1.5.13.

43. Dans chaque cas, tracer la courbe; la valider ensuite à l'aide d'un outil graphique.
(a) $y = \sin^{-1} 2x$ (b) $y = \tan^{-1} \frac{1}{2}x$

44–46 À l'aide d'un outil de calcul, approximer la solution de chaque équation. Lorsque les angles sont en radians, exprimer vos réponses en conservant quatre décimales et lorsque les angles sont en degrés, donner les réponses au dixième de degré près. [*Note :* Dans chaque cas, tenir compte de la restriction. La solution n'appartient pas à l'image de la fonction trigonométrique inverse en cause.]

44. (a) $\sin x = 0{,}37,\ \frac{\pi}{2} < x < \pi$
(b) $\sin\theta = -0{,}61,\ 180° < \theta < 270°$

45. (a) $\cos x = -0{,}85,\ \pi < x < \dfrac{3\pi}{2}$
(b) $\cos\theta = 0{,}23,\ -90° < \theta < 0°$

46. (a) $\tan x = 3{,}16,\ -\pi < x < -\frac{\pi}{2}$
(b) $\tan\theta = -0{,}45,\ 90° < \theta < 180°$

JONGLONS AVEC LES CONCEPTS

47. (a) À l'aide d'un outil de calcul, évaluer les expressions $\sin^{-1}(\sin^{-1} 0{,}25)$ et $\sin^{-1}(\sin^{-1} 0{,}9)$; expliquer ensuite ce qui se produit dans le second cas.
(b) Pour quelles valeurs de x de l'intervalle $-1 \leq x \leq 1$ votre outil de calcul donne-t-il une valeur réelle de la fonction $\sin^{-1}(\sin^{-1} x)$?

48. Un joueur de soccer botte un ballon à une vitesse initiale de 14 m/s, lancé à un angle θ au-dessus de l'horizontale (figure Ex-48). Le ballon termine sa course 18 m plus loin. Si l'on néglige la résistance de l'air, le ballon suivra une trajectoire parabolique et sa portée horizontale R sera donnée par

$$R = \frac{v^2}{g} \sin 2\theta$$

où v est la vitesse initiale du ballon et g, l'accélération gravitationnelle. En prenant $g = 9,8\ \text{m}/s^2$, donner deux valeurs possibles de θ, au degré près, pour la trajectoire du ballon. Quel angle donne le plus court temps de vol? Pourquoi?

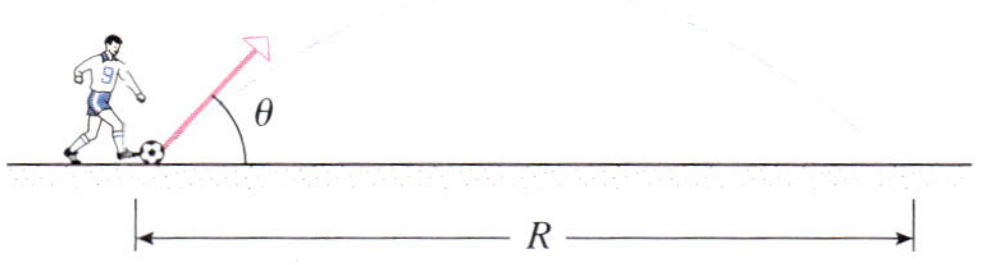

Figure Ex-48

49–50 La fonction $\cot^{-1} x$ est définie par l'inverse de la fonction cotangente restreinte

$$\cot x, \quad 0 < x < \pi$$

et la fonction $\csc^{-1} x$, par l'inverse de la fonction cosécante restreinte

$$\csc x, \quad -\frac{\pi}{2} < x < \frac{\pi}{2}, \quad x \neq 0$$

Utiliser ces définitions pour résoudre ces exercices et pour tous les autres exercices subséquents faisant intervenir ces fonctions.

49. (a) Esquisser les courbes de $\cot^{-1} x$ et de $\csc^{-1} x$.
(b) Déterminer le domaine et l'image de $\cot^{-1} x$ et de $\csc^{-1} x$.

50. Montrer que

(a) $\cot^{-1} x = \begin{cases} \tan^{-1}\left(\frac{1}{x}\right), & \text{si } x > 0 \\ \pi + \tan^{-1}\left(\frac{1}{x}\right), & \text{si } x < 0 \end{cases}$

(b) $\sec^{-1} x = \cos^{-1} \frac{1}{x}, \quad \text{si } |x| \geq 1$

(c) $\csc^{-1} x = \sin^{-1} \frac{1}{x}, \quad \text{si } |x| \geq 1.$

51. La plupart des calculatrices scientifiques ont des touches uniquement pour $\sin^{-1} x$, $\cos^{-1} x$ et $\tan^{-1} x$. Les équations de l'exercice 50 donnent un moyen d'utiliser la calculatrice pour déterminer $\cot^{-1} x$, $\sec^{-1} x$ et $\csc^{-1} x$ lorsque x est positif. Utiliser ces expressions pour trouver, à l'aide d'une calculatrice, les valeurs numériques de chacune des fonctions trigonométriques inverses ci-dessous. Exprimer vos réponses en degrés, en arrondissant au dixième de degré près.
(a) $\cot^{-1} 0{,}7$ (b) $\sec^{-1} 1{,}2$ (c) $\csc^{-1} 2{,}3$

52. Un satellite d'observation de la Terre est muni de senseurs d'horizon qui mesurent l'angle θ tel qu'indiqué à la figure Ex-52. Posons R, le rayon de la Terre (considérée sphérique) et h, la distance qui sépare le satellite de la surface de la Terre.
(a) Montrer que $\sin \theta = \dfrac{R}{R+h}$.
(b) Trouver θ, au degré près, pour un satellite situé à 10 000 km au-dessus de la surface de la Terre ($R = 6378$ km)

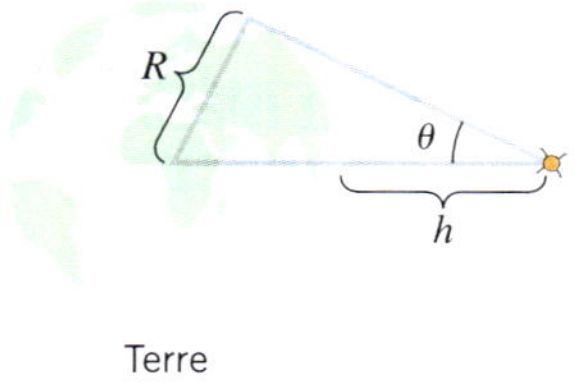

Figure Ex-52

53. Le nombre d'heures de clarté, un jour précis à un point donné de la surface de la Terre, dépend de la latitude λ de ce point, de l'angle γ que la Terre a parcouru sur son plan orbital depuis l'équinoxe vernal (21 mars) et de l'angle d'inclinaison ϕ mesuré entre l'axe de rotation de la Terre et l'écliptique nord ($\phi \approx 23,45°$). Le nombre d'heures de clarté h peut être approximé par l'équation

$$h = \begin{cases} 24, & J \geq 1 \\ 12 + \frac{2}{15} \sin^{-1} J, & |J| < 1 \\ 0, & J \leq -1 \end{cases}$$

où

$$J = \frac{\sin \phi \sin \gamma \tan \lambda}{\sqrt{1 - \sin^2 \phi \sin^2 \gamma}}$$

et $\sin^{-1} J$ est mesuré en degrés. Sachant que Fairbanks, en Alaska, se trouve à une latitude $\lambda = 65°$ N et que $\gamma = 90°$ le 20 juin et $\gamma = 270°$ le 20 décembre, déterminer approximativement
(a) le nombre d'heures de clarté du jour le plus long de l'année à Fairbanks, à une décimale près;
(b) le nombre d'heures de clarté du jour le plus court de l'année à Fairbanks, à une décimale près.

Source : Ce problème a été adapté de *TEAM, A Path to Applied Mathematics*, The Mathematical Association of America, Washington, D.C., 1985.

54. La ***loi des cosinus*** stipule que

$$c^2 = a^2 + b^2 - 2ab \cos \theta$$

où a, b et c représentent les longueurs des côtés d'un triangle et θ est l'angle formé par les côtés a et b. Déterminer θ, au degré près, pour le triangle dont les mesures sont $a = 2$, $b = 3$ et $c = 4$.

55. Un avion vole à une altitude constante de 900 m au-dessus de l'eau à la vitesse constante de 120 m/s. Le pilote doit larguer à vue un colis de subsistance pour qu'il atterrisse dans l'eau à un point précis P. Si l'on néglige la résistance de l'air, le colis suivra une trajectoire parabolique dont l'équation relative au système de coordonnées de la figure Ex-55 est

$$y = 900 - \frac{g}{2v^2} x^2$$

où g représente l'accélération gravitationnelle et v, la vitesse de l'appareil. En prenant $g = 9{,}8\ \text{m/s}^2$, déterminer l'angle θ de la « ligne de visée », au degré près, à adopter pour que le colis tombe à l'endroit voulu.

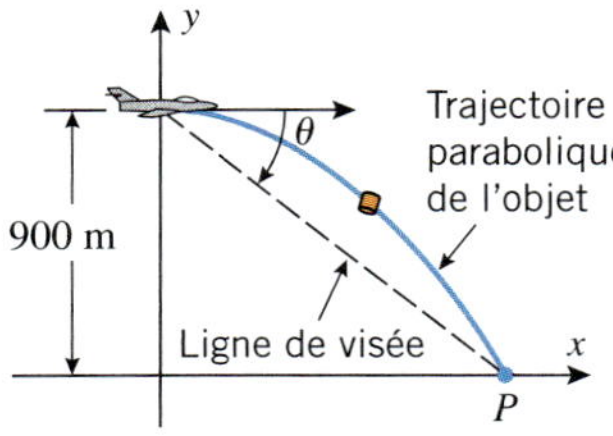

Figure Ex-55

56. Une caméra est placée à x mètres de la base de la plate-forme de lancement d'un missile (figure Ex-56). Si un missile long de a mètres est lancé à la verticale, montrer que lorsque la base du missile se trouve à b mètres au-dessus de la lentille de la caméra, l'angle θ sous-tendu à la lentille par le missile est donné par

$$\theta = \cot^{-1}\frac{x}{a+b} - \cot^{-1}\frac{x}{b}$$

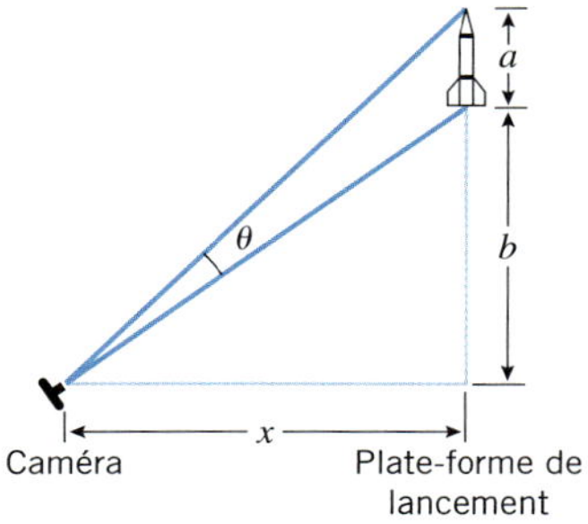

Figure Ex-56

57. Prouver :
(a) $\sin^{-1}(-x) = -\sin^{-1} x$
(b) $\tan^{-1}(-x) = -\tan^{-1} x$

58. Prouver :
(a) $\cos^{-1}(-x) = \pi - \cos^{-1} x$
(b) $\sec^{-1}(-x) = \pi - \sec^{-1} x$

59. Prouver :
(a) $\sin^{-1} x = \tan^{-1}\dfrac{x}{\sqrt{1-x^2}} \quad (|x| < 1)$
(b) $\cos^{-1} x = \dfrac{\pi}{2} - \tan^{-1}\dfrac{x}{\sqrt{1-x^2}} \quad (|x| < 1)$

60. Prouver :

$$\tan^{-1} x + \tan^{-1} y = \tan^{-1}\left(\frac{x+y}{1-xy}\right)$$

sachant que $-\frac{\pi}{2} < \tan^{-1} x + \tan^{-1} y < \frac{\pi}{2}$.
[*Indice :* Utiliser une identité pour $\tan(\alpha + \beta)$.]

61. Utiliser l'énoncé de l'exercice 60 pour montrer que
(a) $\tan^{-1}\frac{1}{2} + \tan^{-1}\frac{1}{3} = \frac{\pi}{4}$
(b) $2\tan^{-1}\frac{1}{3} + \tan^{-1}\frac{1}{7} = \frac{\pi}{4}$.

62. Obtenir l'identité (16) à l'aide des identités (9) et (12).

✔ VÉRIFICATION EXPRESS 1.5 – RÉPONSES

1. (a) non bijective (b) non bijective (c) bijective **2.** $\sqrt[3]{x} - 1$ **3.** (-2; 3); (2; -3) **4.** (a) $-\frac{\pi}{2}$ (b) $\frac{\pi}{4}$ (c) $\frac{\pi}{3}$ (d) $\frac{\pi}{3}$ (e) $\frac{2\pi}{3}$ **5.** (a) $\frac{\pi}{7}$ (b) $\frac{2\pi}{7}$ (c) $\frac{\pi}{6}$ (d) $\frac{2\pi}{7}$

1.6 FONCTIONS EXPONENTIELLES ET LOGARITHMIQUES

L'introduction des logarithmes comme outil mathématique de calcul au 17ᵉ siècle a permis aux scientifiques de l'époque de calculer des puissances qu'il aurait été inimaginable de déterminer auparavant. Bien que les calculatrices et les ordinateurs aient aujourd'hui remplacé les tables de logarithmes pour exécuter des calculs numériques, les fonctions logarithmiques s'insèrent toujours dans un large éventail d'applications en mathématiques et en sciences. Dans cette section, nous allons revoir quelques-unes des propriétés des exposants et des logarithmes et nous mettrons à profit nos connaissances sur les fonctions inverses pour établir des théorèmes qui concernent les fonctions exponentielles et logarithmiques.

EXPOSANTS IRRATIONNELS

Rappelons qu'en algèbre, si b est un nombre réel non nul, alors les puissances *entières* non nulles de b sont définies par

$$b^n = \underbrace{b \times b \times \cdots \times b}_{n \text{ facteurs}} \quad \text{et} \quad b^{-n} = \frac{1}{b^n}$$

et si $n = 0$, alors $b^0 = 1$. Par ailleurs, si $\frac{p}{q}$ est un nombre *rationnel* positif dans sa plus simple expression, alors

$$b^{\frac{p}{q}} = \sqrt[q]{b^p} = (\sqrt[q]{b})^p \quad \text{et} \quad b^{-\frac{p}{q}} = \frac{1}{b^{\frac{p}{q}}}$$

Si b est négatif, alors certaines puissances fractionnaires de b auront des valeurs imaginaires – la quantité $(-2)^{\frac{1}{2}} = \sqrt{-2}$, par exemple. Pour éviter de tels cas, nous allons supposer en tout temps dans cette section que $b > 0$, même lorsque cela n'est pas précisé.

Il existe différentes façons de définir des puissances *irrationnelles* telles que

$$2^{\pi}, \quad 3^{\sqrt{2}}, \quad \pi^{-\sqrt{7}}$$

L'une d'elle consiste à définir les puissances irrationnelles de b par le biais d'approximations successives, en utilisant des puissances rationnelles de b. Par exemple, pour définir 2^{π}, considérons la représentation décimale de π :

$$3,1415926\ldots$$

Partant de ce nombre, on peut écrire une séquence de nombres rationnels qui se rapprochent de plus en plus de π, à savoir

$$3,1, \quad 3,14, \quad 3,141, \quad 3,1415, \quad 3,14159$$

et de ces nombres, on peut écrire une séquence de puissances *rationnelles* de 2 :

$$2^{3,1}, \quad 2^{3,14}, \quad 2^{3,141}, \quad 2^{3,1415}, \quad 2^{3,14159}$$

Tableau 1.6.1

x	2^x
3	8,000000
3,1	8,574188
3,14	8,815241
3,141	8,821353
3,1415	8,824411
3,14159	8,824962
3,141592	8,824974
3,1415926	8,824977

Puisque les exposants des termes de cette séquence de nombres rationnels se rapprochent successivement de π, il est raisonnable de penser que les termes eux-mêmes se rapprocheront petit à petit d'un certain nombre. C'est ce nombre qui définit 2^{π}, tel qu'illustré au tableau 1.6.1, qui a été produit à l'aide d'une calculatrice. D'après le tableau, 2^{π} vaut, à quatre décimales près :

$$2^{\pi} \approx 8,8250 \qquad (1)$$

TECHNOLOGIE

Utilisez une calculatrice ou un logiciel de calcul formel pour vérifier les données du tableau 1.6.1 et validez ensuite (1) en calculant directement 2^{π}.

Considérant ainsi les puissances irrationnelles, nous observons sans le démontrer que les lois habituelles des exposants s'appliquent à toute valeur réelle de p et q, soit

$$b^p b^q = b^{p+q}, \quad \frac{b^p}{b^q} = b^{p-q}, \quad (b^p)^q = b^{pq}$$

FAMILLE DES FONCTIONS EXPONENTIELLES

Une fonction f telle que $f(x) = b^x$ où $b > 0$ est appelée ***fonction exponentielle de base b***. En voici quelques exemples :

$$f(x) = 2^x, \quad f(x) = \left(\tfrac{1}{2}\right)^x, \quad f(x) = \pi^x$$

Notez qu'une fonction exponentielle a une base constante et un exposant variable. Ainsi, les fonctions f telles que $f(x) = x^2$ et $f(x) = x^{\pi}$ ne sont *pas* des fonctions exponentielles parce qu'elles ont une base variable et un exposant constant.

La courbe de $y = b^x$ prend l'une des trois formes générales données à la figure 1.6.1, selon la valeur de b. Notez que dans cette figure, la valeur de b^x augmente lorsque x augmente si $b > 1$, elle diminue lorsque x augmente si $0 < b < 1$ et elle est constante lorsque $b = 1$. Toutes les courbes passent par le point (0; 1) parce que $b^0 = 1$.

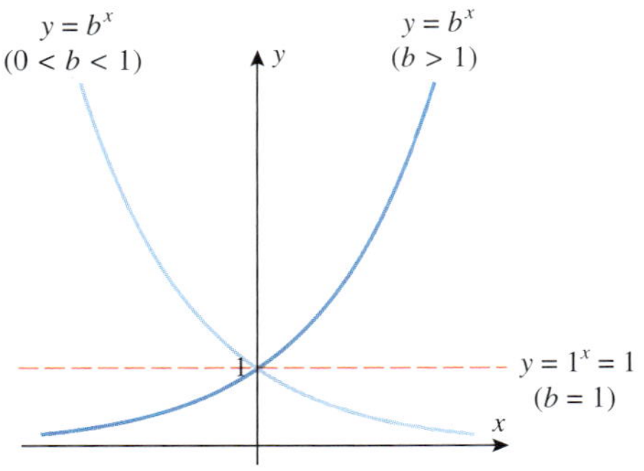

Figure 1.6.1

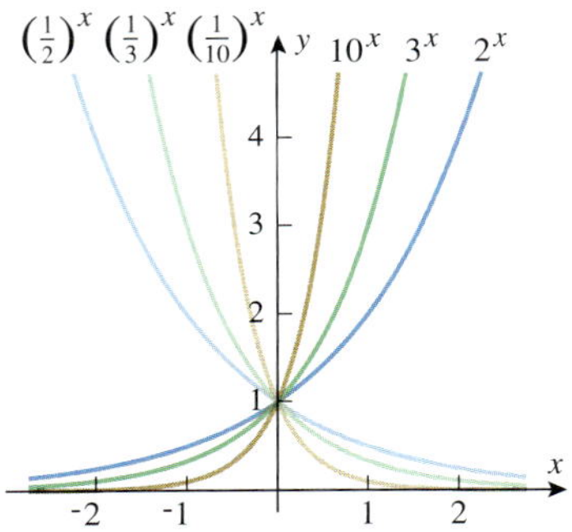

Figure 1.6.2 La famille $y = b^x (b > 0)$

Si $b > 1$, alors en parcourant la courbe de $y = b^x$ de gauche à droite, les valeurs de b^x augmentent indéfiniment, alors que si l'on parcourt la courbe de droite à gauche, les valeurs de b^x diminuent et tendent vers zéro sans jamais l'atteindre. De même, lorsque $0 < b < 1$, en parcourant le graphique de gauche à droite, les valeurs de b^x diminuent en tendant vers zéro sans jamais l'atteindre, alors qu'en parcourant le graphique de droite à gauche, les valeurs de b^x augmentent indéfiniment.

La figure 1.6.2 montre les courbes de quelques membres représentatifs de la famille des fonctions exponentielles. On y voit que la courbe de $y = \left(\frac{1}{b}\right)^x$ est la réflexion de celle de $y = b^x$ par rapport à l'axe des y. En effet, si l'on remplace x par $-x$ dans l'équation $y = b^x$, on obtient

$$y = b^{-x} = \left(\frac{1}{b}\right)^x$$

La figure indique également que pour $b > 1$, plus la base est élevée, plus la fonction $f(x) = b^x$ augmente rapidement lorsque $x > 0$.

Si $b > 0$, alors $f(x) = b^x$ est défini et prend une valeur réelle pour toute valeur réelle de x, de sorte que le domaine naturel de toutes les fonctions exponentielles est $]-\infty; +\infty[$. Si $b > 0$ et $b \neq 1$, alors tel que vu plus tôt, la courbe de $y = b^x$ augmente indéfiniment dans un sens, tandis qu'elle diminue et tend vers zéro, sans jamais l'atteindre, dans le sens opposé. Il s'ensuit que l'image de $f(x) = b^x$ est $]0; +\infty[$*.

▶ **Exemple 1** Tracer la courbe de la fonction $f(x) = 1 - 2^x$ et déterminer le domaine et l'image de cette fonction.

Solution. Considérons d'abord la courbe de $y = 2^x$. Réfléchissons-la de l'autre côté de l'axe des x pour obtenir $y = -2^x$; décalons ensuite la courbe vers le haut de 1 unité pour obtenir la courbe de $y = 1 - 2^x$ (figure 1.6.3). La ligne en pointillé du troisième graphique

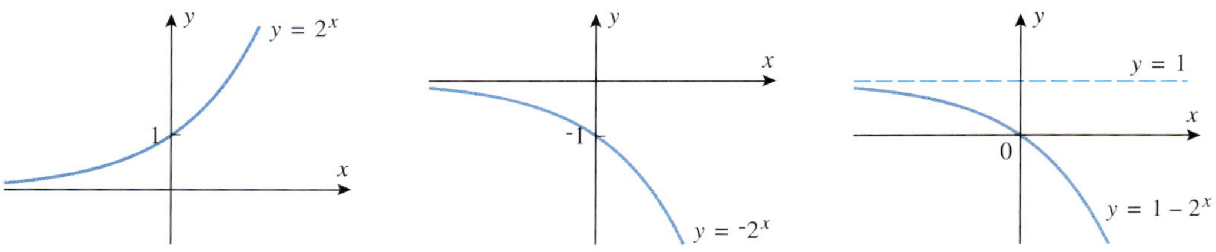

Figure 1.6.3

*Nous acceptons, sans le démontrer, que la courbe de $y = b^x$ est sans brisures, sans discontinuité et sans trous.

de la figure 1.6.3 est une asymptote horizontale. Vous devriez normalement pouvoir déduire de ce graphique que le domaine de f est $]-\infty; +\infty[$ et l'image, $]-\infty; 1[$. ◄

La lettre e a été choisie en l'honneur du mathématicien suisse Leonhard Euler (voir sa biographie à la page 3), qui est réputé avoir reconnu l'importance de cette constante en mathématiques.

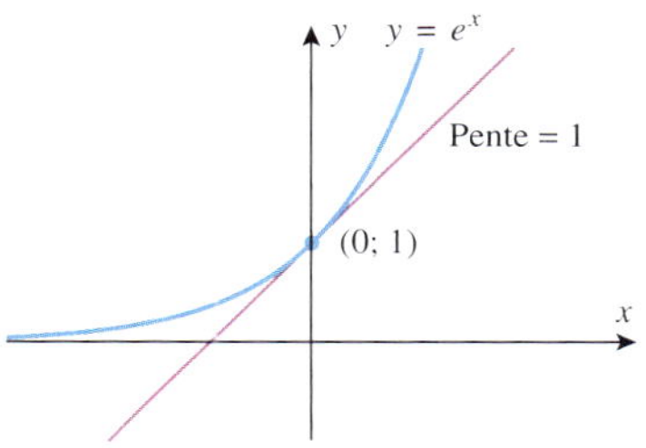

Figure 1.6.4 La pente de la tangente à la courbe $y = e^x$ au point (0; 1) est égale à 1.

FONCTION EXPONENTIELLE NATURELLE

Parmi toutes les bases possibles des fonctions exponentielles, l'une d'entre elles joue un rôle particulièrement important en calcul différentiel. Cette base, notée e, est un nombre irrationnel particulier dont la valeur à six décimales près est

$$e \approx 2{,}718282 \tag{2}$$

Cette base est importante en calcul différentiel parce que, comme nous le démontrerons plus loin, $b = e$ est la seule base dont la pente de la tangente* à la courbe $y = b^x$ est égale, en tout point P de la courbe, à la coordonnée y en P. Ainsi, par exemple, la pente de la tangente à $y = e^x$ au point (0; 1) est égale à 1 (figure 1.6.4).

La fonction f définie par $f(x) = e^x$ est la ***fonction exponentielle naturelle***. Étant donné que le nombre e est compris entre 2 et 3, la courbe de $y = e^x$ se situe entre celles de $y = 2^x$ et $y = 3^x$ (figure 1.6.5). Afin de simplifier la typographie, la fonction exponentielle naturelle est parfois notée $\exp(x)$ et dans cette notation, la relation $e^{x_1+x_2} = e^{x_1}e^{x_2}$ aurait pour expression

$$\exp(x_1 + x_2) = \exp(x_1)\exp(x_2)$$

TECHNOLOGIE

Votre outil technologique devrait afficher des touches ou des commandes qui donnent la valeur approximative de e et qui permettent de tracer la courbe de la fonction exponentielle naturelle. Consultez la documentation fournie pour apprendre à faire ces opérations et utilisez ensuite votre calculatrice ou votre logiciel pour confirmer (2) et pour produire les courbes de la figure 1.6.5.

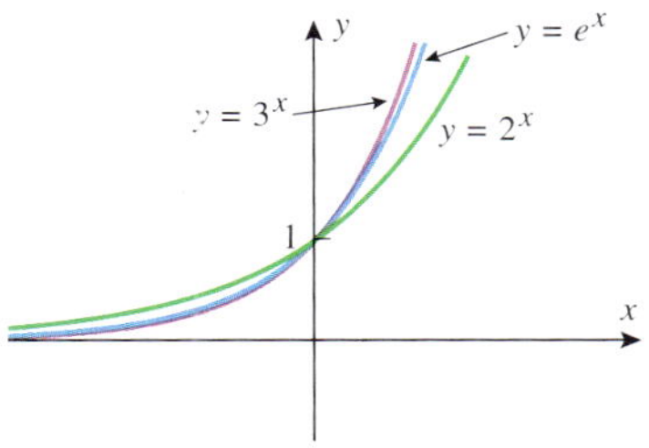

Figure 1.6.5

La constante e apparaît également lorsqu'on trace la courbe de l'équation

$$y = \left(1 + \frac{1}{x}\right)^x \tag{3}$$

Comme on le voit à la figure 1.6.6, $y = e$ est l'asymptote horizontale de cette courbe. En conséquence, pour connaître la valeur de e au degré de précision désiré, il suffit d'évaluer l'équation (3) pour des valeurs absolues de x suffisamment grandes (tableau 1.6.2).

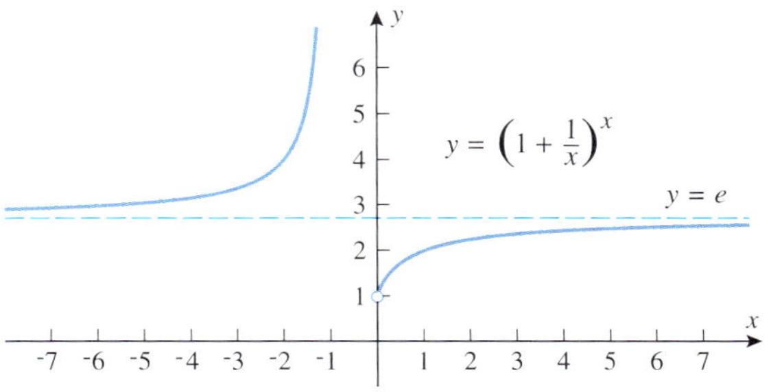

Figure 1.6.6

Tableau 1.6.2

APPROXIMATIONS DE e PAR $\left(1 + \frac{1}{x}\right)^x$ POUR DES VALEURS CROISSANTES DE x

x	$1 + \frac{1}{x}$	$\left(1 + \frac{1}{x}\right)^x$
1	2	≈ 2,000000
10	1,1	2,593742
100	1,01	2,704814
1000	1,001	2,716924
10 000	1,0001	2,718146
100 000	1,00001	2,718268
1 000 000	1,000001	2,718280

* La définition précise d'une tangente sera donnée plus loin. Pour l'instant, la notion intuitive que vous en avez suffit.

FONCTIONS LOGARITHMIQUES

Rappelons que, d'un point de vue algébrique, un logarithme est un exposant. Plus exactement, si $b > 0$ et $b \neq 1$, alors pour une valeur positive de x, l'expression

$$\log_b x$$

(lire le « logarithme en base b de x ») représente l'exposant qui doit être attribué à b pour obtenir x. Ainsi, par exemple,

$$\log_{10} 100 = 2, \quad \log_{10}\left(\tfrac{1}{1000}\right) = -3, \quad \log_2 16 = 4, \quad \log_b 1 = 0, \quad \log_b b = 1$$

$10^2 = 100$ | $10^{-3} = \frac{1}{1000}$ | $2^4 = 16$ | $b^0 = 1$ | $b^1 = b$

On écrit souvent les logarithmes en base 10, c'est-à-dire les logarithmes décimaux, sans préciser la base. Ainsi, la notation (. . .) signifie habituellement (. . .). Autrefois, on appelait ces logarithmes *logarithmes vulgaires*.

On appelle la fonction f définie par $f(x) = \log_b x$ la ***fonction logarithmique de base b.*** Les fonctions logarithmiques peuvent être vues comme des inverses de fonctions exponentielles. Pour mieux saisir, examinez la figure 1.6.1 et vous constaterez que si $b > 0$ et $b \neq 1$, alors la courbe de $f(x) = b^x$ réussit le test de la droite horizontale et il existe une fonction inverse de b^x. On trouve une expression de cet inverse, avec x comme variable indépendante, en transformant l'équation

$$x = b^y$$

pour exprimer y en fonction de x. Or, par cette équation, y est le logarithme en base b de x et l'on peut écrire

$$y = \log_b x$$

Nous avons donc établi le théorème qui suit :

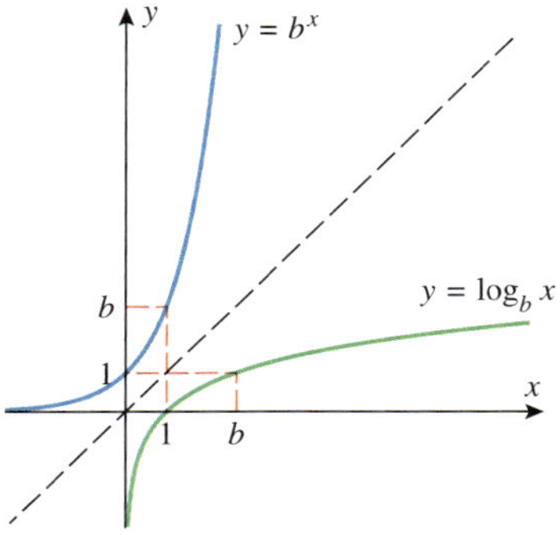

Figure 1.6.7 Les fonctions b^x et $\log_b x$ sont des inverses (ou des réciproques).

1.6.1 THÉORÈME. *Si $b > 0$ et $b \neq 1$, alors b^x et $\log_b x$ sont des fonctions inverses.*

Il découle de ce théorème que les courbes de $y = b^x$ et $y = \log_b x$ sont la réflexion l'une de l'autre par rapport à la droite $y = x$ (la figure 1.6.7 illustre le cas où $b > 1$). La figure 1.6.8 présente les courbes de $y = \log_b x$ pour différentes valeurs de b. Notez qu'elles passent toutes par le point (1; 0).

En pratique, les logarithmes en base e sont les plus utiles. Ils sont appelés ***logarithmes naturels*** parce que la fonction $\log_e x$ est l'inverse de la fonction exponentielle naturelle e^x. Le logarithme naturel de x est noté $\ln x$ (lire « 'l' 'n' de x ») plutôt que $\log_e x$. Par exemple,

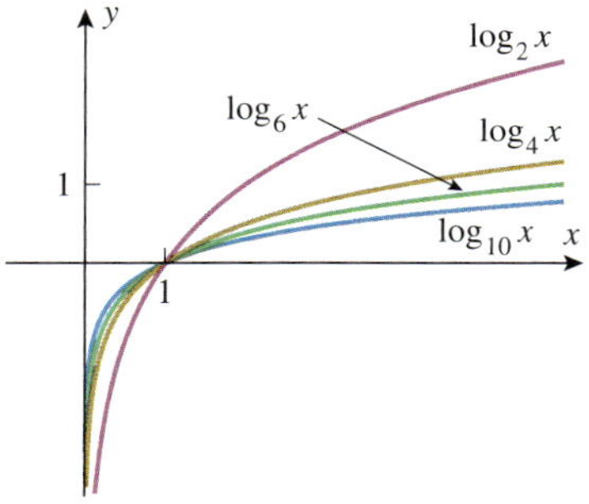

Figure 1.6.8 La famille $y = \log_b x$ $(b > 1)$

$$\ln 1 = 0, \quad \ln e = 1, \quad \ln \tfrac{1}{e} = -1, \quad \ln(e^2) = 2$$

puisque $e^0 = 1$ | puisque $e^1 = e$ | puisque $e^{-1} = \frac{1}{e}$ | puisque $e^2 = e^2$

Plus généralement,

$$y = \ln x \quad \text{si et seulement si} \quad x = e^y$$

La relation inverse entre b^x et $\log_b x$ établit une correspondance entre quelques-unes des propriétés fondamentales de ces fonctions (tableau 1.6.3).

Tableau 1.6.3

CORRESPONDANCE ENTRE LES PROPRIÉTÉS DES FONCTIONS EXPONENTIELLES ET LOGARITHMIQUES

PROPRIÉTÉS DE b^x	PROPRIÉTÉS DE $\log_b x$
$b^0 = 1$	$\log_b 1 = 0$
$b^1 = b$	$\log_b b = 1$
L'image est]0; +∞[	Le domaine est]0; +∞[
Le domaine est]-∞; +∞[	L'image est]-∞; +∞[

TECHNOLOGIE

À l'aide d'un outil graphique, produire les courbes de $y = \ln x$ et $y = \log x$.

Il découle également de la composition des fonctions inverses [voir les équations (3) à la section 1.5] que

$$\begin{aligned} \log_b(b^x) &= x \quad \text{pour toute valeur réelle de } x \\ b^{\log_b x} &= x \quad \text{pour } x > 0 \end{aligned} \tag{4}$$

Dans le cas particulier où $b = e$, ces égalités deviennent

$$\begin{aligned} \ln(e^x) &= x \quad \text{pour toute valeur réelle de } x \\ e^{\ln x} &= x \quad \text{pour } x > 0 \end{aligned} \tag{5}$$

Autrement dit, lorsqu'on compose les fonctions b^x et $\log_b x$ dans un sens ou l'autre, cela nous ramène au point de départ; par exemple,

$$\log 10^x = x, \quad 10^{\log x} = x, \quad \ln e^x = x, \quad e^{\ln x} = x, \quad \ln e^5 = 5, \quad e^{\ln \pi} = \pi$$

SOLUTIONS DES ÉQUATIONS CONTENANT DES EXPOSANTS ET DES LOGARITHMES

Vous devriez normalement déjà connaître les propriétés suivantes des logarithmes :

1.6.2 THÉORÈME ***(Propriétés algébriques des logarithmes).*** *Si $b > 0, b \neq 1$, $a > 0, c > 0$ et r est un nombre réel quelconque, alors*

(a) $\log_b(ac) = \log_b a + \log_b c$ — Propriété du produit

(b) $\log_b\left(\frac{a}{c}\right) = \log_b a - \log_b c$ — Propriété du quotient

(c) $\log_b(a^r) = r \log_b a$ — Propriété de la puissance

(d) $\log_b\left(\frac{1}{c}\right) = -\log_b c$ — Propriété de l'inverse multiplicatif

Ces propriétés servent souvent à développer un logarithme simple en sommes, différences et multiples d'autres logarithmes et, inversement, à condenser en un seul logarithme des sommes, des différences et des multiples de logarithmes. Par exemple,

Les expressions de la forme $\log_b(u + v)$ et $\log_b(u - v)$ n'ont pas de règles de simplification. En particulier,

$$\log_b(u + v) \neq \log_b(u) + \log_b(v)$$
$$\log_b(u - v) \neq \log_b(u) - \log_b(v)$$

$$\log \frac{xy^5}{\sqrt{z}} = \log xy^5 - \log \sqrt{z} = \log x + \log y^5 - \log z^{\frac{1}{2}} = \log x + 5 \log y - \tfrac{1}{2} \log z$$

$$5 \log 2 + \log 3 - \log 8 = \log 32 + \log 3 - \log 8 = \log \frac{32 \cdot 3}{8} = \log 12$$

$$\tfrac{1}{3} \ln x - \ln(x^2 - 1) + 2 \ln(x + 3) = \ln x^{\frac{1}{3}} - \ln(x^2 - 1) + \ln(x + 3)^2 = \ln \frac{\sqrt[3]{x}(x + 3)^2}{x^2 - 1}$$

La relation inverse entre les fonctions logarithmiques et exponentielles permet d'écrire des équivalences utiles pour résoudre des équations qui contiennent des exposants et des logarithmes naturels; on a

$$y = e^x \text{ est équivalent à } x = \ln y \text{ si } y > 0 \text{ et } x \text{ est un nombre réel quelconque.} \tag{6}$$

Plus généralement, si $b > 0$ et $b \neq 1$, alors

$$y = b^x \text{ est équivalent à } x = \log_b y \text{ si } y > 0 \text{ et } x \text{ est un nombre réel quelconque.} \tag{7}$$

On peut isoler x d'une équation de la forme $\log_b x = k$ en la récrivant sous sa forme exponentielle $x = b^k$ et d'une équation de la forme $b^x = k$, en la récrivant sous une forme logarithmique $x = \log_b k$. On peut aussi isoler x de $b^x = k$ en prenant *n'importe quel* logarithme (habituellement log ou ln) de chaque membre et en appliquant la partie (c) du théorème 1.6.2. Ces propos sont illustrés dans l'exemple qui suit.

▶ **Exemple 2** Trouver x tel que

(a) $\log x = \sqrt{2}$ (b) $\ln(x+1) = 5$ (c) $5^x = 7$

Solution (a). Convertissons l'équation sous sa forme exponentielle; on a

$$x = 10^{\sqrt{2}} \approx 25{,}95$$

Solution (b). Convertissons l'équation sous sa forme exponentielle; on a

$$x + 1 = e^5 \quad \text{d'où} \quad x = e^5 - 1 \approx 147{,}41$$

Solution (c). Prenons le logarithme naturel de chaque membre et appliquons la propriété des puissances des logarithmes; on trouve

$$x \ln 5 = \ln 7 \quad \text{d'où} \quad x = \frac{\ln 7}{\ln 5} \approx 1{,}21$$ ◀

▶ **Exemple 3** Un satellite dont le fonctionnement à pleine capacité exige 7 watts de puissance est équipé d'un générateur thermoélectrique à radioisotope dont la puissance de sortie P, en watts, est donnée par l'équation

$$P = 75e^{-\frac{t}{125}}$$

où t représente le temps d'utilisation en jours. Combien de temps le satellite peut-il fonctionner à pleine capacité?

Solution. La puissance P tombera à 7 watts lorsque

$$7 = 75e^{-\frac{t}{125}}$$

On trouve t comme suit :

$$\frac{7}{75} = e^{-\frac{t}{125}}$$

$$\ln\left(\frac{7}{75}\right) = \ln(e^{-\frac{t}{125}})$$

$$\ln\left(\frac{7}{75}\right) = -\frac{t}{125}$$

$$t = -125 \ln\left(\frac{7}{75}\right) \approx 296{,}4$$

Le satellite peut donc opérer à pleine capacité pendant environ 296 jours. ◀

Voyons maintenant un exemple algébriquement plus subtil.

▶ **Exemple 4** Déterminer x si $\dfrac{e^x - e^{-x}}{2} = 1$.

Solution. Multiplions par 2 chaque membre de l'équation; on obtient

$$e^x - e^{-x} = 2$$

ou, de manière équivalente,

$$e^x - \frac{1}{e^x} = 2$$

Multiplions maintenant l'équation par e^x ; on obtient

$$e^{2x} - 1 = 2e^x \quad \text{d'où} \quad e^{2x} - 2e^x - 1 = 0$$

Il s'agit d'une équation quadratique en e^x qui se révèle comme suit :

$$\left(e^x\right)^2 - 2e^x - 1 = 0$$

En posant $u = e^x$, on obtient

$$u^2 - 2u - 1 = 0$$

Trouvons maintenant u en appliquant la formule quadratique :

$$u = \frac{2 \pm \sqrt{4+4}}{2} = \frac{2 \pm \sqrt{8}}{2} = 1 \pm \sqrt{2}$$

Et puisque $u = e^x$,

$$e^x = 1 \pm \sqrt{2}$$

Mais e^x ne peut être négatif, on élimine donc la valeur négative $1 - \sqrt{2}$; on a alors

$$\begin{aligned} e^x &= 1 + \sqrt{2} \\ \ln e^x &= \ln(1 + \sqrt{2}) \\ x &= \ln(1 + \sqrt{2}) \approx 0{,}881 \end{aligned}$$ ◄

CHANGEMENT DE BASE DES LOGARITHMES

La plupart des calculatrices scientifiques ont des touches pour les logarithmes décimaux et les logarithmes naturels, mais elles n'en ont pas pour les logarithmes des autres bases. La difficulté est toutefois facile à contourner parce qu'il est possible d'exprimer un logarithme d'une base quelconque en termes de logarithmes de n'importe quelle autre base (exercice 40). Par exemple, l'équation ci-dessous exprime un logarithme en base b en termes de logarithmes naturels :

$$\log_b x = \frac{\ln x}{\ln b} \tag{8}$$

On peut obtenir cette équation en posant $y = \log_b x$, que l'on récrit sous la forme $b^y = x$. En prenant le logarithme naturel de chaque côté de cette équation, on obtient $y \ln b = \ln x$, dont découle (8).

► **Exemple 5** Utiliser un outil de calcul pour évaluer $\log_2 5$ en exprimant ce logarithme en termes de logarithme naturel.

Solution. L'équation (8) permet d'écrire

$$\log_2 5 = \frac{\ln 5}{\ln 2} \approx 2{,}321\ 928$$ ◄

ÉCHELLES LOGARITHMIQUES UTILISÉES EN SCIENCES ET EN GÉNIE

Les scientifiques et les ingénieurs recourent aux logarithmes pour représenter les quantités dont les unités varient dans un très large éventail de valeurs. Par exemple, on mesure le volume sonore par son ***intensité*** I (en watts par m^2), dont la valeur dépend de l'énergie transmise par l'onde sonore – plus l'intensité est élevée, plus la quantité d'énergie transmise est grande et plus le son paraît fort à l'oreille humaine. Cependant, les unités d'intensité ne sont pas très pratiques parce qu'elles s'étendent sur un éventail de valeurs extrêmement large. Par exemple, au seuil de l'audition humaine, l'intensité est de l'ordre de 10^{-12} W/m^2;

un faible chuchotement est 100 fois plus intense que ce seuil et le son d'un moteur d'avion à réaction atteint, à 50 m de distance de l'appareil, environ 10 000 000 000 000 = 10^{13} fois ce seuil d'audition. Voyons comment l'utilisation des logarithmes réduit l'étendue des valeurs : si

$$y = \log x$$

alors en multipliant x par un *facteur* 10, on *ajoute* 1 unité à y étant donné que

$$\log 10x = \log 10 + \log x = 1 + y$$

Les physiciens et les ingénieurs exploitent cette propriété en mesurant le volume sonore en termes de ***niveau sonore*** β, défini par

$$\beta = 10 \log\left(\frac{I}{I_0}\right)$$

où $I_0 = 10^{-12}$ W/m² est l'intensité de référence proche du seuil d'audition humain. Les unités de β sont les ***décibels*** (dB), nommés ainsi en l'honneur de l'inventeur du téléphone Alexander Graham Bell. Avec cette échelle de mesure, *multiplier* l'intensité I par un facteur 10 *ajoute* 10 dB au niveau sonore β (vérifiez-le). Cette échelle est donc plus maniable que l'intensité pour traiter les mesures du volume sonore (tableau 1.6.4). D'autres échelles logarithmiques sont couramment utilisées, notamment l'***échelle Richter***, qui donne la mesure de l'intensité des tremblements de terre et l'***échelle de* pH**, que les chimistes utilisent pour l'acidité. Nous reviendrons à ces deux échelles dans les exercices.

Tableau 1.6.4

β (dB)	$\frac{I}{I_0}$
0	$10^0 = 1$
10	$10^1 = 10$
20	$10^2 = 100$
30	$10^3 = 1000$
40	$10^4 = 10\,000$
50	$10^5 = 100\,000$
⋮	⋮
120	$10^{12} = 1\,000\,000\,000\,000$

Peter Townsend du groupe The Who a subi une perte auditive permanente pour avoir été exposé au nombre de décibels élevé produits par la musique de son groupe.

▶ **Exemple 6** En 1976, le groupe rock The Who établissait à 120 dB le record du nombre de décibels le plus élevé en concert. À des fins de comparaison, un marteau-piqueur placé sur la scène avec le groupe aurait produit un niveau sonore de 92 dB. Déterminer le rapport entre l'intensité sonore de la musique du groupe The Who et celle d'un marteau-piqueur.

Solution. Posons I_1 et β_1 (120 dB), l'intensité et le niveau sonore de The Who et I_2 et β_2 (92 dB), l'intensité et le niveau sonore du marteau-piqueur. On a alors

$$\frac{I_1}{I_2} = \frac{\left(\frac{I_1}{I_0}\right)}{\left(\frac{I_2}{I_0}\right)}$$

$$\log\left(\frac{I_1}{I_2}\right) = \log\left(\frac{I_1}{I_0}\right) - \log\left(\frac{I_2}{I_0}\right)$$

$$10\log\left(\frac{I_1}{I_2}\right) = 10\log\left(\frac{I_1}{I_0}\right) - 10\log\left(\frac{I_2}{I_0}\right)$$

$$10\log\left(\frac{I_1}{I_2}\right) = \beta_1 - \beta_2 = 120 - 92 = 28$$

$$\log\left(\frac{I_1}{I_2}\right) = 2{,}8$$

Ainsi, $\frac{I_1}{I_2} = 10^{2,8} \approx 631$, ce qui signifie que l'intensité sonore de The Who était 630 fois plus élevée que celle d'un marteau-piqueur! ◀

CROISSANCE EXPONENTIELLE ET CROISSANCE LOGARITHMIQUE

Il vaut la peine d'examiner le schéma de croissance de e^x et de $\ln x$ (tableau 1.6.5). Les deux fonctions augmentent lorsque x augmente, mais leur croissance est très différente – la valeur de e^x augmente à une vitesse folle, alors que celle de $\ln x$ monte à pas de tortue. Par exemple, à $x = 10$, e^x vaut plus de 22 000, mais à $x = 1000$, $\ln x$ est encore inférieur à 7.

Tableau 1.6.5

x	e^x	$\ln x$
1	2,72	0,00
2	7,39	0,69
3	20,09	1,10
4	54,60	1,39
5	148,41	1,61
6	403,43	1,79
7	1 096,63	1,95
8	2 980,96	2,08
9	8 103,08	2,20
10	22 026,47	2,30
100	$2{,}69 \times 10^{43}$	4,61
1000	$1{,}97 \times 10^{434}$	6,91

On dit d'une fonction f qu'elle ***augmente indéfiniment*** lorsque x augmente si les valeurs de $f(x)$ finissent par dépasser tout nombre positif donné M (peu importe sa taille) lorsque x augmente indéfiniment. Le tableau 1.6.5 suggère fortement que $f(x) = e^x$ augmente indéfiniment, d'autant plus que l'image de cette fonction est $]0; +\infty[$. Choisissons un nombre positif M et l'on aura $e^x = M$ lorsque $x = \ln M$; puisque e^x augmente lorsque x augmente (figure 1.6.9), on aura

$$e^x > M \quad \text{si} \quad x > \ln M$$

Le tableau 1.6.5 ne permet pas de conclure si $\ln x$ augmente indéfiniment lorsque x augmente parce que les valeurs augmentent très lentement; cependant, nous savons que c'est le cas parce que l'image de la fonction est $]-\infty; +\infty[$. D'un point de vue algébrique, considérons un nombre positif M et l'on aura $\ln x = M$ lorsque $x = e^M$; puisque les valeurs de $\ln x$ augmentent lorsque x augmente (figure 1.6.10), nous aurons

$$\ln x > M \quad \text{si} \quad x > e^M$$

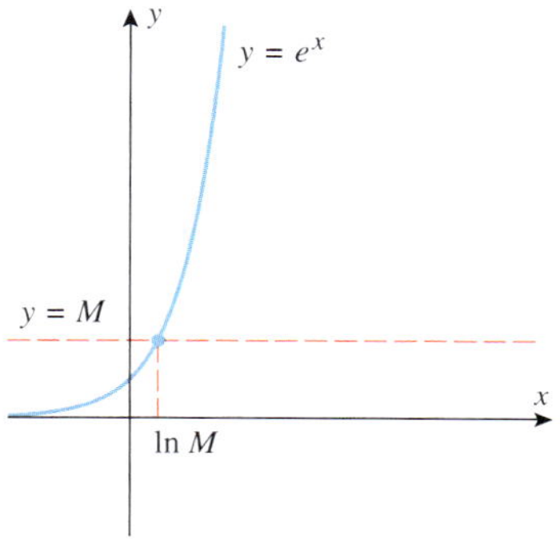

Figure 1.6.9 La valeur de $y = e^x$ dépasse la valeur positive arbitraire M lorsque $x > \ln M$.

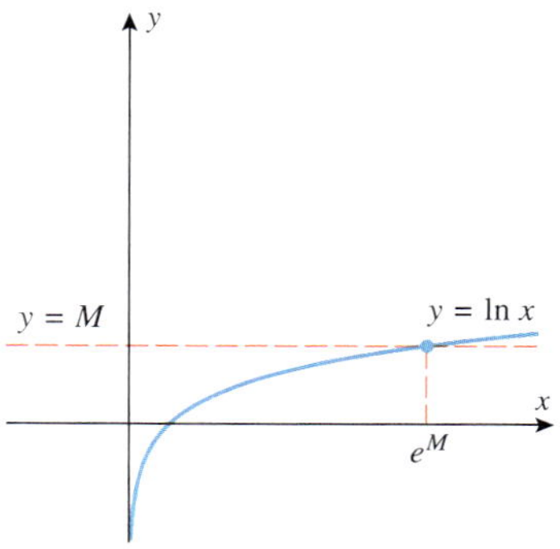

Figure 1.6.10 La valeur de $y = \ln x$ dépasse la valeur positive arbitraire M lorsque $x > e^M$.

✔ VÉRIFICATION EXPRESS 1.6 *(Réponses à la page 80.)*

1. La fonction $y = \left(\frac{1}{2}\right)^x$ a pour domaine ________ et pour image ________.

2. La fonction $y = \ln(1 - x)$ a pour domaine ________ et pour image ________.

3. Exprimer en puissance de 4 :
(a) 1 (b) 2 (c) $\frac{1}{16}$ (d) $\sqrt{8}$ (e) 5

4. Trouver la valeur de x dans chacune des équations suivantes :
(a) $e^x = \frac{1}{2}$ (b) $10^{3x} = 1\,000\,000$
(c) $7e^{3x} = 56$

5. Trouver la valeur de x dans chacune des équations suivantes :
(a) $\ln x = 3$ (b) $\log(x - 1) = 2$
(c) $2 \log x - \log(x + 1) = \log 4 - \log 3$

SÉRIE D'EXERCICES 1.6 Outil graphique

1–2 Simplifier l'expression sans l'aide d'un outil de calcul.

1. (a) $-8^{\frac{2}{3}}$ (b) $(-8)^{\frac{2}{3}}$ (c) $8^{-\frac{2}{3}}$

2. (a) 2^{-4} (b) $4^{1,5}$ (c) $9^{-0,5}$

3–4 Déterminer la valeur approximative des expressions à l'aide d'un outil de calcul. Arrondir à quatre décimales près.

3. (a) $2^{1,57}$ (b) $5^{-2,1}$

4. (a) $\sqrt[5]{24}$ (b) $\sqrt[8]{0,6}$

5–6 Trouver la valeur exacte de l'expression sans l'aide d'un outil de calcul.

5. (a) $\log_2 16$ (b) $\log_2 \left(\frac{1}{32}\right)$
(c) $\log_4 4$ (d) $\log_9 3$

6. (a) $\log_{10}(0,001)$ (b) $\log_{10}(10^4)$
(c) $\ln(e^3)$ (d) $\ln(\sqrt{e})$

7–8 Évaluer les expressions à l'aide d'un outil de calcul. Arrondir à quatre décimales près.

7. (a) $\log 23{,}2$ (b) $\ln 0{,}74$

8. (a) $\log 0{,}3$ (b) $\ln \pi$

9–10 Utiliser les propriétés des logarithmes (théorème 1.6.2) pour récrire l'expression en termes de r, s et t, où $r = \ln a$, $s = \ln b$ et $t = \ln c$.

9. (a) $\ln a^2\sqrt{bc}$ (b) $\ln \dfrac{b}{a^3c}$

10. (a) $\ln \dfrac{\sqrt[3]{c}}{ab}$ (b) $\ln \sqrt{\dfrac{ab^3}{c^2}}$

11–12 Développer le logarithme en termes de sommes, de différences et de multiples de logarithmes plus simples.

11. (a) $\log(10x\sqrt{x-3})$ (b) $\ln \dfrac{x^2 \sin^3 x}{\sqrt{x^2+1}}$

12. (a) $\log \dfrac{\sqrt[3]{x+2}}{\cos 5x}$ (b) $\ln \sqrt{\dfrac{x^2+1}{x^3+5}}$

13–15 Récrire l'expression sous la forme d'un seul logarithme.

13. $4\log 2 - \log 3 + \log 16$

14. $\frac{1}{2}\log x - 3\log(\sin 2x) + 2$

15. $2\ln(x+1) + \frac{1}{3}\ln x - \ln(\cos x)$

16–25 Trouver les solutions (x) de ces équations sans l'aide d'un outil de calcul.

16. $\log_{10}(1+x) = 3$

17. $\log_{10}(\sqrt{x}) = -1$

18. $\ln(x^2) = 4$

19. $\ln(\frac{1}{x}) = -2$

20. $\log_3(3^x) = 7$

21. $\log_5(5^{2x}) = 8$

22. $\log_{10} x^2 + \log_{10} x = 30$

23. $\log_{10} x^{\frac{3}{2}} - \log_{10}\sqrt{x} = 5$

24. $\ln 4x - 3\ln(x^2) = \ln 2$

25. $\ln(\frac{1}{x}) + \ln(2x^3) = \ln 3$

26–31 Trouver les solutions (x) de ces équations sans l'aide d'un outil de calcul. Utiliser le logarithme naturel chaque fois que vous avez besoin des logarithmes.

26. $3^x = 2$

27. $5^{-2x} = 3$

28. $3e^{-2x} = 5$

29. $2e^{3x} = 7$

30. $e^x - 2xe^x = 0$

31. $xe^{-x} + 2e^{-x} = 0$

32–33 Récrire l'équation donnée sous forme d'une équation quadratique en u, où $u = e^x$; solutionner ensuite ces équations.

32. $e^{2x} - e^x = 6$

33. $e^{-2x} - 3e^{-x} = -2$

JONGLONS AVEC LES CONCEPTS

34–36 Esquisser la courbe de l'équation, sans outil graphique.

34. (a) $y = 1 + \ln(x-2)$ (b) $y = 3 + e^{x-2}$

35. (a) $y = \left(\frac{1}{2}\right)^{x-1} - 1$ (b) $y = \ln|x|$

36. (a) $y = 1 - e^{-x+1}$ (b) $y = 3\ln\sqrt[3]{x-1}$

37. À l'aide d'un outil de calcul et de la formule de changement de base (8), évaluer $\log_2 7{,}35$ et $\log_5 0{,}6$, en arrondissant à la quatrième décimale.

38–39 Tracer ensemble les courbes de ces fonctions sur l'écran d'un outil graphique. [*Suggestion :* Utiliser le changement de base (8) lorsque nécessaire.]

38. $\ln x,\ e^x,\ \log x,\ 10^x$

39. $\log_2 x,\ \ln x,\ \log_5 x,\ \log x$

40. (a) Déduire la formule générale du changement de base ci-dessous :

$$\log_b x = \frac{\log_a x}{\log_a b}$$

(b) Utiliser la formule donnée en (a) pour déterminer la valeur exacte de $(\log_2 81)(\log_3 32)$, sans outil de calcul.

41. À l'aide d'un outil graphique, estimer les coordonnées des deux points d'intersection des courbes $y = 1{,}3^x$ et $y = \log_{1{,}3} x$.

42. La dette publique D de nos voisins du Sud, en billions de dollars, a été modélisée selon $D = 0{,}051\ 517(1{,}1306\ 727)^x$, où x représente le nombre d'années écoulées depuis l'année 1900. Selon ce modèle, à quel moment la dette a-t-elle atteint un trillion de dollars pour la première fois?

JONGLONS AVEC LES CONCEPTS

43. (a) La courbe de la figure Ex-43 représente-t-elle une fonction exponentielle? Justifier votre réponse.

(b) Écrire l'équation d'une fonction exponentielle qui passe par le point (4; 2).

(c) Écrire l'équation d'une fonction exponentielle qui passe par le point $\left(2; \frac{1}{4}\right)$.

(d) À l'aide d'un outil graphique, produire la courbe d'une fonction exponentielle qui passe par (2; 5).

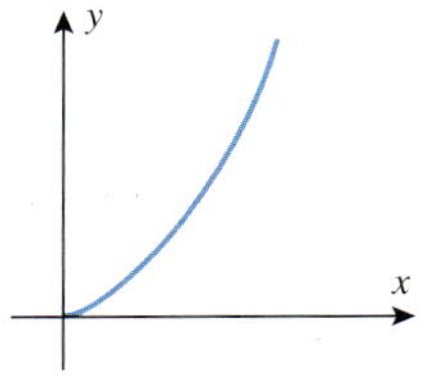

Figure Ex-43

44. (a) Prédire l'allure générale de la courbe de $y = \log(\log x)$ et tracer cette courbe et celle de $y = \log x$ sur le même graphique.
(b) Vérifier les courbes produites en (a) à l'aide d'un outil graphique.

45. Trouver l'erreur dans la preuve suivante, qui « démontre » que $\frac{1}{8} > \frac{1}{4}$. En multipliant les deux membres de l'inégalité $3 > 2$ par $\log \frac{1}{2}$, on obtient

$$3 \log \tfrac{1}{2} > 2 \log \tfrac{1}{2}$$
$$\log \left(\tfrac{1}{2}\right)^3 > \log \left(\tfrac{1}{2}\right)^2$$
$$\log \tfrac{1}{8} > \log \tfrac{1}{4}$$
$$\tfrac{1}{8} > \tfrac{1}{4}$$

46. Démontrer les quatre propriétés algébriques des logarithmes du théorème 1.6.2.

47. Si l'équipement du satellite de l'exemple 3 exige 15 watts pour fonctionner correctement, quelle est la durée de vie opérationnelle du bloc d'alimentation?

48. L'équation $Q = 12e^{-0{,}055t}$ donne la masse en grammes Q de potassium-42 radioactif qui demeure intacte après un temps t heures de désintégration radioactive.
(a) Quelle est la masse initiale (en grammes) de potassium-42 ?
(b) Quelle masse de potassium-42 reste-t-il après 4 heures?
(c) Combien de temps faudra-t-il pour que la masse initiale de potassium-42 radioactif ait diminué de moitié?

49. On mesure l'acidité d'une substance par son pH, dont la valeur est définie par

$$\text{pH} = -\log[H^+]$$

où le symbole $[H^+]$ représente la concentration en ions d'hydrogène, mesurée en moles/litre (mol/L). L'eau distillée a un pH de 7; une substance est *acide* si son pH > 7 et elle est *alcaline* ou *basique* si son pH < 7. Déterminer le pH de chacune des substances ci-dessous et préciser si elle est acide ou basique.

	SUBSTANCE	$[H^+]$
(a)	Sang artériel	$3{,}9 \times 10^{-8}$ mol/L
(b)	Tomates	$6{,}3 \times 10^{-5}$ mol/L
(c)	Lait	$4{,}0 \times 10^{-7}$ mol/L
(d)	Café	$1{,}2 \times 10^{-6}$ mol/L

50. Utiliser la définition du pH (exercice 49) pour évaluer la concentration $[H^+]$ d'une solution dont le pH est
(a) 2,44 (b) 8,06

51. Le volume sonore perçu β, en décibels (dB), dépend de l'intensité I, exprimée en watts par mètre carré (W/m^2), selon l'équation

$$\beta = 10 \log \left(\frac{I}{I_0}\right)$$

où $I_0 = 10^{-12}$ W/m^2. En moyenne, l'oreille subit des dommages à partir de 90 dB. Trouver le niveau de décibels de chacun des sons suivants et préciser s'ils risquent d'endommager l'ouïe.

	SON	I
(a)	Avion à réaction (à 150 m)	$1{,}0 \times 10^{2}$ W/m^2
(b)	Musique rock amplifiée	$1{,}0$ W/m^2
(c)	Broyeur à déchets	$1{,}0 \times 10^{-4}$ W/m^2
(d)	Téléviseur (volume moyen à 3 m)	$3{,}2 \times 10^{-5}$ W/m^2

52–54 Utiliser la définition du niveau sonore en décibels (voir exercice 51).

52. Si un son est trois fois plus intense qu'un autre, par quel facteur son niveau sonore en décibels est-il plus grand?

53. Selon une certaine source, le niveau de bruit à l'intérieur d'une automobile est d'environ 70 dB et celui d'un mélangeur électrique, environ 93 dB. Calculer le rapport de l'intensité du bruit du mélangeur à l'intensité perçue dans l'automobile.

54. Supposons qu'un écho a les $\frac{2}{3}$ de l'intensité du son original. Si chaque écho produit un nouvel écho, combien d'échos entendra-t-on à la suite d'un son de 120 dB, sachant que l'oreille humaine peut entendre des volumes sonores aussi faibles que 10 dB?

55. Sur l'échelle de Richter, la magnitude M d'un tremblement de terre est liée à l'énergie libérée E, en joules (J), selon l'équation

$$\log E = 4{,}4 + 1{,}5M$$

(a) Déterminer l'énergie E libérée par le tremblement de terre qui a eu lieu en 1906 à San Francisco, enregistré à $M = 8,2$ sur l'échelle de Richter.
(b) Si l'énergie libérée par un tremblement de terre est 10 fois plus élevée que l'énergie produite par une autre secousse, quelle est la différence de magnitude enregistrée sur l'échelle de Richter?

56. Si la magnitude de deux tremblements de terre diffère de 1 unité sur l'échelle de Richter, calculer le rapport entre les énergies libérées par les tremblements de terre, du plus intense au moins intense. [*Note :* Voir l'exercice 55 pour la terminologie.]

✔ VÉRIFICATION EXPRESS 1.6 – RÉPONSES

1. $]-\infty; +\infty[$; $]0; +\infty[$ **2.** $]-\infty; 1[$; $]-\infty; +\infty[$ **3.** (a) 4^0 (b) $4^{\frac{1}{2}}$ (c) 4^{-2} (d) $4^{\frac{3}{4}}$ (e) $4^{\log_4 5}$ **4.** (a) $\ln \frac{1}{2} = -\ln 2$ (b) 2 (c) $\ln 2$
5. (a) e^3 (b) 101 (c) 2

1.7 MODÈLES MATHÉMATIQUES

Cette section est consacrée à la modélisation mathématique, un procédé utilisé par les scientifiques et les mathématiciens pour décrire mathématiquement des phénomènes physiques. En particulier, nous expliquerons la méthode des moindres carrés, une technique mathématique qui permet d'obtenir les fonctions qui décrivent le mieux un ensemble de données expérimentales.

MODÈLES MATHÉMATIQUES

Un ***modèle mathématique*** d'une loi physique est une description de cette loi dans le langage mathématique. Grâce à ces modèles, les méthodes mathématiques permettent de déduire des informations concernant le monde physique qui ne sont pas autrement évidentes ou qui n'ont encore jamais été observées. Par exemple, la possibilité de placer un satellite en orbite autour de la Terre a été déduite mathématiquement à partir du modèle de mécanique élaboré par Isaac Newton (1642–1727) environ 200 ans avant le lancement du *Spoutnik*, et Albert Einstein (1879–1955) a donné dès 1915 un modèle réaliste de la mécanique qui décrivait une précession (décalage de position) dans la périhélie de Mercure, qui a dû attendre l'année 1967 pour être confirmée par des mesures physiques.

Dans une situation typique de modélisation, un scientifique cherche à établir une relation mathématique entre deux variables x et y, à partir de n couples ordonnés de mesures qui relient des valeurs correspondantes de ces variables :

$$(x_1; y_1),\ (x_2; y_2),\ (x_3; y_3), \ldots,\ (x_n; y_n) \tag{1}$$

On distingue deux types de phénomènes physiques – les ***phénomènes déterministes***, où chaque valeur de x détermine une valeur de y, et les ***phénomènes stochastiques***, où la valeur de y associée à une valeur donnée de x n'est pas déterminée de façon unique. Par exemple, si y correspond à l'élongation d'un ressort soumis à une force x, alors chaque valeur de x détermine un y unique et l'on a affaire à un phénomène déterministe. Par contre, si y représente la masse d'une personne de taille x, alors y n'est pas déterminé uniquement par x, puisque des personnes de même taille n'ont pas nécessairement la même masse. Cependant, il existe une corrélation entre la masse et la taille, c'est-à-dire qu'il est plus probable qu'une personne de grande taille pèse davantage, et le phénomène est alors stochastique. Nous allons nous en tenir ici uniquement aux phénomènes déterministes.

Dans un modèle déterministe, la variable y est une fonction de la variable x et l'on cherche à établir une équation $y = f(x)$ qui corresponde le mieux possible aux données. Pour modéliser un ensemble de données déterministes, on peut chercher une fonction f dont la courbe passe par tous les points mesurés; on parle alors de ***fonction d'interpolation***. Bien que ces fonctions soient parfois appropriées, elles ne tiennent pas compte des erreurs de mesure accompagnant toujours les données. Par exemple, il se peut que x et y dépendent l'un de l'autre par une relation linéaire, mais que les limites de précision des appareils de mesure et les variations aléatoires associées aux conditions expérimentales produisent les données mises en graphique à la figure 1.7.1*a*. Un ordinateur pourrait trouver un polynôme de degré 10 dont la courbe passe par toutes les données (figure 1.7.1*b*). Cependant, ce modèle polynomial ne rend pas bien compte de la relation linéaire sous-jacente. Dans ce cas, il serait préférable de chercher une équation linéaire $y = mx + b$ dont la courbe décrit mieux la relation linéaire et ce, même si elle ne passe pas par tous les points mesurés ou ne passe par aucun d'entre eux (figure 1.7.1*c*).

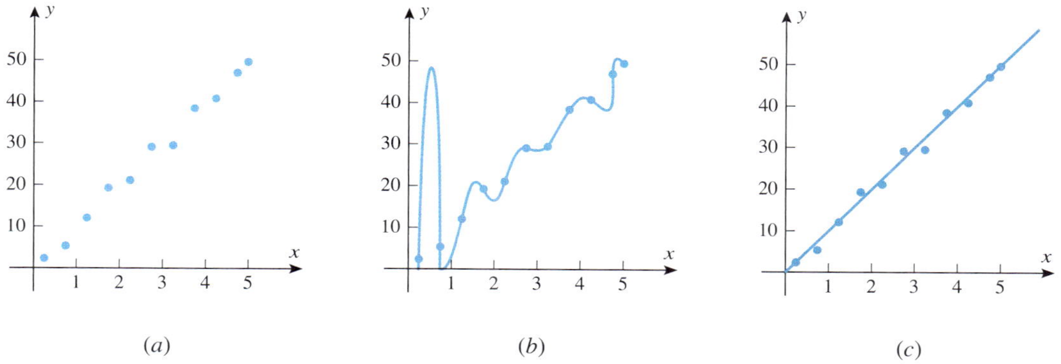

Figure 1.7.1

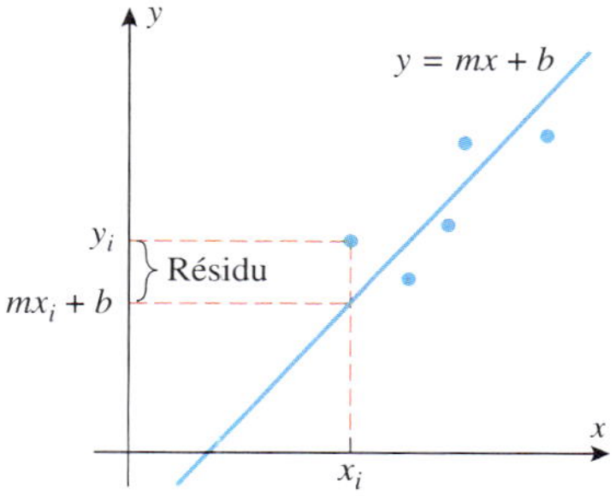

Figure 1.7.2

La plupart des calculatrices graphiques, des logiciels de calcul formel et des tableurs électroniques calculent les droites de régression. Vous aurez besoin de l'un de ces outils technologiques pour suivre les exemples de cette section.

MODÈLES LINÉAIRES

La plupart des modèles linéaires sont élaborés en procédant comme suit : pour tout modèle linéaire proposé $y = mx + b$, on relie chaque point donné $(x_i ; y_i)$ à la droite par un segment vertical et on considère les différences $y_i - y$ (figure 1.7.2). Ces différences, appelées ***résidus,*** sont vues comme des « erreurs » lorsque la droite modélise les données. Les points au-dessus de la droite sont entachés d'erreurs positives, les points sous la droite comportent des erreurs négatives et les points directement sur la droite sont sans erreur.

Pour choisir un modèle linéaire, on peut alors chercher une égalité $y = mx + b$ dont la somme des résidus est nulle, la logique étant que les erreurs positives et négatives s'annulent complètement. Cependant, cette méthode donne parfois des modèles médiocres inacceptables et, pour des raisons qu'il n'est pas possible d'expliquer ici, le plus souvent, on choisira pour modèle linéaire une droite $y = mx + b$ telle que la *somme des carrés* des résidus soit aussi petite que possible. Cette droite est appelée ***droite ajustée par la méthode des moindres carrés*** ou ***droite de régression***.

Cependant, il est possible d'obtenir une droite de régression même dans les cas où les données ne suivent pas de schéma linéaire apparent. Il nous faut donc des mesures quantitatives pour vérifier la pertinence d'un modèle linéaire. Le ***coefficient de corrélation*** est la mesure la plus couramment utilisée pour évaluer la linéarité des données. Par convention, le coefficient de corrélation est noté r. L'étude détaillée des coefficients de corrélation déborde le cadre de cet ouvrage, mais nous en donnons tout de même quelques propriétés élémentaires :

- Les valeurs de r sont dans l'intervalle $-1 \leq r \leq 1$, où r est du même signe que la pente de la droite de régression.
- Si r égale 1 ou -1, alors tous les points donnés sont sur la même droite et le modèle linéaire colle parfaitement aux données.
- Si $r = 0$, alors les données n'affichent aucune tendance linéaire et le modèle linéaire n'est pas du tout approprié.

Plus r se rapproche de 1 ou de -1, plus les points collent à la droite de régression et plus le modèle est approprié; à l'inverse, plus r est proche de 0, plus les points sont dispersés et moins la droite de régression est un modèle adéquat (figure 1.7.3).

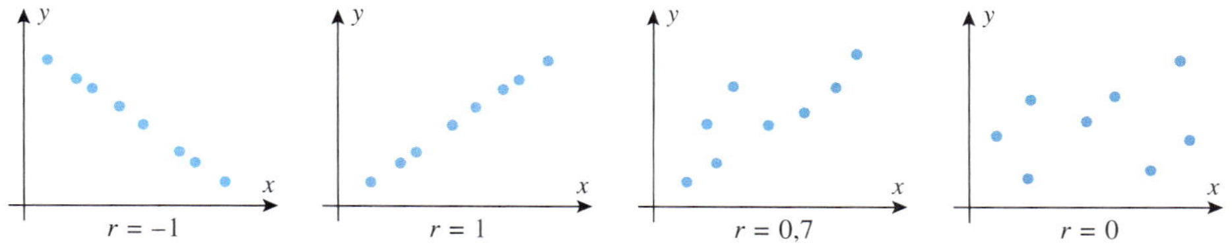

Figure 1.7.3

Grosso modo, la valeur de r^2 est une mesure du pourcentage de points qui tombent dans une *bande linéaire étroite*. Ainsi, $r = 0{,}5$ signifie que 25 % des points se trouvent dans la bande linéaire étroite et $r = 0{,}9$ indique que 81 % des points sont sur cette bande. (Une description précise de la bande linéaire étroite exige quelques notions de statistiques.)

Tableau 1.7.1

TEMPÉRATURE T (°C)	PRESSION p (atm)
0	2,54
50	3,06
100	3,46
150	4,00
200	4,41

▶ **Exemple 1** Le tableau 1.7.1 regroupe des données sur la pression p en atmosphères (atm) et la température T (en °C) d'une quantité déterminée de dioxyde de carbone contenue dans un cylindre fermé. Mises en graphique (figure 1.7.4*a*), ces données laissent entrevoir une dépendance linéaire entre la pression et la température.

(a) À l'aide d'un outil de calcul, trouver la droite des moindres carrés pour ces données. Donner le coefficient de corrélation si l'outil peut le fournir.

(b) Utiliser le modèle obtenu en (a) pour prédire la pression exercée par le gaz à 250 °C.

(c) Utiliser le modèle obtenu en (a) pour extrapoler la température à laquelle la pression du gaz devient nulle.

Solution (a). La droite des moindres carrés est donnée par $p = 0{,}009\ 36T + 2{,}558$ (figure 1.7.4*b*), avec un coefficient de corrélation $r = 0{,}998\ 979$.

Solution (b). Si $T = 250$, alors $p = (0{,}009\ 36)(250) + 2{,}558 = 4{,}898$ (atm).

Solution (c). L'équation $0 = p = 0{,}009\ 36T + 2{,}558$ a pour solution $T \approx -273{,}291$ °C. ◀

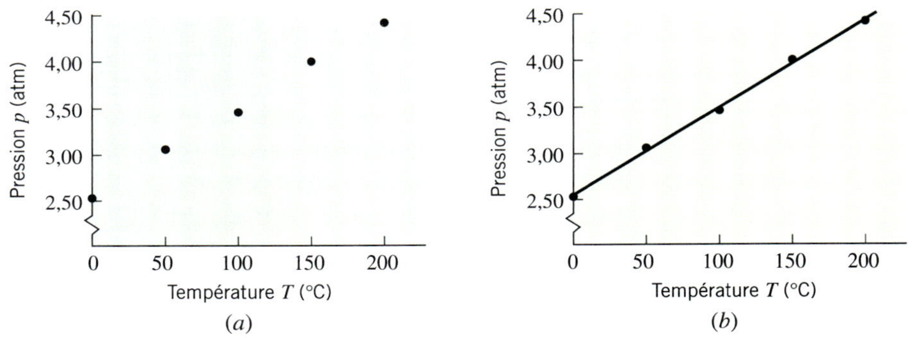

Figure 1.7.4

Il n'est pas toujours utile de trouver la droite des moindres carrés pour modéliser un phénomène linéaire. Des méthodes plus élémentaires suffisent parfois. En voici un exemple.

▶ **Exemple 2** Lors de son entrée dans l'atmosphère de Vénus en octobre 1991, la sonde spatiale *Magellan* a transmis les données de température en fonction de l'altitude reproduites sur le graphique de la figure 1.7.5*a*. La courbe suggère fortement l'existence d'une relation linéaire pour les altitudes comprises entre 35 et 60 km.

(a) Utiliser le graphique transmis par la sonde *Magellan* pour trouver un modèle linéaire de la température de l'atmosphère vénusienne en fonction de l'altitude, applicable aux altitudes comprises entre 35 et 60 km.

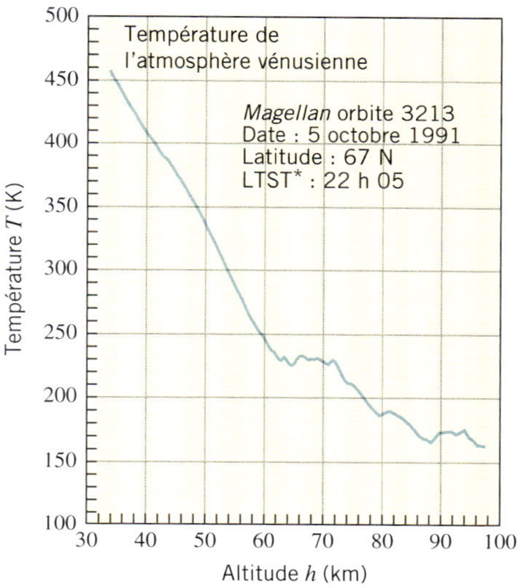

Source : NASA

(a)

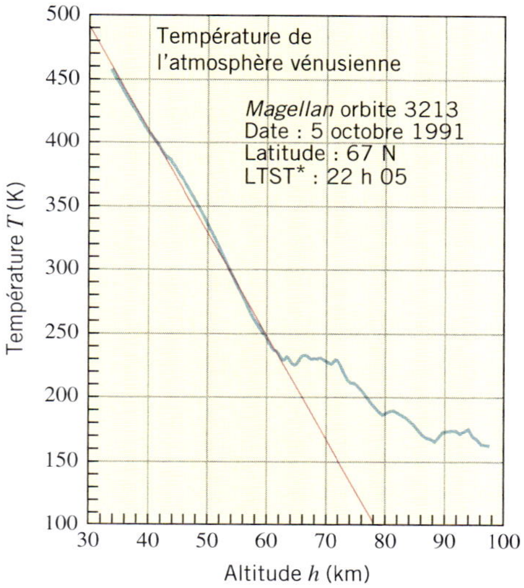

Source : NASA

(b)

Figure 1.7.5

(b) Utiliser le modèle obtenu en (a) pour évaluer la température à la surface de Vénus et discuter des suppositions que vous devez faire pour obtenir cette valeur.

Solution (a). Soit T, la température en kelvins et h, l'altitude en kilomètres. Nous allons d'abord évaluer la pente m de la portion linéaire de la courbe, trouver ensuite les coordonnées d'un point $(h_1; T_1)$ de cette portion de la courbe et établir l'équation de la droite sous la forme décrite par un point et la pente, soit

$$T - T_1 = m(h - h_1) \tag{2}$$

La courbe passant par le point (60; 250), nous allons considérer $h_1 \approx 60$ et $T_1 \approx 250$. À la figure 1.7.5*b*, nous avons tracé une droite qui représente une bonne approximation de la portion linéaire des données. Utilisons les intersections de cette droite avec les limites du cadre du graphique pour évaluer la pente; on a

$$m \approx \frac{100 - 490}{78 - 30} = -\frac{390}{48} = -8{,}125 \text{ K/km}$$

Substituons maintenant les valeurs estimées h_1, T_1 et m dans l'équation (2); on obtient

$$T - 250 = -8{,}125(h - 60)$$

La méthode utilisée à l'exemple 2 n'est pas très raffinée, puisqu'elle s'appuie sur des données numériques approximatives extraites d'un graphique. Cependant, le résultat final est assez bon si l'on considère que la NASA estime à environ 737 K la température à la surface de Vénus (température suffisante pour fondre le plomb).

ou l'équivalent,

$$T = -8{,}125h + 737{,}5 \tag{3}$$

Solution (b). La sonde *Magellan* a cessé de transmettre des données à une altitude proche de 35 km, de sorte qu'il n'est pas certain que le modèle linéaire soit valable à plus basse altitude. Cependant, si l'on *suppose* que ce modèle s'applique jusqu'à la surface de la planète, on trouve la température approximative à la surface de Vénus en posant $h = 0$ dans l'équation (3). On obtient alors $T \approx 737{,}5$ K. ◄

---

* *Local True Solar Time* : temps solaire vrai. *(Ndlt)*

MODÈLES QUADRATIQUES ET MODÈLES TRIGONOMÉTRIQUES

Les modèles linéaires sont simples, mais pas toujours adéquats. Il est possible, par exemple, qu'une loi connue ou la disposition des données expérimentales sur un graphique laissent supposer un modèle quadratique $y = ax^2 + bx + c$. La plupart des calculatrices, des logiciels de calcul formel et des tableurs sont en mesure de produire, à partir d'un ensemble de couples de données $(x; y)$, une ***courbe de régression quadratique*** qui minimise la somme des carrés des résidus.

Tableau 1.7.2

TEMPS t (s)	HAUTEUR h (cm)
0,008 333	98,4
0,025	96,9
0,041 67	95,1
0,058 33	92,9
0,075	90,8
0,091 67	88,1
0,108 33	85,3
0,125	82,1
0,141 67	78,6
0,158 33	74,9

▶ **Exemple 3** Un étudiant collecte des données en laboratoire de physique pour étudier les équations du mouvement d'un corps en chute libre. Il mesure la hauteur d'un corps à différents moments sur un intervalle de temps de 0,15 s (tableau 1.7.2). Si la résistance de l'air est négligeable et si l'on considère constante l'accélération gravitationnelle, selon les lois physiques connues, la hauteur h devrait être une fonction quadratique du temps t. Les données recueillies suggèrent en effet la forme d'une parabole inversée (figure 1.7.6*a*).

(a) Trouver la courbe de régression quadratique des données du tableau 1.7.2.

(b) D'après le modèle obtenu en (a), à quel moment l'objet touchera-t-il le sol?

Solution (a). La routine de régression quadratique d'une calculatrice donne l'équation suivante pour la courbe la mieux ajustée aux données du tableau 1.7.2 :

$$h = 99{,}02 - 73{,}21t - 499{,}13t^2$$

Cette fonction quadratique est tracée avec les données à la figure 1.7.6*b*. On observe une excellente concordance entre les points et la courbe.

Solution (b). La solution de $0 = h = 99{,}02 - 73{,}21t - 499{,}13t^2$ prédit que l'objet touchera le sol à $t \approx 0{,}38$ s. ◀

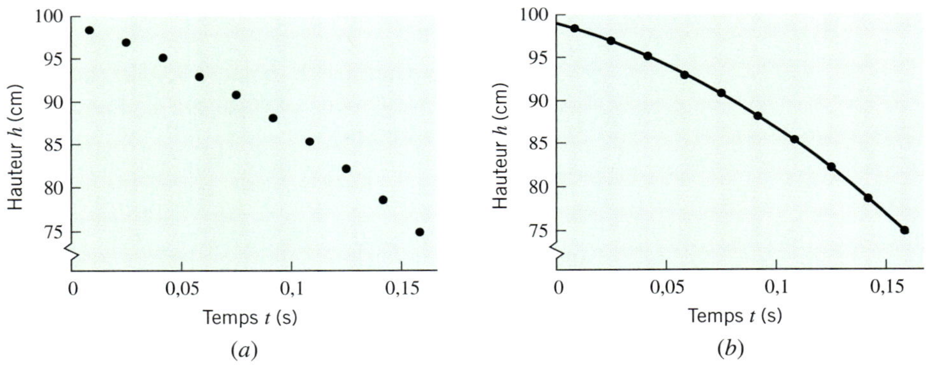

Figure 1.7.6

Les fonctions trigonométriques $y = A\sin(Bx - C)$ et $y = A\cos(Bx - C)$ sont particulièrement utiles pour modéliser les phénomènes périodiques.

▶ **Exemple 4** Les températures enregistrées sur une période de 24 heures le 27 août 1993 dans une certaine ville nord-américaine (tableau 1.7.3) sont représentées à la figure 1.7.7*a*[*].

[*] Cet exemple a été élaboré à partir de l'article « Everybody Talks About It!—Weather Investigations » (Tout le monde en parle – Enquêtes météo), de Gloria S. Dion et Iris Brann Fetta, *The Mathematics Teacher,* vol. 89, n°. 2, février 1996, p. 160–165.

Trouver une fonction qui modélise ces données et, sur le même graphique, tracer la courbe obtenue et les points des données.

Solution. Pour modéliser la relation entre la température T et le temps t, l'allure des données suggère une fonction sinusoïdale décalée dans les deux directions, horizontale et verticale. Nous allons donc chercher une équation de la forme

$$T = D + A\sin[Bt - C] = D + A\sin\left[B\left(t - \frac{C}{B}\right)\right] \quad (4)$$

Sachant que la plus haute température est 35 °C et la plus basse, 23,9 °C, considérons $2A = 11{,}1$ ou $A = 5{,}55$. Puisque la valeur médiane entre le maximum et le minimum est 29,45 °C, la translation verticale est $D = 29{,}45$. On estime la période à environ 24, de sorte que $\frac{2\pi}{B} = 24$ ou $B = \frac{\pi}{12}$. On évalue le décalage horizontal à environ 10 (vérifiez-le); on a donc $\frac{C}{B} = 10$. Substituons maintenant ces valeurs dans l'équation (4); on obtient

$$T = 29{,}45 + 5{,}55\sin\left[\frac{\pi}{12}(t - 10)\right] \quad (5)$$

Le graphique résultant est donné à la figure 1.7.7*b*. ◂

Tableau 1.7.3

TEMPÉRATURES ENTRE 1 h 00 ET MINUIT LE 27 AOÛT 1993
(t = HEURES ÉCOULÉES APRÈS MINUIT ET T = DEGRÉS CELSIUS)

	t	T		t	T
1 h 00	1	25,6	13 h 00	13	32,8
2 h 00	2	25,0	14 h 00	14	33,9
3 h 00	3	25,0	15 h 00	15	34,4
4 h 00	4	24,4	16 h 00	16	35,0
5 h 00	5	24,4	17 h 00	17	33,8
6 h 00	6	23,9	18 h 00	18	33,3
7 h 00	7	23,9	19 h 00	19	31,7
8 h 00	8	25,0	20 h 00	20	30,0
9 h 00	9	26,1	21 h 00	21	28,9
10 h 00	10	28,3	22 h 00	22	28,3
11 h 00	11	30,6	23 h 00	23	27,2
12 h 00	12	32,2	24 h 00	24	26,1

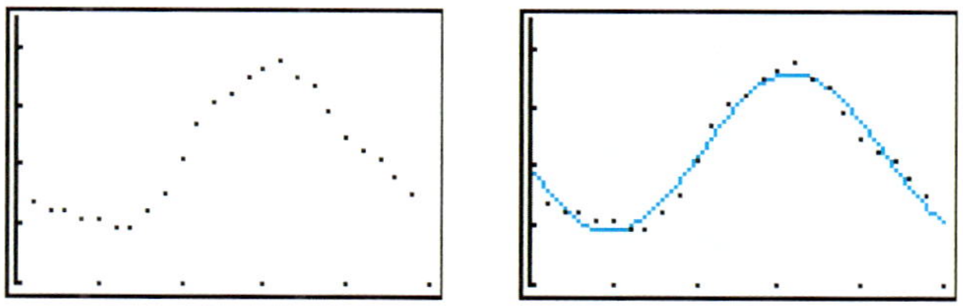

Graphique des données
[0; 25] × [20; 38]
t T

(*a*)

Modèle des données
$T = 29{,}45 + 5{,}55\sin[\frac{\pi}{12}(t - 10)]$
[0; 25] × [20; 38]
t T

(*b*)

Figure 1.7.7

TECHNOLOGIE

Notez que l'équation (5) de cet exemple n'a *pas* été obtenue en minimisant la somme des carrés des résidus; nous avons plutôt utilisé le programme de mise en graphique de la calculatrice pour vérifier si le modèle proposé collait *raisonnablement* bien aux données. À l'aide d'un logiciel de calcul formel, on peut montrer que la courbe $T = D + A\sin(Bt - C)$, qui minimise la somme des carrés des résidus pour les données de la figure 1.7.7, a pour équation

$$T = 28{,}995\,68 + 5{,}328\,45\sin(0{,}285\,06x - 2{,}932\,28)$$

À l'aide de votre outil graphique, comparez la courbe de cette équation à celle de l'équation (5).

✔ VÉRIFICATION EXPRESS 1.7 *(Réponses à la page 90.)*

1. Dans chaque cas, proposer un modèle approprié (linéaire, quadratique ou trigonométrique) pour représenter un ensemble de données $(x;\ y)$ correspondant à la situation décrite.

(a) y est la distance parcourue au temps x par une automobile soumise à une accélération constante : ________.

(b) y est la vitesse au temps x d'une automobile soumise à une accélération constante : ________.

(c) y est la masse en kg d'un homme qui mesure x centimètres : ________.

(d) y est la fraction de la Lune illuminée x jours après le début de l'année : ________.

2. Pour l'ensemble de données $\{(-1;\ 0),\ (0;\ 0),\ (1;\ 2),\ (3;\ 3)\}$ et la droite $y = x + 1$, la somme des carrés des résidus est : ________.

3. Le modèle linéaire d'un ensemble de données affiche un coefficient de corrélation de 0,5 et le modèle linéaire d'un second ensemble de données donne un coefficient de corrélation de -0,75. Lequel des deux modèles décrit le mieux l'ensemble des données qu'il représente?

4. Considérons un ensemble de données constitué de deux points, $(0;\ -1)$ et $(0;\ 1)$, et représentons par L la droite $y = mx + b$.

(a) La somme des carrés des résidus des deux points relativement à L est ________.

(b) Si L minimise la somme des carrés des résidus associés aux deux points, alors $b =$ ________.

SÉRIE D'EXERCICES 1.7 Outil graphique

1. L'une des droites du graphique est la droite de régression. Laquelle?

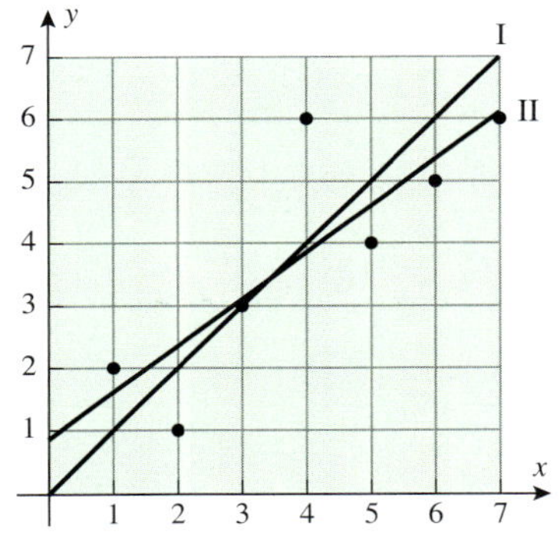

Figure Ex-1

2. Dans chaque cas, déterminer si un modèle (linéaire, quadratique ou trigonométrique) peut décrire raisonnablement l'ensemble des données du graphique (figure Ex-2).

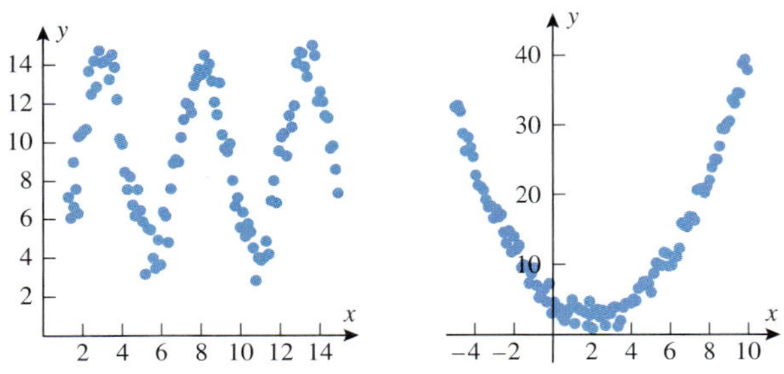

(a) (b)

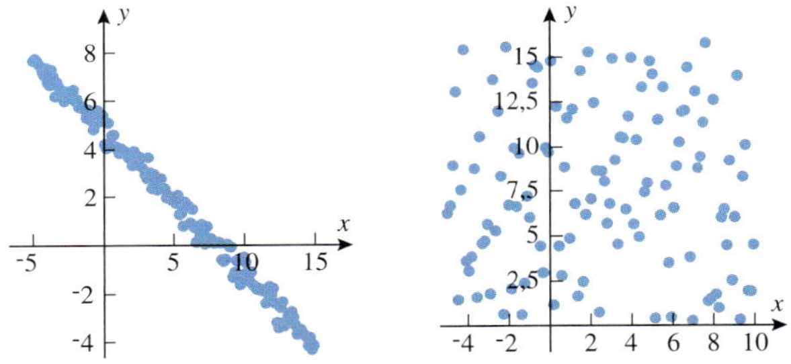

(c) (d)

Figure Ex-2

3. Le tableau 1.1.1 donne la vitesse des voitures les plus rapides lors des qualifications de l'Indianapolis 500, entre 1987 et 2004. Établir la droite des moindres carrés de ces données. Déterminer le coefficient de corrélation. Tracer cette droite et les données du tableau sur le même graphique.

4. Un récipient de 25 l contient 150 g d'oxygène (O_2). La pression p du gaz est mesurée à différentes températures T (tableau Ex-4).

(a) Établir la droite des moindres carrés des données du tableau.

(b) Utiliser le modèle obtenu en (a) pour évaluer la pression lorsque la température du gaz descend à -50 °C.

TEMPÉRATURE T (°C)	PRESSION p (atm)
0	4,18
50	4,96
100	5,74
150	6,49
200	7,26

Tableau Ex-4

5. Un récipient de 20 l contient 100 g d'azote (N_2). La pression p de ce gaz est mesurée à différentes températures T (voir tableau Ex-5).

(a) Trouver la droite des moindres carrés pour les données du tableau. Donner le coefficient de corrélation si votre outil de calcul le permet.

(b) Utiliser le modèle obtenu en (a) pour prédire la pression du gaz à -50 °C.

(c) Utiliser le modèle obtenu en (a) pour prédire la température à laquelle la pression du gaz deviendrait nulle.

TEMPÉRATURE T (°C)	PRESSION p (atm)
0	3,99
25	4,34
50	4,70
75	5,08
100	5,45

Tableau Ex-5

6. Un récipient de 40 l contient 20 g d'hydrogène (H_2). La pression p de ce gaz est mesurée à différentes températures T (tableau Ex-6).

(a) Trouver la droite des moindres carrés pour les données du tableau. Donner le coefficient de corrélation si votre outil de calcul le permet.

(b) Utiliser le modèle obtenu en (a) pour prédire la température à laquelle la pression du gaz devient nulle.

(c) Autour de quelle température une augmentation de 10 °C entraînera-t-elle une augmentation de pression de 5 %?

TEMPÉRATURE T (°C)	PRESSION p (atm)
0	5,55
30	6,13
60	6,75
90	7,35
120	7,98

Tableau Ex-6

7. La ***résistivité*** d'un métal indique la capacité d'un fil de ce métal à résister au passage d'un courant électrique. (La *résistance* du fil dépend à la fois de la résistivité du métal et des dimensions du fil.) La résistivité est habituellement donnée en ohm-mètre ($\Omega \cdot$ m). Les expériences montrent que la résistivité d'un métal diminue lorsqu'on abaisse sa température. Le tableau Ex-7 donne la résistivité du cuivre à différentes températures.

(a) Trouver la droite des moindres carrés pour les données du tableau.

(b) D'après le modèle obtenu en (a), à quelle température la résistivité du cuivre deviendrait-elle nulle?

TEMPÉRATURE (°C)	RÉSISTIVITÉ ($10^{-8}\,\Omega \cdot$ m)
-100	0,82
-50	1,19
0	1,54
50	1,91
100	2,27
150	2,63

Tableau Ex-7

8. Le tableau Ex-8 donne la résistivité du tungstène à différentes températures.

(a) Trouver la droite des moindres carrés de ces données.

(b) D'après le modèle obtenu en (a), à quelle température la résistivité du tungstène deviendrait-elle nulle?

TEMPÉRATURE (°C)	RÉSISTIVITÉ ($10^{-8}\,\Omega \cdot$ m)
-100	2,43
-50	3,61
0	4,78
50	5,96
100	7,16
150	8,32

Tableau Ex-8

9. Le tableau Ex-9 donne l'allongement d'un ressort (en centimètres) lorsque divers poids sont suspendus à ce ressort.

(a) Utiliser la régression linéaire pour exprimer l'allongement du ressort en fonction du poids suspendu.

(b) Utiliser le modèle obtenu en (a) pour déterminer le poids nécessaire pour allonger le ressort de 20 cm.

POIDS (N)	ALLONGEMENT (cm)
0	0
8	2,51
16	5,11
24	7,59
32	10,16
40	12,78
48	15,27

Tableau Ex-9

10. Le tableau Ex-10 donne l'allongement d'un ressort (en centimètres) lorsque différents poids sont suspendus à ce ressort.

(a) Utiliser la régression linéaire pour exprimer l'allongement du ressort en fonction du poids qui lui est suspendu.

(b) Supposer que le ressort est déjà étiré sous l'action d'un certain poids et que l'addition de 1,25 kg supplémentaires double l'allongement. Utiliser le modèle obtenu en (a) pour déterminer l'allongement initial du ressort.

MASSE (kg)	ALLONGEMENT (cm)
0	0
1	1,85
2	3,81
3	5,69
4	7,67
5	9,58

Tableau Ex-10

11. Considérons l'équipe féminine de basket-ball du collège de Maisonneuve pour la saison 2002–2003. Le tableau Ex-11 donne la taille des joueuses et le nombre moyen de rebonds par minute pour les joueuses qui ont cumulé plus de 100 minutes de jeu durant la saison.

(a) Établir la droite des moindres carrés pour ces données. Donner le coefficient de corrélation si votre outil de calcul le permet.

(b) Tracer la droite de régression et les données sur le même graphique.

(c) La droite des moindres carrés modélise-t-elle bien ces données? Expliquer.

TAILLE (cm)	REBONDS PAR MINUTE
182,9	0,132
182,9	0,252
167,6	0,126
177,8	0,139
188,0	0,227
190,5	0,299
182,9	0,170
165,1	0,071
188,0	0,222

Tableau Ex-11

12. Le tableau Ex-11 donne la taille et la masse des joueurs de l'équipe masculine de basket-ball du collège de Maisonneuve pour la saison 2002–2003.

(a) Établir la droite des moindres carrés pour ces données. Donner le coefficient de corrélation si votre outil de calcul le permet.

(b) Tracer la droite de régression et les données sur le même graphique.

(c) Utiliser ce modèle pour prédire la masse de la nouvelle recrue, qui mesure 2,1 m.

TAILLE (cm)	MASSE (kg)	TAILLE (cm)	MASSE (kg)
188,0	83,9	198,6	95,3
198,1	97,5	193,0	85,9
185,4	79,4	198,6	86,1
185,4	81,6	190,5	81,6
198,1	95,3	203,2	106,6
177,8	79,4	200,2	97,5
205,7	95,3	208,3	106,6
185,4	81,6		

Tableau Ex-12

JONGLONS AVEC LES CONCEPTS

13. Les trois points (0; 0), (1; 0) et (1; 1) forment un ensemble de données.

(a) Considérant cet ensemble et la droite $y = x + b$, exprimer la somme des carrés des résidus en fonction du paramètre b.

(b) Utiliser la réponse donnée en (a) pour trouver la droite de pente 1 pour laquelle la somme des carrés des résidus est minimale.

14. Un ensemble de données est constitué de deux points distincts ayant la même coordonnée x. Expliquer pourquoi il existe une infinité de droites de régression linéaires pour cet ensemble de données. Toutes ces droites de régression ont une caractéristique commune. Quelle est-elle?

15. Un ensemble de données contient trois points distincts dont deux ont la même coordonnée x. Expliquer comment la réponse à l'exercice 14 peut aider à trouver la droite de régression linéaire de cet ensemble.

16. Un ensemble de données comporte quatre points aux sommets d'un trapèze dont deux des côtés sont parallèles à l'axe des y. Comment la réponse à l'exercice 14 peut-elle aider à trouver la droite de régression linéaire de ces données?

17. (**L'âge de l'Univers**) Au début du 20e siècle, l'astronome Edwin P. Hubble (1889–1953) a découvert une relation insoupçonnée entre la vitesse radiale d'une galaxie et sa distance d à un point de référence quelconque (la Terre, par exemple). Cette relation, désormais connue sous le nom de ***loi de Hubble,*** établit que les galaxies s'éloignent à une vitesse v directement proportionnelle à la distance d. On écrit généralement cette loi sous la forme $v = Hd$, où H (la constante de proportionnalité) est appelée ***constante de Hubble***. Dans cette équation, v est habituellement exprimée en kilomètres par seconde (km/s) et d, en millions d'années-lumière (Mal); les unités de H sont alors km/s/Mal. La figure Ex-17 montre un graphique des données originales obtenues par Hubble et son collaborateur Milton L. Humason (1891–1972), ainsi que la droite de tendance de la vitesse en fonction de la distance.

(a) Évaluer la constante de Hubble à partir de la droite de tendance tracée sur le graphique.

(b) On peut évaluer l'âge de l'Univers en supposant que les galaxies se déplacent à une vitesse constante v telle que d dépende de v par la relation $d = vt$. En supposant que l'Univers soit issu d'un big-bang qui aurait amorcé son expansion, montrer que l'Univers est vieux d'environ $1{,}5 \times 10^{10}$ ans. [*Note :* Utiliser la conversion 1 Mal $\approx 9{,}048 \times 10^{18}$ km et considérer $H = 20$ km/s/Mal, valeur en accord avec les estimations habituelles qui donnent H entre 15 et 27 km/s/Mal. (Noter que ces valeurs sont nettement plus faibles que celle qui correspond aux données de Hubble.)]

(c) Selon un modèle plus réaliste de l'Univers, la vitesse v diminuerait avec le temps. De quelle façon la valeur obtenue en (b) est-elle alors touchée?

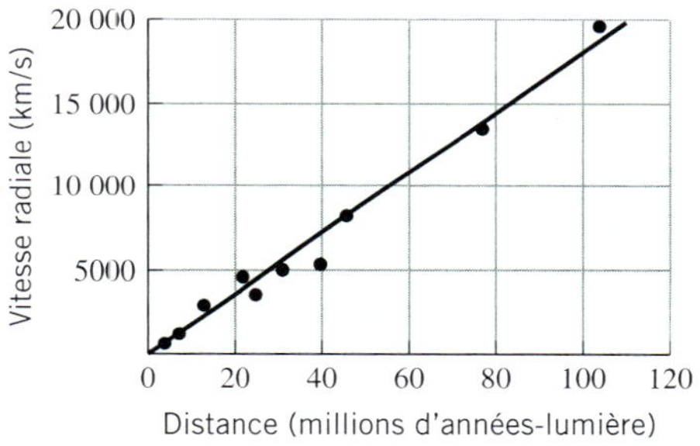

Figure Ex-17

18. Le tableau Ex-18 donne la population du Québec à tous les 20 ans entre les années 1851 et 1971. Procéder par régression quadratique pour modéliser la population du Québec en fonction du temps depuis 1851. Quelle population ce modèle prédit-il pour l'an 2001? Cette prédiction est-elle précise?

POPULATION DU QUÉBEC

ANNÉE t	POPULATION P (milliers)
1851	890
1871	1192
1891	1489
1911	2006
1931	2875
1951	4056
1971	6028

Source :
http://uregina.ca/~gingrich/211canimm.htm

Tableau Ex-18

19. Le tableau Ex-19 donne le nombre de minutes de clarté par jour que l'on prévoyait pour une certaine localité, à intervalles de dix jours, pour l'année 2000. Modéliser les données de ce tableau par une fonction et superposer, dans un même graphique, le tracé de cette fonction sur sur celui des données.

JOUR	DURÉE DE LA CLARTÉ (min)	JOUR	DURÉE DE LA CLARTÉ (min)
10	716	190	986
20	727	200	975
30	744	210	961
40	762	220	944
50	783	230	926
60	804	240	905
70	826	250	883
80	848	260	861
90	872	270	839
100	894	280	817
110	915	290	795
120	935	300	774
130	954	310	755
140	969	320	738
150	982	330	723
160	990	340	712
170	993	350	706
180	992	360	706

Tableau Ex-19

20. Le tableau Ex-20 donne la fraction de la Lune qui est illuminée (telle que vue de la Terre) à minuit (heure normale de l'Est), à intervalles de 2 jours, pour les 60 premiers jours de 1999. Modéliser ces données par une fonction et, dans un même graphique, superposer le tracé de la fonction avec celui des données.

JOUR	FRACTION ILLUMINÉE	JOUR	FRACTION ILLUMINÉE
2	1	32	1
4	0,94	34	0,93
6	0,81	36	0,79
8	0,63	38	0,62
10	0,44	40	0,43
12	0,26	42	0,25
14	0,12	44	0,10
16	0,02	46	0,01
18	0	48	0,01
20	0,07	50	0,11
22	0,22	52	0,29
24	0,43	54	0,51
26	0,66	56	0,73
28	0,85	58	0,90
30	0,97	60	0,99

Tableau Ex-20

21. Le tableau Ex-21 regroupe des données de la distance d parcourue (en mètres), selon le temps t écoulé (en secondes), par un objet qui tombe proche de la surface de la Terre. Mettre en graphique le temps en fonction de la distance et proposer une « fonction racine carrée » qui serait un modèle raisonnable de t en termes de d. Confirmer la justesse de votre modèle à l'aide d'un outil graphique.

d (mètres)	0	2,5	5	10	15	20	25
t (secondes)	0	0,7	1,0	1,4	1,7	2,0	2,3

Tableau Ex-21

22. (a) Le tableau Ex-22 donne les caractéristiques de cinq lunes de la planète Saturne : r représente le *rayon orbital* (la distance moyenne qui sépare la lune de Saturne) et t, le temps nécessaire (en jours) pour que la lune complète une orbite autour de Saturne. Pour chaque couple de données, calculer $tr^{-\frac{3}{2}}$ et utiliser ces résultats pour produire un modèle représentatif de r en fonction de t.

(b) À l'aide du modèle obtenu en (a), estimer le rayon orbital de la lune Encélade, sachant que sa période orbitale est $t \approx 1{,}370$ jours.

(c) À l'aide du modèle obtenu en (a), estimer la période orbitale de la lune Téthys, sachant que son rayon orbital est $r \approx 2{,}9467 \times 10^5$ km.

LUNE	RAYON ORBITAL (100 000 km)	PÉRIODE ORBITALE (jours)
1980S28	1,3767	0,602
1980S27	1,3935	0,613
1980S26	1,4170	0,629
1980S3	1,5142	0,694
1980S1	1,5147	0,695

Tableau Ex-22

✔ VÉRIFICATION EXPRESS 1.7 – RÉPONSES

1. (a) quadratique (b) linéaire (c) linéaire (d) trigonométrique 2. 2 3. Le modèle ayant un coefficient de corrélation de -0,75 4. (a) $2b^2 + 2$ (b) 0

1.8 ÉQUATIONS PARAMÉTRIQUES

Nous avons jusqu'à présent étudié les courbes de fonctions. Cependant, parce que ces courbes doivent réussir le test de la droite verticale, cette contrainte écarte les courbes qui se croisent elles-mêmes et certaines autres aussi simples que les cercles. Dans cette section, nous présentons une méthode de description algébrique des courbes qui échappe à la contrainte du test de la droite verticale.

Cette matière est présentée ici pour permettre un premier contact avec les équations paramétriques. Son étude pourrait être reportée à plus tard, au besoin.

ÉQUATIONS PARAMÉTRIQUES

Supposons qu'une particule évolue le long d'une courbe C dans le plan xy, de telle façon que ses coordonnées x et y, en fonction du temps, soient

$$x = f(t), \quad y = g(t)$$

Ces équations sont les ***équations paramétriques*** du mouvement de la particule. Elles définissent la ***courbe*** C, également appelée ***trajectoire*** de la particule (figure 1.8.1). La variable t est le ***paramètre*** de ces équations.

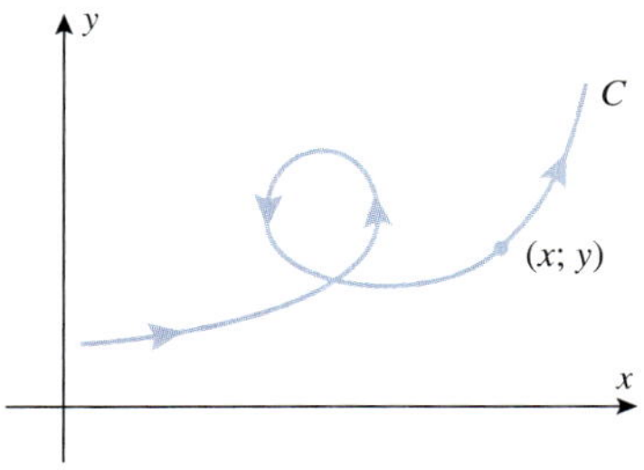

Figure 1.8.1

▶ **Exemple 1** Esquisser la trajectoire décrite dans l'intervalle de temps $0 \leq t \leq 10$ par une particule dont les équations paramétriques du mouvement sont

$$x = t - 3\sin t, \quad y = 4 - 3\cos t \tag{1}$$

Solution. Pour esquisser la trajectoire, on peut choisir une suite d'instants représentatifs, tracer les coordonnées des points (x, y) de la trajectoire correspondant à ces instants et

TECHNOLOGIE

Consultez la documentation fournie avec votre outil graphique pour apprendre à tracer les courbes des équations paramétriques. Produisez ensuite la trajectoire de l'exemple 1. Explorez le comportement de la particule au-delà de $t = 10$.

relier les points en dessinant une courbe lisse. Nous avons suivi cette méthode pour tracer la trajectoire de la figure 1.8.2 à partir des données du tableau 1.8.1, qui regroupe les coordonnées approximatives de la particule à intervalles de temps réguliers de 1 unité. Remarquez qu'il n'y a pas d'axe t sur le graphique; les valeurs de t figurent seulement en tant que repères des points tracés et on les omet la plupart du temps, sauf si le contexte exige de connaître l'emplacement de la particule à certains moments. ◄

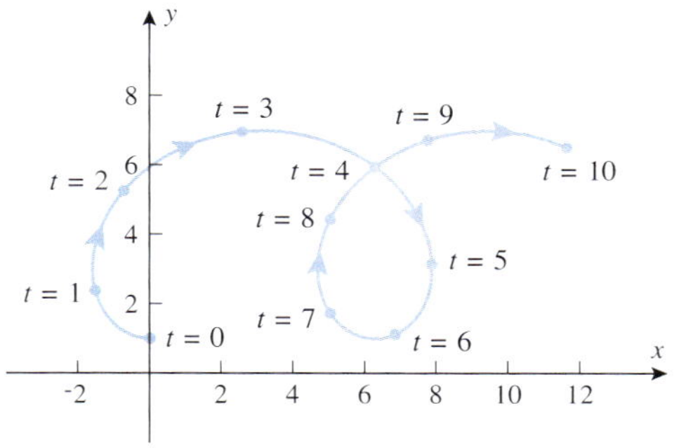

Figure 1.8.2

Tableau 1.8.1

t	x	y
0	0,0	1,0
1	-1,5	2,4
2	-0,7	5,2
3	2,6	7,0
4	6,3	6,0
5	7,9	3,1
6	6,8	1,1
7	5,0	1,7
8	5,0	4,4
9	7,8	6,7
10	11,6	6,5

Bien que les équations paramétriques soient typiquement associées aux problèmes de cinématique caractérisés par le paramètre t, on les rencontre également dans d'autres contextes. Aussi, à moins que l'énoncé du problème ne précise que t représente le temps dans les équations suivantes

$$x = f(t), \quad y = g(t)$$

on doit voir t simplement comme une variable indépendante qui appartient à un intervalle quelconque de nombres réels. (Dans les faits, il n'est pas nécessaire d'utiliser t pour le paramètre; toute autre lettre fait l'affaire, à condition de ne pas être réservée à un autre usage.) Si le paramètre n'est soumis à aucune contrainte particulière et si les équations n'en imposent pas, alors il varie de $-\infty$ à $+\infty$. Pour indiquer qu'un paramètre t est restreint à un intervalle $[a; b]$, on écrit

$$x = f(t), \quad y = g(t) \qquad (a \leq t \leq b)$$

► **Exemple 2** Déterminer la courbe des équations paramétriques suivantes :

$$x = \cos t, \quad y = \sin t \qquad (0 \leq t \leq 2\pi) \tag{2}$$

Solution. Pour obtenir l'équation de la courbe, éliminons le paramètre t; on a

$$x^2 + y^2 = \sin^2 t + \cos^2 t = 1$$

Ainsi, la courbe est contenue dans le cercle de rayon unité $x^2 + y^2 = 1$. Géométriquement, le paramètre t représente l'angle balayé par le segment de droite radial issue de l'origine et se terminant au point $(x; y) = (\cos t; \sin t)$ sur le cercle unitaire (figure 1.8.3). Pendant que t évolue de 0 à 2π, l'extrémité de ce segment trace le cercle dans le sens antihoraire, partant du point $(1; 0)$ à $t = 0$ et complétant une révolution à $t = 2\pi$. On peut considérer différentes portions du cercle en variant l'intervalle couvert par le paramètre. Par exemple, on représente comme suit le demi-cercle supérieur de la figure 1.8.3 :

$$x = \cos t, \quad y = \sin t \qquad (0 \leq t \leq \pi) \text{ ◄} \tag{3}$$

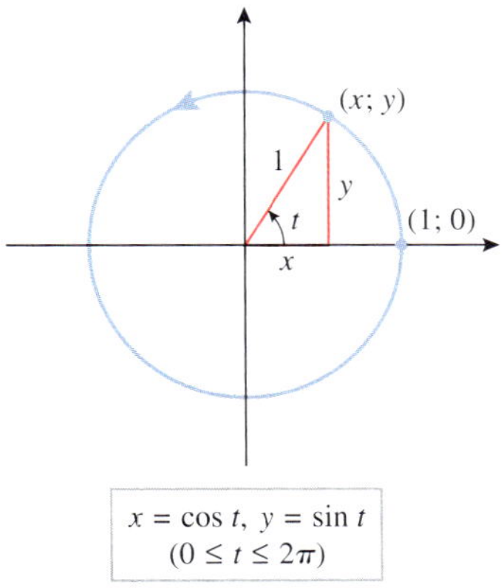

Figure 1.8.3

ORIENTATION

Le sens de la courbe donnée par un couple d'équations paramétriques, tracée à mesure que la valeur du paramètre augmente, est appelé ***sens du paramètre croissant*** ou ***orientation*** imposée à la courbe par les équations. Ainsi, nous distinguons la ***courbe,*** qui est un ensemble de points, et la ***courbe paramétrique,*** dont l'orientation est imposée par un ensemble d'équations paramétriques. Par exemple, nous avons vu à l'exemple 2 que le cercle paramétrique donné par les équations (2) évolue dans le sens antihoraire lorsque t augmente; il a donc une *orientation antihoraire.* Sur un graphique, on signifie par des flèches l'orientation d'une courbe paramétrique (figures 1.8.2 et 1.8.3).

Pour obtenir les équations paramétriques du cercle unitaire d'*orientation horaire,* il suffit de remplacer t par $-t$ dans les équations (2) et d'utiliser les identités $\cos(-t) = \cos t$ et $\sin(-t) = -\sin t$. On a alors

$$x = \cos t, \quad y = -\sin t \qquad (0 \le t \le 2\pi)$$

Le tracé du cercle évolue alors dans le sens horaire, partant de (1; 0) à $t = 0$ et complétant une révolution à $t = 2\pi$ (figure 1.8.4).

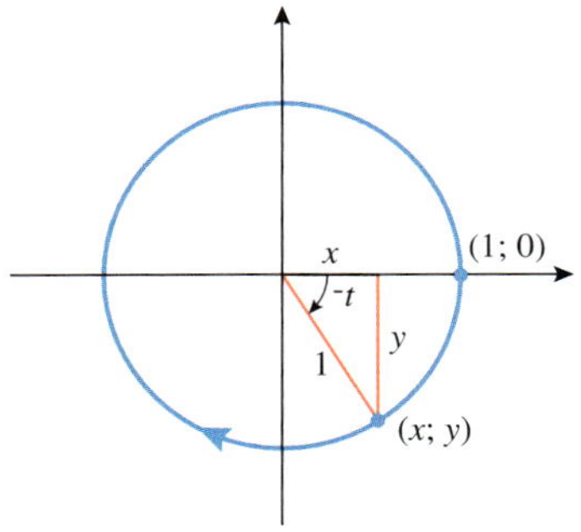

$x = \cos(-t),\ y = \sin(-t)$
$(0 \le t \le 2\pi)$

Figure 1.8.4

TECHNOLOGIE

Lorsque la courbe des équations paramétriques est tracée à l'aide d'une calculatrice, on peut souvent connaître l'orientation en observant l'évolution du tracé à l'écran. Cependant, la plupart des ordinateurs sont trop rapides pour permettre cette observation, à moins d'utiliser une fonction d'animation de votre logiciel de calcul formel. Vérifiez si votre outil graphique permet de confirmer l'orientation antihoraire des équations (3).

► **Exemple 3** Tracer la courbe paramétrique définie par les équations

$$x = 2t - 3, \quad y = 6t - 7$$

Procéder en éliminant le paramètre et indiquer l'orientation sur le graphique.

Solution. Éliminons le paramètre en isolant t de la première équation et en substituant l'expression ainsi obtenue dans la seconde équation :

$$t = \left(\tfrac{1}{2}\right)(x + 3)$$

$$y = 6\left(\tfrac{1}{2}\right)(x + 3) - 7$$

$$y = 3x + 2$$

La courbe est donc une droite de pente 3 dont l'ordonnée à l'origine est 2. Pour connaître l'orientation, revenons aux équations de départ; pour déduire le sens de t croissant, il suffit d'observer que x augmente lorsque t augmente *ou* d'observer que y augmente lorsque t augmente pour déterminer que la droite est tracée de gauche à droite (figure 1.8.5). ◄

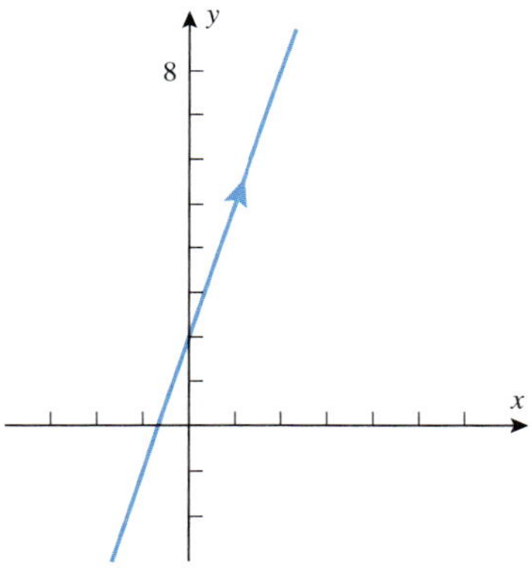

$x = 2t - 3,\ y = 6t - 7$

Figure 1.8.5

L'orientation des courbes paramétriques n'est pas toujours définie; si les équations se comportent mal, l'extrémité du segment de droite radial peut tracer des boucles ou faire des allers-retours et ainsi échouer à déterminer une direction définie. Par exemple, considérons

$$x = \sin t, \quad y = \sin^2 t$$

Le point $(x; y)$ suit la parabole $y = x^2$. Cependant, la valeur de x varie périodiquement entre -1 et 1, de sorte que le point $(x; y)$ effectue des allers-retours périodiques sur la parabole entre les points (-1; 1) et (1; 1), tel qu'illustré à la figure 1.8.6. Nous décrirons plus loin les restrictions qui permettent d'éliminer ces comportements erratiques, mais évitons pour l'instant les situations affichant une telle complexité.

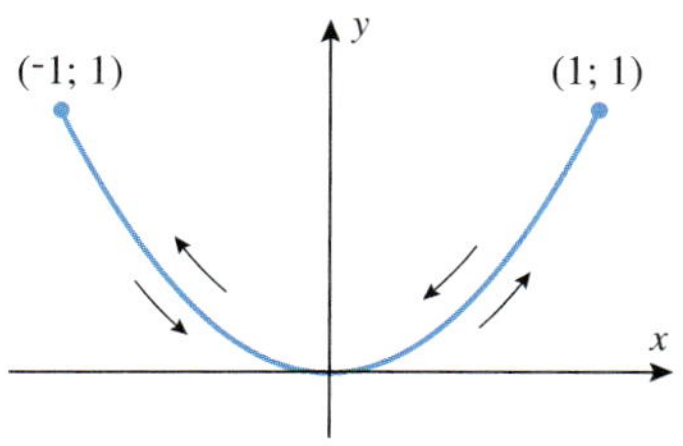

Figure 1.8.6

EXPRESSION PARAMÉTRIQUE DE FONCTIONS ORDINAIRES

On peut exprimer une équation $y = f(x)$ sous forme paramétrique en introduisant le paramètre $t = x$; on obtient alors les équations paramétriques $x = t$, $y = f(t)$. Par exemple, la portion de la courbe $y = \cos x$ dans l'intervalle $[-2\pi; 2\pi]$ peut prendre la forme paramétrique suivante (figure 1.8.7) :

$$x = t, \quad y = \cos t \qquad (-2\pi \le t \le 2\pi)$$

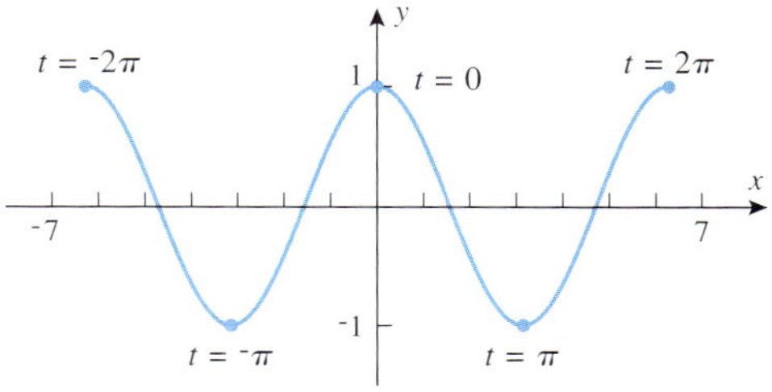

Figure 1.8.7

COURBES PARAMÉTRIQUES ET OUTILS GRAPHIQUES

Plusieurs outils graphiques sont capables de produire les courbes des équations de la forme $y = f(x)$, mais pas celles de la forme $x = g(y)$. Il est parfois possible de récrire $x = g(y)$ sous la forme $y = f(x)$; cependant, si cette récriture n'est pas pratique ou si elle est impossible, alors vous pouvez tracer $x = g(y)$ en introduisant un paramètre $t = y$ pour exprimer l'équation sous la forme paramétrique $x = g(t)$, $y = t$. (Vous devrez peut-être essayer plusieurs intervalles de t pour obtenir une courbe complète.)

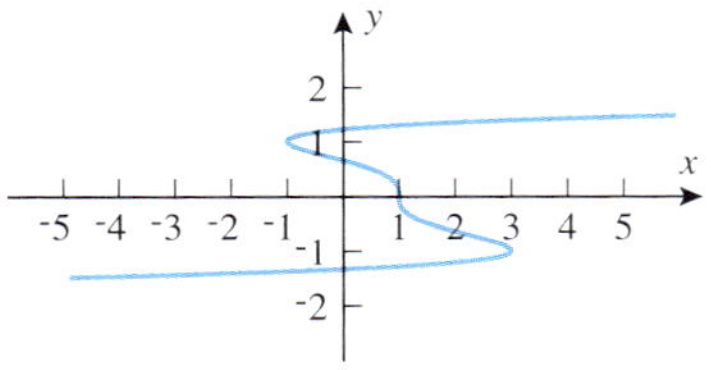

$x = 3t^5 - 5t^3 + 1,\ y = t$
$-1{,}5 \le t \le 1{,}5$

Figure 1.8.8

▶ **Exemple 4** À l'aide d'un outil graphique, tracer la courbe de l'équation $x = 3y^5 - 5y^3 + 1$.

Solution. Introduisons le paramètre $t = y$ et récrivons l'équation sous forme paramétrique :

$$x = 3t^5 - 5t^3 + 1, \quad y = t$$

La figure 1.8.8 montre la courbe de ces équations dans l'intervalle $-1{,}5 \le t \le 1{,}5$. ◀

Certaines courbes paramétriques sont si complexes qu'il est virtuellement impossible de les visualiser sans l'aide d'un outil graphique. La figure 1.8.9 illustre trois cas de la sorte.

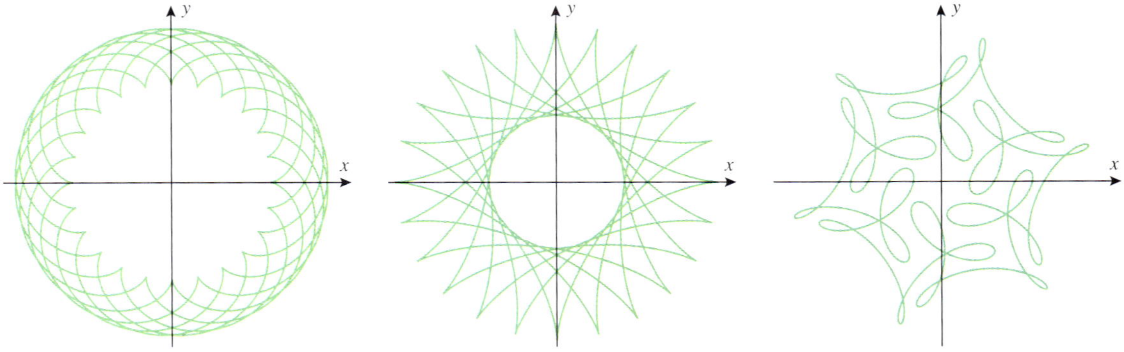

$x = 31\cos t - 7\cos\left(\frac{31}{7}\right)t$
$y = 31\sin t - 7\sin\left(\frac{31}{7}\right)t$
$(0 \le t \le 14\pi)$

$x = 17\cos t + 7\cos\left(\frac{17}{7}\right)t$
$y = 17\sin t - 7\sin\left(\frac{17}{7}\right)t$
$(0 \le t \le 14\pi)$

$x = \cos t + \left(\frac{1}{2}\right)\cos 7t + \left(\frac{1}{3}\right)\sin 17t$
$y = \sin t + \left(\frac{1}{2}\right)\sin 7t + \left(\frac{1}{3}\right)\cos 17t$
$(0 \le t \le 2\pi)$

Figure 1.8.9

TECHNOLOGIE

Faites-vous la main à l'outil graphique en traçant des courbes paramétriques que vous trouvez belles ou particulièrement intéressantes.

FONCTIONS INVERSES ET OUTILS GRAPHIQUES

La plupart des outils graphiques ne peuvent tracer directement les fonctions inverses. On peut cependant procéder en exprimant d'abord ces fonctions sous forme paramétrique. Pour mieux saisir, supposons que l'on veuille tracer l'inverse d'une fonction bijective f. Écrivons $y = f(x)$ sous forme paramétrique : on a

$$x = t, \quad y = f(t) \tag{4}$$

Nous savons que l'on obtient la courbe de f^{-1} en échangeant x et y, puisque celle-ci est la réflexion de f par rapport à la droite $y = x$. Ainsi, en considérant (4), on peut écrire les équations paramétriques de f^{-1} comme suit :

$$x = f(t), \quad y = t \tag{5}$$

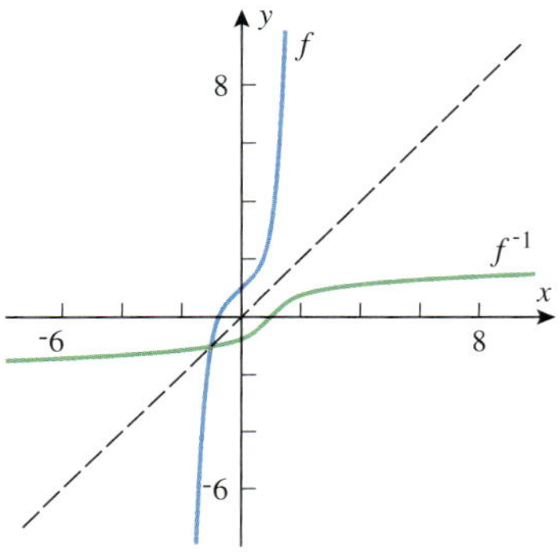

Figure 1.8.10

Par exemple, la figure 1.8.10 montre la courbe de $f(x) = x^5 + x + 1$ et son inverse, tracées par un outil graphique. La courbe de f a été obtenue à partir des équations

$$x = t, \quad y = t^5 + t + 1$$

et la courbe de f^{-1}, à partir des équations paramétriques

$$x = t^5 + t + 1, \quad y = t$$

TRANSLATION

Si une courbe paramétrique C est définie par les équations $x = f(t)$, $y = g(t)$, alors l'ajout d'une constante à $f(t)$ déplace la courbe C dans la direction x et l'ajout d'une constante à $g(t)$ la déplace selon y. Ainsi, on écrira comme suit les équations paramétriques d'un cercle de rayon r centré à $(x_0; y_0)$ et représenté à la figure 1.8.11 :

$$x = x_0 + r\cos t, \quad y = y_0 + r\sin t \quad (0 \le t \le 2\pi) \tag{6}$$

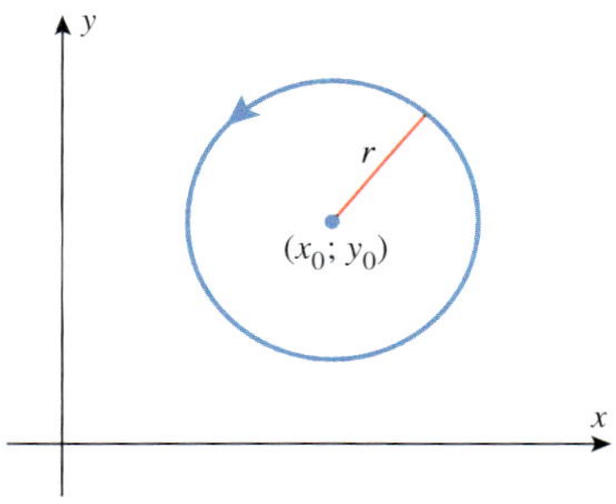

$x = x_0 + r\cos t$
$y = y_0 + r\sin t$
$(0 \le t \le 2\pi)$

Figure 1.8.11

Si cela est souhaitable, on peut éliminer le paramètre de ces équations en considérant

$$(x - x_0)^2 + (y - y_0)^2 = (r\cos t)^2 + (r\sin t)^2 = r^2$$

Nous retrouvons ainsi l'équation cartésienne familière d'un cercle de rayon r centré à $(x_0; y_0)$, soit

$$(x - x_0)^2 + (y - y_0)^2 = r^2 \tag{7}$$

AJUSTEMENTS D'ÉCHELLES

Si une courbe paramétrique C est donnée par les équations $x = f(t)$, $y = g(t)$, alors la multiplication de $f(t)$ étire ou comprime C selon x et la multiplication de $g(t)$ par une constante l'étire ou la comprime dans la direction y. Par exemple considérons les équations paramétriques suivantes :

$$x = 3\cos t, \quad y = 2\sin t \quad (0 \le t \le 2\pi)$$

TECHNOLOGIE

Utilisez la routine paramétrique de votre outil graphique pour produire un cercle de rayon 5 centré à (3; -2).

Ces équations devraient donner une ellipse centrée à l'origine, puisque la courbe de ces équations provient du cercle unitaire dont les équations sont

$$x = \cos t, \quad y = \sin t \quad (0 \le t \le 2\pi)$$

On obtient l'ellipse en étirant ce cercle par un facteur 3 selon x et par un facteur 2 selon y. Plus généralement, si a et b sont des constantes positives, alors les équations paramétriques

$$x = a\cos t, \quad y = b\sin t \quad (0 \le t \le 2\pi) \tag{8}$$

représentent une ellipse centrée à l'origine, qui s'étend de $-a$ à a selon x et de $-b$ à b selon y (figure 1.8.12). Les nombres a et b sont les ***demi-axes*** de l'ellipse. Si cela est souhaitable, on peut éliminer le paramètre t de (8) et récrire les équations cartésiennes comme suit :

$$\frac{x^2}{a^2} + \frac{y^2}{b^2} = 1 \tag{9}$$

TECHNOLOGIE

Utilisez la routine paramétrique de votre outil graphique pour générer une ellipse centrée à l'origine, qui s'étend de -4 à 4 selon x et de -3 à 3 selon y. Tracez ensuite une ellipse de mêmes dimensions dont le centre est décalé au point $(2; 3)$.

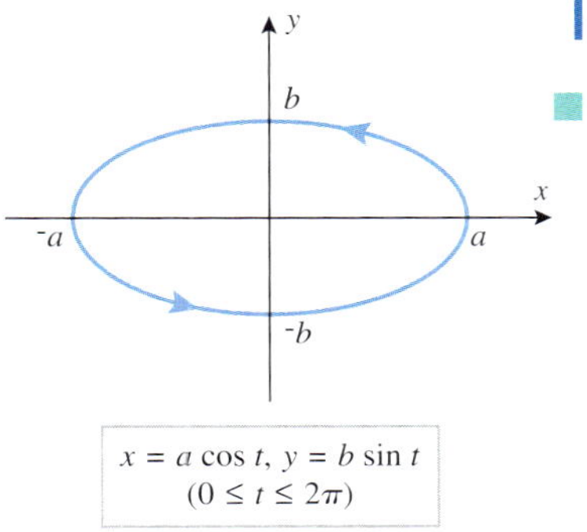

Figure 1.8.12

COURBES DE LISSAJOUS

Au milieu des années 1850, le physicien français Jules-Antoine Lissajous (1822–1880) s'est intéressé aux équations paramétriques de la forme suivante pendant qu'il étudiait les vibrations combinant deux mouvements sinusoïdaux perpendiculaires :

$$x = \sin at, \quad y = \sin bt \tag{10}$$

La première équation de (10) décrit une oscillation sinusoïdale selon x, de fréquence $\frac{a}{2\pi}$ et la seconde décrit une oscillation sinusoïdale selon y, de fréquence $\frac{b}{2\pi}$. Si $\frac{a}{b}$ est un nombre rationnel, alors l'effet combiné des oscillations est un mouvement périodique qui suit un parcours appelé ***courbe de Lissajous***, dont voici quelques exemples (figure 1.8.13) :

TECHNOLOGIE

À l'aide de votre outil graphique, tracez quelques courbes de Lissajous et essayez de trouver à quel moment chacune des courbes de la figure 1.8.13 commence à se répéter.

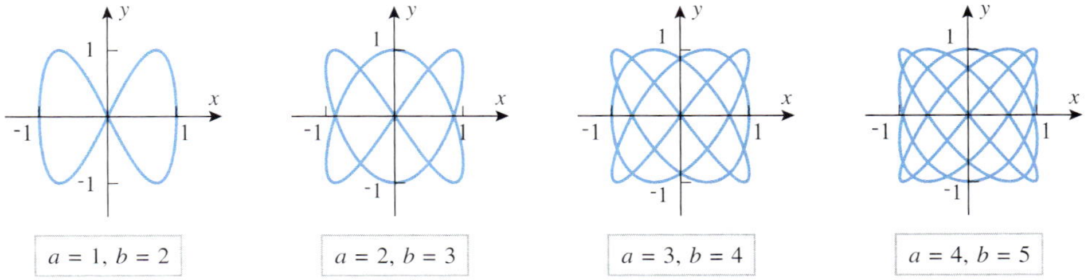

Figure 1.8.13

CYCLOÏDES

Si une roue roule en ligne droite le long d'une route horizontale, alors un point situé sur la circonférence de la jante de la roue tracera une courbe appelée ***cycloïde*** (figure 1.8.14). Cette courbe a une histoire fascinante dont nous allons parler brièvement un peu plus loin. Mais voyons d'abord à obtenir les équations paramétriques qui la définissent. Supposons que a représente le rayon de la roue et qu'elle roule le long de l'axe des x positifs d'un système de coordonnées rectangulaires. Posons $P(x; y)$, le point de la jante de la roue qui dessine la cycloïde et supposons que P est initialement à l'origine. Choisissons pour paramètre l'angle θ balayé par le segment radial au point P lorsque la roue est en mouvement (figure 1.8.14). Il est ici habituel de considérer que θ est positif, même s'il est engendré par un mouvement horaire.

TECHNOLOGIE

Utilisez votre outil graphique pour tracer deux « arcs » de la cycloïde produite par un point sur la circonférence de la jante d'une roue de rayon 1.

Le mouvement de P est une combinaison de la translation du centre de la roue, parallèle à l'axe des x, et de la rotation de P autour de ce centre. Pendant que le segment radial balaie un angle θ, le point P traverse un arc de longueur $a\theta$ et la roue parcourt une distance $a\theta$ le long de l'axe des x (pourquoi?). Ainsi, tel que suggéré par la figure 1.8.15, le

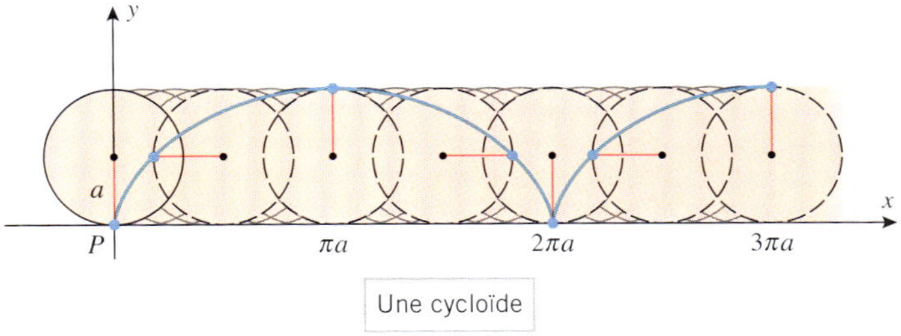

Figure 1.8.14

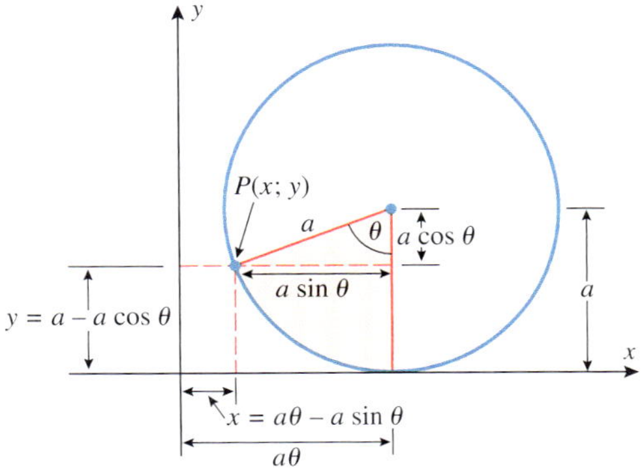

Figure 1.8.15

centre se déplace au point $(a\theta, a)$ et les coordonnées du point $P(x, y)$ sont

$$x = a\theta - a\sin\theta, \quad y = a - a\cos\theta \tag{11}$$

Ces équations définissent la cycloïde en termes du paramètre θ.

RÔLE DE LA CYCLOÏDE DANS L'HISTOIRE DES MATHÉMATIQUES

La cycloïde offre un intérêt particulier parce qu'elle fournit la solution à deux problèmes mathématiques célèbres – le ***problème de la courbe brachistochrone*** (du grec, signifiant *temps minimal*) et le ***problème tautochrone*** (du grec, signifiant *même temps*). Le problème de la courbe brachistochrone consiste à déterminer la forme d'un fil qui va d'un point P vers un point Q, où Q n'est pas directement sous P, sur lequel glisse une bille, qui donne le *temps de parcours minimal* parmi toutes les courbes possibles joignant ces deux points. Le problème tautochrone consiste à trouver la forme d'un fil qui va de P à Q tel que deux billes mettront le même temps pour atteindre Q, quel que soit leur point de départ sur le fil. La cycloïde inversée fournit la solution à ces deux problèmes (figure 1.8.16).

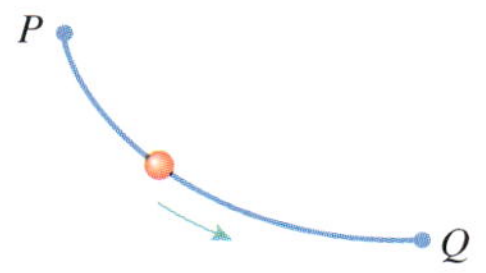

Figure 1.8.16

Johann (à gauche) **et Jakob** (à droite) **Bernoulli,** deux frères d'une famille suisse étonnante qui a donné plusieurs générations de mathématiciens et de scientifiques exceptionnels. Nikolaus Bernoulli (1623–1708), pharmacien, a fui Anvers (en Belgique, *ndlt*) pour échapper aux persécutions religieuses et se réfugier finalement à Bâle, en Suisse. Il avait trois fils, Jakob I (également appelé Jacques), Nikolaus et Johann I (également nommé Jean). [Les chiffres romains sont ici utilisés pour distinguer les membres de la famille de mêmes noms (voir l'arbre généalogique).] Les frères Jakob I et Johann I Bernoulli sont souvent considérés comme les deux plus importants fondateurs du calcul différentiel après Newton et Leibniz. Jakob I était un mathématicien autodidacte. Son père le destinait au clergé, mais il s'est tourné vers les mathématiques et devint professeur à l'Université de Bâle en 1686. Lorsqu'il s'est mis à sa passion, il ne connaissait rien des travaux de Newton et de Leibniz. Il a fini par devenir familier avec ceux de Newton, mais, puisque seulement une infime partie de ceux de Leibniz étaient disponibles, Jakob est arrivé, de lui-même, à plusieurs résultats déjà obtenus par Leibniz.

Le plus jeune frère de Jakob, Johann I, est poussé par son père vers le commerce. Mais au lieu de cela, il se dirige vers la médecine et étudie les mathématiques auprès de son frère aîné. Il devint éventuellement professeur de mathématiques à Groningue, en Hollande, et succéda par la suite à son frère Jakob à la chaire de mathématiques de Bâle, lorsque Jakob meurt en 1705. Tout au long de leur vie, Jakob I et Johann I ne cessèrent de se critiquer mutuellement et cette agressivité dévastatrice dégénéra souvent en violentes confrontations. Leibniz a tenté de jouer le médiateur et s'est retrouvé empêtré dans ces conflits car Jakob, jaloux de l'intelligence supérieure de Leibniz, l'accusait de prendre le parti de Johann. Les frères Bernoulli ont souvent travaillé aux mêmes problèmes, se lançant mutuellement des défis. Johann, intéressé par la renommée, a agi sans scrupule en plusieurs occasions, s'attribuant l'originalité des travaux de son frère; Jakob a riposté à quelques reprises. Pour toutes ces raisons, il est difficile de déterminer à qui revient le crédit de certains résultats. Cependant, les deux hommes ont apporté une contribution significative à l'essor du calcul intégral. Jakob a également aidé à établir les principes fondamentaux des probabilités, dont la loi des grands nombres, pierre angulaire de la théorie moderne des probabilités.

Des autres membres de la famille Bernoulli, le plus connu est Daniel, fils de Johann I. D'abord professeur de mathématiques à l'Académie de Saint-Pétersbourg, en Russie, il a par la suite enseigné l'anatomie et la physique à l'Université de Bâle. Il s'est intéressé au calcul différentiel et aux probabilités, mais il est surtout connu pour ses travaux en physique. Le principe de Bernoulli, loi fondamentale de l'écoulement des fluides, a été nommé ainsi en son honneur. Il a remporté à dix reprises le prix annuel de l'Académie des sciences de Paris pour ses travaux sur les cordes vibrantes, les marées et la théorie cinétique des gaz.

Johann II a succédé à son père à la chaire de mathématiques de Bâle. Il a conduit des recherches sur la théorie de la chaleur et sur le son. Nikolaus I (Nicolas), mathématicien et spécialiste du droit, s'est intéressé aux probabilités et aux séries. Sur la recommandation de Leibniz, il obtint un poste de professeur de mathématiques à Padoue et rentra ensuite à Bâle pour y enseigner d'abord la logique et ensuite la loi. Nikolaus II a enseigné la jurisprudence en Suisse avant de devenir professeur de mathématiques à l'Académie de Saint-Pétersbourg. Johann III a enseigné les mathématiques et l'astronomie à Berlin, et Jakob II a succédé à son oncle Daniel au poste de professeur de mathématiques à l'Académie de Saint-Pétersbourg. Une famille incroyable!

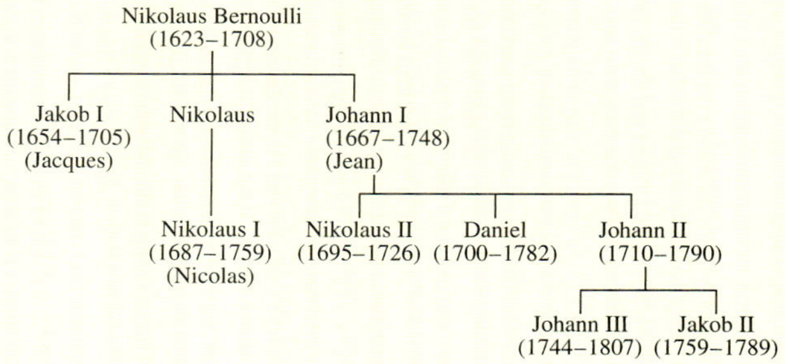

En juin 1696, Johann Bernoulli lançait un défi à ses pairs en posant le problème de la courbe brachistochrone. À priori, on peut penser que le fil doit suivre la ligne droite, puisqu'elle représente la plus courte distance entre P et Q. Cependant, la cycloïde inversée permet à la bille de tomber plus rapidement au départ et d'atteindre une vitesse suffisamment élevée pour parvenir à Q en un temps plus court, même si elle doit parcourir une plus grande distance. Le problème a été résolu par Newton et Leibniz ainsi que par Johann Bernoulli et son frère aîné Jakob; il avait été formulé et résolu *incorrectement* auparavant par Galilée, qui croyait que la réponse était un arc circulaire.

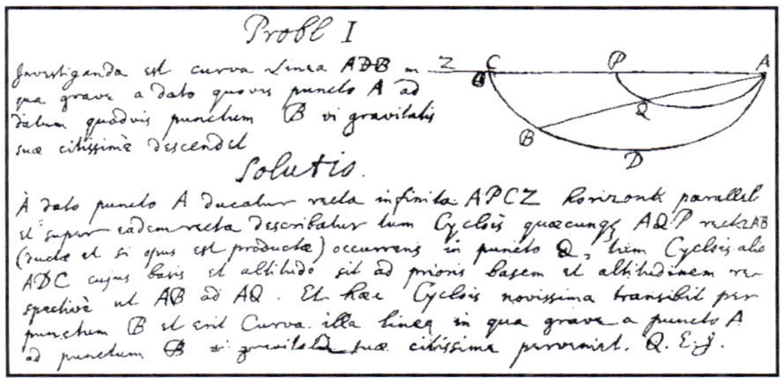
Probl I
Investiganda est curva linea ADB in qua grave a dato quovis puncto A ad datum quodvis punctum B vi gravitatis suae citissime descendet
Solutio.
A dato puncto A ducatur recta infinita APCZ horizonti parallela et super eadem recta describatur tum Cyclois quaecunque AQP rectae AB (ductae et si opus est productae) occurrens in puncto Q, tum Cyclois alia ADC cujus basis et altitudo sit ad prioris basem et altitudinem respective ut AB ad AQ. Et haec Cyclois novissima transibit per punctum B et erit Curva illa linea in qua grave a puncto A ad punctum B vi gravitatis suae citissime perveniet. Q. E. I.

Solution écrite de la main de Newton au problème de la courbe brachistochrone.

✔ VÉRIFICATION EXPRESS 1.8

(*Réponses à la page 100.*)

1. Écrire les équations paramétriques d'un cercle de rayon 2 centré à (3; 5).
2. Écrire les équations paramétriques de l'ellipse suivante :
$$\frac{x^2}{a^2} + \frac{y^2}{b^2} = 1$$
3. La courbe définie par les équations paramétriques $x = 4t - 1$, $y = 3t + 2$ est une droite de pente ______ dont l'ordonnée à l'origine est ______.
4. Une courbe paramétrique C est définie par les équations $x = f(t)$, $y = g(t)$ pour $0 \leq t \leq 1$. Trouver les équations paramétriques de C qui inversent le sens du tracé de la courbe lorsque le paramètre augmente de 0 à 1.
5. Si f est une fonction bijective, la courbe $y = f^{-1}(x)$ a pour équations paramétriques $x =$ ______ et $y = t$.

SÉRIE D'EXERCICES 1.8

Outil graphique

1. (a) Éliminer le paramètre et tracer, pour l'intervalle de temps $0 \leq t \leq 5$, la trajectoire du mouvement d'une particule décrite par les équations paramétriques suivantes :
$$x = t - 1, \quad y = t + 1$$
   (b) Indiquer le sens du mouvement sur le tracé.
   (c) Construire un tableau des coordonnées x et y de la particule aux temps $t = 0; 1; 2; 3; 4; 5$.
   (d) Sur la courbe, indiquer d'un point les positions de la particule aux temps donnés en (c) et inscrire près de chaque point la valeur correspondante de t.
2. (a) Éliminer le paramètre et tracer, pour l'intervalle de temps $0 \leq t \leq 1$, la trajectoire de la particule décrite par les équations paramétriques suivantes :
$$x = \cos(\pi t), \quad y = \sin(\pi t)$$
   (b) Indiquer le sens du mouvement sur le tracé.
   (c) Construire un tableau des coordonnées x et y de la particule aux temps $t = 0; 0{,}25; 0{,}5; 0{,}75$ et 1.
   (d) Sur la courbe, indiquer d'un point les positions de la particule aux temps donnés en (c) et inscrire près de chaque point la valeur correspondante de t.

3–12 Tracer la courbe après avoir éliminé le paramètre et préciser le sens de t croissant.

3. $x = 3t - 4, \ y = 6t + 2$
4. $x = t - 3, \ y = 3t - 7 \quad (0 \leq t \leq 3)$
5. $x = 2\cos t, \ y = 5\sin t \quad (0 \leq t \leq 2\pi)$
6. $x = \sqrt{t}, \ y = 2t + 4$
7. $x = 3 + 2\cos t, \ y = 2 + 4\sin t \quad (0 \leq t \leq 2\pi)$
8. $x = \sec t, \ y = \tan t \quad \left(\pi \leq t < \frac{3\pi}{2}\right)$
9. $x = \cos 2t, \ y = \sin t \quad \left(-\frac{\pi}{2} \leq t \leq \frac{\pi}{2}\right)$
10. $x = 4t + 3, \ y = 16t^2 - 9$

11. $x = 2\sin^2 t,\ \ y = 3\cos^2 t \quad \left(0 \le t \le \frac{\pi}{2}\right)$

12. $x = \sec^2 t,\ \ y = \tan^2 t \quad \left(-\frac{\pi}{2} < t < \frac{\pi}{2}\right)$

13–18 Écrire les équations paramétriques de la courbe et valider vos réponses en la traçant à l'aide d'un outil graphique.

13. Un cercle de rayon 5, centré à l'origine et de sens horaire.

14. La portion du cercle $x^2 + y^2 = 1$ logée dans le troisième quadrant, dans le sens antihoraire.

15. Une droite verticale qui coupe l'axe des x à $x = 2$, orientée vers le haut.

16. L'ellipse $\frac{x^2}{4} + \frac{y^2}{9} = 1$, dans le sens antihoraire.

17. La portion de la parabole $x = y^2$ comprise entre $(1; -1)$ et $(1; 1)$, tracée de bas en haut.

18. Le cercle de rayon 4, centré à $(1; -3)$, dans le sens antihoraire.

19. (a) À l'aide d'un outil graphique, tracer la trajectoire d'une particule décrite dans l'intervalle $0 \le t \le 5$ par les équations paramétriques suivantes :
$$x = 6t - \tfrac{1}{2}t^3, \qquad y = 1 + \tfrac{1}{2}t^2$$
(b) Construire un tableau des coordonnées x et y de la particule aux temps $t = 0; 1; 2; 3; 4; 5$.
(c) À quel moment la particule touche-t-elle l'axe des y?
(d) Dans quel intervalle de temps a-t-on $y < 5$?
(e) À quel moment la coordonnée x de la particule atteint-elle un maximum?

20. (a) À l'aide d'un outil graphique, tracer la trajectoire d'un avion en papier, décrite pour $t \ge 0$ par les équations paramétriques suivantes :
$$x = t - 2\sin t, \qquad y = 3 - 2\cos t$$
(b) Si l'avion vole dans une pièce dont le plancher est à $y = 0$, expliquer pourquoi l'avion ne s'écrase pas au plancher. [Pour simplifier, considérer l'avion comme une particule et ignorer ses dimensions physiques.]
(c) À quelle hauteur doit se trouver le plafond pour que l'avion vole sans s'y fracasser et sans même le toucher?

21–22 Tracer la courbe de l'équation à l'aide d'un outil graphique.

21. (a) $x = y^2 + 2y + 1$
(b) $x = \sin y,\ -2\pi \le y \le 2\pi$

22. (a) $x = y + 2y^3 - y^5$
(b) $x = \tan y,\ -\frac{\pi}{2} < y < \frac{\pi}{2}$

23. (a) Éliminer le paramètre et montrer que les équations suivantes représentent la droite passant par les points $(x_0; y_0)$ et $(x_1; y_1)$:
$$x = x_0 + (x_1 - x_0)t, \qquad y = y_0 + (y_1 - y_0)t$$
(b) Montrer que si $0 \le t \le 1$, alors les équations de la partie (a) représentent le segment de droite qui relie $(x_0; y_0)$ et $(x_1; y_1)$, orienté de $(x_0; y_0)$ vers $(x_1; y_1)$.
(c) Utiliser (b) pour écrire les équations paramétriques du segment de droite reliant les points $(1; -2)$ et $(2; 4)$, orienté de $(1; -2)$ vers $(2; 4)$.
(d) Utiliser (b) pour écrire les équations paramétriques du segment de droite décrit en (c), mais orienté de $(2; 4)$ vers $(1; -2)$.

24. En référant à l'exercice 23, écrire
(a) les équations paramétriques du segment de droite qui relie $(-3; -4)$ et $(-5; 1)$, orienté de $(-3; -4)$ à $(-5; 1)$;
(b) les équations paramétriques du segment de droite qui relie $(0; b)$ et $(a; 0)$, orienté de $(0; b)$ à $(a; 0)$.

25. (a) Un segment de droite reliant les points $P(x_0; y_0)$ et $Q(x_1; y_1)$ a pour équations paramétriques
$$x = x_0 + (x_1 - x_0)t, \qquad y = y_0 + (y_1 - y_0)t \qquad (0 \le t \le 1)$$
Si $R(x, y)$ représente un point du segment correspondant à une valeur donnée de t (figure Ex-25), montrer que $t = \frac{r}{q}$, où r correspond à la distance qui sépare P de R et q, la distance qui sépare P de Q.
(b) Quelle valeur de t donne le point médian entre P et Q?
(c) Quelle valeur de t donne le point situé aux trois-quarts du segment PQ, partant de P?

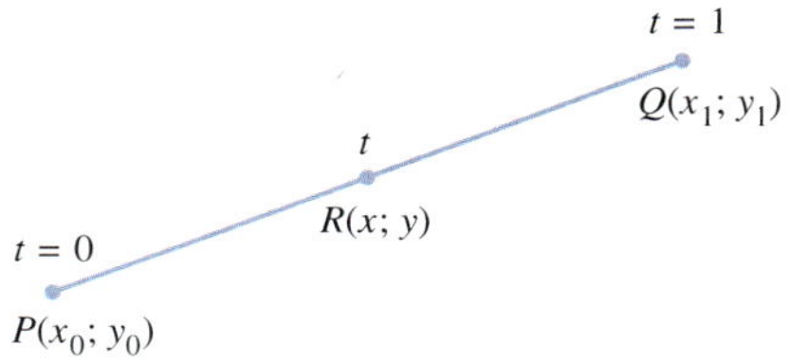

Figure Ex-25

26. Écrire les équations paramétriques du segment de droite reliant $P(2; -1)$ et $Q(3; 1)$ et, en vous référant à l'exercice 25, trouver
(a) le point médian entre P et Q;
(b) le point situé au quart du parcours tracé de P vers Q;
(c) le point situé aux trois-quarts du parcours tracé de P vers Q.

JONGLONS AVEC LES CONCEPTS

27. Dans chaque cas, associer aux équations paramétriques données l'une des courbes numérotées (I) à (VI) et expliquer votre choix.
(a) $x = \sqrt{t},\ y = \sin 3t$ (b) $x = 2\cos t,\ y = 3\sin t$
(c) $x = t\cos t,\ y = t\sin t$
(d) $x = \dfrac{3t}{1+t^3},\ y = \dfrac{3t^2}{1+t^3}$
(e) $x = \dfrac{t^3}{1+t^2},\ y = \dfrac{2t^2}{1+t^2}$
(f) $x = \frac{1}{2}\cos t,\ y = \sin 2t$

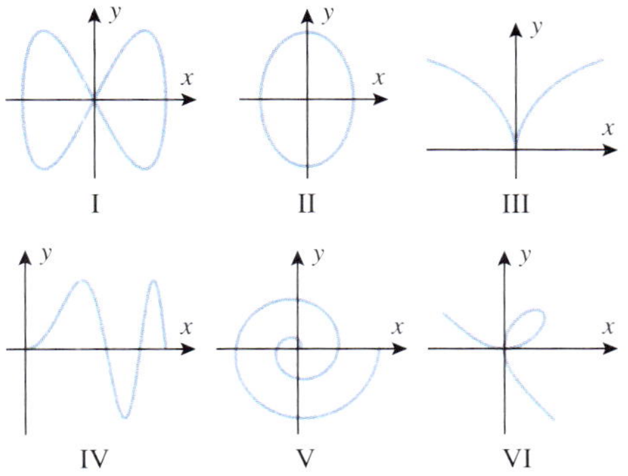

Figure Ex-27

28. À l'aide d'un outil graphique, produire les courbes de l'exercice 27 en indiquant chaque fois l'orientation.

29. Expliquer pourquoi l'orientation de la courbe paramétrique ci-dessous n'est pas définie :

$$x = t^2, \quad y = t^4 \qquad (-1 \le t \le 1)$$

30. (a) À l'exercice 23, parties (a) et (b), nous avons obtenu les équations paramétriques d'un segment de droite pour un paramètre t compris entre $t = 0$ et $t = 1$. Il peut être utile de définir les équations paramétriques d'un segment dont le paramètre évolue dans un autre intervalle, disons $t_0 \le t \le t_1$. En référant à l'exercice 23, montrer que les équations paramétriques du segment de droite reliant les points $(x_0; y_0)$ et $(x_1; y_1)$ peuvent prendre la forme suivante :

$$x = x_0 + (x_1 - x_0)\frac{t - t_0}{t_1 - t_0}, \qquad (t_0 \le t \le t_1)$$
$$y = y_0 + (y_1 - y_0)\frac{t - t_0}{t_1 - t_0}$$

(b) Dans quel sens le segment de droite est-il orienté?

(c) Écrire les équations paramétriques qui décrivent le segment de droite tracé de (3; -1) à (1; 4) lorsque t varie de 1 à 2 et valider votre réponse à l'aide d'un outil graphique.

31. (a) Éliminer le paramètre pour montrer que si a et c ne sont pas tous les deux nuls, alors la courbe des équations paramétriques ci-dessous est un segment de droite :

$$x = at + b, \quad y = ct + d \qquad (t_0 \le t \le t_1)$$

(b) Tracer la courbe paramétrique décrite par les équations ci-dessous et préciser l'orientation :

$$x = 2t - 1, \quad y = t + 1 \qquad (1 \le t \le 2)$$

32. (a) Que peut-on dire du segment décrit à l'exercice 31 si a ou c (mais pas les deux) est nul?

(b) À quoi correspondent les équations si a et c sont tous deux nuls?

33–36 À l'aide d'un outil graphique et des équations paramétriques données, tracer les courbes de f et de f^{-1} en les affichant sur le même écran.

33. $f(x) = x^3 + 0{,}2x - 1, \quad -1 \le x \le 2$

34. $f(x) = \sqrt{x^2 + 2} + x, \quad -5 \le x \le 5$

35. $f(x) = \cos(\cos 0{,}5x), \quad 0 \le x \le 3$

36. $f(x) = x + \sin x, \quad 0 \le x \le 6$

37. On peut définir les courbes paramétriques par parties en utilisant des équations différentes pour des valeurs différentes du paramètre. Tracer la courbe définie par parties par les équations paramétriques suivantes :

$$\begin{cases} x = 2t, \quad y = 4t^2 & \left(0 \le t \le \frac{1}{2}\right) \\ x = 2 - 2t, \quad y = 2t & \left(\frac{1}{2} \le t \le 1\right) \end{cases}$$

38. Écrire les équations paramétriques du rectangle de la figure Ex-38, s'il est tracé dans le sens antihoraire pendant que t varie de 0 à 1, si le point de départ est $\left(\frac{1}{2}; \frac{1}{2}\right)$ à $t = 0$. [*Indice :* Représenter le rectangle par parties, en faisant varier t de 0 à $\frac{1}{4}$ pour le premier côté, de $\frac{1}{4}$ à $\frac{1}{2}$ pour le deuxième côté, et ainsi de suite.]

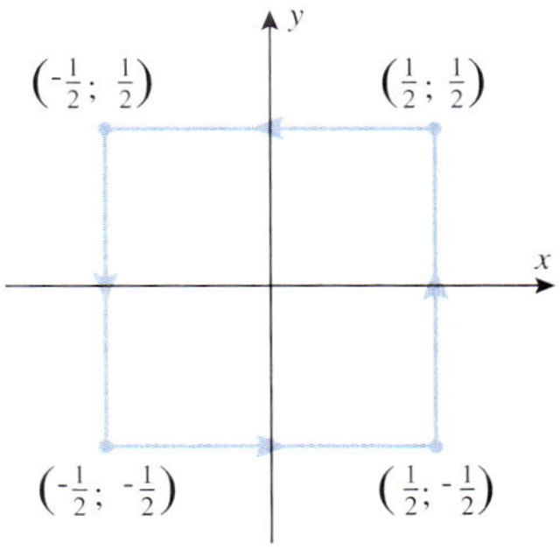

Figure Ex-38

39. (a) Écrire les équations paramétriques de l'ellipse centrée à l'origine qui coupe les axes aux points suivants : (4; 0), (-4; 0), (0; 3) et (0; -3).

(b) Écrire les équations paramétriques de l'ellipse obtenue par translation de l'ellipse de la partie (a) vers le nouveau centre (-1; 2).

(c) Confirmer les réponses données en (a) et (b) à l'aide d'un outil graphique.

40. Si un projectile est tiré du niveau du sol à une vitesse initiale de v_0 mètres par seconde, formant un angle α avec l'horizontale, et si la résistance de l'air est négligeable, alors sa position relative au système de coordonnées de la figure Ex-40 après t secondes est donnée par

$$x = (v_0 \cos\alpha)t, \quad y = (v_0 \sin\alpha)t - \tfrac{1}{2}gt^2$$

où $g \approx 9{,}8$ m/s^2.

(a) En éliminant le paramètre, montrer que la trajectoire décrit une parabole.

(b) Tracer la trajectoire pour le cas où $\alpha = 30°$ et $v_0 = 1000$ m/s.

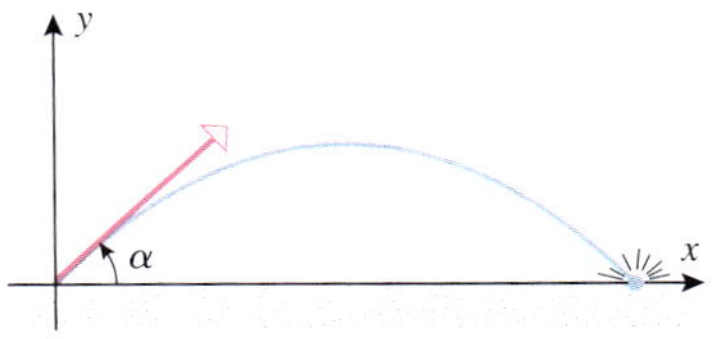

Figure Ex-40

41. Un canon tire un obus avec un angle $\alpha = 45°$ et avec une vitesse initiale $v_0 = 800$ m/s.

(a) Écrire les équations paramétriques de la trajectoire de l'obus, dans le système de coordonnées de la figure Ex-40.

(b) À quelle hauteur l'obus monte-t-il?

(c) Quelle distance horizontale l'obus parcourt-il?

42. Un robot industriel, conçu pour polir les surfaces de carrosserie d'une automobile, comporte deux bras reliés l'un à l'autre : le premier fait des mouvements de va-et-vient horizontaux et le second, doté d'un coussinet de polissage à son extrémité, oscille de haut en bas (figure Ex-42).

(a) Le bras horizontal du robot se déplace de sorte que la coordonnée x du centre du polissoir au temps t est $x = 25 \sin \pi t$ et le bras vertical se déplace de sorte que la coordonnée y du centre du polissoir au temps t est $y = 12{,}5 \sin \pi t$. Tracer la trajectoire du centre du coussinet de polissage.

(b) Si les coordonnées x et y de la partie (a) sont $x = 25 \sin \pi a t$ et $y = 12{,}5 \sin \pi b t$, où les constantes a et b peuvent être contrôlées en programmant le bras robotisé, tracer la trajectoire du centre du coussinet lorsque $a = 4$ et $b = 5$.

(c) Explorer les trajectoires décrites en (b) pour différentes valeurs de a et b.

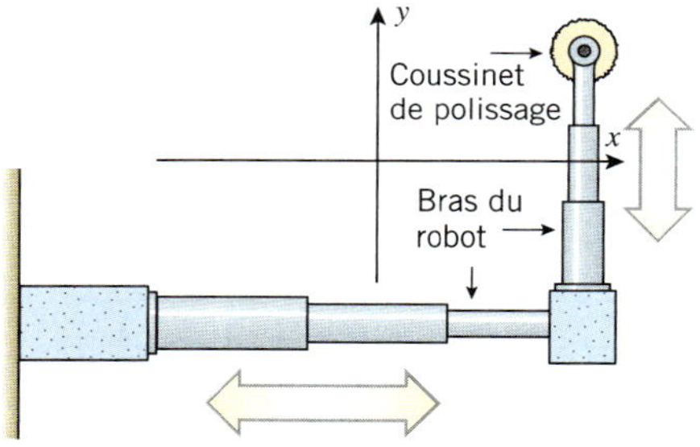

Figure Ex-42

43. Décrire la famille de courbes définie par les équations paramétriques suivantes :

$$x = a \cos t + h, \quad y = b \sin t + k \qquad (0 \le t \le 2\pi)$$

(a) si h et k sont fixes, mais a et b peuvent varier;

(b) si a et b sont fixes, mais h et k peuvent varier;

(c) si $a = 1$ et $b = 1$, mais h et k varient selon $h = k + 1$.

44. Une ***hypocycloïde*** est une courbe tracée par un point P sur la circonférence d'un cercle qui roule dans un grand cercle fixe. Posons a, le rayon du cercle fixe et b, le rayon du cercle en mouvement. Si ϕ représente l'angle illustré à la figure Ex-44 et si le point P est à $(a, 0)$ lorsque $\phi = 0$, montrer que l'hypocycloïde obtenue est décrite par les équations paramétriques suivantes :

$$x = (a - b) \cos \phi + b \cos\left(\frac{a-b}{b}\phi\right)$$

$$y = (a - b) \sin \phi - b \sin\left(\frac{a-b}{b}\phi\right)$$

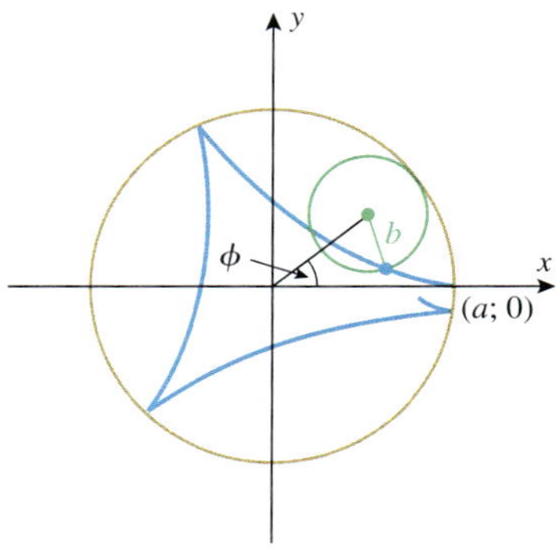

Figure Ex-44

45. Si $b = \frac{1}{4}a$ dans le cas décrit à l'exercice 44, alors la courbe résultante est une hypocycloïde à quatre rebroussements.

(a) Esquisser cette courbe.

(b) Montrer que cette courbe peut être décrite avec les équations paramétriques suivantes :

$$x = a \cos^3 \phi, \quad y = a \sin^3 \phi$$

(c) Montrer qu'en coordonnées rectangulaires, la courbe est donnée par l'équation

$$x^{\frac{2}{3}} + y^{\frac{2}{3}} = a^{\frac{2}{3}}$$

46. (a) À l'aide d'un outil graphique, étudier les variantes des courbes de la famille décrite par les équations ci-dessous lorsque a varie de 0 à 5 :

$$x = 2a \cos^2 t, \quad y = 2a \cos t \sin t \qquad (-2\pi < t < 2\pi)$$

(b) Confirmer algébriquement vos conclusions.

(c) Écrire un court paragraphe pour décrire le rôle que joue le paramètre a dans cette famille.

✔ VÉRIFICATION EXPRESS 1.8 – RÉPONSES

1. $x = 3 + 2\cos t$, $y = 5 + 2\sin t$ $(0 \le t \le 2\pi)$ **2.** $x = a\cos t$, $y = b \sin t$ $(0 \le t \le 2\pi)$ **3.** $\frac{3}{4}$; 2,75
4. $x = f(1 - t)$, $y = g(1 - t)$ **5.** $f(t)$

EXERCICES RÉCAPITULATIFS

Outil graphique

1. Tracer la courbe de la fonction f définie par

$$f(x) = \begin{cases} -1, & x \leq -5 \\ \sqrt{25 - x^2}, & -5 < x < 5 \\ x - 5, & x \geq 5 \end{cases}$$

2. Utiliser le graphique des fonctions f et de g de la figure Ex-2 pour répondre aux questions suivantes :

(a) Trouver les valeurs de $f(-2)$ et $g(3)$.

(b) Pour quelles valeurs de x a-t-on $f(x) = g(x)$?

(c) Pour quelles valeurs de x a-t-on $f(x) < 2$?

(d) Quels sont le domaine et l'image de f?

(e) Quels sont le domaine et l'image de g?

(f) Trouver les zéros de f et g.

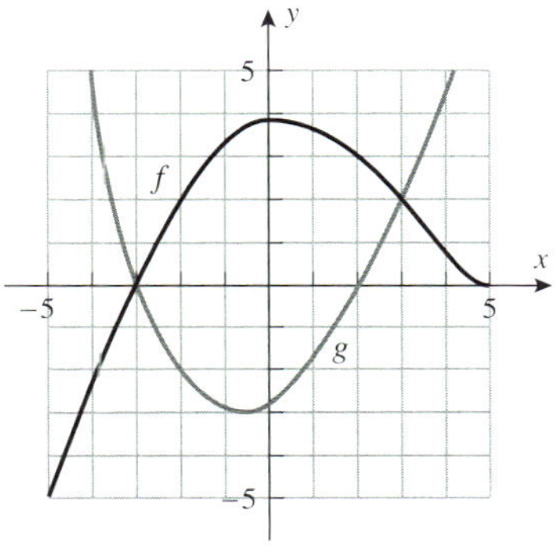

Figure Ex-2

3. Un verre rempli d'eau à 4 °C est placé dans une pièce dont la température est maintenue constante à 21 °C. Tracer une courbe approximative représentant la température de l'eau dans le verre en fonction du temps écoulé.

4. Vous voulez peindre le dessus d'une table ronde. Écrire une équation donnant la quantité de peinture requise en fonction du rayon de la table et discuter des suppositions que vous avez faites pour obtenir cette équation.

5. Une boîte de rangement rectangulaire, de base carrée et ouverte sur le dessus contient un volume de 8 mètres cubes. Le matériau utilisé pour la base coûte 5 \$ le mètre carré et celui qui sert pour les côtés coûte 2 \$ le mètre carré.

(a) Trouver une équation qui exprime le coût total des matériaux utilisés en fonction de la longueur d'un côté de la base.

(b) Quel est le domaine de la fonction de coût obtenue en (a)?

6. Une balle de 5 cm de rayon est enduite d'une couche de plastique uniforme.

(a) Exprimer le volume du plastique en fonction de son épaisseur.

(b) Quel est le domaine de la fonction obtenue en (a) pour le volume?

7. On fabrique une boîte fermée à partir d'une pièce de carton de 1,8 m par 3 m, en découpant quatre carrés d'égales grandeurs (figure Ex-7), en repliant le carton le long du pointillé et en insérant les deux panneaux excédentaires à l'intérieur de la boîte.

(a) Établir une équation exprimant le volume de la boîte en fonction de la longueur des côtés des carrés découpés.

(b) Écrire une inégalité spécifiant le domaine de la fonction obtenue en (a).

(c) Utiliser la courbe de la fonction du volume pour estimer les dimensions requises afin d'avoir une boîte ayant le plus grand volume.

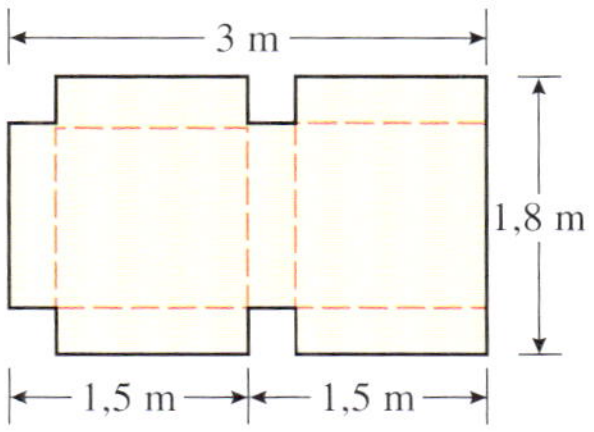

Figure Ex-7

8. Soit C, la courbe de $y = \frac{1}{x}, x > 0$.

(a) Exprimer la distance qui sépare le point $P(1; 0)$ d'un point Q appartenant à la courbe C, en fonction de la coordonnée x de Q.

(b) Quel est le domaine de la fonction distance obtenue en (a)?

(c) À partir de la courbe de la fonction distance obtenue en (a), estimer les coordonnées du point Q de C le plus rapproché de P.

9. Tracer la courbe d'équation $x^2 - 4y^2 = 0$.

10. Générer la courbe $f(x) = x^4 - 24x^3 - 25x^2$ dans deux fenêtres de visualisation qui montrent des propriétés différentes de f. Identifier ces fenêtres et indiquer une caractéristique de f qui ressort clairement dans chaque fenêtre.

11. Compléter le tableau suivant :

x	-4	-3	-2	-1	0	1	2	3	4
$f(x)$	0	-1	2	1	3	-2	-3	4	-4
$g(x)$	3	2	1	-3	-1	-4	4	-2	0
$(f \circ g)(x)$									
$(g \circ f)(x)$									

12. Soit $f(x) = -x^2$ et $g(x) = \frac{1}{\sqrt{x}}$. Écrire les équations de $f \circ g$ et de $g \circ f$ et préciser le domaine associé à chaque fonction composée.

13. Soit les fonctions f et g définies par $f(x) = x^2 + 1$ et par $g(x) = 3x + 2$. Trouver toutes les valeurs de x telles que $f(g(x)) = g(f(x))$.

14. Soit $f(x) = \frac{2x-1}{x+1}$ et $g(x) = \frac{1}{x-1}$.

(a) Déterminer $f(g(x))$.

(b) Le domaine naturel de la fonction h définie par $h(x) = \frac{3-x}{x}$ est-il le même que le domaine de $f \circ g$? Expliquer.

15. Soit

$$f(x) = \frac{x}{x-1}, \quad g(x) = \frac{1}{x}, \quad h(x) = x^2 - 1$$

Écrire une équation pour $f \circ g \circ h$ et préciser le domaine de cette composée de fonctions.

16. Soit $f(x) = 2x + 1$ et $h(x) = 2x^2 + 4x + 1$. Trouver une fonction g telle que $f(g(x)) = h(x)$.

17. Dans chaque cas, indiquer si la fonction est paire, impaire ou ni l'une ni l'autre.
(a) $x^2 \sin x$ (b) $\sin^2 x$ (c) $x + x^2$ (d) $\sin x \tan x$

18. (a) Trouver une équation décrivant la courbe obtenue par réflexion par rapport à l'axe des y de la courbe d'équation $y = |x - 1|$; étirer ensuite la courbe obtenue verticalement par un facteur 2, la décaler vers le bas de 3 unités et la réfléchir par rapport à l'axe des x.
(b) Tracer la courbe originale et la courbe finale.

19. Dans chaque cas, décrire la famille de courbes.
(a) $(x - a)^2 + (y - a^2)^2 = 1$
(b) $y = a + (x - 2a)^2$

20. Écrire l'équation d'une parabole qui passe par les points (2; 0), (8; 18) et (-8; 18).

21. La température minimale (en °C) attendue à Yellowknife, Territoires du Nord-Ouest, est modélisée par l'équation suivante :

$$T = 10 \sin \frac{2\pi}{365}(t - 101) + 3{,}9$$

où t est en jours et $t = 0$ correspond au 1er janvier.
(a) Esquisser la courbe de T en fonction de t pour $0 \leq t \leq 365$.
(b) Utiliser le modèle pour prédire la date du jour le plus froid de l'année.
(c) D'après ce modèle, combien de jours durant l'année la température descendra-t-elle sous 0 °C?

22. La figure Ex-22 illustre, sur une période de 24 heures, un modèle de variation des marées de la rivière aux Feuilles, dans la baie d'Ungava au Québec. Écrire une équation de la forme $y = y_0 + y_1 \sin(at + b)$ pour ce modèle, en considérant que $t = 0$ à minuit.

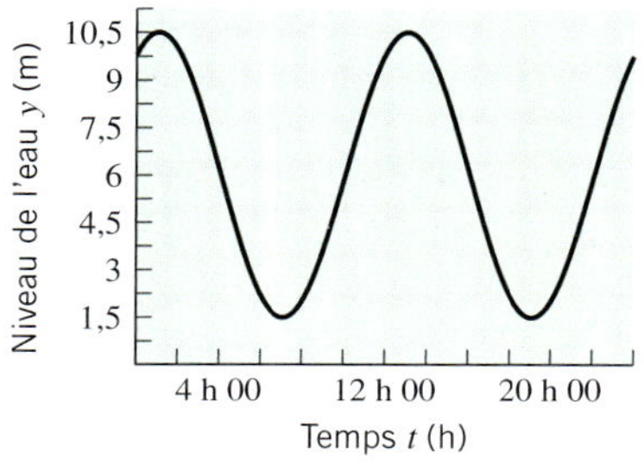

Figure Ex-22

23. La figure Ex-23 montre les courbes des équations $y = 1 + 2\sin x$ et $y = 2\sin\left(\frac{x}{2}\right) + 2\cos\left(\frac{x}{2}\right)$ dans l'intervalle $-2\pi \leq x \leq 2\pi$. Sans l'aide d'un outil de calcul, associer chacune des courbes à son équation et trouver les coordonnées des points A, B, C et D. Expliquer votre démarche.

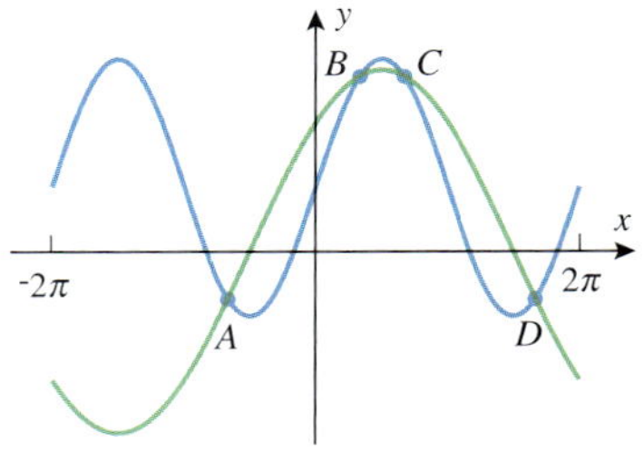

Figure Ex-23

24. L'équation ci-dessous décrit la résistance électrique R en ohms (Ω) d'un fil de métal pur en fonction de sa température T en °C :

$$R = R_0(1 + kT)$$

où R_0 et k sont des constantes positives.
(a) Esquisser à la main la courbe de R en fonction de T et donner la signification géométrique de R_0 et de k sur votre courbe.
(b) En théorie, la résistance R d'un fil de métal pur tombe à zéro lorsque la température atteint le zéro absolu ($T = -273$ °C). Qu'est-ce que cela vous dit à propos de k?
(c) Le filament de tungstène d'une ampoule a une résistance de 1,1 Ω à 20 °C. Qu'est-ce que cela dit de la valeur de R_0?
(d) À quelle température la résistance du filament de tungstène sera-t-elle de 1,5 Ω?

25. (a) Donner les conditions nécessaires pour que deux fonctions, f et g, soient l'inverse l'une de l'autre et donner des exemples de fonctions répondant à ces critères.
(b) Décrire en mots la relation qui existe entre les courbes de $y = f(x)$ et $y = g(x)$ lorsque f et g sont des fonctions inverses.
(c) Quelle relation unit les domaines et les images des fonctions inverses f and g?
(d) Quelle condition doit être remplie pour qu'il existe un inverse d'une fonction f? Donner des exemples de fonctions qui n'ont pas d'inverse.

26. (a) À quelles restrictions doivent être assujettis les domaines de $\sin x$, $\cos x$, $\tan x$ et $\sec x$ si l'on veut que ces fonctions soient bijectives dans les définitions de $\sin^{-1} x$, $\cos^{-1} x$, $\tan^{-1} x$ et $\sec^{-1} x$?
(b) Tracer les courbes des fonctions trigonométriques restreintes décrites en (a) et celles de leurs inverses.

27. Dans chaque cas, écrire $f^{-1}(x)$ lorsque l'inverse de la fonction existe.
(a) $f(x) = 8x^3 - 1$ (b) $f(x) = x^2 - 2x + 1$
(c) $f(x) = (e^x)^2 + 1$ (d) $f(x) = \dfrac{x+2}{x-1}$

(e) $f(x) = \sin\left(\dfrac{1-2x}{x}\right), \quad \dfrac{2}{4+\pi} \le x \le \dfrac{2}{4-\pi}$

(f) $f(x) = \dfrac{1}{1+3\tan^{-1} x}$

28. Soit $f(x) = \frac{ax+b}{cx+d}$. Quelles conditions doit-on imposer à a, b, c et d pour que f^{-1} existe? Trouver $f^{-1}(x)$.

29. Dans chaque cas, donner la valeur numérique exacte de l'expression.

(a) $\cos\left[\cos^{-1}\left(\dfrac{4}{5}\right) + \sin^{-1}\left(\dfrac{5}{13}\right)\right]$

(b) $\sin\left[\sin^{-1}\left(\dfrac{4}{5}\right) + \cos^{-1}\left(\dfrac{5}{13}\right)\right]$

30. Dans chaque cas, tracer la courbe et valider ensuite votre travail à l'aide d'un outil graphique.

(a) $f(x) = 3\sin^{-1}(\frac{x}{2})$
(b) $f(x) = \cos^{-1} x - \frac{\pi}{2}$
(c) $f(x) = 2\tan^{-1}(-3x)$
(d) $f(x) = \cos^{-1} x + \sin^{-1} x$

31. On trace la courbe de $y = \log x$ en utilisant des échelles identiques de 1 cm par unité sur les deux axes de coordonnées. Si un insecte se déplace le long de la courbe, à combien de kilomètres à droite de l'origine se trouvera l'insecte lorsqu'il atteindra 1,5 m au-dessus de l'axe des x?

32. On trace la courbe d'équation $y = 10^x$ en utilisant des échelles identiques de 1 cm par unité sur les deux axes. Si un insecte se déplace le long de la courbe, à combien de kilomètres à droite de l'origine se trouvera l'insecte lorsqu'il atteindra la hauteur de 150 km au-dessus de l'axe des x?

33. Exprimer l'expression suivante par une expression rationnelle de x :

$$3\ln\left(e^{2x}(e^x)^3\right) + 2\exp(\ln 1)$$

34. Soit $y = Ce^{kt}$, où C et k sont des constantes. Posons $Y = \ln y$. Montrer que la courbe de Y en fonction du temps t est une droite et donner la pente et l'ordonnée à l'origine de cette droite.

35. (a) Tracer les courbes $y = \pm e^{-\frac{x}{2}}$ et $y = e^{-\frac{x}{2}}\sin 2x$ dans l'intervalle $-\frac{\pi}{2} \le x \le \frac{3\pi}{2}$ sur le même système d'axes et valider ensuite votre travail à l'aide d'un outil graphique.

(b) Trouver toutes les intersections de la courbe $y = e^{-\frac{x}{2}}\sin 2x$ avec l'axe des x dans l'intervalle donné et trouver les coordonnées x de tous les points où cette courbe croise les courbes $y = \pm e^{-\frac{x}{2}}$.

36. On largue un colis de produits médicaux dans une région isolée à partir d'un hélicoptère en vol, en laissant tomber le colis muni d'un parachute directement vers le sol. La vitesse v (en mètres par seconde) du colis t secondes après le largage est donnée par $v = 7{,}38(1 - e^{-1{,}3t})$.

(a) Tracer la courbe de v en fonction de t.
(b) Montrer que la courbe a une asymptote à $v = c$.
(c) La constante c est appelée ***vitesse limite.*** Expliquer ce que représente la vitesse limite en pratique.
(d) Le colis pourra-t-il atteindre la vitesse limite? Expliquer.
(e) Combien de temps faut-il pour que le colis atteigne 98 % de sa vitesse limite?

37. Un groupe de 20 moutons élevés pour la reproduction est relâché dans une zone protégée quelque part dans la région de l'Estrie. On espère qu'avec une gestion attentionnée, le nombre de moutons N, après t années, atteindra

$$N = \frac{220}{1 + 10(0{,}83^t)}$$

On s'attend aussi à ce qu'une population de 80 individus puisse se maintenir d'elle-même, sans supervision.

(a) Tracer la courbe de N en fonction de t.
(b) Combien d'années le ministère de l'Agriculture des Pêcheries et de l'Alimentation devra-t-il maintenir un programme de soutien aux moutons?
(c) Combien de moutons l'environnement de la zone protégée peut-il supporter? [*Indice :* Examiner la courbe de N en fonction de t pour les grandes valeurs de t.]

38. La température d'un four préchauffé est maintenue constante. On y place une pomme de terre pour la cuire et on suppose que sa température T (en °C), t minutes plus tard, est de $T = 205 - 163(0{,}974^t)$. La pomme de terre sera à point lorsque sa température se situera entre 127 °C et 138 °C.

(a) Dans quel intervalle de temps la pomme de terre sera-t-elle à point?
(b) Combien de temps faut-il pour que la différence des températures du four et de la pomme de terre soit réduite de moitié?

39. (a) Montrer que les courbes de $y = \ln x$ et $y = x^{0,2}$ se croisent.

(b) Trouver le(s) solution(s) approximatives de $\ln x = x^{0,2}$ à trois décimales près.

40. (a) Montrer que pour $x > 0$ et $k \ne 0$, les équations ci-dessous ont les mêmes solutions :

$$x^k = e^x \quad \text{et} \quad \frac{\ln x}{x} = \frac{1}{k}$$

(b) Utiliser la courbe de $y = \frac{\ln x}{x}$ pour déterminer les valeurs de k pour lesquelles l'équation $x^k = e^x$ a deux solutions positives distinctes.

(c) Estimer la ou les racines positives de $x^8 = e^x$.

41. Le calcul différentiel est particulièrement efficace pour faire une approximation linéaire d'une fonction $f(x)$ proche d'une valeur particulière de x. On peut également procéder par la méthode qui suit (pas la meilleure) pour résoudre ce genre de problème : on échantillonne des valeurs de la fonction proche du x donné, on trouve la droite des moindres carrés de ces données et on décale cette droite pour qu'elle passe par le point de la courbe $y = f(x)$ correspondant au x donné. Soit $f(x) = x^2 \sin x$.

(a) Construire un tableau de valeurs de $(x; f(x))$ pour $x = 1{,}9;\ 1{,}92;\ 1{,}94;\ \ldots;\ 2{,}1$.

(b) Trouver la droite des moindres carrés correspondant aux données de la partie (a).

(c) Trouver une équation de la droite passant par le point $(2; f(2))$ et qui soit parallèle à la droite des moindres carrés.

(d) À l'aide d'un outil graphique, choisir une fenêtre qui contient $(2; f(2))$, tracer $y = f(x)$ et la droite trouvée en (c). Comment les courbes se comparent-elles à mesure que vous grossissez le plan sur le point $(2; f(2))$?

[*Note :* La meilleure approximation linéaire de $y = x^2 \sin x$ près de $x = 2$ est donnée par $y \approx 1{,}9726x - 0{,}308015$. Nous verrons plus loin comment utiliser le calcul différentiel pour trouver cette réponse.]

42. On peut élargir les horizons de l'approximation linéaire en trouvant une bonne approximation polynomiale de la fonction f proche d'une valeur de x particulière. On peut procéder par la méthode qui suit (pas la meilleure) pour résoudre ce genre de problème : on échantillonne des valeurs de la fonction proche du x donné, on applique une régression polynomiale à ces données et on déplace la courbe de régression pour qu'elle passe par le point de la courbe $y = f(x)$ correspondant au x donné. Soit $f(x) = \cos x$.

(a) Construire un tableau de valeurs de $(x, f(x))$ pour $x = \text{-}0{,}1; \text{-}0{,}08; \text{-}0{,}06; \ldots; 0{,}1$.

(b) Utiliser la régression quadratique pour modéliser les données de la partie (a) par un polynôme quadratique.

(c) Décaler la fonction modèle obtenue en (b) pour obtenir une fonction quadratique passant par le point $(0; f(0))$.

(d) À l'aide d'un outil graphique, tracer $y = f(x)$ dans une fenêtre qui contient $(0; f(0))$ et le polynôme trouvé en (c). Comment les courbes se comparent-elles à mesure que vous grossissez le plan sur le point $(0; f(0))$?

[*Note :* La meilleure approximation quadratique de $y = \cos x$ près de $x = 0$ est donnée par $y \approx \text{-}0{,}5x^2 + 1$.]

43. Le tableau Ex-43 donne le niveau de l'eau (mesuré en mètres au-dessus de la marque moyenne à marée basse) au quai des pêcheurs, tel qu'enregistré à intervalles de 2 heures à partir de minuit. On songe naturellement à une fonction trigonométrique pour représenter ces données. Pourquoi? Trouver une fonction qui modélise ces données et tracer la courbe de cette fonction sur le même graphique que les données.

44. Un enseignant veut utiliser les notes de mi-session pour prédire les notes finales des élèves dans un court séminaire qu'il donne une fois l'an. Le tableau Ex-44 regroupe les notes de mi-session de cette année et les notes finales du séminaire de l'an dernier.

(a) Donner le modèle de régression linéaire qui exprime les notes finales en fonction des notes de mi-session.

(b) Si un étudiant inscrit au séminaire de cette année a une note de mi-session de 88, d'après le modèle obtenu en (a), quelle note peut-on lui prédire?

HEURE	NIVEAU DE L'EAU (m)	HEURE	NIVEAU DE L'EAU (m)
0	0,526	36	0,534
2	0,157	38	0,192
4	0,161	40	0,141
6	0,486	42	0,426
8	0,779	44	0,849
10	0,740	46	1,032
12	0,412	48	0,765
14	0,141	50	0,281
16	0,260	52	0,042
18	0,633	54	0,157
20	1,015	56	0,587
22	1,021	58	0,777
24	0,670	60	0,620
26	0,231	62	0,241
28	0,128	64	0,045
30	0,345	66	0,195
32	0,697	68	0,613
34	0,821	70	0,945

Tableau Ex-43

NOTES DE MI-SESSION	NOTE FINALE
78	78
94	91
78	76
84	82
95	92
96	93
77	75

Tableau Ex-44

45. Écrire les équations paramétriques de la portion du cercle $x^2 + y^2 = 2$ extérieure au premier quadrant, tracée dans le sens horaire. Valider votre réponse à l'aide d'un outil graphique.

46. (a) Les équations $x = f(t)$ et $y = g(t)$ décrivent une courbe C lorsque t évolue de 0 à 1. Trouver les équations paramétriques qui décrivent la même courbe C tracée en sens inverse pendant que t varie de 0 à 1.

(b) Vérifier la réponse donnée en (a) à l'aide de la routine paramétrique de votre outil graphique, en produisant le segment de droite compris entre (1; 2) et (4; 0) dans les deux sens possibles lorsque t varie de 0 à 1.

47. Esquisser la courbe décrite par les équations paramétriques ci-dessous et vérifier votre tracé à l'aide d'un outil graphique :

$$x = t\cos(2\pi t), \qquad y = t\sin(2\pi t)$$

48. Soit $f(x) = x^2 \tan x + \ln x$, $0 < x < \frac{\pi}{2}$.

(a) Expliquer pourquoi f est bijective.

(b) À l'aide d'un outil graphique et des équations paramétriques décrivant f, afficher les courbes de f et f^{-1} sur le même écran. Quelles sont les asymptotes de chacune des courbes?

LIMITES ET CONTINUITÉ

Le concept de limite est un concept fondamental et spécial. Lorsque vient le temps de démontrer les propositions de géométrie avancée, la limite ne cède sa place à aucune autre combinaison d'hypothèses ou de définitions.

—William Whewell
Philosophe scientifique

Avec l'invention du calcul différentiel et intégral par Newton et Leibniz au 17e siècle, les scientifiques accédaient pour la première fois à la clé des taux de variation instantanés tels que la vitesse ou l'accélération. Une fois l'idée bien conceptualisée, des méthodes de calcul efficaces sont apparues et la science a fait un saut quantique vers l'avant. Les taux de variation s'appuient sur la notion fondamentale de limite, qui a une importance telle que toutes les autres notions du calcul différentiel et intégral en dépendent.

Dans ce chapitre, nous allons présenter la notion de limite en deux étapes, d'abord de façon informelle et intuitive, puis en donnant une définition mathématique précise. Nous verrons également des théorèmes et des méthodes de calcul des limites et nous conclurons avec l'application de la notion de limite à l'analyse des courbes continues.

Photo : *À cause de la résistance de l'air, les parachutistes n'accélèrent pas indéfiniment. Leur vitesse approche une limite appelée « vitesse limite de chute ».*

2.1 LIMITES (PRÉSENTATION INTUITIVE)

Toutes les notions qui forgent le calcul différentiel et intégral sont édifiées sur le concept de limite. Dans cette section, nous présentons les limites de façon informelle, afin de favoriser une compréhension intuitive des idées fondamentales. Les méthodes de calcul et les définitions précises seront introduites dans les trois sections suivantes.

Plusieurs bases du calcul différentiel et intégral sont issues de deux problèmes géométriques :

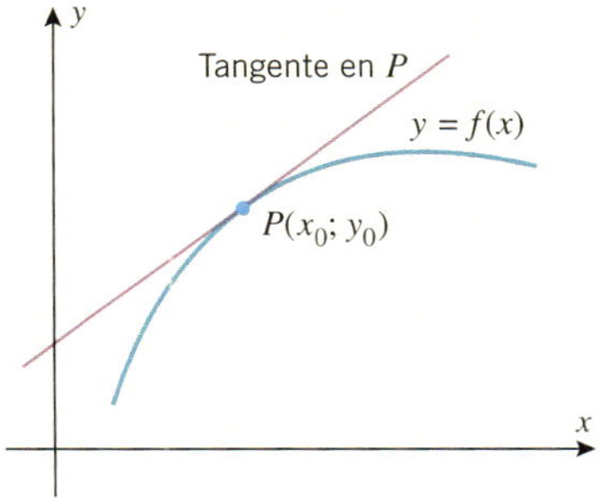

Figure 2.1.1

LE PROBLÈME DE LA TANGENTE. Soit une fonction f et un point $P(x_0; y_0)$ de la courbe de cette fonction; trouver une équation de la droite tangente à la courbe au point P (figure 2.1.1).

LE PROBLÈME DE L'AIRE. Soit une fonction f; trouver l'aire délimitée d'une part par la courbe de f et d'autre part par un intervalle $[a; b]$ de l'axe des x (figure 2.1.2).

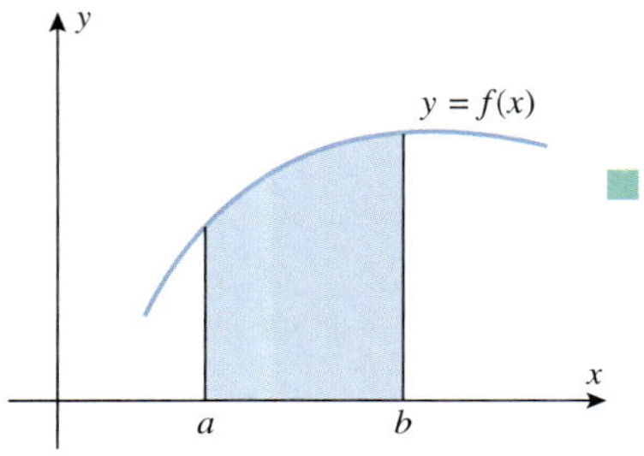

Figure 2.1.2

Traditionnellement, le problème de la tangente est associé à la branche des mathématiques appelée ***calcul différentiel*** et le problème de l'aire relève du ***calcul intégral***. Nous verrons cependant plus loin que ces deux problèmes sont si intimement liés que la frontière qui sépare le calcul différentiel du calcul intégral devient artificielle.

TANGENTES ET LIMITES

En géométrie plane, une droite est dite *tangente* à un cercle si elle touche exactement un point de ce cercle (figure 2.1.3*a*). Cette définition ne peut toutefois pas être transposée à l'ensemble des courbes. Par exemple, sur la figure 2.1.3*b*, la droite croise la courbe en un seul point, mais il est clair qu'elle ne correspond pas à une tangente; de même, à la figure 2.1.3*c*, la droite paraît tangente à la courbe, même si elle la croise plus d'une fois.

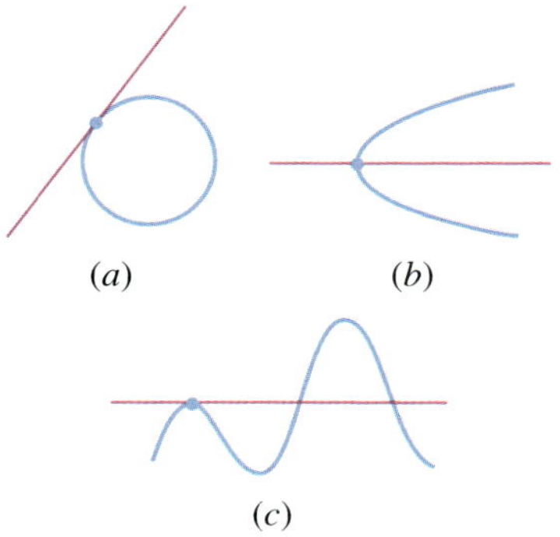

Figure 2.1.3

Si l'on veut une définition de la tangente qui vaille pour des courbes autres que des cercles, il faut aborder la question autrement. Par exemple, considérons la tangente au point P d'une courbe dans le plan xy et supposons que Q soit un point quelconque de la courbe, différent de P. La droite qui passe par P et Q est appelée ***sécante*** de la courbe en P. Intuitivement, si l'on déplace le point Q sur la courbe, en direction de P, la sécante va pivoter vers une *position limite*; cette droite limite définira la ***tangente*** au point P (figure 2.1.4*a*). De plus, la figure 2.1.4*b* montre qu'en appliquant cette nouvelle définition aux cercles, on retrouve la définition originale de la tangente.

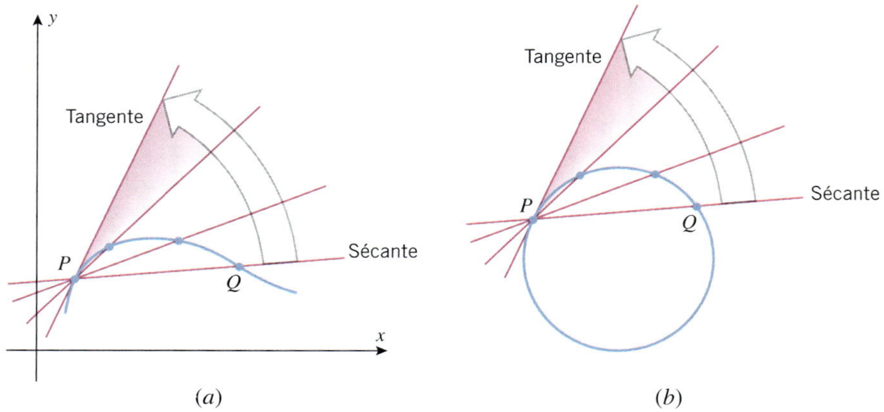

Figure 2.1.4

▶ **Exemple 1** Écrire une équation de la tangente au point $P(1;\,1)$ de la parabole $y = x^2$.

Solution. Trouvons d'abord la pente $m_{\tan}$ de la tangente en P et, en combinant cette donnée aux coordonnées du point P, nous pourrons écrire l'équation de la tangente par la méthode point et pente (annexe F sur le Web), c'est-à-dire

$$y - 1 = m_{\tan}(x - 1) \qquad (1)$$

Pour trouver la pente $m_{\tan}$, considérons la sécante passant par P et par un point $Q(x;\,x^2)$ de la parabole, différent de P. La pente m_{sec} de cette sécante s'écrit

$$m_{\text{sec}} = \frac{x^2 - 1}{x - 1} \qquad (2)$$

Pourquoi P et Q doivent-ils être distincts?

La figure 2.1.4*a* suggère que si nous laissons Q glisser le long de la parabole et se rapprocher de plus en plus de P, la position limite de la sécante passant par P et Q finira par coïncider avec la tangente au point P. On imagine facilement que la valeur de m_{sec} se rapprochera petit à petit de celle de $m_{\tan}$ à mesure que Q se rapprochera de P sur la courbe.

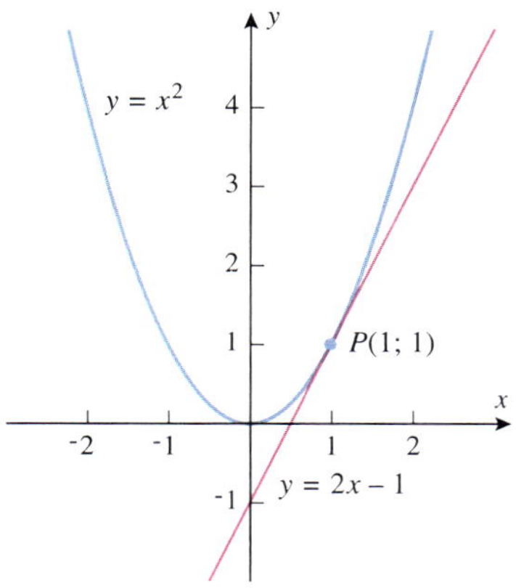

Figure 2.1.5

Cependant, dire que $Q(x; x^2)$ se rapproche de plus en plus de $P(1; 1)$ équivaut, d'un point de vue algébrique, à dire que x se rapproche de plus en plus de 1. Ainsi, déterminer $m_{\tan}$ revient à trouver la valeur limite de $m_{\sec}$ dans l'équation (2), lorsque x se rapproche peu à peu de 1 (en s'assurant que $x \neq 1$, pour que P et Q demeurent distincts).

Puisque $x \neq 1$, l'équation (2) devient

$$m_{\sec} = \frac{x^2 - 1}{x - 1} = \frac{(x-1)(x+1)}{(x-1)} = x + 1$$

On déduit facilement que $m_{\sec}$ se rapproche de 2 à mesure que x s'approche de 1. Prenons donc $m_{\tan} = 2$ et substituons cette valeur dans (1) pour obtenir l'équation de la tangente. On a

$$y - 1 = 2(x - 1) \quad \text{équivalent à} \quad y = 2x - 1$$

La figure 2.1.5 montre la courbe $y = x^2$ et sa tangente au point P. ◄

AIRES ET LIMITES

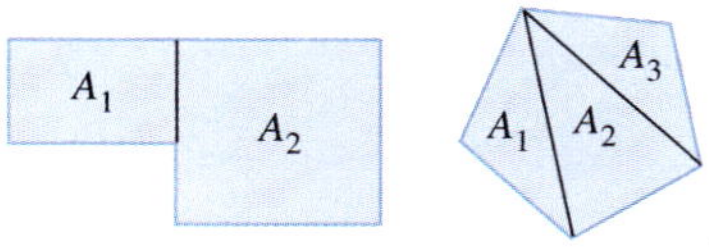

Figure 2.1.6

Tout comme la définition élargie de la tangente, la notion générale d'aire mène au concept de limite. Pour les régions planes délimitées par des segments de droite, il suffit souvent, pour calculer la superficie, de subdiviser la région en rectangles ou en triangles et d'additionner les aires des parties constituantes (figure 2.1.6). Les régions délimitées par des courbes exigent toutefois une approche plus générale (figure 2.1.7*a*). On obtient une première approximation de l'aire en inscrivant des rectangles d'égales largeurs sous la courbe et en additionnant les aires de ces rectangles (figure 2.1.7*b*). Intuitivement, on voit facilement qu'en répétant cette méthode d'approximation avec un nombre croissant de rectangles, la surface sous la courbe est de mieux en mieux couverte et les approximations se rapprochent de plus en plus de l'aire exacte sous la courbe (figure 2.1.7*c*). Ce procédé suggère que l'aire sous la courbe corresponde à la valeur limite de ces approximations. Nous reviendrons sur cette idée plus loin, mais pour l'instant, notons simplement que la notion de limite est encore une fois en cause.

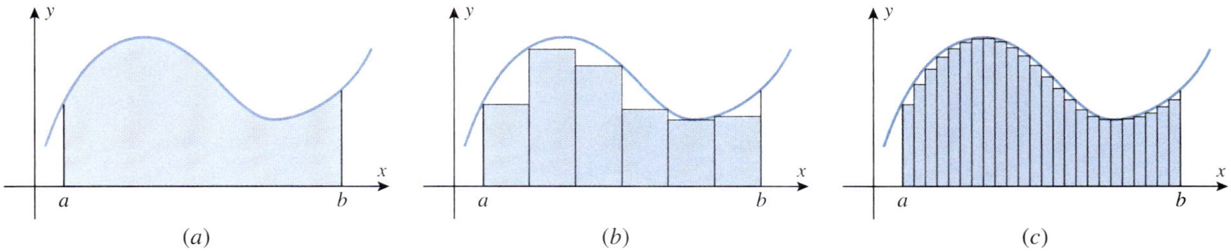

Figure 2.1.7

DÉCIMALES ET LIMITES

Les limites apparaissent également dans le contexte familier des décimales. Par exemple, le développement décimal de la fraction $\frac{1}{3}$ est

$$\frac{1}{3} = 0{,}333\,33\ldots \tag{3}$$

où les points de suspension signifient que le chiffre 3 se répète indéfiniment. Vous n'avez sans doute jamais vu les décimales sous cet angle, mais l'égalité (3) peut prendre la forme d'une somme infinie de termes :

$$\frac{1}{3} = 0{,}333\,33\ldots = 0{,}3 + 0{,}03 + 0{,}003 + 0{,}0003 + 0{,}000\,03 + \cdots \tag{4}$$

L'égalité (4) montre que la succession des sommes finies ci-dessous se rapproche de la valeur limite $\frac{1}{3}$ à mesure que le nombre de termes augmente :

$$0{,}3; \quad 0{,}3 + 0{,}03; \quad 0{,}3 + 0{,}03 + 0{,}003; \quad 0{,}3 + 0{,}03 + 0{,}003 + 0{,}0003; \ldots$$

Nous reviendrons plus loin sur cette interprétation de l'égalité (4). Retenons pour l'instant que les limites surgissent également dans le contexte familier de la représentation décimale des nombres réels.

LIMITES

Maintenant que nous savons que les limites apparaissent dans un large éventail de situations, revenons à la notion de limite en tant que telle.

À la base, la limite décrit le comportement d'une fonction lorsque la variable indépendante s'approche d'une valeur donnée. Examinons par exemple le comportement de la fonction f définie ci-dessous pour des valeurs de x de plus en plus proches de 2 :

$$f(x) = x^2 - x + 1$$

Le graphique et le tableau de la figure 2.1.8 montrent clairement que les valeurs de $f(x)$ sont de plus en plus proches de 3 à mesure que les valeurs de x s'approchent de 2, par une approche par la gauche ou par la droite. On dit alors que la limite de $x^2 - x + 1$ est 3 lorsque x tend vers 2, des deux côtés et l'on écrit :

$$\lim_{x \to 2} (x^2 - x + 1) = 3 \tag{5}$$

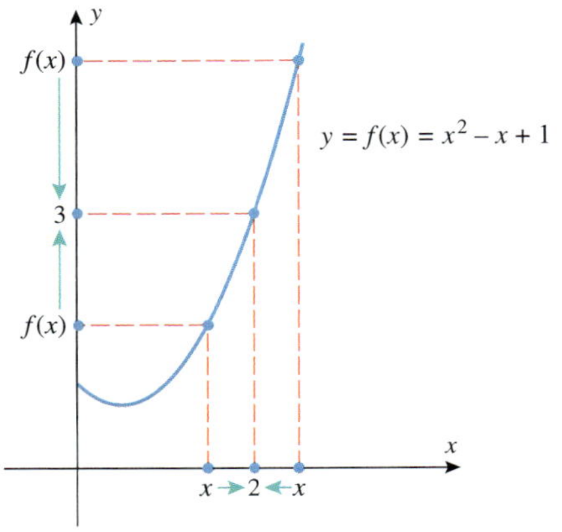

x	1,0	1,5	1,9	1,95	1,99	1,995	1,999	2	2,001	2,005	2,01	2,05	2,1	2,5	3,0
$f(x)$	1,000 000	1,750 000	2,710 000	2,852 500	2,970 100	2,985 025	2,997 001		3,003 001	3,015 025	3,030 100	3,152 500	3,310 000	4,750 000	7,000 000

Approche par la gauche → ← Approche par la droite

Figure 2.1.8

Voyons une description générale de la limite.

2.1.1 LIMITE (PRÉSENTATION INFORMELLE). Si les valeurs de $f(x)$ peuvent s'approcher aussi près que l'on veut de L en prenant des valeurs de x suffisamment proches de a (sans jamais égaler a), alors on écrit

$$\lim_{x \to a} f(x) = L \tag{6}$$

qui veut dire que la limite de $f(x)$ lorsque x tend vers a est L ou que la limite de $f(x)$ tend vers L lorsque x tend vers a. L'expression (6) peut aussi prendre la forme

$$f(x) \to L \quad \text{lorsque} \quad x \to a \tag{7}$$

Puisque x doit être différent de a dans l'égalité (6), la valeur de f en a n'a pas d'incidence sur la limite L, peu importe si f est définie ou non en a. La limite décrit le comportement de f *au voisinage* de a et non pas *exactement* au point a.

▶ **Exemple 2** Utiliser une approche numérique pour prédire la valeur de

$$\lim_{x \to 1} \frac{x-1}{\sqrt{x}-1} \tag{8}$$

Solution. Soit la fonction f définie par

$$f(x) = \frac{x-1}{\sqrt{x}-1} \tag{9}$$

Le fait que cette fonction soit non définie en $x = 1$ n'influence aucunement la valeur de la limite. Le tableau 2.1.1 donne des valeurs de x qui se rapprochent de 1 par la gauche et par la droite. Dans les deux cas, les valeurs de $f(x)$ correspondantes, calculées à une précision de six décimales, semblent se rapprocher graduellement de 2, ce qui suggère que

$$\lim_{x \to 1} \frac{x-1}{\sqrt{x}-1} = 2$$

Ce résultat est en accord avec la représentation graphique de f (figure de 2.1.9). Dans la prochaine section, nous verrons que la valeur 2 de la limite peut être obtenue par une méthode algébrique.

◀

TECHNOLOGIE

À l'aide d'un outil graphique, tracez la courbe $y = f(x)$ de la fonction (9). Trouvez une première fenêtre qui contienne $x = 1$ et où toutes les valeurs de $f(x)$ sont distantes de moins de 0,5 unité de $y = 2$, et une seconde fenêtre où toutes les valeurs de $f(x)$ sont à moins de 0,1 unité de $y = 2$.

Tableau 2.1.1

x	0,99	0,999	0,9999	0,999 99	1	1,000 01	1,0001	1,001	1,01
$f(x)$	1,994 987	1,999 500	1,999 950	1,999 995		2,000 005	2,000 050	2,000 500	2,004 988

Approche par la gauche → ← Approche par la droite

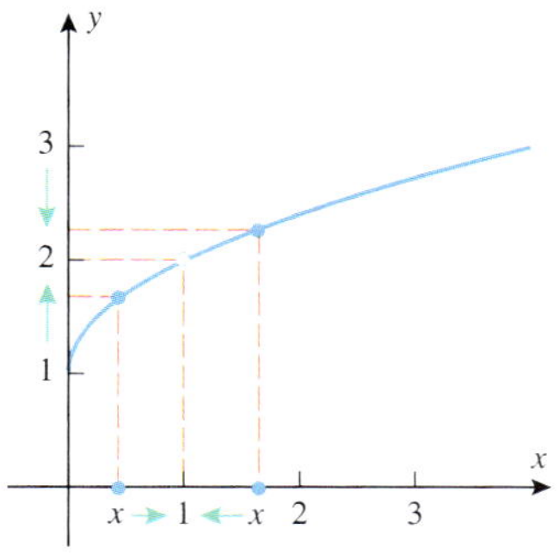

Figure 2.1.9

▶ **Exemple 3** Prédire la valeur de la limite suivante en utilisant une approche numérique :

$$\lim_{x \to 0} \frac{\sin x}{x} \tag{10}$$

Solution. Le tableau 2.1.2 regroupe des résultats obtenues à l'aide d'un outil de calcul (en mode radian). L'examen de ces résultats suggère que

$$\lim_{x \to 0} \frac{\sin x}{x} = 1 \tag{11}$$

en accord avec la représentation graphique de $f(x) = \frac{\sin x}{x}$ (figure 2.1.10). Nous prouverons plus loin, par des considérations géométriques, que cette supposition est exacte.

◀

ÉCUEILS LIÉS À L'ÉCHANTILLONNAGE

L'approche numérique peut parfois mener à une valeur fausse de la limite à cause des erreurs d'arrondi ou parce que les valeurs échantillonnées ne révèlent pas le véritable comportement

Tableau 2.1.2

x (RADIANS)	$y = \dfrac{\sin x}{x}$
±1,0	0,841 47
±0,9	0,870 36
±0,8	0,896 70
±0,7	0,920 31
±0,6	0,941 07
±0,5	0,958 85
±0,4	0,973 55
±0,3	0,985 07
±0,2	0,993 35
±0,1	0,998 33
±0,01	0,999 98

Utilisez l'approche numérique pour vérifier si la limite de (11) change lorsque x est mesuré en degrés.

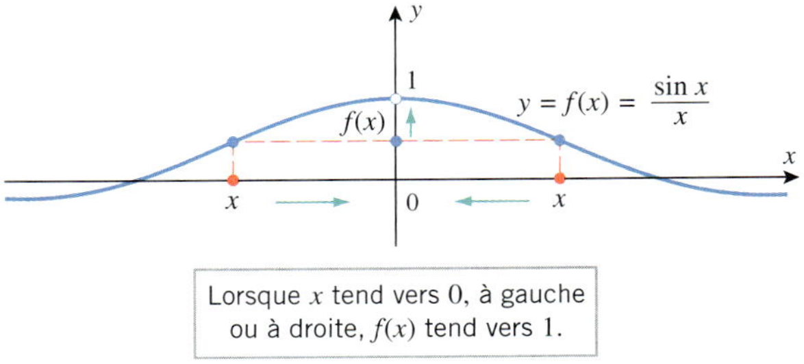

Figure 2.1.10

de la fonction au voisinage d'un point. Par exemple, le tableau 2.1.3 semble suggérer que la limite suivante est égale à 0 :

$$\lim_{x\to 0} \sin\left(\frac{\pi}{x}\right)$$

Le graphique de la figure 2.1.11 montre clairement que cette conclusion est *erronée*. On y voit en effet que les valeurs de $f(x)$ oscillent entre -1 et 1, de plus en plus rapidement à mesure que $x \to 0$, sans jamais approcher une valeur limite. Les données du tableau nous ont induits en erreur parce que les valeurs de x sélectionnées correspondaient toutes à des zéros de f. Il est donc important de confirmer par d'autres méthodes les limites évaluées par une approche numérique.

Tableau 2.1.3

x	$\dfrac{\pi}{x}$	$f(x) = \sin\left(\frac{\pi}{x}\right)$
$x = \pm 1$	$\pm\pi$	$\sin(\pm\pi) = 0$
$x = \pm 0{,}1$	$\pm 10\pi$	$\sin(\pm 10\pi) = 0$
$x = \pm 0{,}01$	$\pm 100\pi$	$\sin(\pm 100\pi) = 0$
$x = \pm 0{,}001$	$\pm 1000\pi$	$\sin(\pm 1000\pi) = 0$
$x = \pm 0{,}0001$	$\pm 10\,000\pi$	$\sin(\pm 10\,000\pi) = 0$
⋮	⋮	⋮

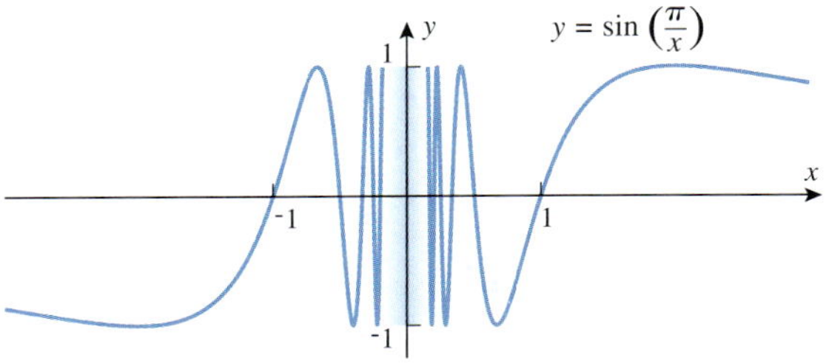

Figure 2.1.11

LIMITES UNILATÉRALES

L'égalité (6) décrit une ***limite bilatérale*** parce qu'elle exige que $f(x)$ se rapproche de plus en plus de L lorsque les valeurs de x se rapprochent de $x = a$, *par la droite ou par la gauche* de a. Il existe cependant des fonctions qui se comportent différemment de chaque côté d'une valeur a de x; il faut alors préciser si les valeurs de x s'approchent de a par la gauche ou par la droite lorsqu'on examine le comportement de la fonction au voisinage d'un point. Par exemple, considérons la fonction f suivante, illustrée à la figure 2.1.12 :

$$f(x) = \frac{|x|}{x} = \begin{cases} 1, & x > 0 \\ -1, & x < 0 \end{cases} \tag{12}$$

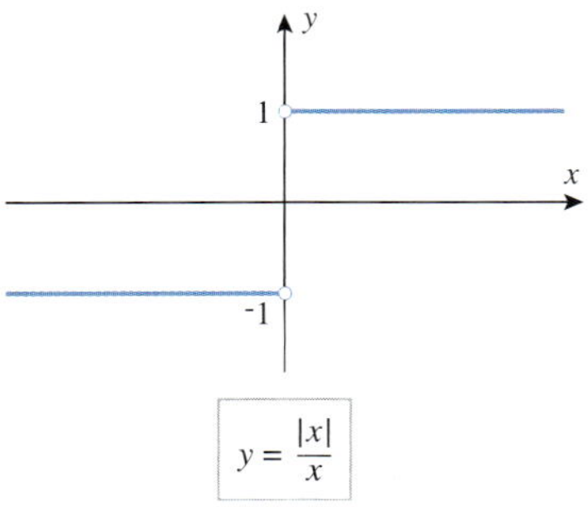

Figure 2.1.12

Lorsque x tend vers 0 *à droite*, les valeurs de $f(x)$ tendent vers la valeur 1 (en fait, $f(x)$ vaut exactement 1 pour tous ces x); de même, lorsque x tend vers zéro *à gauche*, les valeurs de x tendent vers la valeur -1. On écrit alors

$$\lim_{x\to 0^+} \frac{|x|}{x} = 1 \quad \text{et} \quad \lim_{x\to 0^-} \frac{|x|}{x} = -1 \tag{13}$$

Dans cette notation, l'exposant « + » réfère à la valeur de la limite approchée du côté droit et l'exposant « – », à la valeur de la limite approchée du côté gauche.

Ces considérations définissent la ***limite unilatérale***.

Comme dans le cas des limites bilatérales, on peut écrire respectivement les limites unilatérales (14) et (15) comme suit :

$f(x) \to L$ lorsque $x \to a^+$

et

$f(x) \to L$ lorsque $x \to a^-$

2.1.2 LIMITES UNILATÉRALES (PRÉSENTATION INFORMELLE). Si les valeurs de $f(x)$ peuvent s'approcher aussi près que l'on veut de L en prenant des valeurs de x suffisamment proches de a tout en étant plus grandes que a, alors on écrit :

$$\lim_{x \to a^+} f(x) = L \tag{14}$$

et si les valeurs de $f(x)$ peuvent s'approcher aussi près que l'on veut de L en prenant des valeurs de x suffisamment proches de a tout en étant plus petites que a, alors on écrit :

$$\lim_{x \to a^-} f(x) = L \tag{15}$$

On lit l'expression (14) ainsi : « la limite à droite de $f(x)$ lorsque x tend vers a est L » ou « $f(x)$ tend vers L lorsque x tend vers a par la droite ». De même, on lit l'expression (15) ainsi : « la limite à gauche de $f(x)$ lorsque x tend vers a est L » ou « $f(x)$ tend vers L lorsque x tend vers a par la gauche ».

LIMITES UNILATÉRALES ET LIMITES BILATÉRALES

Rien ne garantit habituellement qu'une fonction f aura une limite bilatérale en un point donné a. Autrement dit, il arrive que les valeurs de $f(x)$ ne s'approchent pas de plus en plus d'*un seul* nombre réel L lorsque $x \to a$. Dans ce cas, on dit que

$$\lim_{x \to a} f(x) \textit{ n'existe pas}$$

(Il en va de même pour les limites unilatérales.)

Pour que la limite bilatérale d'une fonction f existe en un point a, les valeurs de $f(x)$ doivent tendre vers un nombre réel quelconque L lorsque x tend vers a, et ce nombre doit être le même, que les valeurs de x tendent vers a par la gauche ou par la droite. Ce qui mène à la conclusion suivante, présentée sans preuve formelle :

2.1.3 RELATION ENTRE LES LIMITES UNILATÉRALES ET LES LIMITES BILATÉRALES. La limite bilatérale d'une fonction f existe en un point a si et seulement si les deux limites unilatérales (à gauche et à droite) existent au point a et ont la même valeur; autrement dit,

$$\lim_{x \to a} f(x) = L \quad \text{si et seulement si} \quad \lim_{x \to a^-} f(x) = L = \lim_{x \to a^+} f(x)$$

► **Exemple 4** Expliquer pourquoi la limite suivante n'existe pas :

$$\lim_{x \to 0} \frac{|x|}{x}$$

Solution. Lorsque x tend vers 0, les valeurs de $f(x) = \frac{|x|}{x}$ tendent vers -1 à gauche et tendent vers 1 à droite (voir (13)). La limite quand x tend vers 0 n'existe pas parce que la limite à gauche n'est pas égale à la limite à droite en ce point. ◄

► **Exemple 5** Évaluer, s'il y a lieu, les limites unilatérales et les limites bilatérales des fonctions de la figure 2.1.13 à $x = a$.

Solution. Les fonctions des trois graphiques ont les mêmes limites unilatérales lorsque $x \to a$, puisque ces fonctions sont identiques en tout point sauf à $x = a$. Ces limites sont

$$\lim_{x \to a^+} f(x) = 3 \quad \text{et} \quad \lim_{x \to a^-} f(x) = 1$$

Dans les trois cas, la limite bilatérale n'existe pas lorsque $x \to a$ parce que la limite à gauche diffère de la limite à droite. ◄

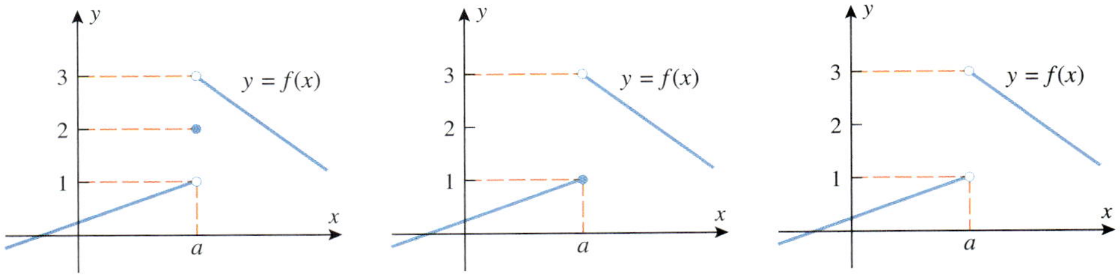

Figure 2.1.13

► **Exemple 6** Pour chacune des fonctions de la figure 2.1.14, évaluer, si possible, les limites unilatérales et la limite bilatérale à $x = a$.

Solution. Comme à l'exemple précédent, la valeur de fx en $x = a$ n'a pas d'incidence sur la limite lorsque $x \to a$ et, dans les trois cas,

$$\lim_{x \to a^+} f(x) = 2 \quad \text{et} \quad \lim_{x \to a^-} f(x) = 2$$

Les limites à gauche et à droite étant égales, la limite bilatérale existe et a pour valeur

$$\lim_{x \to a} f(x) = 2 \;◄$$

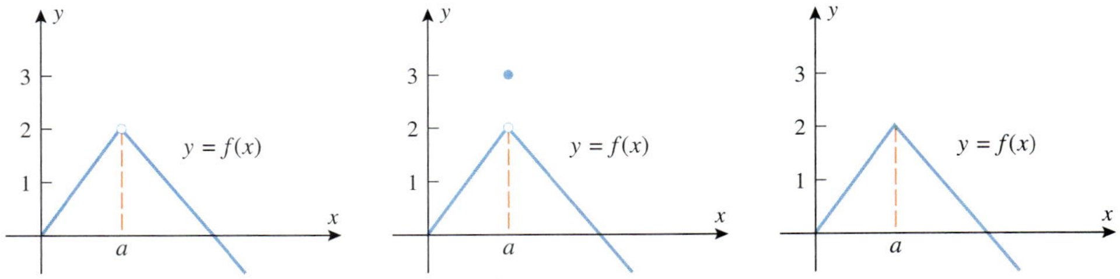

Figure 2.1.14

LIMITES INFINIES

Les symboles $+\infty$ et $-\infty$ ne représentent *pas* des nombres réels. Ils décrivent simplement des cas particuliers où les limites sont infinies. Ne faites pas l'erreur de manipuler ces symboles suivant les lois algébriques habituelles. Par exemple, il est *inexact* d'écrire $(+\infty) - (+\infty) = 0$.

Il arrive que les limites unilatérales ou bilatérales n'existent pas parce que les valeurs de la fonction augmentent ou diminuent indéfiniment. Par exemple, examinons le comportement de $f(x) = \frac{1}{x}$ pour des valeurs de x proches de 0. Le tableau et les graphiques de la figure 2.1.15 montrent clairement que lorsque les valeurs de x se rapprochent de 0 par la droite, les valeurs de $f(x) = \frac{1}{x}$ sont positives et augmentent indéfiniment; et lorsque les valeurs de x se rapprochent de 0 par la gauche, les valeurs de $f(x) = \frac{1}{x}$ sont négatives et diminuent indéfiniment. On exprime de tels comportements comme suit :

$$\lim_{x \to 0^+} \frac{1}{x} = +\infty \quad \text{et} \quad \lim_{x \to 0^-} \frac{1}{x} = -\infty$$

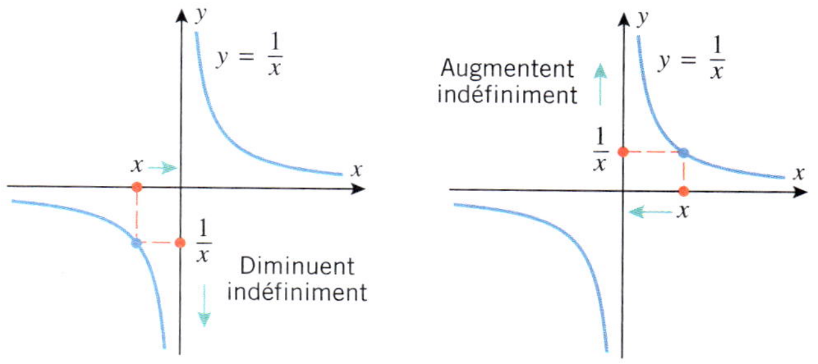

x	-1	-0,1	-0,01	-0,001	-0,0001	0	0,0001	0,001	0,01	0,1	1
$\frac{1}{x}$	-1	-10	-100	-1000	-10 000		10 000	1000	100	10	1

Approche par la gauche → ← Approche par la droite

Figure 2.1.15

2.1.4 LIMITES INFINIES (PRÉSENTATION INFORMELLE). Les expressions

$$\lim_{x \to a^-} f(x) = +\infty \quad \text{et} \quad \lim_{x \to a^+} f(x) = +\infty$$

signifient que $f(x)$ augmente indéfiniment lorsque x tend vers a, par la gauche et par la droite respectivement. Si les deux expressions peuvent être posées, alors on écrit

$$\lim_{x \to a} f(x) = +\infty$$

De même, les expressions

$$\lim_{x \to a^-} f(x) = -\infty \quad \text{et} \quad \lim_{x \to a^+} f(x) = -\infty$$

signifient que $f(x)$ diminue indéfiniment lorsque x tend vers a, par la gauche et par la droite respectivement. Si les deux expressions peuvent être posées, alors on écrit

$$\lim_{x \to a} f(x) = -\infty$$

▶ **Exemple 7** Pour chacune des fonctions de la figure 2.1.16, décrire les limites en $x = a$ en utilisant la notation appropriée.

Solution (a). À la figure 2.1.16*a*, la fonction augmente indéfiniment lorsque x tend vers a par la droite et elle diminue indéfiniment lorsque x tend vers a par la gauche. On écrit

$$\lim_{x \to a^+} \frac{1}{x-a} = +\infty \quad \text{et} \quad \lim_{x \to a^-} \frac{1}{x-a} = -\infty$$

Solution (b). À la figure 2.1.16*b*, la fonction augmente indéfiniment lorsque x tend vers a par les deux côtés. On écrit

$$\lim_{x \to a} \frac{1}{(x-a)^2} = \lim_{x \to a^+} \frac{1}{(x-a)^2} = \lim_{x \to a^-} \frac{1}{(x-a)^2} = +\infty$$

Solution (c). À la figure 2.1.16*c*, la fonction diminue indéfiniment lorsque x tend vers a par la droite et elle augmente indéfiniment lorsque x tend vers a par la gauche. On écrit

$$\lim_{x \to a^+} \frac{-1}{x-a} = -\infty \quad \text{et} \quad \lim_{x \to a^-} \frac{-1}{x-a} = +\infty$$

Solution (*d*). À la figure 2.1.16*d*, la fonction diminue indéfiniment lorsque x tend vers a par les deux côtés. On écrit

$$\lim_{x \to a} \frac{-1}{(x-a)^2} = \lim_{x \to a^+} \frac{-1}{(x-a)^2} = \lim_{x \to a^-} \frac{-1}{(x-a)^2} = -\infty \blacktriangleleft$$

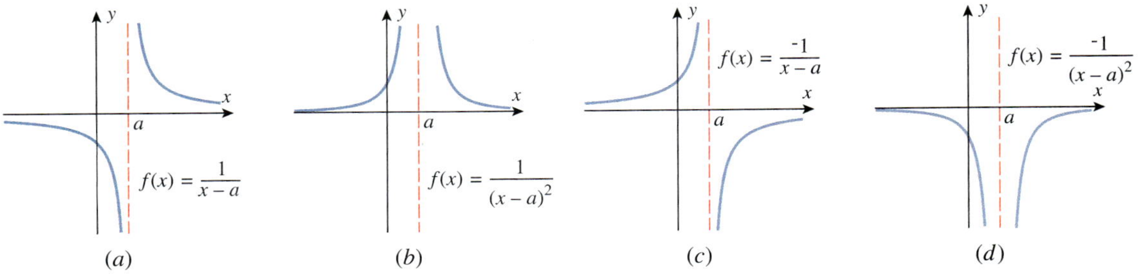

Figure 2.1.16

ASYMPTOTES VERTICALES

La figure 2.1.17 illustre les situations suivantes d'un point de vue géométrique :

$$\lim_{x \to a^-} f(x) = +\infty, \quad \lim_{x \to a^+} f(x) = +\infty, \quad \lim_{x \to a^-} f(x) = -\infty, \quad \lim_{x \to a^+} f(x) = -\infty$$

Dans chaque cas, la courbe de $y = f(x)$ augmente indéfiniment ou diminue indéfiniment, se rapprochant de plus en plus de la droite verticale $x = a$ lorsque x tend vers a selon l'approche indiquée dans l'expression de la limite. La droite verticale $x = a$ est appelée ***asymptote verticale*** de la courbe $y = f(x)$ (du grec *asymptotos* signifiant « qui n'intercepte pas »).

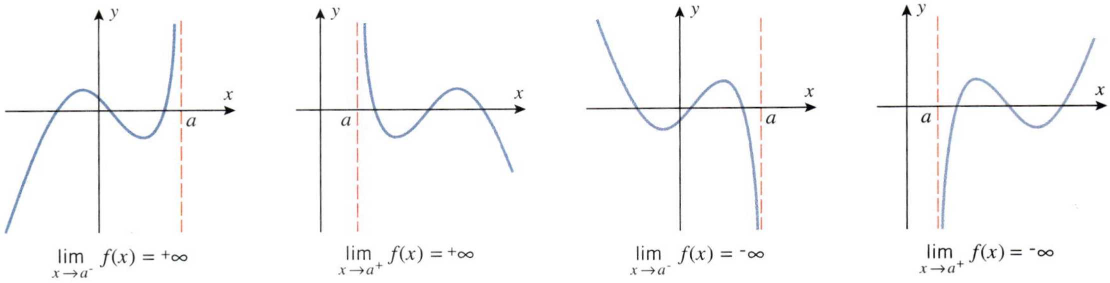

Figure 2.1.17

▶ Exemple 8 La figure 1.6.8 montre que l'axe des y est une asymptote verticale de la fonction $y = \log_b x$ lorsque $b > 1$, puisque

$$\lim_{x \to 0^+} \log_b x = -\infty$$

De même, la figure 1.4.11 montre que les droites $x = -1$ et $x = 1$ sont les asymptotes verticales de la fonction f définie par

$$f(x) = \frac{x^2 + 2x}{x^2 - 1} \blacktriangleleft \qquad (16)$$

Écrivez, pour chacune des asymptotes de la fonction définie en (16), les expressions des limites à gauche et à droite.

✔ VÉRIFICATION EXPRESS 2.1 *(Réponses à la page 117.)*

1. Soit une fonction f telle que pour tout nombre réel x, la distance qui sépare $f(x)$ et 3 ne dépasse jamais $|x|$. On peut conclure que $f(x) \to$ ________ lorsque $x \to$ ________.

2. La figure Ex-2 représente la fonction $y = f(x)$ $(-\infty < x < 3)$. Utiliser ce graphique pour déterminer les limites suivantes :

(a) $\lim_{x \to 0} f(x) =$ ________

(b) $\lim_{x \to 2^-} f(x) =$ ________

(c) $\lim_{x \to 2^+} f(x) =$ ________

(d) $\lim_{x \to 3^-} f(x) =$ ________

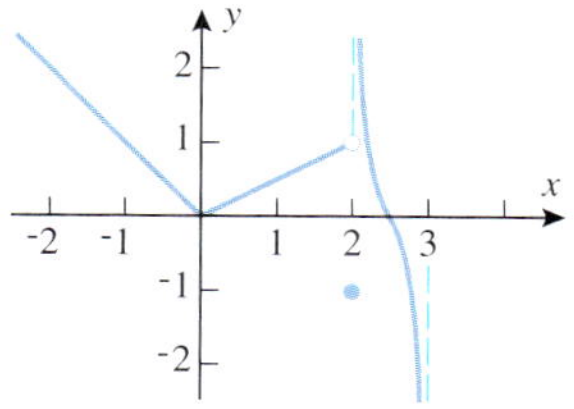

Figure Ex-2

3. La pente de la sécante passant par les points $P(2; 4)$ et $Q(x; x^2)$ de la parabole $y = x^2$ est $m_{sec} = x + 2$. Il s'ensuit que la pente de la tangente à cette parabole au point P est ________.

SÉRIE D'EXERCICES 2.1 Outil graphique [C] Logiciel de calcul formel

1–6 Dans ces exercices, faire des suppositions raisonnables concernant le prolongement des courbes en dehors des régions illustrées.

1. Pour la fonction F de la figure Ex-1, déterminer

(a) $\lim_{x \to -2^-} F(x)$ (b) $\lim_{x \to -2^+} F(x)$

(c) $\lim_{x \to -2} F(x)$ (d) $F(-2)$

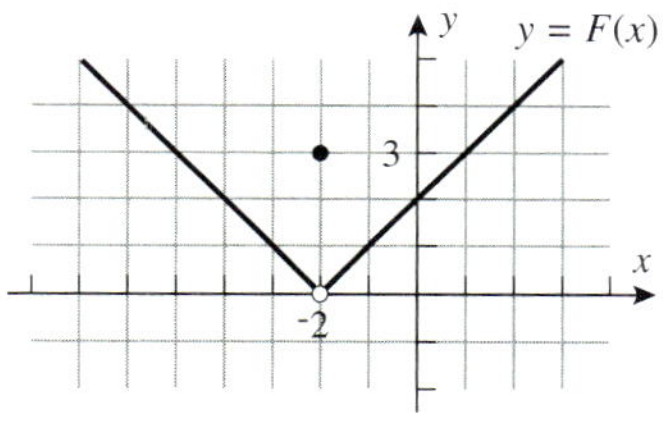

Figure Ex-1

2. Pour la fonction ϕ de la figure Ex-2, déterminer

(a) $\lim_{x \to 4^-} \phi(x)$ (b) $\lim_{x \to 4^+} \phi(x)$

(c) $\lim_{x \to 4} \phi(x)$ (d) $\phi(4)$

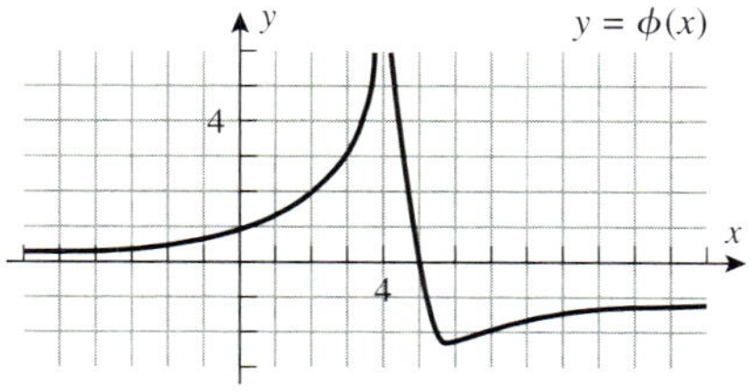

Figure Ex-2

3. Pour la fonction f de la figure Ex-3, déterminer

(a) $\lim_{x \to 3^-} f(x)$ (b) $\lim_{x \to 3^+} f(x)$

(c) $\lim_{x \to 3} f(x)$ (d) $f(3)$

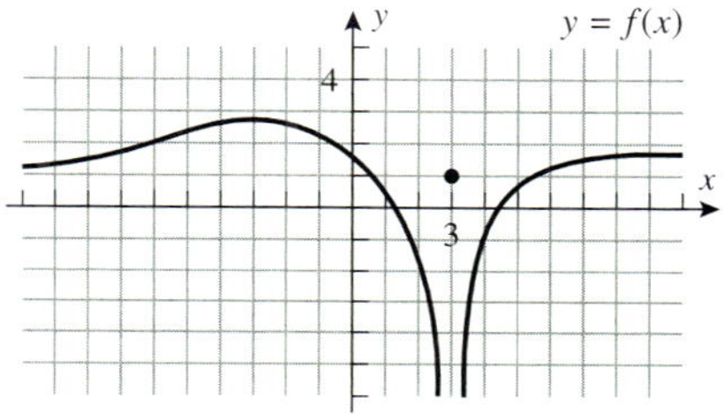

Figure Ex-3

4. Pour la fonction f de la figure Ex-4, déterminer

(a) $\lim_{x \to 0^-} f(x)$ (b) $\lim_{x \to 0^+} f(x)$

(c) $\lim_{x \to 0} f(x)$ (d) $f(0)$

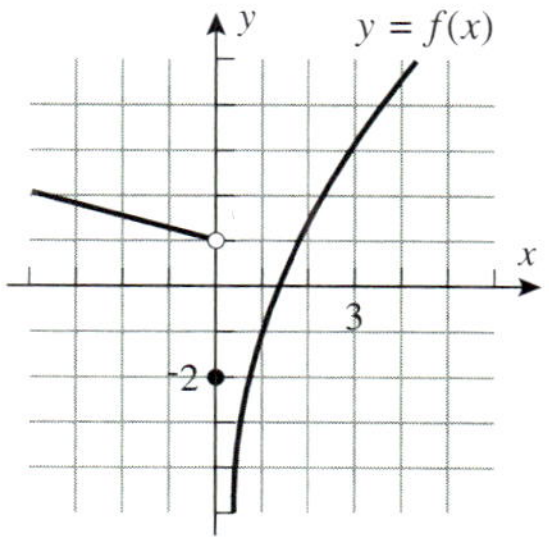

Figure Ex-4

5. Soit la fonction g illustrée à la figure Ex-5. Pour quelles valeurs de x_0, telles que $-7 \le x_0 \le 4$, $\lim_{x \to x_0} g(x)$ existe-t-elle?

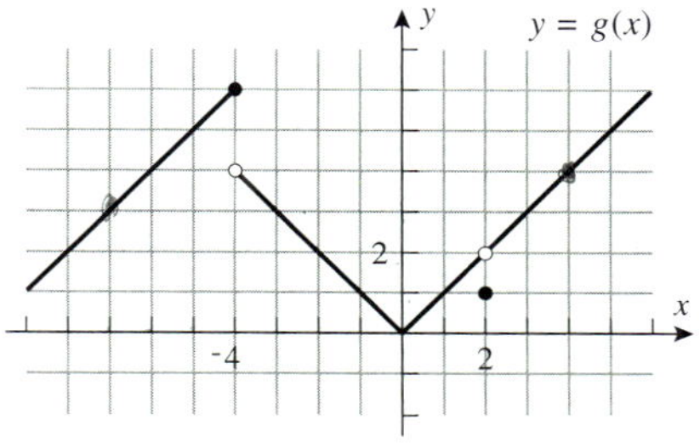

Figure Ex-5

6. Soit la fonction f illustrée à la figure Ex-6. Pour quelles valeurs de x_0, telles que $-9 \leq x_0 \leq 4$, $\lim_{x \to x_0} f(x)$ existe-t-elle?

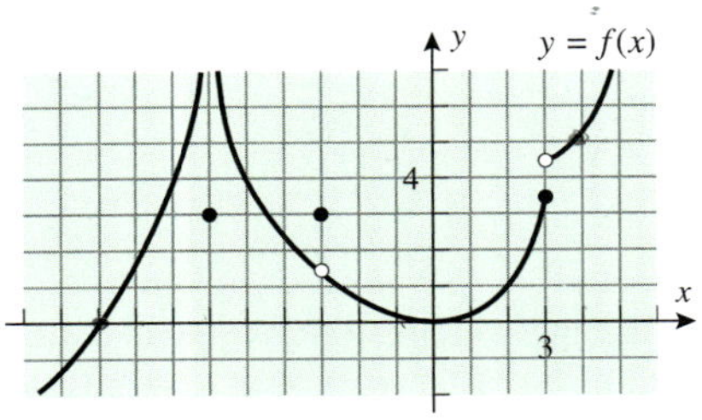

Figure Ex-6

JONGLONS AVEC LES CONCEPTS

7–12 Dessiner une courbe qui correspond à une fonction f possédant les propriétés données. (Il existe plusieurs solutions.)

7. (i) le domaine de f est $[-1; 1]$
(ii) $f(-1) = f(0) = f(1) = 0$
(iii) $\lim_{x \to -1^+} f(x) = \lim_{x \to 0} f(x) = \lim_{x \to 1^-} f(x) = 1$

8. (i) le domaine de f est $[-2; 1]$
(ii) $f(-2) = f(0) = f(1) = 0$
(iii) $\lim_{x \to -2^+} f(x) = 2$, $\lim_{x \to 0} f(x) = 0$, et $\lim_{x \to 1^-} f(x) = 1$

9. (i) le domaine de f est $]-\infty; 0]$
(ii) $f(-2) = f(0) = 1$
(iii) $\lim_{x \to -2} f(x) = +\infty$

10. (i) le domaine de f est $]0; +\infty[$
(ii) $f(1) = 0$
(iii) l'axe des y est une asymptote verticale de f
(iv) $f(x) < 0$ si $0 < x < 1$

11. (i) $f(-3) = f(0) = f(2) = 0$
(ii) $\lim_{x \to -2^-} f(x) = +\infty$ et $\lim_{x \to -2^+} f(x) = -\infty$
(iii) $\lim_{x \to 1} f(x) = +\infty$

12. (i) $f(-1) = 0$, $f(0) = 1$, $f(1) = 0$
(ii) $\lim_{x \to -1^-} f(x) = 0$ et $\lim_{x \to -1^+} f(x) = +\infty$
(iii) $\lim_{x \to 1^-} f(x) = 1$ et $\lim_{x \to 1^+} f(x) = +\infty$

13–16 (i) Prédire la limite (si elle existe) en évaluant la fonction aux valeurs de x données. (ii) Vérifier vos prédictions en traçant la courbe de la fonction sur un intervalle approprié. (iii) Si vous disposez d'un logiciel de calcul formel, l'utiliser pour évaluer la limite. [*Note :* Pour les fonctions trigonométriques, régler vos outils en mode radian.]

C **13.** (a) $\lim_{x \to 1} \dfrac{x-1}{x^3-1}$; $x = 2; 1{,}5; 1{,}1; 1{,}01; 1{,}001; 0; 0{,}5; 0{,}9; 0{,}99; 0{,}999$
(b) $\lim_{x \to 1^+} \dfrac{x+1}{x^3-1}$; $x = 2; 1{,}5; 1{,}1; 1{,}01; 1{,}001; 1{,}0001$
(c) $\lim_{x \to 1^-} \dfrac{x+1}{x^3-1}$; $x = 0; 0{,}5; 0{,}9; 0{,}99; 0{,}999; 0{,}9999$

C **14.** (a) $\lim_{x \to 0} \dfrac{\sqrt{x+1}-1}{x}$; $x = \pm 0{,}25; \pm 0{,}1; \pm 0{,}001; \pm 0{,}0001$
(b) $\lim_{x \to 0^+} \dfrac{\sqrt{x+1}+1}{x}$; $x = 0{,}25; 0{,}1; 0{,}001; 0{,}0001$
(c) $\lim_{x \to 0^-} \dfrac{\sqrt{x+1}+1}{x}$; $x = -0{,}25; -0{,}1; -0{,}001; -0{,}0001$

C **15.** (a) $\lim_{x \to 0} \dfrac{\sin 3x}{x}$; $x = \pm 0{,}25; \pm 0{,}1; \pm 0{,}001; \pm 0{,}0001$
(b) $\lim_{x \to -1} \dfrac{\cos x}{x+1}$; $x = 0; -0{,}5; -0{,}9; -0{,}99; -0{,}999; -1{,}5; -1{,}1; -1{,}01; -1{,}001$

C **16.** (a) $\lim_{x \to -1} \dfrac{\tan(x+1)}{x+1}$; $x = 0; -0{,}5; -0{,}9; -0{,}99; -0{,}999; -1{,}5; -1{,}1; -1{,}01; -1{,}001$
(b) $\lim_{x \to 0} \dfrac{\sin(5x)}{\sin(2x)}$; $x = \pm 0{,}25; \pm 0{,}1; \pm 0{,}001; \pm 0{,}0001$

17–20 En vous inspirant du raisonnement suivi à l'exemple 1, trouver l'équation de la tangente à la courbe donnée au point indiqué.

17. La courbe de $y = x^2$ à $(-1; 1)$.
18. La courbe de $y = x^2$ à $(0; 0)$.
19. La courbe de $y = x^4$ à $(1; 1)$.
20. La courbe de $y = x^4$ à $(-1; 1)$.

JONGLONS AVEC LES CONCEPTS

21. (a) Soit
$$f(x) = \left(1 + x^2\right)^{\frac{1{,}1}{x^2}}$$
Tracer f dans la fenêtre $[-1; 1] \times [2{,}5; 3{,}5]$ et utiliser les caractéristiques du tracé de la calculatrice pour prédire la limite de $f(x)$ lorsque $x \to 0$.
(b) Tracer f dans la fenêtre
$$[-0{,}001; 0{,}001] \times [2{,}5; 3{,}5]$$
et utiliser les caractéristiques du tracé de la calculatrice pour prédire la limite de $f(x)$ lorsque $x \to 0$.
(c) Tracer f dans la fenêtre
$$[-0{,}000\,001; 0{,}000\,001] \times [2{,}5; 3{,}5]$$
et utiliser les caractéristiques du tracé de la calculatrice pour prédire la limite de $f(x)$ lorsque $x \to 0$.
(d) Nous serons en mesure de démontrer plus loin que
$$\lim_{x \to 0} \left(1 + x^2\right)^{\frac{1{,}1}{x^2}} \approx 3{,}004\,166\,02$$
Les courbes que vous avez tracées révèlent une faille qui découle de l'utilisation de l'approche numérique

pour « estimer » les limites. De quelle faille s'agit-il?

L'erreur d'arrondi est une source d'inexactitude dans les calculs exécutés par une calculatrice ou un ordinateur. Une autre source d'erreur, appelée ***soustraction catastrophique***, survient quand on soustrait deux nombres presque égaux et qu'on réinvestit la différence dans d'autres calculs. Par exemple, calculons manuellement

$$(0{,}123456789012345 - 0{,}123456789012344) \times 10^{15} = 1$$

Une calculatrice qui emmagasine seulement 14 décimales donnera 0 en réponse à ce calcul parce que les 14 premières décimales des deux nombres sont identiques. Pour éviter la soustraction catastrophique, il suffit parfois d'écrire autrement les formules par des manipulations algébriques, mais la meilleure protection reste toutefois de garder à l'esprit que cela peut se produire. Soyez donc vigilants dans le prochain exercice.

C **22.** (a) Soit

$$f(x) = \frac{x - \sin x}{x^3}$$

Prédire la limite de $f(x)$ lorsque $x \to 0^+$ en évaluant $f(x)$ à $x = 0{,}1;\ 0{,}01;\ 0{,}0001;\ 0{,}000\,01$.

(b) Évaluer la fonction $f(x)$ à $0{,}000\,001;\ 0{,}000\,000\,1;\ 0{,}000\,000\,01;\ 0{,}000\,000\,001;\ 0{,}000\,000\,000\,1$ et faire une nouvelle prédiction.

(c) Quelle faille ces calculs révèlent-ils concernant l'évaluation des limites à partir des valeurs numériques?

(d) Si possible, utiliser un logiciel de calcul formel pour montrer que la limite vaut exactement $\frac{1}{6}$.

23. (a) La figure Ex-23 montre deux vues différentes, obtenues avec *Mathematica*, de la fonction donnée à l'exercice 22. Que se passe-t-il?

(b) Tracer ces courbes à l'aide de votre outil graphique. Rencontrez-vous la même difficulté?

(c) D'après vous, la même situation se répétera-t-elle avec la fonction f suivante au voisinage de $x = 0$:

$$f(x) = \frac{1 - \cos x}{x}?$$

Vérifier ce qu'il en est.

24. Dans la théorie de la relativité restreinte, la masse m d'un objet en mouvement est fonction de sa vitesse v, soit $m = m(v)$. La figure Ex-24, où c correspond à la vitesse de la lumière, montre quelques aspects qualitatifs de cette fonction.

(a) Quelle est l'interprétation physique de m_0?

(b) Évaluer $\lim_{v \to c^-} m(v)$. Quelle en est la signification physique?

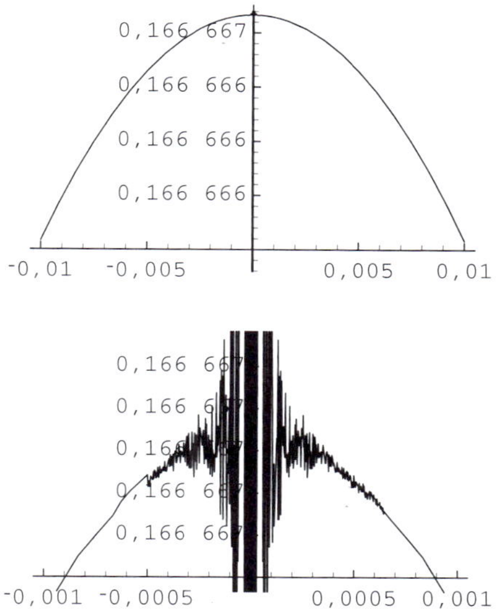

Courbe erratique produite par Mathematica

Figure Ex-23

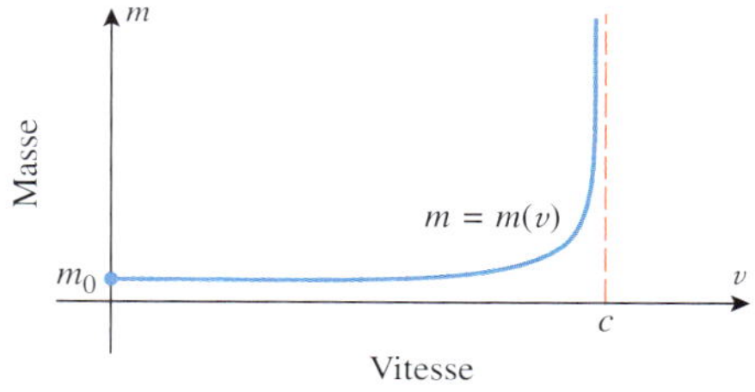

Figure Ex-24

25. Dans la théorie de la relativité restreinte, la longueur l d'une tige étroite se déplaçant le long d'un axe longitudinal est fonction de sa vitesse v, soit $l = l(v)$. La figure Ex-25, où c représente la vitesse de la lumière, montre quelques aspects qualitatifs de cette fonction.

(a) Quelle est l'interprétation physique de l_0?

(b) Évaluer $\lim_{v \to c^-} l(v)$. Quelle en est la signification physique?

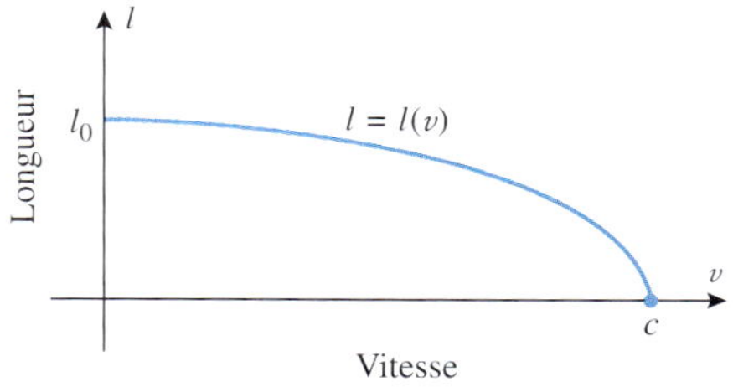

Figure Ex-25

✔ VÉRIFICATION EXPRESS 2.1 – RÉPONSES

1. 3; 0 **2.** (a) 0 (b) 1 (c) $+\infty$ (d) $-\infty$ **3.** 4

2.2 CALCUL DES LIMITES

Dans cette section, nous décrivons des méthodes algébriques servant à évaluer les limites d'un bon nombre de fonctions. Nous introduisons ces techniques en nous appuyant sur la présentation informelle de la notion de limite exposée à la section précédente. Il sera possible d'aborder ces méthodes de façon plus formelle à la suite de la section 2.4.

QUELQUES LIMITES SIMPLES

Pour déterminer algébriquement les limites, nous adoptons une stratégie en deux temps :

- Nous établirons d'abord les limites de quelques fonctions simples.
- Nous élaborerons ensuite un répertoire de théorèmes qui permettra d'utiliser les limites de ces fonctions simples pour évaluer les limites de fonctions plus complexes.

Commençons avec le théorème suivant, illustré à la figure 2.2.1 :

2.2.1 THÉORÈME. *Soit les nombres réels a et k.*

(a) $\lim_{x \to a} k = k$ (b) $\lim_{x \to a} x = a$ (c) $\lim_{x \to 0^-} \frac{1}{x} = -\infty$ (d) $\lim_{x \to 0^+} \frac{1}{x} = +\infty$

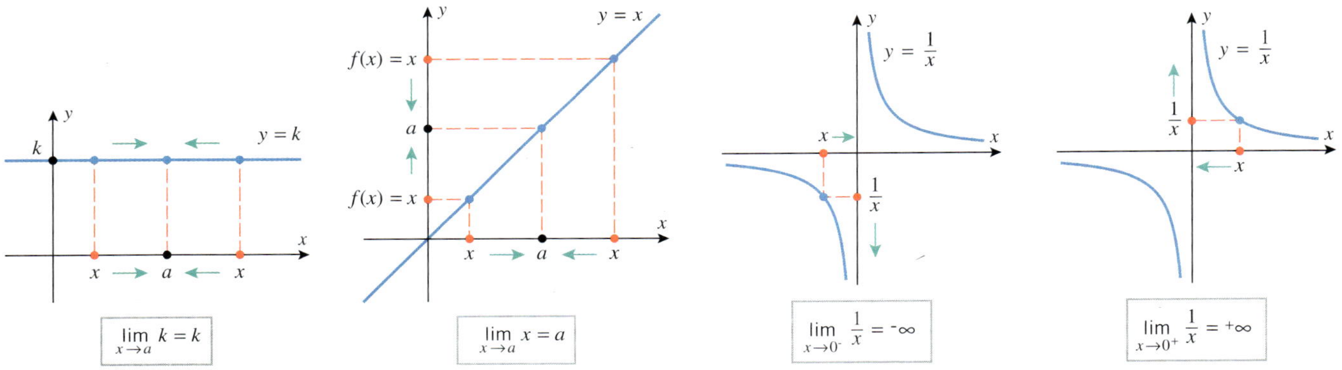

Figure 2.2.1

▶ **Exemple 1** Si $f(x) = k$, k étant une constante, alors $f(x)$ vaut toujours k quel que soit x et, en conséquence, $f(x) \to k$ lorsque $x \to a$ pour toute valeur de a. Par exemple,

$$\lim_{x \to -25} 3 = 3, \qquad \lim_{x \to 0} 3 = 3, \qquad \lim_{x \to \pi} 3 = 3 \blacktriangleleft$$

Attention de ne pas confondre la taille algébrique d'un nombre et sa proximité à zéro. En effet, un nombre positif est d'autant plus près de zéro qu'il est petit, alors qu'un nombre négatif est d'autant plus près de zéro qu'il est grand. Par exemple, -2 est plus grand que -4, tout en étant plus proche de zéro.

▶ **Exemple 2** Si $f(x) = x$ et si $x \to a$, il doit être également vrai que $f(x) \to a$. Par exemple,

$$\lim_{x \to 0} x = 0, \qquad \lim_{x \to -2} x = -2, \qquad \lim_{x \to \pi} x = \pi \blacktriangleleft$$

▶ **Exemple 3** Vous devriez normalement assez bien connaître les fractions pour savoir que si le numérateur est fixe et différent de zéro, la valeur absolue d'une fraction sera d'autant plus grande que le dénominateur est proche de zéro. Si l'on garde en tête cette information, le tableau 2.2.1 permet de déduire que $\frac{1}{x} \to +\infty$ lorsque $x \to 0^+$ et $\frac{1}{x} \to -\infty$ lorsque $x \to 0^-$. ◀

Tableau 2.2.1

	VALEURS						CONCLUSION
x	-1	-0,1	-0,01	-0,001	-0,000 1	···	Lorsque $x \to 0^-$, la valeur de $\frac{1}{x}$ diminue indéfiniment.
$\frac{1}{x}$	-1	-10	-100	-1000	-10 000	···	
x	1	0,1	0,01	0,001	0,000 1	···	Lorsque $x \to 0^+$, la valeur de $\frac{1}{x}$ augmente indéfiniment.
$\frac{1}{x}$	1	10	100	1000	10 000	···	

Le théorème qui suit, dont certaines parties sont démontrées à l'annexe C (sur le Web), sera notre outil de base pour évaluer algébriquement les limites :

2.2.2 THÉORÈME. *Soit un nombre réel a; supposons que*

$$\lim_{x \to a} f(x) = L_1 \quad et \quad \lim_{x \to a} g(x) = L_2$$

Ainsi, les limites existent et ont pour valeurs respectives L_1 et L_2. On a alors

(*a*) $\lim_{x \to a} [f(x) + g(x)] = \lim_{x \to a} f(x) + \lim_{x \to a} g(x) = L_1 + L_2$

(*b*) $\lim_{x \to a} [f(x) - g(x)] = \lim_{x \to a} f(x) - \lim_{x \to a} g(x) = L_1 - L_2$

(*c*) $\lim_{x \to a} [f(x)g(x)] = \left(\lim_{x \to a} f(x)\right)\left(\lim_{x \to a} g(x)\right) = L_1 L_2$

(*d*) $\lim_{x \to a} \frac{f(x)}{g(x)} = \frac{\lim_{x \to a} f(x)}{\lim_{x \to a} g(x)} = \frac{L_1}{L_2}, \quad si\ L_2 \neq 0$

(*e*) $\lim_{x \to a} \sqrt[n]{f(x)} = \sqrt[n]{\lim_{x \to a} f(x)} = \sqrt[n]{L_1}, \quad si\ L_1 > 0\ et\ si\ n\ est\ pair.$

Ces propriétés valent également pour les limites unilatérales lorsque $x \to a^-$ ou lorsque $x \to a^+$.

Énonçons maintenant ce théorème de manière moins formelle :

(*a*) *La limite d'une somme est égale à la somme des limites.*

(*b*) *La limite d'une différence est égale à la différence des limites.*

(*c*) *La limite d'un produit est égale au produit des limites.*

(*d*) *La limite d'un quotient est égale au quotient des limites, à condition que la limite du dénominateur soit différente de zéro.*

(*e*) *La limite d'une racine $n^{iéme}$ est égale à la racine $n^{iéme}$ de la limite.*

Dans le cas particulier où f est une fonction constante ($f(x) = k$), la partie (c) du théorème devient

$$\lim_{x \to a} (kg(x)) = \lim_{x \to a} k \cdot \lim_{x \to a} g(x) = k \lim_{x \to a} g(x) \tag{1}$$

Il en va de même pour les limites unilatérales. Autrement dit,

Un facteur constant peut passer d'un côté à l'autre du symbole de la limite.

Nous avons énoncé les parties (a) et (c) du théorème 2.2.2 en considérant deux termes ou deux facteurs, mais ces propriétés demeurent valables pour tout nombre fini de termes ou de facteurs. Par ailleurs, on peut combiner les différentes parties du théorème pour reformuler des expressions de limites.

▸ Exemple 4

$$\lim_{x \to a} [f(x) - g(x) + 2h(x)] = \lim_{x \to a} f(x) - \lim_{x \to a} g(x) + 2 \lim_{x \to a} h(x)$$

$$\lim_{x \to a} [f(x)g(x)h(x)] = \left(\lim_{x \to a} f(x)\right)\left(\lim_{x \to a} g(x)\right)\left(\lim_{x \to a} h(x)\right)$$

$$\lim_{x \to a} [f(x)]^3 = \left(\lim_{x \to a} f(x)\right)^3$$

Prendre $g(x) = h(x) = f(x)$ dans l'égalité précédente.

$$\lim_{x \to a} [f(x)]^n = \left(\lim_{x \to a} f(x)\right)^n$$

Généralisation du théorème 2.2.2(c) à n facteurs, tous égaux à $f(x)$.

$$\lim_{x \to a} x^n = \left(\lim_{x \to a} x\right)^n = a^n$$

Application de la ligne précédente à $f(x) = x$. ◂

LIMITES DES POLYNÔMES ET DES FONCTIONS RATIONNELLES LORSQUE $x \to a$

▸ Exemple 5

Déterminer $\lim_{x \to 5} (x^2 - 4x + 3)$.

Solution.

$$\lim_{x \to 5} (x^2 - 4x + 3) = \lim_{x \to 5} x^2 - \lim_{x \to 5} 4x + \lim_{x \to 5} 3$$

Théorème 2.2.2(a), (b).

$$= \lim_{x \to 5} x^2 - 4 \lim_{x \to 5} x + \lim_{x \to 5} 3$$

Une constante peut passer d'un côté à l'autre du symbole de limite.

$$= 5^2 - 4(5) + 3$$

Dernière ligne de l'exemple 4.

$$= 8$$ ◂

Observez qu'à l'exemple 5, la limite du polynôme $p(x) = x^2 - 4x + 3$ lorsque $x \to 5$ est finalement égale à $p(5)$. Ça n'est pas un hasard : le prochain théorème montre que, en général, la limite d'un polynôme $p(x)$, lorsque $x \to a$, a la même valeur que le polynôme en $x = a$. Il suffit donc d'évaluer le polynôme au point approprié pour connaître la limite en ce point.

2.2.3 THÉORÈME. *Pour tout polynôme*

$$p(x) = c_0 + c_1 x + \cdots + c_n x^n$$

et tout nombre réel a,

$$\lim_{x \to a} p(x) = c_0 + c_1 a + \cdots + c_n a^n = p(a)$$

PREUVE.

$$\begin{aligned} \lim_{x \to a} p(x) &= \lim_{x \to a} \left(c_0 + c_1 x + \cdots + c_n x^n\right) \\ &= \lim_{x \to a} c_0 + \lim_{x \to a} c_1 x + \cdots + \lim_{x \to a} c_n x^n \\ &= \lim_{x \to a} c_0 + c_1 \lim_{x \to a} x + \cdots + c_n \lim_{x \to a} x^n \\ &= c_0 + c_1 a + \cdots + c_n a^n = p(a) \end{aligned}$$ ■

► **Exemple 6** Évaluer $\lim_{x \to 1} (x^7 - 2x^5 + 1)^{35}$.

Solution. La fonction dont on cherche la limite est un polynôme (pourquoi?); on obtient donc la limite en évaluant ce polynôme à $x = 1$. On trouve

$$\lim_{x \to 1} (x^7 - 2x^5 + 1)^{35} = 0$$ ◄

Rappelons qu'une fonction rationnelle est définie comme étant une division de deux polynômes. Dans l'exemple qui suit, on combine les théorèmes 2.2.2(*d*) et 2.2.3 pour évaluer les limites d'une fonction rationnelle.

► **Exemple 7** Évaluer $\lim_{x \to 2} \frac{5x^3 + 4}{x - 3}$.

Solution.

$$\lim_{x \to 2} \frac{5x^3 + 4}{x - 3} = \frac{\lim_{x \to 2} (5x^3 + 4)}{\lim_{x \to 2} (x - 3)}$$ Théorème 2.2.2(*d*)

$$= \frac{5 \cdot 2^3 + 4}{2 - 3} = -44$$ Théorème 2.2.3 ◄

On ne peut appliquer la méthode qui a été utilisée au dernier exemple lorsque la limite du dénominateur d'une fonction rationnelle est nulle, car une condition du théorème 2.2.2(*d*) ne serait pas satisfaite. Il faut alors considérer deux cas – celui où la limite du dénominateur est nulle alors que la limite du numérateur ne l'est pas, et celui où la limite du numérateur et celle du dénominateur sont toutes deux nulles. Si la limite du dénominateur est nulle, tandis que celle du numérateur ne l'est pas, alors il peut être démontré que la limite de la fonction rationnelle ne donne pas un nombre réel; dans ce cas, l'une des trois situations suivantes se produit :

- La limite peut être $-\infty$.
- La limite peut être $+\infty$.
- La limite peut être $-\infty$ d'un côté et $+\infty$ de l'autre.

La figure 2.2.2 illustre ces trois possibilités pour les fonctions rationnelles de la forme $\frac{1}{x-a}$, $\frac{1}{(x-a)^2}$ et $-\frac{1}{(x-a)^2}$.

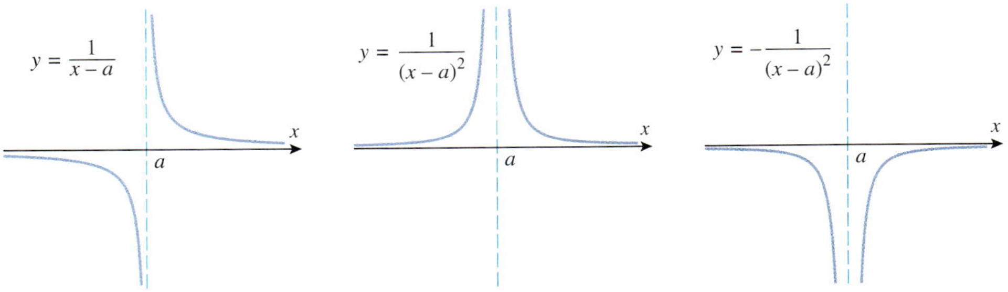

$$\lim_{x\to a^+}\frac{1}{x-a}=+\infty \qquad \lim_{x\to a^-}\frac{1}{x-a}=-\infty$$

$$\lim_{x\to a}\frac{1}{(x-a)^2}=+\infty$$

$$\lim_{x\to a}-\frac{1}{(x-a)^2}=-\infty$$

Figure 2.2.2

▶ **Exemple 8** Évaluer

(a) $\lim_{x\to 4^+}\frac{2-x}{(x-4)(x+2)}$ (b) $\lim_{x\to 4^-}\frac{2-x}{(x-4)(x+2)}$ (c) $\lim_{x\to 4}\frac{2-x}{(x-4)(x+2)}$

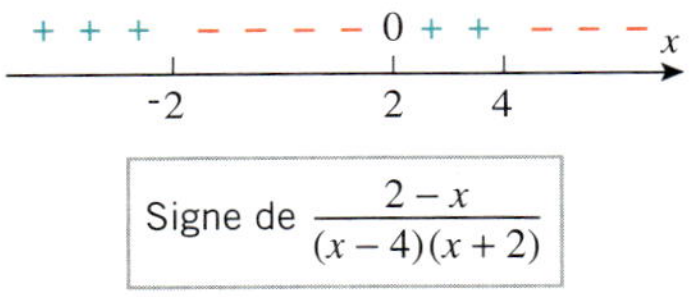

Figure 2.2.3

Solution. Dans les trois cas, la limite du numérateur est -2 et celle du dénominateur est nulle; la limite du rapport n'existe donc pas. On obtient plus de précision en examinant les signes. Le signe du rapport (figure 2.2.3) est déterminé par les signes de $2-x$, $x-4$ et $x+2$. (On peut trouver le signe du rapport par la méthode des points de vérification décrite à l'annexe D sur le Web.) La figure 2.2.3 permet de déduire que lorsque x tend vers 4 par la droite, le rapport est toujours négatif; et si x tend vers 4 par la gauche, le rapport finit par devenir positif. Ainsi,

$$\lim_{x\to 4^+}\frac{2-x}{(x-4)(x+2)}=-\infty \quad \text{et} \quad \lim_{x\to 4^-}\frac{2-x}{(x-4)(x+2)}=+\infty$$

Les limites à gauche et à droite étant posées de manières différentes, la seule chose que nous pouvons dire de cette limite est qu'elle ne donne pas un nombre réel fini. ◀

Si $\frac{p(x)}{q(x)}$ est une fonction rationnelle où $p(a)=0$ et $q(a)=0$, le numérateur et le dénominateur doivent avoir un ou plusieurs facteurs $x-a$ en commun. Dans ce cas, pour établir la limite de $\frac{p(x)}{q(x)}$ lorsque $x\to a$, on simplifie tous les facteurs $x-a$ communs et on trouve ensuite la limite de la fonction simplifiée par l'une des méthodes vues antérieurement. Voici quelques exemples.

À l'exemple 9, la fonction simplifiée $x+2$ est définie à $x=2$, mais la fonction originale ne l'est pas. Cependant, ce fait n'influence aucunement la valeur de la limite lorsque x *s'approche* de 2, étant donné que les deux fonctions sont identiques pour $x\neq 2$.

▶ **Exemple 9** Évaluer $\lim_{x\to 2}\frac{x^2-4}{x-2}$.

Solution. Puisque 2 est à la fois une racine du numérateur et du dénominateur, le facteur $x-2$ leur est commun. On obtient la limite comme suit :

$$\lim_{x\to 2}\frac{x^2-4}{x-2}=\lim_{x\to 2}\frac{(x-2)(x+2)}{x-2}=\lim_{x\to 2}(x+2)=4 \text{ ◀}$$

▶ **Exemple 10** Évaluer

(a) $\lim_{x \to 3} \dfrac{x^2 - 6x + 9}{x - 3}$ (b) $\lim_{x \to -4} \dfrac{2x + 8}{x^2 + x - 12}$ (c) $\lim_{x \to 5} \dfrac{x^2 - 3x - 10}{x^2 - 10x + 25}$

Solution (a). Le numérateur et le dénominateur ayant tous deux la racine $x = 3$, ils ont en commun le facteur $x - 3$. Alors,

$$\lim_{x \to 3} \frac{x^2 - 6x + 9}{x - 3} = \lim_{x \to 3} \frac{(x-3)^2}{x - 3} = \lim_{x \to 3} (x - 3) = 0$$

Solution (b). Le numérateur et le dénominateur ayant tous deux la racine $x = -4$, ils ont en commun le facteur $x - (-4) = x + 4$. Alors,

$$\lim_{x \to -4} \frac{2x + 8}{x^2 + x - 12} = \lim_{x \to -4} \frac{2(x+4)}{(x+4)(x-3)} = \lim_{x \to -4} \frac{2}{x - 3} = -\frac{2}{7}$$

Solution (c). Le numérateur et le dénominateur ayant tous deux la racine $x = 5$, ils ont en commun le facteur $x - 5$. Alors,

$$\lim_{x \to 5} \frac{x^2 - 3x - 10}{x^2 - 10x + 25} = \lim_{x \to 5} \frac{(x-5)(x+2)}{(x-5)(x-5)} = \lim_{x \to 5} \frac{x + 2}{x - 5}$$

Cependant,

$$\lim_{x \to 5} (x + 2) = 7 \neq 0 \quad \text{et} \quad \lim_{x \to 5} (x - 5) = 0$$

Ainsi,

$$\lim_{x \to 5} \frac{x^2 - 3x - 10}{x^2 - 10x + 25} = \lim_{x \to 5} \frac{x + 2}{x - 5}$$

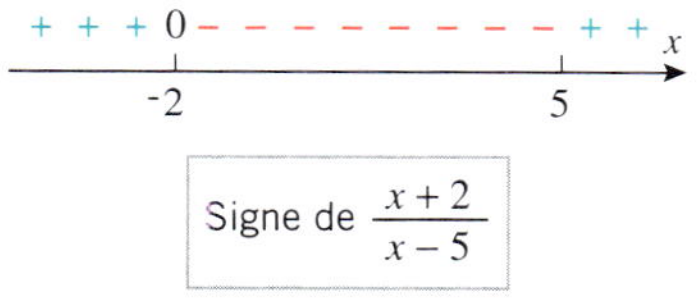

Figure 2.2.4

n'existe pas. Plus précisément, si l'on se fie à l'analyse des signes présentée à la figure 2.2.4, on a

$$\lim_{x \to 5^+} \frac{x^2 - 3x - 10}{x^2 - 10x + 25} = \lim_{x \to 5^+} \frac{x + 2}{x - 5} = +\infty$$

et

$$\lim_{x \to 5^-} \frac{x^2 - 3x - 10}{x^2 - 10x + 25} = \lim_{x \to 5^-} \frac{x + 2}{x - 5} = -\infty \quad ◀$$

Discutez des erreurs de logique contenues dans l'énoncé suivant : « Une indétermination de la forme $\frac{0}{0}$ doit avoir une limite de zéro parce que la division de zéro par n'importe quel nombre donne zéro ».

Un quotient $\frac{f(x)}{g(x)}$ dont le numérateur et le dénominateur ont tous deux pour limite zéro lorsque $x \to a$ est appelé une ***indétermination de la forme*** $\frac{0}{0}$. Avec cette forme d'indétermination, il est difficile de savoir à priori si la limite existe et, si oui, d'en connaître la valeur. De façon informelle, disons que deux influences contraires agissent simultanément : d'un côté, la valeur de $\frac{f(x)}{g(x)}$ tendrait vers zéro lorsque $f(x)$ tend vers zéro si $g(x)$ avait une valeur fixe non nulle, et de l'autre, la valeur du rapport tendrait à augmenter ou à diminuer indéfiniment lorsque $g(x)$ tend vers zéro si $f(x)$ avait une valeur fixe non nulle. Mais puisqu'à la fois $f(x)$ et $g(x)$ tendent vers zéro, le comportement de ce rapport dépend précisément de la façon dont ces tendances contraires se compensent pour les fonctions f et g données.

On peut parfois lever les indéterminations de la forme $\frac{0}{0}$ en obtenant les limites de ces indéterminations par simplification algébrique, comme en témoignent les deux derniers exemples. Cependant, cette méthode ne fonctionne pas dans la plupart des cas et il faut alors trouver autre chose. Nous explorerons d'autres techniques à cet effet dans les prochaines sections.

Le théorème qui suit résume nos observations sur les limites des fonctions rationnelles :

2.2.4 THÉORÈME. *Soit une fonction rationnelle*

$$f(x) = \frac{p(x)}{q(x)}$$

et a, un nombre réel quelconque.

(a) Si $q(a) \neq 0$, alors $\lim_{x \to a} f(x) = f(a)$.

(b) Si $q(a) = 0$ mais $p(a) \neq 0$, alors $\lim_{x \to a} f(x)$ n'existe pas.

LIMITES QUI CONTIENNENT DES RADICAUX

▶ **Exemple 11** Évaluer $\lim_{x \to 1} \frac{x-1}{\sqrt{x}-1}$.

Solution. À l'exemple 2 de la section 2.1, nous avons prédit cette limite comme étant égale à 2 à partir de considérations numériques. Nous allons confirmer ici cette valeur par une méthode algébrique. Puisqu'il s'agit d'une indétermination de la forme $\frac{0}{0}$, nous devrons utiliser une stratégie pour l'évaluer (si elle existe). Procédons en rationalisant le dénominateur de cette fonction : on obtient

$$\frac{x-1}{\sqrt{x}-1} = \frac{(x-1)(\sqrt{x}+1)}{(\sqrt{x}-1)(\sqrt{x}+1)} = \frac{(x-1)(\sqrt{x}+1)}{x-1} = \sqrt{x}+1 \quad (x \neq 1)$$

Ainsi

$$\lim_{x \to 1} \frac{x-1}{\sqrt{x}-1} = \lim_{x \to 1} \sqrt{x}+1 = 2 \blacktriangleleft$$

LIMITES DES FONCTIONS DÉFINIES PAR PARTIES

Pour évaluer la limite bilatérale d'une fonction définie par parties en un point où la règle de calcul des images change, il faut d'abord établir les limites unilatérales en ce point.

▶ **Exemple 12** Soit

$$f(x) = \begin{cases} \frac{1}{x+2}, & x < -2 \\ x^2 - 5, & -2 < x \leq 3 \\ \sqrt{x+13}, & x > 3 \end{cases}$$

Évaluer

(a) $\lim_{x \to -2} f(x)$ (b) $\lim_{x \to 0} f(x)$ (c) $\lim_{x \to 3} f(x)$

Solution (a). Pour évaluer cette limite bilatérale, trouvons d'abord les limites unilatérales correspondantes. Pour chacune, nous devons considérer la règle qui s'applique à l'intervalle où x évolue. Par exemple, lorsque x tend vers -2 par la gauche, la règle applicable au calcul des images de ces x est

$$f(x) = \frac{1}{x+2}$$

et lorsque x tend vers -2 par la droite, la règle de calcul qui s'applique pour des valeurs de x prochent de -2 est

$$f(x) = x^2 - 5$$

Ainsi,

$$\lim_{x \to -2^-} f(x) = \lim_{x \to -2^-} \frac{1}{x+2} = -\infty$$

$$\lim_{x \to -2^+} f(x) = \lim_{x \to -2^+} (x^2 - 5) = (-2)^2 - 5 = -1$$

On en déduit que $\lim_{x \to -2} f(x)$ n'existe pas bien que la limite à droite existe.

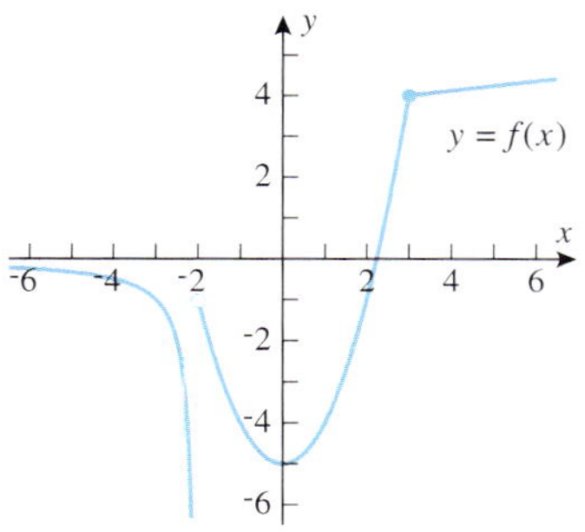

Figure 2.2.5

Solution (b). La règle de calcul des images étant $f(x) = x^2 - 5$ de part et d'autre de 0, il n'y a pas lieu d'évaluer les limites unilatérales. On obtient directement

$$\lim_{x \to 0} f(x) = \lim_{x \to 0} (x^2 - 5) = 0^2 - 5 = -5$$

Solution (c). Considérant les règles de calculs à être utilisées de $f(x)$, on obtient

$$\lim_{x \to 3^-} f(x) = \lim_{x \to 3^-} (x^2 - 5) = 3^2 - 5 = 4$$

$$\lim_{x \to 3^+} f(x) = \lim_{x \to 3^+} \sqrt{x+13} = \sqrt{\lim_{x \to 3^+} (x+13)} = \sqrt{3+13} = 4$$

Les limites à gauche et à droite étant égales, on a

$$\lim_{x \to 3} f(x) = 4$$

Remarquez que les valeurs des limites obtenues en (a), (b) et (c) sont en accord avec la représentation graphique de la figure 2.2.5. ◄

✔ VÉRIFICATION EXPRESS 2.2 *(Réponses à la page 127.)*

1. Dans chaque cas, évaluer directement la limite (sans calcul ni graphique).

(a) $\lim_{x \to 8} 7 =$ ________ (b) $\lim_{y \to 3^+} 12y =$ ________

(c) $\lim_{x \to 0^-} \frac{x}{|x|} =$ ________ (d) $\lim_{w \to 5} \frac{w}{|w|} =$ ________

(e) $\lim_{z \to 1^-} \frac{1}{1-z} =$ ________

2. Sachant que $\lim_{x \to a} f(x) = 1$ et $\lim_{x \to a} g(x) = 2$, évaluer, si possible, les limites suivantes :

(a) $\lim_{x \to a} [3f(x) + 2g(x)] =$ ________

(b) $\lim_{x \to a} \frac{2f(x)+1}{1 - f(x)g(x)} =$ ________

(c) $\lim_{x \to a} \frac{\sqrt{f(x)+3}}{g(x)} =$ ________

(d) $\lim_{x \to a} \frac{f(x) - g(x)}{4 - [g(x)]^2} =$ ________

3. Évaluer, si elles existent, les limites suivantes :

(a) $\lim_{x \to -1} (x^3 + x^2 + x)^{101} =$ ________

(b) $\lim_{x \to 2^-} \frac{(x-1)(x-2)}{x+1} =$ ________

(c) $\lim_{x \to -1^+} \frac{(x-1)(x-2)}{x+1} =$ ________

(d) $\lim_{x \to 4} \frac{x^2 - 16}{x - 4} =$ ________

4. Soit

$$f(x) = \begin{cases} x+1, & x \le 1 \\ x-1, & x > 1 \end{cases}$$

Évaluer, si elles existent, les limites suivantes :

(a) $\lim_{x \to 1^-} f(x) =$ ________

(b) $\lim_{x \to 1^+} f(x) =$ ________

(c) $\lim_{x \to 1} f(x) =$ ________

SÉRIE D'EXERCICES 2.2

JONGLONS AVEC LES CONCEPTS

1. Soit
$$\lim_{x \to a} f(x) = 2, \quad \lim_{x \to a} g(x) = -4, \quad \lim_{x \to a} h(x) = 0$$
Évaluer les limites lorsque c'est possible. Si la limite n'existe pas, expliquer pourquoi.

(a) $\lim_{x \to a} [f(x) + 2g(x)]$

(b) $\lim_{x \to a} [h(x) - 3g(x) + 1]$

(c) $\lim_{x \to a} [f(x)g(x)]$

(d) $\lim_{x \to a} [g(x)]^2$

(e) $\lim_{x \to a} \sqrt[3]{6 + f(x)}$

(f) $\lim_{x \to a} \dfrac{2}{g(x)}$

(g) $\lim_{x \to a} \dfrac{3f(x) - 8g(x)}{h(x)}$

(h) $\lim_{x \to a} \dfrac{7g(x)}{2f(x) + g(x)}$

2. À partir des fonctions f et g de la figure Ex-2, évaluer, si possible, les limites ci-dessous. Si la limite n'existe pas, expliquer pourquoi.

(a) $\lim_{x \to 2} [f(x) + g(x)]$ (b) $\lim_{x \to 0} [f(x) + g(x)]$

(c) $\lim_{x \to 0^+} [f(x) + g(x)]$ (d) $\lim_{x \to 0^-} [f(x) + g(x)]$

(e) $\lim_{x \to 2} \dfrac{f(x)}{1 + g(x)}$ (f) $\lim_{x \to 2} \dfrac{1 + g(x)}{f(x)}$

(g) $\lim_{x \to 0^+} \sqrt{f(x)}$ (h) $\lim_{x \to 0^-} \sqrt{f(x)}$

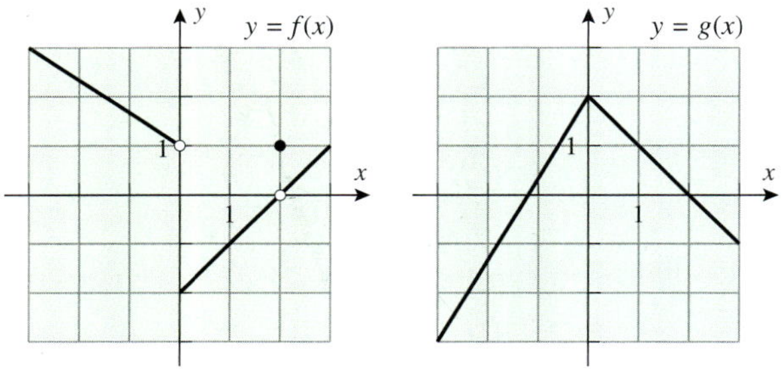

Figure Ex-2

3–30 Évaluer les limites.

3. $\lim_{x \to 2} x(x-1)(x+1)$

4. $\lim_{x \to 3} x^3 - 3x^2 + 9x$

5. $\lim_{x \to 3} \dfrac{x^2 - 2x}{x + 1}$

6. $\lim_{x \to 0} \dfrac{6x - 9}{x^3 - 12x + 3}$

7. $\lim_{x \to 1^+} \dfrac{x^4 - 1}{x - 1}$

8. $\lim_{t \to -2} \dfrac{t^3 + 8}{t + 2}$

9. $\lim_{x \to -1} \dfrac{x^2 + 6x + 5}{x^2 - 3x - 4}$

10. $\lim_{x \to 2} \dfrac{x^2 - 4x + 4}{x^2 + x - 6}$

11. $\lim_{x \to -1} \dfrac{2x^2 + x - 1}{x + 1}$

12. $\lim_{x \to 1} \dfrac{3x^2 - x - 2}{2x^2 + x - 3}$

13. $\lim_{t \to 2} \dfrac{t^3 + 3t^2 - 12t + 4}{t^3 - 4t}$

14. $\lim_{t \to 1} \dfrac{t^3 + t^2 - 5t + 3}{t^3 - 3t + 2}$

15. $\lim_{x \to 3^+} \dfrac{x}{x - 3}$

16. $\lim_{x \to 3^-} \dfrac{x}{x - 3}$

17. $\lim_{x \to 3} \dfrac{x}{x - 3}$

18. $\lim_{x \to 2^+} \dfrac{x}{x^2 - 4}$

19. $\lim_{x \to 2^-} \dfrac{x}{x^2 - 4}$

20. $\lim_{x \to 2} \dfrac{x}{x^2 - 4}$

21. $\lim_{y \to 6^+} \dfrac{y + 6}{y^2 - 36}$

22. $\lim_{y \to 6^-} \dfrac{y + 6}{y^2 - 36}$

23. $\lim_{y \to 6} \dfrac{y + 6}{y^2 - 36}$

24. $\lim_{x \to 4^+} \dfrac{3 - x}{x^2 - 2x - 8}$

25. $\lim_{x \to 4^-} \dfrac{3 - x}{x^2 - 2x - 8}$

26. $\lim_{x \to 4} \dfrac{3 - x}{x^2 - 2x - 8}$

27. $\lim_{x \to 2^+} \dfrac{1}{|2 - x|}$

28. $\lim_{x \to 3^-} \dfrac{1}{|x - 3|}$

29. $\lim_{x \to 9} \dfrac{x - 9}{\sqrt{x} - 3}$

30. $\lim_{y \to 4} \dfrac{4 - y}{2 - \sqrt{y}}$

31. Soit
$$f(x) = \begin{cases} x - 1, & x \leq 3 \\ 3x - 7, & x > 3 \end{cases}$$
Évaluer

(a) $\lim_{x \to 3^-} f(x)$ (b) $\lim_{x \to 3^+} f(x)$ (c) $\lim_{x \to 3} f(x)$

32. Soit
$$g(t) = \begin{cases} t^2, & t \geq 0 \\ t - 2, & t < 0 \end{cases}$$
Évaluer

(a) $\lim_{t \to 0^-} g(t)$ (b) $\lim_{t \to 0^+} g(t)$ (c) $\lim_{t \to 0} g(t)$

JONGLONS AVEC LES CONCEPTS

33. Soit
$$f(x) = \frac{x^3 - 1}{x - 1}$$
(a) Évaluer $\lim_{x \to 1} f(x)$.

(b) Esquisser la courbe de $y = f(x)$.

34. Soit
$$f(x) = \begin{cases} \dfrac{x^2 - 9}{x + 3}, & x \neq -3 \\ k, & x = -3 \end{cases}$$
(a) Déterminer k de sorte que $f(-3) = \lim_{x \to -3} f(x)$.

(b) En posant $k = \lim_{x \to -3} f(x)$, montrer que $f(x)$ peut être exprimée sous forme de polynôme.

35. (a) Expliquer pourquoi les calculs suivants sont erronés :
$$\lim_{x \to 0^+} \left(\frac{1}{x} - \frac{1}{x^2} \right) = \lim_{x \to 0^+} \frac{1}{x} - \lim_{x \to 0^+} \frac{1}{x^2}$$
$$= +\infty - (+\infty) = 0$$

(b) Montrer que $\lim\limits_{x \to 0^+} \left(\frac{1}{x} - \frac{1}{x^2}\right) = -\infty$.

36. Évaluer $\lim\limits_{x \to 0^-} \left(\frac{1}{x} + \frac{1}{x^2}\right)$.

37–38 Rationaliser le numérateur et évaluer ensuite la limite.

37. $\lim\limits_{x \to 0} \frac{\sqrt{x+4}-2}{x}$

38. $\lim\limits_{x \to 0} \frac{\sqrt{x^2+4}-2}{x}$

39. Soit les polynômes $p(x)$ et $q(x)$; supposer que $q(x_0) = 0$. Décrire le comportement de la courbe de $y = \frac{p(x)}{q(x)}$ au voisinage de $x = x_0$. Donner des exemples pour appuyer vos conclusions.

40. Soit
$$f(x) = \frac{(a+b)x + (a-b)|x|}{2x}$$
Si a et b sont des constantes, évaluer

(a) $\lim\limits_{x \to 0^-} f(x)$ (b) $\lim\limits_{x \to 0^+} f(x)$

(c) toutes les valeurs de a et de b telles que $\lim\limits_{x \to 0} f(x)$ existe.

✔ VÉRIFICATION EXPRESS 2.2 – RÉPONSES

1. (a) 7 (b) 36 (c) -1 (d) 1 (e) $+\infty$ **2.** (a) 7 (b) -3 (c) 1 (d) n'existe pas **3.** (a) -1 (b) 0 (c) $+\infty$ (d) 8
4. (a) 2 (b) 0 (c) n'existe pas

2.3 LIMITES À L'INFINI; COMPORTEMENT À L'INFINI D'UNE FONCTION

Jusqu'à présent, nous nous sommes intéressés aux limites qui décrivent le comportement d'une fonction f lorsque x tend vers un nombre réel a. Dans cette section, nous analyserons le comportement de $f(x)$ lorsque x augmente ou diminue à l'infini.

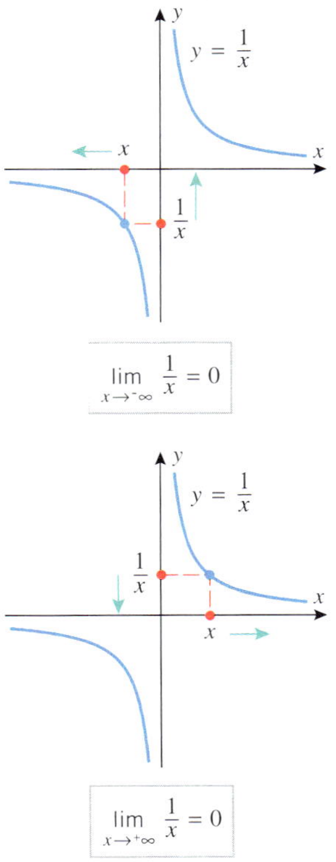

Figure 2.3.1

LIMITES À L'INFINI ET ASYMPTOTES HORIZONTALES

Si les valeurs d'une variable x augmentent indéfiniment, alors on écrit $x \to +\infty$ et si les valeurs de x diminuent indéfiniment, alors on écrit $x \to -\infty$. Le comportement de $f(x)$ lorsque x augmente ou diminue indéfiniment est parfois appelé ***comportement à l'infini*** de la fonction f. Par exemple,

$$\lim_{x \to -\infty} \frac{1}{x} = 0 \quad \text{et} \quad \lim_{x \to +\infty} \frac{1}{x} = 0 \qquad (1\text{–}2)$$

Ces limites correspondent, d'un point de vue numérique, au tableau 2.3.1 et d'un point de vue géométrique, à la figure 2.3.1.

Tableau 2.3.1

	VALEURS						CONCLUSION
x	-1	-10	-100	-1000	$-10\,000$	$\cdots$	Lorsque $x \to -\infty$, la valeur de $\frac{1}{x}$ augmente pour se rapprocher de zéro.
$\frac{1}{x}$	-1	$-0{,}1$	$-0{,}01$	$-0{,}001$	$-0{,}0001$	$\cdots$	
x	1	10	100	1000	10 000	$\cdots$	Lorsque $x \to +\infty$, la valeur de $\frac{1}{x}$ diminue pour se rapprocher de zéro.
$\frac{1}{x}$	1	0,1	0,01	0,001	0,0001	$\cdots$	

On utilise généralement la notation ci-dessous :

2.3.1 LIMITES À L'INFINI (PRÉSENTATION INFORMELLE). Si les valeurs de $f(x)$ finissent par se rapprocher aussi près que l'on veut d'un nombre L lorsque x augmente indéfiniment, alors on écrit

$$\lim_{x\to+\infty} f(x) = L \quad \text{ou} \quad f(x) \to L \text{ lorsque } x \to +\infty \tag{3}$$

De même, si les valeurs de $f(x)$ se rapprochent aussi près que l'on veut d'un nombre L lorsque x diminue indéfiniment, alors on écrit

$$\lim_{x\to-\infty} f(x) = L \quad \text{ou} \quad f(x) \to L \text{ lorsque } x \to -\infty \tag{4}$$

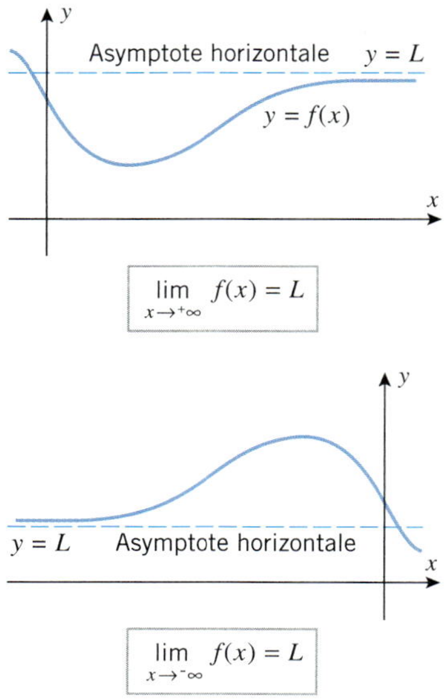

Figure 2.3.2

La figure 2.3.2 illustre le comportement à l'infini d'une fonction f lorsque

$$\lim_{x\to+\infty} f(x) = L \quad \text{ou} \quad \lim_{x\to-\infty} f(x) = L$$

Dans le premier cas, la courbe de f finit par se rapprocher aussi près que l'on veut de la droite $y = L$ lorsque x augmente indéfiniment et dans le second cas, elle finit par se rapprocher aussi près que l'on veut de la droite $y = L$ lorsque x diminue indéfiniment. Si l'une ou l'autre des limites se produit, la droite $y = L$ est une ***asymptote horizontale*** de la courbe de f.

▶ **Exemple 1** D'après les limites (1) et (2), $y = 0$ est une asymptote horizontale de $f(x) = \frac{1}{x}$ à la fois dans les parties négative et positive de l'axe des x, conformément à la représentation graphique de $y = \frac{1}{x}$ (figure 2.3.1). ◀

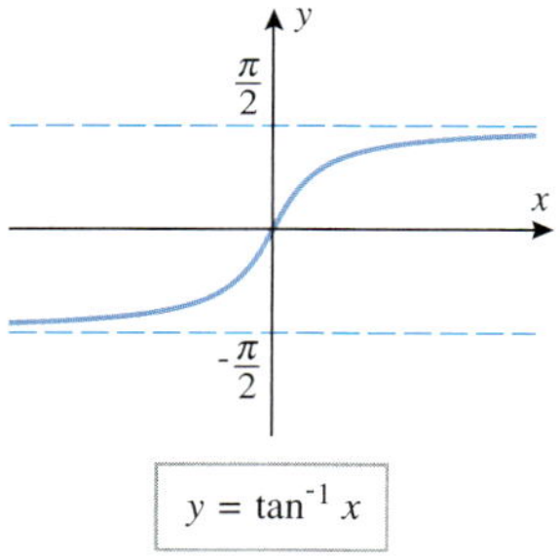

Figure 2.3.3

▶ **Exemple 2** La courbe de $f(x) = \tan^{-1} x$ présentée à la figure 2.3.3 suggère que

$$\lim_{x\to+\infty} \tan^{-1} x = \frac{\pi}{2} \quad \text{et} \quad \lim_{x\to-\infty} \tan^{-1} x = -\frac{\pi}{2} \tag{5–6}$$

Ainsi, la droite $y = \frac{\pi}{2}$ est une asymptote horizontale de f dans la partie positive de l'axe des x et la droite $y = -\frac{\pi}{2}$ est une asymptote horizontale dans la partie négative de l'axe des x. ◀

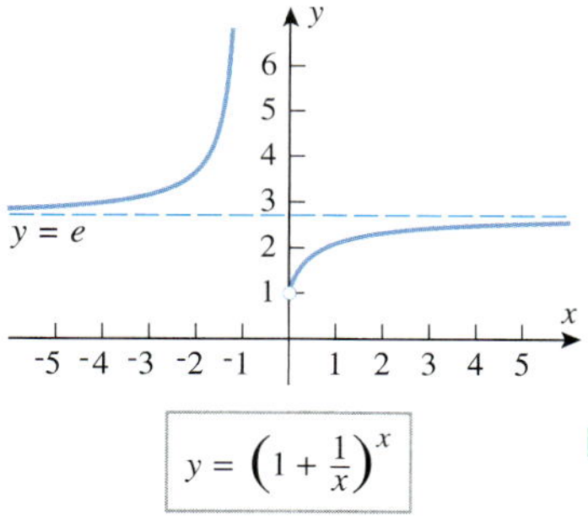

Figure 2.3.4

▶ **Exemple 3** La courbe de $f(x) = \left(1 + \frac{1}{x}\right)^x$ présentée à la figure 2.3.4 suggère que

$$\lim_{x\to+\infty} \left(1 + \frac{1}{x}\right)^x = e \quad \text{et} \quad \lim_{x\to-\infty} \left(1 + \frac{1}{x}\right)^x = e \tag{7–8}$$

Ainsi, la droite $y = e$ est une asymptote horizontale de f à la fois dans les parties négative et positive de l'axe des x. ◀

PROPRIÉTÉS DES LIMITES APPLICABLES AUX LIMITES À L'INFINI

Il peut être démontré que les propriétés du théorème 2.2.2 restent valables pour les limites à $+\infty$ et à $-\infty$. De plus, en suivant le même raisonnement qu'à la section 2.2, si n est un entier positif, alors

$$\lim_{x\to+\infty} (f(x))^n = \left(\lim_{x\to+\infty} f(x)\right)^n \qquad \lim_{x\to-\infty} (f(x))^n = \left(\lim_{x\to-\infty} f(x)\right)^n \tag{9–10}$$

à condition que la limite indiquée de $f(x)$ existe. Les constantes peuvent aussi être déplacées de part et d'autre du symbole de la limite lorsqu'on considère les limites à l'infini : on a

$$\lim_{x \to +\infty} kf(x) = k \lim_{x \to +\infty} f(x) \qquad \lim_{x \to -\infty} kf(x) = k \lim_{x \to -\infty} f(x) \tag{11–12}$$

à condition que la limite indiquée de $f(x)$ existe.

Finalement, si f est une fonction constante ($f(x) = k$), alors les valeurs de $f(x)$ ne changent pas lorsque $x \to +\infty$ ou lorsque $x \to -\infty$ et l'on a

$$\lim_{x \to +\infty} k = k \qquad \lim_{x \to -\infty} k = k \tag{13–14}$$

▸ Exemple 4

(a) Considérant les expressions (1), (2), (9) et (10), on déduit que si n est un entier positif, alors

$$\lim_{x \to +\infty} \frac{1}{x^n} = \left(\lim_{x \to +\infty} \frac{1}{x}\right)^n = 0 \quad \text{et} \quad \lim_{x \to -\infty} \frac{1}{x^n} = \left(\lim_{x \to -\infty} \frac{1}{x}\right)^n = 0$$

(b) Les expressions (7) et (9) permettent d'écrire

$$\lim_{x \to +\infty} \left(1 + \frac{1}{2x}\right)^x = \lim_{x \to +\infty} \left[\left(1 + \frac{1}{2x}\right)^{2x}\right]^{\frac{1}{2}}$$

$$= \left[\lim_{x \to +\infty} \left(1 + \frac{1}{2x}\right)^{2x}\right]^{\frac{1}{2}} = e^{\frac{1}{2}} = \sqrt{e} \quad ◂$$

LIMITES INFINIES À L'INFINI

Tout comme les limites à un nombre réel a, les limites à l'infini n'existent pas toujours, pour différentes raisons. Par exemple, les valeurs de $f(x)$ peuvent augmenter ou diminuer indéfiniment lorsque $x \to +\infty$ ou lorsque $x \to -\infty$. On utilise alors la notation qui suit :

2.3.2 LIMITES INFINIES À L'INFINI (PRÉSENTATION INFORMELLE). Si les valeurs de $f(x)$ augmentent indéfiniment lorsque $x \to +\infty$ ou lorsque $x \to -\infty$, alors on écrit, selon le cas,

$$\lim_{x \to +\infty} f(x) = +\infty \quad \text{ou} \quad \lim_{x \to -\infty} f(x) = +\infty$$

De même, si les valeurs de $f(x)$ diminuent indéfiniment lorsque $x \to +\infty$ ou lorsque $x \to -\infty$, alors on écrit, selon le cas,

$$\lim_{x \to +\infty} f(x) = -\infty \quad \text{ou} \quad \lim_{x \to -\infty} f(x) = -\infty$$

LIMITES DE x^n LORSQUE $x \to \pm\infty$

La figure 2.3.5 illustre le comportement à l'infini des polynômes x^n pour $n = 1, 2, 3$ et 4, qui sont des cas particuliers de l'expression générale ci-dessous :

$$\lim_{x \to +\infty} x^n = +\infty, \quad n = 1, 2, 3, \ldots \qquad \lim_{x \to -\infty} x^n = \begin{cases} -\infty, & n = 1, 3, 5, \ldots \\ +\infty, & n = 2, 4, 6, \ldots \end{cases} \tag{15–16}$$

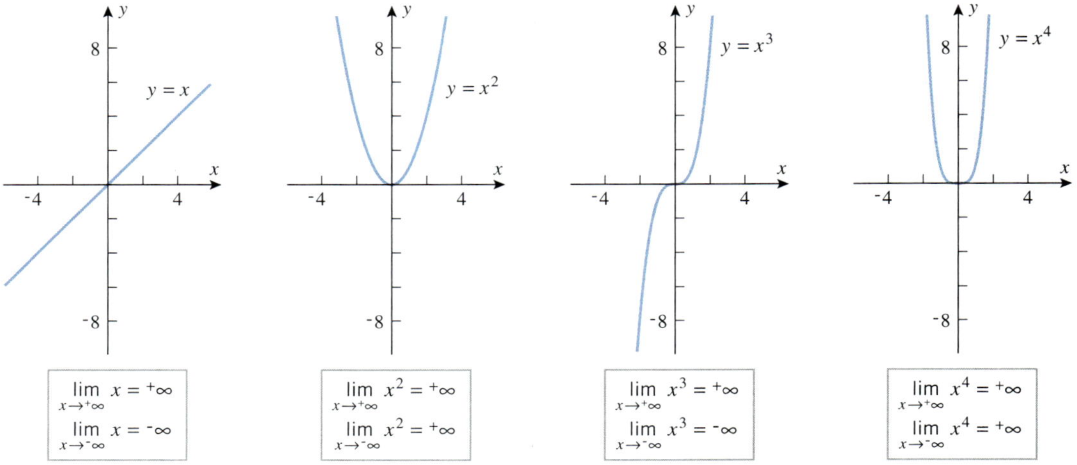

Figure 2.3.5

La multiplication de x^n par un nombre réel positif n'influence pas le calcul des limites (15) et (16), mais la multiplication par un nombre réel négatif inverse le signe de la limite.

▶ Exemple 5

$$\lim_{x \to +\infty} 2x^5 = +\infty, \qquad \lim_{x \to -\infty} 2x^5 = -\infty$$

$$\lim_{x \to +\infty} -7x^6 = -\infty, \qquad \lim_{x \to -\infty} -7x^6 = -\infty \quad ◀$$

LIMITES DES POLYNÔMES LORSQUE $x \to \pm\infty$

Voyons un principe utile concernant les polynômes, que nous présentons de façon informelle.

Un polynôme se comporte à l'infini de la même manière que le terme dominant du polynôme.

Plus précisément, si $c_n \neq 0$, alors

$$\lim_{x \to -\infty} (c_n x^n + \cdots + c_1 x + c_0) = \lim_{x \to -\infty} c_n x^n \tag{17}$$

$$\lim_{x \to +\infty} (c_n x^n + \cdots + c_1 x + c_0) = \lim_{x \to +\infty} c_n x^n \tag{18}$$

On saisit mieux ces égalités en mettant en facteur la puissance de x la plus élevée des termes du polynôme et en examinant la limite de l'expression obtenue. On a

$$c_n x^n + \cdots + c_1 x + c_0 = x^n \left(c_n + \cdots + \frac{c_1}{x^{n-1}} + \frac{c_0}{x^n} \right)$$

Lorsque $x \to -\infty$ ou $x \to +\infty$, si l'on se fie aux expressions (1) et (2), tous les termes où x est au dénominateur avec un exposant positif tendent vers 0; on admet alors facilement les égalités (17) et (18).

▶ Exemple 6

$$\lim_{x \to -\infty} (7x^5 - 4x^3 + 2x - 9) = \lim_{x \to -\infty} 7x^5 = -\infty$$

$$\lim_{x \to -\infty} (-4x^8 + 17x^3 - 5x + 1) = \lim_{x \to -\infty} -4x^8 = -\infty \blacktriangleleft$$

LIMITES DES FONCTIONS RATIONNELLES LORSQUE $x \to \pm\infty$

Si l'on veut déterminer le comportement à l'infini d'une fonction rationnelle, il suffit de diviser chaque terme du numérateur et du dénominateur par x élevé à la plus haute puissance rencontrée au dénominateur et de déterminer ensuite la limite en procédant comme à l'habitude. Voici quelques exemples.

▶ Exemple 7 Évaluer $\lim_{x \to +\infty} \dfrac{3x+5}{6x-8}$.

Solution. Divisons chaque terme du numérateur et du dénominateur par x élevé à la plus haute puissance rencontrée au dénominateur, soit $x^1 = x$. On obtient

$$\lim_{x \to +\infty} \frac{3x+5}{6x-8} = \lim_{x \to +\infty} \frac{3 + \dfrac{5}{x}}{6 - \dfrac{8}{x}}$$

On divise tous les termes par x.

$$= \frac{\lim_{x \to +\infty} \left(3 + \dfrac{5}{x}\right)}{\lim_{x \to +\infty} \left(6 - \dfrac{8}{x}\right)}$$

La limite d'un quotient est égale au quotient des limites.

$$= \frac{\lim_{x \to +\infty} 3 + \lim_{x \to +\infty} \dfrac{5}{x}}{\lim_{x \to +\infty} 6 - \lim_{x \to +\infty} \dfrac{8}{x}}$$

La limite d'une somme est égale à la somme des limites.

$$= \frac{3 + 5 \lim_{x \to +\infty} \dfrac{1}{x}}{6 - 8 \lim_{x \to +\infty} \dfrac{1}{x}} = \frac{3+0}{6+0} = \frac{1}{2}$$

On déplace une constante d'un côté à l'autre du symbole de la limite : propriétés (2) et (13). ◀

▶ Exemple 8 Évaluer $\lim_{x \to -\infty} \dfrac{4x^2 - x}{2x^3 - 5}$.

Solution. Divisons chaque terme du numérateur et du dénominateur par x élevé à la plus haute puissance rencontrée au dénominateur, soit x^3. On obtient

$$\lim_{x \to -\infty} \frac{4x^2 - x}{2x^3 - 5} = \lim_{x \to -\infty} \frac{\dfrac{4}{x} - \dfrac{1}{x^2}}{2 - \dfrac{5}{x^3}}$$

On divise chaque terme par x^3.

$$= \frac{\lim_{x \to -\infty} \left(\dfrac{4}{x} - \dfrac{1}{x^2}\right)}{\lim_{x \to -\infty} \left(2 - \dfrac{5}{x^3}\right)}$$

La limite d'un quotient est égale au quotient des limites.

$$= \frac{\lim\limits_{x \to -\infty} \frac{4}{x} - \lim\limits_{x \to -\infty} \frac{1}{x^2}}{\lim\limits_{x \to -\infty} 2 - \lim\limits_{x \to -\infty} \frac{5}{x^3}}$$

La limite d'une différence est égale à la différence des limites.

$$= \frac{4 \lim\limits_{x \to -\infty} \frac{1}{x} - \lim\limits_{x \to -\infty} \frac{1}{x^2}}{2 - 5 \lim\limits_{x \to -\infty} \frac{1}{x^3}} = \frac{0-0}{2-0} = 0$$

On déplace une constante d'un côté à l'autre du symbole de la limite : propriété (14) et exemple 4. ◀

▶ Exemple 9 Évaluer $\lim\limits_{x \to +\infty} \dfrac{5x^3 - 2x^2 + 1}{1 - 3x}$.

Solution. Divisons chaque terme du numérateur et du dénominateur par x élevé à la plus haute puissance que l'on trouve au dénominateur, soit $x^1 = x$. On obtient

$$\lim_{x \to +\infty} \frac{5x^3 - 2x^2 + 1}{1 - 3x} = \lim_{x \to +\infty} \frac{5x^2 - 2x + \frac{1}{x}}{\frac{1}{x} - 3} \tag{19}$$

Dans ce cas, on ne peut considérer que la limite du quotient est égale au quotient des limites, parce que la limite du numérateur n'existe pas. On a cependant

$$\lim_{x \to +\infty} (5x^2 - 2x) = +\infty, \quad \lim_{x \to +\infty} \tfrac{1}{x} = 0, \quad \lim_{x \to +\infty} \left(\tfrac{1}{x} - 3\right) = -3$$

Ainsi, le numérateur du membre de droite de (19) tend vers $+\infty$ et le dénominateur a une limite finie *négative*. On en déduit que le quotient tend vers $-\infty$, c'est-à-dire

$$\lim_{x \to +\infty} \frac{5x^3 - 2x^2 + 1}{1 - 3x} = \lim_{x \to +\infty} \frac{5x^2 - 2x + \frac{1}{x}}{\frac{1}{x} - 3} = -\infty$$ ◀

ÉVALUATION RAPIDE DES LIMITES DES FONCTIONS RATIONNELLES LORSQUE $x \to +\infty$ OU LORSQUE $x \to -\infty$

Sachant que le comportement d'un polynôme à l'infini est calqué sur celui de son terme de plus haut degré, il est raisonnable de conclure que :

Le comportement à l'infini d'une fonction rationnelle est calqué sur le comportement du quotient du terme dominant du numérateur divisé par le terme dominant du dénominateur.

▶ Exemple 10 Utiliser l'énoncé qui précède pour évaluer les limites des exemples 7, 8 et 9.

Solution.

$$\lim_{x \to +\infty} \frac{3x+5}{6x-8} = \lim_{x \to +\infty} \frac{3x}{6x} = \lim_{x \to +\infty} \frac{1}{2} = \frac{1}{2}$$

$$\lim_{x \to -\infty} \frac{4x^2 - x}{2x^3 - 5} = \lim_{x \to -\infty} \frac{4x^2}{2x^3} = \lim_{x \to -\infty} \frac{2}{x} = 0$$

$$\lim_{x \to +\infty} \frac{5x^3 - 2x^2 + 1}{1 - 3x} = \lim_{x \to +\infty} \frac{5x^3}{(-3x)} = \lim_{x \to +\infty} \left(-\frac{5}{3}x^2\right) = -\infty$$ ◀

LIMITES CONTENANT DES RADICAUX

▶ **Exemple 11** Évaluer $\lim_{x \to +\infty} \sqrt[3]{\dfrac{3x+5}{6x-8}}$.

Solution.

$$\lim_{x \to +\infty} \sqrt[3]{\frac{3x+5}{6x-8}} = \sqrt[3]{\lim_{x \to +\infty} \frac{3x+5}{6x-8}} = \sqrt[3]{\frac{1}{2}}$$

La limite de la racine $n^{ième}$ est égale à la racine $n^{ième}$ de la limite. ◀

▶ **Exemple 12** Évaluer

$$\text{(a)} \lim_{x \to +\infty} \frac{\sqrt{x^2+2}}{3x-6} \qquad \text{(b)} \lim_{x \to -\infty} \frac{\sqrt{x^2+2}}{3x-6}$$

Dans les deux cas, il sera utile de transformer les puissances de x en puissances de $\frac{1}{x}$: on y parviendra en divisant le numérateur et le dénominateur par $|x|$ et en considérant $\sqrt{x^2} = |x|$.

Solution (a). Lorsque $x \to +\infty$, les valeurs de x sont positives et l'on peut remplacer $|x|$ par x. On obtient

$$\lim_{x \to +\infty} \frac{\sqrt{x^2+2}}{3x-6} = \lim_{x \to +\infty} \frac{\dfrac{\sqrt{x^2+2}}{|x|}}{\dfrac{3x-6}{|x|}} = \lim_{x \to +\infty} \frac{\dfrac{\sqrt{x^2+2}}{\sqrt{x^2}}}{\dfrac{3x-6}{x}}$$

$$= \lim_{x \to +\infty} \frac{\sqrt{1+\dfrac{2}{x^2}}}{3-\dfrac{6}{x}} = \frac{\lim\limits_{x \to +\infty} \sqrt{1+\dfrac{2}{x^2}}}{\lim\limits_{x \to +\infty} \left(3-\dfrac{6}{x}\right)}$$

$$= \frac{\sqrt{\lim\limits_{x \to +\infty} \left(1+\dfrac{2}{x^2}\right)}}{\lim\limits_{x \to +\infty} \left(3-\dfrac{6}{x}\right)} = \frac{\sqrt{\left(\lim\limits_{x \to +\infty} 1\right) + \left(2 \lim\limits_{x \to +\infty} \dfrac{1}{x^2}\right)}}{\left(\lim\limits_{x \to +\infty} 3\right) - \left(6 \lim\limits_{x \to +\infty} \dfrac{1}{x}\right)}$$

$$= \frac{\sqrt{1+(2 \cdot 0)}}{3-(6 \cdot 0)} = \frac{1}{3}$$

TECHNOLOGIE

D'après l'exemple 12, la règle

$$f(x) = \frac{\sqrt{x^2+2}}{3x-6}$$

présente une asymptote horizontale $y = \frac{1}{3}$ dans la partie positive de l'axe des x et une autre asymptote horizontale $y = -\frac{1}{3}$ dans la partie négative. Confirmez ces résultats à l'aide d'un outil graphique.

Solution (b). Lorsque $x \to -\infty$, les valeurs de x sont négatives et on remplace dans ce cas $|x|$ par $-x$. On obtient

$$\lim_{x \to -\infty} \frac{\sqrt{x^2+2}}{3x-6} = \lim_{x \to -\infty} \frac{\dfrac{\sqrt{x^2+2}}{|x|}}{\dfrac{3x-6}{|x|}} = \lim_{x \to -\infty} \frac{\dfrac{\sqrt{x^2+2}}{\sqrt{x^2}}}{\dfrac{3x-6}{(- - x)}}$$

$$= \lim_{x \to -\infty} \frac{\sqrt{1+\dfrac{2}{x^2}}}{-3+\dfrac{6}{x}} = -\frac{1}{3}$$ ◀

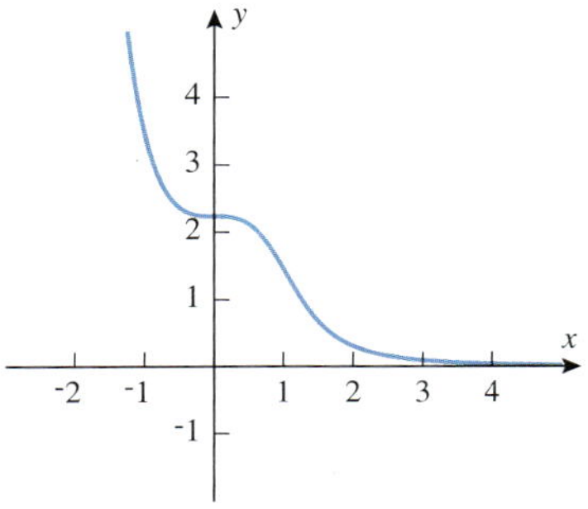

$y = \sqrt{x^6+5} - x^3$

(*a*)

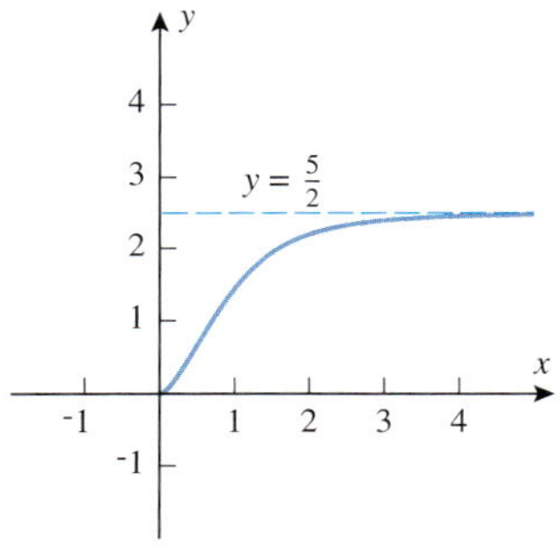

$y = \sqrt{x^6+5x^3} - x^3, x \geq 0$

(*b*)

Figure 2.3.6

Nous avons noté à la section 2.1 que les lois algébriques habituelles ne sont pas applicables aux symboles $+\infty$ et $-\infty$. La partie (b) de l'exemple 13 en témoigne : les termes $\sqrt{x^6+5x^3}$ et x^3 tendent tous deux vers $+\infty$ lorsque $x \to +\infty$, mais leur différence ne tend pas vers 0.

▶ Exemple 13 Évaluer

$$\text{(a)} \lim_{x\to+\infty} (\sqrt{x^6+5} - x^3) \qquad \text{(b)} \lim_{x\to+\infty} (\sqrt{x^6+5x^3} - x^3)$$

Solution. Les courbes représentatives de $f(x) = \sqrt{x^6+5} - x^3$ et de $g(x) = \sqrt{x^6+5x^3} - x^3$ pour $x \geq 0$, présentées à la figure 2.3.6, montrent que les limites cherchées sont respectivement 0 et $\frac{5}{2}$. Pour le confirmer, considérons chaque règle $f(x)$ comme une fraction ayant 1 pour dénominateur et rationalisons le numérateur.

$$\lim_{x\to+\infty} (\sqrt{x^6+5} - x^3) = \lim_{x\to+\infty} (\sqrt{x^6+5} - x^3)\left(\frac{\sqrt{x^6+5}+x^3}{\sqrt{x^6+5}+x^3}\right)$$

$$= \lim_{x\to+\infty} \frac{(x^6+5) - x^6}{\sqrt{x^6+5}+x^3} = \lim_{x\to+\infty} \frac{5}{\sqrt{x^6+5}+x^3}$$

$$= \lim_{x\to+\infty} \frac{\frac{5}{x^3}}{\sqrt{1+\frac{5}{x^6}}+1} \qquad \boxed{\sqrt{x^6} = x^3 \text{ pour } x > 0}$$

$$= \frac{0}{\sqrt{1+0}+1} = 0$$

$$\lim_{x\to+\infty} (\sqrt{x^6+5x^3} - x^3) = \lim_{x\to+\infty} (\sqrt{x^6+5x^3} - x^3)\left(\frac{\sqrt{x^6+5x^3}+x^3}{\sqrt{x^6+5x^3}+x^3}\right)$$

$$= \lim_{x\to+\infty} \frac{(x^6+5x^3) - x^6}{\sqrt{x^6+5x^3}+x^3} = \lim_{x\to+\infty} \frac{5x^3}{\sqrt{x^6+5x^3}+x^3}$$

$$= \lim_{x\to+\infty} \frac{5}{\sqrt{1+\frac{5}{x^3}}+1} \qquad \boxed{\sqrt{x^6} = x^3 \text{ pour } x > 0}$$

$$= \frac{5}{\sqrt{1+0}+1} = \frac{5}{2} \blacktriangleleft$$

COMPORTEMENT À L'INFINI DES FONCTIONS TRIGONOMÉTRIQUES, EXPONENTIELLES ET LOGARITHMIQUES

Considérons la fonction f définie par $f(x) = \sin x$ (figure 2.3.7). Les limites de cette fonction lorsque $x \to +\infty$ et lorsque $x \to -\infty$ n'existent pas, non pas parce que $f(x)$ augmente ou diminue indéfiniment, mais parce que les valeurs oscillent entre -1 et 1 sans jamais se rapprocher vers un nombre réel particulier. En général, les fonctions trigonométriques n'ont pas de limites lorsque $x \to +\infty$ ou lorsque $x \to -\infty$, vu leur aspect périodique. Il n'existe pas de notation particulière pour représenter ces comportements.

À la section 1.6, nous avons démontré que les fonctions e^x et $\ln x$ augmentaient indéfiniment lorsque $x \to +\infty$ (figures 1.6.9 et 1.6.10). En utilisant les limites, on écrit

$$\lim_{x\to+\infty} \ln x = +\infty \qquad \lim_{x\to+\infty} e^x = +\infty \qquad (20\text{–}21)$$

À titre de référence, nous ajoutons les limites ci-dessous, conformes à la représentation graphique de la figure 2.3.8 :

$$\lim_{x\to-\infty} e^x = 0 \qquad \lim_{x\to 0^+} \ln x = -\infty \qquad (22\text{–}23)$$

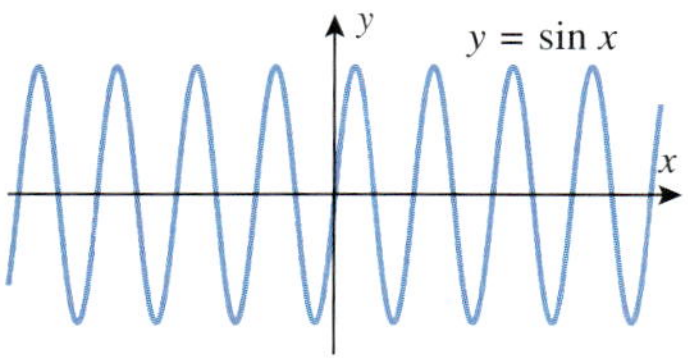

La fonction n'admet pas de limite lorsque $x \to +\infty$ ni lorsque $x \to -\infty$.

Figure 2.3.7

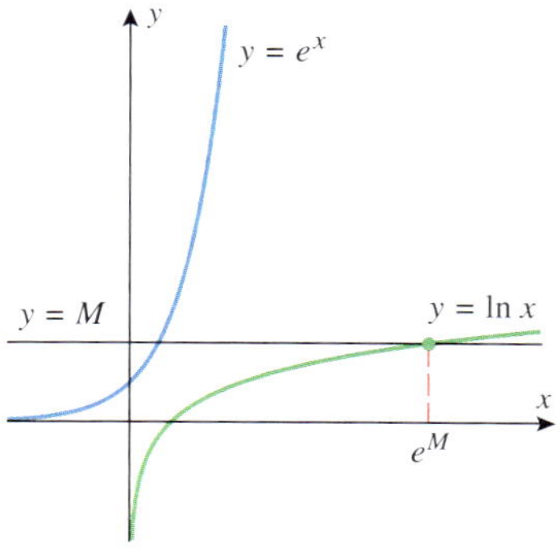

Figure 2.3.8

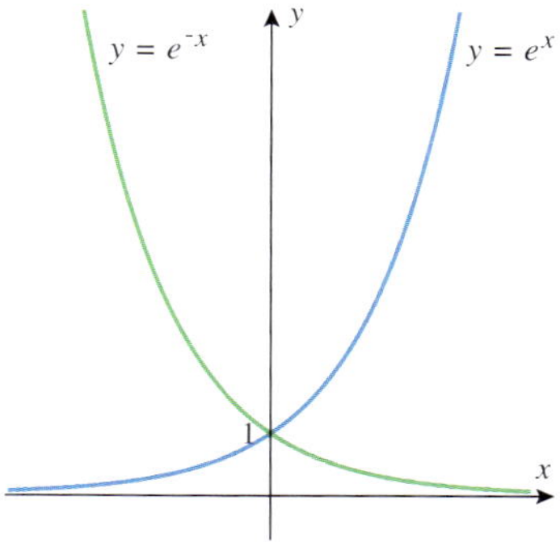

Figure 2.3.9

Finalement, on déduit les limites suivantes, en considérant que $y = e^{-x}$ est la réflexion par rapport à l'axe y de $y = e^x$ (figure 2.3.9) :

$$\lim_{x \to +\infty} e^{-x} = 0 \qquad \lim_{x \to -\infty} e^{-x} = +\infty \tag{24–25}$$

✔ VÉRIFICATION EXPRESS 2.3 *(Réponses à la page 138.)*

1. Évaluer les limites suivantes :

(a) $\lim_{x \to -\infty} (-3) =$ ________

(b) $\lim_{h \to +\infty} (-2h) =$ ________

(c) $\lim_{y \to -\infty} \frac{y}{|y|} =$ ________

(d) $\lim_{x \to +\infty} \frac{1}{\ln x} =$ ________

(e) $\lim_{z \to -\infty} (3 - z) =$ ________

(f) $\lim_{h \to -\infty} \left(5 - \frac{1}{h}\right) =$ ________

(g) $\lim_{x \to -\infty} e^{-x^2} =$ ________

2. Évaluer, si possible, les limites suivantes :

(a) $\lim_{x \to -\infty} \frac{2x^2 + x}{4x^2 - 3} =$ ________

(b) $\lim_{x \to +\infty} \frac{1}{2 + \sin x} =$ ________

(c) $\lim_{x \to +\infty} \left(1 + \frac{1}{x}\right)^{2x} =$ ________

3. Sachant que

$$\lim_{x \to +\infty} f(x) = 2 \quad \text{et} \quad \lim_{x \to +\infty} g(x) = -3$$

évaluer, si possible, les limites suivantes :

(a) $\lim_{x \to +\infty} [3f(x) - g(x)] =$ ________

(b) $\lim_{x \to +\infty} \frac{f(x)}{g(x)} =$ ________

(c) $\lim_{x \to +\infty} \frac{2f(x) + 3g(x)}{3f(x) + 2g(x)} =$ ________

(d) $\lim_{x \to +\infty} \sqrt{10 - f(x)g(x)} =$ ________

4. Considérons les représentations graphiques de $\sin x$, $\cos x$, $\tan x$, $\sec x$, $\csc x$, $\cot x$, $\ln x$, e^x, e^{-x}, 2^x et $(0{,}5)^x$. Laquelle de ces courbes, s'il y a lieu, affiche une asymptote horizontale?

SÉRIE D'EXERCICES 2.3 ⌂ Outil graphique

JONGLONS AVEC LES CONCEPTS

1–4 Dans ces exercices, conjecturer le comportement à l'infini des fonctions données.

1. Considérant la fonction g (figure Ex-1), évaluer

(a) $\lim_{x \to -\infty} g(x)$ (b) $\lim_{x \to +\infty} g(x)$.

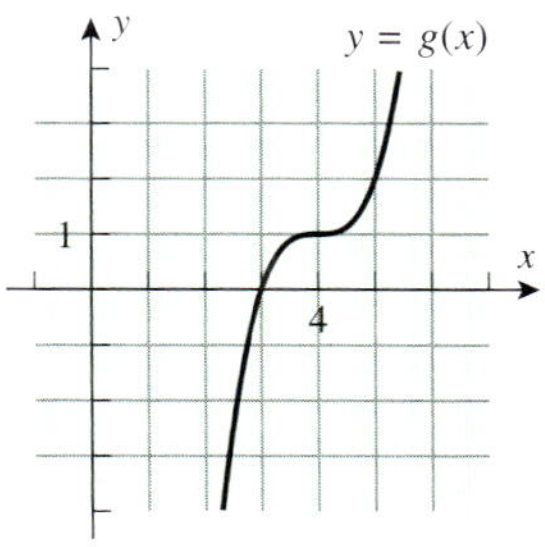

Figure Ex-1

2. Considérant la fonction ϕ (figure Ex-2), évaluer
(a) $\lim_{x \to -\infty} \phi(x)$ (b) $\lim_{x \to +\infty} \phi(x)$.

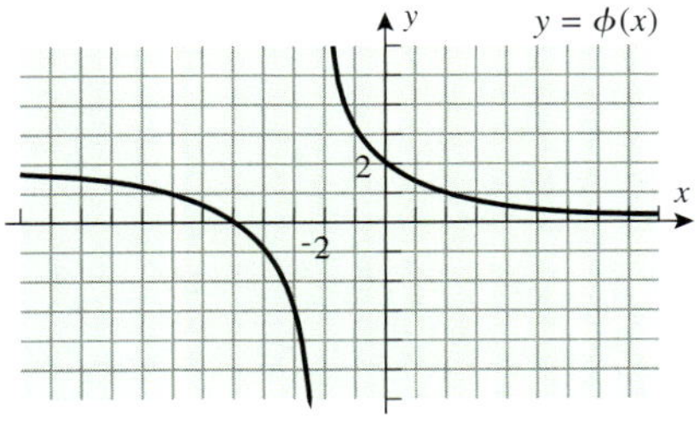

Figure Ex-2

3. Considérant la fonction ϕ (figure Ex-3), évaluer
(a) $\lim_{x \to -\infty} \phi(x)$ (b) $\lim_{x \to +\infty} \phi(x)$.

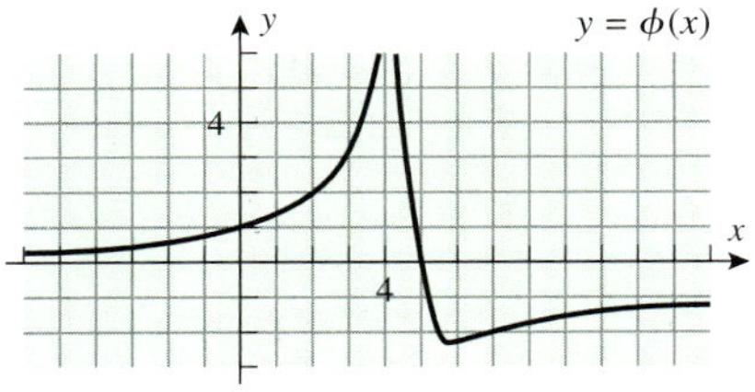

Figure Ex-3

4. Considérant la fonction G (figure Ex-4), évaluer
(a) $\lim_{x \to -\infty} G(x)$ (b) $\lim_{x \to +\infty} G(x)$.

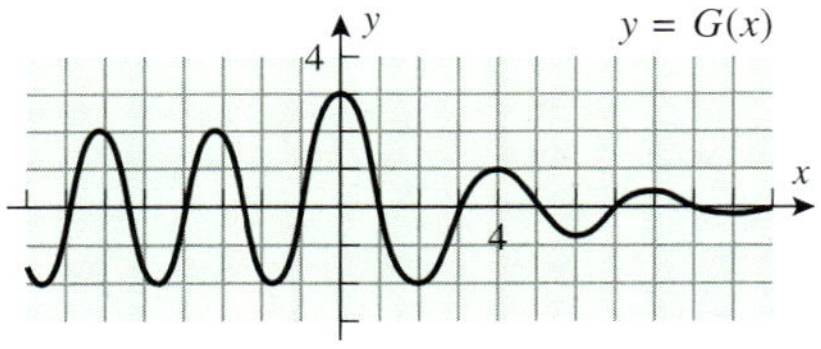

Figure Ex-4

5. Sachant que

$$\lim_{x \to +\infty} f(x) = 3, \quad \lim_{x \to +\infty} g(x) = -5, \quad \lim_{x \to +\infty} h(x) = 0$$

évaluer, si possible, les limites ci-dessous. Si la limite n'existe pas, en donner la raison.
(a) $\lim_{x \to +\infty} [f(x) + 3g(x)]$
(b) $\lim_{x \to +\infty} [h(x) - 4g(x) + 1]$
(c) $\lim_{x \to +\infty} [f(x)g(x)]$ (d) $\lim_{x \to +\infty} [g(x)]^2$
(e) $\lim_{x \to +\infty} \sqrt[3]{5 + f(x)}$ (f) $\lim_{x \to +\infty} \dfrac{3}{g(x)}$
(g) $\lim_{x \to +\infty} \dfrac{3h(x) + 4}{x^2}$ (h) $\lim_{x \to +\infty} \dfrac{6f(x)}{5f(x) + 3g(x)}$

6. Sachant que

$$\lim_{x \to -\infty} f(x) = 7 \quad \text{et} \quad \lim_{x \to -\infty} g(x) = -6$$

évaluer, si possible, les limites ci-dessous. Si la limite n'existe pas, en donner la raison.
(a) $\lim_{x \to -\infty} [2f(x) - g(x)]$ (b) $\lim_{x \to -\infty} [6f(x) + 7g(x)]$
(c) $\lim_{x \to -\infty} [x^2 + g(x)]$ (d) $\lim_{x \to -\infty} [x^2 g(x)]$
(e) $\lim_{x \to -\infty} \sqrt[3]{f(x)g(x)}$ (f) $\lim_{x \to -\infty} \dfrac{g(x)}{f(x)}$
(g) $\lim_{x \to -\infty} \left[f(x) + \dfrac{g(x)}{x}\right]$ (h) $\lim_{x \to -\infty} \dfrac{xf(x)}{(2x + 3)g(x)}$

7–28 Évaluer les limites.

7. $\lim_{x \to +\infty} (1 + 2x - 3x^5)$

8. $\lim_{x \to +\infty} (2x^3 - 100x + 5)$

9. $\lim_{x \to +\infty} \sqrt{x}$

10. $\lim_{x \to -\infty} \sqrt{5 - x}$

11. $\lim_{x \to +\infty} \dfrac{3x + 1}{2x - 5}$

12. $\lim_{x \to +\infty} \dfrac{5x^2 - 4x}{2x^2 + 3}$

13. $\lim_{y \to -\infty} \dfrac{3}{y + 4}$

14. $\lim_{x \to +\infty} \dfrac{1}{x - 12}$

15. $\lim_{x \to -\infty} \dfrac{x - 2}{x^2 + 2x + 1}$

16. $\lim_{x \to +\infty} \dfrac{5x^2 + 7}{3x^2 - x}$

17. $\lim_{x \to +\infty} \sqrt[3]{\dfrac{2 + 3x - 5x^2}{1 + 8x^2}}$

18. $\lim_{s \to +\infty} \sqrt[3]{\dfrac{3s^7 - 4s^5}{2s^7 + 1}}$

19. $\lim_{x \to -\infty} \dfrac{\sqrt{5x^2 - 2}}{x + 3}$

20. $\lim_{x \to +\infty} \dfrac{\sqrt{5x^2 - 2}}{x + 3}$

21. $\lim_{y \to -\infty} \dfrac{2 - y}{\sqrt{7 + 6y^2}}$

22. $\lim_{y \to +\infty} \dfrac{2 - y}{\sqrt{7 + 6y^2}}$

23. $\lim_{x \to -\infty} \dfrac{\sqrt{3x^4 + x}}{x^2 - 8}$

24. $\lim_{x \to +\infty} \dfrac{\sqrt{3x^4 + x}}{x^2 - 8}$

25. $\lim_{x \to +\infty} \dfrac{7 - 6x^5}{x + 3}$

26. $\lim_{t \to -\infty} \dfrac{5 - 2t^3}{t^2 + 1}$

27. $\lim_{t \to +\infty} \dfrac{6 - t^3}{7t^3 + 3}$

28. $\lim_{x \to -\infty} \dfrac{x + 4x^3}{1 - x^2 + 7x^3}$

JONGLONS AVEC LES CONCEPTS

29. Supposons qu'une particule accélère sous l'action d'une force constante. Les deux courbes de la figure Ex-29, $v = n(t)$ et $v = e(t)$, représentent la vitesse de la particule en fonction du temps telle que prédite respectivement par la physique classique et par la théorie de la relativité restreinte. Le paramètre c correspond à la vitesse de la lumière. Utiliser le langage des limites pour décrire ce qui distingue les résultats à long terme prédits par les deux théories.

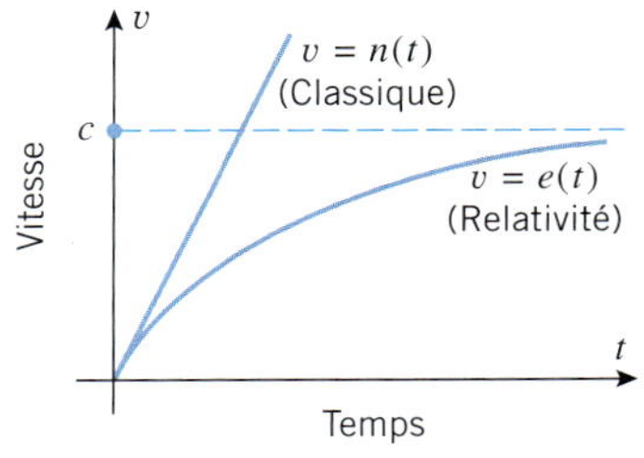

Figure Ex-29

30. Soit $T = f(t)$, la température d'une pomme de terre cuite au four t minutes après l'avoir sortie du four chaud. Sur le graphique de la température en fonction du temps (figure Ex-30), r représente la température de la pièce.
(a) Quel est le sens physique de $\lim_{t \to 0^+} f(t)$?
(b) Quel est le sens physique de $\lim_{t \to +\infty} f(t)$?

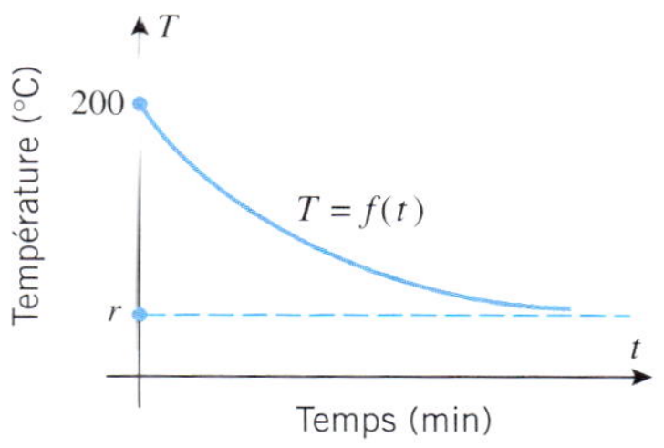

Figure Ex-30

31. Soit

$$f(x) = \begin{cases} 2x^2 + 5, & x < 0 \\ \dfrac{3 - 5x^3}{1 + 4x + x^3}, & x \geq 0 \end{cases}$$

Évaluer
(a) $\lim_{x \to -\infty} f(x)$ (b) $\lim_{x \to +\infty} f(x)$.

32. Soit

$$g(t) = \begin{cases} \dfrac{2 + 3t}{5t^2 + 6}, & t < 1\,000\,000 \\ \dfrac{\sqrt{36t^2 - 100}}{5 - t}, & t > 1\,000\,000 \end{cases}$$

Évaluer
(a) $\lim_{t \to -\infty} g(t)$ (b) $\lim_{t \to +\infty} g(t)$.

33–36 Évaluer les limites.

33. $\lim_{x \to +\infty} (\sqrt{x^2 + 3} - x)$ **34.** $\lim_{x \to +\infty} (\sqrt{x^2 - 3x} - x)$

35. $\lim_{x \to +\infty} (\sqrt{x^2 + ax} - x)$

36. $\lim_{x \to +\infty} (\sqrt{x^2 + ax} - \sqrt{x^2 + bx})$

37. Discuter des limites de $p(x) = (1 - x)^n$ lorsque $x \to +\infty$ et lorsque $x \to -\infty$, pour les valeurs entières positives de n.

38. Soit $p(x) = (1 - x)^n$ et $q(x) = (1 - x)^m$. Discuter les limites de $\frac{p(x)}{q(x)}$ lorsque $x \to +\infty$ et lorsque $x \to -\infty$, pour les valeurs entières positives de m et n.

39. Soit $p(x)$, un polynôme de degré n. Discuter les limites de $\frac{p(x)}{x^m}$ lorsque $x \to +\infty$ et lorsque $x \to -\infty$, pour les valeurs entières positives de m.

40. Dans chaque cas, trouver des exemples de polynômes $p(x)$ et $q(x)$ qui satisfont à la condition énoncée et tels que $p(x) \to +\infty$ et $q(x) \to +\infty$ lorsque $x \to +\infty$.
(a) $\lim_{x \to +\infty} \dfrac{p(x)}{q(x)} = 1$ (b) $\lim_{x \to +\infty} \dfrac{p(x)}{q(x)} = 0$
(c) $\lim_{x \to +\infty} \dfrac{p(x)}{q(x)} = +\infty$ (d) $\lim_{x \to +\infty} [p(x) - q(x)] = 3$

41. Si m et n sont des entiers positifs, évaluer

$$\lim_{x \to -\infty} \frac{2 + 3x^n}{1 - x^m}$$

[*Indice :* La réponse diffère selon que $m < n$, $m = n$ ou $m > n$.]

42. Évaluer

$$\lim_{x \to +\infty} \frac{c_n x^n + \cdots + c_1 x + c_0}{d_m x^m + \cdots + d_1 x + d_0}$$

si $c_n \neq 0$ et $d_m \neq 0$. [*Indice :* La réponse diffère selon que $m < n$, $m = n$ ou $m > n$.]

43–58 Évaluer les limites.

43. $\lim_{x \to 0^+} e^{\frac{1}{x}}$ **44.** $\lim_{x \to 0^-} e^{\frac{1}{x}}$ **45.** $\lim_{x \to 0^+} e^{\csc x}$

46. $\lim_{x \to 0^-} e^{\csc x}$ **47.** $\lim_{x \to -\infty} \dfrac{1 - e^x}{1 + e^x}$ **48.** $\lim_{x \to +\infty} \dfrac{1 - e^x}{1 + e^x}$

49. $\lim_{x \to +\infty} \dfrac{e^x + e^{-x}}{e^x - e^{-x}}$ **50.** $\lim_{x \to -\infty} \dfrac{e^x + e^{-x}}{e^x - e^{-x}}$

51. $\lim_{x \to 1^-} \ln(1 - x)$ **52.** $\lim_{x \to 0} \ln(1 - \cos x)$

53. $\lim_{x \to +\infty} \ln\left(\frac{2}{x}\right)$ **54.** $\lim_{x \to \frac{\pi}{2}^-} \ln(\tan x)$

55. $\lim_{x \to +\infty} \dfrac{\ln 2x}{\ln 3x}$ **56.** $\lim_{x \to +\infty} \dfrac{\ln\left(\frac{1}{x}\right)}{1 + \ln 3x}$

57. $\lim_{x \to +\infty} \ln(x^2 - 1) - \ln(x + 1)$

58. $\lim_{x \to +\infty} \ln(3x + 1) - \ln(2x^2 + 1)$

JONGLONS AVEC LES CONCEPTS

59. La vitesse v (en m/s) d'un parachutiste, t secondes après qu'il ait sauté d'un avion, est donnée par $v = 57(1 - e^{-0,168t})$.
(a) Représenter graphiquement v en fonction de t.
(b) En évaluant une limite appropriée, montrer que la courbe de v en fonction de t affiche une asymptote horizontale à $v = c$, où c représente une certaine constante.
(c) Que représente physiquement la constante c décrite en (b)?

60. La population p d'un certain pays (en millions) selon l'année t est modélisée par la fonction

$$p = \frac{50\,371{,}7}{151{,}3 + 181{,}626 e^{-0{,}031\,636(t - 1950)}}$$

(a) Selon ce modèle, quelle était la population de ce pays en 1950?
(b) Tracer un graphique de p en fonction de t pour la période de 200 ans qui s'étend de 1950 à 2150.
(c) En évaluant une limite appropriée, montrer que la courbe de p en fonction de t affiche une asymptote horizontale à $p = c$ pour une certaine constante c.
(d) Que représente physiquement la constante c décrite en (b) pour la population prédite par ce modèle?

61. Si $f(x)$ représente une fonction telle que

$$\lim_{t\to 0} f\left(\tfrac{1}{t}\right) = L$$

que peut-on dire des limites

$$\lim_{x\to +\infty} f(x) \quad \text{et} \quad \lim_{x\to -\infty} f(x)?$$

62. (a) Si $f(x)$ représente une fonction telle que

$$\lim_{t\to +\infty} f(t) = L$$

que peut-on dire de la limite

$$\lim_{x\to 0^+} f\left(\tfrac{1}{x}\right)?$$

(b) Si $f(x)$ représente une fonction telle que

$$\lim_{t\to -\infty} f(t) = L$$

que peut-on dire de la limite

$$\lim_{x\to 0^-} f\left(\tfrac{1}{x}\right)?$$

63–70 Évaluer les limites.

63. $\lim_{x\to +\infty} \dfrac{(x+1)^x}{x^x}$

64. $\lim_{x\to -\infty} \dfrac{|x+1|^x}{|x|^x}$

65. $\lim_{x\to +\infty} \left(1 - \dfrac{1}{x}\right)^{-x}$

66. $\lim_{x\to -\infty} \left(1 - \dfrac{1}{x}\right)^{-x}$

67. $\lim_{x\to +\infty} \dfrac{(x-1)^x}{x^x}$

68. $\lim_{x\to -\infty} \dfrac{|x-1|^x}{|x|^x}$

69. $\lim_{x\to +\infty} \left(x + \dfrac{2}{x}\right)^{3x}$

70. $\lim_{x\to -\infty} \left(|x| + \dfrac{2}{x}\right)^{3x}$

71–78 Évaluer les limites. [*Indice* : Au besoin, référer à l'exercice 62.]

71. $\lim_{x\to 0^-} (1+x)^{\frac{1}{x}}$

72. $\lim_{x\to 0^+} (1+x)^{\frac{1}{x}}$

73. $\lim_{x\to 0^-} (1-x)^{\frac{1}{x}}$

74. $\lim_{x\to 0^+} (1-x)^{\frac{1}{x}}$

75. $\lim_{x\to 0^-} (1+2x)^{\frac{3}{x}}$

76. $\lim_{x\to 0^+} (1+2x)^{\frac{3}{x}}$

77. $\lim_{x\to 0^-} (1-2x)^{\frac{3}{x}}$

78. $\lim_{x\to 0^+} (1-2x)^{\frac{3}{x}}$

79–84 La notion d'asymptote peut être élargie de façon à inclure des courbes aussi bien que des droites. Plus précisément, on dira que les courbes $y = f(x)$ et $y = g(x)$ sont ***asymptotiques lorsque*** $x \to +\infty$, à condition que

$$\lim_{x\to +\infty} [f(x) - g(x)] = 0$$

et qu'elles sont ***asymptotiques lorsque*** $x \to -\infty$, à condition que

$$\lim_{x\to -\infty} [f(x) - g(x)] = 0$$

De façon informelle, deux courbes sont asymptotiques lorsque $x \to +\infty$, à condition qu'elles soient de plus en plus proches l'une de l'autre pour des valeurs positives de plus en plus grandes de x. De même, deux courbes sont asymptotiques lorsque $x \to -\infty$, à condition qu'elles soient de plus en plus proches l'une de l'autre pour des valeurs de x de plus en plus négatives. Par exemple, si

$$f(x) = x^2 + \frac{2}{x-1} \quad \text{et} \quad g(x) = x^2$$

alors $y = f(x)$ est asymptotique à $y = g(x)$ lorsque $x \to +\infty$ et lorsque $x \to -\infty$ puisque

$$\lim_{x\to +\infty} [f(x) - g(x)] = \lim_{x\to +\infty} \frac{2}{x-1} = 0$$

$$\lim_{x\to -\infty} [f(x) - g(x)] = \lim_{x\to -\infty} \frac{2}{x-1} = 0$$

Le graphique qui suit illustre ce comportement asymptotique; on y montre également l'asymptote verticale de $f(x)$ en $x = 1$.

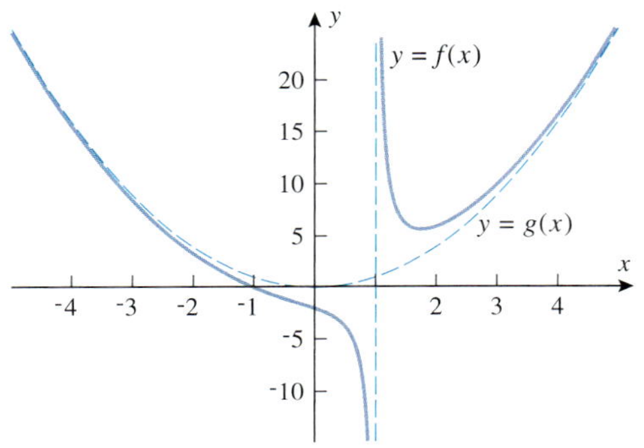

Dans ces exercices, déterminer une fonction g plus simple, telle que $y = f(x)$ soit asymptotique à $y = g(x)$ lorsque $x \to +\infty$ ou lorsque $x \to -\infty$. À l'aide d'un outil graphique, tracer $y = f(x)$ et $y = g(x)$ et situer toutes les asymptotes verticales.

79. $f(x) = \dfrac{x^2 - 2}{x - 2}$

80. $f(x) = \dfrac{x^3 - x + 3}{x}$

81. $f(x) = \dfrac{-x^3 + 3x^2 + x - 1}{x - 3}$

82. $f(x) = \dfrac{x^5 - x^3 + 3}{x^2 - 1}$

83. $f(x) = \sin x + \dfrac{1}{x - 1}$

84. $f(x) = \sqrt{\dfrac{x^3 - x^2 + 2}{x - 1}}$

✔ VÉRIFICATION EXPRESS 2.3 – RÉPONSES

1. (a) -3 (b) $-\infty$ (c) -1 (d) 0 (e) $+\infty$ (f) 5 (g) 0 **2.** (a) $\frac{1}{2}$ (b) n'existe pas (c) e^2
3. (a) 9 (b) $-\frac{2}{3}$ (c) n'existe pas (d) 4 **4.** Les fonctions e^x, e^{-x}, 2^x et $(0,5)^x$ ont chacune une asymptote horizontale.

2.4 LIMITES (PRÉSENTATION RIGOUREUSE)

Dans les sections précédentes, nous avons cherché à évaluer des limites, soit en choisissant des valeurs de x , soit en référant à des théorèmes que nous avons présentés sans les démontrer. Dans cette section, nous allons donner une définition précise et rigoureuse de la notion de limite, ce qui permettra d'établir avec certitude la valeur des limites et de prouver les théorèmes qui les concernent. Nous serons également en mesure de mieux saisir quelques-unes des propriétés subtiles des fonctions.

MOTIF QUI SOUS-TEND LA DÉFINITION D'UNE LIMITE BILATÉRALE

De façon informelle, on peut interpréter l'expression $\lim_{x\to a} f(x) = L$ en disant que la valeur de $f(x)$ peut être aussi près que nous le voulons d'un nombre réel L si l'on rapproche suffisamment x de a. Nous allons tenter de préciser mathématiquement le sens des expressions « aussi près que nous le voulons de L » et « rapprocher suffisamment de a ».

Considérons d'abord la fonction f de la figure 2.4.1*a*, pour laquelle $f(x) \to L$ lorsque $x \to a$. Pour plus de simplicité, nous avons tracé la courbe d'une fonction f croissante sur un intervalle ouvert qui contient a; nous avons volontairement placé un trou dans la courbe à $x = a$, pour faire ressortir qu'il n'est pas nécessaire que f soit définie en $x = a$ pour admettre une limite en ce point.

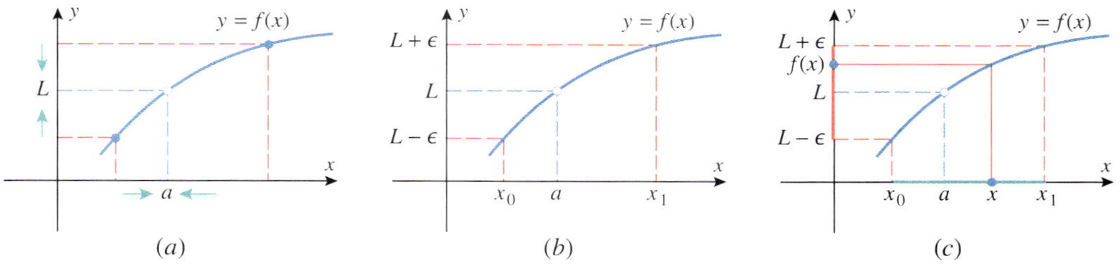

Figure 2.4.1

Prenons maintenant un nombre positif quelconque ϵ (epsilon) et vérifions jusqu'à quel point x doit être proche de a pour que les valeurs de $f(x)$ soient à moins de ϵ unités de L. Privilégions l'approche géométrique et traçons des segments de droite horizontaux qui relient les points $L+\epsilon$ et $L-\epsilon$ de l'axe des y aux points d'intersection avec la courbe $y = f(x)$ et, partant de ces points, abaissons des verticales jusqu'à l'axe des x (figure 2.4.1*b*). Nommons x_0 et x_1 les deux points où les segments verticaux coupent l'axe des x, tel qu'indiqué sur cette figure.

Imaginons ensuite que x se rapproche de plus en plus de a (par la gauche ou par la droite). Lorsque x finit par être dans l'intervalle $]x_0; x_1[$ (en vert sur la figure 2.4.1*c*), la valeur de $f(x)$ tombe entre $L-\epsilon$ et $L+\epsilon$ (en rouge sur la figure). On en déduit :

> *Si $f(x) \to L$ lorsque $x \to a$, alors pour toute valeur positive de ϵ, il existe un intervalle ouvert (x_0, x_1) sur l'axe des x qui contient a, tel que pour tout x appartenant à cet intervalle (sauf peut-être pour $x = a$), la valeur de $f(x)$ se situe entre $L-\epsilon$ et $L+\epsilon$.*

Cet énoncé est d'autant plus important qu'il reste valable même lorsque ϵ devient très petit. Cependant, plus la valeur de ϵ diminue, plus $f(x)$ *se rapproche* de L. Et c'est précisément cette idée que l'on veut cerner d'un point de vue mathématique.

Dans la figure 2.4.1*c*, l'intervalle $]x_0; x_1[$ s'étend davantage à la droite de a qu'à sa gauche. Pour plusieurs raisons, il est préférable de travailler avec un intervalle qui s'étend également de part et d'autre de a. Nous allons donc choisir un nombre positif δ (delta) plus petit que $x_1 - a$ et que $a - x_0$ et considérer l'intervalle $]a-\delta; a+\delta[$ qui s'étend également d'une distance δ de part et d'autre de a et qui est inclus dans l'intervalle $]x_0; x_1[$

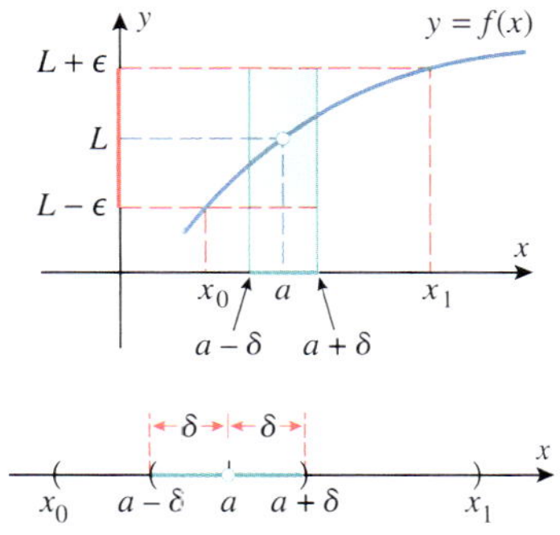

Figure 2.4.2

(figure 2.4.2). La condition $L - \epsilon < f(x) < L + \epsilon$ reste donc valable pour tout x dans cet intervalle (sauf peut-être pour $x = a$), puisqu'elle est valable pour l'intervalle plus étendu $]x_0; x_1[$.

Puisque la condition $L - \epsilon < f(x) < L + \epsilon$ peut être exprimée comme suit :

$$|f(x) - L| < \epsilon$$

et, d'autre part, puisque la condition que x demeure à l'intérieur de l'intervalle $]a - \delta; a + \delta[$, mais que $x \neq a$, peut s'exprimer comme suit :

$$0 < |x - a| < \delta$$

nous sommes en mesure de définir rigoureusement la limite bilatérale comme suit :

Il suffit de modifier légèrement la définition 2.4.1 pour l'adapter aux limites unilatérales. Par exemple, pour définir la limite à droite, $f(x)$ doit être définie sur un intervalle $]a; b[$ qui s'étend à la droite de a et la condition posée sur ϵ s'applique aux valeurs de x comprises dans l'intervalle $a < x < a + \delta$, qui s'étend à la droite de a. On définit la limite à gauche en faisant une adaptation semblable.

2.4.1 DÉFINITION DE LA LIMITE. Soit $f(x)$ définie pour tout x dans un intervalle ouvert quelconque qui contient le nombre a, à la seule exception que $f(x)$ n'est pas nécessairement définie en $x = a$. On écrit

$$\lim_{x \to a} f(x) = L$$

si, à partir d'un nombre donné $\epsilon > 0$, il existe un nombre $\delta > 0$ tel que

$$|f(x) - L| < \epsilon \quad \text{si} \quad 0 < |x - a| < \delta$$

Cette définition, établie par le mathématicien allemand Karl Weierstrass, communément nommée *définition epsilon-delta* de la limite bilatérale, permet de passer de la notion informelle de limite à sa définition rigoureuse. Plus précisément, l'expression informelle « aussi près de L que nous le voulons » devient quantitative par la possibilité de choisir arbitrairement le nombre positif ϵ et l'expression « rapprocher suffisamment de a » est quantifiée par le nombre positif δ.

Dans les sections précédentes, nous avons prédit des limites en nous appuyant sur des méthodes graphiques ou numériques. Maintenant que nous avons une définition rigoureuse de la limite, nous sommes en mesure de valider nos prédictions par des preuves mathématiques. Voyons un exemple.

Karl Weierstrass (1815–1897) Fils d'un officier des impôts, Weierstrass naquit à Ostenfelde, en Allemagne. Le jeune homme démontre rapidement un talent exceptionnel pour les langues et les mathématiques. Mais sous la pression d'un père autoritaire, il s'inscrit à un programme de droit et d'économie à l'Université de Bonn. À la grande déception de sa famille, le jeune homme simple et sociable passe le plus clair de son temps à pratiquer l'escrime et à boire de la bière. Il retourne à la maison quatre ans plus tard sans le moindre diplôme. En 1839, Weierstrass entre à l'Académie de Münster en vue d'une carrière en enseignement au niveau secondaire. Il y rencontre un excellent mathématicien du nom de Christof Gudermann, auprès de qui il étudiera et dont les idées influenceront grandement ses travaux. Le certificat d'enseignement en poche, Weierstrass consacre les quinze années suivantes à enseigner l'allemand, la géographie et les mathématiques au secondaire. Il apprend également l'écriture à de jeunes enfants. Pendant toute cette période, les mathématiciens ne prennent pas au sérieux les travaux de Weierstrass parce qu'il enseigne à l'école secondaire et non pas à un niveau supérieur. Mais la situation change du tout au tout en 1854, avec la publication d'un article qui fait immédiatement sensation dans l'univers des mathématiciens et le projette instantanément à l'avant-scène internationale. L'Université de Königsberg lui décerne sur le champ un doctorat honorifique et dès 1856, il commence une nouvelle carrière de professeur à l'Université de Berlin. Mais en 1859, sous la tension causée par des travaux de recherche intenses, il fait une dépression nerveuse temporaire, accompagnée d'épisodes de vertiges qui l'importuneront le reste de sa vie. Weierstrass est un professeur brillant et les auditeurs se bousculent aux portes de ses classes. Par ailleurs, en dépit de sa renommée, il ne perdit jamais l'attitude sympathique de ses annees de jeunesse; il appréciait la compagnie des étudiants, les plus brillants comme les plus ordinaires. Reconnu comme le leader international de l'analyse, Weierstrass, avec ses étudiants, jettera les bases de l'analyse mathématique moderne.

▶ **Exemple 1** Utiliser la définition 2.4.1 pour prouver que $\lim_{x \to 2} (3x - 5) = 1$.

Solution. Nous devons montrer que, pour tout nombre positif ϵ, il existe un nombre positif δ tel que

$$|\underbrace{(3x-5)}_{f(x)} - \underbrace{1}_{L}| < \epsilon \quad \text{si} \quad 0 < |x - \underbrace{2}_{a}| < \delta \tag{1}$$

Il y a deux choses à faire : dans un premier temps, nous devons *découvrir* une valeur de δ qui remplit les conditions énoncées, puis *prouver* que l'énoncé est valable pour cette valeur de δ. Pour la première partie, récrivons d'abord l'inégalité (1) comme suit :

$$|3x - 6| < \epsilon \quad \text{si} \quad 0 < |x - 2| < \delta$$

Reformulons maintenant cet énoncé de façon à faciliter la recherche d'un δ approprié. On a

$$\begin{aligned} 3|x-2| &< \epsilon \quad \text{si} \quad 0 < |x-2| < \delta \\ |x-2| &< \tfrac{\epsilon}{3} \quad \text{si} \quad 0 < |x-2| < \delta \end{aligned} \tag{2}$$

On voit clairement que cet énoncé est valable si $\delta = \frac{\epsilon}{3}$, ce qui complète la première partie de notre travail. Nous devons maintenant prouver que l'inégalité (1) est respectée pour cette valeur de δ. Or, les énoncés (1) et (2) sont équivalents et l'énoncé (2) est valable lorsque $\delta = \frac{epsilon}{3}$; on en déduit que (1) est valable si $\delta = \frac{\epsilon}{3}$. Ce qui prouve que $\lim_{x \to 2} (3x - 5) = 1$. ◀

Cet exemple illustre le raisonnement typique suivi pour prouver une limite. Nous *supposons* qu'un nombre positif ϵ est donné et nous tentons de *prouver* qu'il est possible de trouver un nombre positif δ tel que

$$|f(x) - L| < \epsilon \quad \text{si} \quad 0 < |x - a| < \delta \tag{3}$$

On trouve d'abord δ et on prouve ensuite que cette valeur fonctionne. Puisque le raisonnement doit être suffisamment général pour s'appliquer à toute valeur positive de ϵ, il faut exprimer la quantité δ en fonction de ϵ. À l'exemple 1, des manipulations algébriques simples ont donné $\delta = \frac{\epsilon}{3}$. Toutefois, la plupart des preuves de limites exigent davantage d'algèbre et d'astuce logique. Aussi, ne vous découragez pas si la discussion qui suit sur les preuves « ϵ-δ » vous paraît ardue; ces notions et ces techniques sont intrinsèquement difficiles. Dans les faits, une compréhension rigoureuse de la notion de limite a échappé aux plus grands esprits mathématiciens pendant plus de 150 ans après que les bases du calcul différentiel et intégral eurent été établies.

À l'exemple 2, la limite à gauche et la limite bilatérale n'existent pas à $x = 0$ parce que le domaine de $\sqrt{x}$ n'inclut aucun nombre à gauche de 0.

▶ **Exemple 2** Prouver que $\lim_{x \to 0^+} \sqrt{x} = 0$.

Solution. Le domaine de $\sqrt{x}$ étant constitué des valeurs de x telles que $x \geq 0$, nous allons considérer la limite lorsque $x \to 0^+$. Nous devons montrer que si $\epsilon > 0$, il existe un $\delta > 0$ tel que

$$|\sqrt{x} - 0| < \epsilon \quad \text{si} \quad 0 < x < 0 + \delta$$

ou, plus simplement,

$$\sqrt{x} < \epsilon \quad \text{si} \quad 0 < x < \delta \tag{4}$$

Mais, en élevant au carré les deux côtés de l'inégalité $\sqrt{x} < \epsilon$, l'expression (4) devient :

$$x < \epsilon^2 \quad \text{si} \quad 0 < x < \delta \tag{5}$$

Il devrait être clair que l'inégalité (5) est vérifiée si $\delta = \epsilon^2$; et puisque (5) est une simple reformulation de l'expression (4), nous avons démontré que (4) est valable pour $\delta = \epsilon^2$. Ce qui prouve que $\lim_{x \to 0^+} \sqrt{x} = 0$. ◀

LA VALEUR DE δ N'EST PAS UNIQUE

En vue du prochain exemple, notons que le δ de la définition 2.4.1 n'a pas une valeur unique; en fait, dès que l'on a une valeur de δ qui satisfait aux conditions de la définition, tout nombre positif δ_1 *plus petit* que δ satisfera également à ces conditions. Autrement dit, s'il est vrai que

$$|f(x) - L| < \epsilon \quad \text{si} \quad 0 < |x - a| < \delta$$

alors il est également vrai que

$$|f(x) - L| < \epsilon \quad \text{si} \quad 0 < |x - a| < \delta_1$$

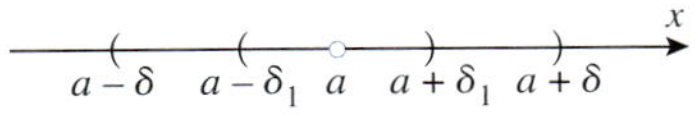

Figure 2.4.3

La raison en est que $\{x | 0 < |x - a| < \delta_1\}$ est un sous-ensemble de $\{x | 0 < |x - a| < \delta\}$ (figure 2.4.3); de là, lorsque l'inégalité $|f(x) - L| < \epsilon$ est vérifiée pour tout x du plus grand ensemble, on déduit qu'elle est tout autant valable pour tout x du sous-ensemble. Ainsi, à l'exemple 1, où nous avons utilisé $\delta < \frac{\epsilon}{3}$, nous aurions pu tout aussi bien considérer une valeur plus petite de δ telle que $\delta < \frac{\epsilon}{4}$, $\delta < \frac{\epsilon}{5}$ ou $\delta < \frac{\epsilon}{6}$.

▶ **Exemple 3** Prouver que $\lim_{x \to 3} x^2 = 9$.

Solution. Nous devons montrer que pour un nombre positif donné ϵ, nous pouvons trouver un nombre positif δ tel que

$$|x^2 - 9| < \epsilon \quad \text{si} \quad 0 < |x - 3| < \delta \tag{6}$$

Puisque $|x - 3|$ se trouve du côté droit de l'énoncé conditionnel « si », il est utile de mettre en facteur le membre de gauche afin d'y introduire un facteur $|x - 3|$. On récrit donc l'énoncé (6) sous la forme suivante :

$$|x + 3||x - 3| < \epsilon \quad \text{si} \quad 0 < |x - 3| < \delta \tag{7}$$

Nous voulons borner le facteur $|x + 3|$. Si nous savions, par exemple, que $\delta \leq 1$, alors on aurait $-1 < x - 3 < 1$, de sorte que $5 < x + 3 < 7$ et, en conséquence, $|x + 3| < 7$. Ainsi, si $\delta \leq 1$ et $0 < |x - 3| < \delta$, alors

$$|x + 3||x - 3| < 7\delta$$

Il s'ensuit que l'énoncé (7) sera vérifié pour toute valeur positive δ telle que $\delta \leq 1$ et $7\delta < \epsilon$. Ces conditions sont respectées si l'on attribue à δ la plus petite des valeurs 1 et $\frac{\epsilon}{7}$; on écrit parfois $\delta = \min\left(1; \frac{\epsilon}{7}\right)$. Ce qui démontre que $\lim_{x \to 3} x^2 = 9$. ◀

> Si vous vous questionnez sur le choix du $\delta \leq 1$ plutôt que $\delta \leq 5$ ou $\delta \leq \frac{1}{2}$, par exemple, sachez que 1 est tout simplement un choix pratique et que toute autre contrainte de la forme $\delta \leq c$ aurait tout aussi bien fait l'affaire.

LIMITES LORSQUE $x \to \pm\infty$

À la section 2.3, nous avons décrit les limites suivantes d'un point de vue intuitif :

$$\lim_{x \to +\infty} f(x) = L \quad \text{et} \quad \lim_{x \to -\infty} f(x) = L$$

La première de ces limites signifie que la valeur de $f(x)$ peut-être aussi proche que nous le voulons de L si l'on prend x suffisamment grand et la seconde, que $f(x)$ peut être aussi proche que nous le voulons de L si l'on prend x assez loin de 0 du côté négatif de l'axe des x. Les définitions qui suivent résument ces propos, également illustrés à la figure 2.4.4.

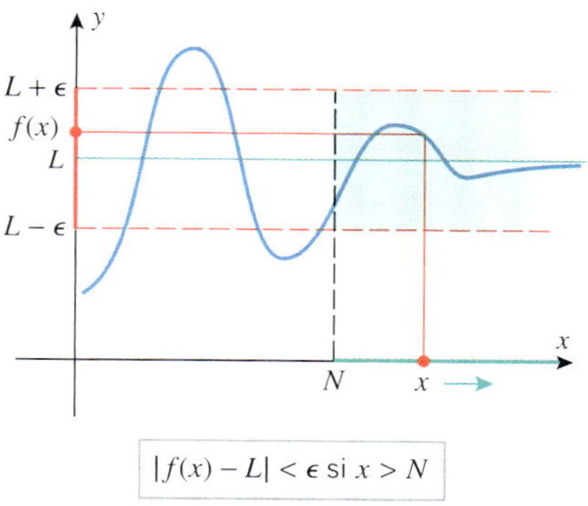

(a)

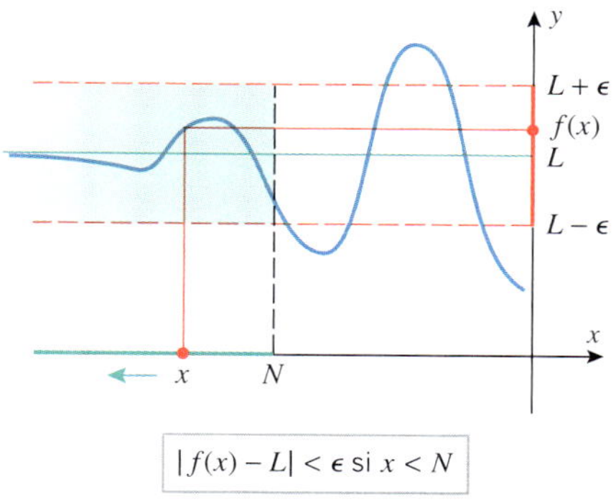

(b)

Figure 2.4.4

2.4.2 DÉFINITION. Soit $f(x)$, définie pour tout x d'un intervalle ouvert infini qui s'étend dans le sens positif de l'axe des x; on peut alors écrire

$$\lim_{x \to +\infty} f(x) = L$$

si, pour tout nombre donné $\epsilon > 0$, il existe un nombre positif correspondant N tel que

$$|f(x) - L| < \epsilon \quad \text{si} \quad x > N$$

2.4.3 DÉFINITION. Soit $f(x)$, définie pour tout x d'un intervalle ouvert infini qui s'étend dans le sens négatif de l'axe des x; on peut alors écrire

$$\lim_{x \to -\infty} f(x) = L$$

si, pour tout nombre donné $\epsilon > 0$, il existe un nombre négatif correspondant N tel que

$$|f(x) - L| < \epsilon \quad \text{si} \quad x < N$$

Pour bien établir le pont entre ces définitions et la présentation informelle de ces limites, supposons que $f(x) \to L$ lorsque $x \to +\infty$, et pour un ϵ donné, que N soit le nombre positif décrit à la définition 2.4.2. Si x peut augmenter à l'infini, alors x finira par se trouver dans l'intervalle $]N; +\infty[$, marqué en vert sur la figure 2.4.4*a*; lorsque c'est le cas, la valeur de $f(x)$ se situe entre $L - \epsilon$ et $L + \epsilon$, marqué en rouge sur la figure. Puisque cet énoncé vaut pour toute valeur positive de ϵ (aussi petite soit-elle), nous pouvons obtenir des valeurs de $f(x)$ aussi proches que nous le voulons de L en prenant N suffisamment grand. Ce qui rejoint notre définition informelle de cette limite. De façon similaire, la figure 2.4.4*b* illustre la définition 2.4.3.

► **Exemple 4** Prouver que $\lim_{x \to +\infty} \dfrac{1}{x} = 0$.

Solution. Appliquons la définition 2.4.2 en prenant $f(x) = \frac{1}{x}$ et $L = 0$; nous devons montrer que pour un $\epsilon > 0$ donné, il est possible de trouver un nombre N tel que

$$\left|\frac{1}{x} - 0\right| < \epsilon \quad \text{si} \quad x > N \tag{8}$$

Sachant que $x \to +\infty$, nous pouvons supposer que $x > 0$. Il est alors possible d'éliminer les valeurs absolues et de récrire l'énoncé comme suit :

$$\frac{1}{x} < \epsilon \quad \text{si} \quad x > N$$

ou, en inversant les membres de la première inégalité,

$$x > \frac{1}{\epsilon} \quad \text{si} \quad x > N \tag{9}$$

Il devient alors clair que $N = \frac{1}{\epsilon}$ remplit cette condition et puisque (9) est équivalent à (8) lorsque $x > 0$, cela complète la preuve. ◄

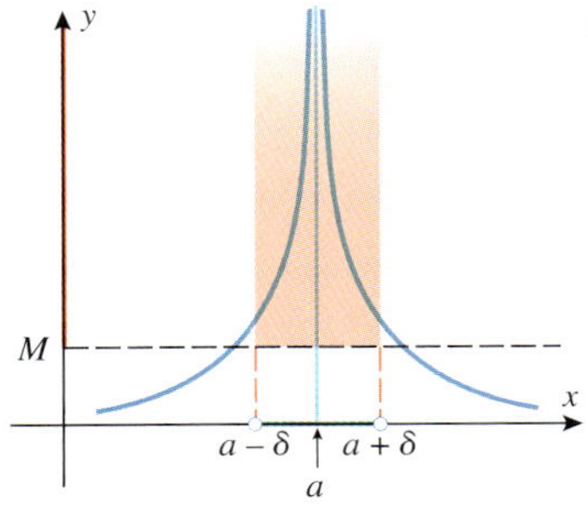

$f(x) > M$ si $0 < |x - a| < \delta$

(*a*)

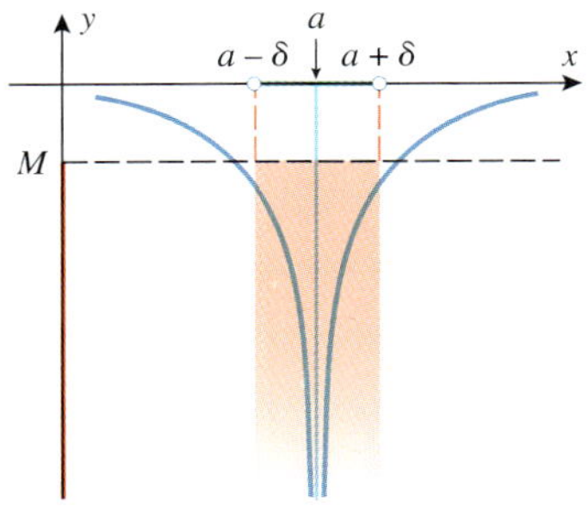

$f(x) < M$ si $0 < |x - a| < \delta$

(*b*)

Figure 2.4.5

LIMITES INFINIES

À la section 2.1, nous avons donné une description intuitive des limites suivantes :

$$\lim_{x \to a} f(x) = +\infty, \qquad \lim_{x \to a} f(x) = -\infty \tag{10}$$

$$\lim_{x \to a^+} f(x) = +\infty, \qquad \lim_{x \to a^+} f(x) = -\infty \tag{11}$$

$$\lim_{x \to a^-} f(x) = +\infty, \qquad \lim_{x \to a^-} f(x) = -\infty \tag{12}$$

Rappelons que chacune de ces expressions correspond à une situation où la limite ne donne pas un nombre réel fini : $+\infty$ signifie que $f(x)$ augmente indéfiniment (vers le haut) et $-\infty$ signifie que $f(x)$ diminue indéfiniment (vers le bas). Plus précisément, considérons les définitions suivantes, illustrées à la figure 2.4.5 :

2.4.4 DÉFINITION. Soit $f(x)$, définie pour tout x appartenant à un intervalle ouvert qui contient a, sauf peut-être en $x = a$; on écrit alors

$$\lim_{x \to a} f(x) = +\infty$$

si, pour tout nombre positif M, nous pouvons trouver un nombre $\delta > 0$ tel que $f(x)$ satisfait à l'énoncé

$$f(x) > M \quad \text{si} \quad 0 < |x - a| < \delta$$

2.4.5 DÉFINITION. Soit $f(x)$, définie pour tout x appartenant à un intervalle ouvert qui contient a, sauf peut-être en $x = a$; on écrit alors

$$\lim_{x \to a} f(x) = -\infty$$

si, pour tout nombre négatif M, nous pouvons trouver un nombre $\delta > 0$ tel que $f(x)$ satisfait à l'énoncé

$$f(x) < M \quad \text{si} \quad 0 < |x - a| < \delta$$

Comment définiriez-vous ces limites?

$$\lim_{x \to a^+} f(x) = +\infty \qquad \lim_{x \to a^+} f(x) = -\infty$$
$$\lim_{x \to a^-} f(x) = +\infty \qquad \lim_{x \to a^-} f(x) = -\infty$$
$$\lim_{x \to +\infty} f(x) = +\infty \qquad \lim_{x \to +\infty} f(x) = -\infty$$
$$\lim_{x \to -\infty} f(x) = +\infty \qquad \lim_{x \to -\infty} f(x) = -\infty$$

Afin de bien établir le pont entre ces définitions et la présentation informelle de ces limites, supposons que $f(x) \to +\infty$ lorsque $x \to a$ et que, pour un M donné, δ corresponde au nombre positif décrit à la définition 2.4.4. Ensuite, imaginons que x se rapproche de plus en plus de a (par la gauche ou par la droite), de sorte que x finira par être dans l'intervalle $]a - \delta; a + \delta[$, marqué en vert sur la figure 2.4.5*a*; lorsque c'est le cas, la valeur de $f(x)$ devient supérieure à M, tel qu'indiqué en rouge sur la figure. Sachant que ces conditions sont remplies pour toute valeur positive de M (même très grande), nous pouvons obtenir des valeurs de $f(x)$ aussi grandes que nous le voulons en rapprochant suffisamment x de a. Ce qui rejoint la définition informelle de cette limite. De façon similaire, la figure 2.4.5b illustre la définition 2.4.5.

▶ **Exemple 5** Prouver que $\lim_{x \to 0} \frac{1}{x^2} = +\infty$.

Solution. Appliquons la définition 2.4.4 en prenant $f(x) = \frac{1}{x^2}$ et $a = 0$; nous devons montrer que, pour un nombre $M > 0$ donné, il est possible de trouver un nombre $\delta > 0$ tel que

$$\frac{1}{x^2} > M \quad \text{si} \quad 0 < |x - 0| < \delta \tag{13}$$

ou, en inversant le sens de la première inégalité

$$x^2 < \frac{1}{M} \quad \text{si} \quad 0 < |x| < \delta \tag{14}$$

Mais $x^2 < \frac{1}{M}$ si $|x| < \frac{1}{\sqrt{M}}$, de sorte que $\delta = \frac{1}{\sqrt{M}}$ obéit à l'énoncé (14). Puisque (13) est équivalent à (14), cela complète la preuve. ◀

✔ VÉRIFICATION EXPRESS 2.4 *(Réponses à la page 149.)*

1. D'après la définition d'une limite bilatérale, $\lim_{x \to a} f(x) = L$ si, pour tout nombre donné ________, il existe un nombre ________ tel que $|f(x) - L| < \epsilon$ si ________.
2. Déterminer le plus grand intervalle ouvert centré en $x = 1$ tel que pour tout x appartenant à cet intervalle, $f(x)$ se trouve à moins de ϵ unités de $f(1) = 5$:
   (a) $f(x) = x + 4,\ \epsilon = 0{,}01$
   (b) $f(x) = 5x,\ \epsilon = 0{,}02$
   (c) $f(x) = 3x^2 + 2,\ \epsilon = 0{,}1212$
3. Soit ϵ, un nombre positif quelconque. Trouver la plus grande valeur de δ telle que $|5x - 10| < \epsilon$ si $0 < |x - 2| < \delta$.
4. D'après la définition d'une limite à $+\infty$, $\lim_{x \to +\infty} f(x) = L$ si, pour un nombre quelconque donné ________, il existe un nombre positif ________ tel que $|f(x) - L| < \epsilon$ si ________.
5. Trouver le plus petit nombre positif N tel que pour tout $x > N$, la valeur de $f(x) = \frac{1}{\sqrt{x}}$ est à moins de ϵ unités de 0.
   (a) $\epsilon = 0{,}1$ (b) $\epsilon = 0{,}01$ (c) $\epsilon = 0{,}001$

SÉRIE D'EXERCICES 2.4 Outil graphique

1. (a) Déterminer le plus grand intervalle ouvert, centré en l'origine sur l'axe x, tel que pour tout x dans l'intervalle, la valeur de $f(x) = x + 2$ soit à moins de 0,1 unité du nombre $f(0) = 2$.
   (b) Déterminer le plus grand intervalle ouvert, centré en $x = 3$, tel que pour tout x dans l'intervalle, la valeur de $f(x) = 4x - 5$ soit à moins de 0,1 unité du nombre $f(3) = 7$.
   (c) Déterminer le plus grand intervalle ouvert, centré en $x = 4$, tel que pour tout x dans l'intervalle, la valeur de $f(x) = x^2$ soit à moins de 0,001 unité du nombre $f(4) = 16$.
2. Dans chaque cas, déterminer le plus grand intervalle ouvert, centré en $x = 0$, tel que pour tout x dans l'intervalle, la valeur de $f(x) = 2x + 3$ soit à moins de ϵ unité du nombre $f(0) = 3$.
   (a) $\epsilon = 0{,}1$ (b) $\epsilon = 0{,}01$ (c) $\epsilon = 0{,}0012$
3. (a) Déterminer les valeurs de x_0 et x_1 indiquées à la figure Ex-3.
   (b) Trouver un nombre positif δ tel que $|\sqrt{x} - 2| < 0{,}05$ si $0 < |x - 4| < \delta$.

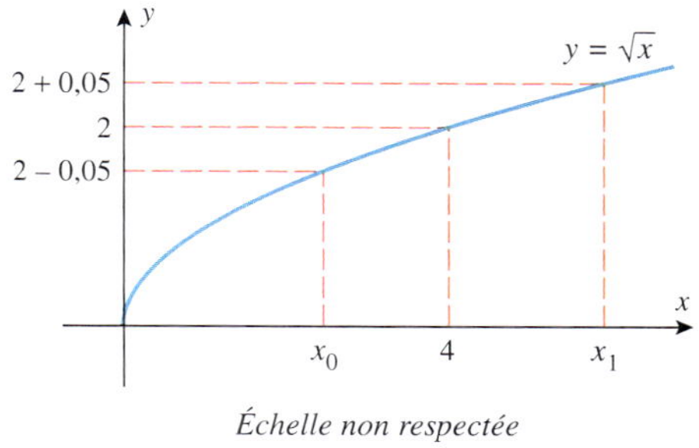

Figure Ex-3

4. (a) Déterminer les valeurs de x_0 et x_1 indiquées à la figure Ex-4.

(b) Trouver un nombre positif δ tel que $\left|\left(\frac{1}{x}\right) - 1\right| < 0{,}1$ si $0 < |x-1| < \delta$.

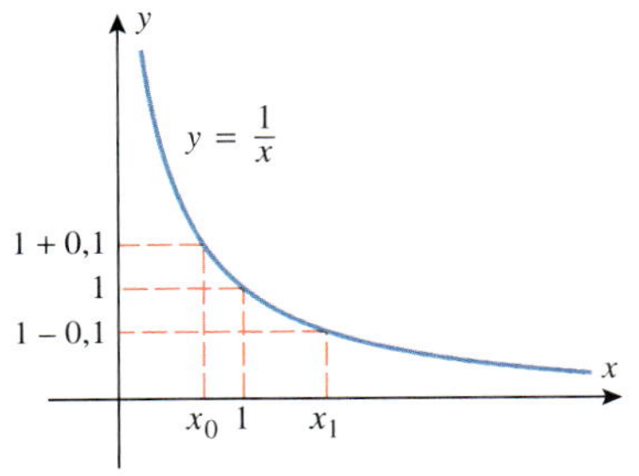

Échelle non respectée **Figure Ex-4**

5. Tracer la courbe de $f(x) = x^3 - 4x + 5$ à l'aide d'un outil graphique et l'utiliser pour trouver un nombre δ tel que $|f(x) - 2| < 0{,}05$ si $0 < |x - 1| < \delta$. [*Indice :* Montrer que l'on peut récrire l'inégalité $|f(x) - 2| < 0{,}05$ sous la forme $1{,}95 < x^3 - 4x + 5 < 2{,}05$ et estimer les valeurs de x telles que $x^3 - 4x + 5 = 1{,}95$ et $x^3 - 4x + 5 = 2{,}05$.]

6. Utiliser la méthode décrite à l'exercice 5 pour trouver un nombre δ tel que $|\sqrt{5x+1} - 4| < 0{,}5$ si $0 < |x-3| < \delta$.

7. Posons $f(x) = x + \sqrt{x}$, $L = \lim_{x\to 1} f(x)$ et $\epsilon = 0{,}2$. Utiliser un outil graphique et les caractéristiques du tracé obtenu pour trouver un nombre positif δ tel que $|f(x) - L| < \epsilon$ si $0 < |x-1| < \delta$.

8. Soit $f(x) = \frac{\sin 2x}{x}$; à l'aide d'un outil graphique, prédire la valeur de $L = \lim_{x\to 0} f(x)$. Poser ensuite $\epsilon = 0{,}1$ et utiliser l'outil et les caractéristiques du tracé pour trouver un nombre positif δ tel que $|f(x) - L| < \epsilon$ si $0 < |x| < \delta$.

9–16 Un nombre positif ϵ et la limite L d'une fonction f au point a sont donnés. Trouver un nombre δ tel que $|f(x) - L| < \epsilon$ si $0 < |x - a| < \delta$.

9. $\lim_{x\to 4} 2x = 8;\ \epsilon = 0{,}1$

10. $\lim_{x\to 3} (5x-2) = 13;\ \epsilon = 0{,}01$

11. $\lim_{x\to 3} \dfrac{x^2-9}{x-3} = 6;\ \epsilon = 0{,}05$

12. $\lim_{x\to -\frac{1}{2}} \dfrac{4x^2-1}{2x+1} = -2;\ \epsilon = 0{,}05$

13. $\lim_{x\to 2} x^3 = 8;\ \epsilon = 0{,}001$

14. $\lim_{x\to 4} \sqrt{x} = 2;\ \epsilon = 0{,}001$

15. $\lim_{x\to 5} \dfrac{1}{x} = \dfrac{1}{5};\ \epsilon = 0{,}05$

16. $\lim_{x\to 0} |x| = 0;\ \epsilon = 0{,}05$

JONGLONS AVEC LES CONCEPTS

17. Supposer que f est une fonction et que, pour tout nombre $\epsilon > 0$, si $0 < |x-4| < \frac{\epsilon}{5}$, alors $|f(x) - 3| < \epsilon$.

(a) Quelle limite cet énoncé décrit-il?

(b) Trouver une valeur de δ telle que si $0 < |x-4| < \delta$, alors $|10f(x) - 30| < 0{,}005$.

18. Soit $f(x)$ et $g(x)$; supposer que pour tout nombre $\epsilon > 0$ donné, les conditions suivantes sont satisfaites :

(i) Si $0 < |x-3| < \epsilon^2$, alors $|f(x) - 7| < \epsilon$.

(ii) Si $0 < |x-3| < \min\left(\frac{1}{2}; \frac{\epsilon}{8}\right)$, alors $|g(x) - 5| < \epsilon$.

(a) Quelles limites cet énoncé décrit-il?

(b) Trouver une valeur de δ telle que si $0 < |x-3| < \delta$, alors $|3f(x) - 21| < 0{,}03$.

19. Soit f, la fonction donnée à l'exercice 17. Trouver une valeur de δ telle que si $0 < |x-4| < \delta$, alors $|10f(x) + 2x - 38| < 0{,}01$. [*Indice :* D'après l'inégalité des triangles, on a

$$|(10f(x) - 30) + (2x-8)| \le |10f(x) - 30| + |2x-8|]$$

20. Soit f et g, les fonctions données à l'exercice 18. Trouver une valeur de δ telle que si $0 < |x-3| < \delta$, alors $|3f(x) + g(x) - 26| < 0{,}06$. [*Indice :* D'après l'inégalité des triangles, on a

$$|(3f(x) - 21) + (g(x) - 5)| \le |3f(x) - 21| + |g(x) - 5|]$$

21–26 Utiliser la définition 2.4.1 pour prouver que la limite donnée est exacte.

21. $\lim_{x\to 5} 3x = 15$

22. $\lim_{x\to -1} (7x+5) = -2$

23. $\lim_{x\to 0} \dfrac{2x^2+x}{x} = 1$

24. $\lim_{x\to -3} \dfrac{x^2-9}{x+3} = -6$

25. $\lim_{x\to 1} f(x) = 3$, où $f(x) = \begin{cases} x+2, & x \ne 1 \\ 10, & x = 1 \end{cases}$

26. $\lim_{x\to 2} f(x) = 5$, où $f(x) = \begin{cases} 9-2x, & x \ne 2 \\ 49, & x = 2 \end{cases}$

JONGLONS AVEC LES CONCEPTS

27. (a) Montrer que

$$|(3x^2 + 2x - 20) - 300| = |3x + 32| \cdot |x - 10|$$

(b) Déterminer la borne supérieure de $|3x + 32|$ si x satisfait l'inégalité $|x - 10| < 1$.

(c) Remplir les espaces blancs de façon à compléter la preuve montrant que

$$\lim_{x\to 10} [3x^2 + 2x - 20] = 300$$

Supposons que $\epsilon > 0$. Posons $\delta = \min(1, \_\_\_\_\_\_)$ et considérons que $0 < |x - 10| < \delta$. Alors,

$$\begin{aligned} \left|(3x^2+2x-20) - 300\right| &= |3x+32| \cdot |x-10| \\ &< \_\_\_\_\_\_ \cdot |x-10| \\ &< \_\_\_\_\_\_ \cdot \_\_\_\_\_\_ \\ &= \epsilon \end{aligned}$$

28. (a) Montrer que

$$\left|\frac{28}{3x+1} - 4\right| = \left|\frac{12}{3x+1}\right| \cdot |x-2|$$

(b) $\left|\frac{12}{3x+1}\right|$ est-il borné si $|x-2|<4$? Sinon, expliquer; si oui, donner une borne.

(c) $\left|\frac{12}{3x+1}\right|$ est-il borné si $|x-2|<1$? Sinon, expliquer; si oui, donner une borne.

(d) Remplir les blancs pour compléter la preuve montrant que

$$\lim_{x\to 2}\left[\frac{28}{3x+1}\right]=4$$

Supposons que $\epsilon>0$. Posons $\delta=\min(1,\_\_\_\_\_\_)$ et considérons que $0<|x-2|<\delta$. Alors,

$$\begin{aligned}\left|\frac{28}{3x+1}-4\right| &= \left|\frac{12}{3x+1}\right|\cdot|x-2|\\ &< \_\_\_\_\_\_\cdot|x-2|\\ &< \_\_\_\_\_\_\cdot\_\_\_\_\_\_\\ &= \epsilon\end{aligned}$$

29–34 Se référer à la définition 2.4.1 pour montrer que la limite donnée est exacte.

29. $\lim_{x\to 1} 2x^2=2$

30. $\lim_{x\to 3}(x^2+x)=12$

31. $\lim_{x\to -2}\frac{1}{x+1}=-1$

32. $\lim_{x\to \frac{1}{2}}\frac{2x+3}{x}=8$

33. $\lim_{x\to 4}\sqrt{x}=2$

34. $\lim_{x\to 2} f(x)=5$, où $f(x)=\begin{cases}9-2x, & x<2\\ 3x-1, & x>2\end{cases}$

35. (a) Trouver le plus petit nombre positif N tel que pour tout x appartenant à l'intervalle $]N;+\infty[$, la valeur de $f(x)=\frac{1}{x^2}$ soit à moins de 0,1 unité de $L=0$.

(b) Trouver le plus petit nombre positif N tel que pour tout x appartenant à l'intervalle $]N;+\infty[$, la valeur de $f(x)=\frac{x}{x+1}$ soit à moins de 0,01 unité de $L=1$.

(c) Trouver le plus grand nombre négatif N tel que pour tout x appartenant à l'intervalle $]-\infty;N[$, la valeur de $f(x)=\frac{1}{x^3}$ soit à moins de 0,001 unité de $L=0$.

(d) Trouver le plus grand nombre négatif N tel que pour tout x appartenant à l'intervalle $]-\infty;N[$, la valeur de $f(x)=\frac{x}{x+1}$ soit à moins de 0,01 unité de $L=1$.

36. Dans chacun des cas, déterminer la plus petite valeur positive de N telle que pour tout x appartenant à l'intervalle $]N;+\infty[$, $f(x)=\frac{1}{x^3}$ soit à moins de ϵ unités du nombre $L=0$.

(a) $\epsilon=0{,}1$ (b) $\epsilon=0{,}01$ (c) $\epsilon=0{,}001$

37. (a) Déterminer les valeurs de x_1 et x_2 représentées à la figure Ex-37.

(b) Trouver un nombre positif N tel que

$$\left|\frac{x^2}{1+x^2}-1\right|<\epsilon$$

pour $x>N$.

(c) Trouver un nombre négatif N tel que

$$\left|\frac{x^2}{1+x^2}-1\right|<\epsilon$$

pour $x>N$.

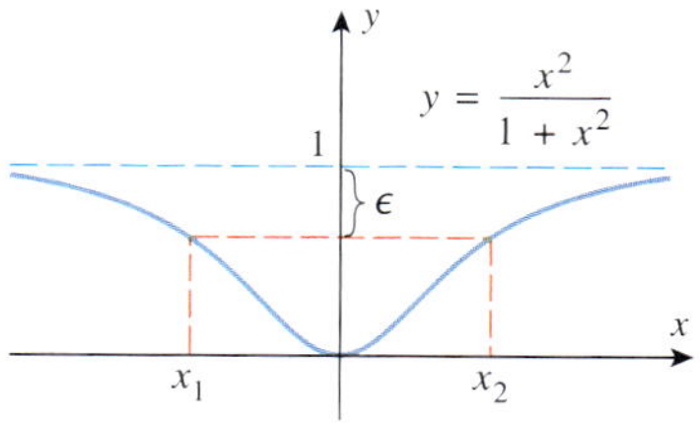

Échelle non respectée

Figure Ex-37

38. (a) Déterminer les valeurs de x_1 et x_2 de la figure Ex-38.

(b) Trouver un nombre positif N tel que

$$\left|\frac{1}{\sqrt[3]{x}}-0\right|=\left|\frac{1}{\sqrt[3]{x}}\right|<\epsilon$$

pour $x>N$.

(c) Trouver un nombre négatif N tel que

$$\left|\frac{1}{\sqrt[3]{x}}-0\right|=\left|\frac{1}{\sqrt[3]{x}}\right|<\epsilon$$

pour $x>N$.

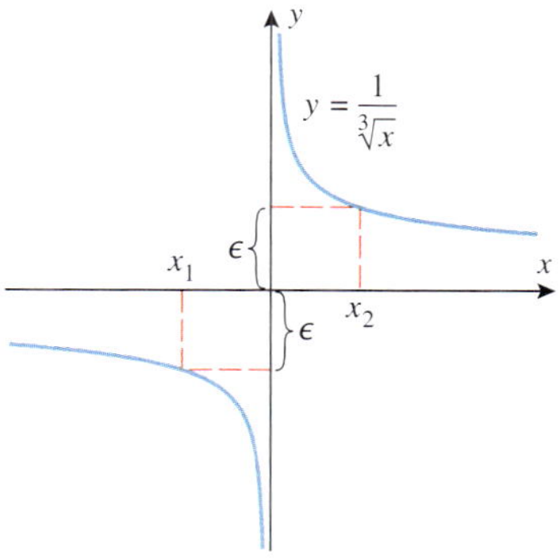

Figure Ex-38

39–42 Étant donné un nombre positif ϵ et la limite L d'une fonction f à $+\infty$, déterminer un nombre positif N tel que $|f(x)-L|<\epsilon$ si $x>N$.

39. $\lim_{x\to+\infty}\frac{1}{x^2}=0$; $\epsilon=0{,}01$

40. $\lim_{x\to+\infty}\frac{1}{x+2}=0$; $\epsilon=0{,}005$

41. $\lim_{x\to+\infty}\frac{x}{x+1}=1$; $\epsilon=0{,}001$

42. $\lim_{x\to+\infty}\frac{4x-1}{2x+5}=2$; $\epsilon=0{,}1$

43–46 Étant donné un nombre positif ϵ et la limite L d'une fonction f à $-\infty$, déterminer un nombre négatif N tel que $|f(x) - L| < \epsilon$ si $x < N$.

43. $\lim_{x \to -\infty} \dfrac{1}{x+2} = 0$; $\epsilon = 0{,}005$

44. $\lim_{x \to -\infty} \dfrac{1}{x^2} = 0$; $\epsilon = 0{,}01$

45. $\lim_{x \to -\infty} \dfrac{4x-1}{2x+5} = 2$; $\epsilon = 0{,}1$

46. $\lim_{x \to -\infty} \dfrac{x}{x+1} = 1$; $\epsilon = 0{,}001$

47–52 Se référer aux définitions 2.4.2 et 2.4.3 pour montrer que les limites données sont exactes.

47. $\lim_{x \to +\infty} \dfrac{1}{x^2} = 0$

48. $\lim_{x \to +\infty} \dfrac{1}{x+2} = 0$

49. $\lim_{x \to -\infty} \dfrac{4x-1}{2x+5} = 2$

50. $\lim_{x \to -\infty} \dfrac{x}{x+1} = 1$

51. $\lim_{x \to +\infty} \dfrac{2\sqrt{x}}{\sqrt{x}-1} = 2$

52. $\lim_{x \to -\infty} 2^x = 0$

53. (a) Déterminer le plus grand intervalle ouvert centré à l'origine sur l'axe des x, tel que pour tout x dans l'intervalle, à l'exception du centre, les valeurs de $f(x) = \frac{1}{x^2}$ soient supérieures à 100.

(b) Déterminer le plus grand intervalle ouvert, centré en $x = 1$, tel que pour tout x dans l'intervalle, à l'exception du centre, les valeurs de $f(x) = \frac{1}{|x-1|}$ soient supérieures à 1000.

(c) Déterminer le plus grand intervalle ouvert, centré en $x = 3$, tel que pour tout x dans l'intervalle, à l'exception du centre, les valeurs de la fonction $f(x) = -\frac{1}{(x-3)^2}$ soient inférieures à -1000.

(d) Déterminer le plus grand intervalle ouvert sur l'axe x, centré à l'origine, tel que pour tout x dans l'intervalle, à l'exception du centre, les valeurs de $f(x) = -\frac{1}{x^4}$ soient inférieures à -10 000.

54. Dans chaque cas, déterminer le plus grand intervalle ouvert, centré en $x = 1$, tel que pour tout x dans l'intervalle, à l'exception du centre, la valeur de $f(x) = \frac{1}{(x-1)^2}$ soit supérieure à M.

(a) $M = 10$ (b) $M = 1000$ (c) $M = 100\,000$

55–60 Se référer aux définitions 2.4.4 et 2.4.5 pour montrer que la limite donnée est exacte.

55. $\lim_{x \to 3} \dfrac{1}{(x-3)^2} = +\infty$

56. $\lim_{x \to 3} \dfrac{-1}{(x-3)^2} = -\infty$

57. $\lim_{x \to 0} \dfrac{1}{|x|} = +\infty$

58. $\lim_{x \to 1} \dfrac{1}{|x-1|} = +\infty$

59. $\lim_{x \to 0} \left(-\dfrac{1}{x^4}\right) = -\infty$

60. $\lim_{x \to 0} \dfrac{1}{x^4} = +\infty$

61–66 Se référer à la note inscrite en marge de la page 140 pour prouver que la limite donnée est exacte.

61. $\lim_{x \to 2^+} (x+1) = 3$

62. $\lim_{x \to 1^-} (3x+2) = 5$

63. $\lim_{x \to 4^+} \sqrt{x-4} = 0$

64. $\lim_{x \to 0^-} \sqrt{-x} = 0$

65. $\lim_{x \to 2^+} f(x) = 2$, où $f(x) = \begin{cases} x, & x > 2 \\ 3x, & x \le 2 \end{cases}$

66. $\lim_{x \to 2^-} f(x) = 6$, où $f(x) = \begin{cases} x, & x > 2 \\ 3x, & x \le 2 \end{cases}$

67–70 Écrire la définition de la limite correspondante qui figure dans la note inscrite en marge de la page 144 et utiliser votre définition pour montrer que la limite donnée est exacte.

67. (a) $\lim_{x \to 1^+} \dfrac{1}{1-x} = -\infty$ (b) $\lim_{x \to 1^-} \dfrac{1}{1-x} = +\infty$

68. (a) $\lim_{x \to 0^+} \dfrac{1}{x} = +\infty$ (b) $\lim_{x \to 0^-} \dfrac{1}{x} = -\infty$

69. (a) $\lim_{x \to +\infty} (x+1) = +\infty$ (b) $\lim_{x \to -\infty} (x+1) = -\infty$

70. (a) $\lim_{x \to +\infty} (x^2-3) = +\infty$ (b) $\lim_{x \to -\infty} (x^3+5) = -\infty$

71. Refaire la preuve de l'énoncé de l'exemple 3, en supposant cette fois que $\delta \le 2$ au lieu de $\delta \le 1$.

72. (a) Dans la définition 2.4.1, $f(x)$ doit être définie pour tout x appartenant à un intervalle ouvert qui inclue a, sauf peut-être en $x = a$. Pourquoi cette condition?

(b) Pourquoi est-il incorrect d'écrire $\lim_{x \to 0} \sqrt{x} = 0$?

(c) Est-il exact d'écrire $\lim_{x \to 0{,}01} \sqrt{x} = 0{,}1$?

73. D'après la loi d'Ohm, lorsqu'une tension de V volts est appliquée aux bornes d'une résistance de R ohms, un courant d'intensité $I = \frac{V}{R}$ ampères parcourt la résistance.

(a) Quelle est l'intensité du courant qui circule dans une résistance de 7,5 ohms lorsqu'une tension de 3,0 volts est appliquée à ses bornes?

(b) Si la résistance varie de $\pm 0{,}1$ ohm alors que la tension reste constante à 3,0 volts, sur quel intervalle varie l'intensité du courant?

(c) Si les variations de température entraînent des variations de résistance de $\pm\delta$ autour de 7,5 ohms alors que la tension reste constante à 3,0 volts, sur quel intervalle varie l'intensité du courant?

(d) Si le courant ne peut soutenir de variations supérieures à $\epsilon = \pm 0{,}001$ ampère sous une tension de 3,0 volts, quel écart $\pm\delta$ est acceptable sur la valeur de 7,5 ohms?

(e) Certains alliages deviennent ***supraconducteurs***, c'est-à-dire que leur résistance devient pratiquement nulle lorsque leur température approche le zéro absolu (-273 °C). Si la tension reste constante, qu'advient-il du courant dans un supraconducteur lorsque $R \to 0^+$?

✔ VÉRIFICATION EXPRESS 2.4 – RÉPONSES

1. $\epsilon > 0$; $\delta > 0$; $0 < |x - a| < \delta$ **2.** (a)]0,99; 1,01[(b)]0,996; 1,004[(c)]0,98; 1,02[**3.** $\delta = \frac{\epsilon}{5}$ **4.** $\epsilon > 0$; N; $x > N$
5. (a) $N = 100$ (b) $N = 10\,000$ (c) $N = 1\,000\,000$

2.5 CONTINUITÉ

Une balle de baseball en vol ne peut disparaître à un point donné et réapparaître à un endroit différent pour y poursuivre son mouvement. Notre perception nous dit donc que le parcours de la balle décrit une courbe sans coupure. Dans cette section, nous traduisons l'idée de courbe sans coupure par une notion mathématique rigoureuse appelée « continuité » et nous établissons quelques propriétés fondamentales des courbes continues.

DÉFINITION DE LA CONTINUITÉ

Intuitivement, la courbe d'une fonction est dite *continue* si elle est sans coupure ou sans trou. Pour préciser cette idée, nous devons connaître les propriétés d'une fonction qui engendrent des coupures ou des trous. La figure 2.5.1 montre que la courbe d'une fonction affiche une coupure ou un trou dans l'un des cas suivants :

- La fonction f est non définie à c (figure 2.5.1a).
- La limite de $f(x)$ n'existe pas lorsque x tend vers c (figures 2.5.1b, 2.5.1c).
- La valeur de la fonction et la valeur de la limite en c sont différentes (figure 2.5.1d).

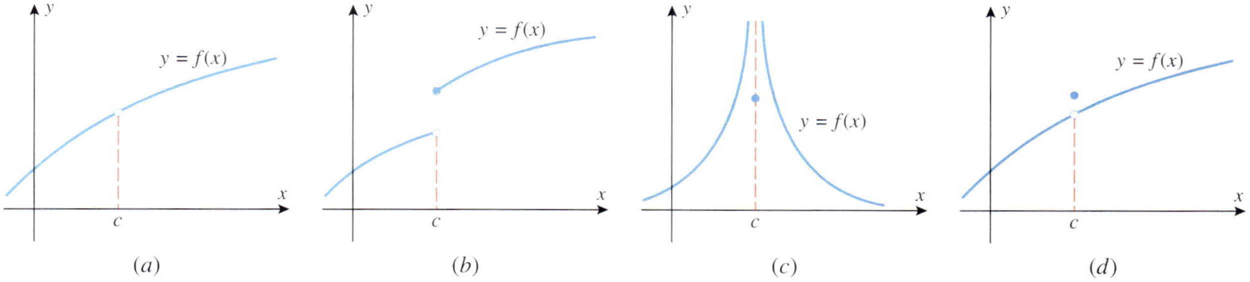

Figure 2.5.1

Ces considérations mènent à la définition suivante :

> **2.5.1 DÉFINITION.** Une fonction f est ***continue en*** $\boldsymbol{x = c}$ si les conditions suivantes sont satisfaites :
>
> **1.** $f(c)$ est définie.
>
> **2.** $\lim_{x \to c} f(x)$ existe.
>
> **3.** $\lim_{x \to c} f(x) = f(c)$.

La troisième condition énoncée dans la définition 2.5.1 implique les deux premières; en effet,

$$\lim_{x \to c} f(x) = f(c)$$

sous-entend que la limite existe et que la fonction est définie en c. Ainsi, si l'on veut vérifier la continuité en c, il suffit habituellement de vérifier la troisième condition.

Si au moins l'une des conditions données dans cette définition n'est pas satisfaite, alors f est ***discontinue en*** $\boldsymbol{x = c}$. Chacune des fonctions de la figure 2.5.1 affiche une discontinuité en $x = c$. À la figure 2.5.1a, la fonction n'est pas définie en c et la première condition de la définition 2.5.1 n'est pas satisfaite. Sur les figures 2.5.1b et 2.5.1c, $\lim_{x \to c} f(x)$ n'existe pas et la deuxième condition de la définition 2.5.1 n'est pas satisfaite. À la figure 2.5.1d, la fonction est définie à c et $\lim_{x \to c} f(x)$ existe, mais ces deux valeurs sont différentes et en conséquence, la troisième condition de la définition 2.5.1 n'est pas respectée.

▶ Exemple 1 Déterminer si les fonctions suivantes sont continues en $x = 2$:

$$f(x) = \frac{x^2 - 4}{x - 2}, \qquad g(x) = \begin{cases} \dfrac{x^2 - 4}{x - 2}, & x \neq 2 \\ 3, & x = 2, \end{cases} \qquad h(x) = \begin{cases} \dfrac{x^2 - 4}{x - 2}, & x \neq 2 \\ 4, & x = 2 \end{cases}$$

Solution. Dans les trois cas, nous devons vérifier si la valeur de la limite de la fonction lorsque $x \to 2$ est égale à la valeur de la fonction au point $x = 2$. Les trois fonctions sont identiques en tout point sauf à $x = 2$ et en conséquence, elles ont la même limite à $x = 2$, soit

$$\lim_{x \to 2} f(x) = \lim_{x \to 2} g(x) = \lim_{x \to 2} h(x) = \lim_{x \to 2} \frac{x^2 - 4}{x - 2} = \lim_{x \to 2} (x + 2) = 4$$

La fonction f étant non définie en $x = 2$, elle n'est pas continue en $x = 2$ (figure 2.5.2a). La fonction g est définie en $x = 2$, mais sa valeur, $g(2) = 3$, diffère de celle de la limite lorsque x tend vers 2; g n'est donc pas continue en $x = 2$ (figure 2.5.2b). En $x = 2$, la fonction h a pour valeur $h(2) = 4$, valeur identique à celle de la limite lorsque x tend vers 2; h est donc continue en $x = 2$ (figure 2.5.2c). (Nous aurions pu écrire plus simplement la règle de la fonction h, soit $h(x) = x + 2$, mais nous l'avons définie par parties pour faciliter la comparaison avec les fonctions f et g.) ◀

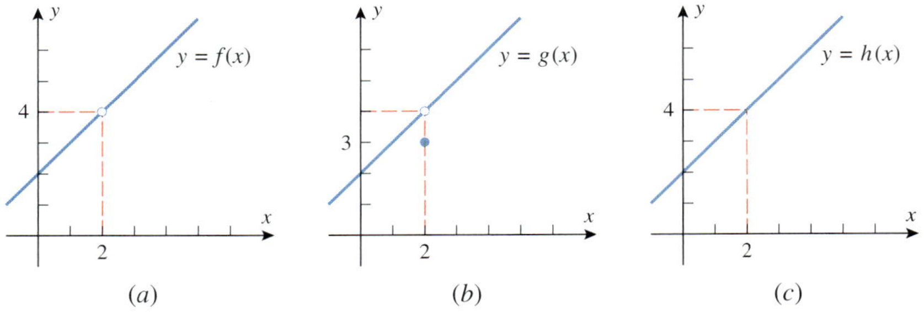

Figure 2.5.2

CONTINUITÉ DANS LES APPLICATIONS

Dans les situations concrètes, les discontinuités révèlent souvent des événements physiques importants. Par exemple, la figure 2.5.3a représente une courbe de la tension électrique en fonction du temps dans un câble souterrain qui a été accidentellement sectionné par une équipe de travailleurs au temps $t = t_0$ (la tension est tombée à zéro à l'instant où la ligne a été sectionnée). La figure 2.5.3b représente l'inventaire d'un entrepôt en fonction du temps, où les stocks sont ramenés à y_1 unités dès que l'inventaire baisse à y_0 unités. Les discontinuités se produisent à chaque remplissage de l'entrepôt.

CONTINUITÉ SUR UN INTERVALLE

Si une fonction f est continue en tout point d'un intervalle ouvert $]a; b[$, alors on dira que f est continue sur $]a; b[$. Cette définition vaut également pour les intervalles ouverts infinis de la forme $]a; +\infty[$, $]-\infty; b[$ et $]-\infty; +\infty[$. Dans le cas où f est continue sur $]-\infty; +\infty[$, nous disons que f est ***continue partout*** ou ***continue sur tous les réels***.

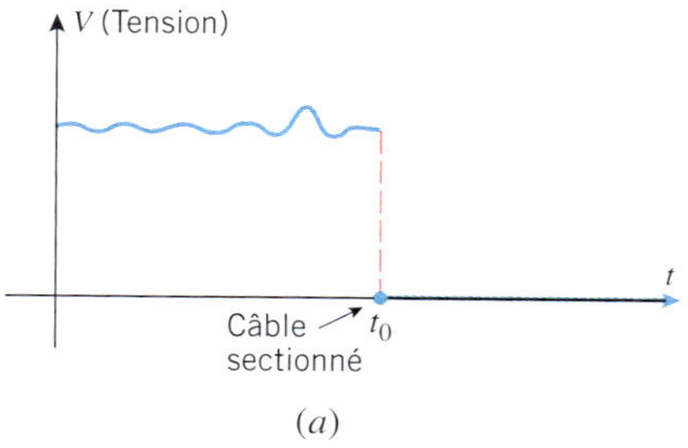

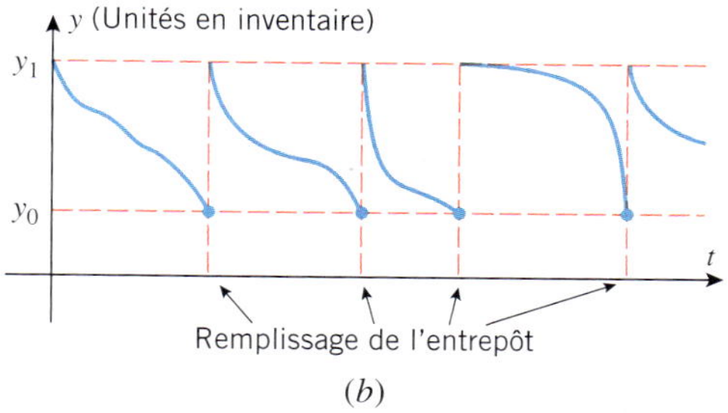

Figure 2.5.3

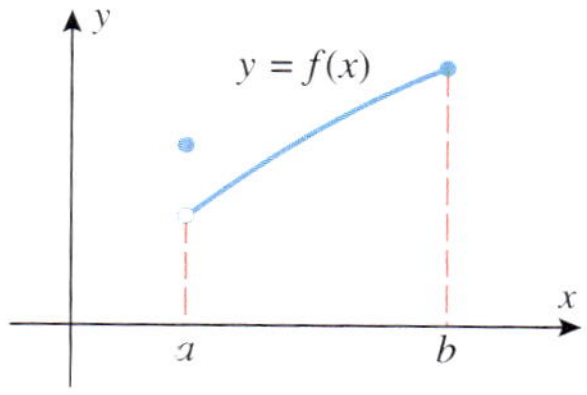

Figure 2.5.4

La définition 2.5.1 étant donnée pour une limite bilatérale, elle ne s'applique pas aux extrémités d'un intervalle fermé $[a; b]$ ou d'un intervalle de la forme $[a; b[$, $]a; b]$, $]-\infty; b]$ ou $[a; +\infty[$. Pour remédier à ce problème, nous convenons qu'une fonction est continue à l'extrémité d'un intervalle si sa valeur à l'extrémité est égale à celle de la limite unilatérale applicable en ce point. Par exemple, la fonction illustrée à la figure 2.5.4 est continue à l'extrémité droite de l'intervalle $[a; b]$ parce que

$$\lim_{x \to b^-} f(x) = f(b)$$

Elle n'est cependant pas continue à l'extrémité gauche parce que

$$\lim_{x \to a^+} f(x) \neq f(a)$$

En général, nous disons qu'une fonction est ***continue à gauche*** en c si

$$\lim_{x \to c^-} f(x) = f(c)$$

et qu'elle est ***continue à droite*** en c si

$$\lim_{x \to c^+} f(x) = f(c)$$

Utilisons maintenant cette terminologie pour définir la continuité d'une fonction sur un intervalle fermé.

Adaptez la définition 2.5.2 pour les intervalles de la forme $[a; +\infty[$, $]-\infty; b]$, $]a; b]$ et $[a; b[$.

2.5.2 DÉFINITION. Une fonction f est ***continue sur un intervalle fermé* [*a*; *b*]** si les conditions suivantes sont remplies :

1. f est continue sur $]a; b[$.
2. f est continue à droite en a.
3. f est continue à gauche en b.

▶ Exemple 2 Que peut-on dire de la continuité de la fonction f définie par $f(x) = \sqrt{9 - x^2}$?

Solution. Le domaine naturel de cette fonction étant l'intervalle fermé [-3; 3], nous allons vérifier la continuité de f sur l'intervalle ouvert]-3; 3[et considérer ensuite les deux extrémités. Si c est un point quelconque de l'intervalle]-3; 3[, alors le théorème 2.2.2(*e*) permet d'écrire

$$\lim_{x \to c} f(x) = \lim_{x \to c} \sqrt{9 - x^2} = \sqrt{\lim_{x \to c} (9 - x^2)} = \sqrt{9 - c^2} = f(c)$$

ce qui prouve que f est continue en tout point de l'intervalle]-3; 3[. La fonction f est également continue à chaque extrémité puisque

$$\lim_{x\to 3^-} f(x) = \lim_{x\to 3^-} \sqrt{9-x^2} = \sqrt{\lim_{x\to 3^-} (9-x^2)} = 0 = f(3)$$

$$\lim_{x\to -3^+} f(x) = \lim_{x\to -3^+} \sqrt{9-x^2} = \sqrt{\lim_{x\to -3^+} (9-x^2)} = 0 = f(-3)$$

Ainsi, f est continue sur l'intervalle fermé [-3; 3]. ◄

QUELQUES PROPRIÉTÉS DES FONCTIONS CONTINUES

Le théorème qui suit, découlant du théorème 2.2.2, permet d'établir la continuité des fonctions qui résultent de l'addition, de la soustraction, de la multiplication et de la division d'autres fonctions continues.

2.5.3 THÉORÈME. *Si les fonctions f et g sont continues en c, alors*

(*a*) $f+g$ *est continue en* c.

(*b*) $f-g$ *est continue en* c.

(*c*) fg *est continue en* c.

(*d*) $\frac{f}{g}$ *est continue en* c *si* $g(c)\neq 0$ *et est discontinue en* c *si* $g(c)=0$.

Nous allons démontrer la partie (*d*). Les autres preuves sont laissées en exercices.

PREUVE. Considérons d'abord le cas où $g(c)=0$. On sait alors que $\frac{f(c)}{g(c)}$ est non définie et la fonction $\frac{f}{g}$ possède donc une discontinuité en c.

Considérons maintenant le cas où $g(c)\neq 0$; si l'on veut prouver que $\frac{f}{g}$ est continue en c, nous devons démontrer que

$$\lim_{x\to c} \frac{f(x)}{g(x)} = \frac{f(c)}{g(c)} \tag{1}$$

Sachant que f et g sont continues en c, on a

$$\lim_{x\to c} f(x) = f(c) \quad \text{et} \quad \lim_{x\to c} g(x) = g(c)$$

Ainsi, d'après le théorème 2.2.2(*d*),

$$\lim_{x\to c} \frac{f(x)}{g(x)} = \frac{\lim_{x\to c} f(x)}{\lim_{x\to c} g(x)} = \frac{f(c)}{g(c)}$$

ce qui montre que l'égalité (1) est vraie. ■

CONTINUITÉ DES POLYNÔMES ET DES FONCTIONS RATIONNELLES

Pour prouver qu'une fonction est continue en tout point, on procède habituellement en démontrant qu'elle est continue en un point *arbitraire*. Par exemple, le théorème 2.2.3 précise que si $p(x)$ est un polynôme et a, un nombre réel *quelconque*, alors

$$\lim_{x\to a} p(x) = p(a)$$

ce qui établit que les polynômes sont continus en tout point. De plus, les fonctions rationnelles étant des rapports de polynômes, si l'on réfère à la partie (*d*) du théorème 2.5.3, les fonctions rationnelles sont continues en tout point autre que les racines du dénominateur et sont discontinues en ces racines. On en déduit le théorème qui suit :

2.5.4 THÉORÈME.

(a) *Un polynôme est continu en tout point (sur tous les réels).*

(b) *Une fonction rationnelle est continue en tout point où le dénominateur ne s'annule pas et possède des discontinuités aux points où le dénominateur s'annule.*

TECHNOLOGIE

Si vous tracez la courbe de l'équation donnée à l'exemple 3 à l'aide d'un outil graphique, vous verrez probablement la discontinuité à $x = 2$, mais pas celle qui tombe à $x = 3$. Essayez-le et proposez une explication pertinente.

► **Exemple 3** En quelles valeurs de x la fonction ci-dessous est-elle discontinue?

$$y = \frac{x^2 - 9}{x^2 - 5x + 6}$$

Solution. Puisqu'il s'agit d'une fonction rationnelle, elle est continue en tout point où le dénominateur est différent de zéro. Considérons donc l'équation

$$x^2 - 5x + 6 = 0$$

Les solutions de cette équation situent les discontinuités en $x = 2$ et en $x = 3$. ◄

► **Exemple 4** Montrer que $|x|$ est continue sur tous les réels (figure 1.1.10).

Solution. Nous pouvons écrire $|x|$ par parties, soit

$$|x| = \begin{cases} x & \text{si} \quad x > 0 \\ 0 & \text{si} \quad x = 0 \\ -x & \text{si} \quad x < 0 \end{cases}$$

On voit que $|x|$ est identique au polynôme x dans l'intervalle $]0; +\infty[$ et identique au polynôme $-x$ dans l'intervalle $]-\infty; 0[$. Or, les polynômes étant continus en tout point, la seule valeur pouvant amener une discontinuité à $|x|$ est $x = 0$. Sachant que $|0| = 0$, si l'on veut démontrer qu'il existe une discontinuité en $x = 0$, nous devons montrer que

$$\lim_{x \to 0} |x| = 0 \tag{2}$$

Puisque la définition de $|x|$ par parties change à 0, considérons les limites unilatérales à 0 plutôt que la limite bilatérale. On trouve

$$\lim_{x \to 0^+} |x| = \lim_{x \to 0^+} x = 0 \quad \text{et} \quad \lim_{x \to 0^-} |x| = \lim_{x \to 0^-} (-x) = 0$$

Ce qui montre que l'égalité (2) est vraie et donc que $|x|$ est continue en $x = 0$. ◄

CONTINUITÉ DES FONCTIONS COMPOSÉES

Le théorème qui suit, dont la preuve est donnée à l'annexe C sur le Web, sera utile pour calculer les limites des fonctions **composées**.

En mots, le théorème 2.5.5 stipule qu'un symbole de limite peut être déplacé d'un côté à l'autre du symbole d'une fonction, à condition que la limite de l'expression à l'intérieur du symbole de la fonction existe et que la fonction soit continue à cette limite.

2.5.5 THÉORÈME. *Si* $\lim_{x\to c} g(x) = L$ *et si la fonction* f *est continue en* L*, alors* $\lim_{x\to c} f(g(x)) = f(L)$*. Autrement dit,*

$$\lim_{x\to c} f(g(x)) = f\left(\lim_{x\to c} g(x)\right)$$

Cette égalité reste vraie si la limite $\lim_{x\to c}$ *est remplacée partout par l'une des limites suivantes :* $\lim_{x\to c^+}$, $\lim_{x\to c^-}$, $\lim_{x\to +\infty}$ *ou* $\lim_{x\to -\infty}$.

Dans le cas particulier où $f(x) = |x|$, le fait que $|x|$ soit continue en tout point permet d'écrire

$$\lim_{x\to c} |g(x)| = \left|\lim_{x\to c} g(x)\right| \tag{3}$$

à condition que $\lim_{x\to c} g(x)$ existe. Ainsi, par exemple,

$$\lim_{x\to 3} |5 - x^2| = \left|\lim_{x\to 3}(5 - x^2)\right| = |-4| = 4$$

Le théorème qui ci-dessous concerne la continuité des fonctions **composées**; la première partie touche à la continuité en un point particulier et la seconde, à la continuité en tout point.

La valeur absolue d'une fonction qui n'est pas continue en tout point peut-elle être continue en tout point? Justifiez votre réponse.

2.5.6 THÉORÈME.

(*a*) *Si la fonction* g *est continue en* c *et si la fonction* f *est continue en* $g(c)$*, alors la composition* $f \circ g$ *est continue en* c.

(*b*) *Si la fonction* g *est continue en tout point et si la fonction* f *est continue en tout point, alors la composition* $f \circ g$ *est continue en tout point.*

PREUVE. Nous allons prouver seulement la partie (*a*); on peut obtenir la preuve de la partie (*b*) en appliquant la partie (*a*) à un nombre arbitraire c. Pour prouver que $f \circ g$ est continue en c, nous devons démontrer que la valeur de $f \circ g$ est égale à la valeur de sa limite en $x = c$. Or, c'est bien le cas puisque

$$\lim_{x\to c} (f\circ g)(x) = \lim_{x\to c} f(g(x)) = f\left(\lim_{x\to c} g(x)\right) = f(g(c)) = (f\circ g)(c) \quad ■$$

Théorème 2.5.5 | g est continue au point c.

Nous avons vu à l'exemple 4 que la fonction $|x|$ est continue en tout point. D'après la partie (*a*) du théorème 2.5.6, si $g(x)$ est continue en c, la fonction $|g(x)|$ doit également être continue en c; et, plus généralement, si $g(x)$ est continue partout, alors $|g(x)|$ l'est également. De façon informelle, on dira :

La valeur absolue d'une fonction continue est continue.

Par exemple, le polynôme $g(x) = 4 - x^2$ étant continu en tout point, on peut conclure que la fonction dont la règle est $|4 - x^2|$ est également continue en tout point (figure 2.5.5).

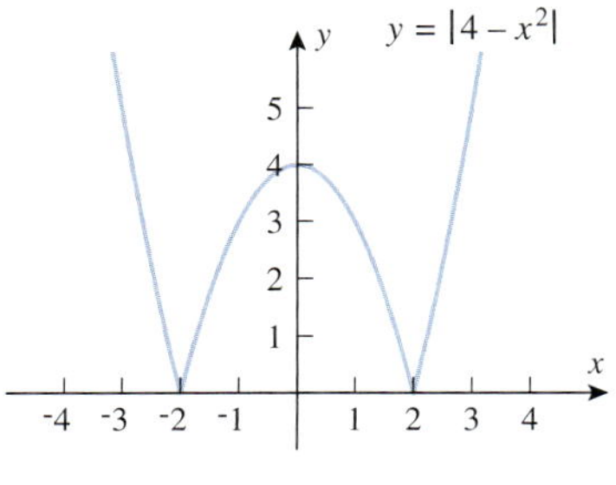

Figure 2.5.5

THÉORÈME DE LA VALEUR INTERMÉDIAIRE

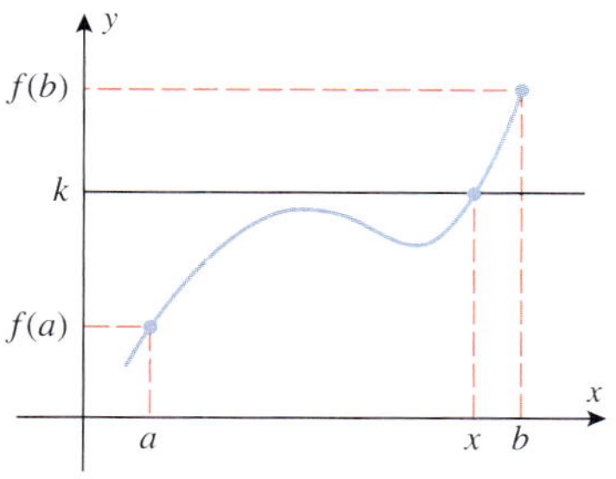

Figure 2.5.6

La figure 2.5.6 montre la courbe d'une fonction continue sur l'intervalle fermé $[a; b]$. Elle suggère que si l'on trace une droite horizontale quelconque $y = k$, où k est situé entre $f(a)$ et $f(b)$, alors la droite croisera la courbe $y = f(x)$ au moins une fois sur l'intervalle $[a; b]$. En termes numériques, si f est continue sur $[a; b]$, alors la fonction f doit prendre toute valeur de k comprise entre $f(a)$ et $f(b)$ au moins une fois lorsque x varie de a à b. Par exemple, le polynôme $p(x) = x^5 - x + 3$ a une valeur de 3 en $x = 1$ et une valeur de 33 en $x = 2$. Ainsi, il découle de la continuité de p que l'équation $x^5 - x + 3 = k$ a au moins une racine sur l'intervalle $[1; 2]$ pour toute valeur de k comprise entre 3 et 33. Le théorème qui suit résume cette idée :

2.5.7 THÉORÈME (*Théorème de la valeur intermédiaire*). *Si f est continue sur un intervalle fermé $[a; b]$ et si k est un nombre quelconque compris entre $f(a)$ et $f(b)$ inclusivement, alors il existe au moins un nombre x de l'intervalle $[a; b]$ tel que $f(x) = k$.*

Bien que ce théorème semble évident à priori, sa preuve requiert une connaissance rigoureuse du système des nombres réels, ce qui dépasse le cadre de ce cours.

APPROXIMATION DES RACINES PAR LE THÉORÈME DE LA VALEUR INTERMÉDIAIRE

Bien des problèmes peuvent être résolus en trouvant les racines d'une équation $f(x) = 0$. On obtient parfois les racines exactes en procédant algébriquement, mais pas toujours; il faut alors trouver des approximations décimales des racines. La méthode qui suit découle du théorème des valeurs intermédiaires :

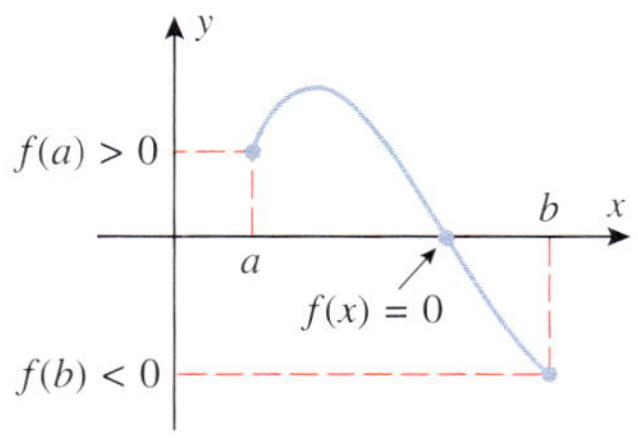

Figure 2.5.7

2.5.8 THÉORÈME. *Si f est continue sur $[a; b]$ et si $f(a)$ et $f(b)$ sont différents de zéros et de signes opposés, alors il existe au moins une solution à l'équation $f(x) = 0$ dans l'intervalle $]a; b[$.*

Ce théorème, illustré à la figure 2.5.7, peut être démontré comme suit :

PREUVE. Puisque $f(a)$ et $f(b)$ sont de signes contraires, 0 se situe entre $f(a)$ et $f(b)$. D'après le théorème de la valeur intermédiaire, il existe au moins un nombre x dans l'intervalle $[a; b]$ tel que $f(x) = 0$. Cependant, $f(a)$ et $f(b)$ sont différents de zéro, de sorte que x doit se trouver dans l'intervalle $]a; b[$; ce qui complète la preuve. ■

Avant de présenter la manière d'utiliser ce théorème pour obtenir des approximations des zéros d'une fonction, il sera utile de connaître quelques termes qui décrivent les erreurs associées aux approximations. Si x représente une approximation d'une quantité x_0, alors l'expression

$$\epsilon = |x - x_0|$$

décrit l'***erreur absolue*** ou (moins précisément) l'***erreur*** d'approximation. Le tableau 2.5.1 résume la terminologie utilisée pour décrire la taille de ces erreurs.

Exemple 5 Soit

$$x^3 - x - 1 = 0$$

Les méthodes algébriques ne sont pas très utiles pour résoudre cette équation parce que le membre de gauche n'a pas de facteur simple. Cependant, la courbe de $p(x) = x^3 - x - 1$, obtenue à l'aide d'un outil graphique (figure 2.5.8), laisse supposer l'existence d'un zéro réel dans l'intervalle [1; 2]. Le théorème 2.5.8 confirme l'existence d'un zéro dans cet intervalle, puisque $p(1) = -1$ et $p(2) = 5$ sont de signes opposés. Trouver une approximation à deux décimales de ce zéro.

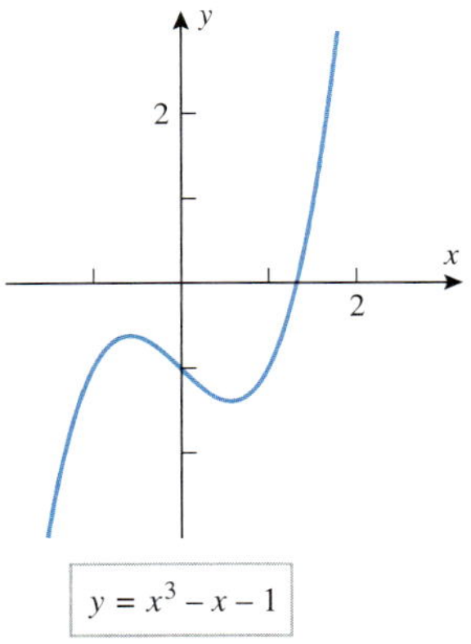

Figure 2.5.8

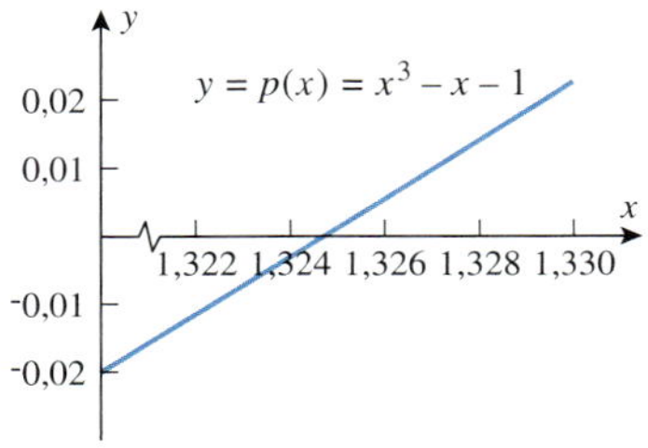

Figure 2.5.9

Solution. Nous cherchons une approximation de la racine inconnue x_0 avec une erreur maximale de 0,005. Si nous pouvons trouver un intervalle de longueur 0,01 contenant cette racine, alors le point milieu de cet intervalle donnera une approximation de la racine avec une erreur maximale de $\frac{0,01}{2} = 0,005$, ce qui correspond à la précision recherchée.

Nous savons que la racine x_0 se trouve dans l'intervalle [1; 2]. Cependant, cet intervalle de longueur 1 est trop étendu. Nous pouvons localiser plus précisément la racine en divisant l'intervalle [1; 2] en 10 parties égales et en évaluant p, à l'aide d'un outil de calcul, aux points marquant les subdivisions (tableau 2.5.2). Dans ce tableau, $p(1,3)$ et $p(1,4)$ sont de signes opposés, ce qui signifie que le zéro se trouve dans l'intervalle [1,3; 1,4]. L'étendue 0,1 de cet intervalle, demeure trop large. Nous répétons donc la méthode en le subdivisant en 10 parties et en évaluant p aux points marquant les subdivisions, pour découvrir que la racine se trouve dans l'intervalle [1,32; 1,33] (tableau 2.5.3 et figure 2.5.9). Puisque cet intervalle s'étend sur la largeur de 0,01 désirée, son point milieu 1,325 donne une approximation de la racine avec une erreur maximale de 0,005. De sorte que, à une précision de deux décimales, $x_0 \approx 1,325$. ◄

Tableau 2.5.1

ERREUR	DESCRIPTION
$\|x - x_0\| \leq 0,1$	x est une approximation de x_0 avec une erreur maximale de 0,1.
$\|x - x_0\| \leq 0,01$	x est une approximation de x_0 avec une erreur maximale de 0,01.
$\|x - x_0\| \leq 0,001$	x est une approximation de x_0 avec une erreur maximale de 0,001.
$\|x - x_0\| \leq 0,0001$	x est une approximation de x_0 avec une erreur maximale de 0,0001.
$\|x - x_0\| \leq 0,5$	x est une approximation de x_0 au nombre entier le plus près.
$\|x - x_0\| \leq 0,05$	x est une approximation de x_0 à une décimale (ç.-à-d. au dixième) près.
$\|x - x_0\| \leq 0,005$	x est une approximation de x_0 à deux décimales (ç.-à-d. au centième) près.
$\|x - x_0\| \leq 0,0005$	x est une approximation de x_0 à trois décimales (ç.-à-d. au millième) près.

Tableau 2.5.2

x	1	1,1	1,2	1,3	1,4	1,5	1,6	1,7	1,8	1,9	2
$f(x)$	-1	-0,77	-0,47	-0,10	0,34	0,88	1,50	2,21	3,03	3,96	5

Tableau 2.5.3

x	1,3	1,31	1,32	1,33	1,34	1,35	1,36	1,37	1,38	1,39	1,4
$f(x)$	-0,103	-0,062	-0,020	0,023	0,066	0,110	0,155	0,201	0,248	0,296	0,344

APPROXIMATION DES RACINES PAR LE ZOOM D'UN OUTIL GRAPHIQUE

La méthode décrite à l'exemple 5 peut aussi être transposée à un outil graphique.

Approximation d'une racine par un zoom avant

Étape 1. La figure 2.5.10a montre la courbe de p dans la fenêtre [-5; 5] × [-5; 5], $Xgrad = 1$, $Ygrad = 1$. La racine est située entre $x = 1$ et $x = 2$.

Étape 2. Puisque nous savons que la racine se trouve entre $x = 1$ et $x = 2$, faisons un zoom avant en traçant de nouveau p sur un intervalle pour les x qui s'étend entre ces valeurs, avec une échelle de 0,1 selon x. L'intervalle pour les y et la graduation selon y ne sont pas critiques tant que l'intervalle pour les y s'étend de part et d'autre de l'axe des x. La figure 2.5.10b montre la courbe de p dans la fenêtre [1; 2] × [-1; 1], $Xgrad = 0{,}1$ et $Ygrad = 0{,}1$. Le graphique situe la racine entre $x = 1{,}3$ et $x = 1{,}4$.

Étape 3. Sachant que la racine tombe entre $x = 1{,}3$ et $x = 1{,}4$, nous appliquons de nouveau le zoom avant et traçons p dans un intervalle x qui s'étend entre ces valeurs, à une graduation de 0,01 selon x. La figure 2.5.10c montre la courbe de la fonction p dans la fenêtre [1,3; 1,4] × [-0,1; 0,1], $Xgrad = 0{,}01$, $Ygrad = 0{,}01$. Le graphique situe la racine entre $x = 1{,}32$ et $x = 1{,}33$.

Étape 4. L'intervalle de l'étape 3 s'étend sur 0,01 et son point milieu 1,325 donne une approximation de la racine avec une erreur maximale de 0,005, de sorte que, à une précision de deux décimales, $x_0 \approx 1{,}325$.

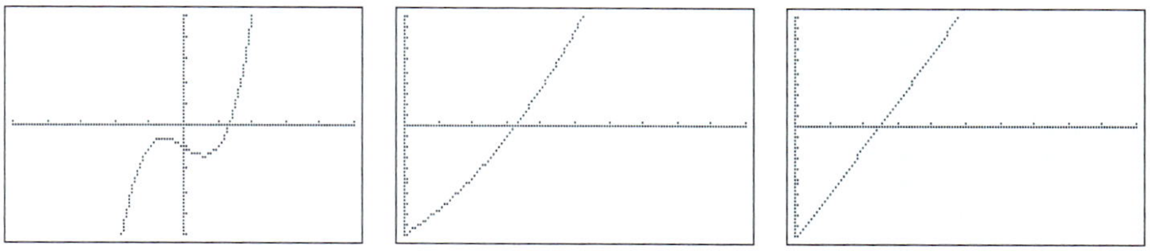

[-5; 5] × [-5; 5] $Xgrad = 1$, $Ygrad = 1$ (a)

[1; 2] × [-1; 1] $Xgrad = 0{,}1$, $Ygrad = 0{,}1$ (b)

[1,3; 1,4] × [-0,1; 0,1] $Xgrad = 0{,}01$, $Ygrad = 0{,}01$ (c)

Figure 2.5.10

TECHNOLOGIE

À l'aide d'un outil graphique ou d'un outil de calcul, montrez que la racine x_0 de l'exemple 5 peut être estimer par $x_0 \approx 1,3245$ où les trois premières décimales sont exactes.

Si x est une approximation à la $n^{iéme}$ décimale de x_0, cela ne signifie pas que les n premières décimales de x et de x_0 seront les mêmes lorsque les nombres seront arrondis à la $n^{iéme}$ décimale. Par exemple, $x = 1{,}084$ est une approximation à deux décimales de $x_0 = 1{,}087$ parce que $|x - x_0| = 0{,}003\ (< 0{,}005)$. Cependant, si nous arrondissons ces nombres à la 2^{iéme} décimale, nous obtenons alors x approx 1,08 et $x0$ approx 1,09. Ainsi, pour donner une approximation à n décimales d'un nombre, vous devriez avoir au moins $n + 1$ décimales pour conserver la précision.

✔ VÉRIFICATION EXPRESS 2.5

(Réponses à la page 160.)

1. Une fonction f est continue en $x = c$ si $f(c)$ est définie, si $\lim_{x \to c} f(x)$ existe et si ________.

2. Soit les fonctions f et g définies par

$$f(x) = \begin{cases} 1, & x \neq 4 \\ -1, & x = 4 \end{cases} \quad \text{et} \quad g(x) = \begin{cases} 4x - 10, & x \neq 4 \\ -6, & x = 4 \end{cases}$$

Dans chacun des cas, la fonction est-elle continue en $x = 4$?

(a) $f(x)$ (b) $g(x)$ (c) $-g(x)$ (d) $|f(x)|$
(e) $f(x)g(x)$ (f) $g(f(x))$ (g) $g(x) - 6f(x)$

3. S'il y a lieu, pour quelles valeurs de x la fonction f définie par
$$f(x) = \frac{x^2 - 16}{x^2 - 5x + 4}$$
est-elle discontinue?

4. Soit une fonction f continue en tout point, telle que $f(-2) = 3$, $f(-1) = -1$, $f(0) = -4$, $f(1) = 1$ et $f(2) = 5$. D'après le théorème de la valeur intermédiaire, la fonction f a-t-elle nécessairement un zéro dans les intervalles suivants?

(a) $[-2; -1]$ (b) $[-1; 0]$ (c) $[-1; 1]$ (d) $[0; 2]$

SÉRIE D'EXERCICES 2.5

Outil graphique

JONGLONS AVEC LES CONCEPTS

1–4 Soit le graphique de la fonction f. Dans quels intervalles, parmi les suivants, f est-elle continue?

(a) $[1; 3]$ (b) $(1; 3)$ (c) $[1; 2]$
(d) $(1; 2)$ (e) $[2; 3]$ (f) $(2; 3)$

Pour chacun des intervalles où f n'est pas continue, spécifier la condition nécessaire de la continuité qui n'est pas satisfaite.

1.

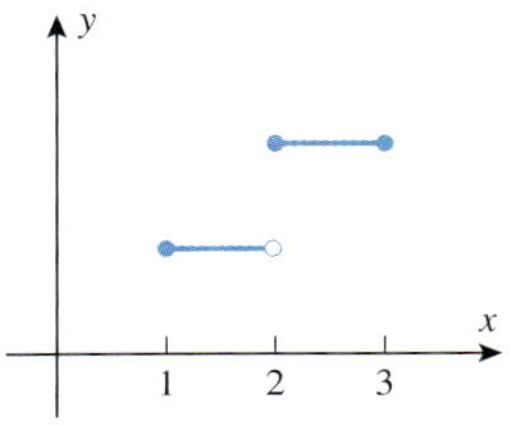

2.

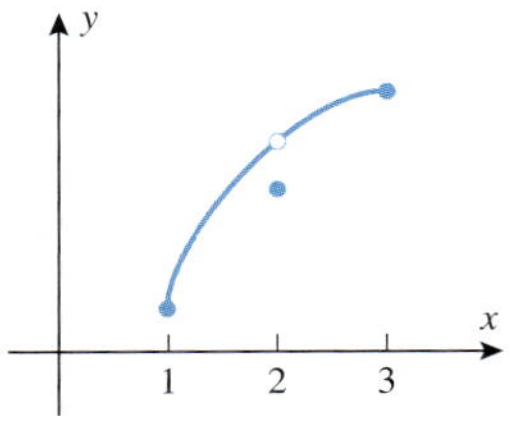

3.

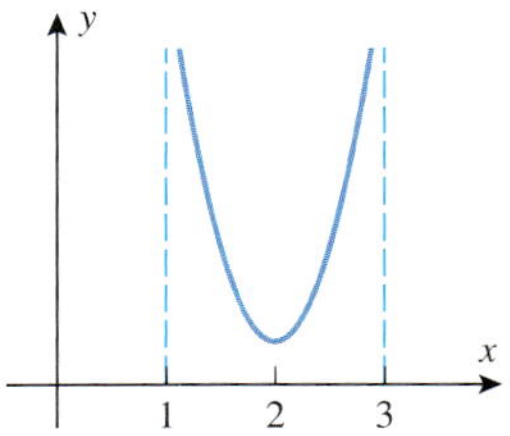

4.

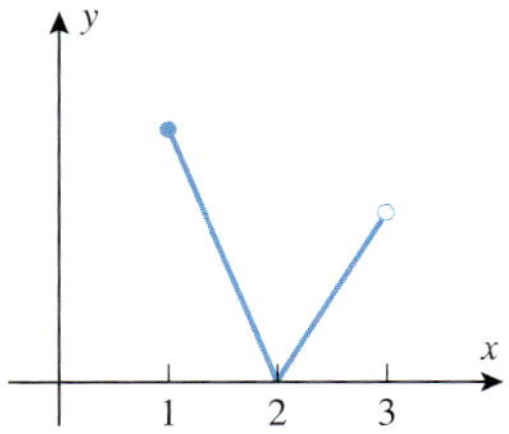

5. Soit f et g, des fonctions continues telles que $f(2) = 1$ et $\lim_{x \to 2} [f(x) + 4g(x)] = 13$. Évaluer

(a) $g(2)$ (b) $\lim_{x \to 2} g(x)$.

6. Soit f et g, des fonctions continues telles que $\lim_{x \to 3} g(x) = 5$ et $f(3) = -12$. Évaluer $\lim_{x \to 3} \left[\frac{f(x)}{g(x)}\right]$.

7. Dans chaque cas, dessiner la courbe d'une fonction f qui satisfait aux conditions énoncées.

(a) f est continue en tout point sauf en $x = 3$, où elle est seulement continue à droite.

(b) f a une limite bilatérale en $x = 3$, mais elle est discontinue en $x = 3$.

(c) f est discontinue en $x = 3$, mais elle devient continue en ce point si, en $x = 3$, on remplace $f(3) = 1$ par $f(3) = 0$.

(d) f est continue sur l'intervalle $[0; 3[$ et elle est définie sur l'intervalle fermé $[0; 3]$; toutefois, f n'est pas continue sur l'intervalle $[0; 3]$.

8. Donner les équations de quelques fonctions qui sont continues sur les intervalles $]-\infty; 0[$ et $]0; +\infty[$, sans être continues sur l'intervalle $]-\infty; +\infty[$.

9. À l'université, le stationnement coûte aux étudiants 2,00 \$ la première demi-heure (utilisée en partie ou en totalité) et 1,00 \$ pour chaque demi-heure supplémentaire (utilisée en partie ou en totalité), pour un maximum de 10,00 \$ par jour.

(a) Tracer une courbe du coût du stationnement en fonction du temps d'utilisation.

(b) Expliquer la signification des discontinuités dans la courbe à un étudiant qui utilise le stationnement.

10. Dans chaque cas, déterminer si la fonction est continue ou non et justifier votre réponse.

(a) La population mondiale en fonction du temps.

(b) Votre taille (grandeur) exacte en fonction du temps.

(c) Le coût d'une course en taxi dans votre ville en fonction de la distance parcourue.

(d) Le volume d'un bloc de glace en fusion en fonction du temps.

11–22 Trouver les valeurs de x, s'il y a lieu, où f n'est pas continue.

11. $f(x) = 5x^4 - 3x + 7$

12. $f(x) = \sqrt[3]{x - 8}$

13. $f(x) = \dfrac{x + 2}{x^2 + 4}$

14. $f(x) = \dfrac{x + 2}{x^2 - 4}$

15. $f(x) = \dfrac{x}{2x^2 + x}$

16. $f(x) = \dfrac{2x + 1}{4x^2 + 4x + 5}$

17. $f(x) = \dfrac{3}{x} + \dfrac{x - 1}{x^2 - 1}$

18. $f(x) = \dfrac{5}{x} + \dfrac{2x}{x + 4}$

19. $f(x) = \dfrac{x^2 + 6x + 9}{|x| + 3}$

20. $f(x) = \left|4 - \dfrac{8}{x^4 + x}\right|$

21. $f(x) = \begin{cases} 2x + 3, & x \le 4 \\ 7 + \dfrac{16}{x}, & x > 4 \end{cases}$

22. $f(x) = \begin{cases} \dfrac{3}{x-1}, & x \neq 1 \\ 3, & x = 1 \end{cases}$

23–24 Si possible, attribuer une valeur à la constante k qui rendra f continue en tout point.

23. (a) $f(x) = \begin{cases} 7x - 2, & x \leq 1 \\ kx^2, & x > 1 \end{cases}$

(b) $f(x) = \begin{cases} kx^2, & x \leq 2 \\ 2x + k, & x > 2 \end{cases}$

24. (a) $f(x) = \begin{cases} 9 - x^2, & x \geq -3 \\ \frac{k}{x^2}, & x < -3 \end{cases}$

(b) $f(x) = \begin{cases} 9 - x^2, & x \geq 0 \\ \frac{k}{x^2}, & x < 0 \end{cases}$

25. Si possible, attribuer des valeurs aux constantes k et m qui rendront la fonction f continue en tout point.

$$f(x) = \begin{cases} x^2 + 5, & x > 2 \\ m(x+1) + k, & -1 < x \leq 2 \\ 2x^3 + x + 7, & x \leq -1 \end{cases}$$

26. Soit la fonction f définie par

$$f(x) = \frac{1}{\sqrt{x-2}}$$

Sur quels intervalles, parmi les suivants, cette fonction est-elle continue?

(a) $[2; +\infty[$ (b) $]-\infty; +\infty[$ (c) $]2; +\infty[$ (d) $[1; 2[$

27–28 Une fonction f possède une ***discontinuité réductible*** en $x = c$ si $\lim_{x\to c} f(x)$ existe alors que f n'est pas continue en $x = c$, soit parce que f n'est pas définie en c ou parce que la valeur de $f(c)$ diffère de celle de la limite. Cette terminologie est utilisée dans les exercices qui suivent.

27. (a) Dessiner la courbe d'une fonction f qui possède une discontinuité réductible en $x = c$ telle que $f(c)$ n'est pas définie.

(b) Esquisser la courbe d'une fonction f qui présente une discontinuité réductible en $x = c$, telle que $f(c)$ est définie.

28. (a) L'expression *discontinuité réductible* est appropriée parce que la discontinuité réductible d'une fonction f en $x = c$ peut être « levée » en redéfinissant de manière judicieuse la valeur de f en $x = c$. Quelle valeur de $f(c)$ lève la discontinuité?

(b) Montrer que les fonctions qui suivent possèdent des discontinuités réductibles en $x = 1$; représenter graphiquement ces fonctions.

$$f(x) = \frac{x^2 - 1}{x - 1} \quad \text{et} \quad g(x) = \begin{cases} 1, & x > 1 \\ 0, & x = 1 \\ 1, & x < 1 \end{cases}$$

(c) Quelles valeurs devrait-on donner à $f(1)$ et à $g(1)$ pour prolonger ces fonctions par continuité?

29–30 S'il y a lieu, trouver les valeurs de x où f est discontinue et déterminer, pour chacune de ces valeurs, si la discontinuité est réductible.

29. (a) $f(x) = \dfrac{|x|}{x}$ (b) $f(x) = \dfrac{x^2 + 3x}{x + 3}$

(c) $f(x) = \dfrac{x - 2}{|x| - 2}$

30. (a) $f(x) = \dfrac{x^2 - 4}{x^3 - 8}$ (b) $f(x) = \begin{cases} 2x - 3, & x \leq 2 \\ x^2, & x > 2 \end{cases}$

(c) $f(x) = \begin{cases} 3x^2 + 5, & x \neq 1 \\ 6, & x = 1 \end{cases}$

31. (a) À l'aide d'un outil graphique, tracer la courbe de la fonction $f(x) = \frac{x+3}{2x^2+5x-3}$ et utiliser ensuite cette courbe pour prédire le nombre de discontinuités et les situer.

(b) Vérifier vos prédictions en mettant en facteur le dénominateur.

32. (a) À l'aide d'un outil graphique, tracer la courbe de la fonction $f(x) = \frac{x}{x^3-x+2}$ et utiliser ensuite cette courbe pour prédire le nombre de discontinuités et les situer.

(b) Utiliser le théorème de la valeur intermédiaire pour situer au centième près toutes les discontinuités.

33. Démontrer que $f(x) = x^{\frac{3}{5}}$ est continue partout, en justifiant clairement chacune des étapes.

34. Démontrer que $f(x) = \dfrac{1}{\sqrt{x^4 + 7x^2 + 1}}$ est continue partout, en justifiant clairement chacune des étapes.

35. Soit f et g, discontinues à $x = c$. Donner des exemples pour illustrer que

(a) $f + g$ peut être continue ou discontinue en c;

(b) fg peut être continue ou discontinue en c.

36. Prouver la partie (b) du théorème 2.5.4.

37. Prouver

(a) la partie (a) du théorème 2.5.3;

(b) la partie (b) du théorème 2.5.3;

(c) la partie (c) du théorème 2.5.3.

38. Prouver que si f et g sont continues sur $[a; b]$ et si $f(a) > g(a)$, $f(b) < g(b)$, alors l'équation $f(x) = g(x)$ a au moins une solution dans $]a; b[$. [*Indice :* Considérer $f(x) - g(x)$.]

JONGLONS AVEC LES CONCEPTS

39. Donner un exemple d'une fonction f définie sur un intervalle fermé, dont les valeurs aux extrémités de l'intervalle sont de signes opposés, mais qui ne contient pas de solution à l'équation $f(x) = 0$.

40. Soit la fonction f dont le graphique est donné à l'exercice 2. Pour chacun des intervalles ci-dessous, déterminer (i) si les conditions du théorème de la valeur intermédiaire sont satisfaites et (ii) si la conclusion du théorème de la valeur intermédiaire est vérifiée.

(a) $[1; 2]$ (b) $[2; 3]$ (c) $[1; 3]$

41. Utiliser le théorème de la valeur intermédiaire pour montrer qu'il existe un cylindre circulaire droit de hauteur h et de rayon inférieur à r, dont le volume est égal à celui d'un cône droit circulaire de hauteur h et de rayon r.

42. Utiliser le théorème de la valeur intermédiaire pour montrer qu'il existe un carré dont la diagonale mesure une valeur comprise entre r et $2r$ et dont la superficie correspond à la moitié de celle d'un cercle de rayon r.

43. Montrer que l'équation $x^3 + x^2 - 2x = 1$ possède au moins une solution dans l'intervalle [-1; 1].

44. Prouver que si $p(x)$ est un polynôme de degré impair, alors l'équation $p(x) = 0$ admet au moins une solution réelle.

45. La figure Ex-45 est une représentation graphique de $y = x^4 + x - 1$. Utiliser la même méthode qu'à l'exemple 5 pour situer les racines avec une erreur inférieure ou égale à 0,05.

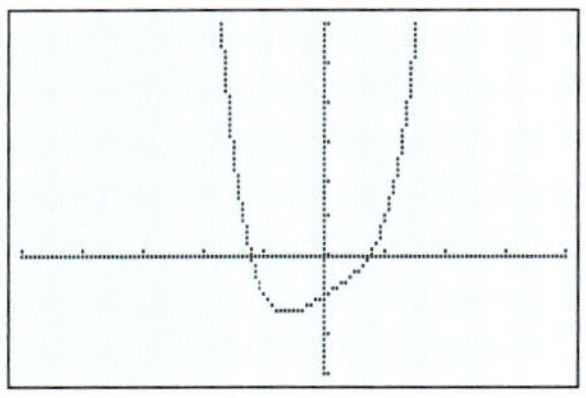

[-5; 4] × [-3; 6]
Xgrad = 1, *Ygrad* = 1

Figure Ex-45

46. Résoudre le problème de l'exercice 45 en utilisant le zoom d'un outil graphique.

47. La figure Ex-47 illustre la fonction $y = 5 - x - x^4$. Donner une approximation à deux décimales des zéros de l'équation $5 - x - x^4 = 0$ en suivant la même méthode qu'à l'exemple 5.

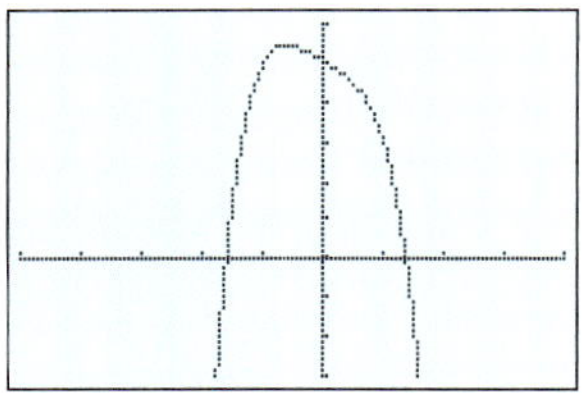

[-5; 4] × [-3; 6]
Xgrad = 1, *Ygrad* = 1

Figure Ex-47

48. Résoudre le problème de l'exercice 47 en utilisant le zoom d'un outil graphique.

49. Sachant que $\sqrt{5}$ est une racine de $x^2 - 5 = 0$, trouver une approximation de $\sqrt{5}$ avec une erreur maximale de 0,005.

50. Montrer que si a et b sont positifs, alors l'équation

$$\frac{a}{x-1} + \frac{b}{x-3} = 0$$

admet au moins une solution dans l'intervalle]1; 3[.

51. Une sphère de rayon inconnu x est constituée d'un cœur sphérique recouvert d'un enduit de 1 cm d'épaisseur (figure Ex-51). Sachant que l'enduit et le cœur ont des volumes identiques, donner une approximation à trois décimales du rayon de la sphère.

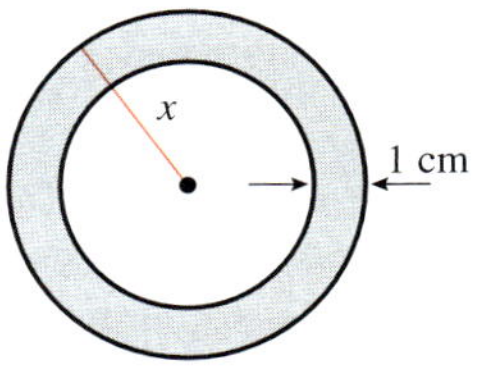

Figure Ex-51

52. Un moine s'engage sur un sentier de montagne à midi et atteint le sommet à minuit. Il médite jusqu'à midi le lendemain, reprend alors la même route en sens inverse et arrive en bas à minuit. Montrer qu'il existe au moins un point sur la route où le moine passe à la même heure de la journée en montant et en descendant.

53. Soit f définie en c. Montrer que f est continue en c si, sachant que $\epsilon > 0$, il existe un $\delta > 0$ tel que $|f(x) - f(c)| < \epsilon$ si $|x - c| < \delta$.

54. Soit f, une fonction continue sur l'intervalle [0; 1], et $0 \leq f(x) \leq 1$ pour tout x de cet intervalle.

(a) Tracer sur le même graphique $y = x$ et une fonction f telle que décrite sur l'intervalle [0; 1].

(b) Faire appel au théorème de la valeur intermédiaire pour démontrer qu'il existe au moins un nombre c dans l'intervalle [0; 1] tel que $f(c) = c$.

✔ VÉRIFICATION EXPRESS 2.5 – RÉPONSES

1. $\lim_{x \to c} f(x) = f(c)$ **2.** (a) Non (b) Non (c) Non (d) Oui (e) Oui (f) Non (g) Oui **3.** $x = 1{,}4$
4. (a) Oui (b) Non (c) Oui (d) Oui

2.6 CONTINUITÉ DES FONCTIONS TRIGONOMÉTRIQUES ET DES FONCTIONS RÉCIPROQUES

Dans cette section, nous découvrons les propriétés associées à la continuité des fonctions trigonométriques et des fonctions réciproques de différentes fonctions continues. Nous traiterons également de quelques limites importantes qui contiennent de telles fonctions.

CONTINUITÉ DES FONCTIONS TRIGONOMÉTRIQUES

Rappelons que les courbes des fonctions trigonométriques $\sin x$ et $\cos x$ sont continues. Nous n'en ferons pas la preuve formelle, mais nous justifions cette assertion en considérant c, un angle constant mesuré en radians, et x, un angle variable, aussi en radians. Si l'angle x se rapproche de l'angle c (figure 2.6.1), alors le point $P(\cos x; \sin x)$ se déplace sur le cercle unitaire vers le point $Q(\sin c; \cos c)$ et les coordonnées de P se rapprochent de celles de Q. On a alors

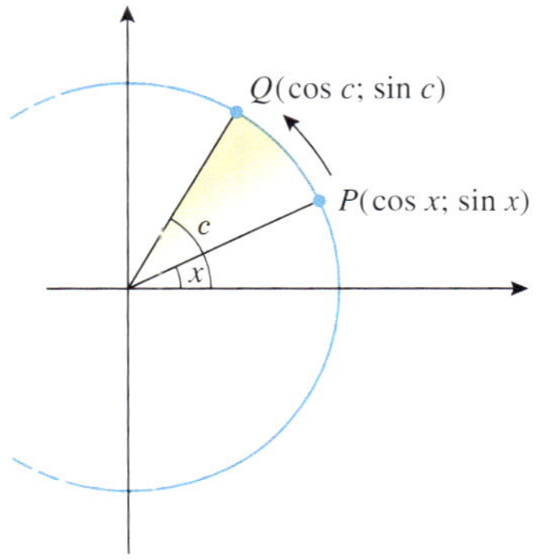

Figure 2.6.1

$$\lim_{x\to c} \sin x = \sin c \quad \text{et} \quad \lim_{x\to c} \cos x = \cos c \tag{1}$$

Ainsi, $\sin x$ et $\cos x$ sont continues au point arbitraire c et, par le fait même, ces fonctions sont continues partout.

Pour déterminer les limites des autres fonctions trigonométriques, il suffit de les exprimer en termes de $\sin x$ et $\cos x$ et d'utiliser (1); par exemple, si $\cos c \neq 0$, alors

$$\lim_{x\to c} \tan x = \lim_{x\to c} \frac{\sin x}{\cos x} = \frac{\sin c}{\cos c} = \tan c$$

Ce qui mène au théorème qui suit :

Le théorème 2.6.1 sous-entend que les six fonctions trigonométriques de base sont continues sur leurs domaines. En particulier, $\sin x$ et $\cos x$ sont continues partout.

2.6.1 THÉORÈME. *Si c est un nombre quelconque du domaine naturel de la fonction trigonométrique donnée, alors*

$$\lim_{x\to c} \sin x = \sin c \qquad \lim_{x\to c} \cos x = \cos c \qquad \lim_{x\to c} \tan x = \tan c$$
$$\lim_{x\to c} \csc x = \csc c \qquad \lim_{x\to c} \sec x = \sec c \qquad \lim_{x\to c} \cot x = \cot c$$

► **Exemple 1** Évaluer la limite suivante :

$$\lim_{x\to 1} \cos\left(\frac{x^2-1}{x-1}\right)$$

Solution. La fonction cosinus étant continue partout, il découle du théorème 2.5.5 que

$$\lim_{x\to 1} \cos(g(x)) = \cos\left(\lim_{x\to 1} g(x)\right)$$

à condition que $\lim_{x\to 1} g(x)$ existe. Dans ce cas,

$$\lim_{x\to 1} \cos\left(\frac{x^2-1}{x-1}\right) = \lim_{x\to 1} \cos(x+1) = \cos\left(\lim_{x\to 1}(x+1)\right) = \cos 2 \;◄$$

CONTINUITÉ DES FONCTIONS RÉCIPROQUES

Sachant que les courbes d'une fonction bijective f et de sa **réciproque** f^{-1} sont les réflexions l'une de l'autre autour de la droite $y = x$, d'un point de vue géométrique, on voit facilement que, si la courbe de f est sans coupure et sans trou, alors il en va de même pour la courbe de f^{-1}. De plus, on sait que l'image de f correspond au domaine de f^{-1}, ce qui suggère le théorème suivant, énoncé sans preuve formelle :

Pour paraphraser le théorème 2.6.2, disons que *la fonction réciproque d'une fonction continue est continue.*

2.6.2 THÉORÈME. *Si f est une fonction bijective continue en tout point de son domaine, alors f^{-1} est continue en tout point de son domaine, c'est-à-dire que f^{-1} est continue en chaque point de l'image de f.*

▶ Exemple 2

(a) Supposer que b^x est continue en tout point et utiliser le théorème 2.6.2 pour montrer que la fonction $\log_b x$ est continue pour tous les nombres réels positifs.

(b) Utiliser le théorème 2.6.2 pour montrer que $\sin^{-1} x$ est continue sur l'intervalle [-1; 1].

Solution (a). Le domaine et l'image de b^x correspondent respectivement aux intervalles $]-\infty; +\infty[$ et $]0; +\infty[$ et $\log_b x$ est l'inverse de b^x. Sachant que b^x est continue sur $]-\infty; +\infty[$, il découle du théorème 2.6.2 que $\log_b x$ est continue sur $]0; +\infty[$. Ainsi, $\log_b x$ est continue sur l'ensemble de tous les nombres réels positifs.

Solution (b). Rappelons que $\sin^{-1} x$ est la réciproque de la fonction sinus restreinte, dont le domaine est l'intervalle $\left[-\frac{\pi}{2}; \frac{\pi}{2}\right]$ et l'image, l'intervalle [-1; 1], d'après la définition 1.5.6 et la figure 1.5.13. Sachant que $\sin x$ est continue sur l'intervalle $\left[-\frac{\pi}{2}; \frac{\pi}{2}\right]$, il découle du théorème 2.6.2 que $\sin^{-1} x$ est continue sur l'intervalle [-1; 1]. ◀

Un argument semblable à celui développé à la solution de l'Exemple 2(b) établirait que $\tan^{-1} x$ est continue sur $]-\infty; +\infty[$ et que $\cos^{-1} x$ est continue sur [-1; 1].

▶ Exemple 3 À quel endroit la fonction f définie par $f(x) = \dfrac{\tan^{-1} x + \ln x}{x^2 - 4}$ est-elle continue?

Solution. La fonction f sera continue en tout point où à la fois le numérateur et le dénominateur, en tant que fonctions, sont continues et où la fonction au dénominateur ne s'annule pas. Sachant que $\tan^{-1} x$ est continue en tout point et que $\ln x$ est continue si $x > 0$, la fonction au numérateur, comme somme de deux fonctions, est continue si $x > 0$. La fonction au dénominateur est continue en tout point puisqu'il s'agit d'une fonction polynomiale, de sorte que la fonction f sera continue en tout point où $x > 0$ et où le dénominateur est non nul. Ainsi, f est continue sur les intervalles]0; 2[et]2; +∞[. ◀

ÉVALUATION DES LIMITES PAR ENCADREMENT

À la section 2.1, nous avons supposé la limite suivante par une approche numérique :

$$\lim_{x \to 0} \frac{\sin x}{x} = 1 \qquad (2)$$

Or, il n'est pas simple d'établir cette limite avec certitude. Il s'agit d'une indétermination de la forme $\frac{0}{0}$ et les manipulations algébriques simples ne suffisent pas. Nous étudierons plus loin des méthodes générales qui permettent de lever les indéterminations et de trouver les

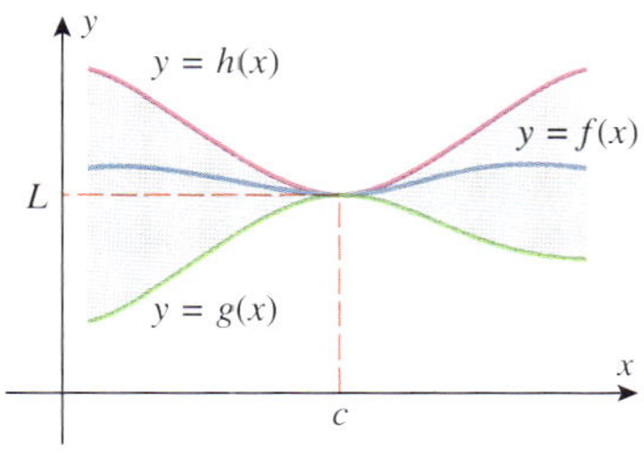

Figure 2.6.2

Le théorème d'encadrement vaut également pour les limites unilatérales et les limites à +∞ et à -∞. D'après vous, quels changements doit-on apporter aux hypothèses pour adapter l'énoncé du théorème?

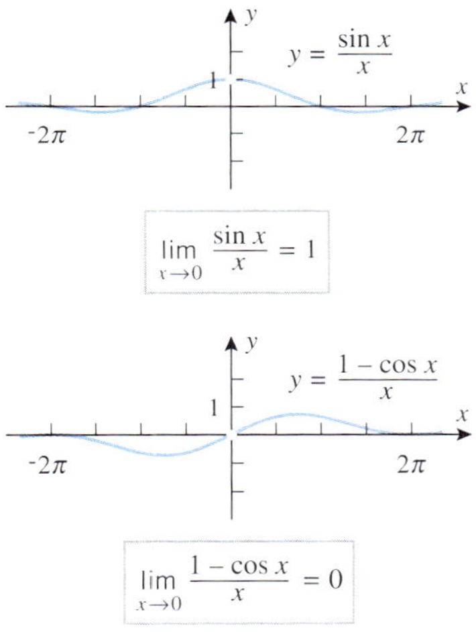

Figure 2.6.3

limites, mais dans le cas particulier qui nous intéresse, nous allons procéder par la technique d'*encadrement*.

Par cette méthode, on peut démontrer que $f(x) \to L$ lorsque $x \to c$ en « piégeant » ou en « encadrant » f entre deux fonctions, g et h, dont on sait avec *certitude* qu'elles ont pour limite L lorsque $x \to c$. La figure 2.6.2 montre que, dans ces conditions, la limite de f sera également L. Le théorème qui suit, énoncé sans preuve, décrit cette idée :

2.6.3 THÉORÈME (*Théorème d'encadrement ou théorème du sandwich).** *Soit les fonctions f, g et h telles que les inégalités*

$$g(x) \leq f(x) \leq h(x)$$

sont vérifiées pour tout x appartenant à un intervalle ouvert qui contient le nombre c, sauf peut-être en $x = c$. Si g et h ont la même limite L lorsque x tend vers c, c'est-à-dire

$$\lim_{x \to c} g(x) = \lim_{x \to c} h(x) = L$$

alors f a la même limite lorsque x tend vers c, soit

$$\lim_{x \to c} f(x) = L$$

Pour illustrer la mécanique du théorème d'encadrement, nous allons prouver la valeur des limites énoncées dans le théorème qui suit (figure 2.6.3) :

2.6.4 THÉORÈME.

$$(a) \quad \lim_{x \to 0} \frac{\sin x}{x} = 1 \qquad (b) \quad \lim_{x \to 0} \frac{1 - \cos x}{x} = 0$$

PREUVE (*a*). Pour faire cette preuve, considérons que x est un angle (en radians) et supposons au départ que $0 < x < \frac{\pi}{2}$. La figure 2.6.4 montre que la superficie d'un secteur circulaire d'angle au centre x et de rayon 1 est comprise entre les superficies de deux triangles ayant pour aires respectives $\frac{1}{2}\tan x$ et $\frac{1}{2}\sin x$. Sachant que l'aire du secteur est de $(\frac{1}{2})x$ (voir note en marge), on déduit que

$$\frac{1}{2}\tan x \geq \frac{1}{2}x \geq \frac{1}{2}\sin x$$

En multipliant chaque membre par $\frac{2}{\sin x}$ et en considérant que $\sin x > 0$ pour $0 < x < \frac{\pi}{2}$, on a alors

$$\frac{1}{\cos x} \geq \frac{x}{\sin x} \geq 1$$

Inversons maintenant l'écriture des inégalités en inversant chaque membre; on obtient

$$\cos x \leq \frac{\sin x}{x} \leq 1 \qquad (3)$$

La fraction $\frac{\sin x}{x}$ se trouve alors encadré entre $\cos x$ et 1. Bien que nous ayons obtenu ces inégalités en supposant que $0 < x < \frac{\pi}{2}$, elles valent également pour $-\frac{\pi}{2} < x < 0$ (si l'on remplace x par $-x$ et si l'on considère les identités $\sin(-x) = -\sin x$ et $\cos(-x) = \cos x$, les

*Ce théorème est connu aussi sous le nom de *théorème des gendarmes*. Pour comprendre ce nom, il faut assimiler les fonctions g et h à deux gendarmes et f à un prisonnier. Ce dernier, étant encadré par les deux gendarmes, est alors obligé de les suivre jusqu'à la prison L. *Ndt*

Rappelons que l'aire A d'un secteur circulaire d'angle au centre θ et de rayon r est donnée par

$$A = \frac{1}{2}r^2\theta$$

Cette équation découle de la proportion

$$\frac{A}{\pi r^2} = \frac{\theta}{2\pi}$$

qui établit que l'aire du secteur est à l'aire du cercle ce que l'angle au centre du secteur est à l'angle au centre du cercle.

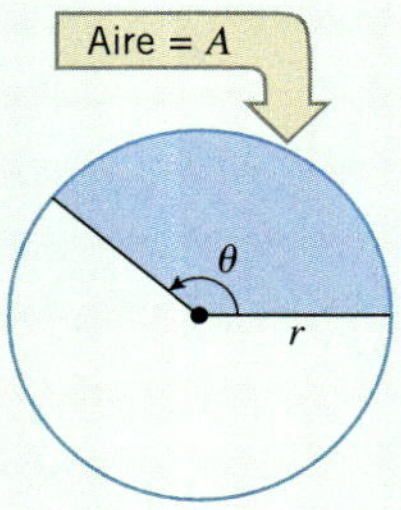

inégalités (3) demeurent inchangées). Finalement, sachant que

$$\lim_{x \to 0} \cos x = 1 \quad \text{et} \quad \lim_{x \to 0} 1 = 1$$

le théorème du sandwich donne

$$\lim_{x \to 0} \frac{\sin x}{x} = 1$$

PREUVE (*b*). Nous allons fonder cette preuve sur la limite démontrée en (a), la continuité de la fonction sinus et l'identité trigonométrique $\sin^2 x = 1 - \cos^2 x$. On obtient

$$\lim_{x \to 0} \frac{1-\cos x}{x} = \lim_{x \to 0} \left[\frac{1-\cos x}{x} \cdot \frac{1+\cos x}{1+\cos x}\right] = \lim_{x \to 0} \frac{\sin^2 x}{(1+\cos x)x}$$

$$= \left(\lim_{x \to 0} \frac{\sin x}{x}\right)\left(\lim_{x \to 0} \frac{\sin x}{1+\cos x}\right) = (1)\left(\frac{0}{1+1}\right) = 0 \qquad \blacksquare$$

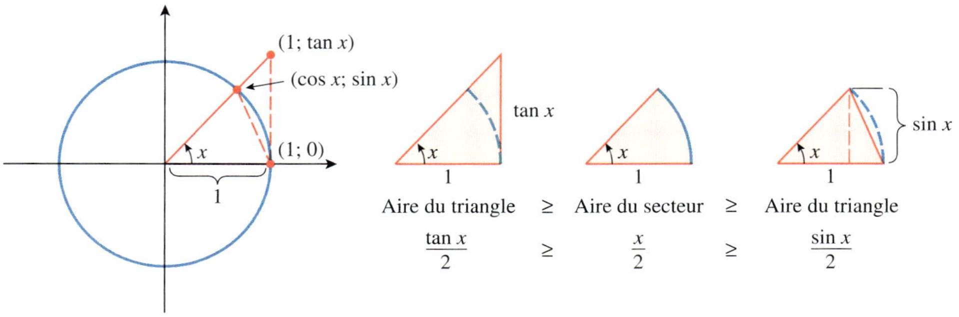

Figure 2.6.4

▶ **Exemple 4** Évaluer

(a) $\displaystyle\lim_{x \to 0} \frac{\tan x}{x}$ (b) $\displaystyle\lim_{\theta \to 0} \frac{\sin 2\theta}{\theta}$ (c) $\displaystyle\lim_{x \to 0} \frac{\sin 3x}{\sin 5x}$

Solution (a).

$$\lim_{x \to 0} \frac{\tan x}{x} = \lim_{x \to 0} \left(\frac{\sin x}{x} \cdot \frac{1}{\cos x}\right) = \left(\lim_{x \to 0} \frac{\sin x}{x}\right)\left(\lim_{x \to 0} \frac{1}{\cos x}\right) = (1)(1) = 1$$

Solution (b). On procède en multipliant et en divisant par 2, de sorte que le dénominateur ait le même argument que la fonction sinus (comme dans le théorème 2.6.4(a)) :

$$\lim_{\theta \to 0} \frac{\sin 2\theta}{\theta} = \lim_{\theta \to 0} 2 \cdot \frac{\sin 2\theta}{2\theta} = 2 \lim_{\theta \to 0} \frac{\sin 2\theta}{2\theta}$$

Substituons maintenant $x = 2\theta$ et considérons $x \to 0$ lorsque $\theta \to 0$. On trouve

$$\lim_{\theta \to 0} \frac{\sin 2\theta}{\theta} = 2 \lim_{\theta \to 0} \frac{\sin 2\theta}{2\theta} = 2 \lim_{x \to 0} \frac{\sin x}{x} = 2(1) = 2$$

Solution (c).

$$\lim_{x \to 0} \frac{\sin 3x}{\sin 5x} = \lim_{x \to 0} \frac{\dfrac{\sin 3x}{x}}{\dfrac{\sin 5x}{x}} = \lim_{x \to 0} \frac{3 \cdot \dfrac{\sin 3x}{3x}}{5 \cdot \dfrac{\sin 5x}{5x}} = \frac{3 \cdot 1}{5 \cdot 1} = \frac{3}{5} \quad ◀$$

TECHNOLOGIE

À l'aide d'un outil graphique, vérifiez les limites données à l'exemple 4 et, si vous disposez d'un logiciel de calcul formel, utilisez-le pour évaluer ces limites.

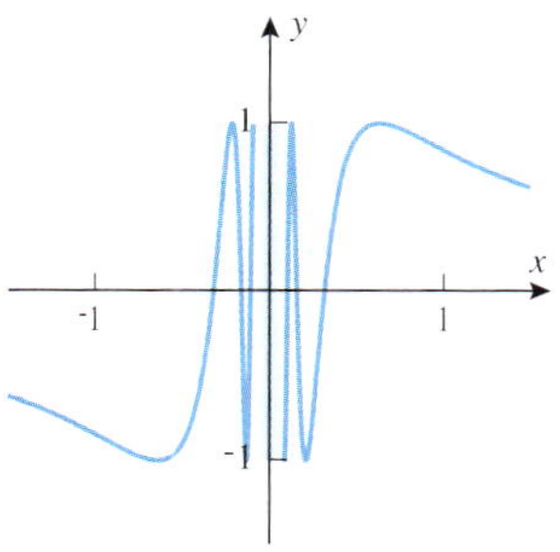

$y = \sin\left(\frac{1}{x}\right)$

Figure 2.6.5

▶ Exemple 5 Commenter les limites suivantes :

$$\text{(a)}\ \lim_{x \to 0} \sin\left(\frac{1}{x}\right) \qquad \text{(b)}\ \lim_{x \to 0} x \sin\left(\frac{1}{x}\right)$$

Solution (a). Considérons que $\frac{1}{x}$ représente un angle exprimé en radians. Lorsque $x \to 0^+$, l'angle $\frac{1}{x}$ tend vers $+\infty$ et les valeurs de $\sin(\frac{1}{x})$ continuent d'osciller entre -1 et 1, sans tendre vers une limite; de même, lorsque $x \to 0^-$, l'angle $\frac{1}{x}$ tend vers $-\infty$ et les valeurs de $\sin(\frac{1}{x})$ continuent là aussi d'osciller entre -1 et 1 sans tendre vers une limite, conformément à la figure 2.6.5. Notez que les oscillations sont de plus en plus rapprochées lorsque $x \to 0$ parce que $\frac{1}{x}$ augmente (ou diminue) de plus en plus rapidement lorsque x s'approche de 0.

Solution (b). Sachant que,

$$-1 \leq \sin\left(\frac{1}{x}\right) \leq 1$$

on déduit que, si $x \neq 0$, alors

$$-|x| \leq x \sin\left(\frac{1}{x}\right) \leq |x| \qquad (4)$$

Or, $|x| \to 0$ lorsque $x \to 0$; les inégalités (4) et le théorème d'encadrement donnent alors

$$\lim_{x \to 0} x \sin\left(\frac{1}{x}\right) = 0$$

ce que confirme le graphique de la figure 2.6.6. ◀

Confirmez les inégalités (4) en considérant séparément $x > 0$ et $x < 0$.

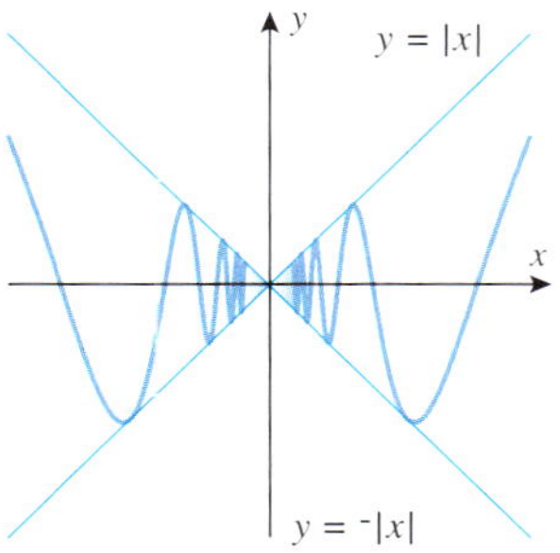

$y = x \sin\left(\frac{1}{x}\right)$

Figure 2.6.6

D'après la partie (b) de cet exemple, la fonction f définie par

$$f(x) = \begin{cases} x \sin\left(\frac{1}{x}\right), & x \neq 0 \\ 0, & x = 0 \end{cases}$$

est continue à $x = 0$ parce que la fonction a la même valeur que la limite à 0. Ce cas de prolongement par continuité illustre que le comportement d'une fonction peut devenir très complexe au voisinage de $x = c$ et ce, même si la fonction est continue au point c.

✔ VÉRIFICATION EXPRESS 2.6

(Réponses à la page 168.)

1. Dans chacun des cas, préciser si la fonction donnée est continue ou non sur l'intervalle $[0; \frac{\pi}{2}[$.

(a) $\sin x$ (b) $\cos x$ (c) $\tan x$ (d) $\csc x$
(e) $\sec x$ (f) $\cot x$ (g) e^x (h) $\ln x$
(i) $\sin^{-1} x$ (j) $\tan^{-1} x$

2. Évaluer les limites données :

(a) $\lim_{x \to 0} \frac{\sin x}{x}$ (b) $\lim_{x \to 0} \frac{1 - \cos x}{x}$

3. Soit $f(x) = x^2 \cos(\ln |x|)$, $g(x) = -x^2$ et $h(x) = x^2$.

(a) Expliquer comment les fonctions g et h, combinées au théorème du sandwich, peuvent servir à évaluer $\lim_{x \to 0} f(x)$ mais pas $\lim_{x \to 1} f(x)$.

(b) Évaluer $\lim_{x \to 0} f(x)$ et $\lim_{x \to 1} f(x)$.

4. Évaluer les limites suivantes :

(a) $\lim_{x \to 0} \sin\left(\frac{x^2 - 3x}{x}\right)$ (b) $\lim_{x \to 3^+} \sin\left(\frac{x}{x^2 - 3x}\right)$

(c) $\lim_{x \to 0} \frac{\sin(x^2 - 3x)}{x}$ (d) $\lim_{x \to 3} \frac{\sin(x^2 - 3x)}{x}$

SÉRIE D'EXERCICES 2.6

Outil graphique

1–8 Situer, s'il y a lieu, les discontinuités.

1. $f(x) = \sin(x^2 - 2)$ **2.** $f(x) = \cos\left(\frac{x}{x - \pi}\right)$

3. $f(x) = |\cot x|$

4. $f(x) = \sec x$

5. $f(x) = \csc x$

6. $f(x) = \dfrac{1}{1 + \sin^2 x}$

7. $f(x) = \dfrac{1}{1 - 2\sin x}$

8. $f(x) = \sqrt{2 + \tan^2 x}$

9–14 Déterminer sur quel(s) intervalle(s) f est continue.

9. $f(x) = \sin^{-1} x$

10. $f(x) = \sec^{-1} x$

11. $f(x) = \dfrac{\ln(\tan^{-1} x)}{x^2 - 9}$

12. $f(x) = \exp\left(\dfrac{\sin x}{x}\right)$

13. $f(x) = \dfrac{\sin^{-1}\left(\frac{1}{x}\right)}{x}$

14. $f(x) = \ln|x| - 2\ln(x + 3)$

15. Se référer au théorème 2.5.6 pour montrer que les fonctions ci-dessous sont continues en tout point, en les exprimant sous forme de composées de fonctions plus simples dont la continuité est établie.

(a) $\sin(x^3 + 7x + 1)$
(b) $|\sin x|$
(c) $\cos^3(x + 1)$
(d) $\sqrt{3 + \sin 2x}$
(e) $\sin(\sin x)$
(f) $\cos^5 x - 2\cos^3 x + 1$

16. (a) Prouver que si g est continue en tout point, alors les fonctions définies par $\sin(g(x))$, $\cos(g(x))$, $g(\sin(x))$ et $g(\cos(x))$ le sont également.
(b) Illustrer l'énoncé démontré en (a) à l'aide de quelques fonctions g de votre choix.

17–40 Évaluer les limites suivantes :

17. $\lim\limits_{x\to+\infty} \cos\left(\dfrac{1}{x}\right)$

18. $\lim\limits_{x\to+\infty} \sin\left(\dfrac{\pi x}{2 - 3x}\right)$

19. $\lim\limits_{x\to+\infty} \sin^{-1}\left(\dfrac{x}{1 - 2x}\right)$

20. $\lim\limits_{x\to+\infty} \ln\left(\dfrac{x + 1}{x}\right)$

21. $\lim\limits_{\theta\to 0} \dfrac{\sin 3\theta}{\theta}$

22. $\lim\limits_{h\to 0} \dfrac{\sin h}{2h}$

23. $\lim\limits_{\theta\to 0^+} \dfrac{\sin\theta}{\theta^2}$

24. $\lim\limits_{\theta\to 0} \dfrac{\sin^2\theta}{\theta}$

25. $\lim\limits_{x\to 0} \dfrac{\tan 7x}{\sin 3x}$

26. $\lim\limits_{x\to 0} \dfrac{\sin 6x}{\sin 8x}$

27. $\lim\limits_{x\to 0^+} \dfrac{\sin x}{5\sqrt{x}}$

28. $\lim\limits_{x\to 0} \dfrac{\sin^2 x}{3x^2}$

29. $\lim\limits_{x\to 0} \dfrac{\sin x^2}{x}$

30. $\lim\limits_{h\to 0} \dfrac{\sin h}{1 - \cos h}$

31. $\lim\limits_{t\to 0} \dfrac{t^2}{1 - \cos^2 t}$

32. $\lim\limits_{x\to 0} \dfrac{x}{\cos\left(\frac{1}{2}\pi - x\right)}$

33. $\lim\limits_{\theta\to 0} \dfrac{\theta^2}{1 - \cos\theta}$

34. $\lim\limits_{h\to 0} \dfrac{1 - \cos 3h}{\cos^2 5h - 1}$

35. $\lim\limits_{x\to 0^+} \sin\left(\dfrac{1}{x}\right)$

36. $\lim\limits_{x\to 0} \dfrac{x^2 - 3\sin x}{x}$

37. $\lim\limits_{x\to 0} \dfrac{2 - \cos 3x - \cos 4x}{x}$

38. $\lim\limits_{x\to 0} \dfrac{\tan 3x^2 + \sin^2 5x}{x^2}$

39. $\lim\limits_{x\to 0} \dfrac{\tan ax}{\sin bx}, \quad (a \neq 0, b \neq 0)$

40. $\lim\limits_{x\to 0} \dfrac{\sin^2(kx)}{x^2}, \quad k \neq 0$

41–44 (a) Estimer la limite en construisant un tableau de valeurs de la fonction proches de la limite recherchée. (b) Trouver la valeur exacte de la limite.

41. $\lim\limits_{x\to 5} \dfrac{\sin(x - 5)}{x^2 - 25}$

42. $\lim\limits_{x\to 2} \dfrac{\sin(2x - 4)}{x^2 - 4}$

43. $\lim\limits_{x\to -2} \dfrac{\sin(x^2 + 3x + 2)}{x + 2}$

44. $\lim\limits_{x\to -1} \dfrac{\sin(x^2 + 3x + 2)}{x^3 + 1}$

JONGLONS AVEC LES CONCEPTS

45. À l'exemple 5, nous avons fait appel au théorème du sandwich pour démontrer que

$$\lim_{x\to 0} x \sin\left(\frac{1}{x}\right) = 0$$

Pourquoi ne pouvait-on pas procéder comme suit :

$$\lim_{x\to 0} x \sin\left(\frac{1}{x}\right) = \lim_{x\to 0} x \cdot \lim_{x\to 0} \sin\left(\frac{1}{x}\right)$$
$$= 0 \cdot \lim_{x\to 0} \sin\left(\frac{1}{x}\right) = 0?$$

46. Attribuer une valeur à la constante k afin de prolonger par continuité la fonction f en $x = 0$:

$$f(x) = \begin{cases} \dfrac{\sin 3x}{x}, & x \neq 0 \\ k, & x = 0 \end{cases}$$

47. Attribuer une valeur non nulle à la constante k afin de prolonger par continuité la fonction f en $x = 0$:

$$f(x) = \begin{cases} \dfrac{\tan kx}{x}, & x < 0 \\ 3x + 2k^2, & x \geq 0 \end{cases}$$

48. La fonction

$$f(x) = \begin{cases} \dfrac{\sin x}{|x|}, & x \neq 0 \\ 1, & x = 0 \end{cases}$$

est-elle continue en $x = 0$? Justifier votre réponse.

49. Dans chaque cas, évaluer la limite en faisant les substitutions indiquées.

(a) $\lim\limits_{x\to+\infty} x \sin\dfrac{1}{x}; \quad t = \dfrac{1}{x}$

(b) $\lim\limits_{x\to-\infty} x\left(1 - \cos\dfrac{1}{x}\right); \quad t = \dfrac{1}{x}$

(c) $\lim\limits_{x\to\pi} \dfrac{\pi - x}{\sin x}; \quad t = \pi - x$

50. Évaluer $\lim_{x\to 2} \dfrac{\cos\left(\frac{\pi}{x}\right)}{x-2}$. $\left[\textit{Indice :} \text{ Poser } t = \dfrac{\pi}{2} - \dfrac{\pi}{x}.\right]$

51. Évaluer $\lim_{x\to 1} \dfrac{\sin(\pi x)}{x-1}$.

52. Évaluer $\lim_{x\to \frac{\pi}{4}} \dfrac{\tan x - 1}{x - \frac{\pi}{4}}$.

53. Évaluer $\lim_{x\to \frac{\pi}{4}} \dfrac{\cos x - \sin x}{x - \frac{\pi}{4}}$.

54. Soit une fonction f inversible telle que $f(0) = 0$, f est continue en 0 et $\lim_{x\to 0} \frac{f(x)}{x}$ existe. Si $L = \lim_{x\to 0} \frac{f(x)}{x}$, montrer que

$$\lim_{x\to 0} \frac{x}{f^{-1}(x)} = L$$

[*Indice :* Appliquer le théorème 2.5.5 à la fonction composée $h \circ g$, où

$$h(x) = \begin{cases} \frac{f(x)}{x}, & x \neq 0 \\ L, & x = 0 \end{cases}$$

et $g(x) = f^{-1}(x)$.]

55–58 Évaluer les limites en se référant au besoin à l'énoncé de l'exercice 54.

55. $\lim_{x\to 0} \dfrac{x}{\sin^{-1} x}$

56. $\lim_{x\to 0} \dfrac{\tan^{-1} x}{x}$

57. $\lim_{x\to 0} \dfrac{\sin^{-1} 5x}{x}$

58. $\lim_{x\to 1} \dfrac{\sin^{-1}(x-1)}{x^2 - 1}$

59–62 Nous démontrerons plus loin que

$$\lim_{x\to 0} \frac{e^x - 1}{x} = 1$$

Utiliser cette égalité pour évaluer les limites données.

59. $\lim_{x\to 0} \dfrac{e^{3x} - 1}{x}$

60. $\lim_{x\to 0} \dfrac{\ln(1+x)}{x}$ [*Indice :* Voir l'exercice 54.]

61. $\lim_{x\to 0} \dfrac{\exp(x^2) - 1}{x}$

62. $\lim_{x\to 0} \dfrac{\ln(1+5x)}{x}$

JONGLONS AVEC LES CONCEPTS

63. Utiliser le théorème du sandwich pour montrer que

$$\lim_{x\to 0} x \cos \frac{50\pi}{x} = 0$$

À l'aide d'un outil graphique, illustrer ensuite le principe en cause en traçant les courbes de $y = |x|$, $y = -|x|$ et $y = x\cos\left(\frac{50\pi}{x}\right)$ sur le même système d'axes, dans la fenêtre $[-1; 1] \times [-1; 1]$.

64. Utiliser le théorème du sandwich pour montrer que

$$\lim_{x\to 0} x^2 \sin\left(\frac{50\pi}{\sqrt[3]{x}}\right) = 0$$

À l'aide d'un outil graphique, illustrer ensuite le principe en cause en traçant les courbes $y = x^2$, $y = -x^2$ et $y = x^2 \sin\left(\frac{50\pi}{\sqrt[3]{x}}\right)$ sur le même écran, dans la fenêtre $[-0{,}5; 0{,}5] \times [-0{,}25; 0{,}25]$.

65. Tracer les courbes des équations $y = 1 - x^2$, $y = \cos x$ et $y = f(x)$, où la fonction f satisfait aux inégalités

$$1 - x^2 \leq f(x) \leq \cos x$$

pour tout x de l'intervalle $\left]-\frac{\pi}{2}; \frac{\pi}{2}\right[$. Que peut-on dire de la limite de $f(x)$ lorsque $x \to 0$? Expliquer.

66. Tracer les courbes des équations $y = \frac{1}{x}$, $y = -\frac{1}{x}$ et $y = f(x)$, où la fonction f satisfait aux inégalités

$$-\frac{1}{x} \leq f(x) \leq \frac{1}{x}$$

pour tout x de l'intervalle $[1; +\infty[$. Que peut-on dire de la limite de $f(x)$ lorsque $x \to +\infty$? Expliquer votre raisonnement.

67. Écrire les règles de fonctions g et h telles que $g(x) \to 0$ et $h(x) \to 0$ lorsque $x \to +\infty$ et telles que

$$g(x) \leq \frac{\sin x}{x} \leq h(x)$$

pour les valeurs positives de x. Que peut-on dire de la limite suivante : $\lim_{x\to +\infty} \dfrac{\sin x}{x}$?

Expliquer votre raisonnement.

68. En vous inspirant de la figure 2.6.2, illustrer le théorème du sandwich pour les limites de la forme $\lim_{x\to +\infty} f(x)$ et $\lim_{x\to -\infty} f(x)$.

69–70 Rappelons que, à moins qu'il en soit précisé autrement, la variable x des fonctions trigonométriques telles que $\sin x$ et $\cos x$ est exprimée en radians. Les limites données au théorème 2.6.4 s'appuient sur cette hypothèse. Les exercices qui suivent explorent ces limites lorsque x est exprimé en degrés.

69. (a) Montrer que, si x est exprimé en degrés, alors

$$\lim_{x\to 0} \frac{\sin x}{x} = \frac{\pi}{180}$$

(b) Vérifier que la limite donnée en (a) concorde avec les résultats obtenus, en calculant $\frac{\sin x}{x}$ avec votre outil graphique réglé en mode degré, pour quelques valeurs de x de plus en plus proches de 0.

70. Évaluer la limite de $\frac{1-\cos x}{x}$ lorsque $x \to 0$, si x est exprimé en degrés.

71. Il découle de la partie (*a*) du théorème 2.6.4 que si θ est petit (proche de zéro) et mesuré en radians, alors l'approximation suivante devrait être bonne :

$$\sin\theta \approx \theta$$

(a) Évaluer sin 10° à l'aide d'un outil graphique.

(b) Évaluer sin 10° en utilisant l'approximation ci-dessus.

72. (a) Utiliser l'approximation de $\sin\theta$ donnée à l'exercice 71 et l'identité $\cos 2\alpha = 1 - 2\sin^2\alpha$, où $\alpha = \frac{\theta}{2}$, pour montrer que si θ est petit (proche de zéro) et exprimé en radians, alors l'approximation suivante devrait être valable :

$$\cos\theta \approx 1 - \tfrac{1}{2}\theta^2$$

(b) Évaluer $\cos 10°$ à l'aide d'un outil de calcul.

(c) Estimer $\cos 10°$ en utilisant l'approximation donnée ci-dessus.

73. Si l'on se réfère à la partie (a) de l'exemple 4, si θ est petit (proche de zéro) et mesuré en radians, alors l'approximation suivante devrait être valable :

$$\tan\theta \approx \theta$$

(a) Évaluer $\tan 5°$ à l'aide d'un outil de calcul.

(b) Estimer $\tan 5°$ en utilisant l'approximation ci-dessus.

74. Considérer la figure Ex-74 et supposer que l'angle d'élévation du toit d'un édifice, évalué d'un point situé à L mètres de sa base, mesure α degrés.

(a) Utiliser la relation $h = L\tan\alpha$ pour calculer la hauteur d'un édifice si $L = 150$ m et $\alpha = 6°$.

(b) Montrer que si L est beaucoup plus grand que h (hauteur de l'édifice), alors l'approximation $h \approx \pi L \frac{\alpha}{180}$ devrait donner un estimé valable de h.

(c) Utiliser l'énoncé de la partie (b) pour évaluer la hauteur h de l'édifice décrit en (a).

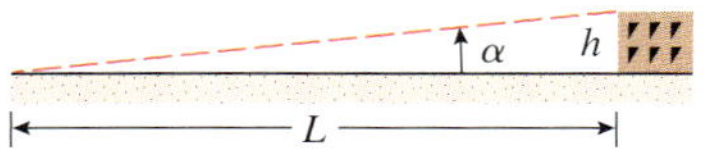

Figure Ex-74

75. (a) Utiliser le théorème de la valeur intermédiaire pour montrer que l'équation $x = \cos x$ admet au moins une racine dans l'intervalle $\left[0; \frac{\pi}{2}\right]$.

(b) Donner une preuve graphique qu'il existe exactement une racine dans cet intervalle.

(c) Donner une approximation à trois décimales de la racine.

76. (a) Utiliser le théorème de la valeur intermédiaire pour montrer que l'équation $x + \sin x = 1$ admet au moins une racine dans l'intervalle $\left[0; \frac{\pi}{6}\right]$.

(b) Donner une preuve graphique qu'il existe exactement une racine dans cet intervalle.

(c) Donner une approximation à trois décimales de la racine.

77. Pour les objets qui tombent près de la surface de la Terre, l'***accélération gravitationnelle g*** est généralement arrondie à 9,8 m/s^2. Toutefois, cette valeur varie légèrement selon la latitude, à cause de la forme elliptique de la Terre et d'autres facteurs. La formule qui suit, basée sur l'ellipsoïde géocentrique de référence du Système géodésique mondial WGS84 (World Geodesic System 1984), permet de prédire la valeur de g à une latitude de ϕ degrés (au nord ou au sud de l'équateur) :

$$g = 9{,}7803253359\frac{1 + 0{,}0019318526461\sin^2\phi}{\sqrt{1 - 0{,}0066943799901\sin^2\phi}}\ \text{m/s}^2$$

(a) À l'aide d'un outil graphique, tracer la courbe $y = g(\phi)$ pour $0° \leq \phi \leq 90°$. Qu'est-ce que les valeurs de g obtenues à $\phi = 0°$ et à $\phi = 90°$ révèlent à propos du modèle ellipsoïdal de la Terre WGS84?

(b) Montrer que $g = 9{,}8$ m/s^2 pour une certaine valeur de latitude située entre $38°$ et $39°$.

78. Soit

$$f(x) = \begin{cases} 1 & \text{si } x \text{ est un nombre rationnel} \\ 0 & \text{si } x \text{ est un nombre irrationnel} \end{cases}$$

(a) Prédire la limite de $f(x)$ lorsque $x \to 0$.

(b) Prédire la limite de $xf(x)$ lorsque $x \to 0$.

(c) Prouver que vos prédictions sont exactes.

✔ VÉRIFICATION EXPRESS 2.6 – RÉPONSES

1. (a) Oui (b) Oui (c) Oui (d) Non (e) Oui (f) Non (g) Oui (h) Non (i) Non (j) Oui **2.** (a) 1 (b) 0
3. (a) Sachant que $-1 \leq \cos(\ln|x|) \leq 1$ pour $x \neq 0$, il s'ensuit que $-x^2 \leq f(x) \leq x^2$. Noter que $\lim_{x\to 0} g(x) = 0 = \lim_{x\to 0} h(x)$, de sorte que le théorème d'encadrement peut être utilisé pour évaluer $\lim_{x\to 0} f(x)$. Cependant, $\lim_{x\to 1} g(x) = -1$ et $\lim_{x\to 0} h(x) = 1 \neq -1$, de sorte que le théorème d'encadrement ne peut servir à évaluer $\lim_{x\to 1} f(x)$.
(b) 0; 1 **4.** (a) $\sin(-3)$ (b) n'existe pas (c) -3 (d) 0

EXERCICES RÉCAPITULATIFS

Outil graphique   C Logiciel de calcul formel

1. Évaluer, si possible, les limites suivantes si $f(x)$ est la fonction représentée à la figure Ex-1 :

(a) $\lim_{x\to 1} f(x)$ (b) $\lim_{x\to 2} f(x)$ (c) $\lim_{x\to 3} f(x)$

(d) $\lim_{x\to 4} f(x)$ (e) $\lim_{x\to +\infty} f(x)$ (f) $\lim_{x\to -\infty} f(x)$

(g) $\lim_{x\to 3^+} f(x)$ (h) $\lim_{x\to 3^-} f(x)$ (i) $\lim_{x\to 0} f(x)$

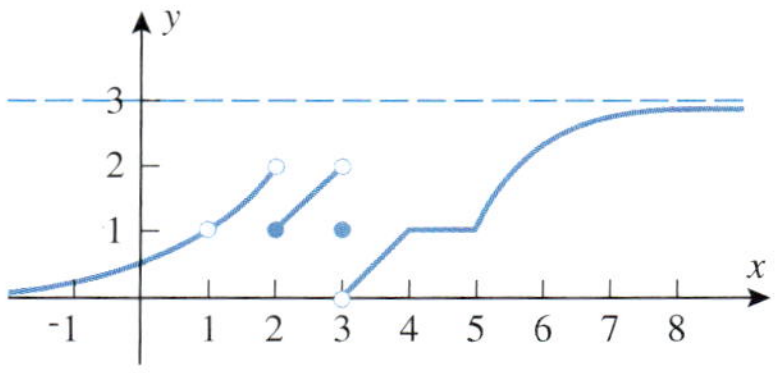

Figure Ex-1

2. Dans chaque cas, évaluer la fonction pour les valeurs de x données et prédire la valeur de la limite. Confirmer votre prédiction en procédant algébriquement.

(a) $f(x) = \dfrac{x-2}{x^2-4}$; $\lim_{x \to 2^+} f(x)$; $x = 2{,}5; 2{,}1; 2{,}01; 2{,}001; 2{,}0001; 2{,}000\,01$

(b) $f(x) = \dfrac{\tan 4x}{x}$; $\lim_{x \to 0} f(x)$; $x = \pm 1{,}0; \pm 0{,}1; \pm 0{,}01; \pm 0{,}001; \pm 0{,}0001; \pm 0{,}000\,01$

3. (a) Donner une approximation à trois décimales de la limite suivante en construisant un tableau de valeurs approprié :

$$\lim_{x \to 0} \frac{3^x - 2^x}{x}$$

(b) Donner une preuve graphique de l'approximation donnée en (a).

C **4.** Soit la limite

$$\lim_{x \to 3} \frac{2^x - 8}{x - 3}$$

Donner une approximation de cette limite en procédant d'abord graphiquement et ensuite en calculant des valeurs pour quelques x judicieusement choisis. Comparer votre réponse à celle donnée par un logiciel de calcul formel.

5–10 Évaluer les limites.

5. $\lim_{x \to -1} \dfrac{x^3 - x^2}{x - 1}$

6. $\lim_{x \to 1} \dfrac{x^3 - x^2}{x - 1}$

7. $\lim_{x \to -3} \dfrac{3x + 9}{x^2 + 4x + 3}$

8. $\lim_{x \to 2^-} \dfrac{x + 2}{x - 2}$

9. $\lim_{x \to +\infty} \dfrac{(2x-1)^5}{(3x^2 + 2x - 7)(x^3 - 9x)}$

10. $\lim_{x \to 0} \dfrac{\sqrt{x^2+4} - 2}{x^2}$

11. Dans chaque cas, déterminer, s'il y a lieu, la position des asymptotes horizontales.

(a) $y = \dfrac{2x - 7}{x^2 - 4x}$

(b) $y = \dfrac{x^3 - x^2 + 10}{3x^2 - 4x}$

(c) $y = \dfrac{2x^2 - 6}{x^2 + 5x}$

12. Dans chaque cas, évaluer $\lim_{x \to a} f(x)$, si elle existe, en remplaçant a par 0; 5^+; -5^-; 5; $-\infty$ et $+\infty$.

(a) $f(x) = \sqrt{5 - x}$

(b) $f(x) = \begin{cases} \frac{(x-5)}{|x-5|}, & x \neq 5 \\ 0, & x = 5 \end{cases}$

13–20 Évaluer les limites.

13. $\lim_{x \to 0} \dfrac{\sin 3x}{\tan 3x}$

14. $\lim_{x \to 0} \dfrac{x \sin x}{1 - \cos x}$

15. $\lim_{x \to 0} \dfrac{3x - \sin(kx)}{x}$, $k \neq 0$

16. $\lim_{\theta \to 0} \tan \left(\dfrac{1 - \cos\theta}{\theta} \right)$

17. $\lim_{t \to \frac{\pi}{2}^+} e^{\tan t}$

18. $\lim_{\theta \to 0^+} \ln(\sin 2\theta) - \ln(\tan\theta)$

19. $\lim_{x \to +\infty} \left(1 + \dfrac{3}{x}\right)^{-x}$

20. $\lim_{x \to +\infty} \left(1 + \dfrac{a}{x}\right)^{bx}$, $a, b > 0$

21. Si une somme de 1000 \$ est investie dans un compte qui rapporte 7 % d'intérêt composé n fois par année, au bout de 10 ans, le compte devrait contenir la somme de $1000\left(1 + \frac{0{,}07}{n}\right)^{10n}$ dollars. À combien s'élèvera le solde du compte après 10 ans de cumul si l'intérêt est composé sur une base trimestrielle ($n = 4$)? sur une base mensuelle ($n = 12$)? sur une base quotidienne ($n = 365$)? Combien d'argent contiendra le compte au bout de 10 ans si l'intérêt est composé *en continu*, c'est-à-dire si $n \to +\infty$?

22. (a) Écrire un ou deux paragraphes pour décrire les raisons pour lesquelles une fonction risque de ne pas admettre de limite à $x = a$ et illustrer votre propos à l'aide de quelques exemples particuliers.

(b) Écrire un ou deux paragraphes pour décrire les raisons pour lesquelles une fonction risque de ne pas admettre de limite lorsque $x \to +\infty$ ou lorsque $x \to -\infty$ et illustrer votre propos à l'aide de quelques exemples particuliers.

(c) Écrire un ou deux paragraphes pour décrire les raisons pour lesquelles une fonction risque d'être discontinue à $x = a$ et illustrer votre propos à l'aide de quelques exemples particuliers.

23. (a) Donner l'équation d'une fonction rationnelle qui possède une asymptote verticale à $x = 1$ et une asymptote horizontale à $y = 2$.

(b) Vérifier votre réponse en traçant la fonction à l'aide d'un outil graphique.

24. Paraphraser la définition ϵ-δ de $\lim_{x \to a} f(x) = L$ en termes de fenêtre de visualisation d'un outil graphique centrée au point (a, L).

25. Supposer que $f(x)$ soit une fonction et que pour tout $\epsilon > 0$ donné, la condition $0 < |x - 2| < \frac{3}{4}\epsilon$ soit suffisante pour que $|f(x) - 5| < \epsilon$.

(a) Quelle limite cet énoncé décrit-il?

(b) Trouver une valeur de δ telle que $0 < |x - 2| < \delta$ soit une condition suffisante pour que $|8f(x) - 40| < 0{,}048$.

26. Soit la limite

$$\lim_{x \to 0} \frac{\sin x}{x} = 1$$

Cette limite garantit qu'il existe un nombre δ tel que

$$\left| \frac{\sin x}{x} - 1 \right| < 0{,}001$$

si $0 < |x| < \delta$. Évaluer la plus grande valeur de δ qui satisfait à ces conditions.

27. Dans chaque cas, un nombre positif ϵ et la limite L d'une fonction f en a sont donnés. Trouver un nombre δ tel que $|f(x) - L| < \epsilon$ si $0 < |x - a| < \delta$.

(a) $\lim_{x \to 2} (4x - 7) = 1$; $\epsilon = 0{,}01$

(b) $\lim_{x \to \frac{3}{2}} \dfrac{4x^2 - 9}{2x - 3} = 6$; $\epsilon = 0{,}05$

(c) $\lim_{x \to 4} x^2 = 16$; $\epsilon = 0{,}001$

28. Utiliser la définition 2.4.1 pour valider les limites données.

(a) $\lim_{x \to 2} (4x - 7) = 1$ (b) $\lim_{x \to \frac{3}{2}} \dfrac{4x^2 - 9}{2x - 3} = 6$

29. Soit f une fonction continue à x_0 telle que $f(x_0) > 0$. Montrer qu'il existe certainement un intervalle ouvert qui contient x_0 et où $f(x) > 0$, soit par une preuve ϵ-δ, soit par un argument verbal convaincant.

30. (a) Soit

$$f(x) = \frac{\sin x - \sin 1}{x - 1}$$

Donner une approximation de $\lim_{x \to 1} f(x)$ en traçant la courbe de f et en calculant des valeurs de $f(x)$ avec quelques x judicieusement choisis.

(b) Soit l'identité

$$\sin \alpha - \sin \beta = 2 \sin \frac{\alpha - \beta}{2} \cos \frac{\alpha + \beta}{2}$$

Utiliser cette identité pour trouver la valeur exacte de $\lim_{x \to 1} f(x)$.

31. Trouver, s'il y a lieu, les valeurs de x où la fonction donnée est discontinue.

(a) $f(x) = \dfrac{x}{x^2 - 1}$ (b) $f(x) = |x^3 - 2x^2|$

(c) $f(x) = \dfrac{x + 3}{|x^2 + 3x|}$

32. Déterminer les lieux où f est continue.

(a) $f(x) = \dfrac{x}{|x| - 3}$ (b) $f(x) = \cos^{-1}\left(\dfrac{1}{x}\right)$

(c) $f(x) = e^{\ln x}$

33. Soit la fonction

$$f(x) = \begin{cases} -x^4 + 3, & x \leq 2 \\ x^2 + 9, & x > 2 \end{cases}$$

f est-elle continue en tout point? Justifier votre réponse.

34. Un dictionnaire définit une fonction continue comme étant « une expression dont la valeur en tout point est approchée de près par ses valeurs aux points avoisinants ».

(a) Comment expliquer les expressions *approcher de près* et *points avoisinants* à une personne qui ne connaît pas les mathématiques?

(b) Écrire un paragraphe pour démontrer la cohérence entre la définition du dictionnaire et la définition 2.5.1.

35. Montrer que la conclusion du théorème de la valeur intermédiaire devient fausse si f n'est pas continue sur l'intervalle $[a; b]$.

36. Si f est continue sur l'intervalle $[0; 1]$, $f(0) = 2$ et f n'a pas de zéro sur cet intervalle, prouver que $f(x) > 0$ pour tout x appartenant à $[0; 1]$.

37. Montrer que l'équation $x^4 + 5x^3 + 5x - 1 = 0$ admet au moins deux solutions réelles dans l'intervalle $[-6; 2]$.

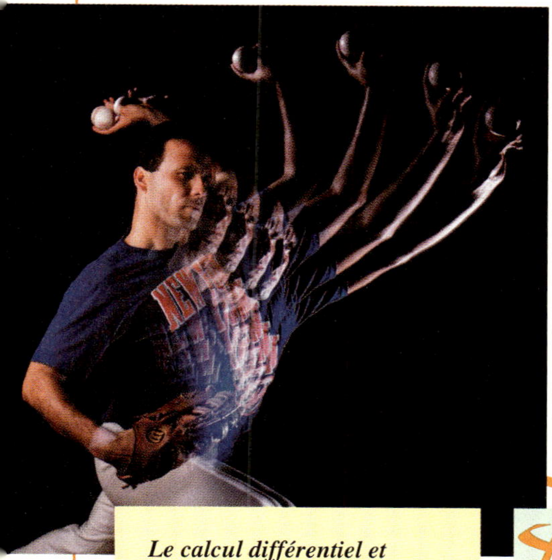

LA DÉRIVÉE

Le calcul différentiel et intégral est le meilleur outil connu pour appréhender la réalité physique au sens le plus large du terme.
—William Fogg Osgood
Mathématicien

Plusieurs phénomènes réels dépendent de quantités variables — la vitesse d'une fusée, l'inflation des devises, le nombre de bactéries dans une culture, l'intensité d'un tremblement de terre, la tension électrique d'un signal, et ainsi de suite. Dans ce chapitre, nous développons la notion de dérivée, l'outil mathématique privilégié pour étudier le taux de variation d'une quantité en fonction d'une autre. L'étude des taux de variation étant basée sur la notion géométrique de la tangente à une courbe, nous allons également généraliser la définition de la tangente et décrire des méthodes pour en trouver la pente et l'équation. Finalement, nous utiliserons les dérivées pour obtenir des approximations de fonctions non linéaires à partir de fonctions linéaires.

Photo : *L'une des forces incontestables du calcul différentiel et intégral est sa capacité de décrire mathématiquement les mouvements continus et de les analyser à chaque instant.*

3.1 TANGENTES, VITESSE ET TAUX DE VARIATIONS

Cette section est consacrée à trois notions importantes : la tangente à une courbe, la vitesse d'un objet se déplaçant en ligne droite et le taux de variation d'une variable par rapport à une autre. Nous allons montrer que ces idées sans liens apparents sont dans les faits intimement liées.

TANGENTES

À l'exemple 1 de la section 2.1, nous avons vu qu'il était possible de déduire l'équation d'une tangente à une courbe en faisant appel à la notion de limite. À ce moment-là, nous avons abordé la question de façon intuitive et informelle, étant donné que nous ne disposions pas de définitions rigoureuses pour la tangente et la limite. Cependant, puisque nous avons maintenant une définition rigoureuse de la limite, nous allons définir mathématiquement la tangente à une courbe $y = f(x)$ en un point $P(x_0; f(x_0))$ de cette courbe. En se référant à la figure 3.1.1, considérons un point $Q(x; f(x))$ de la courbe, distinct de P, et déterminons la pente m_{PQ} de la sécante passant par P et Q :

$$m_{PQ} = \frac{f(x) - f(x_0)}{x - x_0}$$

Si x s'approche de x_0, alors le point Q se déplace sur la courbe en direction de P. Si la sécante passant par P et Q approche une position limite lorsque $x \to x_0$, alors cette

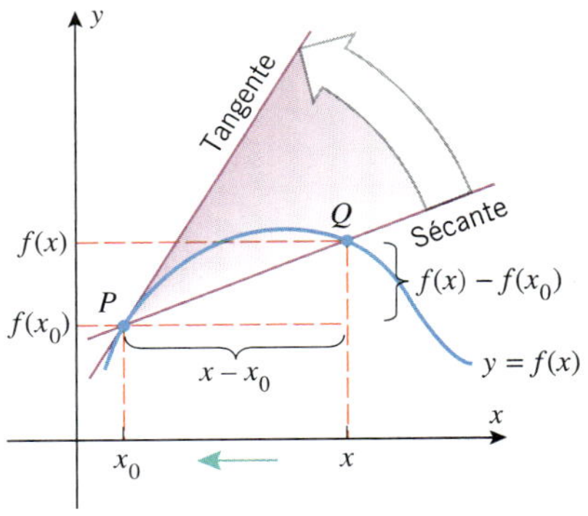

Figure 3.1.1

position sera confondue à celle de la tangente au point P. Autrement dit, si la pente m_{PQ} de la sécante passant par P et Q tend vers une limite lorsque $x \to x_0$, alors nous dirons que cette limite correspond à la pente $m_{\tan}$ de la tangente au point P. Nous définissons donc la tangente comme suit :

3.1.1 DÉFINITION. Soit x_0 appartenant au domaine d'une fonction f. La ***tangente*** à la courbe $y = f(x)$ au point $P(x_0; f(x_0))$ est la droite ayant pour équation

$$y - f(x_0) = m_{\tan}(x - x_0)$$

où

$$m_{\tan} = \lim_{x \to x_0} \frac{f(x) - f(x_0)}{x - x_0} \qquad (1)$$

à condition que cette limite existe. Pour plus de simplicité, nous parlerons de la tangente à $y = f(x)$ en x_0.

► **Exemple 1** Utiliser la définition 3.1.1 pour écrire l'équation de la tangente à la parabole $y = x^2$ au point $P(1; 1)$ et vérifier que le résultat obtenu est en accord avec celui de l'exemple 1 de la section 2.1.

Solution. Appliquons l'égalité (1) à $f(x) = x^2$ en prenant $x_0 = 1$; on obtient

$$\begin{aligned} m_{\tan} &= \lim_{x \to 1} \frac{f(x) - f(1)}{x - 1} \\ &= \lim_{x \to 1} \frac{x^2 - 1}{x - 1} \\ &= \lim_{x \to 1} \frac{(x-1)(x+1)}{x - 1} = \lim_{x \to 1}(x + 1) = 2 \end{aligned}$$

Ainsi, la tangente à $y = x^2$ au point $(1; 1)$ a pour équation

$$y - 1 = 2(x - 1) \quad \text{ou bien} \quad y = 2x - 1$$

conformément au résultat obtenu à l'exemple 1 de la section 2.1. ◄

L'égalité (1) est souvent exprimée sous une autre forme. Si h représente la différence suivante,

$$h = x - x_0$$

alors $x \to x_0$ équivaut à $h \to 0$ et l'on peut récrire l'égalité (1) en termes de x_0 et h comme suit :

$$m_{\tan} = \lim_{h \to 0} \frac{f(x_0 + h) - f(x_0)}{h} \tag{2}$$

Cette égalité paraît très différente de l'égalité (1), mais, en réalité, c'est une autre façon de définir la pente de la tangente comme étant la limite des pentes des sécantes (figure 3.1.2).

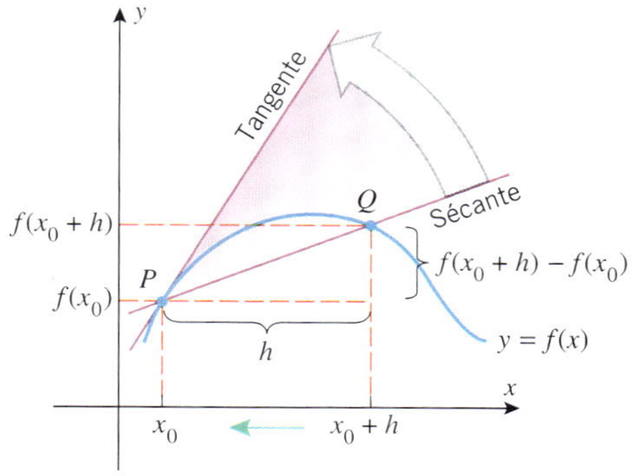

Figure 3.1.2

▶ Exemple 2 Utiliser l'égalité (2) pour obtenir la pente calculée à l'exemple 1.

Solution. Appliquons l'égalité (2) en prenant $f(x) = x^2$ et $x_0 = 1$; on obtient

$$m_{\tan} = \lim_{h \to 0} \frac{f(1 + h) - f(1)}{h}$$

$$= \lim_{h \to 0} \frac{(1 + h)^2 - 1^2}{h}$$

$$= \lim_{h \to 0} \frac{1 + 2h + h^2 - 1}{h} = \lim_{h \to 0} (2 + h) = 2$$

conformément au résultat obtenu à l'exemple 1. ◀

Les égalités (1) et (2) de $m_{\tan}$ donnent habituellement des indéterminations de la forme $\frac{0}{0}$, de sorte que vous devrez le plus souvent procéder à des simplifications algébriques ou utiliser d'autres méthodes pour lever les indéterminations et obtenir les limites.

▶ Exemple 3 Écrire l'équation de la tangente à la courbe $y = \frac{2}{x}$ au point (2; 1).

Solution. Déterminons d'abord la pente de la tangente en appliquant l'égalité (2), où $f(x) = \frac{2}{x}$ et $x_0 = 2$. On trouve

$$m_{\tan} = \lim_{h \to 0} \frac{f(2 + h) - f(2)}{h}$$

$$= \lim_{h \to 0} \frac{\frac{2}{2+h} - 1}{h} = \lim_{h \to 0} \frac{\left(\frac{2 - (2 + h)}{2 + h}\right)}{h}$$

$$= \lim_{h \to 0} \frac{-h}{h(2 + h)} = - \lim_{h \to 0} \frac{1}{2 + h}$$

$$= -\frac{1}{2}$$

La tangente au point (2; 1) a donc pour équation

$$y - 1 = -\tfrac{1}{2}(x - 2) \quad \text{ou bien} \quad y = -\tfrac{1}{2}x + 2$$

tel qu'illustré à la figure 3.1.3. ◀

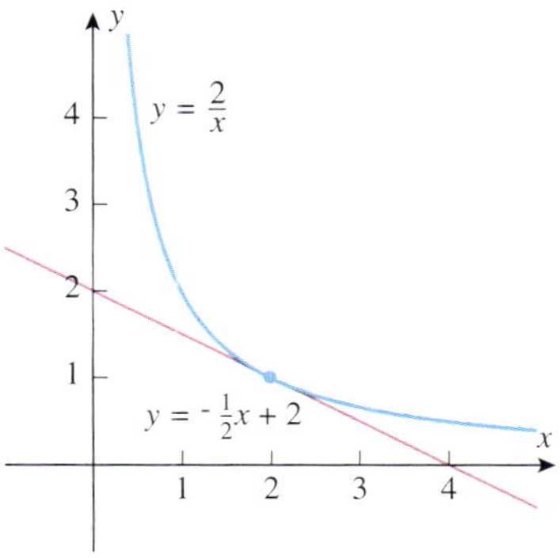

Figure 3.1.3

▶ **Exemple 4** Trouver les pentes des tangentes à la courbe $y = \sqrt{x}$ en $x_0 = 1$, $x_0 = 4$ et $x_0 = 9$.

Solution. Nous pouvons calculer séparément chacune de ces pentes, mais il sera plus efficace de trouver l'expression générale de la pente pour une valeur quelconque de x_0 et de substituer ensuite les valeurs numériques particulières données. En procédant de cette manière, on obtient

$$\begin{aligned} m_{\tan} &= \lim_{h\to 0} \frac{f(x_0+h) - f(x_0)}{h} \\ &= \lim_{h\to 0} \frac{\sqrt{x_0+h} - \sqrt{x_0}}{h} \\ &= \lim_{h\to 0} \frac{\sqrt{x_0+h} - \sqrt{x_0}}{h} \cdot \frac{\sqrt{x_0+h} + \sqrt{x_0}}{\sqrt{x_0+h} + \sqrt{x_0}} \\ &= \lim_{h\to 0} \frac{x_0+h-x_0}{h(\sqrt{x_0+h} + \sqrt{x_0})} \\ &= \lim_{h\to 0} \frac{h}{h(\sqrt{x_0+h} + \sqrt{x_0})} \\ &= \lim_{h\to 0} \frac{1}{\sqrt{x_0+h} + \sqrt{x_0}} = \frac{1}{2\sqrt{x_0}} \end{aligned}$$

Rationalisation du numérateur pour lever l'indétermination

On détermine les pentes en $x_0 = 1, 4$ et 9 en substituant ces valeurs dans l'égalité générale exprimant $m_{\tan}$. Ainsi, tel qu'illustré à la figure 3.1.4,

la pente en $x_0 = 1$ est $\dfrac{1}{2\sqrt{1}} = \dfrac{1}{2}$, la pente en $x_0 = 4$ est $\dfrac{1}{2\sqrt{4}} = \dfrac{1}{4}$ et

la pente en $x_0 = 9$ est $\dfrac{1}{2\sqrt{9}} = \dfrac{1}{6}$ ◀

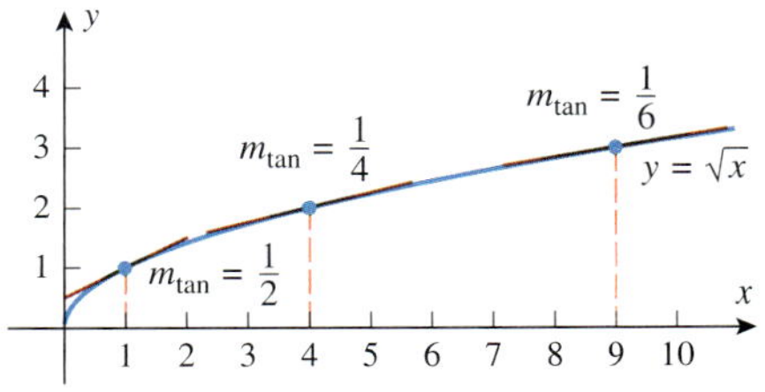

Figure 3.1.4

MOUVEMENT RECTILIGNE

L'étude du mouvement est l'un des sujets de prédilection du calcul différentiel et intégral. Si l'on veut décrire complètement le mouvement d'un objet, il faut préciser le ***module de sa vitesse*** ou sa ***grandeur,*** qui décrit sa rapidité, et l'orientation de son mouvement, qui décrit la direction et le sens du déplacement. Le module de la vitesse et l'orientation du mouvement décrivent ensemble la ***vitesse*** de l'objet*. Par exemple, si le module de la vitesse d'un avion est de 800 km/h, nous savons à quel point il est rapide, sans savoir où il se dirige. Par contre, s'il est dit que l'avion vole à 800 km/h *franc sud*, nous connaissons à la fois la grandeur de sa vitesse et l'orientation de son mouvement.

* ou le ***vecteur vitesse*** de l'objet : *Ndlt*

Le calcul différentiel et intégral est l'outil tout désigné pour étudier le mouvement d'objets qui suivent des trajectoires curvilignes dans un espace à deux ou à trois dimensions, mais pour l'instant, nous nous en tiendrons aux mouvements qui évoluent le long d'une droite, c'est-à-dire aux ***mouvements rectilignes***, dont voici quelques exemples : le va-et-vient d'un piston dans un cylindre, le mouvement d'une voiture sur une piste droite, le trajet d'un objet qu'on laisse tomber du haut d'un édifice, le parcours d'une balle lancée à la verticale qui monte et redescend sur la même droite.

Pour nous simplifier la tâche, nous allons supposer qu'une particule en mouvement rectiligne se déplace sur une droite de coordonnées, telle que l'axe des x ou l'axe des y. En général, s'il n'est pas nécessaire de préciser la direction, l'axe de coordonnées sera nommé l'axe des s. On obtient une description graphique du mouvement rectiligne le long d'un axe des s en traçant la coordonnée s de la particule en fonction du temps écoulé depuis l'instant initial $t = 0$. Cette représentation est appelée ***courbe position vs temps*** ou ***graphique position-temps*** de la particule. La figure 3.1.5 montre deux exemples typiques de graphiques position-temps. Le premier représente le mouvement d'une voiture qui démarre à l'origine et évolue toujours dans le sens positif de l'axe des s, c'est-à-dire que s augmente continuellement lorsque t augmente. Le second décrit le mouvement d'une balle lancée vers le haut, dans le sens positif de l'axe des s, d'une hauteur initiale s_0, qui redescend ensuite vers le bas, dans le sens négatif de l'axe. Dans ce cas, s augmente pendant que la balle monte et diminue ensuite lorsqu'elle tombe.

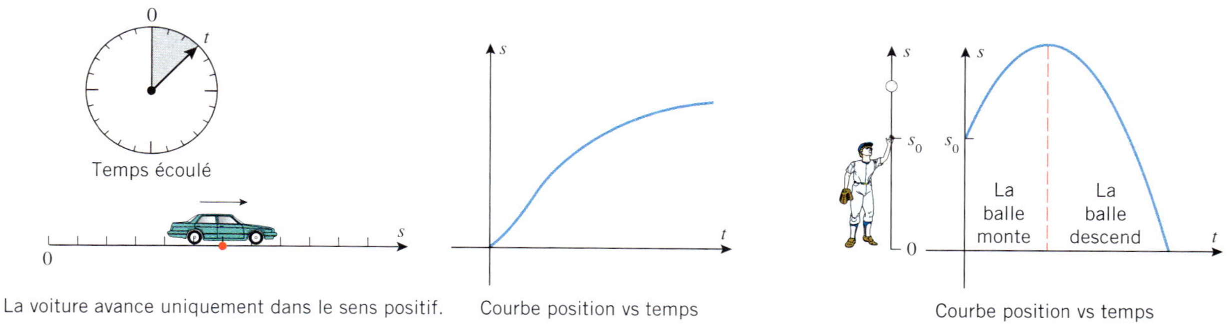

Figure 3.1.5

Si une particule en mouvement rectiligne évolue le long d'un axe des s et que la coordonnée de sa position sur l'axe en fonction du temps écoulé t a pour expression

$$s = f(t) \tag{3}$$

alors f est la ***fonction position de la particule*** et la courbe de cette fonction est la courbe position vs temps.

DÉPLACEMENT ET VITESSE MOYENNE

La clé de la description de la vitesse d'une particule en mouvement rectiligne est la notion de déplacement. Si $[t_0, t_0 + h]$ est un intervalle de temps donné, on définit le ***déplacement*** ou ***variation de position*** de la particule dans cet intervalle de temps par la différence entre les coordonnées de ses positions finale et initiale :

$$\text{déplacement dans l'intervalle } [t_0; t_0 + h] = f(t_0 + h) - f(t_0) \tag{4}$$

Le déplacement est positif si la position finale se trouve du côté positif relativement à la position initiale, il est négatif si la position finale est du côté négatif par rapport à la position initiale et il est nul si la position finale coïncide avec la position initiale (figure 3.1.6).

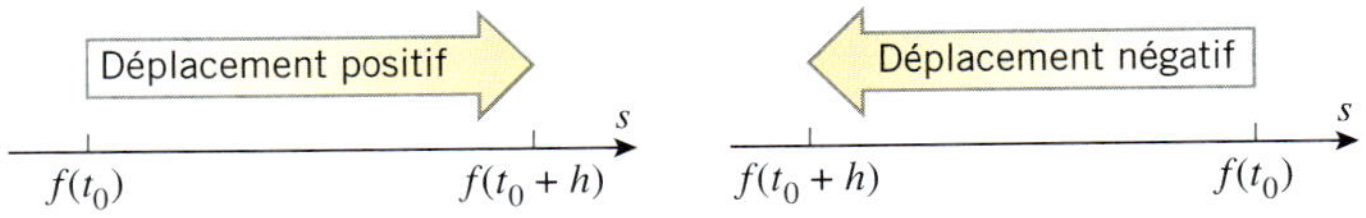

Figure 3.1.6

Si, dans un intervalle de temps donné, une particule en mouvement rectiligne se déplace uniquement dans le sens positif, alors dans cet intervalle de temps, le déplacement coïncide avec la distance parcourue.

Cependant, si la particule peut se déplacer dans un sens ou dans l'autre durant cet intervalle de temps, alors le déplacement et la distance parcourue peuvent être différents. Par exemple, si la particule parcourt 100 unités dans le sens positif et ensuite 100 unités en sens contraire, la distance parcourue s'élève à 200 unités alors que le déplacement est nul (la position finale coïncide avec la position initiale).

Il est important de bien distinguer le *module de la vitesse* (ou sa grandeur) de la *vitesse* elle-même, qui comprend à la fois le module et l'orientation. Dans l'analyse du mouvement rectiligne, pour tenir compte de l'orientation, on utilise les vitesses négatives pour les mouvements dirigés dans le sens négatif de l'axe et les vitesses positives pour les mouvements orientés dans le sens positif. Ainsi, si la vitesse d'une particule est de -2 m/s, la grandeur de sa vitesse est de 2 m/s et elle se dirige dans le sens négatif; et si une particule est dotée d'une vitesse de 2 m/s, le module de sa vitesse est de 2 m/s et elle évolue dans le sens positif.

Considérons une particule en mouvement rectiligne sur un axe des s, qui a pour fonction position $s = f(t)$. La ***vitesse moyenne*** de la particule dans un intervalle de temps $[t_0; t_0 + h]$, où $h > 0$, est définie par

Montrez que l'égalité (5) vaut également pour un intervalle de temps $[t_0 + h; t_0]$, où $h < 0$.

$$v_{\text{moy}} = \frac{\text{déplacement}}{\text{temps écoulé}} = \frac{f(t_0 + h) - f(t_0)}{h} \tag{5}$$

Par ailleurs, la vitesse scalaire moyenne est définie à partir de la distance parcourue par la particule et non pas à partir de son déplacement. Par exemple, si une particule parcourt 5 m dans le sens positif et revient sur 2 m en sens contraire, son déplacement est de 3 m, mais elle a parcouru une distance de $5 + 2 = 7$ m. La vitesse scalaire moyenne est définie par le rapport entre la distance parcourue et le temps écoulé :

$$\text{vitesse scalaire}_{\text{moy}} = \frac{\text{distance parcourue}}{\text{temps écoulé}}$$

Si une particule évolue uniquement dans le sens positif, le déplacement égale la distance parcourue sur tout intervalle de temps. Dans ce cas, la vitesse moyenne et la vitesse scalaire moyenne sont identiques.

▶ **Exemple 5** Supposer que $s = f(t) = 1 + 3t - 2t^2$ soit la fonction position d'une particule, où s est en mètres et t, en secondes. Évaluer les déplacements et les vitesses moyennes de la particule sur les intervalles de temps (a) [0; 1] et (b) [1; 3].

Solution (a). On obtient le déplacement en substituant $t_0 = 0$ et $h = 1$ dans la définition (4), on a

$$f(t_0 + h) - f(t_0) = f(1) - f(0) = 2 - 1 = 1 \text{ m}$$

D'après la définition (5), la vitesse moyenne dans l'intervalle [0; 1] est $\frac{1}{1} = 1$ m/s.

Solution (b). On obtient le déplacement en substituant $t_0 = 1$ et $h = 2$ dans la définition (4), on a

$$f(t_0 + h) - f(t_0) = f(3) - f(1) = -8 - 2 = -10 \text{ m}$$

D'après la définition (5), la vitesse moyenne dans l'intervalle [1; 3] est $\frac{-10}{2} = -5$ m/s. ◀

VITESSE INSTANTANÉE

La vitesse moyenne d'une particule en mouvement rectiligne décrit le comportement de la particule dans un *intervalle* de temps. Considérons maintenant la vitesse instantanée, qui décrit le comportement de la particule à un *instant* particulier. La définition (5) ne permet pas d'obtenir directement la vitesse instantanée parce que le temps écoulé à un instant précis est égal à zéro et que le calcul posé dans la définition (5) n'a pas de sens dans ces conditions. Pour contourner le problème, on calcule la vitesse moyenne sur de petits intervalles de temps compris entre $t = t_0$ et $t = t_0 + h$ et l'on interprète ces vitesses moyennes comme des approximations de la vitesse instantanée de la particule au temps t_0. Si ces vitesses moyennes tendent vers une limite lorsque h tend vers zéro, alors on peut considérer que la limite est la *vitesse instantanée* de la particule au temps t_0. Voyons un exemple.

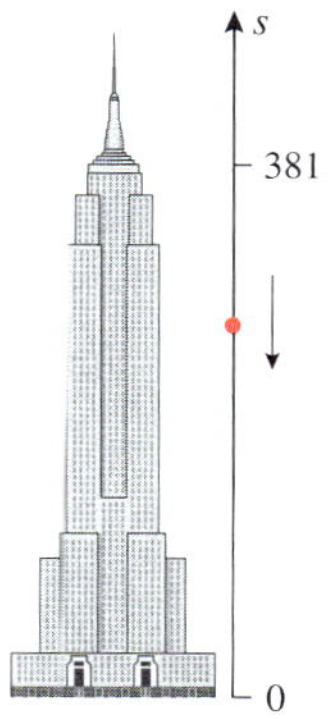

Figure 3.1.7

▶ Exemple 6 On laisse tomber un objet initialement au repos (ç.-à-d. dont la vitesse initiale est nulle) du haut de l'Empire State Building, à 381 m au-dessus du niveau de la rue. En faisant quelques suppositions raisonnables, la physique nous dit que la hauteur de l'objet (en mètres) au-dessus du niveau de la rue, t secondes après qu'on l'ait lâché, peut être modélisée par la fonction position suivante :

$$s = f(t) = 381 - 4{,}9t^2$$

(voir la figure 3.1.7). Vérifier que l'objet n'a pas atteint le sol à $t = 5$ s et trouver sa vitesse instantanée à cet instant.

Notez que les vitesses sont négatives à l'exemple 6, puisque l'objet se déplace dans le sens négatif de l'axe des s.

Solution. Notons d'abord que $f(5) = 381 - 122{,}5 = 258{,}5$ m, de sorte que l'objet tombe toujours après 5 secondes. Trouvons une première approximation de la vitesse instantanée de l'objet à $t = 5$ s en calculant sa vitesse moyenne dans l'intervalle qui s'étend de $t = 5$ à $t = 6$. En substituant $t_0 = 5$ et $h = 1$ dans la définition (5), on obtient

$$v_{\text{moy}} = \frac{f(t_0 + h) - f(t_0)}{h} = \frac{f(6) - f(5)}{1} = \frac{204{,}6 - 258{,}5}{1} = -53{,}9 \text{ m/s}$$

Pour améliorer cette approximation initiale, calculons la vitesse moyenne sur des intervalles successifs de plus en plus petits; les valeurs obtenues sont compilées au tableau 3.1.1 et nous vous laissons le soin de les vérifier. À l'examen, les vitesses moyennes semblent s'approcher d'une limite de -49 m/s, laissant fortement supposer que la vitesse instantanée à $t = 5$ s est de -49 m/s. Pour confirmer cette valeur analytiquement, exprimons d'abord la vitesse moyenne de l'objet sur un intervalle de temps général qui s'étend de $t = 5$ à $t = 5 + h$; d'après la définition (5), on a

Tableau 3.1.1

INTERVALLE DE TEMPS	VITESSE MOYENNE (m/s)
$5{,}0 \le t \le 6{,}0$	-53,9
$5{,}0 \le t \le 5{,}1$	-49,5
$5{,}0 \le t \le 5{,}01$	-49,05
$5{,}0 \le t \le 5{,}001$	-49,005
$5{,}0 \le t \le 5{,}000\,1$	-49,000 5

$$v_{\text{moy}} = \frac{f(5 + h) - f(5)}{h} = \frac{[381 - 4{,}9(5 + h)^2] - 258{,}5}{h}$$

On obtient ensuite la vitesse instantanée à $t = 5$ en calculant la limite lorsque $h \to 0$:

$$\begin{aligned}\text{vitesse instantanée} &= \lim_{h \to 0} \frac{[381 - 4{,}9(5 + h)^2] - 258{,}5}{h} \\ &= \lim_{h \to 0} \frac{122{,}5 - 4{,}9(25 + 10h + h^2)}{h} \\ &= \lim_{h \to 0} \frac{-4{,}9(10h + h^2)}{h} = \lim_{h \to 0} -4{,}9(10 + h) = -49\end{aligned}$$

Ce qui confirme la supposition tirée des calculs numériques, c'est-à-dire que la vitesse instantanée après 5 s est de -49 m/s. ◀

Considérons une particule en mouvement rectiligne ayant pour fonction position $s = f(t)$. À la suite de l'exemple 6, nous définissons la vitesse instantanée v_{inst} de la particule au temps t_0 par la limite, lorsque $h \to 0$, de ses vitesses moyennes v_{moy} sur des intervalles de temps compris entre $t = t_0$ et $t = t_0 + h$. La définition (5) donne alors

$$v_{\text{inst}} = \lim_{h \to 0} \frac{f(t_0 + h) - f(t_0)}{h} \tag{6}$$

D'un point de vue géométrique, la vitesse moyenne v_{moy} entre $t = t_0$ et $t = t_0 + h$ correspond à la pente de la sécante passant par les points $P(t_0;\ f(t_0))$ et $Q(t_0 + h;\ f(t_0 + h))$ de la courbe position-temps et la vitesse instantanée v_{inst} au temps t_0 est la pente de la tangente à la courbe position-temps au point $P(t_0;\ f(t_0))$ (figure 3.1.8).

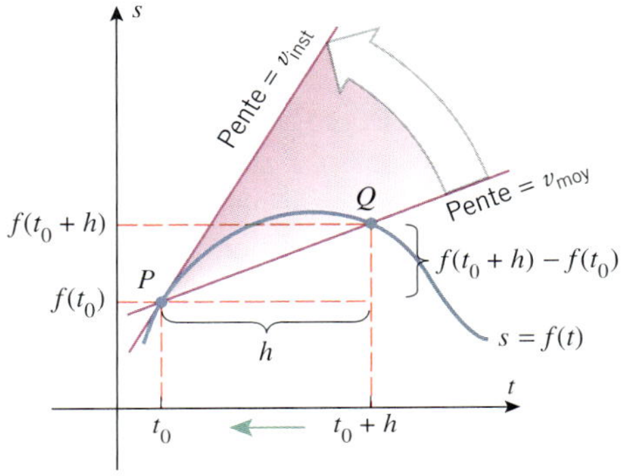

Figure 3.1.8

La vitesse instantanée est positive si la particule se déplace dans le sens positif, elle est négative si la particule se déplace dans le sens négatif et elle est nulle quand la particule est momentanément immobile. Nous définissons la vitesse scalaire instantanée au temps t_0, comme la valeur absolue de la vitesse instantanée, soit

$$\text{vitesse scalaire instantanée} = |v_{\text{inst}}| = \left| \lim_{h \to 0} \frac{f(t_0 + h) - f(t_0)}{h} \right| \tag{7}$$

Cette valeur indique jusqu'à quel point la particule est rapide au temps $t = t_0$, sans préciser le sens de son déplacement. Ainsi, dans l'exemple 6, la vitesse scalaire de l'objet au temps $t = 5$ s est $|-49| = 49$ m/s et sa vitesse instantanée est de -49 m/s.

PENTES ET TAUX DE VARIATION

La vitesse est un *taux de variation* – le taux de variation de la position en fonction du temps. En pratique, les taux de variation interviennent dans bien des applications. En voici quelques exemples :

- Une microbiologiste peut s'intéresser au taux de variation du nombre de bactéries dans une colonie en fonction du temps.
- Un ingénieur peut s'intéresser au taux de variation de la longueur d'une tige métallique en fonction de sa température.
- Une économiste peut s'intéresser au taux de variation du coût de production en fonction du nombre d'unités de produit manufacturées.

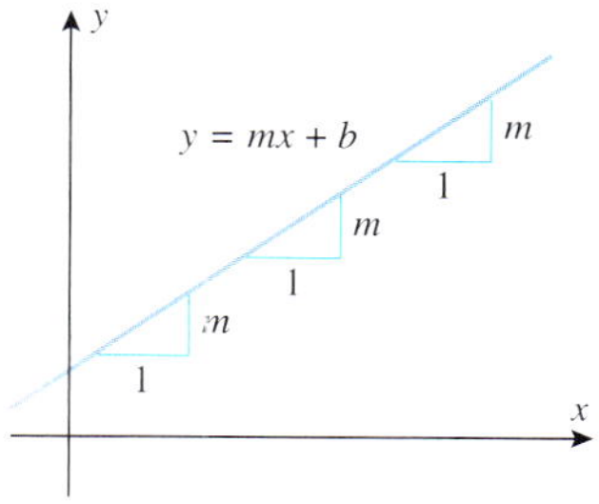

En tout point de la droite, une augmentation de 1 unité de x entraîne une variation de m unités de y.

Figure 3.1.9

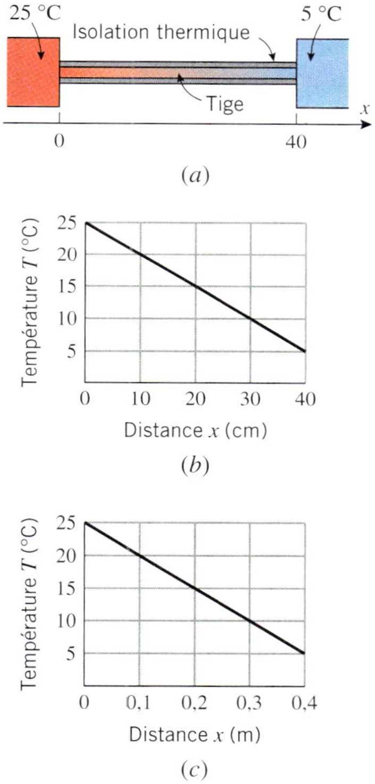

Figure 3.1.10

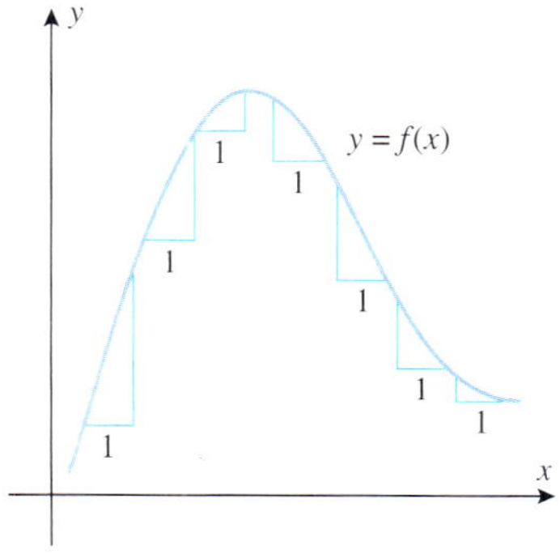

Figure 3.1.11

- Un chercheur du domaine médical peut s'intéresser au taux de variation du rayon d'une artère en fonction de la concentration d'alcool dans le sang.

Précisons maintenant la définition du taux de variation de y par rapport à x lorsque y est une fonction de x. Si y est une fonction linéaire de x, disons $y = mx + b$, la pente m est la mesure naturelle du taux de variation de y par rapport à x. Tel qu'illustré à la figure 3.1.9, chaque augmentation de 1 unité de x entraîne la même variation de m unités de y, où que l'on soit sur la droite; nous disons donc que y varie selon un taux constant par rapport à x, tout le long de la droite, et que m est la mesure de ce taux de variation.

▶ **Exemple 7** Dans chaque cas, évaluer le taux de variation de y en fonction de x :

(a) $y = 2x - 1$ (b) $y = \text{-}5x + 1$

Solution. En (a), le taux de variation de y en fonction de x est $m = 2$, de sorte que 1 unité d'augmentation de x entraîne une augmentation de 2 unités de y. En (b), le taux de variation de y par rapport à x est $m = \text{-}5$ et une augmentation de 1 unité de x entraîne une diminution de 5 unités de y. ◀

En pratique, si l'on change les unités de mesure, la valeur de la pente d'une droite peut changer; il est donc indispensable de préciser les unités d'une pente ou d'un taux de variation, tel qu'illustré à l'exemple qui suit.

▶ **Exemple 8** Une tige uniforme de 40 cm (0,4 m) de longueur est isolée thermiquement sur sa surface latérale; ses extrémités exposées sont maintenues aux températures constantes respectives de 25 °C et 5 °C (figure 3.1.10*a*). On peut démontrer en physique que, dans des conditions raisonnables, la courbe de la température T en fonction de la distance x à l'extrémité gauche de la tige est une ligne droite. Les parties (*b*) et (*c*) de la figure 3.1.10 montrent deux exemples de graphiques possibles : sur le premier, x est mesuré en centimètres et sur le second, x est en mètres. Les pentes respectives sont :

$$m = \frac{5 - 25}{40 - 0} = \frac{\text{-}20}{40} = \text{-}0{,}5 \qquad (8)$$

$$m = \frac{5 - 25}{0{,}4 - 0} = \frac{\text{-}20}{0{,}4} = \text{-}50 \qquad (9)$$

La pente calculée en (8) signifie que la température *diminue* à un taux de 0,5 °C par centimètre de distance à l'extrémité gauche de la tige et la pente obtenue en (9) indique une diminution de température de 50 °C par mètre de distance à l'extrémité gauche de la tige. Les deux énoncés sont physiquement équivalents, même si les pentes sont différentes. ◀

Le taux de variation de y par rapport à x est constant le long d'une droite non verticale $y = mx + b$, mais il n'est pas constant pour une courbe quelconque $y = f(x)$. Par exemple, à la figure 3.1.11, la variation de y qui résulte d'une augmentation de 1 unité de x tend à être plus importante dans les zones où la courbe augmente ou diminue rapidement que dans les régions où elle monte ou descend lentement. Comme nous l'avons fait pour la vitesse, nous allons distinguer le taux de variation moyen sur un intervalle et le taux de variation instantané en un point donné.

Si $y = f(x)$, alors on définit le ***taux de variation moyen de y en fonction de x sur un intervalle*** $[x_0; x_1]$ par

$$tv_{\text{moy}} = \frac{f(x_1) - f(x_0)}{x_1 - x_0} \qquad (10)$$

Et l'on définit le ***taux de variation instantané de y en fonction de x en x_0*** par

$$tv_{\text{inst}} = \lim_{x_1 \to x_0} \frac{f(x_1) - f(x_0)}{x_1 - x_0} \qquad (11)$$

D'un point de vue géométrique, le taux de variation moyen de y par rapport à x sur l'intervalle $[x_0; x_1]$ correspond à la pente de la sécante passant par les points $P(x_0; f(x_0))$ et $Q(x_1; f(x_1))$ (figure 3.1.12), alors que le taux de variation instantané de y en fonction de x en x_0 est la pente de la tangente au point $P(x_0; f(x_0))$ (qui est la limite des pentes des sécantes passant par P).

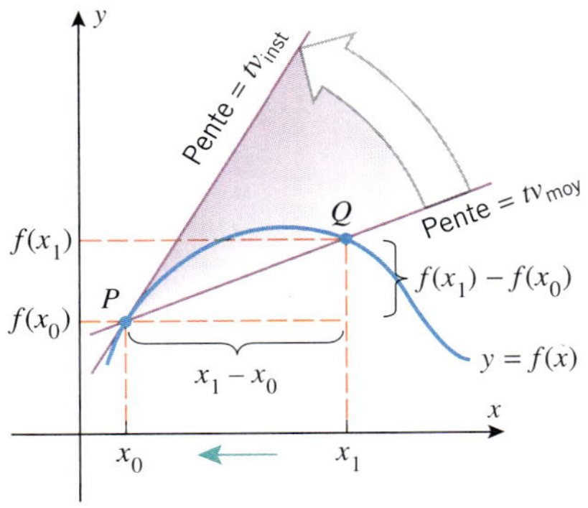

Figure 3.1.12

Au besoin, on écrit $h = x_1 - x_0$ et les définitions (10) et (11) deviennent :

$$tv_{\text{moy}} = \frac{f(x_0 + h) - f(x_0)}{h} \qquad (12)$$

$$tv_{\text{inst}} = \lim_{h \to 0} \frac{f(x_0 + h) - f(x_0)}{h} \qquad (13)$$

▶ **Exemple 9** Soit $y = x^2 + 1$.

(a) Trouver le taux de variation moyen de y en fonction de x sur l'intervalle [3; 5].

(b) Trouver le taux de variation instantané de y en fonction de x lorsque $x = \text{-}4$.

Solution (a). Appliquons la définition (10) en prenant $f(x) = x^2 + 1$, $x_0 = 3$ et $x_1 = 5$. On obtient

$$tv_{\text{moy}} = \frac{f(x_1) - f(x_0)}{x_1 - x_0} = \frac{f(5) - f(3)}{5 - 3} = \frac{26 - 10}{2} = 8$$

Ainsi, le taux d'accroissement moyen de y est de 8 unités par unité d'augmentation de x sur l'intervalle [3; 5].

Solution (b). Appliquons la définition (11) en prenant $f(x) = x^2 + 1$ et $x_0 = \text{-}4$. On obtient

$$tv_{\text{inst}} = \lim_{x_1 \to x_0} \frac{f(x_1) - f(x_0)}{x_1 - x_0} = \lim_{x_1 \to \text{-}4} \frac{f(x_1) - f(\text{-}4)}{x_1 - (\text{-}4)} = \lim_{x_1 \to \text{-}4} \frac{(x_1^2 + 1) - 17}{x_1 + 4}$$

$$= \lim_{x_1 \to \text{-}4} \frac{x_1^2 - 16}{x_1 + 4} = \lim_{x_1 \to \text{-}4} \frac{(x_1 + 4)(x_1 - 4)}{x_1 + 4} = \lim_{x_1 \to 4} (x_1 - 4) = \text{-}8$$

Ainsi, une toute petite augmentation de x, partant de $x = \text{-}4$, entraînera une diminution 8 fois plus grande de y. ◀

Refaites le problème de l'exemple 9 en utilisant les définitions (12) et (13).

APPLICATIONS DES TAUX DE VARIATION

Dans les problèmes concrets, les taux de variation moyen et instantané viennent obligatoirement avec les unités appropriées. En général, les unités d'un taux de variation de y par rapport à x résultent de la « division » des unités de y par les unités de x, que l'on simplifie selon les règles d'algèbre standard. Voici quelques exemples :

- Si y est en degrés Celsius (°C) et x, en centimètres, alors un taux de variation de y par rapport à x s'exprime en degrés Celsius par centimètre (°C/cm).
- Si y est en mètres par seconde (m/s) et x, en secondes, alors un taux de variation de y par rapport à x s'exprime en mètres par seconde par seconde (m/s/s), habituellement noté $\mathrm{m/s^2}$.
- Si y est en newton-mètres (N·m) et x, en mètres (m), alors un taux de variation de y par rapport à x s'exprime en newtons (N) puisque N·m/m = N.
- Si y est en kilogrammes-mètres (kg·m) et x, en heures (h), alors un taux de variation de y par rapport à x s'exprime en kilogrammes-mètres par heure (kg·m/h).

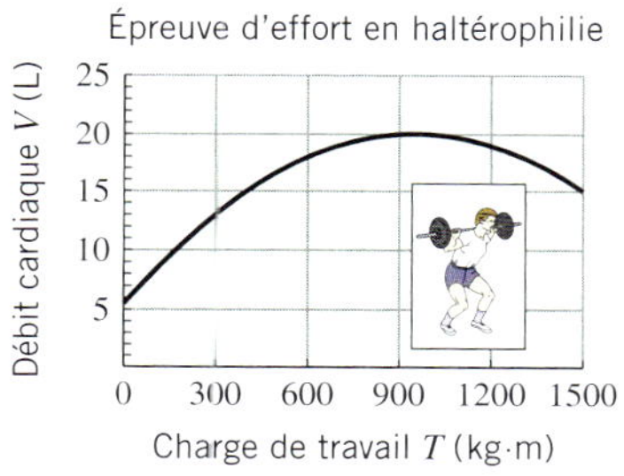

Figure 3.1.13

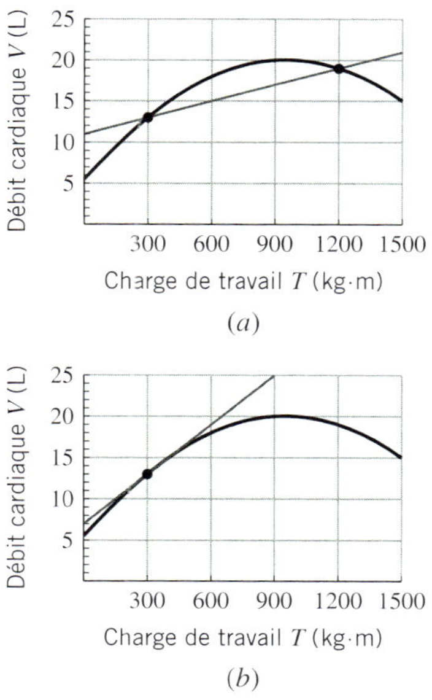

Figure 3.1.14

► **Exemple 10** L'endurance athlétique est limitée par le débit cardiaque, c'est-à-dire le volume de sang que le cœur peut pomper par unité de temps lors d'une compétition athlétique. La figure 3.1.13 montre un graphique, obtenu en épreuve d'effort (1 minute de poids et haltères), du débit cardiaque V, mesuré en litres (L) de sang, en fonction de la charge de travail T, mesurée en kilogrammes-mètres (kg·m). Cette courbe illustre le fait médical bien connu que le débit cardiaque augmente avec la charge de travail, pour atteindre une valeur maximale et redescendre ensuite.

(a) Utiliser la sécante illustrée à la figure 3.1.14*a* pour évaluer le taux de variation moyen du débit cardiaque par rapport à la charge pendant que la charge passe de 300 à 1200 kg·m.

(b) Utiliser le segment de droite illustré à la figure 3.1.14*b* pour évaluer le taux de variation instantané du débit cardiaque en fonction de la charge, au point où la charge est de 300 kg·m.

Solution (a). Évaluons la pente de la sécante à partir de deux points prélevés sur le graphique : (300; 13) et (1200; 19). On a

$$tv_{\text{moy}} \approx \frac{19-13}{1200-300} \approx 0{,}0067 \frac{\mathrm{L}}{\mathrm{kg{\cdot}m}}$$

Ainsi, une augmentation de 1 unité de charge produit une augmentation moyenne du débit cardiaque de 0,0067 L dans l'intervalle donné.

Solution (b). Estimons la pente de la courbe du débit cardiaque à $T = 300$ en traçant une droite qui effleure cette courbe à $T = 300$ et qui a la même pente que la courbe en ce point (figure 3.1.14*b*). Pour calculer la pente, nous prélevons deux points sur cette droite, soit (0; 7) et (900; 25); on obtient

$$tv_{\text{inst}} \approx \frac{25-7}{900-0} = 0{,}02 \frac{\mathrm{L}}{\mathrm{kg{\cdot}m}} \quad ◄$$

✔ VÉRIFICATION EXPRESS 3.1

(Réponses à la page 184.)

1. La pente $m_{\tan}$ de la tangente à la courbe $y = f(x)$ au point $P(x_0; f(x_0))$ est donnée par

$$m_{\tan} = \lim_{x \to x_0} \underline{\qquad\qquad} = \lim_{h \to 0} \underline{\qquad\qquad}$$

2. La tangente à la courbe $y = (x-1)^2$ au point (-1; 4) a pour équation $4x + y = 0$. Ainsi, la limite

$$\lim_{x \to -1} \frac{x^2 - 2x - 3}{x + 1}$$

a pour valeur ________.

3. Une particule est en mouvement sur un axe des s, où s est exprimé en mètres. Pendant les 5 premières secondes du mouvement, la position de la particule est donnée par

$$s = 10 - (3 - t)^2, \quad 0 \le t \le 5$$

Utiliser cette fonction position pour compléter ce qui suit :

(a) Initialement, la particule parcourt une distance de ________ m dans le sens (positif/négatif) ________; elle repart en sens inverse et parcourt une distance de ________ durant le reste de la période de 5 secondes.

(b) La vitesse moyenne de la particule durant cette période de 5 secondes est ________.

(c) La vitesse scalaire moyenne de la particule durant cette période de 5 secondes est ________.

4. Soit $s = f(t)$, l'équation d'une courbe position vs temps d'une particule en mouvement rectiligne, où s est en mètres et t, en secondes. Si $s = -1$ lorsque $t = 2$ et si la vitesse instantanée de la particule à cet instant est de 3 m/s, la tangente à la courbe position vs temps au temps $t = 2$ a pour équation ________.

5. Soit $y = x^2 + x$.

(a) Le taux de variation moyen de y par rapport à x sur l'intervalle $2 \le x \le 5$ est ________.

(b) Le taux de variation instantané de y par rapport à x à $x = 0$ est ________.

SÉRIE D'EXERCICES 3.1

JONGLONS AVEC LES CONCEPTS

1. La figure Ex-1 donne le graphique position-temps d'un ascenseur qui monte sur 60 m avant que les passagers en sortent.

(a) Estimer la vitesse instantanée de l'ascenseur à $t = 10$ s.

(b) Esquisser une courbe de la vitesse en fonction du temps pour représenter le mouvement de l'ascenseur dans l'intervalle $0 \le t \le 20$.

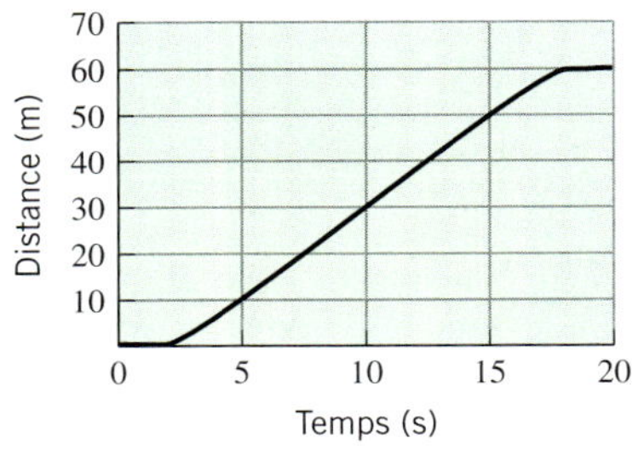

Figure Ex-1

2. La figure Ex-2 montre le graphique position-temps d'une automobile sur une période de 10 s. Utiliser les segments de droite tracés sur le graphique pour estimer la vitesse instantanée de l'automobile au temps $t = 4$ s et au temps $t = 8$ s.

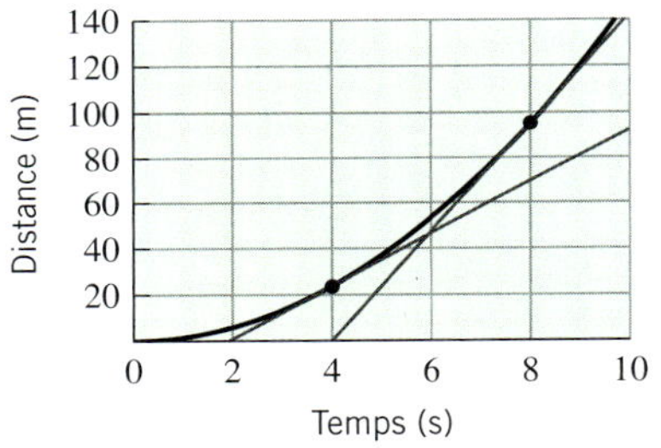

Figure Ex-2

3. Un parachutiste saute d'un avion et tombe à la verticale. La figure Ex-3 montre la courbe de la distance de chute s en fonction du temps t écoulé après que le parachutiste ait sauté de l'avion.

(a) À partir du segment de droite tracé sur le graphique, estimer la vitesse scalaire instantanée du parachutiste à $t = 5$ s.

(b) Estimer la vitesse scalaire instantanée du parachutiste au temps $t = 17{,}5$ s. Qu'advient-il de la vitesse scalaire du parachutiste avec le temps?

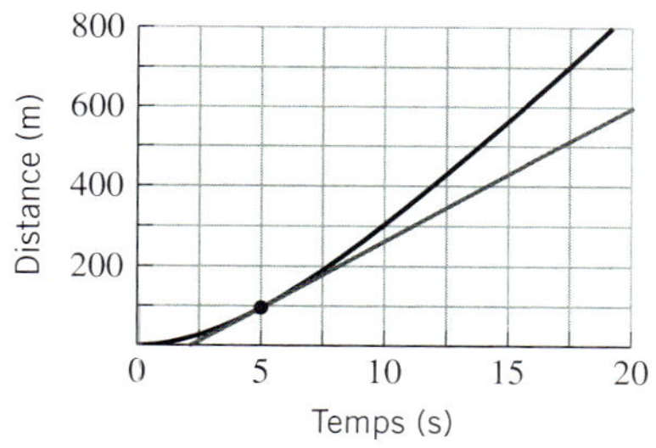

Figure Ex-3

4. Le graphique position-temps de la figure Ex-4 représente une particule en mouvement rectiligne. À partir du graphique, estimer les quantités suivantes :
(a) la vitesse moyenne sur l'intervalle $0 \leq t \leq 3$;
(b) les valeurs de t où la vitesse instantanée est nulle;
(c) les valeurs de t où la vitesse instantanée est soit maximale, soit minimale;
(d) la vitesse instantanée lorsque $t = 3$ s.

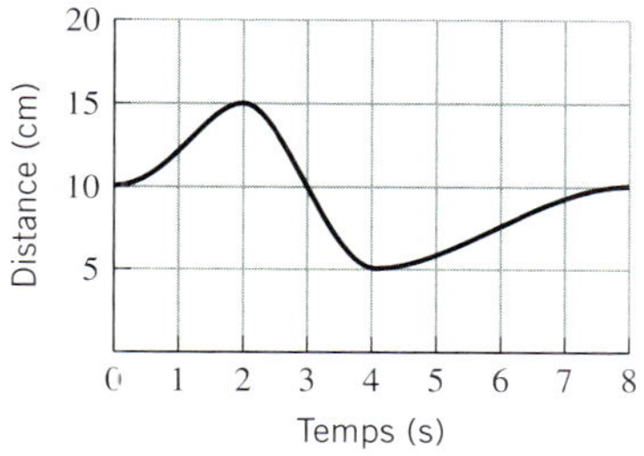

Figure Ex-4

5. Le graphique position-temps de la figure Ex-5 représente le mouvement d'une particule évoluant sur une ligne droite.
(a) La particule va-t-elle plus vite à l'instant t_0 ou à t_2? Expliquer.
(b) La portion de la courbe proche de l'origine est horizontale. Qu'est-ce que cela nous dit à propos de la vitesse initiale de la particule?
(c) Est-ce que la particule prend de la vitesse ou ralentit dans l'intervalle $[t_0; t_1]$? Expliquer.
(d) Est-ce que la particule prend de la vitesse ou ralentit dans l'intervalle $[t_1; t_2]$? Expliquer.

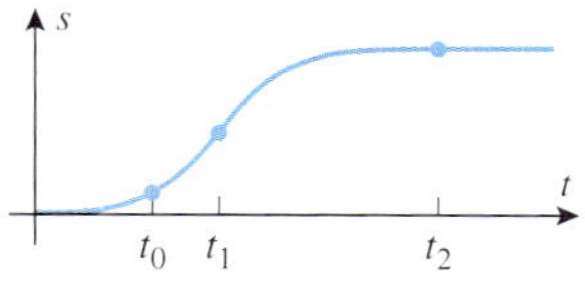

Figure Ex-5

6. Une automobile initialement au repos se met en mouvement sur une piste droite. Sa vitesse augmente régulièrement, quand soudain le conducteur freine brusquement, à t_0, après avoir aperçu un muret de béton sur la route. La voiture décélère rapidement, mais il est trop tard – elle s'arrête instantanément lorsqu'elle frappe le muret, à l'instant t_1. Esquisser un graphique position-temps pour décrire le mouvement de la voiture.

7. Si une particule se déplace à vitesse constante, que peut-on dire de sa courbe position vs temps?

8. La figure Ex-8 donne les graphiques position-temps de quatre particules différentes qui évoluent le long d'une droite. Pour chacune des courbes, indiquer si la vitesse instantanée augmente ou diminue avec le temps.

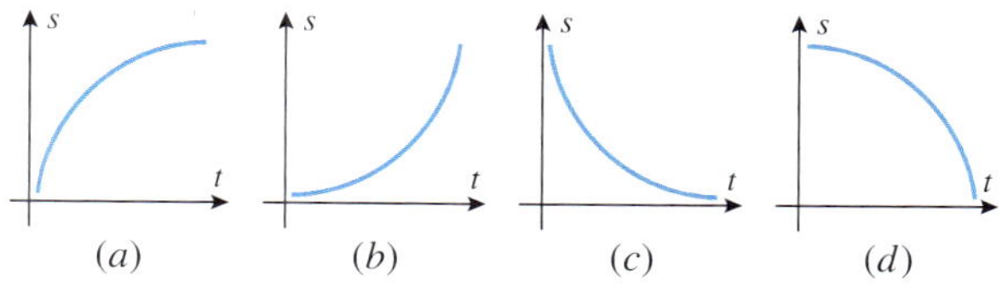

Figure Ex-8

9–12 Une fonction définie par $y = f(x)$ et des valeurs x_0 et x_1 sont données.
(a) Déterminer le taux de variation moyen de y par rapport à x sur l'intervalle $[x_0; x_1]$.
(b) Déterminer le taux de variation instantané de y par rapport à x à la valeur x_0 indiquée.
(c) Déterminer le taux de variation instantané de y par rapport à x pour une valeur arbitraire x_0.
(d) Le taux de variation moyen de la partie (a) est la pente d'une certaine sécante et le taux de variation instantané de la partie (b) correspond à la pente d'une certaine tangente. Esquisser le graphique de $y = f(x)$ et ces deux droites sur le même graphique.

9. $y = 2x^2;\ x_0 = 0,\ x_1 = 1$

10. $y = x^3;\ x_0 = 1,\ x_1 = 2$

11. $y = \frac{1}{x};\ x_0 = 2,\ x_1 = 3$

12. $y = \frac{1}{x^2};\ x_0 = 1,\ x_1 = 2$

13–16 Une fonction définie par $y = f(x)$ et une valeur de x, nommée x_0, sont données.
(a) Écrire une expression donnant la pente de la tangente à la courbe de f pour une valeur arbitraire $x = x_0$.
(b) À partir de la formule obtenue en (a), trouver la pente de la tangente pour la valeur de x_0 donnée.

13. $f(x) = x^2 - 1;\ x_0 = -1$

14. $f(x) = x^2 + 3x + 2;\ x_0 = 2$

15. $f(x) = \sqrt{x};\ x_0 = 1$

16. $f(x) = \frac{1}{\sqrt{x}};\ x_0 = 4$

JONGLONS AVEC LES CONCEPTS

17. Supposer que la figure Ex-17 représente la température extérieure en fonction du temps sur une période de 24 heures.

(a) Estimer la température maximale et le moment où elle se produit.

(b) L'augmentation de température est à peu près linéaire entre 8 h 00 et 14 h 00. Estimer le taux d'augmentation de la température durant cet intervalle de temps.

(c) Situer approximativement le moment où la température décroît le plus rapidement. Évaluer le taux de variation instantané de la température par rapport au temps à cet instant.

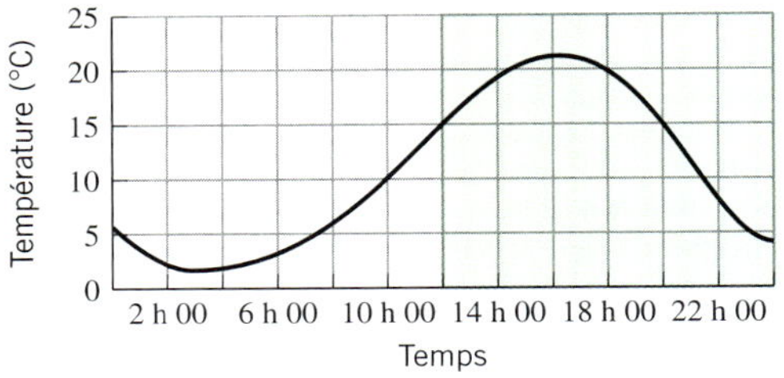

Figure Ex-17

18. Le graphique de la figure Ex-18 représente la pression p en atmosphères (atm) en fonction du volume V en litres (L) de 1 mole de gaz parfait à la température constante de 300 K (kelvins). À partir des segments de droite dessinés sur la figure, estimer le taux de variation de la pression en fonction du volume lorsque $V = 10$ L et $V = 25$ L.

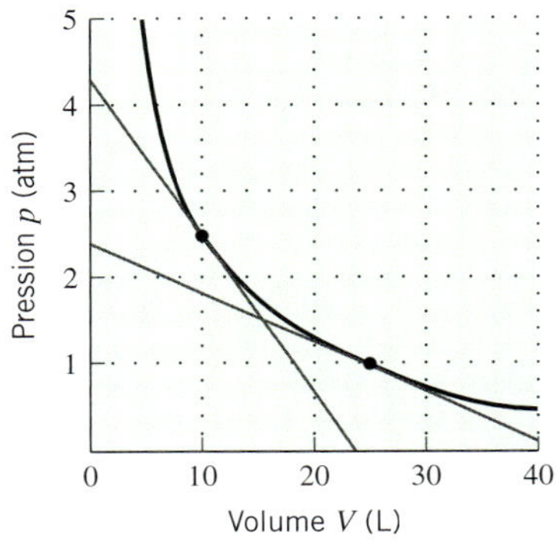

Figure Ex-18

19. Le graphique de la figure Ex-19 représente la hauteur h (en centimètres) versus l'âge t (en années) d'un individu, de sa naissance jusqu'à ses 20 ans.

(a) À quel moment sa croissance est-elle la plus rapide?

(b) Estimer le taux de croissance à l'âge de 5 ans.

(c) À quel âge environ, entre 10 et 20 ans, le taux de croissance est-il le plus rapide? Estimer le taux de croissance à cet âge.

(d) Esquisser la courbe du taux de croissance en fonction de l'âge.

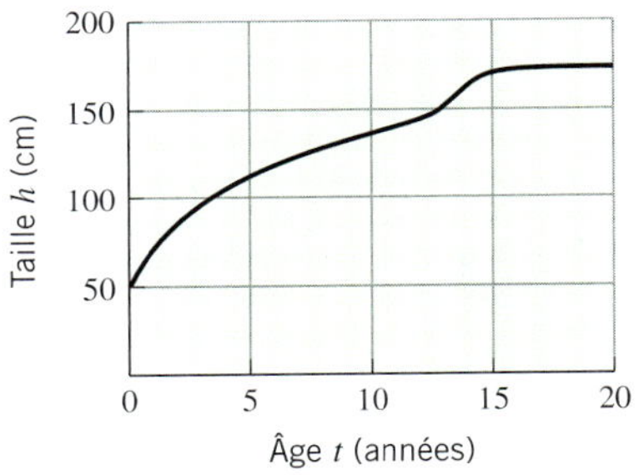

Figure Ex-19

20. On laisse tomber une roche d'une hauteur de 176 m; elle tombe vers le sol suivant une ligne droite verticale. Après t secondes, la roche est tombée d'une distance donnée par $s = 4{,}9t^2$ m.

(a) Pendant combien de secondes la roche tombe-t-elle avant de toucher le sol?

(b) Calculer la vitesse moyenne de la roche pendant sa chute.

(c) Déterminer la vitesse moyenne de la roche durant les trois premières secondes de chute.

(d) Quelle est la vitesse instantanée de la roche au moment où elle touche le sol?

21. Une fusée est propulsée à la verticale durant les 40 premières secondes de son vol; t secondes après son départ, sa hauteur est donnée par $s = 0{,}096t^3$ m.

(a) Quelle hauteur la fusée atteint-elle en 40 s?

(b) Quelle est la vitesse moyenne de la fusée durant les 40 premières secondes?

(c) Quelle est la vitesse moyenne de la fusée durant les premiers 41 m de montée?

(d) Quelle est la vitesse instantanée de la fusée au bout de 40 s?

22. Une automobile roule sur une autoroute droite; dans l'intervalle $0 \leq t \leq 12$ secondes, elle se trouve à une distance $s = 1{,}4t^2$ m de sa position initiale.

(a) Trouver la vitesse moyenne de la voiture dans l'intervalle [0; 12].

(b) Déterminer la vitesse instantanée de la voiture à $t = 6$.

23. Une particule qui se déplace dans le sens positif d'une ligne droite se trouve, après t minutes, à une distance $s = 1{,}8t^4$ m de l'origine.

(a) Déterminer la vitesse moyenne de la particule dans l'intervalle [2; 4].

(b) Déterminer la vitesse instantanée à $t = 2$.

✔VÉRIFICATION EXPRESS 3.1 – RÉPONSES

1. $\dfrac{f(x) - f(x_0)}{x - x_0}$; $\dfrac{f(x_0 + h) - f(x_0)}{h}$ **2.** -4 **3.** (a) 9; positif; 4 (b) 0,3 m/s (c) $\dfrac{4}{5}$ m/s **4.** $s = 3t - 7$

5. (a) $tv_{\text{moy}} = 8$ (b) $tv_{\text{inst}} = 1$

3.2 LA FONCTION DÉRIVÉE

Dans cette section, nous allons aborder la notion de dérivée, le principal outil mathématique pour calculer les taux de variation et les analyser.

DÉFINITION DE LA FONCTION DÉRIVÉE

À la section précédente, nous avons montré que si la limite

$$\lim_{h \to 0} \frac{f(x_0 + h) - f(x_0)}{h}$$

existe, alors elle peut décrire la pente de la tangente à la courbe $y = f(x)$ lorsque $x = x_0$ ou encore le taux de variation instantané de y par rapport à x à $x = x_0$ (voir les définitions (2) et (13) de la section 3.1). Vu l'importance de cette limite, on utilise une notation particulière, soit

$$f'(x_0) = \lim_{h \to 0} \frac{f(x_0 + h) - f(x_0)}{h} \tag{1}$$

Vous pouvez interpréter f' (lire « f prime ») comme une fonction qui admet x_0 à l'entrée et donne le nombre $f'(x_0)$ à la sortie et qui représente soit la pente de la tangente à $y = f(x)$ quand $x = x_0$, soit le taux de variation instantané de y par rapport à x en $x = x_0$. Pour mieux saisir ce concept, remplaçons x_0 par x dans la définition (1) et écrivons-là comme suit :

L'expression

$$\frac{f(x+h) - f(x)}{h}$$

qui apparaît dans la définition (2), est communément appelée *taux d'accroissement moyen de f en x_0*.

3.2.1 DÉFINITION. La fonction f' définie par l'égalité

$$f'(x) = \lim_{h \to 0} \frac{f(x + h) - f(x)}{h} \tag{2}$$

est la ***dérivée de f par rapport à x***. Le domaine de f' comprend tous les x du domaine de f pour lesquels la limite existe.

On utilise le terme *dérivée* parce que la fonction f' est *dérivée* de la fonction f par le procédé de limite.

► Exemple 1 Déterminer la dérivée par rapport à x de $f(x) = x^2 + 1$ et l'utiliser ensuite pour trouver l'équation de la tangente à la courbe $y = x^2 + 1$ en $x = 2$.

Solution. On déduit de la définition (2) que

$$\begin{aligned} f'(x) &= \lim_{h \to 0} \frac{f(x + h) - f(x)}{h} = \lim_{h \to 0} \frac{[(x + h)^2 + 1] - [x^2 + 1]}{h} \\ &= \lim_{h \to 0} \frac{x^2 + 2xh + h^2 + 1 - x^2 - 1}{h} = \lim_{h \to 0} \frac{2xh + h^2}{h} \\ &= \lim_{h \to 0} (2x + h) = 2x \end{aligned}$$

Ainsi, la pente de la tangente à $y = x^2 + 1$ en $x = 2$ est $f'(2) = 4$. Sachant que $y = 5$ lorsque $x = 2$, l'équation point-pente de la tangente est

$$y - 5 = 4(x - 2)$$

que l'on peut récrire sous la forme ordonnée à l'origine $y = 4x - 3$ (figure 3.2.1). ◄

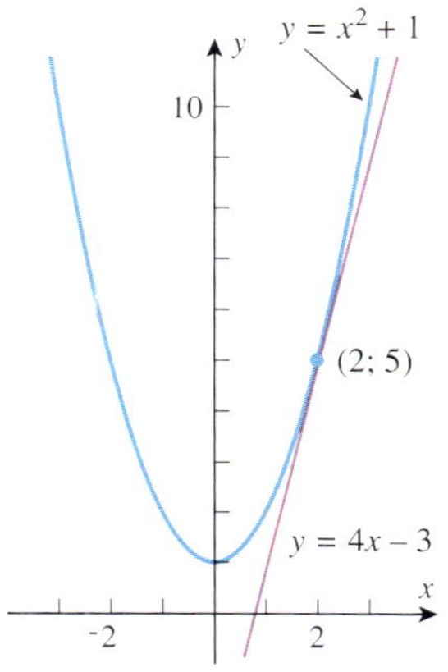

Figure 3.2.1

On peut voir f' comme une fonction génératrice de pentes, puisque la valeur de $f'(x)$ en $x = x_0$ correspond à la pente de la tangente à la courbe de f en $x = x_0$. La figure 3.2.2 illustre cette propriété de la dérivée en montrant les courbes de $f(x) = x^2 + 1$ et de sa dérivée $f'(x) = 2x$ (obtenue à l'exemple 1). On observe que les valeurs de $f'(x) = 2x$ en $x = -2$, 0, et 2 correspondent aux pentes des tangentes à $f(x) = x^2 + 1$ pour ces mêmes valeurs de x.

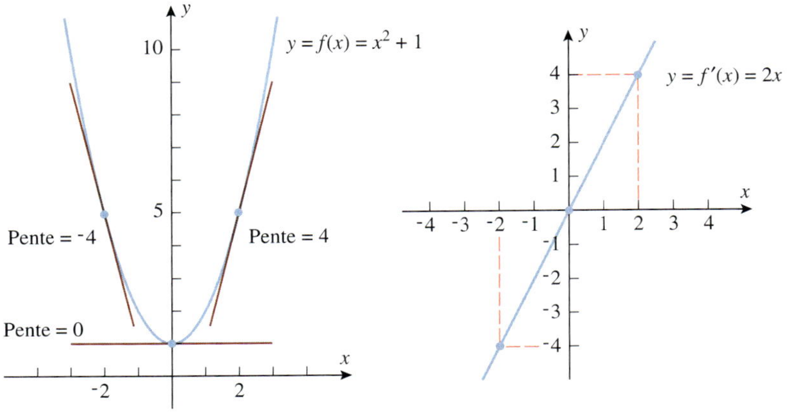

Figure 3.2.2

En général, si $f'(x)$ existe en $x = x_0$, alors l'équation point-pente de la tangente à la courbe de $y = f(x)$ au point $(x_0; f(x_0))$ est donnée par

$$y - f(x_0) = f'(x_0)(x - x_0)$$

ou, de manière équivalente, par,

$$y = f(x_0) + f'(x_0)(x - x_0) \tag{3}$$

▶ Exemple 2

(a) Écrire l'expression de la dérivée par rapport à x de $f(x) = x^3 - x$.

(b) Représenter f et f' sur le même graphique et décrire la relation qui existe entre les deux courbes.

Solution (a).

$$\begin{aligned} f'(x) &= \lim_{h\to 0} \frac{f(x+h) - f(x)}{h} \\ &= \lim_{h\to 0} \frac{[(x+h)^3 - (x+h)] - [x^3 - x]}{h} \\ &= \lim_{h\to 0} \frac{[x^3 + 3x^2h + 3xh^2 + h^3 - x - h] - [x^3 - x]}{h} \\ &= \lim_{h\to 0} \frac{3x^2h + 3xh^2 + h^3 - h}{h} \\ &= \lim_{h\to 0} [3x^2 + 3xh + h^2 - 1] = 3x^2 - 1 \end{aligned}$$

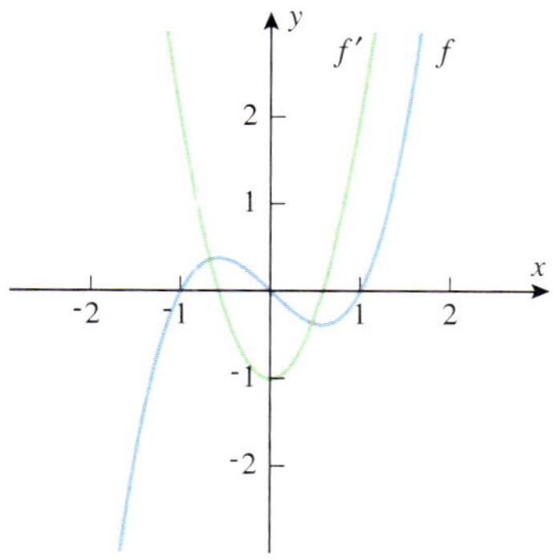

Figure 3.2.3

Solution (b). Sachant que $f'(x)$ représente la pente de la tangente à la courbe $y = f(x)$ au point x, il s'ensuit que la dérivée $f'(x)$ est positive lorsque la tangente a une pente positive, qu'elle est négative lorsque la tangente a une pente négative et qu'elle est nulle là où la tangente est horizontale. Nous vous laissons le soin de vérifier que c'est bien le cas pour les courbes des fonctions $f(x) = x^3 - x$ et $f'(x) = 3x^2 - 1$ représentées à la figure 3.2.3. ◄

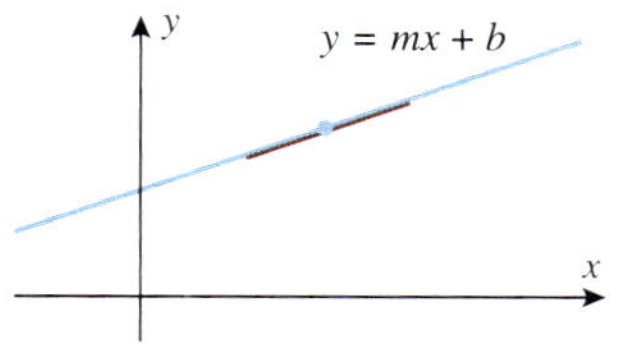

La pente de la tangente a pour valeur m en tout point x de la droite.

Figure 3.2.4

Le résultat obtenu à l'exemple 3 confirme que le taux de variation de y par rapport à x sur la droite $y = mx + b$ est constant et que sa valeur est m, tel que nous l'avions observé plus tôt.

► Exemple 3 Pour toute valeur de x, la tangente à une droite $y = mx + b$ est confondue avec cette droite (figure 3.2.4) et ainsi, toutes les tangentes à cette droite ont la même pente m. D'un point de vue géométrique, si $f(x) = mx + b$, alors $f'(x) = m$ pour tout x. Les calculs suivants le confirment :

$$f'(x) = \lim_{h \to 0} \frac{f(x+h) - f(x)}{h}$$

$$= \lim_{h \to 0} \frac{[m(x+h) + b] - [mx + b]}{h}$$

$$= \lim_{h \to 0} \frac{mh}{h} = \lim_{h \to 0} m = m$$ ◄

► Exemple 4

(a) Trouver la dérivée par rapport à x de $f(x) = \sqrt{x}$.

(b) Déterminer la pente de la tangente à $y = \sqrt{x}$ en $x = 9$.

(c) Évaluer les limites de $f'(x)$ lorsque $x \to 0^+$ et lorsque $x \to +\infty$ et expliquer ce que révèlent ces limites au sujet de la courbe de f.

Solution (a). À l'exemple 4 de la section 3.1, nous avons vu que la pente de la tangente à $y = \sqrt{x}$ en $x = x_0$ est donnée par $m_{\tan} = \frac{1}{2\sqrt{x_0}}$. Ainsi, $f'(x) = \frac{1}{2\sqrt{x}}$.

Solution (b). La pente de la tangente en $x = 9$ est $f'(9)$. Par la partie (a), cette pente vaut $f'(9) = \frac{1}{2\sqrt{9}} = \frac{1}{6}$.

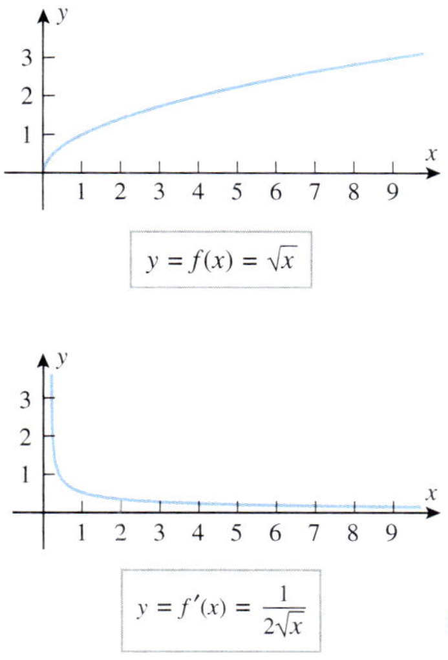

Figure 3.2.5

Solution (c). La figure 3.2.5 montre les courbes des fonctions définies par $f(x) = \sqrt{x}$ et $f'(x) = \frac{1}{2\sqrt{x}}$. Observer que $f'(x) > 0$ lorsque $x > 0$, ce qui signifie que toutes les tangentes à la courbe de $y = \sqrt{x}$ ont une pente positive, en tout point de cet intervalle. Puisque

$$\lim_{x \to 0^+} \frac{1}{2\sqrt{x}} = +\infty \quad \text{et} \quad \lim_{x \to +\infty} \frac{1}{2\sqrt{x}} = 0$$

la courbe de la fonction f' tend vers la verticale lorsque $x \to 0^+$ et elle tend vers l'horizontale lorsque $x \to +\infty$. ◄

VITESSE INSTANTANÉE ET DÉRIVÉES

D'après la définition (6) de la section 3.1 (en remplaçant t_0 par t), si $s = f(t)$ représente la fonction position d'une particule en mouvement rectiligne, alors la vitesse instantanée de cette particule à un instant arbitraire t est donnée par

$$v_{\text{inst}} = \lim_{h \to 0} \frac{f(t+h) - f(t)}{h}$$

Puisque le membre droite de cette égalité correspond à la dérivée de la fonction f (où t est la variable indépendante au lieu de x), il s'ensuit que si f est la fonction position d'une particule en mouvement rectiligne, alors la fonction v définie par

$$v(t) = f'(t) = \lim_{h \to 0} \frac{f(t+h) - f(t)}{h} \tag{4}$$

représente la vitesse instantanée de la particule au temps t. En conséquence, l'égalité (4) définit la ***fonction vitesse instantanée*** ou, plus simplement, la ***fonction vitesse*** de la particule.

▶ **Exemple 5** À l'exemple 6 de la section 3.1, nous avons vu que, en faisant des suppositions raisonnables, le mouvement d'un objet qui tombe du haut de l'Empire State Building d'une hauteur de 381 m au-dessus du sol, peut être modélisé par la fonction position $s = f(t) = 381 - 4{,}9t^2$ où $f(t)$ est ici mesurée en mètres au-dessus du niveau du sol et t indique les secondes écoulées depuis le début de la chute.

(a) Écrire la fonction vitesse de l'objet.

(b) Déterminer l'intervalle de temps pendant lequel la fonction vitesse est valide.

(c) Quelle est la vitesse de l'objet à l'instant où il touche le sol?

Solution (a). L'égalité (4) permet d'obtenir la fonction vitesse, soit

$$\begin{aligned} v(t) &= \lim_{h \to 0} \frac{f(t+h) - f(t)}{h} = \lim_{h \to 0} \frac{[381 - 4{,}9(t+h)^2] - [381 - 4{,}9t^2]}{h} \\ &= \lim_{h \to 0} \frac{-4{,}9[t^2 + 2th + h^2 - t^2]}{h} = -4{,}9 \left(\lim_{h \to 0} \frac{2th + h^2}{h} \right) \\ &= -4{,}9 \cdot \lim_{h \to 0} (2t + h) = -9{,}8t \end{aligned}$$

où la vitesse est exprimée en mètres par seconde.

Solution (b). La fonction vitesse trouvée en (a) est valable entre le moment où l'objet est lâché du haut de l'édifice ($t = 0$) et l'instant t_1 où il touche le sol, c'est-à-dire, lorsque

$$381 - 4{,}9t_1^2 = 0 \quad \text{ou soit lorsque} \quad 4{,}9t_1^2 = 381$$

La valeur de t_1 positive qui solutionne l'équation nous dit que la fonction position est valide jusqu'à l'instant

$$t_1 = \sqrt{\frac{381}{4{,}9}} \approx 8{,}8 \text{ s}$$

Solution (c). Pour déterminer la vitesse de l'objet lorsqu'il touche le sol, on substitue la valeur de t_1 obtenue en (b) dans la fonction vitesse $v(t) = -9{,}8t$ et l'on obtient

$$v(t_1) = -9{,}8t_1 = -9{,}8\sqrt{\frac{381}{4{,}9}} \approx -86{,}4 \text{ m/s} \quad ◀$$

DÉRIVABILITÉ

Il se peut que la limite qui définit la dérivée d'une fonction f n'existe pas en certains points du domaine de f. La dérivée n'existe donc pas alors en ces points. La définition qui suit tient compte de cette possibilité.

3.2.2 DÉFINITION. Une fonction f est ***dérivable en*** $\boldsymbol{x_0}$ si la limite suivante existe :

$$f'(x_0) = \lim_{h \to 0} \frac{f(x_0+h) - f(x_0)}{h} \qquad (5)$$

Si f est dérivable en tout point de l'intervalle ouvert $]a; b[$, alors ont dit que f est ***dérivable sur*** $]\boldsymbol{a}; \boldsymbol{b}[$ et il en va de même pour les intervalles $]a; +\infty[$, $]-\infty; b[$ et $]-\infty; +\infty[$. Dans ce dernier cas, on dira que f est ***dérivable partout*** ou qu'elle est ***dérivable en tout point***.

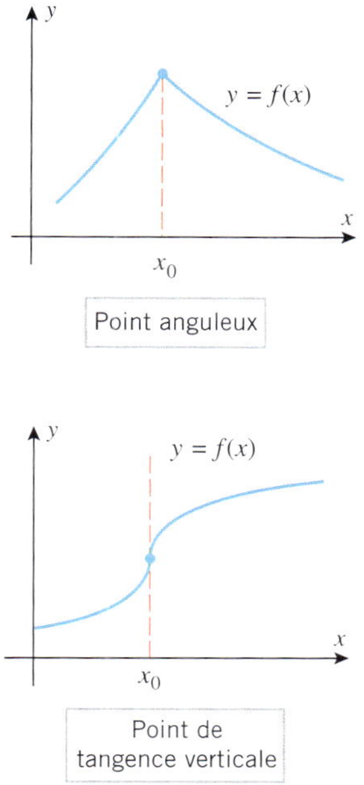

Figure 3.2.6

D'un point de vue géométrique, une fonction f est dérivable en x_0 si la courbe de f admet une tangente non verticale en x_0. Ainsi, f n'est pas dérivable en un point x_0 si les sécantes passant par les deux points distincts $P(x_0; f(x_0))$ et $Q(x; f(x))$ n'approchent pas une position limite unique et *non verticale* lorsque $x \to x_0$. La figure 3.2.6 illustre deux cas courants où une fonction continue en x_0 n'est pas dérivable en ce point. De façon informelle, on parle

- de points anguleux;
- de points de tangence verticale.

À un point anguleux, les pentes des sécantes ont des limites réelles différentes à gauche à droite et ainsi, la limite *bilatérale* qui définit la dérivée n'existe pas (figure 3.2.7). Dans un cas de tangence verticale, les pentes des sécantes tendent vers $+\infty$ ou $-\infty$ à gauche et à droite (figure 3.2.8) et cette fois encore, la limite qui définit la dérivée n'existe pas.

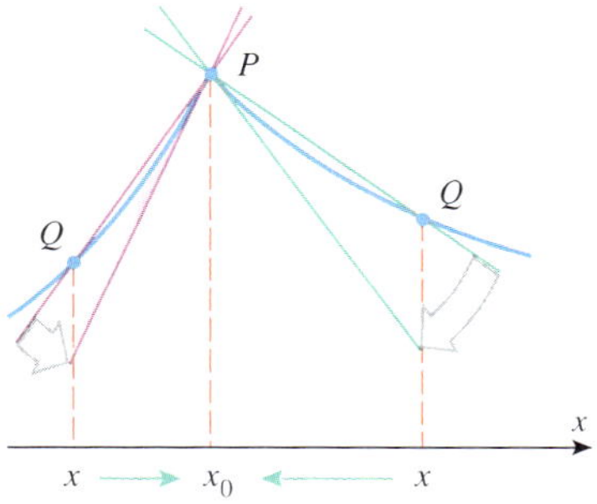

Figure 3.2.7

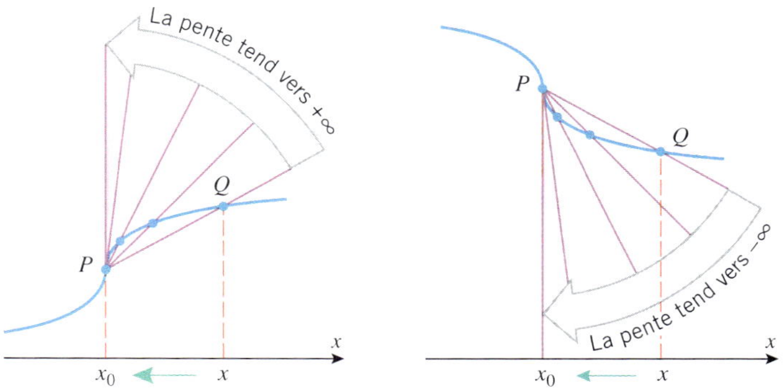

Figure 3.2.8

Il existe aussi des cas moins évidents où une fonction n'est pas dérivable (voyez l'exercice 45 à titre d'exemple).

Tel qu'illustré à la figure 3.2.9, la dérivabilité en x_0 peut aussi être décrite de façon informelle par le comportement de la courbe de f lorsqu'on en fait des plans de plus en plus

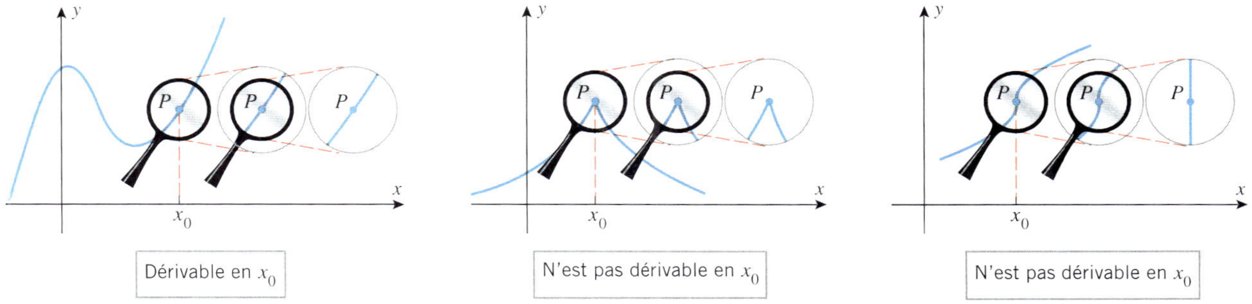

Figure 3.2.9

gros, centrés sur $P(x_0; f(x_0))$. Si f est dérivable en x_0, un agrandissement suffisamment important centré sur P donne à la courbe l'apparence d'une droite non verticale (la tangente); si x_0 est un point anguleux, alors l'angle persiste, quel que soit l'agrandissement, et la courbe n'a jamais l'allure d'une droite non verticale; finalement, si x_0 est un point de tangence verticale, alors la courbe de f s'apparente à une droite verticale lorsque l'agrandissement sur P est suffisant.

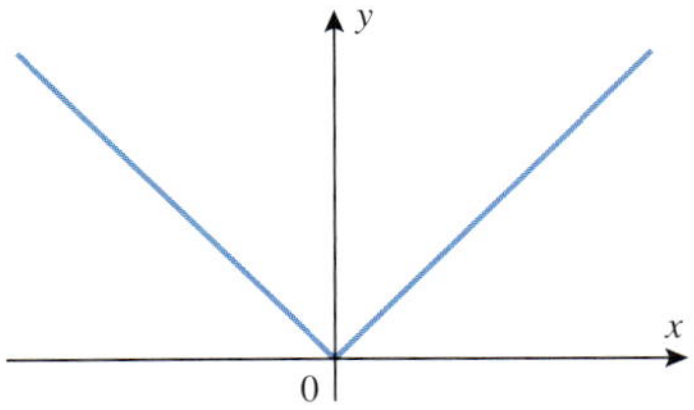

Figure 3.2.10

▶ **Exemple 6** Puisque la courbe de $y = |x|$ (figure 3.2.10) affiche un point anguleux en $x = 0$, $f(x) = |x|$ n'est pas dérivable en $x = 0$.

(a) Prouver que $f(x) = |x|$ n'est pas dérivable en $x = 0$ en montrant que la limite exprimée dans la définition 3.2.2 n'existe pas en $x = 0$.

(b) Écrire une expression pour $f'(x)$.

Solution (a). Considérant la définition (5) en prenant $x_0 = 0$, si la valeur de $f'(0)$ existait, elle serait donnée par

$$f'(0) = \lim_{h \to 0} \frac{f(0+h) - f(0)}{h} = \lim_{h \to 0} \frac{f(h) - f(0)}{h} = \lim_{h \to 0} \frac{|h| - |0|}{h} = \lim_{h \to 0} \frac{|h|}{h} \qquad (6)$$

Cependant,

$$\frac{|h|}{h} = \begin{cases} 1, & h > 0 \\ -1, & h < 0 \end{cases}$$

de sorte que

$$\lim_{h \to 0^-} \frac{|h|}{h} = -1 \quad \text{et} \quad \lim_{h \to 0^+} \frac{|h|}{h} = 1$$

Ces limites unilatérales n'étant pas égales, la limite bilatérale exprimée par (5) n'existe pas et, en conséquence, f n'est pas dérivable en $x = 0$.

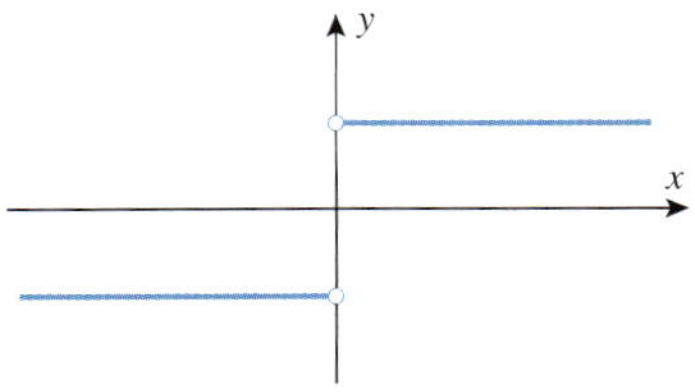

Figure 3.2.11

Solution (b). On obtient une formulation de la dérivée de $f(x) = |x|$ en écrivant $|x|$ par parties et en traitant séparément les cas où $x > 0$ et $x < 0$. Si $x > 0$, alors $f(x) = x$ et $f'(x) = 1$ et si $x < 0$, alors $f(x) = -x$ et $f'(x) = -1$. Ainsi,

$$f'(x) = \begin{cases} 1, & x > 0 \\ -1, & x < 0 \end{cases}$$

Le graphique de la figure 3.2.11 représente f'. Observez que f' est discontinue en $x = 0$; cet exemple illustre donc le cas où la dérivée d'une fonction continue en tout point n'est pas continue en tout point. ◀

DÉRIVABILITÉ ET CONTINUITÉ

Nous savons déjà que les fonctions ne sont pas dérivables aux points anguleux ni aux points de tangence verticale. Le théorème qui suit établit que les fonctions ne sont pas dérivables aux points de discontinuité. Nous allons le démontrer en prouvant que si f est dérivable en un point, alors f doit être continue en ce point.

3.2.3 THÉORÈME. *Si une fonction f est dérivable en x_0, alors f est continue en x_0.*

Un théorème de la forme *Si l'énoncé A est vrai, alors l'énoncé B est vrai* est équivalent au théorème exprimé par *Si l'énoncé B n'est pas vrai, alors l'énoncé A n'est pas vrai.* Ces deux théorèmes sont des ***propositions contraposées*** l'une de l'autre. Ainsi, on pourrait remplacer le théorème 3.2.3 par la proposition contraposée *Si une fonction f n'est pas continue en x_0, alors f n'est pas dérivable en x_0.*

PREUVE. Sachant que f est dérivable en x_0, la définition (5) permet d'affirmer que $f'(x_0)$ existe et est donnée par

$$f'(x_0) = \lim_{h \to 0} \left[\frac{f(x_0 + h) - f(x_0)}{h} \right] \tag{7}$$

Pour prouver que f est continue en x_0, nous devons montrer que $\lim_{x \to x_0} f(x) = f(x_0)$ ou bien montrer que

$$\lim_{x \to x_0} [f(x) - f(x_0)] = 0$$

Si l'on exprime cette égalité en termes de la variable h, où $h = x - x_0$, nous devrons prouver que

$$\lim_{h \to 0} [f(x_0 + h) - f(x_0)] = 0$$

Considérant l'égalité (7), on a

$$\begin{aligned} \lim_{h \to 0} [f(x_0 + h) - f(x_0)] &= \lim_{h \to 0} \left[\frac{f(x_0 + h) - f(x_0)}{h} \cdot h \right] \\ &= \lim_{h \to 0} \left[\frac{f(x_0 + h) - f(x_0)}{h} \right] \cdot \lim_{h \to 0} h \\ &= f'(x_0) \cdot 0 = 0 \end{aligned}$$

■

ATTENTION!

La réciproque du théorème 3.2.3 est fausse, c'est-à-dire qu'*une fonction peut être continue en un point sans être dérivable en ce point.* C'est ce qui se produit, par exemple, aux points anguleux des fonctions continues. Par exemple, $f(x) = |x|$ est continue en $x = 0$ sans être dérivable en ce point (exemple 6).

La relation qui unit la continuité et la dérivabilité a eu une importance historique particulière dans l'évolution du calcul différentiel et intégral. Au début du XIXe siècle, les mathématiciens croyaient que si une fonction continue admettait plusieurs points non dérivables, ces points devaient être, à la manière des dents d'une lame de scie, séparés les uns des autres et liés par des segments lisses (figure 3.2.12). Cette fausse conception s'est effritée au fil d'une série de découvertes qui débuta en 1834. Cette année-là, Bernhard Bolzano, prêtre de Bohème, philosophe et mathématicien, découvrit une façon de construire une fonction continue qui n'était dérivable en aucun point. Plus tard, en 1860, le grand mathématicien allemand Karl Weierstrass (biographie en page 140) produisit la première équation représentant une telle fonction. Il est impossible de tracer les courbes de ces fonctions; c'est comme si les points anguleux étaient tellement nombreux que l'agrandissement d'un segment de la courbe révélait chaque fois davantage de points anguleux. La découverte de ces fonctions était importante parce qu'elle a appris aux mathématiciens de se méfier de leur intuition géométrique et de s'appuyer davantage sur des preuves mathématiques rigoureuses. Ces fonctions ont récemment repris l'avant-scène, car elles jouent un rôle fondamental dans l'étude des objets géométriques appelés ***fractales***. Les fractales ont permis de démontrer qu'il existait un ordre dans les phénomènes naturels, auparavant considérés comme étant aléatoires et chaotiques.

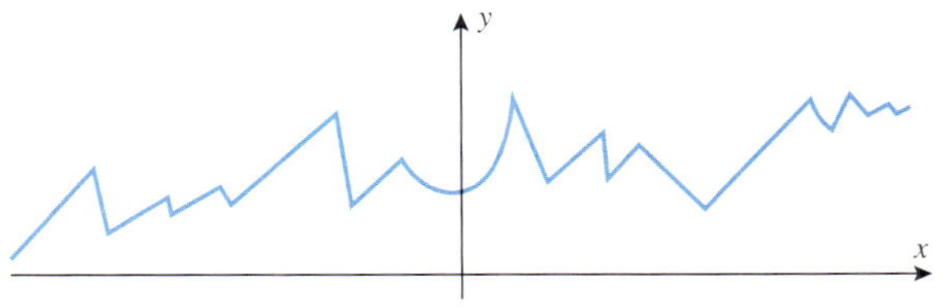

Figure 3.2.12

DÉRIVÉES AUX EXTRÉMITÉS D'UN INTERVALLE

Si une fonction f est définie sur un intervalle fermé $[a; b]$ sans l'être à l'extérieur de cet intervalle, alors f' n'existe pas aux extrémités de l'intervalle parce que les dérivées sont des limites bilatérales. Pour composer avec cette difficulté, nous définissons respectivement la ***dérivée à gauche*** et la ***dérivée à droite*** par :

$$f'_-(x) = \lim_{h \to 0^-} \frac{f(x+h) - f(x)}{h} \quad \text{et} \quad f'_+(x) = \lim_{h \to 0^+} \frac{f(x+h) - f(x)}{h}$$

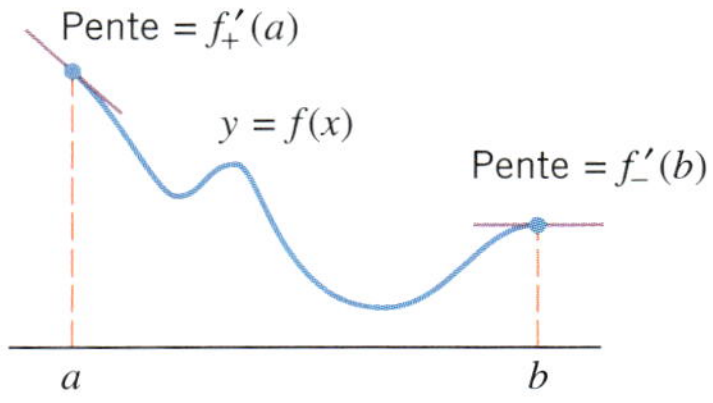

Figure 3.2.13

On parle alors de ***demi-dérivées***. D'un point de vue géométrique, $f'_-(x)$ est la limite des pentes des sécantes lorsque x est approché par la gauche et $f'_+(x)$ est la limite des pentes des sécantes lorsque x est approché par la droite. Pour un intervalle fermé $[a; b]$, on comprendra que la dérivée à la borne gauche correspond à $f'_+(a)$ et que la dérivée à la borne droite est donnée par $f'_-(b)$ (figure 3.2.13).

En général, on dira que f est ***dérivable*** sur un intervalle de la forme $[a; b]$, $[a; +\infty[$, $]-\infty; b]$, $[a; b[$ ou $]a; b]$ si elle est dérivable en tout point à l'intérieur de l'intervalle et si les demi-dérivées appropriées existent pour chaque extrémité qui est incluse.

Il peut être démontré qu'une fonction f est continue à gauche aux points où la dérivée à gauche existe et qu'elle est continue à droite aux points où la dérivée à droite existe.

AUTRES NOTATIONS DES DÉRIVÉES

Le processus de détermination d'une dérivée est appelé ***dérivation***. La dérivation est ni plus ni moins une *opération* sur les fonctions qui associe une fonction f' à une fonction f. Lorsque x est la variable indépendante, l'opération de dérivation est habituellement notée comme suit :

$$f'(x) = \frac{d}{dx}[f(x)] \quad \text{ou} \quad f'(x) = D_x[f(x)]$$

Dans le cas où il existe une variable dépendante $y = f(x)$, on écrit généralement la dérivée sous la forme suivante :

$$f'(x) = y'(x) \quad \text{ou} \quad f'(x) = \frac{dy}{dx}$$

À la fin de ce chapitre, les symboles dy et dx prendront une signification précise. Cependant, d'ici là, ne considérez pas $\frac{dy}{dx}$ comme un rapport, mais plutôt comme un symbole unique représentant la dérivée.

Avec la notation ci-dessus, la valeur de la dérivée en un point x_0 a pour expression :

$$f'(x_0) = \frac{d}{dx}[f(x)]\bigg|_{x=x_0}, \quad f'(x_0) = D_x[f(x)]\big|_{x=x_0}, \quad f'(x_0) = y'(x_0), \quad f'(x_0) = \frac{dy}{dx}\bigg|_{x=x_0}$$

Si une variable w évolue d'une valeur initiale w_0 vers une valeur finale w_1, la différence entre la valeur finale et la valeur initiale est appelée ***accroissement*** de w et cet accroissement est noté :

$$\Delta w = w_1 - w_0 \tag{8}$$

Un **accroissement** peut être positif ou négatif, selon que la valeur finale est supérieure à la valeur initiale ou qu'elle lui est inférieure. Le symbole de l'accroissement utilisé dans la définition (8) ne doit pas être interprété comme un produit; il faut plutôt considérer Δw comme un symbole unique représentant la variation de la valeur de w.

Bernhard Bolzano (1781–1848) Bolzano, fils d'un marchand de tableau, est né à Prague, en Bohème (République tchèque). Il étudia à l'Université de Prague et au fil des ans, sa réputation de mathématicien lui valut d'y être recommandé pour une chaire en mathématiques. Cependant, Bolzano fut ordonné prêtre catholique romain et accepta en 1805 une chaire en philosophie, toujours à l'Université de Prague. Doté d'une grande compassion humaine, Bolzano se prononça en faveur d'une réforme de l'éducation, fit valoir la primauté de la conscience individuelle sur les demandes gouvernementales et donna des discours sur l'absurdité de la guerre et du militarisme. Ses opinions déplurent tant à l'empereur François 1er qu'il pressa l'archevêque de Prague d'exiger de Bolzano qu'il se rétracte. Bolzano refusa, à la suite de quoi il fut forcé de quitter ses fonctions en 1824 avec une maigre pension. Sa contribution aux mathématiques fut surtout de nature philosophique. Ses travaux convainquirent les mathématiciens qu'à la base, les mathématiques devaient ultimement s'appuyer sur des preuves rigoureuses plutôt que sur l'intuition. Outre ses travaux en mathématiques, Bolzano intéressa à des problèmes touchant à l'espace, à la force et à la propagation des ondes.

Reprenons la définition de la dérivée :

$$f'(x) = \lim_{h \to 0} \frac{f(x+h) - f(x)}{h} \tag{9}$$

En considérant la variable h comme un accroissement Δx de x, la définition (9) s'écrit

$$f'(x) = \lim_{\Delta x \to 0} \frac{f(x + \Delta x) - f(x)}{\Delta x} \tag{10}$$

De plus, si $y = f(x)$, alors le numérateur de (10) représente un accroissement Δy de la forme

$$\Delta y = f(x + \Delta x) - f(x) \tag{11}$$

On a alors

$$\frac{dy}{dx} = \lim_{\Delta x \to 0} \frac{\Delta y}{\Delta x} = \lim_{\Delta x \to 0} \frac{f(x + \Delta x) - f(x)}{\Delta x} \tag{12}$$

L'interprétation géométrique de Δx et Δy est montrée à la figure 3.2.14.

Il est parfois souhaitable d'exprimer les dérivées sous une forme qui ne fait aucune référence explicite aux accroissements. Par exemple, si l'on prend $w = x + h$ dans la définition (9), alors $h = w - x$ et $w \to x$ lorsque $h \to 0$ et cette définition devient

$$f'(x) = \lim_{w \to x} \frac{f(w) - f(x)}{w - x} \tag{13}$$

(Comparez les figures 3.2.14 et 3.2.15.)

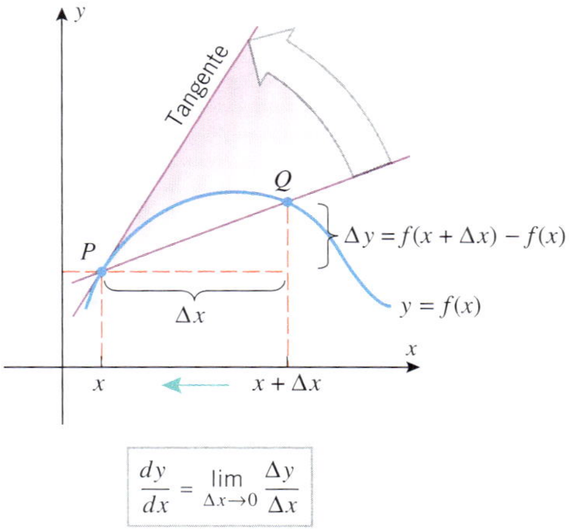

Figure 3.2.14

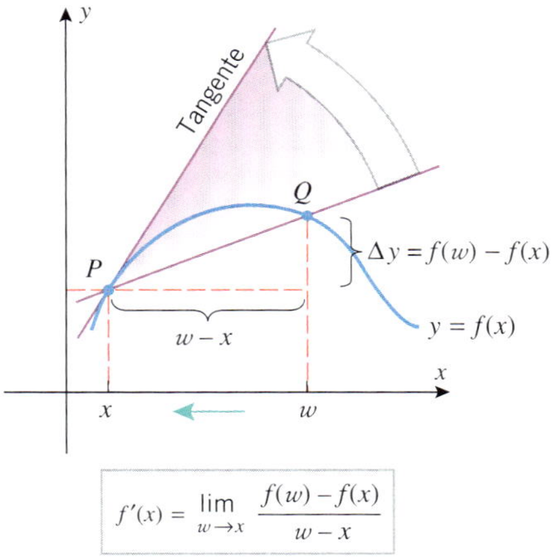

Figure 3.2.15

Lorsqu'on utilise d'autres lettres que x et y pour les variables indépendante et dépendante, il faut ajuster les notations des dérivées en conséquence. Ainsi, par exemple, si $s = f(t)$ est la fonction position d'une particule en mouvement rectiligne, alors la fonction vitesse v à la définition (4) devient :

$$v(t) = \frac{ds}{dt} = \lim_{\Delta t \to 0} \frac{\Delta s}{\Delta t} = \lim_{\Delta t \to 0} \frac{f(t + \Delta t) - f(t)}{\Delta t} \tag{14}$$

✔ VÉRIFICATION EXPRESS 3.2

(Réponses à la page 197.)

1. (a) La dérivée $f'(x)$ est définie par

$$f'(x) = \lim_{h \to 0} \_\_\_\_\_\_\_\_$$

(b) Soit $f(2+h) = 3h \cos h - 1$ pour toute valeur de h. La valeur de $f'(2)$ est ________.

2. Sur la courbe de $y = \sqrt{x}$, la pente de la tangente au point ________ est égale à la coordonnée y de ce point.

3. Si la droite $2x + 3y = 5$ est tangente à la courbe de $y = f(x)$ en $x = 1$, la valeur de $f(1)$ est ________ et celle de $f'(1)$ est ________.

4. Soit la limite

$$\lim_{h \to 0} \frac{f(x_0 + h) - f(x_0)}{h}$$

Quel théorème assure que, si cette limite existe, alors $\lim_{x \to x_0} f(x) = f(x_0)$?

SÉRIE D'EXERCICES 3.2

Outil graphique

JONGLONS AVEC LES CONCEPTS

1. À partir du graphique de $y = f(x)$ donné à la figure Ex-1, estimer les valeurs de $f'(1)$, $f'(3)$, $f'(5)$ et $f'(6)$.

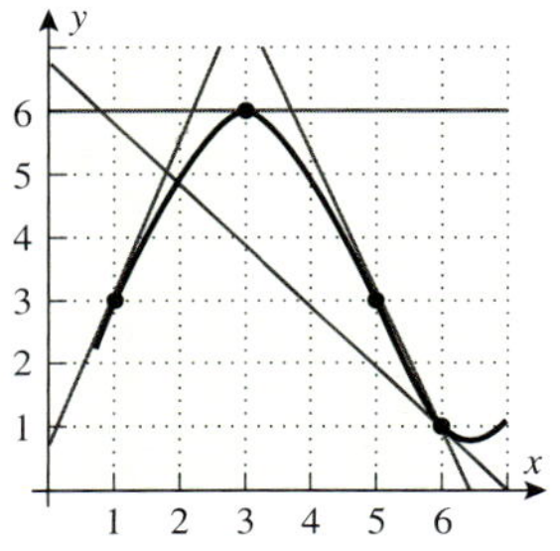

Figure Ex-1

2. Considérant la fonction mise en graphique à la figure Ex-2, placer les nombres suivants en ordre croissant : 0, $f'(-3)$, $f'(0)$, $f'(2)$ et $f'(4)$.

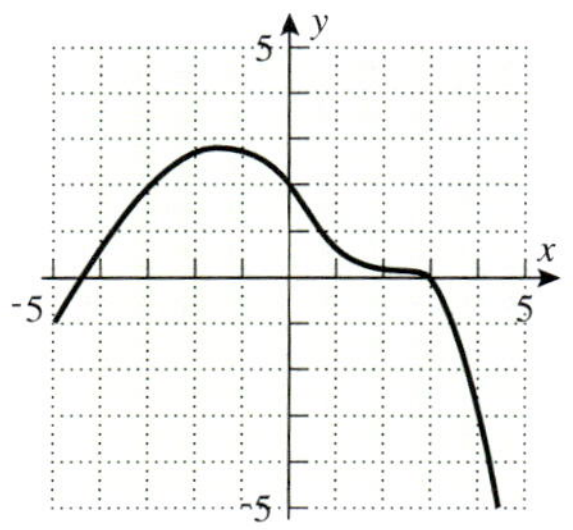

Figure Ex-2

3. (a) Si l'équation de la tangente à $y = f(x)$ au point $(a, f(a))$ est connue, proposer une façon de procéder pour trouver $f'(a)$.
   (b) Sachant que la tangente à $y = f(x)$ au point (2; 5) a pour équation $y = 3x - 1$, déterminer $f'(2)$.
   (c) Considérant la fonction $y = f(x)$ de la partie (b), quel est le taux de variation instantané de y par rapport à x en $x = 2$?

4. Sachant que la tangente à $y = f(x)$ au point (1; 2) passe par le point (-1; -1), déterminer $f'(1)$.

5. Esquisser la courbe d'une fonction f telle que $f(0) = -1$, $f'(0) = 0$, $f'(x) < 0$ si $x < 0$ et $f'(x) > 0$ si $x > 0$.

6. Esquisser la courbe d'une fonction f telle que $f(0) = 0$, $f'(0) = 0$ et $f'(x) > 0$ si $x < 0$ ou $x > 0$.

7. Sachant que $f(3) = -1$ et $f'(3) = 5$, donner une équation de la tangente à la courbe $y = f(x)$ en $x = 3$.

8. Sachant que $f(-2) = 3$ et $f'(-2) = -4$, donner une équation de la tangente à la courbe $y = f(x)$ en $x = -2$.

9–14 À partir de la définition 3.2.1, déterminer $f'(x)$ et donner ensuite une équation de la tangente à la courbe $y = f(x)$ en $x = a$.

9. $f(x) = 2x^2$; $a = 1$
10. $f(x) = \frac{1}{x^2}$; $a = -1$
11. $f(x) = x^3$; $a = 0$
12. $f(x) = 2x^3 + 1$; $a = -1$
13. $f(x) = \sqrt{x+1}$; $a = 8$
14. $f(x) = \sqrt{2x+1}$; $a = 4$

15–20 Utiliser la définition (12) pour déterminer $\frac{dy}{dx}$.

15. $y = \dfrac{1}{x}$
16. $y = \dfrac{1}{x+1}$
17. $y = x^2 - x$
18. $y = x^4$
19. $y = \dfrac{1}{\sqrt{x}}$
20. $y = \dfrac{1}{\sqrt{x-1}}$

21–22 Utiliser la définition 3.2.1 (modifier la notation au besoin) pour obtenir la dérivée demandée.

21. Déterminer $f'(t)$ si $f(t) = 4t^2 + t$.
22. Déterminer $\frac{dV}{dr}$ si $V = \frac{4}{3}\pi r^3$.

JONGLONS AVEC LES CONCEPTS

23. Associer les graphiques des fonctions (a) à (f) à ceux des dérivées correspondantes, identifiées (A) à (F).

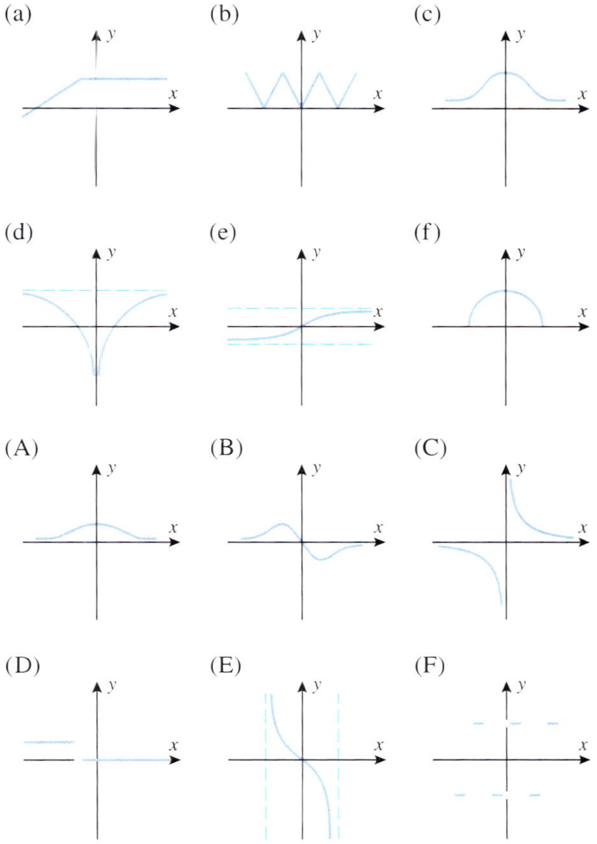

24. Soit $f(x) = \sqrt{1 - x^2}$. Déterminer $f'\left(\frac{\sqrt{2}}{2}\right)$ en utilisant un argument géométrique.

25–26 Esquisser la courbe de la dérivée de la fonction représentée sur chacun des graphiques.

25. (a) (b) (c)

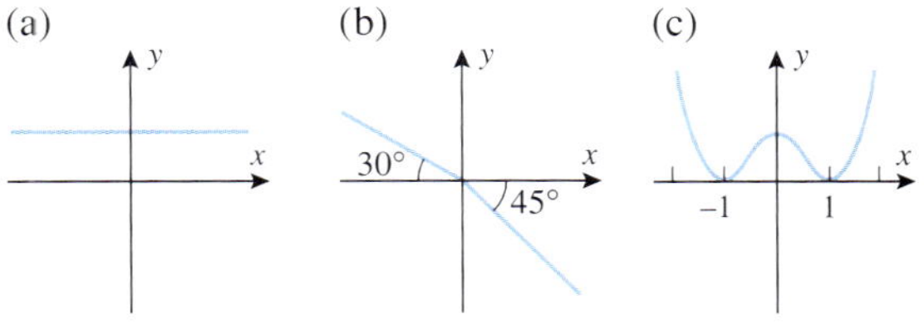

26. (a) (b) (c)

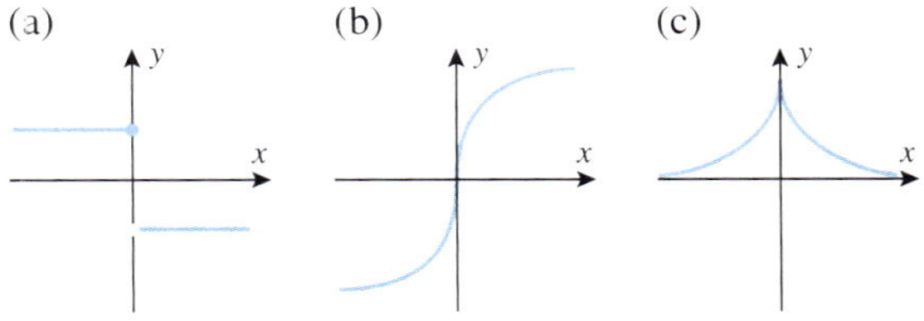

27–28 La limite $f'(a)$ est donnée pour une certaine fonction f et un nombre particulier a. Identifier $f(x)$ et a dans chacun des cas.

27. (a) $\displaystyle\lim_{\Delta x \to 0} \frac{\sqrt{1 + \Delta x} - 1}{\Delta x}$ (b) $\displaystyle\lim_{x_1 \to 3} \frac{x_1^2 - 9}{x_1 - 3}$

28. (a) $\displaystyle\lim_{h \to 0} \frac{\cos(\pi + h) + 1}{h}$ (b) $\displaystyle\lim_{x \to 1} \frac{x^7 - 1}{x - 1}$

29. Déterminer $\left.\dfrac{dy}{dx}\right|_{x=1}$ sachant que $y = 1 - x^2$.

30. Déterminer $\left.\dfrac{dy}{dx}\right|_{x=-2}$ sachant que $y = \dfrac{x + 2}{x}$.

31. Écrire l'équation de la tangente à la courbe $y = x^3 - 2x + 1$ au point (0; 1) et, à l'aide d'un outil graphique, superposer le tracé de la fonction et celui de la tangente sur le même graphique.

32. Superposer sur le même graphique la courbe $y = \frac{x^2}{4}$, la tangente à cette courbe en $x = 1$ et la sécante qui passe par les points (0; 0) et (2; 1) de cette courbe.

33. Soit $f(x) = 2^x$. Estimer $f'(1)$ en suivant la méthode donnée.

(a) Appliquer le zoom avant d'un outil graphique, centré sur un point approprié, jusqu'à ce que la courbe ait l'apparence d'une ligne droite; évaluer alors la pente de cette droite.

(b) Évaluer la limite posée par la définition (13) en complétant, à l'aide d'un outil de calcul, un tableau qui contienne une série de valeurs de w s'approchant de 1.

34. Soit $f(x) = \sin x$. Estimer $f'\left(\frac{\pi}{4}\right)$ en suivant la méthode donnée.

(a) Appliquer le zoom avant d'un outil graphique, centré sur un point approprié, jusqu'à ce que la courbe ait l'apparence d'une ligne droite; évaluer alors la pente de cette droite.

(b) Évaluer la limite posée par la définition (13) en complétant, à l'aide d'un outil de calcul, un tableau qui contienne une série de valeurs de w s'approchant de $\frac{\pi}{4}$.

JONGLONS AVEC LES CONCEPTS

35. Supposer que le coût du forage de x mètres d'un puits de pétrole coûte $C = f(x)$ dollars.

(a) Quelles sont les unités de $f'(x)$?

(b) Concrètement, que représente ici $f'(x)$?

(c) Que peut-on dire du signe de $f'(x)$?

(d) Estimer le coût du forage d'un mètre supplémentaire, à partir d'une profondeur de 92 m, sachant que $f'(92) = 305$.

36. Dans une usine où l'on fabrique de la peinture, on estime être en mesure de vendre $g = f(p)$ litres de peinture à p dollars.

(a) Quelles sont les unités de $\frac{dg}{dp}$?

(b) Concrètement, que représente ici $\frac{dg}{dp}$?

(c) Que sait-on du signe de $\frac{dg}{dp}$?

(d) Sachant que $\left.\frac{dg}{dp}\right|_{p=2,5} = -400$, quel effet aura l'augmentation du prix de la peinture, s'il passe de 2,50 \$ à 2,75 \$ le litre?

37. C'est un fait établi que lorsqu'une corde flexible est enroulée autour d'un cylindre, une force légère de grandeur F_0, appliquée à une extrémité, peut résister à une force importante de grandeur F appliquée à l'autre extrémité. La grandeur de F dépend de l'angle θ selon lequel la corde est enroulée autour du cylindre (figure Ex-37). La figure donne le graphique de F (en newtons) en fonction de θ (en radians), où F correspond à la grandeur de la force qui peut être contrée par une force de grandeur $F_0 = 45$ N, pour une corde et un cylindre donnés.

(a) Estimer les valeurs de F et $\frac{dF}{d\theta}$ si l'angle $\theta = 10$ radians.

(b) Il peut être démontré que la force F obéit à l'équation $d\frac{F}{d\theta} = \mu F$, où la constante μ est le ***coefficient de frottement***. Utiliser les résultats obtenus en (a) pour estimer la valeur de μ.

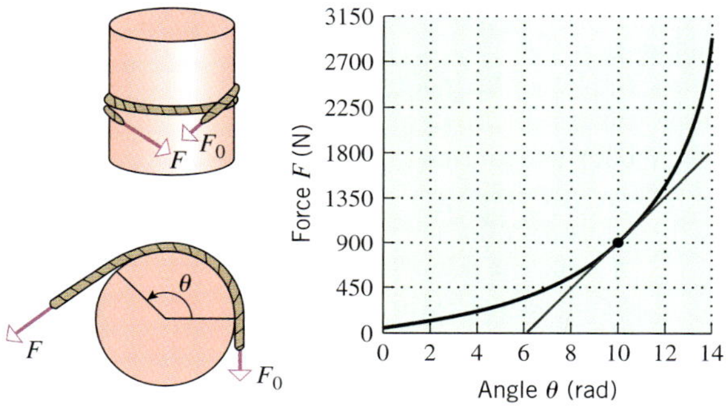

Figure Ex-37

38. La figure Ex-38 donne le graphique vitesse-temps d'une fusée dans l'espace, où la seule force significative exercée sur la fusée provient de ses moteurs. Il peut être démontré que la masse $M(t)$ (en kilogrammes) de la fusée au temps t secondes obéit à l'équation

$$M(t) = \frac{T}{\frac{dv}{dt}}$$

où T représente la poussée (en N) exercée par les moteurs de la fusée et v, la vitesse de la fusée (en m/s). La poussée exercée par le premier étage d'une fusée *Saturne V* est $T = 34\ 143\ 715$ N. Utiliser cette valeur de T et le segment de droite tracé sur le graphique pour estimer la masse de la fusée au temps $t = 100$.

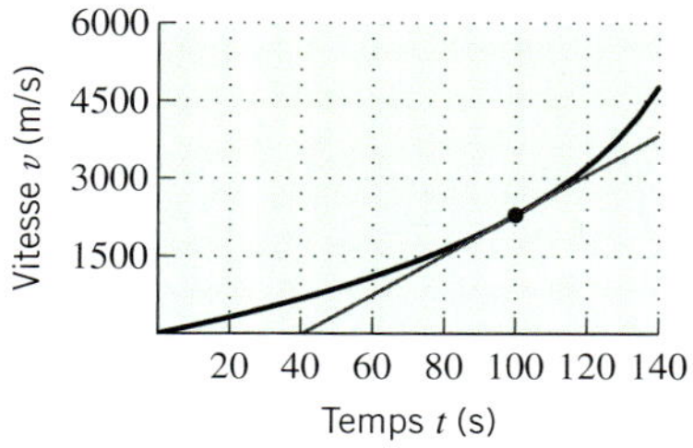

Figure Ex-38

39. Selon la ***loi de refroidissement de Newton,*** le taux de variation de la température d'un corps est proportionnel à la différence de température entre le corps et le milieu environnant. La figure Ex-39 montre le graphique de la température T (en degrés Celsius) en fonction du temps t (en minutes) d'une tasse de café initialement à 93 °C qui refroidit dans une pièce où la température est maintenue constante à 24 °C.

(a) Estimer T et $\frac{dT}{dt}$ lorsque $t = 10$ minutes.

(b) La loi de refroidissement de Newton peut être exprimée sous la forme

$$\frac{dT}{dt} = k(T - T_0)$$

où k représente la constante de proportionnalité et T_0, la température (considérée constante) du milieu environnant. Utiliser les réponses obtenues en (a) pour évaluer k.

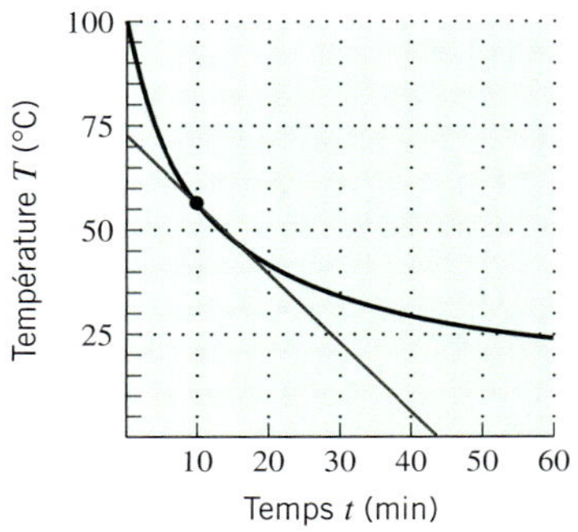

Figure Ex-39

40. Écrire un paragraphe pour expliquer ce qu'est une fonction dérivable. Inclure quelques exemples de fonctions qui ne sont pas dérivables et expliquer la relation qui existe entre la dérivabilité et la continuité.

41. Montrer que $f(x) = \sqrt[3]{x}$ est continue en $x = 0$, sans être dérivable en $x = 0$. Esquisser la courbe de f.

42. Montrer que $f(x) = \sqrt[3]{(x-2)^2}$ est continue en $x = 2$, sans être dérivable en $x = 2$. Esquisser la courbe de f.

43. Montrer que la fonction définit par

$$f(x) = \begin{cases} x^2 + 1, & x \leq 1 \\ 2x, & x > 1 \end{cases}$$

est continue et dérivable en $x = 1$. Esquisser la courbe de f.

44. Montrer que la fonction définit par

$$f(x) = \begin{cases} x^2 + 2, & x \leq 1 \\ x + 2, & x > 1 \end{cases}$$

est continue, mais non dérivable en $x = 1$. Esquisser la courbe de f.

45. Montrer que la fonction définit par

$$f(x) = \begin{cases} x \sin\left(\frac{1}{x}\right), & x \neq 0 \\ 0, & x = 0 \end{cases}$$

est continue, mais non dérivable en $x = 0$. Esquisser la courbe de f au voisinage de $x = 0$. (Voir la figure 2.6.6 et la remarque qui suit l'exemple 5 de la section 2.6.)

46. Montrer que la fonction définit par

$$f(x) = \begin{cases} x^2 \sin\left(\frac{1}{x}\right), & x \neq 0 \\ 0, & x = 0 \end{cases}$$

est continue et dérivable en $x = 0$. Esquisser la courbe de f au voisinage de $x = 0$.

JONGLONS AVEC LES CONCEPTS

47. Soit une fonction f dérivable en x_0 et telle que $f'(x_0) > 0$. Prouver qu'il existe un intervalle ouvert qui contient x_0 et tel que, si x_1 et x_2 sont deux points de cet intervalle et si $x_1 < x_0 < x_2$, alors $f(x_1) < f(x_0) < f(x_2)$.

48. Considérons une fonction f dérivable en x_0 et définissons $g(x) = f(mx + b)$ où m et b sont des constantes. Prouver que si x_1 est un point où $mx_1 + b = x_0$, alors $g(x)$ est dérivable en x_1 et $g'(x_1) = mf'(x_0)$.

49. Soit f, une fonction dérivable en $x = 0$ telle que $f(0) = f'(0) = 0$ et $y = mx$, $m \neq 0$, une droite quelconque de pente non nulle passant par l'origine.

(a) Prouver qu'il existe un intervalle ouvert qui contient 0 et tel que, pour tout x de cet intervalle, $|f(x)| < \left|\frac{1}{2}mx\right|$. [*Indice :* Poser $\epsilon = \frac{1}{2}|m|$ et appliquer la définition 2.4.1 à l'égalité (5) en prenant $x_0 = 0$.]

(b) En référant à la partie (a) et à l'inégalité du triangle, montrer qu'il existe un intervalle ouvert qui contient 0 et tel que $|f(x)| < |f(x) - mx|$ pour tout x de cet intervalle.

(c) Expliquer pourquoi le résultat énoncé en (b) signifie que la tangente à la courbe de f à l'origine est la meilleure approximation *linéaire* de f en ce point.

50. Soit f, une fonction dérivable en x_0. Modifier l'argument soutenu à l'exercice 49 de façon à prouver que la tangente à la courbe de f au point $P(x_0, f(x_0))$ constitue la meilleure approximation linéaire de f au point P. [*Indice :* Supposer que $y = f(x_0) + m(x - x_0)$ représente une droite quelconque passant par $P(x_0, f(x_0))$ et dont la pente $m \neq f'(x_0)$. Appliquer la définition 2.4.1 à l'égalité (5) en prenant $x = x_0 + h$ et $\epsilon = \frac{1}{2}|f'(x_0) - m|$.]

✔ VÉRIFICATION EXPRESS 3.2 – RÉPONSES

1. (a) $\dfrac{f(x+h) - f(x)}{h}$ (b) 3 **2.** $\left(\dfrac{1}{2}, \dfrac{\sqrt{2}}{2}\right)$ **3.** 1; $-\dfrac{2}{3}$

4. Le théorème 3.2.3 : *Si une fonction f est dérivable en x_0, alors f est continue en x_0.*

3.3 TECHNIQUES DE DÉRIVATION

Dans la section précédente, nous avons défini la dérivée d'une fonction f par une limite et nous avons utilisé cette limite pour calculer quelques dérivées simples. Dans cette section, nous allons élaborer d'importants théorèmes qui vont nous permettre de déterminer plus facilement les dérivées.

DÉRIVÉE D'UNE CONSTANTE

Les fonctions constantes définies par $f(x) = c$ sont les plus simples de toutes les fonctions. La courbe de f étant une droite horizontale de pente 0, la tangente à la courbe de f est de pente 0 pour tout x; d'un point de vue géométrique, on voit que $f'(x) = 0$ (figure 3.3.1). L'algèbre mène à la même conclusion. En effet,

$$f'(x) = \lim_{h\to 0} \frac{f(x+h) - f(x)}{h} = \lim_{h\to 0} \frac{c - c}{h} = \lim_{h\to 0} 0 = 0$$

Nous avons donc prouvé le théorème suivant :

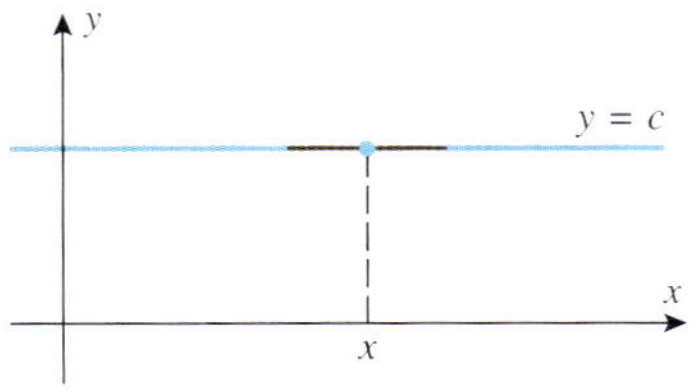

La pente de la tangente à la courbe de $f(x) = c$ est égale à 0 pour toute valeur de x.

Figure 3.3.1

3.3.1 THÉORÈME. *La dérivée d'une fonction constante est nulle, c'est-à-dire que, si c est un nombre réel, alors*

$$\frac{d}{dx}[c] = 0 \tag{1}$$

▶ Exemple 1

$$\frac{d}{dx}[1] = 0, \quad \frac{d}{dx}[-3] = 0, \quad \frac{d}{dx}[\pi] = 0, \quad \frac{d}{dx}[-\sqrt{2}] = 0 \blacktriangleleft$$

DÉRIVÉES DES PUISSANCES ENTIÈRES DE *x*

La fonction définie par $f(x) = x$ est la plus simple fonction puissance. Dans ce cas, la courbe de f est une droite de pente 1 et l'exemple 3 de la section 3.2 permet de déduire que $f'(x) = 1$ pour tout x (figure 3.3.2). Autrement dit,

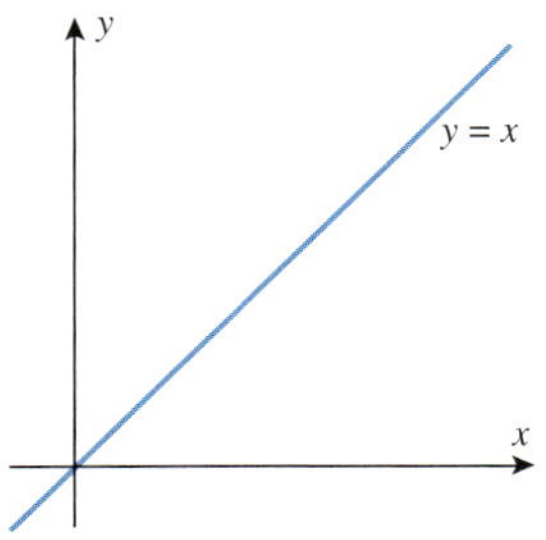

La pente de la tangente à la courbe de $f(x) = x$ est égale à 1 pour toute valeur de x.

Figure 3.3.2

$$\frac{d}{dx}[x] = 1 \tag{2}$$

Cette formule est un cas particulier d'une formule plus générale :

Vérifiez que l'égalité (2) est le cas particulier de l'égalité (3) lorsque $n = 1$.

3.3.2 THÉORÈME (*Règle des puissances*). *Si n est un entier positif, alors*

$$\frac{d}{dx}[x^n] = nx^{n-1} \tag{3}$$

PREUVE. Soit $f(x) = x^n$. En considérant la définition de la dérivée et en utilisant la formule du binôme pour développer l'expression $(x+h)^n$, on obtient

$$\begin{aligned}
\frac{d}{dx}[x^n] = f'(x) &= \lim_{h\to 0}\frac{f(x+h)-f(x)}{h} = \lim_{h\to 0}\frac{(x+h)^n - x^n}{h} \\
&= \lim_{h\to 0}\frac{\left[x^n + nx^{n-1}h + \frac{n(n-1)}{2!}x^{n-2}h^2 + \cdots + nxh^{n-1} + h^n\right] - x^n}{h} \\
&= \lim_{h\to 0}\frac{nx^{n-1}h + \frac{n(n-1)}{2!}x^{n-2}h^2 + \cdots + nxh^{n-1} + h^n}{h} \\
&= \lim_{h\to 0}\left[nx^{n-1} + \frac{n(n-1)}{2!}x^{n-2}h + \cdots + nxh^{n-2} + h^{n-1}\right] \\
&= nx^{n-1} + 0 + \cdots + 0 + 0 \\
&= nx^{n-1}
\end{aligned}$$

■

En mots, la dérivée de x élevé à une puissance entière positive est égale au produit de l'exposant entier et de x élevé à la puissance de l'entier inférieur suivant.

▶ Exemple 2

$$\frac{d}{dx}[x^2] = 2x, \quad \frac{d}{dx}[x^3] = 3x^2, \quad \frac{d}{dx}[x^4] = 4x^3, \quad \frac{d}{dt}[t^{12}] = 12t^{11} \blacktriangleleft$$

Bien que la règle des puissances, la règle (3), s'applique uniquement aux puissances entières *positives* de x, nous montrerons plus loin que la même règle vaut pour tout exposant réel. Faisons un premier pas dans cette direction en montrant qu'elle tient pour toute puissance entière de x.

3.3.3 THÉORÈME ***(Règle élargie des puissances).*** *Si n est un entier quelconque, alors*

$$\frac{d}{dx}[x^n] = nx^{n-1} \tag{4}$$

PREUVE. Le théorème a déjà été démontré pour $n > 0$. Si $n < 0$, alors posons $m = -n$; on a

$$x^n = x^{-m} = \frac{1}{x^m}$$

Alors

$$\frac{d}{dx}[x^n] = \frac{d}{dx}\left[\frac{1}{x^m}\right] = \lim_{h\to 0}\frac{\dfrac{1}{(x+h)^m} - \dfrac{1}{x^m}}{h} = \lim_{h\to 0}\frac{x^m - (x+h)^m}{(x+h)^m x^m h}$$

$$= -\lim_{h\to 0}\frac{(x+h)^m - x^m}{h} \cdot \lim_{h\to 0}\frac{1}{(x+h)^m x^m}$$

$$= \underbrace{-mx^{m-1}} \cdot \frac{1}{x^{2m}} = -mx^{-m-1}$$

D'après la preuve du théorème 3.3.2.

$$= nx^{n-1}$$

ce qui prouve la règle (4). Dans le cas où $n = 0$, l'égalité (4) se ramène à

$$\frac{d}{dx}[1] = 0 \cdot x^{-1} = 0$$

ce qui est exact d'après le théorème 3.3.1. ■

▸ Exemple 3

$$\frac{d}{dx}[x^{-9}] = -9x^{-9-1} = -9x^{-10}$$

$$\frac{d}{dx}\left[\frac{1}{x}\right] = \frac{d}{dx}[x^{-1}] = (-1)x^{-1-1} = -x^{-2} = -\frac{1}{x^2}$$

$$\frac{d}{dw}\left[\frac{1}{w^{100}}\right] = \frac{d}{dw}[w^{-100}] = -100w^{-101} = -\frac{100}{w^{101}}$$ ◂

Revenons en arrière pour constater que la règle (4) vaut également pour $n = \frac{1}{2}$, sachant que nous avons montré à l'exemple 4 de la section 3.2 que

$$\frac{d}{dx}[\sqrt{x}] = \frac{1}{2\sqrt{x}} \tag{5}$$

qu'on récrit comme suit

$$\frac{d}{dx}[x^{\frac{1}{2}}] = \frac{1}{2}x^{-\frac{1}{2}}$$

DÉRIVÉE DU PRODUIT D'UNE CONSTANTE ET D'UNE FONCTION

La règle (6) peut également être exprimée en utilisant la notation des fonctions, soit

$$(cf)' = cf'$$

3.3.4 THÉORÈME (*Règle de la multiplication par une constante*). *Si f est dérivable en x et si c est un nombre réel, alors cf est également dérivable en x et*

$$\frac{d}{dx}[cf(x)] = c\frac{d}{dx}[f(x)] \tag{6}$$

PREUVE.

$$\begin{aligned}\frac{d}{dx}[cf(x)] &= \lim_{h\to 0}\frac{cf(x+h)-cf(x)}{h}\\ &= \lim_{h\to 0} c\left[\frac{f(x+h)-f(x)}{h}\right]\\ &= c\lim_{h\to 0}\frac{f(x+h)-f(x)}{h}\\ &= c\frac{d}{dx}[f(x)]\end{aligned}$$

Un facteur constant peut être déplacé de part et d'autre du symbole de la limite.

■

En mots, un facteur constant peut être déplacé de part et d'autre du symbole de dérivation.

► **Exemple 4**

$$\frac{d}{dx}[4x^8] = 4\frac{d}{dx}[x^8] = 4[8x^7] = 32x^7$$

$$\frac{d}{dx}[- - x^{12}] = (-1)\frac{d}{dx}[x^{12}] = -12x^{11}$$

$$\frac{d}{dx}\left[\frac{\pi}{x}\right] = \pi\frac{d}{dx}[x^{-1}] = \pi(-x^{-2}) = -\frac{\pi}{x^2}$$ ◄

DÉRIVÉES DES SOMMES ET DES DIFFÉRENCES

3.3.5 THÉORÈME (*Règles de la somme et de la différence*). *Si f et g sont dérivables en x, alors $f+g$ et $f-g$ le sont également et*

$$\frac{d}{dx}[f(x)+g(x)] = \frac{d}{dx}[f(x)] + \frac{d}{dx}[g(x)] \tag{7}$$

$$\frac{d}{dx}[f(x)-g(x)] = \frac{d}{dx}[f(x)] - \frac{d}{dx}[g(x)] \tag{8}$$

Les règles (7) et (8) peuvent aussi être exprimées comme suit :

$$(f+g)' = f' + g'$$
$$(f-g)' = f' - g'$$

PREUVE. L'égalité (7) peut être démontrée en considérant :

$$\begin{aligned}\frac{d}{dx}[f(x)+g(x)] &= \lim_{h\to 0}\frac{[f(x+h)+g(x+h)]-[f(x)+g(x)]}{h}\\ &= \lim_{h\to 0}\frac{[f(x+h)-f(x)]+[g(x+h)-g(x)]}{h}\\ &= \lim_{h\to 0}\frac{f(x+h)-f(x)}{h}+\lim_{h\to 0}\frac{g(x+h)-g(x)}{h}\\ &= \frac{d}{dx}[f(x)]+\frac{d}{dx}[g(x)]\end{aligned}$$

La limite d'une somme est égale à la somme des limites.

L'égalité (8) peut être prouvée en suivant un raisonnement semblable ou, autrement, en écrivant $f(x) - g(x)$ sous la forme $f(x) + (\text{-}1)g(x)$ et en appliquant ensuite les règles (6) et (7). ■

En mots, la dérivée d'une somme est égale à la somme des dérivées et la dérivée d'une différence est égale à la différence des dérivées.

▶ Exemple 5

$$\frac{d}{dx}[2x^6+x^{-9}]=\frac{d}{dx}[2x^6]+\frac{d}{dx}[x^{-9}]=12x^5+(-9)x^{-10}=12x^5-9x^{-10}$$

$$\frac{d}{dx}[1-2\sqrt{x}]=\frac{d}{dx}[1]-\frac{d}{dx}[2\sqrt{x}]=0-2\left(\frac{1}{2\sqrt{x}}\right)=-\frac{1}{\sqrt{x}}$$

Voir l'égalité (5) ◀

Bien que les règles (7) et (8) aient été formulées pour la somme et la différence de deux fonctions, elles peuvent être généralisées à un nombre fini de fonctions. Par exemple, en regroupant des fonctions et en appliquant l'égalité (7) à deux reprises, on obtient

$$(f+g+h)'=[(f+g)+h]'=(f+g)'+h'=f'+g'+h'$$

Tel qu'illustré à l'exemple qui suit, on peut dériver n'importe quel polynôme en combinant la règle de la multiplication par une constante et la version généralisée des règles de la somme et de la différence.

▶ Exemple 6 Évaluer $\frac{dy}{dx}$ si $y = 3x^8 - 2x^5 + 6x + 1$.

Solution.

$$\begin{aligned}\frac{dy}{dx} &= \frac{d}{dx}[3x^8-2x^5+6x+1]\\ &= \frac{d}{dx}[3x^8]-\frac{d}{dx}[2x^5]+\frac{d}{dx}[6x]+\frac{d}{dx}[1]\\ &= 24x^7-10x^4+6 \quad ◀\end{aligned}$$

▶ Exemple 7 À quels points, s'il y a lieu, la courbe de $y = x^3 - 3x + 4$ affiche-t-elle une tangente horizontale?

Solution. Les tangentes horizontales ont une pente nulle; nous devons donc chercher les valeurs de x telles que $y'(x) = 0$. La dérivation donne

$$y'(x)=\frac{d}{dx}[x^3-3x+4]=3x^2-3$$

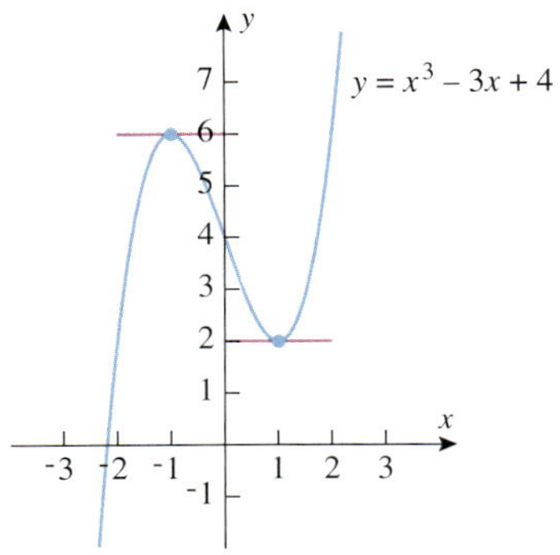

Figure 3.3.3

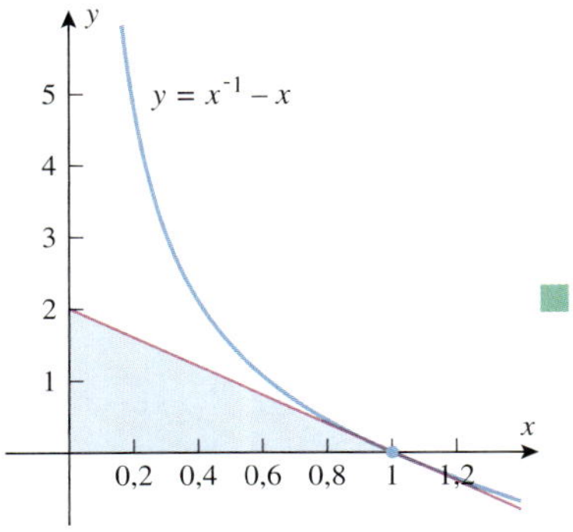

Figure 3.3.4

Ainsi, la courbe admet des tangentes horizontales aux valeurs de x qui vérifient l'égalité $3x^2 - 3 = 0$, soit $x = -1$ ou $x = 1$. Les points cherchés de la courbe $y = x^3 - 3x + 4$ sont (-1; 6) et (1; 2) (figure 3.3.3). ◄

▸ **Exemple 8** Déterminer l'aire du triangle délimité par les axes de coordonnées et par la tangente à la courbe $y = x^{-1} - x$ au point (1; 0).

Solution. Considérons la dérivée de y par rapport à x; on a

$$y'(x) = \frac{d}{dx}[x^{-1} - x] = \frac{d}{dx}[x^{-1}] - \frac{d}{dx}[x] = -x^{-2} - 1$$

La pente de la tangente au point (1; 0) est $y'(1) = -2$. La tangente en ce point a donc pour équation

$$y - 0 = -2(x - 1) \quad \text{ou bien,} \quad y = -2x + 2$$

Sachant que l'ordonnée à l'origine de cette droite est 2, l'aire du triangle délimité par les axes de coordonnées et par cette tangente est de 1 unité carrée (figure 3.3.4). ◄

DÉRIVÉES D'ORDRE SUPÉRIEUR

La dérivée f' d'une fonction f est elle-même une fonction et, en ce sens, elle peut aussi être dérivée. Si f' est dérivable, alors sa dérivée, notée f'', est appelée ***dérivée seconde*** de f. Aussi longtemps que les fonctions obtenues sont dérivables, la dérivation peut être appliquée pour obtenir les dérivées troisième, quatrième, cinquième et d'autres dérivées d'ordre supérieur de f. Voici la notation utilisée pour ces dérivées :

$$f', \quad f'' = (f')', \quad f''' = (f'')', \quad f^{(4)} = (f''')', \quad f^{(5)} = (f^{(4)})', \ldots$$

Si $y = f(x)$, alors on notera les dérivées successives comme suit :

$$y', \quad y'', \quad y''', \quad y^{(4)}, \quad y^{(5)}, \ldots$$

ou l'on utilisera d'autres notations courantes :

$$y' = \frac{dy}{dx} = \frac{d}{dx}[f(x)]$$

$$y'' = \frac{d^2y}{dx^2} = \frac{d}{dx}\left[\frac{d}{dx}[f(x)]\right] = \frac{d^2}{dx^2}[f(x)]$$

$$y''' = \frac{d^3y}{dx^3} = \frac{d}{dx}\left[\frac{d^2}{dx^2}[f(x)]\right] = \frac{d^3}{dx^3}[f(x)]$$

$$\vdots \qquad \qquad \vdots$$

Ces dérivées se nomment, dans l'ordre, *dérivée première, dérivée deuxième, dérivée troisième* et ainsi de suite. Partant de f, le nombre de dérivations effectuées correspond à l'***ordre*** de la dérivée. La dérivée $n^{ième}$ a pour expression générale

$$\frac{d^ny}{dx^n} = f^{(n)}(x) = \frac{d^n}{dx^n}[f(x)] \tag{9}$$

La valeur d'une dérivée d'ordre n en un point particulier $x = x_0$ devient alors

$$\left.\frac{d^ny}{dx^n}\right|_{x=x_0} = f^{(n)}(x_0) = \left.\frac{d^n}{dx^n}[f(x)]\right|_{x=x_0} \tag{10}$$

Exemple 9 Si $f(x) = 3x^4 - 2x^3 + x^2 - 4x + 2$, alors

$$\begin{aligned} f'(x) &= 12x^3 - 6x^2 + 2x - 4 \\ f''(x) &= 36x^2 - 12x + 2 \\ f'''(x) &= 72x - 12 \\ f^{(4)}(x) &= 72 \\ f^{(5)}(x) &= 0 \\ &\vdots \\ f^{(n)}(x) &= 0 \quad (n \geq 5) \end{aligned}$$

Nous verrons la signification des dérivées secondes et des dérivées d'ordre supérieur dans les sections subséquentes.

VÉRIFICATION EXPRESS 3.3

(Réponses à la page 206.)

1. Dans chaque cas, déterminer $f'(x)$.
   (a) $f(x) = -x^2 + x + \dfrac{3}{x^2}$ (b) $f(x) = \dfrac{x^2+1}{x}$
   (c) $f(x) = (x^2+1)(x^2-1)$ (d) $f(x) = \sqrt{3x}$
2. L'équation de la tangente à la courbe $y = x^2 + x + 1$ à $x = 1$ est ________.
3. La droite $y = 9x - 5$ est tangente à la courbe $y = x^3 + 3x^2$ au point ________.
4. Les intersections avec les axes x et y de la tangente à la courbe $y = \frac{1}{x}$ au point $\left(2; \frac{1}{2}\right)$ sont $x =$ ________ et $y =$ ________.
5. Trouver toutes les solutions de l'équation $f''(x) = f'(x)$, sachant que $f(x) = 3x^3 - 3x^2 + x + 1$.

SÉRIE D'EXERCICES 3.3

Outil graphique

1–8 Déterminer $\dfrac{dy}{dx}$.

1. $y = 4x^7$
2. $y = -3x^{12}$
3. $y = 3x^8 + 2x + 1$
4. $y = \frac{1}{2}(x^4 + 7)$
5. $y = \pi^3$
6. $y = \sqrt{2}x + \frac{1}{\sqrt{2}}$
7. $y = -\frac{1}{3}(x^7 + 2x - 9)$
8. $y = \dfrac{x^2+1}{5}$

9–16 Déterminer $f'(x)$.

9. $f(x) = x^{-3} + \dfrac{1}{x^7}$
10. $f(x) = \sqrt{x} + \dfrac{1}{x}$
11. $f(x) = -3x^{-8} + 2\sqrt{x}$
12. $f(x) = 7x^{-6} - 5\sqrt{x}$
13. $f(x) = (3x^2 + 1)^2$
14. $f(x) = (x^5 + 2x)^2$
15. $f(x) = ax^3 + bx^2 + cx + d$ (a, b, c, d sont des constantes)
16. $f(x) = \dfrac{1}{a}\left(x^2 + \dfrac{1}{b}x + c\right)$ (a, b, c sont des constantes)

17–18 Évaluer $y'(1)$.

17. $y = 5x^2 - 3x + 1$
18. $y = \dfrac{x^{\frac{3}{2}} + 2}{x}$

19–20 Déterminer $\dfrac{dx}{dt}$.

19. $x = t^2 - t$
20. $x = \dfrac{t^2+1}{3t}$

21–24 Déterminer $\left.\dfrac{dy}{dx}\right|_{x=1}$.

21. $y = 1 + x + x^2 + x^3 + x^4 + x^5$
22. $y = \dfrac{1 + x + x^2 + x^3 + x^4 + x^5 + x^6}{x^3}$
23. $y = (1 - x)(1 + x)(1 + x^2)(1 + x^4)$

24. $y = x^{24} + 2x^{12} + 3x^8 + 4x^6$

25–26 Trouver une approximation de $f'(1)$ en considérant le taux d'accroissement moyen de f ci-dessous, pour les valeurs de h proches de 0 :

$$\frac{f(1+h) - f(1)}{h}$$

Déterminer ensuite la valeur exacte de $f'(1)$ par dérivation.

25. $f(x) = x^3 - 3x + 1$ **26.** $f(x) = \dfrac{1}{x^2}$

27–28 Utiliser un outil graphique pour estimer la valeur de $f'(1)$ en faisant un zoom avant sur la courbe de f et en comparant ensuite la valeur trouvée à celle obtenue en dérivant.

27. $f(x) = \dfrac{x^2 + 1}{x}$ **28.** $f(x) = \dfrac{x + 2x^{\frac{3}{2}}}{\sqrt{x}}$

29–32 Déterminer les dérivées indiquées.

29. $\dfrac{d}{dt}[16t^2]$ **30.** $\dfrac{dC}{dr}$, où $C = 2\pi r$

31. $V'(r)$, où $V = \pi r^3$ **32.** $\dfrac{d}{d\alpha}[2\alpha^{-1} + \alpha]$

33. On gonfle un ballon sphérique.
(a) Trouver une expression générale pour décrire le taux de variation instantané du volume V relativement au rayon r, sachant que $V = \frac{4}{3}\pi r^3$.
(b) Calculer le taux de variation de V par rapport à r à l'instant où le rayon $r = 5$.

34. Déterminer $\dfrac{d}{d\lambda}\left[\dfrac{\lambda\lambda_0 + \lambda^6}{2 - \lambda_0}\right]$ (λ_0 est une constante).

35. Écrire l'équation de la tangente à la courbe $y = f(x)$ en $x = -3$ si $f(-3) = 2$ et $f'(-3) = 5$.

36. Écrire une équation de la tangente à la courbe $y = f(x)$ en $x = 2$ si $f(2) = -2$ et $f'(2) = -1$.

37–38 Déterminer $\dfrac{d^2y}{dx^2}$.

37. (a) $y = 7x^3 - 5x^2 + x$ (b) $y = 12x^2 - 2x + 3$
(c) $y = \dfrac{x+1}{x}$ (d) $y = (5x^2 - 3)(7x^3 + x)$

38. (a) $y = 4x^7 - 5x^3 + 2x$ (b) $y = 3x + 2$
(c) $y = \dfrac{3x - 2}{5x}$ (d) $y = (x^3 - 5)(2x + 3)$

39–40 Déterminer y'''.

39. (a) $y = x^{-5} + x^5$ (b) $y = \frac{1}{x}$
(c) $y = ax^3 + bx + c$ (a, b, c sont des constantes)

40. (a) $y = 5x^2 - 4x + 7$ (b) $y = 3x^{-2} + 4x^{-1} + x$
(c) $y = ax^4 + bx^2 + c$ (a, b, c sont des constantes)

41. Évaluer
(a) $f'''(2)$, si $f(x) = 3x^2 - 2$
(b) $\left.\dfrac{d^2y}{dx^2}\right|_{x=1}$, si $y = 6x^5 - 4x^2$
(c) $\left.\dfrac{d^4}{dx^4}[x^{-3}]\right|_{x=1}$

42. Calculer
(a) $y'''(0)$ si $y = 4x^4 + 2x^3 + 3$
(b) $\left.\dfrac{d^4y}{dx^4}\right|_{x=1}$ si $y = \dfrac{6}{x^4}$

43. Montrer que $y = x^3 + 3x + 1$ obéit à $y''' + xy'' - 2y' = 0$.

44. Montrer que, si $x \neq 0$, alors $y = \frac{1}{x}$ satisfait à l'équation $x^3y'' + x^2y' - xy = 0$.

45–46 À l'aide d'un outil graphique, situer approximativement toutes les tangentes horizontales. Déterminer ensuite les positions exactes en utilisant la dérivée.

45. $y = \frac{1}{3}x^3 - \frac{3}{2}x^2 + 2x$ **46.** $y = \dfrac{x^2 + 9}{x}$

JONGLONS AVEC LES CONCEPTS

47. Trouver une fonction de la forme $y = ax^2 + bx + c$ dont la courbe coupe l'axe des x en $x = 1$ et l'axe des y en $y = -2$, si la pente de la tangente à la courbe égale -1 en ce dernier point.

48. Déterminer k si la courbe $y = x^2 + k$ est tangente à la droite $y = 2x$.

49. Déterminer la coordonnée x du point de la courbe $y = x^2$ où la tangente est parallèle à la sécante qui croise la courbe en $x = -1$ et en $x = 2$.

50. Déterminer la coordonnée x du point de la courbe $y = \sqrt{x}$ où la tangente est parallèle à la sécante qui croise la courbe en $x = 1$ et en $x = 4$.

51. Déterminer les coordonnées de tous les points de la courbe $y = 1 - x^2$ où la tangente passe par le point (2; 0).

52. Montrer que deux tangentes quelconques à la parabole $y = ax^2$, où $a \neq 0$, se croisent en un point situé sur la droite verticale tracée à mi-chemin entre les points de tangence considérés.

53. Si L représente la tangente au point $x = x_0$ de la courbe de l'équation cubique $y = ax^3 + bx$, situer la coordonnée x du point où L coupe la courbe une seconde fois.

54. Montrer que le segment d'une tangente à la courbe $y = \frac{1}{x}$, délimité par les axes de coordonnées, est divisé en deux parties égales au point de tangence.

55. Montrer que le triangle délimité par les deux axes de coordonnées et par une tangente quelconque à la courbe $y = \frac{1}{x}$, où $x > 0$, a une aire de deux unités carrées.

56. Établir les conditions applicables à a, b, c et d telles que la courbe du polynôme $f(x) = ax^3 + bx^2 + cx + d$
(a) affiche exactement deux tangentes horizontales;
(b) affiche exactement une tangente horizontale;
(c) n'admette aucune tangente horizontale.

57. La loi de la gravitation universelle de Newton stipule que la grandeur F de la force exercée par une masse ponctuelle M sur une seconde masse ponctuelle m est donnée par

$$F = \frac{GmM}{r^2}$$

où G représente une constante et r, la distance qui sépare les deux masses. Si les masses sont en mouvement, écrire une formule pour le taux de variation instantané de F par rapport à r.

58. Dans l'intervalle de températures qui s'étend de 0 °C à 700 °C, la résistance R en ohms (Ω) d'un thermomètre à résistance de platine est donnée par

$$R = 10 + 0{,}041\,24T - 1{,}779 \times 10^{-5}T^2$$

où T représente la température en degrés Celsius. À quel endroit de l'intervalle compris entre 0 °C et 700 °C la résistance du thermomètre est-elle la plus sensible aux variations de température? À quel endroit est-elle la moins sensible? [*Indice :* Considérer la valeur de $\frac{dR}{dT}$ dans l'intervalle $0 \leq T \leq 700$.]

59–60 À l'aide d'un outil graphique, délimiter approximativement les intervalles où $f'(x) > 0$; situer ensuite exactement ces intervalles en utilisant la dérivée.

59. $f(x) = x - \dfrac{1}{x}$ **60.** $f(x) = x^3 - 3x$

61–64 Dans ces exercices, il vous est demandé de déterminer si une fonction f définie par parties est dérivable en une valeur $x = x_0$, où f est définie par des expressions différentes de part et d'autre de x_0. Au besoin, utiliser le théorème suivant, qui découle du théorème de la valeur moyenne (abordé à la section 4.7) :
Théorème. *Si f est continue en x_0 et si $\lim_{x\to x_0} f'(x)$ existe, alors f est dérivable en x_0 et $f'(x_0) = \lim_{x\to x_0} f'(x)$.*

61. Montrer que

$$f(x) = \begin{cases} x^2 + x + 1, & x \leq 1 \\ 3x, & x > 1 \end{cases}$$

est continue en $x = 1$. Déterminer si f est dérivable en $x = 1$. Si oui, évaluer la dérivée en ce point. Esquisser la courbe de f.

62. Soit

$$f(x) = \begin{cases} x^2 - 16x, & x < 9 \\ \sqrt{x}, & x \geq 9 \end{cases}$$

f est-elle continue en $x = 9$? Vérifier si f est dérivable en $x = 9$. Si oui, calculer la dérivée en ce point.

63. Soit

$$f(x) = \begin{cases} x^2, & x \leq 1 \\ \sqrt{x}, & x > 1 \end{cases}$$

Vérifier si f est dérivable en $x = 1$. Si oui, calculer la dérivée en ce point.

64. Soit

$$f(x) = \begin{cases} x^3 + \frac{1}{16}, & x < \frac{1}{2} \\ \frac{3}{4}x^2, & x \geq \frac{1}{2} \end{cases}$$

Vérifier si f est dérivable en $x = \frac{1}{2}$. Si oui, évaluer la dérivée en ce point.

65. Trouver tous les points où f n'est pas dérivable. Justifier votre réponse.
(a) $f(x) = |3x - 2|$ (b) $f(x) = |x^2 - 4|$

66. Dans chaque cas, déterminer f', f'' et f'''. Établir ensuite une expression pour $f^{(n)}$.
(a) $f(x) = \frac{1}{x}$ (b) $f(x) = \frac{1}{x^2}$
[*Indice :* L'expression $(-1)^n$ vaut 1 si n est pair et -1 si n est impair. Utiliser cette expression dans votre réponse.]

67. (a) Prouver que

$$\frac{d^2}{dx^2}[cf(x)] = c\frac{d^2}{dx^2}[f(x)]$$

$$\frac{d^2}{dx^2}[f(x) + g(x)] = \frac{d^2}{dx^2}[f(x)] + \frac{d^2}{dx^2}[g(x)]$$

(b) Les égalités de la partie (a) peuvent-elles être généralisées à la dérivée $n^{ième}$? Justifier votre réponse.

68. Soit $f(x) = x^8 - 2x + 3$; déterminer

$$\lim_{w\to 2} \frac{f'(w) - f'(2)}{w - 2}$$

69. (a) Déterminer $f^{(n)}(x)$ si $f(x) = x^n$, $n = 1, 2, 3, \ldots$
(b) Déterminer $f^{(n)}(x)$ si $f(x) = x^k$ et $n > k$, où k est un entier positif.
(c) Déterminer $f^{(n)}(x)$ si

$$f(x) = a_0 + a_1x + a_2x^2 + \cdots + a_nx^n$$

70. (a) Prouver que si $f''(x)$ existe pour tout x de $]a; b[$, alors f et f' sont toutes deux continues sur $]a; b[$.
(b) Que peut-on dire de la continuité de f et de ses dérivées si $f^{(n)}(x)$ existe pour tout x de $]a; b[$?

71. Soit $f(x) = (mx + b)^n$, où m et b sont des constantes et n, un entier. Référer à l'exercice 48 de la section 3.2 pour démontrer que $f'(x) = nm(mx + b)^{n-1}$.

72–73 Valider l'énoncé de l'exercice 71 pour la fonction f donnée.

72. $f(x) = (2x + 3)^2$ **73.** $f(x) = (3x - 1)^3$

74–77 Utiliser l'énoncé de l'exercice 71 pour déterminer la dérivée de la fonction f donnée.

74. $f(x) = \dfrac{1}{x - 1}$ **75.** $f(x) = \dfrac{3}{(2x + 1)^2}$

76. $f(x) = \dfrac{x}{x + 1}$ **77.** $f(x) = \dfrac{2x^2 + 4x + 3}{x^2 + 2x + 1}$

✔VÉRIFICATION EXPRESS 3.3 – RÉPONSES

1. (a) $f'(x) = -2x + 1 - \dfrac{6}{x^3}$ (b) $f'(x) = 1 - \dfrac{1}{x^2}$ (c) $f'(x) = 4x^3$ (d) $f'(x) = \dfrac{1}{2}\sqrt{\dfrac{3}{x}}$ **2.** $y = 3x$ **3.** (1; 4)
4. 4; 1 **5.** $\dfrac{1}{3}, \dfrac{7}{3}$

3.4 RÈGLES DU PRODUIT ET DU QUOTIENT

Dans cette section, nous allons élaborer des techniques de dérivation des produits et des quotients de fonctions dont les dérivées sont connues.

DÉRIVÉE D'UN PRODUIT

On peut être tenté de croire que la dérivée d'un produit de deux fonctions est égale au produit de leurs dérivées. Il suffit toutefois d'un simple exemple pour montrer que cette supposition est fausse. Considérons les fonctions f et g suivantes où

$$f(x) = x \quad \text{et} \quad g(x) = x^2$$

Le produit de leurs dérivées est

$$f'(x)g'(x) = (1)(2x) = 2x$$

Le produit des fonctions étant h où $h(x) = f(x)g(x) = x^3$, la dérivée de ce produit est

$$h'(x) = 3x^2$$

Il est donc clair que la dérivée du produit n'est pas égale au produit des dérivées. La relation exacte, attribuable à Leibniz, est donnée par le théorème suivant :

La règle (1) peut aussi prendre la forme suivante :

$$(f \cdot g)' = f \cdot g' + g \cdot f'$$

3.4.1 THÉORÈME (*Règle du produit*). *Si f et g sont dérivables en x, alors le produit $f \cdot g$ l'est également et*

$$\frac{d}{dx}[f(x)g(x)] = f(x)\frac{d}{dx}[g(x)] + g(x)\frac{d}{dx}[f(x)] \tag{1}$$

PREUVE. À la section précédente, nous avons prouvé les règles des dérivées en appliquant directement la définition de la dérivée. Cette fois-ci, il faudra ajouter une étape clé à la preuve : nous allons additionner et soustraire la quantité $f(x+h)g(x)$ au numérateur de l'égalité qui définit la dérivée. On obtient

$$\begin{aligned}
\frac{d}{dx}[f(x)g(x)] &= \lim_{h \to 0} \frac{f(x+h) \cdot g(x+h) - f(x) \cdot g(x)}{h} \\
&= \lim_{h \to 0} \frac{f(x+h)g(x+h) - f(x+h)g(x) + f(x+h)g(x) - f(x)g(x)}{h} \\
&= \lim_{h \to 0} \left[f(x+h) \cdot \frac{g(x+h) - g(x)}{h} + g(x) \cdot \frac{f(x+h) - f(x)}{h} \right]
\end{aligned}$$

$$= \lim_{h\to 0} f(x+h)\cdot \lim_{h\to 0}\frac{g(x+h)-g(x)}{h} + \lim_{h\to 0} g(x)\cdot \lim_{h\to 0}\frac{f(x+h)-f(x)}{h}$$

$$= \left[\lim_{h\to 0} f(x+h)\right]\frac{d}{dx}[g(x)] + \left[\lim_{h\to 0} g(x)\right]\frac{d}{dx}[f(x)]$$

$$= f(x)\frac{d}{dx}[g(x)] + g(x)\frac{d}{dx}[f(x)]$$

[*Note :* Dans la dernière étape, $f(x+h)\to f(x)$ lorsque $h\to 0$, parce que f est continue, en x (théorème 3.2.3). De même, $g(x)\to g(x)$ lorsque $h\to 0$, parce que $g(x)$ est indépendante de h et il s'ensuit que $g(x)$ est traitée comme une constante dans l'évaluation de la limite.] ■

En mots, la dérivée d'un produit de deux fonctions est donnée par la somme du produit de la première fonction par la dérivée de la seconde fonction et du produit de la seconde fonction par la dérivée de la première.

▶ **Exemple 1** Déterminer $\frac{dy}{dx}$ si $y = (4x^2-1)(7x^3+x)$.

Solution. Il existe deux façons de déterminer $\frac{dy}{dx}$: on peut utiliser la règle du produit ou bien multiplier les facteurs qui composent y et dériver ensuite le polynôme obtenu. Nous allons montrer les deux méthodes.

Méthode 1. (*Règle du produit*)

$$\frac{dy}{dx} = \frac{d}{dx}[(4x^2-1)(7x^3+x)]$$

$$= (4x^2-1)\frac{d}{dx}[7x^3+x] + (7x^3+x)\frac{d}{dx}[4x^2-1]$$

$$= (4x^2-1)(21x^2+1) + (7x^3+x)(8x) = 140x^4 - 9x^2 - 1$$

Méthode 2. (*Multiplication des facteurs*)

$$y = (4x^2-1)(7x^3+x) = 28x^5 - 3x^3 - x$$

Ainsi,

$$\frac{dy}{dx} = \frac{d}{dx}[28x^5 - 3x^3 - x] = 140x^4 - 9x^2 - 1$$

ce qui correspond au résultat obtenu en appliquant la règle du produit. ◀

▶ **Exemple 2** Déterminer $\frac{ds}{dt}$ si $s = (1+t)\sqrt{t}$.

Solution. La règle du produit donne

$$\frac{ds}{dt} = \frac{d}{dt}[(1+t)\sqrt{t}]$$

$$= (1+t)\frac{d}{dt}[\sqrt{t}] + \sqrt{t}\frac{d}{dt}[1+t]$$

$$= \frac{1+t}{2\sqrt{t}} + \sqrt{t} = \frac{1+3t}{2\sqrt{t}} \quad ◀$$

DÉRIVÉE D'UN QUOTIENT

De même que la dérivée d'un produit ne correspond généralement pas au produit des dérivées, la plupart du temps, la dérivée d'un quotient ne correspond pas au quotient des dérivées. La relation exacte est décrite dans le théorème qui suit :

La règle (2) peut aussi être exprimée sous la forme

$$\left(\frac{f}{g}\right)' = \frac{g \cdot f' - f \cdot g'}{g^2}$$

3.4.2 THÉORÈME (*Règle du quotient*). *Si f et g sont dérivables en x et si $g(x) \neq 0$, alors $\frac{f}{g}$ est dérivable en x et*

$$\frac{d}{dx}\left[\frac{f(x)}{g(x)}\right] = \frac{g(x)\frac{d}{dx}[f(x)] - f(x)\frac{d}{dx}[g(x)]}{[g(x)]^2} \tag{2}$$

PREUVE.

$$\frac{d}{dx}\left[\frac{f(x)}{g(x)}\right] = \lim_{h\to 0}\frac{\dfrac{f(x+h)}{g(x+h)} - \dfrac{f(x)}{g(x)}}{h} = \lim_{h\to 0}\frac{f(x+h)\cdot g(x) - f(x)\cdot g(x+h)}{h\cdot g(x)\cdot g(x+h)}$$

Ajoutons et soustrayons $f(x)\cdot g(x)$ au numérateur; on obtient

$$\frac{d}{dx}\left[\frac{f(x)}{g(x)}\right] = \lim_{h\to 0}\frac{f(x+h)\cdot g(x) - f(x)\cdot g(x) - f(x)\cdot g(x+h) + f(x)\cdot g(x)}{h\cdot g(x)\cdot g(x+h)}$$

$$= \lim_{h\to 0}\frac{\left[g(x)\cdot\dfrac{f(x+h)-f(x)}{h}\right] - \left[f(x)\cdot\dfrac{g(x+h)-g(x)}{h}\right]}{g(x)\cdot g(x+h)}$$

$$= \frac{\lim\limits_{h\to 0} g(x)\cdot\lim\limits_{h\to 0}\dfrac{f(x+h)-f(x)}{h} - \lim\limits_{h\to 0} f(x)\cdot\lim\limits_{h\to 0}\dfrac{g(x+h)-g(x)}{h}}{\lim\limits_{h\to 0} g(x)\cdot\lim\limits_{h\to 0} g(x+h)}$$

$$= \frac{\left[\lim\limits_{h\to 0} g(x)\right]\cdot\dfrac{d}{dx}[f(x)] - \left[\lim\limits_{h\to 0} f(x)\right]\cdot\dfrac{d}{dx}[g(x)]}{\lim\limits_{h\to 0} g(x)\cdot\lim\limits_{h\to 0} g(x+h)}$$

$$= \frac{g(x)\dfrac{d}{dx}[f(x)] - f(x)\dfrac{d}{dx}[g(x)]}{[g(x)]^2}$$

(Pour mieux saisir la dernière étape, voir la note à la fin de la preuve du théorème 3.4.1.) ■

Il est parfois préférable de simplifier une fonction au lieu d'appliquer aveuglément la règle du quotient. Il est par exemple plus facile de dériver la fonction

$$f(x) = \frac{x^{\frac{3}{2}} + x}{\sqrt{x}}$$

en la récrivant comme suit :

$$f(x) = x + \sqrt{x}$$

plutôt que de procéder par la règle du quotient.

En mots, la dérivée d'un quotient de deux fonctions est donnée par la différence entre le produit du dénominateur par la dérivée du numérateur et le produit du numérateur par la dérivée du dénominateur, le tout divisé par le carré du dénominateur.

▶ **Exemple 3** Déterminer $y'(x)$ pour $y = \dfrac{x^3 + 2x^2 - 1}{x + 5}$.

Solution. Le règle du quotient donne

$$\frac{dy}{dx} = \frac{d}{dx}\left[\frac{x^3 + 2x^2 - 1}{x + 5}\right] = \frac{(x+5)\dfrac{d}{dx}[x^3 + 2x^2 - 1] - (x^3 + 2x^2 - 1)\dfrac{d}{dx}[x + 5]}{(x+5)^2}$$

$$= \frac{(x+5)(3x^2 + 4x) - (x^3 + 2x^2 - 1)(1)}{(x+5)^2}$$

$$= \frac{(3x^3 + 19x^2 + 20x) - (x^3 + 2x^2 - 1)}{(x+5)^2}$$

$$= \frac{2x^3 + 17x^2 + 20x + 1}{(x+5)^2}$$ ◀

▶ **Exemple 4** Soit $f(x) = \dfrac{x^2 - 1}{x^4 + 1}$.

(a) Tracer $y = f(x)$ et utiliser la courbe obtenue pour situer approximativement toutes les tangentes horizontales.

(b) Procéder par dérivation pour déterminer l'emplacement exact de toutes les tangentes horizontales.

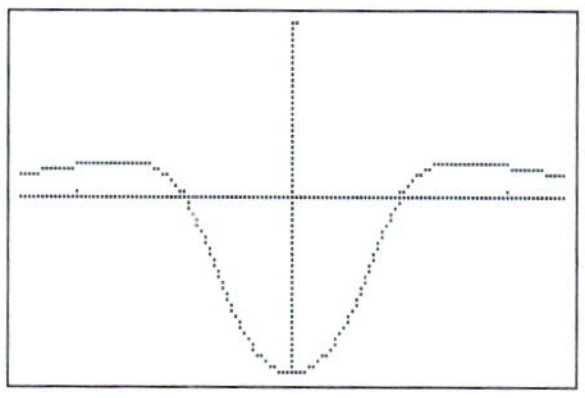

[-2,5; 2,5] × [-1; 1]
Xgrad = 1, *Ygrad* = 1

$y = \dfrac{x^2 - 1}{x^4 + 1}$

Figure 3.4.1

Solution (a). La figure 3.4.1 montre un graphique de $y = f(x)$, tracé dans la fenêtre [-2,5; 2,5] × [-1; 1]. L'examen de la courbe permet de situer approximativement les tangentes horizontales en $x = 0$, $x \approx 1{,}5$ et $x \approx -1{,}5$.

Solution (b). Pour trouver l'emplacement exact des tangentes horizontales, il nous faut déterminer les points où $\frac{dy}{dx} = 0$. Établissons d'abord $\frac{dy}{dx}$:

$$\frac{dy}{dx} = \frac{d}{dx}\left[\frac{x^2 - 1}{x^4 + 1}\right] = \frac{(x^4+1)\dfrac{d}{dx}[x^2 - 1] - (x^2 - 1)\dfrac{d}{dx}[x^4 + 1]}{(x^4+1)^2}$$

$$= \frac{(x^4+1)(2x) - (x^2 - 1)(4x^3)}{(x^4+1)^2}$$

La dérivation est terminée. La suite n'est que simplification.

$$= \frac{-2x^5 + 4x^3 + 2x}{(x^4+1)^2} = -\frac{2x(x^4 - 2x^2 - 1)}{(x^4+1)^2}$$

Posons maintenant $\frac{dy}{dx} = 0$ et trouvons les solutions à cette équation; on a

$$-\frac{2x(x^4 - 2x^2 - 1)}{(x^4+1)^2} = 0$$

Les solutions sont les valeurs de x qui donnent 0 au numérateur (sans donner 0 au dénominateur), c'est-à-dire

$$2x(x^4 - 2x^2 - 1) = 0$$

Le premier facteur donne la racine $x = 0$. On trouve d'autres racines en posant :

$$x^4 - 2x^2 - 1 = 0$$

Cette équation peut être vue comme une équation quadratique en x^2, dont on obtient les racines en appliquant la formule quadratique, ce qui donne

$$x^2 = \frac{2 \pm \sqrt{8}}{2} = 1 \pm \sqrt{2}$$

Le signe négatif donne des valeurs imaginaires à x; nous ignorons ces valeurs parce qu'elles n'ont pas de sens dans le contexte du problème. Le signe positif donne les racines

$$x = \pm\sqrt{1+\sqrt{2}}$$

En résumé, les tangentes horizontales sont situées en

$$x = 0, \quad x = \sqrt{1+\sqrt{2}} \approx 1{,}55 \quad \text{et} \quad x = -\sqrt{1+\sqrt{2}} \approx -1{,}55$$

Ces valeurs correspondent aux positions approximatives évaluées graphiquement en (a). ◀

Obtenez la règle suivante, qui sert à dériver une réciproque :

$$\left(\frac{1}{g}\right)' = -\frac{g'}{g^2}$$

Utilisez ensuite cette règle pour dériver

$$f(x) = \frac{1}{x^2+1}$$

RÉSUMÉ DES RÈGLES DE DÉRIVATION

Le tableau ci-dessous résume les règles de dérivation obtenues jusqu'à présent.

Tableau 3.4.1

$\frac{d}{dx}[c] = 0$	$(f+g)' = f' + g'$	$(f \cdot g)' = f \cdot g' + g \cdot f'$	$\left(\frac{1}{g}\right)' = -\frac{g'}{g^2}$
$(cf)' = cf'$	$(f-g)' = f' - g'$	$\left(\frac{f}{g}\right)' = \frac{g \cdot f' - f \cdot g'}{g^2}$	$\frac{d}{dx}[x^n] = nx^{n-1}$ (où n est entier)

✔ VÉRIFICATION EXPRESS 3.4 (Réponses à la page 211.)

1. (a) $\frac{d}{dx}\left[\frac{x+1}{x-1}\right] = $ ________

   (b) $\frac{d}{dx}[(4-x^3)(x^2+x-1)] = $ ________

   (c) $\frac{d}{dx}\left[\frac{1}{x^3-x^2}\right] = $ ________

2. Calculer $F'(1)$ sachant que $f(1) = -1$, $f'(1) = 2$, $g(1) = 3$ et $g'(1) = -1$.

   (a) $F(x) = 2f(x) - 3g(x)$

   (b) $F(x) = [f(x)]^2$

   (c) $F(x) = f(x)g(x)$

   (d) $F(x) = \frac{f(x)}{g(x)}$

3. Soit la courbe

$$y = \frac{3x+4}{x^2+1}$$

   La tangente à cette courbe en $x = 2$ a pour équation ________.

4. Si f est deux fois dérivable, exprimer la dérivée seconde de $g(x) = [f(x)]^2$ en termes de f, f' et f''.

SÉRIE D'EXERCICES 3.4 Outil graphique

1–4 Dériver la fonction f donnée : (a) procéder en multipliant et en dérivant ensuite; (b) utiliser la règle du produit. Vérifier ensuite que les méthodes (a) et (b) donnent la même réponse.

1. $f(x) = (x+1)(2x-1)$
2. $f(x) = (3x^2-1)(x^2+2)$
3. $f(x) = (x^2+1)(x^2-1)$
4. $f(x) = (x+1)(x^2-x+1)$

5–10 Déterminer $f'(x)$.

5. $f(x) = (3x^2+6)\left(2x-\frac{1}{4}\right)$
6. $f(x) = (2-x-3x^3)(7+x^5)$
7. $f(x) = (x^3+7x^2-8)(2x^{-3}+x^{-4})$
8. $f(x) = \left(\frac{1}{x}+\frac{1}{x^2}\right)(3x^3+27)$
9. $f(x) = (x-2)(x^2+2x+4)$
10. $f(x) = (x^2+x)(x^2-x)$

11–16 Déterminer $\left.\frac{dy}{dx}\right|_{x=1}$.

11. $y = \frac{1}{5x-3}$
12. $y = \frac{3}{\sqrt{x}+2}$
13. $y = \frac{2x-1}{x+3}$
14. $y = \frac{4x+1}{x^2-5}$

15. $y = \left(\dfrac{3x+2}{x}\right)(x^{-5}+1)$ **16.** $y = (2x^7 - x^2)\left(\dfrac{x-1}{x+1}\right)$

17–18 Utiliser un outil graphique pour estimer la valeur de $f'(1)$; procéder en faisant un zoom avant sur la courbe de f. Comparer ensuite la valeur estimée à la valeur exacte obtenue par dérivation.

17. $f(x) = \dfrac{x}{x^2+1}$ **18.** $f(x) = \dfrac{x^2-1}{x^2+1}$

19. Déterminer $g'(4)$, sachant que $f(4) = 3$ et $f'(4) = -5$.
(a) $g(x) = \sqrt{x}\,f(x)$ (b) $g(x) = \dfrac{f(x)}{x}$

20. Déterminer $g'(3)$, sachant que $f(3) = -2$ et $f'(3) = 4$.
(a) $g(x) = 3x^2 - 5f(x)$ (b) $g(x) = \dfrac{2x+1}{f(x)}$

21. Déterminer $F'(2)$, sachant que $f(2) = -1$ et $f'(2) = 4$, $g(2) = 1$ et $g'(2) = -5$.
(a) $F(x) = 5f(x) + 2g(x)$ (b) $F(x) = f(x) - 3g(x)$
(c) $F(x) = f(x)g(x)$ (d) $F(x) = \dfrac{f(x)}{g(x)}$

22. Déterminer $F'(\pi)$, sachant que $f(\pi) = 10$ et $f'(\pi) = -1$, $g(\pi) = -3$ et $g'(\pi) = 2$.
(a) $F(x) = 6f(x) - 5g(x)$ (b) $F(x) = x(f(x) + g(x))$
(c) $F(x) = 2f(x)g(x)$ (d) $F(x) = \dfrac{f(x)}{4 + g(x)}$

23–28 Trouver toutes les valeurs de x où la tangente à la courbe donnée possède la propriété énoncée.

23. $y = \dfrac{x^2-1}{x+2}$; est horizontale

24. $y = \dfrac{x^2+1}{x-1}$; est horizontale

25. $y = \dfrac{x^2+1}{x+1}$; est parallèle à la droite $y = x$

26. $y = \dfrac{x+3}{x+2}$; est perpendiculaire à la droite $y = x$

27. $y = \dfrac{1}{x+4}$; passe par l'origine

28. $y = \dfrac{2x+5}{x+2}$; a pour ordonnée à l'origine $y = 2$

JONGLONS AVEC LES CONCEPTS

29. (a) Que peut-on dire de deux courbes qui se croisent à angle droit?
(b) Prouver que les courbes $y = \frac{1}{x}$ et $y = \frac{1}{2-x}$ se croisent à angle droit.

30. Déterminer les valeurs de a telles que les courbes des fonctions $y = \frac{a}{x-1}$ et $y = x^2 - 2x + 1$ se croisent à angle droit.

31. Trouver une expression générale pour $F''(x)$ si $F(x) = xf(x)$ et si f et f' sont dérivables en x.

32. Soit une fonction f dérivable en tout point, et $F(x) = xf(x)$.
(a) Exprimer $F'''(x)$ en termes de x et des dérivées de f.
(b) Si $n \geq 2$, proposer une expression pour $F^{(n)}(x)$.

33. Appliquer la règle du produit (théorème 3.4.1) à deux reprises pour montrer que si f, g et h sont des fonctions dérivables, alors $f \cdot g \cdot h$ est dérivable et

$$(f \cdot g \cdot h)' = f' \cdot g \cdot h + f \cdot g' \cdot h + f \cdot g \cdot h'$$

34. En référant à l'énoncé de l'exercice 33, proposer une expression qui permette de dériver un produit de n fonctions.

35. Utiliser l'expression donnée à l'exercice 33 pour déterminer
(a) $\dfrac{d}{dx}\left[(2x+1)\left(1+\dfrac{1}{x}\right)(x^{-3}+7)\right]$
(b) $\dfrac{d}{dx}[(x^7+2x-3)^3]$

36. Utiliser la règle obtenue à l'exercice 34 pour déterminer
(a) $\dfrac{d}{dx}[x^{-5}(x^2+2x)(4-3x)(2x^9+1)]$
(b) $\dfrac{d}{dx}[(x^2+1)^{50}]$

37. Sachant que f est une fonction dérivable et que n est un entier positif, utiliser l'expression obtenue à l'exercice 34 pour établir une expression de la dérivée de $g(x) = (f(x))^n$.

38. Utiliser l'expression obtenue à l'exercice 37 pour établir la dérivée de $g(x) = (x^2-1)^{10}$.

39. Utiliser la règle du quotient (théorème 3.4.2) pour obtenir une expression de la dérivée de $f(x) = x^{-n}$, où n est un entier positif.

40. En supposant que $h(x) = \frac{f(x)}{g(x)}$ soit dérivable, utiliser la règle du produit pour déduire la règle (2). [*Indice :* Dériver de part et d'autre de l'équation $h(x) \cdot g(x) = f(x)$ et isoler $h'(x)$.]

✔ VÉRIFICATION EXPRESS 3.4 – RÉPONSES

1. (a) $-\dfrac{2}{(x-1)^2}$ (b) $(4-x^3)(2x+1) + (x^2+x-1)(-3x^2)$ (c) $\dfrac{2x-3x^2}{(x^3-x^2)^2}$ **2.** (a) 7 (b) -4 (c) 7 (d) $\dfrac{5}{9}$
3. $y = -x + 4$ **4.** $2f'^2 + 2ff''$

3.5 DÉRIVÉES DES FONCTIONS TRIGONOMÉTRIQUES

Dans cette section, nous visons d'abord et avant tout à obtenir les formules des dérivées des six fonctions trigonométriques de base. Au besoin, consultez le rappel sur les fonctions trigonométriques donné à l'annexe A.

Nous allons assumer, tout au long de cette section, que la variable x des expressions trigonométriques $\sin x$, $\cos x$, $\tan x$, $\cot x$, $\sec x$ et $\csc x$ est mesurée en radians. Nous utiliserons également les limites du théorème 2.6.4, reformulées en remplaçant x par la variable h, c'est-à-dire

$$\lim_{h\to 0}\frac{\sin h}{h}=1 \quad \text{et} \quad \lim_{h\to 0}\frac{1-\cos h}{h}=0 \tag{1–2}$$

Commençons par dériver $f(x)=\sin x$. En utilisant la définition de la dérivée, on obtient

$$\begin{aligned}
f'(x) &= \lim_{h\to 0}\frac{f(x+h)-f(x)}{h}\\
&= \lim_{h\to 0}\frac{\sin(x+h)-\sin x}{h}\\
&= \lim_{h\to 0}\frac{\sin x\cos h+\cos x\sin h-\sin x}{h} && \text{D'après l'identité de l'addition d'angles pour le sinus}\\
&= \lim_{h\to 0}\left[\sin x\left(\frac{\cos h-1}{h}\right)+\cos x\left(\frac{\sin h}{h}\right)\right]\\
&= \lim_{h\to 0}\left[\cos x\left(\frac{\sin h}{h}\right)-\sin x\left(\frac{1-\cos h}{h}\right)\right] && \text{Réaménagement algébrique}\\
&= \lim_{h\to 0}\cos x\cdot\lim_{h\to 0}\frac{\sin h}{h}-\lim_{h\to 0}\sin x\cdot\lim_{h\to 0}\frac{1-\cos h}{h}\\
&= \left(\lim_{h\to 0}\cos x\right)(1)-\left(\lim_{h\to 0}\sin x\right)(0) && \text{Égalités (1) et (2)}\\
&= \lim_{h\to 0}\cos x=\cos x && \cos x \text{ étant indépendant de la variable } h\text{, il est considéré constant dans le calcul de la limite.}
\end{aligned}$$

Nous avons donc montré que

$$\frac{d}{dx}[\sin x]=\cos x \tag{3}$$

Rappelons que les expressions obtenues pour les dérivées des fonctions trigonométriques sont valables seulement si x est en radians. À l'exercice 47, vous apprendrez la façon de convertir ces expressions pour les rendre applicables lorsque x est exprimé en degrés.

Dans les exercices, il vous sera demandé d'utiliser la même méthode pour déduire l'expression de la dérivée de $\cos x$, soit

$$\frac{d}{dx}[\cos x]=-\sin x \tag{4}$$

▶ **Exemple 1** Déterminer $\frac{dy}{dx}$ si $y=x\sin x$.

Solution. En se référant à la formule (3) et à la règle du produit, on obtient

$$\begin{aligned}
\frac{dy}{dx} &= \frac{d}{dx}[x\sin x]\\
&= x\frac{d}{dx}[\sin x]+\sin x\frac{d}{dx}[x]\\
&= x\cos x+\sin x \quad ◀
\end{aligned}$$

▶ Exemple 2 Déterminer $\frac{dy}{dx}$ si $y = \dfrac{\sin x}{1+\cos x}$.

Solution. En utilisant la règle du quotient et les formules (3) et (4), on déduit

$$\frac{dy}{dx} = \frac{(1+\cos x)\cdot \frac{d}{dx}[\sin x] - \sin x \cdot \frac{d}{dx}[1+\cos x]}{(1+\cos x)^2}$$

$$= \frac{(1+\cos x)(\cos x) - (\sin x)(-\sin x)}{(1+\cos x)^2}$$

$$= \frac{\cos x + \cos^2 x + \sin^2 x}{(1+\cos x)^2} = \frac{\cos x + 1}{(1+\cos x)^2} = \frac{1}{1+\cos x} \blacktriangleleft$$

Il serait bon de mémoriser les formules des dérivées des fonctions trigonométriques. Pour faciliter la mémorisation, une astuce mnémotechnique est donnée à l'exercice 48.

Les dérivées des autres fonctions trigonométriques ont pour expression

$$\frac{d}{dx}[\tan x] = \sec^2 x \qquad \frac{d}{dx}[\sec x] = \sec x \tan x \qquad (5\text{–}6)$$

$$\frac{d}{dx}[\cot x] = -\csc^2 x \qquad \frac{d}{dx}[\csc x] = -\csc x \cot x \qquad (7\text{–}8)$$

On peut les obtenir à partir de la définition de la dérivée, mais il est plus simple d'utiliser les formules (3) et (4) et d'appliquer la règle du quotient aux expressions suivantes :

$$\tan x = \frac{\sin x}{\cos x}, \quad \cot x = \frac{\cos x}{\sin x}, \quad \sec x = \frac{1}{\cos x}, \quad \csc x = \frac{1}{\sin x}$$

Par exemple,

$$\frac{d}{dx}[\tan x] = \frac{d}{dx}\left[\frac{\sin x}{\cos x}\right] = \frac{\cos x \cdot \frac{d}{dx}[\sin x] - \sin x \cdot \frac{d}{dx}[\cos x]}{\cos^2 x}$$

$$= \frac{\cos x \cdot \cos x - \sin x \cdot (-\sin x)}{\cos^2 x} = \frac{\cos^2 x + \sin^2 x}{\cos^2 x} = \frac{1}{\cos^2 x} = \sec^2 x$$

Pour trouver la valeur de la dérivée en un point particulier $x = x_0$, il importe de substituer x_0 *après* avoir obtenu l'expression de la dérivée. Ainsi, à l'exemple 3, nous avons substitué $x = \frac{\pi}{4}$ après avoir déterminé f''. Que serait-il arrivé si nous avions *incorrectement* substitué $x = \frac{\pi}{4}$ dans $f'(x)$ avant de calculer f''?

▶ Exemple 3 Déterminer $f''(\frac{\pi}{4})$ si $f(x) = \sec x$.

$$f'(x) = \sec x \tan x$$

$$f''(x) = \sec x \cdot \frac{d}{dx}[\tan x] + \tan x \cdot \frac{d}{dx}[\sec x]$$

$$= \sec x \cdot \sec^2 x + \tan x \cdot \sec x \tan x$$

$$= \sec^3 x + \sec x \tan^2 x$$

Ainsi,

$$f''\left(\frac{\pi}{4}\right) = \sec^3\left(\frac{\pi}{4}\right) + \sec\left(\frac{\pi}{4}\right)\tan^2\left(\frac{\pi}{4}\right)$$

$$= (\sqrt{2})^3 + (\sqrt{2})(1)^2 = 3\sqrt{2} \blacktriangleleft$$

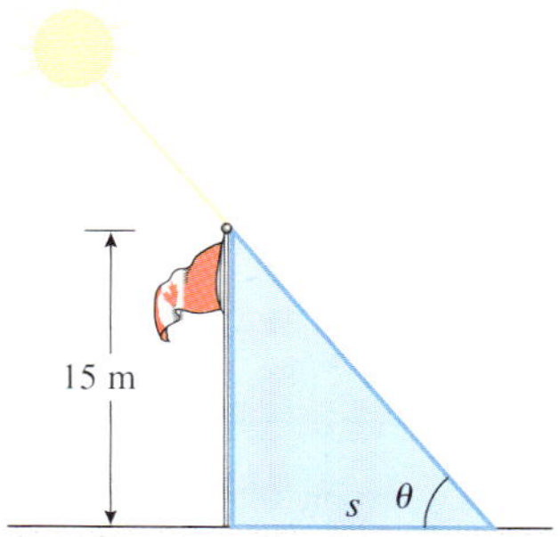

Figure 3.5.1

▶ Exemple 4 Par une journée ensoleillée, un mât de drapeau de 15 m projette une ombre qui change avec l'angle d'élévation du soleil. Si s est la longueur de l'ombre et θ, l'angle d'élévation du soleil (figure 3.5.1), à quel taux la longueur de l'ombre varie-t-elle en fonction de θ lorsque $\theta = 45°$? Exprimer votre réponse en m/degré.

Solution. Les variables s et θ sont liées par l'expression $\tan\theta = \frac{50}{s}$ ou, de manière équivalente par

$$s = 15\cot\theta \tag{9}$$

Si θ est donné en radians, alors la formule (7) peut être appliquée et l'on trouve

$$\frac{ds}{d\theta} = -15\csc^2\theta$$

Cette égalité exprime le taux de variation de la longueur de l'ombre par rapport à l'angle d'élévation θ, exprimé en mètres/radian. En prenant $\theta = 45°$ (soit en radians $\theta = \frac{\pi}{4}$ radian), on obtient

$$\left.\frac{ds}{d\theta}\right|_{\theta=\frac{\pi}{4}} = -15\csc^2\left(\frac{\pi}{4}\right) = -30 \text{ m/radian}$$

Convertissons maintenant les radians (rad) en degrés (deg) : on a

$$-30\,\frac{\text{m}}{\text{rad}} \cdot \frac{\pi}{180}\frac{\text{rad}}{\text{deg}} = -\frac{1}{6}\pi\,\frac{\text{m}}{\text{deg}} \approx -0{,}52 \text{ m/deg}$$

Ainsi, lorsque $\theta = 45°$, la longueur de l'ombre décroît (signe négatif) au taux approximatif de 0,52 m/degré d'augmentation de l'angle d'élévation. ◀

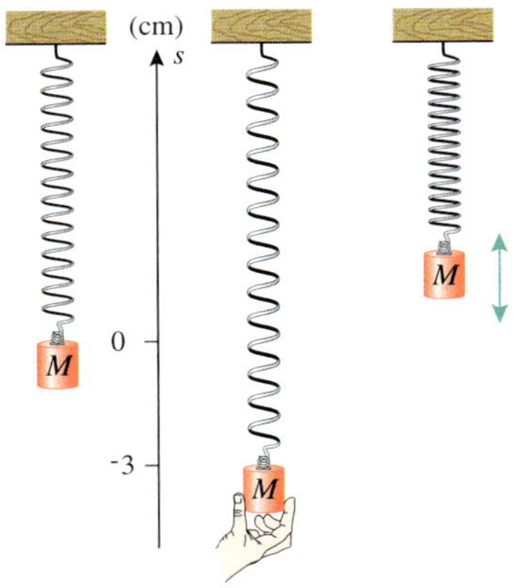

Figure 3.5.2

▶ **Exemple 5** Une masse est suspendue à un ressort (figure 3.5.2). Partant de la position de repos du système, on allonge le ressort de 3 cm et on le libère à $t = 0$. Sachant que la fonction position d'un point de référence situé sur le dessus de la masse est donnée par

$$s = -3\cos t \tag{10}$$

où s est en centimètres et t, en secondes, établir la fonction vitesse et décrire le mouvement de la masse.

Solution. La fonction vitesse est donnée par

$$v = \frac{ds}{dt} = \frac{d}{dt}[-3\cos t] = 3\sin t$$

La figure 3.5.3 donne les courbes des fonctions position et vitesse. La fonction position révèle que le point de référence sur la masse oscille entre un minimum $s = -3$ et un maximum $s = 3$ et que la masse décrit une oscillation complète à toutes les 2π secondes (la période de s (10)). La masse monte (sens positif de s) lorsque v est positive, elle descend lorsque v est négative et elle atteint un maximum ou un minimum lorsque $v = 0$. Ainsi, par exemple, le point de référence monte entre $t = 0$ et $t = \pi$, instant où il atteint sa hauteur maximale ($s = 3$); il descend ensuite jusqu'à $t = 2\pi$, instant où il atteint sa position la plus basse ($s = -3$). Le même mouvement se répète ensuite périodiquement. ◀

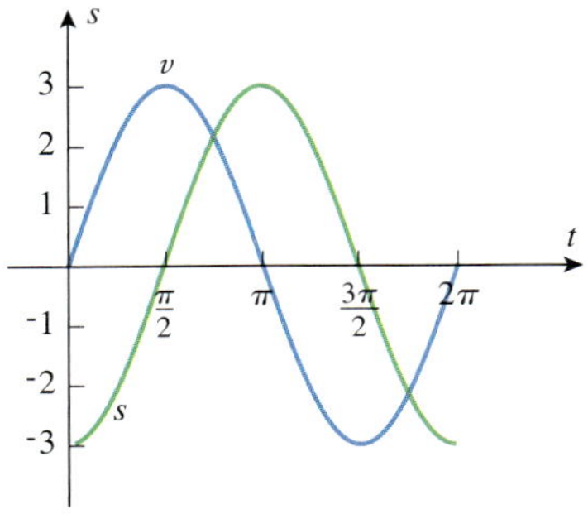

Figure 3.5.3

Le module de la vitesse du point de référence sur la masse est maximal lorsque la masse passe par la position du système au repos. Pourquoi? Quelle est la valeur maximale du module de la vitesse?

✔ VÉRIFICATION EXPRESS 3.5

(Réponses à la page 217.)

1. Déterminer $\frac{dy}{dx}$.
   (a) $y = \sin x$ (b) $y = \cos x$
   (c) $y = \tan x$ (d) $y = \sec x$
2. Déterminer $f'(x)$ et $f'\left(\frac{\pi}{3}\right)$ si $f(x) = \sin x\cos x$.
3. Utiliser une dérivée pour évaluer chacune des limites données.
   (a) $\lim\limits_{h\to 0}\frac{\sin\left(\frac{\pi}{2}+h\right)-1}{h}$ (b) $\lim\limits_{h\to 0}\frac{\csc(x+h)-\csc x}{h}$

SÉRIE D'EXERCICES 3.5

Outil graphique

1–18 Déterminer $f'(x)$.

1. $f(x) = 4\cos x + 2\sin x$

2. $f(x) = \dfrac{5}{x^2} + \sin x$

3. $f(x) = -4x^2 \cos x$

4. $f(x) = 2\sin^2 x$

5. $f(x) = \dfrac{5 - \cos x}{5 + \sin x}$

6. $f(x) = \dfrac{\sin x}{x^2 + \sin x}$

7. $f(x) = \sec x - \sqrt{2}\tan x$

8. $f(x) = (x^2 + 1)\sec x$

9. $f(x) = 4\csc x - \cot x$

10. $f(x) = \cos x - x\csc x$

11. $f(x) = \sec x \tan x$

12. $f(x) = \csc x \cot x$

13. $f(x) = \dfrac{\cot x}{1 + \csc x}$

14. $f(x) = \dfrac{\sec x}{1 + \tan x}$

15. $f(x) = \sin^2 x + \cos^2 x$

16. $f(x) = \sec^2 x - \tan^2 x$

17. $f(x) = \dfrac{\sin x \sec x}{1 + x\tan x}$

18. $f(x) = \dfrac{(x^2 + 1)\cot x}{3 - \cos x \csc x}$

19–24 Déterminer $\frac{d^2y}{dx^2}$.

19. $y = x\cos x$

20. $y = \csc x$

21. $y = x\sin x - 3\cos x$

22. $y = x^2\cos x + 4\sin x$

23. $y = \sin x \cos x$

24. $y = \tan x$

25. Établir une équation de la tangente à la courbe de $\tan x$ à
(a) $x = 0$ (b) $x = \frac{\pi}{4}$ (c) $x = -\frac{\pi}{4}$.

26. Établir une équation de la tangente à la courbe de $\sin x$ à
(a) $x = 0$ (b) $x = \pi$ (c) $x = \frac{\pi}{4}$.

27. (a) Montrer que $y = x\sin x$ est une solution de $y'' + y = 2\cos x$.
(b) Montrer que $y = x\sin x$ est une solution de l'équation $y^{(4)} + y'' = -2\cos x$.

28. (a) Montrer que $y = \cos x$ et $y = \sin x$ sont des solutions de l'équation $y'' + y = 0$.
(b) Montrer que $y = A\sin x + B\cos x$ est une solution de l'équation $y'' + y = 0$, quelles que soient les constantes A et B.

29. Déterminer toutes les valeurs de l'intervalle $[-2\pi; 2\pi]$ où la courbe de f a une tangente horizontale.
(a) $f(x) = \sin x$ (b) $f(x) = x + \cos x$
(c) $f(x) = \tan x$ (d) $f(x) = \sec x$

30. (a) À l'aide d'un outil graphique, estimer les valeurs de l'intervalle $[0; 2\pi]$ où la courbe de $y = \sin x \cos x$ affiche une tangente horizontale.
(b) Situer exactement les points de tangence horizontale.

31. Une échelle de 3 m appuyée contre un mur forme un angle θ avec l'horizontale (figure Ex-31). Le haut de l'échelle se trouve à x mètres au-dessus du sol. Si l'on pousse le bas de l'échelle vers le mur, à quel taux x varie-t-il par rapport à l'angle θ lorsque $\theta = 60$ °? Exprimer la réponse en mètres/degré.

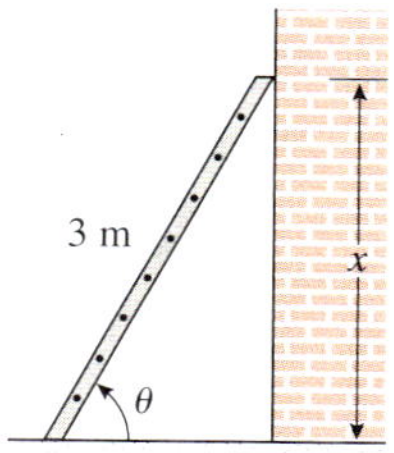

Figure Ex-31

32. Un avion vole à l'horizontale à une altitude de 1160 m (figure Ex-32). À quel taux la distance s qui sépare l'avion et le point fixe P varie-t-elle par rapport à θ lorsque $\theta = 30$ °? Exprimer la réponse en mètres/degré.

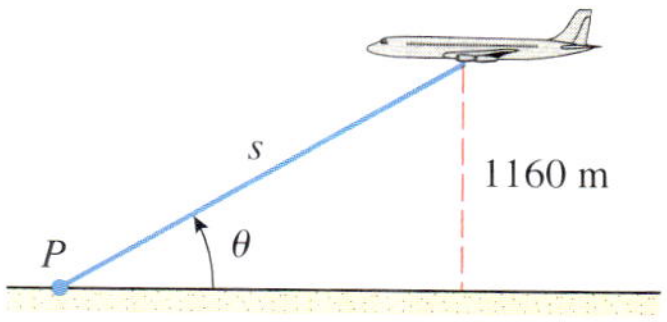

Figure Ex-32

33. Un projecteur balaie le côté d'un très haut édifice. Le projecteur oscille de sorte que la lumière monte et descend le long du mur. Autrement dit, la distance D qui sépare le sol et le spot lumineux sur le mur de l'édifice est fonction de l'angle θ formé par le faisceau lumineux et l'horizontale (figure Ex-33). Si le projecteur est placé à 50 m de l'édifice, à quel taux la distance D varie-t-elle en fonction de θ lorsque $\theta = 45$ °? Exprimer la réponse en mètres/degré.

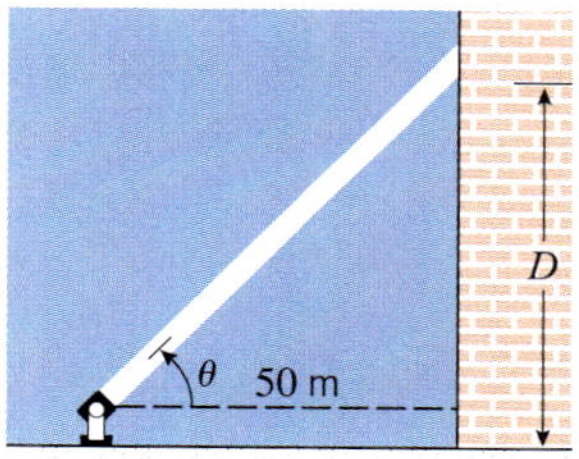

Figure Ex-33

34. Un satellite d'observation de la Terre peut observer seulement une portion de la surface de la planète. Le satellite est doté de senseurs d'horizon capables de détecter l'angle θ illustré à la figure Ex-34. Nommons r, le rayon de la Terre (supposée sphérique) et h, la distance du satellite à la surface de la Terre.
(a) Montrer que $h = r(\csc\theta - 1)$.
(b) En prenant $r = 6378$ km, déterminer le taux de variation de h par rapport à θ lorsque $\theta = 30$ °. Exprimer la réponse en kilomètres/degré.

Source : Adaptation inspirée de *Space Mathematics* (Mathématiques de l'espace), NASA, 1985.

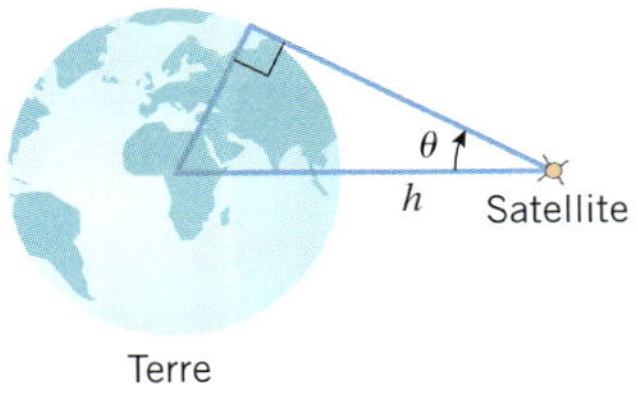

Figure Ex-34

35–36 Proposer une expression pour la dérivée; procéder en déterminant les premières dérivées et en observant le schéma obtenu.

35. (a) $\dfrac{d^{87}}{dx^{87}}[\sin x]$ (b) $\dfrac{d^{100}}{dx^{100}}[\cos x]$

36. $\dfrac{d^{17}}{dx^{17}}[x \sin x]$

37. Soit $f(x) = \cos x$. Déterminer tous les entiers positifs n tels que $f^{(n)}(x) = \sin x$.

38. Soit $f(x) = \sin x$. Déterminer tous les entiers positifs n tels que $f^{(n)}(x) = \sin x$.

JONGLONS AVEC LES CONCEPTS

39. Déterminer, dans chacun des cas suivants, sur quel intervalle f est dérivable.

(a) $f(x) = \sin x$ (b) $f(x) = \cos x$
(c) $f(x) = \tan x$ (d) $f(x) = \cot x$
(e) $f(x) = \sec x$ (f) $f(x) = \csc x$
(g) $f(x) = \dfrac{1}{1 + \cos x}$ (h) $f(x) = \dfrac{1}{\sin x \cos x}$
(i) $f(x) = \dfrac{\cos x}{2 - \sin x}$

40. (a) Obtenir la formule (4) à partir de la définition d'une dérivée.
(b) Utiliser les formules (3) et (4) pour obtenir la formule (7).
(c) Déduire la formule (6) à partir de la formule (4).
(d) Déduire la formule (8) à partir de la formule (3).

41. En référant à la formule (1), à la forme alternative de la définition de la dérivée donnée par l'égalitése (13) de la section 3.2, c'est-à-dire

$$f'(x) = \lim_{w \to x} \frac{f(w) - f(x)}{w - x}$$

et à l'identité de la différence qui suit

$$\sin \alpha - \sin \beta = 2 \sin\left(\frac{\alpha - \beta}{2}\right) \cos\left(\frac{\alpha + \beta}{2}\right)$$

montrer que $\dfrac{d}{dx}[\sin x] = \cos x$.

42. Suivre les instructions données à l'exercice 41 en utilisant l'identité de la différence suivante :

$$\cos \alpha - \cos \beta = -2 \sin\left(\frac{\alpha - \beta}{2}\right) \sin\left(\frac{\alpha + \beta}{2}\right)$$

pour montrer que $\dfrac{d}{dx}[\cos x] = -\sin x$.

43. (a) Montrer que $\displaystyle\lim_{h \to 0} \frac{\tan h}{h} = 1$.
(b) En se référant à l'égalité donnée en (a), obtenir directement l'expression de la dérivée de $\tan x$ à partir de la définition de la dérivée.

44. Sans se référer aux identités trigonométriques, évaluer la

$$\lim_{x \to 0} \frac{\tan(x + y) - \tan y}{x}$$

[*Indice :* Associer la limite donnée à la définition de la dérivée d'une fonction appropriée de y.]

45. Montrer que si k est une constante, alors

$$\frac{d}{dx}[\cos kx] = -k \sin kx$$

46. On tire sur une masse suspendue à un ressort de façon à l'allonger de 4 cm dans la position de repos du système. On laisse aller la masse à $t = 0$ et après cet instant, la masse se déplace sur un axe vertical. Le sens positif de l'axe va vers le haut et le sens négatif, vers le bas, l'origine correspondant à un point situé sur le dessus de la masse lorsque le système masse-ressort est au repos. La fonction position de ce point sur la masse a pour expression $s = -4 \cos \pi t$, où s est en centimètres et t, en secondes, indiquant le temps écoulé après que la masse ait été lâchée. Utiliser la dérivée donnée à l'exercice 45 pour obtenir la fonction vitesse de la masse. Quelle est la vitesse (scalaire) de la masse à son premier passage dans la position de repos du système?

47. Les expressions des dérivées de $\sin x$, $\cos x$, $\tan x$, $\cot x$, $\sec x$ et $\csc x$ ont été obtenues en supposant au départ que x était donné en radians. Utiliser les exercices 69 et 70 de la section 2.6 pour montrer que, si x est mesuré en degrés, alors
(a) $\dfrac{d}{dx}[\sin x] = \dfrac{\pi}{180} \cos x$
(b) $\dfrac{d}{dx}[\cos x] = -\dfrac{\pi}{180} \sin x$

48. Supposons que l'on nomme les fonctions cos, cot et csc comme étant les *cofonctions* respectives de sin, tan et sec. Vérifier que la dérivée de chaque cofonction peut être obtenue à partir de la dérivée de la fonction correspondante en plaçant un signe négatif (−) devant et en remplaçant chaque fonction de la dérivée par sa cofonction. Une fois convaincus de cette relation entre fonctions et cofonctions, mémoriser les dérivées de $\sin x$, $\tan x$ et $\sec x$ et utiliser cette relation pour retrouver les dérivées des cofonctions.

✔ VÉRIFICATION EXPRESS 3.5 – RÉPONSES

1. (a) $\cos x$ (b) $-\sin x$ (c) $\sec^2 x$ (d) $\sec x \tan x$ 2. $f'(x) = \cos^2 x - \sin^2 x$, $f'\left(\frac{\pi}{3}\right) = -\frac{1}{2}$

3. (a) $\left.\frac{d}{dx}[\sin x]\right|_{x=\frac{\pi}{2}} = 0$ (b) $\frac{d}{dx}[\csc x] = -\csc x \cot x$

3.6 RÈGLE DE DÉRIVATION EN CHAÎNE

Dans cette section, nous allons obtenir une règle pour calculer la dérivée d'une composée de fonctions $f \circ g$ en termes des dérivées de f et de g. Cette règle nous permettra de dériver des fonctions complexes à partir de dérivées connues de fonctions plus simples.

DÉRIVÉES DES FONCTIONS COMPOSÉES

Considérons le problème suivant :

$$\frac{d}{dx}[(x^2+1)^{100}] \tag{1}$$

Avec les outils dont nous disposons, il y a deux façons d'effectuer la dérivée demandée : on peut développer $(x^2+1)^{100}$ à l'aide de la formule du binôme* et dériver ensuite chacun des termes ou on peut appliquer la définition de la dérivée. Dans un cas comme dans l'autre, la méthode est laborieuse; nous allons donc tenter une nouvelle approche. Posons d'abord $h(x) = (x^2+1)^{100}$; notre stratégie consiste à décomposer h en fonctions plus simples, faciles à dériver, et à développer ensuite cette dérivée (1) en termes des dérivées de ces fonctions. Par exemple, nous pouvons décomposer $h(x)$ comme suit :

$$h(x) = (f \circ g)(x) = f(g(x)) \quad \text{où} \quad g(x) = x^2+1, \quad f(x) = x^{100}$$

Sachant que

$$g'(x) = 2x \quad \text{et} \quad f'(x) = 100x^{99}$$

nous devons trouver une façon d'exprimer $h'(x)$ en fonction de ces dérivées connues. La clé se trouve dans l'introduction de variables dépendantes; posons

$$y = (x^2+1)^{100} \quad \text{et} \quad u = g(x) = x^2+1$$

Il s'ensuit que

$$y = u^{100}$$

Nous voulons donc utiliser les dérivées connues

$$\frac{dy}{du} = 100u^{99} \quad \text{et} \quad \frac{du}{dx} = 2x \tag{2}$$

pour déterminer la dérivée inconnue

$$\frac{dy}{dx} = \frac{d}{dx}[(x^2+1)^{100}] \tag{3}$$

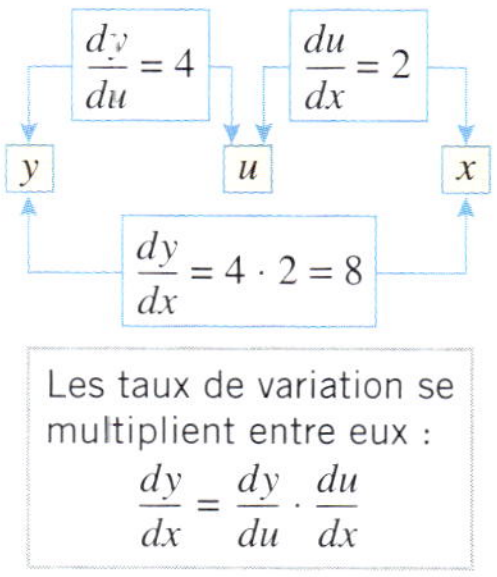

Figure 3.6.1

Pour simplifier, interprétons les dérivées (2) et (3) comme des taux de variation. Ainsi, nous cherchons à utiliser les taux de variation connus $\frac{dy}{du}$ et $\frac{du}{dx}$ pour déterminer le taux de variation inconnu $\frac{dy}{dx}$. Or, intuitivement, les taux de variation peuvent être multipliés entre eux. Par exemple, si y varie quatre fois plus rapidement que u et si u varie deux fois plus rapidement que x, alors y varie $4 \times 2 = 8$ fois plus rapidement que x (figure 3.6.1). On en

* Également appelée *binôme de Newton* ou *formule du binôme de Newton. Ndlt*

déduit que

$$\frac{dy}{dx} = \frac{dy}{du} \cdot \frac{du}{dx} = 100u^{99} \cdot 2x = 100(x^2+1)^{99} \cdot 2x = 200x(x^2+1)^{99}$$

Notez qu'il s'avère bien plus efficace d'utiliser ce procédé pour dériver l'expression (1) plutôt que d'avoir recours à la laborieuse expansion du binôme.

Le théorème qui suit, dont la preuve est présentée à l'annexe C sur le Web, formalise les idées qui précèdent.

L'expression *dérivation en chaîne* est appropriée, étant donné que la dérivée recherchée est obtenue par l'application d'une « chaîne » à deux maillons de dérivées plus simples.

3.6.1 THÉORÈME (*Règle de dérivation en chaîne*). *Si g est dérivable en x et si f est dérivable en $g(x)$, alors la fonction composée $f \circ g$ est dérivable en x. De plus, si*

$$y = f(g(x)) \quad et \quad u = g(x)$$

alors $y = f(u)$ et

$$\frac{dy}{dx} = \frac{dy}{du} \cdot \frac{du}{dx} \tag{4}$$

La règle (4) est facile à retenir parce que la « simplification » des du à droite redonne le membre de gauche de l'équation. Grâce à ce procédé de « simplification », il n'est pas compliqué d'écrire correctement la règle de dérivation en chaîne lorsque plusieurs variables sont en cause. Par exemple, si w est une fonction de x et si x est une fonction de t, alors la dérivation en chaîne aura pour expression

$$\frac{dw}{dt} = \frac{dw}{dx} \cdot \frac{dx}{dt}$$

▶ **Exemple 1** Déterminer $\frac{dy}{dx}$ si $y = \cos(x^3)$.

Solution. En posant $u = x^3$, on peut écrire $y = \cos u$. L'application de la règle (4) donne alors

$$\begin{aligned}\frac{dy}{dx} &= \frac{dy}{du} \cdot \frac{du}{dx} \\ &= \frac{d}{du}[\cos u] \cdot \frac{d}{dx}[x^3] \\ &= (-\sin u) \cdot (3x^2) \\ &= (-\sin(x^3)) \cdot (3x^2) = -3x^2 \sin(x^3) \quad ◀\end{aligned}$$

▶ **Exemple 2** Déterminer $\frac{dw}{dt}$ si $w = \tan x$ et $x = 4t^3 + t$.

Solution. La règle de dérivation en chaîne donne ici

$$\begin{aligned}\frac{dw}{dt} &= \frac{dw}{dx} \cdot \frac{dx}{dt} \\ &= \frac{d}{dx}[\tan x] \cdot \frac{d}{dt}[4t^3 + t] \\ &= (\sec^2 x) \cdot (12t^2 + 1) \\ &= (\sec^2(4t^3 + t)) \cdot (12t^2 + 1) = (12t^2 + 1)\sec^2(4t^3 + t) \quad ◀\end{aligned}$$

AUTRE FORMULATION DE LA RÈGLE DE DÉRIVATION EN CHAÎNE

L'expression de la dérivation en chaîne (4) est parfois lourde à manipuler parce qu'elle fait intervenir plusieurs variables. Lorsque vous deviendrez familier avec la dérivation en chaîne, vous pourrez éviter d'écrire chaque fois les variables dépendantes et adopter la forme suivante de la règle (4) :

$$\frac{d}{dx}[f(g(x))] = (f \circ g)'(x) = f'(g(x))g'(x) \tag{5}$$

Vérifiez que les règles (5) et (4) sont équivalentes en posant $y = f(g(x))$ et $u = g(x)$.

On retient plus facilement cette règle en nommant f la *fonction externe* et g, la *fonction interne* de la fonction composée $f(g(x))$ et en mettant en mots la règle (5) :

La dérivée de $f(g(x))$ est égale à la dérivée de la fonction externe évaluée à la fonction interne, multipliée par la dérivée de la fonction interne.

$$\frac{d}{dx}[f(g(x))] = \underbrace{f'(g(x))}_{\text{Dérivée de la fonction externe évaluée à la fonction interne}} \cdot \underbrace{g'(x)}_{\text{Dérivée de la fonction interne}}$$

▶ **Exemple 3** (*Reprise de l'exemple 1*) Déterminer $h'(x)$ si $h(x) = \cos(x^3)$.

Solution. Si h est vu comme une composition $f(g(x))$ où $g(x) = x^3$ est la fonction interne et $f(x) = \cos x$, la fonction externe, alors en appliquant la formulation (5) on obtient

$$\begin{aligned} h'(x) &= \underbrace{f'(g(x))}_{\text{Dérivée de la fonction externe évaluée à la fonction interne}} \cdot \underbrace{g'(x)}_{\text{Dérivée de la fonction interne}} \\ &= f'(x^3) \cdot 3x^2 \\ &= -\sin(x^3) \cdot 3x^2 = -3x^2 \sin(x^3) \end{aligned}$$

Le résultat est identique à celui obtenu à l'exemple 1. ◀

▶ **Exemple 4**

$$\frac{d}{dx}[\tan^2 x] = \frac{d}{dx}[(\tan x)^2] = \underbrace{(2\tan x)}_{\text{Dérivée de la fonction externe évaluée à la fonction interne}} \cdot \underbrace{(\sec^2 x)}_{\text{Dérivée de la fonction interne}} = 2\tan x \sec^2 x$$

$$\frac{d}{dx}[\sqrt{x^2+1}] = \underbrace{\frac{1}{2\sqrt{x^2+1}}}_{\text{Dérivée de la fonction externe évaluée à la fonction interne}} \cdot \underbrace{2x}_{\text{Dérivée de la fonction interne}} = \frac{x}{\sqrt{x^2+1}}$$

Voir la règle (5) de la section 3.3 ◀

FORMULES GÉNÉRALISÉES DES DÉRIVÉES

Il existe une troisième variante de la règle de dérivation en chaîne, à mi-chemin entre les formulations (4) et (5). En posant $u = g(x)$ dans (5), on peut récrire la règle sous la forme

$$\frac{d}{dx}[f(u)] = f'(u)\frac{du}{dx} \tag{6}$$

Cette formule, appelée ***formule généralisée de la dérivée*** de f, donne un moyen d'utiliser la dérivée de $f(x)$ pour obtenir la dérivée de $f(u)$, où u est une fonction de x. Le tableau 3.6.1 donne quelques exemples d'utilisation de cette généralisation.

Tableau 3.6.1

FORMULES GÉNÉRALISÉES DES DÉRIVÉES	
$\frac{d}{dx}[u^n] = nu^{n-1}\frac{du}{dx}$ (où n est entier)	$\frac{d}{dx}[\sqrt{u}] = \frac{1}{2\sqrt{u}}\frac{du}{dx}$
$\frac{d}{dx}[\sin u] = \cos u\,\frac{du}{dx}$	$\frac{d}{dx}[\cos u] = -\sin u\,\frac{du}{dx}$
$\frac{d}{dx}[\tan u] = \sec^2 u\,\frac{du}{dx}$	$\frac{d}{dx}[\cot u] = -\csc^2 u\,\frac{du}{dx}$
$\frac{d}{dx}[\sec u] = \sec u \tan u\,\frac{du}{dx}$	$\frac{d}{dx}[\csc u] = -\csc u \cot u\,\frac{du}{dx}$

▶ **Exemple 5** Déterminer

(a) $\frac{d}{dx}[\sin(2x)]$ (b) $\frac{d}{dx}[\tan(x^2+1)]$ (c) $\frac{d}{dx}[\sqrt{x^3+\csc x}]$

(d) $\frac{d}{dx}[(1+x^5\cot x)^{-8}]$ (e) $\frac{d}{dx}\left[\frac{1}{x^3+2x-3}\right]$

Solution (a). En posant $u = 2x$ dans la formule généralisée de la dérivée de $\sin u$, on obtient

$$\frac{d}{dx}[\sin(2x)] = \frac{d}{dx}[\sin u] = \cos u\frac{du}{dx} = \cos 2x \cdot \frac{d}{dx}[2x] = \cos 2x \cdot 2 = 2\cos 2x$$

Solution (b). En prenant $u = x^2+1$ dans la formule généralisée de la dérivée de $\tan u$, on obtient

$$\begin{aligned}\frac{d}{dx}[\tan(x^2+1)] &= \frac{d}{dx}[\tan u] = \sec^2 u\frac{du}{dx}\\ &= \sec^2(x^2+1)\cdot\frac{d}{dx}[x^2+1] = \sec^2(x^2+1)\cdot 2x\\ &= 2x\sec^2(x^2+1)\end{aligned}$$

Solution (c). En prenant $u = x^3+\csc x$ dans la formule généralisée de la dérivée de $\sqrt{u}$, on obtient

$$\begin{aligned}\frac{d}{dx}[\sqrt{x^3+\csc x}] &= \frac{d}{dx}[\sqrt{u}] = \frac{1}{2\sqrt{u}}\frac{du}{dx} = \frac{1}{2\sqrt{x^3+\csc x}}\cdot\frac{d}{dx}[x^3+\csc x]\\ &= \frac{1}{2\sqrt{x^3+\csc x}}\cdot(3x^2-\csc x\cot x) = \frac{3x^2-\csc x\cot x}{2\sqrt{x^3+\csc x}}\end{aligned}$$

Solution (d). En prenant $u = 1 + x^5 \cot x$ dans la formule généralisée de la dérivée de u^{-8}, on obtient

$$\frac{d}{dx}[(1 + x^5 \cot x)^{-8}] = \frac{d}{dx}[u^{-8}] = -8u^{-9}\frac{du}{dx}$$
$$= -8(1 + x^5 \cot x)^{-9} \cdot \frac{d}{dx}[1 + x^5 \cot x]$$
$$= -8(1 + x^5 \cot x)^{-9} \cdot (x^5(-\csc^2 x) + 5x^4 \cot x)$$
$$= (8x^5 \csc^2 x - 40x^4 \cot x)(1 + x^5 \cot x)^{-9}$$

Solution (e). En prenant $u = x^3 + 2x - 3$ dans la formule généralisée de la dérivée de u^{-1}, on obtient

$$\frac{d}{dx}\left[\frac{1}{x^3 + 2x - 3}\right] = \frac{d}{dx}[(x^3 + 2x - 3)^{-1}] = \frac{d}{dx}[u^{-1}]$$
$$= -u^{-2}\frac{du}{dx} = -(x^3 + 2x - 3)^{-2}\frac{d}{dx}[x^3 + 2x - 3]$$
$$= -(x^3 + 2x - 3)^{-2}(3x^2 + 2) = -\frac{3x^2 + 2}{(x^3 + 2x - 3)^2}$$ ◄

Vous devrez parfois ajuster la notation ou appliquer plus d'une fois la règle de dérivation en chaîne pour déterminer une dérivée.

► **Exemple 6** Déterminer

(a) $\dfrac{d}{dx}[\sin(\sqrt{1 + \cos x})]$ (b) $\dfrac{d\mu}{dt}$ si $\mu = \sec\sqrt{\omega t}$ (ω est constante)

Solution (a). En prenant $u = \sqrt{1 + \cos x}$ dans la formule généralisée de la dérivée de $\sin u$, on obtient

$$\frac{d}{dx}[\sin(\sqrt{1 + \cos x})] = \frac{d}{dx}[\sin u] = \cos u\frac{du}{dx}$$
$$= \cos(\sqrt{1 + \cos x}) \cdot \frac{d}{dx}[\sqrt{1 + \cos x}]$$
$$= \cos(\sqrt{1 + \cos x}) \cdot \frac{-\sin x}{2\sqrt{1 + \cos x}}$$

Utilisation de la formule généralisée de la dérivée avec $\sqrt{u}$, où $u = 1 + \cos x$

$$= -\frac{\sin x \cos(\sqrt{1 + \cos x})}{2\sqrt{1 + \cos x}}$$

Solution (b).

$$\frac{d\mu}{dt} = \frac{d}{dt}[\sec\sqrt{\omega t}] = \sec\sqrt{\omega t}\tan\sqrt{\omega t}\,\frac{d}{dt}[\sqrt{\omega t}]$$

Utilisation de la formule généralisée de la dérivée avec $\sec u$, où $u = \sqrt{\omega t}$

$$= \sec\sqrt{\omega t}\tan\sqrt{\omega t}\,\frac{\omega}{2\sqrt{\omega t}}$$

Utilisation de la formule généralisée de la dérivée avec $\sqrt{u}$, où $u = \omega t$ ◄

DÉRIVER À L'AIDE DES LOGICIELS DE CALCUL FORMEL

Bien que la dérivation en chaîne et les autres règles de dérivation soient fort utiles, il demeure parfois laborieux de déterminer certaines dérivées. Pour résoudre les cas complexes, les scientifiques et les ingénieurs font souvent appel à des logiciels de calcul formel tels que *Mathematica*, *Maple* ou *Derive*. Par exemple, nous disposons de tous les outils nécessaires pour calculer à la main la dérivée suivante

$$\frac{d}{dx}\left[\frac{(x^2+1)^{10}\sin^3(\sqrt{x})}{\sqrt{1+\csc x}}\right] \tag{7}$$

mais la complexité des opérations et les risques d'erreur sont tels qu'il est plus efficace d'utiliser un logiciel de calcul formel.

TECHNOLOGIE

Si vous disposez d'un logiciel de calcul formel, utilisez-le pour developper l'expression (7).

✔ VÉRIFICATION EXPRESS 3.6 *(Réponses à la page 225.)*

1. La règle de dérivation en chaîne stipule que la dérivée de la composition de deux fonctions est égale à la dérivée de la fonction ________, évaluée à la fonction ________ et multipliée par la dérivée de la fonction ________.
2. Si y est une fonction dérivable de u et si u est une fonction dérivable de x, alors
$$\frac{dy}{dx} = \_\_\_\_\_\_\_\_ \cdot \_\_\_\_\_\_\_\_$$
3. Déterminer $\dfrac{dy}{dx}$.
(a) $y = (x^2+5)^{10}$ (b) $y = \sqrt{1+6x}$
4. Déterminer $\dfrac{dy}{dx}$.
(a) $y = \sin(3x+2)$ (b) $y = (x^2\tan x)^4$
5. Soit $f(2) = 3$, $f'(2) = 4$, $g(3) = 6$ et $g'(3) = -5$. Évaluer
(a) $h'(2)$, où $h(x) = g(f(x))$
(b) $k'(3)$, où $k(x) = f\left(\frac{1}{3}g(x)\right)$

SÉRIE D'EXERCICES 3.6

Outil graphique [C] Logiciel de calcul formel

1. Sachant que $f'(0) = 2$, $g(0) = 0$ et $g'(0) = 3$, déterminer $(f \circ g)'(0)$.
2. Sachant que $f'(9) = 5$, $g(2) = 9$ et $g'(2) = -3$, déterminer $(f \circ g)'(2)$.
3. Soit $f(x) = x^5$ et $g(x) = 2x - 3$.
(a) Déterminer $(f \circ g)(x)$ et $(f \circ g)'(x)$.
(b) Déterminer $(g \circ f)(x)$ et $(g \circ f)'(x)$.
4. Soit $f(x) = 5\sqrt{x}$ et $g(x) = 4 + \cos x$.
(a) Déterminer $(f \circ g)(x)$ et $(f \circ g)'(x)$.
(b) Déterminer $(g \circ f)(x)$ et $(g \circ f)'(x)$.

JONGLONS AVEC LES CONCEPTS

5. À partir du tableau suivant, déterminer les dérivées demandées en (a) et (b) :

x	$f(x)$	$f'(x)$	$g(x)$	$g'(x)$
3	5	-2	5	7
5	3	-1	12	4

(a) $F'(3)$, où $F(x) = f(g(x))$
(b) $G'(3)$, où $G(x) = g(f(x))$

6. À partir du tableau suivant, déterminer les dérivées demandées en (a) et (b) :

x	$f(x)$	$f'(x)$	$g(x)$	$g'(x)$
-1	2	3	2	-3
2	0	4	1	-5

(a) $F'(-1)$, où $F(x) = f(g(x))$
(b) $G'(-1)$, où $G(x) = g(f(x))$

7–26 Déterminer $f'(x)$.

7. $f(x) = (x^3 + 2x)^{37}$
8. $f(x) = (3x^2 + 2x - 1)^6$
9. $f(x) = \left(x^3 - \dfrac{7}{x}\right)^{-2}$
10. $f(x) = \dfrac{1}{(x^5 - x + 1)^9}$
11. $f(x) = \dfrac{4}{(3x^2 - 2x + 1)^3}$
12. $f(x) = \sqrt{x^3 - 2x + 5}$
13. $f(x) = \sqrt{4 + \sqrt{3x}}$
14. $f(x) = \sqrt[4]{x}$ $\left(\sqrt{\sqrt{x}}\right)$
15. $f(x) = \sin\left(\dfrac{1}{x^2}\right)$
16. $f(x) = \tan\sqrt{x}$
17. $f(x) = 4\cos^5 x$
18. $f(x) = 4x + 5\sin^4 x$
19. $f(x) = \cos^2(3\sqrt{x})$
20. $f(x) = \tan^4(x^3)$
21. $f(x) = 2\sec^2(x^7)$
22. $f(x) = \cos^3\left(\dfrac{x}{x+1}\right)$

23. $f(x) = \sqrt{\cos(5x)}$ **24.** $f(x) = \sqrt{3x - \sin^2(4x)}$

25. $f(x) = [x + \csc(x^3 + 3)]^{-3}$

26. $f(x) = [x^4 - \sec(4x^2 - 2)]^{-4}$

27–40 Déterminer $\dfrac{dy}{dx}$.

27. $y = x^3 \sin^2(5x)$ **28.** $y = \sqrt{x}\tan^3(\sqrt{x})$

29. $y = x^5 \sec\left(\dfrac{1}{x}\right)$ **30.** $y = \dfrac{\sin x}{\sec(3x+1)}$

31. $y = \cos(\cos x)$ **32.** $y = \sin(\tan 3x)$

33. $y = \cos^3(\sin 2x)$ **34.** $y = \dfrac{1+\csc(x^2)}{1-\cot(x^2)}$

35. $y = (5x+8)^7\left(1-\sqrt{x}\right)^6$ **36.** $y = (x^2+x)^5 \sin^8 x$

37. $y = \left(\dfrac{x-5}{2x+1}\right)^3$ **38.** $y = \left(\dfrac{1+x^2}{1-x^2}\right)^{17}$

39. $y = \dfrac{(2x+3)^3}{(4x^2-1)^8}$ **40.** $y = [1+\sin^3(x^5)]^{12}$

41–42 Déterminer $\dfrac{dy}{dx}$ à l'aide d'un logiciel de calcul formel.

C **41.** $y = [x \sin 2x + \tan^4(x^7)]^5$

C **42.** $y = \tan^4\left(2 + \dfrac{(7-x)\sqrt{3x^2+5}}{x^3+\sin x}\right)$

43–50 Écrire une équation de la tangente à la courbe à la valeur de x indiquée.

43. $y = x\cos 3x,\ x = \pi$

44. $y = \sin(1+x^3),\ x = -3$

45. $y = \sec^3\left(\dfrac{\pi}{2} - x\right),\ x = -\dfrac{\pi}{2}$

46. $y = \left(x - \dfrac{1}{x}\right)^3,\ x = 2$ **47.** $y = \tan(4x^2),\ x = \sqrt{\pi}$

48. $y = 3\cot^4 x,\ x = \dfrac{\pi}{4}$ **49.** $y = x^2\sqrt{5-x^2},\ x = 1$

50. $y = \dfrac{x}{\sqrt{1-x^2}},\ x = 0$

51–54 Déterminer $\dfrac{d^2y}{dx^2}$.

51. $y = x\cos(5x) - \sin^2 x$ **52.** $y = \sin(3x^2)$

53. $y = \dfrac{1+x}{1-x}$ **54.** $y = x\tan\left(\dfrac{1}{x}\right)$

55–58 Déterminer les dérivées indiquées.

55. $y = \cot^3(\pi - \theta)$; trouver $\dfrac{dy}{d\theta}$

56. $\lambda = \left(\dfrac{au+b}{cu+d}\right)^6$; trouver $\dfrac{d\lambda}{du}$ (a, b, c, d constants)

57. $\dfrac{d}{d\omega}[a\cos^2 \pi\omega + b\sin^2 \pi\omega]$ (a, b constants)

58. $x = \csc^2\left(\dfrac{\pi}{3} - y\right)$; trouver $\dfrac{dx}{dy}$

59. (a) À l'aide d'un outil graphique, tracer la fonction f définie par $f(x) = x\sqrt{4-x^2}$.
(b) Utiliser le graphique obtenu en (a) pour esquisser la courbe de f'.
(c) Déterminer $f'(x)$ et vérifier ensuite la justesse de l'esquisse dessinée en (b) en utilisant un outil graphique pour tracer la courbe de f'.
(d) Écrire une équation de la tangente à la courbe de f en $x = 1$ et tracer f et la tangente sur le même système d'axes.

60. (a) À l'aide d'un outil graphique, tracer la fonction $f(x) = \sin x^2 \cos x$ dans l'intervalle $\left[-\frac{\pi}{2}; \frac{\pi}{2}\right]$.
(b) Utiliser le graphique obtenu en (a) pour esquisser la courbe de f' dans l'intervalle donné.
(c) Déterminer $f'(x)$ et vérifier ensuite la justesse de l'esquisse dessinée en (b) en utilisant un outil graphique pour tracer f' dans l'intervalle donné.
(d) Établir l'équation de la tangente à la courbe de la fonction f à $x = 1$ et tracer f et la tangente sur le même système d'axes, dans l'intervalle donné.

61. Un objet suspendu à un ressort est légèrement déplacé de sa position d'équilibre, selon la verticale, avant d'être relâché. Si la résistance de l'air et la masse du ressort sont négligeables, alors l'objet oscille en décrivant un ***mouvement harmonique simple***. En ajustant certaines conditions, le déplacement y relatif à la position d'équilibre, en fonction du temps t, est donné par

$$y = A\cos\omega t$$

où A est le déplacement initial à $t = 0$ et ω, une constante dont la valeur dépend de la masse de l'objet et de la raideur du ressort (figure Ex-61). La constante $|A|$ correspond à l'***amplitude*** du mouvement et ω, à la ***fréquence angulaire***.
(a) Montrer que

$$\frac{d^2y}{dt^2} = -\omega^2 y$$

(b) La ***période*** T représente la durée d'une oscillation complète. Montrer que $T = \frac{2\pi}{\omega}$.
(c) La ***fréquence*** f de la vibration est le nombre d'oscillations par unité de temps. Exprimer f en fonction de la période T.
(d) Déterminer l'amplitude, la période et la fréquence d'un objet qui exécute un mouvement harmonique simple décrit par $y = 0{,}6\cos 15t$, où t est en secondes et y, en centimètres.

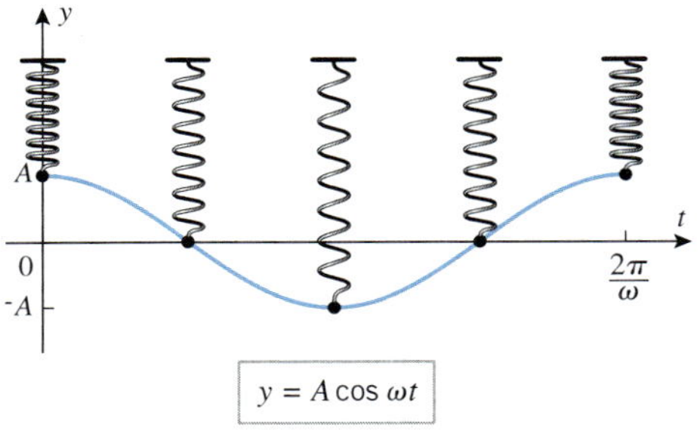

Figure Ex-61

62. Déterminer la valeur de la constante A telle que $y = A\sin 3t$ vérifie l'équation

$$\frac{d^2y}{dt^2} + 2y = 4\sin 3t$$

JONGLONS AVEC LES CONCEPTS

63. Soit la fonction f illustrée à la figure Ex-63. Évaluer

$$\frac{d}{dx}\left[\sqrt{x + f(x)}\right]\bigg|_{x=-1}$$

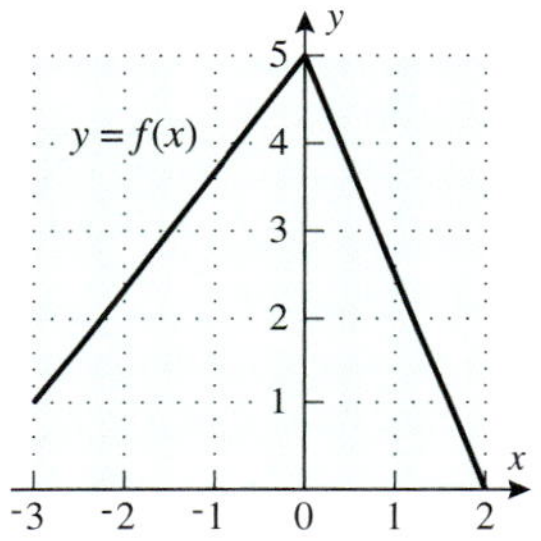

Figure Ex-63

64. Utiliser la fonction f donnée à l'exercice 63 pour évaluer

$$\frac{d}{dx}[f(2\sin x)]\bigg|_{x=\frac{\pi}{6}}$$

65. Le graphique de la figure Ex-65 représente la pression atmosphérique p (kN/m^2) en fonction de l'altitude h (km) au-dessus du niveau de la mer.

(a) À partir de la courbe et de la tangente au point $h = 3{,}2$, représentées sur le graphique, estimer les valeurs de p et de $\frac{dp}{dh}$ à une altitude de 3,2 km.

(b) Si un véhicule spatial monte en altitude à un taux de 0,48 km/s à l'instant où il se trouve à 3,2 km au-dessus du niveau de la mer, à quel taux la pression varie-t-elle en fonction du temps à cet instant?

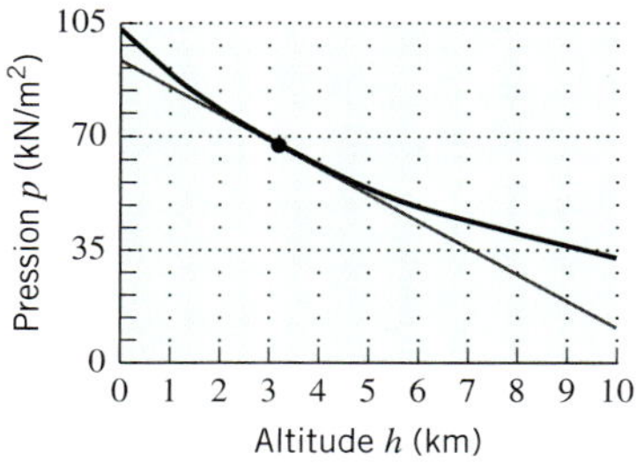

Figure Ex-65

66. Exercée à un angle θ par rapport à l'horizontale, la force F (en newtons), qui peut tirer une caisse de M kilogrammes sur une surface horizontale en maintenant une vitesse constante, est donnée par

$$F = \frac{9{,}8\mu M}{\cos\theta + \mu\sin\theta}$$

où μ est une constante appelée ***coefficient de frottement dynamique*** entre la caisse et la surface (figure Ex-66). Supposer que la caisse pèse 58 kg et que $\mu = 0{,}3$.

(a) Déterminer $d\frac{F}{d\theta}$ si $\theta = 30$ °. Exprimer la réponse en newtons/degré.

(b) Déterminer $d\frac{F}{dt}$ si $\theta = 30$ ° et si θ diminue à un taux de 0,5 °/s à cet instant.

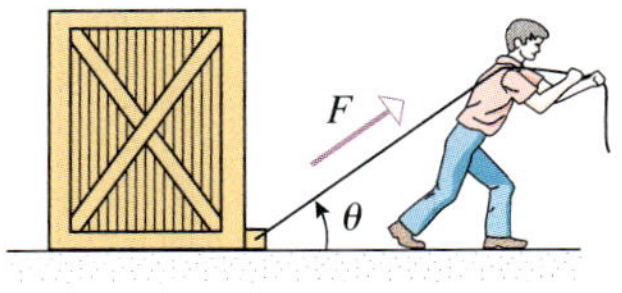

Figure Ex-66

67. Rappelons que

$$\frac{d}{dx}(|x|) = \begin{cases} 1, & x > 0 \\ -1, & x < 0 \end{cases}$$

Utiliser cet énoncé et la règle de dérivation en chaîne pour déterminer

$$\frac{d}{dx}(|\sin x|)$$

pour les valeurs de x différentes de 0 dans l'intervalle $]-\pi; \pi[$.

68. Utiliser l'expression de la dérivée de $\sin x$ et l'identité

$$\cos x = \sin\left(\frac{\pi}{2} - x\right)$$

pour trouver une expression de la dérivée de $\cos x$.

69. Soit

$$f(x) = \begin{cases} x\sin\dfrac{1}{x}, & x \neq 0 \\ 0, & x = 0 \end{cases}$$

(a) Montrer que f est continue en $x = 0$.

(b) Utiliser la définition 3.2.1 pour montrer que $f'(0)$ n'existe pas.

(c) Déterminer $f'(x)$ pour $x \neq 0$.

(d) Vérifier si $\lim_{x\to 0} f'(x)$ existe.

70. Soit

$$f(x) = \begin{cases} x^2\sin\dfrac{1}{x}, & x \neq 0 \\ 0, & x = 0 \end{cases}$$

(a) Montrer que f est continue en $x = 0$.

(b) Utiliser la définition 3.2.1 pour trouver $f'(0)$.

(c) Déterminer $f'(x)$ pour $x \neq 0$.

(d) Montrer que f' n'est pas continue en $x = 0$.

71. Utiliser le tableau de valeurs donné pour déterminer les dérivées décrites en (a) et en (b).

x	$f(x)$	$f'(x)$
2	1	7
8	5	-3

(a) $g'(2)$, où $g(x) = [f(x)]^3$
(b) $h'(2)$, où $h(x) = f(x^3)$

72. Sachant que $f'(x) = \sqrt{3x+4}$ et $g(x) = x^2 - 1$, déterminer $F'(x)$ si $F(x) = f(g(x))$.

73. Sachant que $f'(x) = \dfrac{x}{x^2+1}$ et $g(x) = \sqrt{3x-1}$, déterminer $F'(x)$ si $F(x) = f(g(x))$.

74. Déterminer $f'(x^2)$ si $\dfrac{d}{dx}[f(x^2)] = x^2$.

75. Déterminer $\dfrac{d}{dx}[f(x)]$ si $\dfrac{d}{dx}[f(3x)] = 6x$.

76. Rappelons qu'une fonction f est ***paire*** si $f(-x) = f(x)$ et qu'elle est ***impaire*** lorsque $f(-x) = -f(x)$, pour tout x du domaine de f. Si f est dérivable,

(a) prouver que f' est impaire lorsque f est paire;
(b) prouver que f' est paire lorsque f est impaire.

77. Faire quelques esquisses pour illustrer les propositions de l'exercice 76 et écrire un paragraphe qui justifie ces propositions par un raisonnement informel.

78. Posons $y = f_1(u)$, $u = f_2(v)$, $v = f_3(w)$ et $w = f_4(x)$. Exprimer $\frac{dy}{dx}$ en termes de $\frac{dy}{du}$, $\frac{dw}{dx}$, $\frac{du}{dv}$ et $\frac{dv}{dw}$.

79. Écrire une expression pour

$$\frac{d}{dx}[f(g(h(x)))]$$

✔ VÉRIFICATION EXPRESS 3.6 – RÉPONSES

1. externe; interne; interne 2. $\dfrac{dy}{du} \cdot \dfrac{du}{dx}$ 3. (a) $10(x^2+5)^9 \cdot 2x = 20x(x^2+5)^9$ (b) $\dfrac{1}{2\sqrt{1+6x}} \cdot 6 = \dfrac{3}{\sqrt{1+6x}}$
4. (a) $3\cos(3x+2)$ (b) $4(x^2 \tan x)^3(2x \tan x + x^2 \sec^2 x)$ 5. (a) $g'(f(2))f'(2) = -20$ (b) $f'\left(\frac{1}{3}g(3)\right) \cdot \frac{1}{3}g'(3) = -\frac{20}{3}$

3.7 TAUX DE VARIATION LIÉS

Figure 3.7.1

Dans cette section, nous allons examiner les problèmes de taux de variation liés. Dans ces problèmes, on cherche à trouver le taux de variation d'une certaine quantité en reliant cette quantité à d'autres quantités dont les taux de variation sont connus.

DÉRIVER DES ÉQUATIONS POUR LIER LES TAUX DE VARIATION

La figure 3.7.1 illustre l'écoulement d'un liquide à travers un filtre conique. Pendant l'écoulement, le volume V, la hauteur h et le rayon r sont des fonctions du temps écoulé t et en tout temps, ces variables sont liées par l'équation

$$V = \frac{\pi}{3}r^2h$$

Pour connaître le taux de variation du volume V par rapport au temps t, nous pourrions commencer par dériver les deux membres de cette équation par rapport à t, soit

$$\frac{dV}{dt} = \frac{\pi}{3}\left[r^2\frac{dh}{dt} + h\left(2r\frac{dr}{dt}\right)\right] = \frac{\pi}{3}\left(r^2\frac{dh}{dt} + 2rh\frac{dr}{dt}\right)$$

Ainsi, pour déterminer $\frac{dV}{dt}$ à un instant t particulier à partir de cette équation, il nous faudrait connaître les valeurs de r, h, $\frac{dh}{dt}$ et $\frac{dr}{dt}$ en cet instant. Dans ce genre de situation, on parle d'un ***problème de taux de variation liés***, parce que l'on cherche à déterminer un taux de variation inconnu en le *liant* à d'autres variables dont les valeurs et les taux de variation avec le temps t sont connus ou faciles à déterminer. Commençons par un exemple simple.

▶ **Exemple 1** Soit x et y, des fonctions de t dérivables et liées par l'équation $y = x^3$. Déterminer $\frac{dy}{dt}$ à l'instant $t = 1$ sachant que $x = 2$ et $\frac{dx}{dt} = 4$ à l'instant $t = 1$.

Solution. Dérivons les deux membres de l'équation $y = x^3$ par rapport à t en utilisant la règle de dérivation en chaîne; on a

$$\frac{dy}{dt} = \frac{d}{dt}[x^3] = 3x^2\frac{dx}{dt}$$

On obtient ensuite la valeur de $\frac{dy}{dt}$ au temps $t = 1$:

$$\left.\frac{dy}{dt}\right|_{t=1} = 3(2)^2 \left.\frac{dx}{dt}\right|_{t=1} = 12 \cdot 4 = 48 \blacktriangleleft$$

▶ **Exemple 2** Un bateau-citerne fissuré déverse du pétrole qui se répand suivant un schéma circulaire autour du bateau. Le rayon du déversement augmente au taux constant de 0,6 m /s (figure 3.7.2). À quelle rythme l'aire du cercle augmente-t-elle lorsque le rayon du pétrole déversé atteint 18 m?

Solution. Posons

t = nombre de secondes écoulées depuis le début du déversement
r = rayon du déversement (en mètres) après t secondes
A = aire du déversement (en mètres carrés) après t secondes

Nous connaissons le taux d'augmentation du rayon et nous voulons déterminer le taux d'augmentation de l'aire à l'instant où $r = 18$. Autrement dit, nous cherchons

$$\left.\frac{dA}{dt}\right|_{r=18} \quad \text{sachant que} \quad \frac{dr}{dt} = 0{,}6 \text{ m/s}$$

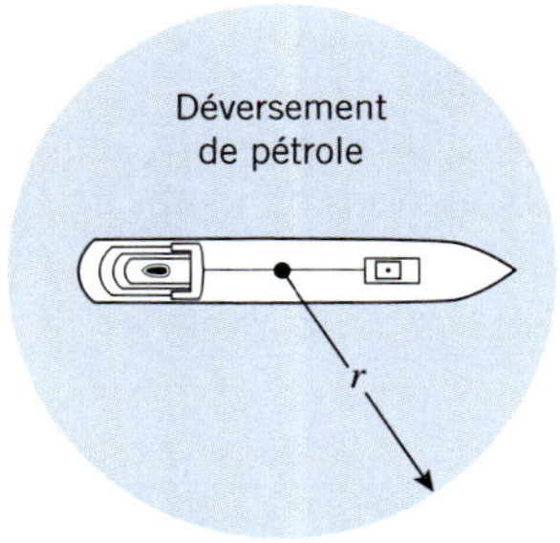

Figure 3.7.2

Nous voulons donc une équation qui contient A et r, que nous pourrons dériver par rapport à t pour relier $\frac{dA}{dt}$ et $\frac{dr}{dt}$. Sachant que A correspond à l'aire d'un cercle de rayon r, on a

$$A = \pi r^2 \tag{1}$$

En dérivant les deux membres de (1), on obtient

$$\frac{dA}{dt} = 2\pi r\frac{dr}{dt} \tag{2}$$

Ainsi, lorsque $r = 18$, l'aire couverte par le pétrole déversé augmente à un taux de

$$\left.\frac{dA}{dt}\right|_{r=18} = 2\pi(18)(0{,}6) = 21{,}6\pi \text{ m}^2/\text{s} \approx 68 \text{ m}^2/\text{s} \blacktriangleleft$$

En apportant quelques changements mineurs, la méthode suivie à l'exemple 2 peut servir de modèle pour résoudre bien des problèmes de taux de variation liés. Cette méthode se résume en cinq étapes :

ATTENTION!

À l'étape 5, nous avons mis le mot *après* en italiques parce que c'est une erreur fréquente de remplacer les valeurs numériques avant de dériver. Ainsi, à l'exemple 2, si nous avions substitué $r = 18$ dans l'équation (1) avant de dériver, nous aurions obtenu $\frac{dA}{dt} = 0$, réponse inexacte de toute évidence.

Marche à suivre pour résoudre des problèmes de taux de variation liés

Étape 1. Attribuer des symboles à toutes les quantités qui varient en fonction du temps et à toute autre quantité pertinente dans le contexte du problème. Définir chacune des lettres utilisées.

Étape 2. Énumérer les taux de variation connus et le taux de variation recherché. Interpréter chacun des taux en termes de dérivée.

Étape 3. Trouver une équation qui relie les variables dont les taux de variation ont été précisés à l'étape 2. Il sera souvent utile de dessiner un schéma et d'y indiquer clairement les variables.

Étape 4. Dériver les deux membres de l'équation obtenue à l'étape 3 par rapport au temps, de façon à obtenir une relation qui unisse les taux de variation connus et le taux de variation recherché.

Étape 5. *Après* avoir complété l'étape 4, substituer toutes les valeurs connues aux variables et aux taux de variation correspondants et déterminer le taux de variation recherché.

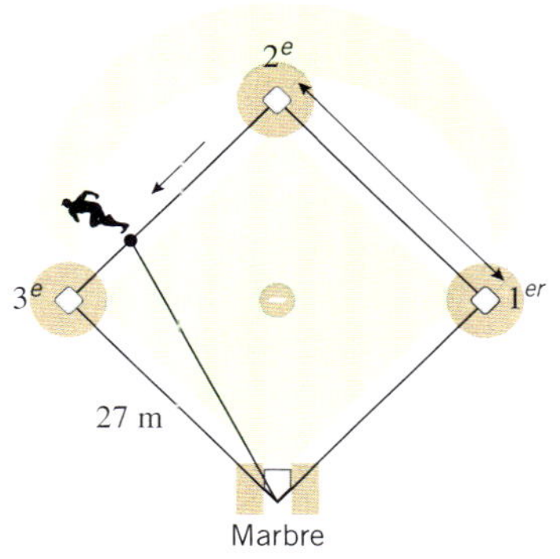

Figure 3.7.3

▶ Exemple 3 Un terrain de baseball est un carré de 27 m de côté (figure 3.7.3). Supposer qu'un joueur coure du deuxième au troisième but à 9 m/s à l'instant où il se trouve à 6 m du troisième but. À quel taux la distance entre le joueur et le marbre varie-t-elle à cet instant?

Solution. Le joueur approche le troisième but avec une vitesse scalaire constante et nous voulons déterminer le taux de variation de la distance entre le joueur et le marbre à un instant donné. Posons

t = nombre de secondes écoulées depuis que le joueur a quitté le deuxième but
x = distance (en mètres) qui sépare le joueur du troisième but
y = distance (en mètres) qui sépare le joueur du marbre

Nous cherchons donc

$$\left.\frac{dy}{dt}\right|_{x=6} \quad \text{sachant que} \quad \left.\frac{dx}{dt}\right|_{x=6} = -9 \text{ m/s}$$

La valeur

$$\left.\frac{dx}{dt}\right|_{x=6}$$

est négative parce que x diminue en fonction de t.

D'après la figure 3.7.4, on peut utiliser le théorème de Pythagore pour relier les variables x et y; on a

$$x^2 + 27^2 = y^2 \tag{3}$$

Dérivons maintenant de part et d'autre l'équation (3) par rapport à t; on obtient

$$2x\frac{dx}{dt} = 2y\frac{dy}{dt}$$

ce qui donne

$$\frac{dy}{dt} = \frac{x}{y}\frac{dx}{dt} \tag{4}$$

En posant $x = 6$, l'équation (3) devient

$$y = \sqrt{6^2 + 27^2} = \sqrt{765} = 3\sqrt{85}$$

Et l'équation (4) permet d'écrire

$$\left.\frac{dy}{dt}\right|_{x=6} = \frac{6}{3\sqrt{85}}(-9) = -\frac{18}{\sqrt{85}} \approx -1{,}95 \text{ m/s}$$

Le signe négatif nous dit que y diminue, ce qui est physiquement sensé d'après la figure 3.7.4. ◀

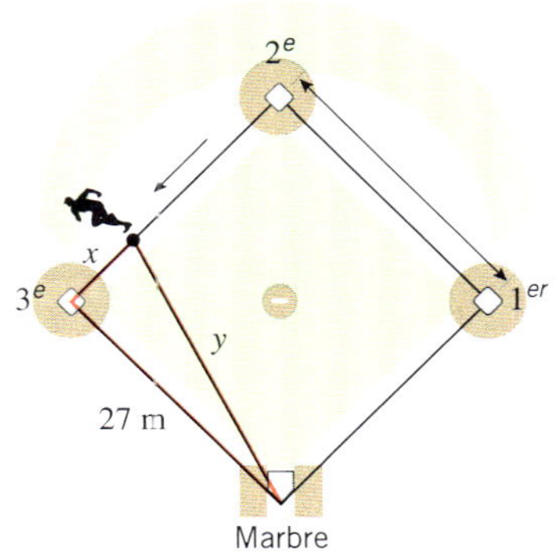

Figure 3.7.4

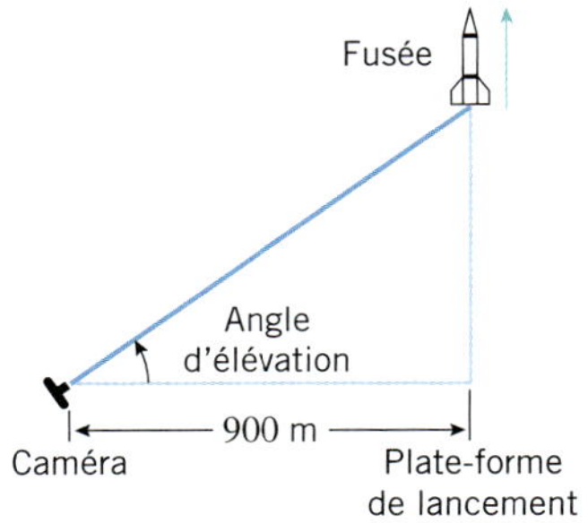

Figure 3.7.5

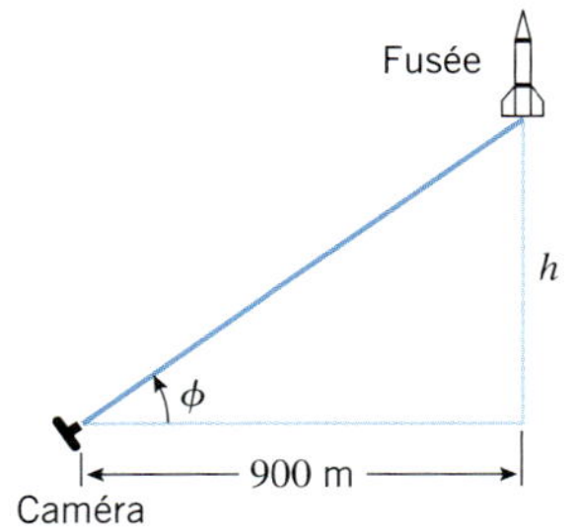

Figure 3.7.6

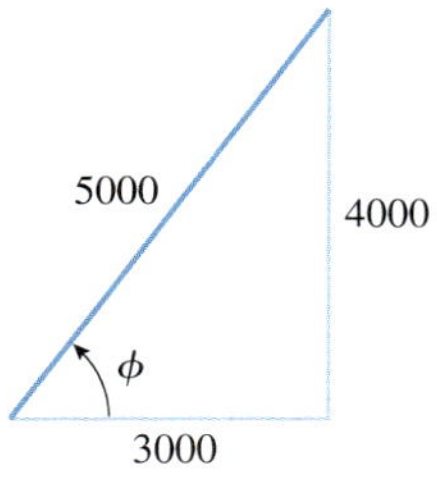

Figure 3.7.7

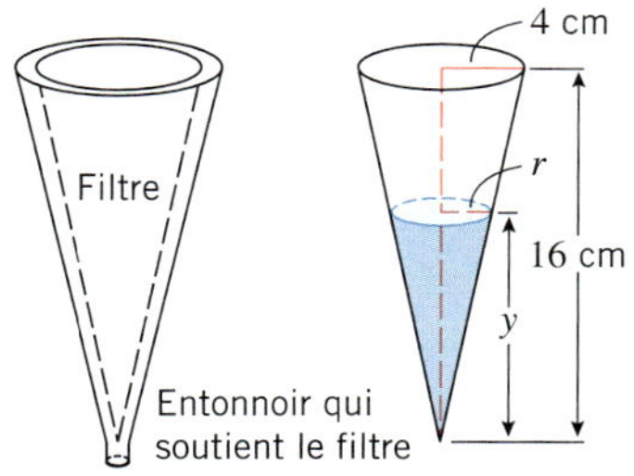

Figure 3.7.8

▸ **Exemple 4** La figure 3.7.5 montre une caméra, installée à 900 m de la base de la plate-forme de lancement d'une fusée. Si la fusée monte à la verticale à 270 m/s lorsqu'elle est à 1200 m au-dessus de la plate-forme, à quel rythme l'angle d'élévation doit-il varier à cet instant pour que la caméra reste pointée sur la fusée?

Solution. Posons (figure 3.7.6)

t = nombre de secondes écoulées depuis le lancement
ϕ = angle d'élévation de la caméra (en radians) après t secondes
h = hauteur de la fusée (en mètres) après t secondes

À chaque instant, l'angle d'élévation de la caméra doit augmenter à un taux $\frac{d\phi}{dt}$ pour suivre la fusée qui monte à la vitesse scalaire de $\frac{dh}{dt}$. Nous cherchons donc

$$\left.\frac{d\phi}{dt}\right|_{h=1\,200} \quad \text{sachant que} \quad \left.\frac{dh}{dt}\right|_{h=1\,200} = 270 \text{ m/s}$$

D'après la figure 3.7.6, on a

$$\tan\phi = \frac{h}{900} \tag{5}$$

En dérivant de part et d'autre par rapport à t, on obtient

$$(\sec^2\phi)\frac{d\phi}{dt} = \frac{1}{900}\frac{dh}{dt} \tag{6}$$

En posant $h = 1200$, on déduit

$$(\sec\phi)|_{h=1\,200} = \frac{1\,500}{900} = \frac{5}{3}$$

(voir la figure 3.7.7). L'équation (6) donne alors

$$\left(\frac{5}{3}\right)^2 \left.\frac{d\phi}{dt}\right|_{h=1200} = \frac{1}{900}\cdot 270 = \frac{3}{10}$$

$$\left.\frac{d\phi}{dt}\right|_{h=1200} = \frac{3}{10}\cdot\frac{9}{25} = \frac{27}{250} \approx 0{,}11 \text{ rad/s} \approx 6{,}19 \text{ deg/s} \;◂$$

▸ **Exemple 5** On veut débarrasser un liquide de ses sédiments en le coulant dans un filtre conique de 16 cm de hauteur et de 4 cm de rayon à l'entrée du cône (figure 3.7.8). Supposer également que le liquide est forcé à travers le filtre à un débit constant de 2 cm^3/min.

(a) D'après vous, le niveau du liquide diminuera-t-il à un taux constant? Justifier votre réponse par un argument verbal.

(b) Écrire une équation pour exprimer le taux de variation du niveau du liquide en fonction du niveau et utiliser cette équation pour vérifier l'exactitude de la réponse donnée en (a).

(c) À quel taux le niveau du liquide varie-t-il à l'instant où il atteint 8 cm?

Solution (a). Si le liquide coule à *débit fixe,* le niveau de liquide baissera plus rapidement lorsque le cône est presque vide que lorsqu'il est presque plein (figure 3.7.9). Ainsi, pour que le volume diminue à un taux constant, le niveau doit diminuer à un taux croissant.

Le même volume de liquide s'est écoulé dans les deux cas, mais la variation de niveau correspondante est d'autant plus grande que le niveau de départ est bas.

Figure 3.7.9

Solution (b). Considérons la figure 3.7.8 et posons :

t = temps écoulé depuis l'observation initiale (min)
V = volume de liquide dans le cône au temps t (cm^3)
y = niveau du liquide dans le cône au temps t (cm)
r = rayon de la surface du liquide au temps t (cm)

À chaque instant, le volume varie selon $\frac{dV}{dt}$ et le niveau diminue selon $\frac{dy}{dt}$. Nous voulons exprimer $\frac{dy}{dt}$ en termes de y, sachant que $\frac{dV}{dt}$ est constant et que $\frac{dV}{dt} = -2$. (Nous utilisons ici le signe négatif (−) parce que V *diminue* lorsque t augmente.)

L'équation du volume d'un cône permet de relier le volume V, le rayon r et le niveau y; on a

$$V = \tfrac{1}{3}\pi r^2 y \tag{7}$$

En dérivant les deux membres de l'équation (7) par rapport à t, le membre de droite contiendra $\frac{dr}{dt}$. Puisque nous n'avons pas de données directes sur $\frac{dr}{dt}$, il est préférable d'éliminer r de l'équation (7) avant de la dériver. En se référant à la géométrie et aux triangles semblables (figure 3.7.8), on a

$$\frac{r}{y} = \frac{4}{16} \quad \text{ou} \quad r = \frac{1}{4}y$$

En substituant cette expression dans l'équation (7), on obtient

$$V = \frac{\pi}{48}y^3 \tag{8}$$

Dérivons maintenant par rapport à t chaque membre de cette équation; on trouve

$$\frac{dV}{dt} = \frac{\pi}{48}\left(3y^2\frac{dy}{dt}\right)$$

ou

$$\frac{dy}{dt} = \frac{16}{\pi y^2}\frac{dV}{dt} = \frac{16}{\pi y^2}(-2) = -\frac{32}{\pi y^2} \tag{9}$$

On a maintenant $\frac{dy}{dt}$ en termes de y seulement. Le signe négatif signifie que y diminue avec le temps. On peut donc écrire

$$\left|\frac{dy}{dt}\right| = \frac{32}{\pi y^2}$$

Cette expression décrit le rythme de diminution de y. On voit que $\left|\frac{dy}{dt}\right|$ augmente lorsque y diminue, ce qui confirme l'hypothèse que nous avons énoncé en (a), à savoir que le niveau de liquide diminue de plus en plus rapidement à mesure que la filtration avance.

Solution (c). Le taux de variation du niveau de liquide au moment où il atteint 8 cm est donné par l'équation (9), en prenant $y = 8$:

$$\left.\frac{dy}{dt}\right|_{y=8} = -\frac{32}{\pi(8^2)} = -\frac{1}{2\pi} \approx -0{,}16 \text{ cm/min} \blacktriangleleft$$

✔VÉRIFICATION EXPRESS 3.7 *(Réponses à la page 233.)*

1. Si $A = x^2$ et $\frac{dx}{dt} = 3$, déterminer $\left.\frac{dA}{dt}\right|_{x=10}$
2. Si $A = x^2$ et $\frac{dA}{dt} = 3$, déterminer $\left.\frac{dx}{dt}\right|_{x=10}$
3. Le pied d'une échelle de 3 m est posé sur un plancher horizontal et l'autre extrémité est appuyée sur un mur vertical. Supposer que x représente la distance horizontale qui sépare le pied de l'échelle du mur et que y corresponde à la distance verticale qui sépare le plancher du haut de l'échelle. On glisse le pied de l'échelle en l'éloignant du mur; écrire une équation qui relie les taux de variation de x et de y par rapport au temps.

4. Un bloc de glace ayant la forme d'un cylindre circulaire droit fond graduellement tout en conservant sa forme cylindrique. Écrire une équation qui relie les taux de variation du volume (V), de la hauteur (h) et du rayon r du bloc de glace.

SÉRIE D'EXERCICES 3.7

1–4 Dans ces exercices, x et y sont des fonctions de t liées par l'équation donnée. À partir de cette équation et de l'information donnée au sujet des dérivées, évaluer la dérivée particulière demandée.

1. Équation : $y = 3x + 5$.
(a) Sachant que $\frac{dx}{dt} = 2$, évaluer $\frac{dy}{dt}$ lorsque $x = 1$.
(b) Sachant que $\frac{dy}{dt} = -1$, évaluer $\frac{dx}{dt}$ lorsque $x = 0$.

2. Équation : $x + 4y = 3$.
(a) Sachant que $\frac{dx}{dt} = 1$, évaluer $\frac{dy}{dt}$ lorsque $x = 2$.
(b) Sachant que $\frac{dy}{dt} = 4$, évaluer $\frac{dx}{dt}$ lorsque $x = 3$.

3. Équation : $4x^2 + 9y^2 = 1$.
(a) Sachant que $\frac{dx}{dt} = 3$, évaluer $\frac{dy}{dt}$ lorsque $(x;\, y) = \left(\frac{1}{2\sqrt{2}};\, \frac{1}{3\sqrt{2}}\right)$.
(b) Sachant que $\frac{dy}{dt} = 8$, évaluer $\frac{dx}{dt}$ lorsque $(x;\, y) = \left(\frac{1}{3};\, -\frac{\sqrt{5}}{9}\right)$.

4. Équation : $x^2 + y^2 = 2x + 4y$.
(a) Sachant que $\frac{dx}{dt} = -5$, évaluer $\frac{dy}{dt}$ lorsque $(x;\, y) = (3;\, 1)$.
(b) Sachant que $\frac{dy}{dt} = 6$, évaluer $\frac{dx}{dt}$ lorsque $(x;\, y) = (1 + \sqrt{2};\, 2 + \sqrt{3})$.

JONGLONS AVEC LES CONCEPTS

5. Supposer que A représente l'aire d'un carré de côté x et que x varie avec le temps t.
(a) Dessiner un schéma du carré et indiquer correctement A et x sur le schéma.
(b) Écrire une équation qui relie A et x.
(c) Utiliser l'équation donnée en (b) pour établir une équation qui relie $\frac{dA}{dt}$ et $\frac{dx}{dt}$.
(d) À un instant donné, les côtés mesurent 90 cm et leur longueur augmente à raison de 60 cm/min. À quel rythme la superficie du carré augmente-t-elle à cet instant?

6. Pour les parties (a) à (d), supposer que A représente l'aire d'un cercle de rayon r et que r augmente avec le temps t.
(a) Dessiner un diagramme pour illustrer le cercle en indiquant correctement A et r.
(b) Écrire une équation qui relie A et r.
(c) Utiliser l'équation donnée en (b) pour trouver une équation qui relie $\frac{dA}{dt}$ et $\frac{dr}{dt}$.
(d) À un instant donné, le rayon atteint 5 cm et il augmente à raison de 2 cm/s. À quel rythme la superficie du cercle augmente-t-elle à cet instant?

7. Soit V, le volume d'un cylindre de hauteur h et de rayon r. Supposer que h et r varient avec le temps.
(a) Quelle relation unit $\frac{dV}{dt}$, $\frac{dh}{dt}$ et $\frac{dr}{dt}$?
(b) À un instant donné, la hauteur mesure 15 cm et elle augmente au rythme de 2,5 cm/s; au même moment, le rayon est de 25 cm et il diminue à raison de 2,5 cm/s. À quel taux le volume change-t-il à cet instant? Le volume est-il en croissance ou en décroissance à cet instant?

8. Supposer que l représente la longueur d'une diagonale d'un rectangle dont les côtés mesurent x et y et que x et y varient avec le temps.
(a) Quelle relation unit $\frac{dl}{dt}$, $\frac{dx}{dt}$ et $\frac{dy}{dt}$?
(b) Si x augmente au rythme constant de 15 cm/s et si y diminue au taux constant de 7,5 cm/s, à quelle vitesse la longueur de la diagonale change-t-elle lorsque $x = 90$ cm et $y = 120$ cm? Est-ce que la diagonale s'allonge ou raccourcit à cet instant?

9. Supposer que θ soit l'angle aigu (en radians) d'un triangle rectangle et que x et y représentent respectivement les longueurs des côtés adjacent et opposé à l'angle θ. Supposer également que x et y varient avec le temps.
(a) Quelle relation unit $\frac{d\theta}{dt}$, $\frac{dx}{dt}$ et $\frac{dy}{dt}$?
(b) À un instant donné, $x = 2$ unités et augmente au rythme de 1 unité/s; au même moment, $y = 2$ et diminue à raison de $\frac{1}{4}$ unité/s. À quel taux θ varie-t-il à cet instant? L'angle θ augmente-t-il ou diminue-t-il à cet instant?

10. Soit $z = x^3y^2$, où à la fois x et y évoluent avec le temps. Au moment où $x = 1$ et $y = 2$, x diminue à raison de 2 unités/s et y augmente au rythme de 3 unités/s. À quel taux z varie-t-il à cet instant? z est-il en croissance ou en décroissance?

11. L'aiguille des minutes d'une horloge mesure 10 cm de longueur. En partant de l'instant où cette aiguille pointe vers le haut, à quel taux la superficie du secteur balayé par l'aiguille augmentera-t-elle tout au long de la révolution qui s'amorce?

12. Une pierre qui tombe dans un étang calme produit des rides de surface circulaires dont le rayon augmente au rythme régulier de 90 cm/s. À quelle vitesse l'aire délimitée par les rides circulaires augmente-t-elle après 10 secondes?

13. Un bateau-citerne fissuré déverse du pétrole qui se répand dans l'eau suivant un schéma circulaire dont l'aire augmente au rythme constant de 16 km^2/h. À quel rythme le rayon de la surface envahie par le pétrole augmente-t-il lorsque l'aire atteint 24 km^2?

14. On gonfle un ballon sphérique et son volume augmente à raison de 85 dm^3/min. À quel rythme le diamètre du ballon augmente-t-il lorsque son rayon atteint 3 dm?

15. Un ballon sphérique dégonfle et son rayon diminue au rythme constant de 15 cm/min. À quel débit doit-on expulser l'air lorsque le rayon du ballon atteint 9 cm?

16. Une échelle de 5 m est appuyée contre un mur. Si le pied de l'échelle est éloigné du mur à un taux constant de 1,5 m/s, à quelle vitesse le haut de l'échelle descendra-t-il le long du mur lorsqu'il sera à 2,4 m du sol?

17. Une échelle de 4 m est appuyée contre un mur. Si le haut de l'échelle descend le long du mur au rythme de 0,6 m/s, à quelle vitesse le bas de l'échelle s'éloignera-t-il du mur lorsque le haut de l'échelle sera à 1,5 m du sol?

18. Une extrémité d'une planche de 3 m est appuyée contre un mur. À un instant donné, l'autre extrémité de la planche est à 0,6 m du mur et on la pousse vers le mur à la vitesse de 15 cm/s. À quel taux l'angle aigu défini par la planche et le sol augmente-t-il alors?

19. Un terrain de balle molle a la forme d'un carré de 18 m de côté. Une joueuse court du premier vers le deuxième but à 7,5 m/s lorsqu'elle se trouve à 3 m du deuxième but. À quel taux la distance qui sépare la joueuse du marbre varie-t-elle à cet instant?

20. Une fusée en ascension verticale est suivie à la trace par une station radar terrestre située à 8 km de la plate-forme de lancement. À quelle vitesse la fusée monte-t-elle lorsqu'elle atteint la hauteur de 6,4 km, si sa distance à la station radar augmente alors au rythme de 3200 km/h?

21. Considérant la caméra et la fusée représentées à la figure 3.7.5, à quel taux la distance caméra-fusée varie-t-elle lorsque la fusée atteint la hauteur de 1200 m, si la fusée poursuit son ascension verticale à la vitesse de 270 m/s?

22. Considérant la caméra et la fusée représentées à la figure 3.7.5, à quel rythme la fusée monte-t-elle lorsque l'angle d'élévation atteint $\frac{\pi}{4}$ radians, si l'angle augmente à raison de 0,2 radian/s?

23. Un satellite évolue sur une orbite elliptique autour de la Terre. Sa distance r (en kilomètres) au centre de la Terre est donnée par

$$r = \frac{8\,037}{1 + 0{,}12\cos\theta}$$

où θ est l'angle mesuré du point de l'orbite le plus près de la surface de la Terre (figure Ex-23).

(a) Déterminer l'altitude du satellite au ***périgée*** (le point le plus près de la surface de la Terre) et à l'***apogée*** (le point le plus éloigné de la surface de la Terre). Utiliser 6 378 km pour le rayon de la Terre.

(b) À l'instant où θ atteint 120°, l'angle θ augmente au rythme de 2,7°/min. Déterminer l'altitude du satellite et le taux de variation de l'altitude à cet instant. Exprimer le taux en km/min.

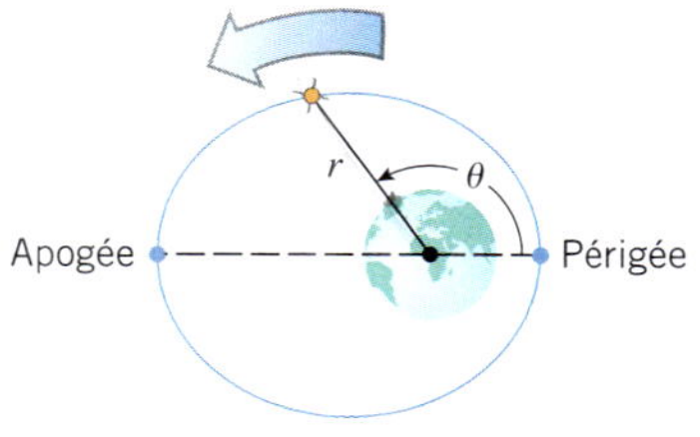

Figure Ex-23

24. Un avion vole horizontalement (hauteur constante) à 1220 m au-dessus d'un point d'observation fixe (figure Ex-24). À un instant donné, l'angle d'élévation θ est de 30°, il décroît et l'avion vole à 480 km/h.

(a) À quel rythme θ diminue-t-il à cet instant? Exprimer la réponse en degrés/s.

(b) À quel taux la distance qui sépare l'appareil et le point d'observation varie-t-elle à cet instant? Exprimer la réponse en m/s.

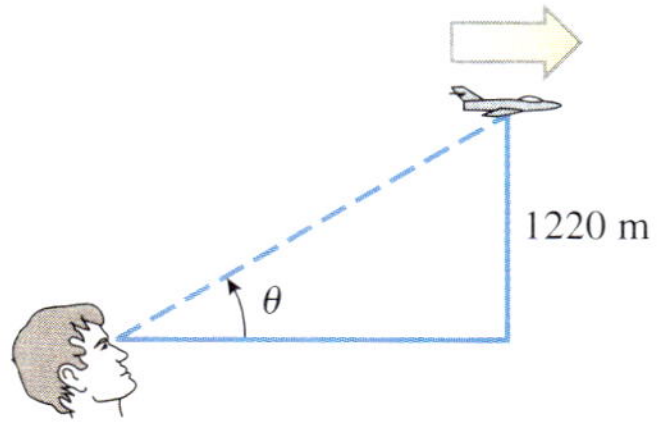

Figure Ex-24

25. Un réservoir d'eau conique, sommet vers le bas, a un rayon de 3 m sur le dessus et une hauteur de 7 m . Si l'eau pénètre dans le réservoir à raison de 0,6 m^3/min, à quel taux le niveau d'eau augmente-t-il dans le réservoir lorsqu'il atteint 5 m?

26. Une chute déverse du grain à un débit de 225 dm^3/min. Le grain s'accumule en formant un cône dont la hauteur est toujours égale au diamètre. À quel taux la hauteur du cône augmente-t-elle à l'instant où il mesure 1,8 m de haut?

27. Une chute déverse du sable qui s'accumule en formant un cône dont la hauteur est toujours égale au diamètre. Si la hauteur augmente à un taux constant de 1,5 m/min, à quel débit le sable tombe-t-il de la chute lorsque le cône atteint 3 m de hauteur?

28. Une chute déverse du blé à un débit de 0,3 m^3/min. Le blé s'accumule en formant un cône dont le rayon de la base mesure toujours la moitié de la hauteur. À quel taux la circonférence de la base augmente-t-elle lorsque le cône de blé mesure 2,4 m de haut?

29. Un avion grimpe à un angle de 30° au-dessus de l'horizontale. À quel rythme l'appareil gagne-t-il de l'altitude s'il vole à 800 km/h?

30. On tire un bateau vers un quai à l'aide d'une corde et d'une poulie fixée au quai (figure Ex-30). La corde est attachée à la proue du bateau en un point qui se trouve 3 m plus bas que la poulie. Si l'on tire la corde au rythme de 6 m/min en utilisant la poulie, à quel taux le bateau s'approchera-t-il du quai s'il est au bout de 38 m de corde?

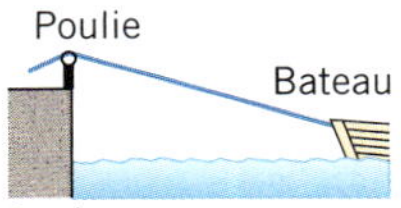

Figure Ex-30

31. Considérant le bateau décrit à l'exercice 30, à quel rythme doit-on tirer la corde pour que le bateau se rapproche du quai à la vitesse (scalaire) de 3,6 m/min, à l'instant où il est au bout de 38 m de corde?

32. Un homme de 1,8 m marche à la vitesse de 0,9 m/s vers un lampadaire de 5,4 m de haut (figure Ex-31).
(a) À quelle vitesse (scalaire) la longueur de son ombre varie-t-elle?
(b) À quelle vitesse (scalaire) l'extrémité de son ombre se déplace-t-elle?

Figure Ex-32

33. Un phare qui décrit une révolution toutes les 10 secondes est placé sur un navire ancré à 4 kilomètres d'un rivage droit. À quel rythme le faisceau se déplace-t-il le long du rivage lorsqu'il forme un angle de 45° avec le rivage?

34. Un avion qui vole à une altitude constante maintient une vitesse constante de 960 km/h. Un missile antiaérien est lancé sur une trajectoire droite, perpendiculaire à la trajectoire de l'avion, dans le but de l'atteindre au point P (figure Ex-34). À l'instant où l'avion se trouve à 3,2 km du point d'impact P, le missile est à 6,4 km de P et vole à 1920 km/h. À cet instant, à quel taux la distance qui sépare le missile de l'avion diminue-t-elle?

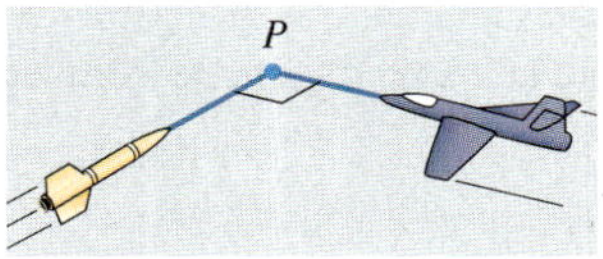

Figure Ex-34

35. Reprendre l'exercice 34 en supposant cette fois que les trajectoires forment un angle de 120° au lieu d'être perpendiculaires. [*Indice :* Utiliser la loi des cosinus.]

36. Un hélicoptère de police vole à 160 km/h vers le nord en maintenant une altitude constante de 0,8 km. Sous l'appareil, une automobile roule sur une autoroute à 120 km/h en direction ouest. À l'instant où l'hélicoptère passe au-dessus de l'autoroute, l'automobile se trouve à 3,2 km à l'est de l'hélicoptère.
(a) À quel rythme la distance qui sépare l'hélicoptère de l'automobile varie-t-elle à l'instant où l'hélicoptère passe au-dessus de l'autoroute?
(b) La distance qui sépare l'hélicoptère de la voiture augmente-t-elle ou diminue-t-elle à cet instant?

37. Une particule évolue le long d'une courbe décrite par l'équation suivante :

$$\frac{xy^3}{1+y^2} = \frac{8}{5}$$

Supposer que la coordonnée x augmente à un taux de 6 unités/s lorsque la particule passe au point (1; 2).
(a) À quel taux la coordonnée y du point varie-t-elle à cet instant?
(b) La particule monte-t-elle ou descend-elle à cet instant?

38. Un point P se déplace le long d'une courbe décrite par l'équation $y = \sqrt{x^3 + 17}$. Lorsque P passe au point (2; 5), y augmente à raison de 2 unités/s. À quel taux x varie-t-il?

39. Un point P évolue sur la droite $y = 2x$. À quel taux la distance qui sépare P du point (3; 0) varie-t-elle à l'instant où P passe à (3; 6), si x décroît à raison de 2 unités/s à cet instant?

40. Un point P évolue sur la courbe décrite par l'équation $y = \sqrt{x}$. Supposer que x augmente à un taux de 4 unités/s lorsque $x = 3$.
(a) À quel rythme la distance qui sépare P du point (2; 0) varie-t-elle à cet instant?
(b) À quel taux l'angle d'inclinaison du segment de droite reliant P et (2; 0) varie-t-il à cet instant?

41. Une particule évolue sur la courbe $y = \frac{x}{x^2+1}$. Trouver toutes les valeurs de x où le taux de variation de x par rapport au temps est trois fois supérieur à celui de y. [Supposer que $\frac{dx}{dt}$ n'est jamais nul.]

42. Une particule évolue sur la courbe $16x^2 + 9y^2 = 144$. Trouver tous les points $(x; y)$ où les taux de variation de x et de y sont égaux par rapport au temps. [Supposer que $\frac{dx}{dt}$ et $\frac{dy}{dt}$ ne sont jamais nuls au même point.]

43. En physique, l'***équation des lentilles minces*** a pour expression

$$\frac{1}{s} + \frac{1}{S} = \frac{1}{f}$$

où s représente la distance qui sépare l'objet de la lentille, S, la distance qui sépare l'image de la lentille et f, la distance focale de la lentille. Soit une lentille donnée, de 6 cm de longueur focale. Supposer qu'un objet se rapproche de la lentille à la vitesse de 2 cm/s. À quel taux la distance de l'image varie-t-elle à l'instant où l'objet passe à 10 cm de la lentille? À cet instant, l'image s'éloigne-t-elle de la lentille ou s'en rapproche-t-elle?

44. Un réservoir conique (sommet vers le bas) est rempli d'eau. En supposant que l'eau s'évapore à un taux proportionnel à l'aire de la surface exposée à l'air, montrer que le niveau de l'eau diminue à un rythme constant, indépendant des dimensions du réservoir.

45. Un météore pénètre dans l'atmosphère terrestre et brûle à un taux qui, en tout temps, est proportionnel à l'aire de sa surface. En supposant que le météore demeure sphérique pendant sa chute, montrer que son rayon diminue à un taux constant.

46. L'aiguille des minutes d'une horloge mesure 10 cm de longueur et l'aiguille des heures, 7,5 cm de longueur. À quel rythme la distance qui sépare l'extrémité des aiguilles varie-t-elle lorsqu'il est 9 h?

47. On verse du café avec un débit uniforme de 20 cm^3/s, dans une tasse dont la paroi intérieure a la forme d'un cône tronqué (figure Ex-47). Les rayons extrêmes de la tasse mesurent respectivement 4 cm et 2 cm, pour une hauteur de 6 cm. À quel rythme le niveau du café augmente-t-il dans la tasse lorsqu'elle est remplie à mi-hauteur? [*Indice :* Prolonger les parois de la tasse vers le bas pour obtenir un cône.]

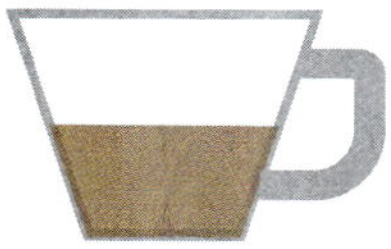

Figure Ex-47

✔ VÉRIFICATION EXPRESS 3.7 – RÉPONSES

1. 60 **2.** $\dfrac{3}{20}$ **3.** $x\dfrac{dx}{dt} + y\dfrac{dy}{dt} = 0$ **4.** $\dfrac{dV}{dt} = 2\pi rh\dfrac{dr}{dt} + \pi r^2\dfrac{dh}{dt}$

3.8 APPROXIMATION LINÉAIRE LOCALE; DIFFÉRENTIELLES

Dans cette section, nous allons montrer la façon d'utiliser les dérivées pour obtenir des approximations des fonctions non linéaires par des fonctions linéaires. Par ailleurs, jusqu'à présent, nous avons traité la notation $\frac{dy}{dx}$ comme une notation d'un seul bloc représentant la dérivée. Nous allons maintenant définir les quantités dx et dy séparément et nous pourrons ainsi interpréter $\frac{dy}{dx}$ comme un véritable rapport.

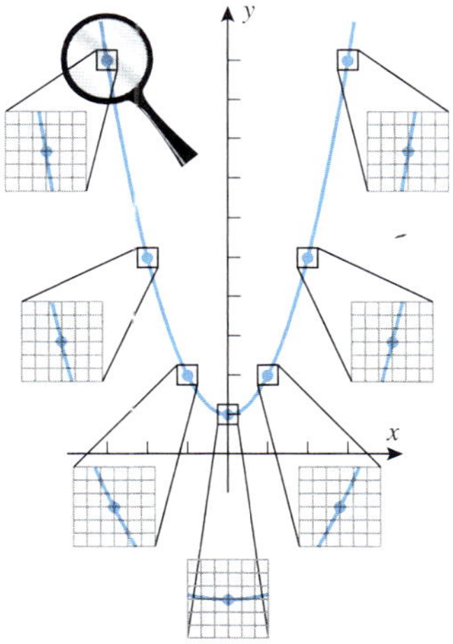

Figure 3.8.1

À la section 3.2, nous avons vu que si f est dérivable en x_0, alors un agrandissement suffisant de la courbe de f, centré au point $P(x_0; f(x_0))$, a l'apparence d'un segment de droite. La figure 3.8.1 montre les agrandissements centrés sur quelques points de la courbe $y = x^2 + 1$. Vu la linéarité observée, une fonction dérivable en x_0 est parfois considérée ***localement linéaire*** en x_0.

La droite qui donne la meilleure approximation de la courbe de f au voisinage de $P(x_0; f(x_0))$ est la tangente à f en x_0, donnée par l'équation

$$y = f(x_0) + f'(x_0)(x - x_0)$$

(voir l'équation (3) de la section 3.2). Ainsi, pour les valeurs de x proches de x_0, on obtient des approximations des valeurs de $f(x)$ en utilisant

$$f(x) \approx f(x_0) + f'(x_0)(x - x_0) \tag{1}$$

On parle alors d'***approximation linéaire locale*** de f en x_0. Cette expression peut aussi être exprimée en termes de l'accroissement $\Delta x = x - x_0$:

$$f(x_0 + \Delta x) \approx f(x_0) + f'(x_0)\Delta x \tag{2}$$

▸ Exemple 1

(a) Trouver l'approximation linéaire locale de $f(x) = \sqrt{x}$ en $x_0 = 1$.

(b) Utiliser l'approximation linéaire locale obtenue en (a) pour trouver une approximation de $\sqrt{1,1}$ et comparer cette approximation à la réponse donnée directement par un outil de calcul.

Solution (a). Sachant que $f'(x) = \frac{1}{2\sqrt{x}}$, d'après l'expression (1), l'approximation linéaire de $\sqrt{x}$ au point x_0 est donnée par

$$\sqrt{x} \approx \sqrt{x_0} + \frac{1}{2\sqrt{x_0}}(x - x_0)$$

Ainsi, l'approximation linéaire locale en $x_0 = 1$ a pour expression

$$\sqrt{x} \approx 1 + \tfrac{1}{2}(x - 1) \qquad (3)$$

La figure 3.8.2 montre les courbes de $y = \sqrt{x}$ et de l'approximation linéaire locale $y = 1 + \frac{1}{2}(x - 1)$.

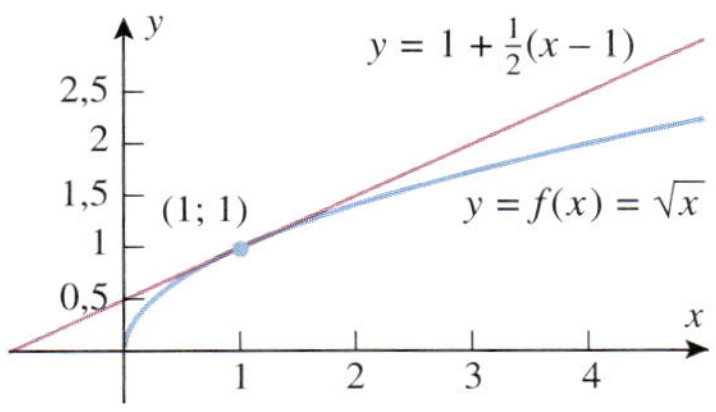

Figure 3.8.2

Solution (b). En substituant $x = 1,1$ dans l'expression (3), on obtient

$$\sqrt{1,1} \approx 1 + \tfrac{1}{2}(1,1 - 1) = 1,05$$

La figure 3.8.2 montre que la tangente $y = 1 + \frac{1}{2}(x - 1)$ se trouve au-dessus de la courbe $f(x) = \sqrt{x}$; on peut donc s'attendre à ce que l'approximation donne une valeur un peu trop grande, ce que confirme la valeur donnée directement par la calculatrice, soit $\sqrt{1,1} \approx 1,04881$. ◄

Les exemples 1 et 2 illustrent des notions importantes, mais ne visent pas à suggérer l'utilisation des approximations linéaires locales pour calculer ce que votre calculatrice fait si bien. Les approximations linéaires locales servent surtout à modéliser des problèmes où il est utile de remplacer des fonctions complexes par de fonctions plus simples.

▸ Exemple 2

(a) Trouver l'approximation linéaire locale de $f(x) = \sin x$ en $x_0 = 0$.

(b) Utiliser l'approximation linéaire locale obtenue en (a) pour calculer une approximation de sin 2° et comparer ensuite cette approximation à la réponse donnée directement par votre calculatrice.

Solution (a). Sachant que $f'(x) = \cos x$, l'expression (1) donne l'approximation linéaire locale suivante de $\sin x$ en x_0 :

$$\sin x \approx \sin x_0 + (\cos x_0)(x - x_0)$$

On obtient ensuite l'approximation linéaire locale en $x_0 = 0$, soit

$$\sin x \approx \sin 0 + (\cos 0)(x - 0)$$

que l'on simplifie pour obtenir

$$\sin x \approx x \qquad (4)$$

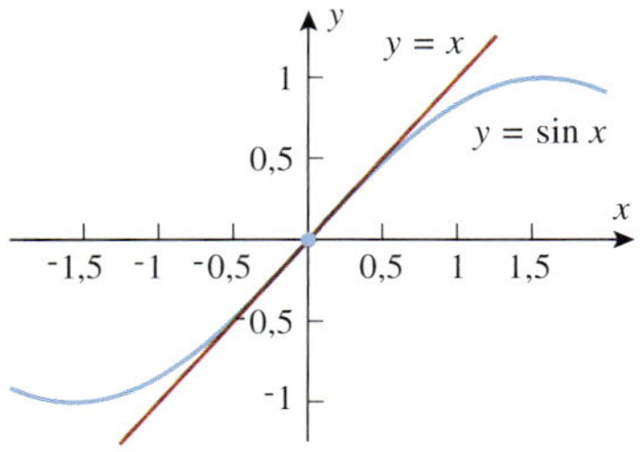

Figure 3.8.3

Solution (b). La variable x dans l'expression d'approximation (4) est exprimée en radians; nous allons donc d'abord convertir 2° en radians avant d'appliquer l'approximation. On a

$$2^\circ = 2\left(\frac{\pi}{180}\right) = \frac{\pi}{90} \approx 0,034\ 9066 \text{ radian}$$

L'approximation (4) donne alors $\sin 2^\circ \approx 0,034\ 906\ 6$. En comparant les deux courbes de la figure 3.8.3 on s'attend à ce que cette approximation soit légèrement supérieure à la valeur exacte. La calculatrice donne $\sin 2^\circ \approx 0,034\ 8995$, ce qui confirme notre supposition.

◄

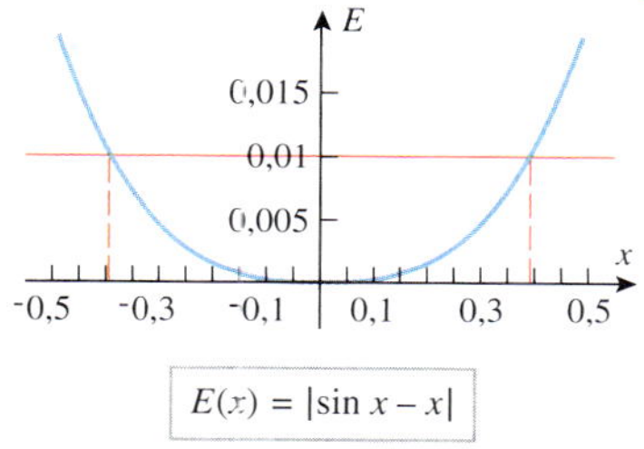

Figure 3.8.4

ERREUR DANS LES APPROXIMATIONS LINÉAIRES LOCALES

Règle générale, la précision d'une approximation linéaire locale de $f(x)$ en x_0 diminue à mesure que x s'éloigne de x_0. Pour illustrer ce fait, considérons l'approximation $\sin x \approx x$ donnée à l'exemple 2 et traçons la fonction suivante, qui représente la valeur absolue de l'erreur associée à l'approximation (figure 3.8.4) :

$$E(x) = |\sin x - x|$$

La courbe montre clairement que l'erreur absolue de l'approximation linéaire locale de $\sin x$ augmente à mesure que x s'éloigne de 0, d'un côté comme de l'autre. On remarque également que, pour les valeurs de x comprises entre les deux droites verticales, l'erreur absolue ne dépasse jamais 0,01. Ainsi, par exemple, nous pourrions utiliser l'approximation linéaire locale $\sin x \approx x$ pour toute valeur de x appartenant à l'intervalle $-0{,}35 < x < 0{,}35$ (radian) en étant certains que l'approximation est à l'intérieur de $\pm 0{,}01$ de la valeur exacte.

DIFFÉRENTIELLES

Newton et Leibniz utilisaient des notations différentes lorsqu'ils ont publié leurs découvertes du calcul infinitésimal, avec pour conséquence que les Britanniques et les Européens ont adopté des notations différentes pendant plus de 50 ans. La ***notation de Leibniz*** $\frac{dy}{dx}$ a fini par l'emporter, parce qu'elle exprime correctement et d'une manière naturelle les règles; la règle de dérivation en chaîne est un exemple éloquent :

$$\frac{dy}{dx} = \frac{dy}{du} \cdot \frac{du}{dx}$$

Jusqu'à présent, nous avons interprété $\frac{dy}{dx}$ comme une entité simple qui représente la dérivée de y par rapport à x; les symboles dy et dx, (qui désignent les ***différentielles***), n'avaient pas de signification propre. Notre prochain objectif consiste à définir ces symboles, de manière à pouvoir considérer $\frac{dy}{dx}$ comme un vrai rapport. Procédons en considérant une fonction f dérivable en un point x, *définissons* dx comme une variable indépendante qui peut prendre une valeur réelle quelconque et *définissons* dy par l'expression

$$dy = f'(x)\, dx \tag{5}$$

Si $dx \neq 0$, on peut diviser les deux membres de l'équation (5) par dx pour obtenir

$$\frac{dy}{dx} = f'(x) \tag{6}$$

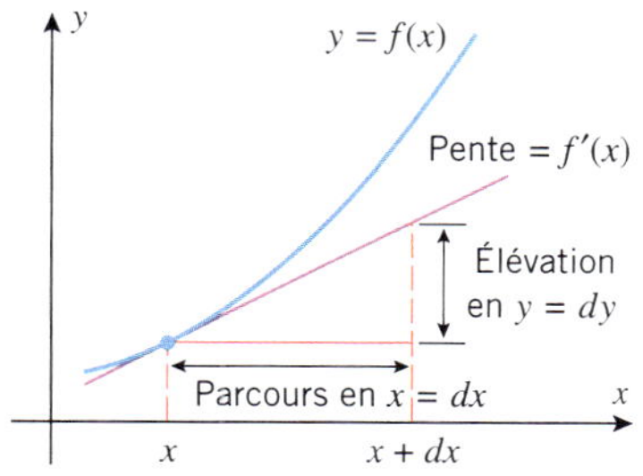

Figure 3.8.5

Nous avons donc réussi à définir dx et dy de sorte que leur rapport corresponde à $f'(x)$. On dit de l'égalité (5) qu'elle est la ***forme différentielle*** de (6).

D'un point de vue géométrique, rappelons que $f'(x)$ représente la pente de la tangente à la courbe de f en x. Les différentielles dy et dx correspondent alors respectivement à l'élévation en y et au parcours en x à l'égard de la tangente (figure 3.8.5).

▶ **Exemple 3** Exprimer la dérivée par rapport à x de $y = x^2$, sous sa forme différentielle, et décrire la relation qui unit dy et dx à $x = 1$.

Solution. La dérivée de y par rapport à x est $\frac{dy}{dx} = 2x$ ou, sous sa forme différentielle,

$$dy = 2x\, dx$$

Si $x = 1$, on a

$$dy = 2\, dx$$

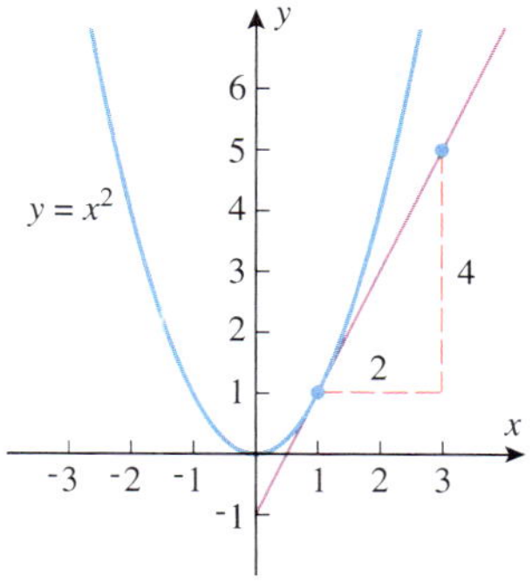

Figure 3.8.6

Cette égalité nous dit que, si l'on se déplace sur la tangente à la courbe $y = x^2$ au point $x = 1$, alors une variation de dx unités selon x entraîne une variation de $2\,dx$ unités selon y. Ainsi, par exemple, un parcours en x de $dx = 2$ unités produit une élévation en y de $dy = 4$ unités sur la tangente (figure 3.8.6). ◀

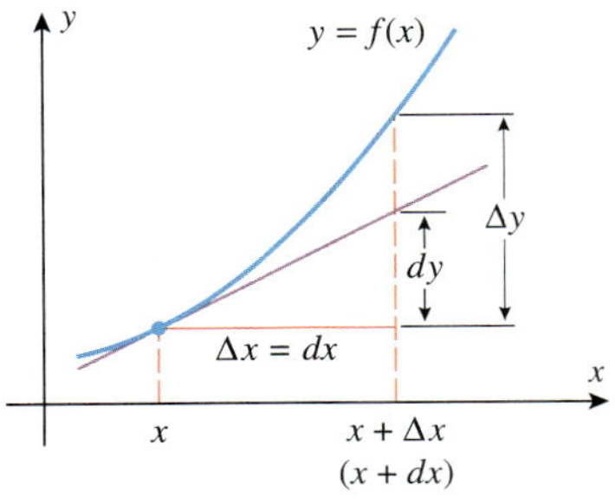

Figure 3.8.7

Il importe de bien distinguer l'accroissement Δy et la différentielle dy. Pour mieux saisir la différence, donnons la même valeur aux variables indépendantes Δx et dx, de sorte que $dx = \Delta x$. Or, Δy représente la variation en y qui se produit si l'on part d'un point x et si l'on suit *la courbe* $y = f(x)$ en parcourant une distance Δx (dx) selon x, alors que dy représente la variation en y qui se produit si l'on part de x et si l'on suit *la tangente à la courbe* en parcourant une distance dx (Δx) selon x (figure 3.8.7).

▶ **Exemple 4** Si $y = \sqrt{x}$, déterminer dy et Δy en $x = 4$ si $dx = \Delta x = 3$. Tracer ensuite une esquisse de $y = \sqrt{x}$ et indiquer clairement dy et Δy sur le graphique.

Solution. Considérant $f(x) = \sqrt{x}$, on obtient

$$\Delta y = f(x + \Delta x) - f(x) = \sqrt{x + \Delta x} - \sqrt{x} = \sqrt{7} - \sqrt{4} \approx 0{,}65$$

Et si $y = \sqrt{x}$, alors

$$\frac{dy}{dx} = \frac{1}{2\sqrt{x}}, \quad \text{donc} \quad dy = \frac{1}{2\sqrt{x}}\, dx = \frac{1}{2\sqrt{4}}(3) = \frac{3}{4} = 0{,}75$$

Le graphique de la figure 3.8.8 montre la courbe $y = \sqrt{x}$ ainsi que dy et Δy. ◀

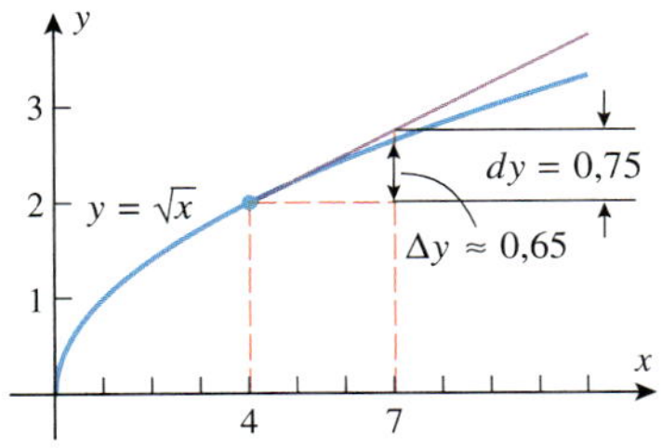

Figure 3.8.8

APPROXIMATION LINÉAIRE LOCALE ET DIFFÉRENTIELLE

Bien que Δy et dy soient généralement différents, la différentielle dy est habituellement une bonne approximation de Δy, à condition que $dx = \Delta x$ soit proche de 0. Or, nous avons vu à la section 3.2 que

$$f'(x) = \lim_{\Delta x \to 0} \frac{\Delta y}{\Delta x}$$

Il s'ensuit que si Δx est proche de 0, alors $f'(x) \approx \frac{\Delta y}{\Delta x}$ ou bien,

$$\Delta y \approx f'(x)\Delta x$$

En prenant $dx = \Delta x$, alors l'expression devient

$$\Delta y \approx f'(x)\, dx = dy \tag{7}$$

En mots, cette expression signifie que, pour les valeurs de dx proches de zéro, la différentielle dy est une très bonne approximation de Δy (figure 3.8.7). On devait s'y attendre, puisque la tangente en x correspond à l'approximation linéaire locale de la courbe de f.

PROPAGATION DE L'ERREUR DANS LES APPLICATIONS

Dans les applications, on trouve invariablement de petites erreurs dans les quantités mesurées. Lorsque ces quantités sont utilisées dans des opérations mathématiques, les erreurs de mesure induisent des erreurs dans les valeurs calculées. On parle alors de ***propagation de l'erreur***. Nous allons ici montrer la manière d'utiliser l'approximation linéaire locale et les différentielles pour estimer les erreurs induites sur les quantités calculées à partir des erreurs estimées sur les mesures. Procédons en supposant que

x_0 est la valeur exacte de la quantité mesurée;
$y_0 = f(x_0)$ est la valeur exacte de la quantité calculée;
x est la valeur mesurée de x_0;
$y = f(x)$ est la valeur calculée de y.

Notez que l'erreur mesurée est positive si la valeur mesurée est plus grande que la valeur exacte et qu'elle est négative si la valeur mesurée est inférieure à la valeur exacte. Il en va de même pour le signe de l'erreur induite.

Définissons

$dx\ (\Delta x) = x - x_0$ comme l'***erreur de mesure*** de x;
$\Delta y = f(x) - f(x_0)$ comme l'***erreur induite*** par calcul sur y.

En remplaçant x par x_0 dans l'expression (7), on obtient une approximation de l'erreur induite Δy, soit

$$\Delta y \approx dy = f'(x_0)\,dx \tag{8}$$

Malheureusement, cette formule n'est pas utilisable parce que la valeur de x_0 est inconnue. (Rappelons que seule la valeur mesurée x est connue du chercheur.) Vu la situation, les chercheurs utilisent habituellement la valeur de x au lieu de x_0 dans l'expression (8) pour estimer l'erreur induite, ce qui donne

$$\Delta y \approx dy = f'(x)\,dx \tag{9}$$

Expliquez pourquoi l'estimation de l'erreur maximale de $\pm\frac{1}{20}$ cm est acceptable pour une règle graduée au millimètre.

▸ **Exemple 5** Supposer que le côté d'un carré soit mesuré avec une règle de 25 cm, avec une erreur de mesure maximale de $\pm\frac{1}{20}$ cm. Estimer l'erreur induite sur l'aire du carré, calculée à partir de cette valeur.

Solution. Posons x, la longueur exacte d'un côté et y, l'aire exacte du carré, de sorte que $y = x^2$. Considérant l'expression (9) et $f(x) = x^2$, si dx représente l'erreur mesurée, alors l'erreur induite Δy est approximativement donnée par

$$\Delta y \approx dy = 2x\,dx$$

En substituant la valeur mesurée $x = 25$ dans cette équation, on obtient

$$dy = 50\,dx \tag{10}$$

Or, dire que l'erreur mesurée ne dépasse pas $\pm\frac{1}{20}$ cm signifie que

$$-\frac{1}{20} \leq dx \leq \frac{1}{20}$$

En multipliant cette inégalité par 20 et en appliquant (10), on trouve

$$50\left(-\tfrac{1}{20}\right) \leq dy \leq 50\left(\tfrac{1}{20}\right) \quad \text{ou l'équivalent} \quad \min \tfrac{5}{2} \leq dy \leq \tfrac{5}{2}$$

Ainsi, on estime à $\pm 2{,}5$ cm^2 l'erreur induite dans le calcul de l'aire. ◂

Si la valeur exacte d'une quantité est q pour laquelle l'erreur de mesure ou l'erreur induite par calcul est Δq, alors $\frac{\Delta q}{q}$ est appelée l'*erreur relative* de la mesure ou du calcul. Lorsqu'on l'exprime en pourcentage, $\frac{\Delta q}{q}$ est appelée le pourcentage d'erreur. En pratique, la valeur exacte q étant inconnue, nous prenons la valeur mesurant q ou la valeur calculée de q; dans ce cas, l'erreur relative est donnée approximativement par $\frac{\Delta q}{q}$.

▸ **Exemple 6** La mesure du rayon d'une sphère comporte un pourcentage d'erreur de $\pm 0{,}04$ %. Estimer le pourcentage d'erreur induit dans le calcul du volume de la sphère.

Solution. Le volume V d'une sphère est donné par $V = \frac{4}{3}\pi r^3$; on a donc

$$\frac{dV}{dr} = 4\pi r^2$$

Il s'ensuit que $dV = 4\pi r^2\,dr$. Ainsi, l'erreur relative sur V est approximativement égale à

$$\frac{dV}{V} = \frac{4\pi r^2\,dr}{\frac{4}{3}\pi r^3} = 3\frac{dr}{r} \tag{11}$$

En pratique, l'équation (11) signifie que le pourcentage d'erreur induit dans le calcul du volume de la sphère est approximativement trois fois plus grand que le pourcentage d'erreur sur la mesure du rayon. En pratique, quelle est la relation entre le pourcentage d'erreur induit sur l'aire d'un carré et le pourcentage d'erreur sur la mesure du côté?

Or, l'erreur relative sur la valeur mesurée est de $\pm 0{,}04$ %, ce qui signifie que

$$-0{,}0004 \leq \frac{dr}{r} \leq 0{,}0004$$

En multipliant ces inégalités par 3 et en appliquant (11), on trouve

$$3(-0{,}0004) \leq \frac{dV}{V} \leq 3(0{,}0004) \quad \text{ce qui est équivalent à} \quad -0{,}0012 \leq \frac{dV}{V} \leq 0{,}0012$$

Ainsi, nous estimons que le pourcentage d'erreur induit dans le calcul de V est à l'intérieur de $\pm 0{,}12$ %. ◄

AUTRES NOTATIONS; FORMULES DES DIFFÉRENTIELLES

Le symbole df est communément utilisé pour représenter la différentielle d'une fonction f définie par $y = f(x)$. Par exemple, si $f(x) = \sin x$, alors on écrit $df = \cos x\, dx$. Le symbole d peut aussi être interprété comme un opérateur qui agit sur une fonction pour produire la différentielle correspondante. Par exemple, $d[x^2] = 2x\, dx$, $d[\sin x] = \cos x\, dx$ et ainsi de suite. Les formes différentielles des règles générales de dérivation que nous avons vues sont données dans le tableau ci-dessous :

Tableau 3.8.1

DÉRIVÉE	DIFFÉRENTIELLE
$\frac{d}{dx}[c] = 0$	$d[c] = 0$
$\frac{d}{dx}[cf] = c\frac{df}{dx}$	$d[cf] = c\, df$
$\frac{d}{dx}[f+g] = \frac{df}{dx} + \frac{dg}{dx}$	$d[f+g] = df + dg$
$\frac{d}{dx}[fg] = f\frac{dg}{dx} + g\frac{df}{dx}$	$d[fg] = f\, dg + g\, df$
$\frac{d}{dx}\left[\frac{f}{g}\right] = \frac{g\frac{df}{dx} - f\frac{dg}{dx}}{g^2}$	$d\left[\frac{f}{g}\right] = \frac{g\, df - f\, dg}{g^2}$

Par exemple,

$$\begin{aligned} d[x^2 \sin x] &= (x^2 \cos x + 2x \sin x)\, dx \\ &= x^2(\cos x\, dx) + (2x\, dx) \sin x \\ &= x^2 d[\sin x] + (\sin x)\, d[x^2] \end{aligned}$$

illustre la version différentielle de la règle du produit.

✔ VÉRIFICATION EXPRESS 3.8 *(Réponses à la page 241.)*

1. Dans une approximation linéaire locale de f en x_0, la ________ à la courbe de $y = f(x)$ en $x = x_0$ donne des approximations des valeurs de ________ pour les valeurs de x proches de ________.
2. Écrire une expression de l'approximation linéaire locale de $y = 5 - x^2$ en $x_0 = 2$.
3. Soit $y = 5 - x^2$. Déterminer dy et Δy en $x = 2$ si $dx = \Delta x = 0{,}1$.
4. L'intensité de la lumière émise par une source lumineuse est donnée par une fonction $f(I = f(x))$ de la distance x à la source. Supposer qu'une petite pierre précieuse soit à une distance mesurée de 10 m de la source, que $f(10) = 0{,}2$ W/m^2 et que $f'(10) = -0{,}4$ W/m^3. Si l'erreur de mesure sur la distance $x = 10$ m est à l'intérieur de $\pm 0{,}05$ m, estimer le pourcentage d'erreur induit dans le calcul de l'intensité lumineuse qui touche la pierre précieuse.

SÉRIE D'EXERCICES 3.8 Outil graphique

1. (a) Utiliser l'expression (1) pour obtenir l'approximation linéaire locale de x^3 en $x_0 = 1$.
(b) Utiliser l'expression (2) pour récrire l'approximation obtenue en (a) en termes de Δx.
(c) Utiliser le résultat obtenu en (a) pour obtenir une approximation de $(1{,}02)^3$ et confirmer que l'expression obtenue en (b) donne le même résultat.

2. (a) À partir de l'expression (1), déterminer l'approximation linéaire locale de $\frac{1}{x}$ en $x_0 = 2$.
(b) Utiliser l'expression (2) pour récrire l'approximation obtenue en (a) en termes de Δx.
(c) Utiliser le résultat trouvé en (a) pour obtenir une approximation de $\frac{1}{2{,}05}$ et confirmer que l'expression obtenue en (b) donne le même résultat.

JONGLONS AVEC LES CONCEPTS

3. (a) Donner l'approximation linéaire locale de $f(x) = \sqrt{1+x}$ en $x_0 = 0$ et l'utiliser pour calculer les approximations de $\sqrt{0{,}9}$ et $\sqrt{1{,}1}$.
(b) Tracer ensemble la courbe de f et sa tangente en x_0; utiliser ensuite le graphique obtenu pour illustrer la relation qui existe entre les valeurs exactes et les approximations de $\sqrt{0{,}9}$ et $\sqrt{1{,}1}$.

4. (a) Trouver l'approximation linéaire locale de $f(x) = \frac{1}{\sqrt{x}}$ en $x_0 = 4$ et l'utiliser ensuite pour calculer les approximations de $\frac{1}{\sqrt{3{,}9}}$ et $\frac{1}{\sqrt{4{,}1}}$.
(b) Tracer ensemble la courbe de f et sa tangente en x_0; utiliser ensuite le graphique obtenu pour illustrer la relation qui existe entre les valeurs exactes et les approximations de $\frac{1}{\sqrt{3{,}9}}$ et $\frac{1}{\sqrt{4{,}1}}$.

5–8 Vérifier que l'expression donnée correspond bien à l'approximation linéaire locale en $x_0 = 0$.

5. $(1+x)^{15} \approx 1 + 15x$ **6.** $\dfrac{1}{\sqrt{1-x}} \approx 1 + \dfrac{1}{2}x$

7. $\tan x \approx x$ **8.** $\dfrac{1}{1+x} \approx 1 - x$

9–12 Vérifier que l'expression donnée correspond bien à l'approximation linéaire locale de f en $x_0 = 1$, où $\Delta x = x - 1$.

9. $f(x) = x^4$; $(1+\Delta x)^4 \approx 1 + 4\Delta x$

10. $f(x) = \sqrt{x}$; $\sqrt{1+\Delta x} \approx 1 + \frac{1}{2}\Delta x$

11. $f(x) = \dfrac{1}{2+x}$; $\dfrac{1}{3+\Delta x} \approx \dfrac{1}{3} - \dfrac{1}{9}\Delta x$

12. $f(x) = (4+x)^3$; $(5+\Delta x)^3 \approx 125 + 75\Delta x$

13–16 Vérifier que l'expression donnée correspond bien à l'approximation linéaire locale en $x_0 = 0$ et, à l'aide d'un outil graphique, estimer un intervalle de valeurs de x où l'erreur ne dépasse pas $\pm 0{,}1$.

13. $\sqrt{x+3} \approx \sqrt{3} + \dfrac{1}{2\sqrt{3}}x$ **14.** $\dfrac{1}{\sqrt{9-x}} \approx \dfrac{1}{3} + \dfrac{1}{54}x$

15. $\tan 2x \approx 2x$ **16.** $\dfrac{1}{(1+2x)^5} \approx 1 - 10x$

17. (a) Utiliser l'approximation linéaire locale de $\sin x$ en $x_0 = 0$ obtenue à l'exemple 2 pour trouver une approximation de $\sin 1°$; comparer ensuite cette approximation à la valeur donnée directement par votre outil de calcul.
(b) Quelle valeur de x_0 devrait-on choisir pour obtenir une approximation de $\sin 44°$?
(c) Donner une approximation de $\sin 44°$ et comparer cette valeur à celle donnée directement par votre calculatrice.

18. (a) Utiliser l'approximation linéaire locale de $\tan x$ en $x_0 = 0$ pour obtenir une approximation de $\tan 2°$ et comparer cette approximation à la valeur donnée directement par votre calculatrice.
(b) Quelle valeur de x_0 devrait-on choisir pour obtenir une approximation de $\tan 61°$?
(c) Donner une approximation de $\tan 61°$ et comparer cette valeur à celle donnée directement par votre calculatrice.

19–27 Utiliser une approximation linéaire locale appropriée pour estimer la valeur de la quantité donnée.

19. $(3{,}02)^4$ **20.** $(1{,}97)^3$ **21.** $\sqrt{65}$
22. $\sqrt{24}$ **23.** $\sqrt{80{,}9}$ **24.** $\sqrt{36{,}03}$
25. $\sin 0{,}1$ **26.** $\tan 0{,}2$ **27.** $\cos 31°$

JONGLONS AVEC LES CONCEPTS

28. Les ingénieurs utilisent couramment l'approximation $(1+x)^k \approx 1 + kx$ pour faire des calculs rapides.
(a) Déduire cette expression et l'utiliser pour évaluer approximativement $(1{,}001)^{37}$.
(b) Comparer votre réponse à celle donnée directement par votre calculatrice.
(c) Montrer que cette expression donne une très mauvaise approximation de $(1{,}1)^{37}$ et expliquer pourquoi.

29. (a) Soit $y = x^2$. Trouver dy et Δy en $x = 2$ si $dx = \Delta x = 1$.
(b) Tracer la courbe de $y = x^2$ et indiquer dy et Δy sur la figure.

30. (a) Soit $y = x^3$. Trouver dy et Δy en $x = 1$ si $dx = \Delta x = 1$.

(b) Tracer la courbe de $y = x^3$ et indiquer dy et Δy sur la figure.

31. (a) Soit $y = \frac{1}{x}$. Trouver dy et Δy en $x = 1$ si $dx = \Delta x = -0{,}5$.

(b) Tracer la courbe de $y = \frac{1}{x}$ et indiquer dy et Δy sur la figure.

32. (a) Soit $y = \sqrt{x}$. Trouver dy et Δy en $x = 9$ si $dx = \Delta x = -1$.

(b) Tracer la courbe de $y = \sqrt{x}$ et indiquer dy et Δy sur la figure.

33–36 Exprimer en formules dy et Δy.

33. $y = x^3$

34. $y = 8x - 4$

35. $y = x^2 - 2x + 1$

36. $y = \sin x$

37–40 Déterminer la différentielle dy.

37. (a) $y = 4x^3 - 7x^2$ (b) $y = x \cos x$

38. (a) $y = \dfrac{1}{x}$ (b) $y = 5 \tan x$

39. (a) $y = x\sqrt{1 - x}$ (b) $y = (1 + x)^{-17}$

40. (a) $y = \dfrac{1}{x^3 - 1}$ (b) $y = \dfrac{1 - x^3}{2 - x}$

41–44 Utiliser la différentielle dy pour trouver une approximation de Δy lorsque x varie entre les valeurs indiquées.

41. $y = \sqrt{3x - 2}$; entre $x = 2$ et $x = 2{,}03$

42. $y = \sqrt{x^2 + 8}$; entre $x = 1$ et $x = 0{,}97$

43. $y = \dfrac{x}{x^2 + 1}$; entre $x = 2$ et $x = 1{,}96$

44. $y = x\sqrt{8x + 1}$; entre $x = 3$ et $x = 3{,}05$

45. Le côté d'un carré mesure 3 m, avec une erreur possible de ± 3 cm.

(a) À l'aide des différentielles, estimer l'erreur de propagation induite dans le calcul de l'aire.

(b) Estimer les pourcentages d'erreur sur le côté et sur l'aire.

46. L'arête d'un cube mesure 25 cm, avec une erreur possible de ± 1 cm.

(a) À l'aide des différentielles, estimer l'erreur induite dans le calcul du volume.

(b) Estimer les erreurs relatives (en %) sur l'arête et sur le volume.

47. L'hypoténuse d'un triangle rectangle mesure exactement 25 cm et la mesure de l'un des angles aigus est de 30°, avec une erreur possible de $\pm 1°$.

(a) À l'aide des différentielles, estimer les erreurs sur les côtés opposé et adjacent à l'angle mesuré.

(b) Estimer les erreurs relatives (en %) sur les côtés.

48. L'un des côtés d'un triangle rectangle mesure exactement 25 cm. La mesure de l'angle opposé à ce côté donne 60°, avec une erreur possible de $\pm 0{,}5°$.

(a) À l'aide des différentielles, estimer les erreurs sur le côté adjacent et sur l'hypoténuse.

(b) Estimer les erreurs relatives (en %) sur le côté adjacent et sur l'hypoténuse.

49. La résistance R d'un certain fil électrique est donnée par $R = \frac{k}{r^2}$, où k est une constante et r, le rayon du fil. Considérant que l'erreur de mesure sur r peut atteindre ± 5 %, utiliser les différentielles pour évaluer le pourcentage d'erreur possible sur R. (*Indice :* Supposer que la valeur de k est exacte.)

50. Une échelle de 3,6 m appuyée contre un mur forme un angle θ avec le plancher. Si le haut de l'échelle touche le mur à une hauteur de h mètres, exprimer h en termes de θ et utiliser ensuite dh pour estimer la variation de h induite si θ passe de 60° à 59°.

51. L'aire d'un triangle rectangle d'hypoténuse H est calculée à partir de la formule $A = \frac{1}{4}H^2 \sin 2\theta$, où θ est l'un des angles aigus. Utiliser les différentielles pour trouver une approximation de l'erreur induite dans le calcul de A si $H = 4$ cm (exactement) et si θ mesure 30° avec une erreur possible de $\pm 15'$.

52. La mesure du côté d'un carré comporte une erreur possible de ± 1 %. Utiliser les différentielles pour estimer l'erreur induite (en %) dans le calcul de l'aire.

53. La mesure de l'arête d'un cube comporte une erreur possible de ± 2 %. Utiliser les différentielles pour estimer l'erreur induite (en %) sur le volume.

54. Le volume d'une sphère doit être calculé à partir de la mesure de son rayon. Estimer le pourcentage d'erreur maximal admissible sur la mesure si le pourcentage d'erreur sur le volume ne doit pas dépasser ± 3 %. ($V = \frac{4}{3}\pi r^3$ donne le volume d'une sphère de rayon r.)

55. L'aire d'un cercle doit être calculée à partir de la mesure de son diamètre. Estimer le pourcentage d'erreur maximal admissible sur la mesure si l'erreur induite dans le calcul de l'aire ne doit pas dépasser ± 1 %.

56. Un cube d'acier de 2,5 cm de côté est couvert d'une mince couche de 0,25 mm de cuivre. Utiliser les différentielles pour estimer le volume du placage de cuivre. [*Indice :* Poser ΔV pour la variation du volume du cube.]

57. Une tige métallique de 15 cm de longueur et de 5 cm de diamètre doit être couverte (sauf les extrémités) d'un isolant de 0,1 cm d'épaisseur. Utiliser les différentielles pour estimer le volume d'isolant nécessaire. [*Indice :* Poser ΔV pour la variation du volume de la tige.]

58. On appelle ***période*** le temps requis à un pendule pour décrire une oscillation complète. Si L représente la longueur du pendule et si l'oscillation est de faible amplitude, alors la période est donnée par $P = 2\pi\sqrt{\frac{L}{g}}$, où g est l'accélération gravitationnelle. Utiliser les différentielles pour montrer que le pourcentage d'erreur sur P correspond approximativement à la moitié du pourcentage d'erreur sur L.

59. Si la température T d'une tige de métal de longueur L varie d'une quantité ΔT, alors la longueur varie de $\Delta L = \alpha L \Delta T$, où α est le ***coefficient d'expansion linéaire***. Pour des changements de température modérés, α peut être considéré constant.

(a) Si une tige mesure 40 cm de longueur à 20 °C et 40,006 cm à 30 °C, déterminer α.

(b) Si un poteau d'aluminium mesure 180 cm de longueur à 15 °C, quelle est sa longueur à 40 °C? (Utiliser $\alpha = 2{,}3 \times 10^{-5}$ °C.)

60. Si la température T d'un volume V de solide ou de liquide varie d'une quantité ΔT, alors le volume change d'une quantité $\Delta V = \beta V \Delta T$, où β est le ***coefficient d'expansion volumique***. Pour des changements de température modérés, β peut être considéré constant. On remplit un camion-citerne de 15 500 litres d'éthanol à 35 °C et le liquide est livré plus tard à 15 °C. Si $\beta = 7{,}5 \times 10^{-4}$/°C pour l'éthanol, calculer le nombre de litres d'éthanol à la livraison.

✔ VÉRIFICATION EXPRESS 3.8 – RÉPONSES

1. tangente; $f(x)$; x_0 **2.** $y = 1 + (-4)(x - 2)$ ou $y = -4x + 9$ **3.** $dy = -0{,}4$, $\Delta y = -0{,}41$ **4.** à l'intérieur de ±1 %

EXERCICES RÉCAPITULATIFS

Outil graphique — [C] Logiciel de calcul formel

1. Expliquer ce qui distingue les taux de variation moyen des taux de variation instantané et décrire la façon de les calculer.

2. Soit $y = \frac{1}{2}x^2$.

(a) Déterminer le taux de variation moyen de y par rapport à x sur l'intervalle [3; 4].

(b) Déterminer le taux de variation instantané de y par rapport en x en $x = 3$.

(c) Exprimer le taux de variation instantané de y par rapport à x pour une valeur quelconque de x.

(d) Tracer la courbe de $y = \frac{1}{2}x^2$ avec la sécante dont la pente est donnée par la valeur obtenue en (a) et illustrer graphiquement la pente de la tangente qui correspond à la réponse donnée en (b).

3. Soit la fonction f définie par $f(x) = x^2 + 1$.

(a) Donner la pente de la tangente à f pour une valeur quelconque de x.

(b) Donner la pente de la tangente à f en $x = 2$.

4. Une voiture avance sur une route droite, longue de 192 km. La voiture parcourt les 160 premiers kilomètres à une vitesse moyenne de 80 km/h. Montrer que, quelle que soit la vitesse de la voiture dans les 32 derniers kilomètres, il est impossible d'augmenter la moyenne à 96 km/h sur l'ensemble du voyage.

5. Au temps $t = 0$, une voiture passe sur la voie de gauche pour dépasser un camion qui roule lentement. La vitesse moyenne de la voiture dans l'intervalle compris entre $t = 1$ et $t = 1 + h$ est donnée par

$$v_{\text{moy}} = \frac{0{,}9(h+1)^{2{,}5} + 174h - 0{,}9}{10h}$$

Estimer la vitesse instantanée de la voiture à $t = 1$ si le temps est en secondes et la distance, en mètres.

6. (Outil graphique) Une parachutiste saute d'un avion. Supposer que sa distance de chute, pendant les t secondes qui s'écoulent avant que le parachute s'ouvre, soit donnée par

$$s(t) = 293((0{,}835)^t - 1) + 53t$$

où s est en mètres. Tracer la courbe de s en fonction du temps t pour $0 \le t \le 20$ et utiliser ce graphique pour estimer la vitesse instantanée lorsque $t = 15$.

7. Une particule évolue sur une droite en s'éloignant continuellement de son point de départ; t heures plus tard, elle se trouve à

$$s = 4{,}8t^2 + 1{,}6t$$

kilomètres de sa position initiale.

(a) Calculer la vitesse moyenne de la particule sur l'intervalle [1; 3].

(b) Calculer sa vitesse instantanée lorsque $t = 1$.

8. Définir la dérivée et en donner deux interprétations possibles.

9. Utiliser la définition de la dérivée pour trouver $\frac{dy}{dx}$ et valider votre réponse en obtenant la dérivée à l'aide des formules appropriées.

(a) $y = \sqrt{9 - 4x}$ (b) $y = \dfrac{x}{x+1}$

10. Soit $f(x) = \begin{cases} x^2 - 1, & x \le 1 \\ k(x-1), & x > 1 \end{cases}$

Pour quelles valeurs de k

(a) f est-elle continue? (b) f est-elle dérivable?

11. Le graphique de la figure Ex-11 montre la courbe de $y = f'(x)$ pour une fonction f qui n'est pas précisée.

(a) Pour quelles valeurs de x de la courbe $y = f(x)$ la tangente est-elle horizontale?

(b) Sur quels intervalles de la courbe $y = f(x)$ les tangentes sont-elles de pente positive?

(c) Sur quels intervalles de la courbe $y = f(x)$ les tangentes sont-elles de pente négative?

(d) Sachant que $g(x) = f(x)\sin x$, déterminer $g''(0)$.

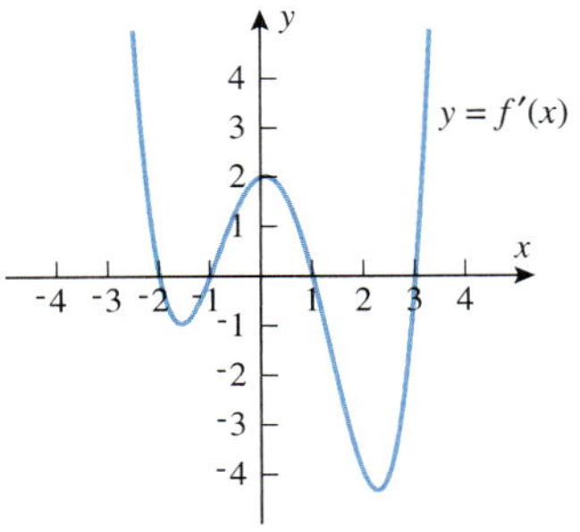

Figure Ex-11

12. Tracer la courbe d'une fonction f pour laquelle $f(0) = 1$, $f'(0) = 0$, $f'(x) > 0$ si $x < 0$ et $f'(x) < 0$ si $x > 0$.

13. Selon le Bureau du recensement des États-Unis (U.S. Census Bureau), la population mondiale N (en milliards) estimée et projetée au milieu de l'année pour les années 1950, 1975, 2000, 2025 et 2050 était respectivement de 2,555; 4,088; 6,080; 7,841 et 9,104. Bien que l'augmentation de la population ne soit pas une fonction continue du temps t, nous pouvons appliquer les notions apprises dans ce chapitre pour tracer une courbe continue approximative de N vs t (figure Ex-13).

(a) Utiliser la tangente à $t = 2000$, tracée sur la figure, pour trouver la valeur approximative de $\frac{dN}{dt}$ en ce point. Interpréter votre réponse en termes de taux de variation.

(b) Le ***taux de croissance*** instantané est défini par

$$\frac{\frac{dN}{dt}}{N}$$

Utiliser la réponse donnée en (a) pour obtenir une approximation du taux de croissance instantané au début de l'année 2000. Exprimer le résultat sous forme de pourcentage en indiquant les unités appropriées.

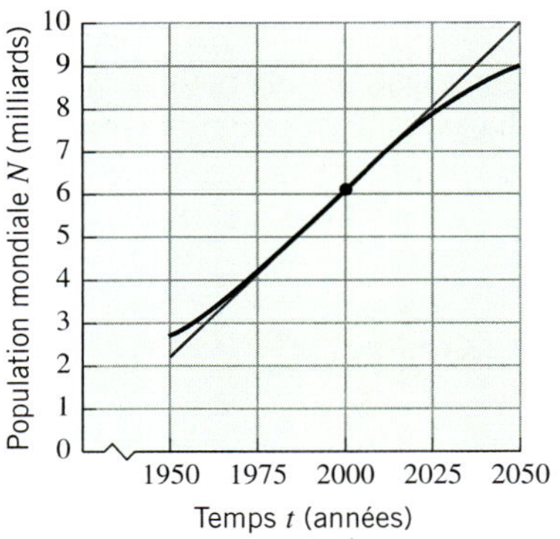

Figure Ex-13

14. À l'aide d'un outil graphique, tracer la courbe de

$$f(x) = |x^4 - x - 1| - x$$

Estimer ensuite les valeurs de x où la dérivée de $f(x)$ n'existe pas.

15–18 (a) Utiliser un logiciel de calcul formel pour déterminer $f'(x)$ à partir de la définition 3.2.1; (b) vérifier la réponse obtenue en trouvant la dérivée manuellement; (c) utiliser le logiciel de calcul formel pour déterminer $f''(x)$.

15. $f(x) = x^2 \sin x$

16. $f(x) = \sqrt{x} + \cos^2 x$

17. $f(x) = \dfrac{2x^2 - x + 5}{3x + 2}$

18. $f(x) = \dfrac{\tan x}{1 + x^2}$

19. La quantité d'eau dans un réservoir, t secondes après qu'il ait commencé à se vider, est donnée par $E = 388(t - 15)^2$ litres.

(a) À quel taux l'eau s'écoule-t-elle après 5 minutes?

(b) Calculer le débit moyen de l'écoulement durant les 5 premières minutes.

20. Sachant que l'équation $V = l^3$ donne le volume d'un cube d'arête l, trouver

(a) le taux de variation moyen du volume d'un cube par rapport à l si l varie de $l = 2$ à $l = 4$;

(b) le taux de variation instantané du volume d'un cube par rapport à l lorsque $l = 5$.

21–22 Faire un gros plan de la courbe de f sur un intervalle qui contient $x = x_0$, en agrandissant jusqu'à ce que la courbe ait l'apparence d'une droite. Évaluer la pente de cette droite et vérifier ensuite votre réponse en trouvant la valeur exacte de $f'(x_0)$.

21. (a) $f(x) = x^2 - 1,\ x_0 = 1{,}8$

(b) $f(x) = \dfrac{x^2}{x - 2},\ x_0 = 3{,}5$

22. (a) $f(x) = x^3 - x^2 + 1,\ x_0 = 2{,}3$

(b) $f(x) = \dfrac{x}{x^2 + 1},\ x_0 = \text{-}0{,}5$

23. Soit une fonction f dérivable en $x = 1$ telle que

$$\lim_{h \to 0} \frac{f(1 + h)}{h} = 5$$

Déterminer $f(1)$ et $f'(1)$.

24. Soit une fonction f telle que $f(x + y) = f(x)f(y)$ pour toute valeur de x et y et supposer que $f(0) = f'(0) = 1$. Montrer que f est dérivable et que $f'(x) = f(x)$. [*Indice :* Exprimer d'abord $f'(x)$ sous forme de limite.]

25. Écrire les équations de toutes les droites passant par l'origine qui sont tangentes à la courbe $y = x^3 - 9x^2 - 16x$.

26. Trouver toutes les valeurs de x où la tangente à la courbe $y = 2x^3 - x^2$ est perpendiculaire à la droite $x + 4y = 10$.

27. Soit $f(x) = x^2$. Montrer que, pour toute valeur distincte de a et b, la pente de la tangente à $y = f(x)$ en $x = \frac{1}{2}(a + b)$ est égale à la pente de la sécante qui passe par les points $(a; a^2)$ et $(b; b^2)$. Illustrer cet énoncé.

28. Dans chacun des cas, évaluer l'expression donnée sachant que $f(1) = 1$, $g(1) = \text{-}2$, $f'(1) = 3$ et $g'(1) = \text{-}1$.

(a) $\left.\dfrac{d}{dx}[f(x)g(x)]\right|_{x=1}$ (b) $\left.\dfrac{d}{dx}\left[\dfrac{f(x)}{g(x)}\right]\right|_{x=1}$

(c) $\left.\dfrac{d}{dx}\left[\sqrt{f(x)}\right]\right|_{x=1}$ (d) $\dfrac{d}{dx}[f(1)g'(1)]$

29–30 Déterminer $f'(x)$.

29. (a) $f(x) = x^8 - 3\sqrt{x} + 5x^{-3}$

(b) $f(x) = (2x+1)^{101}(5x^2-7)$

(c) $f(x) = \sqrt{3x+1}(x-1)^2$

(d) $f(x) = \left(\dfrac{3x+1}{x^2}\right)^3$

30. (a) $f(x) = \sin x + 2\cos^3 x$

(b) $f(x) = (1 + \sec x)(x^2 - \tan x)$

(c) $f(x) = \cot\left(\dfrac{\csc 2x}{x^3+5}\right)$ (d) $f(x) = \dfrac{1}{2x + \sin^3 x}$

31–32 Trouver les valeurs de x où la tangente à la courbe $y = f(x)$ est horizontale.

31. $f(x) = (2x+7)^6(x-2)^5$ **32.** $f(x) = \dfrac{(x-3)^4}{x^2+2x}$

33. Trouver toutes les droites qui sont à la fois tangentes à $y = x^2 + 1$ et à $y = -x^2 - 1$.

34. (a) Si n représente un entier positif pair, généraliser la réponse donnée à l'exercice 33 en trouvant toutes les droites qui sont à la fois tangentes à $y = x^n + n - 1$ et à $y = -x^n - n + 1$.

(b) Si n est un entier positif impair, existe-t-il des droites qui sont à la fois tangentes à $y = x^n + n - 1$ et à $y = -x^n - n + 1$? Justifier votre réponse.

35. Trouver toutes les valeurs de x telles que la tangente à $y = 3x - \tan x$ soit parallèle à la droite $y - x = 2$.

36. Trouver les valeurs approximatives de x où la tangente à $y = x^5 - \sin x$ est horizontale.

37. Soit $f(x) = M\sin x + N\cos x$, où M et N sont des constantes. Si $f(\frac{\pi}{4}) = 3$ et $f'(\frac{\pi}{4}) = 1$, écrire l'équation de la tangente à $y = f(x)$ en $x = \frac{3\pi}{4}$.

38. Soit $f(x) = M\tan x + N\sec x$, où M et N sont des constantes. Si $f(\frac{\pi}{4}) = 2$ et $f'(\frac{\pi}{4}) = 0$, écrire l'équation de la tangente à $y = f(x)$ au point $x = 0$.

39. Soit $f'(x) = 2x \cdot f(x)$ et $f(2) = 5$.

(a) Déterminer $g'(\frac{\pi}{3})$ si $g(x) = f(\sec x)$.

(b) Évaluer $h'(2)$ si $h(x) = \left[\frac{f(x)}{x-1}\right]^4$.

40. Dans certaines conditions, la période T d'une horloge à pendule (c.-à-d. le temps requis pour compléter un aller-retour) est fonction de sa longueur L suivant $T = 2\pi\sqrt{\frac{L}{g}}$, où g est la constante d'accélération gravitationnelle.

(a) En supposant que la longueur du pendule de l'horloge puisse varier (disons, à cause des variations de température), évaluer le taux de variation de la période T en fonction de la longueur L.

(b) Si L est en mètres (m) et T, en secondes (s), quelles sont les unités du taux de variation obtenu en (a)?

(c) Si une horloge à pendule prend du retard, devrait-on allonger le pendule ou le raccourcir pour corriger le problème?

(d) La constante g diminue généralement avec l'altitude. Si vous déménagiez une horloge à pendule du niveau de la mer vers un lieu plus élevé, sera-t-elle en avance ou en retard?

(e) Si la longueur du pendule reste constante, déterminer le taux de variation de la période T en fonction de g.

(f) Si T est mesurée en secondes (s) et g, en mètres par secondes carrées (m/s^2), quelles sont les unités du taux de variation trouvé en (e)?

41. Une nappe de pétrole répandue sur un lac est contenue par une barrière de confinement circulaire. À mesure que l'on ramène la barrière, la surface du confinement circulaire diminue. Si la barrière est ramenée à raison de 5 m/min, à quel taux l'aire de confinement rétrécit-elle au moment où le diamètre de la surface de confinement est de 100 m?

42. L'hypoténuse d'un triangle rectangle augmente à un taux constant de a centimètres par seconde pendant que l'un des côtés rétrécit à raison de b centimètres par seconde. À quel rythme l'angle aigu entre l'hypoténuse et l'autre côté varie-t-il à l'instant où les deux côtés mesurent 1 cm?

43. Dans chaque cas, utiliser l'information donnée pour trouver Δx, Δy et dy.

(a) $y = \frac{1}{x-1}$; x passe de 2 à 1,5.

(b) $y = \tan x$; x passe de $-\frac{\pi}{4}$ à 0.

(c) $y = \sqrt{25 - x^2}$; x augmente de 0 à 3.

44. Calculer une approximation linéaire locale pour estimer la valeur de $\cot 46°$ et comparer la valeur obtenue à celle donnée par un outil de calcul.

45. La base de la Grande Pyramide de Gizeh est un carré de 230 m de côté.

(a) Une archéologue se tient au milieu d'un côté de la pyramide (figure Ex-45) et mesure $\phi = 51°$ pour l'angle d'élévation du sommet, avec une erreur possible de $\pm 0{,}5°$. Que peut raisonnablement affirmer l'archéologue concernant la hauteur de la pyramide?

(b) Utiliser les différentielles pour estimer l'erreur acceptable sur l'angle d'élévation, si l'erreur induite sur le calcul de la hauteur ne doit pas dépasser ± 5 m.

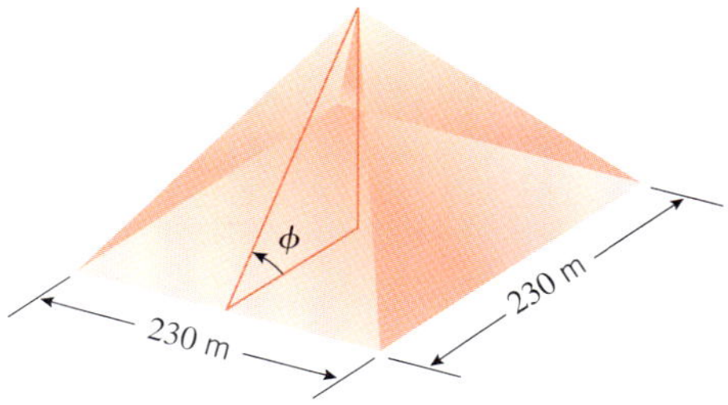

Figure Ex-45

c h a p i t r e   q u a t r e

DÉRIVÉES, GRAPHIQUES ET APPLICATIONS

À l'automne 1972, le président des États-Unis, Richard Nixon, annonçait que le taux d'augmentation de l'inflation diminuait. C'était la première fois qu'un président en fonction utilisait la troisième dérivée pour promouvoir sa réélection.

—Hugo Rossi
Mathématicien

Dans ce chapitre, nous aborderons diverses applications de la dérivée. Par exemple, nous ferons appel au calcul différentiel pour analyser les fonctions et leurs graphiques. En cours de route, nous verrons que les outils graphiques et les logiciels de calcul formel en particulier, utilisés conjointement, fournissent la plupart des données cruciales qui concernent le comportement des fonctions. Le concept de dérivée permet également de résoudre des problèmes importants d'optimisation. Par exemple, lorsque le temps est au cœur d'un problème, on peut s'intéresser à la façon la plus rapide d'accomplir une tâche; et si le coût représente la préoccupation principale, on peut vouloir déterminer la méthode qui minimise le coût pour accomplir une tâche. D'un point de vue mathématique, les problèmes d'optimisation se résument à déterminer la plus grande valeur, ou la plus petite, d'une fonction définie sur un intervalle donné, et à situer cette valeur. À l'aide de la dérivée, nous allons développer les outils mathématiques nécessaires pour résoudre ce type de problèmes. Nous étudierons également le mouvement d'une particule évoluant sur une droite et nous verrons l'utilité de la dérivée pour approximer les solutions de certaines équations.

Photo : *Les dérivées facilitent le choix du meilleur emplacement, en termes de coûts, pour une plate-forme de forage en mer.*

4.1 ANALYSE DE FONCTIONS I : CROISSANCE, DÉCROISSANCE ET CONCAVITÉ

Bien que les outils graphiques soient utiles pour déterminer l'allure générale d'une courbe, plusieurs problèmes exigent davantage de précision que ces outils sont en mesure de fournir. Cette section vise à développer un savoir mathématique permettant d'établir la forme exacte d'une courbe et de connaître l'emplacement précis de ses points particuliers.

FONCTIONS CROISSANTES ET FONCTIONS DÉCROISSANTES

Les termes *croissante*, *décroissante* et *constante* servent à décrire le comportement d'une fonction sur un intervalle lorsque l'on observe son graphique, de gauche à droite. Par exemple, pour décrire la courbe de la fonction donnée à la figure 4.1.1, on dira qu'elle est croissante sur l'intervalle $]-\infty; 0]$, décroissante sur l'intervalle $[0; 2]$, de nouveau croissante sur $[2; 4]$ et constante sur $[4; -\infty[$.

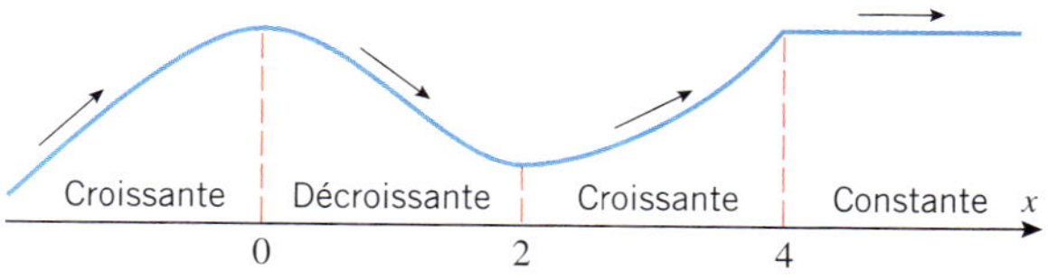

Figure 4.1.1

La définition qui suit, illustrée à la figure 4.1.2, précise ces notions intuitives.

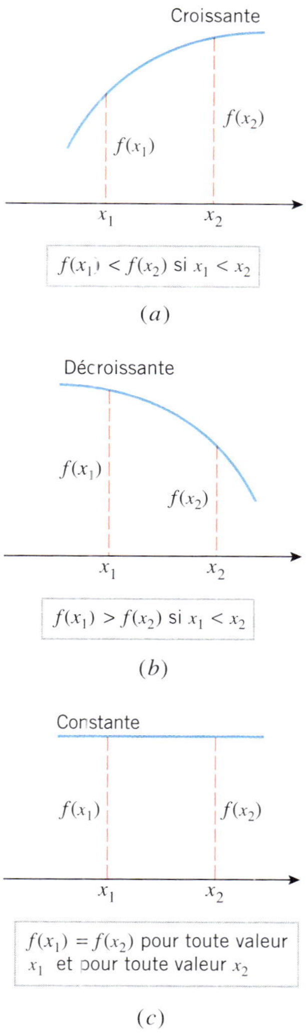

Figure 4.1.2

4.1.1 DÉFINITION. Soit une fonction f définie sur un intervalle donné, et x_1, x_2 des points appartenant à cet intervalle.

(a) f est ***croissante*** sur l'intervalle si $f(x_1) \leq f(x_2)$ pour toutes les valeurs de x_1 et x_2 telles que $x_1 \leq x_2$.

(b) f est ***décroissante*** sur l'intervalle si $f(x_1) \geq f(x_2)$ pour toutes les valeurs de x_1 et x_2 telles que $x_1 \leq x_2$.

(c) f est *strictement* ***croissante*** sur l'intervalle si $f(x_1) < f(x_2)$ pour toutes les valeurs de x_1 et x_2 telles que $x_1 < x_2$.

(d) f est *strictement* ***décroissante*** sur l'intervalle si $f(x_1) > f(x_2)$ pour toutes les valeurs de x_1 et x_2 telles que $x_1 < x_2$.

(e) f est ***constante*** sur l'intervalle si $f(x_1) = f(x_2)$ pour toutes les valeurs de x_1 et x_2.

Une fonction qui est strictement **croissante** sur un intervalle est aussi croissante sur cet intervalle, mais la réciproque n'est pas vraie. De même, une fonction qui est strictement **décroissante** sur un intervalle est aussi décroissante sur cet intervalle. Sur la figure 4.1.3, on remarque qu'une fonction dérivable f est croissante sur un intervalle où toutes les tangentes à la courbe ont une pente positive, qu'elle est décroissante sur un intervalle où toutes les tangentes à la courbe ont une pente négative et qu'elle est constante sur un intervalle où toutes les tangentes à la courbe ont une pente nulle. Suite à cette observation intuitive, nous verrons un important théorème, que nous démontrerons à la section 4.7.

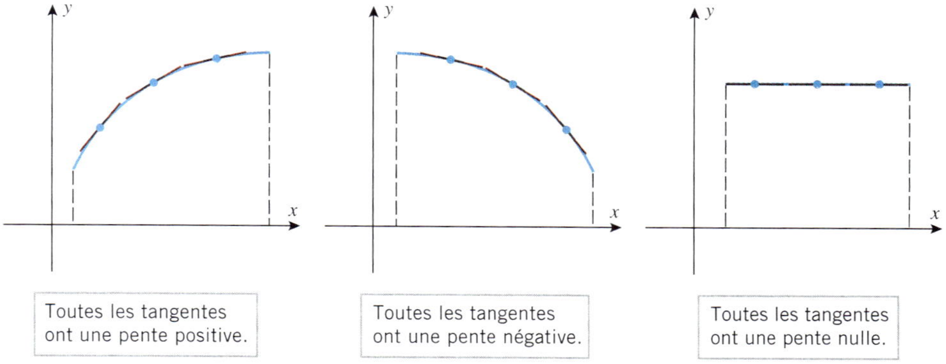

Figure 4.1.3

Dans l'énoncé du théorème 4.1.2, observez que les conditions de dérivation s'appliquent uniquement *à l'intérieur* de l'intervalle $[a; b]$, bien que les conclusions soient valables pour l'ensemble de l'intervalle.

4.1.2 THÉORÈME. *Soit une fonction f continue sur un intervalle fermé $[a; b]$ et dérivable sur l'intervalle ouvert $]a; b[$.*

(a) Si $f'(x) > 0$ pour toute valeur de x appartenant à $]a; b[$, alors f est croissante sur $[a; b]$.

(b) Si $f'(x) < 0$ pour toute valeur de x appartenant à $]a; b[$, alors f est décroissante sur $[a; b]$.

(c) Si $f'(x) = 0$ pour toute valeur de x appartenant à $]a; b[$, alors f est constante sur $[a; b]$.

Malgré que le théorème 4.1.2 ait été énoncé pour les intervalles fermés, il est valable pour tout intervalle I où f est continue. Par exemple, si f est continue sur $[a; +\infty[$ et $f'(x) > 0$ sur $]a; +\infty[$, alors f est croissante sur $[a; +\infty[$; et si f est continue sur $]-\infty; +\infty[$ et $f'(x) < 0$ sur $]-\infty; +\infty[$, alors f est décroissante sur $]-\infty; +\infty[$.

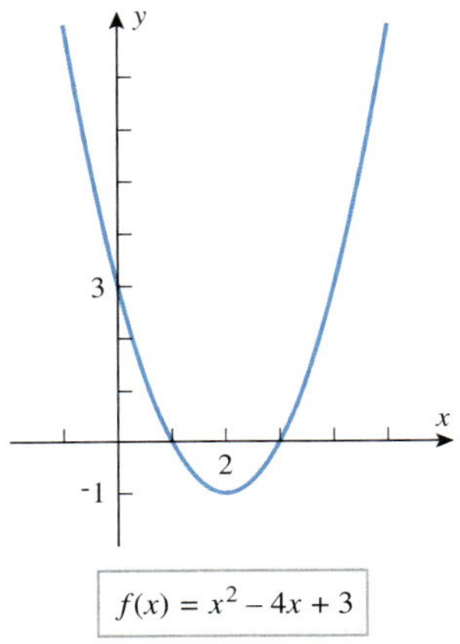

Figure 4.1.4

▸ Exemple 1 Déterminer les intervalles de croissance et les intervalles de décroissance de la fonction f définie par $f(x) = x^2 - 4x + 3$.

Solution. L'examen de la courbe de f présentée à la figure 4.1.4 suggère que f est décroissante pour $x \leq 2$ et croissante pour $x \geq 2$. Nous allons vérifier cela en analysant le signe de f'. La dérivée de $f(x)$ a pour expression

$$f'(x) = 2x - 4 = 2(x - 2)$$

On en déduit

$$f'(x) < 0 \quad \text{si} \quad x < 2$$
$$f'(x) > 0 \quad \text{si} \quad 2 < x$$

Sachant que f est continue en tout point, la remarque qui suit le théorème 4.1.2 permet d'écrire :

$$f \text{ est décroissante sur }]-\infty; 2]$$
$$f \text{ est croissante sur } [2; +\infty[$$

Ces conclusions sont cohérentes avec le graphique de la figure 4.1.4. ◂

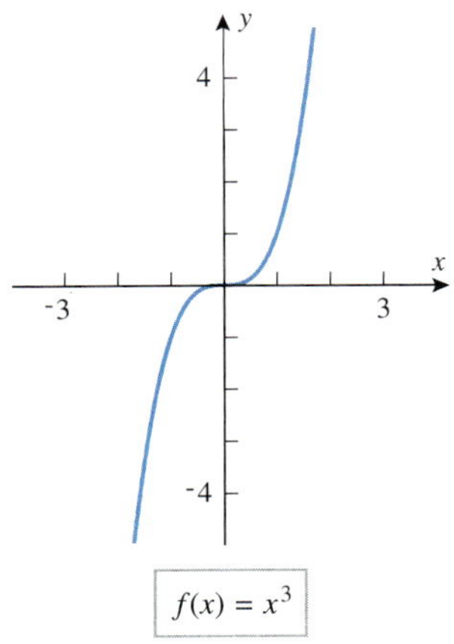

Figure 4.1.5

▸ Exemple 2 Déterminer les intervalles de croissance et les intervalles de décroissance de $f(x) = x^3$.

Solution. D'après le graphique de la figure 4.1.5, la fonction f est croissante sur tout l'axe x. Pour le vérifier, considérons la dérivée de f, soit $f'(x) = 3x^2$. On a,

$$f'(x) > 0 \quad \text{si} \quad x < 0$$
$$f'(x) > 0 \quad \text{si} \quad 0 < x$$

Sachant que f est continue en tout point, alors

$$f \text{ est croissante sur }]-\infty; 0]$$
$$f \text{ est croissante sur } [0; +\infty[$$

Et puisque la fonction est continue sur chacun des intervalles $]-\infty; 0]$ et $[0; +\infty[$, il s'ensuit que f est croissante sur $]-\infty; +\infty[$, qui est la réunion de $]-\infty; 0]$ et de $[0; +\infty[$ (voir l'exercice 45). ◂

▶ Exemple 3

(a) Utiliser le graphique de la figure 4.1.6 pour prédire les intervalles de croissance et les intervalles de décroissance de $f(x) = 3x^4 + 4x^3 - 12x^2 + 2$.

(b) Utiliser le théorème 4.1.2 pour valider les prédictions faites en (a).

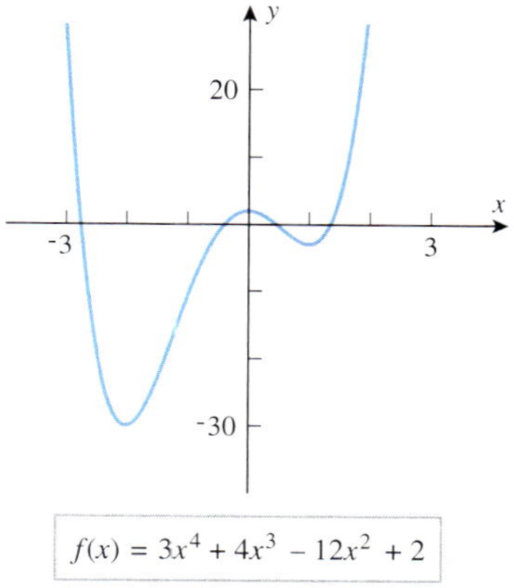

Figure 4.1.6

Solution (a). D'après le graphique, la fonction f est décroissante lorsque $x \leq$ -2, croissante lorsque -2 $\leq x \leq 0$, décroissante lorsque $0 \leq x \leq 1$ et de nouveau croissante lorsque $x \geq 1$.

Solution (b). En dérivant $f(x)$, on obtient

$$f'(x) = 12x^3 + 12x^2 - 24x = 12x(x^2 + x - 2) = 12x(x + 2)(x - 1)$$

Les signes de f' dans les différents intervalles, donnés au tableau 4.1.1, ont été obtenus en utilisant des points de vérification selon la méthode décrite à l'annexe D sur le Web. Les conclusions du tableau confirment les prédictions faites en (a). ◀

Tableau 4.1.1

INTERVALLE	$(12x)(x+2)(x-1)$	$f'(x)$	CONCLUSION
$x <$ -2	(−) (−) (−)	−	f est décroissante sur]-∞; -2]
-2 $< x < 0$	(−) (+) (−)	+	f est croissante sur [-2; 0]
$0 < x < 1$	(+) (+) (−)	−	f est décroissante sur [0; 1]
$1 < x$	(+) (+) (+)	+	f est croissante sur [1; +∞[

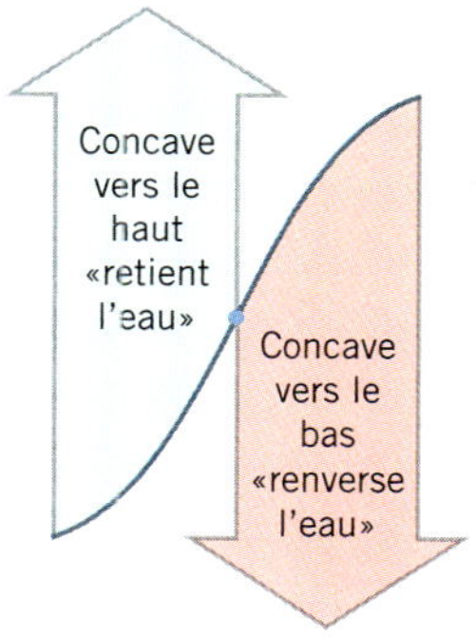

Figure 4.1.7

CONCAVITÉ

Le signe de la dérivée de f nous renseigne sur les endroits où f est croissante ou décroissante, mais il ne dit rien du sens de la *courbure* de la fonction. Par exemple, à la figure 4.1.7, la courbe est croissante des deux côtés du point indiqué, mais son allure est courbée vers le haut « retient l'eau » à gauche du point et courbée vers le bas « renverse l'eau » à sa droite. On dit que f est *concave vers le haut* dans les intervalles où l'allure de la fonction est courbée vers le haut et que f est *concave vers le bas* sur les intervalles où elle est courbée vers le bas.

La figure 4.1.8 propose deux façons de caractériser la concavité d'une fonction f dérivable sur un intervalle ouvert :

- f est concave vers le haut sur un intervalle ouvert si les pentes de ses tangentes augmentent sur cet intervalle, alors qu'elle est concave vers le bas si les pentes diminuent.
- f est concave vers le haut sur un intervalle ouvert si la courbe se situe au-dessus des tangentes sur cet intervalle et elle est concave vers le bas si la courbe se trouve sous les tangentes.

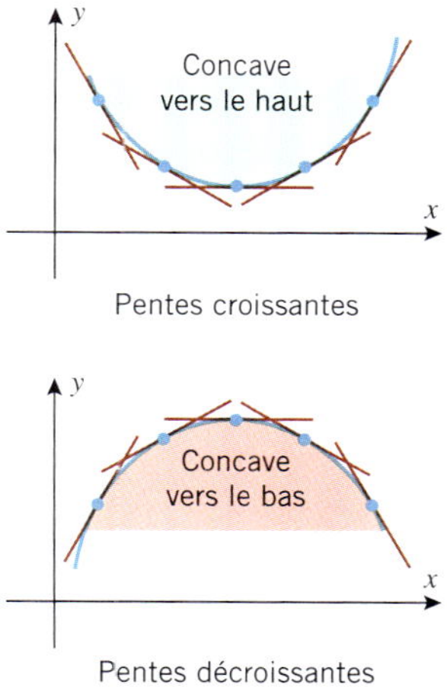

Figure 4.1.8

Notre définition formelle de *concave vers le haut* et *concave vers le bas* s'appuie sur la première de ces caractéristiques.

> **4.1.3 DÉFINITION.** Si f est dérivable sur un intervalle ouvert I, alors on dira que f est ***concave vers le haut*** sur I si f' est croissante sur I et que f est ***concave vers le bas*** sur I si f' est décroissante sur I.

Sachant que les pentes des tangentes à la courbe d'une fonction dérivable f correspondent aux valeurs de sa dérivée f', on déduit du théorème 4.1.2 (appliqué à f' au lieu de f) que f' sera croissante sur les intervalles où f'' est positive et que f' sera décroissante sur les intervalles où f'' est négative. On peut alors écrire le théorème qui suit.

> **4.1.4 THÉORÈME.** *Soit une fonction f deux fois dérivable sur un intervalle ouvert I.*
>
> (a) *Si $f''(x) > 0$ pour toute valeur de x appartenant à I, alors f est concave vers le haut sur I.*
>
> (b) *Si $f''(x) < 0$ pour toute valeur de x appartenant à I, alors f est concave vers le bas sur I.*

▶ **Exemple 4** D'après la figure 4.1.4, la fonction $f(x) = x^2 - 4x + 3$ est concave vers le haut sur l'intervalle]-∞; +∞[, conformément au théorème 4.1.4, puisque $f'(x) = 2x - 4$ et $f''(x) = 2$; on a donc

$$f''(x) > 0 \text{ sur l'intervalle }]-\infty; +\infty[$$

La figure 4.1.5 suggère par ailleurs que $f(x) = x^3$ soit concave vers le bas sur l'intervalle]-∞; 0[et concave vers le haut sur l'intervalle]0; +∞[. Cette observation est cohérente avec le théorème 4.1.4, puisque $f'(x) = 3x^2$ et $f''(x) = 6x$. On a donc

$$f''(x) < 0 \quad \text{si } x < 0 \quad \text{et} \quad f''(x) > 0 \quad \text{si } x > 0$$ ◀

POINTS D'INFLEXION

Considérant l'exemple 4 et la figure 4.1.5, on voit que, à $x = 0$, la courbe de $f(x) = x^3$ passe de concave vers le bas à concave vers le haut. Les points où l'on observe un changement de concavité, du haut vers le bas ou du bas vers le haut, offrent un intérêt particulier; on leur a donc associé une terminologie spécifique.

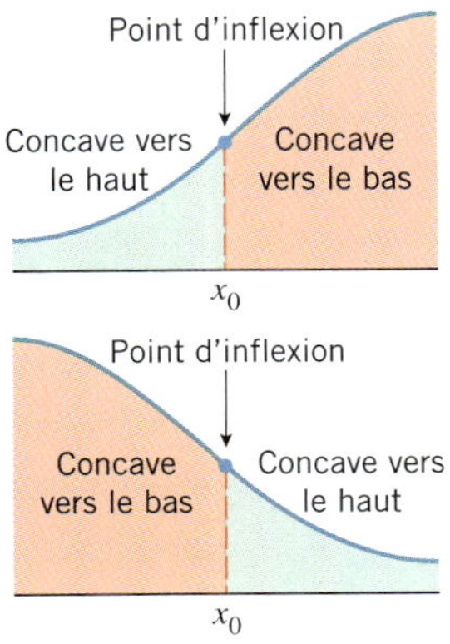

Figure 4.1.9

> **4.1.5 DÉFINITION.** Si f est continue sur un intervalle incluant une valeur x_0, et si la concavité de f change de sens au point $(x_0; f(x_0))$, alors on dit que f a un ***point d'inflexion en x_0***, et le point $(x_0; f(x_0))$ de la courbe de f est appelé ***point d'inflexion*** de f (figure 4.1.9).

▶ **Exemple 5** La figure 4.1.10 représente la fonction f définie par $f(x) = x^3 - 3x^2 + 1$. Utiliser les dérivées première et seconde de f pour déterminer les intervalles où f est croissante, décroissante, concave vers le haut et concave vers le bas. Situer tous les points d'inflexion et vérifier que les réponses obtenues correspondent au graphique.

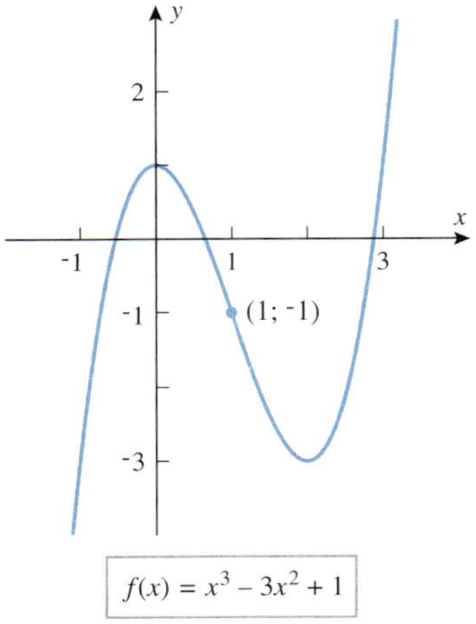

Figure 4.1.10

Solution. Déterminons d'abord les deux premières dérivées de f on obtient

$$f'(x) = 3x^2 - 6x = 3x(x - 2)$$

$$f''(x) = 6x - 6 = 6(x - 1)$$

Les tableaux qui suivent résument l'analyse des signes de ces dérivées.

Tableau 4.1.2

INTERVALLE	$(3x)(x-2)$	$f'(x)$	CONCLUSION
$x < 0$	$(-)(-)$	$+$	f est croissante sur $]-\infty; 0]$
$0 < x < 2$	$(+)(-)$	$-$	f est décroissante sur $[0; 2]$
$x > 2$	$(+)(+)$	$+$	f est croissante sur $[2; +\infty[$

INTERVALLE	$6(x-1)$	$f''(x)$	CONCLUSION
$x < 1$	$(-)$	$-$	f est concave vers le bas sur $]-\infty; 1[$
$x > 1$	$(+)$	$+$	f est concave vers le haut sur $]1; +\infty[$

Le second tableau indique l'existence d'un point d'inflexion en $x = 1$, là où la concavité de f passe du bas vers le haut. Le point d'inflexion est $(1; f(1)) = (1; -1)$. Ces conclusions sont en accord avec le graphique de f. ◄

À l'examen de la figure 4.1.10, on devine facilement que $f(x) = x^3 - 3x^2 + 1$ a un point d'inflexion en $x = 1$ et ce, sans calculer les dérivées. Cependant, les changements de concavité sont parfois si subtils que le calcul différentiel est indispensable pour confirmer leur présence et pour les situer. Voici un exemple.

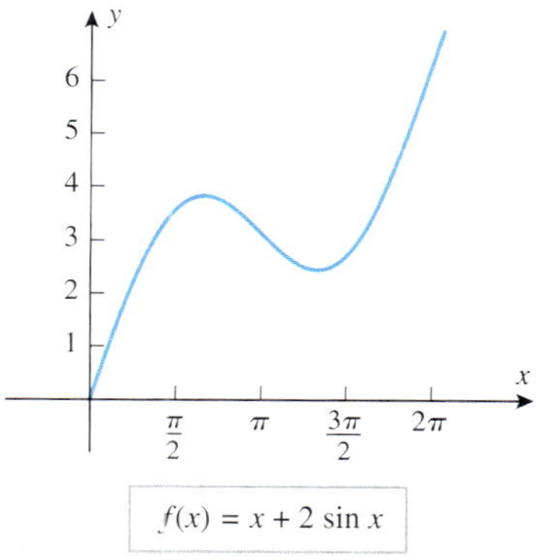

Figure 4.1.11

► **Exemple 6** La figure 4.1.11 montre le graphique de la fonction f définie par $f(x) = x + 2\sin x$ sur l'intervalle $[0; 2\pi]$. Utiliser les dérivées première et seconde pour déterminer les endroits où f est croissante, décroissante, concave vers le haut et concave vers le bas. Situer tous les points d'inflexion et vérifier que les conclusions sont en accord avec la représentation graphique.

Solution. Écrivons d'abord les deux premières dérivées de f : on a

$$f'(x) = 1 + 2\cos x$$
$$f''(x) = -2\sin x$$

Puisque f' est une fonction continue, les changements de signes de f' dans l'intervalle $]0; 2\pi[$ surviennent seulement aux points où $f'(x) = 0$ (pourquoi?). Ces valeurs sont les racines de l'équation

$$1 + 2\cos x = 0 \quad \text{ou, de manière équivalente} \quad \cos x = -\tfrac{1}{2}$$

Il existe deux racines à cette équation dans l'intervalle $]0; 2\pi[$, soit $x = \frac{2\pi}{3}$ et $x = \frac{4\pi}{3}$ (vérifiez-les). De même, f'' est une fonction continue et les changements de signes dans l'intervalle $]0; 2\pi[$ se produiront seulement aux valeurs de x où $f''(x) = 0$. Ces valeurs sont des racines de l'équation

$$-2\sin x = 0$$

Il existe une racine à cette équation dans l'intervalle $]0; 2\pi[$, soit $x = \pi$. On utilise ces « points de changement de signes » pour compléter les tableaux d'analyse des signes.

Le second tableau indique un point d'inflexion en $x = \pi$, puisque la concavité de f passe du bas vers le haut en ce point. Toutes ces conclusions sont en accord avec le graphique de f. ◄

On peut déterminer les signes indiqués dans les tableaux de l'exemple 6 par deux méthodes : soit en procédant par les points de vérification, soit en utilisant les définitions des fonctions sinus et du cosinus sur le cercle de rayon unitaire. Voir les annexes A et D.

Tableau 4.1.3

INTERVALLE	$f'(x) = 1 + 2\cos x$	CONCLUSION
$0 < x < \frac{2\pi}{3}$	+	f est croissante sur $\left[0; \frac{2\pi}{3}\right]$
$\frac{2\pi}{3} < x < \frac{4\pi}{3}$	–	f est décroissante sur $\left[\frac{2\pi}{3}; \frac{4\pi}{3}\right]$
$\frac{4\pi}{3} < x < 2\pi$	+	f est croissante sur $\left[\frac{4\pi}{3}; 2\pi\right]$

INTERVALLE	$f''(x) = -2\sin x$	CONCLUSION
$0 < x < \pi$	–	f est concave vers le bas sur $[0; \pi[$
$\pi < x < 2\pi$	+	f est concave vers le haut sur $]\pi; 2\pi[$

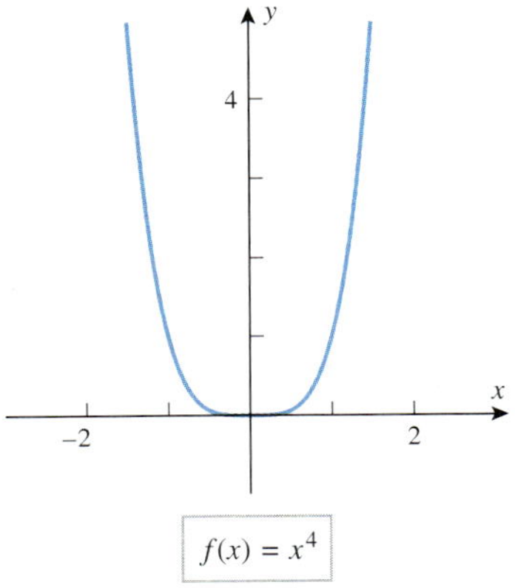

Figure 4.1.12

Proposez un raisonnement visant à démontrer que la fonction f définie par $f(x) = x^4$ de la figure 4.1.12 est concave vers le haut sur l'intervalle $]-\infty; +\infty[$.

Dans les exemples précédents, f avait systématiquement un point d'inflexion là où $f''(x) = 0$. Mais cela n'est pas toujours le cas, tel qu'illustré à l'exemple qui suit.

▸ **Exemple 7** S'il y a lieu, trouver les points d'inflexion de $f(x) = x^4$.

Solution. Évaluons d'abord les deux premières dérivées de f : on a

$$f'(x) = 4x^3$$
$$f''(x) = 12x^2$$

Sachant que $f''(x)$ est positive pour $x < 0$ et pour $x > 0$, la fonction f est concave vers le haut sur les intervalles $]-\infty; 0[$ et $]0; +\infty[$. Il n'y a donc pas de changement de concavité et en conséquence, pas de point d'inflexion en $x = 0$, même si $f''(0) = 0$ (figure 4.1.12). ◂

Nous verrons plus loin que si une fonction f a un point d'inflexion en $x = x_0$ et si $f''(x_0)$ existe, alors $f''(x_0) = 0$. Nous verrons également à la section 4.3 qu'un point d'inflexion peut exister là où $f''(x)$ n'existe pas.

POINTS D'INFLEXION ET APPLICATIONS

Les points d'inflexion d'une fonction f sont les points de la courbe de $y = f(x)$ où les pentes des tangentes passent de croissantes à décroissantes ou vice versa (figure 4.1.13). Or, la pente de la tangente en un point du graphique de $y = f(x)$ correspond au taux de variation de y en fonction de x en ce point. Nous pouvons donc interpréter les points d'inflexion comme suit :

Les points d'inflexion indiquent les endroits sur la courbe $y = f(x)$ où le taux de variation de y en fonction de x devient décroissant s'il était croissant, ou vice versa.

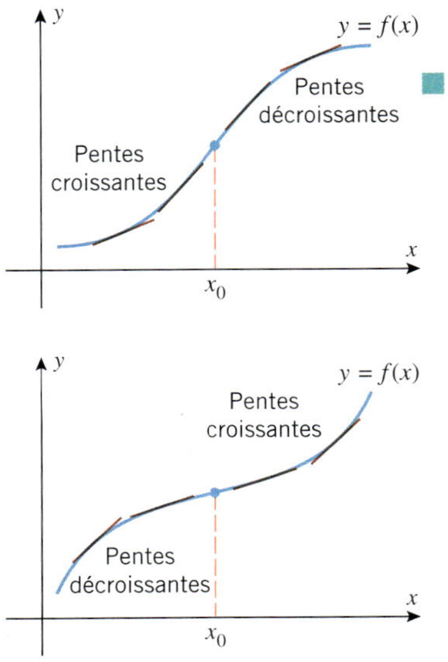

Figure 4.1.13

Ce concept est subtil, puisqu'il est question de la variation d'un taux de variation. Pour mieux comprendre cette notion, sachez que l'on peut interpréter les points d'inflexion dans des contextes plus familiers. Par exemple, considérons l'énoncé suivant : « Le prix du pétrole a augmenté abruptement durant la première moitié de l'année, mais il a commencé à se stabiliser depuis ». Si l'on met en graphique le prix du pétrole en fonction du temps pour l'année en cours, on devrait observer un point d'inflexion vers la fin de juin. (Pourquoi?)

Voyons un autre exemple, plus visuel cette fois, en considérant le flacon illustré à la figure 4.1.14. Supposons que l'on verse de l'eau dans le flacon, de sorte que le volume de liquide augmente avec un taux constant par rapport au temps t, et examinons le taux d'augmentation du niveau d'eau y par rapport au temps t. Au départ, le niveau y monte lentement (faible taux) parce que la base du flacon est large. Cependant, à mesure que le diamètre du flacon rétrécit, le taux de variation de y augmente, jusqu'à ce que le liquide atteigne le point le plus étroit du col. À partir de ce point, le taux de croissance du niveau y diminue à mesure que le diamètre du col augmente. Ainsi, le point où le diamètre du col est le plus petit correspond au point où le taux de variation de y en fonction de t, croissant depuis le début, devient décroissant.

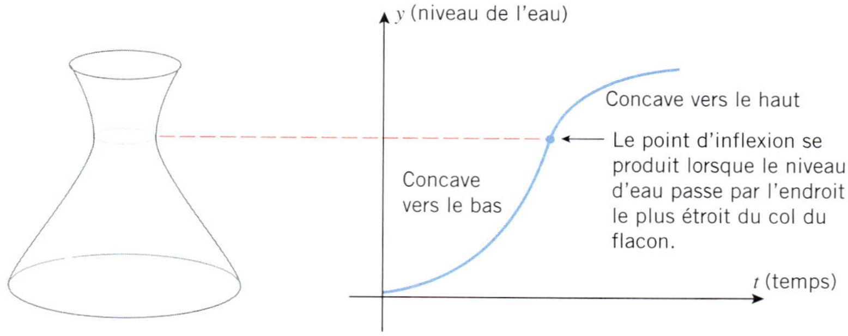

Figure 4.1.14

✔ VÉRIFICATION EXPRESS 4.1

(Réponses à la page 254.)

1. (a) Une fonction f est croissante sur $]a; b[$ si ________ lorsque $a < x_1 < x_2 < b$.
   (b) Une fonction f est décroissante sur $]a; b[$ si ________ lorsque $a < x_1 < x_2 < b$.
   (c) Une fonction f est concave vers le haut sur $]a; b[$ si f' est ________ sur $]a; b[$.
   (d) Si $f''(a)$ existe et si f a un point d'inflexion en $x = a$, alors $f''(a)$ ________.
2. Soit $f(x) = 0,1(x^3 - 3x^2 - 9x)$.
   (a) Les racines de $f'(x) = 0$ sont $x =$ ________.
   (b) La fonction f est croissante sur le(s) intervalle(s) ________.
   (c) La fonction f est concave vers le bas sur le(s) intervalle(s) ________.
   (d) ________ est un point d'inflexion de f.
3. Soit la fonction f ayant pour dérivée $f'(x) = x(x-4)^2$.
   (a) La fonction f est croissante sur le(s) intervalle(s) ________.
   (b) La fonction f est concave vers le haut sur le(s) intervalle(s) ________.
   (c) La fonction f est concave vers le bas sur le(s) intervalle(s) ________.
4. Considérons l'énoncé suivant : « L'augmentation du coût de la vie a ralenti durant la première moitié de l'année. » Comment cet énoncé se traduira-t-il sur la courbe du coût de la vie en fonction du temps si le graphique couvre la première moitié de l'année?

SÉRIE D'EXERCICES 4.1

Outil graphique   C Logiciel de calcul formel

JONGLONS AVEC LES CONCEPTS

1. Dans chaque cas, esquisser la courbe d'une fonction f affichant les propriétés données; commenter également les signes de f' et f''.
   (a) La fonction f est concave vers le haut et croissante sur l'intervalle $]-\infty; +\infty[$.
   (b) La fonction f est concave vers le bas et croissante sur l'intervalle $]-\infty; +\infty[$.
   (c) La fonction f est concave vers le haut et décroissante sur l'intervalle $]-\infty; +\infty[$.
   (d) La fonction f est concave vers le bas et décroissante sur l'intervalle $]-\infty; +\infty[$.
2. Dans chaque cas, esquisser la courbe d'une fonction f affichant les propriétés données.
   (a) f est croissante sur $]-\infty; +\infty[$, a un point d'inflexion à l'origine et est concave vers le haut sur $]0; +\infty[$.

(b) f est croissante sur $]-\infty; +\infty[$, a un point d'inflexion à l'origine et est concave vers le bas sur $]0; +\infty[$.

(c) f est décroissante sur $]-\infty; +\infty[$ a un point d'inflexion à l'origine et est concave vers le haut sur $]0; +\infty[$.

(d) f est décroissante sur $]-\infty; +\infty[$, a un point d'inflexion à l'origine et est concave vers le bas sur $]0; +\infty[$.

3. En référant au graphique de $y = f(x)$ donné à la figure Ex-3, déterminer les signes de $\frac{dy}{dx}$ et $\frac{d^2y}{dx^2}$ aux points A, B et C.

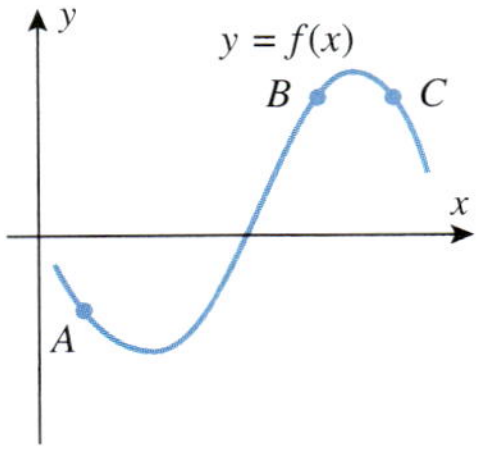

Figure Ex-3

4. En se référant au graphique de $y = f'(x)$ donné à la figure Ex-4, déterminer les signes de $\frac{dy}{dx}$ et $\frac{d^2y}{dx^2}$ aux points A, B et C.

5. En référant au graphique de $y = f''(x)$ donné à la figure Ex-5, déterminer les coordonnées x de tous les points d'inflexion de f. Expliquer votre raisonnement.

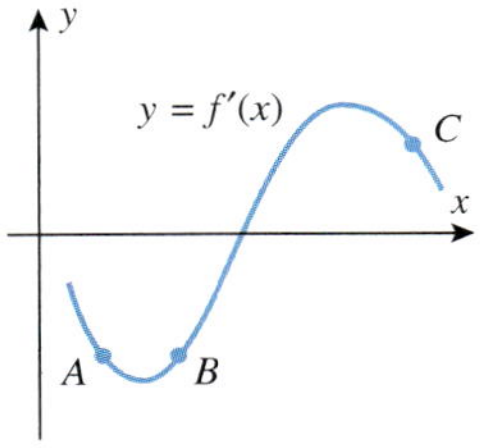

Figure Ex-4

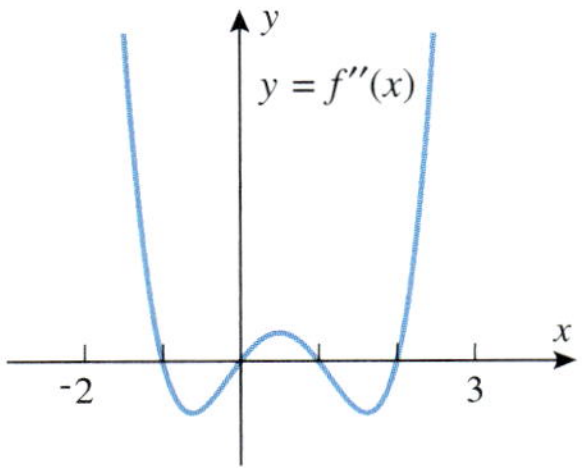

Figure Ex-5

6. À l'aide du graphique de $y = f'(x)$ donné à la figure Ex-6, remplacer les points d'interrogation par les signes <, = ou >, selon le cas. Expliquer votre raisonnement.

(a) $f(0)$? $f(1)$ (b) $f(1)$? $f(2)$ (c) $f'(0)$? 0

(d) $f'(1)$? 0 (e) $f''(0)$? 0 (f) $f''(2)$? 0

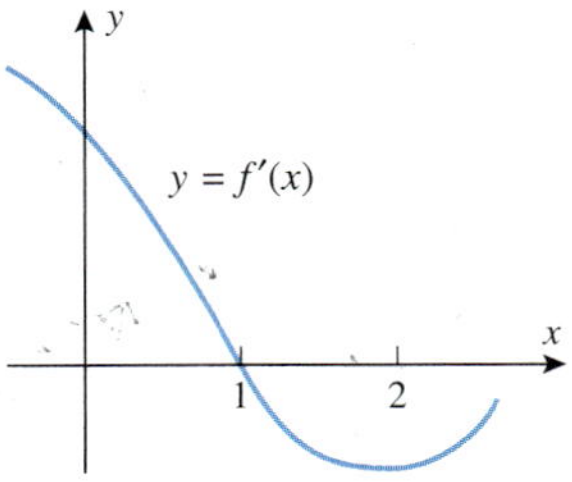

Figure Ex-6

7. À l'aide du graphique de $y = f(x)$ donné à la figure Ex-7, trouver l'information demandée.

(a) Trouver les intervalles où f est croissante.

(b) Trouver les intervalles où f est décroissante.

(c) Trouver les intervalles ouverts où f est concave vers le haut.

(d) Trouver les intervalles ouverts où f est concave vers le bas.

(e) Trouver toutes les valeurs de x correspondant à un point d'inflexion de f.

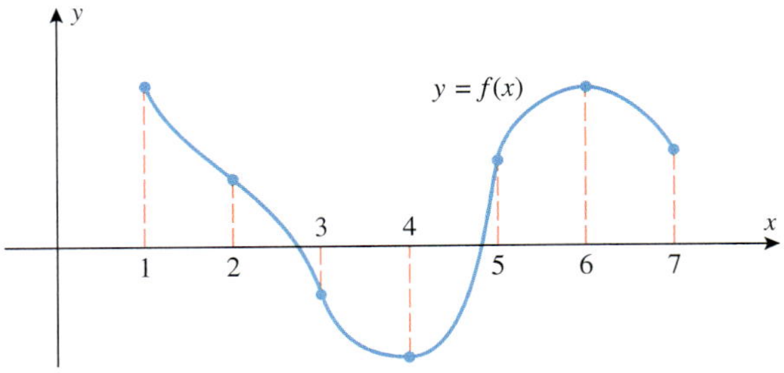

Figure Ex-7

8. En référant au graphique de la figure Ex-7, construire un tableau des signes de f' et f'' sur les intervalles $]1; 2[$, $]2; 3[$, $]3; 4[$, $]4; 5[$, $]5; 6[$ et $]6; 7[$.

9–10 Considérer le tableau donné qui indique les signes des dérivées première et seconde d'une fonction f. Si f est continue en tout point, déterminer (a) les intervalles où f est croissante, (b) les intervalles où f est décroissante, (c) les intervalles ouverts où f est concave vers le haut, (d) les intervalles ouverts où f est concave vers le bas et (e) les coordonnées x de tous les points d'inflexion.

9.

INTERVALLE	SIGNE DE $f'(x)$	SIGNE DE $f''(x)$
$x < 1$	−	+
$1 < x < 2$	+	+
$2 < x < 3$	+	−
$3 < x < 4$	−	−
$4 < x$	−	+

10.

INTERVALLE	SIGNE DE $f'(x)$	SIGNE DE $f''(x)$
$x < 1$	+	+
$1 < x < 3$	+	−
$3 < x$	+	+

11–22 Déterminer (a) les intervalles où f est croissante, (b) les intervalles où f est décroissante, (c) les intervalles ouverts où f est concave vers le haut, (d) les intervalles ouverts où f est concave vers le bas et (e) les coordonnées x de tous les points d'inflexion.

11. $f(x) = x^2 - 3x + 8$ **12.** $f(x) = 5 - 4x - x^2$

13. $f(x) = (2x+1)^3$

14. $f(x) = 5 + 12x - x^3$

15. $f(x) = 3x^4 - 4x^3$

16. $f(x) = x^4 - 5x^3 + 9x^2$

17. $f(x) = \dfrac{x-2}{(x^2-x+1)^2}$

18. $f(x) = \dfrac{x}{x^2+2}$

19. $f(x) = \sqrt[3]{x^2+x+1}$

20. $f(x) = x^{\frac{4}{3}} - x^{\frac{1}{3}}$

21. $f(x) = (x^{\frac{2}{3}} - 1)^2$

22. $f(x) = x^{\frac{2}{3}} - x$

JONGLONS AVEC LES CONCEPTS

23. Dans chaque cas, esquisser une courbe continue de $y = f(x)$ qui possède les propriétés données.
(a) $f(2) = 4,\ f'(2) = 0,\ f''(x) > 0$ pour tout x
(b) $f(2) = 4,\ f'(2) = 0,\ f''(x) < 0$ pour $x < 2,\ f''(x) > 0$ pour $x > 2$
(c) $f(2) = 4,\ f''(x) < 0$ pour $x \neq 2$ et $\lim_{x\to 2^+} f'(x) = +\infty,\ \lim_{x\to 2^-} f'(x) = -\infty$

24. Dans chaque cas, esquisser une courbe continue de $y = f(x)$ qui possède les propriétés données.
(a) $f(2) = 4,\ f'(2) = 0,\ f''(x) < 0$ pour tout x
(b) $f(2) = 4,\ f'(2) = 0,\ f''(x) > 0$ pour $x < 2,\ f''(x) < 0$ pour $x > 2$
(c) $f(2) = 4,\ f''(x) > 0$ pour $x \neq 2$ et $\lim_{x\to 2^+} f'(x) = -\infty,\ \lim_{x\to 2^-} f'(x) = +\infty$

25. Soit g, une fonction définie et dérivable pour tout nombre réel x, dotée des propriétés suivantes :
(i) $g(0) = 2$ et $g'(0) = -\frac{2}{3}$
(ii) $g(4) = 3$ et $g'(4) = 3$
(iii) $g(x)$ est concave vers le haut pour $x < 4$ et concave vers le bas pour $x > 4$
(iv) $g(x) \geq -10$ pour toute valeur de x

(a) Combien de zéros g affiche-t-elle?
(b) Combien de zéros g' possède-t-elle?
(c) Une seule des limites ci-dessous est possible :

$$\lim_{x\to+\infty} g'(x) = -5, \quad \lim_{x\to+\infty} g'(x) = 0, \quad \lim_{x\to+\infty} g'(x) = 5$$

Identifier la limite possible et esquisser la courbe d'une telle fonction g. Expliquer aussi pourquoi les deux autres limites ne sont pas possibles.

26. Dans chaque cas, supposer que a est une constante et trouver les points d'inflexion s'il y a lieu.
(a) $f(x) = (x-a)^3$ (b) $f(x) = (x-a)^4$

27. Sachant que a est une constante et n un entier positif, que peut-on dire de l'existence de points d'inflexion de la fonction f définie par $f(x) = (x-a)^n$? Justifier votre réponse.

28. Soit f, une fonction croissante sur $[a; b]$ et x_0 appartenant à $]a; b[$. Considérant la définition de $f'(x_0)$, démontrer que si f est dérivable en x_0, alors $f'(x_0) \geq 0$.

29–32 D'après la définition 4.1.1, si f est croissante sur un intervalle $[0; b[$, alors $f(0) < f(x)$ pour tout x appartenant à l'intervalle $]0; b[$. Utiliser cet énoncé pour faire ces exercices.

29. Montrer que $\sqrt[3]{1+x} < 1 + \frac{1}{3}x$ si $x > 0$ et confirmer l'inégalité à l'aide d'un outil graphique. [*Indice* : Montrer que la fonction f définie par $f(x) = 1 + \frac{1}{3}x - \sqrt[3]{1+x}$ est croissante sur $[0; +\infty[$.]

30. Montrer que $x < \tan x$ si $0 < x < \frac{\pi}{2}$ et confirmer l'inégalité à l'aide d'un outil graphique. (*Indice* : Montrer que la fonction $f(x) = \tan x - x$ est croissante sur $\left[0; \frac{\pi}{2}\right[$.)

31. Utiliser un outil graphique pour comparer les valeurs de x et $\sin x$ lorsque $x \geq 0$. Prouver ensuite ce que vous avancez.

32. Utiliser un outil graphique pour comparer les valeurs de $1 - \frac{x^2}{2}$ et $\cos x$ lorsque $x \geq 0$. Prouver ensuite ce que vous avancez. [*Indice* : Utiliser la réponse de l'exercice 31.]

33–34 Utiliser un outil graphique pour générer les courbes de f' et f'' dans l'intervalle donné; à partir des graphiques obtenus, estimer les coordonnées x des points d'inflexion de f, et déterminer les intervalles de concavité vers le haut ou vers le bas et les intervalles de croissance ou de décroissance. Vérifier vos réponses en traçant le graphique de f.

33. $f(x) = x^4 - 24x^2 + 12x, \quad -5 \leq x \leq 5$

34. $f(x) = \dfrac{1}{1+x^2}, \quad -5 \leq x \leq 5$

35–36 Utiliser un logiciel de calcul formel pour déterminer f'' et pour approximer les coordonnées x des points d'inflexion à six décimales près. Valider vos réponses en traçant le graphique de f.

35. $f(x) = \dfrac{10x-3}{3x^2-5x+8}$

36. $f(x) = \dfrac{x^3-8x+7}{\sqrt{x^2+1}}$

37. Considérant la définition 4.1.1, prouver que $f(x) = x^2$ est croissante sur $[0; +\infty[$.

38. Considérant la définition 4.1.1, prouver que $f(x) = \frac{1}{x}$ est décroissante sur $]0; +\infty[$.

JONGLONS AVEC LES CONCEPTS

39–42 Indiquer si les énoncés suivants sont vrais ou faux. Lorsqu'un énoncé est faux, trouver un contre-exemple, c'est-à-dire une ou des fonctions qui illustre(nt) la fausseté de l'énoncé.

39. (a) Si f et g sont croissantes sur un intervalle, alors $f + g$ l'est également.
(b) Si f et g sont croissantes sur un intervalle, alors $f \cdot g$ l'est également.

40. (a) Si f et g sont concaves vers le haut sur un intervalle, alors $f + g$ l'est également.
(b) Si f et g sont concaves vers le haut sur un intervalle, alors $f \cdot g$ l'est également.

41. Dans chaque cas, trouver des fonctions f et g qui sont croissantes sur $]-\infty; +\infty[$ et pour lesquelles $f - g$ possède la propriété énoncée.

(a) $f - g$ est décroissante sur]-∞; +∞[
(b) $f - g$ est constante sur]-∞; +∞[
(c) $f - g$ est croissante sur]-∞; +∞[

42. Dans chaque cas, trouver des fonctions f et g qui sont à la fois positives et croissantes sur]-∞; +∞[et pour lesquelles $\frac{f}{g}$ affiche la propriété donnée.
(a) $\frac{f}{g}$ est décroissante sur]-∞; +∞[
(b) $\frac{f}{g}$ est constante sur]-∞; +∞[
(c) $\frac{f}{g}$ est croissante sur]-∞; +∞[

43. (a) Démontrer qu'un polynôme cubique général ayant pour expression

$$f(x) = ax^3 + bx^2 + cx + d \quad (a \neq 0)$$

possède exactement un point d'inflexion.
(b) Montrer que si un polynôme cubique coupe l'axe des x en trois points, alors le point d'inflexion correspond à la valeur moyenne de ces intersections sur l'axe des x.
(c) Utiliser l'énoncé donné en (b) pour trouver le point d'inflexion du polynôme cubique $f(x) = x^3 - 3x^2 + 2x$. Vérifier ensuite votre réponse en utilisant f'' pour déterminer le sens de la concavité de f.

44. À l'exercice 43, il a été démontré que le polynôme $f(x) = x^3 + bx^2 + 1$ possède un point d'inflexion. Avec l'aide d'un logiciel graphique, évaluer l'influence de la constante b sur l'emplacement du point d'inflexion. Utiliser ensuite f'' pour expliquer ce que vous avez observé sur les graphiques.

45. En se référant à la définition 4.1.1, prouver les énoncés suivants.
(a) Si f est croissante sur les intervalles $]a; c]$ et $[c; b[$, alors f est croissante sur $]a; b[$.
(b) Si f est décroissante sur les intervalles $]a; c]$ et $[c; b[$, alors f est décroissante sur $]a; b[$.

46. Utiliser l'énoncé (a) de l'exercice 45 pour montrer que $f(x) = x + \sin x$ est croissante dans l'intervalle]-∞; +∞[.

47. Utiliser l'énoncé (b) de l'exercice 45 pour montrer que $f(x) = \cos x - x$ est décroissante dans l'intervalle]-∞; +∞[.

48. Soit $y = \frac{1}{1+x^2}$. Déterminer les valeurs de x où la croissance de y est la plus rapide ou la moins rapide.

JONGLONS AVEC LES CONCEPTS

49–52 On verse de l'eau à un débit constant dans le contenant illustré. Tracer approximativement la courbe du niveau de l'eau y en fonction du temps t. Le graphique doit montrer clairement la concavité vers le haut ou vers le bas des diverses portions de la courbe. Indiquer également les coordonnées y des points d'inflexion.

49.

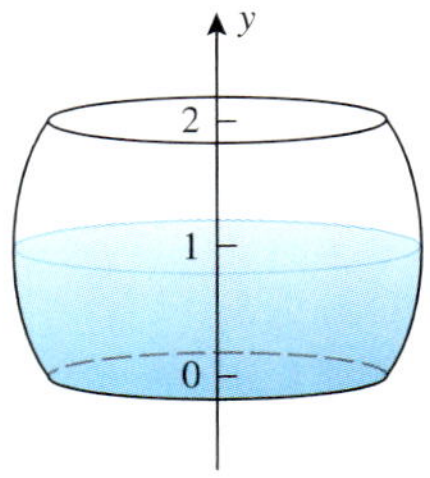

50.

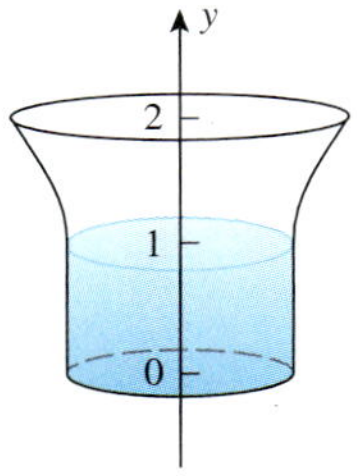

51.

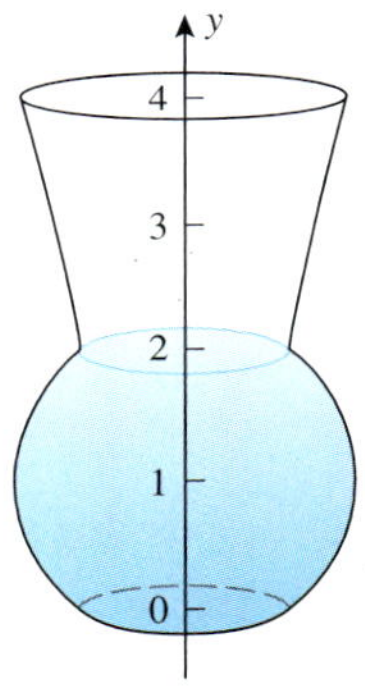

52.

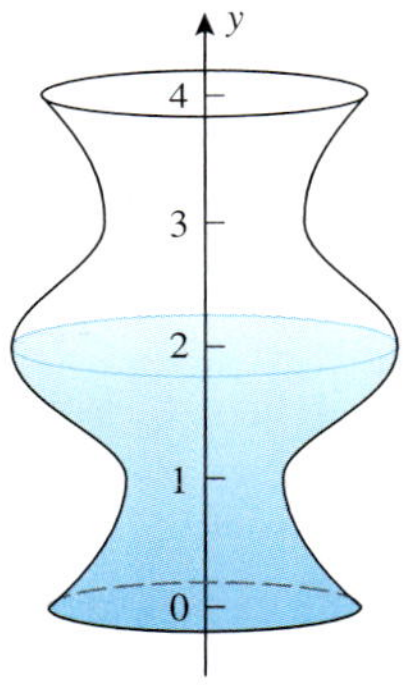

✔ VÉRIFICATION EXPRESS 4.1 – RÉPONSES

1. (a) $f(x_1) < f(x_2)$ (b) $f(x_1) > f(x_2)$ (c) croissante (d) $= 0$ **2.** (a) -1 et 3 (b)]-∞; -1] et [3; +∞] (c)]-∞; 1] (d)]1; -1,1[**3.** (a) [0; +∞[(b)]-∞; $\frac{4}{3}$[,]4; +∞[(c)]$\frac{4}{3}$; 4[**4.** La courbe est croissante et concave vers le bas.

4.2 ANALYSE DE FONCTIONS II : EXTREMUMS RELATIFS; GRAPHIQUES DES POLYNÔMES

Dans cette section, nous allons élaborer des méthodes visant à déterminer les points maximum et minimum de la courbe d'une fonction. Nous présenterons également des stratégies d'analyse des graphiques des polynômes.

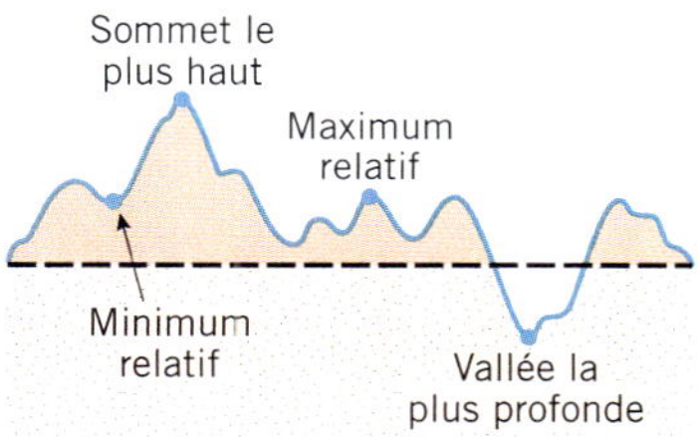

Figure 4.2.1

MAXIMUMS ET MINIMUMS RELATIFS

Imaginons le graphique d'une fonction f correspondant à une image à deux dimensions d'une chaîne de montagnes formée de collines et de vallées; les sommets représentent alors des « maximums relatifs » et le fond des vallées, des « minimums relatifs » (figure 4.2.1). Les maximums relatifs sont les points les plus élevés dans leur *voisinage immédiat* et les minimums relatifs, les points les plus bas. Un maximum relatif n'est pas forcément le point le plus haut de toute la chaîne de montagnes et de même, un minimum relatif n'est pas toujours au plus bas de l'ensemble de la chaîne – ils sont simplement des sommets ou des points bas *relativement* à leur environnement immédiat. La définition suivante résume cette idée.

> **4.2.1 DÉFINITION.** Une fonction f possède un ***maximum relatif*** en x_0 s'il existe un intervalle ouvert contenant x_0 où $f(x_0)$ est la plus grande valeur, c'est-à-dire $f(x_0) \geq f(x)$ pour tout x appartenant à l'intervalle. De même, la fonction possède un ***minimum relatif*** en x_0 s'il existe un intervalle ouvert contenant x_0 où $f(x_0)$ est la plus petite valeur, c'est-à-dire $f(x_0) \leq f(x)$ pour tout x appartenant à l'intervalle. Si f possède un maximum relatif ou un minimum relatif en x_0, on dit que f a un ***extremum relatif*** en x_0.

▶ **Exemple 1** Considérant la figure 4.2.2, on a :

- $f(x) = x^2$ possède un minimum relatif en $x = 0$, mais aucun maximum relatif.
- $f(x) = x^3$ n'a pas d'extremum relatif.
- $f(x) = x^3 - 3x + 3$ a un maximum relatif en $x = -1$ et un maximum relatif en $x = 1$.
- $f(x) = \cos x$ a des maximums relatifs à tous les multiples pairs de π et des minimums relatifs à tous les multiples impairs de π. ◀

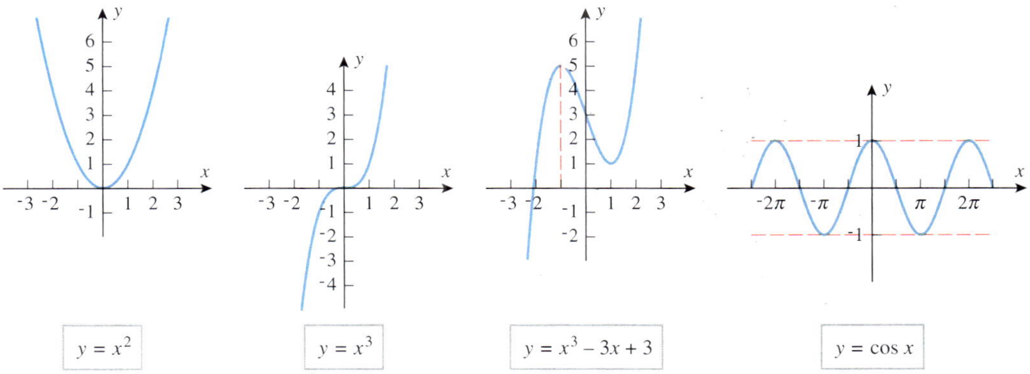

Figure 4.2.2

Les extremums relatifs des quatre fonctions de l'exemple 1 sont tous situés sur des points où la tangente à la courbe est horizontale. La figure 4.2.3 montre qu'un extremum relatif peut aussi se trouver en un point où la fonction n'est pas dérivable. En général, on définit un ***point critique*** d'une fonction f comme un point du domaine de f où, soit la tangente à la courbe est horizontale, soit la fonction f n'est pas dérivable. Pour distinguer les deux types de points critiques, on dira que x est un ***point stationnaire*** de f si $f'(x) = 0$. Le théorème qui suit, dont la preuve est donnée à l'annexe C, stipule que les points critiques d'une fonction forment un ensemble complet de points dans son domaine qui sont *susceptibles* d'être des extremums relatifs de la fonction.

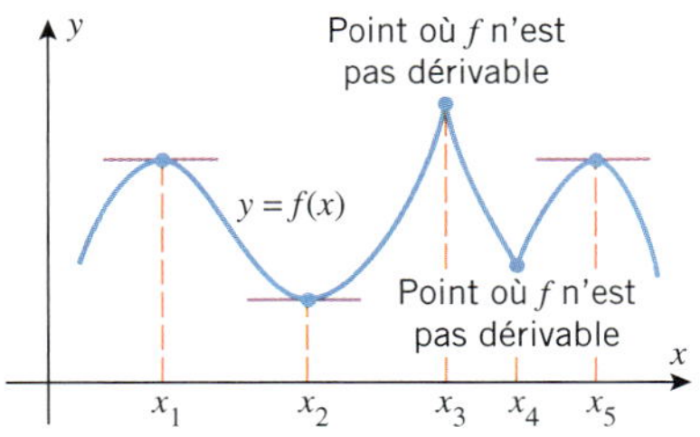

Figure 4.2.3 Les points critiques sont x_1, x_2, x_3, x_4 et x_5; de cet ensemble, x_1, x_2 et x_5 sont des points stationnaires.

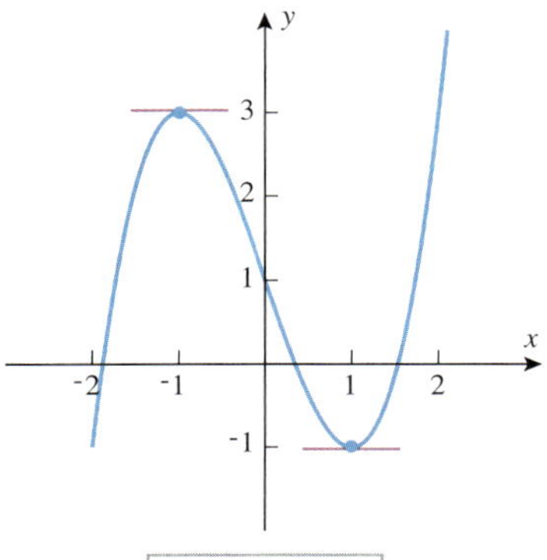

Figure 4.2.4

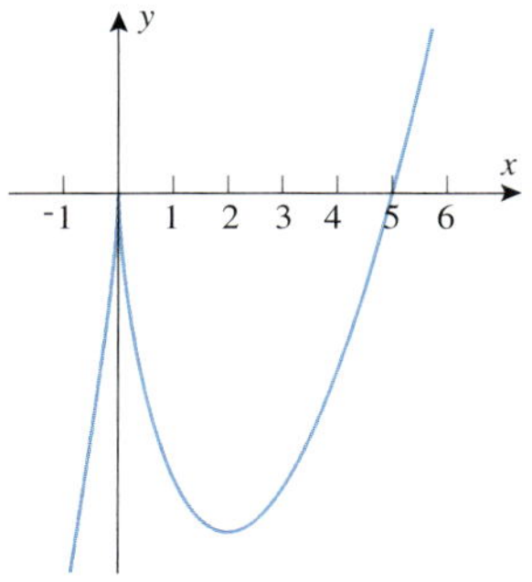

Figure 4.2.5

> **4.2.2 THÉORÈME.** *Soit une fonction f définie sur un intervalle ouvert contenant le point x_0. Si f possède un extremum relatif en $x = x_0$, alors $x = x_0$ est un point critique de f; c'est-à-dire, de deux choses l'une : soit $f'(x_0) = 0$, soit f n'est pas dérivable en x_0.*

▶ **Exemple 2** Trouver tous les points critiques de $f(x) = x^3 - 3x + 1$.

Solution. La fonction f étant un polynôme, elle est dérivable en tout point; ses points critiques sont donc tous des points stationnaires. Pour les déterminer, on cherche les racines de $f'(x) = 0$. On a

$$f'(x) = 3x^2 - 3 = 3(x+1)(x-1)$$

On en déduit que les points critiques se situent en $x = -1$ et en $x = 1$, valeurs corroborées par le graphique de la figure 4.2.4. ◀

▶ **Exemple 3** Déterminer tous les points critiques de $f(x) = 3x^{\frac{5}{3}} - 15x^{\frac{2}{3}}$.

Solution. La fonction f est continue partout et sa dérivée a pour expression

$$f'(x) = 5x^{\frac{2}{3}} - 10x^{-\frac{1}{3}} = 5x^{-\frac{1}{3}}(x-2) = \frac{5(x-2)}{x^{\frac{1}{3}}}$$

On constate que $f'(x) = 0$ si $x = 2$ et que $f'(x)$ n'existe pas en $x = 0$. Ainsi, $x = 0$ et $x = 2$ sont des points critiques et $x = 2$ est un point stationnaire, résultats confirmés par le graphique de f de la figure 4.2.5. ◀

TECHNOLOGIE

Tel que discuté aux pages 23 et 24 , les exposants fractionnaires peuvent poser problème à votre outil graphique dans certaines portions de la figure 4.2.5. Référer à la note qui précède l'exercice 29 de la section 1.2 pour générer plus facilement le graphique de la figure.

Quel est le nombre maximum de points critiques que peut admettre un polynôme de degré n? Pourquoi?

CRITÈRE DE LA DÉRIVÉE PREMIÈRE

D'après le théorème 4.2.2, tout extremum relatif doit se trouver à l'endroit où il y a un point critique; cependant le théorème ne précise *pas* si *chaque* point critique donne lieu à un extremum relatif. La figure 4.2.6 montre huit points critiques x_0; ceux de la rangée du haut sont des extremums relatifs, mais pas ceux du bas. On observe aussi sur les graphiques de la première rangée que les dérivées sont de signes opposés de part et d'autre des points critiques; à l'inverse, les dérivées sont de même signe de part et d'autre de x_0 dans la seconde rangée. Ainsi,

Une fonction f possède un extremum relatif en un point critique lorsque f' change de signe.

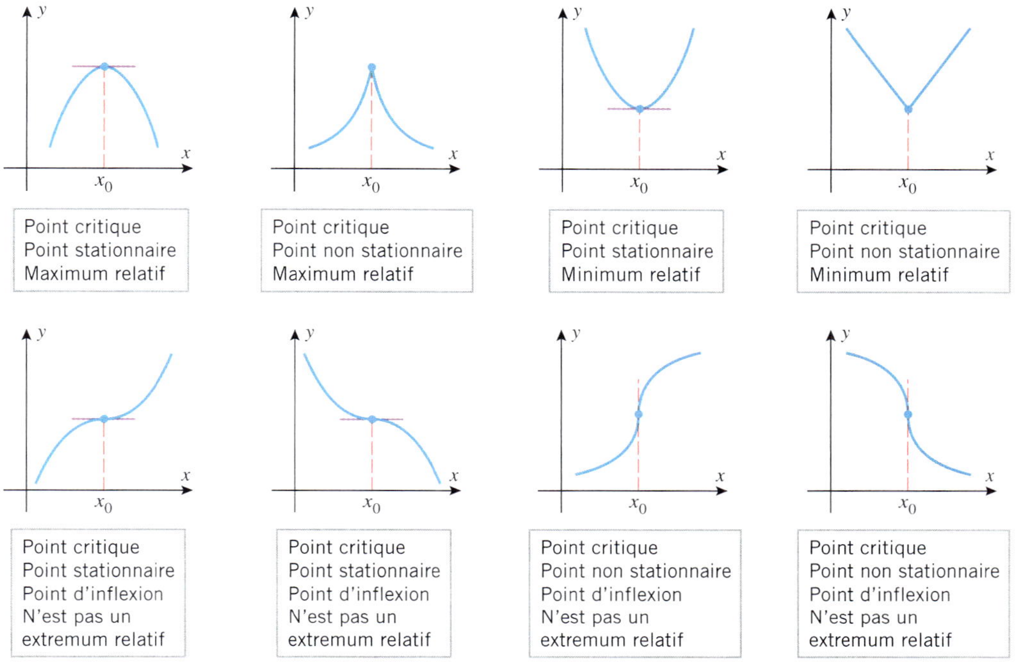

Figure 4.2.6

Poussons plus loin notre raisonnement. Sur la figure 4.2.6, la dérivée est positive à gauche des deux maximums relatifs et négative à leur droite; à l'inverse, pour les minimums relatifs, la dérivée est négative à gauche et positive à droite. Le théorème qui suit résume notre propos.

De façon informelle, les portions *(a)* et *(b)* du théorème 4.2.3 signifient que les maximums relatifs d'une fonction continue se situent sur les points critiques où la dérivée change de $+$ à $-$ et les minimums relatifs, sur les points critiques où la dérivée passe de $-$ à $+$.

4.2.3 THÉORÈME (*Critère de la dérivée première*). *Supposons que f soit continue en un point critique x_0.*

(*a*) *Si $f'(x) > 0$ sur un intervalle ouvert qui s'étend à la gauche de x_0 et si $f'(x) < 0$ sur un intervalle ouvert qui s'étend à la droite de x_0, alors f possède un maximum relatif en x_0.*

(*b*) *Si $f'(x) < 0$ sur un intervalle ouvert qui s'étend à la gauche de x_0 et si $f'(x) > 0$ sur un intervalle ouvert qui s'étend à la droite de x_0, alors f possède un minimum relatif en x_0.*

(*c*) *Si $f'(x)$ est de même signe sur un intervalle ouvert qui s'étend à la gauche de x_0 et sur un intervalle ouvert qui s'étend à la droite de x_0, alors f ne possède pas d'extremum relatif en x_0.*

PREUVE. Nous allons démontrer la partie (a) et vous laisser la preuve des parties (b) et (c) en exercices. Nous supposons que $f'(x) > 0$ sur l'intervalle $]a; x_0[$ et que $f'(x) < 0$

sur l'intervalle $]x_0; b[$ et nous voulons démontrer que

$$f(x_0) \geq f(x)$$

pour tout x de l'intervalle $]a; b[$. En considérant les deux hypothèses du théorème 4.1.2 et la note donnée dans la marge de ce théorème, on déduit que f est croissante sur l'intervalle $]a; x_0]$ et décroissante sur l'intervalle $[x_0; b[$. On en déduit que $f(x_0) \geq f(x)$ pour tout x de $]a; b[$ et que l'égalité se produit uniquement en x_0. ■

▶ **Exemple 4** Nous avons montré à l'exemple 3 que la fonction $f(x) = 3x^{\frac{5}{3}} - 15x^{\frac{2}{3}}$ affiche des points critiques à $x = 0$ et à $x = 2$. La figure 4.2.5 suggère l'existence d'un maximum relatif en $x = 0$ et d'un minimum relatif en $x = 2$. Confirmer cette hypothèse en vous référant au théorème de la dérivée première.

Tableau 4.2.1

INTERVALLE	$\dfrac{5(x-2)}{x^{\frac{1}{3}}}$	$f'(x)$
$x < 0$	$(-)/(-)$	$+$
$0 < x < 2$	$(-)/(+)$	$-$
$x > 2$	$(+)/(+)$	$+$

Solution. Nous avons montré à l'exemple 3 que

$$f'(x) = \frac{5(x-2)}{x^{\frac{1}{3}}}$$

L'analyse des signes de ces dérivées est résumée au tableau 4.2.1. Puisque le signe de f' passe de $+$ à $-$ lorsque $x = 0$, ce point correspond à un maximum relatif. À l'inverse, le signe passe de $-$ à $+$ lorsque $x = 2$ et ce point représente un minimum relatif. ◀

CRITÈRE DE LA DÉRIVÉE SECONDE

Il existe un autre critère applicable aux extremums relatifs, souvent plus facile à utiliser que le critère de la dérivée première. Il est basé sur l'observation géométrique qui veut qu'une fonction f possède un maximum relatif à un point stationnaire, à condition que la courbe de f soit concave vers le bas sur un intervalle ouvert qui contient ce point, et un minimum relatif si la fonction est concave vers le haut (figure 4.2.7).

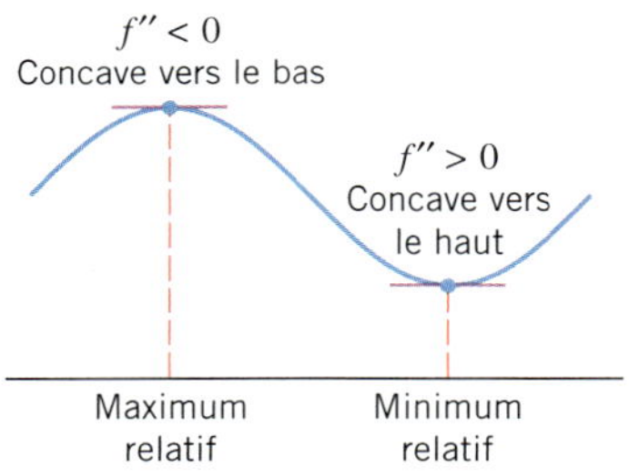

Figure 4.2.7

> **4.2.4 THÉORÈME (*Critère de la dérivée seconde*).** *Soit une fonction f deux fois dérivable en x_0.*
>
> (a) *Si $f'(x_0) = 0$ et $f''(x_0) > 0$, alors f a un minimum relatif en x_0.*
>
> (b) *Si $f'(x_0) = 0$ et $f''(x_0) < 0$, alors f a un maximum relatif en x_0.*
>
> (c) *Si $f'(x_0) = 0$ et $f''(x_0) = 0$, alors ce critère ne permet pas de conclure si f possède un maximum relatif, un minimum relatif ou si elle n'en possède aucun en x_0.*

Nous allons démontrer les parties (a) et (c) et vous laisser développer la preuve de (b) en exercice.

PREUVE (a). Nous savons que $f'(x_0) = 0$ et que $f''(x_0) > 0$ et nous voulons démontrer que f possède un minimum relatif en x_0. En exprimant $f''(x_0)$ sous forme de limite et en considérant les deux conditions données, on obtient

$$f''(x_0) = \lim_{x \to x_0} \frac{f'(x) - f'(x_0)}{x - x_0} = \lim_{x \to x_0} \frac{f'(x)}{x - x_0} > 0$$

On en déduit que si x est suffisamment proche de x_0 sans l'égaler, on a

$$\frac{f'(x)}{x - x_0} > 0 \tag{1}$$

Ainsi, il existe un intervalle ouvert qui s'étend à la gauche de x_0 et un intervalle ouvert qui s'étend à sa droite où la condition (1) s'applique. Dans l'intervalle ouvert qui s'étend vers la gauche, le dénominateur de (1) est négatif, de sorte que $f'(x) < 0$; dans l'intervalle qui s'étend à la droite de x_0, le dénominateur est positif et $f'(x) > 0$. La partie (b) du critère de la dérivée première (théorème 4.2.3) permet alors d'affirmer que f possède un minimum relatif en x_0.

PREUVE (c). Pour prouver cette partie du théorème, il suffit de trouver trois fonctions pour lesquelles $f'(x_0) = 0$ et $f''(x_0) = 0$ en un point x_0, dont l'une affiche un minimum relatif en x_0, une autre possède un maximum relatif en x_0 et une troisième qui n'a pas d'extremum relatif en x_0. Nous vous laissons en exercice le soin de démontrer que les trois fonctions suivantes définies par $f(x)$ satisfont à ces conditions : $f(x) = x^4$ (minimum relatif en $x = 0$), $f(x) = -x^4$ (maximum relatif en $x_0 = 0$) et $f(x) = x^3$ ($x_0 = 0$ ne donne lieu ni à un maximum relatif, ni à un minimum relatif). ■

▶ **Exemple 5** Trouver les extremums relatifs de $f(x) = 3x^5 - 5x^3$.

Solution. On a

$$f'(x) = 15x^4 - 15x^2 = 15x^2(x^2 - 1) = 15x^2(x + 1)(x - 1)$$
$$f''(x) = 60x^3 - 30x = 30x(2x^2 - 1)$$

La solution de $f'(x) = 0$ donne les points stationnaires $x = 0$, $x = -1$ et $x = 1$. Tel qu'indiqué dans le tableau ci-dessous, le critère de la dérivée seconde permet de conclure que f possède un maximum relatif en $x = -1$ et un minimum relatif en $x = 1$.

POINT STATIONNAIRE	$30x(2x^2 - 1)$	$f''(x)$	CRITÈRE DE LA DÉRIVÉE SECONDE
$x = -1$	-30	–	Maximum relatif de f
$x = 0$	0	0	Non concluant
$x = 1$	30	+	Minimum relatif de f

Le critère n'étant pas concluant avec $x = 0$, appliquons le critère de la dérivée première en ce point. Le tableau qui suit résume l'analyse des signes de f'.

INTERVALLE	$15x^2(x + 1)(x - 1)$	$f'(x)$
$-1 < x < 0$	$(+)(+)(-)$	–
$0 < x < 1$	$(+)(+)(-)$	–

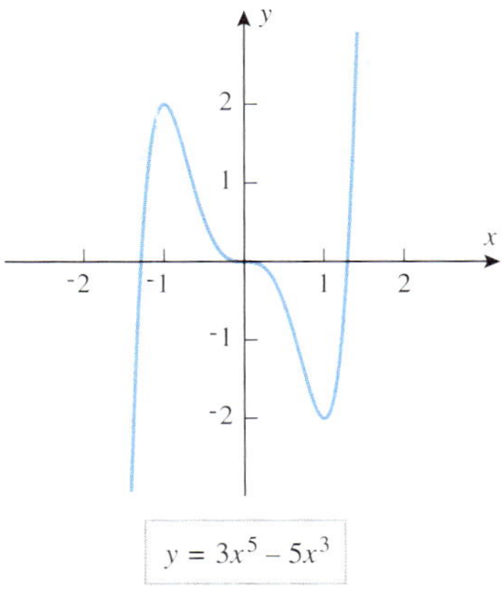

Figure 4.2.8

Puisque f' ne change pas de signe en $x = 0$, ce point ne correspond ni à un minimum relatif ni à un maximum relatif. Le graphique de f présenté à la figure 4.2.8 confirme ces résultats. ◀

CONSÉQUENCES GÉOMÉTRIQUES DE LA MULTIPLICITÉ

Pour compléter cette section, nous allons ébaucher une stratégie générale pour analyser les polynômes et les mettre en graphique. Pour ce faire, il sera utile de comprendre le comportement d'un polynôme au voisinage de ses racines. Par exemple, il serait intéressant de savoir quelle propriété du polynôme de l'exemple 5 a engendré le point d'inflexion et la tangente horizontale à la racine $x = 0$.

Rappelons qu'une racine $x = r$ d'un polynôme $p(x)$ est de ***multiplicité m*** si $(x - r)^m$ divise $p(x)$ mais pas $(x - r)^{m+1}$. Une racine de multiplicité 1 est une ***racine simple***. La figure 4.2.9 et le théorème que voici montrent que le comportement d'un polynôme au voisinage d'une racine réelle est déterminé par la multiplicité de cette racine (nous omettons la preuve).

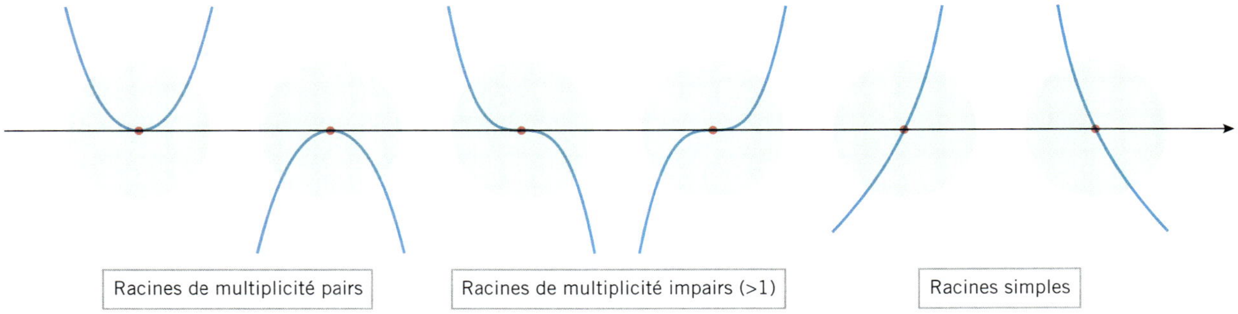

Figure 4.2.9

4.2.5 THÉORÈME (*Effets géométriques de la multiplicité*). *Soit $p(x)$ un polynôme ayant une racine de multiplicité m à $x = r$.*

(*a*) *Si m est pair, alors la courbe de $y = p(x)$ est tangente à l'axe des x à $x = r$, elle ne coupe pas l'axe des x en ce point et elle n'a pas de point d'inflexion à cet endroit.*

(*b*) *Si m est impair et plus grand que 1, alors la courbe est tangente à l'axe des x à $x = r$, elle coupe l'axe des x en ce point, qui est aussi un point d'inflexion.*

(*c*) *Si $m = 1$ (racine simple), alors la courbe n'est pas tangente à l'axe des x à $x = r$, elle coupe l'axe des x en ce point et elle peut avoir ou ne pas avoir de point d'inflexion à cet endroit.*

▶ **Exemple 6** Prédire le comportement de la courbe de la fonction polynomiale suivante au voisinage des points d'intersection avec l'axe des x :

$$y = x^3(3x - 4)(x + 2)^2$$

Vérifier ensuite vos prédictions en traçant le graphique.

Solution. La fonction polynomiale coupe l'axe en $x = 0$, $x = \frac{4}{3}$ et $x = -2$. La racine $x = 0$ est de multiplicité 3, donc impaire, de sorte qu'en ce point, la courbe doit être tangente à l'axe x, croiser cet axe et afficher un point d'inflexion à cet endroit. La racine $x = -2$ est de multiplicité 2, c'est-à-dire paire; la courbe est alors tangente à l'axe x mais elle ne croise pas l'axe en ce point. La racine $x = \frac{4}{3}$ est simple et donc, la courbe devrait croiser l'axe x en ce point sans lui être tangent. Le graphique de la figure 4.2.10 confirme ces conclusions. ◀

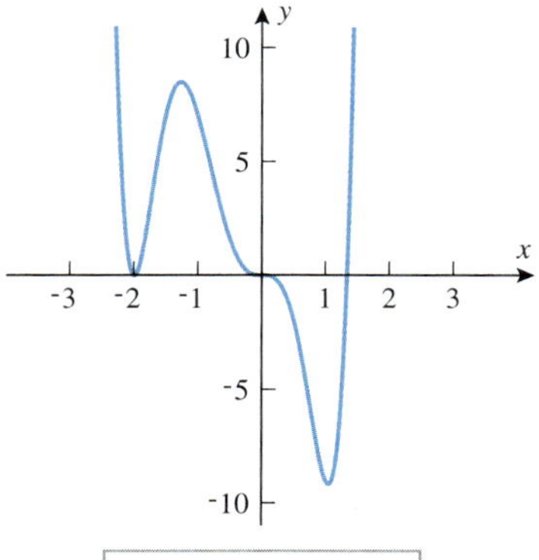

$y = x^3(3x - 4)(x + 2)^2$

Figure 4.2.10

ANALYSE DES POLYNÔMES

Historiquement, « esquisser une courbe » supposait que l'on utilise le calcul différentiel pour tracer manuellement le graphique de la fonction—l'obtention du graphique était le but visé. Maintenant que les calculatrices et les ordinateurs produisent des graphiques très précis, l'esquisse ne vise plus le même objectif. Aujourd'hui, typiquement, nous générons d'abord un graphique via une calculatrice ou un ordinateur et nous esquissons ensuite la courbe pour identifier les caractéristiques importantes que la calculatrice ou l'ordinateur aurait omises. Ainsi, le but de l'esquisse n'est plus l'obtention du graphique en soi, mais l'information qu'elle révèle sur la fonction.

De toutes les fonctions, les fonctions polynomiales sont parmi les plus simples à mettre en graphique et à analyser. Elles sont caractérisées par leur symétrie, les points d'intersection avec les axes, les extremums relatifs, les points d'inflexion et leur comportement lorsque $x \to +\infty$ et lorsque $x \to -\infty$. La figure 4.2.11 montre les graphiques de quatre fonctions polynomiales en x; ceux-ci affichent les caractéristiques communes à toutes les fonctions polynomiales :

Pour chacun des graphiques de la figure 4.2.11, compter les intersections avec l'axe des x, les extremums relatifs et les points d'inflexion; vérifier que les nombres obtenus sont cohérents avec le degré du polynôme correspondant.

- Le domaine naturel est $]-\infty; +\infty[$.
- Les fonctions polynomiales sont continus en tout point.
- Les fonctions polynomiales sont dérivables en tout point, de sorte que leurs courbes ne comportent pas d'angles ni de tangentes verticales.
- La courbe d'une fonction polynomiale non constante augmente ou diminue indéfiniment lorsque $x \to +\infty$ et lorsque $x \to -\infty$. Ceci parce que la limite d'un polynôme non constant lorsque $x \to +\infty$ et lorsque $x \to -\infty$ est $\pm\infty$, selon le signe du terme de plus haut degré et selon que le polynôme est de degré pair ou impair (voir les expressions (17) et (18) de la section 2.3 et la discussion qui les accompagne).
- La courbe d'une fonction polynomiale de degré n ($n > 2$) admet tout au plus n points d'intersection avec l'axe des x, $n - 1$ extremums relatifs et pas plus de $n - 2$ points d'inflexion. La raison en est que les intersections avec l'axe des x, les extremums relatifs et les points d'inflexion d'un polynôme $p(x)$ sont des solutions réelles des équations $p(x) = 0$, $p'(x) = 0$ et $p''(x) = 0$ et que les polynômes de ces équations sont respectivement de degré n, $n - 1$ et $n - 2$. Ainsi, par exemple, la courbe d'une fonction polynomiale quadratique admet au maximum deux intersections avec l'axe des x, un extremum relatif et aucun point d'inflexion; de même, la courbe d'une fonction polynomiale cubique possède au maximum trois intersections avec l'axe des x, deux extremums relatifs et un point d'inflexion.

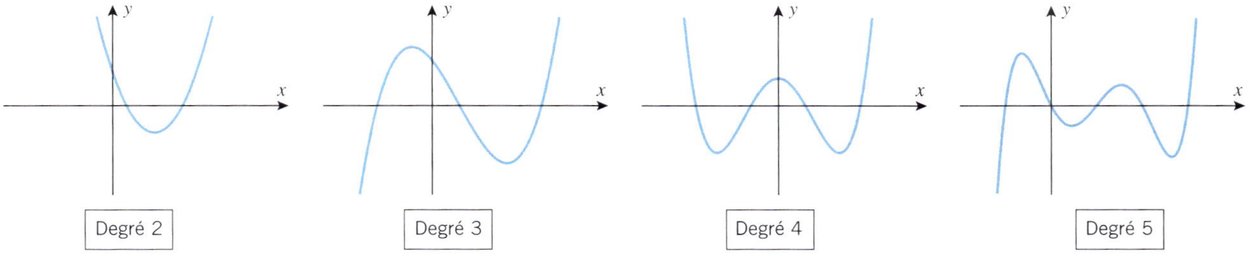

Figure 4.2.11

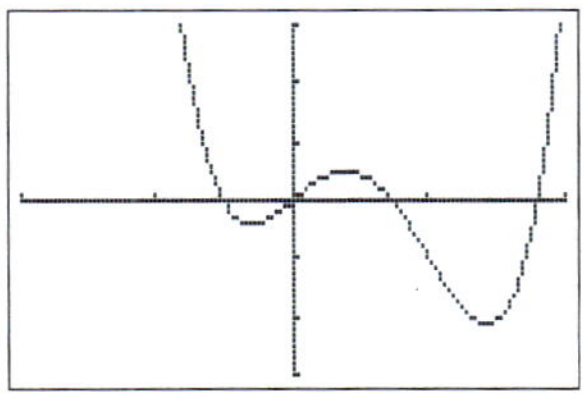

$[-2; 2] \times [-3; 3]$

$y = 3x^4 - 6x^3 + 2x$

Figure 4.2.12

▶ **Exemple 7** La figure 4.2.12 montre le graphique de la fonction

$$y = 3x^4 - 6x^3 + 2x$$

tel que produit par une calculatrice graphique. Vérifier si ce graphique affiche toutes les caractéristiques importantes de la fonction.

Solution. Nous pouvons faire confiance au graphique, car il montre toutes les caractéristiques importantes de la fonction polynomiale : le polynôme est de degré 4 et nous observons quatre racines, trois extremums relatifs et deux points d'inflexion. De plus, la courbe semble se comporter correctement lorsque $x \to +\infty$ et lorsque $x \to -\infty$ puisque

$$\lim_{x \to +\infty} (3x^4 - 6x^3 + 2x) = \lim_{x \to +\infty} 3x^4 = +\infty$$

$$\lim_{x \to -\infty} (3x^4 - 6x^3 + 2x) = \lim_{x \to -\infty} 3x^4 = +\infty \blacktriangleleft$$

Un rappel de la mise en facteur des polynômes est donné à l'annexe B.

▶ **Exemple 8** Tracer le graphique de l'équation suivante :

$$y = x^3 - 3x + 2$$

Localiser ensuite les intersections avec l'axe des x, les extremums relatifs et les points d'inflexion.

Solution. L'analyse qui suit fournit l'information nécessaire pour tracer le graphique.

- *Intersections avec l'axe des x* : Mettons d'abord en facteur le polynôme :

$$x^3 - 3x + 2 = (x + 2)(x - 1)^2$$

  On en déduit que la fonction polynomiale coupe l'axe des x en $x = -2$ et en $x = 1$.
- *Intersections avec l'axe des y* : En posant $x = 0$, on trouve $y = 2$.
- *Comportement aux voisinages de l'infini* : On a

$$\lim_{x \to +\infty} (x^3 - 3x + 2) = \lim_{x \to +\infty} x^3 = +\infty$$

$$\lim_{x \to -\infty} (x^3 - 3x + 2) = \lim_{x \to -\infty} x^3 = -\infty$$

  La courbe augmente donc indéfiniment lorsque $x \to +\infty$ et elle diminue indéfiniment lorsque $x \to -\infty$.
- *Dérivées* :

$$\frac{dy}{dx} = 3x^2 - 3 = 3(x - 1)(x + 1)$$

$$\frac{d^2y}{dx^2} = 6x$$

- *Croissance, décroissance, extremums relatifs et points d'inflexion* : La figure 4.2.13 résume l'analyse de signes des dérivées première et seconde et en donne les conséquences géométriques. On trouve des points stationnaires en $x = -1$ et en $x = 1$. Sachant qu'en $x = -1$, le signe de $\frac{dy}{dx}$ passe de $+$ à $-$, on a là un maximum relatif; à l'inverse, le point situé en $x = 1$ est un minimum relatif, puisque le signe de $\frac{dy}{dx}$ passe de $-$ à $+$. Par ailleurs, puisque le signe de $\frac{d^2y}{dx^2}$ change de $-$ à $+$ autour de $x = 0$, on a ici un point d'inflexion.

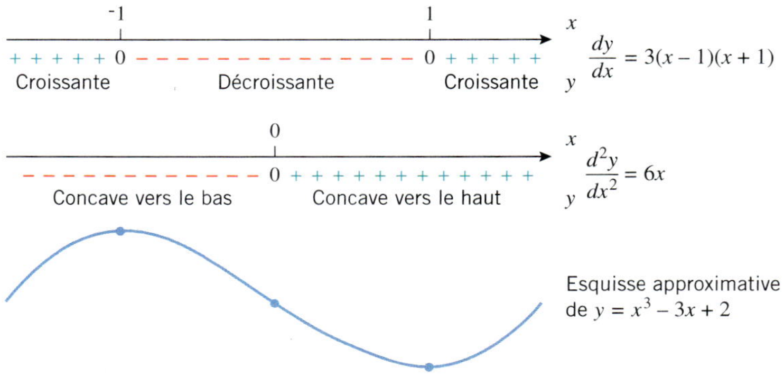

Figure 4.2.13

- *Tracé final* : La figure 4.2.14 donne le graphique final de la fonction, incluant les coordonnées des intersections avec les axes, des extremums relatifs et du point d'inflexion. ◀

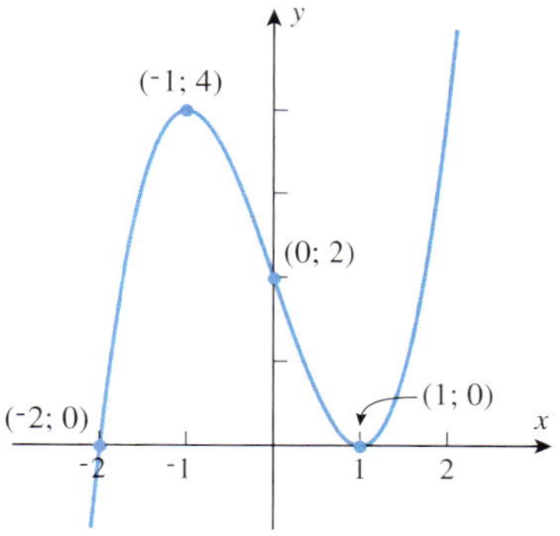

$y = x^3 - 3x + 2$

Figure 4.2.14

✔ VÉRIFICATION EXPRESS 4.2 *(Réponses à la page 265.)*

1. Une fonction f a un minimum relatif en x_0 s'il existe un intervalle ouvert contenant x_0 où $f(x)$ est ________ $f(x_0)$ pour tout x appartenant à cet intervalle.
2. Soit une fonction f définie partout et caractérisée par les points critiques $x = 2, 3, 5,$ et 7. Si $f'(x)$ est positive sur les intervalles $]-\infty; 2[$ et $]5; 7[$, et si $f'(x)$ est négative sur les intervalles $]2; 3[$, $]3; 5[$ et $]7; +\infty[$, alors f affiche des maximums relatifs en $x =$ ________ et des minimums relatifs en $x =$ ________.
3. Soit une fonction f définie partout, dont $x = -2$ et $x = 1$ sont les points critiques. Si $f''(x) = 2x + 1$, alors $x = -2$ est un ________ relatif de f et $x = 1$, un ________ relatif.
4. Soit $f(x) = (x^2 - 4)^2$. Alors $f'(x) = 4x(x^2 - 4)$ et $f''(x) = 4(3x^2 - 4)$. Situer (a) les maximums relatifs de la courbe de f, (b) ses minimums relatifs et (c) ses points d'inflexion.

SÉRIE D'EXERCICES 4.2

Outil graphique   C Logiciel de calcul formel

JONGLONS AVEC LES CONCEPTS

1. Dans chaque cas, esquisser la courbe d'une fonction continue f caractérisée par les propriétés données.
   (a) f est concave vers le haut sur l'intervalle $]-\infty; +\infty[$ et possède exactement un extremum relatif.
   (b) f est concave vers le haut sur l'intervalle $]-\infty; +\infty[$ et ne possède aucun extremum relatif.
   (c) La fonction f affiche exactement deux extremums relatifs dans l'intervalle $]-\infty; +\infty[$ et $f(x) \to +\infty$ lorsque $x \to +\infty$.
   (d) La fonction f affiche exactement deux extremums relatifs dans l'intervalle $]-\infty; +\infty[$ et $f(x) \to -\infty$ lorsque $x \to +\infty$.
2. Dans chaque cas, esquisser la courbe d'une fonction continue f caractérisée par les propriétés données.
   (a) f affiche exactement un extremum relatif dans l'intervalle $]-\infty; +\infty[$ et $f(x) \to 0$ lorsque $x \to +\infty$ et lorsque $x \to -\infty$.
   (b) f affiche exactement deux extremums relatifs dans l'intervalle $]-\infty; +\infty[$ et $f(x) \to 0$ lorsque $x \to +\infty$ et lorsque $x \to -\infty$.
   (c) f affiche exactement un point d'inflexion et un extremum relatif dans l'intervalle $]-\infty; +\infty[$.
   (d) f affiche une infinité d'extremums relatifs et $f(x) \to 0$ lorsque $x \to +\infty$ et lorsque $x \to -\infty$.
3. (a) Utiliser les critères de la dérivée première et de la dérivée seconde pour montrer que $f(x) = 3x^2 - 6x + 1$ possède un minimum relatif en $x = 1$.
   (b) Utiliser les critères de la dérivée première et de la dérivée seconde pour montrer que $f(x) = x^3 - 3x + 3$ possède un minimum relatif en $x = 1$ et un maximum relatif en $x = -1$.
4. (a) Utiliser les critères de la dérivée première et de la dérivée seconde pour montrer que $f(x) = \sin^2 x$ possède un minimum relatif en $x = 0$.

(b) Utiliser les critères de la dérivée première et de la dérivée seconde pour montrer que $g(x) = \tan^2 x$ possède un minimum relatif en $x = 0$.

(c) Expliquer verbalement, sans les dérivées, pourquoi les fonctions données en (a) et (b) affichent un minimum relatif en $x = 0$.

5. (a) Montrer que les deux fonctions $f(x) = (x-1)^4$ et $g(x) = x^3 - 3x^2 + 3x - 2$ ont des points stationnaires en $x = 1$.

(b) Que révèle le critère de la dérivée seconde sur la nature de ces points stationnaires?

(c) Que révèle le critère de la dérivée première sur la nature de ces points stationnaires?

6. (a) Montrer que $f(x) = 1 - x^5$ et $g(x) = 3x^4 - 8x^3$ ont toutes deux des points stationnaires en $x = 0$.

(b) Que révèle le critère de la dérivée seconde sur la nature de ces points stationnaires?

(c) Que révèle le critère de la dérivée première sur la nature de ces points stationnaires?

7–14 Situer les points critiques et parmi ces points, identifier ceux qui sont stationnaires.

7. $f(x) = 4x^4 - 16x^2 + 17$ **8.** $f(x) = 3x^4 + 12x$

9. $f(x) = \dfrac{x+1}{x^2+3}$ **10.** $f(x) = \dfrac{x^2}{x^3+8}$

11. $f(x) = \sqrt[3]{x^2 - 25}$ **12.** $f(x) = x^2(x-1)^{\frac{2}{3}}$

13. $f(x) = |\sin x|$ **14.** $f(x) = \sin |x|$

JONGLONS AVEC LES CONCEPTS

15–18 Utiliser la courbe de la dérivée f' donnée pour déterminer les valeurs de x où se trouvent (a) les minimums relatifs de f, (b) ses maximums relatifs et (c) ses points d'inflexion.

15.

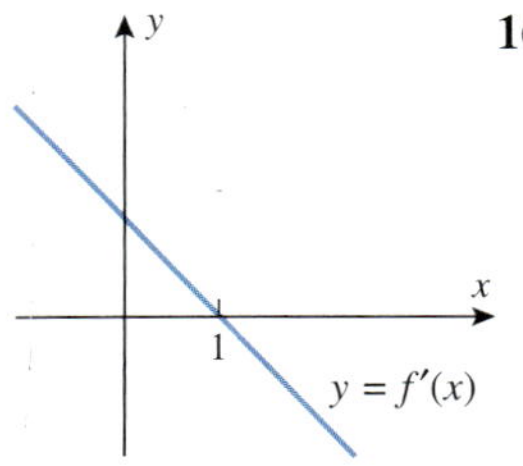

16.

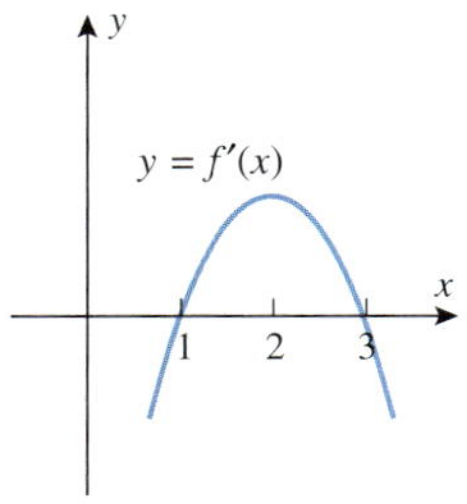

17.

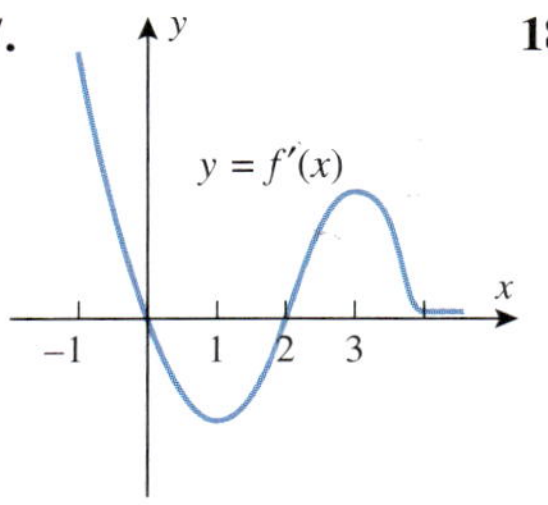

18.

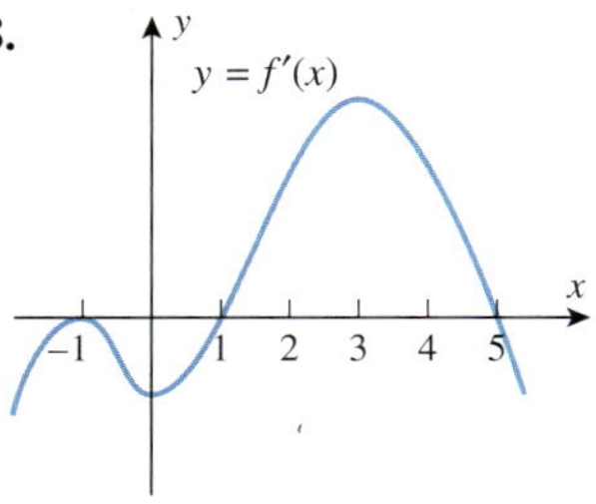

19–22 Partant des dérivées données, trouver tous les points critiques de f et pour chacun, préciser s'il s'agit d'un maximum relatif, d'un minimum relatif ou ni l'un ni l'autre. Supposer dans tous les cas que f est continue en tout point.

19. $f'(x) = x^2(x^3 - 5)$ **20.** $f'(x) = 4x^3 - 9x$

21. $f'(x) = \dfrac{2-3x}{\sqrt[3]{x+2}}$ **22.** $f'(x) = \dfrac{x^2-7}{\sqrt[3]{x^2+4}}$

23–26 Trouver les extremums relatifs en utilisant les critères de la dérivée première et de la dérivée seconde.

23. $f(x) = 1 + 8x - 3x^2$ **24.** $f(x) = x^4 - 12x^3$

25. $f(x) = \sin 2x, \quad 0 < x < \pi$

26. $f(x) = x + \sin(2x)$ pour $0 < x < \pi$

27–36 Trouver les extremums relatifs de la fonction f en procédant par la méthode de votre choix.

27. $f(x) = x^4 - 4x^3 + 4x^2$ **28.** $f(x) = x(x-4)^3$

29. $f(x) = x^3(x+1)^2$ **30.** $f(x) = x^2(x+1)^3$

31. $f(x) = 2x + 3x^{\frac{2}{3}}$ **32.** $f(x) = 2x + 3x^{\frac{1}{3}}$

33. $f(x) = \dfrac{x+3}{x-2}$ **34.** $f(x) = \dfrac{x^2}{x^4+16}$

35. $f(x) = |3x - x^2|$ **36.** $f(x) = |1 + \sqrt[3]{x}|$

37–46 Tracer un graphique de la fonction dont la règle est le polynôme $p(x)$ et indiquer les coordonnées des intersections avec les axes, des points stationnaires et des points d'inflexion. Vérifier ensuite votre travail à l'aide d'un outil graphique.

37. $p(x) = x^2 - 3x - 4$ **38.** $p(x) = 1 + 8x - x^2$

39. $p(x) = 2x^3 - 3x^2 - 36x + 5$

40. $p(x) = 2 - x + 2x^2 - x^3$

41. $p(x) = (x+1)^2(2x - x^2)$

42. $p(x) = x^4 - 6x^2 + 5$

43. $p(x) = x^4 - 2x^3 + 2x - 1$ **44.** $p(x) = 4x^3 - 9x^4$

45. $p(x) = x(x^2-1)^2$ **46.** $p(x) = x(x^2-1)^3$

47. Dans chacun des cas ci-dessous, (i) prédire le comportement du graphique dans le voisinage des intersections avec l'axe x; (ii) esquisser un graphique à partir de vos prédictions et des limites du polynôme lorsque $x \to +\infty$ et lorsque $x \to -\infty$; (iii) comparer le graphique obtenu à la courbe générée par un outil graphique.

(a) $y = x(x-1)(x+1)$ (b) $y = x^2(x-1)^2(x+1)^2$

(c) $y = x^2(x-1)^2(x+1)^3$ (d) $y = x(x-1)^5(x+1)^4$

48. Esquisser le graphique de $y = (x-a)^m(x-b)^n$ pour les valeurs données de m et n, en supposant que $a < b$ (six graphiques au total).

(a) $m = 1, \ n = 1, 2, 3$ (b) $m = 2, \ n = 2, 3$

(c) $m = 3, \ n = 3$

49–52 Trouver les extremums relatifs dans l'intervalle $0 < x < 2\pi$ et vérifier que vos réponses concordent avec le graphique de f produit par un outil graphique.

49. $f(x) = |\sin 2x|$ **50.** $f(x) = \sqrt{3}x + 2\sin x$

51. $f(x) = \cos^2 x$ **52.** $f(x) = \dfrac{\sin x}{2 - \cos x}$

53–54 Utiliser un outil graphique pour tracer les graphiques de f et f' dans les intervalles donnés et estimer, à partir de ces graphiques, les coordonnées x des extremums relatifs de f. Vérifier ensuite que vos réponses correspondent au graphique de f.

53. $f(x) = x^4 - 24x^2 + 12x$, $-5 \leq x \leq 5$

54. $f(x) = \sin \frac{1}{2}x \cos x$, $-\frac{\pi}{2} \leq x \leq \frac{\pi}{2}$

55–58 Utiliser un logiciel de calcul formel pour tracer les graphiques de f' et f''. À partir de ces graphiques, estimer les coordonnées x des extremums relatifs de f. Vérifier ensuite que vos réponses correspondent ou graphique de f.

55. $f(x) = \dfrac{10x^3 - 3}{3x^2 - 5x + 8}$ **56.** $f(x) = \dfrac{x^3 - x^2}{x^2 + 1}$

57. $f(x) = \sqrt{x^4 + \cos^2 x}$ **58.** $f(x) = \dfrac{x^3 - 8x + 7}{\sqrt{x^2 + 1}}$

59. Dans chaque cas, trouver une valeur de k telle que f affiche un extremum relatif en $x = 3$.

(a) $f(x) = x^2 + \dfrac{k}{x}$ (b) $f(x) = \dfrac{x}{x^2 + k}$

60. (a) Utiliser un logiciel de calcul formel pour obtenir le graphique de la fonction f définie par
$$f(x) = \frac{x^4 + 1}{x^2 + 1}$$
À partir de ce graphique, trouver les coordonnées x des extremums relatifs.

(b) Déterminer les coordonnées x exactes en résolvant $f'(x) = 0$ à l'aide d'un logiciel de calcul formel.

JONGLONS AVEC LES CONCEPTS

61. Les deux graphiques de la figure Ex-61 représentent une fonction r et sa dérivée r'.

(a) Approximer les coordonnées de tous les points d'inflexion de la courbe de $y = r(x)$.

(b) Soit f une fonction continue en tout point et dont la *dérivée* satisfait à l'équation
$$f'(x) = (x^2 - 4) \cdot r(x)$$
Quels sont les points critiques de f ? Pour chacun de ces points, indiquer si f affiche un maximum relatif, un minimum relatif, ou encore ni l'un ni l'autre. Évaluer approximativement $f''(1)$.

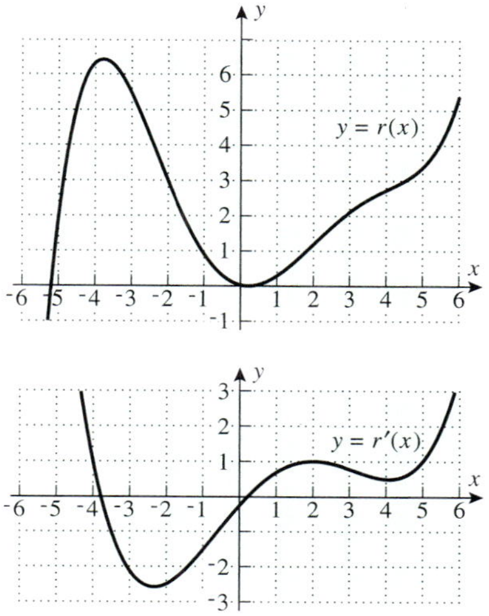

Figure Ex-61

62. Considérer la fonction r donnée à l'exercice 61 et g, une fonction continue partout telle que $g'(x) = x - r(x)$. Quelles valeurs de x correspondent à des points d'inflexion de g ?

63. Trouver pour quelles valeurs de a, b, c et d la fonction f ci-dessous définie par
$$f(x) = ax^3 + bx^2 + cx + d$$
a un minimum relatif en $(0, 0)$ et un maximum relatif en $(1, 1)$.

64. En supposant que h et g ont des maximums relatifs en x_0, confirmer ou infirmer que

(a) $h + g$ possède un maximum relatif en x_0;

(b) $h - g$ possède un maximum relatif en x_0.

65. Esquisser des courbes qui montrent que les trois parties du critère de la dérivée première (théorème 4.2.3) peuvent être fausses si f n'est pas continue en x_0.

✔ VÉRIFICATION EXPRESS 4.2 – RÉPONSES

1. inférieure ou égale à **2.** 2, 7; 5 **3.** maximum; minimum **4.** (a) (0; 16) (b) (-2; 0) et (2; 0) (c) $\left(-\frac{2}{\sqrt{3}}; \frac{64}{9}\right)$ et $\left(\frac{2}{\sqrt{3}}; \frac{64}{9}\right)$

4.3 FONCTIONS RATIONNELLES; COURBES AVEC REBROUSSEMENTS ET TANGENTES VERTICALES; UTILISATION DE LA TECHNOLOGIE

Dans cette section, il sera question de la mise en graphique des fonctions rationnelles et d'autres types de fonctions. Nous traiterons également de l'interaction entre le calcul différentiel et la technologie dans la représentation graphique.

PROPRIÉTÉS DES GRAPHIQUES

Dans beaucoup de problèmes, les propriétés du graphique d'une fonction qui présentent de l'intérêt sont les suivantes :

- symétries
- intersections avec l'axe x
- extremums relatifs
- intervalles de croissance et de décroissance
- asymptotes
- périodicité
- intersections avec l'axe des y
- concavité
- points d'inflexion
- comportement lorsque $x \to +\infty$ ou lorsque $x \to -\infty$

Certaines propriétés ne sont pas pertinentes dans tous les cas; par exemple, les asymptotes caractérisent les fonctions rationnelles, mais pas les fonctions polynomiales et la périodicité s'applique aux fonctions trigonométriques, mais pas aux fonctions polynomiales ni aux fonctions rationnelles. Il est donc souhaitable, lorsqu'on analyse le graphique d'une fonction f, d'avoir une idée des propriétés générales de la famille à laquelle appartient la fonction.

Dans un problème donné, vous analyserez généralement un graphique en ayant en tête un objectif précis. Par exemple, vous chercherez à montrer toutes les caractéristiques importantes de la fonction, ou vous souhaiterez simplement connaître le comportement de la courbe lorsque $x \to +\infty$ ou lorsque $x \to -\infty$, ou encore vous vous intéresserez à une caractéristique particulière comme par exemple à un point d'inflexion spécifique. Ainsi, les objectifs du problème détermineront les caractéristiques qui retiendront votre attention.

COURBES DES FONCTIONS RATIONNELLES

Rappelons que la règle d'une fonction rationnelle a la forme $f(x) = \frac{P(x)}{Q(x)}$, où $P(x)$ et $Q(x)$ sont des polynômes. Les courbes des fonctions rationnelles sont plus complexes que celles des fonctions polynomiales parce qu'il peut y avoir des asymptotes et des discontinuités (à titre d'exemple, voir la figure 1.4.11). Si $P(x)$ et $Q(x)$ n'ont pas de facteurs communs, alors les informations obtenues en parcourant les étapes suivantes suffiront habituellement à produire un graphique précis d'une fonction rationnelle.

Marche à suivre pour tracer le graphique d'une fonction rationnelle $f(x) = \frac{P(x)}{Q(x)}$, où $P(x)$ et $Q(x)$ n'ont pas de facteurs communs

Étape 1. Déterminer si la fonction est symétrique par rapport à l'axe des y ou par rapport à l'origine.

Étape 2. Trouver les intersections avec l'axe des x et l'axe des y.

Étape 3. Trouver les valeurs de x où $Q(x) = 0$. Une asymptote verticale correspond à chacune de ces valeurs.

Étape 4. Déterminer le comportement au voisinage de l'infini en calculant les limites de $f(x)$ lorsque $x \to +\infty$ et lorsque $x \to -\infty$. Si l'une des limites a une valeur finie L, alors la droite $y = L$ est une asymptote horizontale.

Étape 5. $f(x)$ peut changer de signe seulement aux intersections avec l'axe des x et aux asymptotes verticales. Marquer ces points sur l'axe des x et calculer une valeur indicative de $f(x)$ dans chacun des intervalles ouverts délimités par ces points. Vous saurez ainsi si $f(x)$ est positive ou négative dans l'intervalle.

Étape 6. Utiliser $f'(x)$ et $f''(x)$ pour déterminer les intervalles où $f(x)$ est croissante, décroissante, concave vers le haut et concave vers le bas. Situer tous les points stationnaires, les extremums relatifs et les points d'inflexion.

▶ **Exemple 1** Mettre en graphique l'équation

$$y = \frac{2x^2 - 8}{x^2 - 16}$$

Situer ensuite les intersections avec les axes, les extremums relatifs, les points d'inflexion et les asymptotes.

Solution. Le numérateur et le dénominateur n'ayant pas de facteur commun, nous suivrons les étapes décrites ci-dessus.

- *Symétries :* L'équation ne change pas lorsqu'on remplace x par $-x$; la courbe est donc symétrique par rapport à l'axe des y.
- *Intersections avec l'axe des x :* En posant $y = 0$, on trouve des intersections en $x = -2$ et en $x = 2$.
- *Intersections avec l'axe des y :* En posant $x = 0$, on trouve une intersection en $y = \frac{1}{2}$.
- *Asymptotes verticales :* L'expression $x^2 - 16 = 0$ a pour racines $x = -4$ et $x = 4$. Aucune de ces racines n'étant une racine de $2x^2 - 8$, le graphique affiche des asymptotes verticales en $x = -4$ et en $x = 4$.
- *Signe de y :* L'ensemble des points d'intersection avec l'axe des x et des points où il y a des asymptotes verticales est $\{-4; -2; 2; 4\}$. Ces points divisent l'axe des x en cinq sous-intervalles ouverts, soit

$$]-\infty; -4[, \quad]-4; -2[, \quad]-2; 2[, \quad]2; 4[, \quad]4; +\infty[$$

  On trouve le signe de y dans chacun des sous-intervalles en évaluant $y = f(x)$ pour un point de contrôle choisi arbitrairement dans le sous-intervalle (tableau 4.3.1). Cette analyse est résumée à la première ligne de la figure 4.3.1*a*.

- *Asymptotes horizontales :* Les limites ci-dessous indiquent la présence d'une asymptote horizontale en $y = 2$:

$$\lim_{x \to +\infty} \frac{2x^2 - 8}{x^2 - 16} = \lim_{x \to +\infty} \frac{2 - \left(\frac{8}{x^2}\right)}{1 - \left(\frac{16}{x^2}\right)} = 2$$

$$\lim_{x \to -\infty} \frac{2x^2 - 8}{x^2 - 16} = \lim_{x \to -\infty} \frac{2 - \left(\frac{8}{x^2}\right)}{1 - \left(\frac{16}{x^2}\right)} = 2$$

- *Dérivées :*

$$\frac{dy}{dx} = \frac{(x^2 - 16)(4x) - (2x^2 - 8)(2x)}{(x^2 - 16)^2} = \frac{-48x}{(x^2 - 16)^2}$$

$$\frac{d^2y}{dx^2} = \frac{48(16 + 3x^2)}{(x^2 - 16)^3} \quad \text{(vérifiez-le)}$$

Tableau 4.3.1

INTERVALLE	POINT DE VÉRIFICATION	$y = \dfrac{2x^2 - 8}{x^2 - 16}$	SIGNE DE y
$]-\infty; -4[$	$x = -5$	$y = \frac{14}{3}$	+
$]-4; -2[$	$x = -3$	$y = -\frac{10}{7}$	−
$]-2; 2[$	$x = 0$	$y = \frac{1}{2}$	+
$]2; 4[$	$x = 3$	$y = -\frac{10}{7}$	−
$]4; +\infty[$	$x = 5$	$y = \frac{14}{3}$	+

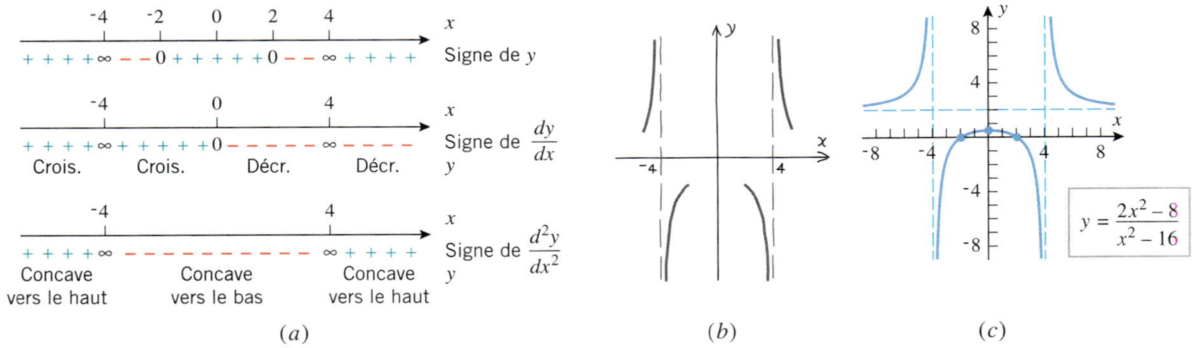

Figure 4.3.1

Si l'on annule le facteur x commun au numérateur et au dénominateur de

$$y = \frac{x(2x^2 - 8)}{x(x^2 - 16)}$$

on obtient la fonction mise en graphique à l'exemple 1. Y a-t-il une différence entre le graphique de la fonction ci-dessus et celui obtenu à l'exemple 1? En général, quel effet produit sur le graphique d'une fonction rationnelle la simplification de facteurs communs au numérateur et au dénominateur?

Conclusions :

- L'analyse des signes de y à la figure 4.3.1*a* révèle le comportement de la courbe au voisinage des asymptotes verticales $x = -4$ et $x = 4$. La fonction augmente indéfiniment lorsque $x \to -4^-$ et diminue indéfiniment lorsque $x \to -4^+$; à l'inverse, la fonction diminue indéfiniment lorsque $x \to 4^-$ et augmente indéfiniment lorsque $x \to 4^+$ (figure 4.3.1*b*).
- L'analyse des signes de $\frac{dy}{dx}$ donnée à la figure 4.3.1*a* montre l'existence d'un maximum relatif au point stationnaire $x = 0$. Il n'y a pas de minimum relatif.
- L'analyse des signes de $\frac{d^2y}{dx^2}$ présentée à la figure 4.3.1*a* révèle que la courbe est concave vers le haut à gauche de $x = -4$, concave vers le bas entre $x = -4$ et $x = 4$ et concave vers le haut à droite de $x = 4$. Il n'y a pas de points d'inflexion.

Le graphique résultant est présenté à la figure 4.3.1*c*. ◄

► **Exemple 2** Représenter graphiquement l'équation

$$y = \frac{x^2 - 1}{x^3}$$

Situer les asymptotes, les intersections avec les axes, les extremums relatifs et les points d'inflexion.

Solution.

- *Symétries :* Si l'on remplace x par $-x$ et y par $-y$, on retrouve l'équation originale après simplification. La courbe est donc symétrique par rapport à l'origine.
- *Intersections avec l'axe des x :* En posant $y = 0$, on trouve des intersections en $x = -1$ et en $x = 1$.
- *Intersections avec l'axe des y :* En posant $x = 0$, on obtient une division par zéro; il n'y a donc pas d'intersection avec l'axe des y.
- *Asymptotes verticales :* En posant $x^3 = 0$, on trouve la solution $x = 0$. Cette solution n'étant pas une racine de $x^2 - 1$, $x = 0$ est une asymptote verticale.
- *Signe de y :* L'ensemble des points d'intersection avec l'axe des x et des points où il y a des asymptotes verticales est $\{-1; 0; 1\}$. Ces points divisent l'axe des x en quatre sous-intervalles ouverts, soit

$$]-\infty; -1[, \quad]-1; 0[, \quad]0; 1[, \quad]1; +\infty[$$

Le tableau 4.3.2 donne les signes de y dans chacun des sous-intervalles, tels qu'obtenus en calculant des points de contrôle.

Tableau 4.3.2

INTERVALLE	POINT DE VÉRIFICATION	$y = \frac{x^2-1}{x^3}$	SIGNE DE y
$]-\infty; -1[$	-2	$-\frac{3}{8}$	$-$
$]-1; 0[$	$-\frac{1}{2}$	6	$+$
$]0; 1[$	$\frac{1}{2}$	-6	$-$
$]1; +\infty[$	2	$\frac{3}{8}$	$+$

- *Asymptotes horizontales :* Les limites suivantes révèlent une asymptote horizontale en $y = 0$:

$$\lim_{x \to +\infty} \frac{x^2-1}{x^3} = \lim_{x \to +\infty} \left(\frac{1}{x} - \frac{1}{x^3}\right) = 0$$

$$\lim_{x \to -\infty} \frac{x^2-1}{x^3} = \lim_{x \to -\infty} \left(\frac{1}{x} - \frac{1}{x^3}\right) = 0$$

- *Dérivées :*

$$\frac{dy}{dx} = \frac{x^3(2x) - (x^2-1)(3x^2)}{(x^3)^2} = \frac{3-x^2}{x^4} = \frac{(\sqrt{3}+x)(\sqrt{3}-x)}{x^4}$$

$$\frac{d^2y}{dx^2} = \frac{x^4(-2x) - (3-x^2)(4x^3)}{(x^4)^2} = \frac{2(x^2-6)}{x^5} = \frac{2(x-\sqrt{6})(x+\sqrt{6})}{x^5}$$

Conclusions :

- L'analyse des signes de y à la figure 4.3.2*a* révèle le comportement de la courbe au voisinage de l'asymptote verticale $x = 0$. La fonction augmente indéfiniment lorsque $x \to 0^-$ et diminue indéfiniment lorsque $x \to 0^+$ (figure 4.3.2*b*).
- L'analyse des signes de $\frac{dy}{dx}$ donnée à la figure 4.3.2*a* confirme l'existence d'un minimum relatif en $x = -\sqrt{3}$ et d'un maximum relatif en $x = \sqrt{3}$.

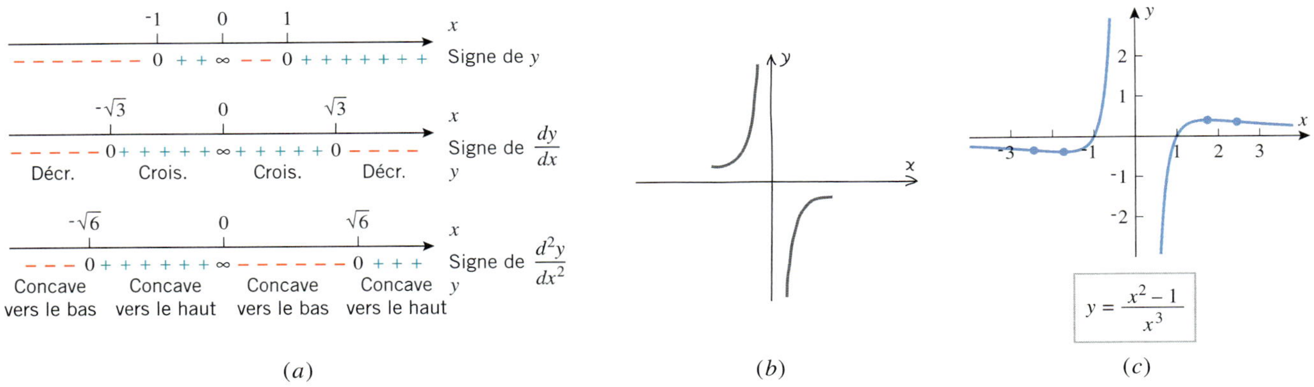

Figure 4.3.2

- L'analyse des signes de $\frac{d^2y}{dx^2}$ présentée à la figure 4.3.2*a* révèle que la courbe change de concavité à l'asymptote verticale $x = 0$ et qu'il y a des points d'inflexion en $x = -\sqrt{6}$ et en $x = \sqrt{6}$.

Le graphique résultant est présenté à la figure 4.3.2*c*. Nous l'avons produit avec l'aide d'un outil graphique pour améliorer légèrement la précision et pour faciliter le traçage des extremums relatifs et des points d'inflexion. Vous devriez vérifier que les coordonnées approximatives des points d'inflexion sont (-2,45; -0,34) et (2,45; 0,34) et que la fonction a un minimum relatif de -0,38 qui est atteint en $x = -1{,}73$ et un maximum relatif de 0,38 qui est atteint en $x = 1{,}73$. ◀

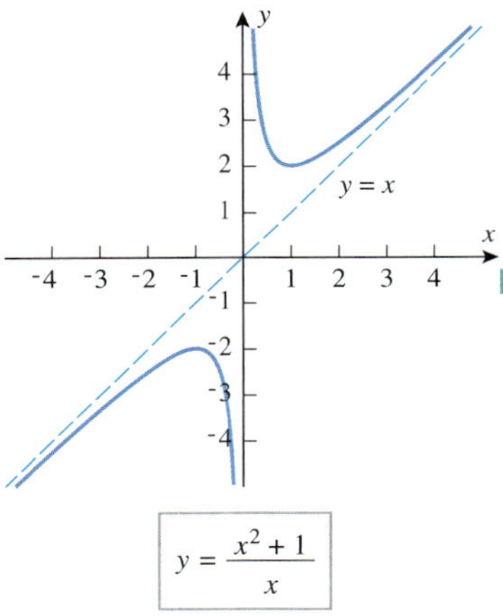

Figure 4.3.3

FONCTIONS RATIONNELLES AVEC ASYMPTOTES OBLIQUES ET CURVILIGNES

Pour les fonctions rationnelles des exemples 1 et 2, le degré du numérateur ne dépassait pas celui du dénominateur et les asymptotes étaient soit horizontales, soit verticales. Si le numérateur d'une fonction rationnelle est d'un degré supérieur à celui du dénominateur, alors la fonction peut donner lieu à d'autres types d'« asymptotes ». Par exemple, considérons les fonctions rationnelles f et g suivantes définies par :

$$f(x) = \frac{x^2+1}{x} \quad \text{et} \quad g(x) = \frac{x^3 - x^2 - 8}{x-1} \tag{1}$$

En divisant les expressions, on peut écrire :

$$f(x) = x + \frac{1}{x} \quad \text{et} \quad g(x) = x^2 - \frac{8}{x-1}$$

Dans les deux cas, le second terme tend vers 0 lorsque $x \to +\infty$ ou lorsque $x \to -\infty$. On en déduit que

$$(f(x) - x) \to 0 \quad \text{lorsque } x \to +\infty \text{ ou lorsque } x \to -\infty$$
$$(g(x) - x^2) \to 0 \quad \text{lorsque } x \to +\infty \text{ ou lorsque } x \to -\infty$$

Géométriquement, la courbe de $y = f(x)$ se rapproche de plus en plus de la droite $y = x$ lorsque $x \to +\infty$ ou lorsque $x \to -\infty$. La droite $y = x$ est alors appelée ***asymptote oblique*** ou ***asymptote inclinée*** de f. De même, la courbe de $y = g(x)$ se rapproche de plus en plus de la parabole $y = x^2$ lorsque $x \to +\infty$ ou lorsque $x \to -\infty$. On dira que cette parabole est une ***asymptote curviligne*** de g. Les graphiques des fonctions données en (1) sont présentés aux figures 4.3.3 et 4.3.4.

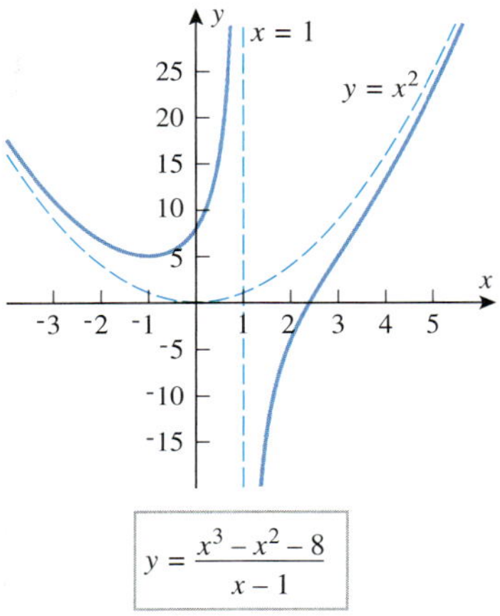

Figure 4.3.4

En général, si $f(x) = \frac{P(x)}{Q(x)}$ est une fonction rationnelle, alors nous pouvons trouver le polynôme quotient $q(x)$ et le polynôme reste $r(x)$ tels que :

$$f(x) = q(x) + \frac{r(x)}{Q(x)}$$

où $r(x)$ est de degré moindre que $Q(x)$. Alors, $\frac{r(x)}{Q(x)} \to 0$ lorsque $x \to +\infty$ et lorsque $x \to -\infty$, de sorte que $y = q(x)$ est une asymptote de f. Cette asymptote sera une droite oblique si $P(x)$ est de un degré supérieur à $Q(x)$, mais elle sera curviligne si $P(x)$ est de deux degrés (ou davantage) supérieurs à $Q(x)$. Les exercices 17 et 18 de cette section portent sur ce type d'asymptotes.

GRAPHIQUES AVEC TANGENTES VERTICALES ET REBROUSSEMENTS

Notez que les points d'inflexion se distinguent des points de rebroussement par le comportement à la limite de f' aux tangentes verticales. On a un point d'inflexion en x_0 si les limites infinies unilatérales de f' en x_0 sont de mêmes signes et un rebroussement si elles sont de signes opposés.

La figure 4.3.5 présente des éléments de courbes que l'on retrouve souvent sur les graphiques des fonctions qui contiennent des radicaux ou des exposants fractionnaires. Dans les quatre cas exposés, la fonction n'est pas dérivable en x_0 parce que la droite sécante qui passe par $(x_0; f(x_0))$ et $(x; f(x))$ approche de la verticale lorsque x tend vers x_0, d'un côté comme de l'autre. Ainsi, dans chacun des cas, la courbe a une tangente verticale en $(x_0; f(x_0))$. Dans les parties (a) et (b) de la figure, il y a un point d'inflexion en x_0 parce que la concavité change de sens en ce point. Dans les parties (c) et (d), où $f'(x)$ tend vers $+\infty$ d'un côté de x_0 et vers $-\infty$ de l'autre, on dira que la courbe a un ***rebroussement*** en x_0.

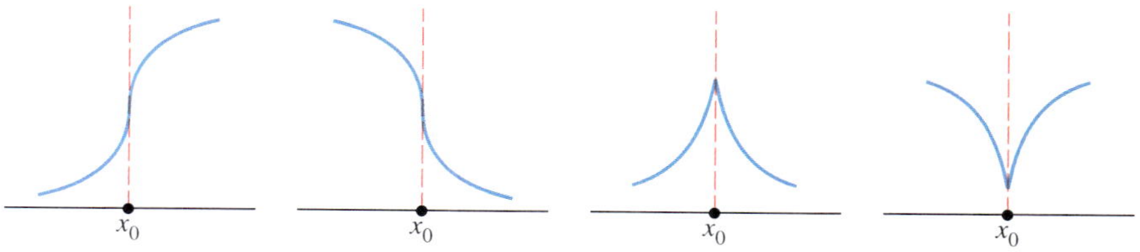

(a)	(b)	(c)	(d)
$\lim_{x \to x_0^+} f'(x) = +\infty$	$\lim_{x \to x_0^+} f'(x) = -\infty$	$\lim_{x \to x_0^+} f'(x) = -\infty$	$\lim_{x \to x_0^+} f'(x) = +\infty$
$\lim_{x \to x_0^-} f'(x) = +\infty$	$\lim_{x \to x_0^-} f'(x) = -\infty$	$\lim_{x \to x_0^-} f'(x) = +\infty$	$\lim_{x \to x_0^-} f'(x) = -\infty$

Figure 4.3.5

▶ **Exemple 3** Représenter graphiquement $y = (x-4)^{\frac{2}{3}}$.

Solution.

- *Symétries :* Il n'y a pas de symétrie par rapport aux axes de coordonnées ni par rapport à l'origine (vérifiez-le). Cependant, la courbe de $y = (x-4)^{\frac{2}{3}}$ est symétrique par rapport à la droite $x = 4$ étant donné qu'il s'agit d'une translation (de quatre unités vers la droite) de la courbe $y = x^{\frac{2}{3}}$, symétrique par rapport à l'axe y.
- *Intersections avec l'axe des x :* En posant $y = 0$, on trouve une intersection en $x = 4$.
- *Intersections avec l'axe des y :* En posant $x = 0$, on trouve une intersection avec l'axe des y en $y = \sqrt[3]{16} \approx 2{,}5$.
- *Asymptotes verticales :* Aucune, puisque $f(x) = (x-4)^{\frac{2}{3}}$ est continue en tout point.
- *Asymptotes horizontales :* Aucune, étant donné que

$$\lim_{x \to +\infty} (x-4)^{\frac{2}{3}} = +\infty \quad \text{et} \quad \lim_{x \to -\infty} (x-4)^{\frac{2}{3}} = +\infty$$

- *Dérivées :*

$$\frac{dy}{dx} = f'(x) = \frac{2}{3}(x-4)^{-\frac{1}{3}} = \frac{2}{3(x-4)^{\frac{1}{3}}}$$

$$\frac{d^2y}{dx^2} = f''(x) = -\frac{2}{9}(x-4)^{-\frac{4}{3}} = -\frac{2}{9(x-4)^{\frac{4}{3}}}$$

- *Tangentes verticales :* On trouve une tangente verticale et un point de rebroussement en $x = 4$, semblable à celui de la figure 4.3.5*d*, étant donné que $f(x) = (x-4)^{\frac{2}{3}}$ est continue à $x = 4$ et que

$$\lim_{x\to 4^+} f'(x) = \lim_{x\to 4^+} \frac{2}{3(x-4)^{\frac{1}{3}}} = +\infty$$
$$\lim_{x\to 4^-} f'(x) = \lim_{x\to 4^-} \frac{2}{3(x-4)^{\frac{1}{3}}} = -\infty$$

Conclusions :

- La fonction $f(x) = (x-4)^{\frac{2}{3}} = ((x-4)^{\frac{1}{3}})^2$ n'est jamais négative, quel que soit x. Elle a un zéro à $x = 4$.
- Il y a un point critique en $x = 4$ puisque f n'est pas dérivable en ce point. Nous avons vu plus haut qu'il s'agit également d'un point de rebroussement. L'analyse des signes de $\frac{dy}{dx}$ donnée à la figure 4.3.6*a* et le critère de la dérivée première montrent qu'il existe un minimum relatif en ce point puisque $f'(x) < 0$ si $x < 4$ et $f'(x) > 0$ si $x > 4$.
- L'analyse des signes de $\frac{d^2y}{dx^2}$ présentée à la figure 4.3.6*a* révèle que la courbe est concave vers le bas de part et d'autre du point de rebroussement.

Le graphique de la fonction est montré à la figure 4.3.6*b*. ◄

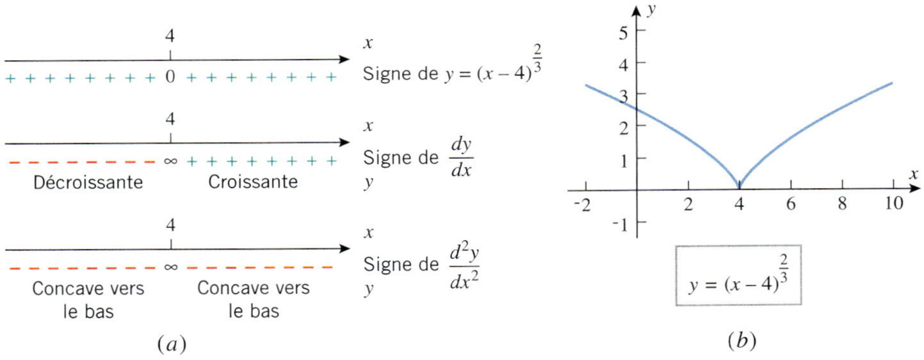

Figure 4.3.6

▶ **Exemple 4** Représenter graphiquement $y = 6x^{\frac{1}{3}} + 3x^{\frac{4}{3}}$.

Solution. Pour faciliter notre analyse, écrivons

$$f(x) = 6x^{\frac{1}{3}} + 3x^{\frac{4}{3}} = 3x^{\frac{1}{3}}(2 + x)$$

- *Symétries :* Il n'y a pas de symétrie par rapport aux axes de coordonnées ni par rapport à l'origine (vérifiez-le).
- *Intersections avec l'axe des x :* En posant $y = 3x^{\frac{1}{3}}(2 + x) = 0$, on trouve des intersections en $x = 0$ et en $x = -2$.
- *Intersections avec l'axe des y :* En posant $x = 0$, on trouve une intersection avec l'axe des y en $y = 0$.
- *Asymptotes verticales :* Aucune, puisque $f(x) = 6x^{\frac{1}{3}} + 3x^{\frac{4}{3}}$ est continue en tout point.

- *Asymptotes horizontales :* Aucune, étant donné que

$$\lim_{x \to +\infty} (6x^{\frac{1}{3}} + 3x^{\frac{4}{3}}) = \lim_{x \to +\infty} 3x^{\frac{1}{3}}(2 + x) = +\infty$$

$$\lim_{x \to -\infty} (6x^{\frac{1}{3}} + 3x^{\frac{4}{3}}) = \lim_{x \to -\infty} 3x^{\frac{1}{3}}(2 + x) = +\infty$$

- *Dérivées :*

$$\frac{dy}{dx} = f'(x) = 2x^{-\frac{2}{3}} + 4x^{\frac{1}{3}} = 2x^{-\frac{2}{3}}(1 + 2x) = \frac{2(2x + 1)}{x^{\frac{2}{3}}}$$

$$\frac{d^2y}{dx^2} = f''(x) = -\frac{4}{3}x^{-\frac{5}{3}} + \frac{4}{3}x^{-\frac{2}{3}} = \frac{4}{3}x^{-\frac{5}{3}}(-1 + x) = \frac{4(x - 1)}{3x^{\frac{5}{3}}}$$

- *Tangentes verticales :* On trouve une tangente verticale en $x = 0$ étant donné que f est continue en ce point et que

$$\lim_{x \to 0^+} f'(x) = \lim_{x \to 0^+} \frac{2(2x + 1)}{x^{\frac{2}{3}}} = +\infty$$

$$\lim_{x \to 0^-} f'(x) = \lim_{x \to 0^-} \frac{2(2x + 1)}{x^{\frac{2}{3}}} = +\infty$$

Ces limites et le changement de concavité en $x = 0$ signifient que (0; 0) est un point d'inflexion semblable à celui de la figure 4.3.5*a*.

Conclusions :

- L'analyse des signes de y présentée à la figure 4.3.7*a* révèle que la courbe se trouve sous l'axe des x entre les points d'intersection $x = -2$ et $x = 0$ et qu'elle évolue au-dessus de l'axe des x lorsque $x < -2$ ou $x > 0$.
- L'expression de $\frac{dy}{dx}$ donne un point stationnaire en $x = -\frac{1}{2}$ et un point critique en $x = 0$, là où f n'est pas dérivable. Nous avons vu plus haut qu'une tangente verticale et un point d'inflexion correspondent à ce point critique.
- L'analyse des signes de $\frac{dy}{dx}$ présentée à la figure 4.3.7*a* et le critère de la dérivée première montrent qu'il existe un minimum relatif au point stationnaire $x = -\frac{1}{2}$ (vérifiez-le).
- L'analyse des signes de $\frac{d^2y}{dx^2}$ présentée à la figure 4.3.7*a* montre qu'en plus d'un point d'inflexion et de la tangente verticale, il y a un point d'inflexion en $x = 1$, là où la concavité de la courbe change du bas vers le haut.

Le graphique résultant est présenté à la figure 4.3.7*b*. ◄

TECHNOLOGIE

Le graphique de la figure 4.3.7*b* a été généré avec un outil graphique. Cependant, le point d'inflexion en $x = 1$ est si subtil qu'il n'est pas visible sur le graphique. Voyez si votre outil graphique permet de tracer un graphique où ce point d'inflexion est apparent.

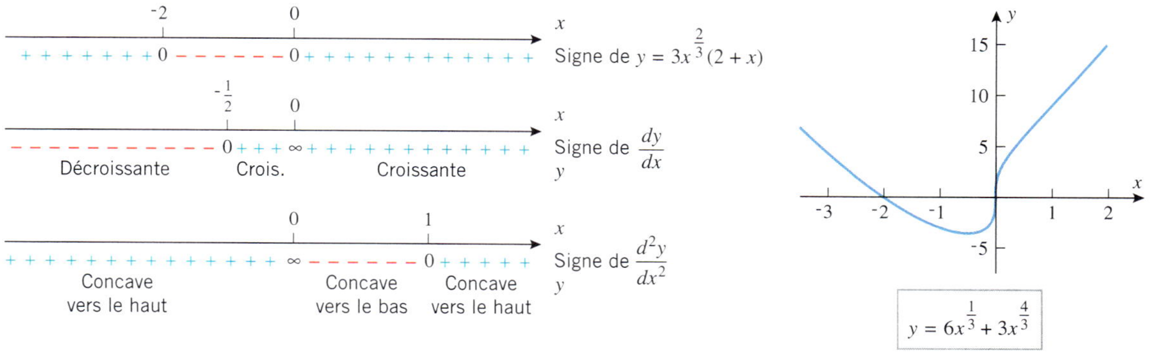

(*a*) (*b*)

Figure 4.3.7

✔ VÉRIFICATION EXPRESS 4.3 *(Réponses à la page 276.)*

1. Soit $f(x) = \dfrac{3(x+1)(x-3)}{(x+2)(x-4)}$. Sachant que

$$f'(x) = \frac{-30(x-1)}{(x+2)^2(x-4)^2}, \qquad f''(x) = \frac{90(x^2-2x+4)}{(x+2)^3(x-4)^3}$$

déterminer les propriétés suivantes du graphique de f.

(a) Les intersections avec les axes x et y sont ________.

(b) Les asymptotes verticales sont ________.

(c) L'asymptote horizontale est ________.

(d) La courbe est au-dessus de l'axe x dans les intervalles ________.

(e) La courbe est croissante sur les intervalles ________.

(f) La courbe est concave vers le haut sur les intervalles ________.

(g) Le maximum relatif de la courbe correspond au point ________.

2. Soit $f(x) = \dfrac{x^2-4}{x^{\frac{8}{3}}}$. Sachant que

$$f'(x) = \frac{-2(x^2-16)}{3x^{\frac{11}{3}}}, \qquad f''(x) = \frac{2(5x^2-176)}{9x^{\frac{14}{3}}}$$

déterminer les propriétés suivantes du graphique de f.

(a) Les intersections avec les axes x et y sont ________.

(b) L'asymptote verticale est ________.

(c) L'asymptote horizontale est ________.

(d) La courbe est au-dessus de l'axe des x dans les intervalles ________.

(e) La courbe est croissante sur les intervalles ________.

(f) La courbe est concave vers le haut sur les intervalles ________.

(g) Les points d'inflexion de la courbe se trouvent à $x =$ ________.

SÉRIE D'EXERCICES 4.3 — Outil graphique

1–14 Représenter graphiquement la fonction rationnelle donnée et indiquer les coordonnées des points stationnaires et des points d'inflexion. Montrer les asymptotes horizontales et verticales et inscrire les équations correspondantes. S'il y a lieu, situer le(s) point(s) où la courbe intercepte une asymptote horizontale. Vérifier votre travail à l'aide d'un outil graphique.

1. $\dfrac{2x-6}{4-x}$ **2.** $\dfrac{8}{x^2-4}$ **3.** $\dfrac{x}{x^2-4}$

4. $\dfrac{x^2}{x^2-4}$ **5.** $\dfrac{x^2}{x^2+4}$ **6.** $\dfrac{(x^2-1)^2}{x^4+1}$

7. $\dfrac{x^3+1}{x^3-1}$ **8.** $2 - \dfrac{1}{3x^2+x^3}$

9. $\dfrac{4}{x^2} - \dfrac{2}{x} + 3$ **10.** $\dfrac{3(x+1)^2}{(x-1)^2}$

11. $\dfrac{(3x+1)^2}{(x-1)^2}$ **12.** $3 + \dfrac{x+1}{(x-1)^4}$

13. $\dfrac{x^2+x}{1-x^2}$ **14.** $\dfrac{x^2}{1-x^3}$

15. Dans chacun des cas, tracer approximativement la courbe en considérant les asymptotes et les limites appropriées, mais sans utiliser les dérivées. Comparer votre esquisse à un graphique généré avec un outil graphique.

(a) $y = \dfrac{3x^2-8}{x^2-4}$ (b) $y = \dfrac{x^2+2x}{x^2-1}$

(c) $y = \dfrac{2x-x^2}{x^2+x-2}$ (d) $y = \dfrac{x^2}{x^2-x-2}$

16. (a) Esquisser le graphique de

$$y = \frac{1}{(x-a)(x-b)}$$

en supposant que $a \neq b$.

(b) Prouver que si $a \neq b$, alors la fonction

$$f(x) = \frac{1}{(x-a)(x-b)}$$

est symétrique par rapport à la droite $x = \frac{a+b}{2}$.

17. Montrer que $y = x + 3$ est une asymptote oblique de $f(x) = \frac{x^2}{x-3}$. Représenter graphiquement $y = f(x)$ pour illustrer ce comportement asymptotique.

18. Montrer que $y = 3 - x^2$ est une asymptote curviligne de $f(x) = \frac{2+3x-x^3}{x}$. Représenter graphiquement $y = f(x)$ pour illustrer ce comportement asymptotique.

19–24 Tracer un graphique de la fonction rationnelle donnée et indiquer les coordonnées des points stationnaires et des points d'inflexion. Montrer les asymptotes horizontales, verticales, obliques et curvilignes et les identifier par leurs équations. S'il y a lieu, situer le(s) point(s) où la courbe intercepte une asymptote. Vérifier votre travail à l'aide d'un outil graphique.

19. $x^2 - \dfrac{1}{x}$ **20.** $\dfrac{x^2-2}{x}$ **21.** $\dfrac{(x-2)^3}{x^2}$

22. $x - \dfrac{1}{x} - \dfrac{1}{x^2}$ **23.** $\dfrac{x^3-4x-8}{x+2}$

24. $\dfrac{x^5}{x^2+1}$

JONGLONS AVEC LES CONCEPTS

25. Associer chacune des fonctions données à l'un des graphiques I à VI, sans avoir recours à un outil graphique. Utiliser ensuite un outil graphique pour tracer les graphiques des fonctions.

(a) $x^{\frac{1}{3}}$ (b) $x^{\frac{1}{4}}$ (c) $x^{\frac{1}{5}}$
(d) $x^{\frac{2}{5}}$ (e) $x^{\frac{4}{3}}$ (f) $x^{-\frac{1}{3}}$

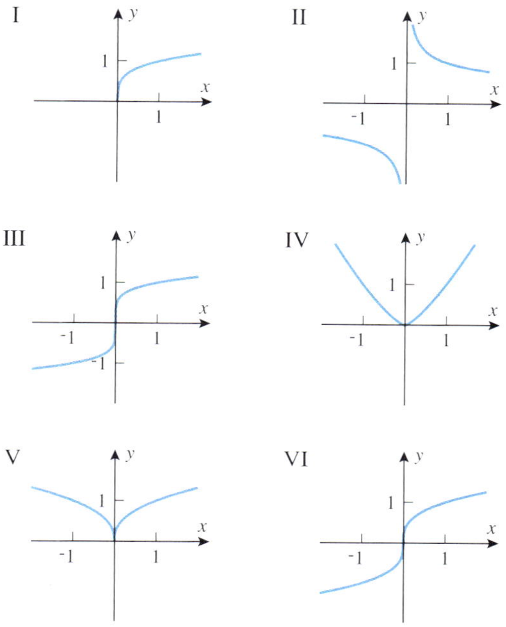

Figure Ex-25

26. Esquisser l'allure générale du graphique de $y = x^{\frac{1}{n}}$. Décrire ce que devient la forme de la courbe lorsque n augmente
(a) si n est un entier positif pair;
(b) si n est un entier positif impair.

27–34 Tracer un graphique de la fonction et situer tous les points critiques et les points d'inflexion. Vérifier ensuite votre travail à l'aide d'un outil graphique.

27. $\sqrt{4x^2 - 1}$ **28.** $\sqrt[3]{x^2 - 4}$
29. $2x + 3x^{\frac{2}{3}}$ **30.** $2x^2 - 3x^{\frac{4}{3}}$
31. $4x^{\frac{1}{3}} - x^{\frac{4}{3}}$ **32.** $5x^{\frac{2}{3}} + x^{\frac{5}{3}}$
33. $\dfrac{8 + x}{2 + \sqrt[3]{x}}$ **34.** $\dfrac{8(\sqrt{x} - 1)}{x}$

35–40 Tracer un graphique de la fonction et situer tous les extremums relatifs et les points d'inflexion. Vérifier ensuite votre travail à l'aide d'un outil graphique.

35. $x + \sin x$ **36.** $x - \tan x$
37. $\sqrt{3}\cos x + \sin x$ **38.** $\sin x + \cos x$
39. $\sin^2 x - \cos x$, $-\pi \leq x \leq 3\pi$
40. $\sqrt{\tan x}$, $0 \leq x < \frac{\pi}{2}$

JONGLONS AVEC LES CONCEPTS

41. La figure Ex-41 montre le graphique de la *dérivée* d'une fonction h, définie et continue sur l'intervalle]-∞; +∞[. Supposer que la courbe de h' possède une asymptote verticale en $x = 3$ et que

$$h'(x) \to 0^+ \text{ lorsque } x \to -\infty$$
$$h'(x) \to -\infty \text{ lorsque } x \to +\infty$$

(a) Quels sont les points critiques de h?
(b) Situer les intervalles de croissance de h.
(c) Quelles sont les coordonnées x des extremums relatifs de h? Dans chaque cas, préciser s'il s'agit d'un maximum relatif ou d'un minimum relatif.
(d) Estimer les coordonnées x des points d'inflexion de h.

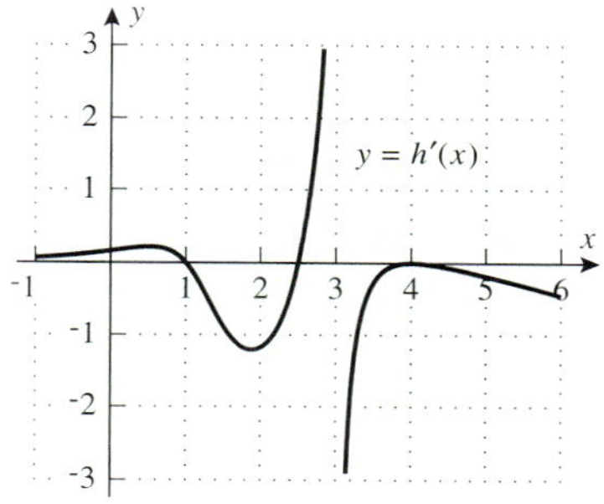

Figure Ex-41

42. Soit $f(x) = (1 - 2x)h(x)$, où $h(x)$ est la fonction donnée à l'exercice 41. Si $x = 5$ est un point critique de $f(x)$,
(a) estimer $h(5)$;
(b) par le critère de la dérivée seconde, déterminer si $f(x)$ possède un minimum relatif ou un maximum relatif en $x = 5$.

43. On veut clôturer une parcelle de terrain rectangulaire d'une superficie de 400 m^2. Si L représente la longueur de la clôture et x, la longueur de l'un des côtés du rectangle, montrer que $L = 2x + \frac{800}{x}$ lorsque $x > 0$ et tracer le graphique de L en fonction de x, pour $x > 0$.

44. À partir d'une feuille de métal, on veut fabriquer une boîte ouverte de fond carré qui contienne un volume de 500 m^3. Si S représente l'aire de la boîte et x, la longueur d'un coté de la base carrée, montrer que $S = x^2 + \frac{2000}{x}$ lorsque $x > 0$ et tracer la courbe de S en fonction de x, pour $x > 0$.

45. La figure Ex-45 montre un graphique généré par ordinateur du polynôme $y = 0{,}1x^5(x - 1)$ dans la fenêtre [-2; 2,5] × [-1; 5]. Montrer que, en raison du choix de l'échelle verticale, l'ordinateur escamote des propriétés importantes de la courbe. Déterminer les propriétés manquantes et tracer vous-même un graphique qui les affiche clairement.

46. La figure Ex-46 montre un graphique généré par ordinateur du polynôme $y = 0{,}1x^5(x+1)^2$ dans une fenêtre de $[-2; 1{,}5] \times [-0{,}2; 0{,}2]$. Montrer que, en raison du choix de l'échelle verticale, l'ordinateur escamote des propriétés importantes de la courbe. Déterminer ces propriétés manquantes et tracer vous-même un graphique qui les affiche clairement.

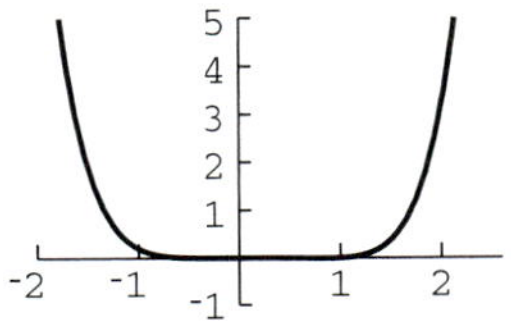

Généré par Mathematica

Figure Ex-45

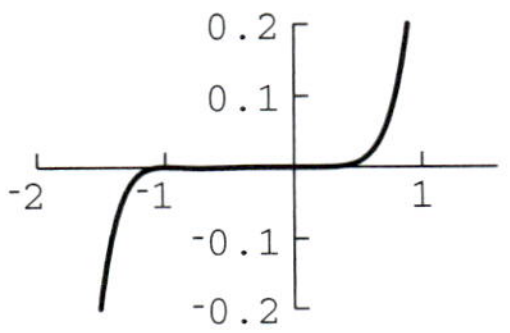

Généré par Mathematica

Figure Ex-46

✔ VÉRIFICATION EXPRESS 4.3 – RÉPONSES

1. (a) (-1; 0), (3; 0), $\left(0; \frac{9}{8}\right)$ (b) $x = -2$ et $x = 4$ (c) $y = 3$ (d)]-∞; -2[,]-1; 3[et]4; +∞[(e)]-∞; -2[et]-2; 1] (f)]-∞; -2[et]4; +∞[(g) $\left(1; \frac{4}{3}\right)$ **2.** (a) (-2; 0), (2; 0) (b) $x = 0$ (c) $y = 0$ (d)]-∞; -2[et]2; +∞[(e)]-∞; -4] et]0; 4] (f) $\left]-\infty; -4\sqrt{\frac{11}{5}}\right[$ et $\left]4\sqrt{\frac{11}{5}}; +\infty\right[$ (g) $\pm 4\sqrt{\frac{11}{5}} \approx \pm 5{,}93$

4.4 MAXIMUMS ET MINIMUMS ABSOLUS

Nous avons mentionné au début de la section 4.2 que si la courbe d'une fonction f ressemble à une image à deux dimensions d'une chaîne de montagnes (figure 4.2.1), alors les maximums et les minimums relatifs correspondent aux sommets des montagnes et aux creux des vallées; c'est-à-dire qu'ils sont les points les plus élevés ou les plus bas de leur voisinage immédiat. Dans cette section, nous nous intéressons au problème plus global qui consiste à trouver le point le plus haut et le point le plus bas de toute la chaîne de montagnes, c'est-à-dire que nous allons chercher le sommet de la plus haute montagne et le creux de la vallée la plus profonde. En termes mathématiques, nous allons chercher la plus grande valeur et la plus petite valeur d'une fonction définie sur un intervalle donné.

EXTREMUMS ABSOLUS

Définissons d'abord les termes qui serviront à décrire la plus grande valeur et la plus petite valeur d'une fonction sur un intervalle donné.

4.4.1 DÉFINITION. Soit I, un intervalle du domaine d'une fonction f. Nous disons que f possède un ***maximum absolu*** en x_0 de I si $f(x) \leq f(x_0)$ pour tout x appartenant à I et nous disons que f possède un ***minimum absolu*** en x_0 si $f(x_0) \leq f(x)$ pour tout x dans I. Nous disons également que f possède un ***extremum absolu*** en x_0 si la fonction a soit un maximum absolu soit un minimum absolu en ce point.

Si f a un maximum absolu au point x_0 appartenant à un intervalle I, alors $f(x_0)$ est la plus grande valeur de f dans I et si f possède un minimum absolu en x_0, alors $f(x_0)$ correspond à la plus petite valeur de f sur I. Fait à noter, une fonction n'admet pas toujours un maximum ou un minimum absolu dans un intervalle donné (figure 4.4.1).

THÉORÈME DE LA VALEUR EXTRÊME

D'après les graphiques (a) à (d) de la figure 4.4.1, une fonction continue peut ou non admettre un maximum ou un minimum absolu dans un intervalle infini ou dans un intervalle ouvert fini. Toutefois, le théorème qui suit stipule qu'une fonction continue doit admettre

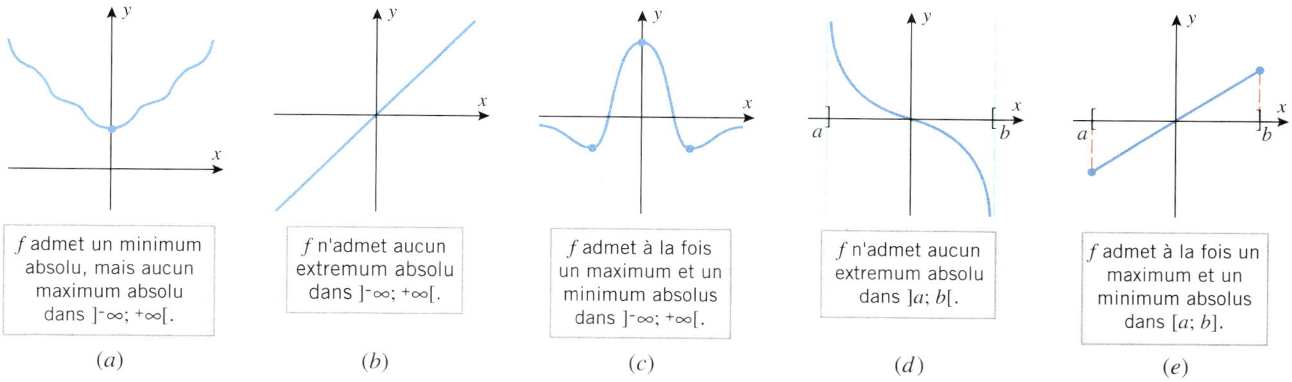

Figure 4.4.1

à la fois un maximum absolu et un minimum absolu dans tout intervalle *fermé fini* (voir graphique [e] de la figure 4.4.1).

Il suffit que l'hypothèse du théorème de la valeur extrême soit vérifiée pour que la fonction admette des extremums absolus. En effet, si l'intervalle n'est pas fermé ou si f n'est pas continue sur l'intervalle, alors f n'admet pas obligatoirement d'extremum absolu dans l'intervalle (exercices 4 à 6).

4.4.2 THÉORÈME (*Théorème de la valeur extrême*). *Si une fonction f est continue sur un intervalle fermé fini $[a; b]$, alors f admet à la fois un maximum absolu et un minimum absolu dans $[a; b]$.*

Bien que la preuve de ce théorème soit trop difficile pour être présentée ici, vous pourrez vous convaincre de sa validité en expérimentant un peu : essayez de mettre en graphique différentes fonctions continues sur l'intervalle $[0, 1]$ et vous verrez bientôt qu'il n'est pas possible d'éviter de rencontrer sur la courbe un point plus élevé que tous les autres et un point inférieur à tous. Ajoutons une analogie physique : imaginez que le graphique représente des montagnes russes qui ont leur point de départ en $x = 0$ et leur point d'arrivée en $x = 1$; le parcours doit nécessairement passer par un point ayant une hauteur maximale et par un point d'une hauteur minimale.

Dans le langage des mathématiciens, le théorème de la valeur extrême est un exemple de ***théorème d'existence***. Dans de tels théorèmes, on montre l'existence de certains objets sous certaines conditions; les objets sont ici les extremums absolus. Cependant, savoir qu'un objet existe est bien différent de savoir où se trouve cet objet. Nous allons donc élaborer des méthodes visant à situer les extremums absolus sous les conditions d'existence du théorème de la valeur extrême.

Si f est continue sur l'intervalle fermé fini $[a; b]$, alors les extremums absolus de f se trouvent soit aux extrémités de l'intervalle, soit à l'intérieur de l'intervalle ouvert $]a; b[$. S'ils sont à l'intérieur de l'intervalle, alors, d'après le théorème qui suit, ces extremums doivent correspondre à des points critiques de f.

Le théorème 4.4.3 vaut également pour les intervalles ouverts infinis, c'est-à-dire de la forme $]-\infty; +\infty[$, $]a; +\infty[$, et $]-\infty; b[$.

4.4.3 THÉORÈME. *Si f possède un extremum absolu dans un intervalle ouvert $]a; b[$, alors cet extremum doit correspondre à un point critique de f.*

PREUVE. Si f possède un maximum absolu dans $]a; b[$ en x_0, alors $f(x_0)$ est également un maximum relatif de f; en fait, si $f(x_0)$ est la plus grande valeur de f sur $]a; b[$, alors $f(x_0)$ est certainement la plus grande valeur de f dans le voisinage immédiat de x_0. Par le théorème 4.2.2, on sait alors que x_0 est un point critique de f. La preuve suit un raisonnement semblable pour le minimum absolu. ■

Il découle de ce théorème que si f est continue sur l'intervalle fermé fini $[a; b]$, alors les extremums absolus se trouvent soit aux extrémités de l'intervalle, soit en des points critiques intérieurs à l'intervalle (figure 4.4.2). On peut donc procéder comme suit pour déterminer les extremums absolus d'une fonction continue sur un intervalle fermé fini $[a; b]$.

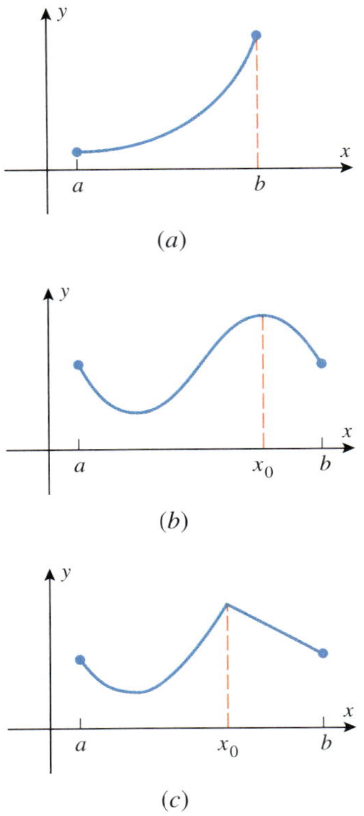

Figure 4.4.2 En (a), le maximum absolu se trouve à l'une des extrémités de $[a; b]$; en (b), il correspond à un point stationnaire de $]a; b[$ et en (c), à un point critique de $]a; b[$ où f n'est pas dérivable.

***Marche à suivre pour déterminer les extremums absolus d'une fonction continue f sur un intervalle fermé fini* [*a*; *b*]**

Étape 1. Trouver les points critiques de $]a; b[$.

Étape 2. Évaluer f à tous les points critiques et aux extrémités a et b.

Étape 3. La plus grande valeur trouvée à l'étape 2 est le maximum absolu de f sur $[a; b]$ et la plus petite valeur, le minimum absolu.

► **Exemple 1** Trouver les valeurs des maximum et minimum absolus de la fonction f définie par $f(x) = 2x^3 - 15x^2 + 36x$ dans l'intervalle $[1; 5]$ et situer ces valeurs.

Solution. Sachant que f est continue et dérivable en tout point, les extremums absolus doivent se trouver aux extrémités de l'intervalle ou correspondre aux solutions de l'équation $f'(x) = 0$ dans l'intervalle ouvert $]1; 5[$. Écrivons d'abord $f'(x) = 0$: on a

$$6x^2 - 30x + 36 = 6(x^2 - 5x + 6) = 6(x - 2)(x - 3) = 0$$

On trouve donc des points stationnaires en $x = 2$ et en $x = 3$. Évaluons maintenant f aux extrémités, de même qu'en $x = 2$ et en $x = 3$: on obtient

$$f(1) = 2(1)^3 - 15(1)^2 + 36(1) = 23$$
$$f(2) = 2(2)^3 - 15(2)^2 + 36(2) = 28$$
$$f(3) = 2(3)^3 - 15(3)^2 + 36(3) = 27$$
$$f(5) = 2(5)^3 - 15(5)^2 + 36(5) = 55$$

Ainsi, le minimum absolu de f dans $[1; 5]$ est 23 et il se trouve en $x = 1$, et le maximum absolu de f dans $[1; 5]$ est 55 et il se trouve en $x = 5$. Ces valeurs sont conformes au graphique de f donné à la figure 4.4.3. ◄

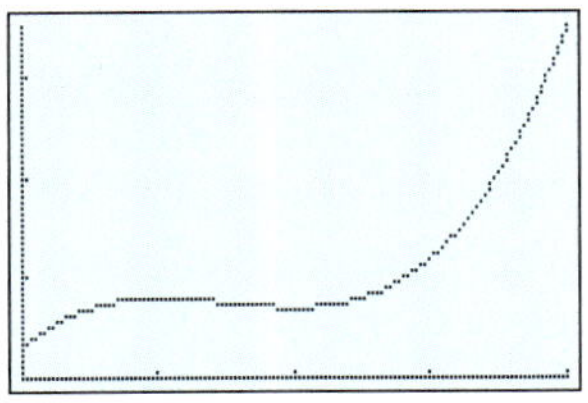

$[1; 5] \times [20; 55]$
Xgrad = 1, *Ygrad* = 10

$y = 2x^3 - 15x^2 + 36x$

Figure 4.4.3

► **Exemple 2** Déterminer les extremums absolus de $f(x) = 6x^{\frac{4}{3}} - 3x^{\frac{1}{3}}$ sur l'intervalle $[-1; 1]$ et situer ces valeurs.

Solution. La fonction f étant continue en tout point, le théorème de la valeur extrême garantit l'existence d'un minimum et d'un maximum dans l'intervalle $[-1; 1]$. En dérivant f, on obtient

$$f'(x) = 8x^{\frac{1}{3}} - x^{-\frac{2}{3}} = x^{-\frac{2}{3}}(8x - 1) = \frac{8x - 1}{x^{\frac{2}{3}}}$$

Ainsi, $f'(x) = 0$ en $x = \frac{1}{8}$ et $f'(x)$ n'existe pas en $x = 0$. Le tableau 4.4.1 présente les valeurs de f en ces points critiques et aux extrémités de l'intervalle; on en déduit que la fonction atteint un minimum absolu de $-\frac{9}{8}$ en $x = \frac{1}{8}$ et un maximum absolu de 9 en $x = -1$. ◄

Tableau 4.4.1

x	-1	0	$\frac{1}{8}$	1
$f(x)$	9	0	$-\frac{9}{8}$	3

EXTREMUMS ABSOLUS DANS DES INTERVALLES INFINIS

Nous avons observé plus tôt qu'une fonction continue n'admet pas toujours un extremum absolu dans un intervalle infini (voir figure 4.4.1). On peut toutefois tirer certaines conclusions quant à l'existence d'extremums absolus d'une fonction continue f sur $]\text{-}\infty; +\infty[$ en examinant le comportement de f lorsque $x \to \text{-}\infty$ et lorsque $x \to +\infty$ (tableau 4.4.2).

Tableau 4.4.2

LIMITES	$\lim_{x \to -\infty} f(x) = +\infty$ $\lim_{x \to +\infty} f(x) = +\infty$	$\lim_{x \to -\infty} f(x) = -\infty$ $\lim_{x \to +\infty} f(x) = -\infty$	$\lim_{x \to -\infty} f(x) = -\infty$ $\lim_{x \to +\infty} f(x) = +\infty$	$\lim_{x \to -\infty} f(x) = +\infty$ $\lim_{x \to +\infty} f(x) = -\infty$
CONCLUSION SI f EST CONTINUE EN TOUT POINT	f admet un minimum absolu, mais pas de maximum absolu dans $]\text{-}\infty; +\infty[$.	f admet un maximum absolu, mais pas de minimum absolu dans $]\text{-}\infty; +\infty[$.	f n'admet ni maximum absolu ni minimum absolu dans $]\text{-}\infty; +\infty[$.	f n'admet ni maximum absolu ni minimum absolu dans $]\text{-}\infty; +\infty[$.
GRAPHIQUE	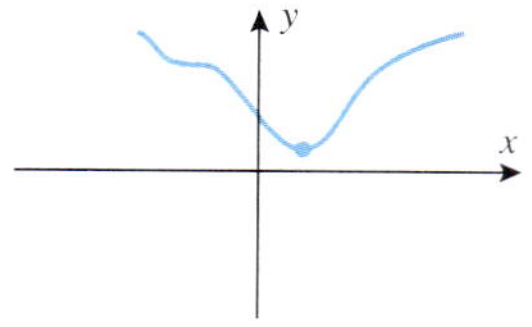	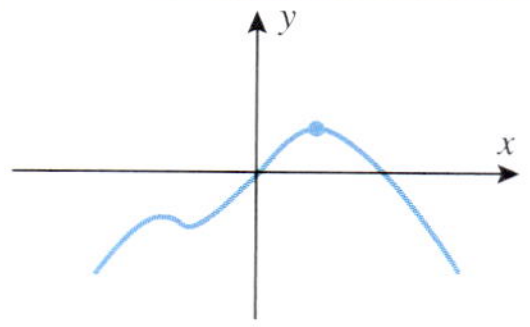	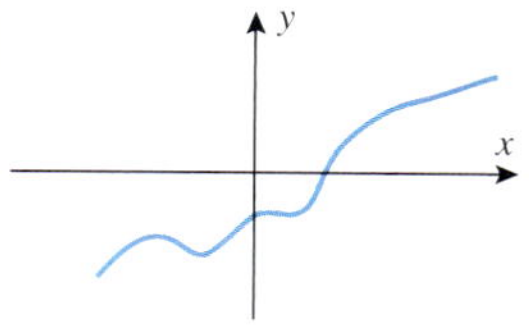	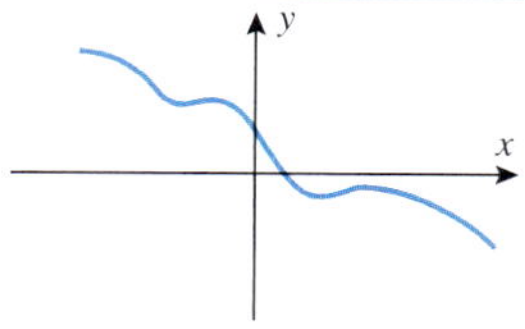

► Exemple 3 Que peut-on dire de l'existence d'extremums absolus sur $]\text{-}\infty; +\infty[$ dans le cas des polynômes?

Solution. Si $p(x)$ est un polynôme de degré impair, alors

$$\lim_{x \to +\infty} p(x) \quad \text{et} \quad \lim_{x \to -\infty} p(x) \tag{1}$$

sont de signes opposés (l'une est $+\infty$ et l'autre est $\text{-}\infty$) et il n'y a aucun extremum absolu. Par contre, si $p(x)$ est de degré pair, alors les limites de (1) sont de mêmes signes (les deux valent $+\infty$ ou $\text{-}\infty$). Si le coefficient dominant est positif, les deux limites valent $+\infty$ et la fonction admet un minimum absolu, mais pas de maximum absolu; à l'inverse, si le coefficient dominant est négatif, les deux limites valent $\text{-}\infty$ et la fonction admet un maximum absolu, mais pas de minimum absolu. ◄

► Exemple 4 Déterminer, par déduction, si $p(x) = 3x^4 + 4x^3$ admet ou non des extremums absolus. Si oui, les évaluer et les situer.

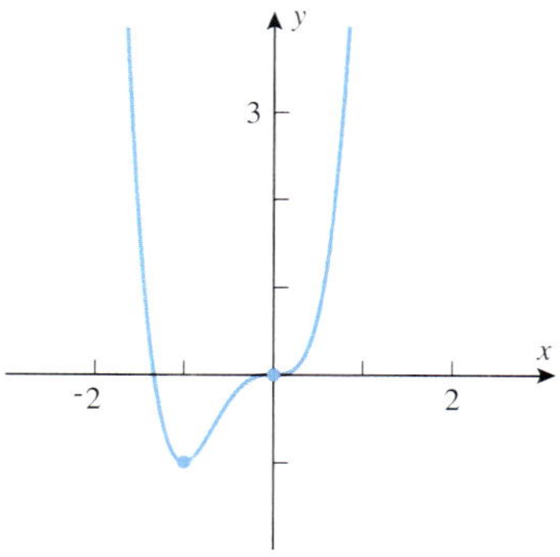

$p(x) = 3x^4 + 4x^3$

Figure 4.4.4

Solution. $p(x)$ étant un polynôme de degré pair avec un coefficient dominant positif, $p(x) \to +\infty$ lorsque $x \to \pm\infty$. Il admet donc un minimum absolu, mais pas de maximum absolu. D'après le théorème 4.4.3 (appliqué à l'intervalle $]\text{-}\infty; +\infty[$), le minimum absolu doit correspondre à un point critique de p. Sachant que p est dérivable en tout point, on trouve tous les points critiques en solutionnant l'équation $p'(x) = 0$. Écrivons cette équation :

$$12x^3 + 12x^2 = 12x^2(x + 1) = 0$$

Les points critiques se trouvent donc en $x = 0$ et en $x = \text{-}1$. Évaluons p en ces points critiques; on a

$$p(0) = 0 \quad \text{et} \quad p(\text{-}1) = \text{-}1$$

Ainsi, p atteint un minimum absolu de -1 en $x = \text{-}1$ (figure 4.4.4). ◄

EXTREMUMS ABSOLUS DANS DES INTERVALLES OUVERTS

Nous savons qu'une fonction continue n'a pas toujours d'extremum absolu sur un intervalle ouvert. On peut toutefois tirer certaines conclusions quant à l'existence d'extremums absolus d'une fonction continue f sur un intervalle ouvert fini $]a; b[$ en examinant le comportement de $f(x)$ lorsque $x \to a^+$ et lorsque $x \to b^-$ (tableau 4.4.3). On procède de la même façon pour les intervalles de la forme $]-\infty; b[$ ou $]a; +\infty[$.

Tableau 4.4.3

LIMITES	$\lim\limits_{x\to a^+} f(x) = +\infty$ $\lim\limits_{x\to b^-} f(x) = +\infty$	$\lim\limits_{x\to a^+} f(x) = -\infty$ $\lim\limits_{x\to b^-} f(x) = -\infty$	$\lim\limits_{x\to a^+} f(x) = -\infty$ $\lim\limits_{x\to b^-} f(x) = +\infty$	$\lim\limits_{x\to a^+} f(x) = +\infty$ $\lim\limits_{x\to b^-} f(x) = -\infty$
CONCLUSION SI f EST CONTINUE SUR $]a; b[$	f admet un minimum absolu, mais pas de maximum absolu dans $]a; b[$.	f admet un maximum absolu, mais pas de minimum absolu dans $]a; b[$.	f n'admet ni maximum absolu ni minimum absolu dans $]a; b[$.	f n'admet ni maximum absolu ni minimum absolu dans $]a; b[$.
GRAPHIQUE	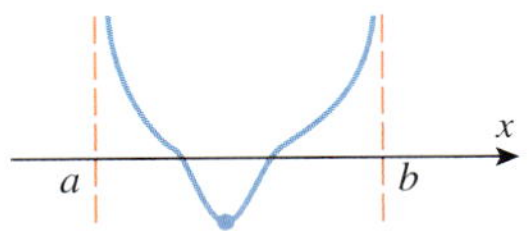	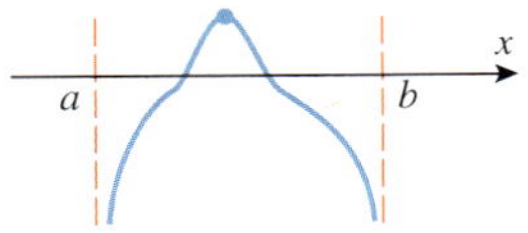	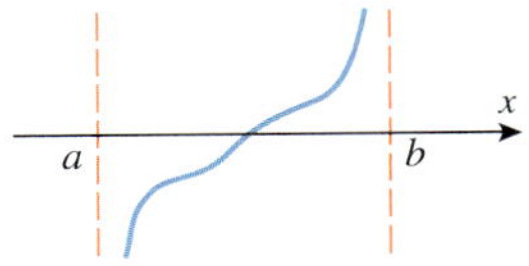	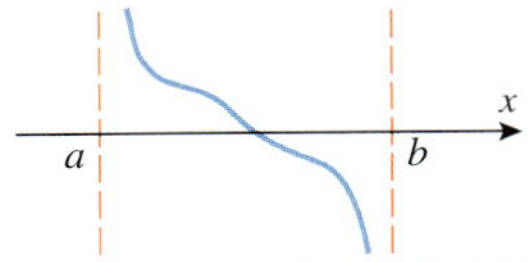

▶ **Exemple 5** Déterminer si la fonction ci-dessous admet des extremums absolus dans l'intervalle $]0; 1[$. Si oui, les évaluer et les situer.

$$f(x) = \frac{1}{x^2 - x}$$

Solution. Sachant que f est continue sur l'intervalle $]0; 1[$ et que

$$\lim_{x\to 0^+} f(x) = \lim_{x\to 0^+} \frac{1}{x^2 - x} = \lim_{x\to 0^+} \frac{1}{x(x-1)} = -\infty$$

$$\lim_{x\to 1^-} f(x) = \lim_{x\to 1^-} \frac{1}{x^2 - x} = \lim_{x\to 1^-} \frac{1}{x(x-1)} = -\infty$$

la fonction f admet un maximum absolu, mais pas de minimum absolu sur l'intervalle $]0; 1[$. D'après le théorème 4.4.3, le maximum absolu doit correspondre à un point critique de f sur l'intervalle $]0; 1[$. On a

$$f'(x) = -\frac{2x - 1}{(x^2 - x)^2}$$

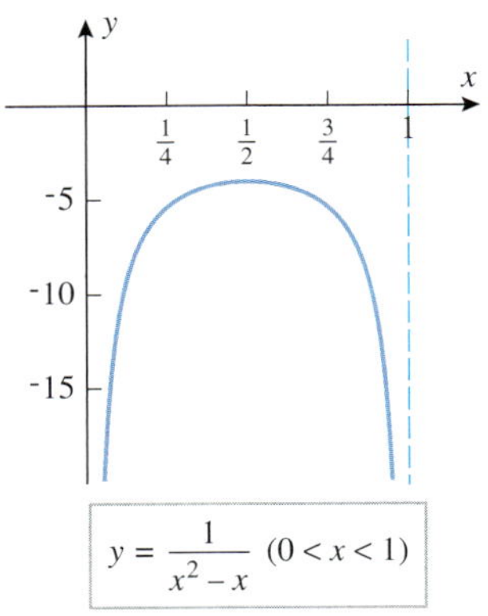

Figure 4.4.5

La seule solution à l'équation $f'(x) = 0$ est $x = \frac{1}{2}$. Bien que f ne soit pas dérivable en $x = 0$ et en $x = 1$, ces valeurs sont disqualifiées deux fois plutôt qu'une puisqu'elles n'appartiennent ni au domaine de f ni à l'intervalle $]0; 1[$. Ainsi, la fonction atteint son maximum absolu en $x = \frac{1}{2}$ et la valeur de ce maximum est

$$f\left(\tfrac{1}{2}\right) = \frac{1}{\left(\frac{1}{2}\right)^2 - \frac{1}{2}} = -4$$

conformément à la figure 4.4.5. ◀

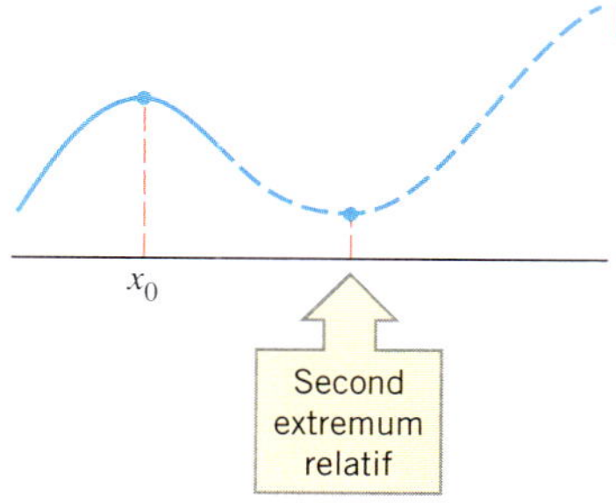

Figure 4.4.6

EXTREMUMS ABSOLUS DE FONCTIONS AFFICHANT UN EXTREMUM RELATIF

Si une fonction continue admet un seul extremum relatif dans un intervalle I, fini ou infini, alors cet extremum relatif est forcément aussi un extremum absolu. Pour en saisir la raison, supposons que f affiche un maximum relatif en x_0 dans un intervalle I et que f n'admet aucun autre extremum relatif sur cet intervalle. Si $f(x_0)$ n'est *pas* le maximum absolu de f dans I, alors la courbe de f doit tourner vers le haut quelque part dans I pour s'élever au-dessus de $f(x_0)$. Or, une telle situation n'est pas possible, car un détour vers le haut produirait un second extremum relatif dans I (figure 4.4.6). Ainsi, $f(x_0)$ doit être à la fois **le** maximum absolu et **un** maximum relatif. Le théorème qui suit, présenté sans preuve, résume ces propos.

4.4.4 THÉORÈME. *Soit f une fonction continue qui admet exactement un extremum relatif sur un intervalle I, disons en x_0.*

(*a*) *Si f atteint un minimum relatif en x_0, alors $f(x_0)$ est* **le** *minimum absolu de f sur I.*

(*b*) *Si f atteint un maximum relatif en x_0, alors $f(x_0)$ est* **le** *maximum absolu de f sur I.*

Ce théorème s'avère souvent utile lorsque le recours à d'autres méthodes est difficile ou fastidieux.

✔ VÉRIFICATION EXPRESS 4.4 *(Réponses à la page 284.)*

1. Utiliser la figure Ex-1 pour déterminer les coordonnées x des extremums relatifs et absolus de f sur [0; 6].

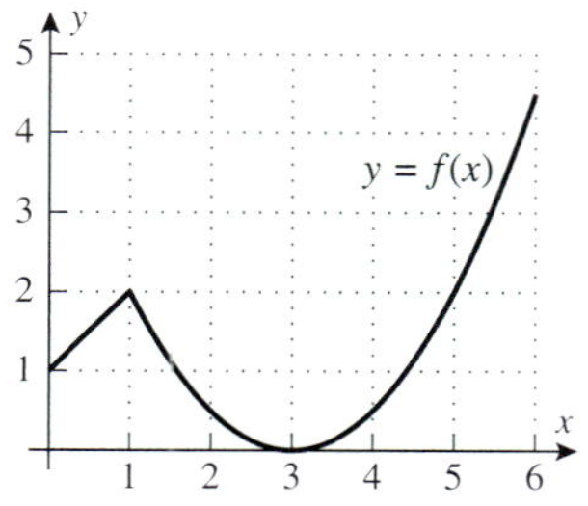

Figure Ex-1

2. Vrai ou faux :

(a) Si une fonction f est continue sur $[a; b]$, alors f atteint un maximum absolu dans $[a; b]$.

(b) Si une fonction f est continue sur $]a; b[$, alors f atteint un minimum absolu dans $]a; b[$.

(c) Si une fonction f admet un minimum absolu dans $]a; b[$, alors il existe un point critique de f dans $]a; b[$.

(d) Si une fonction est continue sur $[a; b]$ et si f n'admet aucune valeur extrême relative dans $]a; b[$, alors le maximum absolu de f existe et se trouve soit en $x = a$ ou en $x = b$.

3. Soit une fonction f continue sur [-4; 4], avec des points critiques en x = -3, 0, 2. Utiliser le tableau ci-dessous pour déterminer, s'il y a lieu, les valeurs du minimum et du maximum absolus de f dans les intervalles donnés.

(a) [1; 4] (b) [-2; 2] (c) [-4; 4] (d)]-4; 4[

x	-4	-3	-2	-1	0	1	2	3	4
$f(x)$	2224	-1333	0	1603	2096	2293	2400	2717	6064

4. Soit $f(x) = x^3 - 3x^2 - 9x + 25$. Utiliser la dérivée $f'(x) = 3(x + 1)(x - 3)$ pour déterminer, s'il y a lieu, les valeurs du maximum et du minimum absolus de f sur chacun des intervalles donnés.

(a) [0; 4] (b) [-2; 4] (c) [-4; 2]
(d) [-5; 10] (e)]-5; 4[

SÉRIE D'EXERCICES 4.4

Outil graphique   C Logiciel de calcul formel

JONGLONS AVEC LES CONCEPTS

1–2 À partir du graphique donné, trouver les coordonnées x des extremums relatifs et des extremums absolus de f dans [0; 7].

1.

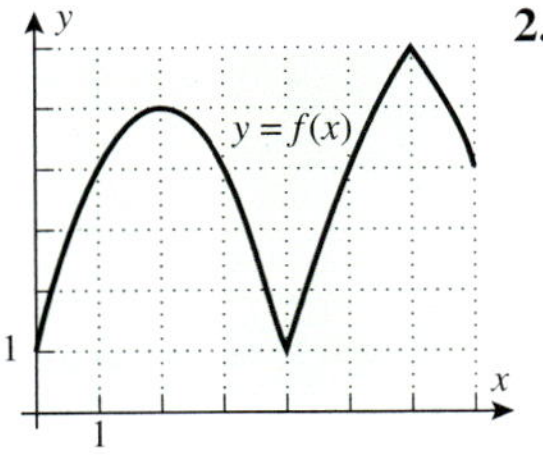

2.

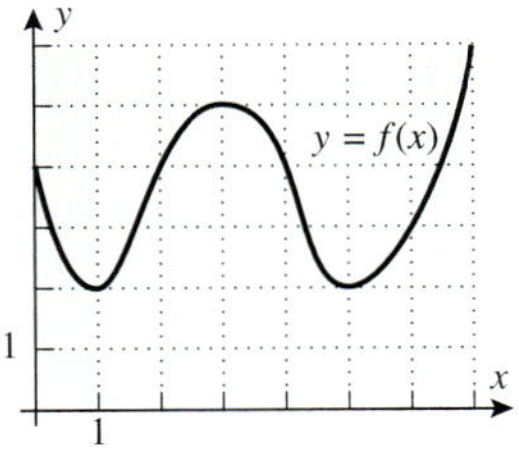

3. Dans chaque cas, tracer la courbe d'une fonction continue f qui a les propriétés données sur l'intervalle [0; 10].
   (a) f atteint un minimum absolu en $x = 0$ et un maximum absolu en $x = 10$.
   (b) f atteint un minimum absolu en $x = 2$ et un maximum absolu en $x = 7$.
   (c) f affiche des minimums relatifs en $x = 1$ et en $x = 8$, des maximums relatifs en $x = 3$ et en $x = 7$, un minimum absolu en $x = 5$ et un maximum absolu en $x = 10$.

4. Dans chaque cas, tracer la courbe d'une fonction continue f qui affiche les propriétés données dans l'intervalle]-∞; +∞[.
   (a) f n'admet aucun extremum relatif et aucun extremum absolu.
   (b) f atteint un minimum absolu en $x = 0$, mais pas de maximum absolu.
   (c) f atteint un maximum absolu en $x = -5$ et un minimum absolu en $x = 5$.

5. Soit

$$f(x) = \begin{cases} \dfrac{1}{1-x}, & 0 \le x < 1 \\ 0, & x = 1 \end{cases}$$

Expliquer pourquoi f possède un minimum mais aucun maximum sur l'intervalle fermé [0; 1].

6. Soit

$$f(x) = \begin{cases} x, & 0 < x < 1 \\ \frac{1}{2}, & x = 0{,}1 \end{cases}$$

Expliquer pourquoi f n'admet ni minimum ni maximum sur l'intervalle fermé [0; 1].

7–16 Évaluer le maximum et le minimum absolus de f sur l'intervalle fermé donné et situer ces valeurs.

7. $f(x) = 4x^2 - 12x + 10$; [1; 2]

8. $f(x) = 8x - x^2$; [0; 6]

9. $f(x) = (x-2)^3$; [1; 4]

10. $f(x) = 2x^3 + 3x^2 - 12x$; [-3; 2]

11. $f(x) = \dfrac{3x}{\sqrt{4x^2+1}}$; [-1; 1]

12. $f(x) = (x^2 + x)^{\frac{2}{3}}$; [-2; 3]

13. $f(x) = x - 2\sin x$; $\left[-\frac{\pi}{4}; \frac{\pi}{2}\right]$

14. $f(x) = \sin x - \cos x$; $[0; \pi]$

15. $f(x) = 1 + |9 - x^2|$; [-5; 1]

16. $f(x) = |6 - 4x|$; [-3; 3]

17–24 Évaluer, s'il y a lieu, le maximum et le minimum absolus de f sur l'intervalle donné; situer ces valeurs.

17. $f(x) = x^2 - x - 2$;]-∞; +∞[

18. $f(x) = 3 - 4x - 2x^2$;]-∞; +∞[

19. $f(x) = 4x^3 - 3x^4$;]-∞; +∞[

20. $f(x) = x^4 + 4x$;]-∞; +∞[

21. $f(x) = 2x^3 - 6x + 2$;]-∞; +∞[

22. $f(x) = x^3 - 9x + 1$;]-∞; +∞[

23. $f(x) = \dfrac{x^2+1}{x+1}$;]-5; -1[

24. $f(x) = \dfrac{x-2}{x+1}$;]-1; 5]

25–34 Utiliser un outil graphique pour estimer, s'il y a lieu, les valeurs du maximum et du minimum absolus de f sur l'intervalle donné. Trouver les valeurs exactes à l'aide des dérivées.

25. $f(x) = (x^2 - 2x)^2$;]-∞; +∞[

26. $f(x) = (x-1)^2(x+2)^2$;]-∞; +∞[

27. $f(x) = x^{\frac{2}{3}}(20 - x)$; [-1; 20]

28. $f(x) = \dfrac{x}{x^2+2}$; [-1; 4]

29. $f(x) = 1 + \dfrac{1}{x}$;]0; +∞[

30. $f(x) = \dfrac{2x^2 - 3x + 3}{x^2 - 2x + 2}$; [1; +∞[

31. $f(x) = \dfrac{2 - \cos x}{\sin x}$; $\left[\frac{\pi}{4}; \frac{3\pi}{4}\right]$

32. $f(x) = \sin^2 x + \cos x$; $[-\pi; \pi]$

33. $f(x) = \sin(\cos x)$; $[0; 2\pi]$

34. $f(x) = \cos(\sin x)$; $[0; \pi]$

35. Trouver les valeurs du maximum et du minimum absolus de la fonction ci-dessous sur l'intervalle $\left[\frac{1}{2}; \frac{7}{2}\right]$.

$$f(x) = \begin{cases} 4x - 2, & x < 1 \\ (x-2)(x-3), & x \ge 1 \end{cases}$$

36. Soit $f(x) = x^2 + px + q$. Trouver les valeurs de p et q telles que $f(1) = 3$ soit un extremum de f sur [0; 2]. S'agit-il d'un maximum ou d'un minimum?

37–38 Si f est une fonction périodique, alors on peut déterminer la position de tous les extremums absolus sur l'intervalle $]-\infty; +\infty[$ en situant les extremums absolus dans une période et en considérant la périodicité pour localiser les autres. Utiliser cette idée dans les exercices pour évaluer le maximum et le minimum absolus de la fonction et pour établir les coordonnées x où ils se trouvent.

37. $f(x) = 2\cos x + \cos 2x$ **38.** $f(x) = 3\cos\dfrac{x}{3} + 2\cos\dfrac{x}{2}$

39–40 On peut prouver que $f(x) \leq g(x)$ pour tout x dans un intervalle donné en montrant que $0 \leq g(x) - f(x)$ pour tout x de l'intervalle; et pour prouver cette dernière inégalité, on peut montrer que la valeur du minimum absolu de $g(x) - f(x)$ dans l'intervalle n'est pas négative. Utiliser cette idée pour prouver les inégalités présentées dans ces exercices.

39. Prouver que $\sin x \leq x$ pour tout x de l'intervalle $[0; 2\pi]$.

40. Prouver que $\cos x \geq 1 - \left(\frac{x^2}{2}\right)$ pour tout x de l'intervalle $[0; 2\pi]$.

41. Quelle est la plus petite pente possible pour la tangente à la courbe de la fonction $y = x^3 - 3x^2 + 5x$?

42. (a) Montrer que $f(x) = \sec x + \csc x$ atteint un minimum mais pas de maximum dans l'intervalle $]0; \frac{\pi}{2}[$.
(b) Déterminer la valeur du minimum dont il est question en (a).

C **43.** Montrer que le minimum absolu de

$$f(x) = x^2 + \frac{x^2}{(8-x)^2}, \quad x > 8$$

se trouve en $x = 10$; utiliser un logiciel de calcul formel pour établir $f'(x)$ et résoudre ensuite $f'(x) = 0$.

C **44.** Le déplacement $f(t)$ vertical de haut en bas d'une bouteille qui flotte sur la mer est modélisé par la fonction

$$f(t) = A\cos(t) + B\sin(t)$$

où $A > 0$ et $B > 0$. Utiliser un logiciel de calcul formel pour trouver le maximum et le minimum de $f(t)$ en termes de A et de B.

45. On peut démontrer que si f est dérivable sur $]a; b[$ et si L est une droite qui ne croise pas la courbe $y = f(x)$ dans un intervalle $]a; b[$, alors les points où la courbe est au plus près ou au plus loin de la droite L, s'ils existent, sont ceux où la tangente à la courbe est parallèle à L (figure Ex-45). Utiliser cet énoncé pour trouver les points de la courbe $y = -x^2$, $-1 \leq x \leq 1{,}5$ situés au plus près et au plus loin de la droite $y = 2 - x$.

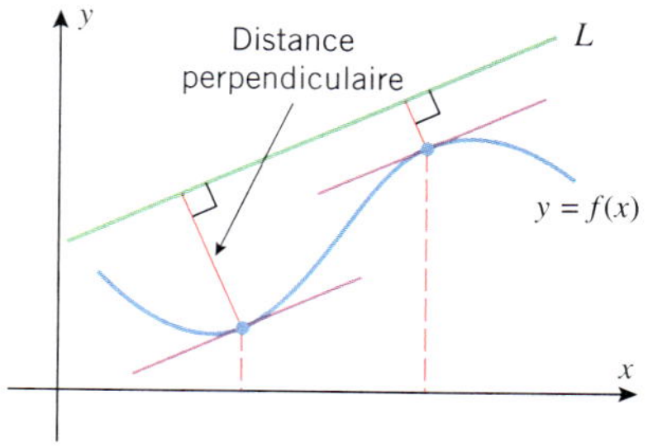

Figure Ex-45

46. Utiliser l'énoncé de l'exercice 45 pour trouver les coordonnées de tous les points du graphique de $y = x^3$, $-1 \leq x \leq 1$, situés au plus près et au plus loin de la droite $y = \frac{4}{3}x - 1$.

47. Durant les 12 premières secondes de vol, les équations du mouvement d'un avion en papier sont :

$$x = t - 2\sin t, \quad y = 2 - 2\cos t \quad (0 \leq t \leq 12)$$

Déterminer le point le plus haut et le point le plus bas de la trajectoire et préciser l'instant où l'avion passe par ces points.

48. La figure Ex-48 illustre la trajectoire d'une mouche, caractérisée par les équations du mouvement suivantes :

$$x = \frac{\cos t}{2 + \sin t}, \quad y = 3 + \sin(2t) - 2\sin^2 t \quad (0 \leq t \leq 2\pi)$$

(a) Entre quels extrêmes de hauteur (le plus haut et le plus bas) la mouche évolue-t-elle?
(b) Entre quels extrêmes, à gauche et à droite de l'origine, s'étend son parcours?

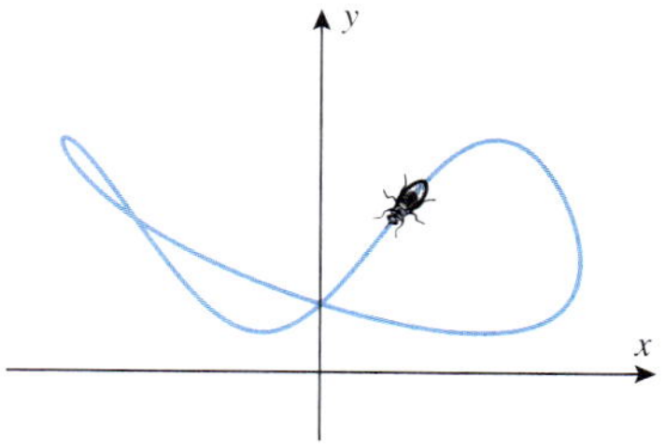

Figure Ex-48

49. Soit $f(x) = ax^2 + bx + c$, où $a > 0$. Montrer que $f(x) \geq 0$ pour tout x si et seulement si $b^2 - 4ac \leq 0$. [*Indice :* Trouver le minimum de $f(x)$.]

50. Prouver le théorème 4.4.3 dans le cas où la valeur extrême est un minimum.

✔ VÉRIFICATION EXPRESS 4.4 – RÉPONSES

1. Il y a un minimum relatif en $x = 3$, un maximum relatif en $x = 1$, un minimum absolu en $x = 3$, et un maximum absolu en $x = 6$. **2.** (a) Vrai (b) Faux (c) Vrai (d) Vrai **3.** (a) max, 6 064; min, 2 293 (b) max, 2 400; min, 0 (c) max, 6 064; min, -1333 (d) pas de max.; min. : -1333 **4.** (a) max. $f(0) = 25$; min. : $f(3) = -2$ (b) max. : $f(-1) = 30$; min. : $f(3) = -2$ (c) max. : $f(-1) = 30$; min. : $f(-4) = -51$ (d) max. : $f(10) = 635$; min. : $f(-5) = -130$ (e) max. : $f(-1) = 30$; pas de min.

4.5 PROBLÈMES D'APPLICATION DES MINIMUMS ET DES MAXIMUMS

Dans cette section, nous verrons comment utiliser les méthodes étudiées à la dernière section pour résoudre divers problèmes concrets d'optimisation.

CLASSIFICATION DES PROBLÈMES D'OPTIMISATION

Les problèmes d'optimisation concrets abordés dans cette section sont de deux types :

- Des problèmes qui consistent à maximiser ou à minimiser une fonction continue sur un intervalle fermé fini.
- Des problèmes qui consistent à maximiser ou à minimiser une fonction continue sur un intervalle infini ou sur un intervalle fini qui n'est pas fermé.

Dans la première catégorie, le théorème de la valeur extrême (4.4.2) garantit l'existence d'une solution; tel que vu précédemment, celle-ci peut être obtenue en examinant la fonction aux points critiques et aux extrémités de l'intervalle. Par contre, les problèmes de la seconde catégorie n'ont pas toujours de solution. Si la fonction est continue et si elle admet exactement un extremum relatif approprié dans l'intervalle, alors le théorème 4.4.4 assure l'existence d'une solution et fournit la méthode pour la déterminer. Dans les cas où ce théorème ne s'applique pas, il faut parfois faire preuve d'ingéniosité pour résoudre le problème.

PROBLÈMES D'INTERVALLES FINIS ET FERMÉS

Dans sa méthode *De maximis et minimis*[*], Pierre de Fermat, mathématicien français du dix-septième siècle, a résol un problème d'optimisation très semblable à celui de notre premier exemple. À la suite de ces travaux portant sur ce genre de problèmes d'optimisation, le mathématicien français Laplace dira de Fermat qu'il est le « véritable inventeur du calcul différentiel ». Bien que cet honneur revienne à Newton et Leibniz, c'est un fait reconnu que Fermat a développé des stratégies qui anticipaient des éléments du calcul différentiel.

[*] Méthode d'évaluation des maximums et des minimums. *Ndlt*

Pierre de Fermat (1601–1665) Né en France, fils d'un négociant en cuir prospère, Fermat était avocat et s'adonnait aux mathématiques dans ses loisirs. Il obtint un baccalauréat en droit civil de l'Université d'Orléans en 1631 et occupa subséquemment divers postes au gouvernement, dont celui de conseiller au Parlement de Toulouse. Même s'il était apparemment à l'aise financièrement, des documents confidentiels de l'époque suggèrent que ses performances au bureau et en tant qu'avocat auraient été médiocres, peut-être parce qu'il consacrait beaucoup de temps aux mathématiques. Toute sa vie durant, Fermat déploiera de grands efforts pour faire publier ses travaux en mathématiques. Il avait la fâcheuse habitude de griffonner des solutions dans la marge des livres et d'envoyer ses travaux à des amis sans en garder copie. Avec pour conséquence qu'on ne lui attribua pas le crédit de plusieurs réalisations importantes, jusqu'à ce que son nom sorte finalement de l'ombre au milieu du dix-neuvième siècle. Il est maintenant reconnu comme un fait que Fermat a développé la géométrie analytique en même temps que Descartes et indépendamment de lui. Malheureusement, ces deux grands génies, en vif désaccord sur plusieurs sujets, n'ont jamais véritablement collaboré.

Fermat a résolu plusieurs problèmes fondamentaux du calcul différentiel. Il a mis au point la première méthode pour dériver les polynômes et a solutionné plusieurs problèmes épineux portant sur la maximisation, la minimisation, les aires et les tangentes. Isaac Newton s'est inspiré de ses travaux. Fermat est surtout connu pour sa contribution à la théorie des nombres, par l'étude des propriétés des nombres entiers et des relations qui les unissent. Il fut le premier mathématicien à apporter une contribution substantielle dans ce domaine, après les travaux réalisés dans l'Antiquité par le mathématicien grec Diophante. Malheureusement, aucun des contemporains de Fermat n'apprécia ses réalisations dans cette branche, ce qui poussa Fermat à l'isolement et à rester dans l'ombre à la fin de sa vie. En plus d'avoir fait sa marque en calcul différentiel et dans la théorie des nombres, Fermat est l'un des fondateurs de la théorie des probabilités et il a apporté des contributions importantes en optique théorique. En dehors des mathématiques, Fermat était un érudit des classiques, parlait couramment le français, l'italien, l'espagnol, le latin et le grec; il a aussi composé une quantité considérable de poésie latine.

L'un des grands mystères des mathématiques est enseveli dans les travaux de Fermat sur la théorie des nombres. Dans la marge d'un ouvrage de Diophante, il a noté que, considérant les valeurs entières de n supérieures à 2, l'équation $x^n + y^n = z^n$ ne possède pas de solution entière différente de zéro pour x, y et z. Il ajoute : « J'ai trouvé une merveilleuse démonstration de cet énoncé, mais elle est trop longue pour être contenue dans cette marge ». Cet énoncé, qui sera par la suite connu comme « le dernier théorème de Fermat », se révéla juste, mais sa preuve échappa aux plus grands génies en mathématiques pendant plus de 300 ans, jusqu'à ce que le professeur Andrew Wiles, de l'Université Princeton, en présente la preuve en juin 1993, dans une série dramatique de trois conférences largement couvertes par les médias internationaux (voir le *New York Times* du 27 juin 1993). Il s'avéra que la preuve comportait une lacune importante; celle-ci allait être comblée par la suite par Wiles et Richard Taylor et publiée en 1995. Un prix de 100 000 marks allemands avait été offert en 1908 à qui trouverait la solution, mais ce montant a aujourd'hui peu de valeur vu l'inflation qui a sévi depuis.

▶ Exemple 1 On prévoit une aire de jardin dans un espace rectangulaire protégé par un grillage métallique. Quelle est l'aire maximale du jardin si l'on dispose de seulement 100 m de longueur de grillage pour la clôture?

Solution. Soit

x = longueur du rectangle (m)

y = largeur du rectangle (m)

A = Aire du rectangle (m^2)

On a

$$A = xy \tag{1}$$

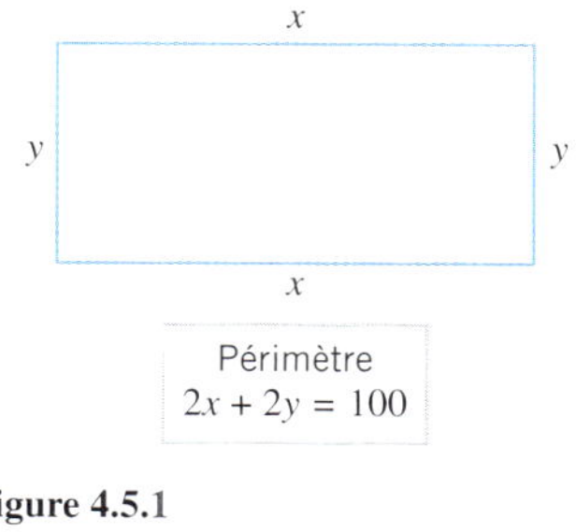

Figure 4.5.1

Sachant que le périmètre du rectangle est de 100 m, on relie les variables x et y par l'équation

$$2x + 2y = 100 \quad \text{ou} \quad y = 50 - x \tag{2}$$

(figure 4.5.1.) En substituant (2) dans (1), on obtient

$$A = x(50 - x) = 50x - x^2 \tag{3}$$

La variable x ne peut être négative puisqu'elle représente une longueur; de plus, la somme des deux côtés de longueur x ne peut dépasser le périmètre total de 100 m. On peut donc écrire

$$0 \leq x \leq 50 \tag{4}$$

Par ces considérations, le problème consiste à trouver la valeur (ou les valeurs) de x dans [0; 50], pour lesquelles A est maximum. Puisque A est une fonction polynomiale en x, elle est continue sur [0; 50] et le maximum correspond à une extrémité de l'intervalle ou à un point critique. De l'équation (3), il découle que

$$\frac{dA}{dx} = 50 - 2x$$

En posant $\frac{dA}{dx} = 0$, on trouve

$$50 - 2x = 0$$

c'est-à-dire $x = 25$. Le maximum se trouve donc à l'un des points suivants :

$$x = 0, \quad x = 25, \quad x = 50$$

Tableau 4.5.1

x	0	25	50
A	0	625	0

Le tableau 4.5.1 est obtenu en substituant ces valeurs dans (3). Il indique que l'aire maximale de 625 m^2 se situe en $x = 25$, résultat cohérent avec la courbe de (3) présentée à la figure 4.5.2. Considérant (2), la valeur correspondante de y est 25, de sorte que le rectangle d'un périmètre de 100 m qui offre la plus grande aire est un carré de 25 m de côté. ◄

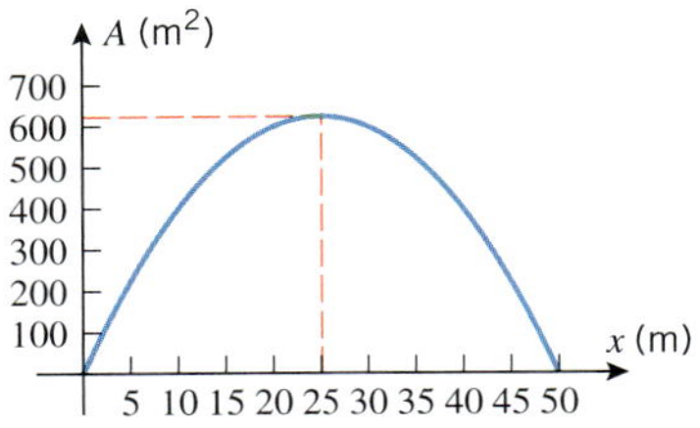

Figure 4.5.2

À l'exemple 1, nous avons inclus $x = 0$ et $x = 50$ comme valeurs possibles de x, même si elles correspondent à des rectangles avec deux côtés de longueur nulle. Si nous analysons ce cas comme un problème purement mathématique, il n'y a rien d'anormal à cela. Mais d'un point de vue pratique, le rectangle est formé de matériaux physiques et ces valeurs doivent être exclues d'emblée.

L'exemple 1 illustre la marche à suivre en cinq étapes décrite ci-dessous, utile pour résoudre bon nombre de problèmes concrets de minimums et de maximums.

Marche à suivre pour résoudre des problèmes concrets de minimums et de maximums

Étape 1. Illustrer le problème par un diagramme et y inscrire les quantités pertinentes.

Étape 2. Établir une formule qui définit la quantité à maximiser ou à minimiser.

Étape 3. Considérer les conditions données dans le problème pour éliminer des variables, exprimer la quantité à maximiser ou à minimiser en termes d'une seule variable.

Étape 4. Déterminer l'intervalle des valeurs possibles pour cette variable à partir des contraintes physiques énoncées dans le problème.

Étape 5. S'il y a lieu, faire appel aux techniques décrites dans la section précédente pour obtenir les maximums et les minimums.

► **Exemple 2** On veut fabriquer une boîte ouverte à partir d'une feuille de carton de 16 cm par 30 cm en découpant des carrés d'égales grandeurs aux quatre coins de la feuille avant de replier les côtés vers le haut (figure 4.5.3). Quelle doit être la dimension des carrés à découper pour obtenir la boîte ayant un plus grand volume?

Solution. Pour mettre l'emphase sur la méthode, nous allons résoudre ce problème en suivant explicitement les cinq étapes décrites ci-dessus. (Dans les exemples subséquents, nous suivrons les grandes lignes de la méthode sans énumérer les étapes.)

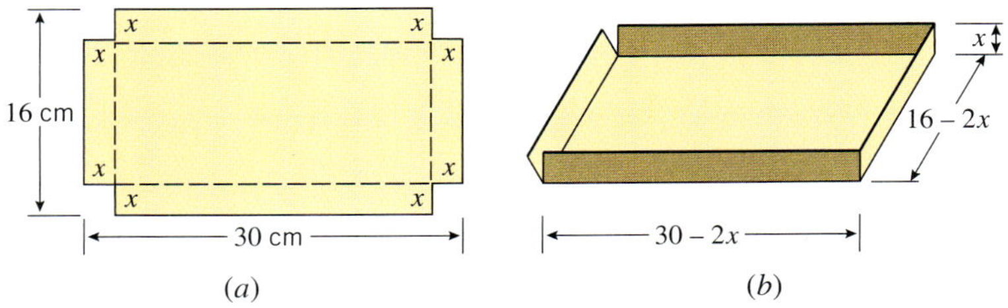

Figure 4.5.3

- *Étape 1 :* La figure 4.5.3*a* montre la feuille de carton découpée dans les coins. Soit

$$x = \text{longueur (en cm) des côtés des carrés à découper}$$
$$V = \text{volume (en cm cubes) de la boîte résultante}$$

- *Étape 2 :* Sachant que nous allons découper un carré de côté x dans chaque coin, la boîte formée aura pour dimensions $16 - 2x$ par $30 - 2x$ par x (figure 4.5.3*b*). Le volume d'une boîte étant donné par le produit de ses dimensions, on a

$$V = (16 - 2x)(30 - 2x)x = 480x - 92x^2 + 4x^3 \quad (5)$$

- *Étape 3 :* L'expression du volume est déjà en termes d'une seule variable x.
- *Étape 4 :* La variable x de (5) est soumise à certaines restrictions : elle ne peut être négative puisqu'elle représente une longueur et, puisque le carton a 16 cm de largeur, les carrés ne peuvent avoir plus de 8 cm de côté. La variable x de (5) doit donc satisfaire à la condition

$$0 \le x \le 8$$

Le problème se résume donc à trouver la valeur (ou les valeurs) de x dans l'intervalle [0; 8] où (5) atteint un maximum.

- *Étape 5 :* En dérivant (5), on obtient

$$\frac{dV}{dx} = 480 - 184x + 12x^2 = 4(120 - 46x + 3x^2)$$
$$= 4(x - 12)(3x - 10)$$

Tableau 4.5.2

x	0	$\frac{10}{3}$	8
V	0	$\frac{19600}{27} \approx 726$	0

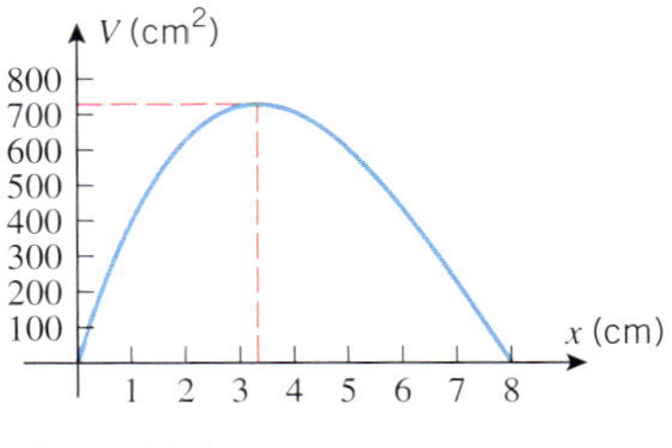

Figure 4.5.4

En résolvant $\frac{dV}{dx} = 0$, on trouve

$$x = \tfrac{10}{3} \quad \text{et} \quad x = 12$$

Puisque $x = 12$ est à l'extérieur de l'intervalle [0; 8], la valeur maximale de V se trouve soit au point critique $x = \frac{10}{3}$, soit aux extrémités $x = 0$ et $x = 8$. Le tableau 4.5.2 regroupe les résultats obtenus en substituant ces valeurs dans l'équation (5); on y voit que le plus grand volume $V = \frac{19600}{27}$ cm$^3 \approx 726$ cm^3 est atteint en découpant des carrés de $\frac{10}{3}$ cm de côté. Ce résultat correspond au graphique de l'équation (5) donné à la figure 4.5.4. ◄

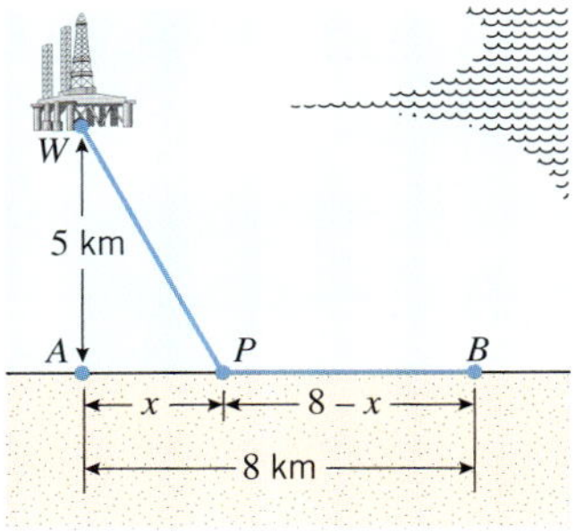

Figure 4.5.5

▶ Exemple 3 La figure 4.5.5 montre une plate-forme de forage pétrolier située en un point W, à 5 km du lieu le plus proche d'un littoral droit, le point A. Le pétrole doit être transporté de W à B, situé à 8 km de A, par une canalisation sous-marine droite reliant W au point P, situé entre A et B, et ensuite de P jusqu'à B par une canalisation aménagée le long du littoral. Si le coût des installations s'élève à 1 000 000 \$/km pour la canalisation sous-marine et à 500 000 \$/km le long du rivage, à quel endroit devra se trouver le point P si l'on veut minimiser le coût des aménagements?

Solution. Soit

x = distance (en km) entre A et P

c = coût (en millions de dollars) pour l'ensemble du pipeline

D'après la figure 4.5.5, la longueur de la canalisation sous-marine correspond à la distance qui sépare W et P. Selon le théorème de Pythagore, cette longueur est

$$\sqrt{x^2+25} \tag{6}$$

La figure indique également que le tuyau hors terre a la longueur de la distance qui sépare P et B, c'est-à-dire

$$8-x \tag{7}$$

On déduit de (6) et (7) que le coût total du pipeline c (en millions de dollars) s'élève à

$$c = 1(\sqrt{x^2+25}\,) + \tfrac{1}{2}(8-x) = \sqrt{x^2+25} + \tfrac{1}{2}(8-x) \tag{8}$$

La distance entre A et B étant de 8 km, la distance x qui relie A et P doit satisfaire à

$$0 \le x \le 8$$

Le problème se résume donc à trouver la valeur (ou les valeurs) de x dans l'intervalle [0; 8] où c atteint un minimum. Étant donné que c est une fonction continue de x dans l'intervalle fermé [0; 8], on peut appliquer les méthodes vues à la section précédente pour trouver le minimum.

De l'équation (8), il découle que

$$\frac{dc}{dx} = \frac{x}{\sqrt{x^2+25}} - \frac{1}{2}$$

Posons $\frac{dc}{dx} = 0$ et isolons x :

$$\frac{x}{\sqrt{x^2+25}} = \frac{1}{2} \tag{9}$$

$$x^2 = \frac{1}{4}(x^2+25)$$

$$x = \pm\frac{5}{\sqrt{3}}$$

Le nombre $-\frac{5}{\sqrt{3}}$ est une racine étrangère puisqu'il n'est pas une solution de (9). Il reste donc un seul point critique en $x = \frac{5}{\sqrt{3}}$. Puisque ce point appartient à l'intervalle [0; 8], le minimum doit donc se trouver à l'un des trois points suivants :

$$x = 0, \quad x = \frac{5}{\sqrt{3}}, \quad x = 8$$

Substituons ces valeurs dans l'équation (8) et regroupons les résultats dans le tableau 4.5.3. Dans ces conditions, le coût minimum (au dollar près) de l'installation du pipeline est donc c = 8 330 127 \$ et ce, si le point P se trouve à une distance de $\frac{5}{\sqrt{3}} \approx 2{,}89$ km de A. ◀

TECHNOLOGIE

Si vous disposez d'un logiciel de calcul formel, utilisez-le pour vérifier toutes les opérations exécutées à l'exemple 3. Plus spécialement, dérivez c par rapport à x, solutionnez l'équation $\frac{dc}{dx} = 0$ et faites tous les calculs numériques.

Tableau 4.5.3

x	0	$\frac{5}{\sqrt{3}}$	8
c	9	$\frac{10}{\sqrt{3}} + \left(4 - \frac{5}{2\sqrt{3}}\right) \approx 8{,}330\ 127$	$\sqrt{89} \approx 9{,}433\ 981$

▶ **Exemple 4** Déterminer le rayon et la hauteur du cylindre circulaire droit de plus grand volume qui puisse être inscrit dans un cône droit de 6 cm de rayon et de 10 cm de hauteur (figure 4.5.6*a*).

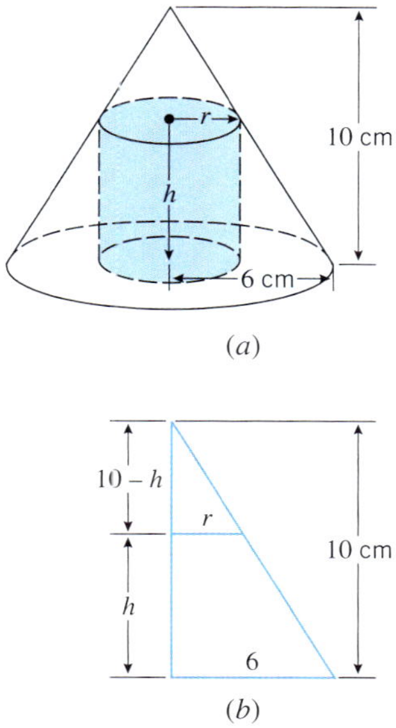

Figure 4.5.6

Solution. Soit

$$r = \text{rayon (en cm) du cylindre}$$
$$h = \text{hauteur (en cm) du cylindre}$$
$$V = \text{volume (en cm}^3\text{) du cylindre}$$

Le volume du cylindre inscrit a pour expression

$$V = \pi r^2 h \tag{10}$$

Pour éliminer l'une des variables de (10), il nous faut relier r et h. En considérant les triangles semblables (figure 4.5.6*b*), on obtient

$$\frac{10 - h}{r} = \frac{10}{6} \quad \text{ou} \quad h = 10 - \frac{5}{3}r \tag{11}$$

En substituant (11) dans (10), on déduit

$$V = \pi r^2 \left(10 - \frac{5}{3}r\right) = 10\pi r^2 - \frac{5}{3}\pi r^3 \tag{12}$$

où V est exprimé en fonction de r seulement. Or, r ne peut être négatif, puisqu'il représente un rayon et il ne peut être supérieur au rayon du cône, puisque le cylindre y est inscrit. La variable r doit donc satisfaire à

$$0 \le r \le 6$$

Le problème se résume donc à trouver la valeur (ou les valeurs) de r dans [0; 6] où (12) atteint un maximum. Puisque V est une fonction continue de r sur [0; 6], les méthodes vues à la section précédente s'appliquent.

De l'équation (12), il découle que

$$\frac{dV}{dr} = 20\pi r - 5\pi r^2 = 5\pi r(4 - r)$$

En résolvant $\frac{dV}{dr} = 0$, on trouve

$$5\pi r(4 - r) = 0$$

Les points critiques sont donc $r = 0$ et $r = 4$. Puisque ces valeurs appartiennent à l'intervalle [0; 6], le maximum doit se situer à l'un des points suivants :

$$r = 0, \quad r = 4, \quad r = 6$$

Tableau 4.5.4

r	0	4	6
V	0	$\frac{160}{3}\pi$	0

On obtient le tableau 4.5.4 en substituant ces valeurs dans (12). On en déduit que le volume maximum $V = \frac{160}{3}\pi \approx 168$ cm^3 correspond à un cylindre inscrit de 4 cm de rayon. Si $r = 4$, l'équation (11) donne $h = \frac{10}{3}$. Ainsi, le cylindre inscrit de plus grand volume a un rayon $r = 4$ cm et une hauteur $h = \frac{10}{3}$ cm. ◀

PROBLÈMES D'INTERVALLES QUI NE SONT PAS À LA FOIS FINIS ET FERMÉS

▶ **Exemple 5** Une boîte de conserve cylindrique fermée doit contenir 1 l (1000 cm^3) de liquide. Quels doivent être la hauteur et le rayon de la boîte si l'on veut minimiser la quantité de matière première nécessaire pour manufacturer la boîte?

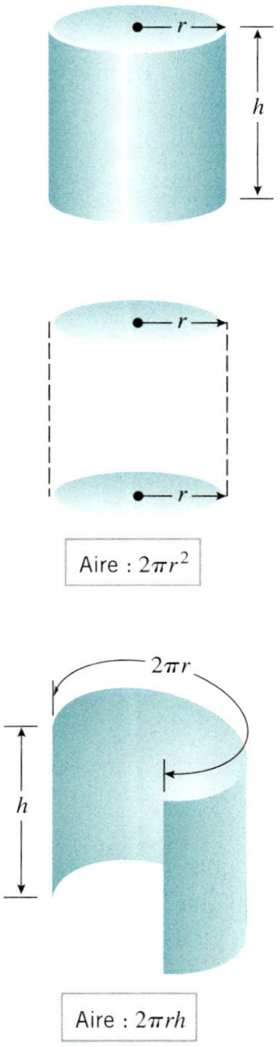

Figure 4.5.7

Première solution. Soit

$$h = \text{hauteur (en cm) de la boîte}$$
$$r = \text{rayon (en cm) de la boîte}$$
$$A = \text{aire (en cm}^2\text{) de la boîte}$$

En supposant qu'il n'y ait ni perte ni chevauchement, la quantité de matière nécessaire à la fabrication de la boîte correspond à l'aire de la boîte. Sachant que la boîte est formée de deux disques circulaires de rayon r et d'une feuille rectangulaire de dimensions h par $2\pi r$ (figure 4.5.7), l'aire est donnée par

$$A = 2\pi r^2 + 2\pi rh \tag{13}$$

Puisque A dépend à la fois de r et de h, voyons si les conditions énoncées dans le problème permettent d'exprimer l'une des variables en fonction de l'autre. Nous savons que le volume de la boîte est de 1000 cm^3 et que le volume d'un cylindre est donné par $V = \pi r^2 h$; on peut donc écrire

$$1000 = \pi r^2 h \quad \text{ou} \quad h = \frac{1000}{\pi r^2} \tag{14–15}$$

En substituant (15) dans (13), on trouve

$$A = 2\pi r^2 + \frac{2000}{r} \tag{16}$$

Le problème se résume donc à trouver une valeur de r dans l'intervalle $]0; +\infty[$ où A atteint son minimum. Or, A est une fonction continue de r sur l'intervalle $]0; +\infty[$ et

$$\lim_{r \to 0^+} \left(2\pi r^2 + \frac{2000}{r}\right) = +\infty \quad \text{et} \quad \lim_{r \to +\infty} \left(2\pi r^2 + \frac{2000}{r}\right) = +\infty$$

L'examen du tableau 4.4.3 montre que A atteint un minimum dans l'intervalle $]0; +\infty[$. Puisque ce minimum doit correspondre à un point critique, calculons

$$\frac{dA}{dr} = 4\pi r - \frac{2000}{r^2} \tag{17}$$

En résolvant $\frac{dA}{dr} = 0$, on trouve

$$r = \frac{10}{\sqrt[3]{2\pi}} \approx 5{,}4 \tag{18}$$

Étant donné que (18) est le seul point critique de l'intervalle $]0; +\infty[$, cette valeur de r détermine le minimum de A. L'équation (15) donne la valeur de h correspondant à ce rayon r :

$$h = \frac{1000}{\pi\left(\frac{10}{\sqrt[3]{2\pi}}\right)^2} = \frac{20}{\sqrt[3]{2\pi}} = 2r$$

Ca n'est pas un hasard si le minimum survient lorsque la hauteur de la boîte est égale au diamètre de sa base (exercice 25).

Deuxième solution. On peut aussi déduire que le minimum correspond à la valeur de r trouvée en (18) en considérant le théorème 4.4.4 et le critère de la dérivée seconde; on observe que

$$\frac{d^2A}{dr^2} = 4\pi + \frac{4000}{r^3}$$

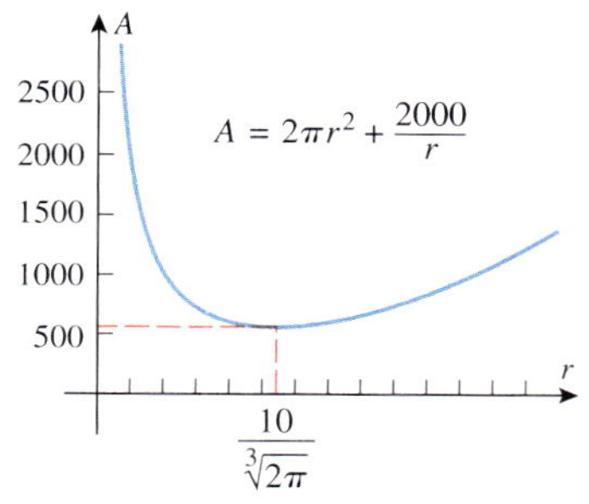

Figure 4.5.8

À l'exemple 5, l'aire A n'a pas de maximum absolu, puisque A augmente indéfiniment lorsque r tend vers zéro (figure 4.5.8). Si l'on avait cherché les dimensions de la boîte exigeant le *maximum* de matière première pour sa fabrication, il n'y aurait eu aucune solution au problème. On dit parfois des problèmes d'optimisation sans solution qu'ils sont *mal posés*.

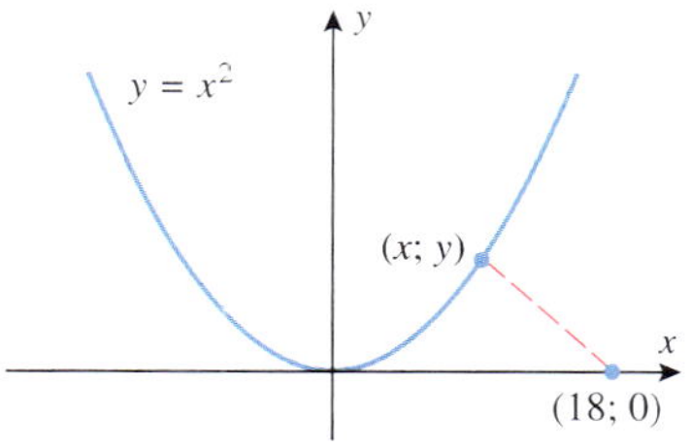

Figure 4.5.9

est positive si $r > 0$ et en conséquence, elle est positive si $r = \frac{10}{\sqrt[3]{2\pi}}$. Ainsi, un minimum relatif, et donc un minimum, est atteint au point critique $r = \frac{10}{\sqrt[3]{2\pi}}$.

Troisième solution. Le graphique de A en fonction de r (figure 4.5.8) permet aussi d'observer que le point critique $r = \frac{10}{\sqrt[3]{2\pi}}$ correspond à un minimum de A. ◄

► Exemple 6 Trouver le point de la courbe $y = x^2$ le plus rapproché du point (18; 0).

Solution. La distance L qui sépare (18; 0) et un point arbitraire $(x; y)$ de la courbe $y = x^2$ (figure 4.5.9) est donnée par

$$L = \sqrt{(x - 18)^2 + (y - 0)^2}$$

Le point $(x; y)$ appartenant à la courbe, x et y satisfont à $y = x^2$; on a

$$L = \sqrt{(x - 18)^2 + x^4} \tag{19}$$

Puisqu'aucune contrainte n'est imposée à x, le problème se résume à trouver une valeur de x de $]-\infty; +\infty[$ où (19) atteint un minimum. La distance L et le carré de la distance L^2 sont minimisés à la même valeur (voir l'exercice 60). Ainsi, le minimum de L dans (19) et le minimum de

$$S = L^2 = (x - 18)^2 + x^4 \tag{20}$$

correspondent à la même valeur de x.

D'après (20), on a

$$\frac{dS}{dx} = 2(x - 18) + 4x^3 = 4x^3 + 2x - 36 \tag{21}$$

Les points critiques sont donc des solutions de $4x^3 + 2x - 36 = 0$ ou de l'équation équivalente

$$2x^3 + x - 18 = 0 \tag{22}$$

Pour trouver les x qui satisfont à cette équation, considérons d'abord les diviseurs de -18 pour voir si le polynôme du membre de gauche a des racines entières (voir l'annexe B). Ces diviseurs sont ± 1, ± 2, ± 3, ± 6, ± 9 et ± 18. En vérifiant dans l'équation, on voit que $x = 2$ est une racine, de sorte que $(x - 2)$ est un facteur du polynôme. Après avoir divisé le polynôme par ce facteur, l'équation (22) devient

$$(x - 2)(2x^2 + 4x + 9) = 0$$

Les autres solutions de (22) doivent donc satisfaire à l'équation quadratique

$$2x^2 + 4x + 9 = 0$$

Cependant, cette équation n'a pas de solution réelle (d'après la formule des racines quadratiques). On conclut que $x = 2$ est le seul point critique de S. Déterminons la nature de ce point critique en appliquant le critère de la dérivée seconde; partant de (21), on obtient

$$\frac{d^2S}{dx^2} = 12x^2 + 2, \quad \text{donc} \quad \left.\frac{d^2S}{dx^2}\right|_{x=2} = 50 > 0$$

On voit que $x = 2$ donne lieu à un minimum relatif. Et puisqu'en $x = 2$ correspond l'unique extremum relatif de L, on déduit du théorème 4.4.4 que le minimum absolu de L se trouve également en $x = 2$. En conclusion, le point de la courbe $y = x^2$ le plus rapproché de (18; 0) est

$$(x; y) = (x; x^2) = (2; 4) \quad ◄$$

APPLICATIONS EN ÉCONOMIE

Les trois fonctions suivantes revêtent une importance particulière pour les économistes et les industriels :

$C(x)$ = coût total de production de x unités d'un produit dans une période de temps déterminée

$R(x)$ = revenu total des ventes de x unités de produit durant la période de temps donnée

$P(x)$ = profit total généré par la vente de x unités de produit durant la période de temps donnée

On les nomme respectivement ***fonction coût, fonction revenu*** et ***fonction profit***. Si toutes les unités produites sont vendues, alors ces fonctions sont liées par l'équation

$$\underset{[\text{profit}]}{P(x)} = \underset{[\text{revenu}]}{R(x)} - \underset{[\text{coût}]}{C(x)} \tag{23}$$

On exprime $C(x)$, le coût total de production de x unités, par la somme

$$C(x) = a + M(x) \tag{24}$$

où a est la constante des ***frais fixes*** et $M(x)$ est la fonction qui représente les ***coûts de production***. Les frais fixes, qui comprennent des coûts divers tels que les frais de location et d'assurances, ne dépendent pas de x; ils doivent être assumés même s'il n'y a aucune production. Par ailleurs, les coûts de production $M(x)$, qui comprennent des items tels que le coût des matériaux et de la main-d'œuvre, dépendent directement du nombre d'unités produites. En économie, il est démontré, en supposant quelques simplifications raisonnables, que $M(x)$ a pour expression

$$M(x) = bx + cx^2$$

où b et c sont des constantes. En substituant cette expression dans (24), on trouve

$$C(x) = a + bx + cx^2 \tag{25}$$

Si une entreprise manufacturière peut vendre tous les items qu'elle produits à p dollars la pièce, elle génère alors un revenu total $R(x)$, exprimé en dollars par

$$R(x) = px \tag{26}$$

et ses profits $P(x)$, en dollars, totalisent

$$P(x) = [\text{revenu total}] - [\text{coût total}] = R(x) - C(x) = px - C(x)$$

Et si la fonction coût est donnée par (25), on a

$$P(x) = px - (a + bx + cx^2) \tag{27}$$

Divers paramètres, tels que le nombre d'employés, les équipements disponibles, les conditions économiques et la compétition, auront un impact sur la limite supérieure l du nombre d'items qu'une entreprise manufacturière peut produire et vendre. Ainsi, dans une période de temps fixe, la variable x de l'équation (27) doit satisfaire à

$$0 \leq x \leq l$$

En déterminant la valeur (ou les valeurs) de x comprise dans $[0; l]$ qui maximise (27), l'entreprise peut connaître le nombre d'unités qu'elle doit produire et vendre pour générer le maximum de profits. Voyons un exemple numérique.

▶ **Exemple 7** Une entreprise pharmaceutique produit de la pénicilline sous forme liquide et la vend en gros à raison de 200 \$ l'unité. Si le coût total de production (en dollars) de x unités est déterminé par

$$C(x) = 500\,000 + 80x + 0{,}003x^2$$

et si l'entreprise a une capacité maximale de production de 30 000 unités dans une période de temps donnée, combien d'unités de pénicilline doivent être produites et vendues durant cette période pour maximiser les profits?

Solution. Le revenu total provenant de la vente de x unités s'élève à $R(x) = 200x$; le profit $P(x)$ correspondant est donc

$$P(x) = R(x) - C(x) = 200x - (500\,000 + 80x + 0{,}003x^2) \qquad (28)$$

Sachant que la capacité de production ne peut dépasser 30 000 unités, x doit appartenir à l'intervalle [0; 30 000]. En dérivant (28), on obtient

$$\frac{dP}{dx} = 200 - (80 + 0{,}006x) = 120 - 0{,}006x$$

En résolvant $\frac{dP}{dx} = 0$, on trouve

$$120 - 0{,}006x = 0 \quad \text{ou} \quad x = 20\,000$$

Comme ce point critique appartient à l'intervalle [0; 30 000], le profit maximum correspond à l'une des valeurs suivantes :

$$x = 0, \quad x = 20\,000 \quad \text{ou} \quad x = 30\,000$$

Le tableau 4.5.5 regroupe les résultats obtenus en substituant ces valeurs dans (28). On en déduit que le profit atteint son maximum $P = 700\,000$ \$ lorsque $x = 20\,000$ unités produites et vendues à l'intérieur de la période de temps définie. ◄

Tableau 4.5.5

x	0	20 000	30 000
$P(x)$	-500 000	700 000	400 000

ANALYSE MARGINALE

Pour les économistes, $P'(x)$, $R'(x)$ et $C'(x)$ représentent respectivement le ***profit marginal,*** le ***revenu marginal*** et le ***coût marginal;*** ils interprètent ces quantités en termes de profits, de revenus et de coûts *supplémentaires* résultant de la production et de la vente d'une unité supplémentaire de produit, lorsque les niveaux de la production et des ventes se situent à x unités. Ces interprétations découlent des approximations linéaires locales des fonctions de profit, de revenu et de coût. Par exemple, d'après l'expression (2) de la section 3.8, lorsque les niveaux de la production et des ventes se situent à x unités, l'approximation linéaire locale de la fonction de profit devient

$$P(x + \Delta x) \approx P(x) + P'(x)\Delta x$$

Si $\Delta x = 1$ (une unité supplémentaire produite et vendue), on peut écrire

$$P(x + 1) \approx P(x) + P'(x)$$

et le profit *supplémentaire* issu de la production et de la vente d'une unité supplémentaire peut être approximé par :

$$P(x + 1) - P(x) \approx P'(x)$$

PRINCIPE ÉCONOMIQUE FONDAMENTAL

L'équation (23) nous dit que $P'(x) = 0$ a la même solution que $C'(x) = R'(x)$; on en déduit que le profit est maximal lorsque le revenu marginal égale le coût marginal, c'est-à-dire

Le profit est maximal lorsque le coût associé à la production et à la vente d'une unité supplémentaire est à peu près égal au revenu généré par cette unité supplémentaire.

À l'exemple 7, le profit est maximal lorsque $x = 20\,000$ unités. Notez que

$$C(20\,001) - C(20\,000) = 200{,}003\ \$ \quad \text{et} \quad R(20\,001) - R(20\,000) = 200\ \$$$

conformément au principe économique fondamental énoncé.

✔ VÉRIFICATION EXPRESS 4.5 *(Réponses à la page 298.)*

1. On additionne un nombre positif et son inverse multiplicatif. La plus petite valeur possible de cette somme est ________.
2. Si la somme de deux nombres positifs égale 10, alors le plus grand produit possible de ces deux nombres est ________.
3. Si $x + 2y = 2$, alors la plus petite valeur possible pour $x^2 + y^2$ est ________.
4. Un rectangle est inscrit dans un triangle ayant pour sommets l'origine et les points (0; 2) et (1; 0). Si chacun des côtés est parallèle à l'un des axes de coordonnées ou coïncide avec lui, l'aire maximale du rectangle est ________.

SÉRIE D'EXERCICES 4.5

1. Trouver un nombre appartenant à l'intervalle $\left[\frac{1}{2}; \frac{3}{2}\right]$ tel que la somme de ce nombre et de son inverse multiplicatif soit
   (a) la petite possible;
   (b) la plus grande possible.
2. Comment choisir deux nombres non négatifs tels qu'ils aient pour somme l'unité et que la somme de leurs carrés soit
   (a) la petite possible?
   (b) la plus grande possible?
3. Un terrain rectangulaire délimité sur un côté par un ruisseau droit doit être clôturé sur les trois autres côtés. Établir les dimensions du terrain ayant une aire maximale, si l'on dispose de 300 m de grillage pour la clôture.
4. Un terrain de forme triangulaire droit est délimité du côté de l'hypoténuse par un ruisseau droit. Une clôture borde les deux autres côtés du terrain. Établir les dimensions du terrain ayant une aire maximale qui peut être enclavé, si l'on dispose de 300 m de grillage pour la clôture.
5. On veut clôturer une parcelle de terrain rectangulaire en utilisant deux sortes de grillage. On prévoit installer un grillage robuste à 3 \$ le mètre sur deux côtés opposés et un grillage standard à 2 \$ le mètre pour les deux autres côtés. Quelles sont les dimensions du terrain rectangulaire ayant une aire maximale qui peut être clôturé, si l'on dispose d'un montant de 6000 \$?
6. On veut inscrire un rectangle dans un triangle rectangle dont les côtés mesurent 15 cm, 20 cm et 25 cm. Établir les dimensions du rectangle ayant une aire maximale, en supposant qu'il soit positionné tel que montré à la figure Ex-6.
7. Reprendre l'exercice 6 en supposant que le rectangle soit positionné tel qu'illustré à la figure Ex-7.

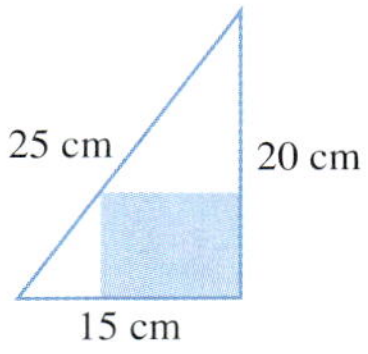

Figure Ex-6

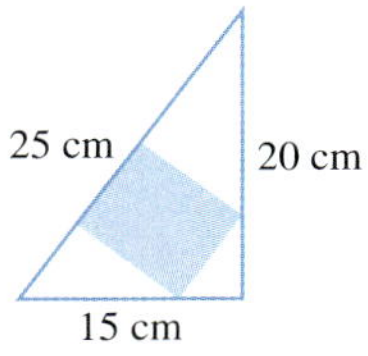

Figure Ex-7

8. Les deux coins inférieurs d'un rectangle reposent sur l'axe des x et les deux coins supérieurs touchent la courbe $y = 16 - x^2$. Quelles sont les dimensions du rectangle de plus grande aire qui réponde à ces critères?
9. Déterminer les dimensions du rectangle qui peut être inscrit dans un cercle de rayon 10 et qui maximisent son aire.
10. Quelle est la plus grande aire possible d'une région du plan qui est contenue à la fois dans le rectangle dont les quatre coins se situent aux points $(\pm 8, \pm 10)$ et dans un carré dont les côtés sont parallèles aux axes de coordonnées et dont le coin inférieur droit touche à la droite $y = -4x$?
11. On veut clôturer un terrain rectangulaire de 300 m^2. Sur deux côtés opposés, on prévoit utiliser un grillage à 3 \$ le mètre et sur les autres côtés, un grillage à 6 \$ le mètre. Déterminer les dimensions du rectangle qui coûte le moins cher à clôturer.
12. Montrer que parmi tous les rectangles de périmètre p, le carré offre la plus grande surface.

13. Montrer que parmi tous les rectangles de surface A, le carré a le plus petit périmètre.

14. Une tige de 30 cm de longueur peut être courbée en un cercle, pliée en un carré ou coupée en deux parties pour former un cercle et un carré. Quelle longueur de tige doit-on réserver au cercle pour que la figure (ou les figures) présente(nt) une aire totale qui soit
(a) maximale? (b) minimale?

15. Une fenêtre d'église formée d'un rectangle surmonté d'un demi-cercle a un périmètre total p. Trouver le rayon du demi-cercle qui permet d'avoir la fenêtre ayant la plus grande aire.

16. Une boîte de base carrée a une hauteur plus grande que le côté de sa base. Pour expédier cette boîte par Postes Canada, la hauteur de cette boîte doit être inférieure à 2 m; de plus, sa hauteur plus le périmètre de sa base ne doivent pas dépasser 3 m.
(a) Quelles sont les dimensions d'une telle boîte qui permettent de maximiser son volume?
(b) Déterminer le volume maximal de cette boîte.

17. On veut fabriquer une boîte ouverte à partir d'une feuille métallique rectangulaire mesurant 90 cm par 240 cm en découpant des carrés d'égales grandeurs dans chacun des quatre coins et en pliant ensuite la feuille pour former les côtés de la boîte. Maximiser le volume de cette boîte.

18. Un contenant rectangulaire fermé, de base carrée, doit contenir un volume de 2250 cm^3. Le matériau utilisé pour le dessus et le fond de la boîte coûtera 2 $ le cm^2 et le matériau utilisé pour les côtés, 3 $ le cm^2. Déterminer les dimensions du contenant le moins cher.

19. Un contenant rectangulaire fermé, de base carrée, doit renfermer un volume de 2000 cm^3. Le matériau utilisé pour le dessus et le fond de la boîte coûte deux fois plus cher que le matériau utilisé pour les côtés. Déterminer les dimensions du contenant le moins cher.

20. On dispose de 90 m^2 de matériaux pour fabriquer un conteneur de base carrée avec des côtés verticaux, ouvert sur le dessus. Déterminer les dimensions du conteneur de plus grand volume qui répond à ces critères.

21. On veut fabriquer un conteneur rectangulaire d'un volume de V unités cubiques, avec deux côtés carrés et ouvert sur le dessus. Déterminer les dimensions du conteneur de moindre superficie correspondant à ces critères.

22. Déterminer les dimensions du cylindre circulaire droit de plus grand volume qui s'inscrit dans une sphère de rayon R.

23. Déterminer les dimensions du cylindre circulaire droit de plus grande surface qui s'inscrit dans une sphère de rayon R.

24. Montrer que le volume du cylindre droit de plus grand volume qui peut être inscrit dans un cône circulaire droit représente $\frac{4}{9}$ du volume du cône (figure Ex-24).

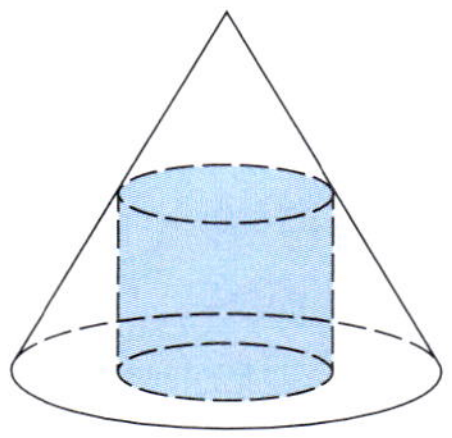

Figure Ex-24

25. Une boîte cylindrique fermée doit contenir un volume de V unités cubiques. Montrer que la surface de la boîte est minimum si la hauteur est égale au diamètre de la base.

26. Une boîte cylindrique fermée a une surface de A unités carrées. Montrer que la boîte a un plus grand volume si la hauteur est égale au diamètre de la base.

27. Une boîte cylindrique ouverte sur le dessus doit contenir 500 cm^3 de liquide. Déterminer la hauteur et le rayon de la boîte qui minimisent la quantité de matière nécessaire à sa fabrication.

28. Une boîte de soupe ayant la forme d'un cylindre droit de rayon r et de hauteur h doit contenir un volume donné V. Le dessus et le fond sont découpés dans des carrés (figure Ex-28). Si les coins ombragés représentent les seules pertes, déterminer le rapport $\frac{r}{h}$ qui minimise la quantité de matière nécessaire à la fabrication de la boîte (incluant les pertes).

29. Un cadre métallique en forme de boîte est constitué de deux carrés de broche identiques dont les sommets sont reliés deux à deux par quatre broches droites de mêmes longueurs (figure Ex-29). Si l'on dispose d'une longueur de broche définie L, quelles dimensions aura la boîte de plus grand volume?

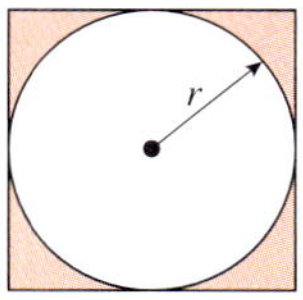

Figure Ex-28

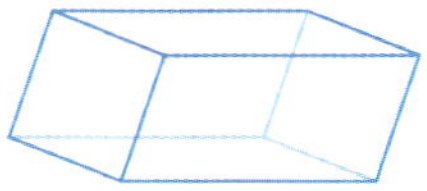

Figure Ex-29

30. Supposer que la somme des aires d'une sphère et d'un cube soit une constante.
(a) Montrer que la somme de leurs volumes est minimale lorsque le diamètre de la sphère est égal à la longueur du côté du cube.
(b) Sous quelles conditions la somme de leurs volumes sera-t-elle maximale?

31. Déterminer la hauteur et le rayon d'un cône de hauteur inclinée L dont le volume est aussi grand que possible.

32. On fabrique un cône à partir d'une feuille circulaire de rayon R dont on découpe une section; on colle ensuite les bords de la pièce obtenue (figure Ex-32). Quel est le plus grand volume qui peut contenir un tel cône?

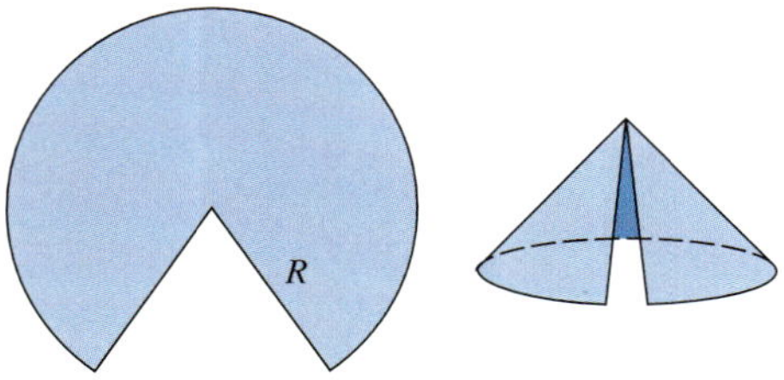

Figure Ex-32

33. Une tasse de carton de forme conique doit contenir 100 cm^3 d'eau. Déterminer la hauteur et le rayon de la tasse dont la fabrication exigera la plus petite quantité de papier.

34. Déterminer les dimensions des triangles isocèles d'aire minimale que l'on peut circonscrire à un cercle de rayon R.

35. Déterminer la hauteur et le rayon du cône circulaire droit de moindre volume que l'on peut circonscrire autour d'une sphère de rayon R.

36. Un trapézoïde est inscrit dans un demi-cercle de rayon 2 et l'un de ses côtés correspond au diamètre (figure Ex-36). Déterminer l'aire maximum du trapézoïde. [*Indice :* Exprimer l'aire du trapézoïde en termes de θ.]

37. On prévoit creuser une canalisation de drainage dont la section droite est un trapézoïde dont les parois latérales ont la même pente (figure Ex-37). Si les côtés et la base ont chacun 150 cm de longueur, quelle doit être la mesure de θ $\left(0 \leq \theta \leq \frac{\pi}{2}\right)$ si l'on veut maximiser l'aire de la section de canalisation?

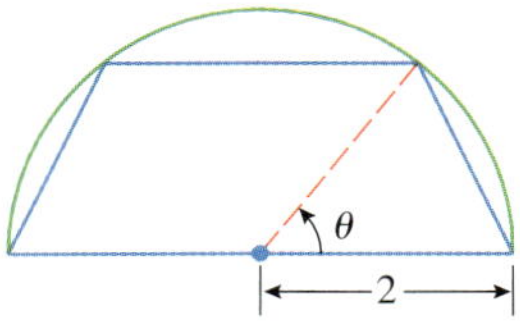

Figure Ex-36

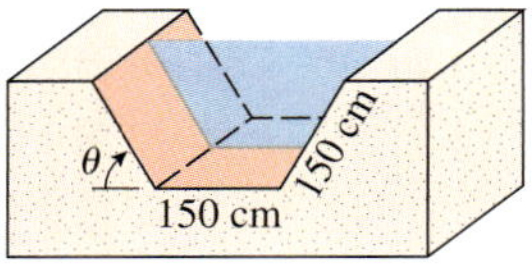

Figure Ex-37

38. Une lampe est suspendue au-dessus du centre d'une table ronde de rayon r. À quelle hauteur au-dessus de la table la lampe doit-elle se trouver pour maximiser l'éclairage en bordure de la table? [*Indice :* Assumer que l'intensité lumineuse I est directement proportionnelle au cosinus de l'angle d'incidence ϕ des rayons lumineux et inversement proportionnelle au carré de la distance l de la source lumineuse (figure Ex-38).]

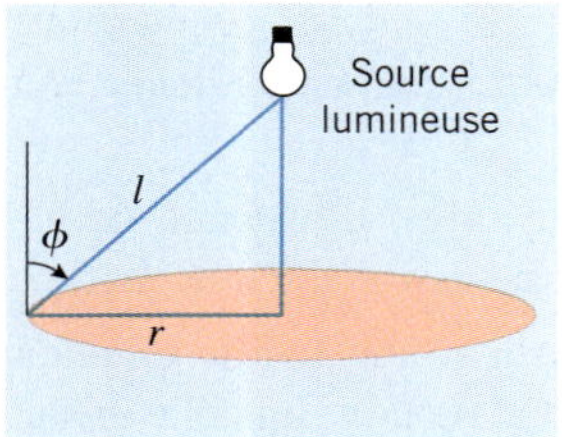

Figure Ex-38

39. On utilise une planche pour supporter un mur placé à 30 cm derrière une clôture de 2,4 m de hauteur (figure Ex-39). Quelle est la longueur de la plus petite planche que l'on puisse utiliser? [*Indice :* Exprimer la longueur de la planche en termes de l'angle θ indiqué sur la figure.]

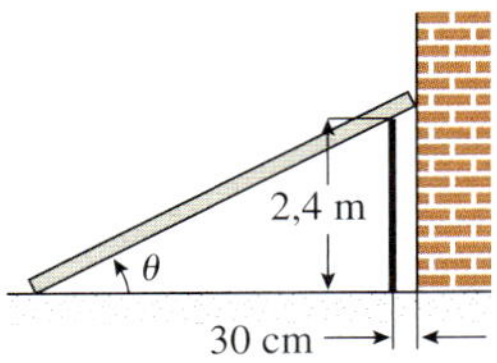

Figure Ex-39

40. Une ferme d'élevage commercial admet habituellement 20 têtes de bétail par acre de pâturage; chaque animal pèse en moyenne 900 kg lorsqu'on le vend au marché. Le ministère de l'Agriculture estime que le poids moyen des animaux sur le marché diminue de 22 kg pour chaque bête ajoutée à l'acre de pâturage. Combien d'animaux par acre devrait-on garder sur la ferme pour maximiser le poids total du bétail sur le marché?

41. (a) Une entreprise de produits chimiques vend de l'acide sulfurique en gros à raison de 100 \$ l'unité. Le coût total (en dollars) de la production quotidienne de x unités s'élève à

$$C(x) = 100\,000 + 50x + 0{,}0025x^2$$

Si l'usine a une capacité maximale de production qui s'élève à 7000 unités par jour, combien d'unités d'acide sulfurique doit-on produire et vendre chaque jour si l'on veut maximiser les profits?

(b) L'entreprise aurait-elle avantage à augmenter la capacité de production quotidienne?

(c) Utiliser l'analyse marginale pour évaluer la différence de profit générée en passant de 7000 à 7001 unités de production par jour.

42. Une entreprise estime qu'elle peut vendre x unités de produit par jour au prix de p dollars l'unité, où

$$x = 1000 - p$$

Le coût de production de x unités par jour s'élève à

$$C(x) = 3000 + 20x$$

(a) Établir la fonction revenu $R(x)$.

(b) Établir la fonction profit $P(x)$.

(c) Si la capacité maximale de production est de 500 unités par jour, déterminer combien d'unités l'entreprise devra produire et vendre chaque jour pour maximiser ses profits.

(d) Évaluer son profit maximal.

(e) Quel devra être le prix unitaire demandé si l'on veut maximiser les profits?

43. Une usine produit quotidiennement x kilogrammes de produits chimiques dont y kilogrammes représentent des déchets chimiques, selon l'expression

$$y = 0{,}01x + 0{,}000\,03x^2$$

Si le profit s'élève à 100 \$ par kilogramme de « bon produit » et si la perte est de 20 \$ par kilogramme de déchets, combien de kilogrammes de substances chimiques l'usine doit-elle produire chaque jour pour maximiser les profits quotidiens?

44. Un camionneur indépendant facture au client 22 $ de l'heure de conduite, plus les frais d'essence. À la vitesse de v km/h sur l'autoroute, le camion remorque a un rendement de $28 - 0{,}2v$ km au litre de carburant diesel. Si ce carburant coûte 0,95 $ le litre, à quelle vitesse v le coût de transport facturé au client est-il minimisé?

45. Deux particules, A et B, se déplacent dans le plan xy. À un instant t ($t \geq 0$), les coordonnées de ces particules sont $x_A = t$, $y_A = 2t$, $x_B = 1 - t$ et $y_B = t$. Déterminer la distance minimale qui sépare A et B.

46. Reprendre la question de l'exercice 45 en considérant $x_A = t$, $y_A = t^2$, $x_B = 2t$ et $y_B = 2$.

47. Montrer que (1; 0) est le point de la courbe $x^2 + y^2 = 1$ le plus rapproché du point (2; 0).

48. Déterminer tous les points de $y = \sqrt{x}$ de l'intervalle $0 \leq x \leq 3$ qui se trouvent à la plus petite distance du point (2; 0) et ceux qui se trouvent à la plus grande distance de ce même point.

JONGLONS AVEC LES CONCEPTS

49. Soit $f(x) = mx + b$, une fonction linéaire de x, et Q, un point quelconque du plan xy.
(a) Sans utiliser le calcul différentiel, expliquer comment trouver le point de la courbe de f situé au plus près de Q.
(b) Utiliser la dérivée pour vérifier la réponse donnée en (a).

50. Soit C, un cercle du plan xy centré en P, et soit Q, un point quelconque du plan, distinct de P.
(a) Sans utiliser le calcul différentiel, expliquer comment trouver les points de C les plus proches et les plus distants de Q.
(b) Utiliser la dérivée pour vérifier la réponse donnée en (a).

51. (a) Déterminer tous les points P de l'ellipse de rotation $x^2 - xy + y^2 = 4$ où la tangente est perpendiculaire à la droite reliant P à l'origine.
(b) Expliquer, à l'aide de la géométrie, pourquoi les points trouvés en (a) sont les points de l'ellipse les plus rapprochés et les plus distants de l'origine.

52. Utiliser la dérivée pour expliquer pourquoi les points trouvés à l'exercice 51 (a) sont les points de l'ellipse les plus rapprochés et les plus distants de l'origine.

53. Déterminer les coordonnées du point P de la courbe

$$y = \frac{1}{x^2} \quad (x > 0)$$

tel que la tangente en P donne le plus court segment reliant P et l'intersection de la tangente avec les axes de coordonnées.

54. Déterminer la coordonnée x du point P de la parabole d'équation

$$y = 1 - x^2 \quad (0 < x \leq 1)$$

pour que le triangle délimité par la tangente en P et les axes de coordonnées ait la plus petite aire possible.

55. En quel point de la courbe d'équation $y = \left(1 + x^2\right)^{-1}$ la pente de la tangente est-elle la plus grande?

56. Un homme en chaloupe à rames se trouve à une distance de 1,6 km de la rive (droite) d'un grand lac. Un village est situé à 1,6 km du point du rivage le plus proche de notre homme. Celui-ci veut ramer en ligne droite jusqu'à un point P de la rive et rejoindre ensuite le village à pied (figure Ex-56). Quel doit être ce point P pour que l'homme prenne le minimum de temps pour atteindre le village
(a) s'il marche à 8 km/h et rame à 4,8 km/h?
(b) s'il marche à 8 km/h et rame à 6,4 km/h?

57. On doit faire passer un tuyau de diamètre négligeable, en le maintenant à l'horizontale, autour d'un coin où la largeur du corridor passe de 2,4 m de large à une largeur de 1,2 m (figure Ex-57). Quelle longueur maximale le tuyau peut-il avoir dans ces conditions?

Source : Le cas où le diamètre du tuyau n'est pas négligeable fait l'objet d'un article intéressant rédigé par Norman Miller dans l'*American Mathematical Monthly*, vol. 56, 1949, p. 177–179.

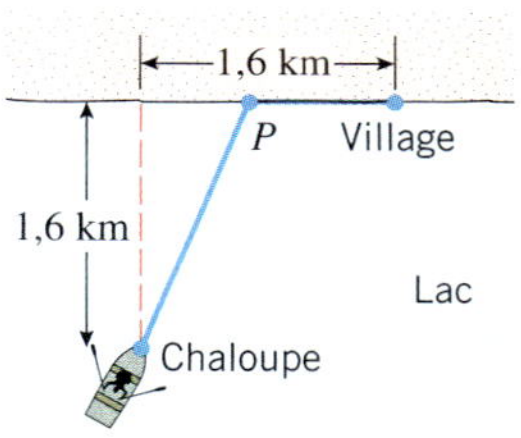

Figure Ex-56

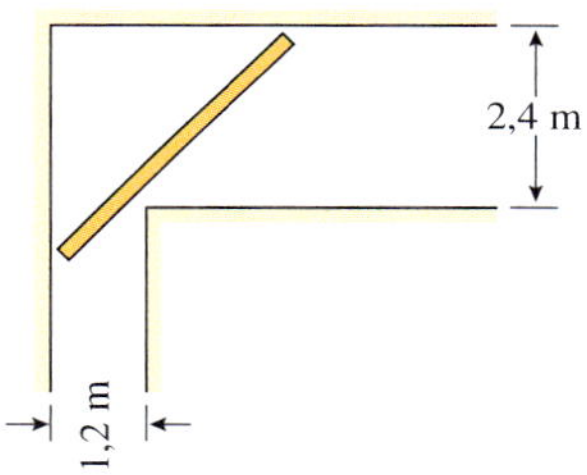

Figure Ex-57

58. Si on mesure n fois une quantité physique inconnue x, les mesures $x_1, x_2, \ldots, x_n$ varient souvent à cause de facteurs incontrôlables tels que la température, la pression atmosphérique, et ainsi de suite. Les scientifiques sont donc souvent appelés à composer avec n observations différentes pour estimer une valeur $\bar{x}$ d'une quantité inconnue x. L'une des méthodes utilisées s'appuie sur le ***principe des moindres carrés***, selon lequel la valeur estimée $\bar{x}$ devrait minimiser l'expression

$$s = (x_1 - \bar{x})^2 + (x_2 - \bar{x})^2 + \cdots + (x_n - \bar{x})^2$$

qui représente la somme des carrés des écarts entre la valeur estimée $\bar{x}$ et les valeurs mesurées. Montrer que l'estimation basée sur le principe des moindres carrés est donnée par

$$\bar{x} = \frac{1}{n}(x_1 + x_2 + \cdots + x_n)$$

ce qui signifie que $\bar{x}$ correspond à la moyenne arithmétique des valeurs observées.

59. Supposer que l'intensité lumineuse produite par une source ponctuelle soit directement proportionnelle à la puissance de la source et inversement proportionnelle au carré de la distance à la source. Deux sources lumineuses ponctuelles de puissance S et $8S$ sont à 90 cm l'une de l'autre. À quel endroit du segment qui relie les deux sources a-t-on la plus faible intensité totale?

60. Montrer que si $f(x) \geq 0$ sur un intervalle I et si $f(x)$ a une valeur maximum au point x_0 de I, alors $f(x)$ affiche également un maximum en x_0. Le même énoncé s'applique aux valeurs minimums. [*Indice :* Utiliser le fait que $\sqrt{x}$ est une fonction croissante sur l'intervalle $[0; +\infty[$.]

61. Considérant les points $A(2; 1)$ et $B(5; 4)$, trouver le point P de l'intervalle $[2; 5]$ situé sur l'axe des x, tel que l'angle APB soit maximal.

62. La bordure inférieure d'un tableau de 3 m de hauteur se trouve à 60 cm au-dessus du niveau de l'œil d'un observateur. Si le point de vue de l'observateur est le meilleur lorsque l'angle sous-tendu par le tableau depuis l'œil de l'observateur est maximal, à quelle distance du mur l'observateur devrait-il se tenir?

63. Le ***principe de Fermat*** (voir la biographie de Fermat à la page 285) énoncé en optique stipule que la lumière voyageant d'un point à un autre accompli le parcours total en un minimum de temps. Dans un milieu uniforme, les trajets qui minimisent le temps correspondent à ceux de la plus courte distance, de sorte que la lumière qui ne rencontre pas d'obstacle sur son chemin se déplace en ligne droite. Supposons qu'une source de lumière, un miroir plat et un observateur soient dans un milieu uniforme. Si un rayon lumineux émis par la source frappe le miroir et est réfléchi vers l'observateur, le parcours de la lumière sera formé de deux segments de droite tels qu'illustrés à la figure Ex-63. Selon le principe de Fermat, le trajet sera déterminé par le temps total t où, puisque le milieu est uniforme, le trajet sera tel que la distance totale de A à P et à B soit la plus courte possible. En supposant que le minimum corresponde à $\frac{dt}{dx} = 0$, montrer que le rayon lumineux frappera le miroir au point P où l'angle d'incidence θ_1 égale l'angle de réflexion θ_2.

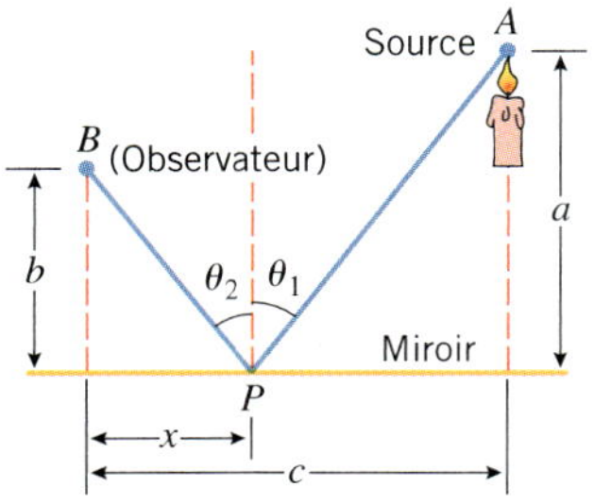

Figure Ex-63

64. Le principe de Fermat (exercice 63) explique également pourquoi les rayons lumineux changent de direction lorsqu'ils passent de l'air à l'eau (réfraction). Imaginer deux milieux uniformes (tels que l'air et l'eau) et un rayon lumineux issu d'une source A dans l'un des milieux qui se dirige vers un observateur B situé dans le second milieu (figure Ex-64). Il est connu que la lumière voyage à vitesse constante dans un milieu uniforme, mais plus lentement dans un milieu dense (tel que l'eau) que dans un milieu de faible densité (tel que l'air). En conséquence, le trajet qui relie A et B dans le minimum de temps n'est pas nécessairement une ligne droite, mais plutôt une ligne brisée passant par P, de sorte que la lumière profite au maximum de sa vitesse élevée dans le milieu de faible de densité. D'après la ***loi de la réfraction de Snell***, la lumière suivra une trajectoire telle que

$$\frac{\sin\theta_1}{v_1} = \frac{\sin\theta_2}{v_2}$$

où v_1 représente la vitesse de la lumière dans le premier milieu, v_2, la vitesse de la lumière dans le second milieu; θ_1 et θ_2 sont tels qu'indiqués à la figure Ex-64. Montrer que cette égalité découle de l'hypothèse que le trajet de temps minimum correspond à $\frac{dt}{dx} = 0$.

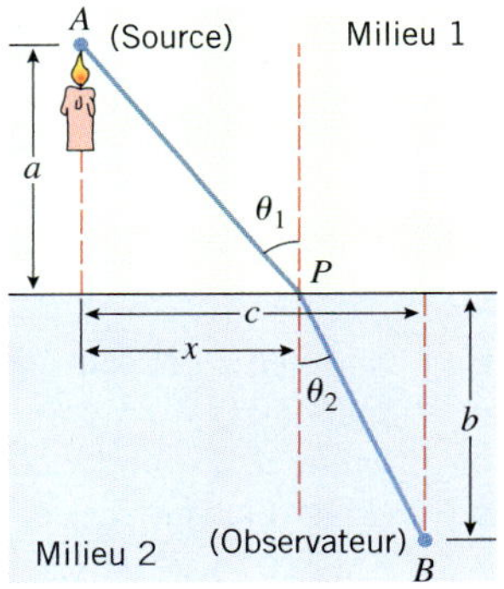

Figure Ex-64

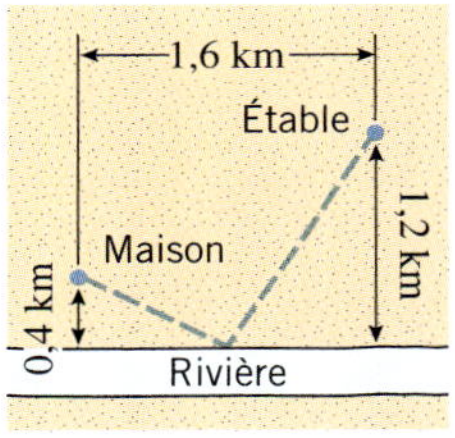

Figure Ex-65

65. Une fermière veut marcher à un rythme constant de l'étable jusqu'à la rivière (droite), remplir son seau et le transporter à la maison en prenant le minimum de temps.

(a) Expliquer de quelle façon on peut relier ce problème au principe de Fermat et au cas de réflexion de la lumière considéré à l'exercice 63.

(b) Utiliser l'énoncé de l'exercice 63 pour décrire géométriquement le meilleur trajet pour la fermière.

(c) Partant de la réponse donnée en (b), déterminer l'emplacement où la fermière devrait remplir son seau si la maison et l'étable sont situées tel qu'illustré à la figure Ex-65.

✔ VÉRIFICATION EXPRESS 4.5 – RÉPONSES

1. 2 **2.** 25 **3.** $\frac{4}{5}$ **4.** $\frac{1}{2}$

Willebrord van Roijen Snell (1591–1626) Mathématicien hollandais. Snell, qui a succédé à son père au poste de professeur de mathématiques à l'Université de Leyde en 1613, est surtout connu pour la loi de la réfraction de la lumière qui porte son nom. Bien que ce phénomène ait été étudié dès l'Antiquité par l'astronome grec Ptolémée, avant que Snell se penche sur la question, on croyait à tort que la relation était $\frac{\theta_1}{v_1} = \frac{\theta_2}{v_2}$. La loi de Snell a d'abord été publiée par Descartes en 1638 sans qu'il donne à Snell le crédit qui lui revenait. Snell a également découvert une méthode de calcul des distances par triangulation, qui a donné naissance aux techniques de cartographie moderne.

4.6 MÉTHODE DE NEWTON

À la section 2.5, nous avons appris à approximer les racines d'une équation $f(x) = 0$ en utilisant le théorème de la valeur intermédiaire ou en faisant un gros plan, avec l'aide d'un outil graphique, sur l'intersection entre l'axe des x et $y = f(x)$. Dans cette section, nous étudierons une technique, appelée « méthode de Newton », généralement plus efficace que les deux méthodes précédentes. Plusieurs programmes informatiques scientifiques et commerciaux s'appuient sur la méthode de Newton pour déterminer les zéros des fonctions.

MÉTHODE DE NEWTON

Dans les premiers pas en algèbre, on apprend qu'une équation du premier degré $ax + b = 0$ a pour racine $x = -\frac{b}{a}$ et qu'une équation du second degré de la forme

$$ax^2 + bx + c = 0$$

a pour racines les valeurs données par la formule quadratique. Il existe également des formules générales pour les racines des équations du troisième et du quatrième degré, mais elles sont trop complexes pour être pratiques. En 1826, le mathématicien norvégien Niels Henrik Abel a démontré qu'il est impossible d'établir une telle formule pour décrire les racines d'une équation *générale* du cinquième degré ou d'un degré supérieur. Ainsi, pour une équation polynomiale *particulière* telle que

$$x^5 - 9x^4 + 2x^3 - 5x^2 + 17x - 8 = 0$$

il peut être difficile, voire impossible, de trouver les valeurs exactes de toutes les racines. On rencontre des difficultés semblables avec des équations non polynomiales telles que

$$x - \cos x = 0$$

On trouve généralement les racines à ces équations en les approximant d'une façon ou d'une autre, souvent en ayant recours à la méthode que nous allons vous présenter.

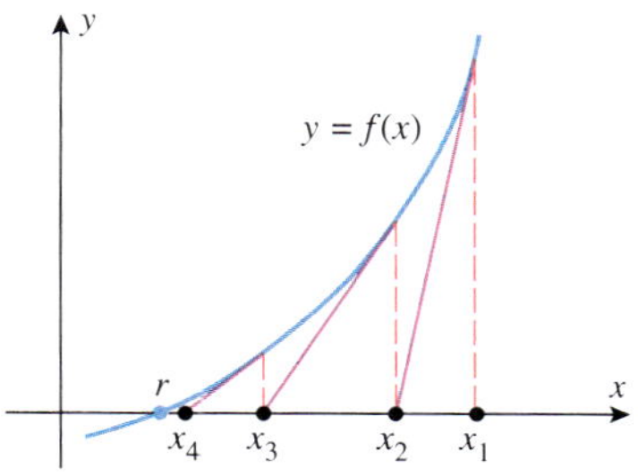

Figure 4.6.1

À supposer que l'on cherche une racine r de l'équation $f(x) = 0$ et que l'on obtienne, par une certaine méthode, une première valeur approximative de r, nommée x_1, obtenue par exemple en examinant l'intersection avec l'axe des x du tracé de $y = f(x)$ généré par un outil graphique. Si $f(x_1) = 0$, alors $r = x_1$. Si $f(x_1) \neq 0$, alors considérons un problème plus facile, celui de trouver une racine d'une équation linéaire. La meilleure approximation linéaire de $y = f(x)$ autour de $x = x_1$ est donnée par la tangente à la courbe de f en x_1 et il peut être raisonnable de penser que l'intersection de cette tangente avec l'axe des x donne une approximation améliorée de r. Appelons ce point x_2 (figure 4.6.1). On peut maintenant traiter x_2 comme nous l'avons fait avec x_1. Si $f(x_2) = 0$, alors $r = x_2$. Si $f(x_2) \neq 0$, alors on construit la tangente à la courbe de f en x_2 et on nomme x_3 l'intersection de cette tangente avec l'axe des x. En poursuivant de la même manière, on obtient une succession de valeurs $x_1, x_2, x_3, x_4, \ldots$ qui tendent généralement vers r. Cette méthode d'approximations successives de r est appelée ***méthode de Newton.****

Pour appliquer la méthode de Newton analytiquement, nous devons déduire une expression qui permettra de calculer chaque approximation améliorée à partir de la précédente. Dans ce but, on écrit, à partir du point et de la pente, l'équation de la tangente de $y = f(x)$ à l'approximation initiale x_1; on a

$$y - f(x_1) = f'(x_1)(x - x_1) \tag{1}$$

Si $f'(x_1) \neq 0$, alors la droite n'est pas parallèle à l'axe des x et elle croise cet axe en un point $(x_2; 0)$. En substituant les coordonnées de ce point dans (1), on obtient

$$-f(x_1) = f'(x_1)(x_2 - x_1)$$

On isole x_2 et l'on a

$$x_2 = x_1 - \frac{f(x_1)}{f'(x_1)} \tag{2}$$

Il est plus facile d'obtenir l'approximation suivante. En prenant x_2 comme point de départ et en nommant x_3 la nouvelle approximation, on peut simplement appliquer (2) en remplaçant x_1 par x_2 et x_2 par x_3. On trouve

$$x_3 = x_2 - \frac{f(x_2)}{f'(x_2)} \tag{3}$$

Niels Henrik Abel (1802–1829) Mathématicien norvégien. Fils d'un ministre luthérien pauvre et d'une mère d'une beauté remarquable, Abel hérita d'une apparence physique exceptionnelle. Dans sa courte vie de 26 ans, malgré une pauvreté virtuelle et une succession de coups durs, Abel réussit à prouver des théorèmes importants qui allaient modifier de façon profonde les mathématiques. À l'âge de treize ans, il fut envoyé loin de chez lui, dans une école qui avait connu de meilleurs jours longtemps auparavant. Par un coup de chance, on venait tout juste d'y embaucher un professeur du nom de Bernt Michael Holmboe, qui n'a pas tardé à reconnaître les prédispositions naturelles de son élève pour les mathématiques. Ils étudièrent ensemble les traités d'Euler sur le calcul différentiel, de même que les travaux de Newton et des mathématiciens français d'une époque plus récente. Lorsqu'il obtint son diplôme, Abel était familier avec la majeure partie des mathématiques d'importance. Son père mourut en 1820, laissant la famille dans une misère financière extrême. Abel put entrer à l'Université de Christiania, à Oslo, parce qu'on lui consentit une chambre gratuite et qu'un groupe de professeurs lui octroyèrent une pension prélevée à même leur salaire. L'université n'offrait pas de cours avancés en mathématiques et Abel dut se contenter de suivre un niveau préliminaire en 1822 et poursuivre ensuite en autodidacte ses études en mathématiques. En 1824, il publie à compte d'auteur la preuve que l'équation générale d'un polynôme de cinquième degré ne peut être résolue algébriquement. Espérant faire sa marque par cette publication et obtenir la reconnaissance et l'acceptation de la communauté mathématique européenne, Abel fait parvenir l'article à Gauss, grand mathématicien allemand, qui déclare avec désinvolture qu'il s'agit d'une « monstruosité » qu'il rejette sans ménagement. En 1826, cet article sur l'équation de degré cinq et d'autres travaux réalisés par Abel furent cependant publiés dans la première édition d'un nouveau journal fondé par son ami Leopold Crelle. Durant l'été de 1826, il complète un travail décisif sur les fonctions transcendantes et le soumet à l'Académie des sciences de France. Il espère ainsi s'imposer en tant que mathématicien respecté, puisque bon nombre de jeunes mathématiciens ont vite acquis de la notoriété après avoir vu leur travail accepté par l'Académie. Malheureusement, Abel attendit en vain parce que son article avait été ignoré ou mal classé par l'un des juges et ce travail réapparaîtra seulement deux ans après sa mort. Un grand mathématicien dira plus tard de cet article qu'il recèle « ...la plus importante découverte en mathématiques de notre siècle... » Après avoir soumis cet article, Abel retourne en Norvège, souffrant de tuberculose et croulant sous le poids des dettes. Alors qu'il gagne tout juste sa pitance en tant que tuteur, il poursuit des travaux exceptionnels et sa réputation gagne du terrain. On fera bientôt des pieds et des mains pour lui trouver un poste convenable en mathématiques. Craignant que son travail n'ait été perdu par l'Académie, il envoie à Crelle un courrier contenant une preuve des principaux résultats en janvier 1829. Il meurt en avril des suites d'une grave hémorragie. Deux jours plus tard, Crelle lui écrit pour lui annoncer qu'un poste l'attend à Berlin et que sa pauvreté est désormais chose du passé! Le fameux article d'Abel a finalement été publié par l'Académie douze ans après sa mort.

* Ntr: La méthode de Newton est aussi appelée méthode de Newton-Raphson.

à condition que $f'(x_2) \neq 0$. En général, si x_n représente la $n^{ième}$ approximation, alors il devient évident en examinant (2) et (3) que l'approximation améliorée x_{n+1} est donnée par

Méthode de Newton

$$x_{n+1} = x_n - \frac{f(x_n)}{f'(x_n)}, \quad n = 1, 2, 3, \ldots \tag{4}$$

▸ Exemple 1 Par la méthode de Newton, approximer les racines réelles de

$$x^3 - x - 1 = 0$$

Solution. Soit $f(x) = x^3 - x - 1$; on a $f'(x) = 3x^2 - 1$ et la formule (4) devient

$$x_{n+1} = x_n - \frac{x_n^3 - x_n - 1}{3x_n^2 - 1} \tag{5}$$

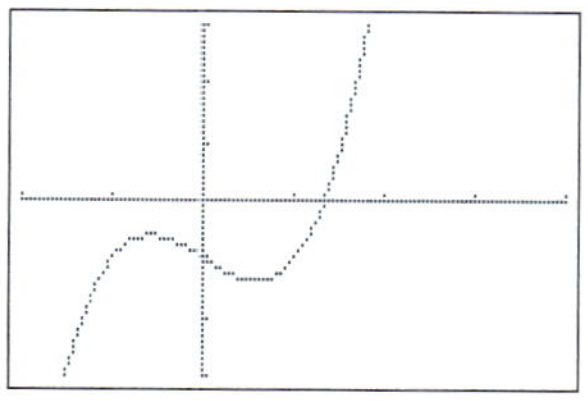

Figure 4.6.2

En examinant le graphique de f à la figure 4.6.2, on voit que l'équation donnée a une racine réelle unique, située entre 1 et 2 puisque $f(1) = -1 < 0$ et $f(2) = 5 > 0$. Nous allons utiliser $x_1 = 1,5$ comme première approximation ($x_1 = 1$ ou $x_1 = 2$ auraient aussi été des choix acceptables).

En posant $n = 1$ dans (5) et en substituant $x_1 = 1,5$, on obtient

$$x_2 = 1{,}5 - \frac{(1{,}5)^3 - 1{,}5 - 1}{3(1{,}5)^2 - 1} \approx 1{,}347\ 826\ 00 \tag{6}$$

(La calculatrice que nous utilisons affiche neuf chiffres.) Nous posons ensuite $n = 2$ dans (5) et remplaçons x_2 par sa valeur :

$$x_3 = x_2 - \frac{x_2^3 - x_2 - 1}{3x_2^2 - 1} \approx 1{,}325\ 200\ 40 \tag{7}$$

Si nous poursuivons jusqu'à l'obtention de deux approximations identiques (à neuf chiffres) l'une à la suite de l'autre, on trouve

$$\begin{aligned} x_1 &= 1{,}5 \\ x_2 &\approx 1{,}347\ 826\ 09 \\ x_3 &\approx 1{,}325\ 200\ 40 \\ x_4 &\approx 1{,}324\ 718\ 17 \\ x_5 &\approx 1{,}324\ 717\ 96 \\ x_6 &\approx 1{,}324\ 717\ 96 \end{aligned}$$

À cette étape, il n'est plus nécessaire de poursuivre parce que nous avons atteint la limite de précision de notre calculatrice et elle affichera probablement la même chose à toutes les approximations suivantes. Ainsi, la racine est approximativement $x \approx 1{,}324\ 717\ 96$. ◂

TECHNOLOGIE

Bien des calculatrices et des programmes informatiques gardent en mémoire interne davantage de chiffres qu'ils en affichent. Lorsque c'est possible, pour réinvestir les valeurs obtenues aux étapes précédentes des calculs, il vaut mieux utiliser les valeurs en mémoire plutôt que les valeurs affichées. Ainsi, à l'exemple 1, lorsqu'on substitue x_2 dans (7), il est préférable d'utiliser la valeur mémorisée dans l'appareil plutôt que celle affichée en (6).

▸ Exemple 2 À la figure 4.6.3, on voit clairement que si x est exprimé en radians, alors l'équation

$$\cos x = x$$

admet une racine entre 0 et 1. Utiliser la méthode de Newton pour approximer cette racine.

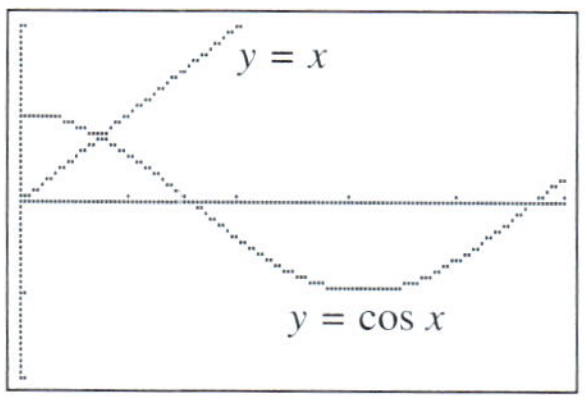

Figure 4.6.3

Solution. Récrivons d'abord l'équation sous la forme

$$x - \cos x = 0$$

Appliquons la formule (4) à $f(x) = x - \cos x$. Sachant que $f'(x) = 1 + \sin x$, la formule (4) devient

$$x_{n+1} = x_n - \frac{x_n - \cos x_n}{1 + \sin x_n} \tag{8}$$

Sur la figure 4.6.3, la racine paraît plus proche de $x = 1$ que de $x = 0$. Nous allons donc utiliser $x_1 = 1$ (radian) comme première approximation. En posant $n = 1$ dans (8) et en substituant $x_1 = 1$, on obtient

$$x_2 = 1 - \frac{1 - \cos 1}{1 + \sin 1} \approx 0{,}750\ 363\ 868$$

Posons maintenant $n = 2$ dans (8) et insérons la valeur de x_2 ci-dessus; on a alors

$$x_3 = x_2 - \frac{x_2 - \cos x_2}{1 + \sin x_2} \approx 0{,}739\ 112\ 891$$

En poursuivant de la même manière jusqu'à l'obtention de deux approximations successives identiques, on trouve

$$\begin{aligned} x_1 &= 1 \\ x_2 &\approx 0{,}750\ 363\ 868 \\ x_3 &\approx 0{,}739\ 112\ 891 \\ x_4 &\approx 0{,}739\ 085\ 133 \\ x_5 &\approx 0{,}739\ 085\ 133 \end{aligned}$$

Ainsi, à la limite de précision de notre calculatrice, la racine de l'équation $\cos x = x$ est $x \approx 0{,}739\ 085\ 133$. ◄

DIFFICULTÉS DE LA MÉTHODE DE NEWTON

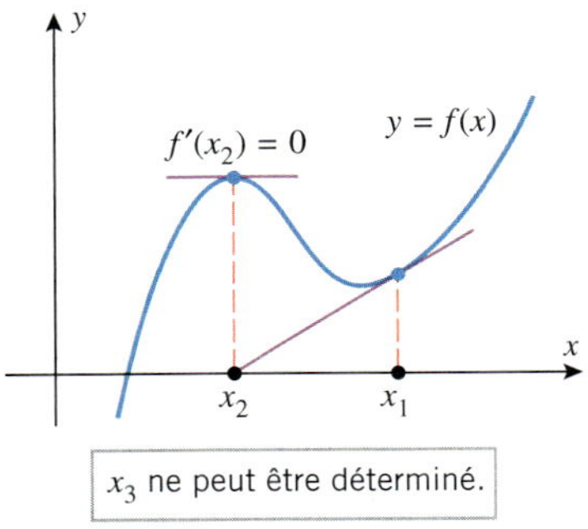

Figure 4.6.4

Lorsque la méthode de Newton fonctionne, les approximations convergent habituellement très rapidement vers la racine exacte. Cependant, il arrive que la méthode échoue. Par exemple, si $f'(x_n) = 0$ pour une valeur quelconque de n, la formule (4) implique une division par zéro et il est impossible alors de déterminer x_{n+1}. On peut cependant le prévoir parce que la tangente à $y = f(x)$ est parallèle à l'axe x lorsque $f'(x_n) = 0$ et cette tangente ne croise pas l'axe des x pour donner la prochaine approximation (figure 4.6.4).

La méthode de Newton peut également échouer pour d'autres raisons; elle peut parfois passer outre la racine que vous cherchez et converger vers une autre racine, ou encore ne pas converger du tout. Par exemple, prenons le cas de

$$x^{\frac{1}{3}} = 0$$

qui a pour unique racine $x = 0$ et essayons d'approximer cette racine par la méthode de Newton en prenant pour point de départ $x_0 = 1$. Si l'on pose $f(x) = x^{\frac{1}{3}}$, la formule (4) devient

$$x_{n+1} = x_n - \frac{(x_n)^{\frac{1}{3}}}{\frac{1}{3}(x_n)^{-\frac{2}{3}}} = x_n - 3x_n = -2x_n$$

En commençant avec $x_1 = 1$, les valeurs successives générées par la formule de Newton sont :

$$x_1 = 1, \quad x_2 = -2, \quad x_3 = 4, \quad x_4 = -8, \ldots$$

De toute évidence, ces valeurs ne convergent pas vers zéro. La figure 4.6.5 illustre la situation d'un point de vue géométrique.

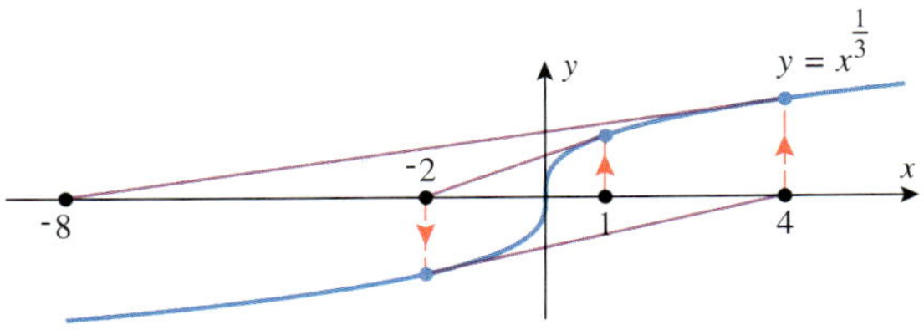

Figure 4.6.5

Pour mieux connaître les conditions où la méthode de Newton converge ou en savoir davantage sur les questions d'erreur, nous vous suggérons de consulter un ouvrage traitant d'analyse numérique. Pour une discussion approfondie sur la méthode de Newton et sa relation aux sujets contemporains que sont le chaos et les fractales, nous recommandons l'article de Philip Straffin, « Newton's Method and Fractal Patterns », paru dans *Applications of Calculus,* Notes de la MAA, vol. 3, nº 29, 1993, publié par l'Association américaine des mathématiques (*Mathematical Association of America*).

✔ VÉRIFICATION EXPRESS 4.6

(Réponses à la page 305.)

1. D'après le graphique de la figure Ex-1, estimer x_2 et x_3 en appliquant la méthode de Newton à l'équation $y = f(x)$ et en choisissant $x_1 = 8$.
2. Soit $f(1) = 2$ et $f'(1) = 4$. Si la méthode de Newton est appliquée à $y = f(x)$ en prenant $x_1 = 1$, alors $x_2 =$ ________.
3. Sachant que $f(0) = 3$ et que $x_2 = 3$ lorsque la méthode de Newton est appliquée à $y = f(x)$ en partant de $x_1 = 0$, alors $f'(0) =$ ________.
4. Si la méthode de Newton est appliquée à $y = x^5 - 2$ en partant de $x_1 = 1$, alors $x_2 =$ ________.

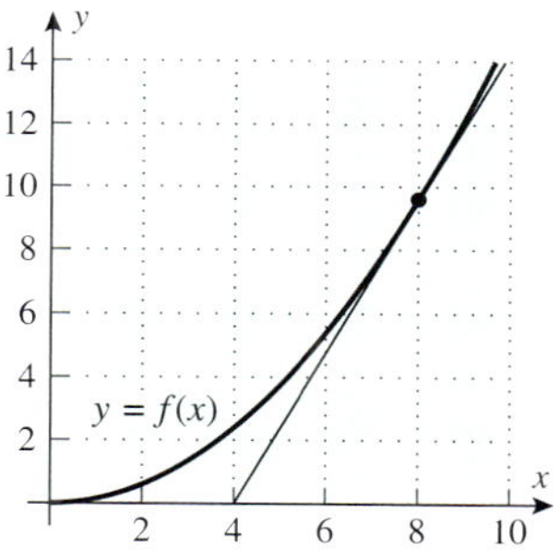

Figure Ex-1

SÉRIE D'EXERCICES 4.6

Outil graphique

Dans cette série d'exercices, donner la réponse en conservant autant de décimales que votre calculatrice peut afficher et utiliser la technique décrite dans l'encadré Technologie de la page 301.

1. Approximer $\sqrt{2}$ en appliquant la méthode de Newton à l'équation $x^2 - 2 = 0$.
2. Approximer $\sqrt{5}$ en appliquant la méthode de Newton à l'équation $x^2 - 5 = 0$.
3. Approximer $\sqrt[3]{6}$ en appliquant la méthode de Newton à l'équation $x^3 - 6 = 0$.
4. À quelle équation appliqueriez-vous la méthode de Newton pour approximer la $n^{ième}$ racine de a?

5–8 L'équation donnée admet une racine réelle. Approximer cette racine par la méthode de Newton.

5. $x^3 - 2x - 2 = 0$
6. $x^3 + x - 1 = 0$
7. $x^5 + x^4 - 5 = 0$
8. $x^5 - 3x + 3 = 0$

9–14 Utiliser un outil graphique pour déterminer le nombre de racines admises par l'équation et procéder ensuite par la méthode de Newton pour approximer la racine qui satisfait à la condition posée.

9. $x^4 + x^2 - 4 = 0;\ x < 0$
10. $x^5 - 5x^3 - 2 = 0;\ x > 0$
11. $2\cos x = x;\ x > 0$
12. $\sin x = x^2;\ x > 0$
13. $x - \tan x = 0;\ \frac{\pi}{2} < x < \frac{3\pi}{2}$
14. $1 + x^2 \sin(x) = 0;\ \frac{\pi}{2} < x < \frac{3\pi}{2}$

15–18 Utiliser un outil graphique pour déterminer le nombre de fois que les courbes se croisent; appliquer ensuite la méthode de Newton, si nécessaire, pour approximer les coordonnées x de tous les points d'intersection.

15. $y = x^3$ et $y = 1 - x$
16. $y = \sin x$ et $y = x^3 - 2x^2 + 1$
17. $y = x^2$ et $y = \sqrt{2x + 1}$
18. $y = \frac{1}{8}x^3 - 1$ et $y = \cos x - 2$
19. La ***méthode de Héron*** servant à approximer les racines carrées stipule que $\sqrt{a} \approx x_{n+1}$ où
$$x_{n+1} = \frac{1}{2}\left(x_n + \frac{a}{x_n}\right), \quad n = 1, 2, 3, \ldots$$
et x_1 est une approximation positive quelconque de $\sqrt{a}$.
(a) Appliquer la méthode de Newton à
$$f(x) = x^2 - a$$
pour déduire la méthode de Héron.
(b) Utiliser la méthode de Héron pour approximer $\sqrt{10}$.
20. Plusieurs calculatrices évaluent les inverses multiplicatifs en s'appuyant sur l'approximation $\frac{1}{a} \approx x_{n+1}$ où
$$x_{n+1} = x_n(2 - ax_n), \quad n = 1, 2, 3, \ldots$$

et x_1 est une approximation initiale à $\frac{1}{a}$. Cette formule permet d'effectuer des divisions en utilisant la multiplication et la soustraction, procédés plus rapides que l'application directe de la division.

(a) Appliquer la méthode de Newton à

$$f(x) = \frac{1}{x} - a$$

pour déduire cette formule d'approximation.

(b) Utiliser cette formule pour approximer $\frac{1}{17}$.

21. Utiliser la méthode de Newton pour approximer le minimum absolu de $f(x) = \frac{1}{4}x^4 + x^2 - 5x$.

22. Utiliser la méthode de Newton pour approximer le maximum absolu de $f(x) = x \sin x$ dans l'intervalle $[0; \pi]$.

23. Utiliser la méthode de Newton pour approximer les coordonnées du point de la parabole $y = x^2$ le plus rapproché du point $(1; 0)$.

24. Utiliser la méthode de Newton pour approximer les dimensions du rectangle qui peut être inscrit sous la courbe $y = \cos x$, où $0 \leq x \leq \frac{\pi}{2}$, comme sur la figure Ex-24, et qui permettent de maximiser l'aire du rectangle.

25. (a) Montrer que, sur un cercle de rayon r, l'angle au centre θ qui sous-tend un arc dont la longueur égale 1,5 fois la longueur L de sa corde satisfait à l'équation $\theta = 3\sin\left(\frac{\theta}{2}\right)$ (figure Ex-25).

(b) Approximer θ par la méthode de Newton.

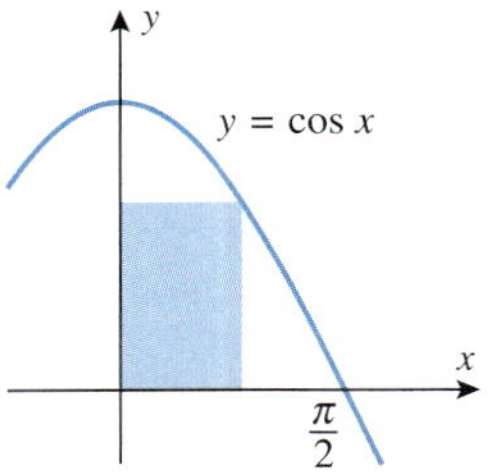

Figure Ex-24

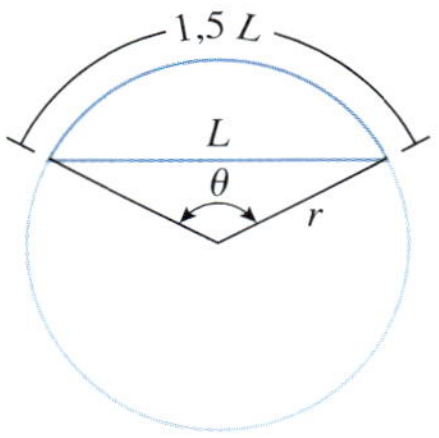

Figure Ex-25

26. Un ***segment*** d'un cercle correspond à la région délimitée par un arc et sa corde (figure Ex-26). Si r représente le rayon du cercle et θ, l'angle sous-tendu au centre du cercle, alors il peut être démontré que l'aire A du segment est donnée par $A = \frac{1}{2}r^2(\theta - \sin\theta)$, où θ est exprimé en radians. Trouver la valeur de θ telle que l'aire du segment corresponde au quart de l'aire du cercle. Donner θ au degré près.

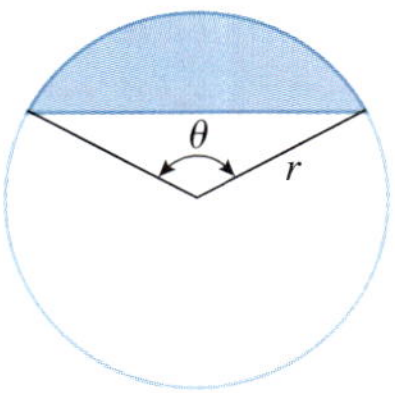

Figure Ex-26

27–29 Utiliser la méthode de Newton pour approximer toutes les valeurs réelles de y qui satisfont à l'équation donnée pour la valeur de x indiquée.

27. $xy^4 + x^3y = 1;\ x = 1$ **28.** $xy - \cos\left(\frac{1}{2}xy\right) = 0;\ x = 2$

29. Une ***annuité*** est une séquence de versements égaux effectués ou reçus à intervalles réguliers. Par exemple, vous pouvez décider de déposer des montants égaux à la fin de chaque année dans un compte d'épargne dans le but d'accumuler une somme forfaitaire après un certain temps. Si, à la fin de chaque année, un intérêt de $i \times 100\,\%$ sur le solde de l'année en cours est versé au compte, alors on dira que le compte rapporte $i \times 100\,\%$ d'intérêt, ***composé annuellement***. Il peut être démontré que si des versements de Q dollars sont déposés à la fin de chaque année dans un compte qui rapporte $i \times 100\,\%$ d'intérêt composé annuellement, alors au moment où le $n^{ième}$ paiement et l'intérêt de l'année écoulée seront déposés, le solde du compte $S(n)$ sera donné par

$$S(n) = \frac{Q}{i}[(1+i)^n - 1]$$

Si vous déposez 5000 \$ dans un compte d'épargne à la fin de chaque année et que votre objectif est d'accumuler 250 000 \$ au 25e versement, quel taux d'intérêt composé annuellement vous permettra d'atteindre votre objectif? [*Indice :* Montrer que le taux d'intérêt i satisfait à l'équation $50i = (1+i)^{25} - 1$ et trouver sa valeur par la méthode de Newton.]

JONGLONS AVEC LES CONCEPTS

30. (a) Produire le graphique de

$$f(x) = \frac{x}{x^2+1}$$

avec un outil graphique et l'utiliser pour expliquer ce qui se produit lorsqu'on applique la méthode de Newton en partant de $x_1 = 2$. Vérifier votre conclusion en calculant x_2, x_3, x_4 et x_5.

(b) D'après le graphique obtenu en (a), expliquer ce qui se produit si l'on applique la méthode de Newton en commençant avec $x_1 = 0,5$. Vérifier vos conclusions en calculant x_2, x_3, x_4 et x_5.

31. (a) Appliquer la méthode de Newton à $f(x) = x^2 + 1$ en partant de $x_1 = 0,5$ et vérifier si les valeurs de $x_2, \ldots, x_{10}$ semblent converger.

(b) Expliquer ce qui se produit.

32. Expliquer ce qui se passe si l'on applique la méthode de Newton à une fonction f lorsque la condition donnée ci-dessous est satisfaite pour une valeur quelconque de n.

(a) $f(x_n) = 0$ (b) $x_{n+1} = x_n$

(c) $x_{n+2} = x_n \neq x_{n+1}$

33. Soit f, une fonction dont la dérivée est continue en tout point. Lorsque la méthode de Newton est appliquée à f, supposer qu'il existe un nombre réel c tel que l'inégalité ci-dessous est satisfaite pour les valeurs de $n = 1, 2, 3, \ldots$.

$$|x_n - c| < \frac{1}{n}$$

(a) Expliquer pourquoi l'on a
$$|x_{n+1} - x_n| < \frac{2}{n}$$
pour les valeurs de $n = 1, 2, 3, \ldots$.

(b) Montrer qu'il existe une constante positive M telle que
$$|f(x_n)| \le M|x_{n+1} - x_n| < \frac{2M}{n}$$
pour les valeurs de $n = 1, 2, 3, \ldots$.

(c) Prouver que si $f(c) \neq 0$, alors il existe un entier positif N tel que
$$\frac{|f(c)|}{2} < |f(x_n)|$$
lorsque $n > N$. [*Indice :* Soutener que $f(x) \to f(c)$ lorsque $x \to c$ et appliquer ensuite la définition 2.4.1 en prenant $\epsilon = \frac{1}{2}|f(c)|$.]

(d) Quelle conclusion tirez-vous des parties (b) et (c)?

34. Quels sont les éléments importants du raisonnement proposé à l'exercice 33? Pouvez-vous étendre ce raisonnement à un plus large éventail de fonctions?

✔ VÉRIFICATION EXPRESS 4.6 – RÉPONSES

1. $x_2 \approx 4$, $x_3 \approx 2$ **2.** $\frac{1}{2}$ **3.** -1 **4.** 1,2

4.7 THÉORÈME DE ROLLE; THÉORÈME DE LA MOYENNE

Cette section est consacrée au théorème de la moyenne. Ce théorème a des conséquences si importantes qu'il est souvent vu comme l'un des principes fondamentaux du calcul différentiel.

THÉORÈME DE ROLLE

Voyons d'abord le théorème de Rolle, un cas particulier du théorème de la moyenne, nommé en l'honneur du mathématicien Michel Rolle. Ce théorème décrit un fait qui semble évident d'un point de vue géométrique : si la courbe d'une fonction dérivable coupe l'axe des x en deux endroits, a et b, alors il existe au moins un point situé entre a et b où la tangente est horizontale (figure 4.7.1). L'énoncé précis du théorème est donné ci-après.

Michel Rolle (1652–1719) Mathématicien français. Rolle, fils de commerçant, reçut seulement une éducation élémentaire. Il se maria tôt et, jeune homme, dut travailler fort pour faire vivre sa famille de ses maigres revenus de copiste pour les notaires et les avocats. En dépit de ses difficultés financières et d'une instruction réduite, Rolle réussit à étudier en autodidacte l'algèbre et l'analyse diophantienne (branche de la théorie des nombres). La chance tournera du tout au tout pour Rolle en 1682, avec la publication d'une solution élégante à un problème difficile et non résolu de l'analyse diophantienne. La reconnaissance publique de ses travaux lui valut l'appui financier du ministre Louvois, un poste d'enseignant des mathématiques à l'élémentaire et par la suite, un poste administratif à court terme au ministère de la Guerre. En 1685, il entre à l'Académie des sciences où il occupera un poste au bas de l'échelle, pour lequel il ne recevra pas de salaire régulier jusqu'en 1699. Il restera à l'Académie jusqu'à sa mort, qui survint à la suite d'une apoplexie en 1719.

Bien que le point fort de Rolle ait toujours été l'analyse diophantienne, son ouvrage le plus important demeure son *Traité d'algèbre,* consacré à l'algèbre des équations et publié en 1690. Dans ce livre, Rolle établit solidement la notation $\sqrt[n]{a}$ (auparavant écrite $\sqrt{(n)\ a}$) pour désigner la racine $n^{ième}$ de a et prouve une version polynomiale du théorème qui porte aujourd'hui son nom. (Le théorème de Rolle a été nommé ainsi par Giusto Bellavitis en 1846.) Ironiquement, Rolle était l'un des plus farouches adversaires du calcul différentiel. Il s'évertuait intentionnellement à démontrer qu'il donne des résultats erronés et qu'il est construit sur des raisonnements sans fondement. Sa contestation fut si virulente que l'Académie des sciences dut intervenir en plusieurs occasions. Parmi ses principales réalisations, Rolle a fait évoluer l'idée de l'ordre des nombres négatifs tel qu'il est aujourd'hui accepté. Descartes, par exemple, considérait -2 plus petit que -5. Rolle était en avance sur la plupart de ses contemporains en adoptant la convention actuelle dès 1691.

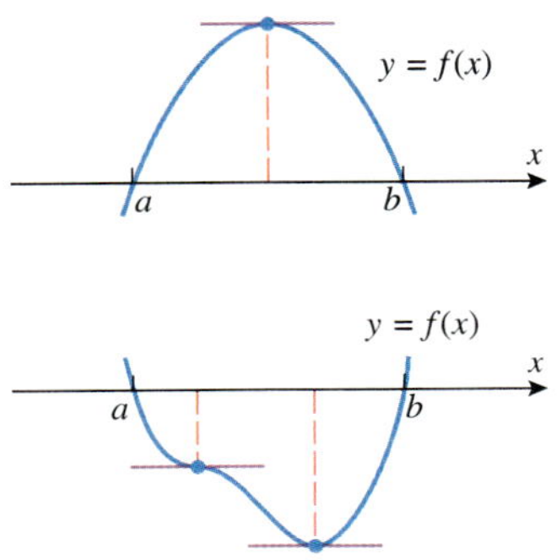

Figure 4.7.1

4.7.1 THÉORÈME (*Théorème de Rolle*). *Soit f, une fonction continue sur l'intervalle fermé $[a; b]$ et dérivable sur l'intervalle ouvert $]a; b[$. Si*

$$f(a) = 0 \quad \text{et} \quad f(b) = 0$$

alors il existe au moins un point c compris dans l'intervalle $]a; b[$ tel que $f'(c) = 0$.

PREUVE. Nous allons diviser la preuve en trois parties : le cas où $f(x) = 0$ pour tout x appartenant à $]a; b[$, le cas où $f(x) > 0$ en un point quelconque de $]a; b[$ et le cas où $f(x) < 0$ en un point quelconque de $]a; b[$.

1er CAS. Si $f(x) = 0$ pour tout x appartenant à $]a; b[$, alors $f'(c) = 0$ en tout point c de $]a; b[$ parce que la fonction f est constante sur cet intervalle.

2e CAS. Supposons que $f(x) > 0$ en un point quelconque de $]a; b[$. Puisque f est continue sur $[a; b]$, d'après le théorème de la valeur extrême (4.4.2), f admet un maximum absolu dans $[a; b]$. Ce maximum absolu ne peut se trouver aux extrémités de $[a; b]$ parce que $f(a) = f(b) = 0$ et que nous avons supposé que $f(x) > 0$ en un point de $]a; b[$. Le maximum absolu doit donc correspondre à un point c de $]a; b[$. D'après le théorème 4.4.3, c est un point critique de f et puisque f est dérivable sur $]a; b[$, ce point critique doit également être stationnaire, c'est-à-dire $f'(c) = 0$.

3e CAS. Supposons que $f(x) < 0$ en un point quelconque de $]a; b[$. La preuve suit un raisonnement semblable à celui utilisé pour le 2e cas. Nous en omettons donc la présentation. ■

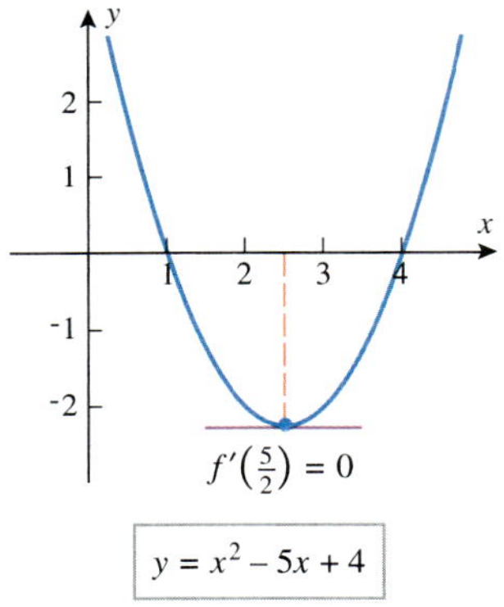

Figure 4.7.2

► **Exemple 1** Trouver les deux valeurs de x où la fonction f définie par $f(x) = x^2 - 5x + 4$ coupe l'axe des x et confirmer que $f'(c) = 0$ en un point c situé entre ces deux valeurs.

Solution. Mettons d'abord en facteur la fonction f :

$$x^2 - 5x + 4 = (x - 1)(x - 4)$$

La fonction croise l'axe en $x = 1$ et en $x = 4$. Puisque f est continue et dérivable en tout point, les hypothèses du théorème de Rolle sont satisfaites sur l'intervalle $[1; 4]$. Nous sommes ainsi assurés qu'il existe au moins un point c de l'intervalle $]1; 4[$ tel que $f'(c) = 0$. Écrivons maintenant la dérivée de f :

$$f'(x) = 2x - 5$$

La solution de $f'(x) = 0$ donne $x = \frac{5}{2}$, de sorte que $c = \frac{5}{2}$ est un point de l'intervalle $]1; 4[$ où $f'(c) = 0$ (figure 4.7.2). ◄

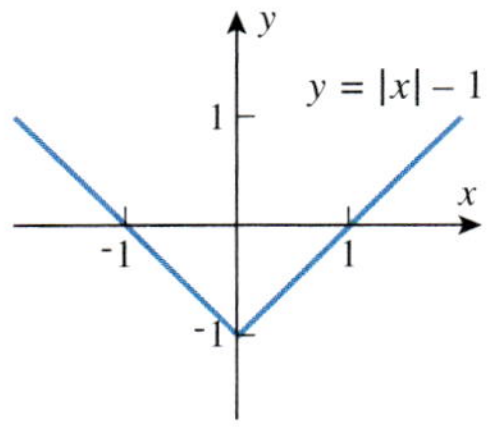

Figure 4.7.3

► **Exemple 2** La condition de dérivabilité imposée dans le théorème de Rolle est essentielle. Il peut suffire d'un seul point de l'intervalle $]a; b[$ où f n'est pas dérivable pour que le théorème ne puisse s'appliquer. Par exemple, la fonction f définie par $f(x) = |x| - 1$ représentée à la figure 4.7.3 possède des racines en $x = -1$ et en $x = 1$, mais aucun point de l'intervalle $]-1; 1[$ ne donne lieu à une tangente horizontale. ◄

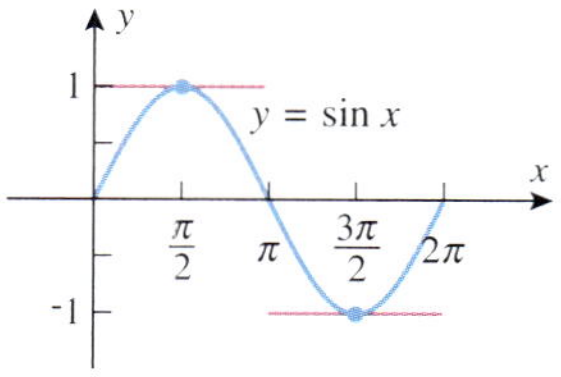

Figure 4.7.4

Dans les exemples 1 et 3, nous étions en mesure de trouver les valeurs exactes de c parce que l'équation $f'(x) = 0$ était facile à résoudre. Cependant, dans les applications du théorème de Rolle, l'*existence* de c a souvent plus d'importance que la valeur de c elle-même.

▶ **Exemple 3** Si f satisfait aux conditions imposées sur $[a; b]$ dans le théorème de Rolle, alors le théorème garantit l'existence d'*au moins* un point c de $]a; b[$ tel que $f'(c) = 0$. Il peut cependant y avoir plus d'un point c qui remplit ces conditions. Par exemple, la fonction $f(x) = \sin x$ est continue et dérivable en tout point, de sorte que les hypothèses du théorème de Rolle sont vérifiées sur l'intervalle $[0; 2\pi]$ dont les extrémités sont des zéros de f. Tel qu'illustré à la figure 4.7.4, l'intervalle $]0; 2\pi[$ comprend deux points de f où la tangente est horizontale, soit $c_1 = \frac{\pi}{2}$ et $c_2 = \frac{3\pi}{2}$. ◀

THÉORÈME DE LA MOYENNE

Le théorème de Rolle est un cas particulier d'un énoncé plus général appelé ***théorème de la moyenne****. Géométriquement, ce théorème stipule que, entre deux points quelconques $A(a;\ f(a))$ et $B(b;\ f(b))$ de la courbe d'une fonction f dérivable, il existe au moins un point de la courbe où la tangente est parallèle à la sécante qui relie les points A et B (figure 4.7.5).

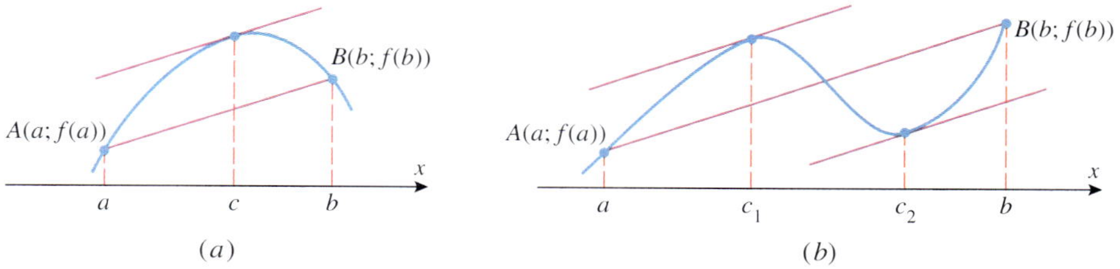

Figure 4.7.5

Notez que la pente de la sécante qui relie $A(a;\ f(a))$ et $B(b;\ f(b))$ est donnée par

$$\frac{f(b) - f(a)}{b - a}$$

et que la pente de la tangente en c (figure 4.7.5*a*) est $f'(c)$. De même, à la figure 4.7.5*b*, les pentes des tangentes en c_1 et c_2 sont respectivement $f'(c_1)$ et $f'(c_2)$. Sachant que les droites non verticales parallèles ont la même pente, le théorème de la moyenne peut être énoncé comme suit.

> **4.7.2 THÉORÈME (*Théorème de la moyenne*).** *Si f est une fonction continue sur l'intervalle fermé $[a; b]$ et dérivable sur l'intervalle ouvert $]a; b[$, alors il existe au moins un point c de $]a; b[$ tel que*
>
> $$f'(c) = \frac{f(b) - f(a)}{b - a} \qquad (1)$$

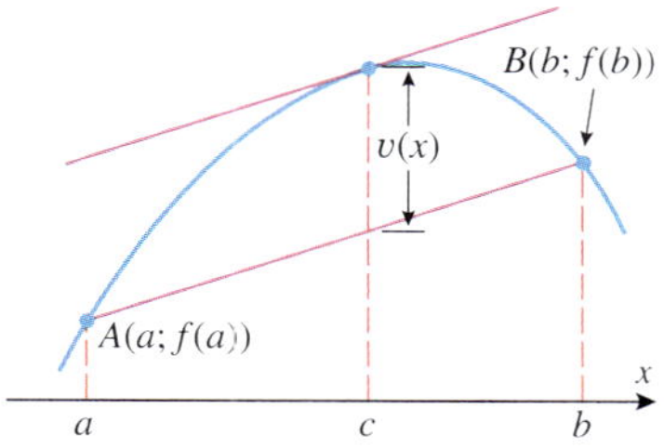

La tangente est parallèle à la sécante là où on a la plus grande distance verticale $v(x)$ qui sépare la sécante de la courbe de f.

Figure 4.7.6

MOTIF DE LA PREUVE DU THÉORÈME 4.7.2. La figure 4.7.6 suggère que l'égalité (1) sera valide (c'est-à-dire que la tangente sera parallèle à la sécante) en un point c où la distance verticale qui sépare la courbe de la sécante est la plus grande. Pour démontrer le théorème de la moyenne, il est donc naturel de chercher d'abord une expression de la distance verticale $v(x)$ qui sépare la courbe $y = f(x)$ de la sécante reliant $(a;\ f(a))$ et $(b;\ f(b))$.

* Le théorème de la moyenne est aussi appelé *théorème de la valeur moyenne*, *théorème des accroissements finis* ou *théorème de Lagrange*. *Ndlt*

PREUVE DU THÉORÈME 4.7.2. L'équation de la sécante obtenue à partir des deux points $(a; f(a))$ et $(b; f(b))$ est

$$y - f(a) = \frac{f(b) - f(a)}{b - a}(x - a)$$

Cette équation est équivalente à celle-ci

$$y = \frac{f(b) - f(a)}{b - a}(x - a) + f(a)$$

La différence $v(x)$ entre la hauteur de la courbe de f et la hauteur de la sécante a pour expression

$$v(x) = f(x) - \left[\frac{f(b) - f(a)}{b - a}(x - a) + f(a)\right] \tag{2}$$

Sachant que f est continue sur $[a; b]$ et dérivable sur $]a; b[$, il en va de même pour $v(x)$. De plus,

$$v(a) = 0 \quad \text{et} \quad v(b) = 0$$

de sorte que $v(x)$ vérifie les hypothèses du théorème de Rolle sur l'intervalle $[a; b]$. Il existe donc un point c de $]a; b[$ tel que $v'(c) = 0$. Mais l'équation (2) donne

$$v'(x) = f'(x) - \frac{f(b) - f(a)}{b - a}$$

de sorte que

$$v'(c) = f'(c) - \frac{f(b) - f(a)}{b - a}$$

Or $v'(c) = 0$, on a

$$f'(c) = \frac{f(b) - f(a)}{b - a}$$

■

▶ **Exemple 4** Montrer que la fonction f définie par $f(x) = \frac{1}{4}x^3 + 1$ vérifie les hypothèses du théorème de la moyenne sur l'intervalle $[0; 2]$ et trouver les valeurs de c comprises dans l'intervalle $]0; 2[$ où la tangente à la courbe de f est parallèle à la sécante qui relie les points $(0; f(0))$ et $(2; f(2))$.

Solution. La fonction f étant polynomiale, elle est continue et dérivable en tout point. En particulier, f est continue sur $[0; 2]$ et dérivable sur $]0; 2[$, de sorte que les hypothèses du théorème de la moyenne sont satisfaites en prenant $a = 0$ et $b = 2$. Mais l'on a

$$f(a) = f(0) = 1, \qquad f(b) = f(2) = 3$$

$$f'(x) = \frac{3x^2}{4}, \qquad f'(c) = \frac{3c^2}{4}$$

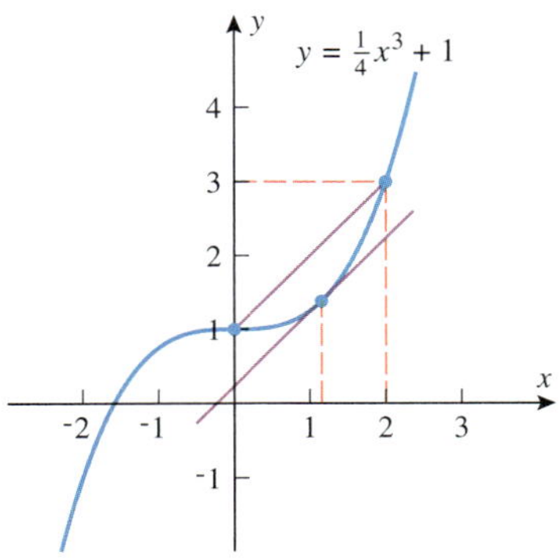

Figure 4.7.7

et dans ce cas, l'égalité (1) devient

$$\frac{3c^2}{4} = \frac{3 - 1}{2 - 0} \quad \text{ou} \quad 3c^2 = 4$$

Cette équation admet les deux solutions $c = \pm\frac{2}{\sqrt{3}} \approx \pm 1{,}15$. Cependant, seule la racine positive appartient à l'intervalle $]0; 2[$; cette valeur de c concorde avec le graphique de la figure 4.7.7. ◀

INTERPRÉTATION DE LA VITESSE D'APRÈS LE THÉORÈME DE LA MOYENNE

L'interprétation du théorème de la moyenne est intéressante dans le cas où $x = f(t)$ représente la position en fonction du temps d'une automobile en mouvement sur une route rectiligne. Dans ce cas, le membre de droite de l'égalité (1) correspond à la vitesse moyenne de l'automobile dans l'intervalle de temps qui s'étend de $a \le t \le b$ et le membre de gauche décrit la vitesse instantanée au temps $t = c$. On déduit du théorème de la moyenne qu'il existe au moins un instant durant l'intervalle où la vitesse instantanée est égale à la vitesse moyenne. Ce fait est en accord avec notre expérience concrète – si la vitesse moyenne est de 64 km/h durant un voyage, alors l'indicateur de vitesse affiche forcément 64 km/h à un moment ou à un autre du voyage.

► **Exemple 5** Vous conduisez sur la portion droite d'une autoroute où la vitesse limite est de 90 km/h. À 8 h 05, une voiture de police mesure votre vitesse à 80 km/h et à 8 h 10, une seconde voiture de police postée 8 km plus loin évalue votre vitesse à 90 km/h. Expliquer pourquoi le policier a le droit de vous donner une contravention pour excès de vitesse.

Solution. Vous avez parcouru 8 km en 5 min $\left(\frac{1}{12}\text{ h}\right)$, de sorte que votre vitesse moyenne atteignait 96 km/h. Le théorème de la moyenne assure les policiers que votre vitesse instantanée a atteint 96 km/h au moins une fois dans la portion considérée de 8 km d'autoroute. ◄

CONSÉQUENCES DU THÉORÈME DE LA MOYENNE

Au début de cette section, nous avons mentionné que le théorème de la moyenne était le point de départ de plusieurs autres théorèmes importants du calcul différentiel. À titre d'exemple, nous allons l'utiliser pour démontrer le théorème 4.1.2, l'un des outils fondamentaux que nous avons utilisés pour analyser les graphiques des fonctions.

4.1.2 THÉORÈME (*Reprise*). *Soit une fonction f continue sur un intervalle fermé $[a; b]$ et dérivable sur l'intervalle ouvert $]a; b[$.*

(a) *Si $f'(x) > 0$ pour toute valeur de x appartenant à $]a; b[$, alors f est croissante sur $[a; b]$.*

(b) *Si $f'(x) < 0$ pour toute valeur de x appartenant à $]a; b[$, alors f est décroissante sur $[a; b]$.*

(c) *Si $f'(x) = 0$ pour toute valeur de x appartenant à $]a; b[$, alors f est constante sur $[a; b]$.*

PREUVE (*a*). Soit x_1 et x_2, des points de $[a; b]$ tels que $x_1 < x_2$. Nous devons démontrer que $f(x_1) < f(x_2)$. Sachant que les hypothèses du théorème de la moyenne sont vérifiées sur tout l'intervalle $[a; b]$, elles sont forcément vérifiées sur $[x_1; x_2]$. Il existe donc un point c de l'intervalle ouvert $]x_1; x_2[$ tel que

$$f'(c) = \frac{f(x_2) - f(x_1)}{x_2 - x_1}$$

ou, de manière équivalente,

$$f(x_2) - f(x_1) = f'(c)(x_2 - x_1) \qquad (3)$$

Puisque c appartient à l'intervalle ouvert $]x_1; x_2[$, on sait que $a < c < b$ et en conséquence, $f'(c) > 0$. Cependant $x_2 - x_1 > 0$ car nous avons supposé que $x_1 < x_2$. On déduit de (3) que $f(x_2) - f(x_1) > 0$ d'où $f(x_1) < f(x_2)$, ce qu'il fallait démontrer. Les preuves des parties (*b*) et (*c*) suivent un raisonnement similaire et sont laissées en exercices. ■

THÉORÈME DE LA DIFFÉRENCE CONSTANTE

Nous avons vu auparavant que la dérivée d'une constante est nulle. La partie (c) du théorème 4.1.2 est la réciproque de cet énoncé; en effet, elle stipule qu'une fonction dont la dérivée est nulle sur un intervalle doit être constante sur cet intervalle. Si on applique cette idée à la différence entre deux fonctions, on obtient un théorème très utile.

4.7.3 THÉORÈME (*Théorème de la différence constante*). *Si f et g sont dérivables sur un intervalle I et si $f'(x) = g'(x)$ pour tout x de I, alors $f - g$ est constante sur I; autrement dit, il existe une constante k telle que $f(x) - g(x) = k$, c'est-à-dire*

$$f(x) = g(x) + k$$

pour tout x de I.

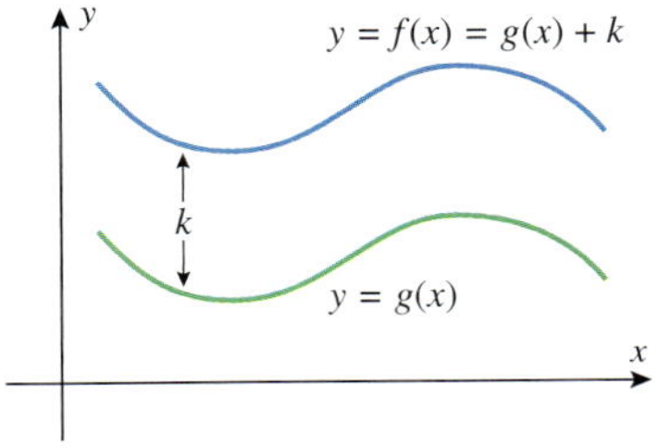

Si $f'(x) = g'(x)$ sur un intervalle, alors les courbes de f et g sont des translations verticales l'une de l'autre.

Figure 4.7.8

PREUVE. Soit x_1 et x_2, deux points quelconques de I tels que $x_1 < x_2$. Sachant que les fonctions f et g sont dérivables sur I, elles sont continues sur I. Puisque $[x_1; x_2]$ est un sous-intervalle de I, il s'ensuit que f et g sont continues sur $[x_1; x_2]$ et dérivables sur $]x_1; x_2[$. De plus, les propriétés de base des dérivées et la continuité permettent de dire que le même raisonnement s'applique à la fonction

$$F(x) = f(x) - g(x)$$

Puisque $F'(x) = f'(x) - g'(x) = 0$, la partie ($c$) du théorème 4.1.2 permet d'écrire que $F(x) = f(x) - g(x)$ est constante sur l'intervalle $[x_1; x_2]$. On en déduit que $f(x) - g(x)$ a la même valeur pour tous les points x_1 et x_2 de I, ce qui signifie que $f - g$ est constante sur I. ■

Géométriquement, le théorème de la différence constante nous dit que si f et g ont la même dérivée sur un intervalle, alors les courbes de f et g sont des translations verticales l'une de l'autre sur cet intervalle (figure 4.7.8).

✔ VÉRIFICATION EXPRESS 4.7 *(Réponses à la page 313.)*

1. Soit $f(x) = x^2 - x$.
   (a) f vérifie les hypothèses du théorème de Rolle dans l'intervalle ________.
   (b) Considérant la fonction f et l'intervalle donné en (a), trouver toutes les valeurs de c qui satisfont à la conclusion du théorème de Rolle.

2. Considérant le graphique de f présenté à la figure Ex-2, trouver un intervalle $[a; b]$ où le théorème de Rolle s'applique à la fonction f et déterminer toutes les valeurs de c appartenant à cet intervalle qui satisfont à la conclusion du théorème.

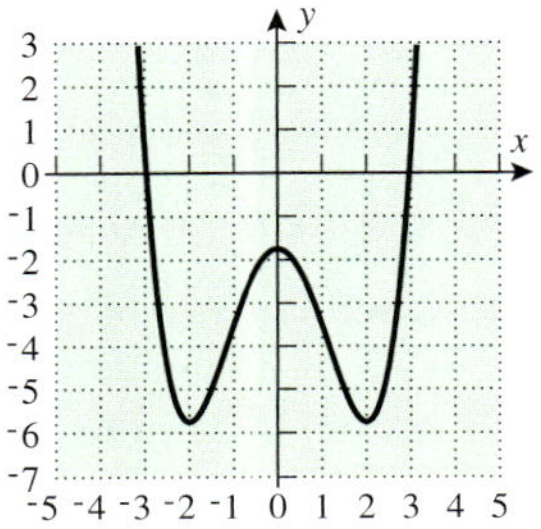

Figure Ex-2

3. Soit $f(x) = x^2 - x$.
   (a) Trouver un point b tel que la pente de la sécante passant par $(0; 0)$ et $(b; f(b))$ égale l'unité.
   (b) Trouver toutes les valeurs de c qui satisfont à la conclusion du théorème de la moyenne pour la fonction f sur l'intervalle $[0; b]$, si b est le point trouvé en (a).

4. À l'aide du graphique de f donné (figure Ex-4), estimer toutes les valeurs de c qui satisfont à la conclusion du théorème de la moyenne sur les intervalles
   (a) $[0; 8]$ (b) $[0; 4]$.

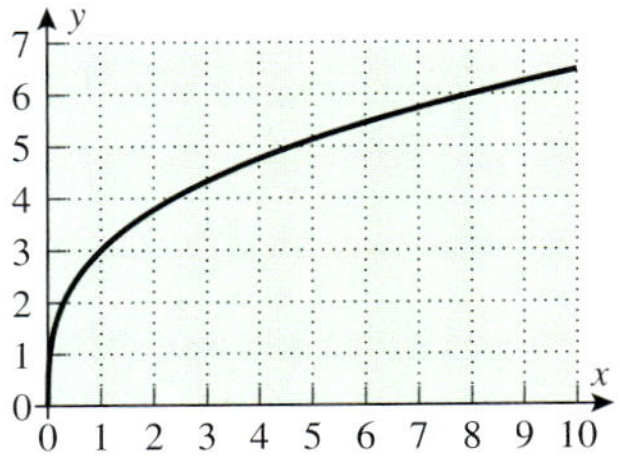

Figure Ex-4

5. Trouver une fonction f telle que le point $(1; 5)$ appartienne à la courbe de f et telle que pour toute valeur de x_0, la tangente à la courbe de f en x_0 soit parallèle à la tangente à la courbe de $y = x^2$ en x_0.

SÉRIE D'EXERCICES 4.7

Outil graphique

1–6 S'assurer que les hypothèses du théorème de Rolle sont satisfaites sur l'intervalle donné et trouver toutes les valeurs de c de cet intervalle prévues par le théorème.

1. $f(x) = x^2 - 8x + 15;\ [3; 5]$

2. $f(x) = x^3 - 3x^2 + 2x;\ [0; 2]$

3. $f(x) = \cos x;\ \left[\frac{\pi}{2}; \frac{3\pi}{2}\right]$

4. $f(x) = \dfrac{(x^2-1)}{x-2};\ [\text{-}1; 1]$

5. $f(x) = \frac{1}{2}x - \sqrt{x};\ [0; 4]$

6. $f(x) = \dfrac{1}{x^2} - \dfrac{4}{3x} + \dfrac{1}{3};\ [1; 3]$

7–12 S'assurer que les hypothèses du théorème de la moyenne sont vérifiées sur l'intervalle donné et trouver toutes les valeurs de c de cet intervalle prévues par le théorème.

7. $f(x) = x^2 - x;\ [\text{-}3; 5]$

8. $f(x) = x^3 + x - 4;\ [\text{-}1; 2]$

9. $f(x) = \sqrt{x+1};\ [0; 3]$

10. $f(x) = x - \dfrac{1}{x};\ [3; 4]$

11. $f(x) = \sqrt{25 - x^2};\ [\text{-}5; 3]$

12. $f(x) = \dfrac{1}{x-1};\ [2; 5]$

13. (a) Déterminer un intervalle $[a; b]$ pour lequel

$$f(x) = x^4 + x^3 - x^2 + x - 2$$

satisfait aux hypothèses du théorème de Rolle.

(b) Tracer le graphique de $f'(x)$ et l'utiliser pour estimer approximativement toutes les valeurs de c de l'intervalle obtenu en (a) prévues par le théorème de Rolle.

(c) Utiliser la méthode de Newton pour améliorer la précision des valeurs estimées en (b).

14. Soit $f(x) = x^3 - 4x$.

(a) Écrire l'équation de la sécante qui passe par les points $(\text{-}2; f(\text{-}2))$ et $(1; f(1))$.

(b) Montrer qu'il existe un seul point c de l'intervalle $]\text{-}2; 1[$ prévues par le théorème de la moyenne appliqué à la sécante donnée en (a).

(c) Écrire l'équation de la tangente à la courbe de f au point $(c; f(c))$.

(d) Utiliser un outil graphique pour générer, sur le même système d'axes, la sécante de la partie (a) et la tangente de la partie (c). Vérifier visuellement si les deux droites sont bien parallèles.

JONGLONS AVEC LES CONCEPTS

15. Soit $f(x) = \tan x$.

(a) Montrer qu'il n'existe aucun point c de l'intervalle $]0; \pi[$ tel que $f'(c) = 0$, même si $f(0) = f(\pi) = 0$.

(b) Expliquer pourquoi l'énoncé de la partie (a) ne contredit pas le théorème de Rolle.

16. Soit $f(x) = x^{\frac{2}{3}}$, $a = \text{-}1$ et $b = 8$.

(a) Montrer qu'il n'existe aucun point c à l'intérieur de $]a; b[$ tel que

$$f'(c) = \frac{f(b) - f(a)}{b - a}$$

(b) Expliquer pourquoi l'énoncé de la partie (a) ne contredit pas le théorème de la moyenne.

17. (a) Montrer que si f est dérivable sur $]\text{-}\infty; +\infty[$ et si l'on superpose sur le même graphique $y = f(x)$ et $y = f'(x)$, alors entre deux intersections de f avec l'axe des x, il se trouve au moins une intersection de f'.

(b) Donner des exemples pour illustrer (a).

18. Revoir les expressions (10) et (11) vues à la section 3.1 et utiliser le théorème de la moyenne pour montrer que si f est dérivable sur $]\text{-}\infty; +\infty[$, alors pour tout intervalle $[x_0; x_1]$, il existe au moins un point de $]x_1; x_2[$ où le taux de variation instantané de y par rapport à x est égal au taux de variation moyen sur l'intervalle.

19–21 Utiliser l'énoncé de l'exercice 18 pour faire ces exercices.

19. Une automobile parcourt 6,4 km d'une route droite en 5 min. Montrer que l'indicateur de vitesse affiche exactement 77 km/h au moins une fois durant le trajet.

20. À 9h un certain matin, la température extérieure s'élevait à 25 °C. À 23 h ce soir-là, le mercure avait chuté à 11 °C.

(a) Montrer qu'à un instant donné durant cette période, la température diminuait au rythme de 1 °C/h.

(b) Si la température a atteint 32 °C durant la journée entre 9h et 23 h, montrer qu'à un moment de cette période, la température chutait au rythme de 1,5 °C/h.

21. Deux coureurs finissent à égalité une course de 100 m. Montrer qu'ils couraient à la même vitesse pendant au moins un instant durant la course.

22. Utiliser le fait que

$$\frac{d}{dx}(3x^4 + x^2 - 4x) = 12x^3 + 2x - 4$$

pour démontrer que l'équation $12x^3 + 2x - 4 = 0$ admet au moins une racine dans l'intervalle]0; 1[.

23. (a) Considérant le théorème de la différence constante (4.7.3), montrer que si $f'(x) = g'(x)$ pour tout x appartenant à]-∞; +∞[, et si f et g ont la même valeur à un point quelconque x_0, alors $f(x) = g(x)$ pour tout x appartenant à]-∞; +∞[.

(b) Utiliser l'énoncé de la partie (a) pour confirmer l'identité trigonométrique $\sin^2 x + \cos^2 x = 1$.

24. (a) Considérant le théorème de la différence constante (4.7.3), montrer que si $f'(x) = g'(x)$ pour tout x appartenant à]-∞; +∞[et si $f(x_0) - g(x_0) = c$ à un point quelconque x_0, alors

$$f(x) - g(x) = c$$

pour tout x appartenant à]-∞; +∞[.

(b) Utiliser l'énoncé de la partie (a) pour montrer que la fonction

$$h(x) = (x-1)^3 - (x^2+3)(x-3)$$

est constante pour tout x appartenant à]-∞; +∞[; trouver ensuite la valeur de cette constante.

(c) Vérifier l'énoncé de la partie (b) en multipliant les facteurs entre eux et en simplifiant l'expression de $h(x)$.

JONGLONS AVEC LES CONCEPTS

25. (a) Utiliser le théorème de la valeur moyenne pour montrer que si f est dérivable sur un intervalle I et si $|f'(x)| \leq M$ pour toute valeur de x appartenant à I, alors

$$|f(x) - f(y)| \leq M|x - y|$$

pour toute valeur de x et y appartenant à I.

(b) Utiliser l'énoncé de la partie (a) pour montrer que

$$|\sin x - \sin y| \leq |x - y|$$

pour toute valeur réelle de x et y.

26. (a) Utiliser le théorème de la moyenne pour montrer que si f est dérivable sur un intervalle ouvert I et si $|f'(x)| \geq M$ pour toute valeur de x appartenant à I, alors

$$|f(x) - f(y)| \geq M|x - y|$$

pour toute valeur de x et y appartenant à I.

(b) Utiliser l'énoncé de la partie (a) pour montrer que

$$|\tan x - \tan y| \geq |x - y|$$

pour toute valeur de x et y appartenant à l'intervalle $\left]\frac{-n\pi}{2}; \frac{n\pi}{2}\right[$.

(c) Utiliser l'énoncé de la partie (b) pour montrer que

$$|\tan x + \tan y| \geq |x + y|$$

pour toute valeur de x et y appartenant à l'intervalle $\left]\frac{-n\pi}{2}; \frac{n\pi}{2}\right[$.

27. (a) Utiliser le théorème de la moyenne pour montrer que si $0 < x < y$, alors

$$\sqrt{y} - \sqrt{x} < \frac{y - x}{2\sqrt{x}}$$

(b) Utiliser l'énoncé de la partie (a) pour montrer que si $0 < x < y$, alors $\sqrt{xy} < \frac{1}{2}(x + y)$.

28. Montrer que si f est dérivable sur un intervalle ouvert I et $f'(x) \neq 0$ sur I, l'équation $f(x) = 0$ ne peut avoir plus d'une solution réelle dans I.

29. Utiliser l'énoncé de l'exercice 28 pour montrer que

(a) l'équation $x^3 + 4x - 1 = 0$ admet une seule racine,

(b) si $b^2 - 3ac < 0$ et si $a \neq 0$, alors l'équation qui suit possède exactement une racine réelle :

$$ax^3 + bx^2 + cx + d = 0$$

30. Utiliser l'inégalité $\sqrt{3} < 1{,}8$ pour prouver que

$$1{,}7 < \sqrt{3} < 1{,}75$$

[*Indice :* Poser $f(x) = \sqrt{x}$, $a = 3$ et $b = 4$ et appliquer le théorème de la moyenne.]

31. Montrer que si f et g sont des fonctions telles que

$$f'(x) = g(x) \quad \text{et} \quad g'(x) = f(x)$$

pour tout x, alors $f^2(x) - g^2(x)$ est constante.

32. (a) Montrer que si f et g sont des fonctions telles que

$$f'(x) = g(x) \quad \text{et} \quad g'(x) = -f(x)$$

pour tout x, alors $f^2(x) + g^2(x)$ est constante.

(b) Donner un exemple de fonctions f et g qui affichent cette propriété.

JONGLONS AVEC LES CONCEPTS

33. Soit f et g, continues sur $[a; b]$ et dérivables sur $]a; b[$. Montrer que si $f(a) = g(a)$ et $f(b) = g(b)$, alors il existe un point c de $]a; b[$ tel que $f'(c) = g'(c)$.

34. Illustrer l'énoncé de l'exercice 33 par un schéma approprié.

35. (a) Montrer que si $f''(x) > 0$ pour tout x appartenant à $]a; b[$, alors $f'(x) = 0$ en au moins un point de l'intervalle $]a; b[$.

(b) Donner une interprétation géométrique de l'énoncé de la partie (a).

36. (a) Prouver la partie (*b*) du théorème 4.1.2.

(b) Prouver la partie (*c*) du théorème 4.1.2.

37. Utiliser le théorème de la moyenne pour prouver l'énoncé suivant : si f est continue en x_0 et si $\lim_{x \to x_0} f'(x)$ existe, alors f est dérivable en x_0 et

$$f'(x_0) = \lim_{x \to x_0} f'(x)$$

[*Indice :* La dérivée $f'(x_0)$ est donnée par

$$f'(x_0) = \lim_{x \to x_0} \frac{f(x) - f(x_0)}{x - x_0}$$

si elle existe.]

JONGLONS AVEC LES CONCEPTS

38. Soit
$$f(x) = \begin{cases} 3x^2, & x \le 1 \\ ax + b, & x > 1 \end{cases}$$
Déterminer les valeurs de a et b afin que f soit dérivable en $x = 1$.

39. (a) Soit
$$f(x) = \begin{cases} x^2, & x \le 0 \\ x^2 + 1, & x > 0 \end{cases}$$
Montrer que
$$\lim_{x \to 0^-} f'(x) = \lim_{x \to 0^+} f'(x)$$
mais que $f'(0)$ n'existe pas.

(b) Soit
$$f(x) = \begin{cases} x^2, & x \le 0 \\ x^3, & x > 0 \end{cases}$$
Montrer que $f'(0)$ existe, mais que $f''(0)$ n'existe pas.

40. Utiliser le théorème de la moyenne pour prouver l'énoncé suivant : la courbe d'une fonction f affiche une tangente verticale au point $(x_0; f(x_0))$ si f est continue en x_0 et si $f'(x)$ tend vers +∞ ou vers -∞ lorsque $x \to x_0^+$ et lorsque $x \to x_0^-$.

✔ VÉRIFICATION EXPRESS 4.7 – RÉPONSES

1. (a) [0; 1] (b) $c = \frac{1}{2}$ **2.** [-3; 3]; $c = -2, 0$ et 2 **3.** (a) $b = 2$ (b) $c = 1$ **4.** (a) 1,5 (b) 0,8 **5.** $f(x) = x^2 + 4$

4.8 MOUVEMENT RECTILIGNE

Dans cette section, nous allons poursuivre l'étude du mouvement rectiligne amorcée à la section 3.1. Nous donnerons une définition mathématique de l'« accélération » et nous montrerons comment les outils du calcul différentiel développés plus tôt dans ce chapitre peuvent servir à analyser plus en profondeur le mouvement rectiligne.

RAPPEL DE LA TERMINOLOGIE

Nous avons vu à la section 3.1 qu'une particule qui se déplace dans un sens ou dans l'autre le long d'un axe gradué décrit un ***mouvement rectiligne.*** La droite peut être soit l'axe des x, soit l'axe des y, soit toute autre droite graduée inclinée d'un angle donné. En général, nous parlerons de l'axe s pour désigner l'axe gradué. Nous supposerons que les unités choisies mesurent la distance et le temps et que l'observation du mouvement de la particule débute au temps $t = 0$. Lorsqu'une particule se déplace le long de l'axe s, sa coordonnée s devient une fonction du temps nommée $s = s(t)$. Nous appelons s la ***fonction position*** de la particule* et nous nommons le graphique de s en fonction de t la ***courbe de la position vs temps*** ou le ***graphique position-temps.*** Si la coordonnée d'une particule au temps t_1 est $s(t_1)$ et la coordonnée à un instant subséquent t_2 est $s(t_2)$, alors $s(t_2) - s(t_1)$ correspond au ***déplacement*** de la particule dans l'intervalle de temps $[t_1; t_2]$. Le déplacement décrit le changement de position de la particule.

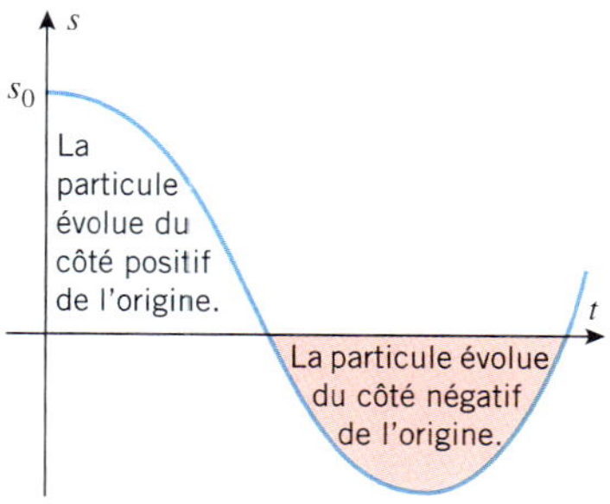

Courbe position en fonction du temps

Figure 4.8.1

La figure 4.8.1 représente un graphique position-temps typique d'une particule en mouvement rectiligne. Le graphique montre que la particule est au point s_0 à $t = 0$ et l'on sait, par le signe de s, à quel moment la particule se trouve du côté positif ou du côté négatif de l'origine pendant quelle évolue sur l'axe.

▶ **Exemple 1** La figure 4.8.2*a* montre le graphique position-temps d'une particule en mouvement le long d'un axe s. Décrire en mots les variations de position de la particule dans le temps.

*En écrivant $s = s(t)$ au lieu de $s = f(t)$, on utilise la lettre s pour nommer à la fois la variable dépendante et la fonction. Cette pratique est courante dans les domaines de la physique et de l'ingénierie.

Solution. La particule est à $s = -3$ à $t = 0$. Elle se déplace dans le sens positif de l'axe jusqu'à $t = 4$, puisque s augmente dans cet intervalle. À $t = 4$, la particule se trouve à $s = 3$. À cet instant, elle tourne pour se diriger dans le sens négatif de l'axe et poursuit jusqu'à $t = 7$, car s décroît dans cette partie du graphique. À $t = 7$, la particule est à $s = -1$ et elle reste stationnaire par la suite, puisque s est constant pour $t > 7$. La figure 4.8.2*b* illustre le parcours que nous venons de décrire. ◄

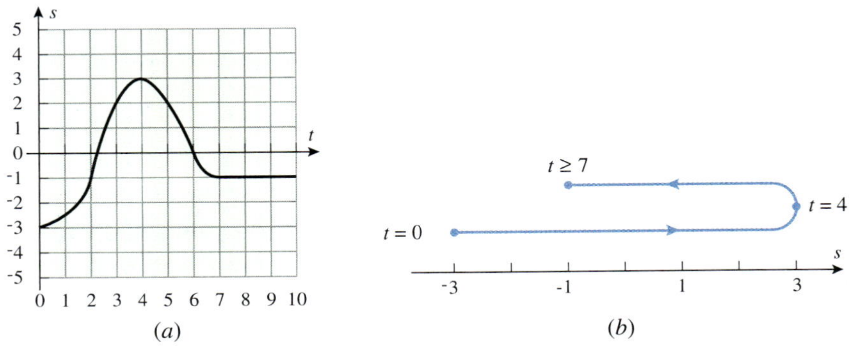

Figure 4.8.2

VITESSE ET VITESSE SCALAIRE

Plus exactement, nous devrions appeler $v(t)$ la ***fonction vitesse instantanée*** pour bien distinguer la vitesse instantanée de la vitesse moyenne. Nous allons cependant adopter la pratique courante selon laquelle cette fonction est nommée « fonction vitesse », en sous-entendant qu'elle décrit la vitesse instantanée.

Rappelons que, d'après les définitions (6) et (7) de la section 3.1 et l'égalité (4) de la section 3.2, la vitesse instantanée d'une particule en mouvement rectiligne correspond à la dérivée de la fonction de position et que la vitesse scalaire[*] est la valeur absolue de la vitesse instantanée. Ainsi, si une particule en mouvement rectiligne a pour fonction de position $s(t)$, alors on définit la ***fonction vitesse*** $v(t)$ par

$$v(t) = s'(t) = \frac{ds}{dt} \tag{1}$$

et la ***fonction vitesse scalaire*** est

$$|v(t)| = |s'(t)| = \left|\frac{ds}{dt}\right| \tag{2}$$

Le signe de la vitesse indique le sens du mouvement de la particule – si $v(t)$ est positive, s augmente avec le temps et la particule se déplace dans le sens positif, alors qu'une valeur négative de $v(t)$ signifie que s décroît avec le temps et que la particule se dirige dans le sens négatif. Si $v(t) = 0$, alors la particule est momentanément arrêtée. La fonction vitesse scalaire qui n'est jamais négative, indique si la particule va plus ou moins vite, sans préciser le sens de son mouvement.

► **Exemple 2** Soit $s(t) = t^3 - 6t^2$ décrivant de position d'une particule en mouvement le long d'un axe s, où s est en mètres et t, en secondes. Déterminer les fonctions vitesse et vitesse scalaire, et tracer les graphiques de la position, de la vitesse et de la vitesse scalaire en fonction du temps.

[*] En physique, on utilise parfois les expressions « module de la vitesse » ou « grandeur de la vitesse ». *Ndlt*

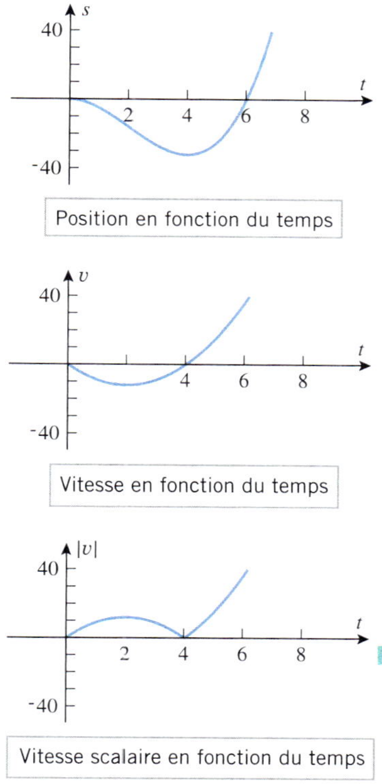

Figure 4.8.3

Solution. Les égalités (1) et (2) donnent les expressions de la vitesse et de la vitesse scalaire en fonction du temps : on a

$$v(t) = \frac{ds}{dt} = 3t^2 - 12t \quad \text{et} \quad |v(t)| = |3t^2 - 12t|$$

La figure 4.8.3 montre les graphiques de la position, de la vitesse et de la vitesse scalaire en fonction du temps. Notez que la vitesse et la vitesse scalaire s'expriment en mètres par seconde (m/s), puisque s est en mètres et t, en secondes. ◄

Les graphiques de la figure 4.8.3 offrent une mine de renseignements visuels à propos du mouvement de la particule. Par exemple, la courbe de la position en fonction du temps montre que la particule évolue du côté négatif de l'origine entre $0 < t < 6$, qu'elle se trouve du côté positif de l'origine lorsque $t > 6$ et qu'elle est sur l'origine à $t = 0$ et à $t = 6$. Le graphique de la vitesse en fonction du temps montre que la particule se déplace dans le sens négatif dans la période $0 < t < 4$, dans le sens positif lorsque $t > 4$ et qu'elle est momentanément arrêtée à $t = 0$ et à $t = 4$ (la vitesse est nulle en ces instants). La courbe de la vitesse scalaire en fonction du temps montre que la particule va de plus en plus vite entre $0 < t < 2$, qu'elle ralentit entre $2 < t < 4$ et qu'elle reprend de la vitesse lorsque $t > 4$.

ACCÉLÉRATION

Dans un mouvement rectiligne, le taux de variation instantané de la vitesse d'une particule dans le temps correspond à l'***accélération instantanée.*** Si une particule en mouvement rectiligne a pour fonction vitesse $v(t)$, alors sa ***fonction accélération*** a pour expression

$$a(t) = v'(t) = \frac{dv}{dt} \tag{3}$$

Rappelons également que $v(t) = s'(t)$; on peut donc exprimer la fonction accélération en termes de la fonction position : on a

$$a(t) = s''(t) = \frac{d^2s}{dt^2} \tag{4}$$

► **Exemple 3** Soit $s(t) = t^3 - 6t^2$ décrivant position d'une particule en mouvement le long d'un axe s, où s est en mètres et t, en secondes. Écrire la fonction accélération $a(t)$ et représenter graphiquement l'accélération en fonction du temps.

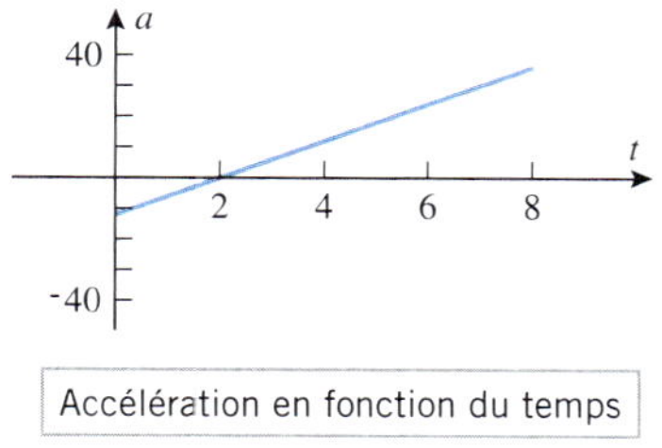

Figure 4.8.4

Solution. D'après l'exemple 2, la vitesse de la particule a pour équation $v(t) = 3t^2 - 12t$; la fonction accélération devient alors

$$a(t) = \frac{dv}{dt} = 6t - 12$$

La figure 4.8.4 montre le graphique de l'accélération en fonction du temps. Dans cet exemple, l'accélération est exprimée en m/s^2, étant donné que v est en mètres par seconde (m/s) et le temps, en secondes (s). ◄

ACCÉLÉRATION ET DÉCÉLÉRATION

On dira d'une particule en mouvement rectiligne qu'elle ***va de plus en plus vite*** lorsque la vitesse scalaire augmente et qu'elle ***ralentit*** lorsque la vitesse scalaire diminue. Dans le langage courant, on dit également d'un objet qui va de plus en plus vite qu'il « accélère » ou qu'il « prend de la vitesse » et d'un objet qui ralentit, qu'il « décélère ». On peut donc penser qu'une particule en mouvement rectiligne va de plus en plus vite lorsque son accélération est positive et qu'elle décélère lorsque son accélération est négative. Or, si cela est vrai pour une particule qui se déplace dans le sens positif, cela devient *faux* pour une particule qui se dirige dans le sens négatif – une particule dotée d'une vitesse négative va de plus en plus vite si elle a une accélération négative et elle ralentit si son accélération est positive. Cela s'explique par le fait qu'une accélération positive est définie par une vitesse croissante et lorsqu'une vitesse négative croît, sa valeur absolue diminue; de même, une accélération négative est définie par une vitesse décroissante et lorsqu'une vitesse négative décroît, sa valeur absolue augmente.

La discussion informelle qui précède peut être résumée comme suit (exercice 34) :

Si $a(t) = 0$ dans un certain intervalle de temps, que peut-on dire du mouvement de la particule dans cette période de temps?

INTERPRÉTATION DU SIGNE DE L'ACCÉLÉRATION. *Une particule en mouvement rectiligne va de plus en plus vite lorsque sa vitesse et son accélération sont de mêmes signes et elle ralentit lorsqu'elles sont de signes contraires.*

► **Exemple 4** Aux exemples 2 et 3, nous avons tracé les courbes de la vitesse et de l'accélération en fonction du temps d'une particule ayant pour fonction position s définie par $s(t) = t^3 - 6t^2$. À partir de ces graphiques, déterminer à quels moments la particule prend de la vitesse et à quels moments elle ralentit. Vérifier ensuite si les réponses concordent avec la courbe de la vitesse scalaire en fonction du temps obtenu à l'exemple 2.

Solution. Dans l'intervalle de temps $0 < t < 2$, la vitesse et l'accélération sont négatives, de sorte que la particule va de plus en plus vite. Le graphique de la vitesse scalaire en fonction du temps le confirme, puisqu'il augmente sur cet intervalle. Dans l'intervalle $2 < t < 4$, la vitesse est négative mais l'accélération est positive, de sorte que la particule ralentit. Le graphique de la vitesse scalaire le confirme, puisque la courbe décroît sur cet intervalle. Finalement, dans l'intervalle de temps $t > 4$, la vitesse et l'accélération sont positives et la particule prend donc de la vitesse, ce que confirme une fois de plus le graphique de la vitesse scalaire en fonction du temps. ◄

ANALYSE DU GRAPHIQUE POSITION-TEMPS

La courbe de la position en fonction du temps contient toute l'information significative relativement à la position et à la vitesse d'une particule en mouvement rectiligne.

- Si $s(t) > 0$, la particule se trouve du côté positif de l'axe s.
- Si $s(t) < 0$, la particule se trouve du côté négatif de l'axe s.
- La pente de la courbe à un instant donné correspond à la vitesse instantanée à cet instant.
- Là où la courbe a une pente positive, la vitesse est positive et la particule évolue dans le sens positif de l'axe.
- Là où la courbe affiche une pente négative, la vitesse est négative et la particule se déplace dans le sens négatif de l'axe.
- Là où la pente de la courbe est nulle, la vitesse est nulle et la particule est momentanément arrêtée.

On peut également obtenir de l'information concernant l'accélération d'une particule en mouvement rectiligne en considérant la concavité de la courbe position en fonction du temps. Par exemple, nous savons que la courbe est concave vers le haut dans les intervalles où $s''(t) > 0$ et concave vers le bas sur les intervalles où $s''(t) < 0$. Or, la définition (4) nous

Tableau 4.8.1

GRAPHIQUE POSITION–TEMPS	CARACTÉRISTIQUES DE LA COURBE EN $t = t_0$	COMPORTEMENT DE LA PARTICULE AU TEMPS $t = t_0$
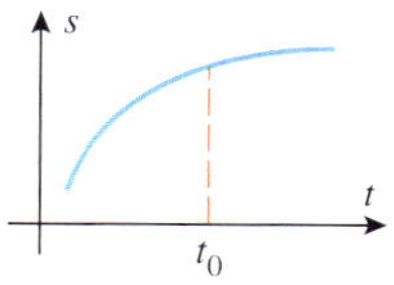	• $s(t_0) > 0$ • Pente positive • Concave vers le bas	• La particule se trouve du côté positif de l'origine. • Elle se déplace dans le sens positif. • La vitesse décroît. • La particule ralentit.
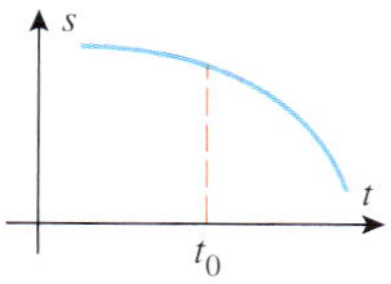	• $s(t_0) > 0$ • Pente négative • Concave vers le bas	• La particule se trouve du côté positif de l'origine. • Elle se déplace dans le sens négatif. • La vitesse décroît. • La particule va de plus en plus vite.
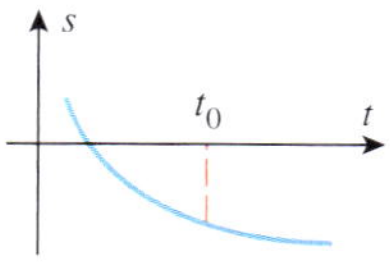	• $s(t_0) < 0$ • Pente négative • Concave vers le haut	• La particule se trouve du côté négatif de l'origine. • Elle se déplace dans le sens négatif. • La vitesse croît. • La particule ralentit.
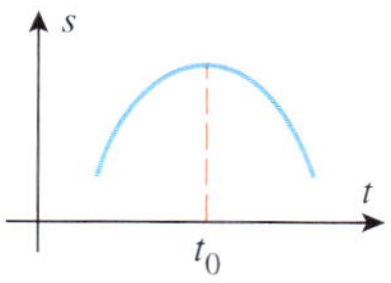	• $s(t_0) > 0$ • Pente nulle • Concave vers le bas	• La particule se trouve du côté positif de l'origine. • Elle est momentanément arrêtée. • La vitesse décroît.

dit que $s''(t)$ représente l'accélération; on peut donc dire que l'accélération de la particule est positive dans les intervalles où la courbe position en fonction du temps est concave vers le haut et que l'accélération est négative dans les intervalles où cette même courbe est concave vers le bas.

Le tableau 4.8.1 résume nos observations concernant la courbe position en fonction du temps.

▶ **Exemple 5** Utiliser la courbe position en fonction du temps de la figure 4.8.2 pour déterminer si la particule de l'exemple 1 gagne de la vitesse ou si elle ralentit.

Solution. De $t = 0$ à $t = 2$, l'accélération et la vitesse sont positives, la particule va donc de plus en plus vite. Entre $t = 2$ et $t = 4$, l'accélération est négative, alors que la vitesse est positive; la particule ralentit. À $t = 4$, la vitesse est nulle et la particule est momentanément arrêtée. De $t = 4$ à $t = 6$, l'accélération et la vitesse sont négatives, de sorte que la particule gagne de la vitesse. Entre $t = 6$ et $t = 7$, l'accélération est positive et la vitesse négative; la particule ralentit. Par la suite, la vitesse est nulle, ce qui signifie que la particule est immobile. ◀

▶ **Exemple 6** La fonction position d'une particule évoluant sur un axe gradué est donnée par $s(t) = 2t^3 - 21t^2 + 60t + 3$. Analyser le mouvement de la particule lorsque $t \geq 0$.

Solution. La vitesse et l'accélération ont pour fonctions

$$v(t) = s'(t) = 6t^2 - 42t + 60 = 6(t-2)(t-5)$$
$$a(t) = v'(t) = 12t - 42 = 12\left(t - \tfrac{7}{2}\right)$$

- *Sens du mouvement :* L'analyse des signes de la fonction vitesse (figure 4.8.5) montre que la particule se déplace dans le sens positif durant l'intervalle $0 \le t < 2$, s'arrête momentanément à $t = 2$, va dans le sens négatif durant l'intervalle $2 < t < 5$, s'arrête de nouveau à $t = 5$ et évolue dans le sens positif par la suite.

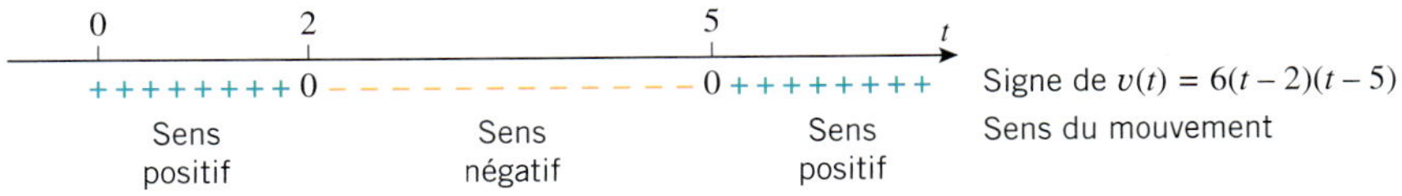

Figure 4.8.5

- *Variation de la vitesse :* Comparons maintenant les signes de la vitesse et de l'accélération (figure 4.8.6). Sachant que la particule va de plus en plus vite quand les signes sont identiques et qu'elle ralentit lorsqu'ils sont contraires, on déduit que la particule ralentit dans l'intervalle $0 \le t < 2$ et s'arrête momentanément à $t = 2$. Elle reprend ensuite de la vitesse dans l'intervalle $2 < t < \frac{7}{2}$. À $t = \frac{7}{2}$, l'accélération instantanée est nulle, de sorte que la vitesse ne change pas à cet instant. La particule ralentit dans l'intervalle $\frac{7}{2} < t < 5$ et s'arrête momentanément à $t = 5$. À partir de là, elle reprend de la vitesse.

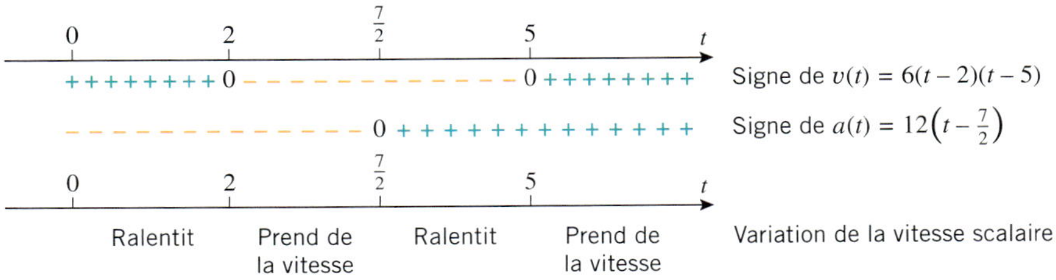

Figure 4.8.6

Conclusions : La figure 4.8.7 résume les informations ci-dessus dans un diagramme. Les courbes sont strictement descriptives; le parcours réel est un mouvement de va-et-vient sur l'axe gradué. Nous avons calculé chaque coordonnée de la particule aux temps $t = 0$, $t = 2$, $t = \frac{7}{2}$ et $t = 5$ à partir de $s(t)$. Les segments rouges représentent les portions du parcours où la particule prend de la vitesse scalaire et les segments bleus, celles où la particule ralentit. ◄

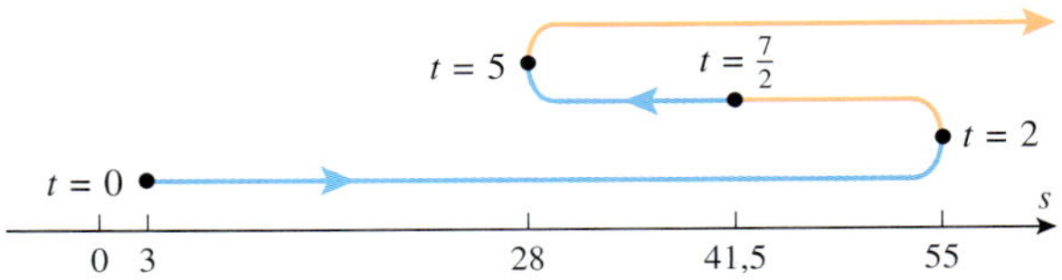

Figure 4.8.7

✔ VÉRIFICATION EXPRESS 4.8 *(Réponses à la page 321.)*

1. Les fonctions vitesse et position $v(t)$ et $s(t)$ d'une particule en mouvement rectiligne sont reliées par l'équation ________, et les fonctions accélération et vitesse $a(t)$ et $v(t)$ sont liées par l'équation ________.

2. Une particule en mouvement le long d'un axe s a pour fonction position $s(t) = 7t - 2t^2$. Au temps $t = 3$, la position de la particule est ________, sa vitesse est ________, le module de sa vitesse est ________ et son accélération est ________.

3. Une particule en mouvement rectiligne va de plus en plus vite (prend de la vitesse) lorsque les signes de la vitesse et de l'accélération sont ________ et elle ralentit lorsque ces signes sont ________.

4. Une particule en mouvement le long d'un axe s se déplace selon la fonction position $s(t) = t^4 - 24t^2$ dans l'intervalle de temps $t \ge 0$. La particule ralentit dans l'intervalle (ou les intervalles) de temps ________.

SÉRIE D'EXERCICES 4.8

Outil graphique

JONGLONS AVEC LES CONCEPTS

1. La figure Ex-1 montre les graphiques de trois fonctions position. Dans chaque cas, déterminer les signes de la vitesse et de l'accélération et préciser si la particule prend de la vitesse scalaire ou ralentit.

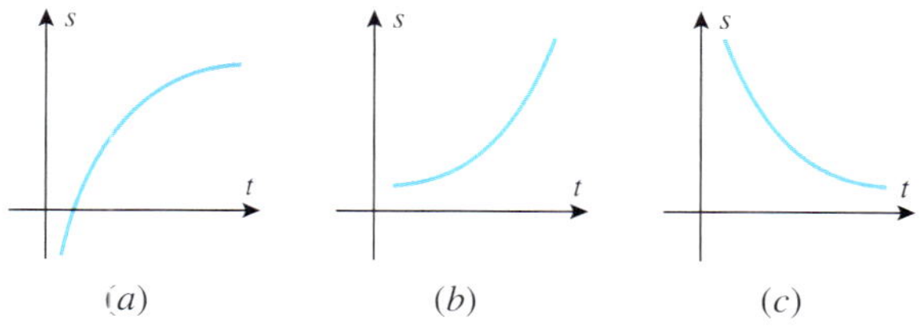

Figure Ex-1

2. La figure Ex-2 montre les graphiques de trois fonctions vitesse. Dans chaque cas, déterminer le signe de l'accélération et préciser si la particule accélère ou si elle ralentit.

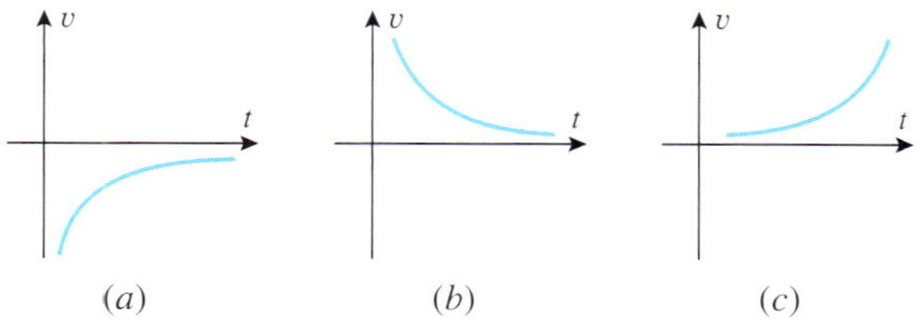

Figure Ex-2

3. La figure Ex-3 représente la fonction position d'une particule en mouvement le long d'un axe x horizontal.

(a) Au temps t_0, la particule se déplace-t-elle vers la gauche ou vers la droite?

(b) Au temps t_0, la particule a-t-elle une accélération positive ou négative?

(c) Au temps t_0, la particule accélère-t-elle ou ralentit-elle?

(d) Au temps t_1, la particule accélère-t-elle ou ralentit-elle?

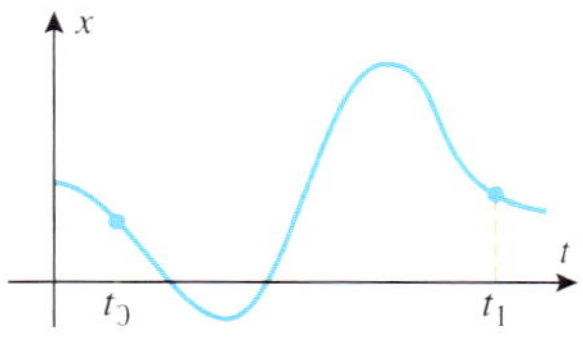

Figure Ex-3

4. Sur la figure Ex-4, associer chacun des graphiques de position-temps au graphique de vitesse-temps correspondant.

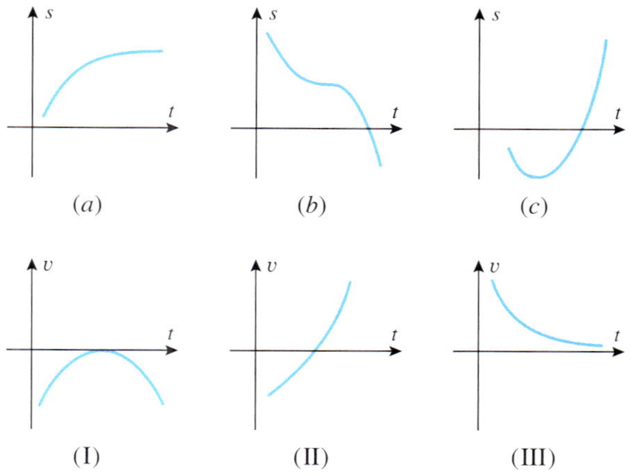

Figure Ex-4

5. Tracer un graphique de s en fonction de t pour représenter adéquatement le mouvement d'une souris piégée dans un corridor étroit (axe s, sens positif vers la droite) et qui se précipite de gauche à droite comme suit. L'animal court d'abord pendant un certain temps vers la droite à la vitesse scalaire constante de 1,2 m/s, ralentit ensuite à 0,6 m/s puis, accélère rapidement jusqu'à 2,0 m/s, ralentit de nouveau graduellement pour s'arrêter et repartir immédiatement en sens inverse en prenant rapidement de la vitesse scalaire jusqu'à 1,2 m/s.

6. La figure Ex-6 montre le graphique de s en fonction de t d'une fourmi qui se déplace le long d'un tube vertical étroit (axe s, sens positif vers le haut).

(a) À quel(s) moment(s), s'il y a lieu, la fourmi est-elle au-dessus de l'origine?

(b) À quel(s) moment(s), s'il y a lieu, la fourmi a-t-elle une vitesse nulle?

(c) À quel(s) moment(s), s'il y a lieu, la fourmi descend-elle le long du tube?

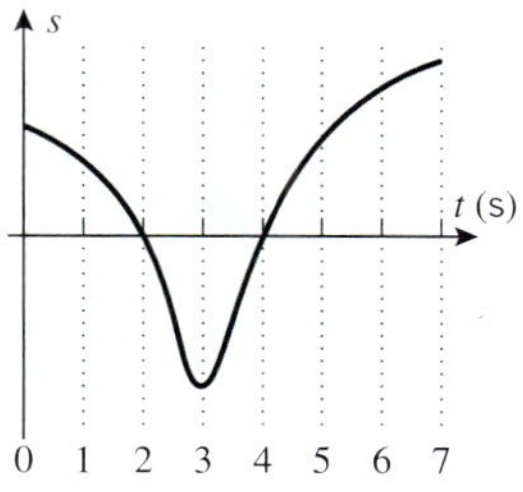

Figure Ex-6

7. La figure Ex-7 montre le graphique vitesse-temps d'une particule évoluant le long d'un axe gradué. Tracer approximativement les graphiques de la vitesse scalaire en fonction du temps et de l'accélération en fonction du temps.

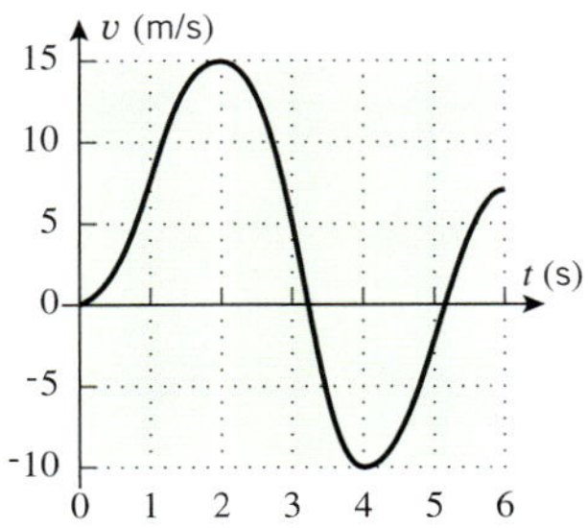

Figure Ex-7

8. La figure Ex-8 montre le graphique de position-temps d'un ascenseur qui monte de 40 m entre les arrêts.
(a) Estimer la vitesse de l'ascenseur lorsqu'il se trouve à mi-hauteur.
(b) Tracer des graphiques approximatifs de la vitesse et de l'accélération en fonction du temps.

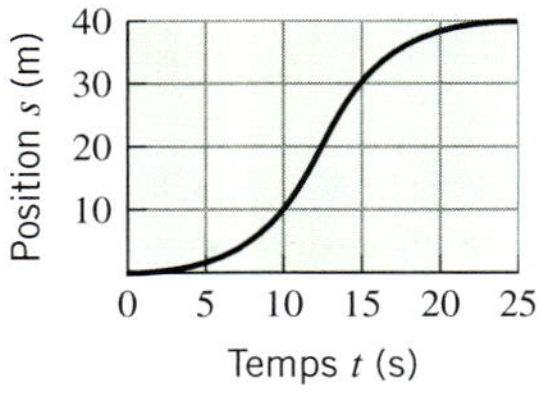

Figure Ex-8

9. La figure Ex-9 montre le graphique de la vitesse en fonction du temps d'une voiture de sport, obtenu lors d'un essai routier. À partir du graphique, évaluer
(a) l'accélération lorsque la vitesse est de 95 km/h (en $\mathrm{m/s^2}$);
(b) le moment où l'accélération atteint son maximum.

Source : Données tirées de *Car and Driver Magazine*, juillet 2003.

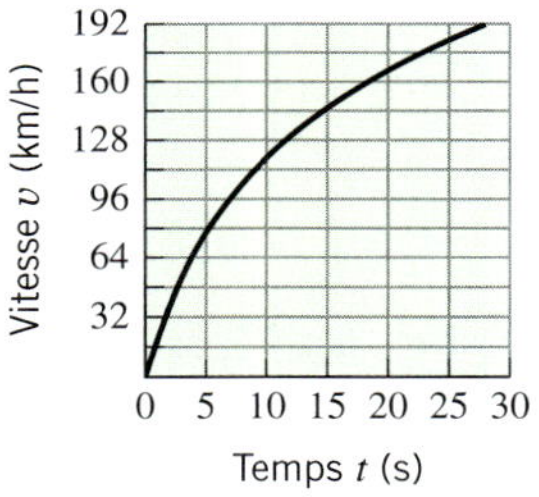

Figure Ex-9

10. La figure Ex-10 montre le graphique de la vitesse en fonction du temps d'une voiture à quatre ports, obtenu lors d'un essai routier. À partir du graphique, évaluer
(a) l'accélération lorsque la vitesse est de 95 km/h (en $\mathrm{m/s^2}$);
(b) le moment où l'accélération atteint son maximum.

Source : Données tirées de *Car and Driver Magazine*, novembre 2003.

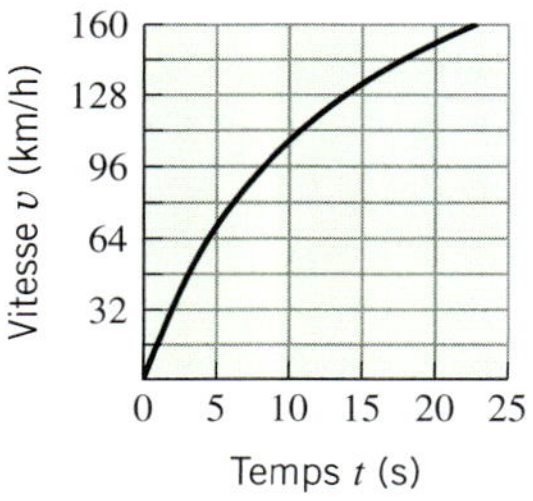

Figure Ex-10

11–12 La fonction s définie par $s(t)$ donnée décrit la position d'une particule qui se déplace le long d'un axe gradué, où s est en mètres et t, en secondes.
(a) Dresser un tableau indiquant la position, la vitesse et l'accélération, à deux décimales près, aux temps $t = 1, 2, 3, 4, 5$.
(b) À chacun des moments indiqués en (a), déterminer si la particule est arrêtée; sinon, préciser le sens de son mouvement.
(c) À chacun des moments indiqués en (a), déterminer si la particule prend de la vitesse scalaire, ralentit ou ni l'un ni l'autre.

11. $s(t) = \sin\dfrac{\pi t}{4}$ **12.** $s(t) = 2\cos\left(\dfrac{\pi}{3}t\dfrac{2\pi}{3}\right)$

13–16 La fonction s définie par $s(t)$ donnée décrit la position d'une particule qui se déplace le long d'un axe gradué, où s est en mètres et t, en secondes.
(a) Écrire les fonctions vitesse et l'accélération.
(b) Donner la position, la vitesse, la vitesse scalaire et l'accélération à $t = 1$.
(c) À quels moments la particule est-elle immobile?
(d) Déterminer la distance totale parcourue par la particule entre les instants $t = 0$ et $t = 5$.

13. $s(t) = t^3 - 3t^2, \quad t \geq 0$

14. $s(t) = t^4 - 4t^2 + 4, \quad t \geq 0$

15. $s(t) = 9 - 9\cos\left(\dfrac{\pi t}{3}\right), \quad 0 \leq t \leq 5$

16. $s(t) = \dfrac{t}{t^2+4}, \quad t \geq 0$

17. Soit $s(t) = \frac{t}{t^2+5}$, la fonction position d'une particule en mouvement le long d'un axe gradué, où s est en mètres et t, en secondes. À l'aide d'un outil graphique, tracer les graphiques de $s(t)$, $v(t)$ et $a(t)$ pour $t \geq 0$ et utiliser ces graphiques au besoin.
(a) Utiliser l'un des graphiques pour évaluer approximativement le moment où la particule inverse le sens de son mouvement pour la première fois; déterminer ensuite le moment exact.
(b) Donner la position exacte de la particule lorsqu'elle inverse le sens de son mouvement pour la première fois.
(c) Utiliser les graphiques pour évaluer approximativement les intervalles de temps où la particule prend de la vitesse scalaire et ceux où elle ralentit; donner ensuite les intervalles exacts.

18. Soit $s(t) = \dfrac{4t^2}{2t^4+4}$, la fonction position d'une particule en mouvement le long d'un axe gradué, où s est en mètres et t, en secondes. À l'aide d'un outil graphique, tracer les graphiques de $s(t)$, $v(t)$ et $a(t)$ pour $t \geq 0$ et utiliser ces graphiques au besoin.

(a) Utiliser l'un des graphiques pour évaluer approximativement le moment où la particule inverse le sens de son mouvement pour la première fois; déterminer ensuite le moment exact.

(b) Donner la position exacte de la particule lorsqu'elle inverse le sens de son mouvement pour la première fois.

(c) Utiliser les graphiques pour évaluer approximativement les intervalles de temps où la particule prend de la vitesse scalaire et ceux où elle ralentit; donner ensuite les intervalles exacts.

19–25 Soit la fonction position d'une particule évoluant le long d'un axe gradué. Procéder comme à l'exemple 6 pour analyser le mouvement de la particule lorsque $t \geq 0$ et présenter un diagramme pour illustrer le mouvement (comme à la figure 4.8.7).

19. $s = -4t + 3$

20. $s = 5t^2 - 20t$

21. $s = t^3 - 9t^2 + 24t$

22. $s = t^3 - 6t^2 + 9t + 1$

23. $s = t + \dfrac{25}{t+2}$

24. $s = \begin{cases} \cos t, & 0 \leq t < 2\pi \\ 1, & t \geq 2\pi \end{cases}$

25. $s = \begin{cases} 2t(t-2)^2, & 0 \leq t < 3 \\ 13 - 7(t-4)^2, & t \geq 3 \end{cases}$

26. Soit $s(t) = 5t^2 - 22t$, la fonction position d'une particule en mouvement le long d'un axe gradué, où s est en mètres et t, en secondes.

(a) Déterminer la vitesse scalaire maximale de la particule sur l'intervalle $1 \leq t \leq 3$.

(b) Sur l'intervalle $1 \leq t \leq 3$, à quel moment la particule est-elle la plus éloignée de l'origine? Quelle est sa position à cet instant précis?

27. Soit $s = \dfrac{100}{t^2 + 12}$, la fonction position d'une particule en mouvement le long d'un axe gradué, où s est en mètres et t, en secondes. Trouver la vitesse scalaire maximale de la particule sur l'intervalle $t \geq 0$ et indiquer le sens du mouvement de la particule lorsqu'elle atteint cette vitesse.

28–29 Soit la fonction position d'une particule se déplaçant le long d'un axe gradué. (a) Évaluer s et v lorsque $a = 0$. (b) Évaluer s et a lorsque $v = 0$.

28. $s = \sin(2t), 0 \leq t \leq \frac{\pi}{2}$

29. $s = t^3 - 6t^2 + 1$

30. Soit $s = \sqrt{2t^2 + 1}$, la fonction position d'une particule évoluant le long d'un axe gradué.

(a) Utiliser un outil graphique pour tracer la courbe de v en fonction de t et prédire quelle serait la vitesse de la particule lorsque $t \to +\infty$.

(b) Vérifier votre prédiction en évaluant $\lim\limits_{t \to +\infty} v$.

31. (a) Utiliser la règle de dérivation en chaîne pour montrer que l'accélération d'une particule en mouvement a pour expression $a = v\left(\frac{dv}{ds}\right)$.

(b) Soit $s = \sqrt{3t + 7}, t \geq 0$. Exprimer v en termes de s et utiliser la formule de la partie (a) pour déterminer l'accélération lorsque $s = 5$.

32. Soit les fonctions position respectives de deux particules, P_1 et P_2, en mouvement le long du même axe :

$$s_1 = \tfrac{1}{2}t^2 - t + 3 \quad \text{et} \quad s_2 = -\tfrac{1}{4}t^2 + t + 1$$

où $t \geq 0$.

(a) Démontrer que P_1 et P_2 n'entrent pas en collision.

(b) Quelle est la plus courte distance séparant P_1 et P_2?

(c) Dans quels intervalles de temps les particules se déplacent-elles en sens opposés?

33. Soit $s_A = 15t^2 + 10t + 20$ et $s_B = 5t^2 + 40t, t \geq 0$, décrivant les positions respectives des voitures A et B qui roulent sur les voies parallèles d'une portion droite d'autoroute.

(a) De quelle distance la voiture A devance-t-elle la voiture B lorsque $t = 0$?

(b) À quels instants les voitures roulent-elles côte à côte?

(c) À quel moment ont-elles la même vitesse? Quelle voiture précède l'autre à cet instant précis?

34. Prouver qu'une particule prend de la vitesse lorsque la vitesse et l'accélération sont de mêmes signes et qu'elle ralentit lorsqu'elles sont de signes opposés. [*Indice :* Considérer $r(t) = |v(t)|$ et trouver $r'(t)$ en utilisant la dérivation en chaîne.]

✔ VÉRIFICATION EXPRESS 4.8 – RÉPONSES

1. $v(t) = s'(t)$; $a(t) = v'(t)$ **2.** 3; -5; 5; -4 **3.** les mêmes; opposés **4.** $2 < t < 2\sqrt{3}$

EXERCICES RÉCAPITULATIFS

Outil graphique   C Logiciel de calcul formel

1. (a) Si $x_1 < x_2$, quelle doit être la relation entre $f(x_1)$ et $f(x_2)$ si f est croissante sur un intervalle qui contient x_1 et x_2? Si f est décroissante? Si f est constante?
(b) Quelle condition doit-on imposer à f' pour s'assurer que f est croissante sur un intervalle $[a; b]$? pour que f soit décroissante? pour que f soit constante?

2. (a) Quelle condition doit-on imposer à f' pour s'assurer que f est concave vers le haut sur un intervalle ouvert I? pour que f soit concave vers le bas?
(b) Quelle condition doit-on imposer à f'' pour s'assurer que f est concave vers le haut sur un intervalle ouvert I? pour que f soit concave vers le bas?
(c) Décrire en mots ce que représente un point d'inflexion de f.

3–8 Trouver (a) les intervalles de croissance de f; (b) les intervalles de décroissance de f; (c) les intervalles ouverts où f est concave vers le haut; (d) les intervalles ouverts où f est concave vers le bas; et (e) les coordonnées x de tous les points d'inflexion.

3. $f(x) = x^2 - 5x + 6$

4. $f(x) = x^4 - 8x^2 + 16$

5. $f(x) = \dfrac{x^2}{x^2 + 2}$

6. $f(x) = \sqrt[3]{x + 2}$

7. $f(x) = x^{\frac{1}{3}}(x + 4)$

8. $f(x) = x^{\frac{4}{3}} - x^{\frac{1}{3}}$

9–12 Analyser la fonction trigonométrique f sur l'intervalle donné; préciser les endroits où la fonction est croissante, décroissante, concave vers le haut et concave vers le bas et donner les coordonnées x de tous les points d'inflexion. Vérifier que les réponses concordent avec le graphique de f généré par un outil graphique.

9. $f(x) = \cos x$; $[0; 2\pi]$

10. $f(x) = \tan x$; $\left]-\dfrac{\pi}{2}; \dfrac{\pi}{2}\right[$

11. $f(x) = \sin x \cos x$; $[0; \pi]$

12. $f(x) = \cos^2 x - 2 \sin x$; $[0; 2\pi]$

13. Dans chacun des cas, esquisser une courbe continue de $y = f(x)$ possédant les propriétés indiquées.
(a) $f(2) = 4$, $f'(2) = 1$, $f''(x) < 0$ pour $x < 2$, $f''(x) > 0$ pour $x > 2$
(b) $f(2) = 4$, $f''(x) > 0$ pour $x < 2$, $f''(x) < 0$ pour $x > 2$, $\lim_{x \to 2^-} f'(x) = +\infty$, $\lim_{x \to 2^+} f'(x) = +\infty$
(c) $f(2) = 4$, $f''(x) < 0$ pour $x \neq 2$, $\lim_{x \to 2^-} f'(x) = 1$, $\lim_{x \to 2^+} f'(x) = -1$

14. Chacune des parties (a) à (d) présente le graphique d'une fonction polynomiale de degré inférieur ou égal à 6. Donner les équations polynomiales correspondant à ces types de courbes et vérifier vos réponses à l'aide d'un outil graphique.

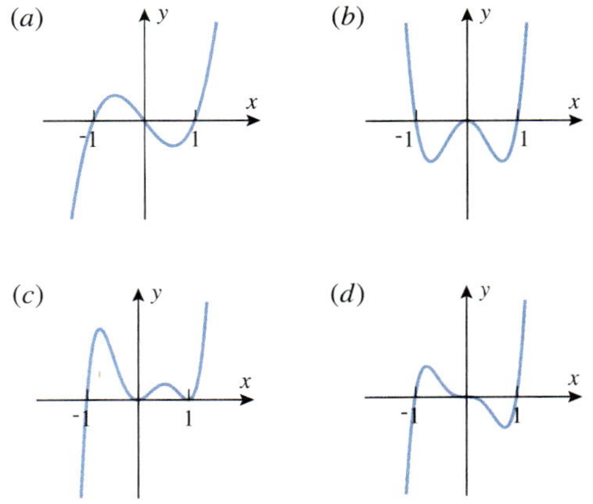

15. Considérant une fonction quadratique générale f de la forme
$$f(x) = ax^2 + bx + c \quad (a \neq 0)$$
quelles conditions doit-on imposer à a, b et c pour que f soit toujours croissante ou toujours décroissante sur $[0; +\infty[$?

16. Considérant une fonction cubique générale f de la forme
$$f(x) = ax^3 + bx^2 + cx + d \quad (a \neq 0)$$
quelles conditions doit-on imposer à a, b, c et d pour que f soit toujours croissante ou toujours décroissante sur $]-\infty; +\infty[$?

17. (a) En quel point du graphique de $y = f(x)$ peut-on s'attendre à trouver la croissance (ou la décroissance) la plus rapide de y par rapport à x?
(b) Qu'est-ce qu'un extremum relatif (définir en mots)?
(c) Décrire une marche à suivre pour situer les extremums relatifs d'une fonction f.

18. Déterminer si l'énoncé est vrai ou faux. S'il est faux, donner un contre-exemple.
(a) Si f affiche un maximum relatif en x_0, alors $f(x_0)$ est la plus grande valeur possible de $f(x)$.
(b) Si la plus grande valeur de f dans l'intervalle $]a; b[$ se trouve en x_0, alors f a un maximum relatif en x_0.
(c) Tous les points critiques d'une fonction f sont des extremums relatifs.

19. (a) Considérant le critère de la dérivée première, quelles sont les conditions nécessaires pour que f ait un maximum relatif en x_0? un minimum relatif?
(b) Considérant le critère de la dérivée seconde, quelles sont les conditions nécessaires pour que f ait un maximum relatif en x_0? un minimum relatif?

20–22 Situer les points critiques et préciser lesquels sont aussi des points stationnaires.

20. (a) $f(x) = x^3 + 3x^2 - 9x + 1$
(b) $f(x) = x^4 - 6x^2 - 3$

21. (a) $f(x) = \dfrac{x}{x^2 + 2}$ (b) $f(x) = \dfrac{x^2 - 3}{x^2 + 1}$

22. (a) $f(x) = x^{\frac{1}{3}}(x - 4)$ (b) $f(x) = x^{\frac{4}{3}} - 6x^{\frac{1}{3}}$

23. Dans chacun des cas, trouver tous les points critiques et utiliser le critère de la dérivée première pour distinguer les maximums relatifs, les minimums relatifs et les autres.
(a) $f(x) = x^{\frac{1}{3}}(x - 7)^2$
(b) $f(x) = 2\sin x - \cos 2x, \quad 0 \le x \le 2\pi$
(c) $f(x) = 3x - (x - 1)^{\frac{3}{2}}$

24. Dans chacun des cas, trouver tous les points critiques et utiliser le critère de la dérivée seconde (lorsque c'est possible) pour distinguer les maximums relatifs, les minimums relatifs et les autres.
(a) $f(x) = x^{-\frac{1}{2}} + \frac{1}{9}x^{\frac{1}{2}}$
(b) $f(x) = x^2 + \frac{8}{x}$
(c) $f(x) = \sin^2 x - \cos x, \quad 0 \le x \le 2\pi$

25–32 Représenter graphiquement f et préciser les limites lorsque $x \to \pm\infty$; indiquer également l'emplacement de tous les extremums relatifs, des points d'inflexion et des asymptotes (s'il y a lieu).

25. $f(x) = x^4 - 3x^3 + 3x^2 + 1$

26. $f(x) = x^5 - 4x^4 + 4x^3$

27. $f(x) = \tan(x^2 + 1)$ **28.** $f(x) = x - \cos x$

29. $f(x) = \dfrac{x^2}{x^2 + 2x + 5}$ **30.** $f(x) = \dfrac{25 - 9x^2}{x^3}$

31. $f(x) = \begin{cases} \frac{1}{2}x^2, & x \le 0 \\ -x^2, & x > 0 \end{cases}$

32. $f(x) = (1 + x)^{\frac{2}{3}}(3 - x)^{\frac{1}{3}}$

33–38 Déterminer les extremums relatifs de f en procédant selon la méthode de votre choix.

33. $f(x) = x^3 + 5x - 2$ **34.** $f(x) = x^4 - 2x^2 + 7$

35. $f(x) = x^{\frac{4}{5}}$ **36.** $f(x) = 2x + x^{\frac{2}{3}}$

37. $f(x) = \dfrac{x^2}{x^2 + 1}$ **38.** $f(x) = \dfrac{x}{x + 2}$

39–40 Lorsqu'on utilise un outil graphique, on peut passer à côté de certaines caractéristiques importantes d'une fonction si la fenêtre d'affichage est mal choisie. Les exercices 39 et 40 illustrent ce cas.

39. (a) Tracer le graphique de $f(x) = \frac{1}{3}x^3 - \frac{1}{400}x$ dans l'intervalle [-5; 5]; prédire ensuite l'emplacement des points critiques et en préciser la nature.
(b) Situer exactement tous les points critiques et distinguer les maximums relatifs, les minimums relatifs et les autres.
(c) Confirmer les résultats obtenus en (b) en représentant graphiquement f sur un intervalle approprié.

40. (a) Tracer le graphique de

$$f(x) = \tfrac{1}{5}x^5 - \tfrac{7}{8}x^4 + \tfrac{1}{3}x^3 + \tfrac{7}{2}x^2 - 6x$$

dans l'intervalle [-5; 5]; prédire ensuite l'emplacement des points critiques et en préciser la nature.
(b) Situer exactement tous les points critiques et distinguer les maximums relatifs, les minimums relatifs et les autres.
(c) Confirmer les résultats obtenus en (b) en représentant graphiquement des portions de f en choisissant les intervalles appropriés. [*Note :* il n'existe pas de fenêtre unique où tous les points critiques sont simultanément visibles.]

41. (a) Utiliser un outil graphique pour tracer sur un même graphique les courbes de $y = x$ et $y = \frac{x^3 - 8}{x^2 + 1}$ sur l'intervalle [-5; 5]; prédire la relation entre les deux courbes.
(b) Confirmer la prédiction faite en (a).

42. Par dérivation implicite, montrer qu'une fonction y définie implicitement par $\sin x + \cos y = 2y$ a un point critique chaque fois que $\cos x = 0$. Utiliser ensuite le critère de la dérivée première ou celui de la dérivée seconde pour déterminer si les points critiques donnent lieu à des maximums ou à des minimums relatifs.

43. Soit la fonction f définie par

$$f(x) = \frac{2x^3 + x^2 - 15x + 7}{(2x - 1)(3x^2 + x - 1)}$$

Représenter graphiquement $y = f(x)$ et écrire les équations de toutes les asymptotes horizontales et verticales. Expliquer pourquoi il n'y a pas d'asymptote verticale en $x = \frac{1}{2}$, bien que le dénominateur de f soit nul en ce point.

44. Soit la fonction f définie par

$$f(x) = \frac{x^5 - x^4 - 3x^3 + 2x + 4}{x^7 - 2x^6 - 3x^5 + 6x^4 + 4x - 8}$$

(a) Utiliser un logiciel de calcul formel pour mettre en facteur le numérateur et le dénominateur de f et se servir des résultats pour situer toutes les asymptotes verticales.
(b) Vérifier que votre réponse est en accord avec la représentation graphique de f.

45. (a) À quelle inégalité la fonction f doit-elle satisfaire pour que f affiche un maximum absolu dans un intervalle I en x_0?
(b) À quelle inégalité la fonction f doit-elle satisfaire pour que f affiche un minimum absolu dans un intervalle I en x_0?
(c) Qu'est-ce qui distingue un extremum absolu d'un extremum relatif?

46. D'après le théorème de la valeur extrême, à quelles conditions doivent satisfaire une fonction f et un intervalle I pour garantir que f possédera à la fois un maximum absolu et un minimum absolu dans I?

47. Dans chaque cas, indiquer si l'énoncé est vrai ou faux et justifier la réponse.

(a) Si f est dérivable sur l'intervalle ouvert $]a; b[$ et si f possède un extremum absolu sur cet intervalle, alors cet extremum doit correspondre à un point stationnaire de f.

(b) Si f est continue sur l'intervalle ouvert $]a; b[$, et si f possède un extremum absolu sur cet intervalle, alors cet extremum doit correspondre à un point stationnaire de f.

48–50 Dans chacun des cas, trouver le minimum absolu m et le maximum absolu M de f dans l'intervalle donné (s'ils existent) et situer ces extremums absolus.

48. (a) $f(x) = \frac{1}{x}$; $[-2; -1]$

(b) $f(x) = x^3 - x^4$; $\left[-1; \frac{3}{2}\right]$

(c) $f(x) = x - \tan x$; $\left[-\frac{\pi}{4}; \frac{\pi}{4}\right]$

(d) $f(x) = -|x^2 - 2x|$; $[1; 3]$

49. (a) $f(x) = x^2 - 3x - 1$; $]-\infty; +\infty[$

(b) $f(x) = x^3 - 3x - 2$; $]-\infty; +\infty[$

50. (a) $f(x) = 2x^5 - 5x^4 + 7$; $]-1; 3[$

(b) $f(x) = \dfrac{3 - x}{2 - x}$; $]0; 2[$

(c) $f(x) = \dfrac{2x}{x^2 + 3}$; $]0; 2]$

(d) $f(x) = x^2(x - 2)^{\frac{1}{3}}$; $]0; 3]$

51. Dans chacun des cas, utiliser un outil graphique pour estimer, s'il y a lieu, les valeurs des minimum et maximum absolus de f dans l'intervalle donné. Trouver ensuite les valeurs exactes en faisant appel aux dérivées.

(a) $f(x) = (x^2 - 1)^2$; $]-\infty; +\infty[$

(b) $f(x) = \dfrac{x}{x^2 + 1}$; $[0; +\infty[$

(c) $f(x) = 2\sec x - \tan x$; $\left[0; \frac{\pi}{4}\right]$

52. $s = \sin(2t), 0 \leq t \leq \frac{\pi}{2}$

53. Soit la fonction f définie par

$$f(x) = \frac{x^3 + 2}{x^4 + 1}$$

(a) Tracer la courbe de $y = f(x)$ et, à partir du graphique, donner les coordonnées approximatives des extremums absolus.

(b) Utiliser un logiciel de calcul formel pour résoudre l'équation $f'(x) = 0$ et ensuite pour obtenir des approximations plus précises des coordonnées données en (a).

54. Une fenêtre d'église comprend une section rectangulaire claire surmontée d'une section semi-circulaire bleue (figure Ex-54). Par unité de surface, le verre bleu laisse passer la moitié de la lumière que le verre clair laisse passer. Déterminer le rayon r tel que la fenêtre laisse passer le maximum de lumière, sachant que le périmètre de la fenêtre entière est de P mètres.

55. Déterminer les dimensions du rectangle ayant la plus grande aire et qui est inscrit dans l'ellipse $\left(\frac{x}{4}\right)^2 + \left(\frac{y}{3}\right)^2 = 1$ (figure Ex-55).

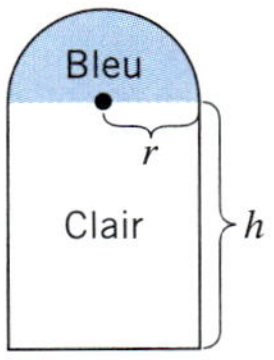

Figure Ex-54

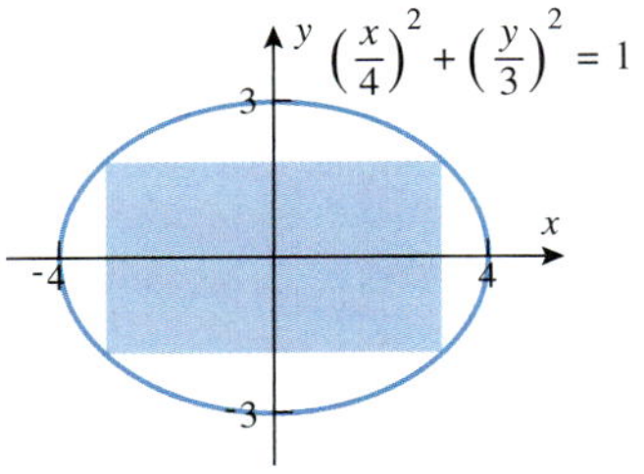

Figure Ex-55

56. Tel qu'illustré à la figure Ex-56, supposer qu'un bateau pénètre dans la rivière au point (1; 0) et maintienne le cap en direction de l'origine. Entraîné par un fort courant, le bateau suit la trajectoire suivante,

$$y = \frac{x^{\frac{10}{3}} - 1}{2x^{\frac{2}{3}}}$$

où x et y sont en kilomètres.

(a) Représenter graphiquement le parcours suivi par le bateau.

(b) Le bateau atteindra-t-il l'origine? Sinon, discuter de ce qui se produira et déterminer à quelle distance le bateau passera au plus près de l'origine.

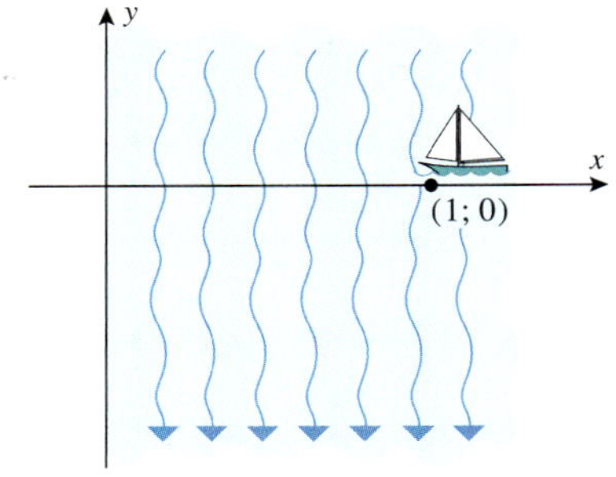

Figure Ex-56

57. On fabrique une boîte ouverte avec une feuille de carton carrée de 30 cm de côté; on découpe des carrés identiques dans chacun des coins de la feuille et on replie ensuite les côtés pour former la boîte. Quel doit être le format des carrés découpés pour que le volume de la boîte soit le plus grand possible?

58. Tracer un diagramme approprié et, sans utiliser d'équations, décrire l'idée de base qui sous-tend la méthode de Newton.

59. Utiliser la méthode de Newton pour approximer les trois racines de $x^3 - 4x + 1 = 0$.

60. Utiliser la méthode de Newton pour approximer la plus petite solution positive de $\sin x + \cos x = 0$.

61. À l'aide d'un outil graphique, déterminer le nombre de fois où la courbe $y = x^3$ intercepte la courbe $y = \left(\frac{x}{2}\right) - 1$. Appliquer ensuite la méthode de Newton pour approximer les coordonnées x de toutes les intersections.

62. Selon la ***loi de Kepler,*** les planètes de notre système solaire décrivent des orbites elliptiques autour du Soleil. Si une planète est au plus près du Soleil à $t = 0$, alors la distance r du centre de la planète au centre du Soleil à un temps t subséquent est donnée par

$$r = a(1 - e\cos\phi)$$

où a correspond à la distance moyenne entre les centres, e, à une constante positive qui mesure l'« aplatissement » de l'orbite elliptique, et ϕ, la solution de l'*équation de Kepler*

$$\frac{2\pi t}{T} = \phi - e\sin\phi$$

où T décrit le temps nécessaire pour que la planète parcoure une orbite complète. Évaluer la distance qui sépare la Terre du Soleil lorsque $t = 90$ jours. [Trouver d'abord ϕ à l'aide de l'équation de Kepler et substituer ensuite cette valeur de ϕ pour déterminer la distance. Utiliser $a = 150 \times 10^6$ km, $e = 0,0167$ et $T = 365$ jours.]

63. Utiliser les équations données à l'exercice 62 pour trouver la distance qui sépare Mars du Soleil lorsque $t = 1$ an. Pour Mars, considérer $a = 228 \times 10^6$ km, $e = 0,0934$ et $T = 1,88$ année.

64. À supposer que f soit continue sur l'intervalle fermé $[a; b]$ et dérivable sur l'intervalle ouvert $]a; b[$, et que $f(a) = f(b)$. Est-il vrai ou faux que f doit posséder au moins un point stationnaire dans $]a; b[$? Justifier votre réponse.

65. Dans chacun des cas, déterminer si toutes les hypothèses du théorème de Rolle sont satisfaites sur l'intervalle donné. Sinon, indiquer laquelle fait défaut; si oui, trouver toutes les valeurs de c prévues par le théorème.

(a) $f(x) = \sqrt{4 - x^2}$ sur [-2; 2]
(b) $f(x) = x^{\frac{2}{3}} - 1$ sur [-1; 1]
(c) $f(x) = \sin(x^2)$ sur $[0; \sqrt{\pi}\,]$

66. Dans chacun des cas, déterminer si toutes les hypothèses du théorème de la moyenne sont satisfaites sur l'intervalle donné. Sinon, indiquer laquelle fait défaut; si oui, trouver toutes les valeurs de c prévues par le théorème.

(a) $f(x) = |x - 1|$ sur [-2; 2]
(b) $f(x) = \dfrac{x+1}{x-1}$ sur [2; 3]
(c) $f(x) = \begin{cases} 3 - x^2 & \text{si } x \le 1 \\ \frac{2}{x} & \text{si } x > 1 \end{cases}$ sur [0; 2]

67. Utiliser le fait que

$$\frac{d}{dx}(x^6 - 2x^2 + x) = 6x^5 - 4x + 1$$

pour démontrer que l'équation $6x^5 - 4x + 1 = 0$ admet au moins une racine dans l'intervalle]0; 1[.

68. Soit $g(x) = x^3 - 4x + 6$. Trouver $f(x)$ telle que $f'(x) = g'(x)$ et $f(1) = 2$.

69. (a) Un objet en mouvement rectiligne peut-il inverser le sens de son déplacement s'il est soumis à une accélération constante? Justifier votre réponse à l'aide d'une courbe de la vitesse en fonction du temps.
(b) Un objet en mouvement rectiligne peut-il prendre de la vitesse scalaire tout en étant soumis à une accélération décroissante? Justifier votre réponse à l'aide d'un graphique de la vitesse en fonction du temps.

70. La fonction position d'une particule en mouvement rectiligne est donnée par $s(t) = \frac{t}{2t^2+8}$, où $t \ge 0$.

(a) À l'aide d'un outil graphique, tracer les graphiques de la position, de la vitesse et de l'accélération en fonction du temps.
(b) Utiliser l'un des graphiques pour estimer grossièrement le moment où la particule inverse le sens de son mouvement; déterminer ensuite le moment exact.
(c) Déterminer la position, la vitesse et l'accélération de la particule au moment précis où elle inverse le sens de son mouvement.
(d) Consulter les graphiques pour estimer grossièrement les intervalles de temps où la particule prend de la vitesse scalaire et ceux où elle ralentit; déterminer ensuite exactement ces intervalles.
(e) À quel moment la particule atteint-elle sa vitesse maximale, et sa vitesse minimale?

71. La fonction position d'une particule en mouvement rectiligne est donnée par

$$s(t) = \frac{t^2 + 1}{t^4 + 1}, \quad t \ge 0$$

(a) À l'aide d'un logiciel de calcul formel, établir des équations simplifiées pour les fonctions vitesse $v(t)$ et accélération $a(t)$.
(b) Représenter graphiquement la position, la vitesse et l'accélération en fonction du temps.
(c) Utiliser l'un des graphiques pour évaluer grossièrement le moment où la particule est le plus loin de l'origine et estimer sa distance à l'origine à cet instant.
(d) Consulter l'un des graphiques pour évaluer grossièrement l'intervalle de temps où la particule se déplace dans le sens positif.
(e) Consulter les graphiques pour évaluer grossièrement les intervalles de temps où la particule prend de la vitesse scalaire et ceux où elle ralentit.
(f) Utiliser l'un des graphiques pour évaluer grossièrement la vitesse scalaire maximale de la particule et le moment où il est atteint.

72. Est-il vrai ou faux qu'une particule en mouvement rectiligne va de plus en plus vite lorsque sa vitesse augmente et qu'elle ralentit lorsque sa vitesse diminue? Justifier votre réponse.

c h a p i t r e   c i n q

DÉRIVÉES DES FONCTIONS LOGARITHMIQUES, EXPONENTIELLES ET TRIGONOMÉTRIQUES INVERSES

Qui n'a pas été étonné d'apprendre que la fonction $y = e^x$, telle un phénix renaissant de ses cendres, est sa propre dérivée?

—François le Lionnais
Écrivain scientifique et maître d'échecs

Le début de ce chapitre est consacré à des fonctions en *x* et *y* qu'il est difficile, voire impossible, d'exprimer en termes de *x* en isolant *y* par des manipulations algébriques. Nous apprendrons à dériver ces fonctions à partir de l'expression donnée plutôt qu'en utilisant l'équation explicite de la fonction. Nous reverrons également les fonctions réciproques, afin d'établir une relation entre la dérivée d'une fonction et celle de sa réciproque. Nous obtiendrons ainsi de nouvelles formules de dérivées, dont celles des fonctions logarithmiques, exponentielles et trigonométriques inverses. Nous terminerons ce chapitre avec la règle de L'Hôpital, un moyen très efficace dans l'évaluation de certaines limites.

Photo : ***La croissance et le déclin des populations animales ou des ressources naturelles peuvent être modélisés par des fonctions élémentaires qui sont considérées dans l'étude du calcul différentiel et intégral.***

5.1 DÉRIVATION IMPLICITE

Jusqu'à maintenant, nous avons dérivé des fonctions exprimées par des équations de la forme $y = f(x)$. Dans cette section, nous allons voir des méthodes permettant de dériver des fonctions que l'on peut difficilement, ou pas du tout, exprimer sous cette forme.

FONCTIONS EXPLICITES ET IMPLICITES

Une fonction ***explicite*** s'exprime sous la forme $y = f(x)$, c'est-à-dire que la variable y, isolée d'un côté, est décrite en termes de x. Toutefois, il existe aussi des fonctions définies par des équations où la variable y n'est pas isolée; considérons par exemple

$$yx + y + 1 = x \tag{1}$$

Cette équation n'est pas de la forme $y = f(x)$, mais elle définit tout de même y comme une fonction de x puisqu'on peut la récrire sous la forme

$$y = \frac{x-1}{x+1}$$

On dira donc que (1) définit implicitement y comme une fonction de x, la fonction étant

$$f(x) = \frac{x-1}{x+1}$$

Une équation en x et y peut définir plus d'une fonction implicite de x. C'est le cas si la courbe échoue le test de la droite verticale, puisque l'équation ne représente pas alors une fonction de x. Par exemple, considérons l'équation du cercle

$$x^2 + y^2 = 1 \tag{2}$$

En isolant y, on obtient $y = \pm\sqrt{1 - x^2}$; la relation (2) définit donc deux fonctions implicites, soit

$$f_1(x) = \sqrt{1 - x^2} \quad \text{et} \quad f_2(x) = -\sqrt{1 - x^2} \tag{3}$$

Les graphiques de ces fonctions correspondent respectivement aux demi-cercles supérieur et inférieur du cercle $x^2 + y^2 = 1$ (figure 5.1.1). La définition qui suit découle de ces considérations :

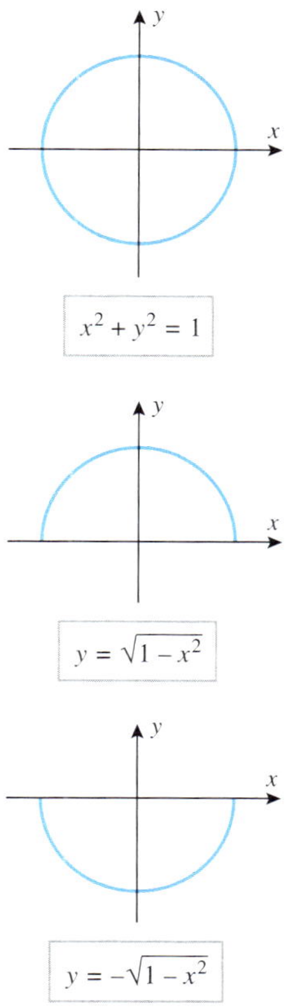

Figure 5.1.1

> **5.1.1 DÉFINITION.** Une équation donnée en x et y définit implicitement une fonction f lorsque la courbe d'équation $y = f(x)$ correspond à une portion de la courbe de l'équation donnée.

▶ **Exemple 1** La courbe d'équation $x = y^2$ ne représente pas une fonction de x, puisqu'elle échoue le test de la droite verticale (figure 5.1.2). Cependant, en isolant y pour l'exprimer en termes de x, nous obtenons les équations $y = \sqrt{x}$ et $y = -\sqrt{x}$, dont les courbes réussissent le test de la droite verticale et correspondent à des portions du graphique de $x = y^2$ (figure 5.1.2). Ainsi, l'équation $x = y^2$ définit implicitement les fonctions

$$f_1(x) = \sqrt{x} \quad \text{et} \quad f_2(x) = -\sqrt{x} \blacktriangleleft$$

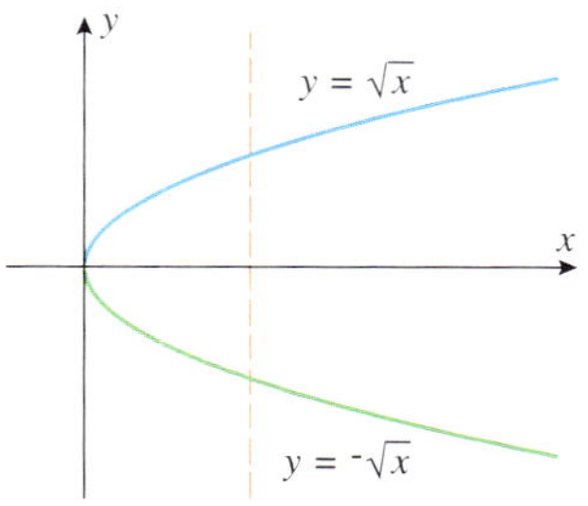

Figure 5.1.2 La courbe de $x = y^2$ échoue le test de la droite verticale, mais les courbes de $y = \sqrt{x}$ et $y = -\sqrt{x}$ réussissent ce test.

Dans l'exemple ci-dessus, il était simple d'isoler y de l'équation $x = y^2$. Mais il peut être difficile voir impossible d'isoler y de certaines équations. Par exemple, considérons l'équation

$$x^3 + y^3 = 3xy \tag{4}$$

On peut exprimer y en termes de x, mais les équations résultantes sont complexes et peu pratiques. Pour d'autres équations telles que $\sin(xy) = y$, il n'est tout simplement pas possible d'isoler y par les méthodes habituelles. Ainsi, même si une équation peut définir implicitement une ou plusieurs fonctions de x, il peut être impossible ou pas du tout pratique d'exprimer ces fonctions sous une forme explicite.

Heureusement, les logiciels de calcul formel tels que *Maple* ou *Mathematica* exécutent un « traçage implicite » pour représenter graphiquement les équations telles que (4). La figure 5.1.3a nous montre le graphique de l'équation (4), appelée ***folium de Descartes***. Les portions (b) et (c) de la figure font ressortir (en bleu) deux fonctions implicites définies par (4).

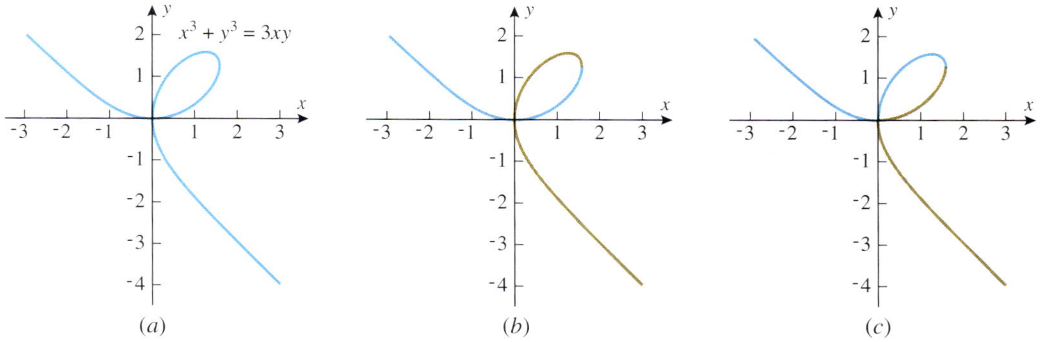

Figure 5.1.3

DÉRIVATION IMPLICITE

En général, il n'est pas nécessaire d'isoler y avant de dériver les fonctions implicites définies par une équation donnée. Pour illustrer ceci, considérons la simple équation

$$xy = 1 \tag{5}$$

Pour obtenir $\frac{dy}{dx}$, on peut procéder en récrivant ainsi l'équation :

$$y = \frac{1}{x} \tag{6}$$

Il s'ensuit que

$$\frac{dy}{dx} = -\frac{1}{x^2} \tag{7}$$

On peut aussi obtenir la dérivée en procédant autrement : il suffit de dériver les deux membres de l'équation (5) *avant* d'isoler y, en considérant y comme une fonction dérivable de x, même si celle-ci n'est pas encore spécifiée. On a alors

$$\frac{d}{dx}[xy] = \frac{d}{dx}[1]$$

$$x\frac{d}{dx}[y] + y\frac{d}{dx}[x] = 0$$

$$x\frac{dy}{dx} + y = 0$$

$$\frac{dy}{dx} = -\frac{y}{x}$$

En substituant (6) dans la dernière expression, on trouve

$$\frac{dy}{dx} = -\frac{1}{x^2}$$

ce qui correspond au résultat (7). Cette méthode est appelée ***dérivation implicite***.

▶ **Exemple 2** Procéder par dérivation implicite pour trouver $\frac{dy}{dx}$ si $5y^2 + \sin y = x^2$.

$$\frac{d}{dx}[5y^2 + \sin y] = \frac{d}{dx}[x^2]$$

$$5\frac{d}{dx}[y^2] + \frac{d}{dx}[\sin y] = 2x$$

$$5\left(2y\frac{dy}{dx}\right) + (\cos y)\frac{dy}{dx} = 2x$$

On utilise ici la règle de dérivation en chaîne parce que y est une fonction de x.

$$10y\frac{dy}{dx} + (\cos y)\frac{dy}{dx} = 2x$$

René Descartes (1596–1650) Aristocrate français, fils d'un conseiller du gouvernement, Descartes obtient une licence en droit de l'Université de Poitiers à l'âge de 20 ans. Après avoir goûté à la vie trépidante de Paris pendant quelque temps, il devient ingénieur militaire, d'abord sous l'autorité du prince hollandais de Nassau, puis sous celle du duc de Bavière, en Allemagne. Descartes se met sérieusement aux mathématiques et fonde la géométrie analytique pendant ses années de service militaire. Après les guerres, il revient à Paris et parcourt la ville en excentrique, arborant un sabre à sa ceinture et un chapeau à plume. Il vit alors une vie de fainéant, se lève rarement avant 11 h et s'intéresse à la physiologie humaine, à la philosophie, aux glaciers, aux météorites et aux arcs-en-ciel. Il déménage ensuite en Hollande, où il publie son *Discours de la méthode*, et finalement en Suède où il meurt, pendant son travail comme tuteur de la reine Christine. Reconnu comme un très grand génie, Descartes a non seulement contribué de façon importante à l'essor des mathématiques et de la philosophie, mais il est aussi considéré, avec William Harvey, comme l'un des fondateurs de la physiologie moderne.

Isolons maintenant $\frac{dy}{dx}$:

$$\frac{dy}{dx} = \frac{2x}{10y + \cos y} \tag{8}$$

Noter que cette équation contient à la fois x et y. Pour exprimer $\frac{dy}{dx}$ uniquement en termes de x, il faudrait isoler y dans l'équation de départ et substituer ensuite l'expression obtenue dans (8). Cependant, comme il est impossible d'isoler y dans l'équation originale, nous sommes forcés de laisser l'expression $\frac{dy}{dx}$ en termes de x et y. ◄

▶ **Exemple 3** Procéder par dérivation implicite pour déterminer $\frac{d^2y}{dx^2}$ si $4x^2 - 2y^2 = 9$.

Solution. Dérivons d'abord implicitement les deux membres de l'équation $4x^2 - 2y^2 = 9$:

$$8x - 4y\frac{dy}{dx} = 0$$

On en déduit

$$\frac{dy}{dx} = \frac{2x}{y} \tag{9}$$

La dérivation implicite des deux membres du résultat (9) donne ensuite

$$\frac{d^2y}{dx^2} = \frac{(y)(2) - (2x)\left(\frac{dy}{dx}\right)}{y^2} \tag{10}$$

Substituons maintenant (9) dans (10) et simplifions à l'aide de l'équation de départ. On obtient

$$\frac{d^2y}{dx^2} = \frac{2y - 2x\left(\frac{2x}{y}\right)}{y^2} = \frac{2y^2 - 4x^2}{y^3} = -\frac{9}{y^3}$$ ◄

Dans les exemples 2 et 3, les expressions obtenues pour $\frac{dy}{dx}$ contiennent à la fois x et y. Bien qu'il soit généralement préférable d'exprimer $\frac{dy}{dx}$ en termes de x seulement, les expressions en x et y permettent aussi de déterminer les pentes et les équations des tangentes, à condition que les coordonnées x et y des points de tangence soient connues. Voyons un exemple.

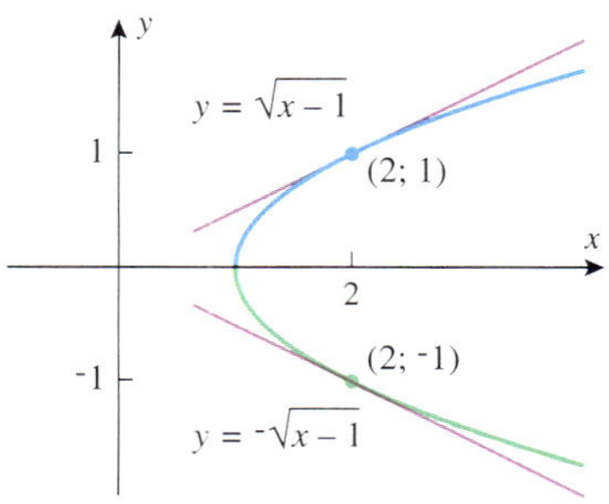

Figure 5.1.4

▶ **Exemple 4** Trouver les pentes des tangentes à la courbe $y^2 - x + 1 = 0$ aux points (2; -1) et (2; 1).

Solution. Nous pouvons procéder en isolant y et en évaluant ensuite la dérivée de $y = \sqrt{x-1}$ en (2; 1) et la dérivée de $y = -\sqrt{x-1}$ en (2; -1), tel qu'illustré à la figure 5.1.4. La dérivation implicite est cependant plus efficace, car on en déduit les pentes des *deux* tangentes; on trouve

$$\frac{d}{dx}[y^2 - x + 1] = \frac{d}{dx}[0]$$

$$\frac{d}{dx}[y^2] - \frac{d}{dx}[x] + \frac{d}{dx}[1] = \frac{d}{dx}[0]$$

$$2y\frac{dy}{dx} - 1 = 0$$

$$\frac{dy}{dx} = \frac{1}{2y}$$

Au point (2; -1), on a $y = -1$ et en (2; 1), on a $y = 1$, de sorte que les pentes des tangentes en ces points sont :

$$\left.\frac{dy}{dx}\right|_{\substack{x=2\\y=-1}} = -\frac{1}{2} \quad \text{et} \quad \left.\frac{dy}{dx}\right|_{\substack{x=2\\y=1}} = \frac{1}{2} \blacktriangleleft$$

▶ Exemple 5

(a) Par dérivation implicite, déterminer $\frac{dy}{dx}$ pour le folium de Descartes $x^3 + y^3 = 3xy$.

(b) Écrire l'équation de la tangente du folium de Descartes au point $\left(\frac{3}{2}; \frac{3}{2}\right)$.

(c) En quel(s) point(s) du premier quadrant la tangente du folium de Descartes est-elle horizontale?

Solution (a). Dérivons implicitement les deux membres de l'équation donnée :

$$\frac{d}{dx}[x^3 + y^3] = \frac{d}{dx}[3xy]$$

$$3x^2 + 3y^2\frac{dy}{dx} = 3x\frac{dy}{dx} + 3y$$

$$x^2 + y^2\frac{dy}{dx} = x\frac{dy}{dx} + y$$

$$(y^2 - x)\frac{dy}{dx} = y - x^2$$

$$\frac{dy}{dx} = \frac{y - x^2}{y^2 - x} \tag{11}$$

Solution (b). Au point $\left(\frac{3}{2}; \frac{3}{2}\right)$, on a $x = \frac{3}{2}$ et $y = \frac{3}{2}$. Le résultat (11) donne la pente $m_{\tan}$ de la tangente en ce point :

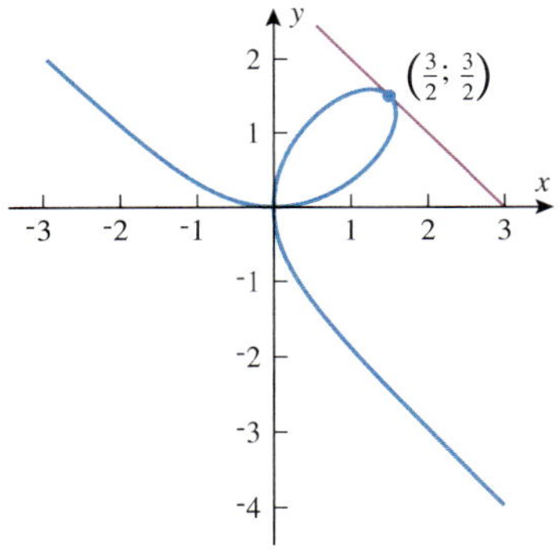

Figure 5.1.5

$$m_{\tan} = \left.\frac{dy}{dx}\right|_{\substack{x=\frac{3}{2}\\y=\frac{3}{2}}} = \frac{\left(\frac{3}{2}\right) - \left(\frac{3}{2}\right)^2}{\left(\frac{3}{2}\right)^2 - \left(\frac{3}{2}\right)} = -1$$

L'équation de la tangente en $\left(\frac{3}{2}; \frac{3}{2}\right)$ s'écrit alors

$$y - \frac{3}{2} = -1\left(x - \frac{3}{2}\right) \quad \text{ou, en simplifiant} \quad x + y = 3$$

Ce résultat est cohérent avec la représentation de la figure 5.1.5.

Solution (c). La tangente est horizontale aux points où $\frac{dy}{dx} = 0$. D'après le résultat (11), cette condition est satisfaite uniquement lorsque $y - x^2 = 0$, c'est-à-dire

$$y = x^2 \tag{12}$$

Remplaçons y par cette expression dans l'équation de la courbe $x^3 + y^3 = 3xy$:

$$x^3 + (x^2)^3 = 3x^3$$

$$x^6 - 2x^3 = 0$$

$$x^3(x^3 - 2) = 0$$

Les racines sont donc $x = 0$ et $x = 2^{\frac{1}{3}}$. Appliquées à l'équation (12), ces solutions donnent respectivement les points (0; 0) et $(2^{\frac{1}{3}}; 2^{\frac{2}{3}})$. De ces deux points, seul $(2^{\frac{1}{3}}; 2^{\frac{2}{3}})$ se trouve dans le premier quadrant. En substituant $x = 2^{\frac{1}{3}}$ et $y = 2^{\frac{2}{3}}$ dans l'équation (11), on obtient

$$\left.\frac{dy}{dx}\right|_{\substack{x=2^{\frac{1}{3}}\\y=2^{\frac{2}{3}}}} = \frac{0}{2^{\frac{4}{3}} - 2^{\frac{2}{3}}} = 0$$

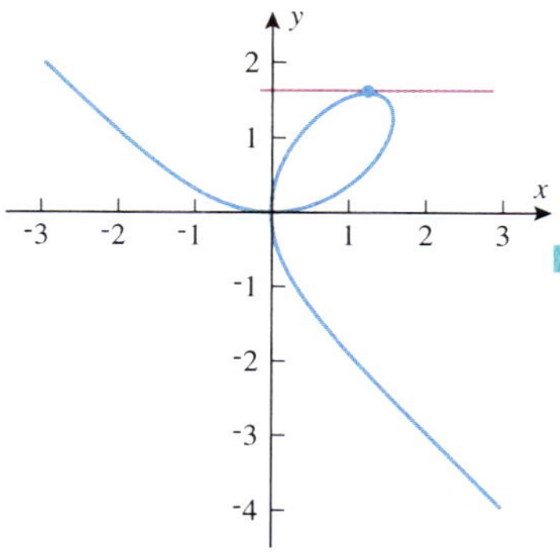

Figure 5.1.6

La dérivée (11) ne peut être évaluée en (0; 0); elle ne fournit donc aucune information quant à la nature du folium de Descartes à l'origine. En vous référant à la figure 5.1.3, que pouvez-vous dire de la dérivabilité des fonctions implicites représentées en bleu sur les graphiques (*b*) et (*c*) de la figure?

On conclut que $(2^{\frac{1}{3}}; 2^{\frac{2}{3}}) \approx (1{,}26; 1{,}59)$ est le seul point du folium de Descartes dans le premier quadrant dont la tangente est horizontale (figure 5.1.6). ◀

DÉRIVABILITÉ DES FONCTIONS IMPLICITES

Dans la dérivation implicite, on suppose que y est une fonction de x qui est dérivable. Si ce n'est pas le cas, le résultat peut être dénué de sens. Par exemple, la dérivée de l'équation

$$x^2 + y^2 + 1 = 0 \tag{13}$$

donne

$$2x + 2y\frac{dy}{dx} = 0 \quad \text{ou} \quad \frac{dy}{dx} = -\frac{x}{y}$$

Cette dérivée est sans signification, parce qu'il n'existe pas de valeurs réelles de x et de y qui satisfont à l'équation (13) (pourquoi?). Cette équation n'a donc pas de graphique réel et en conséquence, elle ne peut définir implicitement aucune fonction.

La conclusion absurde tirée des opérations ci-dessus souligne l'importance de savoir, avant de dériver implicitement une équation en x et y, si celle-ci définit une fonction implicite de x qui est dérivable. Malheureusement, il s'agit d'un problème souvent difficile à résoudre et son analyse est donc habituellement traitée dans des cours de niveau plus avancé.

DÉRIVÉES DES PUISSANCES RATIONNELLES DE *x*

Le théorème 3.3.3 et la discussion qui a suivi immédiatement sa présentation nous ont permis de démontrer que la formule de dérivation

$$\frac{d}{dx}[x^n] = nx^{n-1} \tag{14}$$

est valable pour les valeurs entières de n et pour $n = \frac{1}{2}$. Nous allons maintenant utiliser la dérivation implicite pour montrer que cette formule est aussi valable pour tous les exposants rationnels. Plus précisément, nous allons prouver que si r est un nombre rationnel, alors

$$\frac{d}{dx}[x^r] = rx^{r-1} \tag{15}$$

lorsque x^r et x^{r-1} sont définis. Admettons pour l'instant sans preuve que x^r soit dérivable; nous justifierons cette hypothèse plus loin.

Soit $y = x^r$. Sachant que r est un nombre rationnel, on peut l'exprimer comme un rapport de nombres entiers, soit $r = \frac{m}{n}$. On peut donc récrire $y = x^r = x^{\frac{m}{n}}$ sous la forme

$$y^n = x^m \quad \text{de sorte que} \quad \frac{d}{dx}[y^n] = \frac{d}{dx}[x^m]$$

En dérivant implicitement par rapport à x et en utilisant l'égalité (14), on obtient

$$ny^{n-1}\frac{dy}{dx} = mx^{m-1} \tag{16}$$

Cependant,

$$y^{n-1} = [x^{\frac{m}{n}}]^{n-1} = x^{m-(\frac{m}{n})}$$

On peut donc écrire l'égalité (16) comme suit :

$$nx^{m-(\frac{m}{n})}\frac{dy}{dx} = mx^{m-1}$$

On a alors

$$\frac{dy}{dx} = \frac{m}{n}x^{(\frac{m}{n})-1} = rx^{r-1}$$

ce qui montre que la formule (15) est valable lorsque r est un nombre rationnel.

► Exemple 6 La formule (15) permet d'écrire

$$\frac{d}{dx}[x^{\frac{4}{5}}] = \frac{4}{5}x^{(\frac{4}{5})-1} = \frac{4}{5}x^{-\frac{1}{5}}$$

$$\frac{d}{dx}[x^{-\frac{7}{8}}] = -\frac{7}{8}x^{(-\frac{7}{8})-1} = -\frac{7}{8}x^{-\frac{15}{8}}$$

$$\frac{d}{dx}[\sqrt[3]{x}] = \frac{d}{dx}[x^{\frac{1}{3}}] = \frac{1}{3}x^{-\frac{2}{3}} = \frac{1}{3\sqrt[3]{x^2}} \quad ◄$$

Si u est une fonction dérivable de x et r, un nombre rationnel, alors la règle de dérivation en chaîne permet de généraliser la formule (15) comme suit :

$$\frac{d}{dx}[u^r] = ru^{r-1}\cdot\frac{du}{dx} \tag{17}$$

► Exemple 7

$$\frac{d}{dx}[x^2 - x + 2]^{\frac{3}{4}} = \frac{3}{4}(x^2 - x + 2)^{-\frac{1}{4}}\cdot\frac{d}{dx}[x^2 - x + 2]$$

$$= \frac{3}{4}(x^2 - x + 2)^{-\frac{1}{4}}(2x - 1)$$

$$\frac{d}{dx}[(\sec \pi x)^{-\frac{4}{5}}] = -\frac{4}{5}(\sec \pi x)^{-\frac{9}{5}}\cdot\frac{d}{dx}[\sec \pi x]$$

$$= -\frac{4}{5}(\sec \pi x)^{-\frac{9}{5}}\cdot \sec \pi x \tan \pi x \cdot \pi$$

$$= -\frac{4\pi}{5}(\sec \pi x)^{-\frac{4}{5}}\tan \pi x \quad ◄$$

✔ VÉRIFICATION EXPRESS 5.1 *(Réponses à la page 335.)*

1. Déterminer $\frac{dy}{dx}$.
   (a) $y = x^{\frac{2}{3}}$ (b) $y = \dfrac{1}{\sqrt[3]{x^4}}$
   (c) $y = \sqrt[3]{4x - 1}$ (d) $y = (\tan^3 x)^{\frac{4}{5}}$
2. L'équation $xy^3 = 1$ définit y comme une fonction implicite de x.
   (a) En dérivant implicitement l'équation, on obtient $\frac{dy}{dx} =$ ________.
   (b) Montrer que le résultat obtenu en (a) est identique à celui obtenu en isolant y de l'équation donnée avant de la dériver.
3. Déterminer $\frac{dy}{dx}$ en procédant par dérivation implicite.
   (a) $x^2 - y^3 = xy$ (b) $\sin x \cos y = \tan y$
4. L'équation de la tangente à la courbe $x + y + xy = 3$ au point (1; 1) est ________.
5. Par dérivation implicite, trouver $\frac{d^2y}{dx^2}$ lorsque $\sin y = x$.

SÉRIE D'EXERCICES 5.1 C Logiciel de calcul formel

1–8 Trouver $\frac{dy}{dx}$.

1. $y = \sqrt[3]{2x - 5}$
2. $y = \sqrt[3]{2 + \tan(x^2)}$
3. $y = \left(\dfrac{x+1}{x-2}\right)^{\frac{2}{3}}$
4. $y = \sqrt{\dfrac{x^2+1}{x^2-5}}$
5. $y = x^3(5x^2 + 1)^{-\frac{2}{3}}$
6. $y = \dfrac{\sqrt[3]{2x-1}}{x}$

7. $y = \left[\sin\left(\frac{3}{x}\right)\right]^{\frac{5}{2}}$ **8.** $y = [\cos(x^3)]^{-\frac{1}{2}}$

9–10 (a) Trouver $\frac{dy}{dx}$ par dérivation implicite. (b) Isoler y et déterminer $\frac{dy}{dx}$ à partir de l'équation obtenue. Montrer que les deux résultats sont équivalents en exprimant la dérivée obtenue en (a) en termes de x seulement.

9. $x + xy - 2x^3 = 2$ **10.** $\sqrt{y} - \sin x = 2$

11–20 Trouver $\frac{dy}{dx}$ par dérivation implicite.

11. $x^2 + y^2 = 100$ **12.** $x^3 + y^3 = 3xy^2$

13. $x^2y + 3xy^3 - x = 3$ **14.** $x^3y^2 - 5x^2y + x = 1$

15. $\dfrac{1}{\sqrt{x}} + \dfrac{1}{\sqrt{y}} = 1$ **16.** $x^2 = \dfrac{x+y}{x-y}$

17. $\sin(x^2y^2) = x$ **18.** $\cos(xy^2) = y$

19. $\tan^3(xy^2 + y) = x$ **20.** $\dfrac{xy^3}{1 + \sec y} = 1 + y^4$

21–26 Déterminer $\frac{d^2y}{dx^2}$ par dérivation implicite.

21. $2x^2 - 3y^2 = 4$ **22.** $x^3 + y^3 = 1$

23. $x^3y^3 - 4 = 0$ **24.** $xy + y^2 = 2$

25. $y + \sin y = x$ **26.** $x \cos y = y$

27–28 Trouver la pente de la tangente à la courbe aux points donnés par deux méthodes différentes : exprimer d'abord y en fonction de x et dériver par la suite cette fonction; procéder ensuite par dérivation implicite.

27. $x^2 + y^2 = 1$; $\left(\frac{1}{2}; \frac{\sqrt{3}}{2}\right), \left(\frac{1}{2}; -\frac{\sqrt{3}}{2}\right)$

28. $y^2 - x + 1 = 0$; $(10; 3), (10; -3)$

29–32 Utiliser la dérivation implicite pour trouver la pente de la tangente à la courbe au point donné et vérifier que votre réponse est en accord avec le graphique correspondant.

29. $x^4 + y^4 = 16$; $(1; \sqrt[4]{15})$ [***équation de Lamé quartique spéciale***]

30. $y^3 + yx^2 + x^2 - 3y^2 = 0$; $(0; 3)$ [***trisectrice***]

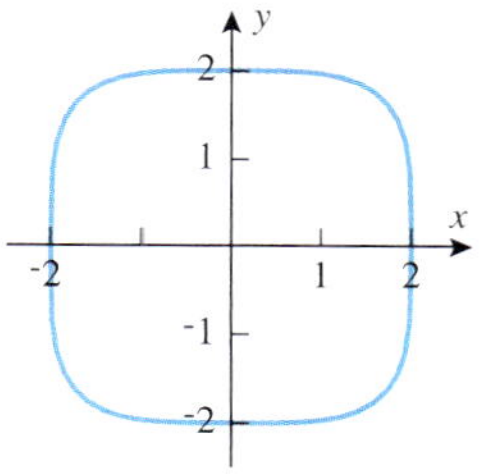

Figure Ex-29

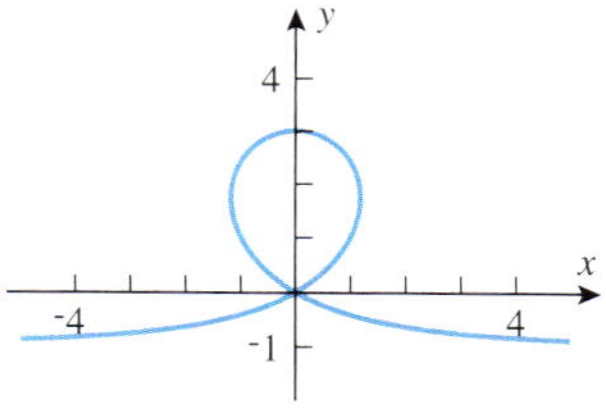

Figure Ex-30

31. $2(x^2 + y^2)^2 = 25(x^2 - y^2)$; $(3; 1)$ [***lemniscate***]

32. $x^{\frac{2}{3}} + y^{\frac{2}{3}} = 4$; $(-1; 3\sqrt{3})$ [***hypocycloïde à quatre rebroussements***]

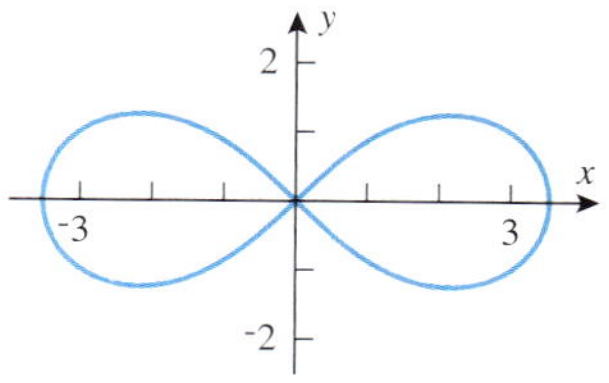

Figure Ex-31

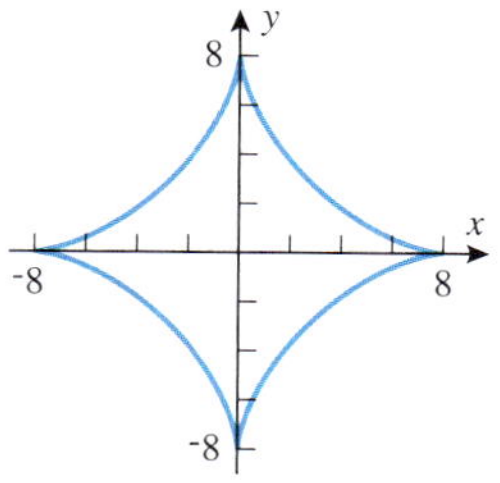

Figure Ex-32

33–36 Dériver l'expression en procédant par dérivation implicite.

33. $a^4 - t^4 = 6a^2t$; $\dfrac{da}{dt}$ **34.** $\sqrt{u} + \sqrt{v} = 5$; $\dfrac{du}{dv}$

35. $a^2\omega^2 + b^2\lambda^2 = 1$ (a, b constants); $\dfrac{d\omega}{d\lambda}$

36. $y = \sin x$; $\dfrac{dx}{dy}$

C **37.** (a) Utiliser la macro-commande appropriée de votre logiciel de calcul formel pour tracer implicitement la courbe d'équation $y^4 + y^2 = x(x-1)$.

(b) À l'aide de la dérivation implicite, expliquer pourquoi la courbe obtenue en (a) n'a pas de tangente horizontale.

(c) Transformer l'équation $y^4 + y^2 = x(x-1)$ pour exprimer x en fonction de y et expliquer pourquoi on retrouve deux paraboles dans le graphique de la partie (a).

C **38.** On qualifie de ***cubiques bipartites*** les courbes décrites par les équations de la forme $y^2 = x(x-a)(x-b)$ où $a < b$.

(a) Utiliser la macro-commande appropriée de votre logiciel de calcul formel pour tracer implicitement la courbe cubique bipartite $y^2 = x(x-1)(x-2)$.

(b) En quels points de la courbe obtenue en (a) la tangente est-elle horizontale?

(c) Isoler y de l'équation donnée en (a) et utiliser l'équation résultante en termes de x pour expliquer pourquoi la courbe est *bipartite*, c'est-à-dire constituée de deux parties séparées.

(d) Tracer la courbe de l'équation donnée en (a) sans utiliser la macro-commande appropriée de votre logiciel de calcul formel pour tracer implicitement des courbes.

39–40 Ces exercices s'appliquent à l'ellipse de rotation C ayant pour équation $x^2 - xy + y^2 = 4$.

C **39.** (a) Utiliser la macro-commande appropriée de votre logiciel de calcul formel pour tracer implicitement l'ellipse de rotation C.

(b) Sur le graphique, trouver approximativement les abscisses de tous les points de tangence horizontale.

(c) Déterminer les valeurs exactes des abscisses obtenues en (b).

C **40.** (a) Utiliser la macro-commande appropriée de votre logiciel de calcul formel pour tracer implicitement l'ellipse de rotation C.
(b) Sur le graphique, trouver approximativement les abscisses de tous les points de tangence verticale.
(c) Déterminer les valeurs exactes des abscisses obtenues en (b).

JONGLONS AVEC LES CONCEPTS

41–42 Considérer l'ellipse de rotation C ayant pour équation $x^2 - xy + y^2 = 4$.

41. Montrer que la droite $y = x$ intercepte la courbe C en deux points P et Q et que les tangentes à la courbe C en ces points sont parallèles.

42. Prouver que si $P(a; b)$ appartient à la courbe C, alors $Q(-a; -b)$ est également sur C et les tangentes à la courbe en P et Q sont parallèles.

43. Déterminer les valeurs de a et b dans l'équation $x^2y + ay^2 = b$ si le point $(1;\ 1)$ se trouve sur la courbe et si la tangente au point $(1;\ 1)$ a pour équation $4x + 3y = 7$.

44. En quel(s) point(s) la tangente à la courbe $y^3 = 2x^2$ est-elle perpendiculaire à la droite $x + 2y - 2 = 0$?

C **45.** (a) Utiliser la macro-commande appropriée de votre logiciel de calcul formel pour tracer implicitement la courbe d'équation $x^3 - 2xy + y^3 = 0$.
(b) À partir du graphique obtenu en (a), évaluer l'abscisse d'un point de la courbe dans le premier quadrant où la tangente à C est parallèle à l'axe x.
(c) Trouver la valeur exacte de l'abscisse estimée en (b).

C **46.** (a) Utiliser la macro-commande appropriée de votre logiciel de calcul formel pour tracer implicitement la courbe C d'équation $x^3 - 2xy + y^3 = 0$.
(b) Sur le graphique, évaluer l'abscisse d'un point de la courbe dans le premier quadrant où la tangente à C est parallèle à $y = -x$.
(c) Utiliser la dérivation implicite pour valider la réponse donnée en (b).

JONGLONS AVEC LES CONCEPTS

47. (a) À l'aide de la géométrie analytique, trouver les équations de deux droites passant par l'origine et qui sont tangentes au cercle défini par $x^2 - 4x + y^2 + 3 = 0$.
(b) Procéder par dérivation implicite pour trouver les droites demandées en (a).

48. Trouver les équations de deux droites passant par l'origine et qui sont tangentes à l'ellipse définie par $2x^2 - 4x + y^2 + 1 = 0$.

49. Soit les constantes a, b et c, où $b \neq 0$, et soit r, un nombre rationnel différent de zéro. Procéder par dérivation implicite pour montrer que la tangente à la courbe $ax^r + by^r = c$ au point $(x_0;\ y_0)$ est donnée par $ax_0^{r-1}x + by_0^{r-1}y = c$.

50. Démontrer que, pour tout nombre rationnel non nul r, la tangente à la courbe $x^r + y^r = 2$ au point $(1;\ 1)$ a une pente égale à -1.

51. Trouver $\frac{dy}{dx}$ si

$$2y^3t + t^3y = 1 \quad \text{et} \quad \frac{dt}{dx} = \frac{1}{\cos t}$$

52. (a) Montrer que $f(x) = x^{\frac{4}{3}}$ est dérivable en 0, mais qu'elle n'est pas deux fois dérivable en 0.
(b) Montrer que $f(x) = x^{\frac{7}{3}}$ est deux fois dérivable en 0, mais pas trois fois.
(c) Trouver un exposant k tel que $f(x) = x^k$ soit $(n - 1)$ fois dérivable en 0, mais pas n fois.

53–54 Trouver toutes les valeurs rationnelles r telles que $y = x^r$ satisfasse à l'équation donnée.

53. $3x^2y'' + 4xy' - 2y = 0$ **54.** $16x^2y'' + 24xy' + y = 0$

55–56 Deux courbes sont ***orthogonales*** si leurs tangentes sont perpendiculaires à chaque point d'intersection et deux familles de courbes sont les ***trajectoires orthogonales*** l'une de l'autre si chaque membre d'une famille est orthogonal à chacun des membres de l'autre famille. Ces termes sont utilisés dans les exercices qui suivent.

55. La figure Ex-55 montre quelques courbes représentatives des familles de cercles $x^2 + (y - c)^2 = c^2$ (en noir) et $(x - k)^2 + y^2 = k^2$ (en gris). Montrer que ces familles sont les trajectoires orthogonales l'une de l'autre. [*Indice :* Les tangentes en un point d'intersection sont perpendiculaires si le produit de leurs pentes est égal à -1.]

56. La figure Ex-56 montre quelques courbes représentatives des familles d'hyperboles $xy = c$ (en noir) et $x^2 - y^2 = k$ (en gris), où $c \neq 0$ et $k \neq 0$. En utilisant l'indice donné à l'exercice 55, montrer que ces familles sont des trajectoires orthogonales l'une de l'autre.

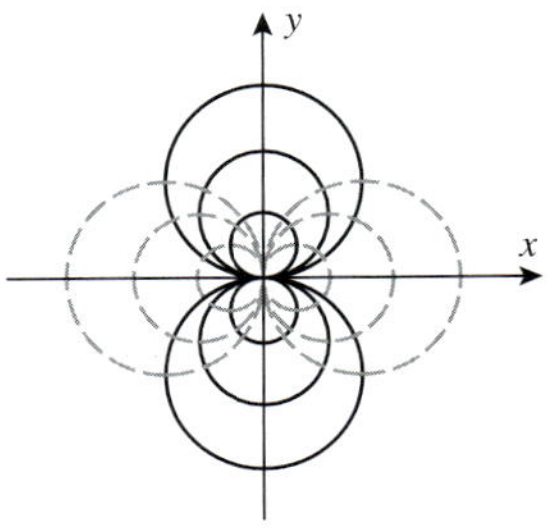

Figure Ex-55

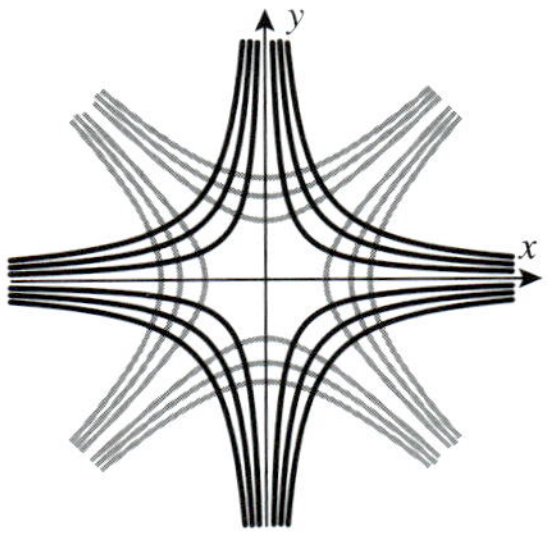

Figure Ex-56

✔ VÉRIFICATION EXPRESS 5.1 – RÉPONSES

1. (a) $\dfrac{dy}{dx} = \dfrac{2}{3}x^{-\frac{1}{3}}$ (b) $\dfrac{dy}{dx} = -\dfrac{4}{3}x^{-\frac{7}{3}}$ (c) $\dfrac{dy}{dx} = \dfrac{4}{3}(4x-1)^{-\frac{2}{3}}$ (d) $\dfrac{dy}{dx} = \dfrac{12}{5}(\tan x)^{\frac{7}{5}}\sec^2 x$ 2. (a) $\dfrac{dy}{dx} = -\dfrac{y}{3x}$
(b) $\dfrac{dy}{dx} = -\dfrac{1}{3}x^{-\frac{4}{3}} = -\dfrac{x^{-\frac{1}{3}}}{3x} = -\dfrac{y}{3x}$ 3. (a) $\dfrac{dy}{dx} = \dfrac{2x-y}{x+3y^2}$ (b) $\dfrac{dy}{dx} = \dfrac{\cos x \cos y}{\sec^2 y + \sin x \sin y}$
4. $y = 2 - x$ 5. $\dfrac{d^2y}{dx^2} = \sec^2 y \tan y$

5.2 DÉRIVÉES DES FONCTIONS LOGARITHMIQUES

Dans cette section, nous obtiendrons les formules des dérivées des fonctions logarithmiques et nous expliquerons pourquoi, en calcul différentiel, on préfère généralement la base naturelle du logarithme aux autres bases.

DÉRIVÉES DES FONCTIONS LOGARITHMIQUES

Nous allons d'abord établir que $f(x) = \ln x$ est dérivable pour $x > 0$ en appliquant la définition de la dérivée à $f(x)$. Pour évaluer la limite résultante, nous devrons considérer la continuité de $\ln x$ lorsque $x > 0$ (exemple 2 de la section 2.6) et utiliser la limite suivante :

$$\lim_{v \to 0}(1+v)^{\frac{1}{v}} = e \tag{1}$$

On obtient cette limite à partir des limites (7) et (8) de la section 2.3, en substituant $v = \frac{1}{x}$ et en sachant que $v \to 0^+$ lorsque $x \to +\infty$ et $v \to 0^-$ lorsque $x \to -\infty$. Les limites à gauche et à droite sont donc égales et leur combinaison donne la limite (1) (voir les exercices 71 et 72 de la section 2.3).

$$\frac{d}{dx}[\ln x] = \lim_{h \to 0} \frac{\ln(x+h) - \ln x}{h}$$

$$= \lim_{h \to 0} \frac{1}{h} \ln\left(\frac{x+h}{x}\right)$$ Propriété du quotient des logarithmes du théorème 1.6.2

$$= \lim_{h \to 0} \frac{1}{h} \ln\left(1 + \frac{h}{x}\right)$$

$$= \lim_{v \to 0} \frac{1}{vx} \ln(1+v)$$ Supposer $v = \frac{h}{x}$ et noter que $v \to 0$ si et seulement si $h \to 0$.

$$= \frac{1}{x} \lim_{v \to 0} \frac{1}{v} \ln(1+v)$$ La valeur de x étant fixe, on peut sortir $\frac{1}{x}$ à l'extérieur du calcul de la limite.

$$= \frac{1}{x} \lim_{v \to 0} \ln(1+v)^{\frac{1}{v}}$$ Propriété des puissances des logarithmes du théorème 1.6.2

$$= \frac{1}{x} \ln\left[\lim_{v \to 0}(1+v)^{\frac{1}{v}}\right]$$ $\ln x$ étant continue sur $]0; +\infty[$, on peut calculer la limite de l'expression à l'intérieur, avant d'appliquer la fonction logarithme naturel.

$$= \frac{1}{x} \ln e$$ Définition du nombre e.

$$= \frac{1}{x}$$ Puisque $\ln e = 1$

Ainsi,

$$\frac{d}{dx}[\ln x] = \frac{1}{x}, \quad x > 0 \tag{2}$$

On déduit une formule de dérivée pour la fonction logarithmique plus générale, $\log_b x$, dans une base b quelconque, en utilisant la formule (2) et la formule (8) de la section 1.6. On a

$$\frac{d}{dx}[\log_b x] = \frac{d}{dx}\left[\frac{\ln x}{\ln b}\right] = \frac{1}{\ln b}\frac{d}{dx}[\ln x]$$

Il s'ensuit que

$$\frac{d}{dx}[\log_b x] = \frac{1}{x \ln b}, \quad x > 0 \tag{3}$$

Observez que, de toutes les bases possibles, la base $b = e$ donne l'expression la plus simple de la dérivée de $\log_b x$. C'est l'une des raisons pour lesquelles on préfère le logarithme naturel aux autres logarithmes dans le calcul différentiel.

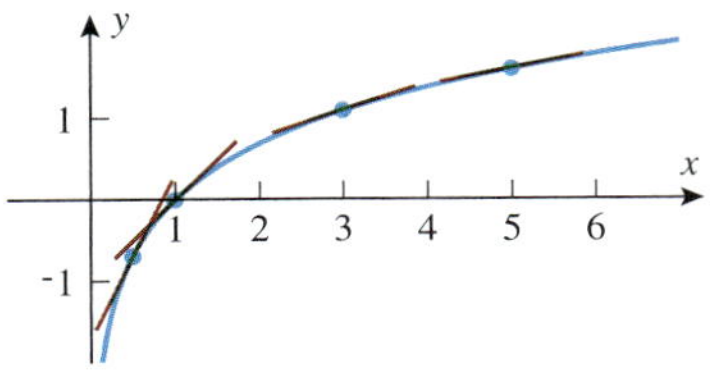

$y = \ln x$ et quelques tangentes à la courbe

Figure 5.2.1

▸ Exemple 1

(a) La figure 5.2.1 montre la courbe de $y = \ln x$ et ses tangentes aux points d'abscisse $x = \frac{1}{2}$, 1, 3 et 5. Déterminer les pentes de ces tangentes.

(b) La courbe de $y = \ln x$ possède-t-elle des tangentes horizontales? Justifier votre réponse en utilisant la dérivée de $\ln x$.

Solution (a). D'après la formule (2), les pentes des tangentes aux points d'abscisse $x = \frac{1}{2}$, 1, 3 et 5 valent respectivement $\frac{1}{x} = 2, 1, \frac{1}{3}$ et $\frac{1}{5}$, conformément à la représentation de la figure 5.2.1.

Solution (b). À l'examen, la courbe de $y = \ln x$ semble ne posséder aucune tangente horizontale; la dérivée le confirme, puisque $\frac{dy}{dx} = \frac{1}{x}$ est différente de zéro pour toute valeur réelle de x. ◂

Si u est une fonction dérivable de x et si $u(x) > 0$, alors la dérivation en chaîne des formules (2) et (3) donne les formules générales suivantes :

$$\frac{d}{dx}[\ln u] = \frac{1}{u} \cdot \frac{du}{dx} \quad \text{et} \quad \frac{d}{dx}[\log_b u] = \frac{1}{u \ln b} \cdot \frac{du}{dx} \tag{4–5}$$

▸ Exemple 2

Trouver $\frac{d}{dx}[\ln(x^2 + 1)]$.

Solution. Substituons $u = x^2 + 1$ dans la formule (4); on obtient

$$\frac{d}{dx}[\ln(x^2 + 1)] = \frac{1}{x^2 + 1} \cdot \frac{d}{dx}[x^2 + 1] = \frac{1}{x^2 + 1} \cdot 2x = \frac{2x}{x^2 + 1} \quad ◂$$

Lorsque c'est possible, il est recommandé d'utiliser les propriétés des logarithmes du théorème 1.6.2 pour convertir les produits, les quotients et les exposants en sommes, différences et multiplications par une constante, *avant* de dériver une fonction qui contient des logarithmes.

▶ **Exemple 3**

$$\frac{d}{dx}\left[\ln\left(\frac{x^2 \sin x}{\sqrt{1+x}}\right)\right] = \frac{d}{dx}\left[2\ln x + \ln(\sin x) - \frac{1}{2}\ln(1+x)\right]$$
$$= \frac{2}{x} + \frac{\cos x}{\sin x} - \frac{1}{2(1+x)}$$
$$= \frac{2}{x} + \cot x - \frac{1}{2+2x} \quad ◀$$

La figure 5.2.2 montre la courbe de $f(x) = \ln|x|$, une fonction importante parce qu'elle élargit le domaine de la fonction logarithme naturel : en effet, les valeurs de $\ln|x|$ et $\ln x$ sont les mêmes lorsque $x > 0$, mais $\ln|x|$ est définie pour toute valeur non nulle de x, alors que $\ln x$ est définie seulement pour les valeurs positives de x.

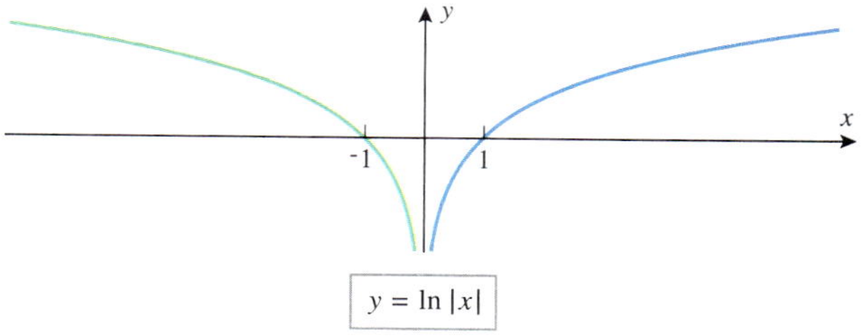

Figure 5.2.2

On obtient la dérivée de $\ln|x|$ pour $x \neq 0$ en considérant séparément $x > 0$ et $x < 0$:

Si $x > 0$. On a $|x| = x$ et

$$\frac{d}{dx}[\ln|x|] = \frac{d}{dx}[\ln x] = \frac{1}{x}$$

Si $x < 0$. On a $|x| = -x$ et la formule (4) donne

$$\frac{d}{dx}[\ln|x|] = \frac{d}{dx}[\ln(-x)] = \frac{1}{(-x)} \cdot \frac{d}{dx}[-x] = \frac{1}{x}$$

Le résultat étant le même dans les deux cas, nous avons démontré que

$$\frac{d}{dx}[\ln|x|] = \frac{1}{x} \quad \text{si } x \neq 0 \tag{6}$$

▶ **Exemple 4** La formule (6) et la règle de dérivation en chaîne permettent d'écrire

$$\frac{d}{dx}[\ln|\sin x|] = \frac{1}{\sin x} \cdot \frac{d}{dx}[\sin x] = \frac{\cos x}{\sin x} = \cot x \quad ◀$$

DÉRIVATION LOGARITHMIQUE

Considérons maintenant la technique de ***dérivation logarithmique***, fort utile pour dériver les fonctions qui contiennent des produits, des quotients et des puissances.

▶ **Exemple 5** Il n'est pas aisé de dériver directement

$$y = \frac{x^2 \sqrt[3]{7x-14}}{(1+x^2)^4} \tag{7}$$

Cependant, si nous appliquons le logarithme naturel aux deux membres de l'équation, on obtient

$$\ln y = 2\ln x + \tfrac{1}{3}\ln(7x-14) - 4\ln(1+x^2)$$

Dérivons maintenant par rapport à x, de part et d'autre de l'égalité :

$$\frac{1}{y}\frac{dy}{dx} = \frac{2}{x} + \frac{\frac{7}{3}}{7x-14} - \frac{8x}{1+x^2}$$

Reste à isoler $\frac{dy}{dx}$ et à utiliser l'équation (7) pour y; on trouve

$$\frac{dy}{dx} = \frac{x^2\sqrt[3]{7x-14}}{(1+x^2)^4}\left[\frac{2}{x} + \frac{1}{3x-6} - \frac{8x}{1+x^2}\right] \blacktriangleleft$$

> Sachant que $\ln y$ est définie seulement lorsque $y > 0$, les calculs de l'exemple 5 valent uniquement pour $x > 2$ (vérifiez-le). Cependant, sachant que la dérivée de $\ln y$ est la même que la dérivée de $\ln|y|$ et que $\ln|y|$ est définie à la fois pour $y < 0$ et pour $y > 0$, il s'ensuit que l'expression obtenue pour $\frac{dy}{dx}$ est valable à la fois pour $x < 2$ tout comme pour $x > 2$. En général, une expression dérivée $\frac{dy}{dx}$ issue d'une dérivation logarithmique est applicable à toutes les valeurs de x pour lesquelles $y \neq 0$. L'expression est parfois également valable en ces points, mais pas toujours.

DÉRIVÉES DES PUISSANCES IRRATIONNELLES DE *x*

Considérons la formule (15) de la section 5.1, applicable à toute valeur rationnelle de r :

$$\frac{d}{dx}[x^r] = rx^{r-1} \tag{8}$$

Par la dérivation logarithmique, nous allons montrer que cette expression est également valable pour *tout* nombre réel r (rationnel et irrationnel). Au fil des opérations, nous allons supposer que x^r est une fonction dérivable et que les lois habituelles des exposants s'appliquent aux exposants réels.

Soit $y = x^r$, où r est un nombre réel. La dérivation logarithmique permet d'obtenir $\frac{dy}{dx}$:

$$\ln|y| = \ln|x^r| = r\ln|x|$$

$$\frac{d}{dx}[\ln|y|] = \frac{d}{dx}[r\ln|x|]$$

$$\frac{1}{y}\frac{dy}{dx} = \frac{r}{x}$$

$$\frac{dy}{dx} = \frac{r}{x}y = \frac{r}{x}x^r = rx^{r-1}$$

▶ Exemple 6

$$\frac{d}{dx}[x^\pi] = \pi x^{\pi-1}, \quad \frac{d}{dx}[x^{\sqrt{2}}] = \sqrt{2}x^{\sqrt{2}-1}, \quad \frac{d}{dx}[x^{-e}] = -ex^{-e-1} \blacktriangleleft$$

✔ VÉRIFICATION EXPRESS 5.2 *(Réponses à la page 340.)*

1. La tangente à la courbe $y = \ln x$ à $x = e^2$ a pour équation ________.
2. Trouver $\frac{dy}{dx}$.
   (a) $y = x^{\sqrt{3}}$
   (b) $y = \ln 3x$
   (c) $y = \ln\sqrt{x}$
   (d) $y = \log\left(\frac{1}{|x|}\right)$
3. Procéder par dérivation logarithmique pour trouver la dérivée de
$$f(x) = \frac{\sqrt{x+1}}{\sqrt[3]{x-1}}$$
4. $\lim_{h\to 0}\frac{\ln(1+h)}{h} =$ ________

SÉRIE D'EXERCICES 5.2

Outil graphique

1–26 Trouver $\dfrac{dy}{dx}$.

1. $y = \ln 5x$

2. $y = \ln \dfrac{x}{3}$

3. $y = \ln|1 + x|$

4. $y = \ln(2 + \sqrt{x})$

5. $y = \ln|x^2 - 1|$

6. $y = \ln|x^3 - 7x^2 - 3|$

7. $y = \ln\left(\dfrac{x}{1 + x^2}\right)$

8. $y = \ln\left|\dfrac{1 + x}{1 - x}\right|$

9. $y = \ln x^2$

10. $y = (\ln x)^3$

11. $y = \sqrt{\ln x}$

12. $y = \ln\sqrt{x}$

13. $y = x \ln x$

14. $y = x^3 \ln x$

15. $y = x^2 \log_2(3 - 2x)$

16. $y = x[\log_2(x^2 - 2x)]^3$

17. $y = \dfrac{x^2}{1 + \log x}$

18. $y = \dfrac{\log x}{1 + \log x}$

19. $y = \ln(\ln x)$

20. $y = \ln(\ln(\ln x))$

21. $y = \ln(\tan x)$

22. $y = \ln(\cos x)$

23. $y = \cos(\ln x)$

24. $y = \sin^2(\ln x)$

25. $y = \log(\sin^2 x)$

26. $y = \log(1 - \sin^2 x)$

27–30 Appliquer la méthode de l'exemple 3 pour obtenir la dérivée demandée.

27. $\dfrac{d}{dx}[\ln((x-1)^3(x^2+1)^4)]$

28. $\dfrac{d}{dx}[\ln((\cos^2 x)\sqrt{1 + x^4})]$

29. $\dfrac{d}{dx}\left[\ln \dfrac{\cos x}{\sqrt{4 - 3x^2}}\right]$

30. $\dfrac{d}{dx}\left[\ln\sqrt{\dfrac{x - 1}{x + 1}}\right]$

31–34 Déterminer $\dfrac{dy}{dx}$ par dérivation logarithmique.

31. $y = x\sqrt[3]{1 + x^2}$

32. $y = \sqrt[5]{\dfrac{x - 1}{x + 1}}$

33. $y = \dfrac{(x^2 - 8)^{\frac{1}{3}}\sqrt{x^3 + 1}}{x^6 - 7x + 5}$

34. $y = \dfrac{\sin x \cos x \tan^3 x}{\sqrt{x}}$

35. Trouver $f'(x)$ si $f(x) = x^e$.

36. Trouver $\dfrac{dy}{dx}$ si $y = \dfrac{1}{x^{\sqrt{10}}}$.

37. Trouver

(a) $\dfrac{d}{dx}[\log_x e]$ (b) $\dfrac{d}{dx}[\log_x 2]$

38. Trouver

(a) $\dfrac{d}{dx}[\log_{(\frac{1}{x})} e]$ (b) $\dfrac{d}{dx}[\log_{(\ln x)} e]$.

39–42 Trouver l'équation de la tangente à la courbe de $y = f(x)$ en $x = x_0$.

39. $f(x) = \ln x;\ x_0 = e^{-1}$

40. $f(x) = \log x;\ x_0 = 10$

41. $f(x) = \ln(-x);\ x_0 = -e$

42. $f(x) = \ln|x|;\ x_0 = -2$

JONGLONS AVEC LES CONCEPTS

43. Trouver l'équation d'une droite passant par l'origine et tangente à la courbe $y = \ln x$.

44. Expliquer pourquoi la tangente en un point donné de la courbe $y = \ln x$ coupe l'axe des y à une unité en dessous de la valeur de l'ordonnée y du point de tangence.

45. Trouver une formule pour calculer l'aire $A(w)$ du triangle délimité par la tangente à $y = \ln x$ au point $P(w; \ln w)$, par la droite horizontale passant par P et par l'axe des y.

46. Trouver une formule pour calculer l'aire $A(w)$ du triangle délimité par la tangente à $y = \ln x^2$ au point $P(w; \ln w^2)$, par la droite horizontale passant par P et par l'axe des y.

47. Vérifier que $y = \ln(x + e)$ satisfait l'équation $\frac{dy}{dx} = e^{-y}$ au point $(0; 1)$.

48. Vérifier que $y = -\ln(e^2 - x)$ satisfait l'équation $\frac{dy}{dx} = e^y$ au point $(0; -2)$.

49. Trouver une fonction f telle que $y = f(x)$ satisfait l'équation $\frac{dy}{dx} = e^{-y}$ au point $(0; 0)$.

50. Trouver une fonction f telle que $y = f(x)$ satisfait l'équation $\frac{dy}{dx} = e^y$ au point $(0; -\ln 2)$.

51–52 Trouver la limite en interprétant l'expression comme une dérivée.

51. (a) $\displaystyle\lim_{\Delta x \to 0} \frac{\ln(e^2 + \Delta x) - 2}{\Delta x}$ (b) $\displaystyle\lim_{w \to 1} \frac{\ln w}{w - 1}$

52. (a) $\displaystyle\lim_{x \to 0} \frac{\ln(\cos x)}{x}$ (b) $\displaystyle\lim_{h \to 0} \frac{(1 + h)^{\sqrt{2}} - 1}{h}$

53. Transformer la dérivée de $\ln(x)$ dans la formule (2) pour obtenir une autre preuve de la formule (3).

54–55 Analyser la fonction f dans l'intervalle donné : préciser les intervalles où f est croissante, décroissante, concave vers le haut et concave vers le bas; donner également les coordonnées x des points d'inflexion. Confirmer vos résultats en traçant le graphique de f à l'ordinateur.

54. $f(x) = 1 - \tan(\frac{x}{2});\ ]-\pi; \pi[$

55. $f(x) = 2x + \cot x;\ ]0; \pi[$

✔ VÉRIFICATION EXPRESS 5.2 – RÉPONSES

1. $y = \dfrac{x}{e^2} + 1$ **2.** (a) $\dfrac{dy}{dx} = \sqrt{3}x^{\sqrt{3}-1}$ (b) $\dfrac{dy}{dx} = \dfrac{1}{x}$ (c) $\dfrac{dy}{dx} = \dfrac{1}{2x}$ (d) $\dfrac{dy}{dx} = -\dfrac{1}{x \ln 10}$

3. $\dfrac{\sqrt{x+1}}{\sqrt[3]{x-1}}\left[\dfrac{1}{2(x+1)} - \dfrac{1}{3(x-1)}\right]$ **4.** 1

5.3 DÉRIVÉES DES FONCTIONS EXPONENTIELLES ET TRIGONOMÉTRIQUES INVERSES

Dans cette section, nous allons établir les conditions nécessaires pour que la réciproque d'une fonction bijective dérivable soit également dérivable et nous allons montrer comment utiliser la dérivée d'une fonction bijective pour obtenir la dérivée de sa réciproque. Nous obtiendrons ainsi des formules de dérivées des fonctions exponentielles à partir de celles des fonctions logarithmiques et des formules de dérivées des fonctions trigonométriques inverses à partir de celles des fonctions trigonométriques.

Voyez la section 1.5 pour un rappel sur les fonctions bijectives et les fonctions réciproques.

Dans un premier temps, cette section vise à établir les conditions nécessaires pour que la fonction réciproque d'une fonction bijective dérivable f soit aussi dérivable. D'un point de vue géométrique, une fonction est dérivable aux points de sa courbe où la tangente n'est pas verticale. Or la courbe $y = f^{-1}(x)$ est la courbe symétrique (image miroir) de $y = f(x)$ par rapport à la droite $y = x$; il s'ensuit que les points où f^{-1} n'est pas dérivable sont les symétriques des points de f où la tangente est horizontale (figure 5.3.1). Algébriquement, f^{-1} sera non dérivable en un point $(a; b)$ de sa courbe si $f'(a) = 0$.

Supposons que f soit dérivable au point $(a; b)$ et que $f'(a) \neq 0$. Nous allons tenter d'établir une relation entre la pente de la tangente à f au point $(a; b)$ et la pente de la tangente à f^{-1} au point $(b; a)$. Nous savons que la tangente à f au point $(a; b)$ a pour équation

$$y - b = f'(a)(x - a)$$

On obtient l'équation de la symétrique de cette droite par rapport à $y = x$ en interchangeant x et y; il s'ensuit que la tangente à f^{-1} au point $(b; a)$ est donnée par

$$x - b = f'(a)(y - a)$$

que l'on peut aussi écrire

$$y - a = \frac{1}{f'(a)}(x - b)$$

On en déduit que la pente $(f^{-1})'(b)$ de la tangente à f^{-1} au point $(b; a)$ est donnée par

$$(f^{-1})'(b) = \frac{1}{f'(a)} \quad \text{ou bien par} \quad (f^{-1})'(b) = \frac{1}{f'(f^{-1}(b))}$$

tel qu'illustré à la figure 5.3.2. Le théorème qui suit résume cette conclusion :

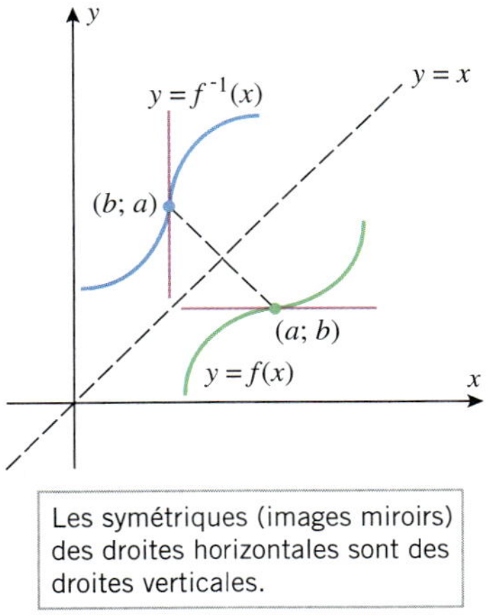

Figure 5.3.1

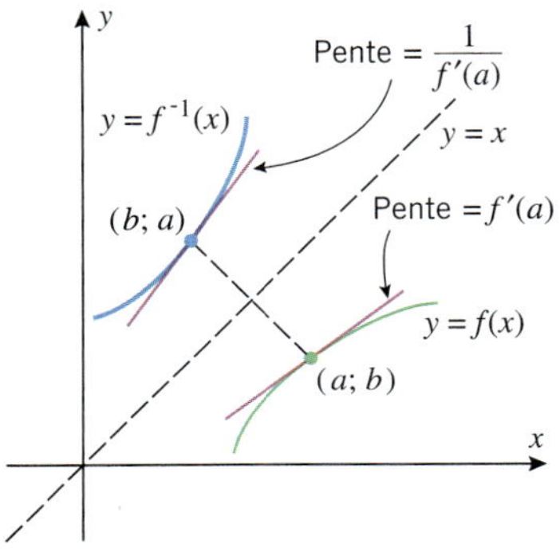

Figure 5.3.2

> **5.3.1 THÉORÈME (Dérivabilité des fonctions réciproques).** *Supposons que le domaine d'une fonction f soit un intervalle ouvert I et que f soit dérivable et bijective sur cet intervalle. Alors f^{-1} est dérivable en tout point x de l'image de f pour lequel $f'(f^{-1}(x)) \neq 0$ et sa dérivée a pour expression*
>
> $$\frac{d}{dx}[f^{-1}(x)] = \frac{1}{f'(f^{-1}(x))} \qquad (1)$$

On peut exprimer la formule (1) sous une forme moins rébarbative en introduisant la variable dépendante $y = f^{-1}(x)$ et en récrivant cette formule sous la forme $x = f(y)$. Les deux membres de l'égalité (1) deviennent

$$\frac{d}{dx}[f^{-1}(x)] = \frac{dy}{dx} \quad \text{et} \quad \frac{1}{f'(f^{-1}(x))} = \frac{1}{f'(y)} = \frac{1}{\frac{dx}{dy}}$$

On peut alors exprimer la formule (1) comme suit :

$$\frac{dy}{dx} = \frac{1}{\frac{dx}{dy}} \tag{2}$$

▶ **Exemple 1** Vérifier la formule (2) avec la fonction f définie par $f(x) = x^3 + 1$.

Solution. À la section 1.5, nous avons isolé x de la fonction $y = f(x) = x^3 + 1$ et nous avons obtenu $x = f^{-1}(y) = \sqrt[3]{y-1}$. On en déduit

$$\frac{dy}{dx} = \frac{d}{dx}[x^3 + 1] = 3x^2 \quad \text{et} \quad \frac{dx}{dy} = \frac{d}{dy}[\sqrt[3]{y-1}] = \frac{d}{dy}\left[(y-1)^{\frac{1}{3}}\right] = \frac{1}{3}(y-1)^{-\frac{2}{3}}$$

Substituons maintenant $x = \sqrt[3]{y-1}$ dans l'expression de la dérivée $\frac{dy}{dx}$:

$$\frac{dy}{dx} = 3(\sqrt[3]{y-1})^2 = 3(y-1)^{\frac{2}{3}} = \frac{1}{\frac{dx}{dy}}$$

Ce résultat vérifie la formule (2) dans ce cas particulier. ◀

BIJECTIVITÉ DES FONCTIONS CROISSANTES OU DÉCROISSANTES

À l'exemple 1, nous avons exprimé explicitement f^{-1} en isolant x de l'équation $y = f(x)$ pour l'exprimer en termes de y. Cependant, les formules (1) et (2) prennent toute leur importance dans les cas où l'on sait que f est une fonction bijective dérivable, où x ne peut être exprimé en termes de y. Les formules (1) et (2) permettent alors d'établir les propriétés de f^{-1} sans obtenir d'expression explicite de cette fonction inverse. Notre prochain objectif est de développer un théorème en ce sens.

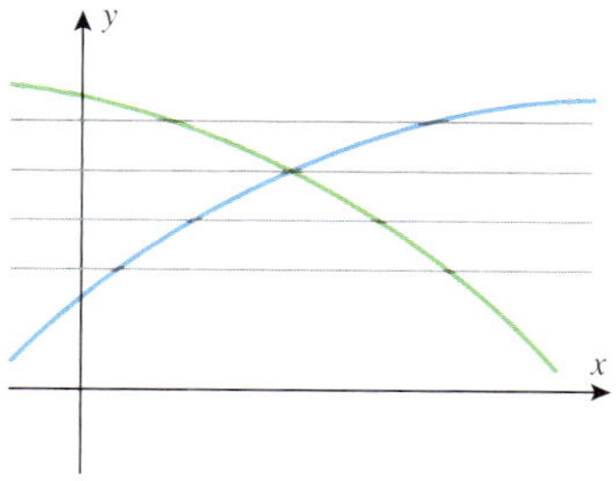

Figure 5.3.3 Toute droite horizontale ne coupe pas plus d'une fois la courbe d'une fonction croissante ou celle d'une fonction décroissante.

Si la courbe d'une fonction f est toujours croissante ou toujours décroissante dans le domaine de f, alors une droite horizontale croisera le graphique de f en un point tout au plus (figure 5.3.3); on en déduit que f possède une fonction réciproque. Pour savoir si la courbe d'une fonction est croissante ou décroissante sur un intervalle, il suffit d'examiner la pente de la courbe. Nous avons démontré dans le chapitre précédent que f est croissante sur tout intervalle pour lequel $f'(x) > 0$ (puisque le graphique a une pente positive) et que f est décroissante sur tout intervalle tel que $f'(x) < 0$ (la courbe ayant une pente négative). Le théorème qui suit, énoncé sans preuve formelle, découle de ces observations et du théorème 5.3.1 :

> **5.3.2 THÉORÈME.** *Si le domaine d'une fonction f est un intervalle ouvert I tel que $f'(x) > 0$ ou tel que $f'(x) < 0$, alors f est bijective, $f^{-1}(x)$ est dérivable pour toute valeur x de l'image de f et la dérivée de $f^{-1}(x)$ est donnée par la formule (1).*

▶ **Exemple 2** Considérons la fonction f définie par $f(x) = x^5 + x + 1$.

(a) Montrer que f est bijective sur l'intervalle $]-\infty; +\infty[$.

(b) Montrer que f^{-1} est dérivable sur l'intervalle $]-\infty; +\infty[$.

(c) Trouver une expression de la dérivée de f^{-1} en utilisant la formule (2).

(d) Trouver une expression de la dérivée de f^{-1} en procédant par dérivation implicite.

En général, une fois établi que f^{-1} est dérivable, on peut calculer la dérivée de f^{-1} soit en utilisant les formules (1) et (2), soit par dérivation implicite, comme nous l'avons fait à l'exemple 2.

Solution (a). Sachant que

$$f'(x) = 5x^4 + 1 > 0$$

pour toute valeur x réelle, le théorème 5.3.2 permet de déduire que f est bijective sur l'intervalle $]-\infty; +\infty[$.

Solution (b). f étant une fonction polynomiale de degré impair, son image est $]-\infty; +\infty[$ (pourquoi?). Considérant le théorème 5.3.2, on déduit que f^{-1} est dérivable sur l'intervalle $]-\infty; +\infty[$.

Solution (c). Considérant $y = f^{-1}(x)$, on a

$$x = f(y) = y^5 + y + 1 \tag{3}$$

On en déduit que $\frac{dx}{dy} = 5y^4 + 1$. La formule (2) donne ensuite

$$\frac{dy}{dx} = \frac{1}{\frac{dx}{dy}} = \frac{1}{5y^4 + 1} \tag{4}$$

Puisqu'il n'est pas possible de récrire (3) en exprimant y en termes de x, nous laissons (4) en termes de y.

Solution (d). La dérivée implicite de (3) en fonction de x donne

$$\frac{d}{dx}[x] = \frac{d}{dx}[y^5 + y + 1]$$

$$1 = (5y^4 + 1)\frac{dy}{dx}$$

$$\frac{dy}{dx} = \frac{1}{5y^4 + 1}$$

Ce résultat est conforme à celui obtenu précédemment (4). ◂

DÉRIVÉES DES FONCTIONS EXPONENTIELLES

Nous allons maintenant montrer que la fonction exponentielle générale de base b b^x ($b > 0$; $b \neq 1$) est dérivable en tout point et nous trouverons ensuite sa dérivée. Considérons d'abord le fait que b^x est la réciproque de la fonction $f(x) = \log_b x$. Nous allons supposer que $b > 1$ et laisser en exercice le cas où $0 < b < 1$ (exercice 6(d)). Dans ces conditions, on a $\ln b > 0$ et l'on trouve

$$f'(x) = \frac{d}{dx}[\log_b x] = \frac{1}{x \ln b} > 0 \quad \text{pour tout } x \text{ appartenant à l'intervalle }]0; +\infty[$$

Par le théorème 5.3.2, on sait que $f^{-1}(x) = b^x$ est dérivable pour tout x appartenant à l'image de $f(x) = \log_b x$. Or, selon le tableau 1.6.3, l'image de $\log_b x$ est $]-\infty; +\infty[$; on en déduit que b^x est dérivable en tout point.

Pour exprimer la dérivée de b^x, récrivons $y = b^x$ sous la forme

$$x = \log_b y$$

et dérivons implicitement à l'aide de la formule (5) de la section 5.2 :

$$1 = \frac{1}{y \ln b} \cdot \frac{dy}{dx}$$

Isolons maintenant $\frac{dy}{dx}$ et remplaçons y par b^x :

$$\frac{dy}{dx} = y \ln b = b^x \ln b$$

Nous avons ainsi démontré que

$$\frac{d}{dx}[b^x] = b^x \ln b \tag{5}$$

À la section 1.6, nous avons établi que $b = e$ est l'unique base dont la pente de la tangente à $y = b^x$ en tout point P de la courbe correspond à l'ordonnée de P (voir page 72). Vérifiez cet énoncé.

Dans le cas particulier où $b = e$, on a $\ln e = 1$ et la formule (5) devient

$$\frac{d}{dx}[e^x] = e^x \tag{6}$$

De plus, si u est une fonction dérivable par rapport à x, les formules (5) et (6) permettent d'écrire

$$\frac{d}{dx}[b^u] = b^u \ln b \cdot \frac{du}{dx} \quad \text{et} \quad \frac{d}{dx}[e^u] = e^u \cdot \frac{du}{dx} \tag{7–8}$$

Il est important de bien distinguer la dérivation d'une fonction exponentielle b^x (exposant variable et base constante) de celle des fonctions puissance x^b (base variable et exposant constant). À titre d'exemple, comparez la dérivée de la fonction suivante à celle de 2^x vue à l'exemple 3 :

$$\frac{d}{dx}[x^2] = 2x$$

▶ **Exemple 3** Les opérations qui suivent font intervenir les formules (7) et (8) :

$$\frac{d}{dx}[2^x] = 2^x \ln 2$$

$$\frac{d}{dx}[e^{-2x}] = e^{-2x} \cdot \frac{d}{dx}[-2x] = -2e^{-2x}$$

$$\frac{d}{dx}[e^{x^3}] = e^{x^3} \cdot \frac{d}{dx}[x^3] = 3x^2e^{x^3}$$

$$\frac{d}{dx}[e^{\cos x}] = e^{\cos x} \cdot \frac{d}{dx}[\cos x] = -(\sin x)e^{\cos x}$$ ◀

Les fonctions f de la forme $f(x) = u^v$, où u et v sont elles-mêmes des fonctions *non constantes* de x, ne sont ni des fonctions exponentielles ni des fonctions puissance. On dérive ces fonctions par dérivation logarithmique.

▶ **Exemple 4** Procéder par dérivation logarithmique pour déterminer $\frac{d}{dx}[(x^2+1)^{\sin x}]$.

Solution. Posons $y = (x^2+1)^{\sin x}$; on a

$$\ln y = \ln[(x^2+1)^{\sin x}] = (\sin x)\ln(x^2+1)$$

Dérivons les deux membres de l'équation par rapport à x :

$$\begin{aligned}\frac{1}{y}\frac{dy}{dx} &= \frac{d}{dx}[(\sin x)\ln(x^2+1)] \\ &= (\sin x)\frac{1}{x^2+1}(2x) + (\cos x)\ln(x^2+1)\end{aligned}$$

On en déduit

$$\begin{aligned}\frac{dy}{dx} &= y\left[\frac{2x\sin x}{x^2+1} + (\cos x)\ln(x^2+1)\right] \\ &= (x^2+1)^{\sin x}\left[\frac{2x\sin x}{x^2+1} + (\cos x)\ln(x^2+1)\right]\end{aligned}$$ ◀

DÉRIVÉES DES FONCTIONS TRIGONOMÉTRIQUES INVERSES

Pour étudier la dérivabilité des fonctions trigonométriques inverses et pour obtenir les expressions de leurs dérivées, nous devrons nous référer à quelques-unes des identités (10) à (16) de la section 1.5. Plutôt que de les mémoriser, nous vous suggérons de revoir la « technique du triangle » qui a servi à établir ces identités.

Voyons d'abord si la fonction inverse du sinus, soit $\sin^{-1} x$, est dérivable. Posons $f(x) = \sin x\,(-\frac{\pi}{2} \leq x \leq \frac{\pi}{2})$; d'après le théorème 5.3.1, $f^{-1}(x) = \sin^{-1} x$ sera dérivable en tout point x tel que $\cos(\sin^{-1} x) \neq 0$. Ce qui équivaut à la condition suivante :

$$\sin^{-1} x \neq -\frac{\pi}{2} \quad \text{et} \quad \sin^{-1} x \neq \frac{\pi}{2}$$

Il s'ensuit que $\sin^{-1} x$ est dérivable dans l'intervalle]-1; 1[.

On peut déduire l'expression de la dérivée de $\sin^{-1} x$ sur]-1; 1[à l'aide des formules (1) ou (2), ou encore par dérivation implicite. Nous allons utiliser cette dernière méthode. Récrivons d'abord l'équation $y = \sin^{-1} x$ sous la forme $x = \sin y$ et dérivons implicitement par rapport à x; on trouve

$$\frac{d}{dx}[x] = \frac{d}{dx}[\sin y]$$

$$1 = \cos y \cdot \frac{dy}{dx}$$

$$\frac{dy}{dx} = \frac{1}{\cos y} = \frac{1}{\cos(\sin^{-1} x)}$$

Notez que $\sin^{-1} x$ est dérivable seulement dans l'intervalle]-1; 1[, bien que son domaine soit [-1; 1], parce que les tangentes à la courbe de $y = \sin x$ sont horizontales en $(\frac{\pi}{2}; 1)$ et en $(-\frac{\pi}{2}; -1)$; en conséquence, les tangentes à la courbe $y = \sin^{-1} x$ sont verticales en $x = \pm 1$.

Nous avons maintenant l'expression de la dérivée. On peut toutefois la simplifier en utilisant l'identité illustrée à la figure 5.3.4. On a

$$\frac{dy}{dx} = \frac{1}{\sqrt{1 - x^2}}$$

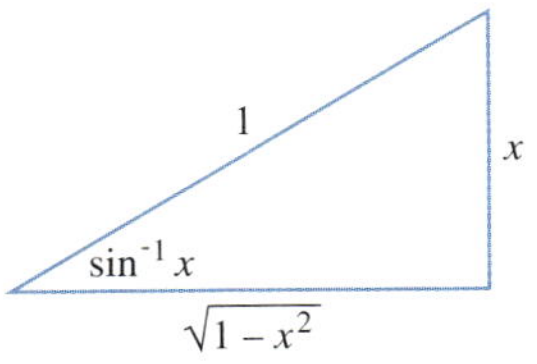

$\cos(\sin^{-1} x) = \sqrt{1 - x^2}$

Figure 5.3.4

Ainsi, nous avons démontré que

$$\frac{d}{dx}[\sin^{-1} x] = \frac{1}{\sqrt{1 - x^2}} \qquad (-1 < x < 1)$$

Plus globalement, si u est une fonction dérivable de x, alors la règle de dérivation en chaîne permet de généraliser cette formule :

$$\frac{d}{dx}[\sin^{-1} u] = \frac{1}{\sqrt{1 - u^2}}\frac{du}{dx} \qquad (-1 < u < 1)$$

La méthode employée pour obtenir cette formule permet également d'obtenir la généralisation des formules des autres fonctions trigonométriques inverses. La liste complète des formules obtenues est donnée ci-dessous, chacune étant valide dans l'image naturelle de la fonction qui multiplie $\frac{du}{dx}$.

$$\frac{d}{dx}[\sin^{-1} u] = \frac{1}{\sqrt{1 - u^2}}\frac{du}{dx} \qquad \frac{d}{dx}[\cos^{-1} u] = -\frac{1}{\sqrt{1 - u^2}}\frac{du}{dx} \qquad (9\text{–}10)$$

$$\frac{d}{dx}[\tan^{-1} u] = \frac{1}{1 + u^2}\frac{du}{dx} \qquad \frac{d}{dx}[\cot^{-1} u] = -\frac{1}{1 + u^2}\frac{du}{dx} \qquad (11\text{–}12)$$

$$\frac{d}{dx}[\sec^{-1} u] = \frac{1}{|u|\sqrt{u^2 - 1}}\frac{du}{dx} \qquad \frac{d}{dx}[\csc^{-1} u] = -\frac{1}{|u|\sqrt{u^2 - 1}}\frac{du}{dx} \qquad (13\text{–}14)$$

▸ **Exemple 5** Trouver $\frac{dy}{dx}$ si

(a) $y = \sin^{-1}(x^3)$ (b) $y = \sec^{-1}(e^x)$

Solution (a). Appliquons (9) :

$$\frac{dy}{dx} = \frac{1}{\sqrt{1-(x^3)^2}}(3x^2) = \frac{3x^2}{\sqrt{1-x^6}}$$

Solution (b). Utilisons (13) :

$$\frac{dy}{dx} = \frac{1}{e^x\sqrt{(e^x)^2-1}}(e^x) = \frac{1}{\sqrt{e^{2x}-1}}$$ ◂

✔ VÉRIFICATION EXPRESS 5.3 *(Réponses à la page 347.)*

1. Soit une fonction bijective f qui a pour tangente $y = 5x + 3$ au point (1; 8). Évaluer $(f^{-1})'(8)$.

2. Dans chaque cas, considérant la dérivée donnée, déterminer si la fonction est inversible.
(a) $f'(x) = x^2 + 1$ (b) $f'(x) = x^2 - 1$
(c) $f'(x) = \sin x$ (d) $f'(x) = \frac{\pi}{2} + \tan^{-1} x$

3. Déterminer la dérivée.
(a) $\frac{d}{dx}[e^x]$ (b) $\frac{d}{dx}[7^x]$
(c) $\frac{d}{dx}[\cos(e^x + 1)]$ (d) $\frac{d}{dx}[e^{3x-2}]$

4. Soit la fonction f définie par $f(x) = e^{x^3+x}$. Utiliser $f'(x)$ pour vérifier si f est bijective.

SÉRIE D'EXERCICES 5.3 Outil graphique

JONGLONS AVEC LES CONCEPTS

1. Soit $f(x) = x^5 + x^3 + x$.
(a) Montrer que f est bijective et vérifier que $f(1) = 3$.
(b) Trouver $(f^{-1})'(3)$.

2. Soit $f(x) = x^3 + 2e^x$.
(a) Montrer que f est bijective et vérifier que $f(0) = 2$.
(b) Trouver $(f^{-1})'(2)$.

3–4 Utiliser la formule (1) pour trouver $(f^{-1})'(x)$. Vérifier ensuite votre réponse en dérivant directement f^{-1}.

3. $f(x) = \frac{2}{x+3}$ **4.** $f(x) = \ln(2x + 1)$

5–6 Déterminer si la fonction f est bijective en examinant le signe de $f'(x)$.

5. (a) $f(x) = x^2 + 8x + 1$
(b) $f(x) = 2x^5 + x^3 + 3x + 2$
(c) $f(x) = 2x + \sin x$
(d) $f(x) = \left(\frac{1}{2}\right)^x$

6. (a) $f(x) = x^3 + 3x^2 - 8$
(b) $f(x) = x^5 + 8x^3 + 2x - 1$
(c) $f(x) = \frac{x}{x+1}$
(d) $f(x) = \log_b x$, $0 < b < 1$

7–10 Trouver la dérivée de f^{-1} à l'aide de la formule (2). Vérifier ensuite votre réponse par dérivation implicite.

7. $f(x) = 5x^3 + x - 7$ **8.** $f(x) = \frac{1}{x^2}$, $x > 0$

9. $f(x) = 2x^5 + x^3 + 1$

10. $f(x) = 5x - \sin 2x$, $-\frac{\pi}{4} < x < \frac{\pi}{4}$

11–22 Déterminer $\frac{dy}{dx}$.

11. $y = e^{7x}$ **12.** $y = e^{-5x^2}$

13. $y = x^3e^x$ **14.** $y = e^{\frac{1}{x}}$

15. $y = \frac{e^x - e^{-x}}{e^x + e^{-x}}$ **16.** $y = \sin(e^x)$

17. $y = e^{x \tan x}$ **18.** $y = \frac{e^x}{\ln x}$

19. $y = e^{(x-e^{3x})}$ **20.** $y = \exp(\sqrt{1+5x^3})$

21. $y = \ln(1 - xe^{-x})$ **22.** $y = \ln(\cos e^x)$

23–26 Trouver $f'(x)$ d'abord à l'aide de la formule (7) et ensuite par dérivation logarithmique.

23. $f(x) = 2^x$ **24.** $f(x) = 3^{-x}$

25. $f(x) = \pi^{\sin x}$ **26.** $f(x) = \pi^{x \tan x}$

27–30 Trouver $\frac{dy}{dx}$ par dérivation logarithmique.

27. $y = (x^3 - 2x)^{\ln x}$ **28.** $y = x^{\sin x}$

29. $y = (\ln x)^{\tan x}$ **30.** $y = (x^2 + 3)^{\ln x}$

31. Trouver $f'(x)$ si $f(x) = x^e$.

32. (a) Expliquer pourquoi la formule (5) ne peut être utilisée pour déterminer $\left(\frac{d}{dx}\right)[x^x]$.
(b) Dériver l'expression en procédant par dérivation logarithmique.

33–48 Trouver $\dfrac{dy}{dx}$.

33. $y = \sin^{-1}(3x)$ **34.** $y = \cos^{-1}\left(\dfrac{x+1}{2}\right)$

35. $y = \sin^{-1}\left(\frac{1}{x}\right)$ **36.** $y = \cos^{-1}(\cos x)$

37. $y = \tan^{-1}(x^3)$ **38.** $y = \sec^{-1}(x^5)$

39. $y = (\tan x)^{-1}$ **40.** $y = \dfrac{1}{\tan^{-1} x}$

41. $y = e^x \sec^{-1} x$ **42.** $y = \ln(\cos^{-1} x)$

43. $y = \sin^{-1} x + \cos^{-1} x$ **44.** $y = x^2(\sin^{-1} x)^3$

45. $y = \sec^{-1} x + \csc^{-1} x$ **46.** $y = \csc^{-1}(e^x)$

47. $y = \cot^{-1}(\sqrt{x})$ **48.** $y = \sqrt{\cot^{-1} x}$

49. (a) Utiliser le théorème 5.3.1 pour démontrer que
$$\frac{d}{dx}[\cot^{-1} x]\Big|_{x=0} = -1$$
(b) Utiliser la partie (a) ci-dessus, la partie (a) de l'exercice 50 de la section 1.5 et la règle de dérivation en chaîne pour démontrer que
$$\frac{d}{dx}[\cot^{-1} x] = -\frac{1}{1+x^2}$$
où $-\infty < x < +\infty$.
(c) Partant de (b), montrer que
$$\frac{d}{dx}[\cot^{-1} u] = -\frac{1}{1+u^2}\frac{du}{dx}$$
où $-\infty < u < +\infty$.

50. (a) Utiliser la partie (c) de l'exercice 50 de la section 1.5 et la règle de dérivation en chaîne pour montrer que
$$\frac{d}{dx}[\csc^{-1} x] = -\frac{1}{|x|\sqrt{x^2-1}}$$
où $1 < |x|$.
(b) À partir de (a), montrer que
$$\frac{d}{dx}[\csc^{-1} u] = -\frac{1}{|u|\sqrt{u^2-1}}\frac{du}{dx}$$
où $1 < |u|$.

51–52 Trouver $\frac{dy}{dx}$ par dérivation implicite.

51. $x^3 + x \tan^{-1} y = e^y$ **52.** $\sin^{-1}(xy) = \cos^{-1}(x - y)$

JONGLONS AVEC LES CONCEPTS

53. (a) Montrer que $f(x) = x^3 - 3x^2 + 2x$ n'est pas bijective sur $]-\infty; +\infty[$.
(b) Trouver la plus grande valeur de k telle que f soit bijective sur l'intervalle $]-k; k[$.

54. (a) Montrer que $f(x) = x^4 - 2x^3$ n'est pas bijective sur $]-\infty; +\infty[$.
(b) Trouver la plus petite valeur de k telle que f soit bijective sur l'intervalle $[k; +\infty[$.

55. Soit $f(x) = x^4 + x^3 + 1$, où $0 \leq x \leq 2$.
(a) Montrer que f est bijective.
(b) Soit $g(x) = f^{-1}(x)$ et définissons $F(x) = f(2g(x))$. Établir l'équation de la tangente de $y = F(x)$ en $x = 3$.

56. Soit $f(x) = \dfrac{\exp(4 - x^2)}{x}$, où $x > 0$.
(a) Montrer que f est bijective.
(b) Soit $g(x) = f^{-1}(x)$. Calculer $F'\left(\frac{1}{2}\right)$ si $F(x) = f([g(x)]^2)$.

57. Soit $f(x) = e^{kx}$ et $g(x) = e^{-kx}$. Trouver
(a) $f^{(n)}(x)$ (b) $g^{(n)}(x)$

58. Trouver $\frac{dy}{dt}$ si $y = e^{-\lambda t}(A \sin \omega t + B \cos \omega t)$, où A, B, λ et ω sont des constantes.

59. Trouver $f'(x)$ si
$$f(x) = \frac{1}{\sqrt{2\pi}\sigma} \exp\left[-\frac{1}{2}\left(\frac{x-\mu}{\sigma}\right)^2\right]$$
où μ et σ sont des constantes et $\sigma \neq 0$.

60. Montrer que pour toute constante A et k, la fonction $y = Ae^{kt}$ satisfait à l'équation $\frac{dy}{dt} = ky$.

61. Montrer que pour toute constante A et B, la fonction
$$y = Ae^{2x} + Be^{-4x}$$
satisfait à l'équation
$$y'' + 2y' - 8y = 0$$

62. Montrer que
(a) $y = xe^{-x}$ satisfait à l'équation $xy' = (1 - x)y$;
(b) $y = xe^{-\frac{x^2}{2}}$ satisfait à l'équation $xy' = (1 - x^2)y$.

63. Montrer que le taux de variation de $y = 100e^{-0,2x}$ par rapport à x est proportionnel à y.

64. Montrer que le taux de variation de $y = 3^{(5x+1)}4^{\left(-\frac{x}{2}\right)}$ par rapport à x est proportionnel à y.

65. Montrer que
$$y = \frac{60}{5 + 7e^{-t}} \quad \text{satisfait à} \quad \frac{dy}{dt} = r\left(1 - \frac{y}{K}\right)y$$
pour des constantes r et K et déterminer les valeurs de ces constantes.

66. La population de bactéries aérobies (qui ont besoin d'oxygène) d'un étang est modélisée par l'équation

$$P(t) = \frac{60}{5 + 7e^{-t}}$$

où $P(t)$ représente la population (en milliards) t jours après l'observation initiale au temps $t = 0$.

(a) Tracer la fonction P à l'aide d'un outil graphique.

(b) Expliquer en mots comment évolue la population au fil du temps. Vérifier votre conclusion en trouvant $\lim_{t\to+\infty} P(t)$.

(c) Expliquer en mots comment évolue le *taux de croissance* de la population avec le temps. Vérifier votre conclusion en traçant P'.

JONGLONS AVEC LES CONCEPTS

67–72 Trouver la limite en interprétant l'expression donnée comme une dérivée.

67. $\lim\limits_{h\to 0} \dfrac{10^h - 1}{h}$ **68.** $\lim\limits_{h\to 0} \dfrac{\tan^{-1}(1+h) - \frac{\pi}{4}}{h}$

69. $\lim\limits_{\Delta x\to 0} \dfrac{9\left[\sin^{-1}\left(\frac{\sqrt{3}}{2} + \Delta x\right)\right]^2 - \pi^2}{\Delta x}$

70. $\lim\limits_{\Delta x\to 0} \dfrac{(2+\Delta x)^{(2+\Delta x)} - 4}{\Delta x}$

71. $\lim\limits_{w\to 2} \dfrac{3\sec^{-1} w - \pi}{w - 2}$ **72.** $\lim\limits_{w\to 1} \dfrac{4(\tan^{-1} w)^w - \pi}{w - 1}$

✔ VÉRIFICATION EXPRESS 5.3 – RÉPONSES

1. $\frac{1}{5}$ **2.** (a) oui (b) non (c) non (d) oui **3.** (a) e^x (b) $7^x \ln 7$ (c) $-e^x \sin(e^x + 1)$ (d) $3e^{3x-2}$
4. $f'(x) = e^{x^3+x} \cdot (3x^2 + 1) > 0$ pour toute valeur de x

5.4 ANALYSE GRAPHIQUE DE FONCTIONS TRANSCENDANTES

Le savoir mathématique qui a permis d'établir la forme exacte d'une courbe et de connaître l'emplacement précis de ses points particuliers a été acquis lors de l'analyse de fonctions algébriques et trigonométriques. Nous allons appliquer ce savoir mathématique avec des modèles de fonctions autres qu'algébriques.

CROISSANCE, DÉCROISSANCE ET CONCAVITÉ

À l'examen de la figure 5.4.1, on devine difficilement en quelle valeur de x la fonction $f(x) = xe^{-x}$ possède un point d'inflexion. Les changements de concavité sont parfois si subtils que le calcul différentiel est indispensable pour confirmer leur présence et pour les situer, tel qu'illustré dans la figure.

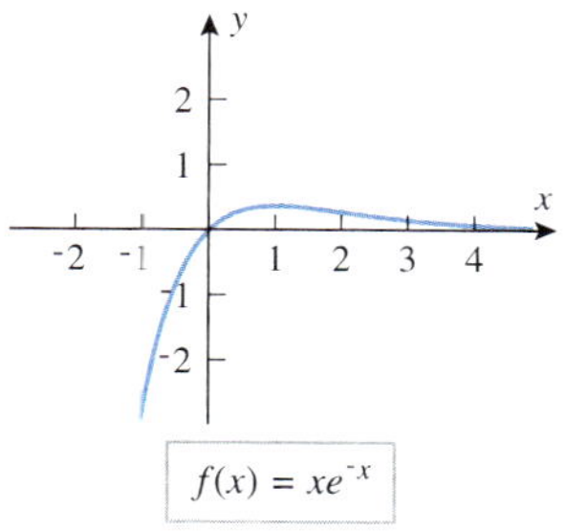

Figure 5.4.1

▸ **Exemple 1** D'après la figure 5.4.1, la fonction $f(x) = xe^{-x}$ devrait avoir un point d'inflexion, mais l'emplacement exact n'est pas facile à déterminer à partir du graphique. Utilisons les dérivées première et seconde de f pour trouver les intervalles où f est croissante, décroissante, concave vers le haut et concave vers le bas. Situons tous les points d'inflexion.

Solution. Les deux premières dérivées de f nous donnent (vérifiez-le) :

$$f'(x) = (1 - x)e^{-x}$$
$$f''(x) = (x - 2)e^{-x}$$

Sachant que e^{-x} est positive pour toute valeur de x, l'analyse des signes de ces dérivées est plutôt simple :

INTERVALLE	$(1-x)(e^{-x})$	$f'(x)$	CONCLUSION
$x < 1$	$(+)(+)$	$+$	f est croissante sur $]-\infty; 1]$
$x > 1$	$(-)(+)$	$-$	f est décroissante sur $[1; +\infty[$

INTERVALLE	$(x-2)(e^{-x})$	$f''(x)$	CONCLUSION
$x < 2$	$(-)(+)$	$-$	f est concave vers le bas sur $]-\infty; 2[$
$x > 2$	$(+)(+)$	$+$	f est concave vers le haut sur $]2; +\infty[$

Le second tableau confirme qu'il existe un point d'inflexion en $x = 2$, puisque la concavité passe du haut vers le bas en ce point. Toutes ces conclusions sont en accord avec le graphique de f. ◄

COURBES LOGISTIQUES

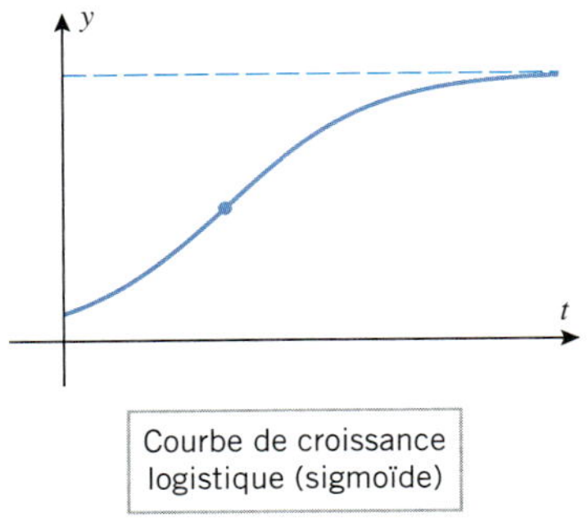

Figure 5.4.2

Lorsqu'une population se développe dans un environnement où existent des contraintes d'espace ou de nourriture, le graphique de l'évolution de la population en fonction du temps prend typiquement la forme d'une courbe en S, tel qu'illustré à la figure 5.4.2. Cette courbe décrit un scénario où la population croît lentement au départ et de plus en plus rapidement par la suite, à mesure que le nombre d'individus capables de se reproduire augmente. Cependant, après un certain temps (au point d'inflexion), les facteurs environnementaux commencent à se faire sentir et le taux de croissance de la population se met à décliner d'une façon régulière. Sur une longue période de temps, la population approche une valeur limite qui représente le nombre maximal d'individus que l'espace et la quantité de nourriture peuvent supporter. Les courbes de croissance de population de ce type sont appelées ***courbes de croissance logistiques****.

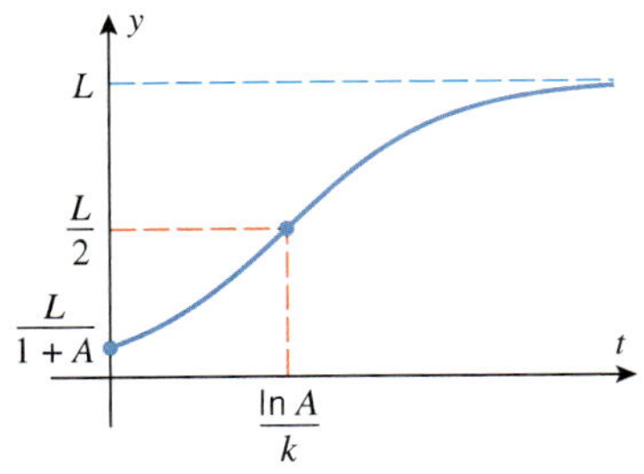

Figure 5.4.3

► **Exemple 2** Le calcul intégral permet de faire la preuve que les courbes de croissance logistiques sont décrites par des équations de la forme

$$y = \frac{L}{1 + Ae^{-kt}} \tag{1}$$

où y représente la population au temps t ($t \geq 0$) et A, k et L sont des constantes positives. Montrer que la figure 5.4.3 décrit correctement la courbe de cette équation lorsque $A > 1$.

Solution. Nous vous laissons le soin de vérifier que, au temps $t = 0$, la valeur de y est donnée par

$$y = \frac{L}{1 + A}$$

et que, lorsque $t \geq 0$, la population y obéit à

$$\frac{L}{1 + A} \leq y < L$$

Ces expressions sont cohérentes avec le graphique de la figure 5.4.3. L'asymptote horizontale à $y = L$ est confirmée par la limite

$$\lim_{t \to +\infty} \frac{L}{1 + Ae^{-kt}} = \frac{L}{1 + 0} = L$$

Physiquement, L représente la limite supérieure de la taille de la population.

* On donne aussi le nom de ***sigmoïdes*** à ces courbes. *Ndlt*

Pour déterminer les intervalles de croissance ou de décroissance, la concavité et les points d'inflexion, nous devons d'abord exprimer les dérivées première et seconde de y par rapport à t. Vous pouvez vérifier que

$$\frac{dy}{dt} = \frac{k}{L}y(L-y) \tag{2}$$

$$\frac{d^2y}{dt^2} = \frac{k^2}{L^2}y(L-y)(L-2y) \tag{3}$$

Sachant que $k > 0$, $y > 0$ et $L - y > 0$, on déduit de l'équation (2) que $\frac{dy}{dt} > 0$ pour toute valeur de t. Ainsi, y est toujours croissante, conformément au graphique de la figure 5.4.3.

Puisque $y > 0$ et $L - y > 0$, la dérivée seconde (3) permet d'écrire

$$\frac{d^2y}{dt^2} > 0 \quad \text{si} \quad L - 2y > 0$$

$$\frac{d^2y}{dt^2} < 0 \quad \text{si} \quad L - 2y < 0$$

Ainsi, la courbe de y en fonction de t est concave vers le haut lorsque $y < \frac{L}{2}$, concave vers le bas pour $y > \frac{L}{2}$ et elle affiche un point d'inflexion en $y = \frac{L}{2}$, conformément à la figure 5.4.3.

Finalement, considérant l'équation

$$\frac{L}{2} = \frac{L}{1 + Ae^{-kt}}$$

nous vous laissons le soin d'isoler t pour montrer que le point d'inflexion se produit en

$$t = \frac{1}{k}\ln A = \frac{\ln A}{k} \quad ◄ \tag{4}$$

GRAPHIQUES D'AUTRES TYPES DE FONCTIONS

Nous connaissons des méthodes pour mettre en graphique les fonctions polynomiales et rationnelles, de même que les fonctions contenant des points de rebroussement et des tangentes verticales (sections 4.1 à 4.3). Les moyens algébriques qui ont servi à analyser ces fonctions permettent aussi d'analyser et de représenter graphiquement les fonctions trigonométriques, logarithmiques et exponentielles et une variété infinie d'autres fonctions.

► **Exemple 3** Tracer la courbe de $y = e^{-\frac{x^2}{2}}$ et situer tous les extremums relatifs et tous les points d'inflexion.

Solution.

- *Symétries :* L'équation ne change en rien si l'on remplace x par $-x$. La courbe est donc symétrique par rapport à l'axe des y.
- *Intersections avec l'axe des x :* En posant $y = 0$, on obtient l'équation $e^{-\frac{x^2}{2}} = 0$, qui n'a pas de racine puisque toutes les puissances de e donnent des valeurs positives. Il n'y a donc aucune intersection avec l'axe des x.
- *Intersections avec l'axe des y :* En posant $x = 0$, on trouve que la courbe coupe l'axe des y en $y = 1$.
- *Asymptotes verticales :* Aucune, puisque $e^{-\frac{x^2}{2}}$ est continue sur $]-\infty; +\infty[$.
- *Asymptotes horizontales :* L'axe des $x (y = 0)$ correspond à une asymptote horizontale étant donné que

$$\lim_{x \to -\infty} e^{-\frac{x^2}{2}} = \lim_{x \to +\infty} e^{-\frac{x^2}{2}} = 0$$

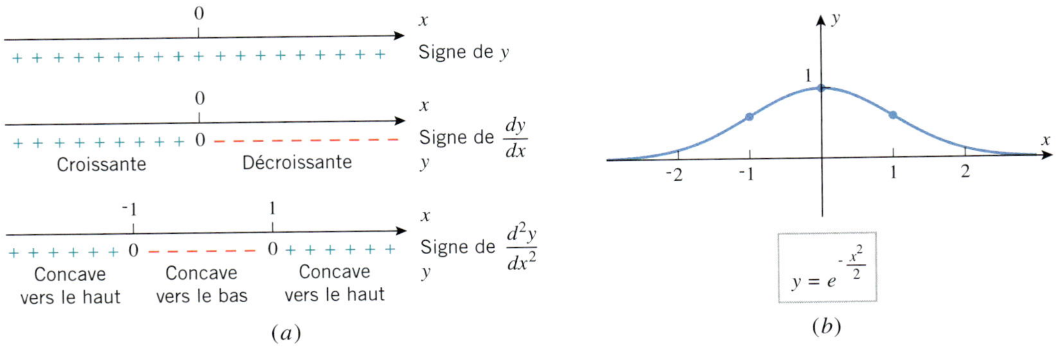

Figure 5.4.4

- *Dérivées :*

$$\frac{dy}{dx} = e^{-\frac{x^2}{2}} \frac{d}{dx}\left[-\frac{x^2}{2}\right] = -xe^{-\frac{x^2}{2}}$$

$$\frac{d^2y}{dx^2} = -x\frac{d}{dx}[e^{-\frac{x^2}{2}}] + e^{-\frac{x^2}{2}}\frac{d}{dx}[-x]$$

$$= x^2e^{-\frac{x^2}{2}} - e^{-\frac{x^2}{2}} = (x^2-1)e^{-\frac{x^2}{2}}$$

Conclusions :

- L'analyse des signes de y présentée à la figure 5.4.4*a* s'appuie sur le fait que $e^{-\frac{x^2}{2}} > 0$ pour toute valeur de x; la courbe se trouve donc toujours au-dessus de l'axe des x.
- L'analyse des signes de $\frac{dy}{dx}$ donnée à la figure 5.4.4*a* s'appuie sur le fait que $\frac{dy}{dx} = -xe^{-\frac{x^2}{2}}$ est de même signe que $-x$. Cette analyse et le test de la dérivée première montrent qu'il existe un point stationnaire en $x = 0$, qu'il s'y trouve un maximum relatif et que la valeur de y en ce point est $y = e^0 = 1$.
- L'analyse des signes de $\frac{d^2y}{dx^2}$ présentée à la figure 5.4.4*a* s'appuie sur le fait que $\frac{d^2y}{dx^2} = (x^2-1)e^{-\frac{x^2}{2}}$ est du même signe que $x^2 - 1$. Cette analyse révèle des points d'inflexion en $x = -1$ et en $x = 1$. La concavité change du haut vers le bas en $x = -1$ et elle passe du bas vers le haut en $x = 1$. Les points d'inflexion ont pour coordonnées $(-1; e^{-\frac{1}{2}}) \approx (-1; 0{,}61)$ et $\left(1; e^{-\frac{1}{2}}\right) \approx (1; 0{,}61)$.

Le graphique résultant est présenté à la figure 5.4.4*b*. ◄

GRAPHIQUES OBTENUS EN COMBINANT CALCUL DIFFÉRENTIEL ET TECHNOLOGIE

Jusqu'à maintenant dans ce chapitre, nous avons eu recours au calcul différentiel pour tracer les graphiques des fonctions; le graphique était le but recherché. Nous allons maintenant travailler en sens inverse, c'est-à-dire utiliser comme *point de départ* un graphique généré par un outil graphique. Dans ce contexte, notre objectif sera d'utiliser les dérivées pour déterminer l'emplacement exact des extremums relatifs, des points d'inflexion et des autres caractéristiques visibles de la courbe et de vérifier si des propriétés importantes auraient été escamotées sur le graphique.

► **Exemple 4** Avec l'aide d'un outil graphique, tracer la courbe de $f(x) = \frac{\ln x}{x}$ et discuter des extremums relatifs, des points d'inflexion, des asymptotes et du comportement aux extrémités de la courbe. Utiliser les dérivées pour situer exactement tous les points remarquables du graphique.

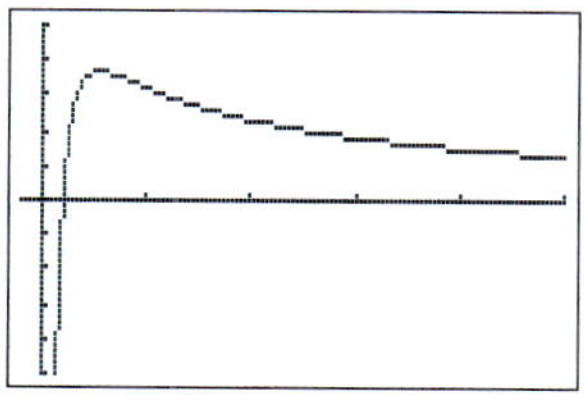

[-1; 25] × [-0,5; 0,5]
Xgrad = 5, Ygrad = 0,2

$y = \frac{\ln x}{x}$

Figure 5.4.5

Solution. La figure 5.4.5 montre un graphique d'une fonction f produit avec une calculatrice graphique. L'examen de la courbe suggère la présence d'une intersection avec l'axe des x aux environs de $x = 1$, d'un maximum relatif entre $x = 0$ et $x = 5$, d'un point d'inflexion près de $x = 5$, d'une asymptote verticale d'équation $x = 0$ et peut-être d'une asymptote horizontale passant par $y = 0$. Pour analyser plus précisément ces caractéristiques, considérons les dérivées suivantes :

$$f'(x) = \frac{x\left(\frac{1}{x}\right) - (\ln x)(1)}{x^2} = \frac{1 - \ln x}{x^2}$$

$$f''(x) = \frac{x^2\left(-\frac{1}{x}\right) - (1 - \ln x)(2x)}{x^4} = \frac{2x \ln x - 3x}{x^4} = \frac{2 \ln x - 3}{x^3}$$

- *Extremums relatifs :* En posant $f'(x) = 0$, on trouve le point stationnaire $x = e$ (vérifiez-le). Sachant que
$$f''(e) = \frac{2-3}{e^3} = -\frac{1}{e^3} < 0$$
le test de la dérivée seconde indique un maximum relatif en $x = e \approx 2{,}7$.
- *Points d'inflexion :* La fonction $f(x) = \frac{\ln x}{x}$ étant définie uniquement pour les valeurs positives de x, la dérivée seconde $f''(x)$ est de même signe que $2\ln x - 3$. Nous vous laissons le soin de démontrer, en considérant les inégalités $(2\ln x - 3) < 0$ et $(2\ln x - 3) > 0$, que $f''(x) < 0$ lorsque $x < e^{\frac{3}{2}}$ et $f''(x) > 0$ lorsque $x > e^{\frac{3}{2}}$. On conclut alors à la présence d'un point d'inflexion en $x = e^{\frac{3}{2}} \approx 4{,}5$.
- *Asymptotes :* Il y a une asymptote verticale en $x = 0$, puisque
$$\lim_{x \to 0^+} \frac{\ln x}{x} = -\infty$$
(Pourquoi?). Le graphique semble présenter également une asymptote horizontale en $y = 0$. Pour le moment, admettons sans preuve que $\lim_{x \to \infty} \frac{\ln x}{x} = 0$. Ce qui permet de montrer l'exactitude de cette limite est la règle de L'Hôpital. Cette règle puissante ne sera vu qu'à la section suivante seulement. Sur la base de cette limite, il y a donc une asymptote horizontale d'équation $y = 0$.
- *Intersections avec les axes :* En posant $f(x) = 0$, on trouve $\frac{\ln x}{x} = 0$. La seule racine réelle à cette équation étant $x = 1$, la courbe coupe l'axe des x en ce point. ◄

EXTREMUMS ABSOLUS DE FONCTIONS AFFICHANT UN EXTREMUM RELATIF

Appliquons le théorème 4.4.4 dans l'exemple suivant :

► Exemple 5 S'il y a lieu, trouver les extremums absolus de la fonction f définie par $f(x) = e^{(x^3 - 3x^2)}$ dans l'intervalle $]0; +\infty[$.

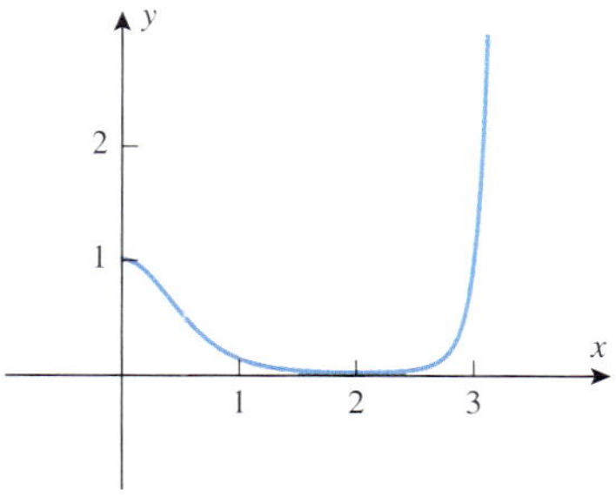

$f(x) = e^{(x^3 - 3x^2)}$

Figure 5.4.6

Solution. On a $\lim_{x \to +\infty} f(x) = +\infty$ (vérifiez-le), de sorte que f n'admet pas de maximum absolu dans l'intervalle $]0; +\infty[$. Cependant, la continuité de f et le fait que $\lim_{x \to 0^+} f(x) = e^0 = 1$ est finie rendent possible l'existence d'un minimum absolu de f dans $]0; +\infty[$. Si c'est le cas, il devra correspondre à un point critique de f. Considérons donc
$$f'(x) = e^{(x^3 - 3x^2)}(3x^2 - 6x) = 3x(x-2)e^{(x^3 - 3x^2)}$$
Sachant que $e^{(x^3 - 3x^2)} > 0$ pour toute valeur de x, les deux seuls points critiques se trouvent en $x = 0$ et en $x = 2$. Or, seul $x = 2$ appartient à l'intervalle; un minimum absolu pourrait donc se trouver en ce point. Afin de vérifier si c'est bien le cas, appliquons la partie (a) du théorème 4.4.4. Étant donné que

$$f''(x) = e^{(x^3 - 3x^2)}(3x^2 - 6x)^2 + e^{(x^3 - 3x^2)}(6x - 6) = [(3x^2 - 6x)^2 + (6x - 6)]e^{(x^3 - 3x^2)}$$

La fonction de l'exemple 5 possède-elle un minimum absolu dans l'intervalle]-∞; +∞[?

on a

$$f''(2) = (0+6)e^{-4} = 6e^{-4} > 0$$

En $x = 2$, il y a donc un minimum relatif confirmé par le test de la dérivée seconde. Ainsi, $f(x)$ atteint son minimum absolu en $x = 2$ et ce minimum vaut $f(2) = e^{-4} \approx 0{,}0183$ (figure 5.4.6). ◄

THÉORÈME DE LA DIFFÉRENCE CONSTANTE

► **Exemple 6** La partie (c) du théorème 4.1.2 est parfois utile pour établir des identités. Par exemple, considérons le cas suivant :

$$\sin^{-1} x + \cos^{-1} x = \frac{\pi}{2} \qquad (-1 \le x \le 1) \tag{5}$$

Bien que la preuve de cette identité n'exige pas nécessairement l'utilisation des dérivées, on peut procéder en posant $f(x) = \sin^{-1} x + \cos^{-1} x$. Considérant alors les formules (9) et (10) de la section 5.3, on peut écrire

$$f'(x) = \frac{d}{dx}[\sin^{-1} x] + \frac{d}{dx}[\cos^{-1} x] = \frac{1}{\sqrt{1-x^2}} - \frac{1}{\sqrt{1-x^2}} = 0$$

Ainsi, $f(x) = \sin^{-1} x + \cos^{-1} x$ est constante sur l'intervalle [-1; 1]. Nous pouvons trouver cette constante en évaluant f en un point judicieusement choisi de cet intervalle. Par exemple, en posant $x = 0$, on obtient

$$f(0) = \sin^{-1} 0 + \cos^{-1} 0 = 0 + \frac{\pi}{2} = \frac{\pi}{2}$$

ce qui démontre (5). ◄

✔ VÉRIFICATION EXPRESS 5.4 *(Réponses à la page 355.)*

1. Soit $f(x)$ ayant pour dérivée $f'(x) = (x-4)^2 e^{-\frac{x}{2}}$.
   (a) La fonction f est croissante sur le(s) intervalle(s) ________.
   (b) La fonction f est concave vers le haut sur le(s) intervalle(s) ________.
   (c) La fonction f est concave vers le bas sur le(s) intervalle(s) ________.
2. Soit $f(x) = (x-2)^2 e^{\frac{x}{2}}$. Sachant que
   $f'(x) = \frac{1}{2}(x^2-4)e^{\frac{x}{2}}, \qquad f''(x) = \frac{1}{4}(x^2+4x-4)e^{\frac{x}{2}}$
   déterminer les propriétés suivantes du graphique de f :
   (a) La courbe est au-dessus de l'axe des x dans les intervalles ________.
   (b) La courbe est croissante sur les intervalles ________.
   (c) La courbe est concave vers le haut sur les intervalles ________.
   (d) Le minimum relatif est situé au point ________.
   (e) Le maximum relatif est situé au point ________.
   (f) Les points d'inflexion de la courbe se trouvent en $x =$ ________.

SÉRIE D'EXERCICES 5.4

Outil graphique — [C] Logiciel de calcul formel

1–6 Déterminer (a) les intervalles où f est croissante, (b) les intervalles où f est décroissante, (c) les intervalles ouverts où f est concave vers le haut, (d) les intervalles ouverts où f est concave vers le bas et (e) les coordonnées x de tous les points d'inflexion.

1. $f(x) = e^{-\frac{x^2}{2}}$
2. $f(x) = xe^{x^2}$
3. $f(x) = \ln\sqrt{x^2+4}$
4. $f(x) = x^3 \ln x$
5. $f(x) = \tan^{-1}(x^2-1)$
6. $f(x) = \sin^{-1} x^{\frac{2}{3}}$
7. (a) Montrer que $\ln(x+1) \le x$ lorsque $x \ge 0$.
   (b) Montrer que $\ln(x+1) \ge x - \frac{1}{2}x^2$ lorsque $x \ge 0$.
   (c) Confirmer les inégalités données en (a) et (b) à l'aide d'un outil graphique.
8. (a) Montrer que $e^x \ge 1 + x$ lorsque $x \ge 0$.
   (b) Montrer que $e^x \ge 1 + x + \frac{1}{2}x^2$ lorsque $x \ge 0$.
   (c) Confirmer les inégalités données en (a) et (b) en utilisant un outil graphique.

9. Le nombre d'individus au temps t d'une certaine population sauvage est donné par

$$N(t) = \frac{340}{1 + 9(0{,}77)^t}, \quad t \geq 0$$

où t est exprimé en années. À l'aide d'un outil graphique, déterminer le temps t où la population augmente le plus rapidement.

10. Un virus grippal se répand sur le campus d'un collège suivant le modèle défini par l'équation

$$y(t) = \frac{1000}{1 + 999e^{-0{,}9t}}$$

où $y(t)$ correspond au nombre d'étudiants infectés au temps t (en jours, en commençant à $t = 0$). À l'aide d'un outil graphique, déterminer le jour où le virus se répand le plus rapidement.

11. Si A, k et L sont des constantes positives, vérifier que la courbe de $y = \frac{L}{1+Ae^{-kt}}$ a un point d'inflexion à $\left(\frac{1}{k} \ln A, \frac{1}{2}L\right)$.

12–15 Partant des dérivées données, trouver tous les points critiques de f et pour chacun, préciser s'il s'agit d'un maximum relatif, d'un minimum relatif ou ni l'un ni l'autre. Supposer dans tous les cas que f est continue en tout point.

12. $f'(x) = xe^{1-x^2}$ **13.** $f'(x) = x^4(e^x - 3)$

14. $f'(x) = \ln\left(\dfrac{2}{1+x^2}\right)$ **15.** $f'(x) = e^{2x} - 5e^x + 6$

16. Trouver les extremums relatifs de $f(x) = (x-3)e^x$ en utilisant les tests de la dérivée première et de la dérivée seconde.

17–20 Trouver les extremums relatifs de la fonction f en procédant par la méthode de votre choix.

17. $f(x) = \ln(2 + x^2)$ **18.** $f(x) = \ln|2 + x^3|$

19. $f(x) = e^{2x} - e^x$ **20.** $f(x) = (xe^x)^2$

21–24 Utiliser un outil graphique pour situer les extremums relatifs de f et vérifier vos réponses en appliquant le test de la dérivée première ou celui de la dérivée seconde.

21. $f(x) = x \ln x$ **22.** $f(x) = \dfrac{2}{e^x + e^{-x}}$

23. $f(x) = x^2 e^{-2x}$ **24.** $f(x) = 10 \ln x - x$

25–26 Utiliser un logiciel de calcul formel pour tracer les graphiques de f' et f''. À partir de ces graphiques, estimer les coordonnées x des extremums relatifs de f. Vérifier ensuite que vos réponses correspondent au graphique de f.

25. $f(x) = \dfrac{\tan^{-1}(x^2 - x)}{x^2 + 4}$ **26.** $f(x) = x^2(e^{2x} - e^x)$

27. Les études statistiques du débit de la circulation peuvent donner lieu à des fonctions f de la forme suivante, où n est un entier positif :

$$f(x) = \frac{x^n e^{-x}}{n!}, \quad x > 0$$

(a) À l'aide d'un outil graphique, tracer les courbes de f pour $n = 2, 3, 4$ et 5. Prédire le nombre d'extremums relatifs de f et situer ces extremums.

(b) Vérifier les réponses données en (a) en appliquant le test de la dérivée première.

28. On rencontre des fonctions f de la forme ci-dessous dans un vaste éventail de problèmes de statistique :

$$f(x) = \frac{1}{\sqrt{2\pi}} e^{-\frac{x^2}{2}}$$

(a) Utiliser le test de la dérivée première pour montrer que f a un maximum relatif en $x = 0$ et confirmer ce fait en traçant la courbe de f au moyen d'un outil graphique.

(b) Tracer la courbe de

$$f(x) = \frac{1}{\sqrt{2\pi}} e^{-\frac{(x-\mu)^2}{2}}$$

où μ est une constante et indiquer les coordonnées des extremums relatifs.

29–38 La règle de L'Hôpital (section 5.5) vous permettra de vérifier que

$$\lim_{x\to+\infty} \frac{e^x}{x} = +\infty, \quad \lim_{x\to+\infty} \frac{x}{e^x} = 0, \quad \lim_{x\to-\infty} xe^x = 0$$

Dans ces exercices, (a) utiliser au besoin ces limites pour évaluer les limites de $f(x)$ lorsque $x \to +\infty$ et lorsque $x \to -\infty$; (b) représenter graphiquement $f(x)$ et identifier tous les extremums relatifs, les points d'inflexion et les asymptotes (s'il y a lieu). Vérifier l'exactitude de votre graphique à l'aide d'un outil graphique.

29. $f(x) = xe^x$ **30.** $f(x) = xe^{-x}$

31. $f(x) = x^2 e^{-2x}$ **32.** $f(x) = x^2 e^{2x}$

33. $f(x) = x^2 e^{-x^2}$ **34.** $f(x) = e^{-\frac{1}{x^2}}$

35. $f(x) = \dfrac{e^x}{1-x}$ **36.** $f(x) = x^{\frac{2}{3}} e^x$

37. $f(x) = x^2 e^{1-x}$ **38.** $f(x) = x^3 e^{x-1}$

39–44 La règle de L'Hôpital (section 5.5) permet de vérifier que

$$\lim_{x\to+\infty} \frac{\ln x}{x^r} = 0, \quad \lim_{x\to+\infty} \frac{x^r}{\ln x} = +\infty, \quad \lim_{x\to 0^+} x^r \ln x = 0$$

pour tout nombre réel positif r. Dans ces exercices, (a) utiliser au besoin ces limites pour évaluer les limites de $f(x)$ lorsque $x \to +\infty$ et lorsque $x \to 0^+$; (b) représenter graphiquement $f(x)$ et identifier tous les extremums relatifs, les points d'inflexion et les asymptotes (s'il y a lieu). Vérifier votre travail à l'aide d'un outil graphique.

39. $f(x) = x \ln x$ **40.** $f(x) = x^2 \ln x$

41. $f(x) = x^2 \ln(2x)$ **42.** $f(x) = \ln(x^2 + 1)$

43. $f(x) = x^{\frac{2}{3}} \ln x$ **44.** $f(x) = x^{-\frac{1}{3}} \ln x$

JONGLONS AVEC LES CONCEPTS

45. Soit la famille de courbes $y = xe^{-bx}$ $(b > 0)$.
(a) Utiliser un outil graphique pour représenter graphiquement quelques membres de cette famille.
(b) Quelle influence la valeur de b a-t-elle sur l'allure de la courbe? Qu'advient-il de la position des extremums relatifs et des points d'inflexion lorsque b varie?

46. Soit la famille de courbes $y = e^{-bx^2}$ $(b > 0)$.
(a) Utiliser un outil graphique pour représenter graphiquement quelques membres de cette famille.
(b) Quelle influence la valeur de b a-t-elle sur l'allure de la courbe? Qu'advient-il de la position des extremums relatifs et des points d'inflexion lorsque b varie?

47. (a) Établir si les limites suivantes existent ou non; si oui, les évaluer :
$$\lim_{x \to +\infty} e^x \cos x, \qquad \lim_{x \to -\infty} e^x \cos x$$
(b) Sur le même système de coordonnées, représenter graphiquement les courbes d'équations $y = e^x$, $y = -e^x$ et $y = e^x \cos x$. Situer également tous les points d'intersection.
(c) Utiliser un outil graphique pour représenter quelques membres de la famille $y = e^{ax} \cos bx$ ($a > 0$ et $b > 0$). Quelle influence la variation de a et de b a-t-elle sur la forme de la courbe?

48. Soit la famille de courbes $y = x^n e^{-\frac{x^2}{n}}$, où n est un entier positif.
(a) Utiliser un outil graphique pour représenter quelques membres de cette famille.
(b) Quel effet la variation de n a-t-elle sur la forme de la courbe? sur la position des extremums relatifs et des points d'inflexion?

49–52 Utiliser un outil graphique pour estimer, s'il y a lieu, les valeurs du maximum et du minimum absolus de f dans l'intervalle donné. Trouver les valeurs exactes à l'aide des dérivées.

49. $f(x) = x^3 e^{-2x}$; $[1; 4]$

50. $f(x) = \dfrac{\ln(2x)}{x}$; $[1; e]$

51. $f(x) = 5\ln(x^2 + 1) - 3x$; $[0; 4]$

52. $f(x) = (x^2 - 1)e^x$; $[-2; 2]$

53. La concentration $C(t)$ d'un médicament dans le système sanguin, t heures après son injection, est communément modélisée par une équation de la forme
$$C(t) = \frac{K(e^{-bt} - e^{-at})}{a - b}$$
où $K > 0$ et $a > b > 0$.
(a) À quel moment la concentration atteint-elle son maximum?
(b) Pour simplifier, supposer que $K = 1$. Utiliser un outil graphique pour vérifier le résultat obtenu en (a), en traçant les graphiques de $C(t)$ pour différentes valeurs de a et b.

54. Le nombre de bactéries d'une culture au temps t est donné par $N = 5000(25 + te^{-\frac{t}{20}})$.
(a) Déterminer le plus grand nombre et le plus petit nombre de bactéries présentes dans la culture durant l'intervalle de temps $0 \le t \le 100$.
(b) À quel moment de l'intervalle cité en (a) le nombre de bactéries décroît-il le plus rapidement?

55. Utiliser un outil graphique pour déterminer le nombre de solutions admises par l'équation
$$1 + e^x \sin x = 0; \quad \frac{\pi}{2} < x < \frac{3\pi}{2}$$
et procéder ensuite par la méthode de Newton pour approximer la solution qui satisfait à la condition posée.

56–57 Utiliser un outil graphique pour déterminer le nombre de fois que les courbes se croisent; appliquer ensuite la méthode de Newton, si nécessaire, pour approximer les coordonnées x de tous les points d'intersection.

56. $y = 1$ et $y = e^x \sin x$; $0 < x < \pi$

57. $y = e^{-x}$ et $y = \ln x$

58. Soit la fonction $$f(x) = \frac{e^{-x}}{1 + x^2}$$
Utiliser la méthode de Newton pour approximer les coordonnées x des points d'inflexion à deux décimales près.

59. Utiliser la méthode de Newton pour approximer le maximum absolu de $f(x) = (1 - 2x)\tan^{-1} x$.

60. Soit $f(x) = \ln(4 + 2x - x^2)$, définie sur $[-1; 3]$. S'assurer, pour la fonction f, que les hypothèses du théorème de Rolle sont vérifiées dans l'intervalle donné et trouver toutes les valeurs de c de cet intervalle qui satisfont à la conclusion du théorème.

61. Sachant que
$$\frac{d}{dx}[x \ln(2 - x)] = \ln(2 - x) - \frac{x}{2 - x}$$
pour démontrer que l'équation $x = (2 - x)\ln(2 - x)$ admet au moins une racine dans l'intervalle $]0; 1[$.

62. Soit $g(x) = xe^x - e^x$. Trouver $f(x)$ tel que $f'(x) = g'(x)$ et $f(1) = 2$.

63. Soit $g(x) = \tan^{-1} x$. Trouver $f(x)$ tel que $f'(x) = g'(x)$ et $f(1) = 2$.

64. Utiliser le théorème de la moyenne pour montrer que
$$\frac{x}{1 + x^2} < \tan^{-1} x < x \quad (x > 0)$$

65. La question 32 de la série d'exercices 4.7a permis de montrer la propriété suivante : si f et g sont des fonctions telles que $$f'(x) = g(x) \quad \text{et} \quad g'(x) = f(x)$$

pour tout x, alors $f^2(x) - g^2(x)$ est constante. Montrer que les fonctions $f(x) = \frac{1}{2}(e^x + e^{-x})$ et $g(x) = \frac{1}{2}(e^x - e^{-x})$ vérifient cette propriété énoncée en (a).

66. La fonction $s(t) = t^4 e^{-t}$ pour $t \geq 0$ donnée décrit la position d'une particule qui se déplace le long d'un axe gradué, où s est en mètres et t, en secondes.
(a) Dresser un tableau indiquant la position, la vitesse et l'accélération, à deux décimales près, aux temps $t = 1, 2, 3, 4, 5$.
(b) À chacun des moments indiqués en (a), déterminer si la particule est arrêtée; sinon, préciser le sens de son mouvement.
(c) À chacun des moments indiqués en (a), déterminer si la particule prend de la vitesse, ralentit ou ni l'un ni l'autre.

67–68 La fonction $s(t)$ donnée décrit la position d'une particule qui se déplace le long d'un axe gradué, où s est en mètres et t, en secondes.
(a) Écrire les fonctions de la vitesse et de l'accélération.
(b) Donner la position, la vitesse, le module de la vitesse et l'accélération à $t = 1$.
(c) À quels moments la particule est-elle immobile?
(d) Déterminer la distance totale parcourue par la particule entre les instants $t = 0$ et $t = 5$.

67. $s(t) = (t^2 + 8)e^{-\frac{t}{3}}, \quad t \geq 0$

68. $s(t) = \frac{1}{4}t^2 - \ln(t + 1), \quad t \geq 0$

69. Soit $s(t) = \frac{t}{e^{t}}$, la fonction de position d'une particule en mouvement le long d'un axe gradué, où s est en mètres et t, en secondes. À l'aide d'un outil graphique, tracer les graphiques de $s(t)$, $v(t)$ et $a(t)$ pour $t \geq 0$ et utiliser ces graphiques au besoin.
(a) Utiliser l'un des graphiques pour évaluer approximativement le moment où la particule inverse le sens de son mouvement pour la première fois; déterminer ensuite le moment exact.
(b) Donner la position exacte de la particule lorsqu'elle inverse le sens de son mouvement pour la première fois.
(c) Utiliser les graphiques pour évaluer approximativement les intervalles de temps où la particule prend de la vitesse et ceux où elle ralentit; donner ensuite les intervalles exacts.

70. Soit la fonction position $s = 16te^{-\frac{t^2}{8}}$ d'une particule évoluant le long d'un axe gradué. Procéder comme à l'exemple 6 de la section 4.8 pour analyser le mouvement de la particule lorsque $t \geq 0$ et présenter un diagramme pour illustrer le mouvement (comme à la figure 4.8.7).

71. Soit la fonction position $s = \ln(3t^2 - 12t + 13)$ d'une particule se déplaçant le long d'un axe de coordonnées. (a) Évaluer s et v lorsque $a = 0$. (b) Évaluer s et a lorsque $v = 0$.

✔ VÉRIFICATION EXPRESS 5.4 – RÉPONSES

1. (a) $]-\infty; +\infty[$ (b) $]4; 8[$ (c) $]-\infty; 4[,]8; +\infty[$ **2.** (a) $]-\infty; 2$ et $]2; +\infty[$ (b) $]-\infty; -2[$ et $]2; +\infty[$ (c) $]-\infty; -2 - 2\sqrt{2}[$ et $]-2 + 2\sqrt{2}; +\infty[$ (d) $(2; 0)$ (e) $(-2; 16e^{-1}) \approx (-2; 5{,}89)$ (f) $2 + 2\sqrt{2}$

5.5 RÈGLE DE L'HÔPITAL; INDÉTERMINATIONS

Dans cette section, nous discuterons d'une méthode générale pour trouver des limites à partir des dérivées. Par cette méthode, nous pourrons évaluer avec certitude des limites pour lesquelles nous devions précédemment nous en tenir à des conjectures fondées sur des considérations numériques ou graphiques.

INDÉTERMINATION DE LA FORME $\frac{0}{0}$

Rappelons qu'une limite de la forme

$$\lim_{x \to a} \frac{f(x)}{g(x)} \tag{1}$$

où $f(x) \to 0$ et $g(x) \to 0$ lorsque $x \to a$, est une ***indétermination de la forme*** $\frac{\mathbf{0}}{\mathbf{0}}$. Revoyons quelques exemples rencontrés plus tôt dans le texte :

$$\lim_{x \to 1} \frac{x^2 - 1}{x - 1} = 2, \quad \lim_{x \to 0} \frac{\sin x}{x} = 1, \quad \lim_{x \to 0} \frac{1 - \cos x}{x} = 0$$

La première de ces limites a été déterminée algébriquement en décomposant le numérateur et en simplifiant le facteur commun; les deux autres limites ont été résolues par des moyens géométriques. Cependant, plusieurs autres indéterminations ne peuvent être levées par de simples considérations géométriques ou algébriques; nous devons donc développer une méthode plus générale pour obtenir leur limite.

Pour justifier une telle méthode, supposons que la limite (1) soit une indétermination de la forme $\frac{0}{0}$, où f' et g' sont continues en $x = a$ et $g'(a) \neq 0$. Sachant que f et g peuvent être approchées de très près par approximation linéaire locale au voisinage de a, il est raisonnable de penser que

$$\lim_{x \to a} \frac{f(x)}{g(x)} = \lim_{x \to a} \frac{f(a) + f'(a)(x-a)}{g(a) + g'(a)(x-a)} \tag{2}$$

Puisque f' et g' sont continues en $x = a$, on peut écrire

$$\lim_{x \to a} f'(x) = f'(a) \quad \text{et} \quad \lim_{x \to a} g'(x) = g'(a)$$

f et g étant dérivables en $x = a$, elles sont continues en $x = a$; on a alors

$$f(a) = \lim_{x \to a} f(x) = 0 \quad \text{et} \quad g(a) = \lim_{x \to a} g(x) = 0$$

L'égalité (2) devient

$$\lim_{x \to a} \frac{f(x)}{g(x)} = \lim_{x \to a} \frac{f'(a)(x-a)}{g'(a)(x-a)} = \lim_{x \to a} \frac{f'(a)}{g'(a)} = \lim_{x \to a} \frac{f'(x)}{g'(x)} \tag{3}$$

Ce résultat, appelé ***règle de L'Hôpital***, convertit l'indétermination en une limite qui contient des dérivées, souvent plus simple à évaluer.

Bien que nous ayons justifié (3) en supposant que les dérivées de f et g étaient continues en $x = a$ et que $g'(a) \neq 0$, le résultat s'applique dans des conditions moins contraignantes et il vaut également pour les limites unilatérales et les limites à $+\infty$ et $-\infty$. Nous présentons ici, sans le démontrer, l'énoncé exact de la règle de L'Hôpital.

5.5.1 THÉORÈME ***(Règle de L'Hôpital appliquée aux indéterminations de la forme $\frac{0}{0}$).*** *Soit f et g, des fonctions dérivables sur un intervalle ouvert contenant $x = a$, sauf peut-être en $x = a$, telles que*

$$\lim_{x \to a} f(x) = 0 \quad \textit{et} \quad \lim_{x \to a} g(x) = 0$$

Si $\lim_{x \to a} \left[\frac{f'(x)}{g'(x)}\right]$ *existe ou si cette limite est $+\infty$ ou $-\infty$, alors*

$$\lim_{x \to a} \frac{f(x)}{g(x)} = \lim_{x \to a} \frac{f'(x)}{g'(x)}$$

Cet énoncé est aussi vrai pour évaluer une limite lorsque $x \to a^-$, $x \to a^+$, $x \to -\infty$ ou $x \to +\infty$.

ATTENTION!

Notez que le numérateur et le dénominateur sont dérivés séparément dans la règle de L'Hôpital. Il ne s'agit donc *pas* de dériver le quotient $\frac{f(x)}{g(x)}$.

Dans les exemples qui suivent, nous appliquons la règle de L'Hôpital en trois étapes :

Application de la règle de L'Hôpital

Étape 1. Vérifier si la limite de $\frac{f(x)}{g(x)}$ est une indétermination de la forme $\frac{0}{0}$.

Étape 2. Dériver f et g séparément.

Étape 3. Évaluer la limite de $\frac{f'(x)}{g'(x)}$. Si cette limite est finie ou égale à $+\infty$ ou $-\infty$, alors elle est égale à la limite de $\frac{f(x)}{g(x)}$.

▸ Exemple 1 Utiliser la règle de L'Hôpital pour évaluer la limite

$$\lim_{x \to 2} \frac{x^2 - 4}{x - 2}$$

Vérifier le résultat obtenu en procédant par mise en facteur.

Solution. Le numérateur et le dénominateur ont une limite nulle, de sorte que l'on a une indétermination de la forme $\frac{0}{0}$. La règle de L'Hôpital donne alors

$$\lim_{x \to 2} \frac{x^2 - 4}{x - 2} \underset{H}{=} \lim_{x \to 2} \frac{\frac{d}{dx}[x^2 - 4]}{\frac{d}{dx}[x - 2]} = \lim_{x \to 2} \frac{2x}{1} = 4$$

La limite de l'exemple 1 peut être vue comme l'expression d'une certaine dérivée. Utilisez cette dérivée pour évaluer la limite.

On obtient le même résultat en procédant comme suit :

$$\lim_{x \to 2} \frac{x^2 - 4}{x - 2} = \lim_{x \to 2} \frac{(x - 2)(x + 2)}{x - 2} = \lim_{x \to 2} (x + 2) = 4 \blacktriangleleft$$

▸ Exemple 2 Dans chacun des cas, vérifier que la limite demandée est une indétermination de la forme $\frac{0}{0}$. Évaluer ensuite cette limite en utilisant la règle de L'Hôpital.

(a) $\displaystyle \lim_{x \to 0} \frac{\sin 2x}{x}$ (b) $\displaystyle \lim_{x \to \frac{\pi}{2}} \frac{1 - \sin x}{\cos x}$ (c) $\displaystyle \lim_{x \to 0} \frac{e^x - 1}{x^3}$

(d) $\displaystyle \lim_{x \to 0^-} \frac{\tan x}{x^2}$ (e) $\displaystyle \lim_{x \to 0} \frac{1 - \cos x}{x^2}$ (f) $\displaystyle \lim_{x \to +\infty} \frac{x^{-\frac{4}{3}}}{\sin\left(\frac{1}{x}\right)}$

Solution (a). Le numérateur et le dénominateur ayant tous deux une limite nulle, on a une indétermination de la forme $\frac{0}{0}$. La règle de L'Hôpital donne alors

$$\lim_{x \to 0} \frac{\sin 2x}{x} \underset{H}{=} \lim_{x \to 0} \frac{\frac{d}{dx}[\sin 2x]}{\frac{d}{dx}[x]} = \lim_{x \to 0} \frac{2 \cos 2x}{1} = 2$$

Guillaume François Antoine de L'Hôpital (1661–1704) Mathématicien français. Né de parents appartenant à la haute noblesse française, L'Hôpital portera le titre de marquis de Sainte-Mesme, comte d'Entremont. Il fait preuve d'un talent précoce en mathématiques et, dès l'âge de 15 ans, résout un difficile problème posé par Pascal à propos des cycloïdes. Jeune homme, il servira brièvement comme officier de cavalerie, poste qu'il quittera en raison de sa myopie. Il sera célèbre de son temps en tant qu'auteur du premier ouvrage portant sur le calcul différentiel, intitulé l'*Analyse des infiniment petits pour l'intelligence des lignes courbes* et publié en 1696. La règle de L'Hôpital et la majorité du matériel mathématique contenu dans ce traité sont attribuables à Jean Bernouilli, qui était son professeur. L'Hôpital abandonnera un projet de livre sur le calcul intégral lorsque Leibniz l'informera de ses intentions de publier sur le sujet. Apparemment, L'Hôpital aurait été un homme généreux et agréable et par ses nombreux contacts avec de grands mathématiciens, il aurait servi de courroie de transmission, vers les quatre coins de l'Europe, des principales découvertes touchant le calcul différentiel et intégral.

Notez que ce résultat est identique à celui obtenu par substitution à l'exemple 4(b) de la section 2.6.

Solution (b). Le numérateur et le dénominateur ayant 0 pour limite, on a une indétermination de la forme $\frac{0}{0}$. La règle de L'Hôpital donne alors

$$\lim_{x\to\frac{\pi}{2}} \frac{1-\sin x}{\cos x} \underset{H}{=} \lim_{x\to\frac{\pi}{2}} \frac{\frac{d}{dx}[1-\sin x]}{\frac{d}{dx}[\cos x]} = \lim_{x\to\frac{\pi}{2}} \frac{-\cos x}{-\sin x} = \frac{0}{-1} = 0$$

Solution (c). Le numérateur et le dénominateur ayant 0 pour limite, on a une indétermination de la forme $\frac{0}{0}$. La règle de L'Hôpital donne alors

$$\lim_{x\to 0} \frac{e^x-1}{x^3} \underset{H}{=} \lim_{x\to 0} \frac{\frac{d}{dx}[e^x-1]}{\frac{d}{dx}[x^3]} = \lim_{x\to 0} \frac{e^x}{3x^2} = +\infty$$

ATTENTION!

L'application de la règle de L'Hôpital à des limites qui ne sont pas des indéterminations de la forme $\frac{0}{0}$ peut donner des résultats erronés. À titre d'exemple,

$$\lim_{x\to 0} \frac{x+6}{x+2} \underset{H}{=} \lim_{x\to 0} \frac{\frac{d}{dx}[x+6]}{\frac{d}{dx}[x+2]} = \lim_{x\to 0} \frac{1}{1} = 1$$

Ce résultat est ***erroné*** parce que la limite demandée n'est pas une indétermination. L'évaluation correcte donne

$$\lim_{x\to 0} \frac{x+6}{x+2} = \frac{0+6}{0+2} = 3$$

Solution (d). Le numérateur et le dénominateur ayant 0 pour limite, on a une indétermination de la forme $\frac{0}{0}$. La règle de L'Hôpital donne alors

$$\lim_{x\to 0^-} \frac{\tan x}{x^2} \underset{H}{=} \lim_{x\to 0^-} \frac{\sec^2 x}{2x} = -\infty$$

Solution (e). Le numérateur et le dénominateur ayant 0 pour limite, on a une indétermination de la forme $\frac{0}{0}$. La règle de L'Hôpital donne alors

$$\lim_{x\to 0} \frac{1-\cos x}{x^2} \underset{H}{=} \lim_{x\to 0} \frac{\sin x}{2x}$$

La nouvelle limite étant aussi une indétermination de la forme $\frac{0}{0}$, appliquons de nouveau la règle de L'Hôpital :

$$\lim_{x\to 0} \frac{1-\cos x}{x^2} \underset{H}{=} \lim_{x\to 0} \frac{\sin x}{2x} \underset{H}{=} \lim_{x\to 0} \frac{\cos x}{2} = \frac{1}{2}$$

Solution (f). Le numérateur et le dénominateur ayant 0 pour limite, on a une indétermination de la forme $\frac{0}{0}$. La règle de L'Hôpital donne alors

$$\lim_{x\to +\infty} \frac{x^{-\frac{4}{3}}}{\sin\left(\frac{1}{x}\right)} \underset{H}{=} \lim_{x\to +\infty} \frac{-\frac{4}{3}x^{-\frac{7}{3}}}{\left(-\frac{1}{x^2}\right)\cos\left(\frac{1}{x}\right)} \underset{H}{=} \lim_{x\to +\infty} \frac{\frac{4}{3}x^{-\frac{1}{3}}}{\cos\left(\frac{1}{x}\right)} = \frac{0}{1} = 0 \blacktriangleleft$$

INDÉTERMINATION DE LA FORME $\frac{\infty}{\infty}$

Pour indiquer que la limite (ou une limite unilatérale) d'une fonction est $+\infty$ ou $-\infty$, sans en préciser le signe, nous écrivons que la limite est ∞. Par exemple,

$$\lim_{x\to a^+} f(x) = \infty \quad \text{signifie que} \quad \lim_{x\to a^+} f(x) = +\infty \quad \text{ou} \quad \lim_{x\to a^+} f(x) = -\infty$$

$$\lim_{x\to +\infty} f(x) = \infty \quad \text{signifie que} \quad \lim_{x\to +\infty} f(x) = +\infty \quad \text{ou} \quad \lim_{x\to +\infty} f(x) = -\infty$$

$$\lim_{x\to a} f(x) = \infty \quad \text{signifie que} \quad \lim_{x\to a^+} f(x) = \pm\infty \quad \text{ou} \quad \lim_{x\to a^-} f(x) = \pm\infty$$

On appelle ***indétermination de la forme*** $\frac{\infty}{\infty}$ la limite d'un rapport $\frac{f(x)}{g(x)}$, où à la fois le numérateur et le dénominateur ont une limite ∞. La version suivante de la règle de L'Hôpital, que nous admettons sans preuve, permet souvent lever les indéterminations de cette forme :

5.5.2 THÉORÈME (*Règle de L'Hôpital pour les indéterminations de la forme* $\frac{\infty}{\infty}$). *Soit f et g, des fonctions dérivables sur un intervalle ouvert qui contient $x = a$, sauf peut-être en $x = a$, et soit*

$$\lim_{x \to a} f(x) = \infty \quad et \quad \lim_{x \to a} g(x) = \infty$$

Si $\lim_{x \to a} \left[\frac{f'(x)}{g'(x)}\right]$ *existe ou si cette limite tend vers $+\infty$ ou $-\infty$, alors*

$$\lim_{x \to a} \frac{f(x)}{g(x)} = \lim_{x \to a} \frac{f'(x)}{g'(x)}$$

Cet énoncé vaut également pour évaluer une limite lorsque $x \to a^-$, $x \to a^+$, $x \to -\infty$ ou $x \to +\infty$.

▶ **Exemple 3** Dans chaque cas, vérifier que la limite est une indétermination de la forme $\frac{\infty}{\infty}$ et appliquer la règle de L'Hôpital.

$$\text{(a)} \quad \lim_{x \to +\infty} \frac{x}{e^x} \qquad \text{(b)} \quad \lim_{x \to 0^+} \frac{\ln x}{\csc x}$$

Solution (a). Il s'agit bien d'une indétermination de la forme $\frac{\infty}{\infty}$, puisque le numérateur et le dénominateur ont tous deux pour limite $+\infty$. La règle de L'Hôpital donne alors

$$\lim_{x \to +\infty} \frac{x}{e^x} \underset{H}{=} \lim_{x \to +\infty} \frac{1}{e^x} = 0$$

Solution (b). Il s'agit bien d'une indétermination de la forme $\frac{\infty}{\infty}$, puisque le numérateur a pour limite $-\infty$ et le dénominateur a pour limite $+\infty$. La règle de L'Hôpital donne alors

$$\lim_{x \to 0^+} \frac{\ln x}{\csc x} \underset{H}{=} \lim_{x \to 0^+} \frac{\frac{1}{x}}{-\csc x \cot x} \tag{4}$$

Cette dernière limite est également une indétermination de la forme $\frac{\infty}{\infty}$. Cependant, toute application additionnelle de la règle de L'Hôpital donnera des puissances de $\frac{1}{x}$ au numérateur et des expressions contenant $\csc x$ et $\cot x$ au dénominateur. Il en découle que les applications répétées de la règle de L'Hôpital produiront simplement de nouvelles indéterminations. Nous devons donc trouver un autre moyen. Récrivons la dernière limite (4) sous la forme

$$\lim_{x \to 0^+} \left(-\frac{\sin x}{x} \tan x\right) = -\lim_{x \to 0^+} \frac{\sin x}{x} \cdot \lim_{x \to 0^+} \tan x = -(1)(0) = 0$$

Ainsi,

$$\lim_{x \to 0^+} \frac{\ln x}{\csc x} = 0 \ ◀$$

CROISSANCE DES FONCTIONS EXPONENTIELLES ET RÈGLE DE L'HÔPITAL

Si n est un entier positif quelconque, alors $x^n \to +\infty$ lorsque $x \to +\infty$. Les puissances entières de x sont parfois utilisées comme étalon de croissance des fonctions. Par exemple, nous savons que $e^x \to +\infty$ lorsque $x \to +\infty$ et que la croissance de e^x est très rapide (tableau 1.6.5). Cependant, la croissance de x^n est également très rapide lorsque n est grand, de sorte qu'il est raisonnable de se demander si les puissances élevées de x croissent plus ou moins rapidement que celles de e^x. Pour analyser ce cas, on examine le comportement du rapport $\frac{x^n}{e^x}$ lorsque $x \to +\infty$. Par exemple, la figure 5.5.1*a* montre la courbe de $y = \frac{x^5}{e^x}$.

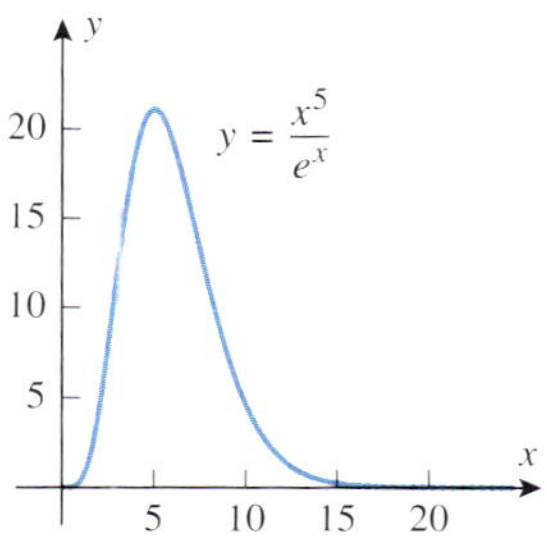

(*a*)

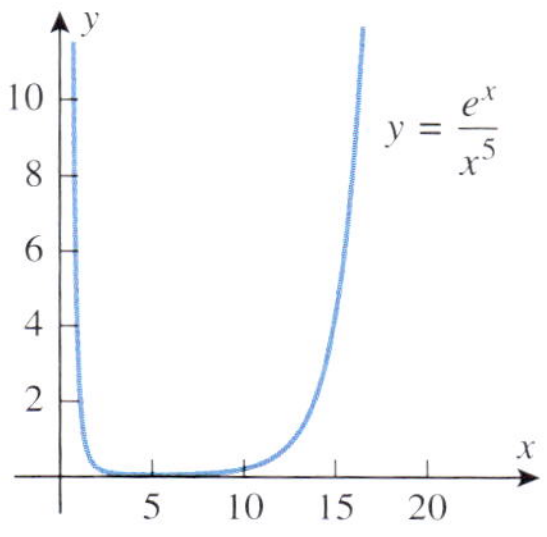

(*b*)

Figure 5.5.1

Le graphique suggère que $\frac{x^5}{e^x} \to 0$ lorsque $x \to +\infty$; la croissance de e^x serait donc suffisamment rapide pour que ses valeurs dépassent finalement celles de x^5 et forcent le rapport vers zéro. De façon informelle, on peut dire que « e^x croît finalement plus rapidement que x^5 ». On en serait venu à la même conclusion en plaçant e^x au numérateur et en examinant le comportement de $\frac{e^x}{x^5}$ lorsque $x \to +\infty$ (figure 5.5.1*b*). Dans ce cas, les valeurs de e^x dépassent finalement celles de x^5 et forcent ainsi le rapport vers $+\infty$. De façon plus générale, la règle de L'Hôpital peut servir à démontrer que *e^x croît finalement plus rapidement que toute puissance entière positive de x*, c'est-à-dire

$$\lim_{x \to +\infty} \frac{x^n}{e^x} = 0 \quad \text{et} \quad \lim_{x \to +\infty} \frac{e^x}{x^n} = +\infty \tag{5–6}$$

On a ici deux indéterminations de la forme $\frac{\infty}{\infty}$ que l'on peut lever à l'aide de la règle de L'Hôpital. Par exemple, on établit (5) en appliquant la règle de L'Hôpital à n reprises. Or les dérivées successives réduisent l'exposant de x^n de 1 unité chaque fois, de sorte que la $n^{ième}$ dérivée aboutit à une constante. Par exemple, les dérivées successives de x^3 donnent $3x^2$, $6x$ et 6. En généralisant, la $n^{ième}$ dérivée de x^n correspond à $n(n-1)(n-2)\cdots 1 = n!$ (vérifiez-le)*. Ainsi, si l'on applique la règle de L'Hôpital à la limite (5) à n reprises, on obtiendra

$$\lim_{x \to +\infty} \frac{x^n}{e^x} = \lim_{x \to +\infty} \frac{n!}{e^x} = 0$$

On évalue la limite (6) par un raisonnement similaire.

INDÉTERMINATION DE LA FORME $0 \cdot \infty$

Nous avons vu les indéterminations de formes $\frac{0}{0}$ et $\frac{\infty}{\infty}$, mais il existe d'autres types d'indétermination. En général, la limite d'une expression ayant l'une des formes suivantes

$$\frac{f(x)}{g(x)}, \quad f(x) \cdot g(x), \quad f(x)^{g(x)}, \quad f(x) - g(x), \quad f(x) + g(x)$$

est considérée comme une *indétermination* si les limites de $f(x)$ et $g(x)$ exercent individuellement des influences contradictoires sur la limite de l'expression complète. Par exemple, considérons

$$\lim_{x \to 0^+} x \ln x$$

C'est une ***indétermination de la forme* $\mathbf{0 \cdot \infty}$** parce que le premier facteur a pour limite 0 et le second, $-\infty$, de sorte que les deux limites exercent des influences contradictoires sur le produit. Par ailleurs, la limite

$$\lim_{x \to +\infty} [\sqrt{x}(1 - x^2)]$$

n'est pas une indétermination parce que le premier facteur a pour limite $+\infty$ et le second, $-\infty$, de sorte que leurs influences combinées confèrent au produit une limite de $-\infty$.

On peut parfois lever les indéterminations de la forme $0 \cdot \infty$ en récrivant le produit comme un rapport et en appliquant ensuite la règle de L'Hôpital aux indéterminations de la forme $\frac{0}{0}$ ou $\frac{\infty}{\infty}$.

ATTENTION!

On peut être tenté d'argumenter que la limite d'une indétermination de la forme $0 \cdot \infty$ est nulle puisque « la multiplication par zéro donne toujours zéro ». Cependant, ce raisonnement est trompeur parce que $0 \cdot \infty$ n'est pas un produit de nombres, mais un énoncé sur les limites. À titre d'exemple, considérez les deux indéterminations de la forme $0 \cdot \infty$ ci-dessous, dont les limites sont *différentes* de zéro :

$$\lim_{x \to 0} \left(x \cdot \frac{1}{x} \right) = \lim_{x \to 0} 1 = 1$$

$$\lim_{x \to 0^+} \left(\sqrt{x} \cdot \frac{1}{x} \right) = \lim_{x \to 0^+} \left(\frac{1}{\sqrt{x}} \right) = +\infty$$

▶ **Exemple 4** Évaluer

(a) $\lim_{x \to 0^+} x \ln x$ (b) $\lim_{x \to \frac{\pi}{4}} (1 - \tan x) \sec 2x$

Solution (a). Les facteurs x et $\ln x$ ayant pour limites respectives 0 et $-\infty$, la limite est une indétermination de la forme $0 \cdot \infty$. Deux approches sont possibles : on récrit la limite sous la forme

$$\lim_{x \to 0^+} \frac{\ln x}{\frac{1}{x}} \quad \text{ou} \quad \lim_{x \to 0^+} \frac{x}{\frac{1}{\ln x}}$$

*Rappelons que pour $n \geq 1$, l'expression $n!$ (lire ***factoriel n***) représente le produit des n premiers entiers positifs.

On a affaire à deux indéterminations : la première a la forme $\frac{\infty}{\infty}$ et la seconde, la forme $\frac{0}{0}$. Notre choix se porte sur la première parce que la dérivée de $\frac{1}{x}$ est plus simple que celle de $\frac{1}{\ln x}$. On a alors

$$\lim_{x \to 0^+} x \ln x = \lim_{x \to 0^+} \frac{\ln x}{\frac{1}{x}} \underset{H}{=} \lim_{x \to 0^+} \frac{\frac{1}{x}}{-\frac{1}{x^2}} = \lim_{x \to 0^+} (-x) = 0$$

Solution (b). On a une indétermination de la forme $0 \cdot \infty$; changeons-la en une indétermination de la forme $\frac{0}{0}$:

$$\lim_{x \to \frac{\pi}{4}} (1 - \tan x) \sec 2x = \lim_{x \to \frac{\pi}{4}} \frac{1 - \tan x}{\frac{1}{\sec 2x}} = \lim_{x \to \frac{\pi}{4}} \frac{1 - \tan x}{\cos 2x}$$

$$\underset{H}{=} \lim_{x \to \frac{\pi}{4}} \frac{-\sec^2 x}{-2 \sin 2x} = \frac{-2}{-2} = 1 \blacktriangleleft$$

INDÉTERMINATION DE LA FORME $\infty - \infty$

On appelle ***indétermination de la forme*** $\boldsymbol{\infty - \infty}$ une limite qui donne l'une des expressions suivantes :

$$(+\infty) - (+\infty), \quad (-\infty) - (-\infty),$$
$$(+\infty) + (-\infty), \quad (-\infty) + (+\infty)$$

Ces limites sont des indéterminations parce que les deux termes exercent des influences contradictoires sur l'expression, l'un va dans le sens positif alors que l'autre va dans le sens négatif. À l'opposé, les limites dont l'évaluation conduit aux expressions

$$(+\infty) + (+\infty), \quad (+\infty) - (-\infty),$$
$$(-\infty) + (-\infty), \quad (-\infty) - (+\infty)$$

ne sont pas des indéterminations parce que les deux termes vont dans le même sens (les deux expressions du haut ont pour limite $+\infty$ et les deux du bas, $-\infty$).

On peut parfois lever les indéterminations de la forme $\infty - \infty$ en combinant les termes et en manipulant les résultats pour obtenir la forme $\frac{0}{0}$ ou $\frac{\infty}{\infty}$.

▶ Exemple 5 Évaluer $\displaystyle\lim_{x \to 0^+} \left(\frac{1}{x} - \frac{1}{\sin x}\right)$.

Solution. Les deux termes ayant pour limite $+\infty$, on a une indétermination de la forme $\infty - \infty$. En combinant les deux termes, on obtient une indétermination de la forme $\frac{0}{0}$:

$$\lim_{x \to 0^+} \left(\frac{1}{x} - \frac{1}{\sin x}\right) = \lim_{x \to 0^+} \frac{\sin x - x}{x \sin x}$$

En appliquant successivement (deux fois) la règle de l'Hôpital, on obtient :

$$\lim_{x \to 0^+} \frac{\sin x - x}{x \sin x} \underset{H}{=} \lim_{x \to 0^+} \frac{\cos x - 1}{\sin x + x \cos x}$$

$$\underset{H}{=} \lim_{x \to 0^+} \frac{-\sin x}{\cos x + \cos x - x \sin x} = \frac{0}{2} = 0 \blacktriangleleft$$

INDÉTERMINATIONS DE LA FORME 0^0, ∞^0 OU 1^∞

Les limites qui ont pour expression

$$\lim_{x \to a} f(x)^{g(x)}$$

peuvent donner lieu à des ***indéterminations de la forme*** $\boldsymbol{0^0}$, $\boldsymbol{\infty^0}$ ***ou*** $\boldsymbol{1^\infty}$. (L'interprétation de ces symboles doit être claire.) Par exemple, la limite

$$\lim_{x \to 0^+} (1 + x)^{\frac{1}{x}}$$

a pour valeur e (voir la formule (1) de la section 5.2) et elle est une indétermination de la forme 1^∞. En effet, les termes $1 + x$ et $\frac{1}{x}$ exercent des influences contradictoires : le premier tend vers 1, ce qui pousse la limite vers 1, et le second approche $+\infty$, poussant la limite vers $+\infty$.

On peut parfois lever les indéterminations de la forme 0^0, ∞^0 et 1^∞ en introduisant une variable dépendante :

$$y = f(x)^{g(x)}$$

On évalue ensuite la limite de $\ln y$:

$$\ln y = \ln[f(x)^{g(x)}] = g(x) \cdot \ln[f(x)]$$

Il en résulte une indétermination de la forme $0 \cdot \infty$ (vérifiez-le) qui peut être levée en procédant comme nous l'avons vu plus tôt. Une fois cette limite connue, on trouve directement la limite de $y = f(x)^{g(x)}$, tel qu'illustré à l'exemple qui suit.

▶ **Exemple 6** Montrer que $\lim_{x\to 0}(1 + x)^{\frac{1}{x}} = e$.

Solution. Tel que suggéré ci-dessus, introduisons d'abord une variable dépendante :

$$y = (1 + x)^{\frac{1}{x}}$$

Appliquons ensuite le logarithme naturel des deux côtés de l'équation :

$$\ln y = \ln(1 + x)^{\frac{1}{x}} = \frac{1}{x}\ln(1 + x) = \frac{\ln(1 + x)}{x}$$

On a alors

$$\lim_{x\to 0} \ln y = \lim_{x\to 0} \frac{\ln(1 + x)}{x}$$

Appliquons maintenant la règle de L'Hôpital à cette indétermination de la forme $\frac{0}{0}$:

$$\lim_{x\to 0} \ln y = \lim_{x\to 0} \frac{\ln(1 + x)}{x} \underset{H}{=} \lim_{x\to 0} \frac{\frac{1}{1+x}}{1} = 1$$

Ayant ainsi démontré que $\ln y \to 1$ lorsque $x \to 0$, la continuité de la fonction exponentielle permet d'écrire $e^{\ln y} \to e^1$ lorsque $x \to 0$ et on en déduit que $y \to e$ lorsque $x \to 0$. Ainsi,

$$\lim_{x\to 0}(1 + x)^{\frac{1}{x}} = e \blacktriangleleft$$

✔ VÉRIFICATION EXPRESS 5.5 *(Réponses à la page 364.)*

1. Dans chaque cas, indiquer si la règle de L'Hôpital s'applique à la limite donnée.
   (a) $\lim_{x\to 1} \frac{2x - 2}{x^3 + x - 2}$ (b) $\lim_{x\to 0} \frac{\cos x}{x}$
   (c) $\lim_{x\to 0} \frac{e^{2x} - 1}{\tan x}$
2. Évaluer les limites données à l'exercice précédent.
3. À l'aide de la règle de L'Hôpital, évaluer $\lim_{x\to +\infty} \frac{e^x}{500x^2} =$ ________.

SÉRIE D'EXERCICES 5.5

Outil graphique   C Logiciel de calcul formel

1–2 Évaluer la limite donnée sans la règle de L'Hôpital; vérifier ensuite votre réponse en appliquant la règle de L'Hôpital.

1. (a) $\lim_{x\to 2} \frac{x^2 - 4}{x^2 + 2x - 8}$ (b) $\lim_{x\to +\infty} \frac{2x - 5}{3x + 7}$
2. (a) $\lim_{x\to 0} \frac{\sin x}{\tan x}$ (b) $\lim_{x\to 1} \frac{x^2 - 1}{x^3 - 1}$

3–4 Considérer les fonctions $f(x)$ et $g(x)$ et le point a donnés. (a) Vérifier que $\lim_{x\to a} \frac{f(x)}{g(x)}$ est une indétermination de la forme $\frac{0}{0}$. (b) Trouver les approximations linéaires locales $T_f(x)$ et $T_g(x)$ des fonctions $f(x)$ et $g(x)$, respectivement, en $x = a$. Sans faire appel à la règle de L'Hôpital, démontrer que

$$\lim_{x\to a} \frac{f(x)}{g(x)} = \lim_{x\to a} \frac{T_f(x)}{T_g(x)}$$

3. $f(x) = x^2 - 1,\ g(x) = x^2 - x - 2,\ a = -1$

4. $f(x) = \cos x,\ g(x) = \cot x,\ a = \frac{\pi}{2}$

5–36 Évaluer la limite.

5. $\lim_{x\to 0} \frac{e^x - 1}{\sin x}$

6. $\lim_{x\to 0} \frac{\sin 2x}{\sin 5x}$

7. $\lim_{\theta\to 0} \frac{\tan\theta}{\theta}$

8. $\lim_{t\to 0} \frac{te^t}{1 - e^t}$

9. $\lim_{x\to \pi^+} \frac{\sin x}{x - \pi}$

10. $\lim_{x\to 0^+} \frac{\sin x}{x^2}$

11. $\lim_{x\to +\infty} \frac{\ln x}{x}$

12. $\lim_{x\to +\infty} \frac{e^{3x}}{x^2}$

13. $\lim_{x\to 0^+} \frac{\cot x}{\ln x}$

14. $\lim_{x\to 0^+} \frac{1 - \ln x}{e^{\frac{1}{x}}}$

15. $\lim_{x\to +\infty} \frac{x^{100}}{e^x}$

16. $\lim_{x\to 0^+} \frac{\ln(\sin x)}{\ln(\tan x)}$

17. $\lim_{x\to 0} \frac{\sin^{-1} 2x}{x}$

18. $\lim_{x\to 0} \frac{x - \tan^{-1} x}{x^3}$

19. $\lim_{x\to +\infty} xe^{-x}$

20. $\lim_{x\to \pi^-} (x - \pi)\tan \frac{1}{2}x$

21. $\lim_{x\to +\infty} x \sin \frac{\pi}{x}$

22. $\lim_{x\to 0^+} \tan x \ln x$

23. $\lim_{x\to (\frac{\pi}{2})^-} \sec 3x \cos 5x$

24. $\lim_{x\to \pi} (x - \pi)\cot x$

25. $\lim_{x\to +\infty} \left(1 - \frac{3}{x}\right)^x$

26. $\lim_{x\to 0} (1 + 2x)^{-\frac{3}{x}}$

27. $\lim_{x\to 0} (e^x + x)^{\frac{1}{x}}$

28. $\lim_{x\to +\infty} \left(1 + \frac{a}{x}\right)^{bx}$

29. $\lim_{x\to 1} (2 - x)^{\tan[(\frac{\pi}{2})x]}$

30. $\lim_{x\to +\infty} \left[\cos\left(\frac{2}{x}\right)\right]^{x^2}$

31. $\lim_{x\to 0} \left(\csc x - \frac{1}{x}\right)$

32. $\lim_{x\to 0} \left(\frac{1}{x^2} - \frac{\cos 3x}{x^2}\right)$

33. $\lim_{x\to +\infty} (\sqrt{x^2 + x} - x)$

34. $\lim_{x\to 0} \left(\frac{1}{x} - \frac{1}{e^x - 1}\right)$

35. $\lim_{x\to +\infty} [x - \ln(x^2 + 1)]$

36. $\lim_{x\to +\infty} [\ln x - \ln(1 + x)]$

C **37.** Vérifier les réponses des exercices 31 à 36 à l'aide d'un logiciel de calcul formel.

38. Montrer que pour tout entier positif n

(a) $\lim_{x\to +\infty} \frac{\ln x}{x^n} = 0$ (b) $\lim_{x\to +\infty} \frac{x^n}{\ln x} = +\infty$.

JONGLONS AVEC LES CONCEPTS

39. (a) Trouver l'erreur dans les développements suivants :

$$\lim_{x\to 1} \frac{x^3 - x^2 + x - 1}{x^3 - x^2} \underset{H}{=} \lim_{x\to 1} \frac{3x^2 - 2x + 1}{3x^2 - 2x} \underset{H}{=} \lim_{x\to 1} \frac{6x - 2}{6x - 2} = 1$$

(b) Évaluer correctement la limite.

40. (a) Trouver l'erreur dans les développements suivants :

$$\lim_{x\to 2} \frac{e^{3x^2-12x+12}}{x^4 - 16} \underset{H}{=} \lim_{x\to 2} \frac{(6x - 12)e^{3x^2-12x+12}}{4x^3} = 0$$

(b) Évaluer correctement la limite.

41–44 À l'aide d'un outil graphique, tracer la fonction dont on cherche la limite et évaluer approximativement la limite; vérifier ensuite votre réponse en appliquant la règle de L'Hôpital.

41. $\lim_{x\to +\infty} \frac{\ln(\ln x)}{\sqrt{x}}$

42. $\lim_{x\to 0^+} x^x$

43. $\lim_{x\to 0^+} (\sin x)^{\frac{3}{\ln x}}$

44. $\lim_{x\to (\frac{\pi}{2})^-} \frac{4\tan x}{1 + \sec x}$

45–48 Proposer des équations pour décrire les asymptotes horizontales, s'il y a lieu, après avoir tracé la fonction à l'aide d'un outil graphique. Vérifier ensuite vos réponses en appliquant la règle de L'Hôpital.

45. $y = \ln x - e^x$

46. $y = x - \ln(1 + 2e^x)$

47. $y = (\ln x)^{\frac{1}{x}}$

48. $y = \left(\frac{x + 1}{x + 2}\right)^x$

49. Les limites du genre ne sont *pas* des indéterminations. Évaluer les limites suivantes par simple examen :

$$\frac{0}{\infty},\quad \frac{\infty}{0},\quad 0^{\infty},\quad \infty\cdot\infty,\quad +\infty + (+\infty),$$
$$+\infty - (-\infty),\quad -\infty + (-\infty),\quad -\infty - (+\infty)$$

(a) $\lim_{x\to 0^+} \frac{x}{\ln x}$ (b) $\lim_{x\to +\infty} \frac{x^3}{e^{-x}}$

(c) $\lim_{x\to (\frac{\pi}{2})^-} (\cos x)^{\tan x}$ (d) $\lim_{x\to 0^+} (\ln x)\cot x$

(e) $\lim_{x\to 0^+} \left(\frac{1}{x} - \ln x\right)$ (f) $\lim_{x\to -\infty} (x + x^3)$

50. Un mythe circule parmi les débutants en calcul différentiel, à savoir que toutes les indéterminations de forme 0^0, ∞^0 et 1^∞ ont pour limite 1 parce que « tout ce qui est élevé à la puissance 0 vaut 1 » et « 1 élevé à n'importe quelle puissance vaut 1 ». L'erreur vient du fait que 0^0, ∞^0 et 1^∞ ne correspondent pas à des nombres élevés à une puissance, mais plutôt à des expressions de limites. Les exemples ci-dessous, suggérés par le professeur Jack Staib, de l'Université Drexel, montrent que ces indéterminations peuvent donner des valeurs réelles positives quelconques :

(a) $\lim_{x\to 0^+} \left[x^{\frac{\ln a}{1+\ln x}}\right] = a$ (forme 0^0)

(b) $\lim_{x \to +\infty} \left[x^{\frac{\ln a}{1+\ln x}}\right] = a$ (forme ∞^0)

(c) $\lim_{x \to 0} \left[(x+1)^{\frac{\ln a}{x}}\right] = a$ (forme 1^∞).

Vérifier ces résultats.

51–54 Dans chaque cas, montrer que la règle de L'Hôpital n'est d'aucune utilité pour calculer la limite. Évaluer ensuite la limite, si elle existe, en procédant autrement.

51. $\lim_{x \to +\infty} \frac{x + \sin 2x}{x}$ **52.** $\lim_{x \to +\infty} \frac{2x - \sin x}{3x + \sin x}$

53. $\lim_{x \to +\infty} \frac{x(2 + \sin 2x)}{x + 1}$ **54.** $\lim_{x \to +\infty} \frac{x(2 + \sin x)}{x^2 + 1}$

55. La figure Ex-55 montre le diagramme d'un circuit électrique composé d'une force électromotrice qui génère une tension V, d'une résistance R et d'une bobine d'inductance L. La théorie des circuits électriques stipule que si la tension s'applique au temps $t = 0$, alors le courant I dans le circuit au temps t est donné par

$$I = \frac{V}{R}(1 - e^{-\frac{Rt}{L}})$$

Que devient le courant au temps t si la résistance tend vers 0 (c.-à-d. $R \to 0^+$)?

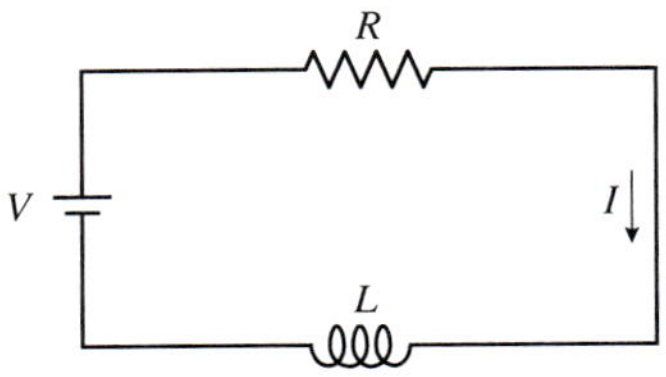

Figure Ex-55

56. (a) Montrer que $\lim_{x \to \frac{\pi}{2}} \left(\frac{\pi}{2} - x\right) \tan x = 1$.

(b) Montrer que

$$\lim_{x \to \frac{\pi}{2}} \left(\frac{1}{\frac{\pi}{2} - x} - \tan x\right) = 0$$

(c) On déduit de (b) que l'approximation

$$\tan x \approx \frac{1}{\frac{\pi}{2} - x}$$

devrait être bonne pour les valeurs de x proches de $\frac{\pi}{2}$. À l'aide d'une calculatrice, évaluer $\tan x$ et $\frac{1}{\frac{\pi}{2} - x}$ avec $x = 1{,}57$; comparer les résultats obtenus.

57. (a) Utiliser un logiciel de calcul formel pour montrer que si k est une constante positive, alors

$$\lim_{x \to +\infty} x(k^{\frac{1}{x}} - 1) = \ln k$$

(b) Vérifier ce résultat par la règle de L'Hôpital. [*Indice :* Exprimer la limite en termes de $t = \frac{1}{x}$.]

(c) Si n est un entier positif et si $x = n$, alors considérant la limite donnée en (a), l'approximation suivante devrait être valable lorsque n est grand :

$$n(\sqrt[n]{k} - 1) \approx \ln k$$

Trouver les valeurs approximatives de $\ln 0{,}3$ et $\ln 2$ lorsque $n = 1024$ à l'aide de l'expression ci-dessus, en utilisant la touche de la racine carrée d'une calculatrice. Comparer ensuite ces valeurs à celles obtenues directement par la fonction logarithme de la calculatrice. [*Indice :* Si n est une puissance de 2, on obtient les racines $n^{ièmes}$ en appliquant plusieurs fois la racine carrée.]

58. Déterminer les valeurs de k et l telles que

$$\lim_{x \to 0} \frac{k + \cos lx}{x^2} = -4$$

JONGLONS AVEC LES CONCEPTS

59. Soit $f(x) = x^2 \sin(\frac{1}{x})$.

(a) Les limites $\lim_{x \to 0^+} f(x)$ et $\lim_{x \to 0^-} f(x)$ sont-elles des indéterminations?

(b) Tracer la courbe de f à l'aide d'un outil graphique et utiliser le graphique pour estimer les limites données en (a).

(c) Utiliser le théorème du sandwich ou théorème d'encadrement 2.6.3 pour vérifier l'exactitude des réponses données en (b).

60. (a) Expliquer pourquoi la règle de L'Hôpital ne s'applique pas dans le cas suivant :

$$\lim_{x \to 0} \frac{x^2 \sin(\frac{1}{x})}{\sin x}$$

(b) Évaluer la limite ci-dessus.

61. Déterminer $\lim_{x \to 0^+} \frac{x \sin\left(\frac{1}{x}\right)}{\sin x}$, si elle existe.

62. Soit les fonctions f et g, dérivables en $x = a$ et telles que $f(a) = g(a) = 0$. Si $g'(a) \neq 0$, montrer que

$$\lim_{x \to a} \frac{f(x)}{g(x)} = \frac{f'(a)}{g'(a)}$$

sans faire appel à la règle de L'Hôpital. [*Indice :* diviser le numérateur et le dénominateur de $\frac{f(x)}{g(x)}$ par $x - a$ et utiliser les définitions de $f'(a)$ et de $g'(a)$.]

✔VÉRIFICATION EXPRESS 5.5 – RÉPONSES

1. (a) oui (b) non (c) oui **2.** (a) $\frac{1}{2}$ (b) la limite n'existe pas (c) 2 **3.** $+\infty$

EXERCICES RÉCAPITULATIFS

Outil graphique

1–4 Déterminer $\frac{dy}{dx}$.

1. $y = \sqrt[4]{6x - 5}$

2. $y = \sqrt[3]{x^2 + x}$

3. $y = \left(\dfrac{x-1}{x+2}\right)^{\frac{3}{2}}$

4. $y = \dfrac{(3-2x)^{\frac{4}{3}}}{x^2}$

5–6 (a) Déterminer $\frac{dy}{dx}$ par dérivation implicite. (b) Isoler y pour l'exprimer en fonction de x; utiliser ensuite cette équation pour déterminer $\frac{dy}{dx}$. (c) Vérifier que les deux résultats sont cohérents en exprimant la dérivée obtenue en (a) en fonction de x seulement.

5. $x^3 + xy - 2x = 1$

6. $xy = x - y$

7–10 Trouver $\frac{dy}{dx}$ par dérivation implicite.

7. $\dfrac{1}{y} + \dfrac{1}{x} = 1$

8. $x^3 - y^3 = 6xy$

9. $\sec(xy) = y$

10. $x^2 = \dfrac{\cot y}{1 + \csc y}$

11–12 Trouver $\frac{d^2y}{dx^2}$ par dérivation implicite.

11. $3x^2 - 4y^2 = 7$

12. $2xy - y^2 = 3$

13. Par dérivation implicite, déterminer la pente de la tangente à la courbe $y = x\tan(\frac{\pi y}{2})$, $x > 0$, $y > 0$ (***quadratrice d'Hippias***) au point $\left(\frac{1}{2}; \frac{1}{2}\right)$.

14. À quel(s) point(s) la tangente à la courbe $y^2 = 2x^3$ est-elle perpendiculaire à la droite $4x - 3y + 1 = 0$?

15. Montrer que si P et Q sont deux points distincts de l'ellipse de rotation $x^2 + xy + y^2 = 4$ tels que P, Q et l'origine soient colinéaires, alors les tangentes à l'ellipse en P et Q sont parallèles.

16. Trouver les coordonnées du point dans le premier quadrant où la tangente à la courbe $x^3 - xy + y^3 = 0$ est parallèle à l'axe des x.

17. Trouver les coordonnées du point situé dans le premier quadrant où la tangente à la courbe $x^3 - xy + y^3 = 0$ est parallèle à l'axe des y.

18. Par dérivation implicite, montrer que l'équation de la tangente à la courbe $y^2 = kx$ au point $(x_0; y_0)$ est

$$y_0 y = \tfrac{1}{2}k(x + x_0)$$

19–20 Déterminer $\frac{dy}{dx}$ en faisant d'abord appel aux propriétés algébriques du logarithme naturel.

19. $y = \ln\left(\dfrac{(x+1)(x+2)^2}{(x+3)^3(x+4)^4}\right)$

20. $y = \ln\left(\dfrac{\sqrt{x}\sqrt[3]{x+1}}{\sin x \sec x}\right)$

21–38 Trouver $\frac{dy}{dx}$.

21. $y = \ln 2x$

22. $y = (\ln x)^2$

23. $y = \sqrt[3]{\ln x + 1}$

24. $y = \ln(\sqrt[3]{x + 1})$

25. $y = \log(\ln x)$

26. $y = \dfrac{1 + \log x}{1 - \log x}$

27. $y = \ln\left(x^{\frac{3}{2}}\sqrt{1 + x^4}\right)$

28. $y = \ln\left(\dfrac{\sqrt{x}\cos x}{1 + x^2}\right)$

29. $y = e^{\ln(x^2+1)}$

30. $y = \ln\left(\dfrac{1 + e^x + e^{2x}}{1 - e^{3x}}\right)$

31. $y = 2xe^{\sqrt{x}}$

32. $y = \dfrac{a}{1 + be^{-x}}$

33. $y = \dfrac{1}{\pi}\tan^{-1} 2x$

34. $y = 2^{\sin^{-1} x}$

35. $y = x^{(e^x)}$

36. $y = (1 + x)^{\frac{1}{x}}$

37. $y = \sec^{-1}(2x + 1)$

38. $y = \sqrt{\cos^{-1} x^2}$

39–40 Trouver $\frac{dy}{dx}$ par dérivation logarithmique.

39. $y = \dfrac{x^3}{\sqrt{x^2 + 1}}$

40. $y = \sqrt[3]{\dfrac{x^2 - 1}{x^2 + 1}}$

41. (a) Selon vous, quelle est la forme de la courbe de $y = \frac{1}{2}x - \ln x$? En tracer une esquisse.

(b) Vérifier votre hypothèse en traçant la courbe dans l'intervalle $0 < x < 5$ à l'aide d'un outil graphique.

(c) Montrer que les pentes des tangentes à la courbe en $x = 1$ et en $x = e$ sont de signes contraires.

(d) Que révèle (c) à propos de l'existence d'une tangente horizontale à la courbe? Expliquer.

(e) Déterminer les valeurs exactes des abscisses de tous les points de la courbe où la tangente est horizontale.

42. Nous avons vu à la section 1.6 que l'intensité sonore β, exprimée en décibels (dB), est donnée par $\beta = 10\log(\frac{I}{I_0})$, où I représente l'intensité du son en watts par mètre carré (W/m^2) et I_0 est une constante approximativement égale à l'intensité d'un son au seuil de l'acuité auditive humaine. Évaluer le taux de variation de β par rapport à I lorsque

(a) $\frac{I}{I_0} = 10$ (b) $\frac{I}{I_0} = 100$ (c) $\frac{I}{I_0} = 1000$.

43. Une particule se déplace le long de la courbe $y = x\ln x$. Trouver toutes les valeurs de x où le taux de variation de y par rapport au temps est trois fois supérieur à celui de x. [*Indice :* Supposer que $\frac{dx}{dt}$ n'est jamais nul.]

44. Donner l'équation de la tangente à la courbe $y = \ln(5 - x^2)$ au point $x = 2$.

45. Trouver la valeur de b telle que la droite $y = x$ soit tangente à la courbe $y = \log_b x$. Vérifier votre réponse en traçant sur le même graphique $y = x$ et $y = \log_b x$.

46. Dans chacun des cas, déterminer la valeur de k pour laquelle les courbes $y = f(x)$ et $y = \ln x$ ont la même tangente à leur point d'intersection. Vérifier votre réponse en traçant $y = f(x)$ et $y = \ln x$ sur le même graphique.
(a) $f(x) = \sqrt{x} + k$ (b) $f(x) = k\sqrt{x}$

47. Si f et g sont des fonctions réciproques et si f est dérivable sur son domaine, g est-elle nécessairement dérivable sur son domaine? Appuyer votre réponse d'un argument informel raisonnablement convaincant.

48. Dans chacun des cas suivants, déterminer $(f^{-1})'(x)$ à l'aide de la formule (1) de la section 5.3. Vérifier ensuite votre réponse en dérivant directement f^{-1}.
(a) $f(x) = \frac{3}{x+1}$ (b) $f(x) = \sqrt{e^x}$

49. Déterminer un point de la courbe $y = e^{3x}$ où la tangente passe par l'origine.

50. Montrer que le taux de variation de $y = 5000e^{1,07x}$ est proportionnel à y.

51. Montrer que le taux de variation de $y = 3^{2x}5^{7x}$ est proportionnel à y.

52. La constante d'équilibre k d'une réaction chimique en équilibre varie en fonction de la température absolue T selon la loi
$$k = k_0 \exp\left(-\frac{q(T - T_0)}{2T_0T}\right)$$
où k_0, q et T_0 sont des constantes. Déterminer le taux de variation de k par rapport à T.

53. Montrer que la fonction $y = e^{ax}\sin bx$ satisfait l'équation
$$y'' - 2ay' + (a^2 + b^2)y = 0$$
pour toutes constantes réelles a et b.

54. Montrer que la fonction $y = \tan^{-1} x$ satisfait l'équation
$$y'' = -2\sin y \cos^3 y$$

55. Supposons que la population de cerfs sur une île soit modélisée par l'équation
$$P(t) = \frac{95}{5 - 4e^{-\frac{t}{4}}}$$
où $P(t)$ représente le nombre de cerfs, t semaines après l'observation initiale ($t = 0$).
(a) À l'aide d'un outil graphique, tracer la fonction P.
(b) Décrire en mots l'évolution de la population dans le temps. Corroborer votre description en déterminant $\lim_{t\to+\infty} P(t)$.
(c) Expliquer en mots l'évolution du *taux de croissance* de la population dans le temps. Corroborer votre explication en traçant la courbe de P'.

56. Dans chaque cas, déterminer la limite en interprétant l'expression comme une dérivée.
(a) $\lim\limits_{h\to0} \frac{(1+h)^\pi - 1}{h}$ (b) $\lim\limits_{x\to e} \frac{1 - \ln x}{(x-e)\ln x}$

57. Soit $\lim\limits_{x\to a} f(x) = \pm\infty$ et $\lim\limits_{x\to a} g(x) = \pm\infty$. Pour chacune des quatre possibilités, indiquer si $\lim\limits_{x\to a} [f(x) - g(x)]$ est une indétermination et appuyer votre affirmation par un argument informel raisonnable.

58. (a) Dans quelles conditions une limite de la forme
$$\lim_{x\to a}\left[\frac{f(x)}{g(x)}\right]$$
est-elle une indétermination?
(b) Si $\lim_{x\to a} g(x) = 0$, la limite $\lim_{x\to a}\left[\frac{f(x)}{g(x)}\right]$ est-elle forcément une indétermination? Donner des exemples pour appuyer votre réponse.

59–62 Évaluer la limite donnée.

59. $\lim\limits_{x\to+\infty} (e^x - x^2)$

60. $\lim\limits_{x\to1} \sqrt{\frac{\ln x}{x^4 - 1}}$

61. $\lim\limits_{x\to0} \frac{x^2e^x}{\sin^2 3x}$

62. $\lim\limits_{x\to0} \frac{a^x - 1}{x}$, $a > 0$

63–64 Trouver (a) les intervalles de croissance de f; (b) les intervalles de décroissance de f; (c) les intervalles ouverts où f est concave vers le haut; (d) les intervalles ouverts où f est concave vers le bas; et (e) les coordonnées x de tous les points d'inflexion.

63. $f(x) = \frac{1}{e^{x^2}}$

64. $f(x) = \tan^{-1} x^2$

65. Utiliser un outil graphique pour estimer la valeur de x où la fonction suivante a la croissance la plus rapide :
$$f(x) = \frac{2^x}{1 + 2^{x+1}}$$

66. Prouver que pour toutes constantes positives a et k, le graphique de la fonction suivante a un point d'inflexion en $x = -k$:
$$y = \frac{a^x}{1 + a^{x+k}}$$

67–68 Déterminer les extremums relatifs de f en procédant selon la méthode de votre choix.

67. $f(x) = \ln(1 + x^2)$

68. $f(x) = x^2e^x$

69. Dans chacun des cas, trouver le minimum absolu m et le maximum absolu M de f dans l'intervalle donné (s'ils existent) et situer ces extremums absolus.
(a) $f(x) = \frac{e^x}{x^2}$; $]0; +\infty[$
(b) $f(x) = x^x$; $]0; +\infty[$

70. Utiliser un outil graphique pour estimer, s'il y a lieu, les valeurs des minimum et maximum absolus de f dans l'intervalle
$$f(x) = \frac{x}{2} + \ln(x^2 + 1); \quad [-4; 0]$$
Trouver ensuite les valeurs exactes en faisant appel aux dérivées.

71. Montrer que $x \le \sin^{-1} x$ pour tout x appartenant à $[0; 1]$.

TRIGONOMÉTRIE, UN RAPPEL

FONCTIONS TRIGONOMÉTRIQUES ET IDENTITÉS

ANGLES

Les angles dans le plan sont les figures obtenues par la rotation d'une demi-droite autour du point dont elle est issue. La position initiale de la demi-droite est appelée le ***côté initial*** de l'angle, la position finale est appelée le ***côté terminal*** de l'angle. Le point où le côté initial et terminal se rencontre est appelé le ***sommet*** de cet angle. On admet la possibilité que la rotation de la demi-droite puisse se faire en plus d'une révolution. La mesure de l'angle est ***positive*** lorsque la rotation du côté terminal est faite dans le sens antihoraire et ***négative*** lorsque la rotation est faite dans le sens horaire (figure A.1).

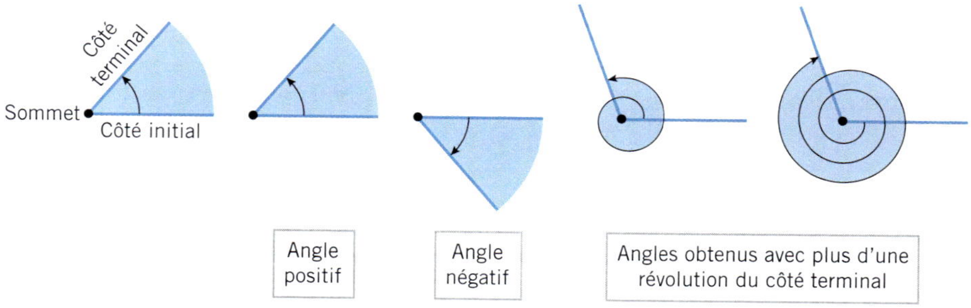

Figure A.1

Il y a principalement deux systèmes de mesure d'un angle pour décrire la rotation du côté terminal d'un angle : celui décrivant la rotation en ***degrés*** et celui décrivant cette rotation en ***radians***. Dans le système en degrés, un degré (que l'on écrit 1°) est la mesure d'un angle dont le parcours du côté terminal est la $\frac{1}{360}$ partie d'une révolution. Ainsi, 360° est la mesure d'un angle dont le côté terminal parcours une révolution, 180° dans le cas de la moitié d'une révolution, 90° (angle droit) dans le cas du quart d'une révolution et ainsi de suite. Chaque degré est divisé en soixante parties égales et chacune de ces parties est appelée ***minute***. Chaque minute est elle-même divisée en soixante parties égales et chacune de ces parties est appelée ***seconde***. Ainsi, une minute (que l'on écrit $1'$) vaut $\frac{1}{60}$ d'un degré et, une seconde (que l'on écrit $1''$), vaut $\frac{1}{60}$ d'une minute. Toutes autres subdivisions plus petites du degré sont exprimées en fractions décimales de la seconde.

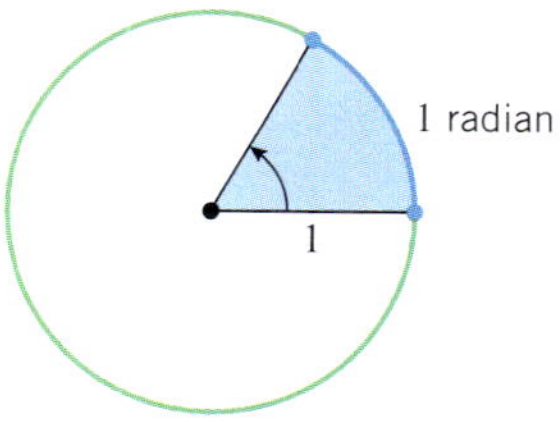

Figure A.2

Dans le système en radians, un angle est mesuré par la longueur de l'arc intercepté par ses côtés sur la circonférence d'un cercle dont son centre et le sommet de l'angle coïncide. Lorsque la longueur de l'arc intercepté est égale à la valeur du rayon, cela définit l'unité radian : un ***radian*** (que l'on écrit 1 radian ou 1 rad) est la mesure de l'angle au centre interceptant un arc dont la longueur est celle du rayon (figure A.2). Dans ce système, le côté terminal d'un angle parcourant une révolution intercepte donc un arc dont la longueur est celle de la circonférence. Ainsi, $\frac{2\pi r}{r} = 2\pi$ radians est la mesure d'un angle dont le côté terminal parcours une fois toute la circonférence. Il découle qu'un angle de 360° sous-tend un arc de 2π radians, qu'un angle de 180° sous-tend un arc de π radians, qu'un angle de 90° sous-tend un arc de $\frac{\pi}{2}$ radians et ainsi de suite. La figure A.3 ainsi que le tableau 1 montrent pour certains angles remarquables la relation entre la mesure d'un angle en degrés et sa mesure en radians.

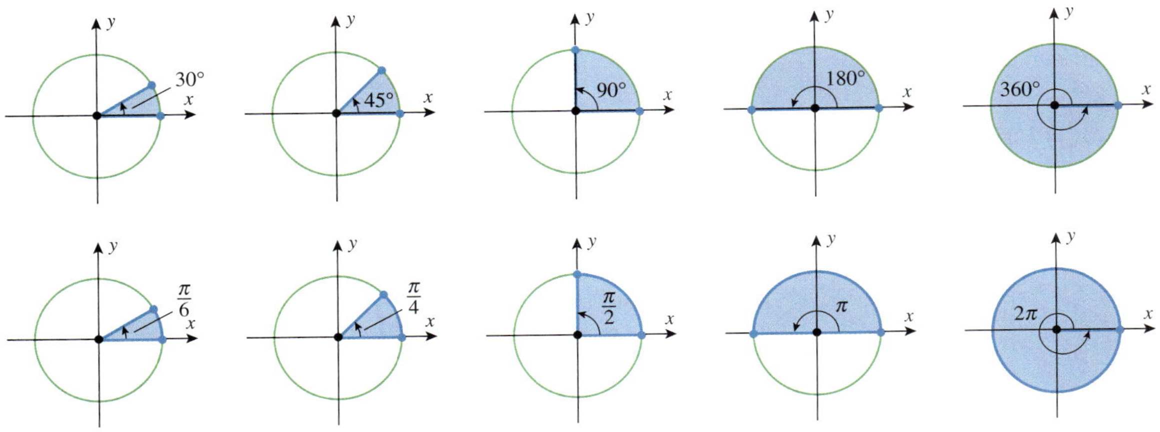

Figure A.3

Notez, dans le tableau 1, que les angles en degrés sont spécifiés avec le symbole degré tandis que pour les angles correspondants en radians, l'unité radian est absent. Cela est conforme à l'usage. Lorsqu'il n'y a aucune unité d'angle qui n'est spécifiée, c'est qu'il s'agit implicitement de l'unité radian.

Tableau 1

DEGRÉS	30°	45°	60°	90°	120°	135°	150°	180°	270°	360°
RADIANS	$\frac{\pi}{6}$	$\frac{\pi}{4}$	$\frac{\pi}{3}$	$\frac{\pi}{2}$	$\frac{2\pi}{3}$	$\frac{3\pi}{4}$	$\frac{5\pi}{6}$	π	$\frac{3\pi}{2}$	2π

Sachant que π radians correspond à 180°, nous avons les formules suivantes, lesquelles sont utiles pour transformer les degrés en radians et vice-versa.

$$1^\circ = \frac{\pi}{180}\text{rad} \approx 0{,}01745 \text{ rad} \tag{1}$$

$$1 \text{ rad} = \left(\frac{180}{\pi}\right)^\circ \approx 57^\circ 17' 44{,}8'' \tag{2}$$

▸ Exemple 1

(a) Exprimer 146° en radians. (b) Exprimer 3 radians en degrés.

Solution (a). Selon la formule (1), les degrés sont transformés en radians en multipliant par le facteur $\frac{\pi}{180}$. Ainsi

$$146^\circ = \left(\frac{\pi}{180} \cdot 146\right) \text{rad} = \frac{73\pi}{90} \text{ rad} \approx 2{,}5482 \text{ rad}$$

Solution (b). Selon la formule (2), les radians sont transformés en degrés en multipliant par le facteur $\frac{180}{\pi}$. Ainsi

$$3 \text{ rad} = \left(3 \cdot \frac{180}{\pi}\right)^\circ = \left(\frac{540}{\pi}\right)^\circ \approx 171{,}9^\circ$$ ◂

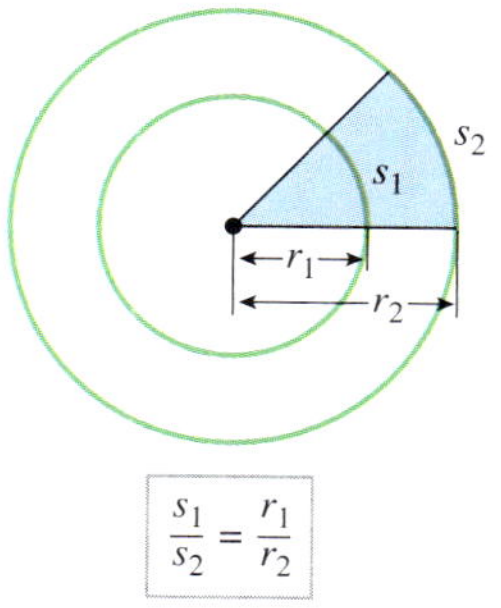

Figure A.4

RELATION ENTRE LONGUEUR D'ARC, ANGLE, RAYON ET AIRE

En géométrie plane, on montre que dans deux cercles concentriques, le rapport entre les longueurs des arcs sous-tendus par un angle au centre est égal au rapport des rayons des cercles correspondants (figure A.4). Soit s la longueur de l'arc sous-tendu dans un cercle de rayon r par un angle au centre de θ radians. Si nous comparons cet arc à celui sous-tendu par cet angle dans un cercle concentrique de rayon 1, nous avons l'égalité

$$\frac{s}{\theta} = \frac{r}{1}$$

Il découle de l'égalité précédente, les relations suivantes entre l'angle au centre θ, le rayon r et l'arc sous-tendu s où l'angle θ est en radians (figure A.5) :

$$\theta = \frac{s}{r} \qquad \text{et} \qquad s = r\theta \tag{3–4}$$

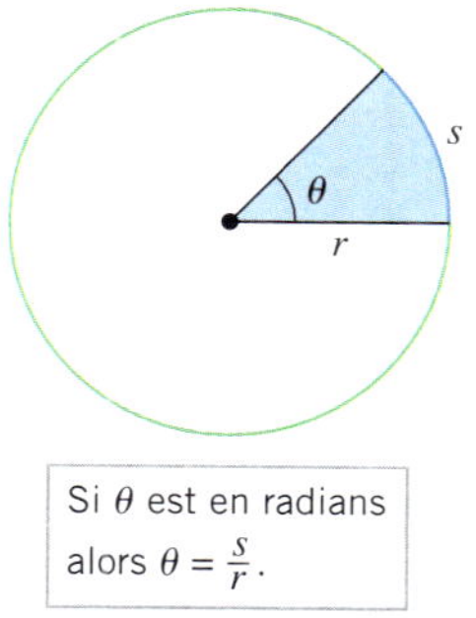

Figure A.5

La partie ombragée de la figure A.5 est appelée un ***secteur***. On montre en géométrie plane que le rapport de l'aire A d'un secteur sur l'aire entier du cercle est égale au rapport de l'angle au centre du secteur sur l'angle au centre de tout le cercle. Alors, si les angles sont en radians, nous avons

$$\frac{A}{\pi r^2} = \frac{\theta}{2\pi}$$

En résolvant pour A, nous avons la formule suivante donnant la valeur de l'aire du secteur en fonction du rayon r et de l'angle θ en radians :

$$A = \tfrac{1}{2}r^2\theta \tag{5}$$

RAPPORTS TRIGONOMÉTRIQUES DANS LES TRIANGLES RECTANGLES

Les rapports ***sinus***, ***cosinus***, ***tangente***, ***cotangente***, ***sécante***, et ***cosécante*** d'un angle positif aigu sont définis en fonction des côtés d'un triangle rectangle. À l'aide des notations de la figure A.6, les six rapports trigonométriques s'expriment comme suit :

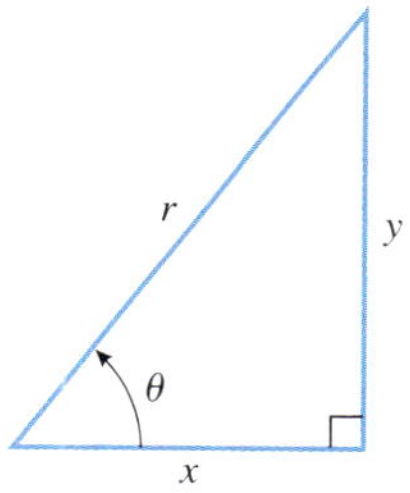

Figure A.6

$$\begin{aligned}
\sin\theta &= \frac{\text{côté opposé à }\theta}{\text{hypothénuse}} = \frac{y}{r}, & \csc\theta &= \frac{\text{hypothénuse}}{\text{côté opposé à }\theta} = \frac{r}{y}\\
\cos\theta &= \frac{\text{côté adjacent à }\theta}{\text{hypothénuse}} = \frac{x}{r}, & \sec\theta &= \frac{\text{hypothénuse}}{\text{côté adjacent à }\theta} = \frac{r}{x}\\
\tan\theta &= \frac{\text{côté opposé à }\theta}{\text{côté adjacent à }\theta} = \frac{y}{x}, & \cot\theta &= \frac{\text{côté adjacent à }\theta}{\text{côté opposé à }\theta} = \frac{x}{y}
\end{aligned} \tag{6}$$

Nous appellerons sin, cos, tan*, sec, csc et cot des ***fonctions trigonométriques***. Étant donné que des triangles semblables ont leurs côtés proportionnels, les valeurs de ces rapports trigonométriques déprendront exclusivement de la grandeur de θ et non pas des côtés d'un triangle rectangle particulier. Ajoutons que les définitions de ces rapports trigonométriques sont indépendantes de la mesure en degrés ou en radians de l'angle θ.

► **Exemple 2** Rappelons que dans un triangle rectangle 45°–45°–90° les deux cathètes sont égales tandis que l'hypoténuse du triangle rectangle 30°–60°–90° mesure le double de la plus petite des cathètes, laquelle est le côté opposé à l'angle de 30°. Ces deux rappels

* Bien que l'abréviation française pour tangente soit tg, pour sécante soit séc, pour cosécante soit cosèc et pour cotangente soit cotg, tout le long du texte, nous utiliserons les abréviations anglo-saxonnes de ces quatre rapports. *Ndt*

et l'application de la relation de Pythagore amènent les deux triangles remarquables de la figure A.7. À l'aide de cette figure, nous obtenons les résultats du tableau 2. ◄

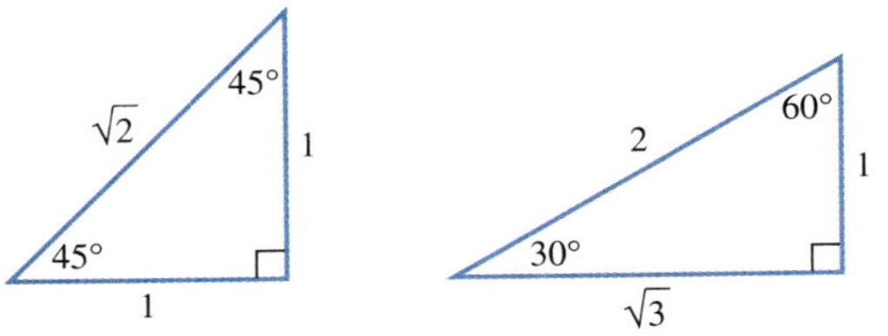

Figure A.7

Tableau 2

$\sin 45° = \dfrac{1}{\sqrt{2}}$,	$\cos 45° = \dfrac{1}{\sqrt{2}}$,	$\tan 45° = 1$
$\csc 45° = \sqrt{2}$,	$\sec 45° = \sqrt{2}$,	$\cot 45° = 1$
$\sin 30° = \dfrac{1}{2}$,	$\cos 30° = \dfrac{\sqrt{3}}{2}$,	$\tan 30° = \dfrac{1}{\sqrt{3}}$
$\csc 30° = 2$,	$\sec 30° = \dfrac{2}{\sqrt{3}}$,	$\cot 30° = \sqrt{3}$
$\sin 60° = \dfrac{\sqrt{3}}{2}$,	$\cos 60° = \dfrac{1}{2}$,	$\tan 60° = \sqrt{3}$
$\csc 60° = \dfrac{2}{\sqrt{3}}$,	$\sec 60° = 2$,	$\cot 60° = \dfrac{1}{\sqrt{3}}$

ANGLES DANS LE PLAN CARTÉSIEN

Les définitions des six rapports trigonométriques de (6) ont été énoncées à partir d'un triangle rectangle. Ces rapports ne peuvent être appliqués qu'à des angles aigus compris entre 0° and 90° et ne peuvent donc pas être directement utilisés avec des angles négatifs ou des angles plus grands que 90°. Pour étendre ces rapports trigonométriques en fonctions trigonométriques permettant de traiter de tels angles, il est convenu de considérer les angles dans le plan cartésien. Un angle est dit être en ***position standard*** dans un système de coordonnées cartésiennes lorsque son sommet est placé à l'origine du système et lorsque son côté initial est placé sur la partie positive de l'axe des x (figure A.8).

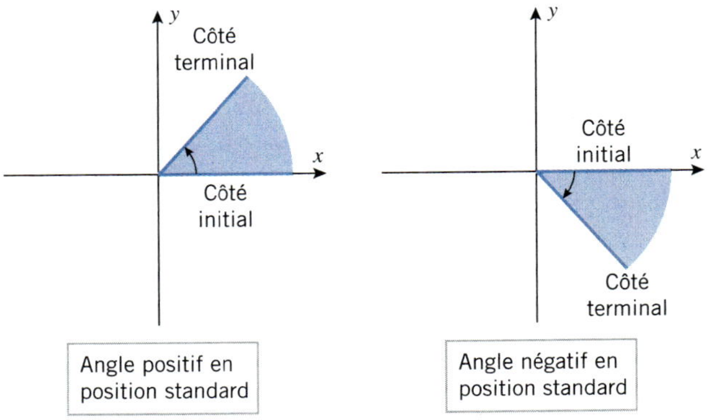

Figure A.8

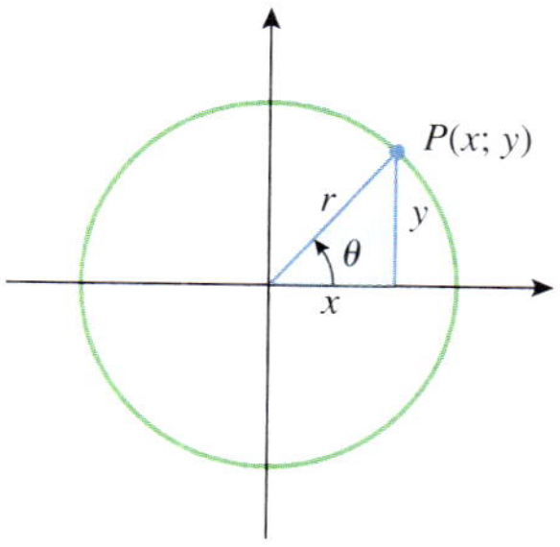

Figure A.9

Pour définir les fonctions trigonométriques d'un angle θ, construisons dans le plan cartésien un cercle de rayon r centré à l'origine, et soit $P(x; y)$ le point d'intersection du côté terminal de l'angle θ et du cercle (figure A.9).

A.1 DÉFINITION.

$$\sin\theta = \frac{y}{r}, \quad \cos\theta = \frac{x}{r}, \quad \tan\theta = \frac{y}{x}$$
$$\csc\theta = \frac{r}{y}, \quad \sec\theta = \frac{r}{x}, \quad \cot\theta = \frac{x}{y}$$

Remarquons que les formules de la définition A.1 incluent les définitions des rapports trigonométriques de (6) et ne contredisent donc aucunement ces définitions. De plus, cette définition est applicable pour toutes valeurs d'angles (excepté les cas où apparaîtraient un dénominateur nul évidemment).

Dans le cas particulier où $r = 1$, nous avons $\sin\theta = y$ et $\cos\theta = x$. Ainsi, le côté terminal de l'angle θ intercepte le cercle unité au point $(\cos\theta, \sin\theta)$ (figure A.10). Dans ce cas, les formules de la définition A.1 peuvent s'exprimer comme suit (à vérifier) :

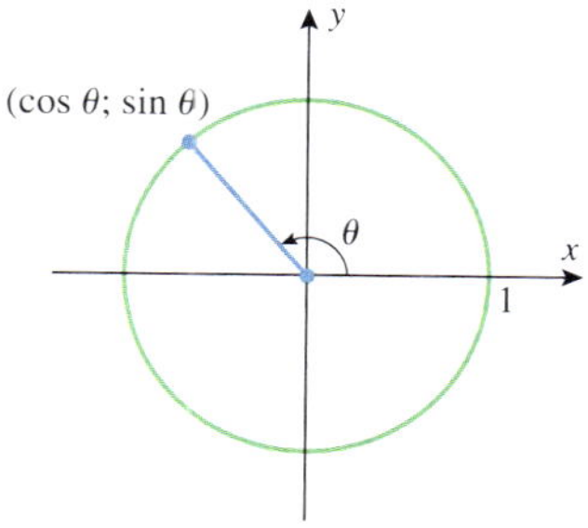

Figure A.10

$$\tan\theta = \frac{\sin\theta}{\cos\theta}, \quad \cot\theta = \frac{\cos\theta}{\sin\theta} = \frac{1}{\tan\theta}, \quad \sec\theta = \frac{1}{\cos\theta}, \quad \csc\theta = \frac{1}{\sin\theta} \qquad (7\text{–}10)$$

Compte tenu de ce qui précède, suggérons la démarche suivante pour évaluer les fonctions trigonométriques d'angles remarquables :

- Construire l'angle θ dans la position standard dans le plan cartésien.
- Obtenir les coordonnées du point d'intersection du côté terminal de l'angle avec le cercle unité; l'abscisse (x) et l'ordonnée (y) de ce point d'intersection sont les valeurs du $\cos\theta$ et du $\sin\theta$, respectivement.
- À l'aide des formules (7) à (10), obtenir les valeurs des autres fonctions trigonométriques en utilisant celles de $\cos\theta$ et de $\sin\theta$.

▶ Exemple 3 Évaluer les six fonctions trigonométriques avec $\theta = 150°$.

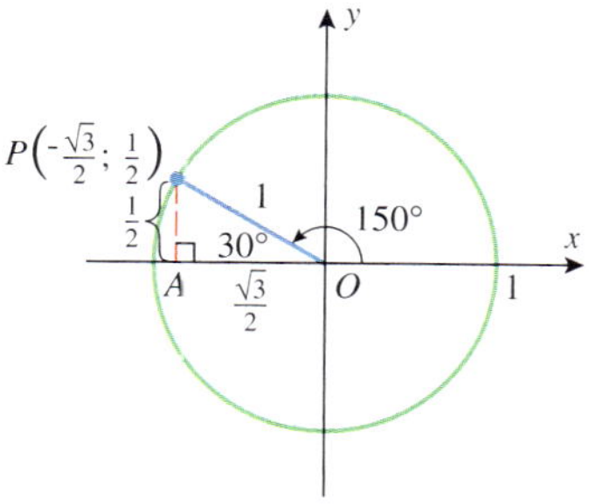

Figure A.11

Solution. Construisons un cercle unité et plaçons l'angle $\theta = 150°$ dans la position standard (figure A.11). Puisque $\angle AOP$ est de 30° et que le $\triangle OAP$ est un triangle 30°–60°–90°, la cathète AP mesure $\frac{1}{2}$ (la moitié de l'hypoténuse) et la cathète OA mesure donc $\frac{\sqrt{3}}{2}$ en vertu de la relation de Pythagore. Ainsi, les coordonnées du point P sont $\left(-\frac{\sqrt{3}}{2}; \frac{1}{2}\right)$, d'où nous déduisons

$$\sin 150° = \frac{1}{2}, \quad \cos 150° = -\frac{\sqrt{3}}{2}, \quad \tan 150° = \frac{\sin 150°}{\cos 150°} = \frac{\frac{1}{2}}{-\frac{\sqrt{3}}{2}} = -\frac{1}{\sqrt{3}}$$

$$\csc 150° = \frac{1}{\sin 150°} = 2, \quad \sec 150° = \frac{1}{\cos 150°} = -\frac{2}{\sqrt{3}}$$

$$\cot 150° = \frac{1}{\tan 150°} = -\sqrt{3} \ ◀$$

▶ Exemple 4 Évaluer les six fonctions trigonométriques avec $\theta = \frac{5\pi}{6}$.

Solution. Puisque $\frac{5\pi}{6} = 150°$, les valeurs à donner sont celles de l'exemple 3.

$$\sin\frac{5\pi}{6} = \frac{1}{2},\quad \cos\frac{5\pi}{6} = -\frac{\sqrt{3}}{2},\quad \tan\frac{5\pi}{6} = -\frac{1}{\sqrt{3}}$$

$$\csc\frac{5\pi}{6} = 2,\quad \sec\frac{5\pi}{6} = -\frac{2}{\sqrt{3}},\quad \cot\frac{5\pi}{6} = -\sqrt{3}$$ ◀

▶ Exemple 5 Évaluer les six fonctions trigonométriques avec $\theta = -\frac{\pi}{2}$.

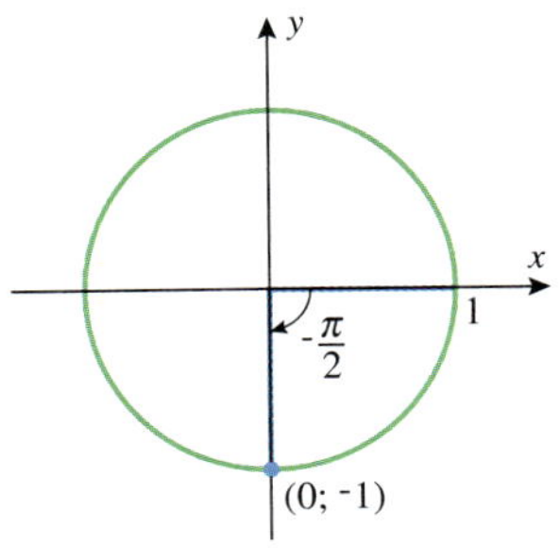

Figure A.12

Solution. La figure A.12 montre que le côté terminal de $\theta = -\frac{\pi}{2}$ intercepte la circonférence du cercle unité au point (0; -1). Ainsi

$$\sin\left(-\frac{\pi}{2}\right) = -1,\quad \cos\left(-\frac{\pi}{2}\right) = 0$$

Et, à l'aide des formules (7) à (12) nous déduisons

$$\tan\left(-\frac{\pi}{2}\right) = \frac{\sin\left(-\frac{\pi}{2}\right)}{\cos\left(-\frac{\pi}{2}\right)} = \frac{-1}{0} \quad \text{(non définie)}$$

$$\cot\left(-\frac{\pi}{2}\right) = \frac{\cos\left(-\frac{\pi}{2}\right)}{\sin\left(-\frac{\pi}{2}\right)} = \frac{0}{-1} = 0$$

$$\sec\left(-\frac{\pi}{2}\right) = \frac{1}{\cos\left(-\frac{\pi}{2}\right)} = \frac{1}{0} \quad \text{(non définie)}$$

$$\csc\left(-\frac{\pi}{2}\right) = \frac{1}{\sin\left(-\frac{\pi}{2}\right)} = \frac{1}{-1} = -1$$ ◀

Le lecteur devrait être en mesure d'obtenir lui-même les valeurs du tableau 3 en appliquant une démarche similaire à celle utilisée dans les trois derniers exemples précédents.

Tableau 3

	$\theta = 0$ (0°)	$\frac{\pi}{6}$ (30°)	$\frac{\pi}{4}$ (45°)	$\frac{\pi}{3}$ (60°)	$\frac{\pi}{2}$ (90°)	$\frac{2\pi}{3}$ (120°)	$\frac{3\pi}{4}$ (135°)	$\frac{5\pi}{6}$ (150°)	π (180°)	$\frac{3\pi}{2}$ (270°)	2π (360°)
$\sin\theta$	0	$\frac{1}{2}$	$\frac{1}{\sqrt{2}}$	$\frac{\sqrt{3}}{2}$	1	$\frac{\sqrt{3}}{2}$	$\frac{1}{\sqrt{2}}$	$\frac{1}{2}$	0	-1	0
$\cos\theta$	1	$\frac{\sqrt{3}}{2}$	$\frac{1}{\sqrt{2}}$	$\frac{1}{2}$	0	$-\frac{1}{2}$	$-\frac{1}{\sqrt{2}}$	$-\frac{\sqrt{3}}{2}$	-1	0	1
$\tan\theta$	0	$\frac{1}{\sqrt{3}}$	1	$\sqrt{3}$	—	$-\sqrt{3}$	-1	$-\frac{1}{\sqrt{3}}$	0	—	0
$\csc\theta$	—	2	$\sqrt{2}$	$\frac{2}{\sqrt{3}}$	1	$\frac{2}{\sqrt{3}}$	$\sqrt{2}$	2	—	-1	—
$\sec\theta$	1	$\frac{2}{\sqrt{3}}$	$\sqrt{2}$	2	—	-2	$-\sqrt{2}$	$-\frac{2}{\sqrt{3}}$	-1	—	1
$\cot\theta$	—	$\sqrt{3}$	1	$\frac{1}{\sqrt{3}}$	0	$-\frac{1}{\sqrt{3}}$	-1	$-\sqrt{3}$	—	0	—

C'est seulement dans les cas particuliers d'arcs remarquables que des valeurs exactes de fonctions trigonométriques peuvent être obtenues. Habituellement, une calculatrice ou un logiciel de calcul formel sera requis.

Le signe de chaque fonction trigonométrique est déterminé par l'appartenance du quadrant dans lequel se trouve le côté terminal de l'angle. Par exemple, si le côté terminal de l'angle appartient au premier quadrant, nous avons x et y positifs en conformité avec la définition A.1, et, dans ce cas, les six fonctions trigonométriques ont toutes un même signe positif. Si le côté terminal de l'angle appartient au deuxième quadrant, nous avons x négatif et y positif et, dans ce cas, seulement sin et csc ont un signe positif tandis que les quatre autres fonctions trigonométriques ont un signe négatif. La figure A.13 présente un schéma qui indique le quadrant dans lequel les fonctions trigonométriques ont un signe positif. Le lecteur trouvera qu'il est enrichissant de vérifier si les valeurs du tableau 3 ne sont pas en contradiction avec la figure A.13.

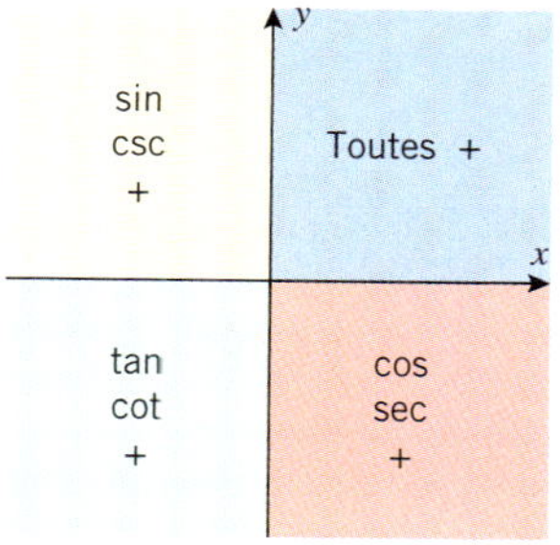

Figure A.13

IDENTITÉS TRIGONOMÉTRIQUES

Une ***identité trigonométrique*** est une égalité exprimée avec des fonctions trigonométriques qui est toujours vraie quelque soit la valeur de l'angle lorsque, bien sûr, chaque membre de l'égalité est défini. L'une des plus importantes identités trigonométriques est déduite de l'égalité obtenue en appliquant la relation de Pythagore dans le triangle de la figure A.9

$$x^2 + y^2 = r^2$$

En divisant chaque membre par r^2 et à l'aide des définitions de $\sin\theta$ et de $\cos\theta$ (définition A.1), nous obtenons l'identité fondamentale suivante :

$$\sin^2\theta + \cos^2\theta = 1 \tag{11}$$

Les deux identités suivantes peuvent être obtenues en divisant chaque membre de (11) par $\cos^2\theta$ et par $\sin^2\theta$ successivement puis, évoquer les formules (7) à (10) :

$$\tan^2\theta + 1 = \sec^2\theta \tag{12}$$

$$1 + \cot^2\theta = \csc^2\theta \tag{13}$$

Si $(x; y)$ est un point du cercle unité alors les points $(\text{-}x; y)$, $(\text{-}x; \text{-}y)$ et $(x; \text{-}y)$ le sont également (pourquoi?). Ces quatre points sont donc les sommets d'un rectangle inscrit dont les côtés sont parallèles aux axes de coordonnées (figure A.14a). Les coordonnées x et y de chaque sommet représente les cosinus et le sinus d'un angle en position standard pour lequel son côté terminal passe par le sommet. De cette façon, nous pouvons déduire les identités énoncées aux parties (b), (c) et (d) de la figure A.14 pour le sinus et le cosinus. Cela permet de déduire également des identités pour la tangente. En résumé :

$$\sin(\pi - \theta) = \sin\theta, \quad \sin(\pi + \theta) = \text{-}\sin\theta, \quad \sin(\text{-}\theta) = \text{-}\sin\theta \tag{14–16}$$

$$\cos(\pi - \theta) = \text{-}\cos\theta, \quad \cos(\pi + \theta) = \text{-}\cos\theta, \quad \cos(\text{-}\theta) = \cos\theta \tag{17–19}$$

$$\tan(\pi - \theta) = \text{-}\tan\theta, \quad \tan(\pi + \theta) = \tan\theta, \quad \tan(\text{-}\theta) = \text{-}\tan\theta \tag{20–22}$$

Deux angles en position standard dont leur côté terminal coïncident doivent avoir les mêmes valeurs de fonctions trigonométriques puisque leur côté terminal intercepte le même

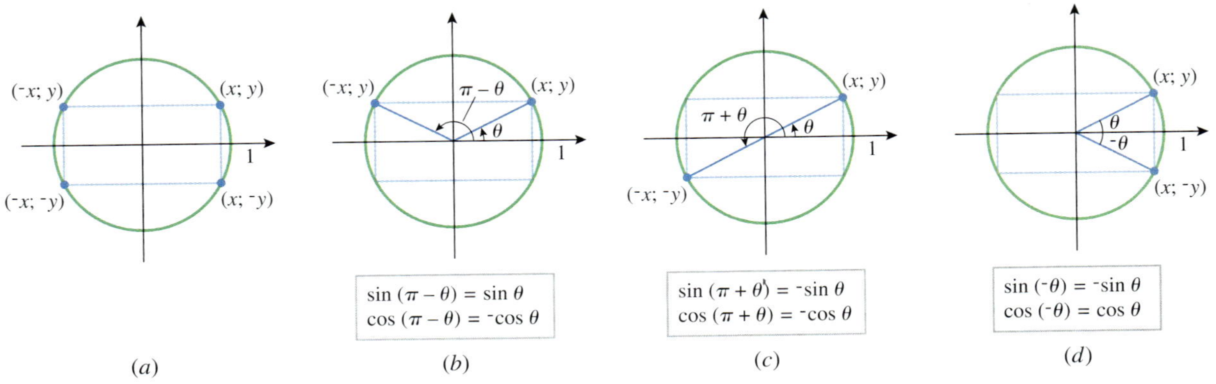

Figure A.14

point sur la circonférence du cercle unité. En particulier, deux angles en radians qui diffèrent d'un multiple de 2π ont leur côté terminal qui coïncident et donc possèdent les mêmes valeurs de fonctions trigonométriques. Cela justifie les identités suivantes :

$$\sin\theta = \sin(\theta + 2\pi) = \sin(\theta - 2\pi) \tag{23}$$

$$\cos\theta = \cos(\theta + 2\pi) = \cos(\theta - 2\pi) \tag{24}$$

Et, plus généralement,

$$\sin\theta = \sin(\theta \pm 2n\pi), \quad n = 0, 1, 2, \ldots \tag{25}$$

$$\cos\theta = \cos(\theta \pm 2n\pi), \quad n = 0, 1, 2, \ldots \tag{26}$$

L'identité (21) permet de déduire que

$$\tan\theta = \tan(\theta + \pi) \qquad \text{et} \qquad \tan\theta = \tan(\theta - \pi) \tag{27–28}$$

L'identité (27) est en fait l'identité (21) où les termes de la somme sont commutés et l'identité (28) découle de celle (21) dans laquelle l'angle $\theta - \pi$ est substitué à l'angle θ. Chacune de ces identités montre qu'en additionnant ou en soustrayant π d'un angle cela ne change pas la valeur de la tangente de cet angle. Il en est de même quelque soit le multiple de l'angle π :

$$\tan\theta = \tan(\theta \pm n\pi), \quad n = 0, 1, 2, \ldots \tag{29}$$

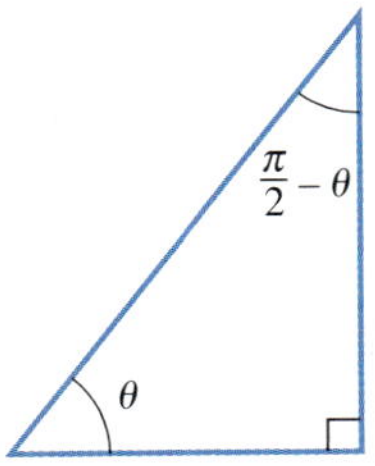

Figure A.15

La figure A.15 illustre les angles complémentaires θ et $\frac{\pi}{2} - \theta$ dans un triangle rectangle. Nous déduisons de (6) que

$$\sin\theta = \frac{\text{côté opposé à } \theta}{\text{hypothénuse}} = \frac{\text{côté adjacent à } \frac{\pi}{2} - \theta}{\text{hypothénuse}} = \cos\left(\frac{\pi}{2} - \theta\right)$$

$$\cos\theta = \frac{\text{côté adjacent à } \theta}{\text{hypothénuse}} = \frac{\text{side côté opposé à } \frac{\pi}{2} - \theta}{\text{hypothénuse}} = \sin\left(\frac{\pi}{2} - \theta\right)$$

ce qui amène les identités suivantes

$$\sin\left(\frac{\pi}{2} - \theta\right) = \cos\theta, \quad \cos\left(\frac{\pi}{2} - \theta\right) = \sin\theta, \quad \tan\left(\frac{\pi}{2} - \theta\right) = \cot\theta \tag{30–32}$$

où la dernière identité découle des deux premières. Ces identités sont également valides aussi bien avec des angles obtus qu'avec des angles négatifs.

LOI DES COSINUS

Le théorème suivant, appelé ***loi des cosinus***, généralise le théorème de Pythagore. Ce théorème est important en lui-même d'une part et, d'autre part, ce théorème est le point de départ de nombreuses identités trigonométriques importantes.

A.2 THÉORÈME (*Loi des cosinus*). *Si a, b et c sont les longueurs des côtés d'un triangle et si θ est l'angle formé par les côtés de longueur a et b, alors*

$$c^2 = a^2 + b^2 - 2ab\cos\theta$$

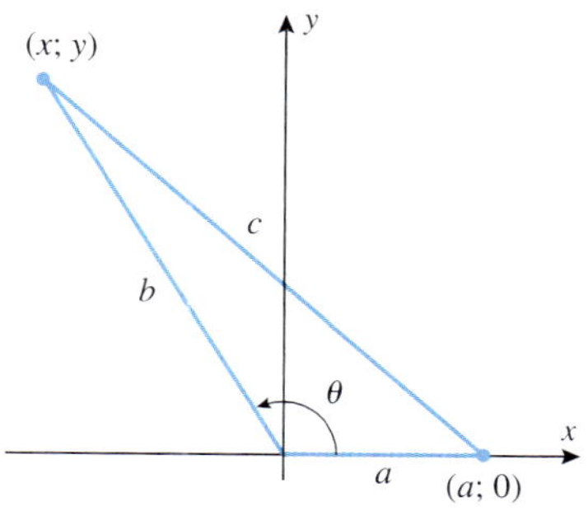

Figure A.16

PREUVE. Situons le triangle dans le plan cartésien de telle manière que l'angle θ soit placé dans la position standard (le sommet de l'angle θ à l'origine) et tel que le côté a coïncide avec la partie positive de l'axe des x. Comme le montre la figure A.16, le côté de longueur a ayant une extrémité à l'origine, son autre extrémité est donc en un point $(a; 0)$ et le côté de longueur b ayant lui aussi une extrémité à l'origine aura son autre extrémité en un point $(x; y)$. En accord avec les définitions de $\sin\theta$ et de $\cos\theta$ nous avons we have $\sin\theta = \frac{y}{b}$ et $\cos\theta = \frac{x}{b}$, d'où

$$y = b\sin\theta, \quad x = b\cos\theta \tag{33}$$

À l'aide de la formule de la distance (théorème G.1 de l'annexe G), nous obtenons

$$c^2 = (x-a)^2 + (y-0)^2$$

Ainsi, de (33), il découle

$$\begin{aligned} c^2 &= (b\cos\theta - a)^2 + b^2\sin^2\theta \\ &= a^2 + b^2(\cos^2\theta + \sin^2\theta) - 2ab\cos\theta \\ &= a^2 + b^2 - 2ab\cos\theta \end{aligned}$$

Ce qui complète la preuve. ■

Nous allons maintenant montrer de quelle manière la loi des cosinus sera évoquée pour déduire les identités suivantes qu'on appelle ***formules d'angles composés*** pour le sinus et le cosinus.

$$\sin(\alpha+\beta) = \sin\alpha\cos\beta + \cos\alpha\sin\beta \tag{34}$$

$$\cos(\alpha+\beta) = \cos\alpha\cos\beta - \sin\alpha\sin\beta \tag{35}$$

$$\sin(\alpha-\beta) = \sin\alpha\cos\beta - \cos\alpha\sin\beta \tag{36}$$

$$\cos(\alpha-\beta) = \cos\alpha\cos\beta + \sin\alpha\sin\beta \tag{37}$$

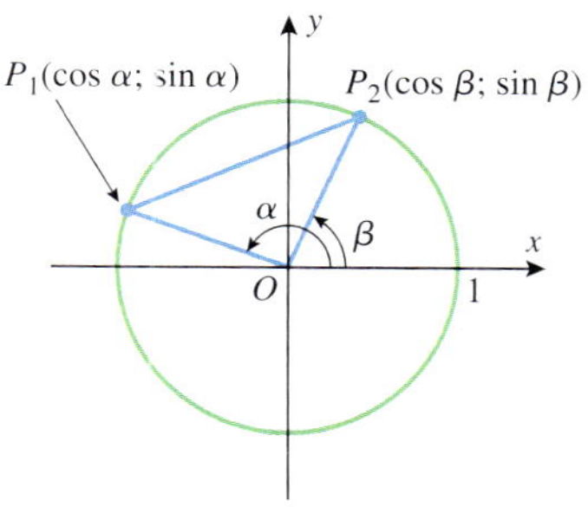

Figure A.17

Déduisons d'abord l'identité (37). Dans les développements qui suivent, nous supposerons que $0 \le \beta < \alpha < 2\pi$ (figure A.17). La figure montre que les côtés terminaux des angles α et β intercepte le cercle unité aux points $P_1(\cos\alpha; \sin\alpha)$ et $P_2(\cos\beta; \sin\beta)$. En notant les longueurs des côtés du triangle OP_1P_2 par OP_1, P_1P_2, et OP_2, alors $OP_1 = OP_2 = 1$ et, en vertu de la formule de la distance du théorème G.1 de l'Annexe G,

$$\begin{aligned} (P_1P_2)^2 &= (\cos\beta - \cos\alpha)^2 + (\sin\beta - \sin\alpha)^2 \\ &= (\sin^2\alpha + \cos^2\alpha) + (\sin^2\beta + \cos^2\beta) - 2(\cos\alpha\cos\beta + \sin\alpha\sin\beta) \\ &= 2 - 2(\cos\alpha\cos\beta + \sin\alpha\sin\beta) \end{aligned}$$

Puisque l'angle $P_2OP_1 = \alpha - \beta$, la loi des cosinus nous autorise à poser

$$\begin{aligned} (P_1P_2)^2 &= (OP_1)^2 + (OP_2)^2 - 2(OP_1)(OP_2)\cos(\alpha-\beta) \\ &= 2 - 2\cos(\alpha-\beta) \end{aligned}$$

En égalisant les deux membres de droite de $(P_1P_2)^2$ et en simplifiant, nous obtenons

$$\cos(\alpha - \beta) = \cos\alpha\cos\beta + \sin\alpha\sin\beta$$

ce qui complète la déduction de (37).

Nous pouvons utiliser (31) et (37) pour déduire (36) comme suit :

$$\begin{aligned}\sin(\alpha - \beta) &= \cos\left[\frac{\pi}{2} - (\alpha - \beta)\right] = \cos\left[\left(\frac{\pi}{2} - \alpha\right) - (-\beta)\right]\\ &= \cos\left(\frac{\pi}{2} - \alpha\right)\cos(-\beta) + \sin\left(\frac{\pi}{2} - \alpha\right)\sin(-\beta)\\ &= \cos\left(\frac{\pi}{2} - \alpha\right)\cos\beta - \sin\left(\frac{\pi}{2} - \alpha\right)\sin\beta\\ &= \sin\alpha\cos\beta - \cos\alpha\sin\beta\end{aligned}$$

Les identités (34) et (35) peuvent être obtenues de (36) et (37) en substituant $-\beta$ à β et en utilisant les identités

$$\sin(-\beta) = -\sin\beta, \quad \cos(-\beta) = \cos\beta$$

Nous laissons au soin du lecteur la déduction des identités

$$\tan(\alpha + \beta) = \frac{\tan\alpha + \tan\beta}{1 - \tan\alpha\tan\beta} \qquad \tan(\alpha - \beta) = \frac{\tan\alpha - \tan\beta}{1 + \tan\alpha\tan\beta} \qquad (38\text{–}39)$$

L'identité (38) peut être obtenu en divisant (34) par (35) et en simplifiant ensuite. L'identité (39) peut être déduite de (38) en substituant $-\beta$ à β et en simplifiant ensuite.

Dans le cas particulier où $\alpha = \beta$, les identités (34), (35) et (38) amène les ***formules d'angles multiples***

$$\sin 2\alpha = 2\sin\alpha\cos\alpha \qquad (40)$$

$$\cos 2\alpha = \cos^2\alpha - \sin^2\alpha \qquad (41)$$

$$\tan 2\alpha = \frac{2\tan\alpha}{1 - \tan^2\alpha} \qquad (42)$$

À l'aide de l'identité $\sin^2\alpha + \cos^2\alpha = 1$, (41) peut être réécrite sous les forme alternatives

$$\cos 2\alpha = 2\cos^2\alpha - 1 \qquad \text{et} \qquad \cos 2\alpha = 1 - 2\sin^2\alpha \qquad (43\text{–}44)$$

Si nous remplaçons α par $\frac{\alpha}{2}$ dans (43) et (44) et avec un certain développement algébrique, nous obtenons les ***formules de demi-angles***

$$\cos^2\frac{\alpha}{2} = \frac{1 + \cos\alpha}{2} \qquad \text{et} \qquad \sin^2\frac{\alpha}{2} = \frac{1 - \cos\alpha}{2} \qquad (45\text{–}46)$$

Nous laissons en exercices la déduction des identités de ***transformation d'un produit vers une somme*** suivantes :

$$\sin\alpha\cos\beta = \tfrac{1}{2}[\sin(\alpha - \beta) + \sin(\alpha + \beta)] \qquad (47)$$

$$\sin\alpha\sin\beta = \tfrac{1}{2}[\cos(\alpha - \beta) - \cos(\alpha + \beta)] \qquad (48)$$

$$\cos\alpha\cos\beta = \tfrac{1}{2}[\cos(\alpha - \beta) + \cos(\alpha + \beta)] \qquad (49)$$

Nous laissons également en exercices la déduction des identités ***transformation d'une somme vers unproduit*** suivantes :

$$\sin\alpha + \sin\beta = 2\sin\frac{\alpha+\beta}{2}\cos\frac{\alpha-\beta}{2} \tag{50}$$

$$\sin\alpha - \sin\beta = 2\cos\frac{\alpha+\beta}{2}\sin\frac{\alpha-\beta}{2} \tag{51}$$

$$\cos\alpha + \cos\beta = 2\cos\frac{\alpha+\beta}{2}\cos\frac{\alpha-\beta}{2} \tag{52}$$

$$\cos\alpha - \cos\beta = -2\sin\frac{\alpha+\beta}{2}\sin\frac{\alpha-\beta}{2} \tag{53}$$

RECHERCHE DE L'ANGLE CONNAISSANT LA VALEUR DE SES FONCTIONS TRIGONOMÉTRIQUES

Il existe une multitude de situations pour lesquelles il peut s'avérer nécessaire de déterminer la valeur inconnue de l'angle à partir de la valeur connue de certaines de ses fonctions trigonométriques. L'exemple suivant présente une méthode pour y arriver.

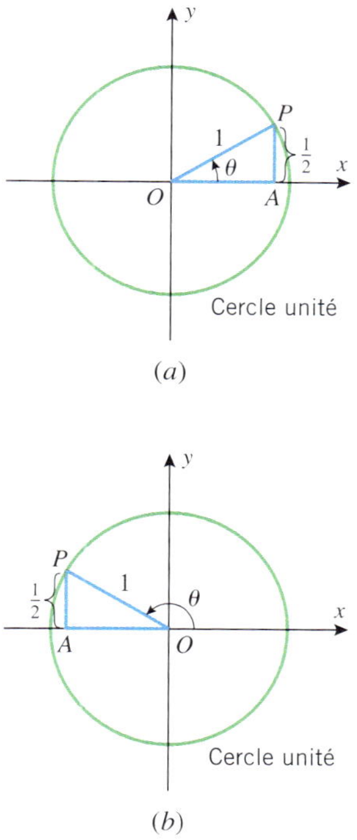

Figure A.18

▶ **Exemple 6** Trouver θ si $\sin\theta = \frac{1}{2}$.

Solution. Commençons par rechercher des angles positifs pouvant satisfaire cette équation. Puisque $\sin\theta$ est positif, l'angle θ se trouve dans le premier et le deuxième quadrant. Si l'angle est dans le premier quadrant, alors l'hypoténuse du $\triangle OAP$ de la figure A.18a est le double de la cathète AP, ainsi

$$\theta = 30^\circ = \frac{\pi}{6} \text{ radians}$$

Si θ appartient au deuxième quadrant, (figure A.18b), alors l'hypoténuse du $\triangle OAP$ est le double de la cathète AP, ainsi $\angle AOP = 30^\circ$, ce qui entraîne que

$$\theta = 180^\circ - 30^\circ = 150^\circ = \frac{5\pi}{6} \text{ radians}$$

Maintenant que nous avons obtenu ces deux racines, toutes les autres racines sont obtenues en additionnant ou en soustrayant des multiples de 360° (2π radians) à l'une ou l'autre de ces racines. Ainsi, l'ensemble de toutes les racines de cette équation est donné par les expressions

$$\theta = 30^\circ \pm n\cdot 360^\circ, \quad n = 0, 1, 2, \ldots$$

et

$$\theta = 150^\circ \pm n\cdot 360^\circ, \quad n = 0, 1, 2, \ldots$$

ou en radians par

$$\theta = \frac{\pi}{6} \pm n\cdot 2\pi, \quad n = 0, 1, 2, \ldots$$

et

$$\theta = \frac{5\pi}{6} \pm n\cdot 2\pi, \quad n = 0, 1, 2, \ldots$$ ◀

ANGLE D'INCLINAISON

La pente d'une droite non verticale L s'exprime avec l'angle ϕ que fait cette droite avec l'axe des x. Si ϕ est le plus petit angle positif mesuré dans le sens antihoraire à partir de l'axe des x jusqu'à la droite L, alors la pente de la droite est donnée par

$$m = \tan\phi \tag{54}$$

(figure A.19a). L'angle ϕ, lequel est appelé ***angle d'inclinaison*** de la droite, vérifie, en degré, $0^\circ \leq \phi < 180^\circ$ (ou, de manière équivalente, en radians, $0 \leq \phi < \pi$). Si ϕ est un angle aigu, alors $m = \tan\phi$ est positif, et la droite s'élève lorsqu'on se déplace dans la direction positive de l'axe des x tandis que si ϕ est un angle obtus, alors $m = \tan\phi$ est négatif, et la droite s'abaisse lorsqu'on se déplace dans la direction positive de l'axe des x.

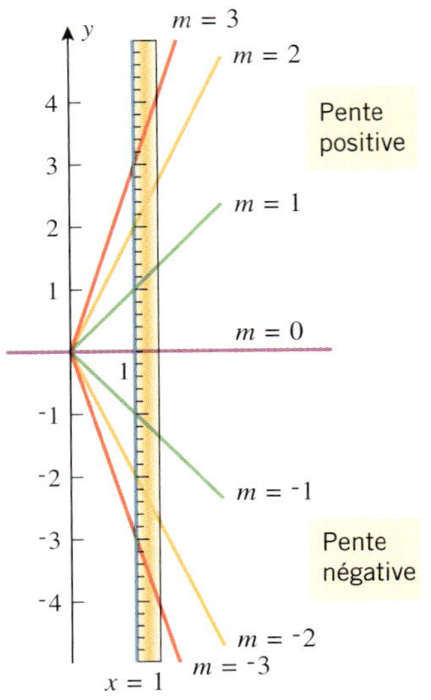

Figure A.20

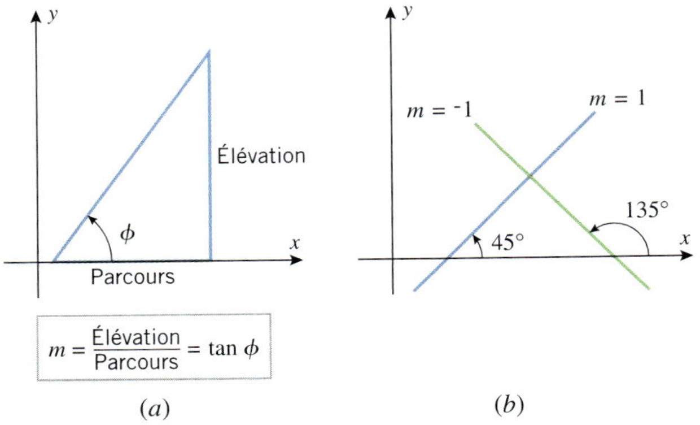

Figure A.19

Par exemple, une droite dont l'angle d'inclinaison est 45° a une pente $m = \tan 45° = 1$, tandis qu'une droite dont l'angle d'inclinaison est 135° a une pente $m = \tan 135° = -1$ (figure A.19*b*). La figure A.20 présente une manière intéressante d'utiliser la droite $x = 1$ en tant que « règle » pour visualiser la relation entre les pentes de différentes droites.

SÉRIE D'EXERCICES

1–2 Exprimer les angles suivants en radians.

1. (a) 75° (b) 390° (c) 20° (d) 138°

2. (a) 420° (b) 15° (c) 225° (d) 165°

3–4 Exprimer les angles suivants en degrés.

3. (a) $\frac{\pi}{15}$ (b) 1,5 (c) $\frac{8\pi}{5}$ (d) 3π

4. (a) $\frac{\pi}{10}$ (b) 2 (c) $\frac{2\pi}{5}$ (d) $\frac{7\pi}{6}$

5–6 Donner la valeur exacte de chacune des six fonctions trigonométriques de θ.

5. (a)

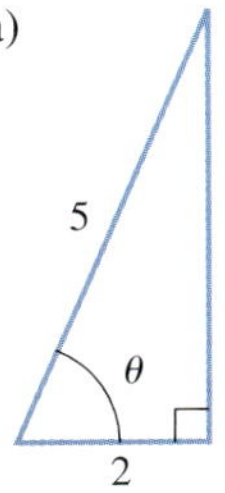

(b)

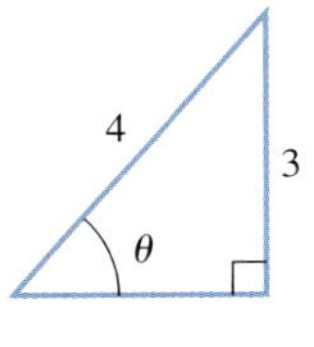

(c)

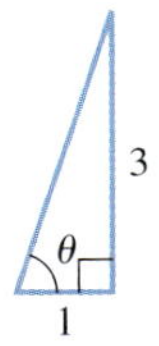

6. (a)

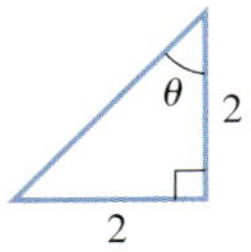

(b)

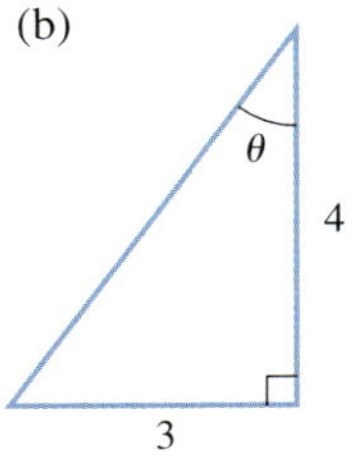

(c)

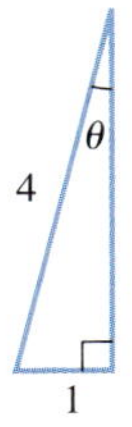

7–12 Considérer l'angle θ comme un angle aigu d'un triangle rectangle. Résoudre chaque exercice en esquissant un triangle rectangle judicieux. Ne pas utiliser un outil de calcul.

7. Trouver $\sin\theta$ et $\cos\theta$ sachant que $\tan\theta = 3$.

8. Trouver $\sin\theta$ et $\tan\theta$ sachant que $\cos\theta = \frac{2}{3}$.

9. Trouver $\tan\theta$ et $\csc\theta$ sachant que $\sec\theta = \frac{5}{2}$.

10. Trouver $\cot\theta$ et $\sec\theta$ sachant que $\csc\theta = 4$.

11. Trouver la longueur du côté adjacent à θ sachant que l'hypoténuse a une longueur égale à 6 et que $\cos\theta = 0{,}3$.

12. Trouver la longueur de l'hypoténuse sachant que le côté opposé à θ a une longueur égale à 2,4 et que $\sin\theta = 0{,}8$.

13–14 Étant donné la valeur de l'angle θ, trouver la valeur de chacune des six fonctions trigonométriques et ce, sans utiliser un outil de calcul.

13. (a) 225° (b) -210° (c) $\frac{5\pi}{3}$ (d) $-\frac{3\pi}{2}$

14. (a) 330° (b) -120° (c) $\frac{9\pi}{4}$ (d) -3π

15–16 À l'aide de l'information donnée, trouver la *valeur exacte* des cinq autres fonctions trigonométriques de θ.

15. (a) $\cos\theta = \frac{3}{5}, \quad 0 < \theta < \frac{\pi}{2}$

(b) $\cos\theta = \frac{3}{5}, \quad -\frac{\pi}{2} < \theta < 0$

(c) $\tan \theta = -\dfrac{1}{\sqrt{3}}, \quad \dfrac{\pi}{2} < \theta < \pi$

(d) $\tan \theta = -\dfrac{1}{\sqrt{3}}, \quad -\dfrac{\pi}{2} < \theta < 0$

(e) $\csc \theta = \sqrt{2}, \quad 0 < \theta < \dfrac{\pi}{2}$

(f) $\csc \theta = \sqrt{2}, \quad \dfrac{\pi}{2} < \theta < \pi$

16. (a) $\sin \theta = \dfrac{1}{4}, \quad 0 < \theta < \dfrac{\pi}{2}$

(b) $\sin \theta = \dfrac{1}{4}, \quad \dfrac{\pi}{2} < \theta < \pi$

(c) $\cot \theta = \dfrac{1}{3}, \quad 0 < \theta < \dfrac{\pi}{2}$

(d) $\cot \theta = \dfrac{1}{3}, \quad \pi < \theta < \dfrac{3\pi}{2}$

(e) $\sec \theta = -\dfrac{5}{2}, \quad \dfrac{\pi}{2} < \theta < \pi$

(f) $\sec \theta = -\dfrac{5}{2}, \quad \pi < \theta < \dfrac{3\pi}{2}$

17–18 Utiliser un outil de calcul pour trouver x. Arrondir votre réponse à quatre décimales.

17. (a)

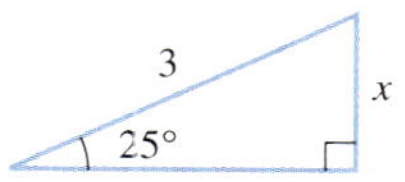

(b)

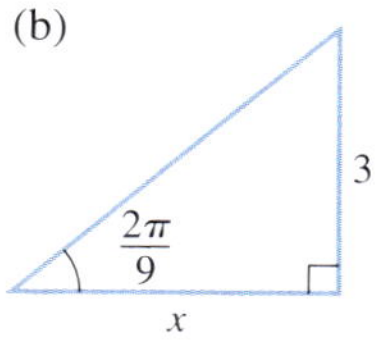

18. (a)

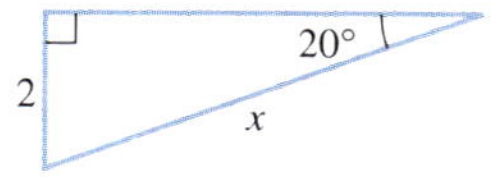

(b)

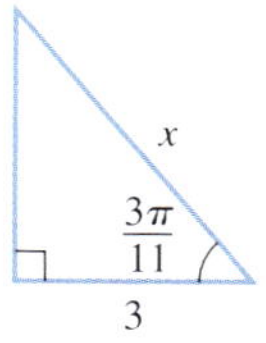

19. Pour chaque sous-question, considérer θ comme un angle aigu d'un triangle rectangle. Exprimer chacune des cinq autres fonctions trigonométriques de θ en termes de a.

(a) $\sin \theta = \dfrac{a}{3}$ (b) $\tan \theta = \dfrac{a}{5}$ (c) $\sec \theta = a$

20–27 Trouver toutes les valeurs de θ (en radians) satisfaisant l'équation donnée. Ne pas utiliser un outil de calcul.

20. (a) $\cos \theta = -\dfrac{1}{\sqrt{2}}$ (b) $\sin \theta = -\dfrac{1}{\sqrt{2}}$

21. (a) $\tan \theta = -1$ (b) $\cos \theta = \dfrac{1}{2}$

22. (a) $\sin \theta = -\dfrac{1}{2}$ (b) $\tan \theta = \sqrt{3}$

23. (a) $\tan \theta = \dfrac{1}{\sqrt{3}}$ (b) $\sin \theta = -\dfrac{\sqrt{3}}{2}$

24. (a) $\sin \theta = -1$ (b) $\cos \theta = -1$

25. (a) $\cot \theta = -1$ (b) $\cot \theta = \sqrt{3}$

26. (a) $\sec \theta = -2$ (b) $\csc \theta = -2$

27. (a) $\csc \theta = \dfrac{2}{\sqrt{3}}$ (b) $\sec \theta = \dfrac{2}{\sqrt{3}}$

28–29 Trouver les valeurs des six fonctions trigonométriques de θ.

28.

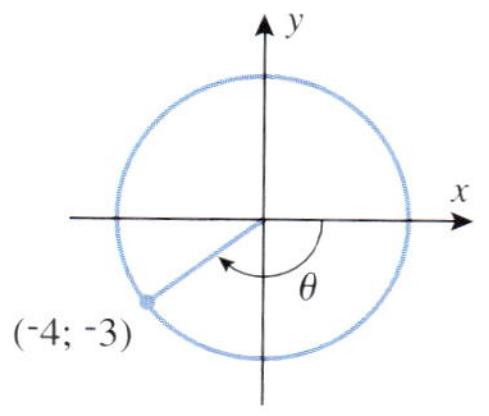

29.

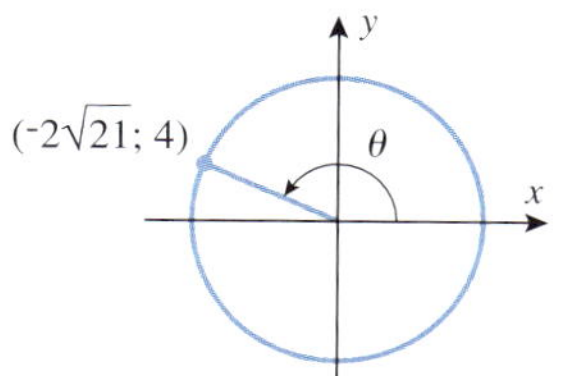

30. Donner toutes les valeurs de θ (en radians) telles que

(a) $\sin \theta = 1$ (b) $\cos \theta = 1$ (c) $\tan \theta = 1$
(d) $\csc \theta = 1$ (e) $\sec \theta = 1$ (f) $\cot \theta = 1$.

31. Donner toutes les valeurs de θ (en radians) telles que

(a) $\sin \theta = 0$ (b) $\cos \theta = 0$ (c) $\tan \theta = 0$
(d) $\csc \theta$ soit non définie (e) $\sec \theta$ soit non définie
(f) $\cot \theta$ soit non définie.

32. De quelle manière utiliseriez-vous une règle et un rapporteur d'angles afin d'approximer $\sin 17°$ et $\cos 17°$?

33. Trouver la longueur de l'arc d'un cercle de rayon 4 cm soustendu par un angle de

(a) $\dfrac{\pi}{6}$ (b) $150°$.

34. Trouver le rayon du cercle ayant un secteur circulaire dont l'angle est de $\frac{\pi}{3}$ et dont la longueur de l'arc intercepté est de 7 unités.

35. Un point P se déplaçant dans le sens antihoraire sur la circonférence d'un cercle de rayon 5 cm décrit un arc de 2 cm. Quelle est la valeur de l'angle balayé par le rayon joignant le centre et le point P?

36. Trouver la formule exprimant l'aire A d'un secteur circulaire en fonction du rayon r et de la longueur d'arc s.

37. La figure ci-dessous montre un cône circulaire construit à partir d'un disque de papier de rayon R dans lequel il a été découpé un secteur d'un angle θ radians et dont les côtés ont été ensuite joints à l'aide d'une bande adhésive. Trouver

(a) le rayon r de la base du cône en fonction de R et de θ.
(b) la hauteur h du cône en fonction de R et de θ.

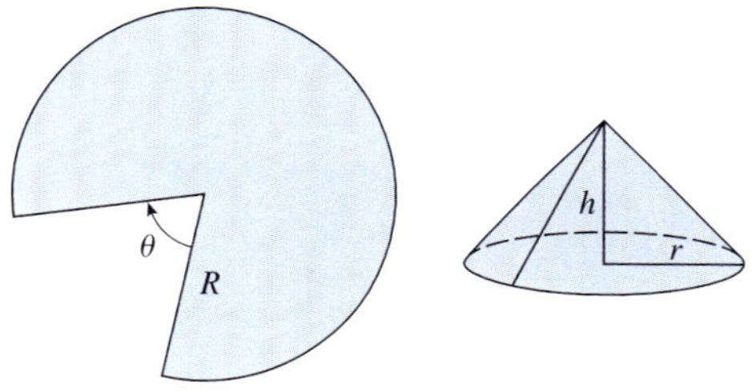

Figure Ex-37

38. Soit r et L le rayon de la base et l'apothème d'un cône circulaire droit (figure Ex-38). Montrer que la surface latérale S du cône est donnée par $S = \pi r L$. [*Suggestion* : La figure Ex-37 montre que la surface latérale du cône devient celle du secteur circulaire obtenu lorsqu'on découpe le cône le long d'un de ses apothèmes.]

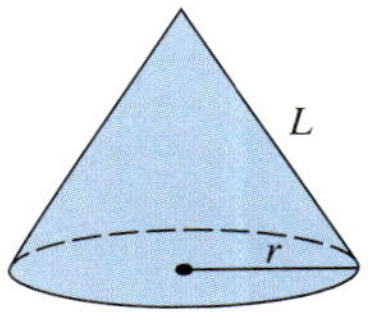

Figure Ex-38

39. Deux côtés d'un triangle ont une longueur de 3 cm et de 7 cm et forment un angle de 60°. Trouver l'aire de ce triangle.

40. Soit ABC un triangle dont les angles en A et en B sont de 30° et de 45°. Sachant que le côté opposé à l'angle B a une longueur 9, trouver les longueurs de deux autres côtés ainsi que la mesure de l'angle C.

41. Une échelle de 3 m est appuyée sur un mur faisant un angle de 67° avec le sol. Quelle est la distance que le haut de l'échelle fait avec le sol ? Arrondir votre réponse au dixième de mètre près.

42. D'un point au niveau de sol se trouvant à une distance de 40 m d'un édifice, l'angle d'élévation pointant vers son sommet est de 76°. Trouver la hauteur de cet édifice. Arrondir votre réponse au mètre près.

43. Un observateur se trouvant au niveau du sol est à une distance d d'un édifice. Les angles d'élévation pointant la base des fenêtres du deuxième et du troisième étage sont respectivement α et β. Trouver la distance h séparant la base de ces deux fenêtres en termes de α, β et d.

44. D'un point au niveau du sol, l'angle d'élévation pointant le sommet d'une tour est α. À partir d'un autre point plus proche de d unités de la tour, l'angle d'élévation pointant le sommet est β. Trouver la hauteur h de la tour en fonction de α, β et d.

45–46 Ne pas utiliser d'outils de calcul dans les exercices suivants.

45. Si $\cos\theta = \dfrac{2}{3}$ et $0 < \theta < \dfrac{\pi}{2}$, trouver
(a) $\sin 2\theta$ (b) $\cos 2\theta$.

46. Si $\tan\alpha = \dfrac{3}{4}$ et $\tan\beta = 2$, où $0 < \alpha < \dfrac{\pi}{2}$ et $0 < \beta < \dfrac{\pi}{2}$, trouver
(a) $\sin(\alpha - \beta)$ (b) $\cos(\alpha + \beta)$.

47. Exprimer $\sin 3\theta$ et $\cos 3\theta$ en termes de $\sin\theta$ et $\cos\theta$.

48–58 Prouver les identités suivantes.

48. $\dfrac{\cos\theta \sec\theta}{1 + \tan^2\theta} = \cos^2\theta$

49. $\dfrac{\cos\theta\tan\theta + \sin\theta}{\tan\theta} = 2\cos\theta$

50. $2\csc 2\theta = \sec\theta\csc\theta$ **51.** $\tan\theta + \cot\theta = 2\csc 2\theta$

52. $\dfrac{\sin 2\theta}{\sin\theta} - \dfrac{\cos 2\theta}{\cos\theta} = \sec\theta$

53. $\dfrac{\sin\theta + \cos 2\theta - 1}{\cos\theta - \sin 2\theta} = \tan\theta$

54. $\sin 3\theta + \sin\theta = 2\sin 2\theta\cos\theta$

55. $\sin 3\theta - \sin\theta = 2\cos 2\theta\sin\theta$

56. $\tan\dfrac{\theta}{2} = \dfrac{1 - \cos\theta}{\sin\theta}$ **57.** $\tan\dfrac{\theta}{2} = \dfrac{\sin\theta}{1 + \cos\theta}$

58. $\cos\left(\dfrac{\pi}{3} + \theta\right) + \cos\left(\dfrac{\pi}{3} - \theta\right) = \cos\theta$

59–60 Pour ces exercices, considérer un triangle quelconque ABC ayant le côté a opposé à l'angle A, le côté b opposé à l'angle B et le côté c opposé à l'angle C.

59. Faire la preuve que l'aire d'un triangle ABC peut être donnée par la formule

$$\text{aire} = \tfrac{1}{2}bc\sin A$$

Trouver deux autres formules semblables.

60. Prouver ***la loi des sinus*** : Dans tout triangle, le rapport des côtés sur les sinus des angles opposés sont égaux, c'est-à-dire que

$$\frac{a}{\sin A} = \frac{b}{\sin B} = \frac{c}{\sin C}$$

61. À l'aide des identités (34) à (37), formuler chaque expression en termes de $\sin\theta$ ou de $\cos\theta$.
(a) $\sin\left(\dfrac{\pi}{2} + \theta\right)$ (b) $\cos\left(\dfrac{\pi}{2} + \theta\right)$
(c) $\sin\left(\dfrac{3\pi}{2} - \theta\right)$ (d) $\cos\left(\dfrac{3\pi}{2} + \theta\right)$

62. Prouver les identités (38) et (39).

63. Prouver les identités
(a) (47) (b) (48) (c) (49).

64. Si $A = \alpha + \beta$ et $B = \alpha - \beta$, alors $\alpha = \frac{1}{2}(A + B)$ et $\beta = \frac{1}{2}(A - B)$ (à vérifier). À l'aide de ces égalités et des identités (47) à (49), prouver les identités
(a) (50) (b) (52) (c) (53).

65. En substituant $-\beta$ à β dans l'identité (50), prouver l'identité (51).

66. (a) Exprimer $3\sin\alpha + 5\cos\alpha$ sous la forme

$$C\sin(\alpha + \phi)$$

(b) Montrer que la somme

$$A\sin\alpha + B\cos\alpha$$

peut être réécrite sous la forme $C\sin(\alpha + \phi)$.

67. Montrer que la longueur d de la diagonale d'un parallélogramme (figure Ex-67) est donnée par

$$d = \sqrt{a^2 + b^2 + 2ab\cos\theta}$$

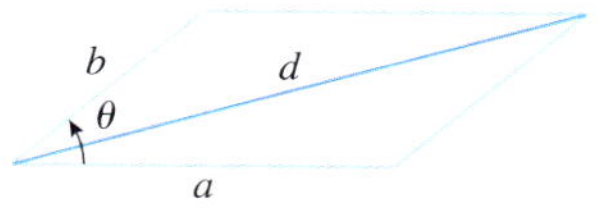

Figure Ex-67

68–69 Trouver l'angle d'inclinaison de la droite de pente m au degré près. Utiliser un outil de calcul au besoin.

68. (a) $m = \frac{1}{2}$ (b) $m = -1$
(c) $m = 2$ (d) $m = -57$

69. (a) $m = -\frac{1}{2}$ (b) $m = 1$
(c) $m = -2$ (d) $m = 57$

70–71 Trouver l'angle d'inclinaison de la droite au degré près. Utiliser un outil de calcul au besoin.

70. (a) $3y = 2 - \sqrt{3}x$ (b) $y - 4x + 7 = 0$

71. (a) $y = \sqrt{3}x + 2$ (b) $y + 2x + 5 = 0$

RÉPONSES DES EXERCICES (NUMÉROS IMPAIRS)

▶ Série d'exercices 1.1 (Page 13)

1. **(a)** -2,9; -2,0; 2,35; 2,9 **(b)** aucune **(c)** 0 **(d)** $-1{,}75 \leq x \leq 2{,}15$ **(e)** $y_{\max} = 2{,}8$ à $x = -2{,}6$; $y_{\min} = -2{,}2$ à $x = 1{,}2$

3. **(a)** oui **(b)** oui **(c)** non **(d)** non

5. **(a)** 1981 **(b)** 1984, 1,1 millions **(c)** Oui **(d)** guerres **(e)** augmentation des prix, la demande

7. **(a)** 2003, 21 000$ **(b)** 1983, 16 750$ **(c)** la seconde année

9. **(a)** -2; 10; 10; 25; 4; $27t^2 - 2$ **(b)** 0; 4; -4; 6; $2\sqrt{2}$; $f(3t) = \frac{1}{3t}$ pour $t > 1$ et $f(3t) = 6t$ pour $t \leq 1$

11. **(a)** $x \neq 3$ **(b)** $x \leq -\sqrt{3}, x \geq \sqrt{3}$ **(c)** $]-\infty; +\infty[$ **(d)** $x \neq 0$ **(e)** $x \neq \left(2n + \frac{1}{2}\right)\pi, n = 0, \pm 1, \pm 2, \ldots$

13. **(a)** $x \leq 3$ **(b)** $-2 \leq x \leq 2$ **(c)** $x \geq 0$ **(d)** tous les x **(e)** tous les x

15. **(a)** non; la guerre, la peste, les inondations, les tremblements de terre **(b)** Elle diminue pendant 8 heures, fait un saut vers le haut et le schéma se répète.

17.

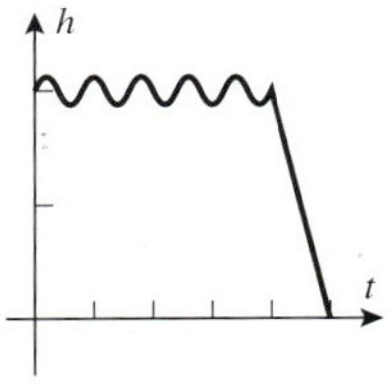

19. **(a)** 2, 4
(b) aucune
(c) $x \leq 2$; $4 \leq x$
(d) $y_{\min} = -1$; pas de maximum

21. $h = L(1 - \cos\theta)$

23. **(a)** $f(x) = \begin{cases} 2x + 1, & x < 0 \\ 4x + 1, & x \geq 0 \end{cases}$ **(b)** $g(x) = \begin{cases} 1 - 2x, & x < 0 \\ 1, & 0 \leq x \leq 1 \\ 2x - 1, & x \geq 1 \end{cases}$

25. **(a)** $V = (20 - 2x)(32 - 2x)x$
(b) $0 < x < 10$
(c) $0 < V < 1150$ (approximatif)

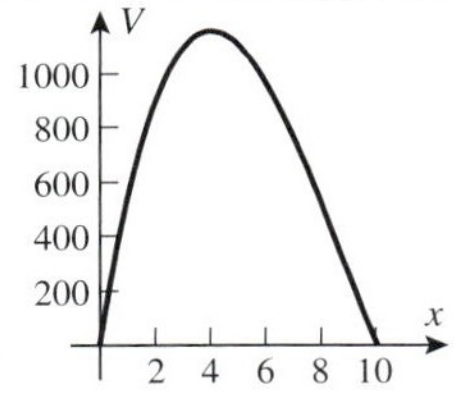

(d) V semble atteindre un maximum autour de $x = 4$.

27. **(a)** $L = x + 2y$
(b) $L = x + \frac{180}{x}$
(c) $0 < x \leq 30$
(d) $x \approx 13{,}5$ m, $y \approx 6{,}7$ m

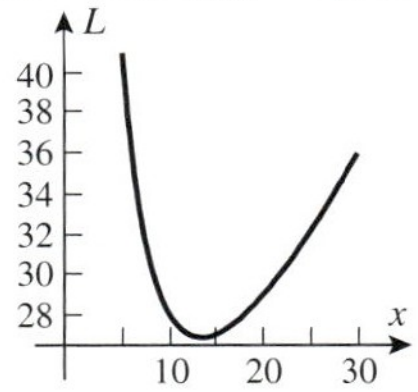

29. **(a)** $r \approx 3{,}4$, $h \approx 13{,}8$ **(b)** plus haute **(c)** $r \approx 3{,}1$ cm, $h \approx 16{,}0$ cm, $C \approx 4{,}76$ cents

31. **(i)** $x = 1, -2$ **(ii)** $g(x) = x + 1$, pour tout x

33. **(a)** -7 °C **(b)** -11 °C **(c)** -14 °C **35.** -8 °C

9. $[-5; 14] \times [-60; 40]$

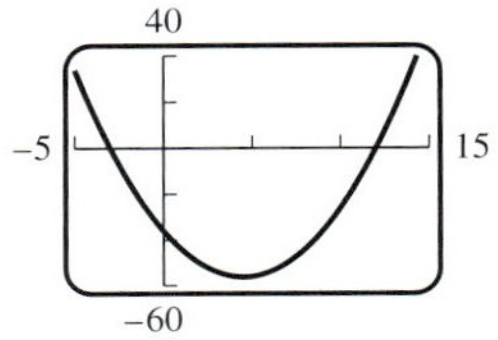

11. $[-0{,}1; 0{,}1] \times [-3; 3]$

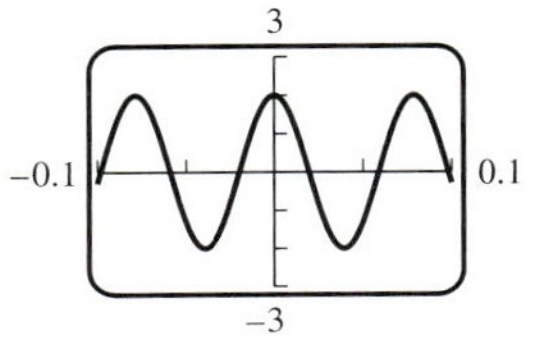

13. $[-400; 1050] \times [-1\ 500\ 000; 10\ 000]$

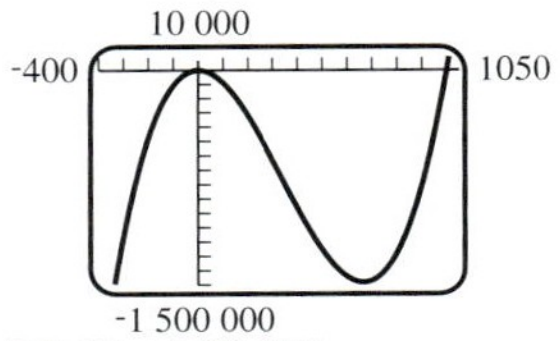

15. $[-2; 2] \times [-20; 20]$

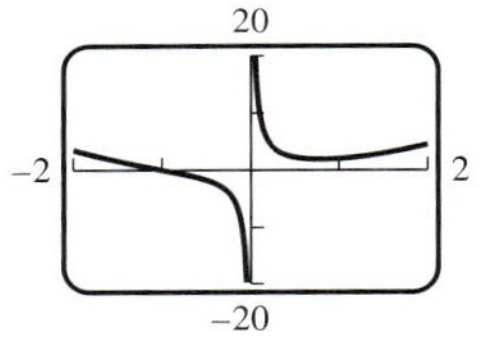

19. **(a)** $f(x) = \sqrt{16 - x^2}$ **(b)** $f(x) = -\sqrt{16 - x^2}$ **(e)** non

21. **(a)**

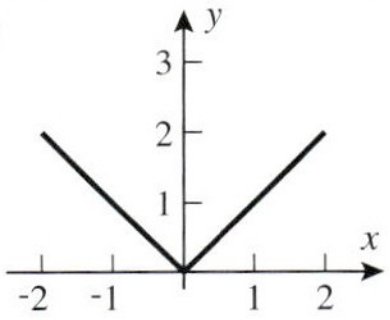

(b)

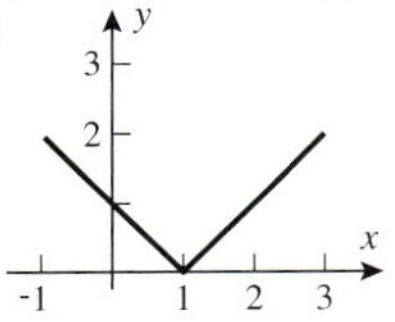

(c)

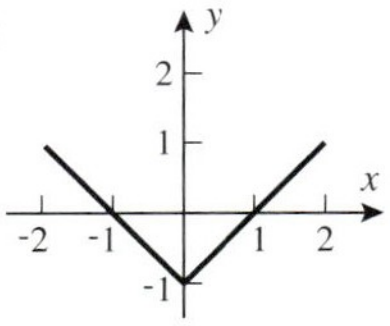

(d)

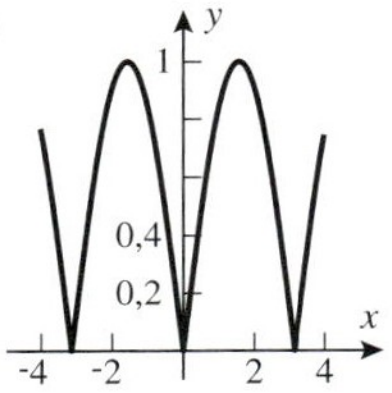

(e)

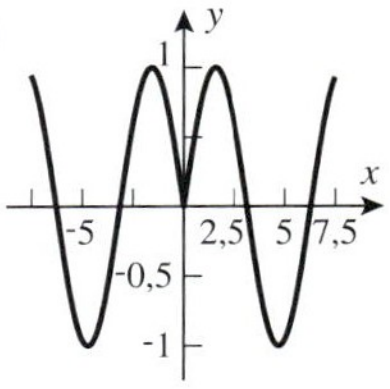

(f)

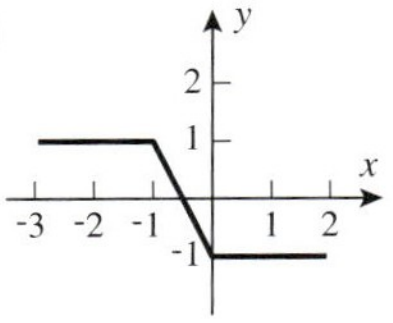

▶ Série d'exercices 1.2 (Page 26)

1. (e) **3.** (b), (c) **5.** $[-3; 3] \times [0; 5]$

23. La courbe de $y = |f(x)|$ est constituée des portions de $y = f(x)$ situées au-dessus de l'axe x et de l'image miroir par rapport à l'axe x des portions de $y = f(x)$ situées sous l'axe x.

25. **(a)**

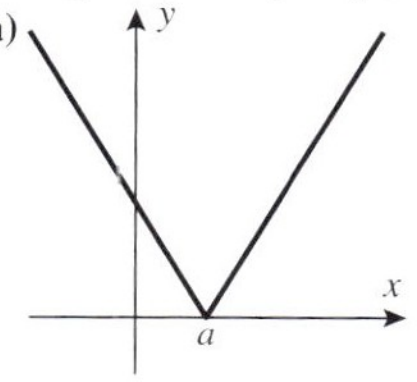

(b)

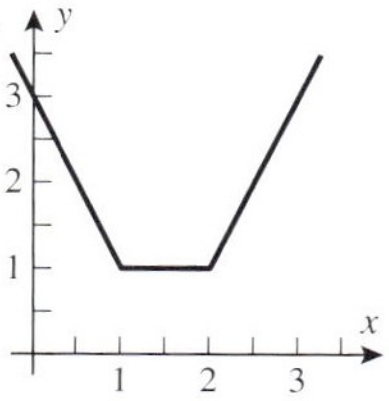

27.

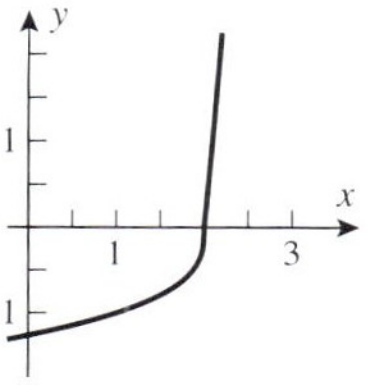

31. **(a)**

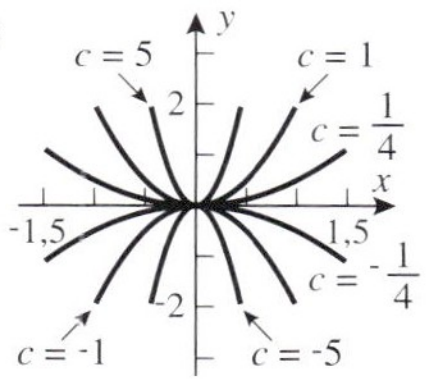

La courbe est étirée dans la direction verticale et réfléchie par rapport à l'axe x lorsque $c < 0$.

(b)

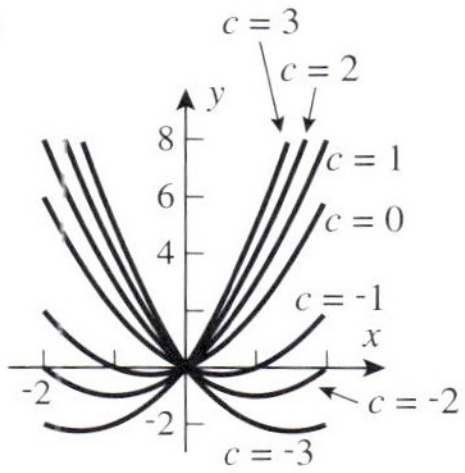

La courbe est décalée de sorte que son sommet soit sur la parabole $y = -x^2$.

(c)

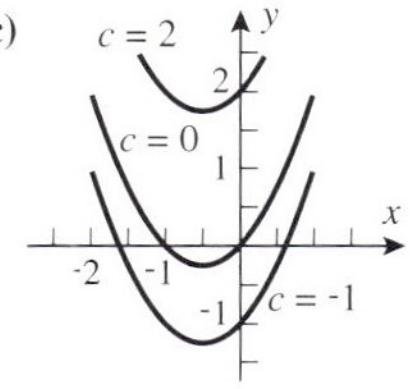

La courbe est décalée verticalement.

33.

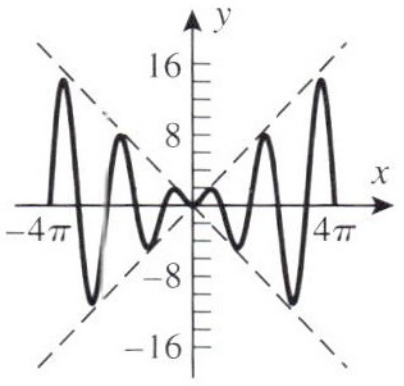

▶ Série d'exercices 1.3 (Page 38)

1. **(a)**

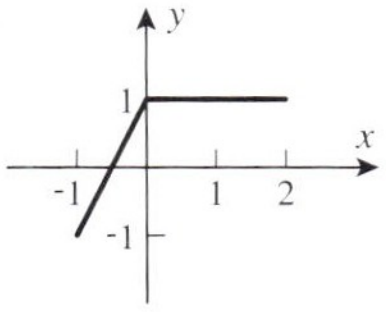

(b)

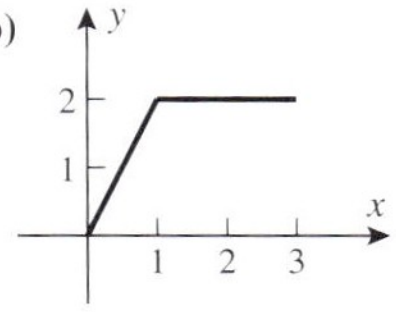

(c)

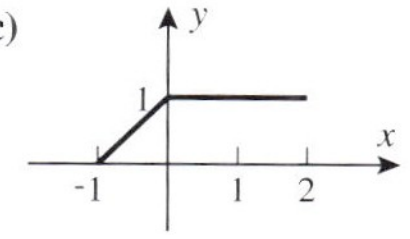

(d)

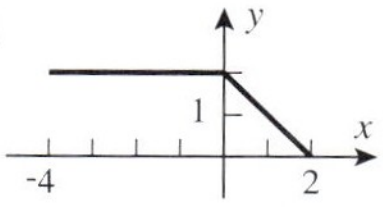

3. **(a)**

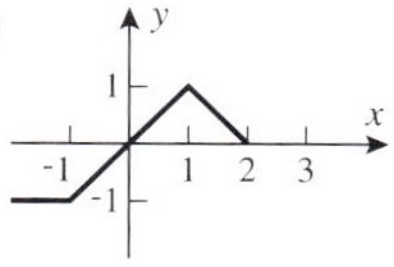

(b)

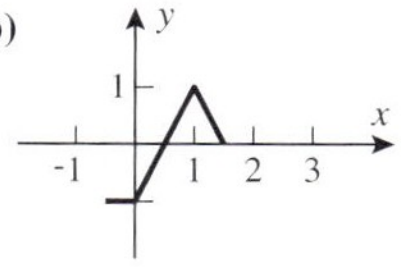

(c)

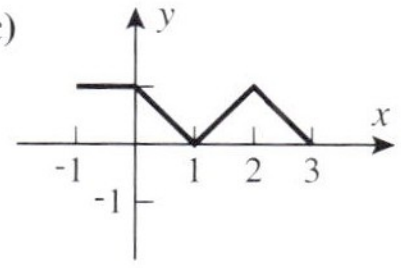

(d)

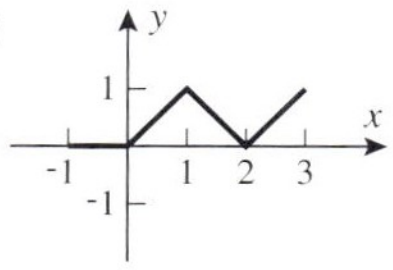

5.

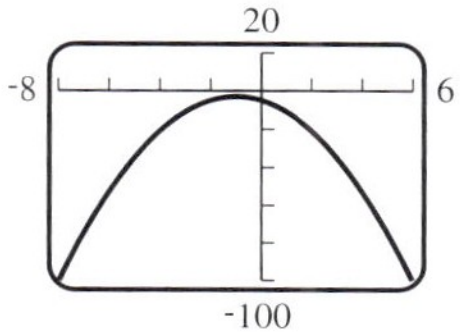

7.

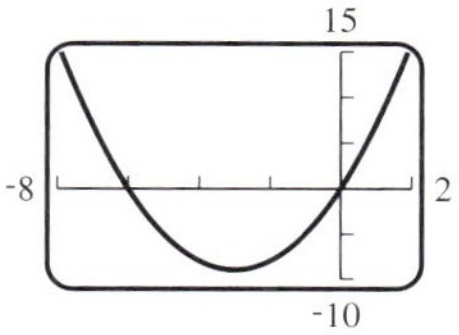

9.

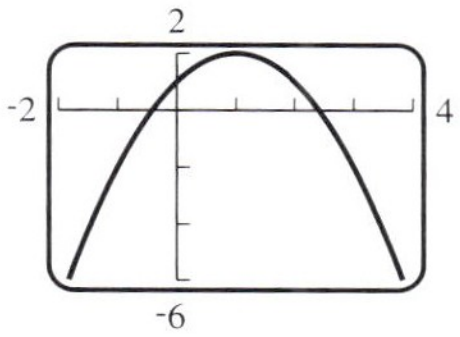

11.

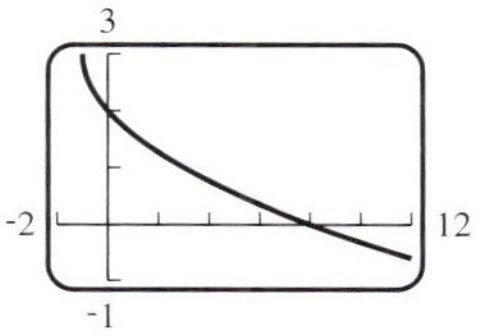

13.

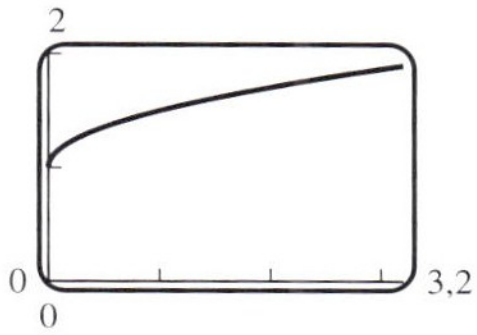

15.

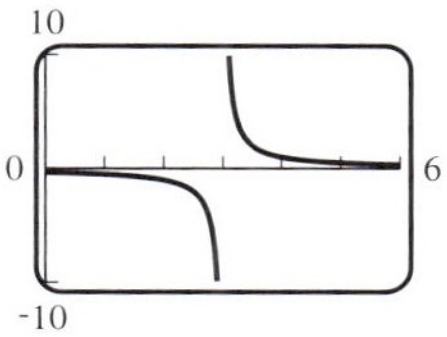

17.

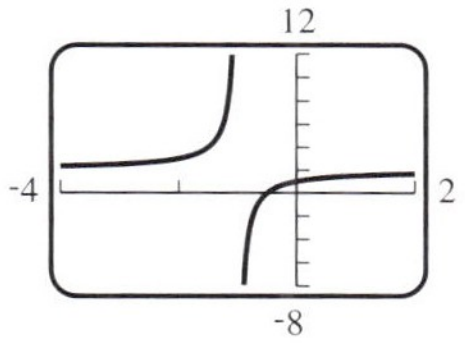

19.

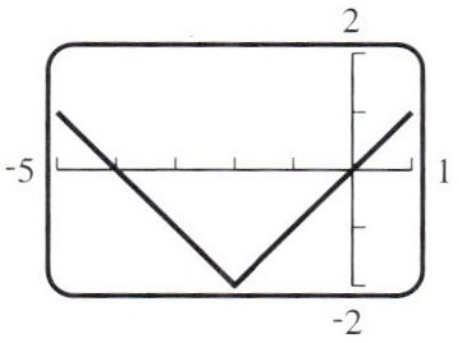

21.

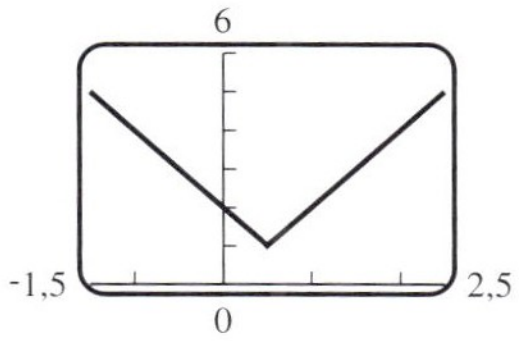

23.

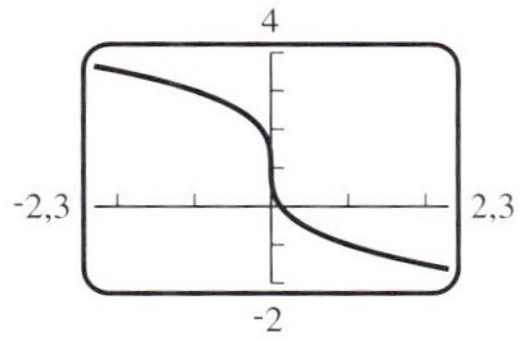

25.

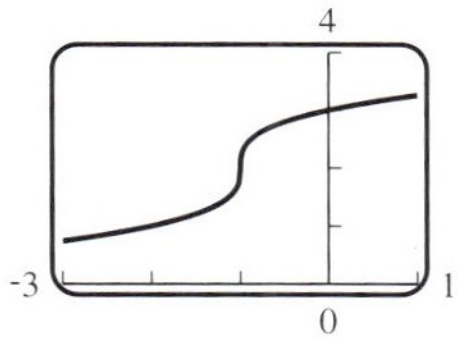

27. **(a)**

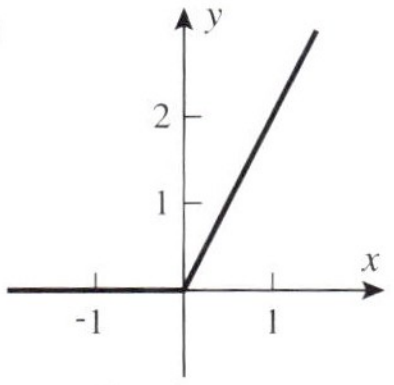

(b) $y = \begin{cases} 0, & x \leq 0 \\ 2x, & x > 0 \end{cases}$

29. $3\sqrt{x-1}$, $x \geq 1$; $\sqrt{x-1}$, $x \geq 1$; $2x - 2$, $x \geq 1$; 2, $x > 1$

31. **(a)** 3 **(b)** 9 **(c)** 2 **(d)** 2

33. **(a)** $t^4 + 1$ **(b)** $t^2 + 4t + 5$ **(c)** $x^2 + 4x + 5$ **(d)** $\dfrac{1}{x^2} + 1$
(e) $x^2 + 2xh + h^2 + 1$ **(f)** $x^2 + 1$ **(g)** $x + 1$ **(h)** $9x^2 + 1$

35. $1 - x,\ x \leq 1;\ \sqrt{1 - x^2},\ |x| \leq 1$

37. $\dfrac{1}{1 - 2x},\ x \neq \dfrac{1}{2}, 1;\ -\dfrac{1}{2x} - \dfrac{1}{2},\ x \neq 0, 1$ **39.** $x^{-6} + 1$

41. **(a)** $g(x) = \sqrt{x},\ h(x) = x + 2$ **(b)** $g(x) = |x|,\ h(x) = x^2 - 3x + 5$

43. **(a)** $g(x) = x^2,\ h(x) = \sin x$ **(b)** $g(x) = \frac{3}{x},\ h(x) = 5 + \cos x$

45. **(a)** $f(x) = x^3,\ g(x) = 1 + \sin x,\ h(x) = x^2$
(b) $f(x) = \sqrt{x},\ g(x) = 1 - x,\ h(x) = \sqrt[3]{x}$

47.

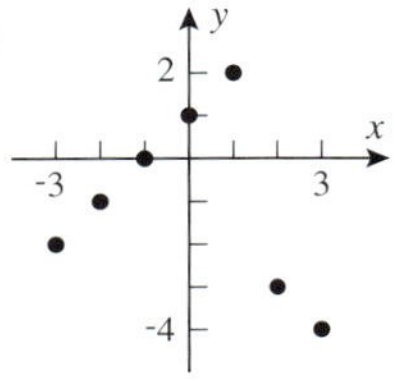

49.

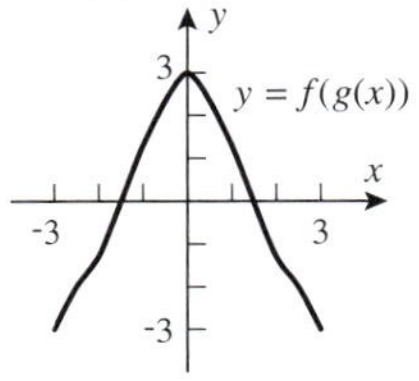

51. $\pm 1{,}5;\ \pm 2$ **53.** $3w + 3x,\ 6x + 3h$ **55.** $-\dfrac{1}{xw};\ -\dfrac{1}{x(x + h)}$

57. f = ni l'un ni l'autre; g = impaire; h = paire

59. **(a)**

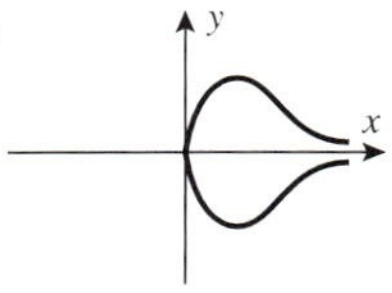

(b)

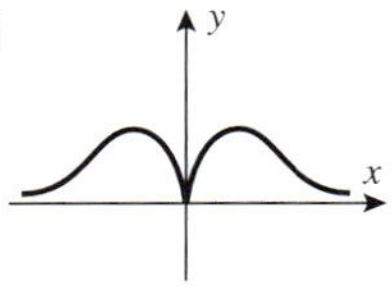

(c)

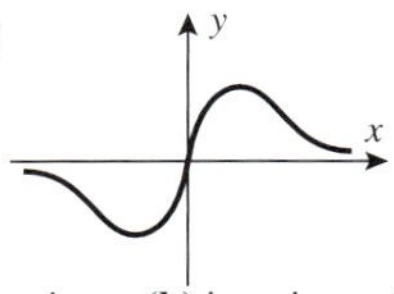

61. **(a)** paire **(b)** impaire **(c)** impaire **(d)** ni l'un ni l'autre

63. **(a)** paire **(b)** impaire **(c)** paire **(d)** ni l'un ni l'autre **(e)** impaire
(f) paire

67. **(a)** par rapport à l'axe y
(b) par rapport à l'origine
(c) par rapport aux axes x et y, et par rapport à l'origine

69.

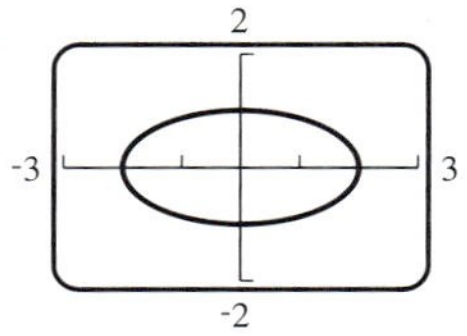

71.

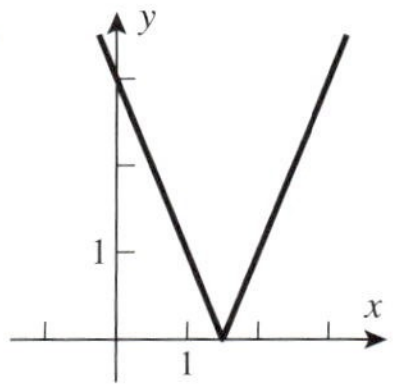

73. **(a)**

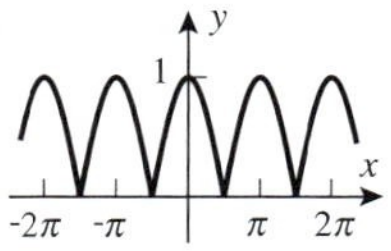

(b)

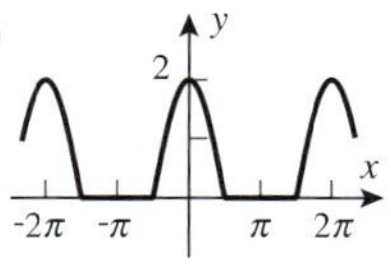

75. oui; $f(x) = x^k,\ g(x) = x^n$

▶ Série d'exercices 1.4 (Page 50)

1. **(a)** $y = 3x + b$ **(c)**
(b) $y = 3x + 6$

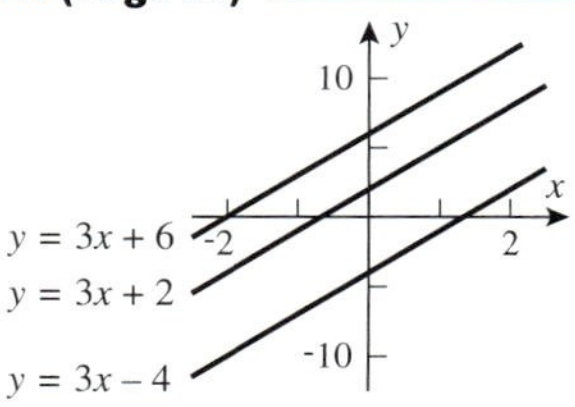

3. **(a)** $y = mx + 2$ **(c)**
(b) $y = -x + 2$

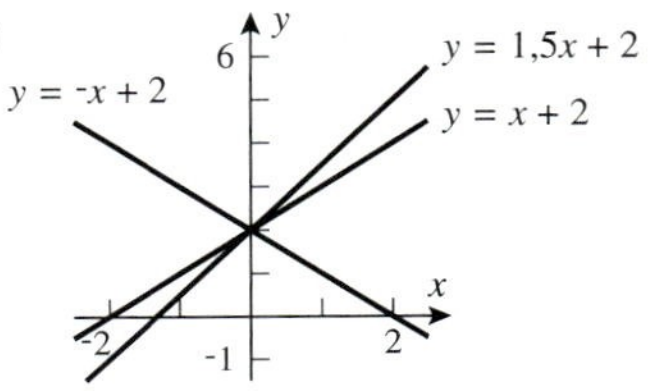

5. $y = \pm \dfrac{9 - x_0 x}{\sqrt{9 - x_0^2}}$ **7.**

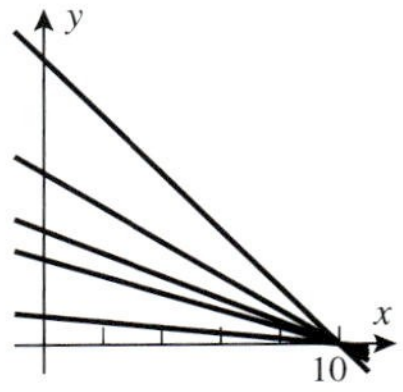

Les ordonnées à l'origine représentent la valeur courante des items en cours de dépréciation.

9. **(a)** pente : -1 **(b)** ordonnée à l'origine : $y = -1$

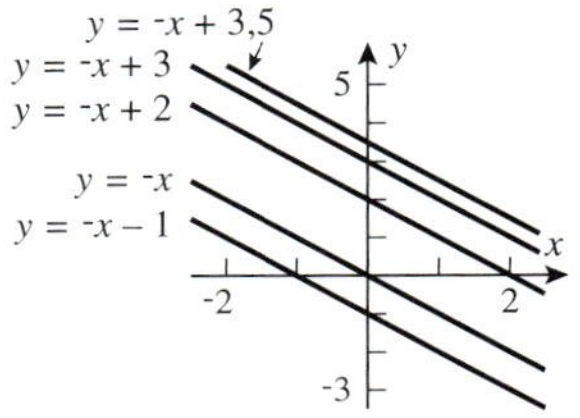

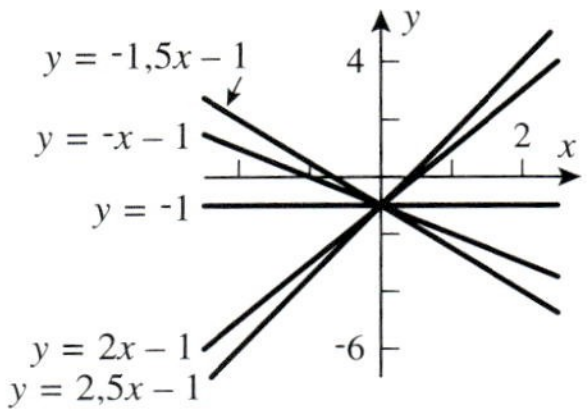

(c) passent par (-4; 2)

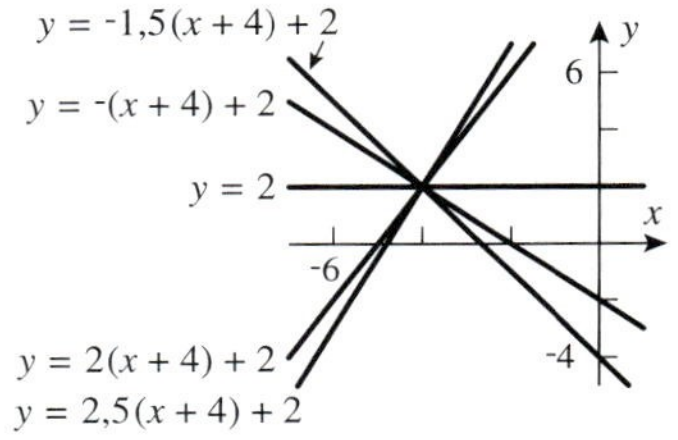

(d) racine : $x = 1$

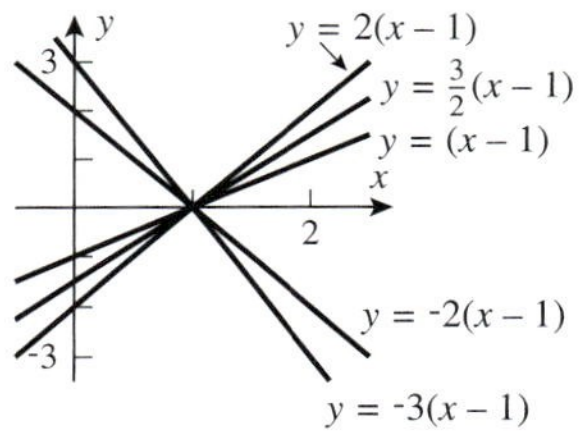

11. **(a)** VI
(b) IV
(c) III
(d) V
(e) I
(f) II

13. **(a)**

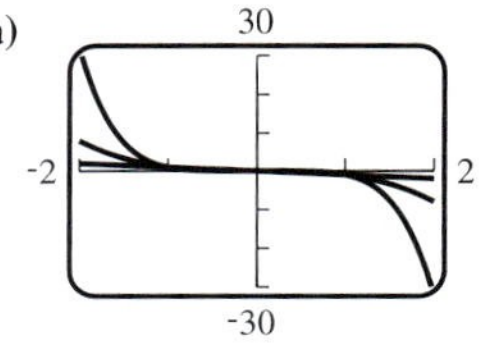

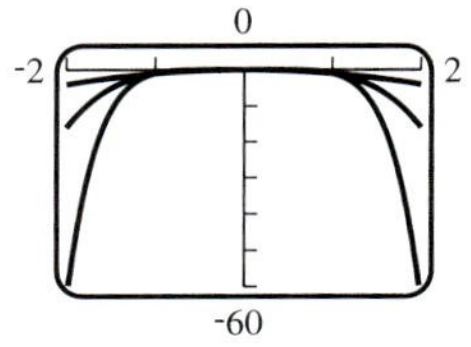

(b)

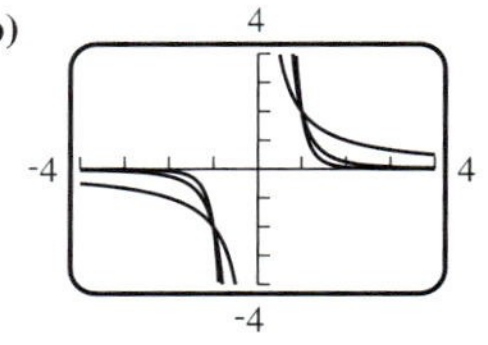

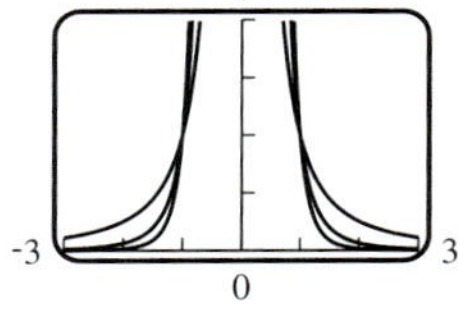

(c)

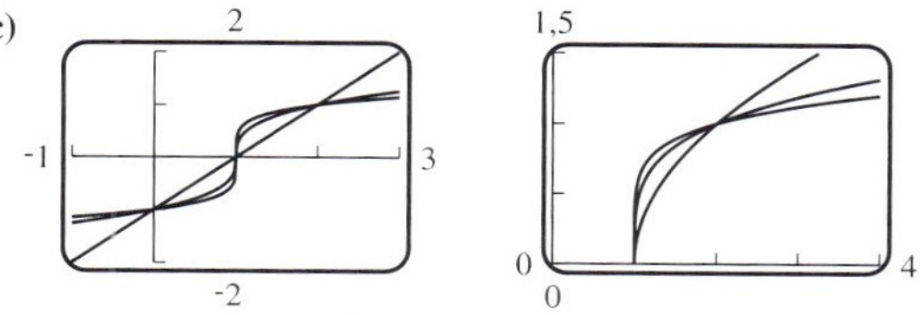

15. **(a)**

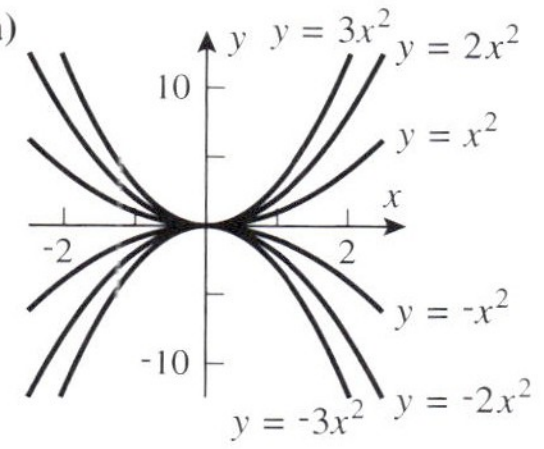

(b)

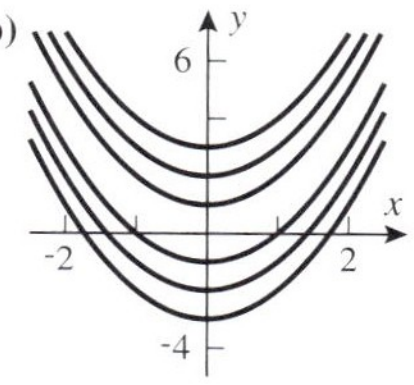

(c)

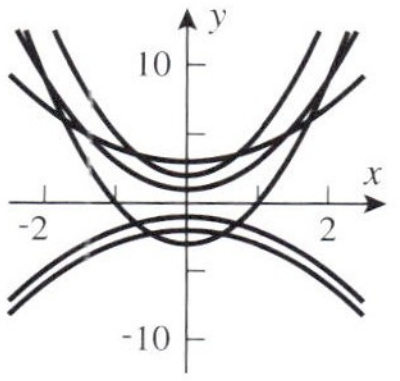

17. **(a)**

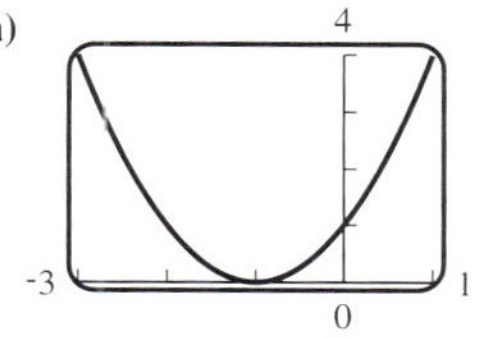

(b)

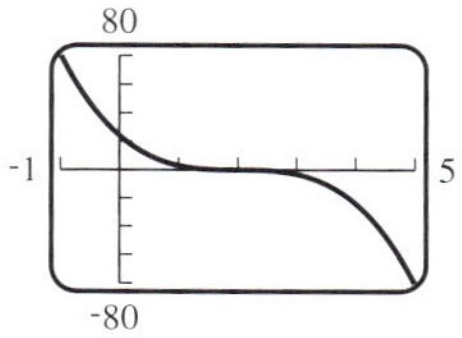

(c)

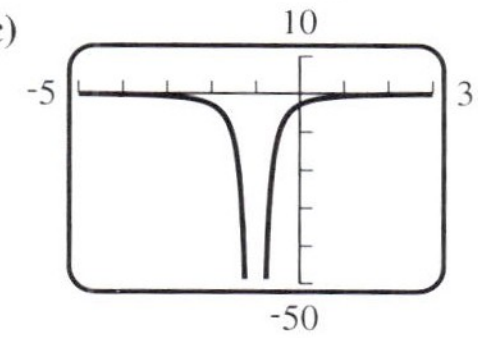

(d)

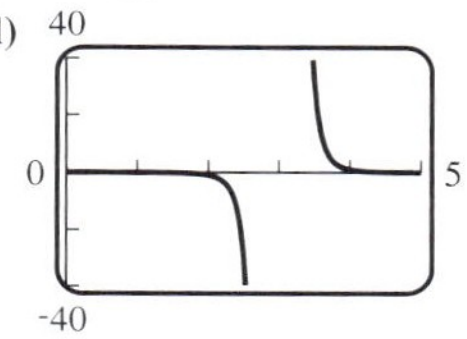

19. **(a)**

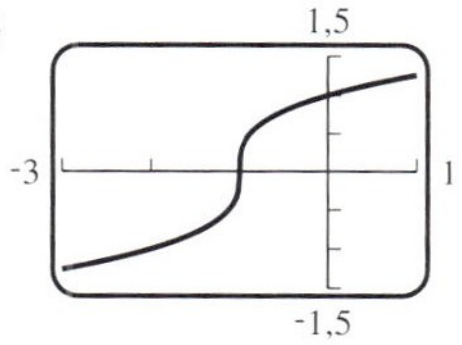

(b)

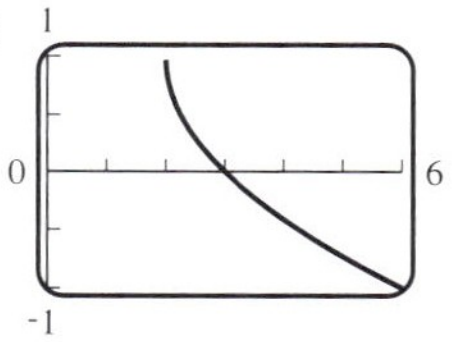

(c)

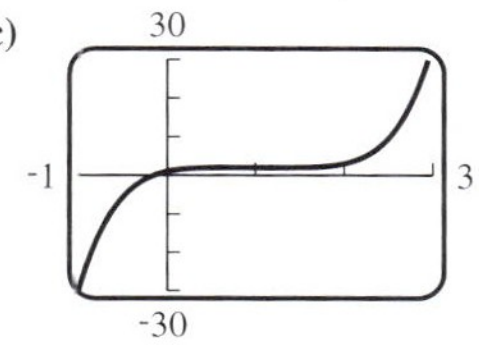

(d)

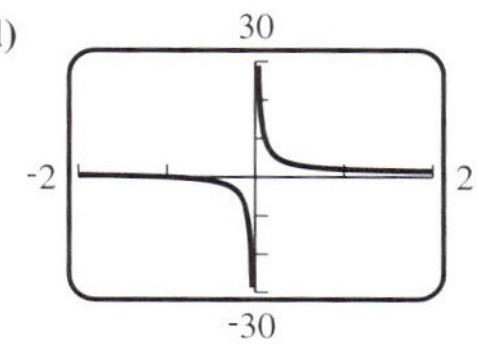

21. $y = (x + 1)^2 - 1$

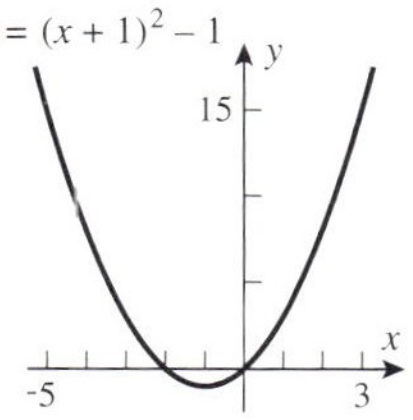

23. **(a)** newton-mètres (N·m) **(b)** 20 N·m

(c)

V (L)	0,25	0,5	1,0	1,5	2,0
P (N/m^2)	80×10^3	40×10^3	20×10^3	$13{,}3 \times 10^3$	10×10^3

(d)

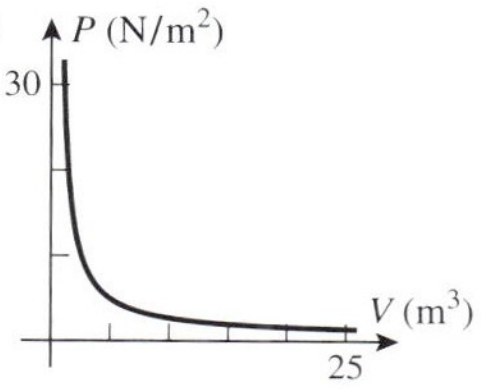

25. **(a)** $k = 0{,}000\,045$ N·m^2
(b) 0,000 005 N
(d) La force devient infinie; la force tend vers zéro.

(c)

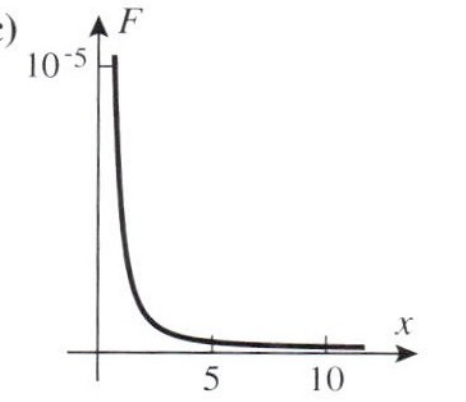

27. **(a)** II; $y = 1, x = -1; 2$ **(b)** I; $y = 0, x = -2; 3$ **(c)** IV; $y = 2$ **(d)** III; $y = 0, x = -2$
29. **(a)** $y = 3\sin(\frac{x}{2})$ **(b)** $y = 4\cos 2x$ **(c)** $y = -5\sin 4x$
31. **(a)** $y = \sin[x + (\frac{\pi}{2})]$ **(b)** $y = 3 + 3\sin(\frac{2x}{9})$
(c) $y = 1 + 2\sin\left[2\left(x - \dfrac{\pi}{4}\right)\right]$
33. **(a)** 3, $\frac{\pi}{2}$ **(b)** 2, 2

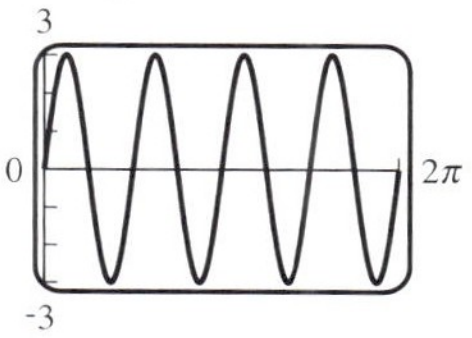

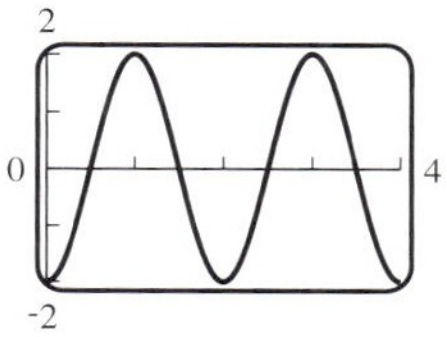

(c) 1, 4π

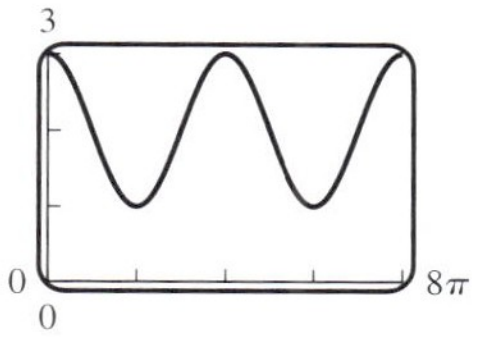

35. **(b)** $A = \sqrt{A_1^2 + A_2^2}, \theta = \tan^{-1}(\frac{A_2}{A_1})$
(c) $x = \frac{5\sqrt{13}}{2}\sin(2\pi t + \tan^{-1}\frac{1}{2\sqrt{3}})$

▶ Série d'exercices 1.5 (Page 65)

1. **(a)** oui **(b)** non **(c)** oui **(d)** non
3. **(a)** oui **(b)** oui **(c)** non **(d)** oui **(e)** non **(f)** non
5. **(a)** oui **(b)** non
7. **(a)** 8, -1, 0
(b) [-2; 2], [-8; 8]
(c)

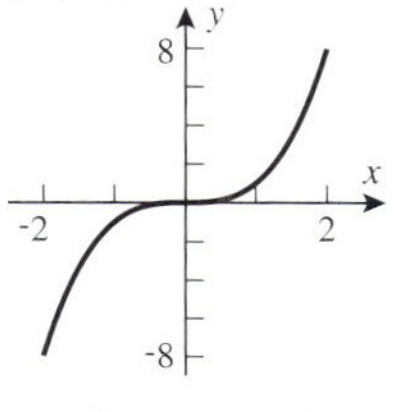

9. $\frac{1}{7}(x + 6)$
11. $\sqrt[3]{\frac{(x+5)}{3}}$
13. $\frac{(x^3+1)}{2}$
15. $-\sqrt{\frac{3}{x}}$
17. $\begin{cases} (\frac{5}{2}) - x, & x > \frac{1}{2} \\ \frac{1}{x}, & 0 < x \le \frac{1}{2} \end{cases}$
19. $x^{\frac{1}{4}} - 2$ pour $x \ge 16$
21. $\frac{1}{2}(3 - x^2)$ pour $x \le 0$ 23. $\frac{1}{10}(1 + \sqrt{1 - 20x})$ pour $x \le -4$
25. **(a)** $y = (6{,}14 \times 10^{-4})x$ **(b)** $x = \dfrac{10^4}{6{,}214}y$
(c) le nombre de mètres contenus dans y miles
27. **(b)** Elle est symétrique par rapport à la droite $y = x$. 29. 10

33. 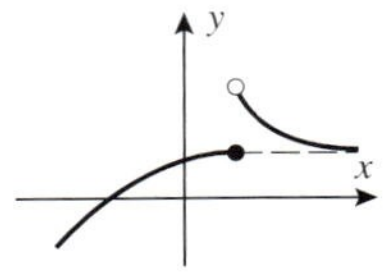

35. $\frac{4}{5}, \frac{3}{5}, \frac{3}{4}, \frac{5}{3}, \frac{5}{4}$

37. **(a)** $0 \le x \le \pi$ **(b)** $-1 \le x \le 1$ **(c)** $-\frac{\pi}{2} < x < \frac{\pi}{2}$
(d) $-\infty < x < +\infty$ 39. $\frac{24}{25}$

41. **(a)** $\frac{1}{\sqrt{1+x^2}}$ **(b)** $\frac{\sqrt{1-x^2}}{x}$ **(c)** $\frac{\sqrt{x^2-1}}{x}$ **(d)** $\frac{1}{\sqrt{x^2-1}}$

43. **(a)** 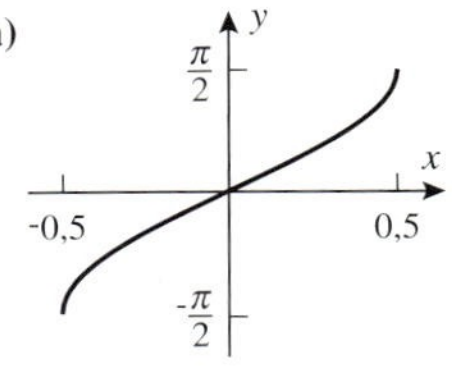

(b) 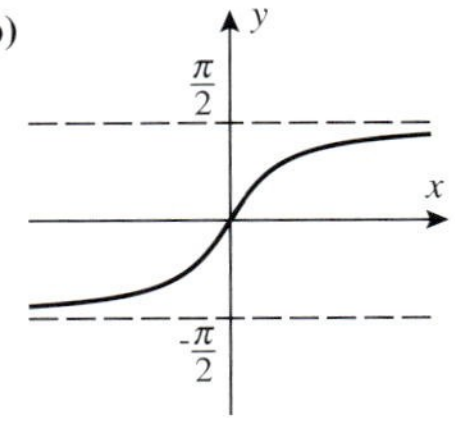

45. **(a)** $x = 3{,}6964$ rad **(b)** $\theta = -76{,}7°$

47. **(a)** 0,255 45; il y a erreur. **(b)** $|x| \le \sin 1$

49. **(a)** $\cot^{-1}(x)$ $\csc^{-1}(x)$

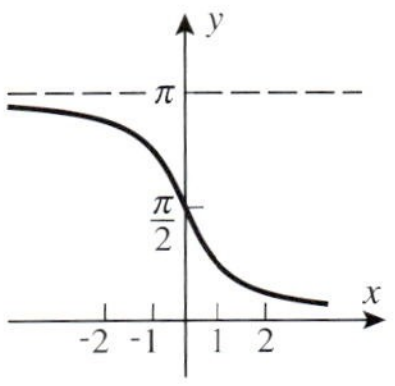

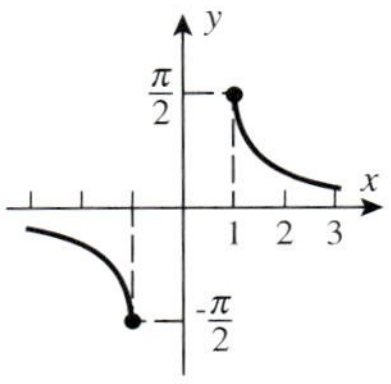

(b) $\cot^{-1} x$: pour tout x, $0 < y < \pi$
$\csc^{-1} x$: $|x| \ge 1$, $0 < |y| < \frac{\pi}{2}$

51. **(a)** 55,0° **(b)** 33,6° **(c)** 25,8°

53. **(a)** 21,1 heures **(b)** 2,9 heures 55. 29°

▶ Série d'exercices 1.6 (Page 77)

1. **(a)** -4 **(b)** 4 **(c)** $\frac{1}{4}$ 3. **(a)** 2,9690 **(b)** 0,0341

5. **(a)** 4 **(b)** -5 **(c)** 1 **(d)** $\frac{1}{2}$ 7. **(a)** 1,3655 **(b)** -0,3011

9. **(a)** $2r + \frac{s}{2} + \frac{t}{2}$ **(b)** $s - 3r - t$

11. **(a)** $1 + \log x + \frac{1}{2}\log(x-3)$ **(b)** $2\ln|x| + 3\ln\sin x - \frac{1}{2}\ln(x^2+1)$

13. $\log\frac{256}{3}$ 15. $\ln\frac{\sqrt[3]{x}(x+1)^2}{\cos x}$ 17. 0,01 19. e^2 21. 4 23. 10^5

25. $\sqrt{\frac{3}{2}}$ 27. $-\frac{\ln 3}{2\ln 5}$ 29. $\frac{1}{3}\ln\frac{7}{2}$ 31. -2 33. 0; $-\ln 2$

35. **(a)** 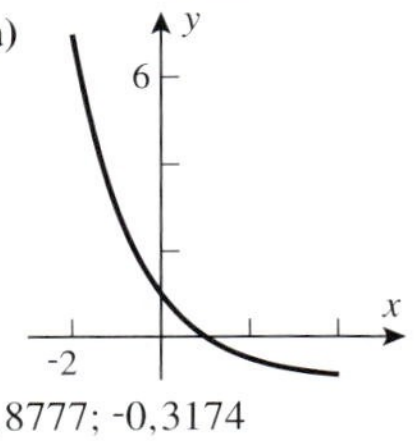

(b) 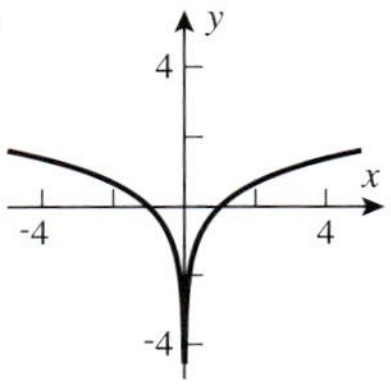

37. 2,8777; -0,3174

39. 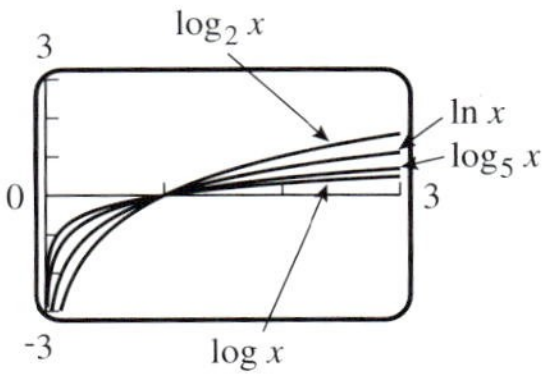

41. $x \approx 1{,}471$; 7,857

43. **(a)** non **(d)** $y = (\sqrt{5})^x$
(b) $y = 2^{\frac{x}{4}}$
(c) $y = 2^{-x}$

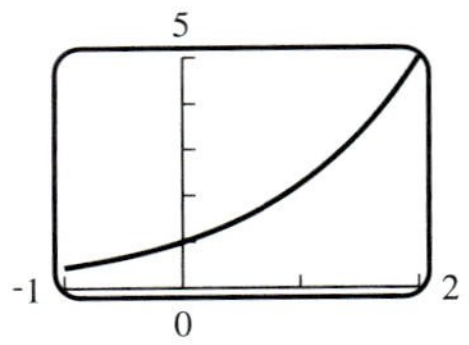

45. $\log\frac{1}{2} < 0$, donc $3\log\frac{1}{2} < 2\log\frac{1}{2}$ 47. 201 jours

49. **(a)** 7,4, basique **(b)** 4,2, acide **(c)** 6,4, acide **(d)** 5,9, acide

51. **(a)** 140 dB, endommage l'ouïe **(b)** 120 dB, endommage l'ouïe
(c) 80 dB, sans dommage **(d)** 75 dB, sans dommage

53. ≈ 200 55. **(a)** $\approx 5 \times 10^{16}$J **(b)** $\approx 0{,}67$

▶ Série d'exercices 1.7 (Page 86)

1. II 3. $S = 0{,}32895t - 430{,}94$, coefficient $= 0{,}3433$

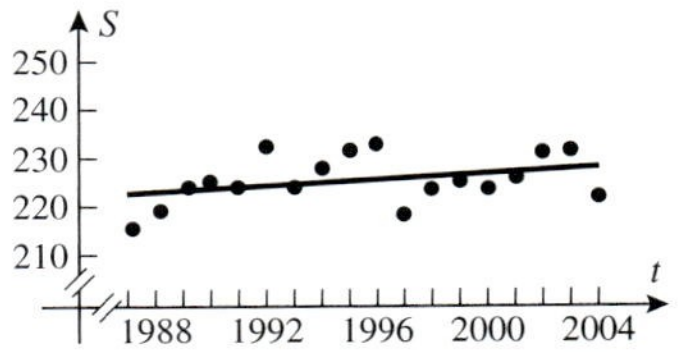

5. **(a)** $p = 0{,}0146T + 3{,}98$; 0,9999 **(b)** 3,25 atm **(c)** $\approx$ -272 °C

7. **(a)** $R = 0{,}00723T + 1{,}55$ **(b)** $\approx$ -214 °C

9. **(a)** $A = 5{,}1m - 0{,}1857$ **(b)** $\approx$ 1,6 kg

11. **(a)** $R = 0{,}0068t - 1{,}0518$; 0,8418 13. **(a)** $3b^2 + 2b + 1$
(b) 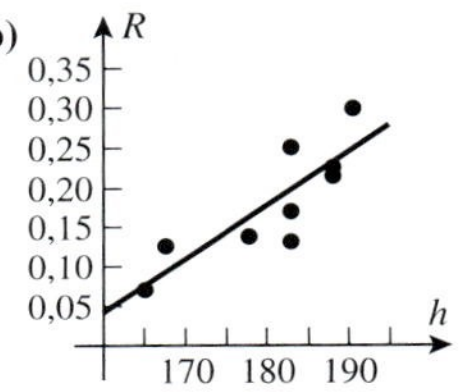

(b) $y = x - \frac{1}{3}$

15. La droite de régression linéaire relie le troisième point au point milieu du segment de droite vertical qui joint les deux autres points.

17. **(a)** 181,8 km/s/Mal **(b)** $1{,}492 \times 10^{10}$ années
(c) La valeur augmenterait.

19. $T = 849{,}5 + 143{,}5\sin\left[\frac{\pi}{183}t - \frac{\pi}{2}\right]$ 21. $t = 0{,}445\sqrt{d}$

▶ Série d'exercices 1.8 (Page 97)

1. **(a)** $y = x + 2$

(c)

t	0	1	2	3	4	5
x	-1	0	1	2	3	4
y	1	2	3	4	5	6

(d) 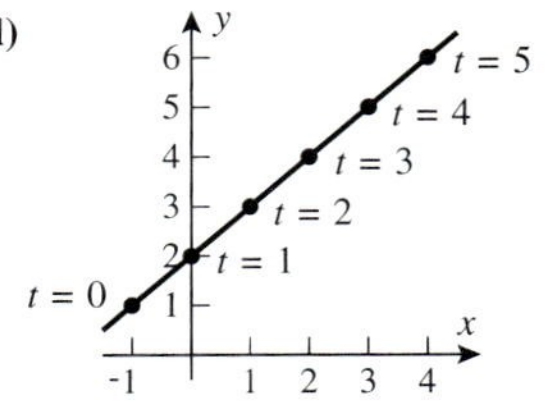

3. 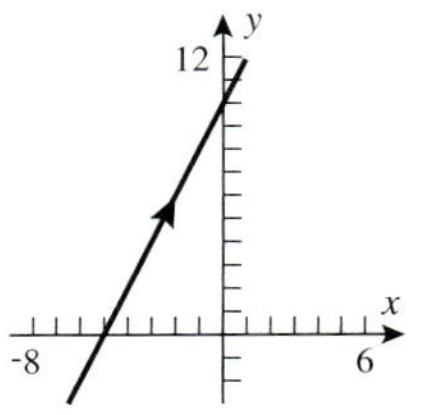

5. 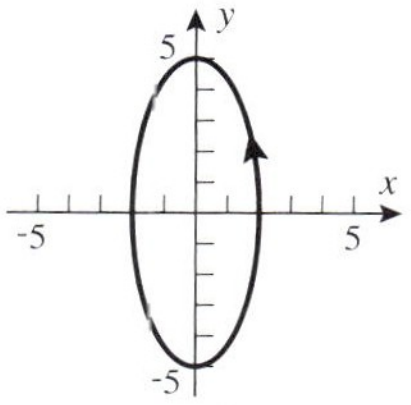

7. 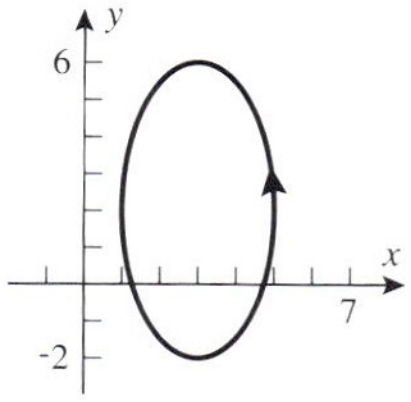

9. 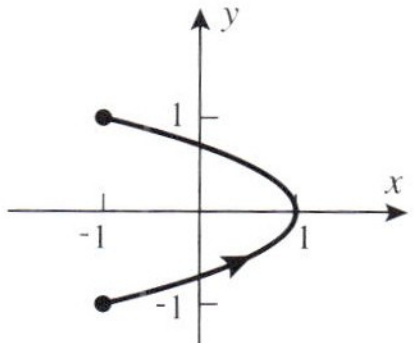

11. 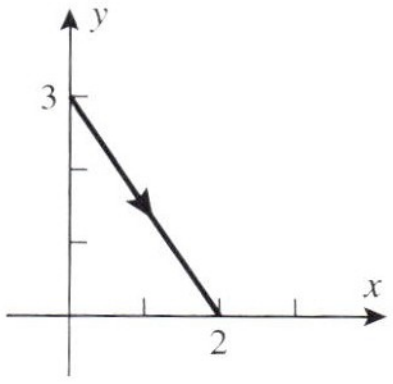

13. $x = 5\cos t,\ y = -5\sin t,\ 0 \le t \le 2\pi$ 15. $x = 2,\ y = t$

17. $x = t^2,\ y = t,\ -1 \le t \le 1$

19. **(a)** 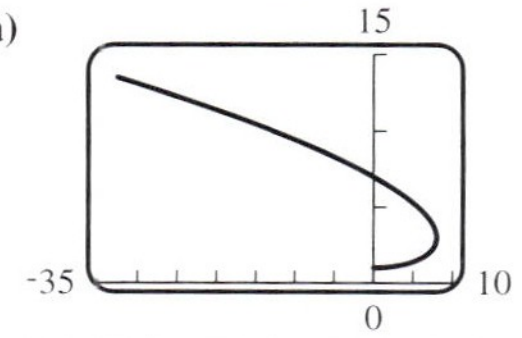

(b)

t	0	1	2	3	4	5
x	0	5,5	8	4,5	-8	-32,5
y	1	1,5	3	5,5	9	13,5

(c) $t = 0;\ 2\sqrt{3}$ **(d)** $0 < t < 2\sqrt{2}$ **(e)** 2

21. **(a)** 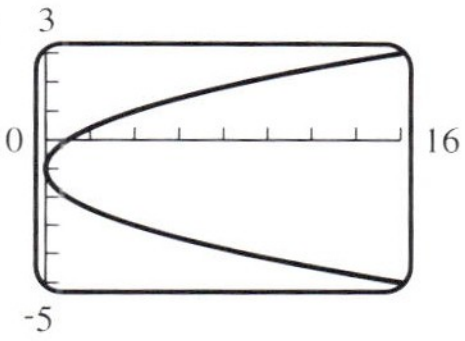

(b) 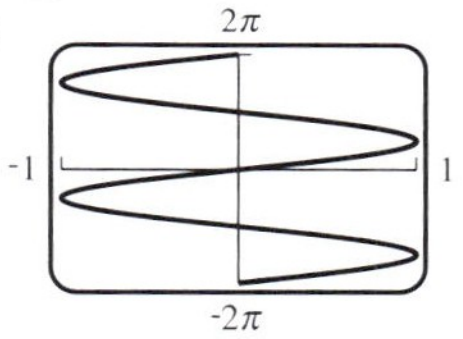

23. **(c)** $x = 1 + t,\ y = -2 + 6t,\ 0 \le t \le 1$
(d) $x = 2 - t,\ y = 4 - 6t,\ 0 \le t \le 1$

25. **(b)** $\frac{1}{2}$ **(c)** $\frac{3}{4}$ 27. **(a)** IV **(b)** II **(c)** V **(d)** VI **(e)** III **(f)** I

29. Lorsque t varie, le point se déplace dans les deux sens sur une portion de la parabole $y = x^2$.

31. **(b)** 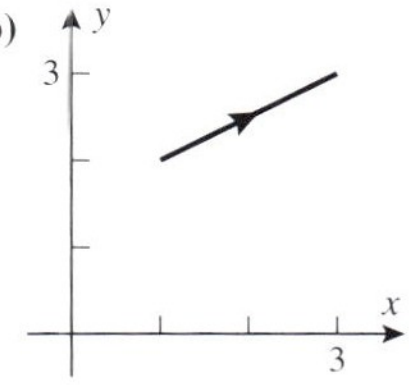

33. 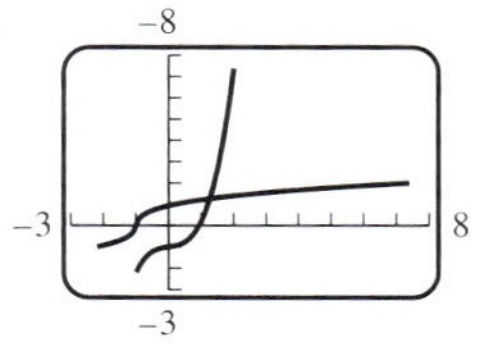

35. 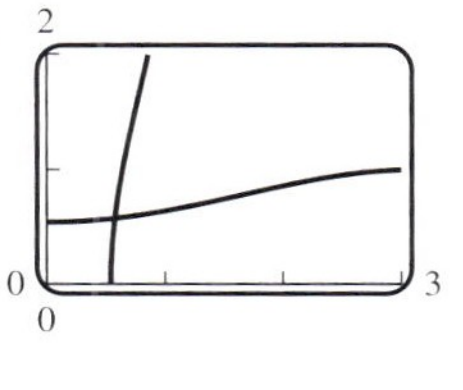

37. 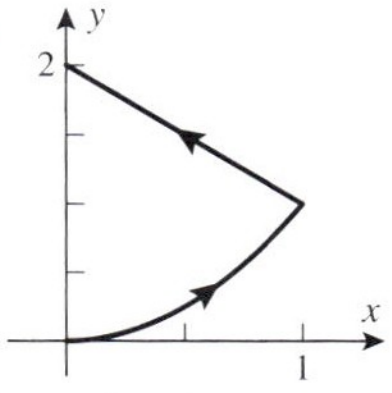

39. **(a)** $x = 4\cos t,\ y = 3\sin t$ **(b)** $x = -1 + 4\cos t,\ y = 2 + 3\sin t$

41. **(a)** $x = 400\sqrt{2}t,\ y = 400\sqrt{2}t - 4{,}9t^2$ **(b)** 16 326,53 m
(c) 65 306,12 m

43. **(a)** des ellipses avec un centre fixe et des axes de symétrie variables
(b) (en supposant que $a \neq 0$ et $b \neq 0$) des ellipses dont le centre varie et dont les axes de symétrie sont fixes **(c)** des cercles de rayon 1 dont les centres sont sur la droite $y = x - 1$

45. **(a)** 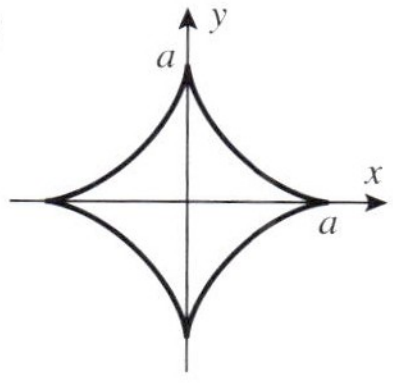

▶ Chapitre 1. Exercices récapitulatifs (Page 101)

1. 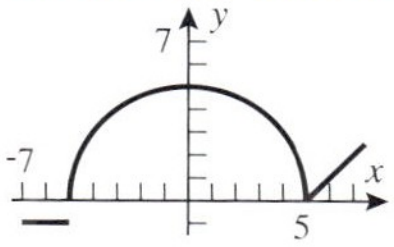

3. 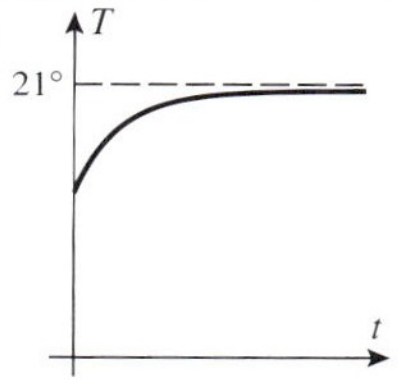

5. **(a)** $C = 5x^2 + (\frac{64}{x})$ **(b)** $x > 0$

7. **(a)** $V = (3 - 2x)(0{,}9 - x)x$ m^3
(b) $0 < x < 0{,}9$
(c) 1,14 m × 1,08 m × 0,36 m

9. 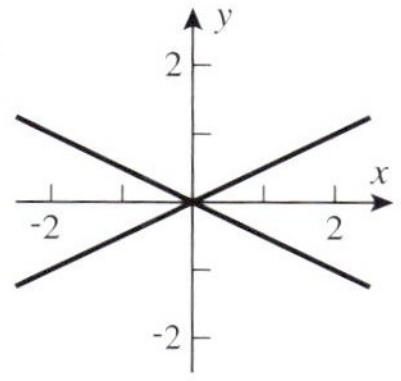

11.

x	-4	-3	-2	-1	0	1	2	3	4
$f(x)$	0	-1	2	1	3	-2	-3	4	-4
$g(x)$	3	2	1	-3	-1	-4	4	-2	0
$(f \circ g)(x)$	4	-3	-2	-1	1	0	-4	2	3
$(g \circ f)(x)$	-1	-3	4	-4	-2	1	2	0	3

13. 0; -2 15. $\frac{1}{(2-x^2)},\ x \neq \pm 1, \pm\sqrt{2}$

17. **(a)** impaire **(b)** paire **(c)** ni l'un ni l'autre **(d)** paire

19. **(a)** des cercles de rayon 1 centrés sur la parabole $y = x^2$
(b) des paraboles ouvertes vers le haut et dont les sommets sont sur la droite $y = \frac{x}{2}$

21. **(a)** 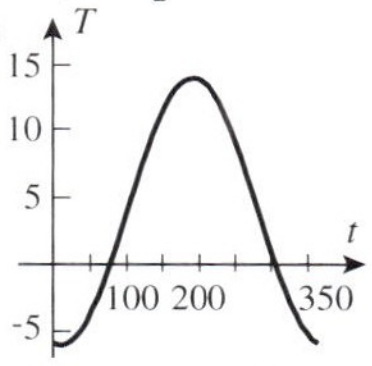

(b) 11 janvier **(c)** 136 jours

23. $A\ :\left(-\frac{2}{3}\pi, 1 - \sqrt{3}\right)$; $B\ :\left(\frac{1}{3}\pi, 1 + \sqrt{3}\right)$; $C\ :\left(\frac{2}{3}\pi, 1 + \sqrt{3}\right)$;
$D\ :\left(\frac{5}{3}\pi, 1 - \sqrt{3}\right)$

27. **(a)** $\frac{1}{2}(x + 1)^{\frac{1}{3}}$ **(b)** n'existe pas **(c)** $\frac{1}{2}\ln(x - 1)$ **(d)** $\dfrac{x + 2}{x - 1}$
(e) $\dfrac{1}{2 + \sin^{-1} x}$ **(f)** $\tan\left(\dfrac{1}{3x} - \dfrac{1}{3}\right),\ x \le -\dfrac{2}{3\pi - 2}$ ou $x \ge \dfrac{2}{3\pi + 2}$

29. **(a)** $\frac{33}{65}$ **(b)** $\frac{56}{65}$ 31. 10^{150} cm $= 10^{145}$ km 33. $15x + 2$

35. **(a)** 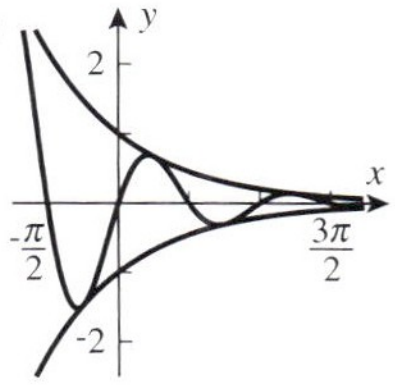

(b) $-\dfrac{\pi}{2}, 0, \dfrac{\pi}{2}, \pi, \dfrac{3\pi}{2};\quad -\dfrac{\pi}{4}, \dfrac{\pi}{4}, \dfrac{3\pi}{4}, \dfrac{5\pi}{4}$

37. **(a)**

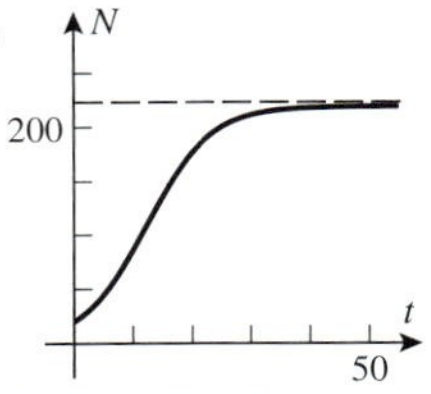

(b) environ 10 ans **(c)** 220 moutons

39. **(b)** 3,654; 332 105,108

41. **(a)**

1,90	1,92	1,94	1,96	1,98	2,00
3,4161	3,4639	3,5100	3,5543	3,5967	3,6372

2,02	2,04	2,06	2,08	2,10
3,6756	3,7119	3,7459	3,7775	3,8068

(b) $y = 1{,}9590x - 0{,}291\,01$ **(c)** $y = 1{,}9590x - 0{,}2808$

(d)

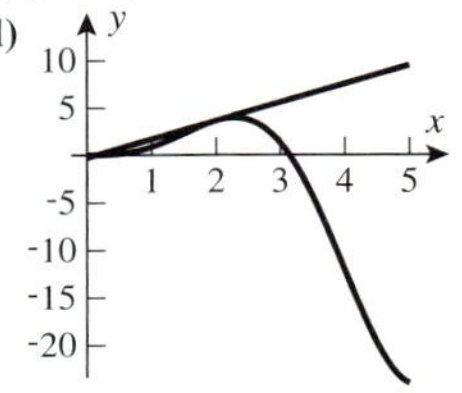

43. $T = 0{,}537 + 0{,}495 \sin\left[\frac{\pi}{6}(t - 6{,}5)\right]$

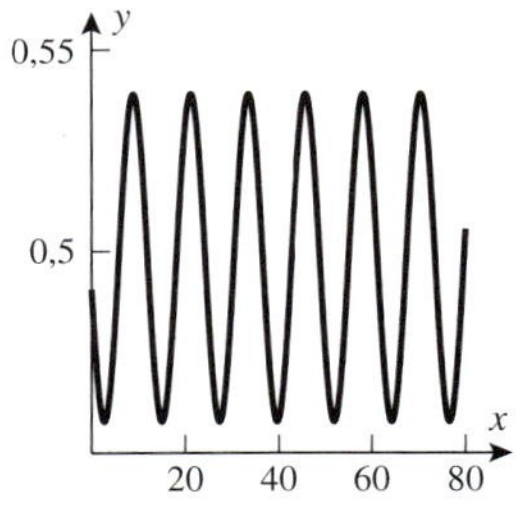

45. $x = \sqrt{2}\cos t,\ y = -\sqrt{2}\sin t,\ 0 \le t \le \dfrac{3\pi}{2}$

47.

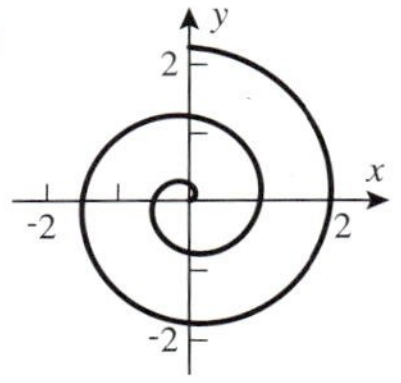

▶ Série d'exercices 2.1 (Page 115)

1. **(a)** 0 **(b)** 0 **(c)** 0 **(d)** 3 3. **(a)** $-\infty$ **(b)** $-\infty$ **(c)** $-\infty$ **(d)** 1

5. pour tout $x_0 \neq -4$

7.

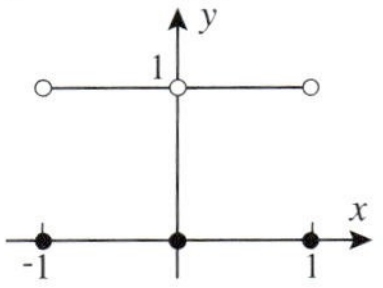

9.

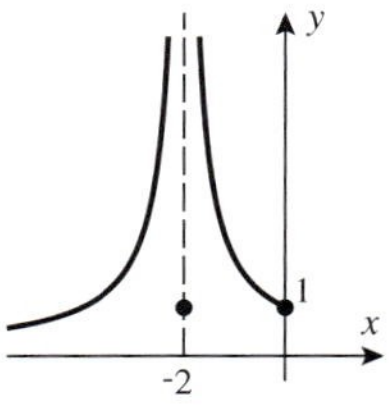

11.

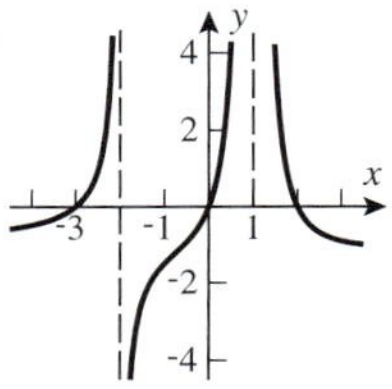

13. **(a)** $\frac{1}{3}$ **(b)** $+\infty$ **(c)** $-\infty$

15. **(a)** 3 **(b)** n'existe pas

17. $y = -2x - 1$

19. $y = 4x - 3$

23. **(a)** Une soustraction catastrophique se produit lorsque l'intervalle en x est petit (plus ou moins petit selon la calculatrice utilisée) **(c)** non

25. **(a)** la longueur au repos **(b)** 0. Lorsque la vitesse approche de c, la longueur rétrécit et tend vers zéro.

▶ Série d'exercices 2.2 (Page 126)

1. **(a)** -6 **(b)** 13 **(c)** -8 **(d)** 16 **(e)** 2 **(f)** $-\frac{1}{2}$
(g) Le dénominateur tend vers zéro mais pas le numérateur.
(h) Le dénominateur tend vers zéro mais pas le numérateur.

3. 6 5. $\frac{3}{4}$ 7. 4 9. $-\frac{4}{5}$ 11. -3 13. $\frac{3}{2}$ 15. $+\infty$

17. n'existe pas 19. $-\infty$ 21. $+\infty$ 23. n'existe pas 25. $+\infty$

27. $+\infty$ 29. 6 31. **(a)** 2 **(b)** 2 **(c)** 2 33. **(a)** 3

35. **(a)** Le théorème 2.2.2(a) ne s'applique pas.
(b) $\lim\limits_{x \to 0^+}\left(\frac{1}{x} - \frac{1}{x^2}\right) = \lim\limits_{x \to 0^+}\left(\frac{x-1}{x^2}\right) = -\infty$ 37. $\frac{1}{4}$

39. Les limites à gauche et/ou à droite pourraient tendre vers $\pm\infty$; ou encore la limite pourrait exister et être égale à tout nombre réel préétabli.

▶ Série d'exercices 2.3 (Page 135)

1. **(a)** $-\infty$ **(b)** $+\infty$ 3. **(a)** 0 **(b)** -1

5. **(a)** -12 **(b)** 21 **(c)** -15 **(d)** 25 **(e)** 2 **(f)** $-\frac{3}{5}$ **(g)** 0
(h) n'existe pas

7. $-\infty$ 9. $+\infty$ 11. $\frac{3}{2}$ 13. 0 15. 0 17. $\dfrac{-\sqrt[3]{5}}{2}$ 19. $-\sqrt{5}$

21. $\frac{1}{\sqrt{6}}$ 23. $\sqrt{3}$ 25. $-\infty$ 27. $-\frac{1}{7}$

29. $\lim\limits_{t \to +\infty} n(t) = +\infty$; $\lim\limits_{t \to +\infty} e(t) = c$ 31. **(a)** $+\infty$ **(b)** -5 33. 0

35. $\frac{a}{2}$ 37. $\lim\limits_{x \to +\infty} p(x) = \begin{cases} -\infty, & n \text{ est impair} \\ +\infty, & n \text{ est pair} \end{cases}$ et $\lim\limits_{x \to -\infty} p(x) = +\infty$

39. Si $m > n$, les deux limites sont nulles; si $m = n$, les limites sont égales au coefficient du terme de plus haut degré de p; si $n > m$, les limites sont $\pm\infty$.

41. $\lim\limits_{x \to -\infty} \dfrac{2 + 3x^n}{1 - x^m} = \begin{cases} 0 & \text{si} \quad m > n \\ -3 & \text{si} \quad m = n \\ +\infty & \text{si} \quad m < n \text{ et } n - m \text{ est impair} \\ -\infty & \text{si} \quad m < n \text{ et } n - m \text{ est pair} \end{cases}$

43. $+\infty$ 45. $+\infty$ 47. 1 49. 1 51. $-\infty$ 53. $-\infty$ 55. 1 57. $+\infty$

59. **(a)**

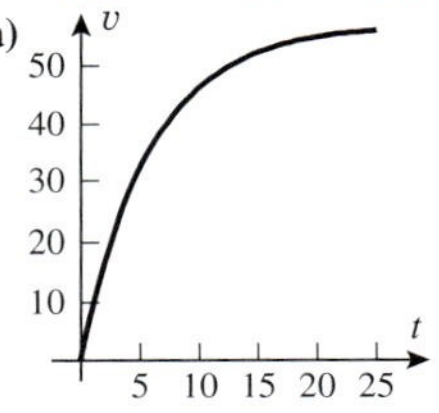

(b) $c = 57$
(c) C'est la vitesse limite du parachutiste.

61. Elles sont égales à L. 63. e 65. e 67. $\frac{1}{e}$ 69. $+\infty$ 71. e

73. $\frac{1}{e}$ 75. e^6 77. e^{-6} 79. $x + 2$ 81. $1 - x^2$ 83. $\sin x$

▶ Série d'exercices 2.4 (Page 145)

1. **(a)** $|x| < 0{,}1$ **(b)** $|x - 3| < 0{,}0025$ **(c)** $|x - 4| < 0{,}000\,125$

3. **(a)** $x_0 = 3{,}8025,\ x_1 = 4{,}2025$ **(b)** $\delta = 0{,}1975$

5. $\delta = 0{,}0442$

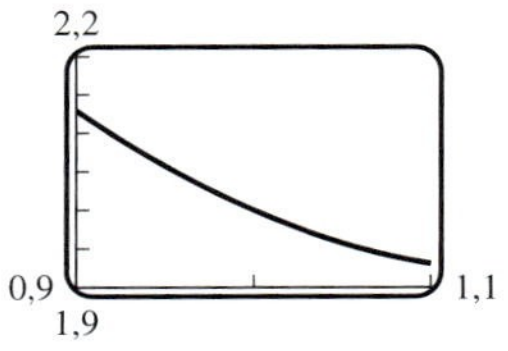

7. $\delta = 0{,}13$

9. $\delta = 0{,}05$

11. $\delta = 0{,}05$

13. $\delta = \sqrt[3]{8{,}001} - 2 \approx 8{,}332\,986 \cdot 10^{-5}$ 15. $\delta = \frac{1}{505} \approx 0{,}000\,198$

17. **(a)** $\lim_{x \to 4} f(x) = 3$ **(b)** $\delta = 0{,}0001$

19. $\delta = \frac{1}{5200} \approx 0{,}000\ 1923$ 21. $\delta = \frac{1}{3}\epsilon$ 23. $\delta = \frac{\epsilon}{2}$ 25. $\delta = \epsilon$
27. (b) 65 (c) $\frac{\epsilon}{65}$; 65; 65; $\frac{\epsilon}{65}$ 29. $\delta = \min\left(1;\ \frac{1}{6}\epsilon\right)$
31. $\delta = \min\left(1;\ \frac{\epsilon}{(1+\epsilon)}\right)$ 33. $\delta = 2\epsilon$
35. (a) $\sqrt{10}$ (b) 99 (c) -10 (d) -101
37. (a) $-\sqrt{\dfrac{1-\epsilon}{\epsilon}}$; $\sqrt{\dfrac{1-\epsilon}{\epsilon}}$ (b) $\sqrt{\dfrac{1-\epsilon}{\epsilon}}$ (c) $-\sqrt{\dfrac{1-\epsilon}{\epsilon}}$ 39. 10
41. 999 43. -202 45. -57,5 47. $N = \dfrac{1}{\sqrt{\epsilon}}$ 49. $N = -\dfrac{5}{2} - \dfrac{11}{2\epsilon}$
51. $N = (1 + \frac{2}{\epsilon})^2$ 53. (a) $|x| < \frac{1}{10}$ (b) $|x-1| < \frac{1}{1000}$
(c) $|x-3| < \frac{1}{10\sqrt{10}}$ (d) $|x| < \frac{1}{10}$
55. $\delta = \frac{1}{\sqrt{M}}$ 57. $\delta = \frac{1}{M}$ 59. $\delta = \frac{1}{(-M)}^{\frac{1}{4}}$ 61. $\delta = \epsilon$
63. $\delta = \epsilon^2$ 65. $\delta = \epsilon$ 67. (a) $\delta = -\frac{1}{M}$ (b) $\delta = \frac{1}{M}$
69. (a) $N = M - 1$ (b) $N = M - 1$ 71. $\delta = \min\left(2;\ \frac{1}{8}\epsilon\right)$
73. (a) 0,4 ampère (b) entre 0,394 74 et 0,405 41 ampère (c) entre $\frac{3}{(7{,}5+\delta)}$ et $\frac{3}{(7{,}5-\delta)}$ (d) $\delta \approx 0{,}01870$ (e) le courant tend vers $+\infty$

Série d'exercices 2.5 (Page 158)

1. (a) non continue, $x = 2$ (b) non continue, $x = 2$
(c) non continue, $x = 2$ (d) continue (e) continue
(f) continue
3. (a) non continue, $x = 1, 3$ (b) continue
(c) non continue, $x = 1$ (d) continue
(e) non continue, $x = 3$ (f) continue
5. (a) 3 (b) 3
7. (a)
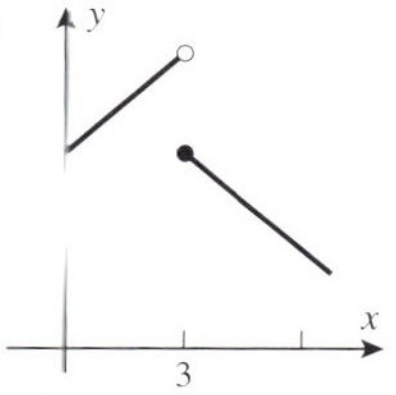
(b)
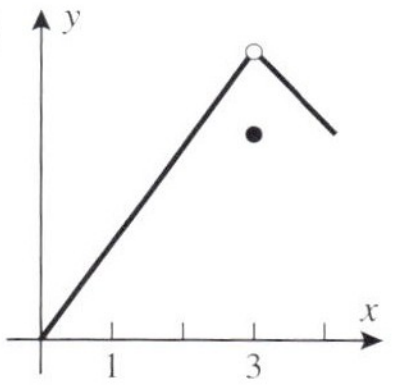
(c)
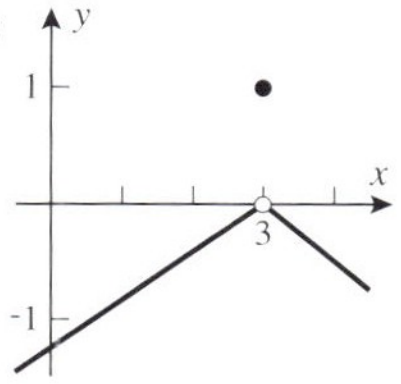
(d)
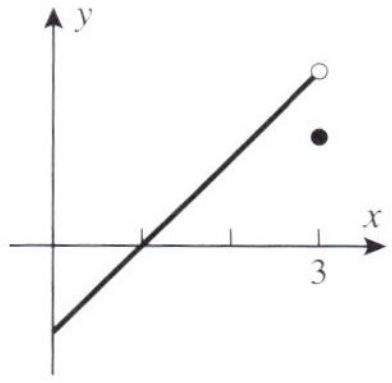
9. (a)
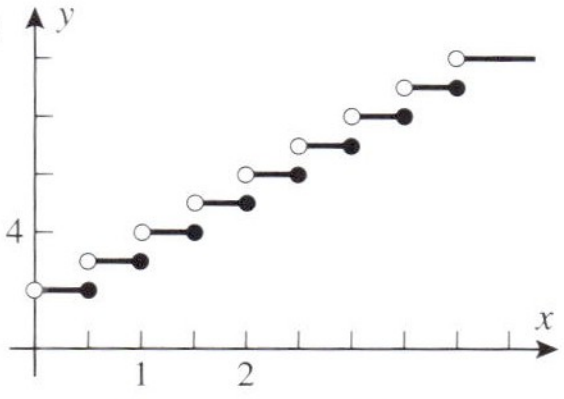
(b) Une seconde pourrait vous coûter un dollar.
11. aucune 13. aucune 15. $-\frac{1}{2}$; 0 17. -1; 0; 1 19. aucune
21. aucune 23. (a) $k = 5$ (b) $k = \frac{4}{3}$ 25. $k = 4, m = \frac{5}{3}$
27. (a)
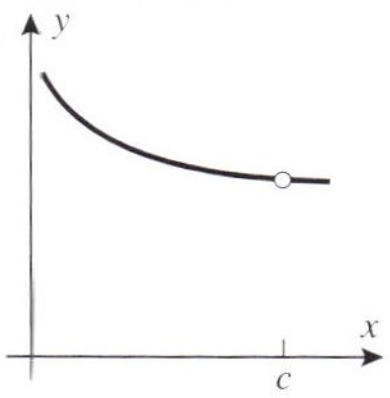
(b)
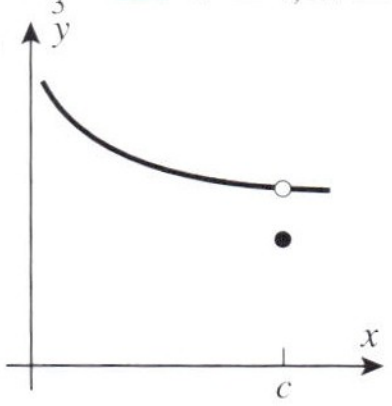
29. (a) $x = 0$, n'est pas une discontinuité réductible (b) $x = -3$, discontinuité réductible (c) $x = 2$, discontinuité réductible; (d) $x = -2$, n'est pas une discontinuité réductible

31. (a) $x = \frac{1}{2}$, n'est pas une discontinuité réductible; à $x = -3$, discontinuité réductible
(b) $(2x-1)(x+3)$
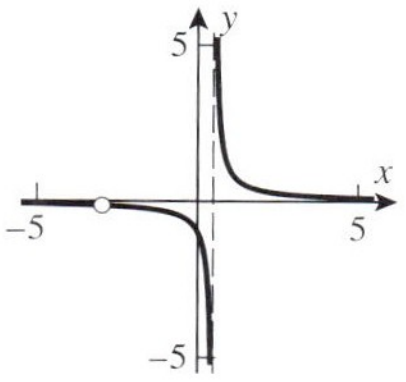
35. (a) $f(x) = k$ pour $x \neq c$, $f(c) = 0$; $g(x) = \ell$ pour $x \neq c$, $g(c) = 0$. Si $k = -\ell$, alors $f + g$ est continue; autrement, elle ne l'est pas.
(b) $f(x) = k$ pour $x \neq c$, $f(c) = 1$; $g(x) = \ell \neq 0$ pour $x \neq c$, $g(c) = 1$. Si $k\ell = 1$, alors fg est continue; autrement, elle ne l'est pas.
39. $f(x) = 1$ pour $0 \leq x < 1$, $f(x) = -1$ pour $1 \leq x \leq 2$
45. $x = -1{,}25$; $x = 0{,}75$ 47. $x = -1{,}605$; $x = 1{,}375$
49. $x = 2{,}24$ 51. $x = 4{,}847$ cm

Série d'exercices 2.6 (Page 165)

1. aucune 3. $x = n\pi, n = 0, \pm 1, \pm 2, \ldots$
5. $x = n\pi, n = 0, \pm 1, \pm 2, \ldots$
7. $2n\pi + (\frac{\pi}{6}), 2n\pi + (\frac{5\pi}{6}), n = 0, \pm 1, \pm 2, \ldots$
9. [-1; 1] 11.]0; 3[et]3; +∞[13.]-∞; -1] et [1; +∞[
15. (a) $\sin x, x^3 + 7x + 1$ (b) $|x|, \sin x$ (c) $x^3, \cos x, x + 1$
(d) $\sqrt{x}, 3 + x, \sin x, 2x$ (e) $\sin x, \sin x$ (f) $x^5 - 2x^3 + 1, \cos x$
17. 1 19. $-\frac{\pi}{6}$ 21. 3 23. $+\infty$ 25. $\frac{7}{3}$ 27. 0 29. 0 31. 1
33. 2 35. n'existe pas 37. 0 39. $\frac{a}{b}$ 41. (b) $\frac{1}{10}$ 43. (b) -1
45. $\lim_{x\to 0} \sin(\frac{1}{x})$ n'existe pas 47. $k = \frac{1}{2}$ 49. (a) 1 (b) 0 (c) 1
51. $-\pi$ 53. $-\sqrt{2}$ 55. 1 57. 5 59. 3 61. 0
63. $-|x| \leq x\cos(\frac{50\pi}{x}) \leq |x|$
65. $\lim\limits_{x\to 0} f(x) = 1$ d'après le théorème d'encadrement.
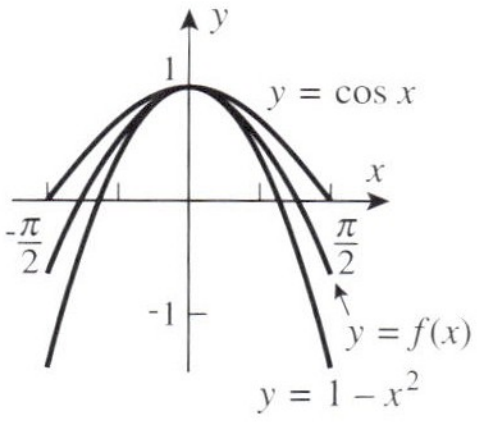

67. $g(x) = -\dfrac{1}{x}, h(x) = \dfrac{1}{x}$; $\lim\limits_{x\to+\infty} \dfrac{\sin x}{x} = 0$ d'après le théorème d'encadrement.
71. (a) 0,173 65 (b) 0,174 53 73. (a) 0,087 49 (b) 0,087 27
75. (b)
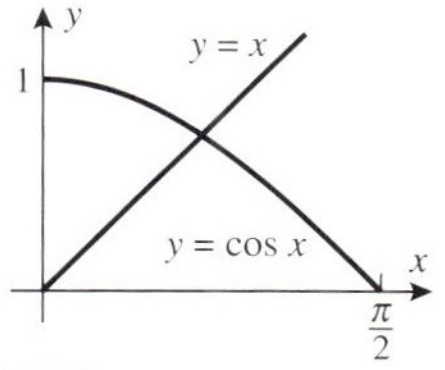

(c) 0,739
77. (a) La force de gravité est plus grande aux pôles et plus faible à l'équateur.
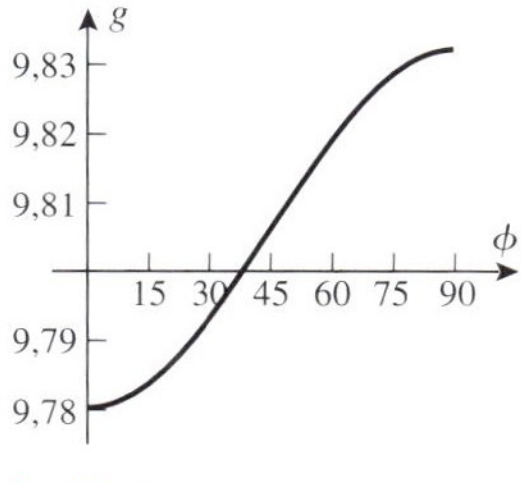

Chapitre 2. Exercices récapitulatifs (Page 168)

1. (a) 1 (b) n'existe pas (c) n'existe pas (d) 1 (e) 3 (f) 0
(g) 0 (h) 2 (i) $\frac{1}{2}$
3. (a) 0,405 5. 1 7. $-\frac{3}{2}$ 9. $\frac{32}{3}$
11. (a) $y = 0$ (b) aucune (c) $y = 2$ 13. 1 15. $3 - k$ 17. 0
19. e^{-3} 21. 2001,60 \$; 2009,66 \$; 2013,62 \$; 2013,75 \$
23. (a) $\frac{2x}{(x-1)}$ en est un exemple.

25. (a) $\lim_{x\to 2} f(x) = 5$ (b) $\delta = 0{,}0045$
27. (a) $\delta = 0{,}0025$ (b) $\delta = 0{,}0025$ (c) $\delta = \frac{1}{9000}$
(Des valeurs plus grandes fonctionnent également.)
31. (a) -1, 1 (b) aucune (c) -3, 0 33. Non, elle n'est pas continue à $x = 2$.
35. Considérer $f(x) = x$ pour $x \neq 0$, $f(0) = 1$, $a = -1$, $b = 1$, $k = 0$.

▶ Série d'exercices 3.1 (Page 182)

1. (a) 4 m/s 3. (a) 33 m/s (b) 55 m/s
5. (a) t_0 (b) 0 (c) prend de la vitesse (d) ralentit
7. une droite de pente égale à la vitesse
9. (a) 2
(b) 0
(c) $4x_0$
(d)

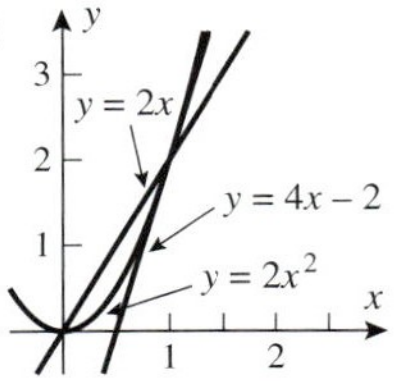

11. (a) $-\frac{1}{6}$
(b) $-\frac{1}{4}$
(c) $-\frac{1}{x_0^2}$
(d)

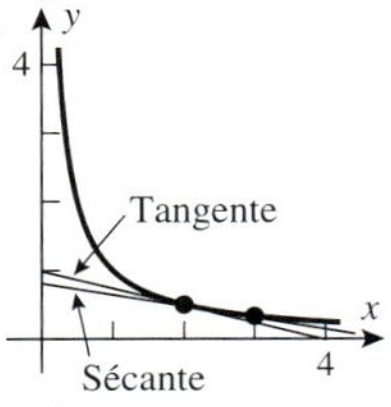

13. (a) $2x_0$ (b) -2 15. (a) $\frac{1}{(2\sqrt{x_0})}$ (b) $\frac{1}{2}$
17. (a) 21 °C aux environs de 16h30 (b) 2,25 °C/h (c) -3,75 °C/h aux environs de 21h00
19. (a) la première année
(b) 6 cm/an
(c) 10 cm/an aux environs de 14 ans
(d)

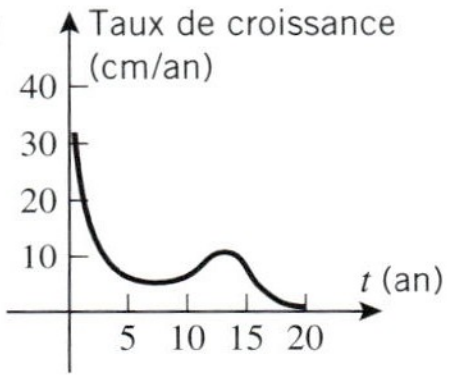

21. (a) 6144 m (b) 153,6 m/s (c) 5,44 m/s (d) 460,8 m/s
23. (a) 10,8 m/min (b) 57,6 m/min

▶ Série d'exercices 3.2 (Page 194)

1. 2, 0, -2, -1 5.

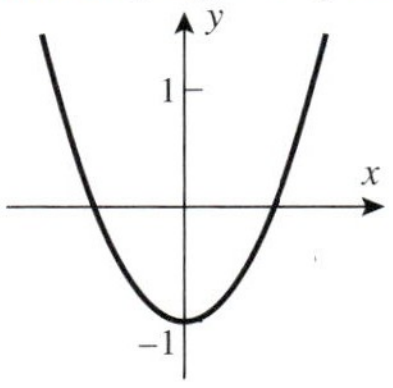

3. (b) 3 (c) 3
7. $y = 5x - 16$
9. $4x$, $y = 4x - 2$
11. $3x^2$; $y = 0$
13. $\dfrac{1}{2\sqrt{x+1}}$; $y = \frac{1}{6}x + \frac{5}{3}$ 15. $-\frac{1}{x^2}$ 17. $2x - 1$
19. $-\frac{1}{(2x^{\frac{3}{2}})}$ 21. $8t + 1$ 23. (a) D (b) F (c) B (d) C (e) A (f) E
25. (a)

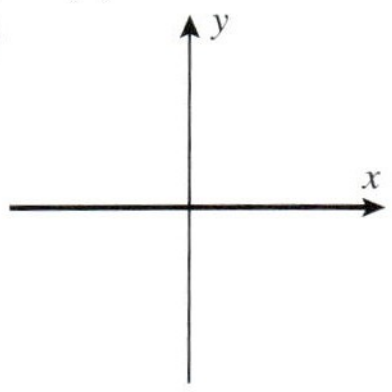

(b)

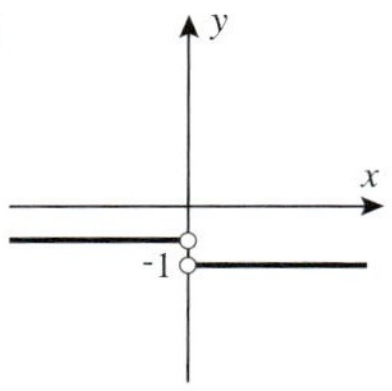

(c)

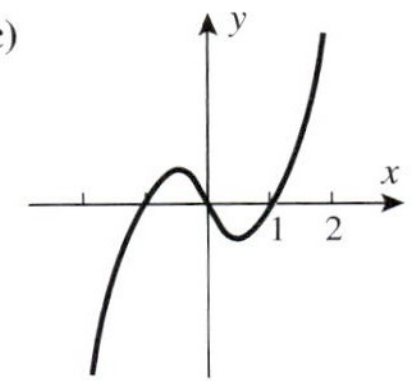

27. (a) $\sqrt{x}$, 1 (b) x^2, 3 31. $y = -2x + 1$
29. -2

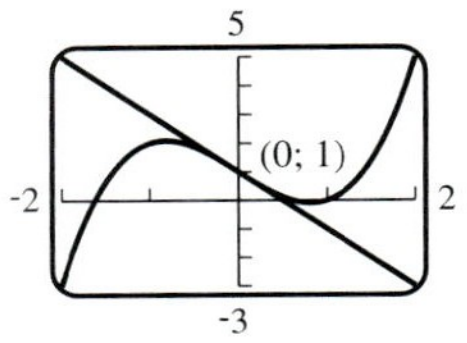

33. (b)

h	0,5	0,1	0,01	0,001	0,0001	0,000 01
$\dfrac{f(1+h)-f(1)}{h}$	1,6569	1,4355	1,3911	1,3868	1,3863	1,3863

35. (a) dollars par mètre (b) le coût du forage d'un mètre supplémentaire (c) Il est positif (d) 1000 $
37. (a) $F \approx 900$ N, $\frac{dF}{d\theta} \approx 225$ N/rad (b) $\mu = -0{,}25$
39. (a) $T \approx 57{,}5$ °C; $\frac{dT}{dt} \approx -1{,}5$ °C/ min (b) $K \approx -0{,}045$

▶ Série d'exercices 3.3 (Page 203)

1. $28x^6$ 3. $24x^7 + 2$ 5. 0 7. $-\frac{1}{3}(7x^6 + 2)$
9. $-3x^{-4} - 7x^{-8}$ 11. $24x^{-9} + (\frac{1}{\sqrt{x}})$ 13. $12x(3x^2 + 1)$
15. $3ax^2 + 2bx + c$ 17. 7 19. $2t - 1$ 21. 15 23. -8 25. 0
27. 0 29. $32t$ 31. $3\pi r^2$ 33. (a) $4\pi r^2$ (b) 100π 35. $y = 5x + 17$
37. (a) $42x - 10$ (b) 24 (c) $\frac{2}{x^3}$ (d) $700x^3 - 96x$
39. (a) $-210x^{-8} + 60x^2$ (b) $-6x^{-4}$ (c) $6a$
41. (a) 0 (b) 112 (c) 360 45. $(1; \frac{5}{6})(2; \frac{2}{3})$

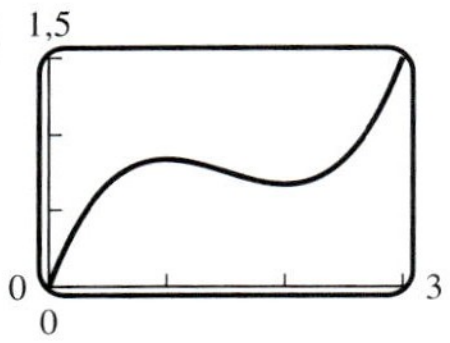

47. $y = 3x^2 - x - 2$
49. $x = \frac{1}{2}$
51. $(2 + \sqrt{3}, -6 - 4\sqrt{3})$, $(2 - \sqrt{3}, -6 + 4\sqrt{3})$
53. $-2x_0$
57. $-\dfrac{2GmM}{r^3}$
59. $f'(x) > 0$ pour tout $x \neq 0$
61. oui, 3

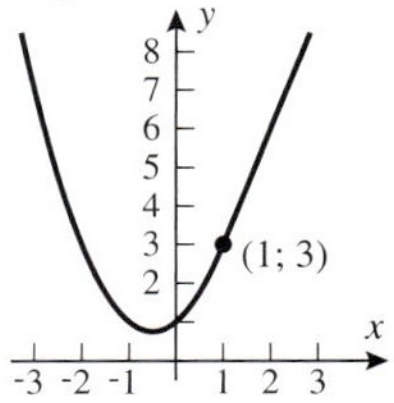

63. n'est pas dérivable à $x = 1$ 65. (a) $x = \frac{2}{3}$ (b) $x = \pm 2$ 67. (b) oui
69. (a) $n(n-1)(n-2)\cdots 1$ (b) 0 (c) $a_n n(n-1)(n-2)\cdots 1$
75. $-\frac{12}{(2x+1)^3}$ 77. $-\frac{2}{(x+1)^3}$

▶ Série d'exercices 3.4 (Page 210)

1. $4x + 1$ 3. $4x^3$ 5. $18x^2 - \frac{3}{2}x + 12$
7. $-15x^{-2} - 14x^{-3} + 48x^{-4} + 32x^{-5}$ 9. $3x^2$ 11. $-\frac{5}{4}$ 13. $\frac{7}{16}$
15. -29 17. 0 19. (a) $-\frac{37}{4}$ (b) $-\frac{23}{16}$

21. **(a)** 10 **(b)** 19 **(c)** 9 **(d)** -1 23. $-2 \pm \sqrt{3}$ 25. aucune 27. -2

31. $F''(x) = xf''(x) + 2f'(x)$

35. **(a)** $2(1 + x^{-1})(x^{-3} + 7) + (2x + 1)(-x^{-2})(x^{-3} + 7) + (2x + 1)(1 + x^{-1})(-3x^{-4})$ **(b)** $3(7x^6 + 2)(x^7 + 2x - 3)^2$

37. $g'(x) = n(f(x))^{n-1}(x)$ 39. $f'(x) = -nx^{-n-1}$

▶ Série d'exercices 3.5 (Page 215)

1. $-4\sin x + 2\cos x$ 3. $4x^2 \sin x - 8x\cos x$

5. $\frac{(1+5\sin x - 5\cos x)}{(5+\sin x)^2}$ 7. $\sec x \tan x - \sqrt{2}\sec^2 x$

9. $-4\csc x \cot x + \csc^2 x$ 11. $\sec^3 x + \sec x \tan^2 x$ 13. $-\dfrac{\csc x}{1 + \csc x}$

15. 0 17. $\dfrac{1}{(1 + x\tan x)^2}$ 19. $-x\cos x - 2\sin x$

21. $-x\sin x + 5\cos x$ 23. $-4\sin x\cos x$

25. **(a)** $y = x$ **(b)** $y = 2x - (\frac{\pi}{2}) + 1$ **(c)** $y = 2x + (\frac{\pi}{2}) - 1$

29. **(a)** $x = \pm\frac{\pi}{2}, \pm\frac{3\pi}{2}$ **(b)** $x = -\frac{3\pi}{2}, \frac{\pi}{2}$
(c) aucune tangente horizontale **(d)** $x = \pm 2\pi, \pm\pi, 0$

31. 0,026 m/degré 33. 1,75 m/degré 35. **(a)** $-\cos x$ **(b)** $\cos x$

37. 3, 7, 11, ...

39. **(a)** pour tout x **(b)** pour tout x **(c)** $x \neq (\frac{\pi}{2}) + n\pi, n = 0, \pm 1, \pm 2, \ldots$
(d) $x \neq n\pi, n = 0, \pm 1, \pm 2, \ldots$ **(e)** $x \neq (\frac{\pi}{2}) + n\pi, n = 0, \pm 1, \pm 2, \ldots$ **(f)** $x \neq n\pi, n = 0, \pm 1, \pm 2, \ldots$ **(g)** $x \neq (2n + 1)\pi, n = 0, \pm 1, \pm 2, \ldots$ **(h)** $x \neq \frac{n\pi}{2}, n = 0, \pm 1, \pm 2, \ldots$ **(i)** pour tout x

▶ Série d'exercices 3.6 (Page 222)

1. 6 3. **(a)** $(2x - 3)^5, 10(2x - 3)^4$ **(b)** $2x^5 - 3, 10x^4$

5. **(a)** -7 **(b)** -8 7. $37(x^3 + 2x)^{36}(3x^2 + 2)$

9. $-2\left(x^3 - \dfrac{7}{x}\right)^{-3}\left(3x^2 + \dfrac{7}{x^2}\right)$ 11. $\dfrac{24(1 - 3x)}{(3x^2 - 2x + 1)^4}$

13. $\dfrac{3}{4\sqrt{x}\sqrt{4 + 3\sqrt{x}}}$ 15. $-\dfrac{2}{x^3}\cos\left(\dfrac{1}{x^2}\right)$ 17. $-20\cos^4 x \sin x$

19. $-\dfrac{3}{\sqrt{x}}\cos(3\sqrt{x})\sin(3\sqrt{x})$ 21. $28x^6 \sec^2(x^7)\tan(x^7)$

23. $-\dfrac{5\sin(5x)}{2\sqrt{\cos(5x)}}$

25. $-3[x + \csc(x^3 + 3)]^{-4}[1 - 3x^2\csc(x^3 + 3)\cot(x^3 + 3)]$

27. $10x^3 \sin 5x \cos 5x + 3x^2 \sin^2 5x$

29. $-x^3 \sec\left(\dfrac{1}{x}\right)\tan\left(\dfrac{1}{x}\right) + 5x^4 \sec\left(\dfrac{1}{x}\right)$

31. $\sin(\cos x)\sin x$ 33. $-6\cos^2(\sin 2x)\sin(\sin 2x)\cos 2x$

35. $35(5x + 8)^6(1 - \sqrt{x})^6 - \dfrac{3}{\sqrt{x}}(5x + 8)^7(1 - \sqrt{x})^5$

37. $\dfrac{33(x - 5)^2}{(2x + 1)^4}$ 39. $-\dfrac{2(2x + 3)^2(52x^2 + 96x + 3)}{(4x^2 - 1)^9}$

41. $5[x\sin 2x + \tan^4(x^7)]^4[2x\cos 2x + \sin 2x + 28x^6\tan^3(x^7)\sec^2(x^7)]$

43. $y = -x$ 45. $y = -1$ 47. $y = 8\sqrt{\pi}x - 8\pi$ 49. $y = \frac{7}{2}x - \frac{3}{2}$

51. $-25x\cos(5x) - 10\sin(5x) - 2\cos(2x)$ 53. $4(1 - x)^{-3}$

55. $3\cot^2\theta\csc^2\theta$ 57. $\pi(b - a)\sin 2\pi\omega$

59. **(a)**

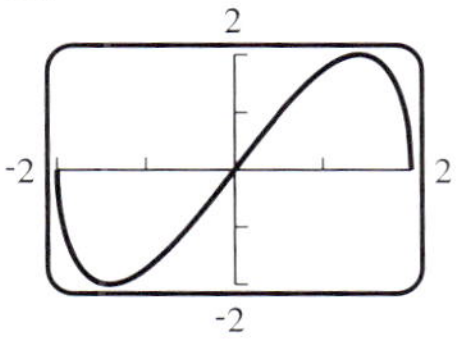

(c) $\dfrac{4 - 2x^2}{\sqrt{4 - x^2}}$

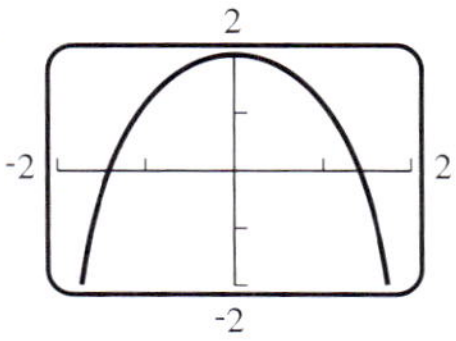

(d) $y - \sqrt{3} = \frac{2}{\sqrt{3}}(x - 1)$

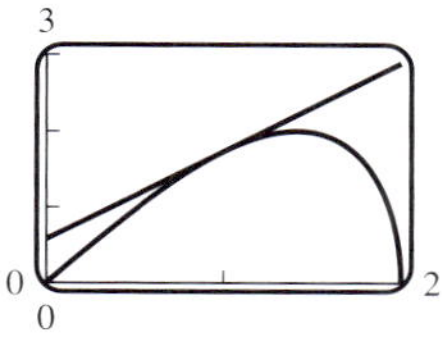

61. **(c)** $f = \frac{1}{T}$ **(d)** amplitude = 0,6 cm, $T = \frac{2\pi}{15}$ seconde par oscillation, $f = \frac{15}{(2\pi)}$ oscillations par seconde

63. $\frac{7}{24}\sqrt{6}$ 65. **(a)** 68 kN/m², -8 kN/m²/km **(b)** -3,84 kN/m²/s

67. $\begin{cases} \cos x, & x < x < \pi \\ -\cos x, & -\pi < x < 0 \end{cases}$

69. **(c)** $-\dfrac{1}{x}\cos\dfrac{1}{x} + \sin\dfrac{1}{x}$ **(d)** La limite lorsque x tend vers 0 n'existe pas.

71. **(a)** 21 **(b)** -36 73. $\frac{1}{(2x)}$ 75. $\frac{2}{3}x$ 79. $f'(g(h(x)))g'(h(x))h'(x)$

▶ Série d'exercices 3.7 (Page 230)

1. **(a)** 6 **(b)** $-\frac{1}{3}$ 3. **(a)** -2 **(b)** $6\sqrt{5}$

5. **(b)** $A = x^2$ **(c)** $\dfrac{dA}{dt} = 2x\dfrac{dx}{dt}$ **(d)** 1,08 m²/min

7. **(a)** $\dfrac{dV}{dt} = \pi\left(r^2\dfrac{dh}{dt} + 2rh\dfrac{dr}{dt}\right)$ **(b)** $-312,5\pi$ cm³/s; diminue

9. **(a)** $\dfrac{d\theta}{dt} = \dfrac{\cos^2\theta}{x^2}\left(x\dfrac{dy}{dt} - y\dfrac{dx}{dt}\right)$ **(b)** $-\frac{5}{16}$ rad/s; diminue

11. $\frac{5\pi}{3}$ cm²/min 13. $\frac{4}{\sqrt{6\pi}}$ km/h 15. 4860π cm³/ min 17. 0,24 m/s

19. $\dfrac{37,5}{\sqrt{61}}$ m/s 21. 216 m/s

23. **(a)** 798 km; 2755 km **(b)** 44,5 km/min

25. $\dfrac{49}{375\pi}$ m/min 27. $\dfrac{27\pi}{8}$ m³/min 29. 400 km/h

31. ≈ 3,6 m/min 33. $\dfrac{8\pi}{5}$ km/s 35. -2404 km/h

37. **(a)** $-\frac{60}{7}$ unités par seconde **(b)** elle tombe 39. -4 unités par seconde

41. $x = \pm\sqrt{\dfrac{-5 + \sqrt{33}}{2}}$ 43. 4,5 cm/s; elle s'en éloigne 47. $\dfrac{20}{9\pi}$ cm/s

▶ Série d'exercices 3.8 (Page 239)

1. **(a)** $f(x) \approx 1 + 3(x - 1)$ **(b)** $f(1 + \Delta x) \approx 1 + 3\Delta x$ **(c)** 1,06

3. **(a)** $1 + \frac{1}{2}x$; 0,95; 1,05 13. $|x| < 1,692$

(b)

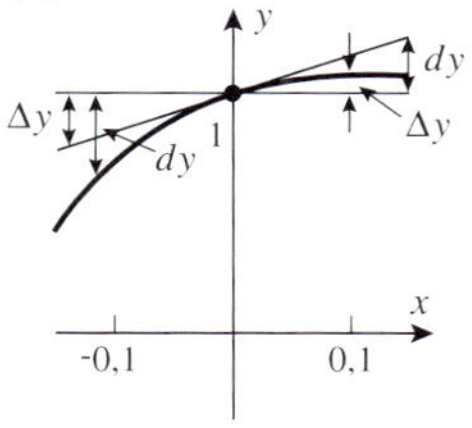

15. $|x| < 0,3158$ 17. **(a)** 0,017 4533 **(b)** $x_0 = 45°$ **(c)** 0,694 765

19. 83,16 21. 8,0625 23. 8,9944 25. 0,1 27. 0,8573

29. **(a)** 4; 5

(b)

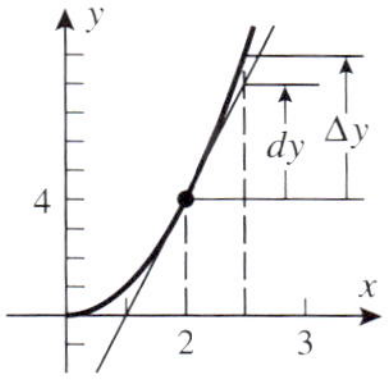

31. **(a)** 0,5; 1

(b)

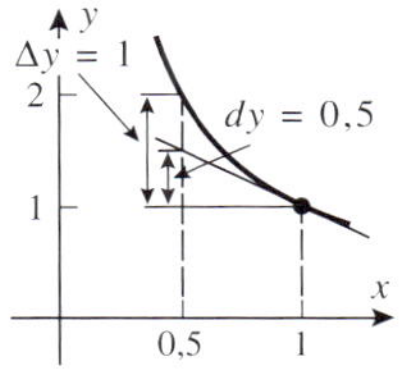

33. $3x^2dx, 3x^2\Delta x + 3x(\Delta x)^2 + (\Delta x)^3$

35. $(2x - 2)dx, 2x\Delta x + (\Delta x)^2 - 2\Delta x$

37. **(a)** $(12x^2 - 14x)dx$ **(b)** $(-x \sin x + \cos x)dx$

39. **(a)** $\dfrac{2-3x}{2\sqrt{1-x}}dx$ **(b)** $-17(1+x)^{-18}\,dx$

41. 0,0225 **43.** 0,0048 **45.** **(a)** $\pm 0{,}18$ m^2 **(b)** côté : $\pm 1\%$; aire : $\pm 2\%$

47. **(a)** côté opposé : $\pm 0{,}1378$ cm; côté adjacent : $\pm 0{,}218$ cm **(b)** côté opposé : $\pm 3{,}0\%$; côté adjacent : $\pm 1{,}0\%$

49. $\pm 10\%$ **51.** $\pm 0{,}017$ cm^2 **53.** $\pm 6\%$ **55.** $\pm 0{,}5\%$ **57.** $\frac{15\pi}{2}$ cm^3

59. **(a)** $\alpha = 1{,}5 \times \frac{10^{-5}}{°\mathrm{C}}$ **(b)** 180,1 cm

▶ Chapitre 3. Exercices récapitulatifs (Page 241)

3. **(a)** $2x$ **(b)** 4 **5.** 17,625 m/s **7.** **(a)** 20,8 km/h **(b)** 11,2 km/h

9. **(a)** $\frac{-2}{\sqrt{9-4x}}$ **(b)** $\frac{1}{(x+1)^2}$

11. **(a)** $x = -2; -1; 1; 3$ **(b)** $(-\infty; -2), (-1; 1), (3; +\infty)$ **(c)** $(-2; -1), (1; 3)$ **(d)** 4

13. **(a)** 78 millions de personnes par année **(b)** 1,3% par année

15. **(a)** $x^2 \cos x + 2x \sin x$ **(c)** $4x \cos x + (2 - x^2) \sin x$

17. **(a)** $\frac{(6x^2+8x-17)}{(3x+2)^2}$ **(c)** $\frac{118}{(3x+2)^3}$

19. **(a)** 7760 L/min **(b)** 9700 L/min **21.** **(a)** 3,6 **(b)** -0,777 778

23. $f(1) = 0, f'(1) = 5$ **25.** $y = -16x$, $y = -\frac{145x}{4}$

29. **(a)** $8x^7 - \dfrac{3}{2\sqrt{x}} - 15x^{-4}$ **(b)** $(2x+1)^{100}(1030x^2 + 10x - 1414)$ **(c)** $\dfrac{(x-1)(15x+1)}{2\sqrt{3x+1}}$ **(d)** $\frac{-3(3x+1)^2(3x+2)}{x^7}$

31. $x = \frac{7}{2}, 2, -\frac{1}{2}$ **33.** $y = \pm 2x$

35. $x = n\pi \pm (\frac{\pi}{4}), n = 0, \pm 1, \pm 2, \ldots$ **37.** $y = -3x + (\frac{1+9\pi}{4})$

39. **(a)** $40\sqrt{3}$ **(b)** 7500 **41.** 500π m^2/ min

43. **(a)** -0,5; 1; 0,5 **(b)** $\dfrac{\pi}{4}$; 1; $\dfrac{\pi}{2}$ **(c)** 3; -1; 0

45. **(a)** Elle est comprise entre 139,48 m et 144,55 m **(b)** $|d\phi| \leq 0{,}98°$

▶ Série d'exercices 4.1 (Page 251)

1. **(a)** $f' > 0, f'' > 0$ **(b)** $f' > 0, f'' < 0$

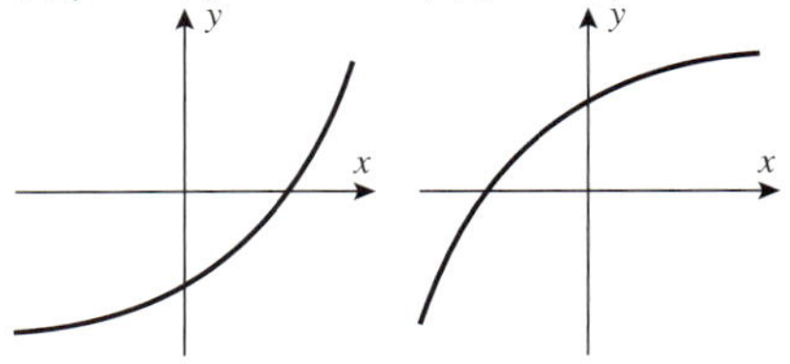

(c) $f' < 0, f'' > 0$ **(d)** $f' < 0, f'' < 0$

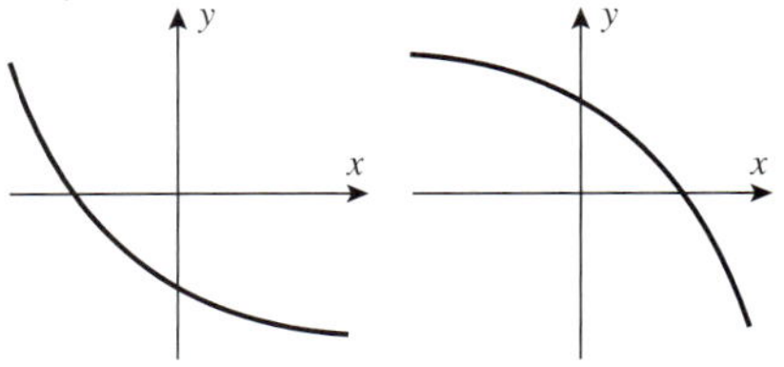

3. $A : \frac{dy}{dx} < 0, \frac{d^2y}{dx^2} > 0$ $B : \frac{dy}{dx} > 0, \frac{d^2y}{dx^2} < 0$ $C : \frac{dy}{dx} < 0, \frac{d^2y}{dx^2} < 0$ **5.** $x = -1, 0, 1, 2$

7. **(a)** [4; 6] **(b)** [1; 4], [6; 7] **(c)** (1; 2), (3; 5) **(d)** (2; 3), (5; 7) **(e)** $x = 2, 3, 5$

9. **(a)** [1;3] **(b)** $(-\infty; 1], [3; +\infty)$ **(c)** $(-\infty; 2), (4; +\infty)$ **(d)** (2;4) **(e)** $x = 2, 4$

11. **(a)** $[\frac{3}{2}; +\infty]$ **(b)** $(-\infty; \frac{3}{2}]$ **(c)** $(-\infty; +\infty)$ **(d)** aucun **(e)** aucune

13. **(a)** $(-\infty; +\infty)$ **(b)** aucun **(c)** $(-\frac{1}{2}; +\infty)$ **(d)** $(-\infty; -\frac{1}{2})$ **(e)** $-\frac{1}{2}$

15. **(a)** $[1; +\infty)$ **(b)** $(-\infty; 1]$ **(c)** $(-\infty; 0), \left(\frac{2}{3}; +\infty\right)$ **(d)** $(0; \frac{2}{3})$ **(e)** $0, \frac{2}{3}$

17. **(a)** $\left[\dfrac{3-\sqrt{5}}{2}; \dfrac{3+\sqrt{5}}{2}\right]$ **(b)** $\left(-\infty; \dfrac{3-\sqrt{5}}{2}\right], \left[\dfrac{3+\sqrt{5}}{2}; +\infty\right)$ **(c)** $\left(0; \dfrac{4-\sqrt{6}}{2}\right), \left(\dfrac{4+\sqrt{6}}{2}; +\infty\right)$ **(d)** $(-\infty; 0), \left(\dfrac{4-\sqrt{6}}{2}; \dfrac{4+\sqrt{6}}{2}\right)$ **(e)** $0, \dfrac{4 \pm \sqrt{6}}{2}$

19. **(a)** $[-\frac{1}{2}; +\infty)$ **(b)** $(-\infty; -\frac{1}{2}]$ **(c)** $(-2; 1)$ **(d)** $(-\infty; -2), (1; +\infty)$ **(e)** $-2; 1$

21. **(a)** $[-1; 0], [1; +\infty)$ **(b)** $(-\infty; -1], [0; 1]$ **(c)** $(-\infty; 0), (0; +\infty)$ **(d)** aucun **(e)** aucune

23. **(a)**

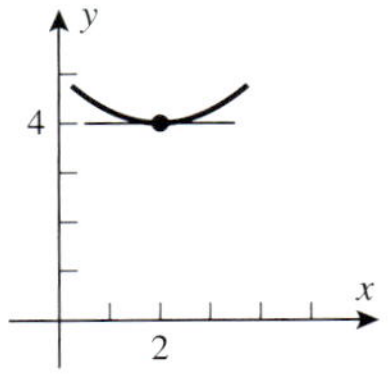

(b)

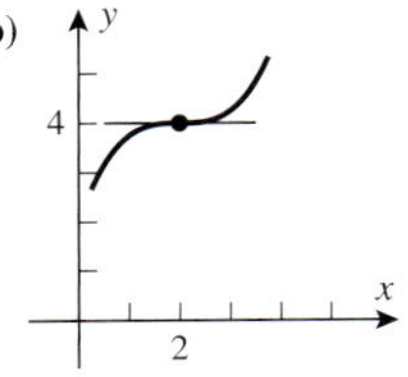

(c)

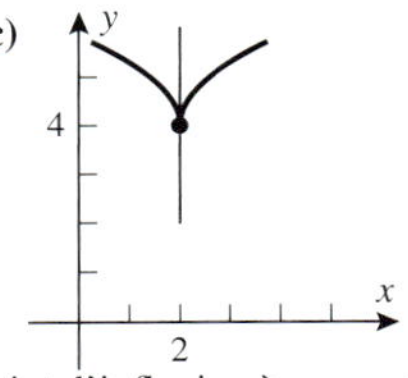

25. **(a)** 0 **(b)** 1 **(c)** $\lim_{x \to +\infty} g'(x) = 0$

27. point d'inflexion à $x = a$ si n est impair et $n \geq 3$.

29.

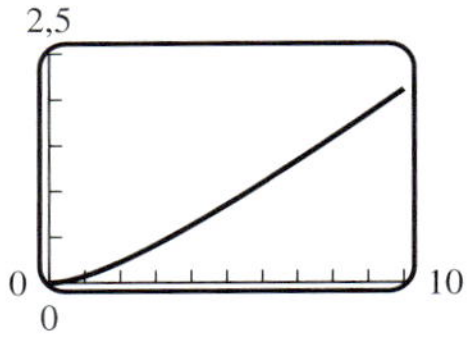

31. $x \geq \sin x$

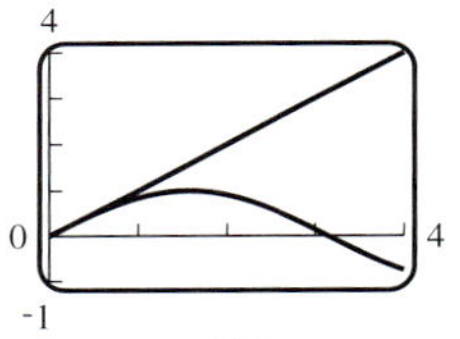

33.

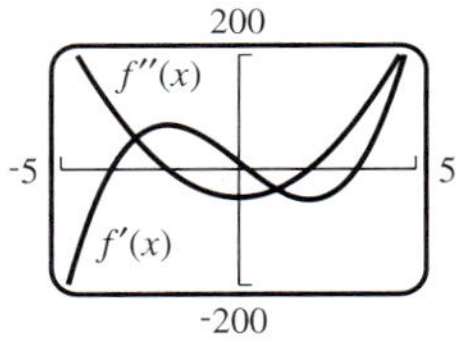

points d'inflexion à $x = -2, 2$; concave vers le haut sur [-5; -2], [2; 5]; concave vers le bas sur [-2; 2]; croissante sur [-3,5829; 0,2513] et [3,3316; 5]; décroissante sur [-5; -3,5829], [0,2513; 3.3316]

35. -2,464 202; 0,662 597; 2,701 605

39. **(a)** vrai **(b)** faux

43. **(c)** point d'inflexion (1; 0); concave vers le haut sur]1; +∞[; concave vers le bas sur]-∞; 1[

49.

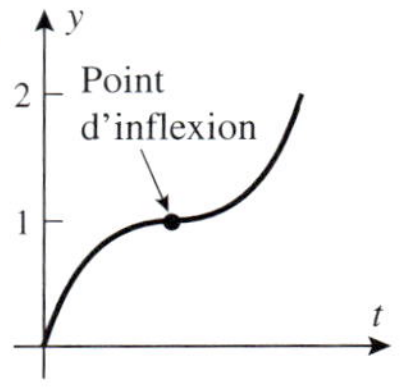

51.

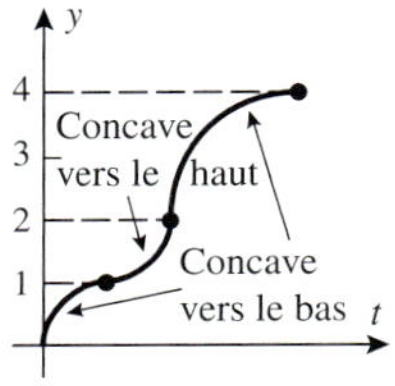

▶ Série d'exercices 4.2 (Page 263)

1. 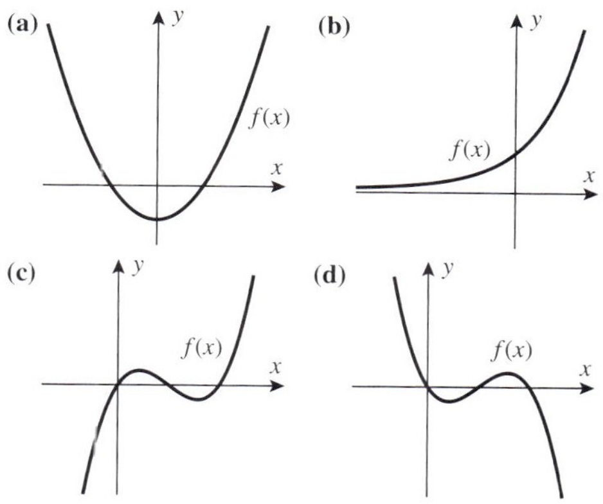

5. **(b)** rien **(c)** f a un minimum relatif à $x = 1$, g n'a pas d'extremum relatif à $x = 1$.

7. points critiques : $0 \pm \sqrt{2}$; points stationnaires : $0 \pm \sqrt{2}$

9. points critiques : -3; 1; points stationnaires : -3; 1

11. points critiques : 0; ± 5; point stationnaire : 0

13. points critiques : $\frac{n\pi}{2}$ pour tout entier n; points stationnaires : $n\pi + \frac{\pi}{2}$ pour tout entier n

15. **(a)** aucun **(b)** $x = 1$ **(c)** aucun 17. **(a)** 2 **(b)** 0 **(c)** 1;3

19. 0 (ni l'un ni l'autre), $\sqrt[3]{5}$ (min) 21. -2 (min), $\frac{2}{3}$ (max)

23. maximum relatif : $(\frac{4}{3}; \frac{19}{3})$

25. maximum relatif : $(\frac{\pi}{4}; 1)$; minimum relatif : $(\frac{3\pi}{4}; -1)$

27. maximum relatif (1; 1); minima relatifs : (0; 0), (2; 0)

29. maximum relatif (-1; 0); minimum relatif : $(-\frac{3}{5}; -\frac{108}{3125})$

31. maximum relatif (-1; 1); minimum relatif : (0; 0)

33. aucun extremum relatif

35. maximum relatif : $(\frac{3}{2}; \frac{9}{4})$; minima relatifs : (0; 0), (3; 0)

37. intersections avec les axes : (0; -4), (-1; 0), (4; 0)
point stationnaire : $(\frac{3}{2}; -\frac{25}{4})$ (min)
points d'inflexion : aucun

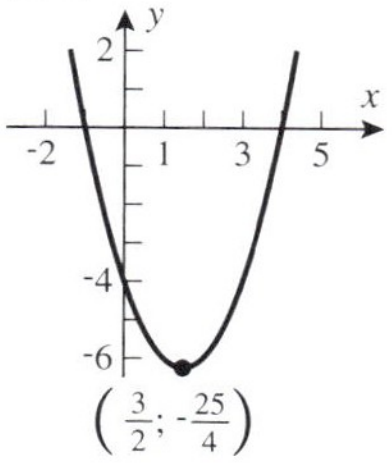

39. intersections avec les axes : (0; 5), $\left(\frac{-7 \pm \sqrt{57}}{4}; 0\right)$, (5; 0)
points stationnaires : (-2; 49) (max), (3; -76) (min)
point d'inflexion : $(\frac{1}{2}; -\frac{27}{2})$

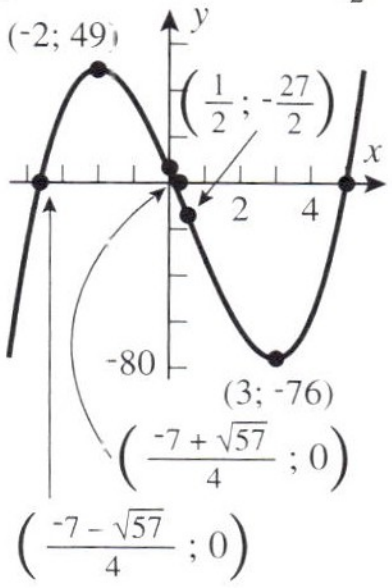

41. intersections avec les axes : (-1; 0), (0; 0), (2; 0)
points stationnaires : (-1; 0) (max), $\left(\frac{1-\sqrt{3}}{2}; \frac{9-6\sqrt{3}}{4}\right)$ (min), $\left(\frac{1+\sqrt{3}}{2}; \frac{9+6\sqrt{3}}{4}\right)$ (max)
points d'inflexion : $\left(-\frac{1}{\sqrt{2}}; \frac{5}{4} - \sqrt{2}\right)$, $\left(\frac{1}{\sqrt{2}}; \frac{5}{4} + \sqrt{2}\right)$,

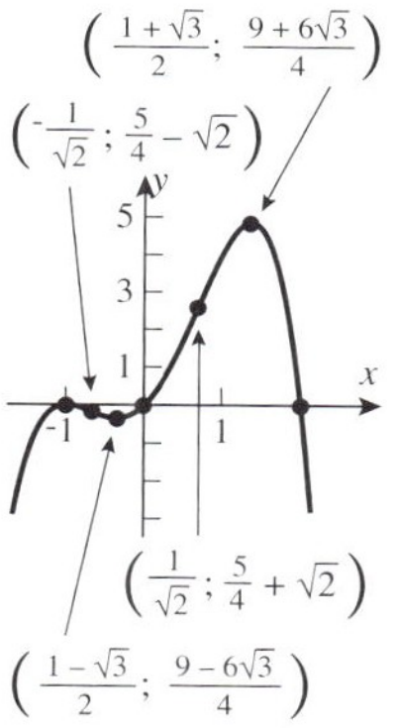

43. intersections avec les axes : (0; -1), (-1; 0), (1;0)
points stationnaires : $(-\frac{1}{2}; -\frac{27}{16})$ (min), (1; 0) (ni l'un ni l'autre)
points d'inflexion : (0; -1), (1; 0)

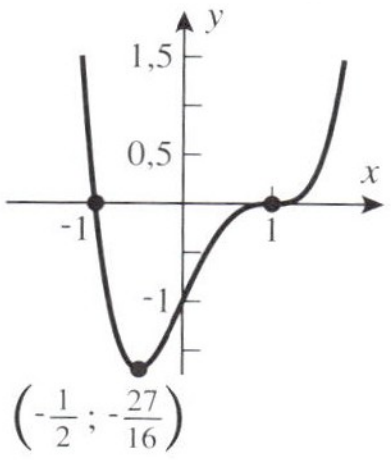

45. intersections avec les axes : (-1; 0), (0; 0), (1; 0)
points stationnaires : (-1; 0) (max), $\left(-\frac{1}{\sqrt{5}}; -\frac{16}{25\sqrt{5}}\right)$ (min), $\left(\frac{1}{\sqrt{5}}; \frac{16}{25\sqrt{5}}\right)$ (max), (1; 0) (min)
points d'inflexion : $\left(-\sqrt{\frac{3}{5}}; -\frac{4}{25}\sqrt{\frac{3}{5}}\right)$, (0; 0), $\left(\sqrt{\frac{3}{5}}; \frac{4}{25}\sqrt{\frac{3}{5}}\right)$

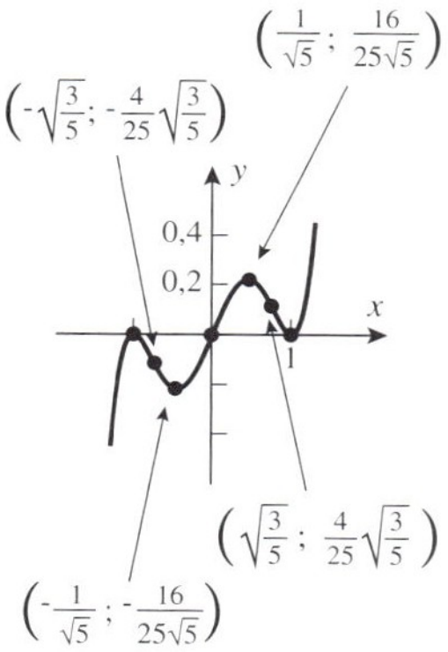

47. 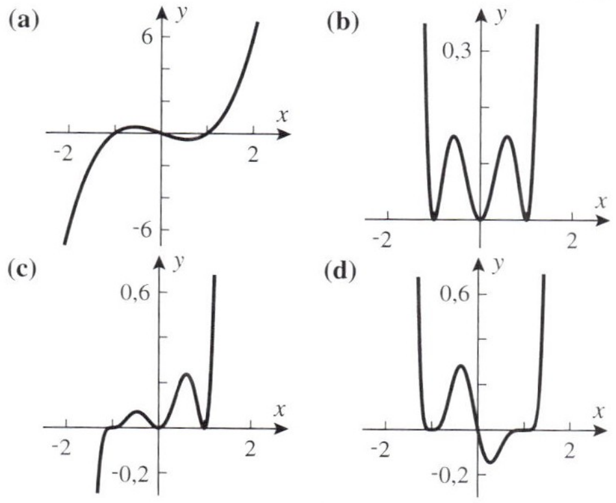

49. min relatif de 0 à $x = \frac{\pi}{2}, \pi, \frac{3\pi}{2}$; max relatif de 1 à $x = \frac{\pi}{4}, \frac{3\pi}{4}, \frac{5\pi}{4}, \frac{7\pi}{4}$

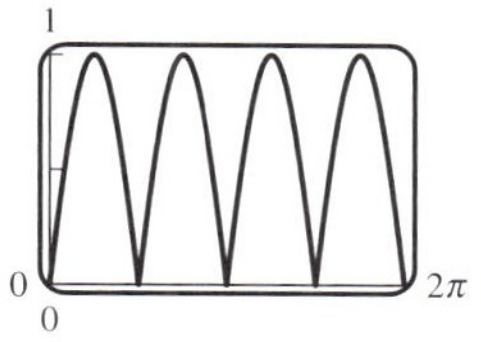

51. min relatif de 0 à $x = \frac{\pi}{2}, \frac{3\pi}{2}$; max relatif de 1 à $x = \pi$

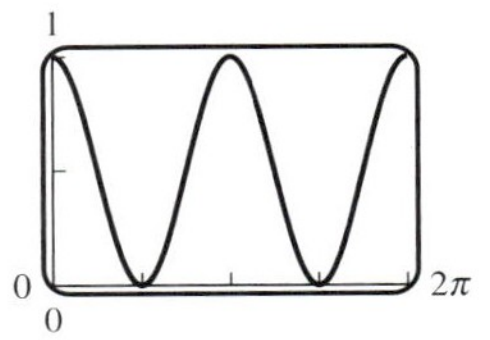

53. min relatifs à $x =$ -3,58; 3,33; max relatif à $x = 0{,}25$

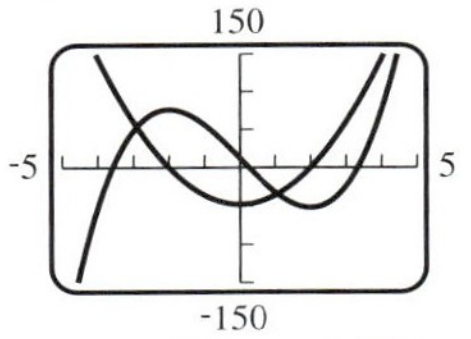

55. max relatif à $x \approx -0{,}272$; min relatif à $x \approx 0{,}224$

57. max relatif à $x = 0$; min relatifs à $x \approx \pm 0{,}618$

59. **(a)** 54 **(b)** 9

61. **(a)** (-2,2; 4), (2; 1,2), (4,2; 3)
(b) nombres ctiriques à $x =$ -5,1; -2; 0,2 et 2; min local à -5,1 et à 2; max local à $x = -2$; pas d'extrema à $x = 0{,}2$; $f''(1) \approx -1{,}2$

63. $a = -2, b = 3, c = d = 0$

65. **(a)**

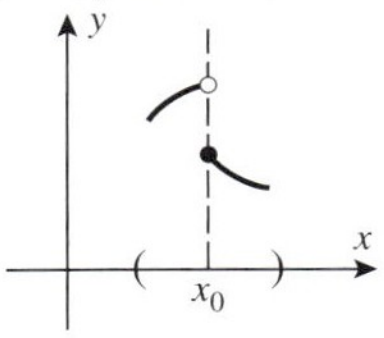

$f(x_0)$ n'est pas une valeur extrême

(b)

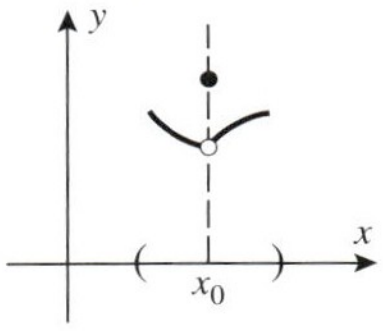

$f(x_0)$ est un maximum relatif

(c)

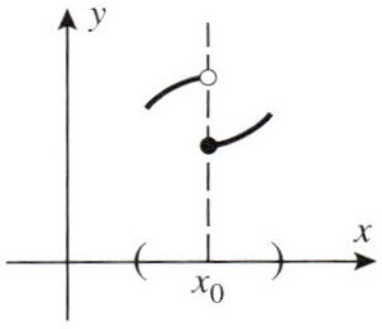

$f(x_0)$ est un minimum relatif

Série d'exercices 4.3 (Page 274)

1. points stationnaires : aucun; points d'inflexion : aucun; asymptotes : $x = 4$, $y = -2$; intersection avec les asymptotes : aucune

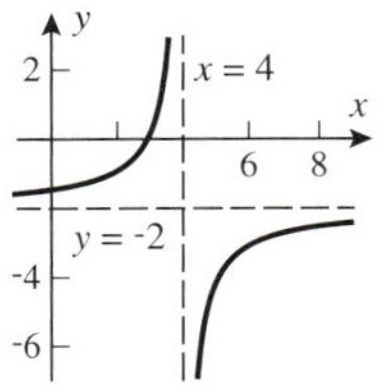

3. points stationnaires : aucun; point d'inflexion : (0;0); asymptotes : $x = \pm 2$, $y = 0$; intersection avec les asymptotes : (0;0)

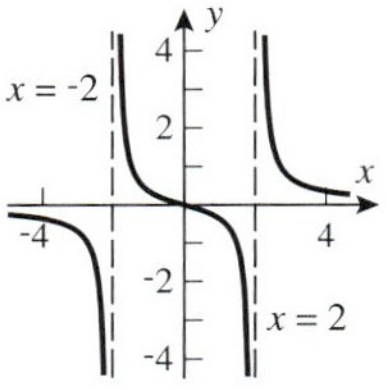

5. point stationnaire : (0;0); points d'inflexion : $\left(\pm\frac{2}{\sqrt{3}}; \frac{1}{4}\right)$; asymptote : $y = 1$; intersection avec les asymptotes : aucune

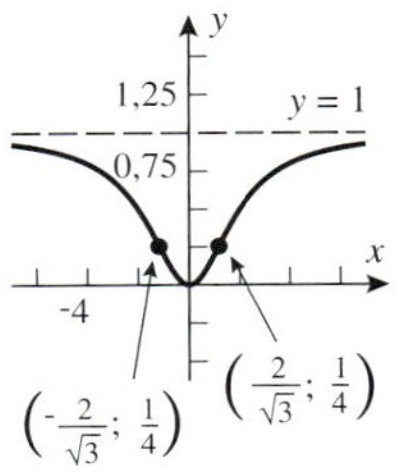

7. point stationnaire : (0; -1); points d'inflexion : (0; -1), $\left(-\frac{1}{\sqrt[3]{2}}; -\frac{1}{3}\right)$; asymptotes : $x = 1$, $y = 1$; intersection avec l'asymptote : aucune

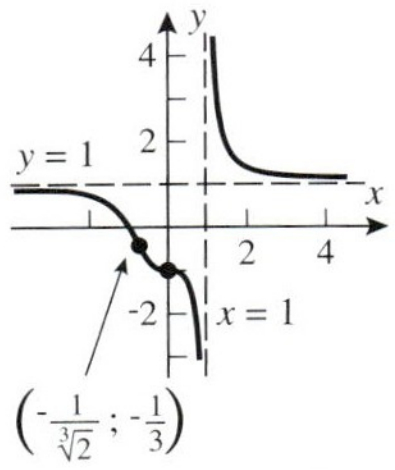

9. point stationnaire : $(4; \frac{11}{4})$; point d'inflexion : $(6; \frac{25}{9})$; asymptotes : $x = 0$, $y = 3$; intersectionavec les asymptotes : (2;3)

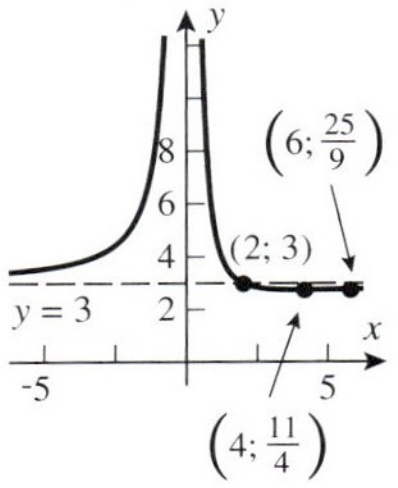

11. point stationnaire : $(-\frac{1}{3}; 0)$; point d'inflexion : (-1; 1); asymptotes : $x = 1$, $y = 9$; intersection avec les asymptotes : $(\frac{1}{3}; 9)$

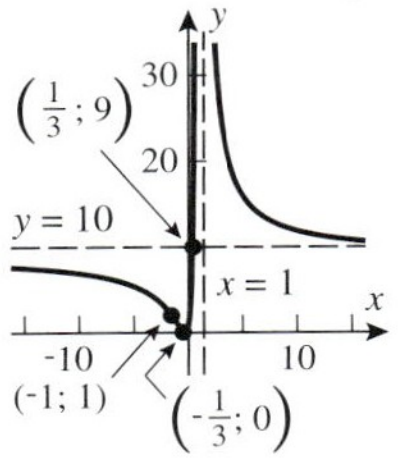

13. points stationnaires : aucun; points d'inflexion : aucun; asymptotes : $x = 1$, $y = -1$; intersection avec les asymptotes : aucune

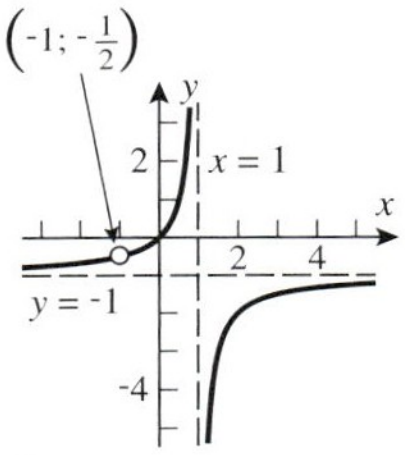

15. **(a)**

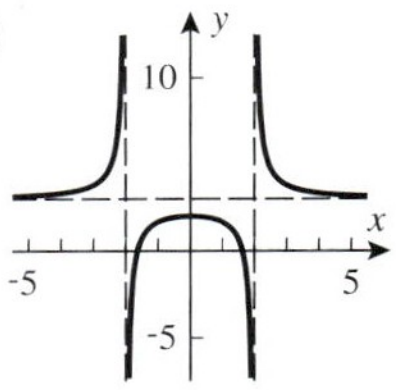

(b)

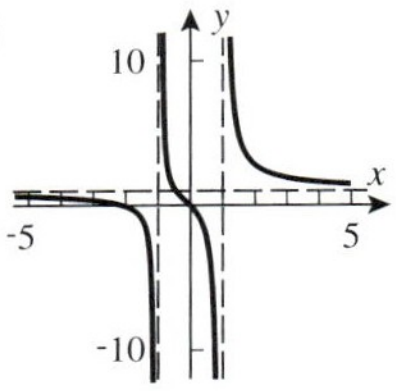

(c)

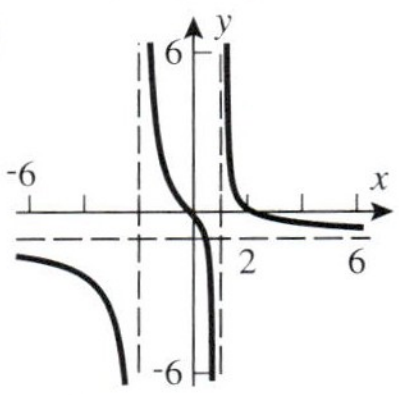

(d)

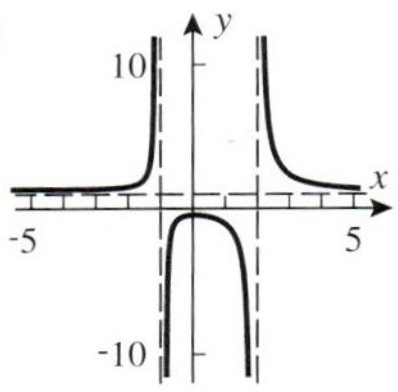

17.

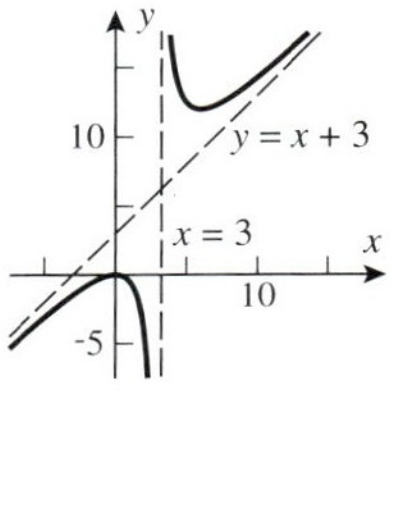

19. point stationnaire : $\left(-\frac{1}{\sqrt[3]{2}}; \frac{3}{2}\sqrt[3]{2}\right)$;
point d'inflexion : (1; 0);
asymptotes : $y = x^2$, $x = 0$;
intersection avec les asymptotes : aucune

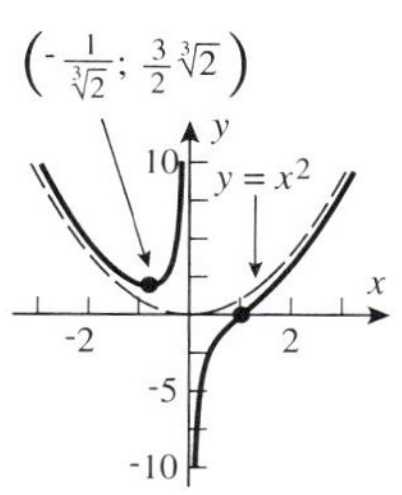

21. points stationnaires : $(-4; -\frac{27}{2})$, (2; 0);
point d'inflexion : (2;0);
asymptotes : $x = 0$, $y = x - 6$;
intersection avec les asymptotes : $(\frac{2}{3}; -\frac{16}{3})$

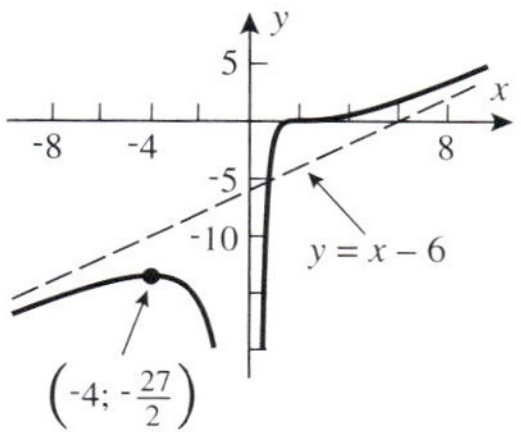

23. points stationnaires : (-3; 23), (0; -4);
point d'inflexion : (0; -4);
asymptotes : $x = -2$, $y = x^2 - 2x$;
intersection avec les asymptotes : aucune

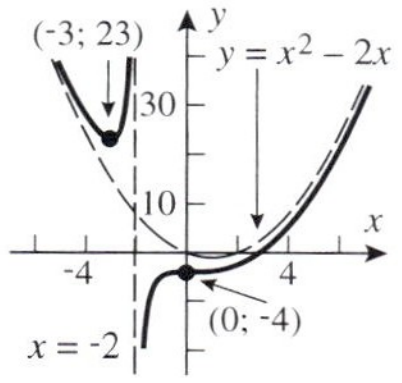

25. (a). VI (b). I (c). III (d). V (e). IV (f). II

27. points critiques : $(\pm\frac{1}{2}; 0)$; points d'inflexion : aucun

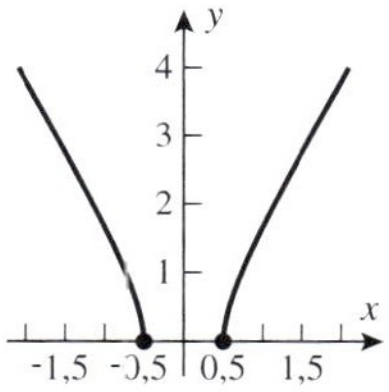

29. points critiques : (-1; 1), (0; 0); points d'inflexion : aucun

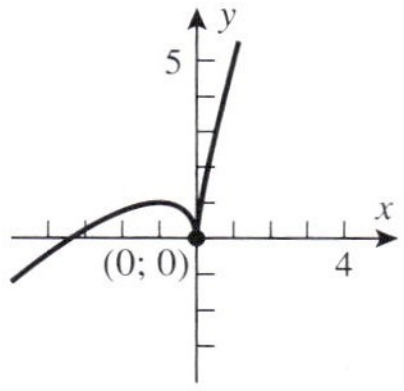

31. points critiques : (0; 0), (1; 3); point d'inflexion : $(-2; -6\sqrt[3]{2})$
Nous donnons deux graphiques parce qu'on peut difficilement voir toutes les caractéristiques importantes sur un seul.

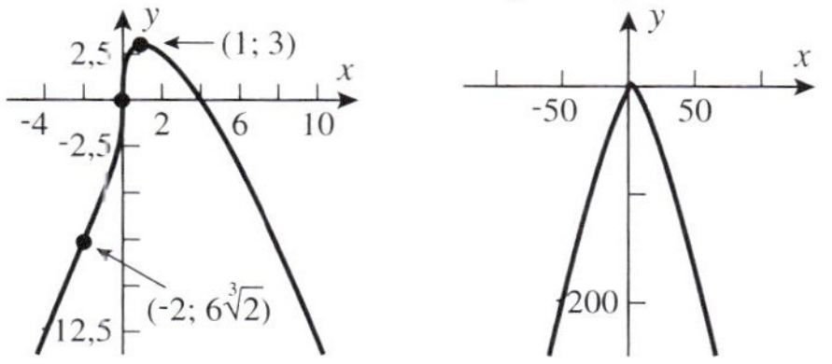

33. points critiques : (0; 4), (1; 3); points d'inflexion : (0; 4), (8; 4)

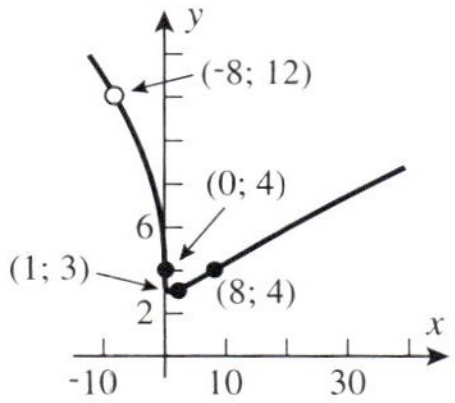

35. extremum : aucun; points d'inflexion : $x = 2\pi n$ où n est entier

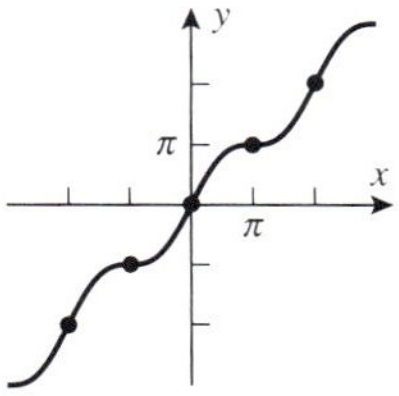

37. mimimum : $x = \frac{7\pi}{6} + 2\pi n$ où n est entier;
maximum : $x = \frac{\pi}{6} + 2\pi n$ où n est entier;
points d'inflexion : $x = \frac{2\pi}{3} + \pi n$ où n est entier

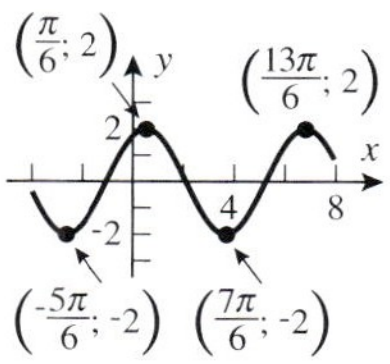

39. minima relatifs : 1 à $x = -\pi, \pi, 3\pi$, -1 à $x = 0, 2\pi$;
maxima relatifs : $\frac{5}{4}$ at $x = -\frac{2\pi}{3}, \frac{2\pi}{3}, \frac{4\pi}{3}, \frac{8\pi}{3}$;
points d'inflexion là où $\cos x = \dfrac{-1 \pm \sqrt{33}}{8}$: (-2,57; 1,13), (-0,94; 0,06), (0,94; 0,06), (2,57; 1,13), (3,71; 1,13), (5,35; 0,06), (7,22; 0,06), (8,86; 1,13)

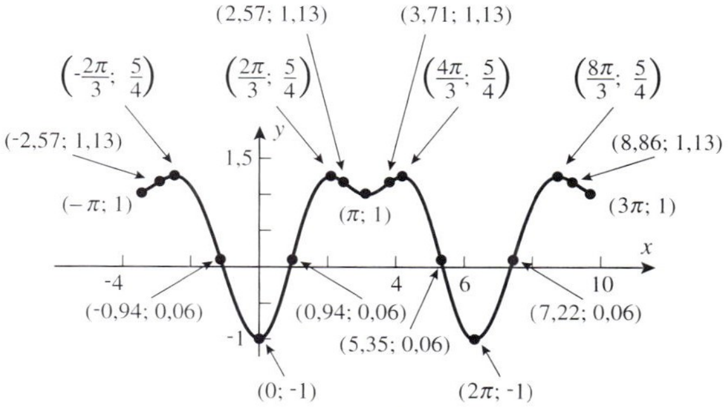

41. **(a)** $x = 1; 2{,}5; 3; 4$ **(b)** $(-\infty; 1]$, $[2{,}5; 3]$ **(c)** max relatif à $x = 1, 3$; min relatif à $x = 2{,}5$ **(d)** $x \approx 0{,}6; 1{,}9; 4$

43.

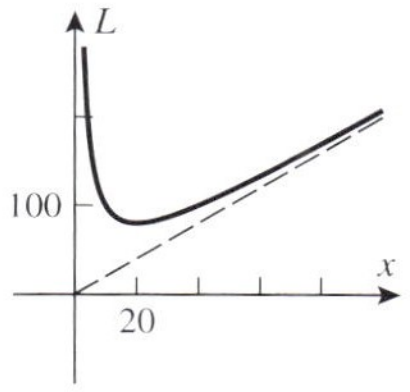

45. Le graphique escamote les racines à $x = 0$ et à $x = 1$ et le minimum à $x = \frac{5}{6}$.

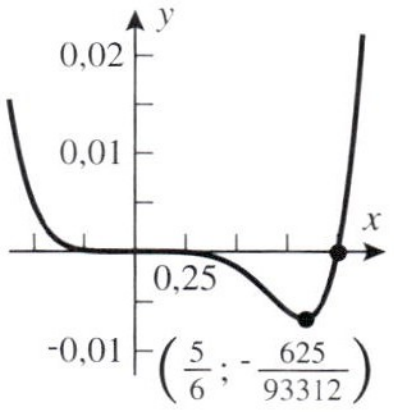

▶ Série d'exercices 4.4 (Page 281)

1. maximum relatifs à $x = 2, 6$; max absolu à $x = 6$; min relatif et absolu à $x = 0, 4$

3. (a)

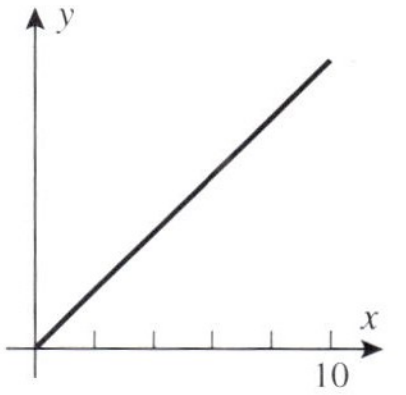

(b)

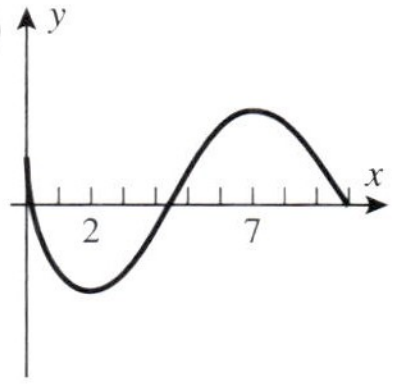

(c)

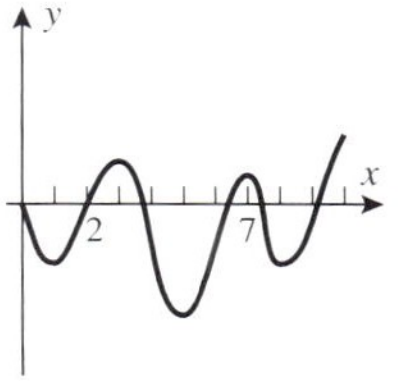

7. max = 2 à $x = 1, 2$; min = 1 à $x = \frac{3}{2}$

9. max = 8 à $x = 4$; min = -1 à $x = 1$

11. valeur maximale de $\frac{3}{\sqrt{5}}$ à $x = 1$, valeur minimale de $-\frac{3}{\sqrt{5}}$ à $x = -1$

13. max = $\sqrt{2} - \frac{\pi}{4}$ à $x = -\frac{\pi}{4}$; min = $\frac{\pi}{3} - \sqrt{3}$ à $x = \frac{\pi}{3}$

15. valeur maximale de 17 à $x = -5$, valeur minimale de 1 à $x = -3$

17. pas de max; min = $-\frac{9}{4}$ à $x = \frac{1}{2}$

19. valeur maximale $f(1) = 1$, pas de minimum

21. ni maximum, ni minimum
23. max $= -2 - 2\sqrt{2}$ à $x = -1 - \sqrt{2}$; pas de min
25. pas de max; min $= 0$ à $x = 0, 2$
27. valeur max de 48 à $x = 8$, valeur min de 0 à $x = 0, 20$

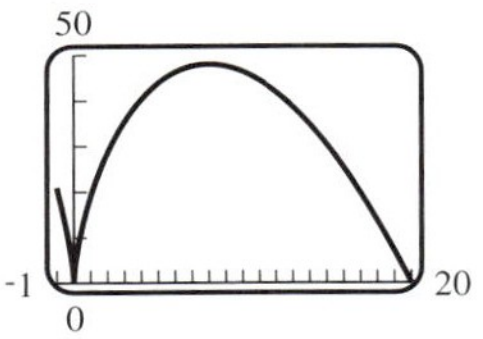

29. ni maximum, ni minimum

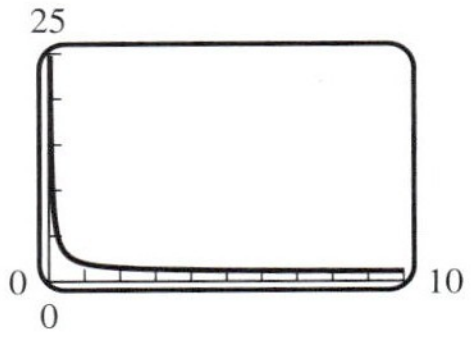

31. max $= 2\sqrt{2} + 1$ à $x = \frac{3\pi}{4}$; min $= \sqrt{3}$ à $x = \frac{\pi}{3}$

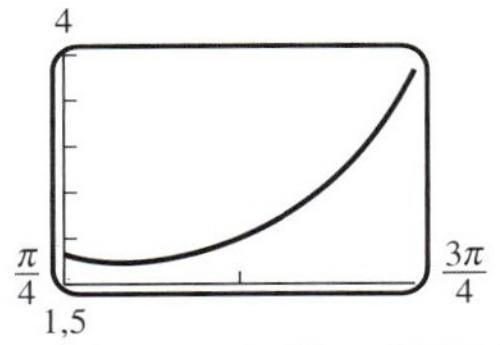

33. maximum : $\sin(1) \approx 0{,}841\ 47$, minimum : $-\sin(1) \approx -0{,}841\ 47$

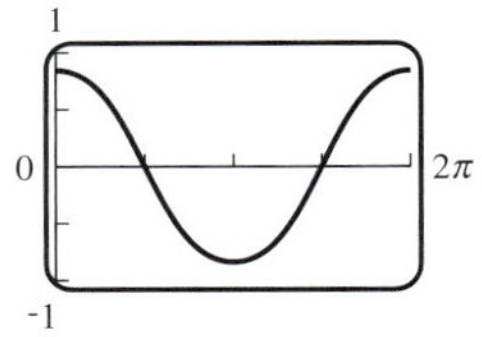

35. maximum : 2; minimum : $-\frac{1}{4}$
37. max $= 3$ à $x = 2n\pi$, min $= -\frac{3}{2}$ à $x = \pm\frac{2\pi}{3} + 2n\pi$ pour tout entier n
41. 2 45. le plus près : $(\frac{1}{2}; -\frac{1}{4})$; le plus loin : $(-1; 1)$
47. maximum : $y = 4$ à $t = \pi, 3\pi$; minimum : $y = 0$ à $t = 0, 2\pi$

▶ Série d'exercices 4.5 (Page 294)

1. **(a)** 1 **(b)** $\frac{1}{2}$ 3. 150 m, côté parallèle au ruisseau, et 75 m, côté perpendiculaire
5. 500 m (à 3\$/m) × 750 m (à 2\$/m) 7. 12,5 cm × 6 cm
9. $10\sqrt{2} \times 10\sqrt{2}$ 11. $10\sqrt{6}$ m (à 1\$ le m) $\times 5\sqrt{6}$ (à 2\$ le m)
15. $r = \frac{p}{(4+\pi)}$
17. 200 000 cm^3
19. base carrée de 10 cm de côté, hauteur de 20 cm
21. extrémités : $\sqrt[3]{\frac{3V}{4}}$ unités carrées; hauteur : $\frac{4}{3}\sqrt[3]{\frac{3V}{4}}$
23. hauteur : $= 2\sqrt{\frac{(5-\sqrt{5})}{10}}R$, rayon : $= \sqrt{\frac{(5+\sqrt{5})}{10}}R$
27. hauteur = rayon $= \sqrt[3]{\frac{500}{\pi}}$ cm 29. $\frac{L}{12}$ par $\frac{L}{12}$ par $\frac{L}{12}$
31. hauteur : $= \frac{L}{\sqrt{3}}$, rayon : $= \sqrt{\frac{2}{3}}L$
33. rayon : $\sqrt[6]{\frac{45000}{\pi^2}}$ cm, hauteur : $\frac{30}{\pi}\sqrt[3]{\frac{\pi^2}{45}}$ cm
35. hauteur : $4R$; rayon : $\sqrt{2}R$ 37. $\frac{\pi}{3}$ 39. $5\sqrt{5}$ cm
41. **(a)** 7000 unités **(b)** oui **(c)** 15 \$ 43. 13 722 kg 45. $\frac{1}{\sqrt{5}}$
51. **(a)** $(2; 2), (-2; -2), (\frac{2}{\sqrt{3}}; -\frac{2}{\sqrt{3}}), (-\frac{2}{\sqrt{3}}; \frac{2}{\sqrt{3}})$
53. $\left(\sqrt{2}; \frac{1}{2}\right)$ 55. $\left(-\frac{1}{\sqrt{3}}; \frac{3}{4}\right)$ 57. $L = 1{,}2(1 + 2^{\frac{2}{3}})^{\frac{3}{2}}$ m
59. à 30 cm de la source la plus faible 61. $x = 1 + 2\sqrt{2}$
65. **(c)** 0,25 km en aval de la maison

▶ Série d'exercices 4.6 (Page 303)

1. 1,414 213 562 3. 1,817 120 593 5. $x \approx 1{,}769\ 29$
7. $x \approx 1{,}224\ 439\ 550$ 9. $x \approx -1{,}249\ 62$ 11. $x \approx 1{,}029\ 87$
13. $x \approx 4{,}493\ 409\ 458$

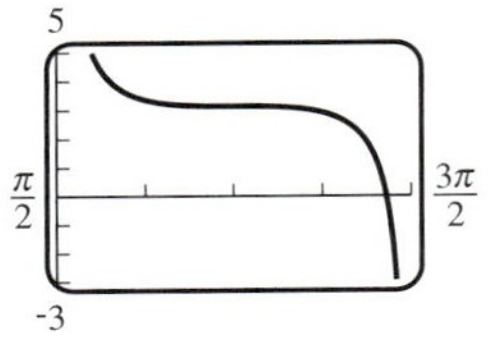

15. $x \approx 0{,}682\ 33$
17. -0,474 626 618; 1,395 336 994

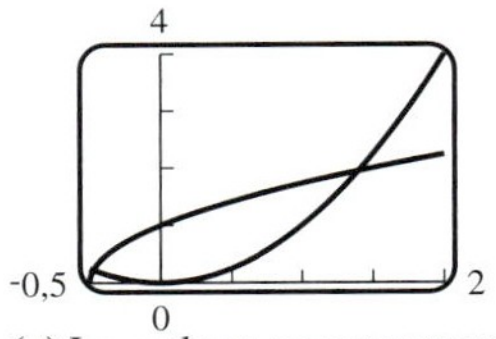

19. **(b)** 3,162 277 660
21. **(b)** -4,098 859 132
23. (0,589 754 512; 0,347 810 385)
25. **(b)** $\theta \approx 2{,}991\ 56$ rad où 171°
27. -1,220 744 085; 0,724 491 959
29. $i = 0{,}053\ 362$ où 5,33 %
31. **(a)** Les valeurs ne convergent pas. 33. **(d)** $f(c) = 0$

▶ Série d'exercices 4.7 (Page 311)

1. $c = 4$ 3. $c = \pi$ 13. **(a)** [-2; 1]
5. $c = 1$ 7. $c = 1$ **(b)** $c \approx -1{,}29$
9. $\frac{5}{4}$ 11. $-\sqrt{5}$ **(c)** -1,288 5843

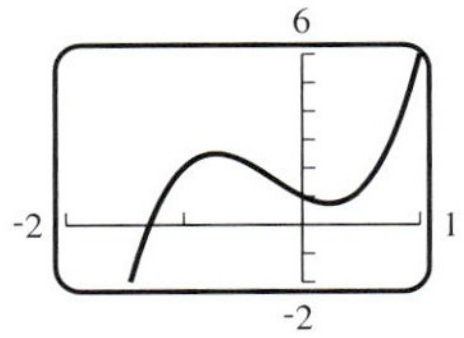

15. **(b)** $\tan x$ n'est pas continue sur $[0; \pi]$.

▶ Série d'exercices 4.8 (Page 319)

1. **(a)** positive, négative, ralentit
(b) positive, positive, prend de la vitesse
(c) négative, positive, ralentit
3. **(a)** vers la gauche
(b) négative
(c) prend de la vitesse
(d) ralentit
5.

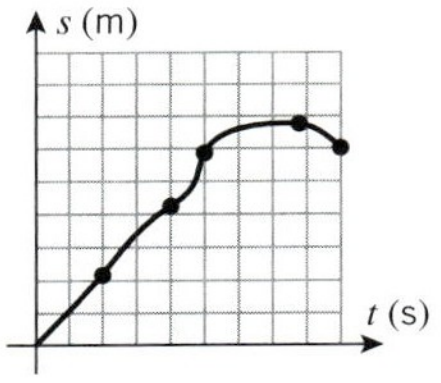

7.

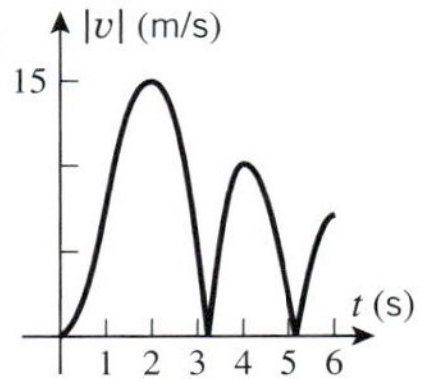

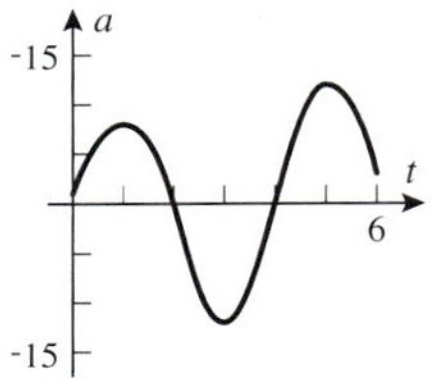

9. **(a)** 2,1 m/s^2 **(b)** $t = 0$ s
11. **(a)**

t	s	v	a
1	0,71	0,56	-0,44
2	1	0	-0,62
3	0,71	-0,56	-0,44
4	0	-0,79	0
5	-0,71	-0,56	0,44

(b) arrêtée à $t = 2$; va vers la droite à $t = 1$; va vers la gauche a $t = 3, 4, 5$
(c) prend de la vitesse à $t = 3$; ralentit à $t = 1, 5$; ni l'un ni l'autre à $t = 2, 4$
13. **(a)** $v(t) = 3t^2 - 12t$, $a(t) = 6t - 12$ **(b)** $s(1) = -5$ m, $v(1) = -9$ m/s, $|v(1)| = 9$ m/s, $a(1) = -6$ m/s^2 **(c)** 0, 4 **(d)** prende de la vitesse dans les intervalles $0 < t < 2$ et $4 < t$; ralentit entre $2 < t < 4$
(e) 39 m
15. **(a)** $v(t) = 3\pi\ \sin(\pi\frac{t}{3})$; $a(t) = \pi^2\ \cos(\frac{\pi t}{3})$ **(b)** $s(1) = \frac{9}{2}$ m; $v(1) =$ vitesse scalaire $= 3\sqrt{3}\frac{\pi}{2}$ m/s; $a(1) = \frac{\pi^2}{2}$ m/s^2 **(c)** $t = 0$ s, 3 s
(d) prend de la vitesse : $0 < t < 1{,}5$, $3 < t < 4{,}5$;
ralentit : $1{,}5 < t < 3$, $4{,}5 < t < 5$ **(e)** 31,5 m

17. **(a)** $\sqrt{5}$ **(b)** $\frac{\sqrt{5}}{10}$

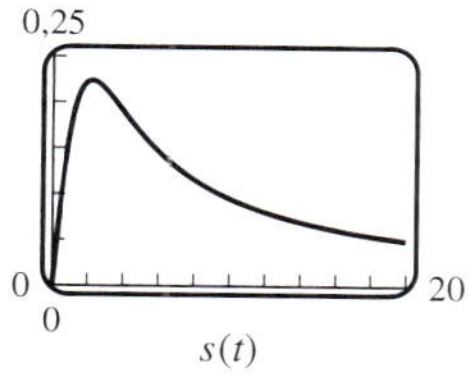

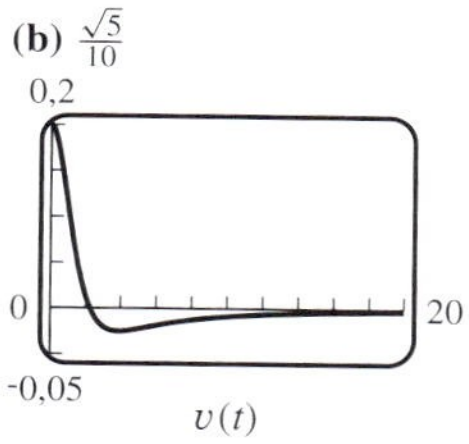

(c) prend de la vitesse : $\sqrt{5} < t < \sqrt{15}$,
ralentit : $0 < t < \sqrt{5}$ et $\sqrt{15} < t$

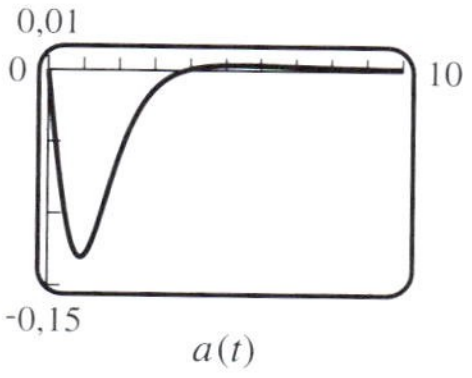

19.

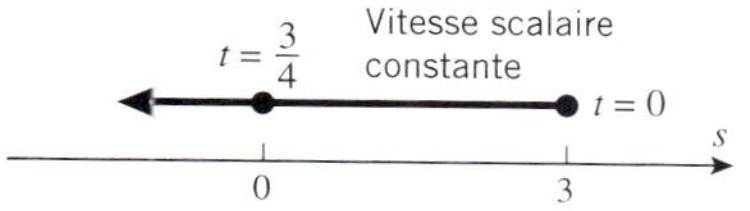

21.

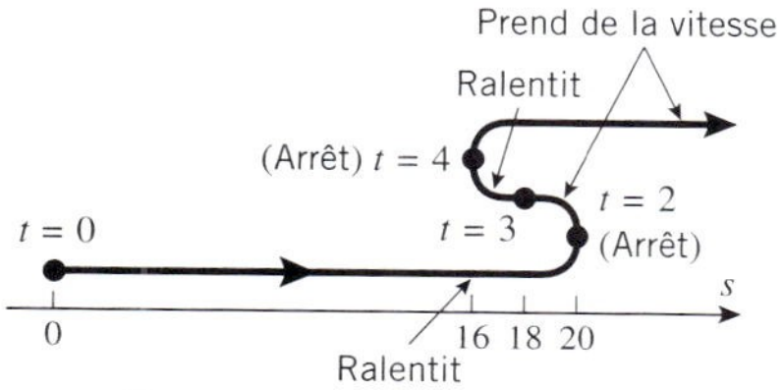

23.

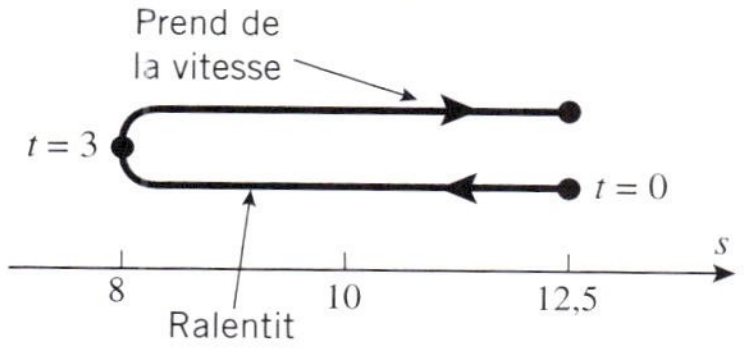

25.

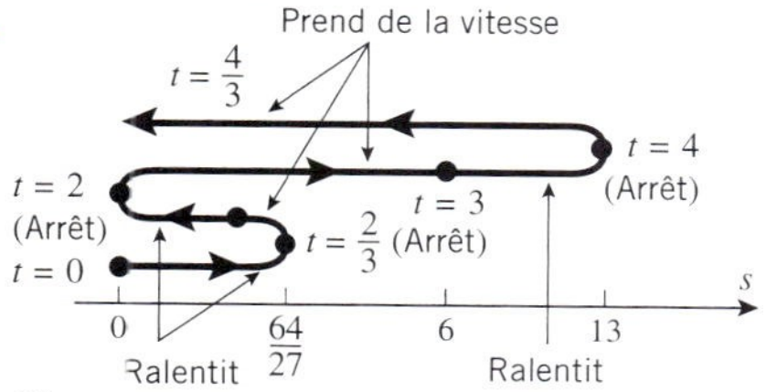

27. $\frac{25}{16}$ m/s vers la gauche

29. **(a)** $s = -15, v = -12$ **(b)** $s = -31, a = 12$

31. **(a)** $t = 2 \pm \frac{1}{\sqrt{3}}, s = \ln 2, v = \pm\sqrt{3}$ **(b)** $a = -\frac{9}{500}$

33. **(a)** 20 unités **(b)** $t = 1$ ou $t = 2$ s **(c)** $t = \frac{3}{2}$; B est devant A

▶ Chapitre 4. Exercices récapitulatifs (Page 322)

1. **(a)** $f(x_1) < f(x_2)$; $f(x_1) > f(x_2)$; $f(x_1) = f(x_2)$
(b) $f' > 0$; $f' < 0$; $f' = 0$

3. **(a)** $\left[\frac{5}{2}; +\infty\right)$ **(b)** $\left(-\infty; \frac{5}{2}\right]$ **(c)** $(-\infty; +\infty)$ **(d)** aucun **(e)** aucune

5. **(a)** $[0; +\infty)$ **(b)** $(-\infty; 0]$ **(c)** $\left(-\sqrt{\frac{2}{3}}; \sqrt{\frac{2}{3}}\right)$
(d) $\left(-\infty; -\frac{\sqrt{2}}{3}\right)$, $\left(\sqrt{\frac{2}{3}}; +\infty\right)$ **(e)** $-\sqrt{\frac{2}{3}}; \sqrt{\frac{2}{3}}$

7. **(a)** $[-1; +\infty)$ **(b)** $(-\infty; -1]$ **(c)** $(-\infty; 0)$, $(2; +\infty)$
(d) $(0; 2)$ **(e)** 0, 2

9. croissante : $[\pi; 2\pi]$; décroissante : $[0; \pi]$; concave vers le haut : $]\frac{\pi}{2}; \frac{3\pi}{2}[$ concave vers le bas : $]0; \frac{\pi}{2}[$, $]\frac{3\pi}{2}; 2\pi[$; points d'inflexion : $\frac{\pi}{2}, \frac{3\pi}{2}$

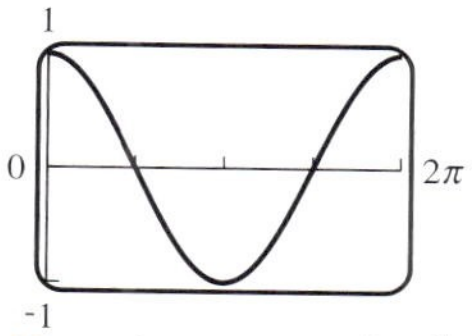

11. croissante : $[0; \frac{\pi}{4}]$, $[\frac{3\pi}{4}; \pi[$; décroissante : $[\frac{\pi}{4}; \frac{3\pi}{4}]$; concave vers le haut : $]\frac{\pi}{2}; \pi[$ concave vers le bas : $]0; \frac{\pi}{2}[$; point d'inflexion : $\frac{\pi}{2}$

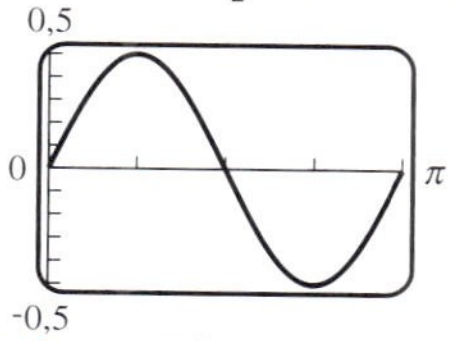

13. **(a)**

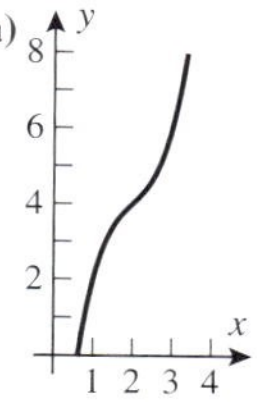

(b)

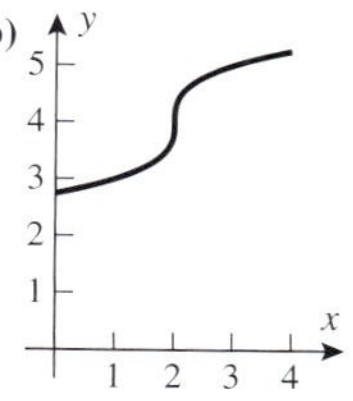

(c)

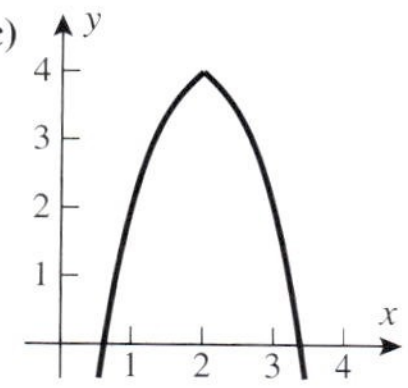

15. $-\frac{b}{2a} \leq 0$

17. **(a)** à un point d'inflexion

21. **(a)** $x = \pm\sqrt{2}$ (points stationnaires) **(b)** $x = 0$ (point stationnaire)

23. **(a)** max relatif à $x = 1$, min relatif à $x = 7$, ni l'un ni l'autre à $x = 0$
(b) max relatif à $x = \frac{\pi}{2}, \frac{3\pi}{2}$; min relatif à $x = \frac{7\pi}{6}, \frac{11\pi}{6}$
(c) max relatif à $x = 5$

25. $\lim_{x \to -\infty} f(x) = +\infty$, $\lim_{x \to +\infty} f(x) = +\infty$;
min relatif à $x = 0$;
points d'inflexion à $x = \frac{1}{2}, 1$;
pas d'asymptote

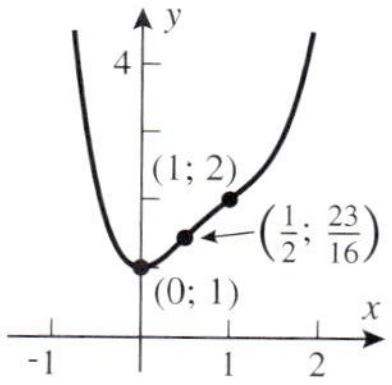

27. $\lim_{x \to \pm\infty} f(x)$ n'existe pas; point critique à $x = 0$; min relatif à $x = 0$; point d'inflexion là où $1 + 4x^2 \tan(x^2 + 1) = 0$; asymptotes verticales à $x = \pm\sqrt{\pi(n + \frac{1}{2}) - 1}$, $n = 0, 1, 2, \ldots$

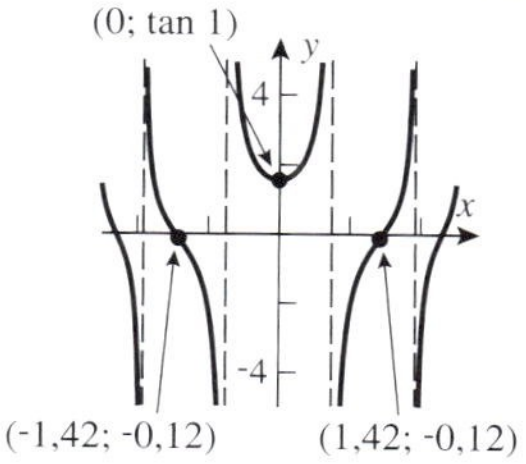

29. points critiques à $x = -5$; 0; max relatif à $x = -5$, min relatif à $x = 0$; points d'inflexion à $x = -7{,}26$; $-1{,}44$; $1{,}20$; asymptote horizontale à $y = 1$ lorsque $x \to \pm\infty$

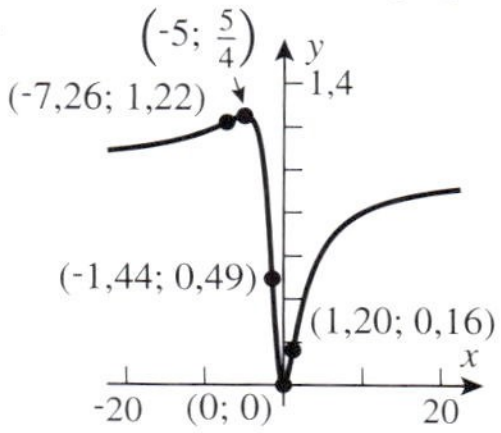

31. $\lim_{x\to -\infty} f(x) = +\infty$, $\lim_{x\to +\infty} f(x) = -\infty$;
point critique à $x = 0$;
pas d'extrema;
point d'inflexion à $x = 0$
(changement de concavité);
pas d'asymptote

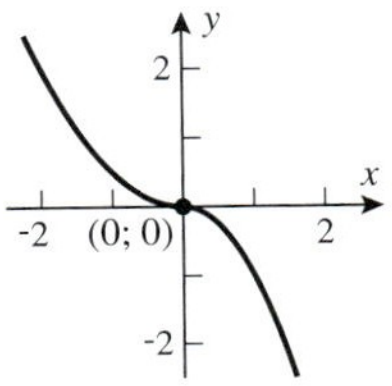

33. pas d'extrema relatif **35.** min relatif de 0 à $x = 0$

37. min relatif de 0 à $x = 0$

39. **(a)**

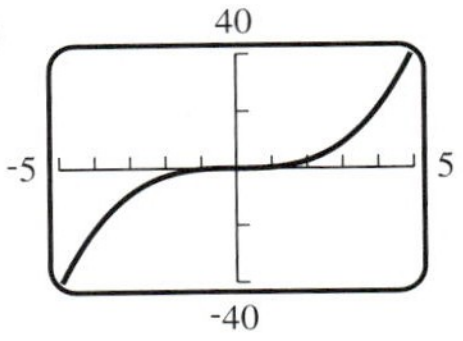

(b) max relatif à $x = -\frac{1}{20}$,
min relatif à $x = \frac{1}{20}$

(c) On verra les détails fins en traçant la courbe sur un intervalle beaucoup plus petit selon x.

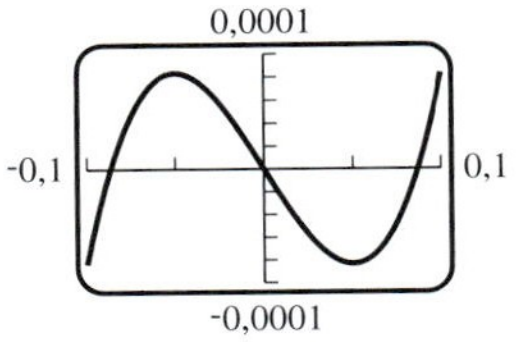

41. **(a)**

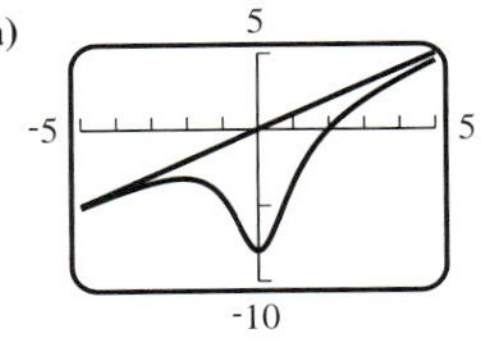

43. $f(x) = \dfrac{x^2 + x - 7}{3x^2 + x - 1}, x \neq \dfrac{1}{2}$

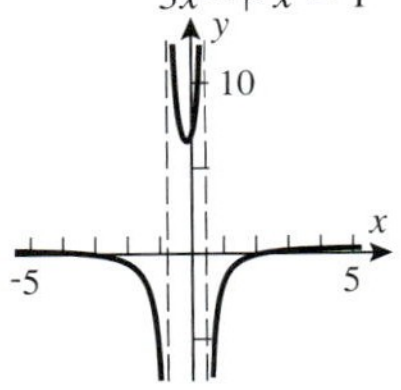

asymptotes verticales à
$x = \frac{(-1 \pm \sqrt{13})}{6}$

47. **(a)** vrai **(b)** faux

49. **(a)** aucun maximum; min $= -\frac{13}{4}$ à $x = \frac{3}{2}$
(b) ni maximum ni minimum

51. **(a)** valeur minimale de 0 à $x = \pm 1$, aucun maximum

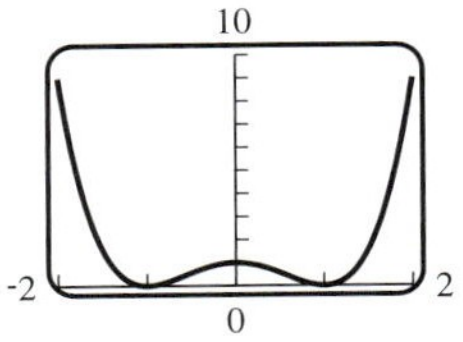

(b) max $= \frac{1}{2}$ à $x = 1$;
min $= -\frac{1}{2}$ à $x = -1$

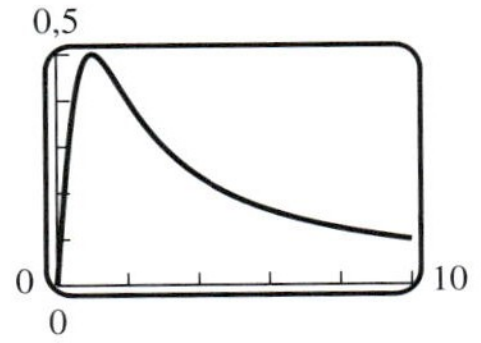

(c) valeur maximale de 2 à $x = 0$,
valeur minimale de $\sqrt{3}$ à $x = \frac{\pi}{6}$

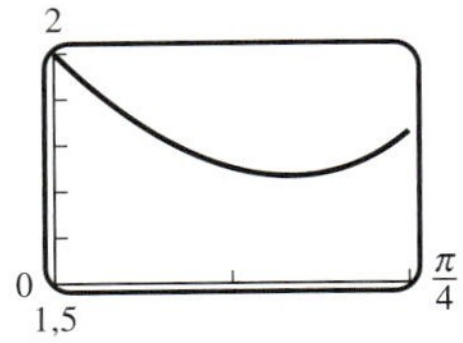

(d) valeur maximale :
$f(-2 - \sqrt{3}) \approx 0{,}84$,
valeur minimale
$f(-2 + \sqrt{3}) \approx -0{,}06$

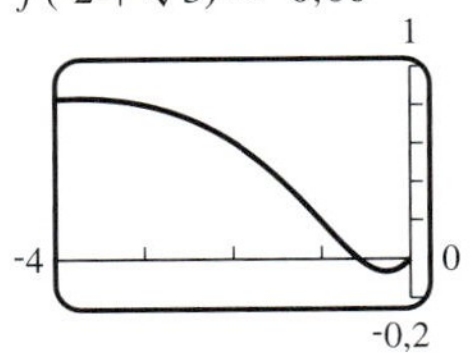

53. **(a)**

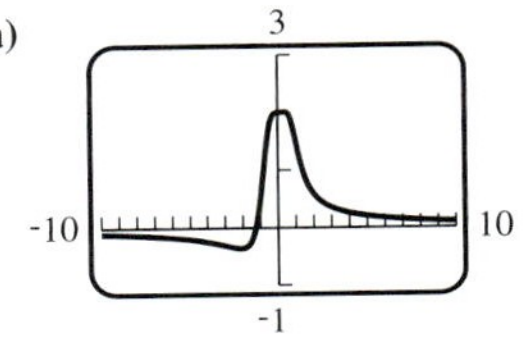

(b) minimum :
(-2,111 985; -0,355 116);
maximum :
(0,372 591; 2,012 931)

55. largeur $= 4\sqrt{2}$, hauteur $= 3\sqrt{2}$

57. carrés de 5 cm de côté

59. $x \approx -2{,}114\ 91; 0{,}254\ 10; 1{,}860\ 81$

61. -1,165 373 043

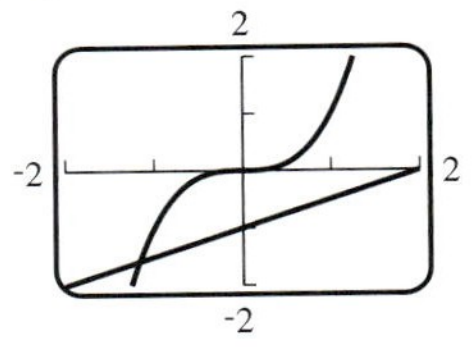

63. 249×10^6 km

65. **(a)** oui, $c = 0$ **(b)** non
(c) oui, $c = \sqrt{\frac{\pi}{2}}$

67. utiliser le théorème de Rolle

69. **(a)** oui **(b)** oui

71. **(a)** $v = -2\dfrac{t(t^4 + 2t^2 - 1)}{(t^4 + 1)^2}$, $a = 2\dfrac{3t^8 + 10t^6 - 12t^4 - 6t^2 + 1}{(t^4 + 1)^3}$
(c) $t = 0{,}64$, $s = 1{,}2$ **(d)** $0 \leq t \leq 0{,}64$ s
(e) prend de la vitesse lorsque $0 \leq t < 0{,}6$ et lorsque $0{,}64 < t < 1{,}1$, ralentit par ailleurs **(f)** vitesse scalaire max $= 1{,}05$ m/s lorsque $t = 1{,}10$ s

▶ Série d'exercices 5.1 (Page 332)

1. $\frac{2}{3}(2x - 5)^{-\frac{2}{3}}$ **3.** $-\dfrac{2}{(x-2)^2}\left[\dfrac{x+1}{x-2}\right]^{-\frac{1}{3}}$

5. $\frac{1}{3}x^2(5x^2 + 1)^{-\frac{5}{3}}(25x^2 + 9)$ **7.** $-\dfrac{15[\sin(\frac{3}{x})]^{\frac{3}{2}}\cos(\frac{3}{x})}{2x^2}$

9. **(a)** $\frac{(6x^2 - y - 1)}{x}$ **(b)** $\frac{4x-2}{x^2}$ **11.** $-\dfrac{x}{y}$ **13.** $\dfrac{1 - 2xy - 3y^3}{x^2 + 9xy^2}$

15. $\dfrac{-y^{\frac{3}{2}}}{x^{\frac{3}{2}}}$ **17.** $\dfrac{1 - 2xy^2\cos(x^2y^2)}{2x^2y\cos(x^2y^2)}$

19. $\dfrac{1 - 3y^2\tan^2(xy^2 + y)\sec^2(xy^2 + y)}{3(2xy + 1)\tan^2(xy^2 + y)\sec^2(xy^2 + y)}$ **21.** $-\dfrac{8}{9y^3}$ **23.** $\dfrac{2y}{x^2}$

25. $\dfrac{\sin y}{(1 + \cos y)^3}$ **27.** $-\frac{1}{\sqrt{3}}, \frac{1}{\sqrt{3}}$ **29.** $-15^{-\frac{3}{4}} \approx -0.1312$

31. $-\dfrac{9}{13}$ **33.** $\dfrac{2t^3 + 3a^2}{2a^3 - 6at}$ **35.** $-\dfrac{b^2\lambda}{a^2\omega}$

37. **(a)**

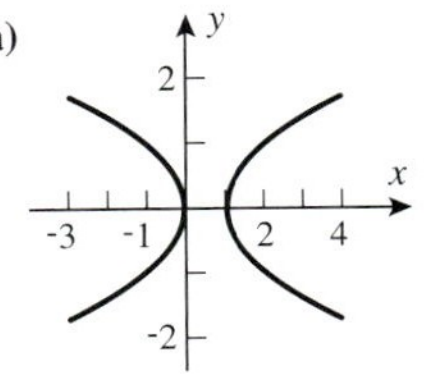

(c) $x = -y^2$ or $x = y^2 + 1$

39. **(a)**

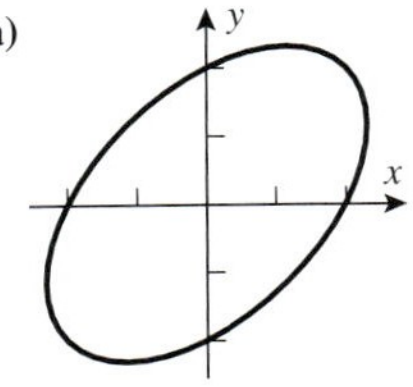

(b) $\pm 1{,}1547$
(c) $x = \pm\dfrac{2}{\sqrt{3}}$

41. les points (2; 2) et (-2; -2); $y' = -1$ en ces deux points

43. $a = \frac{1}{4}, b = \dfrac{5}{4}$

45. **(a)**

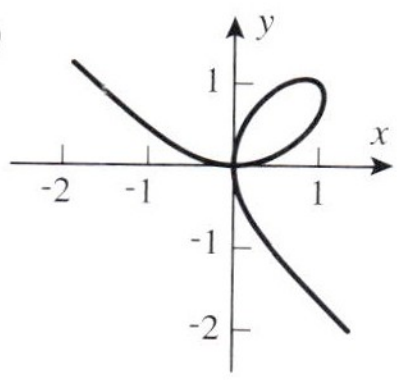

(c) $\frac{2\sqrt[3]{2}}{3}$

47. $y = (\frac{\sqrt{3}}{3})x$, $y = -(\frac{\sqrt{3}}{3})x$
51. $-\dfrac{2y^3 + 3t^2 y}{(6ty^2 + t^3)\cos t}$
53. $-1, \frac{2}{3}$

▶ Série d'exercices 5.2 (Page 339)

1. $\frac{1}{x}$ 3. $\frac{1}{(1+x)}$ 5. $\frac{2x}{(x^2-1)}$ 7. $\dfrac{1-x^2}{x(1+x^2)}$ 9. $\frac{2}{x}$

11. $\dfrac{1}{2x\sqrt{\ln x}}$ 13. $1 + \ln x$ 15. $2x\log_2(3-2x) - \dfrac{2x^2}{(\ln 2)(3-2x)}$

17. $\dfrac{2x(1+\log x) - \frac{x}{(\ln 10)}}{(1+\log x)^2}$ 19. $\frac{1}{(x \ln x)}$ 21. $2\csc 2x$

23. $-\dfrac{1}{x}\sin(\ln x)$ 25. $\dfrac{2\cot x}{(\ln 10)}$ 27. $\dfrac{3}{x-1} + \dfrac{8x}{x^2+1}$

29. $-\tan x + \dfrac{3x}{4-3x^2}$ 31. $x\sqrt[3]{1+x^2}\left[\dfrac{1}{x} + \dfrac{2x}{3(1+x^2)}\right]$

33. $\dfrac{(x^2-8)^{\frac{1}{3}}\sqrt{x^3+1}}{x^6-7x+5}\left[\dfrac{2x}{3(x^2-8)} + \dfrac{3x^2}{2(x^3+1)} - \dfrac{6x^5-7}{x^6-7x+5}\right]$

35. ex^{e-1} 37. **(a)** $-\dfrac{1}{x(\ln x)^2}$ **(b)** $-\dfrac{\ln 2}{x(\ln x)^2}$

39. $y = ex - 2$ 41. $y = -\frac{x}{e}$ 43. $y = \frac{x}{e}$ 45. $A(w) = \frac{w}{2}$

49. $f(x) = \ln(x+1)$ 51. **(a)** $\frac{1}{e^2}$ **(b)** 1

▶ Série d'exercices 5.3 (Page 345)

1. **(b)** $\frac{1}{9}$ 3. $-\frac{2}{x^2}$ 5. **(a)** non **(b)** oui **(c)** oui **(d)** oui

7. $\dfrac{1}{15y^2+1}$ 9. $\dfrac{1}{10y^4+3y^2}$ 11. $7e^{7x}$ 13. $x^2e^x(x+3)$

15. $\dfrac{4}{(e^x+e^{-x})^2}$ 17. $(x\sec^2 x + \tan x)e^{x\tan x}$ 19. $(1-3e^{3x})e^{x-e^{3x}}$

21. $\dfrac{x-1}{e^x - x}$ 23. $2^x \ln 2$ 25. $\pi^{\sin x}(\ln \pi)\cos x$

27. $(x^3-2x)^{\ln x}\left[\dfrac{3x^2-2}{x^3-2x}\ln x + \dfrac{1}{x}\ln(x^3-2x)\right]$

29. $(\ln x)^{\tan x}\left[\dfrac{\tan x}{x\ln x} + (\sec^2 x)\ln(\ln x)\right]$ 31. ex^{e-1} 33. $\frac{3}{\sqrt{1-9x^2}}$

35. $-\dfrac{1}{|x|\sqrt{x^2-1}}$ 37. $\frac{3x^2}{(1+x^6)}$ 39. $-\dfrac{\sec^2 x}{\tan^2 x} = -\csc^2 x$

41. $\dfrac{e^x}{|x|\sqrt{x^2-1}} + e^x\sec^{-1}x$ 43. 0 45. 0 47. $-\dfrac{1}{2\sqrt{x}(1+x)}$

51. $\dfrac{(3x^2+\tan^{-1}y)(1+y^2)}{(1+y^2)e^y - x}$ 53. **(b)** $1-(\frac{\sqrt{3}}{3})$

55. **(b)** $y = \frac{(88x-89)}{7}$ 57. **(a)** $k^n e^{kx}$ **(b)** $(-1)^n k^n e^{-kx}$

59. $-\dfrac{1}{\sqrt{2\pi}\sigma^3}(x-\mu)\exp\left[-\dfrac{1}{2}\left(\dfrac{x-\mu}{\sigma}\right)^2\right]$ 65. $r = 1, K = 12$

67. $\ln 10$ 69. 12π 71. $\frac{\sqrt{3}}{2}$

▶ Série d'exercices 5.4 (Page 352)

1. **(a)**]-∞; 0] **(b)**]0; ∞[**(c)**]-∞; -1[,]1; ∞[**(d)**]-1; 1[**(e)** -1; 1

3. **(a)** [0; ∞[**(b)**]-∞; 0] **(c)**]-2; 2[**(d)**]-∞; -2[,]2; ∞[**(e)** -2; 2

5. **(a)** [0; ∞[**(b)**]-∞; 0] **(c)** $\left]-\sqrt{\dfrac{1+\sqrt{7}}{3}}; \sqrt{\dfrac{1+\sqrt{7}}{3}}\right[$

(d) $\left]-\infty; -\sqrt{\dfrac{1+\sqrt{7}}{3}}\right[, \left]\sqrt{\dfrac{1+\sqrt{7}}{3}}; +\infty\right[$ **(e)** $\pm\sqrt{\dfrac{1+\sqrt{7}}{3}}$

9. 8,4 années 13. 0 (ni l'un ni l'autre), ln 3 (minimum)

15. ln 2 (maximum), ln 3 (minimum) 17. minimum relatif à (0; ln 2)

19. minimum relatif à $(-\ln 2; -\frac{1}{4})$

21. min relatif de $-\frac{1}{e}$ à $x = \frac{1}{e}$

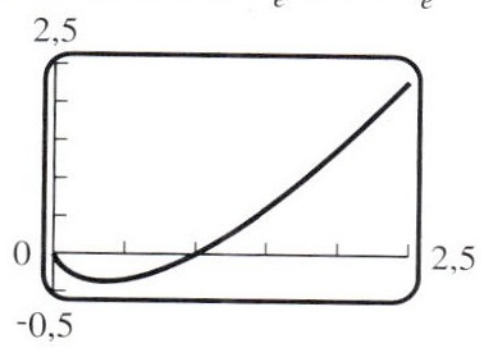

23. min relatif de 0 à $x = 0$; max relatif de $\frac{1}{e^2}$ à $x = 1$

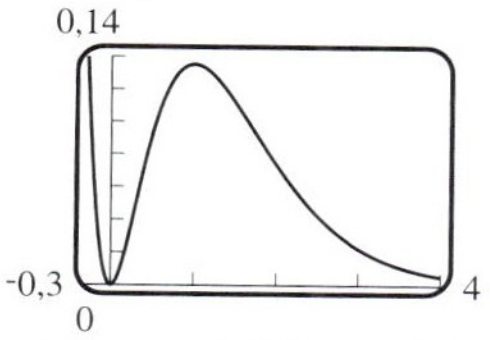

25. maximum relatif à $x = -1{,}11$; minimum relatif à $x = 0{,}47$; maximum relatif à $x = 2{,}04$

27. **(a)** un maximum relatif à $x = n$

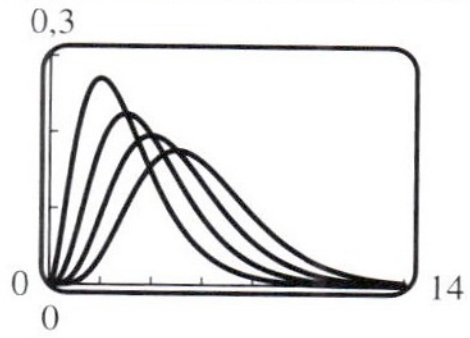

29. **(a)** +∞; 0
(b)

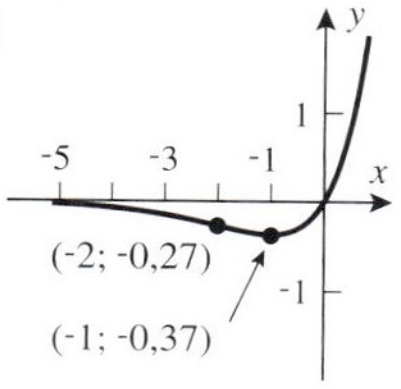

31. **(a)** 0; +∞ **(b)**

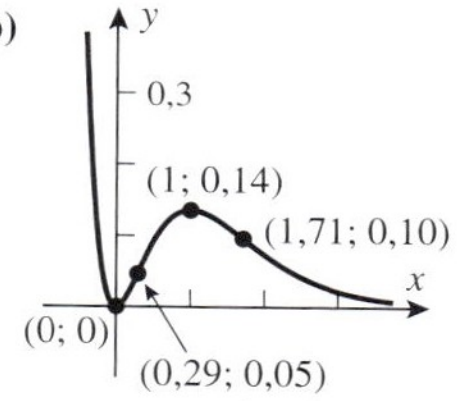

33. **(a)** 0; 0 **(b)** max relatif = $\frac{1}{e}$ à $x = \pm 1$; min relatif = 0 à $x = 0$; points d'inflexion là où $x = \pm\sqrt{\dfrac{5 \pm \sqrt{17}}{4}}$; approximativement (±0,47; 0,18), (±1,510; 0,23); asymptote : $y = 0$

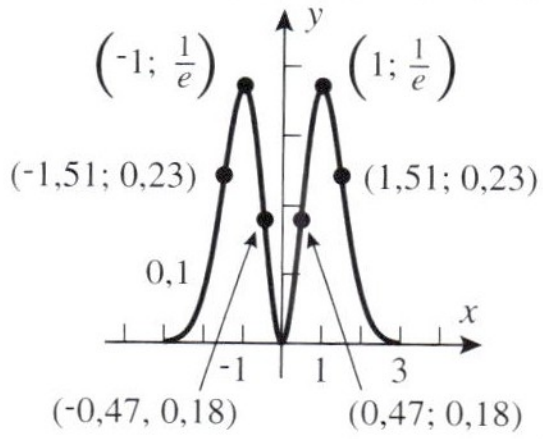

35. **(a)** -∞; 0 **(b)** max relatif = $-e^2$ à $x = 2$; pas de min relatif; pas de points d'inflexion; asymptotes : $y = 0$, $x = 1$

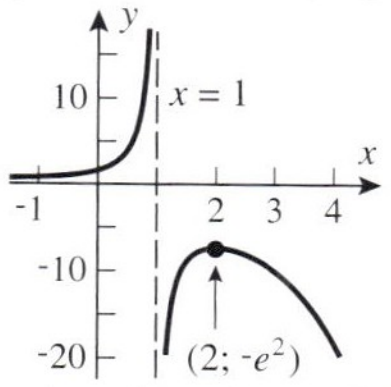

37. point critique à $x = 0{,}2$; min relatif à $x = 0$; max relatif à $x = 2$; points d'inflexion à $x = 2 \pm \sqrt{2}$; asymptote horizontale : $y = 0$ lorsque $x \to +\infty$

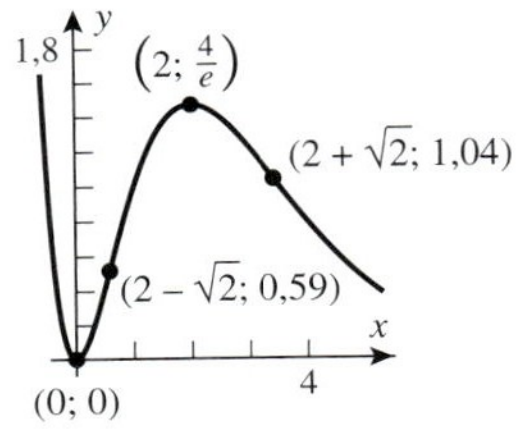

39. **(a)** $+\infty$; 0
(b)

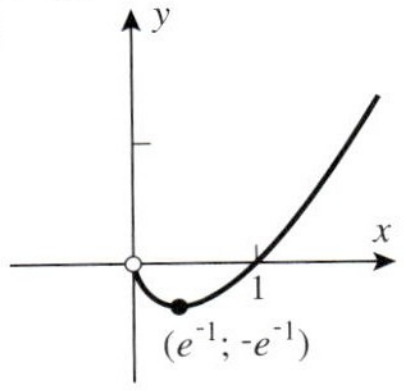

41. **(a)** $+\infty$; 0
(b)

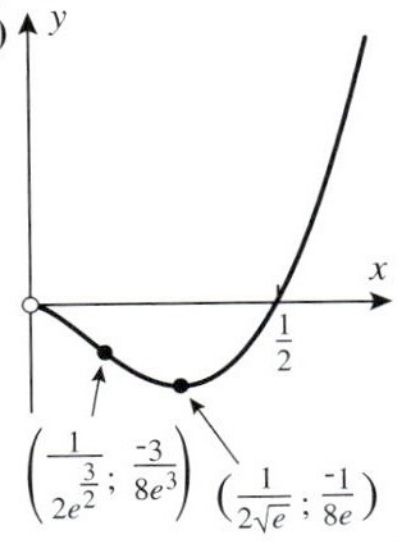

43. **(a)** $+\infty$; 0 **(b)** pas de max relatif; min relatif $= -\frac{3}{2e}$ à $x = e^{-\frac{3}{2}}$; point d'inflexion : $(e^{\frac{3}{2}}; \frac{3e}{2})$; pas d'asumptote. Nous donnons deux graphiques parce qu'on peut difficilement voir toutes les caractéristiques importantes sur en seul.

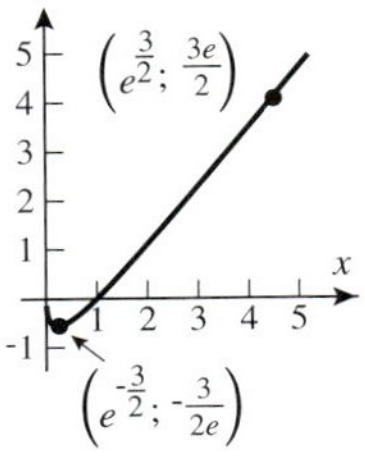

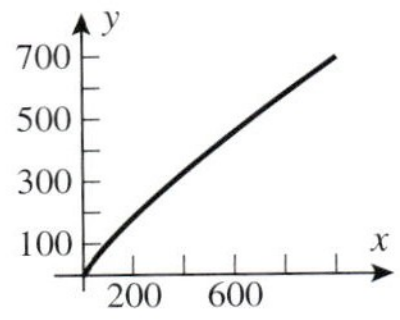

45. **(a)**

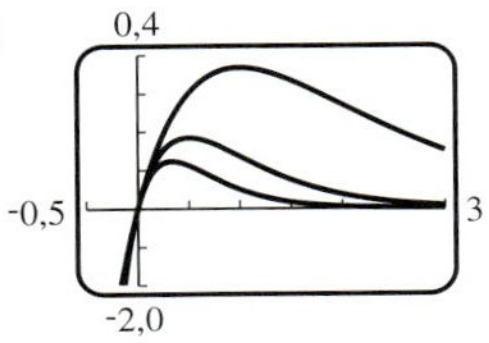

(b) max relatif à $x = \frac{1}{b}$; point d'inflexion à $x = \frac{2}{b}$

47. **(a)** n'existe pas, 0
(b) $y = e^x$ et $y = e^x \cos x$ se croisent à $x = 2\pi n$, et $y = -e^x$ et $y = e^x \cos x$ se croisent à $x = 2\pi n + \pi$, pour tout entier n.

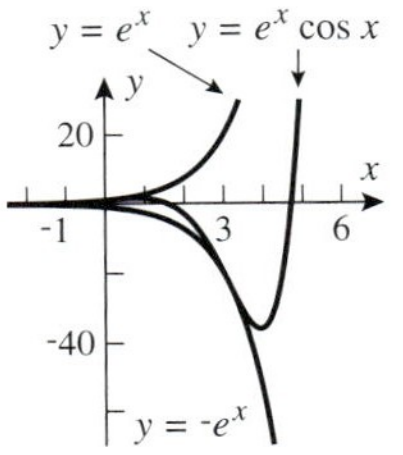

49. valeur maximale de $\frac{27}{8}e^{-3}$ à $x = \frac{3}{2}$, valeur minimale de $\frac{64}{e^8}$ à $x = 4$

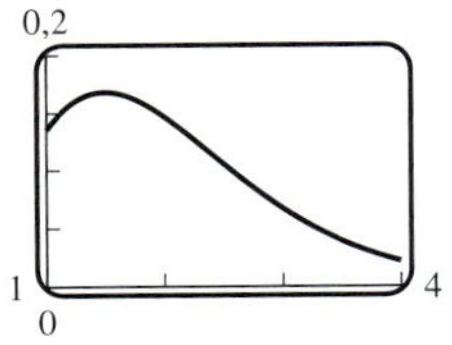

51. max $= 5 \ln 10 - 9$ à $x = 3$; min $= 5 \ln(\frac{10}{9}) - 1$ à $x = \frac{1}{3}$

53. **(a)** $t = \ln \frac{(\frac{a}{b})}{(a-b)}$ **(b)**

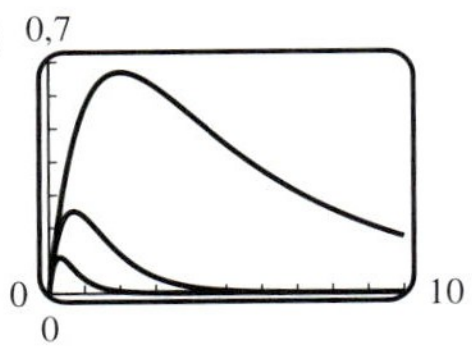

55. 3,183 063 012 **57.** intersection à $x = 1,3$

59. à $x \approx 0,245\ 146\ 7013$; $f(x) \approx 0,122\ 536\ 3521$

63. $f(x) = \tan^{-1} x + 2 - \frac{\pi}{4}$

67. **(a)** $v(t) = -\frac{1}{3}(t^2 - 6t + 8)e^{-\frac{t}{3}}$; $a(t) - \frac{1}{9}(t^2 - 12t + 26)e^{-\frac{t}{3}}$
(b) $s(1) = 9e^{-\frac{1}{3}}$, $v(1) = -e^{-\frac{1}{3}}$, vitesse $= e^{-\frac{1}{3}}$; $a(1) = \frac{5}{3}e^{-\frac{1}{3}}$
(c) $t = 2s, 4s$
(d) prend de la vitesse : $2 < t < 6 - \sqrt{10}, 4 < t < 5$; ralentit : $0 < t < 2,6 - \sqrt{10} < t < 4$
(e) $8 - 24e^{-\frac{2}{3}} + 48e^{-\frac{4}{3}} - 33e^{-\frac{5}{3}}$

69.

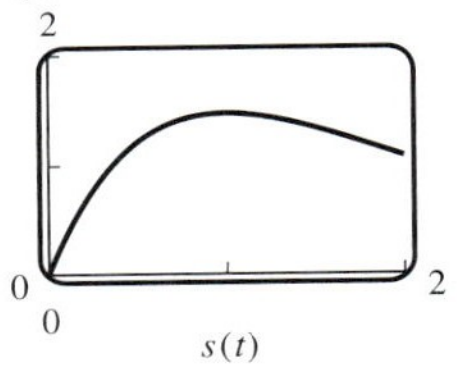

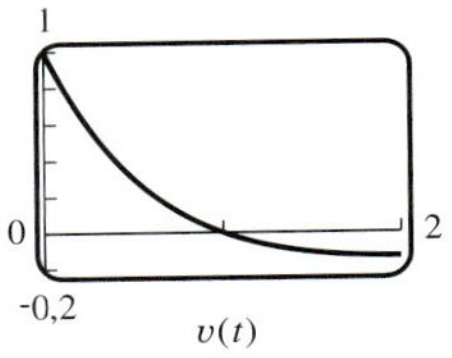

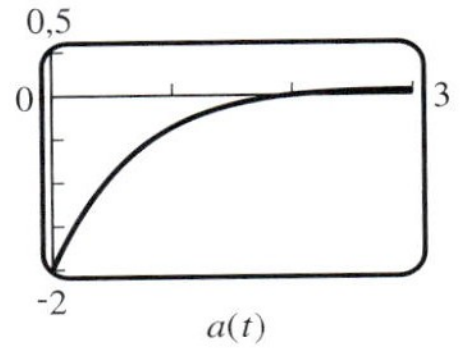

(a) $v = 0$ à $t = 1$ **(b)** $s = \frac{1}{e}$ à $t = 1$ **(c)** accélère pour $1 < t < 2$ et ralentie pour $0 < t < 1$ et $2 < t$.

71. **(a)** $t = 2 \pm \frac{1}{\sqrt{3}}$, $s = \ln 2$, $v = \pm\sqrt{3}$ **(b)** $t = 2$, $s = 0$, $a = 6$

▶ Série d'exercices 5.5 (Page 362)

1. **(a)** $\frac{2}{3}$ **(b)** $\frac{2}{3}$

3. **(b)** $T_f(x) = -2(x + 1)$, $T_g(x) = -3(x + 1)$ **(c)** limite $= \frac{2}{3}$

5. 1 **7.** 1 **9.** -1 **11.** 0 **13.** $-\infty$ **15.** 0 **17.** 2 **19.** 0

21. π **23.** $-\frac{5}{3}$ **25.** e^{-3} **27.** e^2 **29.** $e^{\frac{2}{\pi}}$ **31.** 0 **33.** $\frac{1}{2}$

35. $+\infty$ **39.** **(b)** 2

41. 0

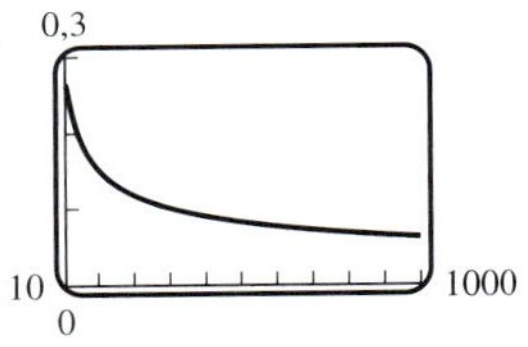

43. e^3

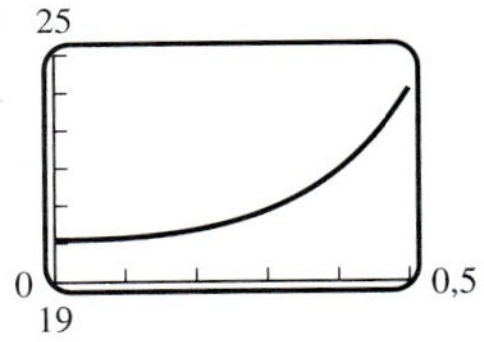

45. pas d'asymptote horizontale **47.** $y = 1$

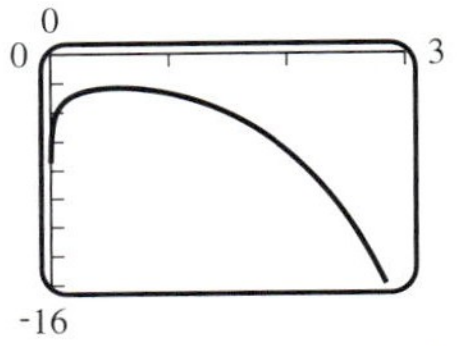

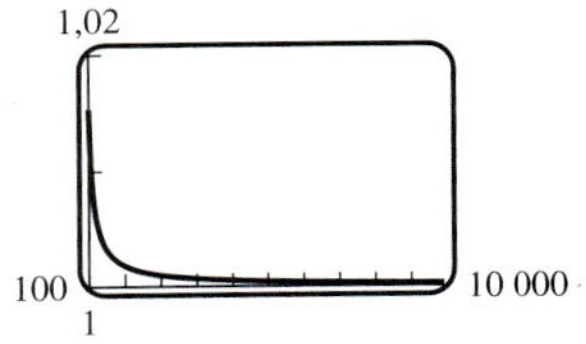

49. **(a)** 0 **(b)** $+\infty$ **(c)** 0 **(d)** $-\infty$ **(e)** $+\infty$ **(f)** $-\infty$ **51.** 1

53. n'existe pas **55.** $\frac{Vt}{L}$ **59.** **(b)** Les deux limites valent 0.

61. n'existe pas

▶ Chapitre 5. Exercices récapitulatifs (Page 365)

1. $\frac{3}{2}(6x - 5)^{-\frac{3}{4}}$ **3.** $\frac{9}{2(x + 2)^2}\left[\frac{x - 1}{x + 2}\right]^{\frac{1}{2}}$

5. **(a)** $\frac{2 - 3x^2 - y}{x}$ **(b)** $-\frac{1}{x^2} - 2x$ **7.** $-\frac{y^2}{x^2}$

9. $\frac{y \sec(xy) \tan(xy)}{1 - x \sec(xy) \tan(xy)}$ **11.** $-\frac{21}{16y^3}$

13. $\frac{2}{(2-\pi)}$ **17.** $(\frac{\sqrt[3]{4}}{3}, \frac{\sqrt[3]{2}}{3})$

19. $\dfrac{1}{x+1}+\dfrac{2}{x+2}-\dfrac{3}{x+3}-\dfrac{4}{x+4}$ **21.** $\dfrac{1}{x}$ **23.** $\dfrac{1}{3x(\ln x+1)^{\frac{2}{3}}}$

25. $\dfrac{1}{(\ln 10)x\ln x}$ **27.** $\dfrac{3}{2x}+\dfrac{2x^3}{1+x^4}$ **29.** $2x$ **31.** $e^{\sqrt{x}}(2+\sqrt{x})$

33. $\dfrac{2}{\pi(1+4x^2)}$ **35.** $e^x x^{(e^x)}\left(\ln x+\dfrac{1}{x}\right)$ **37.** $\dfrac{1}{|2x+1|\sqrt{x^2+x}}$

39. $\dfrac{x^3}{\sqrt{x^2+1}}\left(\dfrac{3}{x}-\dfrac{x}{x^2+1}\right)$

41. **(b)**

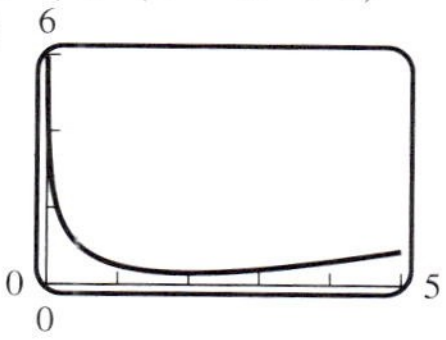

(d) La courbe doit afficher une tangente horizontale entre $x = 1$ et $x = e$.
(e) $x = 2$

43. e^2 **45.** $e^{\frac{1}{e}}$ **47.** non; considérer $f(x) = x^3$. **49.** $(\frac{1}{3}; e)$

55. **(a)** 100

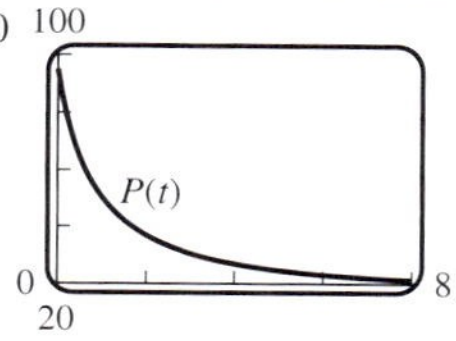

(b) La population tend vers 19.
(c) Le *taux* de croissance tend vers zéro.

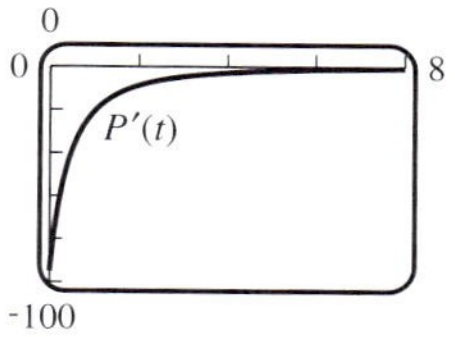

57. $+\infty, +\infty$: oui; $+\infty, -\infty$: non; $-\infty, +\infty$: non; $-\infty, -\infty$: oui

59. $+\infty$ **61.** $\frac{1}{9}$

63. **(a)** $]-\infty; 0]$ **(b)** $[0; \infty[$ **(c)** $]-\infty; -\frac{1}{\sqrt{2}}[,]\frac{1}{\sqrt{2}}; +\infty[$ **(d)** $]-\frac{1}{\sqrt{2}}; \frac{1}{\sqrt{2}}[$
(e) $\pm\frac{1}{\sqrt{2}}$

65. $x = -1$ **67.** min relatif de 0 à $x = 0$

69. **(a)** $m = \frac{e^2}{4}$ à $x = 2$ **(b)** aucun max; min $= e^{-\frac{1}{e}}$ à $x = \frac{1}{e}$

▶ Annexe A (Page A1)

1. **(a)** $\frac{5}{12}\pi$ **(b)** $\frac{13}{6}\pi$ **(c)** $\frac{1}{9}\pi$ **(d)** $\frac{23}{30}\pi$

3. **(a)** $12°$ **(b)** $(\frac{270}{\pi})°$ **(c)** $288°$ **(d)** $540°$

5.

	$\sin\theta$	$\cos\theta$	$\tan\theta$	$\csc\theta$	$\sec\theta$	$\cot\theta$
(a)	$\frac{\sqrt{21}}{5}$	$\frac{2}{5}$	$\frac{\sqrt{21}}{2}$	$\frac{5}{\sqrt{21}}$	$\frac{5}{2}$	$\frac{2}{\sqrt{21}}$
(b)	$\frac{3}{4}$	$\frac{\sqrt{7}}{4}$	$\frac{3}{\sqrt{7}}$	$\frac{4}{3}$	$\frac{4}{\sqrt{7}}$	$\frac{\sqrt{7}}{3}$
(c)	$\frac{3}{\sqrt{10}}$	$\frac{1}{\sqrt{10}}$	3	$\frac{\sqrt{10}}{3}$	$\sqrt{10}$	$\frac{1}{3}$

7. $\sin\theta = \frac{3}{\sqrt{10}}$, $\cos\theta = \frac{1}{\sqrt{10}}$ **9.** $\tan\theta = \frac{\sqrt{21}}{2}$, $\csc\theta = \frac{5}{\sqrt{21}}$

11. $x = 1,8$

13.

	θ	$\sin\theta$	$\cos\theta$	$\tan\theta$	$\csc\theta$	$\sec\theta$	$\cot\theta$
(a)	$225°$	$-\frac{1}{\sqrt{2}}$	$-\frac{1}{\sqrt{2}}$	1	$-\sqrt{2}$	$-\sqrt{2}$	1
(b)	$-210°$	$\frac{1}{2}$	$-\frac{\sqrt{3}}{2}$	$-\frac{1}{\sqrt{3}}$	2	$-\frac{2}{\sqrt{3}}$	$-\sqrt{3}$
(c)	$\frac{5\pi}{3}$	$-\frac{\sqrt{3}}{2}$	$\frac{1}{2}$	$-\sqrt{3}$	$-\frac{2}{\sqrt{3}}$	2	$-\frac{1}{\sqrt{3}}$
(d)	$-\frac{3\pi}{2}$	1	0	—	1	—	0

15.

	$\sin\theta$	$\cos\theta$	$\tan\theta$	$\csc\theta$	$\sec\theta$	$\cot\theta$
(a)	$\frac{4}{5}$	$\frac{3}{5}$	$\frac{4}{3}$	$\frac{5}{4}$	$\frac{5}{3}$	$\frac{3}{4}$
(b)	$-\frac{4}{5}$	$\frac{3}{5}$	$-\frac{4}{3}$	$-\frac{5}{4}$	$\frac{5}{3}$	$-\frac{3}{4}$
(c)	$\frac{1}{2}$	$-\frac{\sqrt{3}}{2}$	$-\frac{1}{\sqrt{3}}$	2	$-\frac{2}{\sqrt{3}}$	$-\sqrt{3}$
(d)	$-\frac{1}{2}$	$\frac{\sqrt{3}}{2}$	$-\frac{1}{\sqrt{3}}$	-2	$\frac{2}{\sqrt{3}}$	$-\sqrt{3}$
(e)	$\frac{1}{\sqrt{2}}$	$\frac{1}{\sqrt{2}}$	1	$\sqrt{2}$	$\sqrt{2}$	1
(f)	$\frac{1}{\sqrt{2}}$	$-\frac{1}{\sqrt{2}}$	-1	$\sqrt{2}$	$-\sqrt{2}$	-1

17. **(a)** 1,2679 **(b)** 3,5753

19.

	$\sin\theta$	$\cos\theta$	$\tan\theta$	$\csc\theta$	$\sec\theta$	$\cot\theta$
(a)	$\frac{a}{3}$	$\frac{\sqrt{9-a^2}}{3}$	$\frac{a}{\sqrt{9-a^2}}$	$\frac{3}{a}$	$\frac{3}{\sqrt{9-a^2}}$	$\frac{\sqrt{9-a^2}}{a}$
(b)	$\frac{a}{\sqrt{a^2+25}}$	$\frac{5}{\sqrt{a^2+25}}$	$\frac{a}{5}$	$\frac{\sqrt{a^2+25}}{a}$	$\frac{\sqrt{a^2+25}}{5}$	$\frac{5}{a}$
(c)	$\frac{\sqrt{a^2-1}}{a}$	$\frac{1}{a}$	$\sqrt{a^2-1}$	$\frac{a}{\sqrt{a^2-1}}$	a	$\frac{1}{\sqrt{a^2-1}}$

21. **(a)** $\frac{3\pi}{4} \pm n\pi, n = 0, 1, 2, \ldots$
(b) $\frac{\pi}{3} \pm 2n\pi$ et $\frac{5\pi}{3} \pm 2n\pi, n = 0, 1, 2, \ldots$

23. **(a)** $\frac{\pi}{6} \pm n\pi, n = 0, 1, 2, \ldots$
(b) $\frac{4\pi}{3} \pm 2n\pi$ et $\frac{5\pi}{3} \pm 2n\pi, n = 0, 1, 2, \ldots$

25. **(a)** $\frac{3\pi}{4} \pm n\pi, n = 0, 1, 2, \ldots$
(b) $\frac{\pi}{6} \pm n\pi, n = 0, 1, 2, \ldots$

27. **(a)** $\frac{\pi}{3} \pm 2n\pi$ et $\frac{2\pi}{3} \pm 2n\pi, n = 0, 1, 2, \ldots$
(b) $\frac{\pi}{6} \pm 2n\pi$ et $\frac{11\pi}{6} \pm 2n\pi, n = 0, 1, 2, \ldots$

29. $\sin\theta = \frac{2}{5}$, $\cos\theta = -\frac{\sqrt{21}}{5}$, $\tan\theta = -\frac{2}{\sqrt{21}}$,
$\csc\theta = \frac{5}{2}$, $\sec\theta = -\frac{5}{\sqrt{21}}$, $\cot\theta = -\frac{\sqrt{21}}{2}$

31. **(a)** $\theta = \pm n\pi, n = 0, 1, 2, \ldots$ **(b)** $\theta = \frac{\pi}{2} \pm n\pi, n = 0, 1, 2, \ldots$
(c) $\theta = \pm n\pi, n = 0, 1, 2, \ldots$ **(d)** $\theta = \pm n\pi, n = 0, 1, 2, \ldots$
(e) $\theta = \pi/2 \pm n\pi, n = 0, 1, 2, \ldots$ **(f)** $\theta = \pm n\pi, n = 0, 1, 2, \ldots$

33. **(a)** $\frac{2\pi}{3}$ cm **(b)** $\frac{10\pi}{3}$ cm **35.** $\frac{2}{5}$

37. **(a)** $\dfrac{2\pi-\theta}{2\pi}R$ **(b)** $\dfrac{\sqrt{4\pi\theta-\theta^2}}{2\pi}R$ **39.** $\frac{21}{4}\sqrt{3}$

41. $x = 3\sin 67° \approx 2,8m$.

43. $h = d(\tan\beta - \tan\alpha)$. **45.** **(a)** $\frac{4\sqrt{5}}{9}$ **(b)** $-\frac{1}{9}$

47. $\sin 3\theta = 3\sin\theta\cos^2\theta - \sin^3\theta$, $\cos 3\theta = \cos^3\theta - 3\sin^2\theta\cos\theta$

61. **(a)** $\cos\theta$ **(b)** $-\sin\theta$ **(c)** $-\cos\theta$ **(d)** $\sin\theta$

69. **(a)** Puisque $m = 2 = \tan\phi$, $\phi = \arctan(2) \approx 1,1071$. **(b)** Puisque $m = -57 = \tan\phi$, $\phi = \arctan(-57) + \pi \approx 1,5883$. **(c)** $117°$
(d) $89°$

71. **(a)** Puisque $m = \sqrt{3} = \tan\phi$, $\phi = \arctan(\sqrt{3}) = \frac{\pi}{3}$.
(b) $y + 2x + 5 = 0 \Leftrightarrow y = -2x - 5$. Puisque $m = -2 = \tan\phi$, $\phi = \arctan(-2) + \pi \approx 2,0344$.

INDEX

Index